Sabrina Huber
Überwachung in der Gegenwart

Gegenwartsliteratur –
Autoren und Debatten

Sabrina Huber

Überwachung in der Gegenwart

―

Fiktionale und faktuale Erzählungen,
Narrative und ihre Perspektiven

DE GRUYTER

Inauguraldissertation zur Erlangung des Doktorgrades (Doctor philosophiae) an der Heinrich-Heine-Universität Düsseldorf.

Erstgutachterin: Prof. Dr. Henriette Herwig
Zweitgutachter: Prof. Dr. Matías Martínez

Gedruckt mit freundlicher Unterstützung der Anton-Betz-Stiftung.

ANTON-BETZ-STIFTUNG
DER RHEINISCHEN POST E.V.

ISBN 978-3-11-099934-1
e-ISBN (PDF) 978-3-11-098824-6
e-ISBN (EPUB) 978-3-11-098869-7
ISSN 2567-1219

Library of Congress Control Number: 2023931478

Bibliografische Information der Deutschen Nationalbibliothek
Die Deutsche Nationalbibliothek verzeichnet diese Publikation in der Deutschen Nationalbibliografie; detaillierte bibliografische Daten sind im Internet über http://dnb.dnb.de abrufbar.

© 2023 Walter de Gruyter GmbH, Berlin/Boston
Einbandabbildung: Das Foto stammt aus der Ausstellung „The Mystery of Banksy - A Genius Mind" (mit freundlicher Genehmigung der COFO Exhibitions GmbH & Co. KG).
Satz: Integra Software Services Pvt. Ltd.
Druck und Bindung: CPI books GmbH, Leck

www.degruyter.com

Wenn Ihnen jemand die Welt beschreibt, wie sie Mitte des 21. Jahrhunderts aussehen wird, und es wie Science-Fiction klingt, dann ist es vermutlich falsch. Aber wenn Ihnen jemand die Welt Mitte des 21. Jahrhunderts beschreibt und es nicht wie Science-Fiction klingt – dann ist es mit Sicherheit falsch. (Yuval Noah Harari: *21. Lektionen für das 21. Jahrhundert*, S. 404)

Inhaltsverzeichnis

Dank —— XI

1   Überwachung erzählen. Fiktionen. Narrative. Perspektiven — Eine Einleitung —— 1

Teil 1: Literatur, Narratologie und Überwachung

2   Narratologie und Überwachung: Begriffliche Bestimmungen und kulturelle Schemata —— 37
    2.1   Erzähler. Stimmen. Perspektiven: über die Aussagekraft von Perspektiven —— 42
    2.2   Narration und Narrativ: Von Überwachungsnarrativen und literarischen Überwachungserzählungen oder von Gott und der Welt: Orwell, Huxley und Kafka —— 53
    2.3   Konkrete und abstrakte Fiktion: Über fiktionales und faktuales Erzählen —— 77

3   Kontext: Konzepte und Narrative in Theorie und Alltagswelt —— 83
    3.1   Konzepte hinter Überwachungsnarrativen: Vom ‚Panopticon' in die ‚Kontrollgesellschaft' zur ‚surveillance assemblage' —— 84
    3.2   Narrativ der ‚überwachten Bürger:innen': zwischen Freiheit, Terror und Sicherheit —— 90
    3.3   Narrativ der ‚überwachten Patient:innen': Gesundheitsprävention, Krankenkassen, Bonusprogramme —— 97
    3.4   Narrativ der ‚überwachten Selbstüberwacher:innen': Selbstüberwachungstechnologie und Social Media —— 102
    3.5   Narrativ der ‚überwachten Kund:innen' als ‚Rohstofflieferant:innen': Werbung, Produkt oder Datenobjekt —— 107
    3.6   Verlustnarrativ: ‚Überwachung opfert Privatheit' —— 115

Teil 2: Literarische Überwachungsnarrationen der Gegenwart

4 Juli Zeh: Aufklärerisches Erzählen im dystopischen Narrativ. Fiktionale und faktuale Werke gegen Überwachung — 125
    4.1   Körper von Gesunden: Biopolitische Überwachung von Bürger:innen, Regierung und Staatsrassismus in *Corpus Delicti* und den Theaterstücken *203* und *Yellow Line* — 128
    4.2   Private und soziale Überwachung: Demokratieverlust und gesellschaftliche Praktiken — 153
    4.3   Literarisches Erzählen: Die Präsenz des Orwell'schen Schemas und der Versuch, dieses transmedial und intertextuell zu verlassen — 169
    4.4   Faktuales Erzählen: Hybride Formen des außerliterarischen ‚Engagement' zwischen Fiktionalität und Faktualität, Privatheit und Öffentlichkeit — 188
    4.5   Die Erzählstrategie der Zurschaustellung des Narrativen und der Fiktion im Überwachungsdiskurs — 206
    4.6   Beharrlich und von allen Seiten: Fazit zu Zehs ‚Engagement' gegen Überwachung — 215

5 Friedrich von Borries: Mediale Transgressionen der Überwachung und paradoxes Erzählen. Sicherheit, Spiel und Simulation in der Dokufiktion *1WTC* — 218
    5.1   Inszenierung von Videoüberwachung und filmische Überwachungskritik — 225
    5.2   Grenzverschiebungen: Privatheit, Öffentlichkeit und Überwachung im Zeichen des ‚Sicherheitsdesigns' — 240
    5.3   Über Selbstüberwachung, ‚Selbstdesign' und Suizid in der Kontrollgesellschaft — 252
    5.4   Fiktion und Wirklichkeit – Hyperrealität und Simulation — 258
    5.5   Fiktion und Realität – Narratologie einer Illusion? — 272
    5.6   Fazit: Subversion von Eindeutigkeit — 284

6 Eugen Ruge: Irrfahrten durch die Stadt, Sprache und soziale Netzwerke. Darstellungsweisen der (Selbst-)Überwachung in *Follower. Vierzehn Sätze an einen fiktiven Enkel* — 287
    6.1   *Follower*s dystopischer Auftrag: Erzählstrukturen, Erzählweisen und Prätexte — 290

6.2 Wer beobachtet die Überwacher:innen I: Geheimdienste im Hintergrund —— **302**
6.3 Von der Überwachung der Sprache und der Überwachung durch Sprache —— **311**
6.4 Selbstüberwachung: Selftracking, soziale Netzwerke und die Angst vor dem Unbeobachtetsein —— **318**
6.5 Wer beobachtet die Überwacher:innen II: Kapitalismus und Marketing —— **328**
6.6 Auswirkungen und Folgen des Digitalen und der Überwachung —— **335**
6.7 Fazit: Die Berechenbarkeit der Zukunft —— **348**

Teil 3: Faktuale Überwachungsnarrationen der Gegenwart: Politik und Werbung

7 Politische Wirklichkeitserzählungen der Überwachung —— 355
7.1 „Die Bedrohungslage ist hoch" – Vom Erzählen des Innenministeriums nach terroristischen Ereignissen. Oder: Von der Beteuerung, die Wahrheit zu sagen —— **356**
7.2 Überwachungsmaßnahmen am Beginn der Corona-Pandemie in Deutschland. Vom Erzählen zwischen Sicherheit und Unsicherheit —— **374**

8 Werbende Wirklichkeitserzählungen der Überwachung —— 392
8.1 Autonomes Fahren. Werbeerzählungen von BMW, Daimler und AID zum selbstfahrenden Auto der Zukunft —— **393**
8.2 Werbung für Fitness-Tracker und Smart-Watches: Apple und Fitbit verkaufen die Selbstüberwachung —— **414**
8.3 Marketing-Kampagnen im Rücken des EU-Datenschutzes. Google, Facebook, Apple entdecken die Verkäuflichkeit der Privatheit —— **432**

9 Schlussbetrachtungen: Überwachung erzählen und die Rolle der Fiktion —— 449

Siglen- und Literaturverzeichnis —— 469

Abbildungsverzeichnis —— 497

Register —— 499

Dank

Das vorliegende Buch ist die leicht gekürzte und überarbeitete Fassung meiner Dissertationsschrift, die 2022 an der Heinrich-Heine-Universität als solche angenommen wurde. Das Entstehen dieses Buches haben viele Menschen begleitet, für deren Unterstützung ich mich bedanken möchte.

DANKE. Zuerst zu nennen ist meine Doktormutter Frau Prof. Henriette Herwig. Sie hat mich ermutigt, die Dissertation zu beginnen, sie mit ihrem kritischen Blick begleitet und mir über die Zeit hinweg die Freiheit und Sicherheit gegeben, mich dieser Aufgabe widmen zu dürfen. EINSATZ. Mein Dank gilt auch meinem Zweitbetreuer Herrn Prof. Matías Martínez, der das Projekt an entscheidenden Stellen mit seinen umsichtigen und konstruktiv-kritischen Rückmeldungen voranbrachte. Die Gespräche über einzelne Kapitel waren für die Fertigstellung sehr wertvoll. RAT. Prof. Alexander Nebrig und Prof. Eva Horn waren mir an unterschiedlichen Punkten Mentor oder Impulsgeberin, gaben Ratschläge und nahmen mir Unsicherheiten. Besten Dank dafür – das ist keine Selbstverständlichkeit. ERNST UND UNFUG. Zu danken habe ich Prof. Johannes Waßmer, der stets geduldig mit mir diskutierte, ohne dass er mich immer hätte überzeugen wollen. Er begleitete das Projekt fast von Beginn an. Ohne ihn wäre es nicht gegangen. Hab den herzlichsten Dank für Gespräche, sanftmütige Kritik und viele Stunden Lektüre. OFFENE TÜREN. Herrn Prof. Oliver Scheytt verdanke ich Zuspruch, Förderung sowie die Zugewandtheit und Freiheit, zur rechten Zeit gehen und wiederkehren zu können. TREUE GESPRÄCHSPARTNERINNEN. Hier habe ich insbesondere Deborah Wolf, die intensiv die Kapitel zu den faktualen Texten las, Laura Hartmann-Wackers, Vera Kostial und Ricarda Menn zu nennen. Ihr habt dieses Buch mit Euren Perspektiven und Eurer Bereitschaft, immer wieder über das unbequeme Thema der Überwachung zu sprechen, befördert: Danke für Eure Freundschaft und die vielen Gespräche bei Kaffee. BEISTAND. Maike Rettmann, Robin Aust, Philipp Ritzen und Antonia Villinger haben Teile dieser Arbeit intensiv gelesen oder auf dem manchmal recht mühsamen Weg auch zu später Stunde mit mir über Formulierungen diskutiert. FRAGEN. In guter Erinnerung habe ich auch die Veranstalter:innen und Teilnehmer:innen der Tagungen, Kolloquien und Arbeitskreise, auf denen ich Teile dieser Arbeit präsentieren und diskutieren durfte. EINGEREIHT. Marcus Böhm und Stella Diedrich vom Verlag De Gruyter danke ich für die professionelle und engagierte Unterstützung bei der Veröffentlichung dieses Buches. SORGFALT. Mein bester Dank für das umsichtige Korrekturlesen gilt Denise Pfennig, Tobias Neumann und Alina Wehrmeister.

RÜCKHALT. Rita Widmaier und Gunter Carloff bin ich dankbar für Spaziergänge, Schachstunden und vor allem für einen Ort, an dem man zuhause sein konnte. BEGLEITUNG. Tina hat weite Wege mit mir zurückgelegt. Das weiß ich sehr zu schätzen. BESONNENHEIT UND VERLASS. Denise und Juliane haben immer auf das Wesentliche fokussiert. Ihr habt zur rechten Zeit dafür gesorgt, dass ich vom Schreibtisch aufstehe, in manchen Momenten Brot und Wein bereitgestellt und in anderen mit mir gelacht. UNERSETZLICHE VERBUNDENHEIT. Sonja und Sabine bin ich dankbar für beständiges Dasein. Sabine dafür, dass oft keine Worte notwendig waren und ihre Begabung, das Unbequeme Mut machend und lächelnd auszusprechen. Sonja, für Inseln, die Du geschaffen hast, als sie notwendig wurden. Und für nun schon fünfundzwanzig Jahre Freundschaft. SCHABERNACK UND BLÖDELEI. Meinem Bruder Maximilian habe ich so viel zu verdanken, all den Unsinn und all das Lachen, vor allem aber Deine wiederkehrende Frage, was das denn alles soll? ALLES. Meinen Eltern Brigitte und Herbert Huber gilt der innigste Dank: für alles, aber vor allem für Euer Zutrauen, Eure Nachsicht und das Vertrauen ins Leben. Ihnen ist das Buch gewidmet.

1 Überwachung erzählen. Fiktionen. Narrative. Perspektiven — Eine Einleitung

6. Juni 2013. An jenem Junimorgen titelte der *Guardian*: „NSA collecting phone records of millions of Verizon customers daily."[1] Edward Snowden hatte zuvor der Zeitung Dokumente übergeben, die eine Massenüberwachung der Welt durch Geheimdienste belegen. Der Öffentlichkeit wurde plötzlich gewahr, dass sie einem ‚Verhör ohne Ende' inmitten ihrer Privaträume ausgesetzt war. Auf die Frage, warum er das mit der Publikation der Dokumente verbundene Risiko eines Freiheitsverlusts oder Exils auf sich nehme, sagt Snowden: „The *public* needs to decide whether these programmes and policies are right or wrong [...]. I don't want to live in [...] a world where everything I do and say is recorded."[2] Snowden stellt dem Öffentlichen nicht das Private entgegen, sondern das potentiell unrechtmäßige Staatsgeheimnis: ein umfassendes Überwachungssystem, in dem verdachtsunabhängig alle Bürger:innen ‚abgehört' werden. So wird Snowden zum Verräter und die Bürger:innen zu Mitwissenden um ihre Überwachtheit, aber auch um ihre eigene Beteiligung daran. Die Enthüllungen markieren den Anfang der öffentlichen Wirklichkeitserzählung[3] über Überwachung: Das Emplotment der Wirklichkeit um eine gegenwärtige (staatlich-)systematische Massenüberwachung beginnt hier.

Dieses Ereignis aktiviert zunächst Erinnerungen des kollektiven Gedächtnisses an Überwachungsstaaten. Doch der Öffentlichkeit wurden nicht nur die Aktivitäten der NSA und ihrer Partner bekannt, sondern ebenso die Nutzergeneriertheit der Daten, deren Quellen auch Produkte von Technologiekonzernen sind, die jede:r mit

---

[1] Glenn Greenwald: NSA Collecting Phone Records of Millions of Verizon Customers Daily. In: *The Guardian*, 06.06.2013. URL: https://www.theguardian.com/world/2013/jun/06/nsa-phone-records-verizon-court-order [19.09.2022].
[2] Ewen MacAskill: Edward Snowden, NSA files source: ‚If they want to get you, in time they will'. In: *The Guardian*, 10.06.2013. URL: https://www.theguardian.com/world/2013/jun/09/nsa-whistleblower-edward-snowden-why [19.09.2022] [Herv. SH].
[3] Darunter verstehen Klein und Martínez faktuale Erzählungen, die „Aussagen [treffen] mit einem spezifischen Geltungsanspruch: ‚So ist es (gewesen)'. Solche Erzählungen mit unmittelbarem Bezug auf die konkrete außersprachliche Realität nennen wir *Wirklichkeitserzählungen.*" (Christian Klein/Matías Martínez: Wirklichkeitserzählungen. Felder, Formen und Funktionen nicht-literarischen Erzählens. In: Dies. (Hg.): *Wirklichkeitserzählungen. Felder, Formen und Funktionen nicht-literarischen Erzählens.* Stuttgart/Weimar 2009, S. 1–13, hier S. 1) Sie „sind sowohl konstruktiv als auch referentiell – darin liegt ihre besondere erkenntnistheoretische Bedeutung." (Ebd.)

Verhaltensdaten versorgt. Kulturelle Vorstellungen, die zur Verfügung stehende Narrative und die zutage tretenden Überwachungspraxen divergieren. Wenn Überwachung nahezu alle Alltagspraktiken durchdringt, deutet das auf gelebte ‚Kulturen der Überwachung'.[4] „Surveillance is not merely something exercised on us as workers, citizens or travellers, it is a set of processes in which we are all involved, both as watched and as watchers."[5] Heute trägt jede:r wissentlich und willentlich einen Teil zur Überwachungskultur bei und überwacht selbst – weil Alternativen fehlen, Vorteile genossen oder Techniken und Technologien Grundbedürfnisse erfüllen: Kommunikation, Neugier, Lust und Sicherheit. Diese Studie interessiert sich für Darstellungsformen dieser gegenwärtigen Überwachung, die seit dem NSA-Skandals besonders diskutiert werden: Nachgespürt wird narrativen Verarbeitungen von Big-Data-Überwachung und kulturellen Formen der Selbstüberwachung.[6] In der Folge verlangen die Entwicklungen der letzten Jahre, dass Überwachungserzählungen komplexer werden – faktuale wie fiktionale.

Das gilt zumal, da im Überwachungsdiskurs fiktionale und faktuale Rede kollidieren: Einerseits dienen Erzählungen und Narrative dazu, gegenwärtige Überwachungssituationen und ihre kulturellen Implikationen wahrzunehmen und zu verarbeiten, indem erörtert wird, welche ethischen, sozialen oder kulturellen Fragen Überwachungspraktiken aufwerfen. Traditionell übernimmt diese Rolle in der Gesellschaft auch die Literatur. Andererseits legitimieren sich Überwachungsmaßnahmen oder -praktiken nur, da sie auf manifesten Narrativen und Wirklichkeitserzählungen fußen, beispielsweise solchen, die eine (Un-)Sicherheit, eine Gefahr oder ein Risiko artikulieren und Überwachung als Lösung auf deren Konflikte erscheinen lassen. Ihre Anwesenheit ist Bedingung. Zu diesem Zweck muss Überwa-

---

[4] David Lyon: *The Culture of Surveillance. Watching as a Way of Life*. Cambridge 2018.
[5] David Lyon: *Surveillance Studies. An Overview*. Cambridge 2007, S. 12 f.
[6] Die vorliegende Studie setzt den Fokus auf die (Selbst-)Überwachung von Personen bzw. -gruppen. Es geht mir um das (Selbst-)Überwachen privater, personenbezogener Daten. Zentriert werden daher Formen von (Massen-)Überwachung, die ‚jedermann' betreffen können. So gilt das Analysierte in erster Instanz für westlich-demokratische Gesellschaften. Ich beschränke mich in meinen Beispielanalysen auf Erzählungen, die sich mit der Big-Data-Überwachung bzw. der Selbstüberwachung beschäftigen. Forschungsarbeiten zu historischen Situationen, z. B. zur literarischen Darstellung der Stasi-Überwachung werden nicht aufgefächert. Auch werden keine traditionellen Spionage-, Polizei- oder Kriminalromane fokussiert, wenngleich in diesen Genres Überwachungstechniken vollzogen werden. Die Differenzen zu den historischen Formen, und damit die Interessensschwerpunkt dieses Buches, liegen einerseits in der freiwilligen Selbstüberwachung als Kulturtechnik und anderseits im Umstand, dass bei Big-Data-Überwachungspraktiken nicht verdächtige Personen überwacht werden, sondern Personen durch die Überwachung erst verdächtig erscheinen, da in deren Verhalten Abweichungen von einer gesellschaftlichen Norm registriert werden.

chung selbst erzählend präsent sein. Das bedarf einen weiten Begriff des Erzählens.[7] Diesem Phänomen spürt die Arbeit nach und fragt, welche Rolle Erzählungen, Narrative und Fiktionen spielen: Wie wird von Überwachung erzählt? Welche Perspektiven nehmen die Texte ein, welche bieten sie an? Dazu werden Texte der Gegenwartsliteratur befragt und ihre Darstellungen sowie die in ihnen bereitgestellten Vorstellungen mit denen aus faktualen, politischen und ökonomischen Erzählungen der (Selbst-)Überwachung konfrontiert.

Die Erzählgemeinschaft teilt bereits vor dem NSA-Skandal Narrationen, die womöglich in der Lage sind, Aspekte gegenwärtiger Situationen zu illustrieren. So wurde auf der Suche nach Wahrnehmungsschemata beispielsweise an das DDR-Bespitzelungssystem gedacht: Für den Stasi-Apparat hat die Erzählgemeinschaft das *Narrativ des Überwachungsstaates*, in dem die Privatheit von Bürger:innen bis ins Detail überwacht wird. „Nur keine Angst. In jener anderen Sprache, die ich im Ohr, noch nicht auf der Zunge habe, werde ich eines Tages auch darüber reden."[8] So beginnt Christa Wolfs Roman *Was bleibt* (1990), der seinerzeit eine Sprache für die erfahrene Stasi-Überwachung sucht. In Wolfs Erzählung verwendet man „Codewörter" und schreibt „Als-ob-Briefe [...], als ob niemand mitläse, als ob ich unbefangen, als ob ich vertraulich schriebe" (WB, 62). Der Text illustriert die psychosomatischen Folgen einer systematischen Überwachung: „Konnte ich darüber noch Bedauern empfinden? Entsetzen? War es mir nicht selbstverständlich geworden?" (WB, 48) Doch es gibt Unterschiede zu heutigen Überwachungssituationen, die gerade eine Lektüre von *Was bleibt* offenlegen: „Jetzt wußte ich wieder, was ich damals plötzlich begriff: Sie hatten ihn in der Hand. Und ich erinnerte mich, daß mein Hochmut [...] mich hinriß, ihn leise zu fragen: Warum steigst du nicht aus. Und wie er [...] stocknüchtern drei Worte sagte: Ich – habe – Angst." (WB, 48) Die Überwachten sind sich, das illustrieren Wolfs Codewörter, die Als-ob-Briefe und die durchdringende Fokalisierung der Erzählung, der Allgegenwart der Bespitzelung durch Staat, Stasi, Nachbar:innen bewusst. Überwachung ist offenkundiger und *erfahrener* Teil des Systems, dessen Macht sich auf

---

7 „Im weiten Sinn wird immer dann ‚erzählt', wenn eine Geschichte dargestellt wird – unabhängig von den materialen und semiotischen Modi der Darstellung. Im engen Sinne wird [dagegen] erzählt, wenn diese Geschichte durch die vermittelnde Rede eines Erzählers präsentiert wird." (Matías Martínez: Erzählen. In: Ders. (Hg.): *Handbuch Erzählliteratur. Theorie, Analyse, Geschichte*. Stuttgart/Weimar 2011, S. 1–12, hier S. 2. „Als spezifisches Merkmal von Erzählen im engen wie im weiten Sinne bleibt das ‚Was' des Erzählens übrig: die Geschichte (*histoire*). Eine Geschichte besteht aus einer chronologisch geordneten Sequenz von konkreten Zuständen und/ oder Ereignissen, die kausal miteinander vernetzt sind und tendenziell in Handlungsschemata gefasst werden können." (Ebd., S. 11)
8 Christa Wolf: *Was bleibt*. Berlin 2007, S. 7. Nachfolgend mit der Sigle: WB.

deren Sichtbarkeit stützt. Überwachungsstaaten haben panoptische Strukturen. Sie können ihre Sichtachsen zwar in die Gesellschaft verlängern, etwa durch ‚Spitzel', haben aber ein Machtzentrum. Ferner haben diejenigen, die bei der Bespitzelung aktiv mitmachen, in Wolfs Roman etwa Freund Jürgen M., Angst auszusteigen. Und es wird zu anderen Zwecken auf das Innere gezielt als heute:

> Jetzt denkst du wie sie. [...] Die wollen, daß ich ihnen gleich werde, denn das ist die einzige Freude, die ihrem armen Leben geblieben ist: Andere sich gleich zu machen. Denkst du, ich spüre nicht, wie sie an mir herumtasten, bis sie den schwachen Punkt gefunden haben, durch den sie in mich eindringen können? Ich kenne diesen Punkt. Doch den sag ich niemand [...]. (WB, 69 f.)

Mittels Überwachung wird in diesem Kontext versucht, eine Übernahme der (parteilichen) Ideologie sicherzustellen und aus Individuen eine gleichförmige Masse zu formen. Im Privaten wird der Widerstand vermutet und daher versucht, Andersdenkende zu identifizieren. Zugleich gehen die Überwachten davon aus, ihren eigenen „schwachen Punkt" zu kennen, nach dem gesucht wird und ihn ein Stück weit zu kontrollieren. Dieses Narrativ des Überwachungsstaats prägt das Alltagswissen[9] und das ‚kollektive Gedächtnis'[10] um Überwachung. Durch dystopische Narrationen

---

[9] Das Konzept des Alltagswissen bestimmt mein literatursoziologische Erkenntnisinteresse. Hier schließe ich an Berger und Luckmann an, die die Aufgabe der Wissenssoziologie darin sehen, *„sich mit allem [zu] beschäftigen, was in der Gesellschaft als ‚Wissen' gilt [...]. Theoretische Gedanken, ‚Ideen', Weltanschauungen sind so wichtig nicht in der Gesellschaft. [...] [Sie] sind [...] nur ein Teil dessen, was ‚Wissen' ist. [...]. Aber jedermann in der Gesellschaft hat so oder so Teil an Wissen [...]. Die theoretischen Definitionen von ‚Wirklichkeit' beziehungsweise Realität – die philosophischen, naturwissenschaftlichen, ja, selbst die mythologischen – erschöpfen das nicht, was für den gesellschaftlichen Jedermann ‚wirklich' ist. Weil dem so ist, muß sich die Wissenssoziologie zuallererst fragen, was jedermann in seinem alltäglichen, nicht oder vortheoretischen Leben weiß [...]. Die gesellschaftliche Konstruktion der Wirklichkeit ist also der Gegenstand der Wissenssoziologie."* (Peter L. Berger/Thomas Luckmann: *Die gesellschaftliche Konstruktion der Wirklichkeit. Eine Theorie der Wissenssoziologie.* Übers. v. Monika Plessner. 23. Aufl. Frankfurt/M. 2010, S. 16.). Die Alltagswelt ist jene Wirklichkeit, die von Menschen begriffen, gedeutet und ihnen subjektiv sinnhaft wird (vgl. ebd., S. 21f.).
[10] Ich nutze an dieser Stelle den Term des ‚kollektiven Gedächtnisses' von Maurice Halbwachs. Er gehört jedoch zu jenen Begriffen, die oft unklar verwendet werden. Im Folgenden beziehe ich mich bei den Gedächtnis-Begriffen auf Aleida Assmann, die das Gemeinte des ‚kollektiven Gedächtnis' in soziales, politisches und kulturelles Gedächtnis differenziert (Aleida Assmann: *Der lange Schatten der Vergangenheit. Erinnerungskultur und Geschichtspolitik.* München 2006, S. 60). Das soziale Gedächtnis, ‚Generationengedächtnis', beruht auf lebendiger Kommunikation, geteilten Erfahrungen und Werten und ist auf 80 bis 100 Jahre befristet. „In einem engeren Sinne ‚kollektiv' kann allein eine Gedächtnisformation genannt werden, die zusammen mit starken Loyalitätsbindungen auch starke vereinheitlichte Wir-Identitäten hervorbringt." (Ebd., S. 36). Das

wie George Orwells *1984* (1949) verfestigte sich die Vorstellung eines panoptischen Blickregimes,[11] das Individualkörper diszplinierend überwacht und bei dem Überwachung unterdrückend erfahren wird. Heute lässt sie sich nicht mehr ausschließlich so begreifen. Haggerty und Erikson betonen mit dem Begriff der ‚surveillance assemblage‘ daher die rhizomatische Vielheit von Überwachung. Ein Zentrum der Überwachung gibt es – anders als noch in der Logik des Romans von Christa Wolf – nicht mehr. Überwachung lässt sich als Assemblage, als Gefüge aus heterogenen, funktional und temporär miteinander verbundenen Praktiken, Akteur:innen und Instanzen, Techniken und Diskursen verstehen. Ein solches Gefüge ist emergent und instabil, es kann sich stetig neu oder anders zusammenfinden. Wo heute auf den Individualkörper zugegriffen wird, so die Autoren, wird er nicht mehr als zu formende Einheit angesehen, sondern in eine Reihe von Zeichen zerlegt und diese Informationen durch das Zusammenwirken verschiedener Ströme als virtuelles ‚Daten-Double‘ wieder zusammengesetzt. Das Konzept betont außerdem das fortschreitende ‚Verschwinden des Verschwindens‘. Jede:r ist beteiligt, niemand kann sich entziehen.[12] In den meisten Kontexten ist die ‚Big Brother‘-Metapher daher mittlerweile eine zwar weiterhin beliebte, aber ungeeignete Chiffre für die digitale (Selbst-)Überwachung geworden.[13] Als Chiffre für die Bedrohung einer demokratischen und humanen Gesellschaft durch Überwachung wirkt Orwells Roman aber berechtigterweise kulturell stark fort.[14] Gleichwohl: In den letzten Jahren wurden vermehrt Texte von Franz Kafka, allen voran *Der Proceß* (1925), herangezogen, um Überwachungsphänomene der Gegenwart zu beschreiben. Forscher:innen interessieren sich für die Undurchsichtigkeit der im Hintergrund agierenden Mächte und K.s Verstrickungen in die Sphäre der Macht.[15] Auch Aldous Huxleys *Brave New World* (1932) und Friedrich

---

gilt im Besonderen für das politische Gedächtnis: „Wo Geschichte im Dienst der Identitätsbildung steht, wo sie von den Bürgern angeeignet und von den Politikern beschworen wird, kann man von einem ‚politischen‘ oder ‚nationalen‘ Gedächtnis sprechen." (Ebd., S. 37). Das kulturelle Gedächtnis sichert kulturelle Identität und ist das von Spezialist:innen verwaltete Speicher- und Funktionsgedächtnis einer Gemeinschaft.

11 Vgl. Michel Foucault: *Überwachen und Strafen. Die Geburt des Gefängnisses*. Übers. v. Walter Seitter. 15. Aufl. Frankfurt/M. 2015. Ausführungen zum Panopticon in Kap 3.1.
12 Vgl. Kevin D. Haggerty/Richard V. Ericson: The Surveillance Assemblage. In: *British Journal of Sociology* 51 (2000). Heft 4, S. 605–622; hier u. a. S. 611 f.; 608 f.; S. 619. Ausführlicher zur Surveillance Assemblage in Kap. 3.1.
13 Vgl. zum Gedanken der Antiquiertheit der Orwell-Metapher beispielsweise: Daniel J. Solove: *The Digital Person: Technology and Privacy in the Information Age*. New York 2004; David Lyon: *The Culture of Surveillance*, S. 1 f.
14 Vgl. Peter Marks: *Imagining Surveillance. Eutopian and Dystopian Literature and Film*. Edinburgh 2015, S. 81.
15 Vgl. Daniel J. Solove: *The Digital Person*, S. 36 ff.

Dürrenmatts *Der Auftrag* (1986) brechen das panoptische Schema auf, doch wird auf sie weniger verwiesen, womöglich, da beide keine derart reduzierenden Schemata und Alltags-Metaphern bereitstellen. So sehr Dürrenmatts Beobachtungsschleifen geeignet wären, die Ströme des Überwachungsnetzes zu veranschaulichen, so sehr ist dieses Bild für das gelebte Gedächtnis untauglich.

In der Wissenschaft widmen sich diesen Überwachungsnetzen seit einigen Jahren die interdisziplinär ausgerichteten Surveillance Studies. Sie forschen zumeist soziologisch, rechtswissenschaftlich, kulturanthropologisch oder ingenieurwissenschaftlich orientiert,[16] suchen aber auch Anleihen in der Literatur, um (Macht-)Mechanismen und Praktiken zu illustrieren.[17] Die Harvard-Ökonomin Shoshana Zuboff findet beispielsweise literarische Metaphern, wenn sie die Logik des Überwachungskapitalismus als ‚faustischen Pakt' beschreibt, dem sich keine:r entziehen kann, selbst wenn der Tauschwert das eigene Leben unwiderruflich verändern wird.[18] Damit wird nicht nur die Kulturalität der Überwachung betont, sondern in starkem Maße auch die Rolle der Literatur im Diskurs. Deren Erzählwelten sind oft von der Idee eines repressiv operierenden Staates geprägt. Doch die Übersiedelung des individuellen wie sozialen Lebens ins Digitale, und damit auch die lustvolle Partizipation an Überwachung, radikalisiert und pluralisiert Machtverhältnisse zugleich. Die Autor:innen der Gegenwart diskutieren daher in ihren Erzählungen Analogien und Differenzen zu historischen Situationen und literaturhistorischen Überwachungserzählungen. In gewisser Weise hängen wir zwischen Vergangenheit und Zukunft in einer ‚breiten Gegenwart'.[19] Die Allgegenwart von Überwachung und ihr Zweck zur Menschenführung begünstigt zwar eine Assoziation mit historischen Überwachungsstaaten, doch die fehlende Erfahrbarkeit und Repressivität sowie ihre Nutzergeneriertheit sprechen dagegen.[20]

---

16 Vgl. Nils Zurawski: Einleitung: Surveillance Studies. Perspektiven eines Forschungsfeldes. In: Ders. (Hg.): *Surveillance Studies: Perspektiven eines Forschungsfeldes*. Opladen et al. 2007, S. 7–24, hier S. 7.
17 Peter Marks untersuchte die Verwendung der literarischen Fiktion in den Ausführungen von Überwachungstheoretiker:innen in seiner Studie zu filmischen und literarischen Überwachungserzählungen (vgl. Peter Marks: *Imagining Surveillance*, hier S. 12–35).
18 Vgl. Shoshana Zuboff: *Im Zeitalter des Überwachungskapitalismus*. Übers. v. Bernhard Schmid. Frankfurt/M. 2018, S. 25.
19 Vgl. Hans Ulrich Gumbrecht: *Unsere breite Gegenwart*. Übers. v. Frank Born. Berlin 2010, S. 16: „Zwischen dieser uns überflutenden Vergangenheit und jener bedrohenden Zukunft, ist [...] die Gegenwart zu einer sich verbreitenden Dimension der Simultaneitäten geworden." (Ebd.)
20 „This surveillance sometimes seems indefensibly ubiquitous even though it clearly has a user-generated aspect. Equally, most are aware that people send those emails – or spend hours each day on social media platforms – even when they know, however hazily, about the risks, which they seemingly discount. This is the shallow end of surveillance culture. [...] Here surveil-

Überwachung wird beschrieben als „an everyday fact of life that we not only encounter from outside, as it were, but also in which we engage, from within, in many contexts".[21] Das Problem für die Erzählgemeinschaft ist nicht die Unvorstellbarkeit eines weltumspannenden, geheimdienstlichen Überwachungsnetzes – in diesem Aspekt könnte das manifeste *Narrativ des Überwachungsstaates* global expandieren, sich variativ ausdehnen. Es ist vielmehr der Umstand, dass das Zentrum verschwunden und Überwachung zum Lebensstil geworden ist: „watching itself has become a way of life".[22] Die Internalisierung einer nunmehr positiv konnotierten Überwachungsideologie[23] zeigt, dass diese Kultur sich nicht durch Schuld-und-Unschulds-Narrative oder Dichotomien von Gut und Böse, Überwacher:innen und Überwachten, ergründen lässt. Die digitalen Kommunikations- und Lebensformen führen zwar in die Architekturen von Internetgiganten, doch ‚Big Brother' gleichzusetzen mit Google, Apple, Facebook, Amazon oder Microsoft (GAFAM) und zwischen ohnmächtigem Individuum und überwachendem Unternehmen zu differenzieren, geht nicht auf. Überwachung wird gelebt. Das schließt eine kollektive Überwachungsideologie ein, die im Silicon Valley ihren Ursprung hat, von dort über Google in die Gesellschaft sickerte[24] und nun Teil jedes Körpers ist.

> Silicon Valley-isten liegt daran, eine „soziale Konstruktion der Wirklichkeit (also zukünftige Situationen von Zuhandenheit) zu etablieren, und bei diesem Versuch verwenden […] [sie, SH] auch gelegentlich Argumente, die zur Struktur der Vorhandenheit, zum klassischen Paradigma der Wahrheit und zur Epistemologie der Metaphysik gehören – etwa wenn sie in Anspruch nehmen, dass zukünftige Szenarien sich aufgrund einer Analyse vergangener Ereignisse (und über entdeckte Gesetze der Veränderung) hochrechnen lassen."[25]

---

lance once existed at the edges of everyday life." (David Lyon: Exploring Surveillance Culture. In: *On_Culture: The Open Journal for the Study of Culture* 6 (2018). URL: http://geb.uni-giessen.de/geb/volltexte/2018/13899/pdf/On_Culture_6_Lyon.pdf [19.09.2022]).
21 David Lyon: *The Culture of Surveillance*, S. 4.
22 David Lyon: *The Culture of Surveillance*, S. 1.
23 Unter dem Begriff ‚Überwachungsideologie' bzw. ‚Ideologie der Überwachung' verstehe ich das implizite Werte- und Überzeugungssystem, laut dem (Selbst-)Überwachung als positiv und erstrebenswert empfunden und/oder dargestellt wird. Zu dieser Ideologie gehören beispielsweise Narrative der Transparenz, der (Selbst-)Optimierung, der Risiko- und Gefahrenabwehr, die alle mehr oder minder implizieren, dass (Daten-)Überwachung zum – im weiten Sinne gemeinten – individuellen oder gesellschaftlichen Erfolg führt.
24 Vgl. Shoshana Zuboff: *Im Zeitalter des Überwachungskapitalismus*, S. 24; S. 85.
25 Hans Ulrich Gumbrecht: Wahrheit in Silicon Valley? In: Peter Strohschneider/Günter Blamberger/Axel Freimuth (Hg.): *Vom Umgang mit Fakten. Antworten aus Natur-, Sozial- und Geisteswissenschaften*. Paderborn 2018, S. 59–64, hier S. 63 f.

Diese Ideologie ist die Ausformung eines Glaubens an die Berechenbarkeit von Körper, Geist und Zukunft. Sie folgt einer Logik der Datenakkumulation[26] und der Überzeugung, alles steigern zu können, wenn nur genug (Verhaltens-)Daten gesammelt werden und so zu einer eindeutigen Wahrheit zu gelangen. Das sei, schreibt Sascha Lobo, „das Gruseligste an dieser Ideologie: Sie konstruiert aus einem Wust von Daten eine vermeintliche Realität".[27] Hier interveniert Literatur. Sie stellt diesen errechneten – also durch Operationen ebenso fingierten – ‚Realitäten' eine alternative Realität entgegen: Fiktion konfrontiert Fiktion.[28] Es verwundert daher nicht, dass viele Überwachungsromane den Topos der Wahrheitsfindung integrieren und die Grenze zwischen Realität und Fiktion umspielen. Datenüberwachung folgt der Idee der *Transparenz*,[29] in der alles sichtbar und ausgestellt sein muss. *Sichtbarkeit* behauptet Kontrollierbarkeit. Überwachungsarchitekturen wie technische Geräte sind dabei nur Manifestationen von sozialen Umbrüchen und Gesellschaftserzählungen. In Ulrich Becks *Risikogesellschaft* (1986) dominiert die ‚Logik der Risikoproduktion': An die Stelle des Ideals der Gleichheit tritt die Utopie der Sicherheit,[30] die „eigentümlich *negativ* und *defensiv* [bleibt]: Hier geht es im Grunde genommen nicht mehr darum, etwas ‚Gutes' zu erreichen, sondern nur noch darum, das Schlimmste zu *verhindern*".[31] Beck betont die Antizipation: Nicht die Risiken selbst bestimmen den Geist der Zeit, sondern ihre Erwartung und Inszenierung.[32] Ein Regime der Sicherheit verlangt in der Folge das der *Prävention*,[33] dessen Credo lautet: Zukünftigen Risiken muss heute vorgebeugt werden. Zuletzt schreibt Beck, die Welt wandelt sich nicht, sie ‚metamorphosiert'. Es gilt das Gebot einer kosmopolitischen Handlungsweise: „Natürlich steht es jedem frei, keine Flugzeuge zu benutzen und kein E-Mail-Postfach zu öffnen. Doch wer sich so entschei-

---

26 Vgl. Shoshana Zuboff: *Im Zeitalter des Überwachungskapitalismus*, S. 73 und S. 89.
27 Sascha Lobo: Daten, die das Leben kosten. In: Frank Schirrmacher (Hg.): *Technologischer Totalitarismus. Eine Debatte*. Berlin 2015, S. 107–117, hier S. 109f.
28 In dieser Arbeit verstehe ich unter ‚Fiktion' nicht nur literarische Kunstwerke, sondern Eva Horn folgend auch „Denk- und Redefiguren von Philosophen oder Soziologen [...]. Fiktionen sind nicht zuletzt auch die wissenschaftlichen Extrapolationen, die Hypothesen, Szenarien und Simulationen". (Eva Horn: *Zukunft als Katastrophe*. Frankfurt/M. 2014, S. 36) Eine differenziertere Ausführung findet in Kapitel 2.3 statt.
29 Vgl. Byung-Chul Han: *Transparenzgesellschaft*. 3. Aufl. Berlin 2013.
30 „An die Stelle des Wertsystems der ‚ungleichen' Gesellschaft tritt also das Wertsystem der ‚*unsicheren*' Gesellschaft." (Ulrich Beck: *Risikogesellschaft. Auf dem Weg in eine andere Moderne*. Frankfurt/M. 1986, S. 65)
31 Ebd.
32 Vgl. Ulrich Beck: *Risikogesellschaft*, S. 43 ff.
33 Vgl. Ulrich Bröckling: Prävention. In: Ders./Susanne Krasmann/Thomas Lemke (Hg.): *Glossar der Gegenwart*. Frankfurt/M. 2004, S. 210–215.

det, schließt sich aus Erfolg verheißenden Handlungsräumen aus."[34] Wer sich verwehrt, verliert. Beck betont die Vorausschau der Katastrophe oder des Risikos[35] und markiert, dass diese Vorausschau eine narrative ist. Damit wird erzählend gehandelt. Das Überwachungsparadigma geht aus dieser Risikogesellschaft hervor. Überwachung braucht Risiken. Ohne derlei Risikoerzählungen lässt sie sich weder begründen, legitimieren oder kritisieren. Weiter scheint dem Habermas'schen *Strukturwandel der Öffentlichkeit*[36] einer der *Privatheit*[37] zu folgen, spätestens die umfassende Digitalisierung zerrt an der vermeintlichen Grenze zwischen öffentlicher und privater Sphäre. Als Drittes fordert das Leben in der *Kontrollgesellschaft*[38] ein Selbstunternehmertum in Rivalität, bei dem jede:r für das eigene Fortkommen, aber auch das eigene Versagen selbstverschuldet und verantwortlich ist. Das bedingt stetige *Selbstoptimierung* der eigenen Marktfähigkeit. Diese *Technologien des Selbst*[39] werden zur Kultur, weil Gesellschaftserzählungen der (Post-)Moderne wirksam sind. Überwachung ist auf solche legitimierenden ‚Begleit- oder Risikoerzählungen der Überwachung' angewiesen.

Die Prämisse dieses Buchs lautet: Überwachung ist auch ein Erzählphänomen. Ohne das stetige Erzählen ihrer selbst und ihrer Begleiterzählungen wird (Selbst-)Überwachung hinfällig. Das gilt gerade dort, wo Überwachung die offensichtliche Funktion eines (staatlichen) Repressionsinstruments verliert, sondern, mit Ulrich Bröckling gesprochen, ‚sanft führt'.[40] Sofern Überwachung auch ein narratives Phänomen ist – bei dem im Sinne Mieke Bals das Narrative nicht als Gattung, sondern als Modus zu verstehen ist[41] –, lassen sich ihre narrativen Strukturen in Lektüren erarbeiten.

---

34 Ulrich Beck: *Metamorphose der Welt*. Übers. v. Frank Jakubzik. Berlin 2016, S. 22 f.
35 Vgl. Ulrich Beck: *Metamorphose der Welt*, S. 32.
36 Vgl. Jürgen Habermas: *Strukturwandel der Öffentlichkeit. Untersuchungen zu einer Kategorie der bürgerlichen Gesellschaft*. Berlin 1990.
37 Vgl. Sandra Seubert/Volkswagenstiftung/et al.: *Strukturwandel des Privaten. Interdisziplinäres Forschungsprojekt*. URL: https://strukturwandeldesprivaten.wordpress.com/ [13.02.2021]. Zur Theorie und dem Wert des Privaten vgl. Kap. 3.6.
38 Vgl. Gilles Deleuze: Postskriptum über die Kontrollgesellschaft. In: Ders.: *Unterhandlungen. 1972–1990*. Übers. v. Gustav Roßler. Frankfurt/M. 1993. Näheres zur Kontrollgesellschaft in Kap. 3.1.
39 Vgl. Foucaults Begriff der ‚Technologien des Selbst' (Michel Foucault: Technologien des Selbst (1982). In: Daniel Defert/ François Ewald (Hg.): *Dits et Ecrits. Schriften in vier Bänden*. Bd. IV. Frankfurt/M.: Suhrkamp 2005, S. 966-999).
40 Vgl. Ulrich Bröckling: *Gute Hirten führen sanft. Über Menschenregierungskünste*. Berlin 2017.
41 „[D]as Narrative [ist] keine Gattung, sondern ein Modus […]; weil es nicht bloß eine literarische Form, sondern als kulturelle Kraft lebendig und aktiv ist; weil es ein vorrangiges Reservoir unseres kulturellen Gepäcks ausmacht, welches uns dazu befähigt, aus einer chaotischen Welt und den in ihr stattfindenden unverständlichen Ereignissen Sinn herauszuholen; und letztlich, aber nicht letztrangig: weil das Narrative zur Manipulation benutzt werden kann." (Mieke Bal:

Einen Ausgangspunkt bilden also folgende Überlegungen: Zum einen ist der Begriff der ‚*Überwachung als Erzählung*' zu verstehen und zum anderen wird in der Wahrnehmung und Verarbeitung von gegenwärtiger Überwachung auf kulturelle Narrative und ‚*Erzählungen der Überwachung*' zurückgegriffen. In einem engeren Sinne bezieht sich der Begriff ‚Erzählungen der Überwachung' auf fiktionale Erzählungen im kulturellen Gedächtnis, die als Wahrnehmungsmuster der erfahrenen Gegenwart übergestülpt werden. Man denke wie eingangs erwähnt an George Orwells Klassiker *1984*, oder an den in der jüngsten Zeit zum Referenzwerk avancierenden Roman *The Circle* (2013) von Dave Eggers. Diese Einzelnarrationen geben den ‚*Narrativen der Überwachung*' – wie dem ‚Überwachungsstaat' der ‚Selbstüberwachung' der ‚Überwachungskultur' – einen fiktionalen Aushandlungsort und damit eine Vorstellung und Erfahrbarkeit. In einem weiteren Sinne fasse ich unter Erzählungen der Überwachung auch die aufgezeigten impliziten wie faktualen ‚Begleiterzählungen', die diese Kultur hervorbringen. Dazu gehören beispielsweise Erzählungen der (Un-)Sicherheit und des Risikos, der Transparenz, Prävention und Optimierung, der Digitalisierung oder das Narrativ der technischen Lösbarkeit gegenwärtiger Probleme. Es geht also um fiktionale und faktuale Narrationen und Narrative, die mit dem Überwachungsdiskurs verschmolzen sind.

In der Konsequenz stellen sich drei Kernfragen: Erstens, wie lauten und funktionieren Überwachungserzählungen? Zweitens, welche Erzählungen legitimieren sie? Damit meine ich, auf welche narrativen Darstellungen und Probleme erscheint Überwachung als Lösung? Und drittens, welche Strukturmerkmale und Funktionen haben diese Erzählungen? Diesen Fragen spürt dieses Buch nach. Es verfolgt das Ziel, die ‚Kulturen der Überwachung', ihre gesellschaftliche Akzeptanz sowie ihre alltäglichen Figurationen zu beleuchten.

Überwachung als Erzählung

Klassische Definitionen von Überwachung haften an der Vorstellung einer verdächtigen Person, wohingegen gerade Phänomene von ‚new surveillance' eher auf Massen, Systeme, Kontexte, (Zeit-)Räume oder Netzwerke zielen.[42] Lyon fasst den Begriff der Überwachung daher weit: „In this context, it is any collection and pro-

---

Kulturanalyse. Hg. und mit einen Nachwort versehen v. Thomas Fechner-Smarsly und Sonja Neef. Übers. v. Joachim Schulte. Frankfurt/M. 2006, S. 9).
42 Vgl. Gary T. Marx: What's new about the „new surveillance"? Classifying for change and continuity. In: Sean P. Hier/Josh Greenberg (Hg.): *The Surveillance Studies Reader*. New York 2007, S. 83–94, hier S. 84. Marx unterscheidet zwischen ‚Old and New Surveillance'. „These [new surveillance, SH] probe more deeply, widely and softly than traditional methods, transcending natu-

cessing of personal data, whether identifiable or not, for the purposes of influencing or managing those whose data have been garnered."[43] Menschen erhalten also aufgrund bestimmter Verhaltensweisen oder Zugehörigkeiten besondere Aufmerksamkeit. Solchen Praktiken sind Machtverhältnisse eingeschrieben, in denen der überwachende Akteur in der Regel privilegiert ist. Es geht um Sichtbarkeit und das Sichtbarmachen.[44] Dabei meinen die deutschen Begriffe ‚beobachten' und ‚überwachen' scheinbar ähnliche Praxen: Beide bezeichnen Verfahren besonderer Aufmerksamkeit. Die Differenzierung beider Begriffe wurde verschiedentlich über deren Etymologie versucht. ‚Wachen' leitet sich von ‚wach-sein' (lat. ‚vigilare') ab, wurde zu ‚wachsam' und gewann eine schützende Bedeutung. Das Präfix ‚über-' trägt verschiedene Aspekte zum Stamm: Es deutet Bewegungen über oder durch einen Raum an, damit verbunden oft eine tatsächliche (überfliegen, übersiedeln) oder metaphorische Höhe (überhöhen, überragen); es kann pejorativ die Überschreitung eines Maßes bezeichnen (überfordern, übertreiben), eine Form der Macht zum Ausdruck bringen (überwältigt, übertroffen) oder die Überwindung eines Zeitraums meinen (überdauern, überleben).[45] All diese Konnotationen können in der Perspektivierung des Begriffs ‚überwachen' – das heißt in der eingenommenen Wahrnehmungs- und Darstellungseinschränkung bzw. dem Gestus – gemeint sein. Damit erhält ‚überwachen' jedoch eine Bedeutungsunschärfe, die nur der Kontext erhellt. ‚Beobachten' dagegen leitet sich von ‚Obacht' ab, achtgeben auf etwas. So kann beobachten als Phänomen des zielgerichteten Betrachtens verstanden werden. Während ‚überwachen' eine Form von Schutz oder Kontrolle beinhaltet, was David Lyon die „two faces of surveillance" nennt,[46] ist ‚beobachten' ‚Sehen unter be-

---

ral (distance, darkness, skin, time and microscopeic size) and constructed (walls, sealed, envelopes) barriers that historically protected personal information." (Ebd., S. 83)

[43] David Lyon: *Surveillance Society. Monitoring Everyday Life*. Buckingham 2001, S. 2. „In what follows, surveillance means the operations and experiences of gathering and analysing personal data for influence, entitlement and management." (David Lyon: *The Culture of Surveillance*, S. 6). Vgl. auch David Lyon: *Surveillance after Snowden*. Cambridge 2015, S. 8.

[44] Vgl. David Lyon: *Surveillance Studies*, S. 13–16.

[45] Vgl. o. V.: ‚über-'. In: *Digitales Wörterbuch der deutschen Sprache*. URL: https://www.dwds.de/wb/über- [19.09.2022].

[46] „[Surveillance, SH] both enables and constrains, involves care and control." (David Lyon: *Surveillance Society*, S. 3) Die fürsorgliche Seite zeigt sich im Schutz vor Krankheiten, Kriminalität. Die zweite Seite betont die Kontrolle. Es hat sich in den Surveillance Studies etabliert, mit ‚Überwachung' die Bedeutungen des englischen ‚surveillance' zu meinen. Der Begriff gewinnt eine Kontrollbedeutung, die für die Forschungsfragen der Surveillance Studies zentral ist. Davon will ich ‚beobachten' abgrenzen: Während ich mit ‚überwachen' jene Kontrollfunktion mitdenke, spreche ich von ‚beobachten', wenn ein kontrollierender oder gar manipulierender Zweck intentional eher nicht verfolgt wird.

stimmter Dauer'. Prägnanter wird die Unterscheidung erst, wenn sich den Begriffen narratologisch genähert wird. Mieke Bal versteht Begriffe[47] als Metaphern und Metaphern als ‚Mini-Erzählungen':

> Unter Metaphern verstehe ich die Ersetzung eines Ausdrucks durch einen anderen. [...]. Die Ersetzung ist irgendwie sinnerfüllt. [...] Denn es ist ein Ersatz für etwas anderes; allerdings nicht für einen einzigen Ausdruck, sondern, wie ich darlegen werde, für eine Geschichte. [...] Diese Interpretation der Metapher als einer Mini-Erzählung vermittelt Einsicht, allerdings nicht in das, was der Sprecher ‚meint', sondern in das, was eine kulturelle Gemeinschaft als Interpretation für akzeptabel erachtet, und zwar so akzeptabel, daß die Interpretation gar nicht als metaphorisch angesehen wird.[48]

Was Bal als ‚Mini-Erzählungen' bezeichnet, werde ich mit Bezug auf das Gemeinte im Folgenden als ‚Begriffserzählungen' bezeichnen.[49] Bal blickt also auf die oben zitierte Weise auf Metaphern, Begriffe und Theorien.[50] Überall schwinge eine Erzählung mit, die einiges sichtbar und anderes unsichtbar werden lasse. So spürt sie auch konzeptionelle Narrative auf, die mit der Verwendung von Begriffen einhergehen. Durch narrative Analysen der Begriffe können unsichtbare Aspekte wieder in den Blick gerückt werden. Bal rekonstruiert solche Erzählungen und fragt nach dem, was bei der Verwendung eines Begriff ‚unsichtbar' werden kann:

> Wenn man [...] ein Verb zum Substantiv macht, wird der Begriff analysierbar, diskutierbar. Das ist ein Gewinn. Es gibt aber auch Verluste. Was man dabei aus dem Blick verliert, ist das Aktive des Bezugsgegenstands, das Narrative der Handlung einschließlich der Subjektivität der beteiligten Akteure. Mit dem Subjekt verschwindet auch die Verantwortung für die Handlung – wobei Verantwortung eine kulturspezifische Bedeutung hat [...]. Stattdessen bleibt die ganze Erzählung implizit und wird gleichsam durch das abkürzende Substantiv übersprungen. Das Subjekt, von dem das Wort gebraucht wird, ist beispielsweise der Erzähler der Geschichte. Das Subjekt, dessen Sichtweise von dem Wort impliziert wird, ist dessen Fokalisator. Daneben gibt es Akteure. Der Prozeß, in dem alle diese Figuren interagieren – die *fabula* –, ist dynamisch: Er bringt Veränderungen hervor [...]. Durch eine narrative Analyse des Substantivs können diese Aspekte wieder in den Blick gerückt werden.[51]

---

47 Mieke Bals spricht von ‚travelling concepts'. Die Übersetzung von ‚concept' mit ‚Begriff' übernehme ich von Fechner-Smarsly und Neef, die den deutschsprachigen Band herausgaben: Mieke Bal: *Kulturanalyse*. Hg. v. Thomas Fechner Smarsly/Sonja Neef. Übers. v. Joachim Schulte. Frankfurt/M. 2006. Vgl. zur Übersetzung u. a. die Seiten 7; 336; 337; 342.
48 Mieke Bal: *Kulturanalyse*, S. 48–52.
49 Der Term Mini-Erzählung irritiert: Meint er einerseits eben gerade einen weiten Begriff von Erzählung und keinen engen. Er meint keine, wie man zunächst vermuten könnte, literarische Prosaerzählung in Miniatur, sondern eine implizite kollektive Erzählung eines Begriffes. Damit ist andersseits die Reichweite dieser Erzählung eben nicht klein (mini), sondern enorm groß, wenngleich die Erzählung hinter Begriffen oftmals kollektiv unbewusst verwendet wird.
50 Vgl. Mieke Bal: *Kulturanalyse*, S. 60.
51 Ebd., S. 56.

In einer solche Begriffsanalyse muss ‚überwachen' von ‚beobachten' unterschieden werden. So treten die wesentlichen Differenzen und Merkmale zutage: Der Begriff ‚Überwachen' ist eine komplexere Erzählung. ‚Beobachten' benötigt zwei an der Geschichte beteiligte Akteur:innen: eine:n beobachtende:n Akteur:in und das Blick-Objekt. Beobachtete können die Beobachtenden ebenfalls beobachten, was sich auf die Seins-Struktur der Beobachter:innen auswirkt, die sich mit Jean-Paul Sartre durch den Blick des Anderen ihres Objektseins in Raum und Zeit bewusst werden und damit beschämt oder stolz die Werturteile des Anderen übernehmen.[52] An den Strukturelementen der Beobachtungserzählung ändert das aber nichts Wesentliches: Eine Figur handelt, indem sie perspektivisch auf etwas oder jemanden blickt, in Raum und Zeit, d. h. in bestimmter Dauer oder Häufigkeit. „Nehmen wir an, ich sei aus Eifersucht, aus Neugier, aus Verdorbenheit so weit gekommen, mein Ohr an eine Tür zu legen, durch ein Schlüsselloch zu gucken […]."[53] Der Beobachter motiviert seine Handlung (Neugier, Eifersucht) und generiert Wissen, doch die Art des Wissens und die Motivierung der Handlungen von Beobachten und Überwachen sind unterschiedlich. Der Bedeutungskomplex hinter dem Begriff ‚Überwachen' erhält Konturen, wenn man ihn als Erzählung mit einer größeren Anzahl an Handlungs-Ereignissen begreift, die die Handlungskette in fester Reihenfolge anordnet. Element der Erzählung ‚Überwachen' ist immer auch das Beobachten, dessen Kern lautet: V beobachtet W, ggf. mithilfe von X und Y. Eine Textstelle aus Anna Seghers Roman *Das siebte Kreuz* (1942) illustriert, inwieweit Beobachtung Teil aller Überwachung ist und was das Überwachen von bloßem Beobachten unterscheidet:

> Elli war Tag und Nacht überwacht, seit sie entlassen worden war, zu dem Zweck, für ihren früheren Mann zum Verhängnis zu werden […]. Gestern abend war sie im Kino keinen Augenblick unbewacht geblieben. Ihre Haustür war über die ganze Nacht beobachtet. Dichter hätte das Netz nicht sein können, das über ihren hübschen Kopf geworfen war […]. Ebenso, wie die Polizei aus all ihren Akten und Kartotheken, aus all ihren Protokollen ihr Wissen über das frühere Leben des Flüchtlings, ihr Netz über die Stadt legte mit immer dichteren Maschen, ebenso legte auch Franz ein Netz, das von Stunde zu Stunde dichter wurde […]. Es brauchte ein Wissen anderer Art, um sie aufzustöbern.[54]

Wer von Überwachung spricht hat tatsächlichen oder suggerierten Überblick über Raum und Zeit. Das scheint Strukturbedingung. Gleich ob narratorial oder figural von Überwachen gesprochen wird perspektivieren die Sprecher:innen Überwachen

---

[52] Vgl. Jean-Paul Sartre: Der Blick. In: Ders.: *Das Sein und das Nichts. Versuch einer phänomenologischen Ontologie*. Übers. v. Hans Schöneberg/Traugott König. Aufl. 22. Hamburg 1993, 457–538, hier S. 470.
[53] Jean-Paul Sartre: Der Blick, S. 467ff.
[54] Anna Seghers: *Das siebte Kreuz. Roman*. 3. Aufl. Darmstadt/Neuwied 1975, S. 151f.

mit einem raumzeitlichen Übersehen. Deutlich wird auch die Intentionalität. Überwachen hat eine Zweckbestimmung: Etwas oder jemand wird überwacht, um damit etwas zu erreichen. Oftmals soll die Überwachung direkt auf die Überwachten zurückwirken, sie verändern. Hier soll Ellis Verhalten so überwacht werden, dass es zum Verhängnis wird. Ein wichtiger Aspekt ist die Anzahl an Operationen. Die Instanzen der Erzählung sind ebenso die Akteur:innen (V) und die zu Überwachenden (Elli/W), die nicht, wie im Beispiel, notwendigerweise verschieden sein müssen. Doch damit V Elli überwacht, muss V Elli und mit ihr in Verbindung stehende Elemente (Kino, Haustüre) in bestimmter Dauer (Tag und Nacht, die ganze Nacht) beobachten, die Daten erfassen, das Erfasste mit dem Erwarteten/Normalen/Gewöhnlichen abgleichen (das frühere Leben) und Übereinstimmungen und Abweichungen verarbeiten, erst dann generiert V das Überwachungswissen über Elli. Überwachung ist auch eine Erzählung, da sie Elemente in Beziehung setzt, ordnet, motiviert und nach Aussagen sucht.

Der Abgleich des Beobachteten und Erfassten mit einem Referenzsystem ist bestimmendes Element der Erzählung, denn Überwachen ist die Suche nach einer Norm und Abweichung von dieser. Überwachen ist – wie es im Roman heißt – ein „Netz, das von Stunde zu Stunde dichter" wird. Das bedeutet, Überwachung ist etwas sich prozessual Intensivierendes, etwas das ‚wird'. Überwachung hat ‚agency'. Nicht nur, weil sie Welten erschafft, oder, wie Lobo meint, ‚aus einem Wust von Daten Realitäten konstruiert', sondern auch, weil sie immer ‚dicht' wird. Das heißt, das am Ende generierte Überwachungswissen ist eine im Geertz'schen Sinne ‚dichte Beschreibung':[55] Es ist nicht nur interpretationsbedürftig, sondern es schreiben sich auch bereits die Perspektiven der Überwacher:innen in dieses Wissen ein, es ist nicht neutral. Es ist, in Seghers Worten, ein „Wissen anderer Art". V hat vermutlich eine Reihe von Medien (Y) oder Technologien (Z) eingesetzt. Um den Zweck (zum Verhängnis zu werden) zu verfolgen, muss V das Überwachungswissen in irgendeiner Form (auf Elli) anwenden und dann prüfen, ob sich etwas verändert.

Seghers Textstelle verdeutlicht, was Überwachen meint. Die epistemologischen Handlungen einer Überwachungserzählung sind also das Beobachten, Erfassen, Abgleichen, Verarbeiten, Generieren, Rückführen des Wissens und – das ist entscheidend – die Wiederholung der Handlungskette. Überwachung ist eine Erzählung ohne Ende. Das Überwachungswissen ist Ergebnis mehrerer epistemologischer Handlungen. Die Erzählung schließt zwingend das Hervorbringen von Steuerungs- oder Kontrollwissen ein, das ‚dicht' und vorinterpretiert ist. Das Be-

---

[55] Vgl. Clifford Geertz: *Dichte Beschreibung. Beiträge zum Verstehen kultureller Systeme.* 13. Aufl. Frankfurt/M. 2015, S. 7–43.

obachten bringt zwar auch Wissen hervor, das jedoch nicht zur Steuerung dienen muss. Es kann einem reinen Lustprinzip folgen, während der Überwachung vorrangig das Zweckprinzip[56] innewohnt – auch dort, wo sie lustvoll ausgeführt wird. Demnach muss das Überwachungswissen rückgeführt werden, um das zu Überwachende zu verbessern, zu schützen oder zu kontrollieren. Bal fragt stets, welche Subjekte von einem Begriff unsichtbar gemacht und welche Diskurse von diesen Subjekten heraufbeschworen werden, sobald sie durch Analyse wieder sichtbar werden.[57] Im Fall von Überwachen sind es weniger Subjekte als Handlungen und die perspektivische Dichtheit des Ergebnisses. Der Begriff ‚Überwachen' suggeriert, es gehe um eine singuläre Tätigkeit, tatsächlich bezeichnet er eine Vielzahl an Tätigkeiten. *Überwachung* als *Erzählung* zu begreifen, macht diesen Bedeutungskomplex und seine Perspektivierung sichtbarer. Überwachung ist mächtig, sie wirkt gesellschaftlich ordnend, klassifizierend, normierend. Sie ist „ein *fait social total*".[58] Lyon konkretisiert: „Es ist also nicht die Überwachung an sich, sondern die Art und Weise, wie sie Subjekte beeinträchtigt, auf die es [in ihrer Bewertung, SH] da ankommt."[59]

Erzählungen der Überwachung. Deutschsprachige Überwachungsromane der Gegenwart

Die deutschsprachige Gegenwartsliteratur hat in den letzten Jahren eine Reihe von Romanen hervorgebracht, die Überwachung thematisieren und dabei in unterschiedlicher Gewichtung Individuen als Überwachte und Selbstüberwachende zentrieren. Begonnen mit Ulrich Pelzers *Teil der Lösung* (2007) über Juli Zehs *Corpus Delicti* (2009) folgten, ohne Anspruch auf Vollständigkeit, Thomas Sautners *Fremdes Land* (2010), Friedrich von Borries' *1WTC* (2011), Angelika Meiers *Heimlich, heimlich mich vergiss* (2012), Robert M. Sonntags *Die Scanner* (2014), Marc Els-

---

56 „[I]t is the focused, systematic and routine attention to personal details for purposes of influence, management, protection or direction." (David Lyon: *Surveillance Studies*, S. 14) Lyon interessiert sich für sozialen Auslese (social sorting) und fokussiert daher Machtfragen und Benachteiligungen. Überwachung ist alltägliche Routine: „It is one of those major social processes that actually constitute modernity as such." (Ebd.)
57 Vgl. Mieke Bal: *Kulturanalyse*, S. 66 f.
58 Nils Zurawski: *Raum – Weltbild – Kontrolle. Raumvorstellungen als Grundlage gesellschaftlicher Ordnung und ihrer Überwachung*. Opladen et al. 2014, S. 114.
59 Leon Hempel/Jörg Metelmann: „Wir haben gerade erst begonnen". Überwachen zwischen Klassifikation und Ethik des Antlitzes. Interview mit David Lyon. In: Dies. (Hg.): *Bild – Raum – Kontrolle. Videoüberwachung als Zeichen gesellschaftlichen Wandels*. Frankfurt/M. 2005, S. 22–33, hier S. 24.

bergs *Zero. Sie wissen, was du tust* (2014), Tom Hillebrands *Drohnenland* (2014), Benjamin Steins *Replay* (2015), Eugen Ruges *Follower* (2016), Marc-Uwe Klings *QualityLand* (2017), Theresa Hannigs *Die Optimierer* (2017), Juli Zehs *Leere Herzen* (2017), Julia Lucadous' *Die Hochhausspringerin* (2018), Artur Dziuks *Das Ting* (2018), Sibylle Bergs *GRM. Brainfuck* (2019), Bijan Moinis *Der Würfel* (2019) bis hin zu Laura Lichtblaus *Schwarzpulver* (2020). Es sind politische Romane, deren Autor:innen sich oftmals auch jenseits ihrer Fiktionen gegen Massenüberwachung engagieren: Juli Zeh z. B. schreibt offene Briefe an die Bundeskanzlerin Angela Merkel und fordert eine transparente Strategie gegen die Praktiken der NSA. 2013 formiert sich ein internationaler Protest: *Writers Against Mass Surveillance*. Etwa 500 Schriftsteller:innen aus achtzig Ländern reagieren mit dem gemeinsamen Manifest *Die Demokratie verteidigen im digitalen Zeitalter* auf die NSA-Affäre.[60] Auch außerhalb des deutschsprachigen Raums fällt diese Zunahme auf. Zu dem bereits erwähnten Roman *The Circle* von Dave Eggers reihen sich beispielsweise *I am No One* (2016; übers. 2017) von Patrick Flanery, *Notre vie dans les forêts* (2017; übers. 2019) von Marie Darrieussecq oder *Kentukis* (2019, dt. *Hundert Augen* 2020) von der in Berlin lebenden argentinischen Autorin Samanta Schweblin. Auch Filme und TV-Serien wie *Minority Report* (2002), *Black Mirror* (2011) oder der als Serie adaptierte Roman von Margaret Atwood *The Handmaid's Tale* (1985/2017), die gerade auf wie Netflix oder Amazon beliebt sind, zeigen eines: Überwachungserzählungen sind gegenwärtig populär.[61]

---

[60] In Deutschland druckt die *Frankfurter Allgemeine Zeitung* den gesamten Text ab; vgl. FAZ.net, 10.12.2013. URL: https://www.faz.net/aktuell/feuilleton/buecher/themen/autoren-gegen-ueberwachung/demokratie-im-digitalen-zeitalter-der-aufruf-der-schriftsteller-12702040.html [19.09.2022].
[61] Man kann an Moritz Baßlers Konzept des ‚Populären Realismus' denken, der „die erfolgreiche narrative Norm unserer globalen, demokratischen, über Märkte gesteuerten Kultur [ist]. Er bedient unsere Nachfrage nach Unterhaltung und Bedeutung (*prodesse et delectare*) [...]. Weil Kunst und Literatur aber immer noch zu den bürgerlichen Werten gehören und wichtige Elemente im Selbstverständnis und Distinktionsverhalten unserer mittleren und höheren Schichten sind, besteht eine Nachfrage nach leicht und vergnüglich konsumierbaren Formen, die dem Rezipienten dennoch die Teilhabe an der Hochkultur suggerieren." (Moritz Baßler: Populärer Realismus. In: Roger Lüdeke (Hg.): *Kommunikation im Populären. Interdisziplinäre Perspektiven auf ein ganzheitliches Phänomen*. Bielefeld 2011, S. 91–103, hier S. 102). Im Falle der populären Überwachungsromane geht es weniger um die zu befriedigende ‚Teilhabe' an einer Hochkultur, denn diese Texte berufen sich nicht derart auf einen Kanon wie Baßler das beobachtet. Stattdessen suggeriert die Lektüre solcher Texte den Rezipient:innen, inmitten ihrer gemütlichen Teilhabe an der ‚Kultur der (Selbst-)Überwachung', eine scheinbar distanzierte Kritiker:innenposition zu ‚der' Überwachung einnehmen zu können: Sie befriedigt ein Bedürfnis nach einem (ideologie)kritischen Standpunkt ohne von den eigenen Praxen der Überwachung abrücken zu müssen.

Überwachungsromane sind per se politische Literatur:[62]

> [Als] freier Mensch, der sich an freie Menschen wendet, hat er [der Schriftsteller, SH] nur ein einziges Sujet: die Freiheit. [...] Die Kunst der Prosa ist mit dem einzigen System solidarisch, wo die Prosa einen Sinn behält: mit der Demokratie. Wenn die eine bedroht ist, ist es auch die andre. [...] Es kommt der Tag, wo die Feder gezwungen ist, innezuhalten, und dann muß der Schriftsteller zu den Waffen greifen. [...] Schreiben ist eine bestimmte Art, die Freiheit zu wollen; wenn man einmal angefangen hat, ist man wohl oder übel engagiert.[63]

Die Texte wenden sich an die Freiheit der Leser:innen, Verantwortung für das ‚Überwachungsuniversum' mitzutragen.[64] Dabei ist das Verhältnis von Literatur und dem Politischen ein enges; in manchem Text auch das zur Politik. Das zeugt von einer Autorschaft, zu deren Selbstverständnis es gehört, sich einzumischen. Autor:innen wie Juli Zeh beabsichtigen, in politische Debatten – im Sinne einer littérature engagée – einzugreifen, und zielen auf die Aufklärung einer breiteren Öffentlichkeit. Aber auch, wo solche Interventionen in die Politik nicht intendiert werden, sorgen die Schriftsteller:innen selbst dafür, dass ihre Romane als politische Texte wahrgenommen werden. Damit untermauern sie indirekt den Reali-

---

62 Das Forschungsfeld der politischen Literatur rückt einen weiten Begriff des Politischen in den Fokus. Mit Blick auf diese Studie ist interessant, dass ein „dichotomisierende[s] Konzept des Gegenstands (,Politik' versus ‚Ästhetik'; ‚Engagement' versus ‚Autonomie' nicht weiterführt und letztlich nicht haltbar ist." (Christine Lubkoll/Manuel Illi/Anna Hampel: Politische Literatur. Begriffe, Debatten, Aktualität. Einleitung. In: Dies. (Hg.): *Politische Literatur. Begriffe, Debatten, Aktualität*. Stuttgart 2018, S. 1–10, hier S. 7) Dem Politischen in der Gegenwartsliteratur gehen Publikationen nach wie: Stefan Neuhaus/Immanuel Nover: *Das Politische in der Literatur der Gegenwart*. Berlin/Boston 2019. Thomas Ernst: *Literatur und Subversion. Politisches Schreiben in der Gegenwart*. Bielefeld 2013. Sabrina Wagner: *Aufklärer der Gegenwart. Politische Autorschaft zu Beginn des 21. Jahrhunderts – Juli Zeh, Ilija Trojanow, Uwe Tellkamp*. Göttingen 2015.
63 Jean-Paul Sartre: Was ist Literatur? In: Ders.: *Gesammelte Werke in Einzelausgaben*. Hg., neu übersetzt und mit einem Nachwort v. Traugott König. Bd. 3: *Schriften zur Literatur*. Aufl. 7. Reinbek bei Hamburg 2018, S. 54f. Das erfordert Autor:innen, die Sorge tragen, „daß niemand über die Welt in Unkenntnis bleibt und niemand sich für unschuldig an ihr erklären kann" (ebd., S. 27). Engagierte Autor:innen sind anwesend, nur so können sie „stören, nämlich als *geneur* auftreten, als ‚Störenfried', Quertreiber, Nervensäge." (Ursula Geitner: Stand der Dinge: Engagement-Semantik und Gegenwartsliteratur-Forschung. In: Jürgen Brokoff/Ursula Geitner/Kerstin Stussel (Hg.): *Engagement. Konzepte der Gegenwart und Gegenwartsliteratur*. Göttingen 2016, S. 19–58, hier S. 33).
64 Die Formulierung ist an eine von Sartre angelegt: Der Geist engagierter Texte offenbare sich in der Lektüre, wenn Autor:in und Leser:in gemeinsam Verantwortung für das Universum tragen (vgl. Jean-Paul Sartre: Was ist Literatur?, S. 52). Enger engagiert sind Autor:innen, wenn diese eine Perspektive anbieten, in der gerade die bürgerliche Freiheit oder die Demokratie als durch Überwachungspraktiken bedroht angesehen wird. Solche Texte argumentieren vielfach über Grundrechtseinschränkungen, die durch staatliche Überwachungspraxen vollzogen werden.

tätsgehalt ihrer (Zukunfts-)Fiktionen, schwächen deren Status als fiktionale Texte mit fiktiven Figuren und Ereignissen und leisten ferner politischen Interpretationsvorschub. Gleichzeitig verengen jedoch sie Lektüren auf diese Perspektive.

Dieser literarische ‚Protest' hat nicht nur inhaltliche Aktualisierungen zur Folge, sondern auch Experimente mit neuen Formen, insbesondere neuen Schreibweisen. Es gibt zwei Tendenzen in der deutschsprachigen Gegenwartsliteratur: Erzählungen, die die Erzählstruktur der klassischen Dystopie von *1984* weitgehend beibehalten, also auf Formbeständigkeit setzen, und solche, die diese Erzählstruktur durch innovativere Erzählweisen aufzusprengen beabsichtigen, also Formexperimente innerhalb des Genres durchführen.[65] Inhaltlich wird nach den Wirkungsabsichten beider Erzählversuche gefragt. Dabei bleiben die Motive und Themen der Dystopie des 20. Jahrhunderts präsent, variieren jedoch mit technologischen Entwicklungen: In den Erzählwelten dominieren nicht mehr nur Staat oder mächtige Konzerne, sondern die Interaktionen auf sozialen Netzwerken und Social-Credit-Systeme selbst werden zu Aktanten ebenso wie künstliche Intelligenzen oder Robotik. Eine vormals zentrale Überwachungsmacht wird verlagert, dann zersplittert sie zaghaft. Diese Entwicklung wird durch die Anordnung der Primärtexte im Gesamtkorpus aufgezeigt.

So lassen die Romanwelten dieser Arbeit die theoretischen Verschiebungen in den Überwachungskonzepten bzw. -narrativen – vom Überwachungsstaat bzw. dem Panopticon (z. B. in Juli Zehs *Corpus Delicti*) zur Überwachungskultur bzw. der *surveillance assemblage* (z. B. in Eugen Ruges *Follower*) – erahnen. Dabei gilt jedoch im Blick zu behalten, dass Literatur weder die Aufgabe noch den Anspruch verfolgt, Überwachungstheorie fiktional zu bebildern. Die soziale und kulturelle Leistung von Literatur ist eine andere, schreibt Jochen Hörisch: „[N]iemand verlangt ernsthaft von […] [ihr, SH], so konsistent und komplex zu sein wie soziale Systeme. Schöne Literatur ist der mediale Anachronismus, der der Antiquiertheit des Menschen entspricht. Schöne Literatur ermöglicht und legitimiert […] Zuschreibungen und Zurechnungen unterhalb der Theorieebene."[66] Die Erzählgemeinschaft braucht künstlerische Narrationen nicht, um Überwachung zu erläutern, sondern um sich über mögliche gegennarrative Verläufe der Geschichte auszutauschen; um idealiter potentielle Chancen und Risiken zu durchdenken. Es zeichnet sich aber ab, dass Fiktion die Aufgabe übernimmt, eher Risiken und Folgefragen des Handelns zu imaginieren. Es gibt im deutschsprachigen Raum keinen Gegenwartstext, der Überwachung affirmativ darstellt, wie beispielsweise Burrhus F. Skinners es in *Walden Two* (1948) unternimmt.

---

65 Zu diesen beiden Tendenzen der gegenwärtigen Überwachungsromane vgl. Sabrina Huber: Literarische Narrative der Überwachung – Alte und neue Spielformen der dystopischen Warnung. In: Kilian Hauptmann/Martin Hennig/Hans Krah (Hg.): *Narrative der Überwachung. Typen, mediale Formen und Entwicklungen*. Berlin 2020, S. 49–85.
66 Jochen Hörisch: *Das Wissen der Literatur*. München 2007, S. 181.

Werner Jung unterstreicht die Warnfunktion von Überwachungsfiktionen und spricht ihnen mit Günter Anders „den Status von ‚Übertreibung in Richtung Wahrheit'"[67] zu. Das alles lässt vermuten, dass die Literatur auf faktuale Erzählungen antwortet, die bereits latent oder dominant vorhanden sind. Dieser Hypothese geht dieses Buch insofern nach, als dass es fiktionalen Texten faktuale gegenüberstellt und fragt: Welche Vorstellungen der Überwachung prägen unser Alltagswissen um derartige Technologie und Praktiken? Wie verhalten sich fiktionaler und faktualer Diskurs zueinander? Welche Vorstellungen prägen sie und welche Wissensinhalte werden auf welche Weise (legitim) präsentiert? Wie groß ist die Schnittmenge der fiktionalen und faktualen Darstellungen oder bleibt gar eine Lücke zwischen den angebotenen Vorstellungen?

Der Überwachungsdiskurs braucht literarische Fiktionen auch, weil Literatur einem anderen Geltungsanspruch verpflichtet ist: Gerade weil sie auf Richtigkeit oder Wahrheit verzichtet, kann sich Literatur ungewöhnliche Beobachtungen erlauben.[68] Sie „kann alles anders beobachten, als es ansonsten beobachtet wird – einschließlich noch und gerade das Anders-Beobachten. So kann man z. B. dort ein et-et, ein sowohl-als-auch gewahren, wo andere ein aut-aut wahrnehmen: ‚et iucunda et idonea dicere vitae'".[69] Genau darin liegt ihre Leistung, so Hörisch. So können literarische Überwachungsfiktionen kontrafaktische Zukunftsentwürfe aushandeln, die auch, wie Eva Horn sagt, das kollektive Imaginäre einer Gesellschaft sichtbar machen.[70] Sie bewältigen das Ungewisse und stellen die Frage, in welche Zukunft gegenwärtige Überwachungspraxen führen könnten. Diese zumeist dystopischen Romane extrapolieren Gegenwärtiges in mögliches Zukünftiges und speisen diese imaginierten Zukunftsentwürfe wieder in die Gegenwart ein.[71] Das tun sie jedoch mit einer Tendenz: In der Regel haben wir es mit dem zu tun, was Horn *Zukunft als Katastrophe* genannt hat.[72] Dazu müssen diese Texte die Katastrophe nicht tatsächlich schildern, oftmals führen sie eine ‚schöne neue Welt' vor, in deren Rücken sich die Katastrophe in der Lektüre bildet. Literatur imaginiert seit Jahren Opfer und indivi-

---

67 Werner Jung: Kurz vor zwölf. Literatur und Überwachung. In: *Z. Zeitschrift für marxistische Erneuerung*. Nr. 101. 2015, S. 81–91, hier S. 86 f.
68 Vgl. Jochen Hörisch: *Das Wissen der Literatur*, S. 180.
69 Jochen Hörisch: *Das Wissen der Literatur*, S. 27.
70 Vgl. Eva Horn: *Zukunft als Katastrophe*, S. 22.
71 Vgl. Albrecht Koschorke: *Wahrheit und Erfindung. Grundzüge einer allgemeinen Erzähltheorie*. Frankfurt/M. 2017. Auch das ist ein Merkmal jener „breiten Gegenwart", die Gumbrecht ausmacht: „Wir leben nicht mehr in der historischen Zeit. Das ist wohl, erstens, am deutlichsten im Hinblick auf die Zukunft. Sie ist für uns kein offener Horizont von Möglichkeiten mehr, sondern eine Dimension, die sich zunehmend allen Prognosen verschließt und die zugleich als Bedrohung auf uns zuzukommen scheint." (Hans Ulrich Gumbrecht: *Unsere breite Gegenwart*, S. 16).
72 Vgl. Eva Horn: *Zukunft als Katastrophe*, S. 25.

duelle Folgen der Überwachung. Sie übernimmt die Funktion, vor ihnen zu warnen, appelliert, sie zu verhindern. Überwachung wirkt kontrollierend, sowohl normierend als auch distinguierend und öffnet oder verschließt Zugänge. An diesem Punkt liegt das Potential von Romanen darin, mögliche Folgen zu fingieren, sie im Raum der Fiktion oder Alternative auszuhandeln und zu erproben. Die Fragen der Überwachungsromane lauten nicht: Wohin führt das? Was geschieht? Sie lauten: Wohin könnte dies auch führen, was könnte ebenso geschehen? Überwachungsromane verneinen nicht etwaige positive Effekte von (Selbst-)Überwachung oder einzelnen Technologien. Sie stellen vielmehr dieser Vorderseite eine Kehrseite bei und machen auf diese Kehrseite aufmerksam.

Für das Erzählen von Überwachung sind die Erzählformen und -weisen bedeutsam. Wenn die Histoire die sich permanent verändernde Überwachungsrealität kaum ernstzunehmend bebildern kann, ohne schon zum Zeitpunkt ihrer Veröffentlichung Gefahr zu laufen, von sozialen und technologischen Entwicklungen überholt zu werden, dann liegt die Chance der Überwachungsromane in der Art und Weise, wie erzählt wird. Die Erzählweise offenbart Denkweisen und Praktiken und vermittelt sie an Lesende. Diese Arbeit nimmt an, dass es die Darstellungsformen sind, die kulturell bedeutsam werden, wenn Überwachung erzählt wird: Die Formen tragen die Kritik.

Von dieser Hypothese ausgehend rückt die Arbeit verschiedene Formaspekte in den Fokus: Zunächst interessiert die Form der Texte im Sinne der Genrezugehörigkeit. Das schematische und intertextuelle Verhältnis der gegenwärtigen Texte zu den Überwachungsdystopien des 20. Jahrhunderts wird dabei untersucht. In vielen Texten betrifft dies das Verhältnis zu einer bestimmten Narration: zu George Orwells *1984*. Gerade deutschsprachige Romane lehnen sich noch immer stark an den Klassiker aus England an. Dieser Roman hat aufgrund seiner Warnung vor dem Totalitarismus im kulturellen Gedächtnis des deutschsprachigen Raums Symbolcharakter. Eine Lektüre des Romans, schon der bloße Verweis auf ihn, beschwört im Selbstverständnis der Gemeinschaft ein ‚Nie-Wieder' von Überwachungstotalitarismus. Orwells Roman hat für uns eine annähernd mythomotorische[73] Funktion. Damit ist unerheblich, dass er in einer

---

73 „Mythos ist der (vorzugsweise narrative) Bezug auf die Vergangenheit, der von dort Licht auf die Gegenwart und Zukunft fallen läßt." (Jan Assmann: *Das kulturelle Gedächtnis. Schrift, Erinnerung und politische Identität in frühen Hochkulturen*. 6. Aufl. München 2007, S. 78) Unter Mythomotorik versteht Jan Assmann die selbstbildformende, handlungsleitende und orientierende Kraft, die ein Mythos für die Gegenwart für eine Gruppe hat. (Vgl. ebd., S. 79 f.) Vgl. auch Aleida Assmann: Mythos „kann auch die Form bedeuten, in der Geschichte ‚mit den Augen der Identität' gesehen wird; in dieser Variante bedeutet Mythos die *affektive Aneignung* der eigenen Geschichte." (Aleida Assmann: *Der lange Schatten der Vergangenheit*, S. 40 f.) Sie spricht vom „mythomotorischen Potential der gemeinsamen nationalen Geschichtserinnerung", das in der zeitlichen Orientierung liegt (vgl. ebd., S. 42).

Abbild-Relation keine Metapher für die gegenwärtige Situation ist, so ist seine Botschaft doch Selbstverständnis, Warnung und Appell, Rückversicherung und Stabilisation zugleich. Seine deutende Aussagekraft ist sekundär, sein Vorhandensein in der Erzählgemeinschaft entscheidend. Jan Assmanns Konzept der ‚floating gap' markiert zudem die Lücke am Übergang von kommunikativem zu kulturellem Gedächtnis und trennt „zwei Modi des Erinnerns".[74] Mit Blick auf *1984* wird das Konzept relevant. Unsere Erzählgemeinschaft befindet sich an einem Übergang: Biographisches Erinnern muss durch Formen des symbolisch vermittelten Erinnerns ersetzt werden. Damit verliert *1984* auch seine zeitgenössischen Leser:innen. Die kollektiven Erinnerungsinhalte gehören nicht mehr dem Generationengedächtnis an, sondern müssen symbolisch vermittelt werden. Die Frage ist also, wie gegenwärtige Texte mit diesem Erbe umgehen.

Zweitens wird die Erzählperspektive untersucht. Überwachung ist ein Blickphänomen. Die Arbeit nimmt an, dass gerade die Erzählperspektive für das Erzählen von Überwachung wesentlich ist. Die Erzähler[75] bringen die Überwachungswelten im Erzählakt nicht nur hervor, ihre Perspektiven und ihr Wissen dominieren die Texte und tragen die Ideologiekritik. Das Buch wird in diesem Sinne zeigen, dass die Erzählperspektive das Kernstück der Überwachungserzählungen ist. Der Analyse ihrer Modulationen ist gerade dann Aufmerksamkeit zu schenken, wenn die der Narration zugrundeliegenden ideologischen Implikaturen oder Denkmuster erfasst und auf ihre Rückwirkung auf die kulturelle Gemeinschaft interpretiert werden sollen.

Mit den Erzählformen und Erzählweisen gelangt drittens das Verhältnis von Faktizität und Fiktionalität in den Blick. Die Schreib- und Erzählweisen der Überwachungsromane umspielen und verwischen oftmals die vermeintliche Grenze zwischen Fiktion und Realität. Literarische Texte sind in unterschiedlicher Weise „Grenzgänger",[76] sie sind Gedankenexperimente zwischen fiktionalem und faktualem Erzählen. Auch aus diesem Grund ist es heuristisch wertvoll, an dieser Stelle fiktionale und faktuale Texte zu betrachten: Wo lösen sich die Grenzen zwischen Faktualität und Fiktionalität auf und wie lassen sich die jeweiligen narrativen Wir-

---

74 Jan Assmann: *Das kulturelle Gedächtnis*, S. 51. Das kommunikative Gedächtnis fasst etwa drei bis vier Generationen, wobei nach ca. 40 und ca. 80 Jahren ein Einschnitt erkennbar sei (vgl. ebd., S. 56).
75 Der narratologische Term ‚Erzähler' ist der einzige Begriff, der von mir nicht stringent gegendert wird, da er derart etabliert ist und in anderen narratologischen Termini integriert ist (wie ‚Erzählerblick', ‚Erzählerkommentar'). Er wird dann gegendert, wenn es sich um weibliche Figuren oder um Personen im realweltlichen Kontext, d. h. in den faktualen Erzählungen, handelt.
76 Vgl. Matías Martínez: Grenzgänger und Grauzonen zwischen fiktionalen und faktualen Texten. Eine Einleitung. In: *Der Deutschunterricht* 68, Heft 4 (2016), S. 2–8.

kungsabsichten erfassen? Dieser Aspekt führt zum grundlegenden Interesse dieser Arbeit, nämlich der Frage: Welche Rolle spielen Fiktionen? Literarische Narrationen nehmen einen großen Stellenwert ein, wenn es darum geht, Imaginationsformen von Überwachung und Kritik an ihr zu erfassen. Umgekehrt aber werden in faktualen Erzählungen Denkfiguren genutzt wie die Annahme einer hohen Gefährdungslage (Kap. 7.1), die Idee einer herstellbaren Sicherheit (Kap. 7.2) oder die der Rettung durch Technologie (Kap. 8.2), die fiktiven Charakter tragen. Diese finden dann ihrerseits wieder in literarische Narrationen Eingang. ‚Überwachung als Erzählung' trägt in ihrer Struktur zudem Fiktionspotential: Sie setzt voraus, dass diejenigen, die sich überwacht sehen, nicht wissen, was im Inneren der Überwachung vor sich geht. So fehlen vermeintlich Bilder und Wissen.[77] Das öffnet den Raum für Fiktionen bis hin zu überwachungsparanoiden Spekulationen seitens derer, die sich bedroht fühlen. Geht es um Überwachung, schreibt Dietmar Kammerer, „vermischen sich Fakt und Fiktion, dann werden Travestien für bare Münze genommen (oder umgekehrt), dann verbreiten Nachrichtenmagazine Mythen und Halbwahrheiten und Science-Fiction-Szenarien sind näher an der Wirklichkeit als uns lieb sein kann".[78] Überwachungserzählungen sind Spiele zwischen Fiktion und Realität, zwischen Erinnerung und Erwartung, zwischen utopischen und dystopischen Zukunftsvisionen.

Forschungsstand

Das Forschungsfeld zu Gegenwartserzählungen über die (Massen-)Überwachung wurde bis vor einigen Jahren überwiegend aus dem angelsächsischen Raum heraus bestritten. In jüngster Zeit sind Forschungsarbeiten zu deutschsprachiger Literatur in drei Sammelbänden erschienen: *Orwells Enkel* (2019), *Narrative der Überwachung* (2020) sowie *Narrating Surveillance – Überwachung erzählen* (2019).[79] Eine

---

[77] An dieser Stelle wird interessant, was Eva Horn über das Staatsgeheimnis feststellt. Das moderne Staatsgeheimnis habe den Zustand eines *secretums*: „Man weiß, da ist etwas, das entdeckt und entschlüsselt werden will" (Eva Horn: *Der geheime Krieg. Verrat, Spionage und moderne Fiktion*. Frankfurt/M. 2007, S. 122). Für die Analyse der staatlich-systematischen Überwachung in dieser Studie ist u. a. Horns Feststellung relevant, dass Geheimdienste perspektivisch stets auf den Kriegszustand ausgerichtet sind: Der Charakter des Staatsgeheimnisses ist das Wissen von einem unbekannten, aber allgegenwärtigen Feind. Diese Logik schreibt sich in die Perspektive der Überwachenden ein.
[78] Dietmar Kammerer: *Bilder der Überwachung*. Frankfurt/M. 2008, S. 9.
[79] Liane Schüller/Werner Jung (Hg.): *Orwells Enkel, Überwachungsnarrative*; Kilian Hauptmann/Martin Hennig/Hans Krah (Hg.): *Narrative der Überwachung. Typen, mediale Formen und Entwicklungen*. Berlin 2020; Betiel Wasihun (Hg.): *Narrating Surveillance – Überwachung erzählen*. Baden-Baden 2019.

Monographie, die sich explizit den Darstellungen der deutschsprachigen gegenwärtigen Überwachungserzählungen widmet, fehlt bislang. Ebenso liegt noch keine gemeinsame Betrachtung von fiktionalen und faktualen Texten vor. Diese Lücke schließt die vorliegende Studie.

Für den Bereich der künstlerischen Fiktion lassen sich in der Literatur- wie in der Filmwissenschaft verschiedene Erkenntnisinteressen ausmachen: Neben Arbeiten, die motivische bzw. thematische Verarbeitungen untersuchen, existieren solche, die darüber hinaus stärker die Erzählweise zentrieren. Erstere betonen in der Regel den Übergang von panoptischen zu post-panoptischen Überwachungstechniken oder fokussieren einzelne Werke oder Überwachungspraktiken. Zweitere folgen Beobachtungen, wie Thomas Levin sie für die Filmgeschichte anstellt: Werke gingen „von einer thematischen zu einer strukturellen Indienstnahme der Überwachung" über, sodass „Überwachung [...] zur Bedingung der Narration selbst geworden [ist]".[80] Drittens postuliert eine Gruppe von Arbeiten eine grundsätzliche Strukturanalogie zwischen Überwachung und Literatur bzw. Film.

Kursorische Überblicksartikel über die Darstellung von Überwachung bestehen für literarische Gegenwartstexte[81] sowie für Filme.[82] Oft wird darin betont, dass Orwells panoptische Vorstellungen von Überwachung in *1984* zunehmend

---

80 Thomas Y. Levin: Die Rhetorik der Zeitanzeige. Erzählen und Überwachung im Kino der „Echtzeit". In: Malte Hagener/Johann N. Schmidt/Michael Wedel (Hg.): *Die Spur durch den Spiegel. Der Film in der Kultur der Moderne.* Berlin 2004, S. 349–366, hier S. 353f.
81 Vgl. u. a. Werner Jung: Kurz vor zwölf, S. 81–91; vgl. Ders.: Identität als kopierbarer Datensatz. Literatur und Überwachung. In: Ute K. Boonen (Hg.): *Zwischen Sprachen en culturen: Wechselbeziehungen im niederländischen, deutschen und afrikaansen Sprachgebiet.* Münster/New York 2018, S. 316–326. Dietmar Kammerer: Surveillance in literature, film and television. In: Kristie Ball/Kevin Haggerty/David Lyon (Hg.): *Routledge Handbook of Surveillance Studies.* New York 2012, S. 99–106; Werner Jung/Liane Schüller: „Mehr Wissen, mehr Kontrolle, mehr Macht': Anmerkungen zu Literatur und Überwachung. In: Dieter Wrobel/Tilmann von Brand, Markus Engelns (Hg.): *Gestaltungsraum Deutschunterricht: Literatur – Kultur – Sprache.* Baltmannsweiler 2017, S. 281–294). Maren Conrad widmet sich Kinder- und Jugendromanen: Maren Conrad: The Quantified Child. Zur Darstellung von Adoleszenz unter den Bedingungen der Digitalisierung in der aktuellen Kinder- und Jugendliteratur. In: Kilian Hauptmann/Martin Hennig/Hans Krah (Hg.): *Narrative der Überwachung,* S. 87–114.
82 Thomas Levin: Die Rhetorik der Zeitanzeige, S. 349–366; Dietmar Kammerer: Film und Überwachung. In: Alexander Geimer/Casten Heinze/Rudolf Winter (Hg.): *Handbuch Filmsoziologie.* Wiesbaden 2018, S. 1229–1244; Ders.: Überwachung als filmische Form. In: Betiel Wasihun (Hg.): *Narrating surveillance,* S. 75–90; Martin Hennig: Big Brother is watching you hoffentlich. Diachrone Transformationen in der filmischen Verhandlung von Überwachung in amerikanischer Kultur. In: Eva Beyvers et al (Hg.): *Räume und Kulturen des Privaten.* Wiesbaden 2017, S. 213–246; Ders./Miriam Piegsa: The Representation of Dataveillance in Visual Media. In: *On_Culture: The Open Journal for the Study of Culture.* URL: http://geb.uni-giessen.de/geb/volltexte/2018/13895/pdf/On_Culture_6_Hen

an Relevanz verlieren. Peter Marks stellt sich in *Imagining Surveillance* quer dazu: Er zeigt auch auf Lücken und blinde Flecken in bisherigen Lektüren. Solche Feinheiten würden zugunsten einer mythisch totalisierten Überwachung ignoriert. Marks ist überzeugt: „the novel presents a more variegated representation than is often acknowledged".[83] Marks konzentriert sich auf die Handlungsebene von *1984*; diese Studie sucht dagegen nach dem Fortwirken des Handlungs- und Erzählmusters.

Muster der Überwachung legen Martin Hennig und Hans Krah frei. Sie klassifizieren vier Grundtypen kultureller Überwachungsnarrative: Den Überwachungsstaat, die Überwachungsmentalität, die Überwachungslust und die Selbstüberwachung.[84] Die von mir in diesem Buch vorgeschlagene Typologie von Narrativen schließt an und fragt im Sinne einer Kulturanalyse der gelebten Gegenwart: Welche Schemata stehen lebenspraktisch gegenwärtig zur Interpretation des Alltags bereit?

Forschungsarbeiten, die eine Strukturanalogie zwischen Film/Literatur und Überwachung postulieren, betonen dadurch in der Regel die Selbstreflexivität der Medien. Das kann die Ebene der Rezeption[85] betreffen, häufiger wird jedoch die der Produktion betrachtet. Betiel Wasihun nimmt an, dass die Beobachtungstechniken von Literatur und Film der Funktion von Überwachung ähneln, indem beispielsweise die Erzählinstanz an Lesende vermittelt, was Charaktere tun, wie sie sich verhalten und – im Falle der Allwissenheit – was sie denken.[86] Fiktionen

---

nig_Piegsa.pdf [19.09.2022] Eine Studie zum Überwachungskino legt Christina Zimmer vor: Christina Zimmer: *Surveillance Cinema*. New York 2015.

83 Marks betrachtet Parameter wie Sichtbarkeit, Raum, Technologie. Für diese Studie sind seine Beobachtungen zu *1984* von Bedeutung. Explizit betont er die Möglichkeiten der Figuren, die Überwachung zu unterlaufen. Solche Feinheiten würden zugunsten einer mythisch totalisierten Überwachung ignoriert (Peter Marks: *Imagining Surveillance*, S. 156; vgl. S. 71).

84 Martin Hennig/Hans Krah: Typologie, Kategorien, Entwicklungen von Überwachungsnarrativen: Zur Einführung. In: Kilian Hauptmann/Martin Hennig/Hans Krah (Hg.): *Narrative der Überwachung*, S. 11–48. Wenn die Autoren von *Narrativen der Überwachung* sprechen, „dann heißt dies primär, dass es nicht um Überwachung als reales, soziales oder politisches Phänomen geht, sondern um dessen mediale Übersetzung, um ‚Modelle' und daraus abstrahierbare Denkmuster, die ins Allgemeinwissen eingehen [...]." (Ebd., S. 11) Die Beiträge in diesem Band machen Passagen deutlich, in denen Vorstellungen und Erzählungen von Überwachungspraktiken in den gelebten Alltag und das Alltagswissen eindringen, und damit die ‚Kulturen der Überwachung' mindestens ebenso mitformen wie die tatsächlichen Überwachungspraxen.

85 Das betrifft die Rezeption, wenn Blumenthal-Barby oder Schoer das Zuschauen bzw. die Zuschauer:innen in den Fokus ihrer Analysen rücken: Martin Blumenthal-Barby: *Der asymmetrische Blick. Film und Überwachung*. Übers. v. Jens Hagestedt. Paderborn 2016. Markus Schroer: Beobachten und Überwachen im Film. In: Ders. (Hg.): *Gesellschaft im Film*. Konstanz 2008. S. 49–86.

86 An dieser Stelle meint Wasihun die Erzählinstanz: „The observation techniques employed in both film and literary fiction are akin to the functioning of surveillance, in that the narrator in-

schreiben erfordere Formen der Beobachtung wie das Protokollieren bestimmter ‚Realitäten'.[87] „Narrative is inherent to surveillance, and surveillance is a tool used in narrative [...], whatever has been surveilled will be narrated in ordert to be mediated."[88] Solche Strukturparallelen sehen Forscher:innen in Beobachtungstechniken, in Informationsselektionen – das betrifft den Transformationsprozess[89] von Geschehen zu Geschichte –, in Strukturverfahren wie der filmischen Montage[90] oder der Autofiktion,[91] der Auseinandersetzung mit dem ‚Realitätsprinzip'[92] oder den gleichen Erkenntnisinteressen wie der Frage, was es eigentlich in einer Welt der digitalen (Selbst-)Überwachung bedeutet, Mensch mit Persönlichkeit zu sein?[93]

Alles Überwachen ist auch ein Erzählen. Grund dafür ist, dass das Überwachen selbst, wie gezeigt, einen Erzählakt darstellt, der das Überwachte gerade durch den Vorgang hervorbringt und dadurch Realitäten erschafft. Das benötigt einen weiten Begriff von Erzählen. Ein Umkehrschluss, dass Erzählen auch ein Überwachen ist, lässt sich aber nicht halten und die Strukturparallelitäten sind

---

forms the audience how characters act of behave, or in the case of omniscience, how they feel." (Betiel Wasihun: Introduction: Narrating Surveillance. In: Dies. (Hg.): *Narrating Surveillance – Überwachung erzählen*. Baden-Baden 2019, S. 7–20, hier S. 10).

87 An dieser Stelle meint Wasihun dagegen die Autor:inneninstanz: „Screen writing, filmmaking, and the writing of fiction in general require certain forms of observation – or in other words: literature represents different forms of surveillance. The act of writing requires the protocolling of certain realities – which on the other hand results in the accumulation of knowledge." (Betiel Wasihun: Introduction: Narrating Surveillance, S. 11).

88 Betiel Wasihun: Introduction: Narrating Surveillance, S. 14.

89 Kristin Veel: Surveillance Narratives: Overload, Desire and Representation in Contemporary Narrative Fiction. In: Michael Gratzke/Margaret-Anne Hutton/Claire Whitehead (Hg.): *Readings in Twenty-First-Century European Literatures*. Bern 2013, S. 19–37. Veels Aufsatz untersucht neben der Integration des Themas in die Plots auch, wie sich Überwachung und Überwachungstechnologien in die narrativen Strukturen der Romane einschreiben. Zunächst sieht Veel eine Strukturanalogie zwischen Erzählung und Überwachung in der Informationsselektion. Konfrontiert mit dem ‚information overload' der Gegenwart, in der kaum Informationsdefizites, aber oft Informationsflut herrsche, haben Erzählen und Überwachen das Sammeln, vor allem die *Selektion*, das Ordnen und Darstellen von Informationen gemein. Veel macht dabei verschiedene Erzählstrategien aus, wie Romane auf die Frage der Selektion in der Überwachungspraktik reagieren: „This can be done either by incorporating the overload into the narrative or by exposing the selection criteria at work and creating narratives which consciously trim down the excess." (Ebd., S. 21).

90 Vgl. zum Überwachungsfilm: Garrett Stewart: *Closed Circuits. Screening Narrative Surveillance*. Chicago/London 2015.

91 Kristin Veel: Surveillance Narratives, S. 30–33.

92 Vgl. Sébastian Lefait: *Surveillance on Screen. Monitoring Contemporary Films and Television Programs*. Lanham 2013.

93 David Rosen/Aaron Santesso: *Watchman in Pieces. Surveillance, Literature, and Liberal Personhood*. New Haven/London 2013.

begrenzt aussagefähig. Film, respektive Literatur, und Überwachung haben keine repräsentative, sondern eine funktionale Beziehung.[94] Mit Rosen und Santesso gehe ich von einer Ähnlichkeitsbeziehung aus, die zur gegenseitigen Erhellung führt, nicht jedoch von grundsätzlicher Entsprechung:

> Surveillance [...] is not the same thing as literature. It does, however, share some of literature's interests – most notably discovering the truth about other people – and is susceptible to some of the same temptations as literature. This study takes as its foundational premise the idea that surveillance and literature, as kindred practices, have light to shed on each other – on each other's histories, modes of operations, and ways of grappling, as it were, with the reality principle. Each asks what it means to be a person; more than that, each examines how abstract models of personhood – the fictions generated by literature and politics – might relate to the inner lives of real people.[95]

In Forschungsarbeiten wurde bereits verschiedentlich die Erzählinstanz – und damit der Modus bzw. die Perspektive – als entscheidender Träger von Überwachungsbedeutungen angesehen. Die einflussreichste Studie stammt von Miller, der in *The Novel and the Police* (1981/88) mit Foucaults *Überwachen und Strafen* argumentiert und den Erzähler als überwachende Instanz begreift. Er überträgt das Foucault'sche Modell auf den viktorianischen Roman und argumentiert, dass der Roman selbst disziplinierende Techniken anwendet. Er zeigt auf den Erzählakt eines ‚allwissenden Erzählers', der ein asymmetrisches Blickregime errichtet.[96] Solchen Überlegungen folgt diese Studie nicht. Sie pflichtet stattdessen Monika Fludernik bei, die zeigt, inwiefern Millers Übertragung des panoptischen Modells überstrapaziert ist.[97] Fludernik betont, dass in der panoptischen Überwachung

---

[94] Dietmar Kammerer: Film und Überwachung, S. 2. Filme können zwei Perspektiven auf Überwachung einnehmen: „Filme können zum einen (außen gerichtet) als Spiegel oder Kommentar gesellschaftlicher Entwicklungen begriffen werden, zum anderen (innen gerichtet) als Reflexion auf die eigenen medialen Bedingungen." (Ebd.)

[95] David Rosen/Aaron Santesso: *Watchman in Pieces*, S. 10.

[96] „What matters is that the faceless gaze become an ideal of the power of regulation. Power [...] might seem precisely what the convention of omniscient narration foregoes. [...] The *knowledge* commanded in omniscient narration is thus opposed to other *power* that inheres in the circumstances of the novelistic world. [...] The panopticism of the novel thus coincides with what Mikhail Bakhtin has called its ‚monologism': the working of an implied master-voice whose accents have already unified the world in a single interpretative center. [...] It continually needs to confirm its authority by qualifying, cancelling, endorsing, subsuming all other voices it lets speak." (David A. Miller: *The Novel and the police*. Berkeley/Los Angeles 1988, S. 1–32, hier S. 24f.)

[97] „The fact that characters cannot argue with their narrators or authors (hence there is no mutuality of vision) may be a parallel with the hierarchical setup in the panoptic scenario but the similarity stops there. The novel is not an instrument of disciplining, and if it were, it would be disciplining the *readers* and not the characters." (Monika Fludernik: Panopticisms: from fantasy to metaphor to reality. In: Textual Practice. Vol. 31 (2017). No. 1, S. 1–26, hier S. 10. URL: https://www.tandfonline.com/doi/

nicht das Innenleben der Insassen transparent gemacht wird, wie es etwa ein allwissender Erzähler vermag, sondern dieses Modell auf Verhaltensänderung zielt. Das geschieht nicht allein durch den allzeit möglichen Blick, sondern auch durch angedrohte oder angenommene Strafe: „Whereas, of course, in fiction no power is exerted by the author on the dramatis personae; nor is there a desire for a direct or indirect modification of existing habits: after all, the characters' comportment is being invented and can therefore be modified at the point of creation."[98] Wasihun dagegen setzt den (auktorialen) Erzähler mit Überwachung (bzw. Überwachungspraktiken) gleich: „And because narrators are observers by nature, observation techniques in literature and film show analogies to forms and practices of real-world surveillance."[99]

Die Idee, Erzähler einer künstlichen Fiktion als Überwacher/Beobachter der Erzählwelt zu lesen, werde ich nicht verfolgen. Überwachung ist eben nicht Beobachtung, wie auch Fludernik mit ihren Einwänden betont. In der Beobachtung geht beispielsweise die Normalisierungsfunktion von Überwachung nicht auf. Abgesehen davon, dass diese Setzung die unterschiedlichen Geltungs- und damit Wahrheitsansprüche ignoriert, wird im System der Kunst der Erzähler – um kurz in der Terminologie Wasihuns zu bleiben – zwar nicht durch die Beobachteten, d. h. durch die Figuren, aber durch die Lesenden beobachtet. Seine Zeichen sind

---

full/10.1080/0950236X.2016.1256675?scroll=top&needAccess=true [19.09.2022]). Fludernik kritisiert auch John Benders Übertragung des panoptischen Wächters auf den auktorialen Erzähler: „Bender, that is, takes the omniscience of the authorial narrator literally and finds the divine insight into human minds reflected in Bentham's guard on the central watchtower. However, the panopticon only allows the monitoring of actions, of behaviour; it precisely does *not* afford insight into prisoners' minds." (Ebd.) (Vgl. John Bender: *Imagining the Penitentiary: Fiction and the Architecture of the Mind in Eighteenth-Century England*. Chicago 1987.)

98 Monika Fludernik: Panopticisms: from fantasy to metaphor to reality, S. 11. „Dickens omniscient narrator clearly has an all-encompassing vision of the fictional world (pan-optic or all-seeing), but the deployment of free indirect discourse in fact tends to induce empathy for the characters rather than invasively monitoring their thoughts. In addition, the omniscient narrator does not discipline characters and try to force them into conformity." (Monika Fludernik: Surveillance in Narrative: Post-Foucauldian Interventions. In: Betiel Wasihun (Hg.): *Narrating Surveillance – Überwachung erzählen*, S. 43–73, hier S. 48f.).

99 Betiel Wasihun: Introduction: Narrating Surveillance, S. 14. Besonders geht es ihr um den auktorialen Erzähler: „All these perspectives on authorial narration show quite clearly that the term begs the question of authority and power [...]. The centralized narrator in both classical authorial and figural narratives has a similar function as he controls and ‚surveys' the narrative plot without being seen." (Betiel Wasihun: Surveillance Narratives: Kafka, Orwell and Ulrich Peltzers Post-9/11 Novel Teil der Lösung. In: *Seminar*. Special Issue on Surveillance. Seminar 52:4 (2016), 382–406, hier S. 387) Der Blick des auktorialen Erzählers unterliege letztlich dem:r Autor:in (vgl. Betiel Wasihun: Surveillance Narratives, S. 388).

sichtbar. Mag für das innere Kommunikationssystem der Vergleich in Grenzen haltbar sein, bricht er im äußeren Kommunikationssystem ein.[100] Kurzum, ich verstehe Erzähler:innen nicht als Überwacher:innen oder Beobachter:innen der erzählten Welt, aber nehme an, dass in Erzählerreden in besonderer Weise Überwachungspraktiken nachgeahmt und damit Überwachungsideologie oder -kritik transportiert werden kann. Ich gehe, wie beispielsweise Rosen und Santesso,[101] davon aus, dass es der Modus ist, der in Überwachungserzählungen besondere Aufmerksamkeit verlangt. Diese Debatten zeigen, dass das begriffliche Instrumentarium von Genette, konkret seine Fokalisierungstypologie, nicht ausreicht, um Perspektivenmodulationen und Überwachungswissen präzise zu bezeichnen und um affirmative oder kritische Positionen der Erzählerstimme zu bestimmen. Denn das Fokalisierungskonzept zielt lediglich auf Wissensunterschiede zwischen Erzähler und Figuren und deren Innensichten. Das ist jedoch nur ein Aspekt der narrativen Dynamik von Überwachung. Ich werde stattdessen auf das elastischere Perspektivenmodell von Wolf Schmid zurückgreifen.[102]

Überwachungsromane sind zumeist Zukunftsfiktionen und thematisieren ein Sicherheitsdispositiv. Stefan Willer prägt im Umkreis von Futurologien,[103] Sicherheit[104] und Prävention die Idee von ‚Sicherheit als Fiktion'. Wissen, wie es den Sicherheitsdiskursen zu eigen ist, ist „ganz und gar vom Imaginären durchdrun-

---

100 An anderer Stelle versteht Washihun Autor:innen als Beobachter:innen (vgl. Fußnote 87). Auch das scheint nicht gerechtfertigt. Zwar wählen Autor:innen wie Kameras aus dem Wirklichkeitsgeschehen nur bestimmte Ereignisse aus. Sie justieren also ein enges Sichtfeld, in dem Ereignisse wahrgenommen und erzählt werden. Dann aber gestalten sich die Transformationsprozesse vom Geschehen zur Erzählung und mit ihm die ästhetischen Mittel anders aus: Autor:innen ‚protokollieren' eben nicht, sie beobachten und visualisieren nicht das, was ‚da ist' – wie Tracker Herzschläge protokollieren – sondern das, was ‚ebenso da sein könnte'. Ihre sprachlichen Zeichen erheben nicht den Anspruch einer Eindeutigkeit – die Herzschlagdiagramme suggerieren –, sondern tragen ihre Interpretationsnotwendigkeit offen aus, während Überwachungs-Output in ‚realen' Situationen sich so gibt, als müsste er nicht interpretiert werden.
101 „Throughout, our instrument of analysis will be the mode, by which we mean a structure of thought and feeling as readily observable in the political and social configurations of a period as in its aesthetic productions." (David Rosen/Aaron Santesso: *Watchman in Pieces*, S. 13).
102 Wolf Schmid: *Elemente der Narratologie*. 2., verb. Aufl. Berlin/New York 2008.
103 Benjamin Bühler/Stefan Willer (Hg.): *Futurologien. Ordnungen des Zukunftswissens*. Paderborn 2006.
104 „Einerseits benennt der Ausdruck ‚Sicherheit' eine für die Zukunft herzustellende oder in die Zukunft hinein zu erhaltende Situation der Unbedrohtheit; andererseits impliziert er […] ein gesichertes oder zumindest zu sicherndes Zukunftswissen" (Bühler, Benjamin/Willer, Stefan: Einleitung. In: Johannes Becker et al. (Hg.): *Zukunftssicherung. Kulturwissenschaftliche Perspektiven*. Bielefeld 2019, S. 10).

gen und also geradezu eine Politik des Imaginären."[105] Die Ideen von ‚Sicherheit als Fiktion' erlaubt, ihre Narrative als – im Sinne eines alternativen Zukunftsentwurfs – fiktive Manifestationen jenes Imaginären zu begreifen. Im Besonderen schließt diese Studie in diesem Bereich auch an das an, was Eva Horn *Zukunft als Katastrophe* genannt hat – eine Katastrophe ohne Ereignis. Solche Zukunftsfiktionen treten „mit dem Anspruch auf, etwas freizulegen, etwas zu entdecken, das unterhalb der Oberfläche der Gegenwart noch verborgen ist."[106] Überwachungstexte reihen sich hier ein.

> Sie beleuchten das, was eine jeweilige Epoche sich als katastrophische Zukunft vorstellen kann, weil sie ein bestimmtes Krisen*wissen* mit einer bestimmten historischen Form von *Nicht-Wissen* oder *Noch-nicht-Wissen* verbindet. Fiktionen sind so Modelle, in denen diese Verbindung von Wissen und Nicht-Wissen zu einem möglichen Universum ‚hochgerechnet', extrapoliert wird [...].[107]

Sie stellen, wie Horn ausführt, einen Raum bereit, in dem die bedrohliche Zukunft affektiv bearbeitet werden kann. Das gilt für fiktionale wie faktuale Überwachungserzählungen. Literarische Fiktionen imaginieren allerdings kein Universum, „in dem das eingetreten sein wird, was man jetzt noch *nicht weiß*",[108] sondern eines, in dem das eingetreten sein wird, was den destruktivsten Ausgang für die liberalen Freiheiten des Menschen bedeutet.

Erkenntnisinteressen, methodisches Vorgehen und Aufbau der Studie

Gegenstand dieser Arbeit sind Überwachungsnarrationen und -narrative, deren Spektrum mit dem Ziel erfasst werden soll, am Ende der Untersuchung eine Typologie fiktionaler und faktualer Erzählungen sowie der Ausdrucksformen gegenwärtiger (Selbst-)Überwachung vorschlagen zu können. Vor allem werden Strukturmerkmale dieser Erzählungen erarbeitet. Die Ausgangsfrage lautet: Welche Vorstellungen von Überwachung werden in den einzelnen Texten auf welche Weise erzählt? Dabei sollen die narratologischen Strukturen der Texte freigelegt und ihre Bedeutung für die impliziten und expliziten Aussagen über die Kulturen der Überwachung aufgezeigt

---

105 Stefan Willer: Sicherheit als Fiktion – Zur kultur- und literaturwissenschaftlichen Analyse von Präventionsregimen. In: Markus Bernhardt/Stefan Brakensiek/Benjamin Scheller (Hg.): *Ermöglichen und Verhindern. Vom Umgang mit Kontingenz*. Frankfurt/M. 2016, S. 235–255, hier S. 242f.
106 Eva Horn: *Zukunft als Katastrophe*, S. 25.
107 Eva Horn: *Zukunft als Katastrophe*, S. 35; vgl. S. 191.
108 Eva Horn: *Zukunft als Katastrophe*, S. 35.

werden. Ziel ist es, Imaginationsformen der Überwachung zu konturieren. Dazu beschäftigt sich die Studie mit Formen (alltäglichen) Wissens sowie in erster Linie fiktionalen, aber auch faktualen Formen kultureller Überwachungsnarrative. In der Gegenüberstellung von fiktionalen und faktualen Texten werden Artikulationen des Dystopischen und Utopischen, des Gesagten und Ungesagten herausgearbeitet, um der Rolle von Fiktionen nachspüren zu können.

Zu diesem Zweck kombiniert die Arbeit ein kulturwissenschaftliches Interesse an der Überwachung der Gegenwart mit Fragen der Erzähltheorie. Sie schöpft dabei aus dem Repertoire philosophischer und soziologischer Überwachungsstudien, um den Interessengegenstand analytisch greifen und die Formen der Inszenierungen beschreiben zu können. Im Anschluss an Clifford Geertz wird von einem semiotischen Kulturbegriff ausgegangen, der es erlaubt, Kultur in ihrer materialen, sozialen und mentalen Dimension interpretierend zu verstehen.[109] „Somit wird Kultur als der von Menschen erzeugte Gesamtkomplex von Vorstellungen, Denkformen, Empfindungsweisen, Werten und Bedeutungen aufgefasst, der sich in Symbolsystemen materialisiert."[110] Begreift man Texte als Teil der materialen Dimension von Kultur, so sind ihre Erzählmuster, ihre individuellen und medialen Erzähler unauflöslich mit der mentalen und sozialen Kultur verwoben, die sie hervorbringt.[111] Hayden Whites Begriff des Erzählens als „panglobal fact of culture"[112] stellt aus, dass wir, wie Ricœur betont, „keine Vorstellung davon [haben], wie eine Kultur aussehen würde, in der man nicht mehr wüsste, was Erzählen heißt".[113] Dieser Setzung stimmt auch Roland Barthes zu: „Die Erzählung schert sich nicht um gute oder schlechte Literatur: sie ist international, transhistorisch, transkulturell,

---

109 Vgl. Clifford Geertz: *Dichte Beschreibung*, S. 9: „Der Kulturbegriff, den ich vertrete und dessen Nützlichkeit ich in den folgenden Aufsätzen zeigen möchte, ist wesentlich ein semiotischer. Ich meine mit Max Weber, daß der Mensch ein Wesen ist, das in selbstgesponnene Bedeutungsgewebe verstrickt ist, wobei ich Kultur als dieses Gewebe ansehe. Ihre Untersuchung ist daher [...] eine interpretierende, die nach Bedeutungen sucht." (Ebd.)
110 Ansgar Nünning: Wie Erzählungen Kulturen erzeugen: Prämissen, Konzepte und Perspektiven für eine kulturwissenschaftliche Narratologie. In: Alexandra Strohmaier (Hg.) *Kultur – Wissen – Narration. Perspektiven transdisziplinärer Erzählforschung für die Kulturwissenschaften*. Bielefeld 2013, S. 15–54, hier S. 28.
111 Astrid Erll/Simone Roggendorf: Kulturgeschichtliche Narratologie. Die Historisierung und Kontextualisierung kultureller Narrative. In: Ansgar Nünning/Vera Nünning (Hg.): *Neue Ansätze in der Erzähltheorie*. Trier 2002, S. 73–113, hier S. 77.
112 Hayden White: The Value of Narrativity in the Representation of Reality. In: William John Thomas Mitchell (Hg.): *On Narrative*. Chicago 1981, S. 1–24, hier S. 1.
113 Paul Ricœur: *Zeit und Erzählung*. Bd. II. Zeit und literarische Erzählung. Übers. v. Rainer Rochlitz. München 1989, S. 51.

und damit einfach da, so wie das Leben."[114] Diese enge Verbindung von Mensch und Erzählen wird geläufig mit der Denkfigur des *homo narrans* begriffen.[115] Wenngleich das Erzählen also eine überzeitliche ‚anthropologische Konstante' ist, sind es die Erzählformen und -medien eben nicht. Sie sind kulturbedingt eingebettet in Raum und Zeit.[116] Mit dem Bezug auf White, Ricœur und Barthes deutet sich an, dass die Analysen diesere Arbeit einer struktural-narratologischen Tradition folgen, die darüber hinaus jedoch für kulturwissenschaftliche Betrachtungen geöffnet wird. Grundsätzlich wird mit Wolfgang Müller-Funk davon ausgegangen, dass Kulturen als Erzählgemeinschaften aufzufassen sind, deren narratives Reservoir sich unterscheidet. In diesem Erzählschatz sind die kulturell wirksamsten Erzählungen oft die, die latent und selbstverständlich geworden sind.[117] Das Konzept der Kultur als Erzählgemeinschaft meint sowohl einen engeren Begriff von Erzählung als Einzeltext (die Narration) sowie einen weiteren im Sinne der übergeordneten Erzählungen (die Narrative). In dieser doppelten Bezugnahme wird Erzählen zentral für die Darstellung sowie das Ausleben von Identität und individuelles wie kollektives Erinnern.[118] Erzählen – Kultur – Identität – Erinnern: Überwachungsnarrative weisen eine kulturelle Dimension auf, die zutiefst verwurzelt ist mit Erinnerungsakten. Kein gegenwärtiger Überwachungstext verzichtet auf Erinnerungsakte, mit denen auf historische Überwachungssituationen, wie der des NS-Regimes oder der DDR-Apparatur, rekurriert wird.

Den Erzählungen der Überwachung nachzuspüren und über ihre kulturellen Implikaturen nachzudenken, birgt Herausforderungen. Überwachung meint mitunter eine Vielzahl unterschiedlicher Phänomene, Kontexte sowie Techniken und Praktiken. Überwachung durchwebt die Gesellschaft. Aufgrund ihrer rhizomatischen Struktur lassen sich einzelne Aspekte oder Praktiken kaum separiert beobachten. Auch lässt sich Überwachung keinen binären Wertmaßstäben unterwerfen: Sie ist weder gut noch schlecht, weder nur befreiend noch ausschließlich unterdrückend, nicht nur schützend oder kontrollierend. Ziel dieses Buches kann nicht sein, eine Vollständigkeit der kulturell zur Verfügung stehenden Vorstellungen von Überwachung zu erfassen, sondern ein möglichst breites Panorama an Aspekten und Darstellungen aufzuzeigen. Die Auswahl der fiktionalen und faktualen Textbeispiele orientiert sich an der Frage der Alltagserfahrbarkeit von Überwachung. Zu

---

114 Roland Barthes: Einführung in die strukturale Analyse von Erzählungen. In: Ders.: *Das semiologische Abenteuer*. Übers. v. Dieter Hornig. Frankfurt/M. 1988, S. 102.
115 Vgl. zum *Homo narrans*: Vgl. Albrecht Koschorke: *Wahrheit und Erfindung*, S. 9–12; Wolfgang Müller-Funk: *Die Kultur und ihre Narrative. Eine Einführung*. Wien 2008, S. 19.
116 Vgl. Ansgar Nünning: Wie Erzählungen Kulturen erzeugen, S. 18.
117 Vgl. Wolfgang Müller-Funk: *Kultur und ihre Narrative*, S. 14; S. 101.
118 Vgl. Wolfgang Müller-Funk: *Kultur und ihre Narrative*, S. 17.

denken ist beispielsweise an Terror- und Gesundheitspolitik/-prävention, Videoüberwachung, Selbstüberwachung, soziale Netzwerke und die Gamifizierung der Überwachung.

Das Buch gliedert sich in drei große Teile. m ersten Teil werden die narratologischen und überwachungstheoretischen Konzepte eingeführt und zentrale, im kulturellen Gedächtnis vorhandene Überwachungsnarrative konturiert. Dafür wird zunächst die Verbindung von Kulturanalyse und Narratologie gestärkt. Dieser Teil des theoretischen Fundaments stellt die Narratologie als Werkzeug der Analyse von kulturellen Überwachungsnarrativen vor. Der erste Teil bildet das begriffliche und konzeptionelle Werkzeug für die Lektüren. Hier werden zugleich kulturell besonders wirksame Überwachungserzählungen der Vergangenheit und damit drei Überwachungsnarrative in ihrem Konstruktionscharakter in Erinnerung gerufen: Diskutiert werden die alttestamentliche Gottesüberwachung, die Dystopien des 20. Jahrhunderts *Wir*, *1984* und *Schöne Neue Welt* sowie Kafkas *Prozess*-Erzählung. Diese Narrationen bebildern jeweils ein Überwachungsnarrativ mit einem spezifischen und ihm eigenen Machtzentrum: Gott, System und Selbst. Im Rekurs auf diese Werke wird ein literarisches Fundament geschaffen, auf dem die gegenwärtigen Texte aufbauen.[119] Anschließend wird der Kontext skizziert, vor dem die gegenwärtigen Überwachungserzählungen zu lesen sind. Gefragt wird in diesem Zusammenhang, was unter Überwachung verstanden werden kann und welche gegenwärtigen faktualen Narrative besonders relevant sind Es werden folgende Narrative erarbeitet: überwachte Bürger:innen, überwachte Patient:innen, Selbstüberwacher:innen, überwachte Kund:innen bzw. ‚Rohstofflieferant:innen' und das Verlustnarrativ, laut dem Überwachung die Privatheit kostet.

Der zweite Teil betrachtet literarische Überwachungsfiktionen. Die übergeordneten Fragen der enthaltenen Textanalysen lauten: Welche Aussagen treffen die Texte und ihre Darstellungsweisen über die gelebte Überwachungskultur? Welche (Zukunfts-)Vorstellungen bieten die Texte an? Die Auswahl der literarischen Werke orientiert sich an der Beobachtung, dass sich in Überwachungsromanen zwei grundsätzliche Erzählverfahren ausmachen lassen: Erstens besteht die eher konventionelle Möglichkeit, das dystopische Erzählschema im Sinne von

---

119 Diese Erkenntnis, und mit ihr die Antwort, warum ich für jene drei Narrative diese und nicht andere Beispielnarrationen aussuchte, verdanke ich Johannes Waßmer. Es ließen sich für die Erzählungen einer Überwachungsgottheit, eines Überwachungssystems und der Selbstüberwachung viele beispielhafte Narrationen finden. Ich habe mich für jene entschieden, mit denen ich nicht nur die Schemata mit ihre je andere zentrale Macht und ihre Logiken aufzeige, sondern zugleich auf jene Texte verweise, die Prätexte für die gegenwärtigen Romane sind.

George Orwells *1984* zu reinszenieren. Diese Strategie setzt auf Formbeständigkeit und wird von solchen Texten in Anspruch genommen, die eine eher zentrale Überwachungsmacht inszenieren; wenngleich die figürliche Mithilfe an der Stärkung dieser Macht sukzessive zunimmt. Zweitens prägen die deutschsprachige Gegenwartsliteratur Romane mit Formexperimenten wie Montage, Metalepse, Autofiktion oder paratextuellem, transgressivem und transmedialem Erzählen. Als Beispiele für Texte, die die Formbeständigkeit betonen, werden die Texte von Juli Zeh untersucht. Insbesondere ihre Dystopien *Corpus Delicti* (2009) und *Leere Herzen* (2017) sowie das Theaterstück *Der Kaktus* (UA 2009) lassen sich diesem Typus des Überwachungsromans zuordnen. Neben den genannten Texten werden auch die Werke *203* (UA 2011), *Yellow Line* (UA 2012; mit Charlotte Roos) und *Unterleuten* (2016) sowie ihre faktualen Texte *Angriff auf die Freiheit* (2008; mit Ilja Trojanow), die offenen Briefe an Angela Merkel sowie ausgewählte Essays untersucht. Das Thema der Überwachung durchzieht Zehs vollständiges Œuvre. Gefragt wird also nach Entwicklungen in Konzepten, Themen oder Motiven.

Für Texte, die stärker an der Form der traditionellen Dystopie rütteln, werden beispielhaft die Romane *1WTC* (2011) von Friedrich von Borries sowie *Follower. Vierzehn Sätze über einen fiktiven Enkel* (2016) von Eugen Ruge gelesen. Beide Werke wählen mit der Montage nicht nur ein gemeinsames Erzählverfahren, sondern inszenieren auch, auf unterschiedliche Weise, einen ähnlichen Gedanken: Die Erzählwelt zeigt sich als Simulationsgesellschaft (von Borries) bzw. als eine Welt, in der Realität und ‚virtuelle Wirklichkeit' diffundieren (Ruge). Die Romane dieses zweiten Typs zielen mit ihren ästhetischen und erzähltechnischen Verfahren auf die Intervention in Leser:innenrealitäten, indem sie die Grenze zwischen Realität und Fiktion verwischen wollen. Von Borries' Roman handelt von der Terrorpolitik nach 9/11 und der sich verstärkenden CCTV-Überwachung, aber auch von der lustvollen (Selbst-)Überwachung im Rahmen eines Computerspiels. *Follower* zeigt einen Protagonisten mit intensivem Social-Media-Konsum. Imaginiert werden dessen dystopische Folgen, die der Text in einer Art kommentiertem Bewusstseinsstrom präsentiert.

Teil drei des Buches widmet sich politischen und ökonomischen Wirklichkeitserzählungen, in denen Überwachungspraktiken oder -technologien befürwortend dargestellt werden. Im Bereich der zivilen Sicherheit bzw. der Gefahrenabwehr werden die Sprech- und Erzählweisen des Innenministeriums nach vermeintlichen Terroranschlägen untersucht. Die Lektüre veranschaulicht beispielhaft, welche Rolle Fiktionen bzw. narrative Konstruktionen bei der Legitimierung von Überwachungsmaßnahmen haben. Am Beispiel der Corona-Pandemie Anfang 2020 in Deutschland wird gezeigt, wie die Legitimation bzw. Einführung neuer Überwachungsmaßnahmen ein Milieu schaffen muss, das Sicherheitsnarrative und Unsicherheitserzählungen zugleich bereitstellt. Die Lektüren der werbenden Wirklichkeitserzählungen forcieren Produkte und ihre Werbeerzählungen: Das Kapitel zeigt auf, wie narrativ für Überwachungstechnologie geworben wird, welche Vorstellungen und Schemata von (Selbst-)Überwachung diese Erzählungen tragen und welche Begleiterzählungen der Überwachung diese offenkundig oder latent bedingen. Die Frage lautet auch hier: Welche Rolle spielen Narrativität und Fiktion für die Frage, wie Überwachung wahrgenommen und bewertet wird?

Teil 1: **Literatur, Narratologie und Überwachung**

I think it's important to recognize that you can't have 100 percent security and then have 100 percent privacy and zero inconvenience. We're going to have to make some choices as a society. (Barak Obama am 7.6.2013)

2 Narratologie und Überwachung: Begriffliche Bestimmungen und kulturelle Schemata

Überwachung ist ein Phänomen, das das Erzählen bedarf. Gleich welcher Überwachungskontext betrachtet wird – von der Präventions-App über Online-Durchsuchungen der ‚Gamerszene' bis hin zur Facebook-Gemeinschaft –, es handelt sich um eine Sammlung von Erzählungen der Unsicherheit und des Schutzes oder der Vorteilhaftigkeit. In solchen (Begleit-)Erzählungen der Überwachung – das soll diese Studie zeigen – existieren Parameter, die besonders häufig mit erzähltechnischer Aufmerksamkeit gestaltet werden: Das sind narratologische Merkmale wie die *Erzählperspektive* und damit einhergehend die *Informationsvergabe*, d. h. die Macht von Erzählern, bestimmte Informationen aus der Fülle der Wirklichkeit(en) auszuwählen und andere zu exkludieren. Solche narrativen Gestaltungen betreffen auch das Spiel mit faktualen und fiktionalen Darstellungsmitteln, das häufig mit dem Darstellen unterschiedlicher Zeitebenen verbunden ist, wenn beispielsweise ins Zukünftige extrapoliert wird. Abseits dieser konkreten Gestaltungsmerkmale treten in Überwachungserzählungen einige feste Narrative wiederholt auf. Will man die Kulturen der Überwachung narratologisch begreifen, ist die Frage nach der Sichtbarkeit und Wirkung von Narrativen, Erzähltechniken, von Sprechen und (Ver-)Schweigen zentral. Wenn diese Kultur, wie David Lyon betont, geprägt ist von Gefühlen und Bestrebungen der Kontrolle, des Misstrauens, der Angst und Unsicherheit ebenso wie des Fortschritts- und Technikglaubens, dann bleibt zu fragen: Woher rühren diese Emotionen und Denkmodelle, wer bietet sie an, wer hält sie wach? Wie sind ihre Erzählungen ausgestaltet?

Um solchen Fragen nachzuspüren, braucht es differenziertes ‚Werkzeug'. Dieses Kapitel widmet sich daher der Frage, wie Kulturanalyse mit einem narratologischen Interesse aussehen kann, konturiert Begriffe der Erzähltextanalyse und legt in diesem Zug historische Überwachungsnarrative für die Lektüren frei. Ein zentraler Begriff wird der der (Erzähl-)Perspektive sein, worin ich das Kernstück von Überwachungserzählungen sehe. Für die Lektüren ebenfalls von Bedeutung ist einerseits die Unterscheidung zwischen fiktionalem und faktualem Erzählen und andererseits die zwischen Narrativ und Narration. Letztere verdeutlicht das Kapitel, indem in kurzen Textanalysen der biblischen *Genesis*, Orwells *1984*, Huxleys *Schöne Neue Welt* und Kafkas *Der Proceß* aus den kanonisierten Überwachungserzählungen die dahinterliegenden Überwachungsnarrative in ihren Erzählelementen und ideologischen Standpunkten herausgeschält werden. Auf diese Weise weist das Kapitel bereits jetzt auf die wichtigsten Prätexte der zeitgenössischen Überwachungsromane hin.

Kultur als etwas narrativ Hervorgebrachtes zu begreifen, bedeutet, sie zu ‚lesen' und als Bedeutungsgewebe zu ‚interpretieren'.[1] „[F]ür eine narrative Theorie der Kultur [ist] anzunehmen, daß sich Kulturen nicht nur durch ihre Sujets, sondern vor allem durch ihre Konstruktionsweise des Erzählens unterscheiden".[2] Eine narratologische Kulturwissenschaft ist immer auch kulturwissenschaftliche Narratologie und betrachtet Erzählungen aus unterschiedlichen Medien, Zeichensystemen und Kontexten gleichrangig. In dieser methodischen Herangehensweise schließe ich mich insofern der Literaturtheoretikerin Mieke Bal an, als dass sie in ihren Arbeiten eine enge Verbindung von Narratologie und Kulturanalyse vertritt. Wobei die Narratologie – und das scheint essentiell – die *Perspektive* darstellt, mit der Bal auf Kultur(en) blickt, um sie zu verstehen: „Narrative is a cultural attitude, hence, narratology a perspective on culture [...]. What I propose we are best off with in the age of cultural studies is a conception of narratology that implicates text and reading, subject and object, production and analysis, in the act of understanding."[3] Ich sehe deshalb keinen anderen adäquaten Weg als die Überwachung in der Gegenwart vorrangig und zuerst narratologisch zu begreifen: Nicht so sehr, da Überwachung zur Kultur wurde und auch nicht nur, weil sie als narratives Phänomen darauf angewiesen ist, zu erzählen und erzählt zu werden. Vielmehr bedarf es einer narratologischen Perspektive, die in ihren kulturwissenschaftlichen Analysen den Kontext – dazu zählen Überwachungspraktiken gleichermaßen wie -theorie – einbezieht, um aus den Ausgestaltungen der Erzählungen herauszuschälen, welche Strukturen, welche Aktanten, welche Vermitteltheit und welches Wissen Überwachung aufweist.

Eine kulturwissenschaftliche Narratologie geht davon aus, dass es im Zuge der Semantisierung der Formen einen Zusammenhang zwischen Erzählformen

---

[1] Vgl. zur Lesbarkeit von Kultur Gerhard Neumann/Sigrid Weigel: Einleitung. Literatur als Kulturwissenschaft. In: Dies. (Hg.): *Lesbarkeit der Kultur: Literaturwissenschaften zwischen Kulturtechnik und Ethnographie.* München 2000, S. 9–17: „Wahrnehmen, Fühlen, Denken und Verhalten von Einzelnen, die Konstitution von Gruppen und Körperschaften verknüpfen sich dann in dieser Textur zu Mustern, die insgesamt erst das Ensemble einer Kultur ausmachen. Ein solcher Kultur-Text wäre als ein Bedeutungsgewebe aufzufassen, das durch Sprache, Handeln, Symbolbildungen und Artefakte, namentlich aber durch einander stützende wie einander widerstreitende Codes, durch Rede, Schreib- und Bildungsordnungen, allererst gesellschaftliche Wirklichkeit erzeugt: als miteinander wirksame Besetzungen, Wahrnehmungs-, Empfindungs-, Denk- und Verhaltensstile einer Gemeinschaft." (Ebd., S. 11)
[2] Wolfang Müller-Funk: *Die Kultur und ihre Narrative,* S. 43; S. 53.
[3] Mieke Bal: Close Reading today: From Narratology to Cultural Analysis. In: Walter Grünzweig/Andreas Solbach (Hg.): *Grenzüberschreitungen. Narratologie im Kontext. Transcending Boundaries. Narratology in Context.* Tübingen 1998/1999, S. 19–41, hier S. 21.

und Identitätsmustern gibt. So geben narrative Formen Aufschluss über mentale Dispositionen:

> Die mentale Kultur einer Gesellschaft mit narratologischen Methoden zu erforschen heißt somit, durch die Analyse der Formen und Funktionen des Erzählens kulturell geprägte Werte, Normen, Weltbilder und Kollektivvorstellungen zu rekonstruieren, die sich in verdichteter Form in narrativen Texten, also der materialen Kultur, manifestieren.[4]

Bals Verständnis einer ‚Kulturanalyse' rückt die Arbeit an *Begriffen* ins Zentrum der Analyse.[5] Ihre Kulturanalyse ist im Kern eine interdisziplinäre Tätigkeit.[6] Sie macht keinen Unterschied zwischen dem, was einst als ‚Hochkultur' bezeichnet wurde, und dem, was ‚Populärkultur' genannt wird; auch privilegiert sie kein Medium oder Zeichensystem. Das Narrative findet Bal überall.[7] Ziel ist es nicht, zu demonstrieren, dass etwas eine narrative Seite hat; auch reicht es nicht aus, das Narrative nur mithilfe von Kategorien zu identifizieren. Denn Narratologie sei kein bloßes Instrumentarium: „There is no direct logical connection between classifying and understanding text. And understanding *is* the point [....] understanding is not an operation that can be instrumentally performed."[8] Narratologie ist, wie betont, die Perspektive, unter der das Vorgefundene bzw. Kulturelle interpretiert wird. Das schütze auch davor, zwischen der Wahrheit der erzählten Dinge und der Wahrheit der Erzählung zu unterscheiden. ‚Kultur' wird dabei als Prozess begriffen.[9] Bals Ansatz ist also vorrangig

---

4 Ansgar Nünning: Wie Erzählungen Kulturen erzeugen, S. 27–30.
5 Vgl. Mieke Bal: *Kulturanalyse*, S. 26.
6 „Gemeint ist eine Kulturanalyse ‚jenseits' der fächergebundenen Geisteswissenschaften – ‚jenseits' im Sinne von ‚nach' und ‚im Anschluß an' –, aber auch ‚jenseits' der ‚Kulturwissenschaften' des deutschen Sprachraums und der ‚cultural studies' [...]. Um gleich zu sagen, worauf ich hinauswill: Die dreifache Bedeutung des so verstandenen Verbs ‚exponieren' konstituiert das Gebiet der Kulturanalyse, denn sie definiert das kulturelle Verhalten, wenn schon nicht die ‚Kultur' als solche." (Mieke Bal: *Kulturanalyse*, S. 32) „Eine Exposition veröffentlicht etwas, und dieses Ereignis des Zeigens beinhaltet eine öffentliche Artikulation jener Ansichten und Meinungen, die einem Subjekt besonders am Herzen liegen. [...] In diesem Sinne ist eine Exposition immer auch etwas Argumentatives. Daher exponiert das Subjekt der Exposition, indem es diese Anschauungen veröffentlicht, sich selbst im gleichen Maße wie das Objekt." (Ebd., S. 32) Bal besteht auf eine Mehrdeutigkeit des Exponierens, „also in Gesten, die auf Dinge zeigen und offenbar ‚Sieh hin!' sagen und oft implizit behaupten ‚So ist es.'" (Ebd., S. 33). „Die mögliche Diskrepanz zwischen dem präsenten Objekt und der Aussage darüber schafft jene Mehrdeutigkeiten, die nach meinem Vorschlag das entscheidende Element der ‚Kultur' ausmachen. Dadurch wird die Kulturanalyse in ihrem inneren Wesen selbstreflexiv." (Ebd., S. 33f.)
7 Vgl. Mieke Bal: *Kulturanalyse*, S. 28; S. 120. Vgl. Mieke Bal: Close Reading today, S. 19.
8 Mieke Bal: Close Reading today, S. 20.
9 Vgl. Mieke Bal: *Kulturanalyse*, S. 40.

ein analytischer, der zur kritischen Reflexion und zur Stellungnahme zu Gegenwartsphänomenen drängt.[10]

Begriffe sind für Bal nur dann Werkzeuge einer intersubjektiven Arbeit, wenn sie präzise genug verwendet werden. Begriffe sind nicht nur ‚Etiketten'. Sie können zu „dritte[n] Partner[n] bei der sonst völlig unverifizierbaren Interaktion zwischen Kritiker und Objekt werden, und zwar [...] durch Konfrontation mit den kulturellen Objekten, die man verstehen möchte".[11] Die Herausforderung und Chance ist jedoch, dass Begriffe nichts Feststehendes sind: Sie – das ist ein zentrales Konzept von Bal – ‚wandern':

> Between disciplines, their meaning, reach, and operational value differ. These processes of differing need to be assessed before, during, and after each ‚trip'. [...] Between individual scholars, each user of a concept constantly wavers between unreflected assumptions and threatening misunderstandings in communication with others.[12]

Wenn Begriffe ‚wandern', reisen ihre Kontexte mit. Daher müsse jeder Begriff nach jeder ‚Wanderschaft' in seiner Bedeutung, Reichweite und seinem operationalen Wert neu bewertet werden: „Concepts are never simply descriptive; they are also programmatic and normative. Hence, their use has specific effects. Nor are they stable; they are related to a tradition. But their use never has simple continuity."[13] In der Folge gilt es daher auch, die Begriffe der Überwachung zu reflektieren und ihre Begriffserzählungen und blinden Flecke sichtbar zu machen.

Theorie kann „im Bereich der Kulturforschung nur Sinn haben [...], wenn sie in enger Interaktion mit den Objekten, um die es ihr geht, zum Einsatz gebracht wird".[14] Das verlangt den Analytiker:innen ab, dem Gegenstand die Möglichkeit zur Antwort zu geben:

> Die Regel, an die ich mich halte, [...] besagt, daß man niemals bloß ‚theorisieren', sondern dem Objekt stets die Möglichkeit geben soll, ‚Widerworte zu geben'. Objekte werden durch pauschale Aussagen über sie oder durch ihren Gebrauch zu bloßer Exemplifizierung stumm. Eine detaillierte Analyse, bei der ein Zitat nie als Illustration dienen kann, sondern stets eingehend und bei gleichzeitiger Außerkraftsetzung aller Gewißheiten im Detail überprüft wird, widersteht der Reduktion.[15]

Im Kern von Bals narratologischer Kulturanalyse steht ein detailliertes *Close Reading*. Nur in einer textnahen Lektüre erhalten die Objekte „die Möglichkeit [...], die

---

10 Vgl. Mieke Bal: *Kulturanalyse*, S. 42f.
11 Mieke Bal: *Kulturanalyse*, S. 11.
12 Mieke Bal: *Traveling Concepts in the Humanities. A Rough Guide*. Toronto 2002, S. 24.
13 Mieke Bal: *Traveling Concepts in the Humanities*, S. 28. Vgl. Mieke Bal: *Kulturanalyse*, S. 13.
14 Mieke Bal: *Kulturanalyse*, S. 18.
15 Ebd.

Stoßkraft einer Interpretation zu bremsen, abzulenken und neu zu komplizieren".[16] Close Reading meint eine äußerst textnahe Lektüre, bei der en détail analysiert wird, die jedoch den Kontext ausblendet.[17] Diese Ausblendung von Theorie, Begriffsreflexionen oder Kontext ist im post-klassischen Close Reading nicht mehr der Fall. Eine gelungene Analyse der Kultur changiert zwischen theoretischer Perspektive und Begriffsreflexion auf der einen und textnaher, den Kontext einbeziehender Lektüre auf der anderen Seite. In diesem Wechsel ‚wandern' Begriffe. So werden auch Objekte als Subjekte betrachtet, von denen wir etwas lernen oder erfahren können.[18] Das macht deutlich, wie eng Bal auch an Geertz' Verständnis der ‚dichten Beschreibung' anknüpft. Geertz' Konzept zeigt auf, dass subjektive Perspektive in eine scheinbar objektive „Beschreibung eingeht – wie außerordentlich ‚dicht' sie ist. Dieser Sachverhalt – daß nämlich das, „was wir als unsere Daten bezeichnen, in Wirklichkeit unsere Auslegungen davon sind [...]".[19] Ethnographie sei dichte Beschreibung. Ethnograph:innen haben es stets mit einer Vielfalt übereinander gelagerter oder ineinander verwobener Vorstellungsstrukturen zu tun. Die Beschreibungen von Kultur sind, Geertz gefolgt, Interpretationen bzw. „Fiktionen, und zwar in dem Sinn, daß sie ‚etwas Gemachtes' sind, ‚etwas Hergestelltes'".[20] Für die Narratologie ist die dichte Beschreibung gewinnbringend, da sie eine Verbindung von Form und Inhalt voraussetzt und die Form als vorgängig markiert.

Es gilt dann, die richtigen Fragen zu stellen. Bal interessiert sich in ihren Arbeiten immer wieder für Perspektiven bzw. in ihrer Terminologie für ‚Fokalisierungen': „To ask, *not* primarily where the words come from and who speaks them, but what it is we are being proposed to believe or see before us, hate, love, admire, argue against, shudder before, or stand in awe: it is my way of following Gadamer's perpetual questions."[21] Sie fordert eine enge Interaktion mit den zu betrachtenden kulturellen Objekten, die über Fragen und Begriffe funktioniert; sie selbst legt dabei den Fokus auf die Fokalisierung des Betrachteten. In der Frage „what it is we are being proposed to believe or see" verschränkt sich Narratologie mit Kulturanalyse und Ideologiekritik.

---

16 Ebd.
17 Vgl. Ansgar Nünning: ‚Close reading'. In: Ders. (Hg.): *Metzler-Lexikon. Literatur- und Kulturtheorie: Ansätze – Personen – Grundbegriffe*. 5. akt. u. erw. Aufl. Stuttgart 2013, S. 105.
18 Vgl. Mieke Bal: *Kulturanalyse*, S. 19. „Diese Privilegierung der früher so genannten ‚textnahen Lektüre' ist keine Rückkehr zum unterdrückten Opfer der Disziplinarität [...]: Die textnahe Lektüre ist vor allem im Rahmen der Textanalyse praktiziert worden [...]. Daher ist dies der Ort, an dem der Unterschied zwischen der herkömmlichen textnahen Lektüre und der Kulturanalyse besonders sinnfällig gemacht werden kann." (ebd., S. 43)
19 Clifford Geertz: *Dichte Beschreibung*, S. 14.
20 Clifford Geertz: *Dichte Beschreibung*, S. 23.
21 Mieke Bal: Close Reading today, S. 22.

Bals Ansatz sucht implizite Erzählungen hinter explizit Gesagtem. Eine kulturwissenschaftliche Narratologie, die zugleich narratologische Kulturwissenschaft ist, zielt darauf, Strukturen zu erkennen und mit kulturellen Diskursen, Machtverhältnissen, kulturgeschichtlichen Bedeutungen in Beziehung zu setzen.[22] Narratologie als Perspektive auf die Welt stellt somit auch die Fragen: „Welche Subjekte werden von einem solchen Ausdruck unsichtbar gemacht? Welche Diskurse werden von diesen Subjekten heraufbeschworen, sobald wir sie durch Analyse sichtbar machen?"[23]

2.1 Erzähler. Stimmen. Perspektiven: über die Aussagekraft von Perspektiven

‚Erzählen' begreife ich in einem weiten Sinne. Als Minimaldefinition formuliert Matías Martínez: „Erzählen ist Geschehensvermittlung + x."[24] Damit fasst er eine

> Kombination von notwendigen und optionalen Merkmalen [...]. Wer erzählt, bezieht sich stets auf ein (reales oder erfundenes) Geschehen, das als solches durch Konkretheit, Temporalität und Kontiguität gekennzeichnet ist. Doch diese Minimaldefinition reicht nicht aus, um das Erzählen von nicht-narrativen Formen der Bezugnahme auf Geschehen zu unterscheiden. Es müssen noch ein oder mehrere optionale Merkmale hinzukommen.[25]

Für diese unbestimmte Anzahl an optionalen Merkmalen steht in der Formel die Variable x. Martínez listet solche Merkmale auf, die zur Geschehensdarstellung hinzukommen können: eine doppelte Zeitlichkeit, eine Vermittlungsinstanz, Kausalität, Intentionalität durch Handlungsträger, Ganzheit der Handlung bzw. ein Handlungsschema, Ereignishaftigkeit, experientiality, tellability und Fiktionalität.[26] Diese nicht notwendigen, optionalen Merkmale kommen in den Textanalysen der folgenden Kapitel in unterschiedlichem Maße zum Tragen und werden dort, wenn nötig, ausgeführt. Damit aus Geschehen Geschichte wird, bedarf es dem Darstellen von Zuständen und Ereignissen, die in einen zeitlichen Zusammenhang gesetzt werden. Die dargestellten Veränderungen sind auf die eine oder andere Weise ‚motiviert'. Das heißt, sie folgen nicht grundlos aufeinander, sondern gehen auseinander hevor. Dabei müssen erzählte Welten neben nicht-intentionalen Geschehnissen

---

22 Vgl. Ansgar Nünning: Wie Erzählungen Kulturen erzeugen, S. 31.
23 Mieke Bal: *Kulturanalyse*, S. 66.
24 Matías Martínez: Was ist erzählen? In: Ders. (Hg.): *Erzählen. Ein interdisziplinäres Handbuch*. Stuttgart 2017, S. 2–6, hier S. 3.
25 Matías Martínez: Was ist erzählen?, S. 6.
26 Vgl. Matías Martínez: Was ist erzählen?, S. 2–6; sowie: Matías Martínez: Erzählen, S. 12.

auch Handlungen von Agenten integrieren.[27] Erzählen ist eine ‚Sprachhandlung'[28] und ein ‚Darstellungsmodus',[29] es kann unterschiedlichen Funktionen dienen wie dem erzählenden Informieren, Unterhalten, Belehren, Emotionalisieren, Raten, Überzeugen, Veranschaulichen oder dem Stiften von Identitäten.

Was der Blickpunkt von Erzähler:innen vermag: Möglichkeiten der Perspektivengestaltung

Überwachung hängt nicht nur von einem Blickpunkt ab; das Überwachte wird erst durch einen Blick hervorgebracht: Sehen und Gesehen-Werden ist keine Frage des ‚Ja-oder-Neins', sondern des ‚Wie'. Insofern wird gerade in Erzählungen die Frage bedeutsam, wie und unter welcher Perspektive von Überwachung erzählt wird. Ins Zentrum der Lektüren rückt deshalb die Erzählperspektive.[30] Bereits Jurij Lotman schreibt: „Kaum eines der Elemente der künstlerischen Struktur ist jedoch so unmittelbar mit der Aufgabe des Weltentwurfs verknüpft wie der ‚Blickpunkt' [...]. Dann erhebt sich die Frage nach den möglichen Korrelationen des Blickpunkts einer Kultur und des Blickpunkts dieses oder jenes konkreten Textes."[31] Erzählformen sind weder neutral noch überzeitlich; sie sind Werkzeuge der kulturellen Sinnstiftung und Weltkonstruktion. Perspektivieren ist als ein Vor-Deuten. Diese Vor-Interpretation schließt ein und aus und geschieht auch im Rückgriff auf kulturell verfügbare Muster.[32] Insofern wird die Erzählperspektive, und damit auch die Erzählinstanz der Texte, als Kern von Überwachungserzählungen begriffen: In ihr

---

27 Matías Martínez: Erzählen, S. 3f. Narrative Agenten können auch Tiere oder unbelebte Dinge sein. Damit ein Element als Agent verstanden werden kann, muss eine Bedingung erfüllt sein: „Wir müssen ihm mentale Zustände (Gedanken, Gefühle, Absichten, Wünsche) zuschreiben können." (Ebd.)
28 Matías Martínez: Erzählen, S. 1.
29 Antonius Weixler: Bausteine des Erzählens. In: Matías Martínez (Hg.): *Erzählen. Ein interdisziplinäres Handbuch*, S. 7–21, hier S. 7.
30 Vgl. Natalia Igl: Erzähler und Erzählerstimme. In: Martin Huber/Wolf Schmid (Hg.): *Grundthemen der Literaturwissenschaft: Erzählen*. Berlin/New York 2018, S. 127–149. Vgl. Ansgar Nünning/Vera Nünning: Von ‚der' Erzählperspektive zur Perspektivenstruktur narrativer Texte. Überlegungen zur Definition, Konzeptualisierung und Untersuchbarkeit von Multiperspektivität. In: Dies. (Hg.): *Multiperspektives Erzählen. Zur Theorie und Geschichte der Perspektivenstruktur im englischen Roman des 18. bis 20. Jahrhunderts*. Trier 2000, S. 3–38, hier S. 13.
31 Jurij M. Lotman: *Die Struktur literarischer Texte*. Übers. v. Rolf-Dietrich Keil. München 1972, S. 377.
32 Vgl. Ansgar Nünning: Wie Erzählungen Kulturen erzeugen, S. 18 sowie S. 39.

kumulieren Darstellung von und Sicht auf Überwachung; sie nimmt stets Einfluss auf die Haltung zur erzählten Kultur. Im Machtraum des Erzählens wird

> ein *common ground* abgesteckt, der das unausgesprochene Selbstverständliche, die Vorverständigungen und den Wertungshorizont einer bestimmten Gruppe oder Gesellschaft umfasst. Vor allem deshalb ist die Positionierung der Erzählinstanz wichtig und sozial folgenreich, weil sie darüber mitentscheidet, wer sich der *impliziten Wir-Gruppe* des jeweiligen Narrativs zugehörig fühlen darf, für wen diese Gruppe sich potentiell öffnet und wen sie ausschließt.[33]

Die Erzählinstanz bestimmt über Teilhabe. Ihre Blicklenkung steckt das Wahrnehmungsfeld der Rezipient:innen ab. Die Eigenschaften der Erzähler legen fest, so Koschorke, für welches Kollektiv die Erzählung zugänglich ist, welches Sehen, welche Sprache, welches Wissen von wem und mit wem geteilt wird – es geht um reale wie imaginäre Machtverteilung.[34] Im *Willen zum Wissen* ist die Massenüberwachung ein Spiel um Macht und Herrschaft. Dringlich ist daher die Frage, wer mit welcher Perspektive, das heißt mit welchen Einschränkungen und welcher Wertebasis, von Chancen und Risiken, Potenzialen und Gefahren der Überwachung spricht.

Die Erzählinstanz einer Geschichte nimmt – besonders in (dystopischen) Überwachungserzählungen – eine bedeutende Rolle ein; selbst dort, wo sie scheinbar zurücktritt und die textuellen Spuren kaum in Erscheinung treten. Ansgar Nünning weist ihr mithilfe von Roman Jakobson vier verschiedene Funktionen zu: Die vorrangige Aufgabe ist die erzähltechnische, d. h. sie konstituiert die erzählte Welt. Sie schildert Handlungsraum, Zeit, Figuren und Ereignisse.[35] In ihrer analytischen Funktion tritt der Erzähler als expliziter Sprecher in Erscheinung. In Kommentaren nimmt er unmittelbar zur Geschichte Stellung, ohne jedoch die Handlung voranzutreiben. Nünning unterscheidet dabei in explanative und evaluierende Erzähleräußerungen. Erstere dienen zur Herstellung von Zusammenhängen und Erklärungen, letztere stellen normative Stellungnahmen dar, bei denen der Akzent auf der Bewertung des Erzählten liegt. In seiner synthetischen Funktion abstrahiert oder generalisiert der Erzähler. Generalisierungen können Aufschluss über epistemologische Implikaturen sowie die in einem Roman implizit vermittelten Wirklichkeitsvorstellungen geben. Sie dienen der Distanzverrin-

---

33 Albrecht Korschorke: *Wahrheit und Erfindung*, S. 90.
34 Vgl. Albrecht Korschorke: *Wahrheit und Erfindung*, S. 85.
35 Nünning betont, dass diese erste Funktion in einer neutralen Schilderung der Welt besteht. Hier muss angemerkt werden, dass eine Schilderung nicht neutral sein kann; d. h. die Neutralität der Schilderung ist vielmehr eine Idee, die jedoch im Erzählakt mit anderen Funktionen (Sprache, Analytik, Wertung etc.) zusammenfällt und verloren geht.

gerung zwischen Erzähler:in und Leser:innen und tragen so zur Einigung über Werte und Normen bei.[36]

Die Narratologie kennt eine Vielzahl von Termini, die den Erzählerblick fassen: Erzählperspektive, Blick(punkt), Point of View, Erzählerverhalten oder Fokalisierung. All diese Termini wollen Aspekte der Erzähl(er)perspektive beschreiben – sie alle verdeutlichen, welch enormen Einfluss der Erzähler der Geschichte auf dieselbe und auf die Rezeption nimmt. Als Meilenstein gilt Gérard Genette, der im *Discours du récit*[37] in Bezug auf die Erzählperspektive zwischen Modus und Stimme unterscheidet.[38] Die Stimme der Erzählung (*Wer spricht?*) bestimmt Genette in seinem Verhältnis zum Erzählten, also mithilfe der Frage: Inwiefern und in welchem Maß ist der Erzähler beteiligt? *Homodiegetische* Erzähler sind Teil der von ihnen erzählten Welt; *heterodiegetische* Erzähler sind es nicht. Die Teilhabe an der Welt kann dabei nach Lanser vom unbeteiligten Beobachter bis hin zum autodiegetischen Protagonisten der Erzählung variieren.[39] Ferner kategorisiert Genette, auf welcher Erzählebene der Erzähler angesiedelt ist: *extra-*, *intra-* oder *metadiegetisch*. So gelangt er zu einem sechs Erzählertypen umschließenden Modell.[40] Fokalisierung bestimmt sich bei Genette im Verhältnis von Erzähler(-wissen) und Figuren(-wissen). Weiß der Erzähler mehr als irgendeine Figur, nennt Genette das Verhältnis *Nullfokalisierung*; weiß er nicht mehr oder weniger als eine Figur, bezeichnet er es *interne Fokalisierung*, die nach ihrer Wechselhäufigkeit fest, variabel oder multipel ausgestaltet sein kann; sagt der Erzähler weniger als eine Figur weiß, liegt eine *externe Fokalisie-*

---

36 Vgl. Ansgar Nünning: Funktionen von Erzählinstanzen: Analysekategorien und Modelle zur Beschreibung des Erzählerverhaltens. In: *Literatur in Wissenschaft und Unterricht* 30 (1997). Heft 4, S. 323–349, hier S. 339.
37 Vgl. Gérard Genette: Discours du récit. In: Ders.: *Figures III*. Paris 1972, S. 62–282. Folgend zitiert nach: Gérard Genette: *Die Erzählung*. 3., durchges. u. korr. Aufl. Übers. v. Andreas Knop. Paderborn 1998.
38 Während Stanzel Perspektive und Stimme mehr oder weniger vermischt, plädiert Genette für deren Trennung (vgl. Gérard Genette: *Die Erzählung*, S. 119). Vgl. zur Differenz von Stanzel und Genette: Matías Martínez/Michael Scheffel: *Einführung in die Erzähltheorie*. 10. über. und akt. Aufl. München 2016, S. 117. Vgl. Andreas Kablitz: Erzählperspektive – Point of view – Focalisation. Überlegungen zu einem Konzept der Erzähltheorie. In: *Zeitschrift für französische Sprache und Literatur* 98 (1988). Heft 3, S. 237–255.
39 Vgl. Susan Lanser: *The Narrative Act. Point of View in Prose Fiction*. Princeton 1981.
40 Wolf Schmid benennt diese Typologie um und unterscheidet zwischen diegetischen und nichtdiegetischen Erzählern auf der primären, sekundären oder tertiären Ebene der Erzählung. Die Dichotomie *diegetisch* vs. *nichtdiegetisch* entspricht im Wesentlichen der von Genette eingeführten Unterscheidung von ‚homodiegetisch' vs. ‚heterodiegetisch' (vgl. Wolf Schmid: *Elemente der Narratologie*, S. 88). Da Schmids Benennungen keine Neuerungen bringen und Genettes Terminologie fest etabliert ist, verwende ich in der Erzähler*stimme* Genettes Begriffe.

rung vor.⁴¹ Die aufgeworfenen kategorialen Fragen *Wer spricht?* und *Wer sieht?* korrigierte Genette aufgrund von Missverständnissen selbst: Es gehe ihm mehr um ein *Wahrnehmen* als um ein tatsächliches Sehen; es seien die Fragen, *Wer nimmt wahr?* oder *Wo liegt das Zentrum, der Fokus der Wahrnehmung?*,⁴² die Genette mit der Fokalisierung zu erfassen sucht. In Auseinandersetzung mit Bals Kritik an seinem Fokalisierungskonzept konkretisiert er:

> Unter Fokalisierung verstehe ich also eine Einschränkung des ‚Feldes', d. h. eine Selektion der Information gegenüber dem, was die Tradition *Allwissenheit* nannte, ein Ausdruck, der, wörtlich genommen, im Bereichs [sic!] der Fiktion absurd ist (der Autor braucht nichts zu ‚wissen', da er alles erfindet) und den man besser ersetzen sollte durch *vollständige Information* – durch deren Besitz dann der Leser ‚allwissend' wird.⁴³

Es hilft also nicht, den beiden „Kardinalfragen ‚Wer sieht?' und ‚Wer spricht?' (Gérard Genette) [...] eine dritte hinzuzufügen: ‚Wer weiß?'",⁴⁴ wie Albert Koschorke vorschlägt. Denn Genette hat das (metaphorisch gemeinte) Sehen nie an ein Auge binden wollen;⁴⁵ sein Fokalisierungskonzept impliziert das Wissen bzw. den Informationsstand. Die Kritiker:innen treffen jedoch einen Punkt: Genettes Fokalisierung hinkt sprichwörtlich auf einem anderen Bein. Sein Fokalisierungskonzept reicht nicht aus, um den Modus – die Beziehung zwischen Erzählinstanz, Erzählweise und Erzählinhalt – umfassend zu bestimmen.⁴⁶

---

41 Besonderes Augenmerk wird auf die Wechsel und ihre Bedeutung innerhalb der Fokalisierung gelegt (vgl. Gérard Genette: *Die Erzählung*, S. 112). Innerhalb solcher Fokalisierungswechsel benennt Genette solche als *Alterationen*, bei denen die dominant vorherrschende Fokalisierung nur punktuell verlassen wird. Die Alterationen unterscheidet er in *Paralipse* und *Paralepse*. Bei ersteren wird durch den Fokalisierungswechsel weniger Informationen gegeben als Lesende unter Beibehaltung der Fokalisierung erhalten hätten (ebd., S. 125). In der Paralepse erhalten Lesende einen Informationsüberschuss. *Polymodalität* fasst die Gleichzeitigkeit oder Konkurrenz verschiedener Perspektiven, bei denen keine dominante Fokalisierung erkennbar ist (vgl. Gérard Genette: *Neuer Diskurs der Erzählung*. In: Ders.: *Die Erzählung*, S. 177–272, hier S. 213f.).
42 Vgl. Gérard Genette: *Neuer Diskurs der Erzählung*, S. 213.
43 Gérard Genette: *Neuer Diskurs der Erzählung*, S. 218.
44 Albrecht Koschorke: *Wahrheit und Erfindung*, S. 85.
45 „Da die Ausdrückte *Sicht, Feld, point of view* allzustark am Visuellen haften, werde ich hier auf den etwas abstrakteren der *Fokalisierung* zurückgreifen [...]." (Gérard Genette: *Die Erzählung*, S. 121)
46 Auch Bals Versuch, den Erzählerblick zu bestimmen, scheint für eine Untersuchung von Überwachungserzählungen unzureichend: Genettes Schülerin kritisiert den Lehrer dahingehend, dass das Zentrum des Sehens in seiner Typologie wechselt. Während in der internen Fokalisierung die Figur selbst ‚sieht', wird sie in der externen Fokalisierung gesehen (vgl. Mieke Bal: Close Reading today, S. 28). Sie reformuliert den Begriff der Fokalisierung und versteht darunter die *subjektivierte* Beziehung zwischen einem sehenden Subjekt, dem *Focalizor*, dem *focalized* Objekt und dem, was gesehen wird. Fokalisierung ist bei Bal eine aktive Tätigkeit. In der Analyse müsse

2.1 Erzähler. Stimmen. Perspektiven — 47

Andreas Kablitz kritisiert Genettes Differenzkategorie ‚Wissen'. Perspektive beschränke sich nicht auf Wissen. Zudem ändere sich nicht nur der Bezugspunkt (irgendeine vs. eine bestimmte Figur), sondern Genette definiere auch nicht, wie Wissen gemessen und bewertet werde.[47] Wolf Schmid pflichtet bei und ergänzt, dass die Nullfokalisierung ein Erzählen ohne Perspektive zulässt, was praktisch nicht möglich sei. Zudem enthalte Genettes Konzept unterschiedliche Aspekte des Blicks: „Bei allem Streben Genettes nach Klarheit der Definitionen vermischen sich in seiner Trias drei Merkmale des Erzählers: 1) sein ‚Wissen', 2) seine Fähigkeit zur Introspektion, 3) seine Perspektive."[48] Gerade weil die Differenzkategorie ‚Wissen' bei der Analyse von Überwachungsblicken nur *ein* Parameter ist, erscheinen zur Analyse von Überwachungskulturen Schmids fünf Perspektivendimensionen hilfreich. Auch lässt sich sein Instrumentarium leicht öffnen für eine kulturwissenschaftliche Narratologie, die versucht, die festgestellten Befunde nicht nur zu benennen, sondern zunächst innerhalb des Textes und dann über den Text hinaus zu deuten.[49]

Mit Wolf Schmid verstehe ich Perspektive als den *„von inneren und äußeren Faktoren gebildete[n] Komplex von Bedingungen für das Erfassen und Darstellen eines Geschehens".*[50] Er verdeutlicht, dass eine Perspektive nicht auf ein vorgefundenes Geschehen im Erzählakt ‚angewendet' wird, vielmehr bringt eine Perspektive die Geschichte erst hervor: Auch die Akte der Selektion (Wahl und Nicht-Auswahl von Momenten) sind Fragen der Perspektive der Erfassenden. Sowohl zum Zeitpunkt des *Erfassens* als auch zu dem des *Darstellens* eines Geschehens determiniert die Perspektive das Wahrgenommene und Erzählte. Seine Auffassung von Perspektive schließt auch den Transformationsprozess vom Geschehen zur Geschichte bis zur medialen Präsentation der Geschichte ein. Das kann Schmid tun, weil sich in seinem Modell die Perspektive aus fünf Parametern zusammensetzt: 1) Perzeption,

---

jedes Element der Beziehung separat untersucht werden; Ausgangspunkt sei jedoch der Fokalisator (vgl. Mieke Bal: *Narratology. Introduction to the Theory of Narrative.* 3. Aufl. Toronto 2009, S. 149). Bal führt also ein Blicksubjekt und ein Blickobjekt ein. Ihr starkes Interesse für das tatsächliche ‚Sehen' innerhalb ihres Fokalisierungskonzepts bildet jedoch nur einen Teil dessen, was Überwachungsblicke tragen. Wenngleich das Sehen (und Gesehen-Werden) zentral für die Analyse von Überwachungsstrukturen ist, so erschöpft sich der Blick nicht darin. Zumal eine Subjekt-Objekt-Relation nur in einigen, eher panoptischen bzw. repressiven Überwachungssituationen vorliegt (vgl. z. B. Kevin D. Haggerty/Richard V. Ericson: The surveillance assemblage).

[47] Vgl. Andreas Kablitz: Erzählperspektive – point of view – Focalisation, S. 242 ff.
[48] Wolf Schmid: *Elemente der Narratologie*, S. 119.
[49] Vgl. Ansgar Nünning: Wie Erzählungen Kulturen erzeugen, S. 27 f.
[50] Wolf Schmid: *Elemente der Narratologie*, S. 128 f.

2) Ideologie, 3) Raum, 4) Zeit und 5) Sprache.[51] Diese inneren und äußeren Faktoren bedingen graduell das Erfassen und Darstellen eines Geschehens.

Diese fünf Perspektivenparameter bieten sich für eine Analyse geradezu an, da sie in der Überwachungspraxis eine besondere Rolle spielen: Überwacht wird Raum und Zeit. Überwachung zielt auf das Erfassen, Kartieren und Darstellen von Bewegungen der Überwachten und überwindet durch neue Technologien selbst Raum und Zeit.[52] Gleichzeitig formen sich ‚Kulturen der Überwachung' aus, weil Überwachung mit einem positiv konnotierten Wertekomplex und Überzeugungssystem belegt wurde: der Idee, Sicherheit, Optimierung oder Vorteilhaftigkeit durch Transparenz[53] und Datenakkumulation[54] zu erlangen. Diese Wertehaltung wird implizit oder explizit an der ‚Textoberfläche' sichtbar, andernfalls können Überwachungserzählungen – befürwortende wie kritische – ihre Leserwirkung nicht entfalten. Es ist deshalb möglich, mit jenen fünf Parametern die Perspektive auf Überwachung(skritik) präzise zu bestimmen.

Wie sehen nun Schmids fünf Parameter aus? Die *perzeptive Perspektive* (1) meint das ‚Prisma', durch welches das Geschehen wahrgenommen wird; ähnlich gedacht wie Genettes Kardinalfrage: *Wer nimmt wahr?* Die wesentliche Differenz zu Genette liegt in Schmids Feststellung darin, dass Perzeption zwar Introspektion durch den Erzähler voraussetzt, doch Introspektion auch möglich ist, ohne die Perzeption zu übernehmen.[55] Die Frage ist, ob das Erfasste/Dargestellte in *figuraler Perzeption* oder *narratorialer Perzeption* wahrgenommen wird. Der *ideologische Perspektivenparameter* fokussiert „verschiedene Faktoren, die das subjektive Verhältnis des Beobachters zu einer Erscheinung bestimmen: das Wissen, die Denk-

---

51 Vgl. Wolf Schmid: *Elemente der Narratologie*, S. 137. Uwe Baur unterscheidet in seiner Analyse der deskriptiven Kategorien des Erzählerverhaltens ähnliche Bereiche, er führt sie jedoch nicht konsequent auf die Perspektive zurück. Unter Erzählerverhalten versteht Baur den *point of view* im Sinne von Robert Weimann. Allerdings will er mit seinen Kategorien beschreiben, inwieweit der Erzähler im Text als ‚Seinswesen' in Erscheinung tritt und wie das Verhalten des Erzählers zu den Figuren beschrieben werden kann. Er differenziert in diesen beiden Ebenen u. a. zeitliches, räumliches, kommunikatives, psychologisches und mentales Erzählerverhalten. Damit beantwortet er jedoch nicht die Frage, wie Erfassen und Darstellen des Geschehens ausgestaltet sind, sondern die textuelle Sichtbarkeit des Erzählers und seine Beziehungen (vgl. Uwe Bauer: Deskriptive Kategorien des Erzählerverhaltens. Rolf Kloepfer/Gisela Janetzke-Dillner (Hg.): *Erzählung und Erzählforschung im 20. Jahrhundert*. Stuttgart 1981, S. 31–39).
52 Vgl. z. B. Gary T. Marx: Whats new about the „new surveillance"? Classifying for change and continuity. In: Sean P. Hier/Josh Greenberg (Hg.): *The Surveillance Studies Reader*. New York 2007, S. 83–94, hier S. 87 f.
53 Vgl. Byung-Chul Han: *Transparenzgesellschaft*.
54 Vgl. Shoshana Zuboff: *Im Zeitalter des Überwachungskapitalismus*, S. 89.
55 Vgl. Wolf Schmid: *Elemente der Narratologie*, S. 136.

weise, die Wertungshaltung, den geistigen Horizont".[56] Die ideologische Haltung beeinflusst das Erfassen und Darstellen von Erscheinungen auf besondere Weise, jedoch ist dieser Parameter am schwersten von den übrigen zu differenzieren. Schließlich drückt sich eine Wertung in jedem sprachlichen Zeichen per se aus. Der Begriff der ideologischen Perspektive bleibt bei Schmid vage. Dieser Parameter ist jedoch für die Textanalysen vielversprechend, denn Überwachungsmaßnahmen und ihre Kritik gehen schließlich mit ideologischen Haltungen einher. Es bedarf daher, auch aufgrund der zuweilen negativen Konnotation des Begriffes, einer kurzen Überlegung, was ‚ideologisch' meint. Der Literaturtheoretiker Terry Eagleton teilt interessanterweise die Auffassung, dass Ideologie eine Perspektive ist. Er sieht Parallelen zwischen Ideologie und Poesie:

> In beiden Fällen lassen wir uns auf eine angebotene Sehweise ein und untersuchen sie anhand ihres eigenen Maßstabs, indem wir sie als symbolischen Ausdruck einer bestimmten Art, die Welt zu ‚bewohnen', verstehen [...]. In dieser Hinsicht ist eine Sehweise anders als eine Gehweise nicht notwendig immunisiert gegen eine Beurteilung als wahr oder falsch [...]. Weltanschauungen legen tendenziell bestimmte ‚Wahrnehmungsstile' an den Tag, die an sich weder wahr noch falsch sind.[57]

Über Althussers Ideologietheorie kommt Eagleton zur Überzeugung, dass es sechs Bedeutungen gebe; für Wolf Schmids Perspektivendimension erscheinen die ersten beiden zentral. ‚Ideologie' kann schlichtweg den Prozess der Produktion von Ideen, Überzeugungen und Werten des gesellschaftlichen Lebens meinen, nicht unähnlich einem erweiterten Kulturbegriff.[58] Zweitens können damit Ideen und Überzeugungen gemeint sein, „(seien sie wahr oder falsch), die Lebensbedingungen und -erfahrungen einer spezifischen, gesellschaftlich relevanten Klasse oder Gruppe symbolisieren. Die Einschätzung ‚gesellschaftlich relevant' ist hier notwendig [...]. Ideologie liegt hier sehr nah am Konzept der ‚Weltanschauung'."[59] Eine solche breite Definition von Ideologie scheint Schmid anzulegen, denn seinen knappen Ausführungen fehlt jegliche Andeutung, ob Ideologie als ‚negatives',

---

56 Wolf Schmid: *Elemente der Narratologie*, S. 131f. In diesem Sinne zählt auch das Nichtwissen des Erzählers dazu (vgl. Wilhelm Füger: Das Nichtwissen des Erzählers in Fieldings *Joseph Andrews*. Baustein zu einer Theorie negierten Wissens in der Fiktion. In: *Poetica* 10 (1978), S. 188–216).
57 Terry Eagleton: *Ideologie. Eine Einführung*. Stuttgart, S. 32f.
58 „Diese allgemeine Bedeutung von Ideologie betont die gesellschaftliche Determination des Denkens und liefert ein wertvolles Gegengift gegen Idealismus. Ansonsten erscheint sie jedoch unpraktisch weit und verdächtig stumm in Fragen politischer Konflikte. Ideologie meint mehr als die Praxis der Sinngebung [...], sie umfaßt die Beziehung zwischen Zeichen und Prozessen politischer Macht." (Terry Eagleton: *Ideologie*, S. 38f.)
59 Terry Eagleton: *Ideologie*, S. 39.

,falsches' oder ,herrschendes' Sprechen aufgefasst werden soll.[60] Schmids ideologische Perspektive scheint auf einer neutraleren Ebene zu fußen: Wenn Schmid sagt, sie beinhalte Wissen, Denkweisen, Wertungshaltung und geistigen Horizont, geht es vorrangig um die Weltanschauung der Sprechenden.[61] In dieser Weise will ich die Begriffe ,Ideologie' und ,ideologischer Perspektive', und demnach auch ,Überwachungsideologie', gebrauchen: Sie sollen – ohne Wertung – Konzepte wie Weltanschauung oder Überzeugung umschreiben.

Die *räumlichen* (3) und *zeitlichen* (4) *Perspektiven* sind jene, die am wenigsten metaphorisch gemeint sind: Ein räumlicher Standort bedingt die Restriktionen des Gesichtsfeldes, also was wahrgenommen wird und werden kann. In einer narratorial räumlichen Perspektive kann dieses Gesichtsfeld von einer deutlich auszumachenden Position im Raum bis hin zur olympischen Allgegenwart schwanken.[62] „Die zeitliche Perspektive bezeichnet den Abstand zwischen dem ursprünglichen Erfassen und späteren Erfassens- und Darstellungsakten".[63] Eine zeitliche Differenz in den beiden Akten kann mit einer Veränderung des Wissens und Bewertens des Geschehens einhergehen. Dabei ist nicht die Zeit als solche relevant, sondern die Zeit als Träger solcher Wissens- und Bewertungsveränderungen. Als letzten Parameter nennt Schmid die *sprachliche Perspektive* (5). Die Aufmerksamkeit soll auf Register, Lexik, Syntax oder Sprachfunktionen gerichtet werden, auf die Frage des Darstellens in Figuren- oder Erzählersprache.

Jeder dieser fünf Parameter kann entweder *narratorial* oder *figural* ausgestaltet sein. Es existieren grundsätzlich zwei Zentren: den Erzähler und die Figur(en).[64] Deshalb gibt Schmid auch die Genette'sche Nullfokalisierung auf: Es gibt kein neutrales, perspektivloses Erzählen.[65] Fallen alle fünf Perspektivenparameter zusam-

---

60 Die übrigen Definitionen Eagletons umfassen Aspekte der (politischen oder herrschenden) Macht, der Propagierung oder Legitimierung von Interessen oder der Verzerrung der Wirklichkeit zugunsten von (politisch) überzeugenden Effekten. Die Dimensionen kann Schmids Parameter enthalten, muss er aber nicht (vgl. Terry Eagleton: *Ideologie*, S. 39 f.).
61 In der Konsequenz weist jedes Sprechen ideologische Komponenten auf. Das kann insofern problematisch werden, als „Ideologie [...] nicht nur auf Wertsysteme [verweist], sondern auch auf *Machtfragen*." (Terry Eagleton: *Ideologie*, S. 12) „Man sollte den Begriff ,ideologisch' also nicht auf alles anwenden. Wenn es nichts mehr gibt, was nicht ideologisch ist, dann hebt der Begriff sich auf." (ebd., S. 16) Ideologische Perspektiven sind also dann zu untersuchen, wenn die Wertehaltung für die erzählte Überwachung explizit wird.
62 Vgl. Wolf Schmid: *Elemente der Narratologie*, S. 131–147.
63 Wolf Schmid: *Elemente der Narratologie*, S. 133.
64 Vgl. auch: Roland Barthes: Einführung in die strukturale Analyse von Erzählungen, S. 127.
65 „Narratorial ist also die Perspektive nicht nur dann, wenn der Erzähler deutliche Spuren des Erfassens und Darstellens durch einen individuellen Erzähler trägt, sondern auch dann, wenn das Erzählen ,objektiv' zu sein scheint oder nur geringe Spuren einer Brechung der Wirklichkeit durch ein irgendwie geartetes Prisma enthält." (Wolf Schmid: *Elemente der Narratologie*, S. 137 f.)

men, d. h. sind alle fünf Faktoren entweder figural oder narratorial ausgestaltet, nennt Schmid die Perspektive kompakt; andernfalls bezeichnet er sie als diffus, was den Regelfall darstellt.[66] Fasst man die Erzählerperspektive mit Wolf Schmids Modell, ergeben sich verschiedene Erzähl*kompetenzen* in der Ausgestaltung der fünf Parameter: Beispielsweise lässt sich nicht mehr von einem ‚auktorialen' oder ‚allwissenden' Erzählertyp sprechen, denn die Kompetenz ‚Allwissenheit' lässt sich mit der zeitlichen, räumlichen oder auch perzeptiven Perspektive fassen. Allwissenheit ist, so Matías Martínez, durch verschiedene Merkmale bestimmt: zeitliche Allgegenwart, räumliche Allgegenwart sowie Kenntnis über und Darstellung von Innensichten;[67] Nünning ergänzt einen umfassenden Überblick über den gesamten vergangenen, gegenwärtigen und zukünftigen Handlungsverlauf.[68] Zum besonderen Geltungsanspruch der erzählerischen Allwissenheit sei mit Martínez angemerkt:

> Der allwissende Erzähler sinnt dem Leser im Spiel der literarischen Fiktion dasselbe an, was der inspirierte Prophet dem Gläubigen und die Eltern dem Kleinkind im Ernst vermitteln wollen: Gewißheiten. Solchen unfehlbaren Stimmen der Wahrheit zu glauben, entlastet von den Anstrengungen der Rationalität.[69]

Ein wesentlicher Aspekt von Schmids Narratologie ist, dass Perspektive nicht nur im Akt der Darstellung zum Tragen kommt – nicht auf das Geschehen ‚gestülpt' wird –, sondern auch auf der Ebene der Selektion in allen vier Schritten des Transformationsprozesses vom Geschehen zur Präsentation konstitutiv wirkt.[70]

Das wird vor allem für diejenigen Texte des Korpus relevant, die in montierten Textteilen Kamera- bzw. Überwachungstexte nachahmen.
66 Vgl. Wolf Schmid: *Elemente der Narratologie*, S. 151.
67 Vgl. Matías Martínez: Allwissendes Erzählen. In: Rüdiger Zymmer/Manfred Engel (Hg.): *Anthropologie der Literatur. Poetologische Strukturen und ästhetisch-soziale Handlungsfelder*. Paderborn 2004, S. 139–154.
68 Vgl. Ansgar Nünning: Funktionen von Erzählinstanzen, S. 327.
69 Matías Martínez: Allwissendes Erzählen, S. 148–154.
70 Schmid erweitert formalistische/strukturalistische Transformationsprozess-Modelle von zwei oder drei Ebenen zu einem Vier-Ebenen-Modell: Geschehen – Geschichte – Erzählung – Präsentation der Erzählung (vgl. Wolf Schmid: *Elemente der Narratologie*, S. 137 f.). Zwei Ebenen-Modelle finden sich zum Beispiel bei Forster (story/plot), Lämmert (Geschichte/Fabel), Barthes (recit/narration) oder Todorov (histoire/discourse). Drei-Ebene-Modelle finden sich bei Genette (recit/histoire/narration), Bal (text/story/fabula) oder Stierle (Geschehen/Geschichte/Text der Geschichte) Vgl. zu der Konturierung der Modelle: Matías Martínez/Michael Scheffel: *Einführung in die Erzähltheorie*, S. 28. Unter Geschehen versteht Schmid die „amorphe Gesamtheit der Situationen, Figuren und Handlungen, die im Erzählwerk explizit oder implizit dargestellt oder logisch implizit sind" (ebd., S. 251). Es ist ein raumzeitlich unbegrenztes Kontinuum unendlich vieler Eigenschaften. Geschichte dagegen ist das Resultat einer Auswahl aus diesem Geschehen; also die dargestellten und mit Eigenschaften versehenen Elemente. Erzählung ist das Resultat der Komposition dieser ausgewählten Elemente durch die Verfahren der Linearisierung und Permutation.

„Die Perspektive ist nicht eine einzelne Operation unter anderen, sondern das *Implikat* aller Operationen."[71] Geschichte an sich existiere nicht; der Erzähler legt bereits durch seine Auswahl eine Sinnlinie: „Die Auswahl der Geschehensmomente und ihre Eigenschaften konstituiert nicht nur eine Geschichte, sondern auch die ihr inhärente, perzeptive, räumliche, zeitliche, ideologische und sprachliche Perspektive."[72] Kompositionsverfahren sind Ausdruck einer spezifischen Perspektive, oftmals des ideologischen Standpunktes.[73] Dies gilt auch für Verfahren der zeitlichen Gestaltung: Dehnung und Raffung sind für Schmid perspektivenabhängig, denn sie beeinflussen, ob der Erzähler wenige oder viele Geschehensmomente auswählt und ihnen damit Bedeutsamkeit zuweist.[74]

Dieses Konzept der Perspektive lässt sich auch für eine kulturwissenschaftliche Lektüre öffnen. Koschorke verdeutlicht, dass durch Erzählungen Partizipationsverhältnisse geregelt werden: Zugang zur Gemeinschaft erhält man durch Sprache, aber die „Zugehörigkeit zu einer imaginären Wir-Formation entscheidet sich auf noch elementarere Weise daran, wessen Sehen, Sprechen, Wissen erzählerisch einverleibt oder assimiliert werden kann".[75] Es sind die erzählerisch gestaltete Perspektive und die Ausrichtung der Erzählelemente an diesem Blickpunkt, die darüber bestimmen, woran wer teilhaben soll, kann oder darf. Insofern, so Koschorke weiter, sind die Darstellung von Innensichten innerhalb einer Erzählung beispielsweise ein Indiz: Wer nicht zur imaginierten Gemeinschaft gehöre, dem wird gewöhnlich keine Innensicht zugestanden.[76]

Wie eingangs erwähnt, erschöpft sich die Textperspektive nicht in der Perspektive des Erzählers, sondern ist das Zusammenspiel der Erzähler- und der Figurenperspektiven sowie der Perspektive des abstrakten Lesers. Erst, wenn die unterschiedlichen Perspektiven der Textinstanzen in ihrer Relation bewertet werden, gelangt man zur Perspektive des Textes. Dieser Interpretationsvorgang beantwortet die Frage, ob wir es, um mit Vera und Ansgar Nünning zu sprechen, mit einer offenen oder geschlossenen, einer monologischen oder dialogischen Perspektivenstruktur zu tun haben.[77] Die Frage, wie die Perspektivenstruktur eines

---

Die Präsentation meint die konkrete literarische Narration im verbalen Medium (vgl. Wolf Schmid: *Elemente der Narratologie*, S. 252f.).
71 Wolf Schmid: *Elemente der Narratologie*, S. 256.
72 Wolf Schmid: *Elemente der Narratologie*, S. 260.
73 Vgl. Wolf Schmid: *Elemente der Narratologie*, S. 275. Vgl. dazu die Abbildung ebd., S. 270.
74 „In Raffung und Dehnung realisiert sich auch die Perspektive, und zwar der ideologische Standpunkt, die Wertungsperspektive." (Wolf Schmid: *Elemente der Narratologie*, S. 267)
75 Albrecht Koschorke: *Wahrheit und Erfindung*, S. 94.
76 Vgl. Albrecht Koschorke: *Wahrheit und Erfindung*, S. 94–100.
77 Vgl. Vera Nünning/Ansgar Nünning: Multiperspektivität aus narratologischer Sicht. Erzähltheoretische Grundlagen und Kategorien zur Analyse der Perspektivenstruktur narrativer Texte.

Textes ausgestaltet ist, inwiefern ihre Multiperspektivität tatsächlich eine Vielfalt an Perspektiven oder nur fingierte Vielfalt ist,[78] ist eine kulturell höchst bedeutsame: Es geht um die Frage nach der Heterogenität der erzählten Kultur. Überwachungserzählungen verhandeln große Themen der Technologie, wie bei einem Einsatz von künstlicher Intelligenz, der Ökonomie, der Medizin, der Politik, des Sozialen; letztlich stellen die Erzählungen die Frage nach dem Wert des Menschen schlechthin und diskutieren so nicht nur politische, sondern auch ethische und moralische Fragen der Zeit. Welche Erzählkultur pflegen wir also? Vera und Ansgar Nünning unterscheiden Multiperspektivität danach, ob es sich um eine Vielsicht der Stimmen, der Fokalisierung oder um eine strukturelle Vielsicht (z. B. in Form von Montage und Collage) handelt.[79] Gerade in der ideologischen Perspektive der Stimmen eines Text wird die Frage relevant, inwiefern die Erzählung eine kompakte Ideologie inszeniert. Welche Perspektivenqualität und -streuung erhalten beispielsweise Instanzen, die Chancen und Erfolge eines Einsatzes von überwachenden Technologien und Praktiken vertreten? Die Ausgestaltung der Perspektivenstruktur kann Aufschluss darüber geben, welches Modell der Überwachung den Erzählungen zugrunde liegt und wie sie diese Kultur darzustellen versuchen.

2.2 Narration und Narrativ: Von Überwachungsnarrativen und literarischen Überwachungserzählungen oder von Gott und der Welt: Orwell, Huxley und Kafka

Für die westeuropäische Erzählgemeinschaft sind, mit Blick auf die gegenwärtigen Texte, besonders drei Narrative bedeutsam: Die ‚Gottesüberwachung', der ‚Überwachungsstaat' und die ‚Selbstüberwachung'. Mit diesen drei Narrativen setzt die Erzählgemeinschaft je eine eigene Überwachungsinstanz zentral: Gott, System, Selbst. Damit verändert sich auch die Relation: Welt – Überwachung – Einzelne. Auf diese Verschiebungen kommt es an. Ich werde folgend die Elemente dieser drei Narrative in aussagekräftigen Erzählungen und in ihrem Deutungsangebot ausarbeiten. Als Narrationen sind die alttestamentlichen Texte (insbes.

In: Dies. (Hg.): *Multiperspektivisches Erzählen. Zur Theorie und Geschichte der Perspektivenstruktur im englischen Roman des 18. bis 20. Jahrhunderts.* Trier 2000, S. 39–78, hier S. 60 ff.
78 „Es bedarf immer einer Analyse der Selektion und Streubreite der Perspektiven, ihrer syntagmatischen Kombination und Organisiertheit der Perspektivenstruktur, um zu entscheiden, ob Multiperspektivität in einem Text tatsächlich Polyphonie meint oder eigentlich nur mehrere Stimmen ein einheitliches Bild erzeugen." (Vera Nünning/Ansgar Nünning: Multiperspektivität aus narratologischer Sicht, S. 75)
79 Vgl. Vera Nünning/Ansgar Nünning: Multiperspektivität aus narratologischer Sicht, S. 42–60.

die *Genesis*), die Systemdiskurs-Dystopien des 20. Jahrhunderts (Orwells *1984* und Huxleys *Schöne neue Welt*) sowie die Erzählung von Josef K. in Kafkas *Der Proceß* ausgewählt. Dazu werden im Folgenden zunächst die Begriffe ‚Narration' vs. ‚Narrativ' geklärt und die kulturelle Bedeutung von Narrativen abgewogen. Der Teil endet mit Überlegungen zum Szenario als narrative Kulturtechnik. Das Erzählen von Szenarien fungiert in fiktionalen wie faktualen Überwachungssituationen als Strategie ihrer Legitimation wie Kritik.

Bezeichnet man etwas als ‚narrativ', bedeutet dies zunächst nur, dass es *erzählt* oder *erzählbar* ist. Etwas ist als narrativ zu charakterisieren, wenn es eine Veränderung eines Zustands oder eine Situation *darstellt*.[80] So brauchen narrative Gegenstände eine Erzählinstanz, die explizit oder implizit aus der Fülle der Wirklichkeit(en) selektiv auswählt, ordnet und darstellt.[81] Narrativität setzt neben dem Gegenstand voraus, dass Kommunikationsinstanzen wie Erzähler:innen und fiktiven Adressat:innen vorhanden sind und etwas, ein Zustand oder eine Situation, *perspektivisch* vermittelt wird. Bei den Termini ‚Narration' und ‚Narrativ' kommt es immer wieder zu Verwechslungen. Die beiden Begriffe sind aber keine Synonyme. Auch Wolfgang Müller-Funk weicht in seiner zentralen Studie *Die Kultur und ihre Narrative* aus: „Gegen die [...] definitorische Wut brauchen dabei Begriffe wie ‚Erzählung', ‚Narration', ‚Narrativ' nicht ein für allemal festgelegt zu werden."[82]

Ich möchte zunächst festhalten, dass sich ‚Narration' auf die konkrete (Einzel-) Erzählung bezieht, auf diesen oder jenen Text, ein Kunstwerk, ein Ritus oder ein präsentiertes ‚Outfit' – in jedem Fall ist der erzählte Gegenstand konkret. Eine Erzählung meint dann die „erzählten Ereignisse in der Reihenfolge ihrer Darstellung im Text"[83]. Es sind die perspektivierten, präsentierten Geschichten einer (im weitesten Sinne gemeinten) Erzählinstanz. Die Narration hat eine:n Urheber:in, der:die entweder selbst spricht oder eine:n Erzähler:in einsetzt. Narrationen werden individuell erzählt.

Das unterscheidet sie von den Narrativen einer Kultur oder Epoche. Narrative sind keine Einzelerzählungen, sondern kulturelle Schemata. Ich verwende ‚Narrativ' im Sinne Albrecht Koschorkes:

---

80 Vgl. Wolf Schmid: *Elemente der Narratologie*, S. 3.
81 Wenngleich die Vermitteltheit, das heißt der Einsatz einer Erzählinstanz, ein optionales Merkmal von Erzählen ist. Denn erstens benötigen auch andere Darstellungsmodi eine:n Sprecher:in und zweitens können auch Filme, Dramen oder andere Gattungen narrativ sein, wenngleich kein Erzähler im engeren Sinne eingesetzt wird (vgl. Matías Martínez: Was ist erzählen, S. 4). Ich fasse ‚Erzähler' weit, wenn in den Analysen dieser Studie ein Erzähler beispielsweise auch in der Kamera(-führung) in Filmen gesehen wird.
82 Wolfgang Müller-Funk: *Die Kultur und ihre Narrative*, S. 15.
83 Matías Martínez/Michael Scheffel: *Einführung in die Erzähltheorie*, S. 27. Vgl. auch: Mieke Bal: *Kulturanalyse*, S. 13; Gerard Genette: *Die Erzählung*, S. 15.

Schemata sind also Dispositive von einem mittleren Härtegrad, insofern sie die in ihnen enthaltenen Elemente konfigurieren, aber nicht bis ins Letzte festschreiben. Für erzählerische Generalisierungen dieses Typs wird im Folgenden der Begriff des *Narrativs* vorbehalten, im Unterschied zur unabzählbaren Vielfalt individueller Geschichten (im Sinne von *stories*).[84]

Jedes Narrativ wird in den Einzelnarrationen an der Oberfläche variiert, jedoch im Kern reproduziert. Narrative stellen Erzähler:innen ein Grundmuster bereit, eine Abfolge von Handlungselementen, von denen kein Erzählelement weggelassen werden darf; die Aufgabe des Narrativ-Erzählers liegt demnach darin, dieses Grundmuster „mit den Umständen an Ort und Stelle, den Wünschen des Publikums etc. in Einklang zu bringen".[85] Damit strukturieren Narrative Wissen. Martínez und Scheffel unterscheiden in Handlungs- und Erzählschemata; das erste meint einen gemeinsamen Handlungsverlauf, das zweite meint ein Muster der Darstellung.[86] Das Narrativ weist oft beide Schemata auf; es erzählt einen gewissen Handlungsablauf mit einzelnen festen Elementen, gibt aber auch eine Darstellungsweise, oftmals die Perspektive, vor. Kollektiv stark gefestigte Narrative werden, so meine Überlegung, unter einer festgelegten ideologischen, perzeptiven, oftmals auch sprachlichen Perspektive geschildert. Dabei reduzieren Narrative die Komplexität der Wirklichkeit, worin Stärke und Schwäche für die Erzählgemeinschaft zugleich liegen kann. „Schemabildung beruht mithin auf drei Grundvorgängen: Verknappung, Angleichung, Vervollständigung."[87] Die Stärke von Narrativen für die Erzählgemeinschaft liegt darin, das System vor einem „information overload" zu bewahren und es mit Redundanz zu versorgen; sie „fassen die unendliche Zahl möglicher Geschichten in wiederkehrende Muster und Abläufe ein. Das hat den Effekt, Streuung in Redundanz zu verwandeln (und dadurch [...] Interessen, Befindlichkeiten und Affekte zu kanalisieren)".[88] Narrative schaffen Wirklichkeiten: Sie gehen ein ins kollektive Gedächtnis, schaffen und stabilisieren Kulturen wie Identitäten, einen und entzweien Gruppen, sie besitzen sogar die Kraft „ursprünglich frei Erfundenes [zu] sedimentie-

---

84 Albrecht Koschorke: *Wahrheit und Erfindung*, S. 30. Koschorke lehnt sich an die Schematheorie an. Der Schema-Begriff geht auf Immanuel Kant zurück und hebt den Konstruktionscharakter von Tätigkeiten wie Wahrnehmen, Verstehen oder Erinnern hervor, und verortet sie in der Interaktion und Operation zwischen aktuellem Text oder Situation und vorgefundenen bzw. herangetragenen Wissensstrukturen (vgl. Michael Kaiser: Die Schematheorie des Verstehens fiktionaler Literatur. Bemerkungen zur Forschungssituation. In: *Deutsche Vierteljahrsschrift für Literaturwissenschaft und Geistesgeschichte* 56, 1982, Sonderheft, S. 226–248, hier S. 234 f.)
85 Albrecht Koschorke: *Wahrheit und Erfindung*, S. 34.
86 Vgl. Matías Martínez/Michael Scheffel: *Einführung in die Erzähltheorie*, S. 129.
87 Albrecht Koschorke: *Wahrheit und Erfindung*, S. 32. Vgl. in Bezug auf die Rezeption von Texten: Michael Kaiser: Die Schematheorie des Verstehens fiktionaler Literatur, S. 236–240.
88 Albrecht Koschorke: *Wahrheit und Erfindung*, S. 43.

ren und zu einer harten sozialen Tatsache werden"[89] zu lassen. Für die erzählende Kultur sind Narrative in gewisser Weise Werkzeuge der Welt- und Identitätskonstruktion, die das System stabilisieren. In diesem Sinne stiften Narrative „Sinn, nicht auf Grund ihrer jeweiligen Inhalte, sondern auf Grund der ihnen eigenen strukturellen Konstellationen, weil sie eine lineare Ordnung des Zeitlichen etablieren".[90] Sie befähigen uns, „aus einer chaotischen Welt und den in ihr stattfindenden unverständlichen Ereignissen Sinn herauszuholen".[91] Für die Mitglieder der Gemeinschaft sind kulturelle Narrative Interpretationsfolien, die im individuellen Handeln und Erleben der Welt Halt und Orientierung bieten, weil sie als Wahrnehmungs- und Verstehensmuster *akzeptiert* sind.

Zusammenfassend ist das Entscheidende am Narrativ-Begriff die *kollektive Dimension*. Unter Narrativ verstehe ich im Folgenden mit Koschorke ein Schema, das Wissen strukturiert. Es weist ein relativ festes Handlungs- und Erzählschema auf, das in relativer Stabilität erzählt wird, identitätsstiftend wirkt und sich in das kollektive Gedächtnis einschreibt. Besonderes Augenmerk will ich neben der Kette aus Handlungselementen auf die gemeinsame Perspektivierung des Narrativs legen, die bewusst oder unbewusst von einzelnen Sprecher:innen übernommen wird.

Überwachungsnarrativ I: Die Gottesüberwachung – christliche Erzählungen vom allessehenden Gott

Die Gottesüberwachung ist ein solches Wahrnehmungsmuster. Ihr Kern lautet ‚Gott sieht von oben alles'. Bereits im ersten Buch des Alten Testaments wird diese Konstellation deutlich. Dabei stellen sich die folgenden Fragen: Welche Elemente hat das Narrativ und welche Wahrnehmungsfolie bietet es an? Da ist zunächst das konstitutive Moment: Gott wird als *sehender* Gott begriffen. Bereits in der Schöpfungsgeschichte wiederholen sich rituell nach jedem performativen Schöpfungsakt die Worte: „Und Gott sah, daß es gut war." (Gen 1,10; 1,12; 1,18; 1,25)[92] Das (Über-)Sehen ist von Beginn an mit der Macht Gottes verbunden. Es ist das Sehen, das Gott von

---

[89] Albrecht Koschorke: *Wahrheit und Erfindung*, S. 24.
[90] Wolfgang Müller-Funk: *Die Kultur und ihre Narrative*, S. 29.
[91] Mieke Bal: *Kulturanalyse*, S. 9.
[92] Krah und Hennig ergänzen, dass im Topos des Auge Gottes oftmals auch die Selbstgefälligkeit betont werde: „Dieser Refrain zur Schöpfungsgeschichte, der den Konnex von *Beobachtung ist Schöpfung ist Selbstbestätigung* fokussiert, macht die Selbstbezüglichkeit und Vereinnahmungs-

den Menschen differenziert: Es bedeutet Wissen über Wahrheiten;[93] und in diesem ‚Wissen durch Sehen' liegt auch das Potenzial zur menschlichen Sünde. Die Schlange flüstert Eva zu: „[A]n dem Tage, da ihr davon esset, werden eure Augen aufgetan, und ihr werdet sein wie Gott und wissen, was gut und böse ist. Und das Weib sah, daß von dem Baum gut zu essen wäre und daß er eine Lust für die Augen wäre und verlockend, weil er klug machte" (Gen 3,5–6). Die Schlange unterbreitet dem Menschen die Versuchung: Es ist nicht die Frucht selbst, sondern ihre ‚Lust für die Augen'; es ist das Verlangen, Zugang zu Wissen und Wahrheit zu erhalten.

Die Setzung Gottes als sehender Gott weist drei Elemente auf: Allmacht, Allwissenheit und Vorsehung, die in der Kernerzählung miteinander verwoben sind, aber je ein anderes Moment einbringen. Die monothetische Vorstellung der Allmacht, als erstes Element der Erzählung, spiegelt sich in der jüdischen und christlichen Theologie in der Omnipräsenz als universale Macht Gottes:[94] Die Allwissenheit entsteht aus der Übersicht, die sich metonymisch durch den Sitz im Himmel ausdrückt: „Der oben thront in der Höhe, / der herniederschaut in die Tiefe" (Ps 113,6; vgl. Ps 33,13; Ps 11,4–5). Die Allwissenheit Gottes, das Wissen um Wahrheiten, ist begründet sowohl in der Fähigkeit zur Introspektion („Ein Mensch sieht, was vor Augen ist; der HERR aber sieht das Herz an" [1. Sam 16,7]) als auch in der raumzeitlichen Übersicht: „Gott weiß den Weg zu ihr [gemeint: Weisheit, SH], er allein kennt ihre Stätte. Denn er sieht die Enden der Erde und schaut alles, was unter dem Himmel ist." (Hi 28,24) Als Hiob am göttlichen Plan zweifelt, fragt ihn Gott: „Wo warst du, als ich die Erde gründete?" (Hi 38,4) Aus dem Element der Allwissenheit geht das Motiv der Vorsehung hervor, das „zentrales Attribut des Schöpfergottes"[95] ist.

Es ist bezeichnend, dass der Artikel zur Vorsehung im Handbuch *Religion in Geschichte und Gegenwart* mit dem Satz beginnt: „Sicherheit gehört zu den Grundbedürfnissen des Menschen."[96] Die Idee der göttlichen Vorsehung ist kulturell eine sinnzuschreibende Sicherheitserzählung: Jemand muss für das, was geschieht, die Verantwortung übernehmen, den Menschen von dieser entlasten, und Sorge tra-

---

fantasie als Teil dieses Machtnarrativs augenfällig." (Martin Hennig/Hans Krah: Typologie, Kategorien, Entwicklungen von Überwachungsnarrativen, S. 15)
93 Vgl. Eef Dekker: Allwissenheit. In: *Religion in Geschichte und Gegenwart. Handwörterbuch für Theologie und Religionswissenschaft.* Bd. 1. Hg. v. Hans Dieter Betz et al. 4., völlig neu bearb. Aufl. Tübingen 1998, Sp. 338–347, hier Sp. 323.
94 Vgl. Gijsbert van den Brink: Allmacht. In: *Religion in Geschichte und Gegenwart. Handwörterbuch für Theologie und Religionswissenschaft.* Bd. 1. Hg. v. Hans Dieter Betz et al. 4., völlig neu bearb. Aufl. Tübingen 2005, Sp. 319–320.
95 Richard Friedli: Vorsehung. In: *Religion in Geschichte und Gegenwart. Handwörterbuch für Theologie und Religionswissenschaft.* Bd. 8. Hg. v. Hans Dieter Betz et al. 4., völlig neu bearb. Aufl. Tübingen 2005, Sp. 1212.
96 Richard Friedli: Vorsehung, Sp. 1212.

gen, dass der Mensch den rechten Weg nimmt. Die Rede von der göttlichen Vorsehung stellt eine überlebensstrategische Erzählung dar und kann erklären, warum sich der Überwachung durch Gott freiwillig unterworfen wird. Die alttestamentliche Vorsehung ist meistens eine fürsorgliche Führung,[97] die eher Völker als Einzelne betrifft: Eine individuelle Zuspitzung findet sich in einzelnen Psalmen „und im Zulassen der Theodizeefrage angefochtener Individuen wie Hiob".[98] Die Betonung der Übersicht Gottes berührt also, wie alle Überwachungserzählungen, die Kernfrage: Geschieht die Überwachung zum Zweck der Fürsorge oder der Kontrolle? Auch die Frage nach dem Verhältnis zwischen Überwachung und der Freiheit des Einzelnen ist bereits in der biblischen Erzählung und ihrer Exegese eine zentrale.

Was bedeutet also göttliche Allsicht für die Figuren der Diegesen? Da ist die Sklavin Hagar, die vor ihrer Herrin flieht: „Und sie nannte den Namen des HERRN, der mit ihr redete: Du bist ein Gott, der mich sieht" (Gen 16,11–13). Da ist Abraham, der bereit ist, seinen Sohn zu opfern, und später erleichtert ist: „Und Abraham nannte die Stätte ‚Der Herr sieht'" (Gen 22,14). Da ist Hiob, der nicht versteht, warum ihm Leid widerfährt, und der glaubt, nicht gesehen zu werden: „Ich schreie zu dir, aber du antwortest mir nicht; ich stehe da, aber du achtest nicht auf mich." (Hi, 30,20) Auf die Sklavin – so die theologische Lehre – gibt Gott acht, obwohl sie ihrem Herrn nachgesehen hat. Gott beobachtet Abraham, um ihn am Ende für seine Treue zu beschenken. In beiden Fällen werden die Erzählungen ausgedeutet im Sinne eines fürsorglichen Achtgebens. Hiob dagegen hat Ausschlussangst: Er hat Angst, ungesehen zu sein. In den Kategorien der alten Vergeltungslehre (dem Tun-Ergehen-Zusammenhang) kann er sich nicht erklären, warum ihm als gläubigem, rechtschaffendem Mann Leid widerfährt. Schließlich erhält er eine Lehre über die menschliche und göttliche Perspektive: „Ich erkenne, daß du alles vermagst und nichts, das du dir vorgenommen hast, ist dir zu schwer." (Hi 42,2) Gottes Blick – seine räumliche und zeitliche Perspektive – ist endlos. Hiob soll auf den Blick des Herrn vertrauen. In diesem Sinne gilt: „Der Herr ist mein Hirte, mir wird nichts mangeln" (Ps 23). Diese Form der göttlichen Introspektion wird von den Figuren als positiv empfunden.[99] Von dieser Denkfigur des Hirten und seiner Herde entwickelt Michel Foucault den Begriff der ‚pastorialen Macht'.

---

97 Vgl. Richard Friedli: Vorsehung, Sp. 1214.
98 Richard Friedli: Vorsehung, Sp. 1215.
99 „Herr, du erforschest mich / und kennest mich. [...] / und siehst alle meine Wege. Denn siehe, es ist kein Wort auf meiner Zunge, / das du, HERR, nicht schon wüßtest. Von allen Seiten umgibst du mich / und hältst deine Hand über mir. Diese Erkenntnis ist wunderbar und zu hoch, / ich kann sie nicht begreifen." (Ps 139,1–6)

Doch neben diesem fürsorglichen Blick kennt das Alte Testament auch den prüfenden: „Seine Augen sehen herab, / seine Blicke prüfen die Menschenkinder" (Ps 11,4). Das Sehen ist im Gottesnarrativ ein Instrument der Menschenführung: Dabei scheint der prüfende Blick ein überwachender und strafender zu sein, während das Konzept der Fürsorge Gottes am vorhersagenden Blick hängt: Im fürsorglichen Blick Gottes liegt die Hoffnung der Figuren, dass ihre Erlebnisse und Schicksalsschläge sinnhaft sind. Der überwachende Gott löst die Angst der Figuren vor Strafe aus – sei es die Angst vor einer irdischen Strafe wie Krankheit oder Besitzverlust oder vor Ausschluss von der ewigen Seligkeit beim göttlichen Gericht. Eine der härtesten Strafen, die das Alte Testament kennt, ist die Vernichtung alles Lebens durch die Sintflut: „Als aber der HERR sah, daß der Menschen Bosheit groß war auf Erden und alles Dichten und Trachten ihres Herzens nur Böse war immerdar, da reute es ihn, daß er die Menschen gemacht hatte auf Erden" (Gen 6,5–6). Hervorzuheben ist, dass nicht verraten wird, für was die Sintflut die Strafe ist; nur, dass Gott diese Vergehen *gesehen* hat. Das Wissen über Schuld ist ein asymmetrisch gehütetes Geheimnis.

Wie sieht der Wissenskomplex dieses Narrativs nun aus? Das Schema trägt eine Überwachungsmacht, die ‚von oben' auf die Überwachten blickt. Diese können nicht zurückblicken, werden stattdessen vom Blick im äußeren Handeln wie inneren Denken durchdrungen. Dieser Blick wird auch von den Überwachten gesucht, da er über das eigene Ende – Seligkeit oder Verbannung – bestimmt. Die Gottesüberwachung trägt eine scheinbare Freiwilligkeit (Figuren unterwerfen sich dem prüfenden Blick in Hinblick auf das Gericht), die mit einer *Ausschlussangst* (Figuren wollen in Hinblick auf die fürsorgliche Vorsehung nicht ungesehen bleiben) einhergeht. Diese Parameter sind entsprechend bereits in der göttlichen Überwachung, wie die Bibel sie konzeptualisiert, vorhanden, werden sich jedoch ihrem Grund nach in heutigen Überwachungssituationen verändern. Die Fragen nach den Verhältnissen – zwischen Fürsorge und Kontrolle und zwischen Überwachung und Freiheit – sind bereits in diesem Schema angelegt, bleiben das ungelöste Problem der göttlichen Übersicht.[100]

Die Bedeutung von Überwachungsnarrativen: Identitätssicherung und Widerstand

Die Narrative einer Kultur haben unterschiedliche Tragweiten bzw. Wirkungsgrade. Koschorke nennt das die Reichweite von Narrativen, über die die „Eignung

---

[100] Vgl. Martin Dreher: Allwissenheit, Sp. 323; vgl. Gijsbert van den Brink: Allmacht, Sp. 320.

zur Amplifikation, zur Ausweitung auf ein von einer größeren Referenzgruppe geteiltes Wissen und Empfindungen"[101] entscheidet. Die Gottesüberwachung hat große Reichweite, gerade wenn das Narrativ selbst immer unsichtbarer wird. Erzählte Wissensbestände ‚wandern' im Erzählraum, insofern das Narrativ etwas Intersubjektives darstellt. Jedoch verknappen sie immer weiter, wenn das Erzählte (zeitliche oder emotionale) Distanz zum Erzählanlass erhält: Relevanz entscheidet über die Reichweite ebenso wie über den Umfang der Reduktion.[102] Müller-Funk hält fest, dass jede Kultur aus einer Reihe von Narrativen (und Erzählungen) besteht, die unterschiedlich sichtbar bzw. bewusst sind, und

> die nicht deshalb latent sind, weil sie verboten, vergessen oder weil sie geheim oder nichtig wären. Solange bestimmte Erzählungen in einer Kultur als selbstverständlich angesehen werden, unumstritten sind, können, ja müssen sie unthematisiert bleiben. [...] Narrative in Kulturen sind also oftmals latent, das heißt sie sind prinzipiell abrufbar, aber nicht fortwährend präsent.[103]

Gerade die Narrative, die die innere Ordnung der Identität begründen oder stabilisieren, könnten latent Wirkung entfalten: Reichweite ist nicht zwingend Sichtbarkeit. Ebenso wie die Gottesüberwachung ist das Narrativ des Überwachungsstaats identitätsstiftend. Im deutschsprachigen Raum fällt die konstante Nutzung der Erzählstruktur von George Orwells *1984* auf. Dieses Schema ist dichotom strukturiert, ein totalitärer Staat unterdrückt den Einzelnen. Mit Blick auf die deutsche Geschichte und den Faschismus bedeutet Bewahrung und Wiedererzählung dieses Narrativs Selbstvergewisserung und Erneuerung des ‚Nie-Wieder-Versprechens'. Mit Aleida Assmann gedacht ist *1984* so Teil des politischen Gedächtnisses, das zur Identitätsbildung von Bürger und Bürgerinnen dient und das zur Vereinheitlichung und Instrumentalisierung tendiert.[104] Mit Jan Assmann gesprochen, leistet Orwells Roman ‚Erinnerung als Widerstand': Solche Gedächtnisinhalte erfüllen, so Jan Assmann auf Marcuse gestützt, „[d]ie Erzeugung von Ungleichzeitigkeit, die Ermöglichung eines Lebens in zwei Zeiten".[105] Diese findet im Alltag, der auf Gleichzeitigkeit fußt, keinen Raum.

> ‚Die Erinnerung an die Vergangenheit kann gefährliche Einsichten kommen lassen, und die etablierte Gesellschaft scheint die subversiven Inhalte des Gedächtnisses zu fürchten [...]. Das Gedächtnis ruft vergangenen Schrecken wie vergangene Hoffnung in die Erinnerung zurück'[106] [...]. Umgekehrt ist Erinnerung eine Waffe gegen Unterdrückung. Der Text, der

---

101 Albrecht Koschorke: *Wahrheit und Erfindung*, S. 38.
102 Vgl. Albrecht Koschorke: *Wahrheit und Erfindung*, S. 38 ff.
103 Wolfgang Müller-Funk: *Die Kultur und ihre Narrative*, S. 154.
104 Aleida Assmann: *Der lange Schatten der Vergangenheit*, S. 58.
105 Jan Assmann: *Das kulturelle Gedächtnis*, S. 84.
106 Assmann zitiert hier: Herbert Marcuse: *Der eindimensionale Mensch*. Darmstadt 1967, S. 117.

diesen Zusammenhang am eindrücklichsten vor Augen führt, ist G. Orwells *1984*. Am Extremfall totalitaristischer Unterdrückung zeigt sich die befreiende Kraft des kulturellen Gedächtnisses, die ihm allgemein innewohnt. In einer Welt totalisierender Gleichschaltung ermöglicht Erinnerung die Erfahrung des Anderen und die Distanz vom Absolutismus der Gegenwart und des Gegebenen.[107]

Wenn Erinnerung die Gleichzeitigkeit im Charakter des Anderen annehme, dann werde Erinnerung zu einem Akt des Widerstands. Das leistet sowohl Orwells Erzählung als auch das Narrativ des Überwachungsstaates und diese Funktion – um das vorwegzunehmen – streben gegenwärtige Texte im Stil einer Re-Narration von Orwells *1984* an. Sie erneuern diese Funktion, indem sie gerade die smarte, umschmeichelnde Alltagserfahrung von (Selbst-)Überwachung durch Ungleichzeitigkeit verlassen.

Kulturen als Erzählgemeinschaften brauchen neben Innovation ebenso Redundanz. Sie entlastet das System und schafft Einheit(en). Koschorke macht drei Funktionen erzählerischer Redundanz aus: eine psychologische, eine kommunikative und eine systematische. Der psychologische Effekt zielt auf die Wiedererkennung von (Erzähl- und Erklär-)Mustern, was Erwartungssicherheit und Vertrauen in die Stabilität der Ordnung schafft. Die kommunikative Leistung sichere „einen unterstellten oder tatsächlichen Konsens ab [...]. Je prekärer dieser Konsens scheint, desto häufiger muss er beschworen werden".[108] Doch Redundanz hat einen Preis: Müller-Funk konstatiert, dass „die durch zeitliche Kontinuität erfundene Identität" und die Distanz zwischen Erfassen und Darstellen im Narrativ zwar für die Erzählgemeinschaft einen Beruhigungseffekt haben können.[109] Das Risiko der zeitlichen eindimensionalen Kontinuität von Narrativen ist, dass aus ihnen oftmals eine eingängige Identität hervorgehen. Narrative als identitätsstiftende Konstruktion seien so gesehen „strukturlogisches ‚falsches Bewusstsein' [...]. Sie erschaffen uns ein symbolisch gemütliches Zuhause und im Grunde geht die zentrale Bedeutung von Erzählungen im Kontext der jeweiligen Kultur gerade in dieser Funktion fast ohne Rest auf".[110] „Während Redundanz – die Erfüllung eines Schemas – ein vorhandenes Bedürfnis nach Erwartungssicherheit befriedigt, zieht *Varianz* – die individuelle Abweichung vom Schema – die Aufmerksamkeit auf die jeweilige Erzählung."[111] Die Einzelnarration gestaltet das erzählte Narrativ also in Redundanz und Variation aus.

Innerhalb der systemischen Funktion von erzählerischer Redundanz verweist er auf die ‚segmentäre Differenzierung': „Gleichartige Zeichenprozesse werden in

---

107 Jan Assmann: *Das kulturelle Gedächtnis*, S. 85 f.
108 Albrecht Koschorke: *Wahrheit und Erfindung*, S. 44.
109 Wolfgang Müller-Funk: Die *Kultur und ihre Narrative*, S. 29 f.
110 Wolfgang Müller-Funk: Die *Kultur und ihre Narrative*, S. 30.
111 Albrecht Koschorke: *Wahrheit und Erfindung*, S. 49 f.

großer Zahl nebeneinander durchgespielt, [...] die Parallelschaltung der individuellen Abläufe erlaubt es, ohne Risiko eine Bandbreite von alternativen Entwicklungspfaden zu erproben."[112] Das habe eine weitere Funktion für die Gesellschaft: Die Aufgliederung der Welt in gleichförmige Geschichten „erzeugt überschaubare *Räume verdichteter Relevanz*. Nur in Zonen verdichteter Relevanz können sich Akteure überhaupt als Betroffene und Handelnde begreifen".[113] Dieser Gedanke scheint mit Blick auf die fiktionalen Überwachungsnarrationen ein zentraler: Es sind oftmals Dystopien. Diese haben gattungstheoretisch ein starkes Grundmuster, das kaum verändert reproduziert wird. Sie eignen sich daher in besondere Weise als überschaubarer Raum verdichteter Relevanz.

Berger und Luckmann gehen davon aus, dass die Welt aus einer Vielzahl von Wirklichkeiten besteht, zwischen denen Individuen verkehren. Die ‚Wirklichkeit der Alltagswelt' sei die vorangestellte, da sie den Einzelnen am bewusstsen und am aufdringlichsten sei, zugleich ist sie vorarrangiert nach Mustern und wird durch die Sprache bereits konstituiert.[114] Neben dieser Wirklichkeit bewegen sich Einzelne in anderen enklavischen Wirklichkeiten; unter anderem der der Kunst: „eine Welt eigener Sinneinheiten und eigner Gesetze, die noch etwas oder auch gar nichts mit den Ordnungen in der Alltagswelt zu tun haben können."[115] Für solche Enklaven geschlossener Sinnproduktion sei charakteristisch, dass sie (kurzzeitig) von der Alltagswelt ablenken. Überwachungsromane als Räume verdichteter Relevanz haben das Potential, als Passagen zu fungieren. Ihnen wohnt im Besonderen die Möglichkeit von Rückkopplungseffekten von der Kunst- in die Alltagswelt inne: Durch ihr starkes dystopisches Narrativ aus dem 20. Jahrhundert und ihrer erzählerisch intendierten Nähe zur Alltagswelt – sie zielen durch an der Textoberfläche installierten Realitätsreferenzen auf stärkere Wiederkennung und Identifikation –, ermöglichen Überwachungsromane die Gleichzeitigkeit von Vergangenheit(-serinnerung), Gegenwart(-sbewohnen) und Zukunft(-svision). Leser:innen können sich in jenen Zonen verdichteter Relevanz als Akteure, Betroffene der Überwachung wie Handelnde der Überwachung begreifen.

Überwachungsnarrativ II: Der Überwachungsstaat. Vom ‚Big Brother' in der ‚schönen neuen Welt'

Das zweite Narrativ ist das der Überwachung durch ein (totalitäres) System, das durch die Erfahrungen des 20. Jahrhunderts tief in unserem kulturellen Gedächtnis

---

112 Albrecht Koschorke: *Wahrheit und Erfindung*, S. 47.
113 Vgl. Albrecht Koschorke: *Wahrheit und Erfindung*, S. 48.
114 Peter L. Berger/Thomas Luckmann: *Die gesellschaftliche Konstruktion der Wirklichkeit*, S. 24.
115 Peter L. Berger/Thomas Luckmann: *Die gesellschaftliche Konstruktion der Wirklichkeit*, S. 28.

verankert ist. Es wird dystopisch von einer repressiv wirkenden Überwachung eines Kollektivsystem auf den einzelnen Normalbürger erzählt; ein Einzelner kämpft gegen ein System und verliert. Das Narrativ ist derart mit kanonisierten Narrationen verbunden, dass wir es durch einzelne Motive, die zu Metaphern im Sinne von Bals Begriffserzählungen geworden sind, andeuten können: Es reicht aus, vom ‚Big Brother' zu sprechen, damit der ideologische Kern implizit aufgerufen wird. Solche Begriffsnarrationen verknappen den Inhalt und reduzieren die Komplexität, doch was auch bei der Verwendung der Begriffe bleibt, so meine These, ist die Erzählperspektive, insbesondere im Parameter der Ideologie.

Thomas Morus' Romantitel *Utopia* (1516) bedeutet etwas wie ‚Nicht-Ort'; Dystopia lässt sich dann übersetzen als ‚Miss-Ort' – ein krankhaft-schlechter Ort, als den die Erzählungen die Gegenwart identifizieren und ins Zukünftige warnend exemplifizieren. Im 20. Jahrhundert schien die Utopie angesichts der Weltkriege und des Totalitarismus schlichtweg zu versagen – der Traum wich dem Alptraum, als sich „das utopische Projekt als Schreckbild [...] mit prognostischer Intention" erwies.[116] Die entstehenden Texte sind fiktionale Gegenbilder zur historischen Wirklichkeit, sie sind unmittelbarer als andere Textsorten auf diese bezogen.[117] In diesem Sinne sind Utopien, gerade auch in ihrer dystopischen Form, politische Literatur, da sie die Subversion oder gar Negation einer als defizitär empfundenen Gegenwart und ihrer gesellschaftlichen wie politischen Systeme in ihren Erzählungen leisten.[118]

Zukunftsfiktionen dienen dazu, der „Ungewissheit einen Ort im gesellschaftlichen Imaginationshaushalt zu geben [...]. Damit tragen sie die Unsicherheit des Kommenden in die Gegenwart hinein."[119] Sie richten sich gegen zeitgenössische Denkmuster und Entwicklungen und erlauben so „zukunftsorientiertes fiktionales Probehandeln",[120] indem sie Tendenzen kontrafaktisch verdichten und in möglichen Zukunftswelten radikalisieren. Diese Haltung des Schreibenden ist das entscheidende Merkmal: „Möglichkeitsdenken ist die Voraussetzung für jede Form philosophischer, anthropologischer, gesellschaftlicher und künstlerischer Utopie oder Dystopie."[121]

---

116 Wilhelm Voßkamp: *Emblematik der Zukunft. Poetik und Geschichte literarischer Utopien von Thomas Morus bis Robert Musil*. Berlin/Boston 2016, S. 87. Vgl. zur Geschichte der Utopie ebd., S. 83 ff.
117 Vgl. Wilhelm Voßkamp: *Emblematik der Zukunft*, S. 77.
118 Vgl. Maren Conrad: Unmögliche Aktualitäten. Zur politischen Dimension der Warnutopie als Zukunftsvision. In: Christine Lubkoll/Manuel Illi/Anna Hampel (Hg.): *Politische Literatur. Begriffe, Debatten, Aktualität*. Stuttgart 2018, S. 459–473, hier S. 459 f.
119 Albrecht Koschorke: *Wahrheit und Erfindung*, S. 230.
120 Wilhelm Voßkamp: Möglichkeitsdenken. Utopie und Dystopie in der Gegenwart. Einleitung. In: Wilhelm Voßkamp/Günter Blamberger/Martin Roussel (Hg.): *Möglichkeitsdenken. Utopie und Dystopie in der Gegenwart*. München 2013, S. 23.
121 Wilhelm Voßkamp: *Emblematik der Zukunft*, S. 3.

Das Verhältnis von Wirklichem und Möglichem ist gattungskonstitutiv.[122] Damit erweisen sie sich als „Inszenierungen, in denen nicht nur ausgemalt, sondern auch *ausgehandelt* wird, wie man sich zu diesen möglichen Zukünften in der Gegenwart zu verhalten hat".[123] Entscheidend ist dabei das hoffnungstragende Element: Dystopien übernehmen ein ‚Prinzip Hoffnung'.[124] Einerseits schreibt die Dystopie in ihre aussichtslos scheinenden Erzählwelten utopische Momente dieser inhärenten Hoffnung in Figuren oder Räume ein, zum Beispiel, indem der Protagonist die Freiheitseinschränkung des Systems erkennt und gegen sie ankämpft. Andererseits trägt die Erzählung selbst einen Hoffnungsmoment in die Gesellschaft, indem sie präventiv gegen das Eintreffen dieser Zukunftsmöglichkeit anschreibt. Dystopien nehmen als Erzählungen kulturell eine abschreckende, warnende Funktion an.

Drei Narrationen wurden gattungskonstitutiv: Samjatins *Wir* (1920), Orwells *1984* (1948) und Huxleys *Brave New World* (1932). Die früheste dieser kanonischen Dystopien, geschrieben nach der Oktoberrevolution von 1917, erzählt von einem totalitären Staat, in dem gilt: „[D]ie Mathematik und der Tod haben noch nie geirrt."[125] In der „göttliche[n] Schönheit"[126] des mathematischen Zeitalters tragen Menschen keine Namen, sondern nur Nummern. Das Leben der Figuren ist durchgerechnet und normiert. *Wir* begründet dabei das bis heute geltende Handlungsschema einer klassischen Dystopie: Ein:e Durchschnittsbewohner:in der erzählten Welt, hier D-503, steht im Zentrum und lebt zunächst aus Überzeugung systemkonform, bis durch die Begegnung mit dem Anderen, hier der Revolutionärin I-330, allmählich der Erkenntnisprozess einsetzt und der:die Protagonist:in

---

122 Vgl. Wilhelm Voßkamp: *Emblematik der Zukunft*, S. 77.
123 Eva Horn: *Zukunft als Katastrophe*, S. 22f.
124 „*Docta spes, begriffene Hoffnung,* erhellt so den Begriff eines Prinzips in der Welt, der diese nicht mehr verläßt [...]. Indem es überhaupt keine bewußte Herstellung der Geschichte gibt, auf deren tendenzkundigem Weg das Ziel nicht ebenso alles wäre, ist der im guten Sinn des Worts: utopisch-prinzipielle Begriff als der der Hoffnung und ihrer menschenwürdigen Inhalte, hier ein schlechthin zentraler. Ja, das damit Bezeichnete liegt dem adäquat werdenden Bewußtsein jeder Sache im Horizont, im aufgegangenen, weiter aufgehenden. Erwartung, Hoffnung, Intention auf noch ungewordene Möglichkeit: das ist nicht nur ein Grundzug des menschlichen Bewußtseins, sondern konkret berichtigt und erfaßt, eine Grundstimmung innerhalb der objektiven Wirklichkeit insgesamt." (Ernst Bloch: *Das Prinzip Hoffnung*. Bd. 1. Frankfurt/M. 1969, S. 5). Bloch prägt zudem den Begriff der ‚konkreten Utopie', sie meint den Möglichkeitsgehalt des Wirklichen und betont, die mögliche Vermittlung utopischen Wünschens/Denkens mit realen Tendenzen. Konkrete Utopien beachten gesellschaftliche, wirtschaftliche oder kulturelle Entwicklungen und verhalten sich zu ihnen (Peter Zudeick: Utopie. In: Beat Dietschy/Doris Zeilinger/Rainer E. Zimmermann (Hg.): *Bloch-Wörterbuch. Leitbegriffe der Philosophie Ernst Blochs*. Berlin/Boston 2012, S. 633–663, hier S. 633; 655f.).
125 Jewgenij Samjatin: *WIR. Roman*. Mit einem Nachwort v. Jürgen Rühle. 7. Aufl. Köln 2000, S. 96.
126 Jewgenij Samjatin: *WIR*, S. 64.

Widerstand gegen das Systems leistet.[127] Auch das dystopische Ende – das System gewinnt immer – ist *Wir* bereits eingeschrieben.

George Orwell übernimmt Samjatins Handlungsschema und schreibt die wohl bekannteste Überwachungserzählung der Moderne. *1984* entstand vor dem Hintergrund der Erfahrungen des Totalitarismus, des Stalinismus und Faschismus. Dieser Hintergrund schreibt sich in die Erzählweise, insbesondere in die Erzählperspektive ein. Orwells Protagonist lebt unter dem allwissenden Auge des ‚Big Brothers' – womit die Gottesüberwachung auf den Staat übertragen und ihm damit die göttliche Allsicht attestiert wurde. Dieser ‚Große Bruder', *who is always watching you*, ist heute längst zur stehenden Metapher geworden, die es vermag, das Narrativ – nicht die ganze Erzählung – im Gedächtnis abzurufen. Orwell schreibt der Überwachung durch Sprache eine entscheidende Kontrollfunktion zu: Sprache und Ideologie, das musste im 20. Jahrhundert erfahren werden, sind untrennbar miteinander verbunden. *1984* fokussiert motivisch neben Instrumenten wie Teleschirmen und Mikrophonen die Überwachung der Sprache und Überwachung durch Sprache. Die auf das nötigste Vokabular reduzierte Systemsprache ‚Neusprech' und die Logik des ‚Doublethinks' sind als Motive, genau wie das des Big Brothers, in den allgemeinen Sprachschatz eingegangen. Entscheidend an Orwells Staat ist das Verhältnis von Vergangenheit und Zukunft: „Wer die Vergangenheit kontrolliert, kontrolliert die Zukunft: wer die Gegenwart kontrolliert, kontrolliert die Vergangenheit."[128] Vergangenheit ist systemgefährdend, die Partei schreibt deshalb die Geschichte um: „Und wenn alle anderen die von der Partei oktroyierte Lüge akzeptierten – wenn alle Berichte gleich lauteten –, dann ging die Lüge in die Geschichte ein und wurde Wahrheit."[129] Sowohl Samjatins als auch Orwells Erzählung liegt die Idee des von Jeremy Bentham entworfenen und von Foucault auf die Gesellschaft übertragenen Panopticons als Überwachungsmodell zugrunde: Es basiert auf Einschließung, Kommunikationsarmut und radikaler Transparenz, die zu Verhaltensanpassungen an die vorherrschende Norm und Ideologie führt.

Die dritte kanonische Dystopie, Huxleys *Brave New World*, ist ebenso für die gegenwärtigen Texte von Bedeutung: Anders als bei Samjatin oder Orwell zielt Huxleys Kritik nicht allein auf den Totalitarismus eines (faschistischen) Staates, sondern auf die Auswüchse des Kapitalismus; er „kritisiert gleichermaßen Sozialismus, Faschismus, Kapitalismus und naiven Fortschrittsglauben. Der Text warnt vor

---

127 Vgl. zum Handlungsaufbau Elena Zeißler: *Dunkle Welten. Die Dystopie auf dem Weg ins 21. Jahrhundert*. Marburg 2008, S. 29 ff.
128 George Orwell: *1984. Roman*. Übers. v. Michael Walter. Hg. Und mit einem Nachwort v. Herbert W. Franke. 34. Aufl. Berlin 2011, S. 298.
129 George Orwell: *1984*, S. 45.

den Gefahren der Eugenik und des Behaviorismus."[130] Auch dieser Erzählung liegt ein totalitärer, die Figuren unterdrückender Weltentwurf zugrunde. Menschen werden künstlich gezeugt, die DNA nach gesellschaftlichen Kasten – von Epsilons (unqualifizierte Arbeiter:innen) bis Betas (Management) – normiert, Konsum wird zur Bürgerpflicht. Huxleys Erzählung ist offener gegenüber der Mitwirkung des Einzelnen. Diese freiwillige Knechtschaft,[131] eine begrüßte Überwachung, ist es, die Huxley maßgeblich von Orwell unterscheidet, und die sich auch in den wechselnden Fokalisierungen ausdrückt. Nach den Schrecken des Zweiten Weltkriegs sieht Orwell, so kann man vermuten, keine Möglichkeit für ein Erzählen, das die Überwachten als Helfer:innen der totalitären Macht markiert, um die Macht des Staates im ‚Ausnahmezustand' ohne Konkurrenz ins Zentrum zu rücken. Das reduziert die Komplexität des Narrativs: Überwachung dient der Unterdrückung des Volkes, um die eigene Souveränität zu stärken und den Ausnahmezustand zu erhalten. Auch Huxley will vor dem Systemübergriff auf den Einzelnen warnen; sein ‚System' ist jedoch die Ideologie als solche, die auch Felder wie den Kapitalismus durchdrungen hat. Das kann Huxley tun, weil er vor dem Zweiten Weltkrieg schrieb; wie die *Schöne neue Welt* nach dem Faschismus ausgesehen hätte, bleibt fraglich. Daher sollten die Narrationen nur gemeinsam als sich gegenseitig kontrastierende Erzählungen desselben Narrativs gelesen werden. Huxleys Text mit dem Argument zu präferieren, er eigne sich besser zum Vergleich mit der gegenwärtigen Überwachungssituation des 21. Jahrhunderts,[132] erscheint von einem privilegierten Standpunkt einer Leserschaft ohne Erfahrungen des Krieges oder des Ausnahmezustandes beurteilt. Das derzeitige Erstarken der Rechtspopulisten, die erschreckende Sichtbarkeit eines (neuen) Antisemitismus, der lautgewordene Fremdenhass in der ‚Flüchtlingsfrage' – dies alles erlaubt keine Bevorzugung von einer der beiden Narrationen.[133]

---

130 Vgl. Elena Zeißler: *Dunkle Welten*, S. 38.
131 „Der wahrlich effiziente totalitäre Staat wäre der, in dem eine allmächtige Exekutive von Politbossen und ihr Heer von Managern eine Bevölkerung aus Sklaven kontrolliert, die man zu nichts zwingen muss, weil sie ihr Sklavensein liebt." (Aldous Huxley: *Schöne neue Welt. Ein Roman der Zukunft*. 5. Aufl. Frankfurt/M. 2016, S. 306)
132 „Kafkas dunkle Mächte, die einen über alles im unklaren [sic!] lassen [...], sind wohl die bessere Entsprechung der von Datenbanken dominierten Überwachung der Gegenwart (wie Daniel Solove und andere meinen), aber auch sie verweisen wie der Orwellsche Bruder immer noch auf den Staat als Bösewicht." (Zygmund Bauman/David Lyon: *Daten, Drohnen, Disziplin. Ein Gespräch über flüchtige Überwachung*. Übers. v. Frank Jakubzik. 3. Aufl. Berlin 2014, S. 22 f.)
133 Mit Jan Assmann gedacht sind beide Narrationen Texte, deren Zirkulation kulturellen Sinn – das heißt, ein Vorrat gemeinsamer Werte, gemeinsamen Wissens und gemeinsamer Erfahrungen – codiert. Sie beinhalten identitätssicherndes Wissen, das Assmann mit dem Begriff ‚Gemeinsinn' fasst. Möglicherweise antwortet Orwells *1984*, als formativer Text, eher auf die Frage ‚Wer sind wir?', während Huxleys *Schöne neue Welt*, als normativer Text, die Frage ‚Was sollten

Wie setzt sich zusammenfassend das übergeordnete Überwachungsstaat-Narrativ der Dystopie zusammen? Was bleibt als Wissensbestand vom Überwachungsstaat im Gedächtnis? Überwachung wurde im 20. Jahrhundert dystopisch erzählt und kanonisiert. Es ist das Schreckszenario, dass das (totalitäre) System über das Individuum herrscht, es regiert und schlussendlich besiegt. So „wird das Verhältnis von Staat und Individuum zum vordringlichsten Thema der Dystopie".[134] Die Erzählung verteidigt in erster Linie individualistische liberale Werte, die der Staat zu unterdrücken versucht; es kommt notwendigerweise zu einer Einschränkung der persönlichen Freiheit bzw. Privatheit.[135] Im Narrativ des Überwachungsstaates wird Überwachung vom Einzelnen körperlich und geistig als Einschränkung erfahren; alles Private wird überwacht, weil es systemgefährdend ist. Zur Einsicht über die Totalität des Systems und zum Widerstand gelangt der Normalbürger durch die Konfrontation mit dem ‚Anderen'. Neben den Motiven ist es das Erzählschema, das memorisiert wurde. Die Dystopie des 20. Jahrhunderts erzählt streng dichotom: Figuren, Räume, Handlungen werden entweder der Staatsideologie oder der absoluten Freiheit zugeordnet; ein ‚Dazwischen' ist nicht vorgesehen. Zeißler arbeitet ein dreiteiliges Erzählschema heraus: Exposition durch den Blick eines Durchschnittsbürgers,[136] Rebellion, Unterdrückung durch den Staat.[137] Der Einzelne rebelliert, das System gewinnt immer. Auf Missachtung folgt Strafe, auf Widerstand folgt Folter. Der Sieg des Staates über den Durchschnittsbürger – der sich in der Erzählkette Verhaftung-Verhör-Folter-Reintegration manifestiert, ist entscheidend: Im kulturellen Gedächtnis schreibt sich systemische und systematische Überwachung als etwas ein, das am *eigenen Leib zu erfahren* ist. Im 20. Jahrhundert steht – das scheint mir essentiell – die Erfahrbarkeit von Überwachung im Zentrum sowie eine gewaltsame, polizeiliche oder erzieherische Konsequenz bei Widerstand, die ebenfalls durch den überwachten Körper selbst spürbar ist. Hierin liegt, so meine These, die Differenz: Im 20. Jahrhundert geht die Überwachung in ihrer Erfahrbarkeit

---

wir tun?' beantwortet. Formative Texte dienen der Selbstfindung und Identitätsvergewisserung; normative Texte dienen der Urteils- und Rechtsfindung, hier geht es stärker um Werte und Normen für das Gelingen des alltäglichen Zusammenlebens, die Axiomatik des kommunikativen Handelns (vgl. Jan Assmann: *Das kulturelle Gedächtnis*, S. 140–142).

134 Elena Zeißler: *Dunkle Welten*. S. 24.
135 Vgl. Elena Zeißler: *Dunkle Welten*, S. 25. Weitere Motive sind die Indoktrinierung der Ideologie mittels Sprache, Medien und Technik, Ideologie als Religionsersatz, Kontrolle der Leidenschaften, Kulturfeindlichkeit der erzählten Staaten, Natur als Gegen-Ort oder die Verweigerung von Vergangenheit und Zukunft (vgl. ebd., S. 23–50).
136 „Während Huxley es sich noch erlauben kann, seinen Weltstaat in eine sehr weite Zukunft zu rücken und dem Erzähler eine entspannte, satirische Haltung einzuräumen, verrät Orwells Erzählweise dessen tiefe Betroffenheit." (Elena Zeißler: *Dunkle Welten*, S. 41f.)
137 Vgl. Elena Zeißler: *Dunkle Welten*, S. 29f.

‚unter die Haut'; sie ist gewalttätig an Körper und Geist. Im 21. Jahrhundert geht sie zwar mittels biometrischer Instrumente tatsächlich unter die Haut, wird jedoch nicht mehr gewaltsam erfahren.

Kulturtechniken im Überwachungsdiskurs: Zukunftsschau und narratives Szenario

Gegenwärtig wird wieder dystopisch erzählt, was Eva Horn so erklärt: Es herrsche mit Blick auf die Zukunft

> das Gefühl, sich an einem solchen *tipping point*[138] zu befinden, in einem Moment, wo die bloße Fortsetzung des Alltäglichen und Gewöhnlichen sich langsam zu einem katastrophischen Bruch aufaddieren könnte. [...] Fiktionale und imaginierte Desaster scheinen etwas zu bebildern, das wir für möglich und vielleicht sogar für unmittelbar bevorstehend halten, aber zugleich auch nicht vorstellen, nicht greifen können.[139]

Horn spricht der Produktion wie Rezeption von Dystopien eine Aussagekraft über Kultur(en) und Mentalität(en) der Gegenwart zu, die auch wieder auf die Gegenwart zurückwirken: „Solche Narrative strukturieren die Art und Weise, wie wir Künftiges antizipieren, planen, aber vor allem auch zu verhindern suchen."[140] So sind die literarischen Überwachungstexte auch Präventionsnarrative, denn „Prävention ist also auf ein *Narrativ* angewiesen, das einen Ablauf der Dinge schildert, wie er nicht geschehen soll. Sie leistet damit eine *Interpretation* der Gegenwart [...]."[141]

Behält man das im Blick, sind innerhalb der Überwachungsdebatte verschiedene *narrative Kulturtechniken* von Belang: Dazu gehören das erzählte *Szenario* und die Verlagerung des Erzählten ins *Zukünftige* oder *Vergangene*, d. h. die Imagination von künftigen Zuständen oder das Erinnern an kollektiv Erlebtes. Es geht um prognostisches Erzählen im weiten Sinne.[142] Kahn und Wiener haben

---

[138] „Der *tipping point* bezeichnet jenen Punkt, an dem ein vormals stabiler Zustand plötzlich instabil wird, kippt und in etwas qualitativ anderes ‚umschlägt'." (Eva Horn: *Zukunft als Katastrophe*, S 17)

[139] Eva Horn: *Zukunft als Katastrophe*, S. 19 ff.

[140] Eva Horn: *Zukunft als Katastrophe*, S. 22.

[141] Eva Horn: *Zukunft als Katastrophe*, S. 304.

[142] Vgl. zum prognostischen Erzählen bzw. zur ‚Vorhersage': Tobias Klauk/Tilmann Köppe: Vorhersage. In: Matías Martínez (Hg.): *Erzählen. Ein interdisziplinäres Handbuch*. Stuttgart 2017, S. 302–306. Die Autoren verstehen Vorhersage als das Beschreiben eines zukünftigen Sachverhaltes. Sie differenzieren zwischen drei Fällen von Vorhersagen, wobei zwei für diese Studie relevant sind: Vorhersagen als Genre, die ganz oder teilweise narrativ sein können und Texte unterschiedlicher Gattungen, denen die Qualität einer (indirekten) Vorhersage zugesprochen werden kann. (Vgl. ebd., S. 302)

den aus dem Theater stammenden Begriff des Szenarios für die strategische Zukunftsplanung fruchtbar gemacht. Sie verstehen Szenarien als „eine hypothetische Folgen von Ereignissen", die konstruiert werden, um „die Aufmerksamkeit auf kausale Prozesse und Entscheidungspunkte"[143] zu lenken. Szenarien kommen entsprechend in der Zukunftsplanung zum Einsatz: In der sogenannten Szenariotechnik werden mehrere Szenarien erzählt: mindestens ein Best-Case-, ein Trend- und ein Worst-Case-Szenario. Es werden narrative Gedankenexperimente über den besten, wahrscheinlichsten und schlechtesten Ausgang einer Situation entworfen. Dabei wird in einer ‚dichten Beschreibung', der „Blick in die Zukunft [überführt und] damit von einem mathematischen Kalkül in eine Form des ‚katastrophischen Imaginären', das sich mehr mit dem Erfinden und der detaillierten Ausmalung eines Desasters beschäftigt als mit dem Verhältnis von Kosten und Eintrittswahrscheinlichkeit".[144] Diese Kulturtechnik beruht als Risikoanalyse „auf einer Poetologie alternativer Narrative, die mögliche Verläufe einer gegebenen Situation ausmalt und nebeneinander stellt. Sie macht keine Vorhersagen, sondern entwirft ‚mögliche Zukünfte'".[145] Horn betont das Imaginieren als Technik; was die Fiktion als Status dieser Erzählungen markiert: Szenarien entwerfen ist so im Besonderen auch angewiesen auf das Erzählen. Auch wenn das Szenario keine *gewissen* Vorhersagen trifft, so gilt für dieses Technik, was Klauk und Tilmann für Vorhersagen festhalten: Sie treten „mit einem gewissen Geltungsanspruch auf: Ähnlich wie jemand, der etwas behauptet, mit Gründen für die Wahrheit des Behaupteten einstehen können muss, sollte sich, wer eine Vorhersage macht, dazu äußern können, was für die Richtigkeit der Vorhersage spricht."[146] Soll heißen: Szenarien behaupten nicht, dass mit Gewissheit eintreten wird, was entworfen wird, aber sie beruhen auf Daten, Gesetzmäßigkeiten oder Annahmen, die offengelegt werden können. Sie sind alternative Welten und damit, in einem weiten Begriff, Fiktionen.

Das erzählte Szenario selbst wird szenisch erzählt: Damit meine ich kein zeitdeckendes Erzählen, sondern das, was Genette für die Proust'sche Szene feststellt: Die Szene ist fast immer

> angefüllt, ja überfüllt mit Abschweifungen aller Art, mit Retrospektionen, Antizipationen, iterativen und deskriptiven Parenthesen, didaktischen Exkursen des Erzählers usw., die das gesellschaftliche Ereignis, das sozusagen als Vorwand dient, in Form einer Syllepse mit

---

[143] Herman Kahn/Anthony J. Wiener: *Ihr werdet es erleben. Voraussagen der Wissenschaft bis zum Jahre 2000.* Übers. v. Klaus Feldmann. Wien/München/Zürich 1967, S. 21.
[144] Eva Horn: Der Anfang vom Ende. Worst-Case-Szenarien und die Aporien der Voraussicht. In: *Archiv für Mediengeschichte.* Heft 9 (2010): *Gefahrensinn,* S. 3–21, hier S. 4f.
[145] Eva Horn: Der Anfang vom Ende, S. 5.
[146] Tobias Klauk/Tilmann Köppe: Vorhersage, S. 302.

einem ganzen Hof von sonstigen Ereignissen und Betrachtungen umgeben, die imstande sind, ihm einen hohen paradigmatischen Wert zu verleihen.[147]

Szenen sind nicht (immer) dadurch zu charakterisieren, dass sie dramatisch erzählt sind, sondern in besonderer Weise auch funktionsdicht sind. Koschorke betrachtet Narrativ und Szene daher als unterschiedliche Textzustände, „die ineinander transformiert werden können und sich wechselseitig ergänzen. Das Narrativ bedarf der Szene um in ausgewählten Momenten durch Anschaulichkeit einprägsam zu werden, der Text simuliert in solchen Momenten, visuell, ja theatralisch zu sein".[148] Szenarien brauchen in dieser Weise das szenische Erzählen. Mit Blick auf die Dystopien will ich herausstellen, wie Horn die Worst-Case-Szenarien qualifiziert: Worst-Case-Szenarien kennzeichne a) ein Denken in totalisierenden Kategorien; b) die Tatsache, dass die Eintrittswahrscheinlichkeit des Imaginierten gering ist; c) ihnen eine Logik innewohnt, die besagt, dass dieser Worst-Case um jeden Preis erkannt werden muss. Sie entfalten ein „apokalyptisches Pathos der Dringlichkeit. Apokalyptisch meint hier nicht nur die Entfaltung einer Untergangsstimmung, sondern vielmehr die Offenbarung einer Wahrheit, die im sicheren Normalbetrieb verborgen geblieben ist".[149] Das Worst-Case-Szenario erinnert an die Dystopie; das Best-Case-Szenario ist jedoch nicht zwangsläufig eine der Utopie, es weist jedoch utopische Momente auf.

Überwachungsnarrativ III: Die ‚Selbstüberwachung' des Josef K. vor dem eigenen Gericht

Das dritte Narrativ, das für das Textkorpus relevant ist, ist das der Selbstüberwachung. Im Folgenden wird es an einem Text aufgezeigt, an dem man es zunächst nicht vermutet: Kafkas *Der Proceß*. Es sind Überwachungstheoretiker wie Daniel Solove, die an Kafkas Romanfragment erinnern.

> In the context of computer databases, Kafka's *The Trial* is the better focal point for the discourse than Big Brother. Kafka depicts an indifferent bureaucracy, where individuals are pawns, not knowing what is happening, having no say or ability to exercise meaningful control over the process. This lack of control allows the trial to completely take over Joseph K.s life. *The Trial* captures the sense of helplessness, frustration, and vulnerability one experi-

---

147 Genette: *Die Erzählung*, S. 79.
148 Albrecht Koschorke: *Wahrheit und Erfindung*, S. 71. Wobei das Narrativ für ihn „ein Organisationsverfahren höherer Ordnung ist" (Albrecht Koschorke: *Wahrheit und Erfindung*, S. 72).
149 Eva Horn: Der Anfang vom Ende, S. 6. Vgl. zu den Charakteristika ebd., S. 6–9.

ences when a large bureaucratic organization has control over a vast dossier of details about one's life [...].[150]

In dieser Studie soll Kafkas Werk wie folgt gelesen werden: *Der Proceß* stellt weder göttliche noch systemische Überwachung in den Fokus, sondern eine hausgemachte: Die Überwachung in Kafkas Fragment ist eine des Selbst. Der Text gestaltet also ein Narrativ der Selbstüberwachung. Daneben bietet er auch das Szenario einer ‚Überwachungsparanoia' an.

In der Forschung ist es eine etablierte Lesart, jenen zweiten „phantastischen', anti-realistischen Erzählbereich",[151] der mit der Verhaftung aufgestoßen wird, als einen inneren Wirklichkeitsbereich zu deuten.[152] So gelesen sind jene Mächte im Hintergrund, jenes Gericht sowie die Beobachtungen und Verhöre ins Außen verlagerte Selbstüberwachung, Selbstkontrolle und Selbstanklage. Das bestätigt sich, wenn Leser:innen merken, dass die Handlungsmacht, das Fortgehen des Prozesses, bei Josef K. liegt: Von Beginn an bestimmt K. die Handlung, indem er seine beobachtete Umwelt deutet und dann als diese von ihm gedeutete Umwelt bestimmt und in ihr handelt. Damit – daher führe ich Kafkas Text nicht bei den Systemdiskurs-Dystopien des 20. Jahrhunderts auf – hat sich in *Der Proceß* das Überwachungssystem ins Innere des Helden verlagert. Auch zeigt das Fragment in der Anordnung, wie es nun vorliegt, nicht den dystopischen Handlungsaufbau: Keine Begegnung mit dem Anderen, kein politischer Widerstand; es ist ein innerpsychologisches Überwachungsdrama, das zugleich eine ‚Kultur der Überwachung' als eine gesellschaftliche Praxis sichtbar macht. Man denke zum einen an das Fenster-Motiv, aber auch an das zweite Fragment: K.s Vermieterin weiß um die Gewohnheiten aller Mieter:innen und öffnet die Türen auch in deren Abwesenheit: „Es ist übrigens nicht das einzige, das sie mir verdächtig macht [...], natürlich will ich sie vorher noch weiter beobachten [...]."[153] Dabei erlangt K. dieses Beobachtungswissen und entscheidet über dessen Folgen. Kurz: Die Überwachung in Kafkas Erzählung ist eine innerpsychologisch ablaufende, d. h. eine selbstauferlegte, die jedoch gesell-

---

150 Daniel J. Solove: *The Digital Person*, S. 37f. Solove findet Kreuzungspunkte zwischen Orwells *1984* und Kafkas *Der Proceß*: „Surveillance generates information, which is often stored in record and used for new proposes. Being watched and inhibited in one's behavior is only one part of the problem; the other dimension is that the data is warehoused for unknown future uses. This is where Orwell meets Kafka." (Ebd., S. 42)
151 Manfred Engel: Der Process. In: Ders. (Hg.): *Kafka-Handbuch. Leben – Werk – Wirkung*. Stuttgart 2010, S. 192–207, hier S. 195.
152 So erklärt sich die Verbindung zwischen K.s Innenleben und der Gerichtswelt (vgl. Manfred Engel: Der Process, S. 196).
153 Franz Kafka: *Der Proceß*. Roman in der Fassung der Handschrift. 6. Aufl. Frankfurt/M. 2011, S. 31. Nachfolgend mit der Sigle: P.

schaftliche Normen, Maßstäbe und Praktiken spiegelt. Auch ihre ökonomische Funktionsweise ist bis in jeden Einzelnen eingedrungen: „‚Sie sind verhaftet, gewiß, aber das soll Sie nicht hindern Ihren Beruf zu erfüllen. Sie sollen auch in Ihrer gewöhnlichen Lebensweise nicht gehindert sein.' ‚Dann ist das Verhaftetsein nicht sehr schlimm', sagt K." (P, 23) Josef K. ist Vertreter der modernen Arbeitswelt, der Kontrolle zur Selbstüberwachung inkorporiert hat, und sich so selbst vors Gericht zieht.[154] Kafkas Held zeigt, wieso Überwachung in vielen gegenwärtigen Situationen nicht als angsteinflößend oder einschränkend empfunden wird, wie es bei Winston Smith der Fall ist. Diese grundsätzliche Verschiebung unterstützt Kafkas Erzählweise: Was auf den ersten Blick ähnlich wirkt – personale Erzählsituation in dichotom gestaltetem Erzählraum – ist es bei genauerem Hinsehen nicht: Obgleich in beiden Erzählungen ein narratorialer Erzähler vorliegt, der die Fähigkeit zur grenzenlosen Introspektion in die Helden hat, ist er eben in beiden Werken nicht identisch: Perzeption setzt Introspektion voraus, doch Introspektion geht nicht immer mit Perzeption einher, so Wolf Schmid. Darin liegt die Differenz: Orwells Erzähler ist trotz umfassender Introspektion in Winston mit einer narratorialen perzeptiven und sprachlichen Perspektive ausgestattet. Erzähler der klassischen Dystopie halten trotz aller Introspektion Distanz zum Helden, sie übernehmen deren Sprache nicht uneingeschränkt und positionieren sich durch die wertende Erzählperspektive gegen das Überwachungsregime und seine Ideologie, während Kafkas Erzähler weitgehend die „Wahrnehmungs-, Wissens- und Deutungshorizonte"[155] von K. übernimmt. Der klassische Dystopie-Erzähler ist insofern autoritär, als er Leser:innen die Bewertung bereits liefert.[156] Bei Kafkas Erzähler ist das nicht der Fall. Seine ideologische Perspektive ist die des von K. inkorporierten Überwachungssystems. Kafka intensiviert so die dystopische Erzählsituation, die die Überwachung dadurch erfahrbar zu machen versucht, dass die Geschichte durch konsequente Introspektion in den Helden präsentiert wird. In *Der Proceß* ist die Erzählerperspektive nahezu kompakt, d. h. fast alle fünf Perspektivenparameter

---

154 Deshalb stellt Betiel Wasihun fest: „Unlike Winston Smith and Christian Eich, Josef K. is in conformity with the system he lives in. What bothers Kafka's bank official is not so much the fact that he is being observed but that the observation may jeopardize his career. Both Orwell's and Peltzer's protagonists, on the other hand, share a political concern that involves the protection of their own privacy (which is inevitable for the formation of personal identity) as much as the privacy of each individual in their respective societies" (Betiel Wasihun: Surveillance Narratives, S. 395).
155 Manfred Engel: Der Process, S. 197.
156 Vgl. Sabrina Huber: Der überwachende Erzähler – Blick und Stimme im gegenwärtigen Überwachungsroman. Überlegungen zu Funktion und Wirkung von Erzählperspektive in den System-Diskurs-Dystopien *Corpus Delicti* und *Fremdes Land*. In: Werner Jung/Liane Schüller (Hg.): Orwells Enkel. Überwachungsnarrative. Bielefeld 2019, S. 71–97.

sind die des Helden. Das ist die Differenz zu Orwell oder Huxley. Der Text weist wenige Ausnahmen auf:

> In diesem Frühjahr pflegte K. die Abende in der Weise zu verbringen, daß er nach der Arbeit, wenn dies noch möglich war – er saß meistens bis neun Uhr im Bureau – einen kleinen Spaziergang allein oder mit Bekannten machte und dann in eine Bierstube gieng, wo er an einem Stammtisch mit meist älteren Herren gewöhnlich bis elf Uhr beisammensaß. Es gab aber auch Ausnahmen von dieser Einteilung, wenn K. z. B. vom Bankdirektor, der seine Arbeitskraft und Vertrauenswürdigkeit sehr schätzte, zu einer Autofahrt oder zu einem Abendessen in seiner Villa eingeladen wurde. Außerdem gieng K. einmal in der Woche zu einem Mädchen namens Elsa [...]. An diesem Abend aber – der Tag war unter angestrengter Arbeit und vielen ehrenden und freundschaftlichen Geburtstagswünschen schnell verlaufen – wollte K. sofort nachhause gehen. (P, 26)

Hier wechselt der Erzähler die Perspektive, was exemplarisch hervorgehoben werden soll, da derartige Erzählerkommentare auch in neueren Überwachungsromanen zu finden sind: Die Szene beginnt damit, dass durch den Erzähler Möglichkeiten aufgezeigt werden, die auf ein Monitoring von (Verhaltens-)Mustern zielen. Das heißt, der Erzähler führt Überwachungsverfahren erzählend vor: Das wird sich auch in Juli Zehs *Corpus Delicti* oder Eugen Ruges *Follower* zeigen. Die zeitliche Perspektive ist der Datenerhebungszeitraum (x = Frühjahr). Das Erfasste wird auf Gewohnheiten reduziert; was sich in der sprachlichen Perspektive niederschlägt: ‚pflegte‘, ‚meistens/meist‘, ‚gewöhnlich‘ sind die sprachlichen Partikel, die die Sprache als bürokratische entlarven, aber auch die ideologische Perspektive der Überwachung als ein Verfahren des Gewöhnlichen aufdecken. Die ideologische Perspektive zielt auf Muster(-erkennung), wobei auch die Ausnahmen mitdatiert werden. Es ist eine der Textstellen, in der trotz hohem Erzählerwissen über Zeit, Raum und Gewohnheit, die Perzeption K.s erst in der Parenthese „anstrengender Arbeit [...]" übernommen wird. Das Erzählmerkmal der Erfahrungshaftigkeit tritt deutlich hervor und macht Überwachung erlebbar.

Auch die dichotome Erzählstruktur ist im Unterschied zur klassischen Dystopie anders ausgestaltet: Während Samjatin und Orwell ähnlich dem Märchen eine Erzählwelt gestalten, deren Elemente eindeutig den dichotomen Polen Überwachung vs. Freiheit zuzuordnen sind und die kein ‚Dazwischen‘ zulässt, liegt Kafkas binäre Erzählweise in der Ausgestaltung der zwei Erzählwelten; einer wiedererkennbar-realistischen und einer phantastischen.[157] Damit liegt der entscheidende Unterschied in der Wirklichkeitsstruktur: Während Samjatin, Orwell und auch Huxley eine Erzählwelt gestalten, in der innerhalb des fiktionalen Pakts alles Erzählte ‚wirklich‘ ist, fragen sich Leser:innen des *Proceß* was ‚real‘ ist. Kafka spielt auf eine Weise damit, die Romanwirklichkeit infrage zu stellen, die

---

157 Vgl. Manfred Engel: Der Process, S. 195 f.

sich in gegenwärtige Romane tradiert und durch den Einsatz neuer Medien vervielfältigt hat. Eugen Ruge und Friedrich von Borries werden dieses Verfahren auf unterschiedliche Weise in ihren Texten aufgreifen. Dennoch bleibt Kafkas Text einer, der im kommunikativen Gedächtnis von denjenigen als Überwachungserzählung rezipiert wird, die sich ohnehin mit Überwachung beschäftigen (Theoretiker:innen, Feuilletonist:innen sowie Schriftsteller:innen); während Orwells und, weniger stark, auch Huxleys Erzählung immer noch die Überwachungsmentalität der Gesellschaft prägen: Überwachung wird in der Alltagswelt noch immer mit Big Brother, und damit im Narrativ des Überwachungsstaates, assoziiert. Warum Josef K. – metaphorisch gesprochen – Träger einer Smart-Watch ist, ist noch nicht in den Erzählschatz der Alltagsmythen eingegangen.

Den Ausführungen zu *Der Proceß* von Daniel Solove seien zwei Aspekte hinzuzufügen: *Erstens*: Die Frage nach dem Grund der Anklage, der Schuld K.s, ist für den Roman sekundär, entscheidend ist der Prozess selbst. Das Leben wird als Prozess begriffen, das mit Michel Foucault gesprochen eine „Befragung ohne Ende"[158] ist. Jedoch zeigt sich eine Umkehrung. Den Prozess macht sich die Figur selbst. K. unterwirft sich ihm und geht an ihm, sich selbst zum Henker führend – denn K. hat seine Henker selbst herbeigerufen – zugrunde. Als (Selbst-)Überwachungserzählung gelesen, ist der Prozess die Optimierung, die Effizienzsteigerung des eigenen Lebens, die totale Ausrichtung auf Leistung im Beruf. Das Gesetz wäre damit der Schlüssel zur Selbstoptimierung, vielleicht sogar in einem über die Arbeitswelt hinausgehenden Sinne. Zugang zum Gesetz würde nicht nur die Frage nach der Legitimierung dieser Lebensweise beantworten, sondern auch die Funktionsweise bestimmen. In der Türhüterlegende fragt der Türhüter letztlich: „Was willst Du denn jetzt noch wissen […] Du bist unersättlich." (P, 227) Es ist kein Geheimnis, den Mann vom Lande metonymisch als K. zu lesen. In ihm drückt sich ein übermäßiges Streben nach Wissen, nach Zugang zum Gesetz der eigenen Funktionsweise, ihrer Beeinflussung, vielleicht sogar dem eigenen ‚Sein-an-sich' aus.

Henriette Herwig stellt in ihrer Analyse von *Vor dem Gesetz* aus, dass der Mann vom Lande aus freien Stücken Zugang zum Gesetz will, er aber mit seiner ersten Bitte um Einlass „das Machtgefälle, das ihn auslöscht, selbst her[stellt]".[159] Das gilt auch für K. in *Der Proceß*.

---

[158] „Der Idealfall des heutigen Strafsystems wäre die unbegrenzte Disziplin: eine Befragung ohne Ende; eine Ermittlung, die bruchlos in eine minutiöse und immer analytischer werdende Beobachtung überginge; ein Urteil, mit dem ein nie abzuschließendes Dossier eröffnet würde". (Michel Foucault: *Überwachen und Strafen*, S. 291)

[159] Henriette Herwig: Von offenen und geschlossenen Türen oder wie tot ist das Zeichen? Zu Kafka, Peirce und Derrida. In: *Ars Semeiotica* 12 (1989), S. 107–124, hier S. 108.

> Der Türhüter [...] ist nur zu bereit, sich die Macht, die der Mann ihm selbst zuspielt, anzueignen, und kooperiert im Dienst der Kontraoperation. Jedes Stück Autonomie, das der Mann vom Lande abgibt, fließt dem Türhüter zu, so daß der Mann mehr und mehr zum Opfer [...].[160]

Herwig markiert, dass es in der Erzählung, genau wie in der eingebetteten Parabel in *Der Proceß*, letztlich um das „Verhältnis des Gesetzes zum Kasus, des Allgemeinen zum Besonderen, des Sozialen zum Individuum"[161] geht. Es ist ein Appell zur Eigengesetzlichkeit. Den *Proceß* als Selbstüberwachungstext gelesen, werden diese Befunde spannend. Selbstüberwachung wird z. B. praktiziert, um besser zu werden. Doch aus demselben Grund fühlt sich K. auch permanent beobachtet: „Auf der Arbeit hat er Angst, dass man Fehler entdeckt, er sah sich jetzt immer aus tausend Richtungen bedroht" (P, 209). Für K., den das Gesetz – das Richten über das eigene Leben – „so lockt" (P, 226), ist das Zerstörerische, dass er in diesem Richten über das eigene Leben „zu viel fremde Hilfe" (P, 223) sucht. Er glaubt, ein fremdes Gesetz auf das eigene Leben anwenden zu müssen, und erst am Ende erfährt er, dass es sein eigenes Gesetz gewesen war; es ihm freigestanden hätte, seine eigenen Meinungen zu bilden, Tore zu durchschreiten, den Prozess zu gestalten oder zu beenden. Der Geistliche meint: „Das Gericht will nichts von Dir. Es nimmt dich auf wenn Du kommst und es entlässt Dich wenn Du gehst." (P, 235) Wenn Kafkas Entwurf als Erzählung der Selbstüberwachung gelesen wird, kann der Zugang zum Selbst nicht darin liegen, Dritten viele Daten zu geben und ihre Datenauslegungen als Gesetze für eigene Entscheidungen zu nehmen. Grundsätzlicher: sein Leben ständig selbst zu richten. Die Autonomie, die K. verliert, verliert er durch sein eigenes Handeln, auch schon durch die Prozesse der Selbstüberwachung. Er unterwirft sich, indem er sich ganz auf den Beruf und die Selbstkontrolle zur Leistung ausrichtet, den ganzen Prozess fremden Gesetzen und verlangt hier noch eine fremde Auslegung. Andere sollen ihm den Zugang zu seinem Selbst öffnen. Auf heutige Situationen übertragen kann man an Geräte wie Fitness-Tracker denken, die Zugang zu eigenen Körpergesetzen versprechen, dafür Daten auslesen, sie auswerten und eine Interpretation bereitstellen. Mit fremder Hilfe zum ‚eigenen' Gesetz gelangen zu wollen, bedeutet aber Entmächtigung und Autonomieverlust.[162] In der Begegnung mit dem Geistlichen drückt sich dann ein innerer Wunsch aus: K. überlegt „wie man aus dem Proceß ausbrechen, wie man ihn

---

160 Ebd.
161 Henriette Herwig: Von offenen und geschlossenen Türen oder wie tot ist das Zeichen?, S. 110.
162 Vgl. Ramón Reichert: Digitale Selbstvermessung. Verdatung und soziale Kontrolle. In: *Zeitschrift für Medienwissenschaft* 13 (2015). Heft 2, S. 66–77. Vgl. Byung-Chul Han: *Psychopolitik. Neoliberalismus und die neuen Machttechniken.* Frankfurt/M. 2014, S. 40–45.

umgehen, wie man außerhalb des Processes leben könnte" (P, 225). Möglicherweise legt Kafka nahe: ‚Es gibt kein richtiges Leben im falschen'.

Zweitens: Zum Abschluss soll ergänzt werden, dass Kafkas Text auch das Szenario einer Überwachungsparanoia darstellt: „From the moment Josef K. realizes that he is being watched he reacts with heightened alertness".[163] Doch es ist nicht nur Wachsamkeit, es ist Überwachungsparanoia. Jean-Paul Sartre verdeutlicht, wie durch den Blick des Anderen, durch das Gesehenwerden, beim Gesehenen zweierlei geschieht: „(Selbst-)Anerkennung und (Selbst-)Verdinglichung."[164] Sartre schreibt: „Es genügt, daß der Andere mich anblickt, damit ich bin, was ich bin."[165] Und zwar nicht „nach dem Modus von ‚war' oder von ‚Zu-sein-haben', sondern an sich".[166] Deswegen sei der Blick unbehaglich und beängstigend, da die Freiheit des Anderen das eigene Sein bestimmt.[167] In Josef K.s erster Untersuchung passiert genau dies: „Sie haben sehr Recht, denn es ist ja nur ein Verfahren, wenn ich es als solches anerkenne. Aber ich erkenne es also für den Augenblick jetzt an" (P, 51). In dem Moment, in dem K. das Verfahren anerkennt, sich selbst als Angeklagten anerkennt, ändert sich sein Sein. Trotz des nebligen Dunsts glaubt er, überall geheime Zeichen zu erkennen, deutet sie (fehl), und agiert (blindlings) aufgrund dessen, was er glaubt an Daten wahrzunehmen.

> Als K. sich hier unterbrach [...], glaubte er zu bemerken, daß dieser gerade mit einem Blick jemandem in der Menge ein Zeichen gab. K. lächelte und sagte: „Eben gibt hier neben mir der Herr Untersuchungsrichter jemandem von Ihnen ein geheimes Zeichen. Es sind also Leute unter Ihnen, die von hier oben dirigiert werden. Ich [...] verzichte dadurch, daß ich die Sache vorzeitig verrate, ganz bewußt darauf, die Bedeutung des Zeichens zu erfahren. Es ist mir vollständig gleichgültig und ich ermächtige den Herrn Untersuchungsrichter öffentlich, seine bezahlten Angestellten dort unten statt mit geheimen Zeichen, laut mit Worten zu befehlen [...]. (P, 54 f.)

Der Glaube an permanente Überwachung bzw. die Unsicherheit in der Frage der Überwachung führt zur Paranoia. Martin Doll unterscheidet verschiedene Formen der Paranoia in Bezug auf Dataveillance: Bei K. zeigt sich die erste dieser Formen: Die paranoide Vorstellung allumfassender Datenüberwachung führt zur Angst, dass diese technischen Möglichkeiten zur politischen (All-)Macht werden.[168] K.s

---

[163] Betiel Wasihun: *Surveillance Narratives*, S. 397.
[164] Dietmar Kammerer: *Bilder der Überwachung*, S. 108.
[165] Jean-Paul Sartre: *Der Blick*, S. 473.
[166] Ebd.
[167] Martin Suhr: *Jean-Paul Sartre zur Einführung*. Hamburg 2001, S. 143.
[168] Martin Doll unterscheidet drei Typen von Überwachungsparanoia: 1) die paranoide Vorstellung einer allumfassenden Datenüberwachung, die zur Angst führt, dass diese technischen Möglichkeiten zur politischen (All-)Macht genutzt werden; 2) die paranoide Angst vor Terror und

Verhalten ist kein panoptischer Effekt mehr, es geht deutlich weiter: Obwohl er durch den Dunst nichts sehen kann und obwohl er den Code der Zeichen nicht versteht, sieht und interpretiert er immer neue Zeichen bis er zum Schluss kommt: „[E]s ist kein Zweifel, daß hinter allen Äußerungen des Gerichtes [...] eine große Organisation sich befindet [...], vielleicht sogar Henker, ich scheue vor dem Wort nicht zurück" (P, 56). Vom Ende her gelesen, ruft K. hier seine eigenen Henker hervor. Jene erste Untersuchung legt so auch einen Aspekt von Überwachung nahe: Das Gefühl, überwacht zu werden kann bis zur Paranoia reichen.

2.3 Konkrete und abstrakte Fiktion: Über fiktionales und faktuales Erzählen

Alltagssprachlich erscheint das fiktionale Erzählen vermeintlich eindeutiger als dasjenige, das von ‚Fiktionen', von imaginierten Welten, erzählt, während das faktuale Erzählen Tatsachen thematisiert, die ‚real' zu sein scheinen. Daraus ergibt sich, dass alltagssprachlich das Fiktionale manchmal mit dem ‚Nicht-Wahren' und das Faktuale mit dem ‚Wahren' assoziiert werden. Doch deren Differenz liegt nicht die Frage zugrunde, ob das Erzählte ‚wahr' ist,[169] und auch nicht die Art und Weise des Erzählens,[170] sondern der referenzielle *Geltungsanspruch*.[171]

Bedrohung führt seitens staatlicher Instanzen zur notorischen Überwachung; 3) den paranoiden Modus der Computerprogramme und ihrer Algorithmen (u. a. denen der Geheimdienste), die geschaffen werden, um in gesammelten Daten notorische Muster und Bedenklichkeiten zu erkennen (vgl. Martin Doll: ARIIA: Datenparanoia – Staatsparanoia. In: Timm Ebner et al. (Hg.): *Paranoia. Lektüren und Ausschreitungen des Verdachts*. Wien 2016, S. 303–322, hier S. 308).
169 Vgl. Matías Martínez: Erzählen, S. 9.
170 Vgl. Gérard Genette: *Fiktion und Diktum*. Übers. v. Heinz Jatho. München 1992, S. 65–94.
171 Vgl. Christian Klein/Matías Martínez: Wirklichkeitserzählungen, S. 1–7. Der „‚Geltungsanspruch' bezeichnet einen bestimmten Umgang mit Texten. Ob ein Text als faktualer oder fiktionaler zirkuliert, darüber bestimmen nicht textinterne Eigenschaften, sondern ein komplexes Bündel von Relevanzfaktoren, das bestimmte Textmerkmale, aber auch kommunikative Absichten des Autors, paratextuelle Signale, situative und institutionelle Kontexte, mediale Voraussetzungen und Zuschreibungen durch die Leser umfasst." (Matías Martínez: Gewissheiten. Über Wahrheitsansprüche in faktualer, fiktionaler und prophetischer Rede. In: Christel Meier/Martina Wagner-Egelhaaf (Hg.): *Prophetie und Autorschaft. Charisma, Heilsversprechen und Gefährdung*. Berlin 2014, S. 325–333, hier S. 327) Zum Geltungsanspruch von Wirklichkeitserzählungen: Die Wirklichkeitserzählung „trifft Aussagen mit einem spezifischen Geltungsanspruch: ‚So ist es (gewesen)'. Solche Erzählungen mit unmittelbarem Bezug auf die konkrete außersprachliche Realität nennen wir *Wirklichkeitserzählungen*." (Christian Klein/Matías Martínez: Wirklichkeitserzählungen, S. 1)

Literaturwissenschaftliche Betrachtungen des fiktionalen und faktualen Erzählens beginnen in der Regel mit Aristoteles. In seinen poetologischen Schriften führt Aristoteles aus, dass

> es nicht die Aufgabe des Dichters ist mitzuteilen, was wirklich geschehen ist, sondern vielmehr, was geschehen könnte, d. h. das nach den Regeln der Wahrscheinlichkeit oder Notwendigkeit Mögliche. Denn der Geschichtsschreiber und der Dichter unterscheiden sich [...] dadurch, daß der eine das wirklich Geschehene mitteilt, der andere, was geschehen könnte.[172]

Aristoteles zielt mit dieser Unterscheidung auf die ‚Mimesis' ab, also die Darstellung einer *möglichen* Welt nach den Maßstäben des Wahrscheinlichen und Notwendigen: „Die Fiktion im Aristotelischen Sinne als Mimesis verstanden ist eine künstlerische Konstruktion einer möglichen Wirklichkeit."[173] Das ist der erste Befund, den ich festhalten will: ‚Fiktion' ist zunächst eine erzählerische Darstellung einer ‚möglichen Wirklichkeit'. In diesem weiten Sinne ist das fiktionale Erzählen nicht exklusiv literarisch. Aber bei strikt faktualen Erzählungen erwarten Leser:innen „nicht die Schilderung eines möglichen (oder gar fantastisch-unmöglichen), sondern eines wirklichen Geschehens. [...] Gérard Genette spricht in diesem Zusammenhang von einer ‚Wahrheitsverpflichtung' des Autors faktualer Texte, Philippe Lejeune von einem ‚Pakt'."[174] Doch versteht man Fiktion zunächst als Darstellung einer möglichen Wirklichkeit, kann sie (in Grenzen) Teil der realen Kommunikation sein – man denke an die prognostische Szenariotechnik. In ihrer Betrachtung von Jorge Luis Borges' *Ficciones* gelangt Eva Horn zu einem Verständnis von Fiktion, das für diese Studie dienlich ist:

> Fiktion wird so erkennbar als ein *möglicher* Aggregatzustand des Wissens von Wirklichkeit, so wie eine ‚heuristische Fiktion' eine epistemische Modellbildung im Modus des Als-ob ist. Fiktionen sind Hypothesen, Ausfaltungen einer Annahme oder eines Sophismas, narrative Ausspinnungen möglicher Welten oder Weltläufe. *Was wäre wenn? Was steckt dahinter? Was ist wirklich geschehen?* Fiktion als Erzählung ist das, was auch anders sein könnte [...].[175]

---

172 Aristoteles: *Poetik. Griechisch/Deutsch.* Übers. und hg. v. Manfred Fuhrmann. Stuttgart 2017, S. 29.
173 Wolf Schmid: *Elemente der Narratologie*, S. 27.
174 Christian Klein/Matías Martínez: Wirklichkeitserzählungen, S. 1. Wirklichkeitserzählungen sind konstruktiv, aber im Gegensatz zu künstlerischen Fiktionen auch referenziell (vgl. Matías Martínez: Grenzgänger und Grauzonen, S. 3).
175 Eva Horn: *Der geheime Krieg*, S. 50. Andernorts führt sie aus: „Fiktion ist hier durchaus nicht einfach das Erfundene [...], sondern das Moment einer Abweichung. Es ist nicht die Abweichung zwischen einem Erdachten und einer Wirklichkeit oder der Grad an Unbestimmtheit dieses Erdachten, sondern die präzise Abweichung zwischen zwei aufeinander bezogenen und doch divergierenden Versionen eines Geschehens, die Abweichung zwischen zwei Möglichkeiten. [...] Fiktion in Borges' Sinne markiert also den Abstand, den Möglichkeitsraum zwischen zwei (oder mehreren) Varianten oder ‚Visionen' eines Geschehens, Visionen, deren Verhältnis allerdings kei-

Es erscheint, gerade da der Begriff oft mit dem Literarischen gleichgesetzt wird, sinnvoll nochmals zu differenzieren. Mit einer ‚konkreten‘ oder ‚künstlerischen Fiktion‘ im engeren Sinne meine ich künstlerische Erzählungen, während mit ‚abstrakten Fiktionen‘ im weiteren Sinne jene Formen alternativer Weltendarstellung gemeint sind, die Horn mitdenkt und auch in faktualer Rede vorkommen können.

In Bezug auf die Konstruktion von vorgefundenem Geschehen zu Geschichte, bestimmt Hayden White bdie fiktionale Erzählung als eine, die „offen eine Perspektive auf die dargestellte Welt richtet", während die faktuale Erzählung „so tut, als lasse [...] [sie] die Welt für sich selbst sprechen, und zwar in der Form einer Geschichte".[176] Was White in Bezug auf die Konstruktionen von „Wirklichkeitsdarstellungen" von Historiker:innen freilegt, ist zweierlei: Ereignisse müssen auch dort nicht chronologisch registriert, sondern so erzählt werden, dass sie eine Sinnordnung besitzen,[177] und zwar „im Hinblick auf ihre Signifikanz für die Kultur oder Gruppe".[178] Ferner drängt sich White, darauf werde ich zurückkommen, der Verdacht auf, dass das Erzählen etwas „mit dem Problem der Autorität"[179] zu tun hat.

Ein wesentlicher Unterschied zwischen fiktionalem und faktualem Erzählen ist die Kommunikationsstruktur: Fiktionale Rede hat ein doppeltes Kommunikationssystem, ein reales und ein imaginäres.[180] Für die fiktionale Literatur gilt: „Auf der realen Kommunikationsebene ist der referentielle Geltungsanspruch aufgehoben, auf der imaginären nicht."[181] In ihren Darstellungsweisen unterscheiden sich beide Modi kaum. Gérard Genette prüft in *Fiktion und Diktum* die von ihm ausgemachten Parameter auf mögliche Differenzen zwischen der fiktionalen und faktualen Erzäh-

---

nes der pluralen Beliebigkeit ist. Vielmehr sind sie bezogen auf eine Wahrheit, ein Ereignis oder ein Ergebnis" (ebd., S. 47).
176 Hayden White: Die Bedeutung von Narrativität in der Darstellung der Wirklichkeit. In: Ders.: *Die Bedeutung der Form. Erzählstrukturen in der Geschichtsschreibung*. Übers. v. Margit Smuda. Frankfurt/M. 1990, S. 12.
177 Hayden White: Die Bedeutung von Narrativität in der Darstellung der Wirklichkeit, S. 15.
178 Hayden White: Die Bedeutung von Narrativität in der Darstellung der Wirklichkeit, S. 21. Deswegen sei von entscheidender Bedeutung, welche Elemente Eingang finden in die Erzählung: „Jede Erzählung [...] wird auf der Basis einer Reihe von Erzählungen konstruiert, die hätten miteinbezogen werden können, aber weggelassen wurden; dies gilt für die fiktionale Erzählung ebenso wie für realistische." (Ebd.)
179 Hayden White: Die Bedeutung von Narrativität in der Darstellung der Wirklichkeit, S. 25.
180 Vgl. Matías Martínez: Erzählen, S. 9.
181 Matías Martínez Gewissheiten, S. 328.

lung und kommt zu dem Schluss, dass es im Kern kaum verlässliche Unterscheidungsmerkmale gäbe. Die Gestaltungsmöglichkeiten der erzählerischen Ordnung, der Dauer und Frequenz seien nicht wesentlich verschieden; zwar mache die konkrete Fiktion an mancher Stelle häufiger Gebrauch von künstlerischen Gestaltungsmöglichkeiten, wie der Häufung von szenischem Erzählen oder Binnenerzählungen, doch werden sie auch in faktualen Erzählungen eingesetzt. Einzig einen bestimmten ‚Modus' macht Genette, gestützt auf Käte Hamburger, als „prinzipiell[es] Zeichen für den faktualen oder fiktionalen Charakter einer Erzählung" aus:[182] Subjektivierende Darstellungsmittel wie die Introspektion in Dritte seien „bei der fiktionalen Erzählung natürlicher".[183] Verschiedene Theoretiker:innen machten sich (dennoch) daran, einen Katalog von Fiktionssignalen zu erarbeiten. Frank Zipfel versteht unter Fiktionssignalen „alle Werk-Informationen", „mit Hilfe derer man im konkreten Fall die Entscheidung, einen Text als fiktional anzusehen, begründen kann."[184] Diese Zeichen werden nicht nur durch Autor:innen (Fiktionssignale), sondern maßgeblich durch Leser:innen (Fiktionsindizien oder Fiktionssymptome) gewichtet.[185] Er unterscheidet dabei textuelle Signale auf der Ebene der Geschichte und auf der Ebene der Erzählung sowie paratextuelle Signale. Während paratextuelle Fiktionsindizien wie Gattungsbezeichnungen stärker konventionalisiert und daher den meisten Leser:innen ebenso zugänglich sind wie Fiktionssignale auf der Ebene der Geschichte, sind es die Zeichen auf der Ebene der Erzählung, die nur mittelbar durch Interpretation hervortreten. Solche Fiktionssignale sind im Rahmen von Überwachungserzählungen interessant, da sie gerade in vermeintlich faktualen Texten und ‚Grenzgänger-Texten'[186] sensibel für Einsprengsel der Fiktion und tendenziell fiktionaler Darstellungsmittel machen. Da Textelemente Fiktionssignale darstellen *können*, ist zudem das jeweilige Vorwissen – nicht nur das Wissen um Möglichkeiten der erzählerischen Konstruktion, sondern auch das Zeit- und Kontextwissen um Überwachung – der Leser:innen für die Bewertung dieser Zeichen entscheidend.

Solche ‚Grenzgänger' sind Texte, die sich nicht eindeutig den Unterscheidungen real vs. fiktiv (ontologischer Status der Geschichte) und faktual vs. fiktional (Modus

---

182 Gérard Genette: *Fiktion und Diktum*, S. 78.
183 Gérard Genette: *Fiktion und Diktum*, S. 77.
184 Frank Zipfel: Fiktionssignale. In: Tobias Klauk/Tilmann Köppe (Hg.): *Fiktionalität. Ein interdisziplinäres Handbuch*, Berlin 2014, S. 97–124, hier S. 103.
185 Es sind Phänomene, „die Autoren einsetzen bzw. einsetzen *können*, um einen Text als fiktionalen kenntlich zu machen, bzw. die Rezipienten dazu veranlassen *können*, einen Text als fiktionalen wahrzunehmen oder mit Hilfe derer sie diese Auffassung gegebenenfalls begründen *können*. Wenn vor diesem Hintergrund von Fiktionssignalen die Rede ist, werden darunter also immer *potentielle* Fiktionssignale verstanden oder genauer Werk-Informationen, die potentiell als Fiktionssignale gedeutet werden können." (Frank Zipfel: Fiktionssignale, S. 105)
186 Vgl. Matías Martínez: Grenzgänger und Grauzonen, S. 2–8.

der Erzählung) zuordnen lassen, sondern die Grenze zwischen Realität und Fiktion umspielen. Martínez und Klein machen vier Typen solcher Texte aus: 1) Fiktionale Texte mit faktualen Anteilen, die sich nochmals darin unterscheiden, ob der Fiktionale Text reale Inhalte oder faktuale Darstellungsweisen integriert. 2) Faktuale Texte mit fiktionalen Anteilen, die sich entgegengesetzt darin unterscheiden lassen, ob der faktuale Text fiktive Inhalte oder fiktionalisierende Darstellungsweisen integriert.[187] Solche Grenzgänger-Texte sind in dieser Studie Dokufiktionen, Essays, Pamphlete wie Juli Zehs *Angriff auf die Freiheit* oder im Bereich der Wirklichkeitserzählungen die Darstellungen von Automobilherstellern.

Ich möchte als zweiten Befund festhalten: Erzählerische Konstruktion steht dem fiktionalen wie dem faktualen Erzählen zur Verfügung, wenngleich der künstlerische Text häufiger von ihr Gebrauch macht. Das bedeutet zunächst, dass die Erzähltheorie in beiden Sphären gleichermaßen dienlich ist. Erst wenn die narratologischen Befunde interpretiert werden, die klassische Narratologie sich für eine kulturwissenschaftliche Betrachtungsweise der Überwachung öffnet, kann ein Unterschied zwischen Fiktionalität und Faktualität an Bedeutung gewinnen.

Es sind nicht die Möglichkeiten der erzählerischen Konstruktion, die fiktionales und faktuales Erzählen differenzieren, sondern es ist, nach Hayden White, ‚das Problem der Autorität'. Die Wahrheitsansprüche der Erzählung von Historiker:innen hängen von einem bestimmten Verhältnis zur Autorität ab. Deren Legitimation ist abhängig „von der Feststellung von ‚Fakten', und zwar ‚Fakten' einer spezifisch historischen Ordnung."[188] In seinen Überlegungen legt White einen besonderen Begriff von ‚Realität' bzw. ‚Wirklichkeit' an:

Er spricht vom ‚emplotment' der Wirklichkeit, und meint eine besondere Bedeutungsstiftung.[189] Die Ereignisse der historischen Erzählung

> sind real, nicht weil es sie gab, sondern weil man sich, erstens, an sie erinnerte und weil sie, zweitens, sich in eine chronologische Abfolge einreihen lassen. [....] Die Autorität der historischen Erzählung ist die Autorität des Wirklichen selbst; die historische Darstellung gibt dieser Wirklichkeit eine Form und macht sie zum Objekt des Begehens, indem sie ihren Prozessen eine formale Kohärenz einpflanzt, die sonst nur Geschichten besitzen.[190]

---

187 Vgl. Grundlegend bei: Matías Martínez: Grenzgänger und Grauzonen, S. 5ff. Fortentwickelt bei Christian Klein/Matías Martínez: Wirklichkeitserzählungen, S. 5f.
188 Hayden White: Die Bedeutung von Narrativität in der Darstellung der Wirklichkeit, S. 31.
189 Vgl. Hayden White: Die Bedeutung von Narrativität in der Darstellung der Wirklichkeit, S. 33.
190 Ebd.

White bestimmt die Anziehungskraft des historischen Diskurses darin, dass er das ‚Reale' ‚zum Objekt der Begierde' macht, indem es als kohärente Geschichte präsentiert wird, die abgeschlossen ist.[191] Die vermeintliche Grenze zwischen fiktionalen und faktualen Erzählungen – eigentlich der Zwischenraum – ist im Überwachungsdiskurs von zentraler Bedeutung: zum einen, weil literarische Überwachungsfiktionen viele textuelle Realitätsreferenzen beanspruchen. Zum anderen, weil das Erzählen von Überwachung, wie zu zeigen sein wird, in besonderer Weise gerade mit hybriden Formen verbunden ist, die zwischen einem eindeutig fiktionalen und faktualem Erzählen changieren. Wenn eine Erzählung zudem die Jetzt-Zeit zugunsten einer erzählten Zukunft verlässt, was die Überwachungstexte oftmals unternehmen, wird sie prognostisch lesbar. Wenngleich künstlerische Fiktionen und Wirklichkeitserzählungen ihre prognostischen Aussagen je anders rechtfertigen bzw. beglaubigen müssen,[192] können literarische Überwachungsnarrationen möglicherweise dann auch als das Ausstellen einer alternativen Welt betrachtet werden, die ebenso ‚wahr' werden könnte wie die Zukunftsfiktionen von Automobilherstellern, die in dieser Studie untersucht werden.[193]

---

191 „In dieser Welt trägt die Realität die Maske eines Sinns [...]. Insofern als historische Geschichten beendet und zu narrativer Geschlossenheit geführt werden können, insofern als gezeigt werden kann, daß sie schon immer einen *plot* hatten, verliehen sie der Wirklichkeit den Anschein des Idealen. Deshalb ist der *plot* einer Geschichtserzählung immer ein Störfaktor und muß als in den Ereignissen ‚vorgefunden' präsentiert werden, nicht als mittels narrativer Techniken dorthin verpflanzt." (Hayden White: Die Bedeutung von Narrativität in der Darstellung der Wirklichkeit, S. 34) In der Forderung nach einer geschlossenen Erzählung vermutet White die Forderung nach einem moralischen Sinn (vgl. ebd., S. 36).
192 Im Bereich der Wirklichkeitserzählungen müssen Autor:innen ihre fiktionalisierenden Erzählverfahren oder ihre integrierten Fiktionen, in Form von Szenarien/Vorausschauen etc., als plausible Vermutungen faktual legitimieren (vgl. Christian Klein/Matías Martínez: Wirklichkeitserzählungen, S. 3).
193 Elena Esposito verfolgt die Idee einer Verbindung von Literatur und Wahrscheinlichkeitsrechnung (WR). Die fiktionale Darstellung der WR ist eine „*gegenwärtige* Zukunft [...]. Wenn man sich unter den Bedingungen einer grundsätzlich unbekannten Zukunft in der Gegenwart auf diese beziehen muß, dann ist der einzige Ausweg eine Fiktion, die an ihre Stelle tritt; keine willkürliche Fiktion allerdings, sondern eine, die anhand nachvollziehbarer Regeln entwickelt wird" (Elena Esposito: *Die Fiktion der wahrscheinlichen Realität*. Übers. v. Nicole Reinhardt. 4. Aufl. Frankfurt/M. 2019, S. 57). Vgl. zur Kritik an Espositos Überlegungen: Carlos Spoerhase: Eine verpasste Chance. In: *JLTonline*, 02.10.2007. URL: http://www.jltonline.de/index.php/reviews/article/view/21/170 [19.09.2022].

3 Kontext: Konzepte und Narrative in Theorie und Alltagswelt

„[D]er Kontext ist alles, und alles ist kontextuell",[1] schreibt Lawrence Grossberg. Das Problem ist, dass es *den* Überwachungskontext nicht gibt; vielmehr prägen verschiedene Kontexte die Art und Weise, wie Menschen die Erfahrung mit der Überwachung interpretieren.[2] Überwachung durchwebt die gesamte Gesellschaft, insbesondere die Bereiche: Sicherheit und Terror, Prävention und Biopolitik, Künstliche Intelligenzen, (Daten-)Kapitalismus und Macht, soziale Gerechtigkeit und Freiheit, Selbstregierung, das Verhältnis zwischen Staat, Wirtschaft und dem Einzelnen, die Umwälzung des Sozialen, einen möglichen Wertewandel bis hin zur Überwachung der Umwelt und des Klimas. Aus diesen Bereichen sind die relevantesten Kontexte ausgewählt: Sicherheit(spolitik), Gesundheit(svorsorge), Selbstüberwachung, Marketing und Wirtschaft sowie Privatheit. Jeder dieser Kontexte weist ein zentrales alltagswissenschaftliches Narrativ auf. Überwachung ist heute „an everyday fact of life that we not only encounter from outside, as it were, but also in which we engage, from within, in many contexts."[3] Die gegenwärtige Gemeinschaft hat dafür Wahrnehmungsmuster. Diese Narrative lauten: ‚überwachte Bürger:innen', ‚überwachte Patient:innen', ‚überwachte Selbstüberwacher:innen', ‚überwachte Kund:innen' und ‚Privatheit als Verlust'. Indem im Folgenden diesen Narrativen nachgespürt, die Kontexte der gegenwärtigen Überwachungsfelder und -praktiken ausgeführt, jedoch als Set aus Narrativen begriffen werden, verfolgt die Argumentation eine doppelte Stoßrichtung: Zunächst soll der Stand der Überwachungsstudien umrissen werden. Ziel ist, Kontextwissen für die Erzähltextanalysen bereitzustellen. Zugleich werden diese Kontexte auf ihre zentralen Narrative zurückgeführt, wodurch deren Konstruktionscharakter sowie die kulturelle Dimension von Überwachungstheorien hervortritt. Es wird versucht, in diesen Überwachungstheorien gemeinsame Vorstellungen, Elemente und Muster aufzuzeigen. Vorweggestellt werden Ausführungen zu grundlegenden theoretischen Überwachungskonzepten wie dem Panopticon, der Kontrollgesellschaft und der surveillance assemblage.

---

[1] Lawrence Grossberg: Was sind Cultural Studies? In: Karl H. Hörning/Rainer Winter (Hg.): *Widerspenstige Kulturen. Cultural Studies als Herausforderung*. Frankfurt/M. 1999, S. 43–81, hier S. 60.
[2] Vgl. David Lyon: *Culture of Surveillance*, S. 5.
[3] David Lyon: *The Culture of Surveillance*, S. 4.

3.1 Konzepte hinter Überwachungsnarrativen: Vom ‚Panopticon' in die ‚Kontrollgesellschaft' zur ‚surveillance assemblage'

Artikulierte man anfangs das Narrativ des ‚Überwachungsstaats' und deutete die wahrgenommenen Tendenzen im Sinne des historisch Bekannten, einer zentral vom Staat ausgehenden und eher repressiven Überwachungsmacht, löste den ‚Staat' in den Konzepten der Surveillance Studies bald die ‚Überwachungsgesellschaft' als dominantes Narrativ ab. Diese Entwicklung vollzieht sich vor den Interpretationsfolien des ‚Panopticons' und der ‚Kontrollgesellschaft'. Die Überwachungsgesellschaft, so die Konzepte der Forscher:innen, mündet in eine, mit Haggerty/Ericson und Lyon gesprochen, rizomatische ‚Kultur der Überwachung'.[4]

Disziplin und Einschluss – „Tausende von Augen, die überall postiert sind"

Jeremy Bentham entwarf das Panopticon als kreisförmiges Gefängnis, in dem alle Zellen so angeordnet sind, dass sie aus einem Wachturm von der Mitte eingesehen werden können.[5] Das Innere des Turmes ist dagegen für die Insassen verborgen.

> Er wird gesehen, ohne selber zu sehen; er ist Objekt einer Information, niemals Subjekt in einer Kommunikation. Die Lage seines Zimmers gegenüber dem Turm zwingt ihm eine radiale Sichtbarkeit auf; aber die Unterteilung des Ringes, diese wohlgeschiedenen Zellen, bewirken eine seitliche Unsichtbarkeit, welche die Ordnung garantiert.[6]

Im Panopticon etabliert sich „ein Regime des Blickes, der Transparenz und der Individualisierung".[7] Daneben funktioniere die Disziplinierung durch Vereinzelung und Kommunikationsverbot. Bentham verfolgte eine Normierung durch asymmetrische Macht ohne körperliche Züchtigung, indem die Insassen ihr Verhalten selbst an die gewünschte Norm anpassen. Die Wirkkraft liegt so in der „Schaffung eines bewußten und permanenten Sichtbarkeitszustandes beim Gefangenen, der das automatische Funktionieren der Macht sicherstellt".[8] Dabei muss die Überwachung nicht ständig

---

4 Vgl. David Lyon: *Surveillance after Snowden*, S. 8. „But the point of the lecture was to stress that, as well as the surveillance state and surveillance society, we now have to take account of surveillance culture." (Ebd.)
5 Foucault kommt daher auf die Wendung: „Tausende von Augen, die überall postiert sind." (Michel Foucault: *Überwachen und Strafen*, S. 275).
6 Michel Foucault: *Überwachen und Strafen*, S. 257.
7 Dietmar Kammerer: *Bilder der Überwachung*, S. 113 f.
8 Michel Foucault: *Überwachen und Strafen*, S. 258.

ausgeführt werden: „[D]er architektonische Apparat ist eine Maschine, die ein Machtverhältnis schaffen und aufrechterhalten kann, welches vom Machtausübenden unabhängig ist; die Häftlinge sind Gefangene einer Machtsituation, die sie selber stützen."[9] Bereits Bentham sah vor, die Funktionsweise des Panopticons auf Fabriken, Kranken- und Obdachlosenhäuser oder Erziehungsanstalten zu übertragen; Orte, die Michel Foucault später als ‚Abweichungsheterotopien', an denen die ‚Anderen' einer Gesellschaft separiert werden, bezeichnet. Michel Foucault greift in seinen Studien zur Disziplinargesellschaft auf dieses Modell zurück. Ihn interessiert die zwingende Kraft dieser Macht.[10] Das Panopticon als Funktionsmodell ergreift das Alltagsleben und dringt tief in das Verhalten der Menschen ein. Das Modell kann in jede Funktion integriert werden, jede gewünschte Funktion steigern und eine „direkte Beziehung zwischen der Machtsteigerung und der Produktionssteigerung herstellen".[11] Gestützt auf Legnaro verortet Kammerer das Panopticon zwischen Wirklichkeit und Simultatio, da ein *Effekt* von Überwachung erzeugt werde: „So existiert das Panopticon stets nur als Grenzfall, an der Grenze von Anschein und Wirklichkeit. Als Inszenierung einer unerreichbaren Omnipräsenz. [...] [D]ie Insassen [...] werden unterworfen von einer Illusion, die niemals Realität werden darf."[12] Kammerer spricht von der erzeugten abstrakten Fiktion einer allwissenden und allsehenden Instanz, die selbst aber nie sichtbar werden darf. Hervorzuheben ist nun Foucaults Übertragung:[13] Vom Modell der Ausnahmedisziplin zu einer allgemeineren Überwachung der Gesamtgesellschaft entwickelt er „den Panoptismus als reine Form post-souveräner Machtausübung".[14] Der Machttyp ist die Disziplin:

> [Sie] kann weder mit einer Institution noch mit einem Apparat identifiziert werden. Sie ist ein Typ von Macht; eine Modalität der Ausübung von Gewalt; ein Komplex von Instrumenten, Techniken, Prozeduren, Einsatzebenen, Zielscheiben; sie ist eine „Physik" oder eine „Anatomie" der Macht, eine Technologie.[15]

Foucault versteht Disziplin als produktive Macht, die „ohne Unterbrechung bis in die elementarsten und feinsten Bestandteile der Gesellschaft eindring[t]".[16] Sie „ist ein komplexes Beziehungsgeflecht zwischen Subjekten, Wissen, Praktiken und Dingen";[17]

---

9 Ebd.
10 Vgl. Michel Foucault: *Überwachen und Strafen*, S. 260.
11 Michel Foucault: *Überwachen und Strafen*, S. 265.
12 Dietmar Kammerer: *Bilder der Überwachung*, S. 120 f.
13 Vgl. Michel Foucault: *Überwachen und Strafen*, S. 268.
14 Dietmar Kammerer: *Bilder der Überwachung*, S. 124.
15 Michel Foucault: *Überwachen und Strafen*, S. 276 f.
16 Michel Foucault: *Überwachen und Strafen*, S. 264.
17 Klaus-Michael Bogdal: Überwachen und Strafen. In: Clemens Kammler/Rolf Parr/Ulrich Johannes Schneider (Hg.): *Foucault-Handbuch. Leben – Werk – Wirkung*. 2. akt. und erw. Aufl. Berlin 2020, S. 72–82, hier S. 78.

als Technik ordnet sie die menschliche Verschiedenheit und stellt die so erlangte Ordnung sicher. Der Einschluss in Institutionen ist entscheidendes Charakteristikum dieser Disziplinargesellschaft. Ihre volle Wirksamkeit erreicht die disziplinierende Macht, „wenn das Gefängnis den Fabriken, den Schulen, den Kasernen, den Spitälern gleicht, die allesamt Gefängnissen gleichen".[18]

Es komme so auch zu Veränderungen in der Strafjustiz: „Der Idealfall des heutigen Strafsystem wäre die unbegrenzte Disziplin: eine Befragung ohne Ende; eine Ermittlung, die bruchlos in eine minutiöse und immer analytischer werdende Beobachtung überginge [...]".[19] Kafkas Protagonist Josef K. ist, wie meine Lektüre im vorangehenden Kapitel entwickelte, ein Gefangener eines derartigen, nie enden wollenden Verhörs – wenn auch selbstgeführt. Foucault kommt zum Schluss, dass „[d]as ‚Unter-Beobachtung-Stellen' [...] die natürliche Verlängerung einer von den Disziplinarmethoden und Überprüfungsverfahren erfaßten Justiz"[20] sei. Es gehe jetzt stets darum, zwischen normal und unnormal zu unterscheiden und Unnormales zu identifizieren. Die düstere Zeitdiagnose des Philosophen lautet: Wir leben in einer Überwachungsgesellschaft,[21] „eingeschlossen in das Räderwerk der panoptischen Maschine, die wir selber in Gang halten – jeder ein Rädchen".[22]

Kontrolle und Scheinfreiheit – wenn man „nie mit irgend etwas fertig wird"

Nachdem in der Analyse von Machtstrukturen von Überwachung das Panopticon zunächst als Modell begrüßt wurde und seine Funktionsweisen in den Überlegungen der Überwachungsforscher:innen bedeutenden Anklang fanden,[23] hat das Aufkommen des ‚Ubiquitous Computing' – grundsätzlicher: die Digitalisierung mit ihren Imperativen der Beschleunigung, Mobilität und Transparenz – einen Wendepunkt in den Überwachungsstudien dargestellt: Foucault tritt ab, Deleuze tritt auf.

1990 äußert sich Gilles Deleuze in *Postskriptum über die Kontrollgesellschaften* zu Foucaults Studie und stellt den Übergang von de Disziplinar- zur Kontrollgesell-

---

18 Michel Foucault: *Überwachen und Strafen*, S. 292.
19 Michel Foucault: *Überwachen und Strafen*, S. 291.
20 Michel Foucault: *Überwachen und Strafen*, S. 292.
21 Michel Foucault: *Überwachen und Strafen*, S. 278.
22 Michel Foucault: *Überwachen und Strafen*, S. 279.
23 Vgl. zum Beispiel Schriften wie Reg Whitaker: *Das Ende der Privatheit. Überwachung, Macht und soziale Kontrolle im Informationszeitalter*. Übers. v. Inge Leipold. München 1999; Peter Schaar: *Das Ende der Privatsphäre. Der Weg in die Überwachungsgesellschaft*. München 2007.

schaft fest, in der man „nie mit irgend etwas fertig wird".[24] Das stellt er anhand der Kulminationspunkte Fabrik und Unternehmen aus:

> [I]n einer Kontrollgesellschaft tritt jedoch an die Stelle der Fabrik das Unternehmen [...]. [D]as Unternehmen setzt eine viel tiefgreifendere Modulation jedes Lohns durch, in Verhältnissen permanenter Metastabilität, zu denen äußerst komische Titelkämpfe, Ausleseverfahren und Unterredungen gehören.[25]

Deleuze beobachtete den Rückgang der auf Einschließung beruhenden Disziplinarinstitutionen. Damit ändere sich der vorherrschende Machttyp: Kontrolle löse Disziplin ab.[26] Der neue Machttyp ist eine Kontrollform mit freiheitlichem Aussehen, so Deleuze. Zunächst erscheinen Praktiken und Handlungsmöglichkeiten wie neue Freiheiten, bevor sie ihre Kontrollmechanismen offenbaren.[27] Die Fabrik disziplinierte mit starren Regeln und Vorgaben die Individuen zu einem (Produktions-)Körper, „das Unternehmen jedoch verbreitet ständig eine unhintergehbare Rivalität als heilsamen Wetteifer und ausgezeichnete Motivation, die die Individuen in Gegensatz bringt, jedes von ihnen durchläuft und in sich selbst spaltet".[28] Aus der Masse werden rivalisierende Einzelkämpfer:innen. Die Kontrollgesellschaft erzeugt stetiges (Selbst-)Optimieren und permanente (Selbst-)Kontrolle, in der die „permanente *Weiterbildung* tendenziell die *Schule* ab[löst], und die kontinuierliche Kontrolle das Examen."[29] Es gibt kein Ende. Mit Paul Virilio teilt Deleuze die Auffassung, dass „die ultra-schnellen Kontrollformen mit freiheitlichem Aussehen"[30] erscheinen. Die numerische Sprache der Kontrollgesellschaft ist die Chiffre, „die den Zugang zur Information" kontrolliert. Die „Individuen sind ,dividuell' geworden, und die Massen Stichproben, Daten, Märkte."[31] Wenn Deleuze das Individuum als ,dividuell' bezeichnet, spricht er ihm den Subjektstatus ab, der von einer grundsätzlichen Unteilbarkeit ausgeht. In der Kontrollgesellschaft sind Menschen eine bestimmte Menge aus numerischen Informationen. Sie sind Datensätze – teilbar, vervielfältigbar, kopierbar. Der Einschluss ist aufgrund der Verlagerung der Macht sowie der technischen,

---

24 Gilles Deleuze: Postskriptum über die Kontrollgesellschaften, S. 257.
25 Gilles Deleuze: Postskriptum über die Kontrollgesellschaften, S. 256.
26 „[D]ie Kontrollen jedoch sind eine Modulation, sie gleichen einer sich selbst verformenden Gußform, die sich von einem Moment zum anderen verändert" (Gilles Deleuze: Postskriptum über die Kontrollgesellschaften, S. 256).
27 Vgl. Gilles Deleuze: Postskriptum über die Kontrollgesellschaften, S. 255.
28 Gilles Deleuze: Postskriptum über die Kontrollgesellschaften, S. 257.
29 Ebd.
30 Gilles Deleuze: Postskriptum über die Kontrollgesellschaften, S. 255.
31 Gilles Deleuze: Postskriptum über die Kontrollgesellschaften, S. 258.

raumüberschreitenden Möglichkeiten nicht mehr nötig: Kontrolle ist unsichtbar geworden und entfaltet sich gerade in der Mobilität der Einzelnen.[32] So ist der „Mensch [...] nicht mehr der eingeschlossene, sondern der verschuldete Mensch".[33] Er ist Sklave einer selbstverantworteten Kontrolle, er ist für seine Gesundheitsvorsorge, Rentenvorsorge und stetige Weiterbildung selbst verschuldet.

Kultur, Assemblage und Ausschlussangst

Die Kontrollgesellschaft findet in den Surveillance Studies große Akzeptanz: „Überwachung erscheint so nicht mehr als ein skopisches Regime, sondern als eine Zugriffsweise, die in sehr viel stärkerem Ausmaß auf Verfahren der Datengenerierung und -erfassung basiert."[34] Wissenschaftler:innen beschreiben, inwiefern das Panopticon nicht mehr die passende Allegorie für gegenwärtige Situationen ist, formulieren Fortführungen des Foucault'schen Modells und/oder folgen Deleuze in eine dezentralisierte und aperspektivische Überwachungssituation. In diesem Kontext ist die Idee der ‚surveillance assemblage' zu verorten, mit diesem modellhaften Begriff sollen die Eigenschaft der vernetzten Vielheit von heterogenen Objekten, die expansive und emergente Eigenschaft der Überwachung und ihre nivellierende Wirkung auf Hierarchien artikuliert werden.[35] Eine aktuelle Vorstellung der Surveillance Studies lautet: Wir leben eine vernetzte und sich immer neu vernetzende Überwachungskultur.

Bereits Reg Whitaker beschreibt 1999 Überwachung (im Bereich der Werbung) als „mitbestimmte[s] Panoptikum[.]" bzw. Verbraucherpanoptikum und macht einen Gedanken der Umkehrung zentral: „Das zeitgenössische Panopticon ist auffällig anders gestaltet: ein Verbraucherpanoticon, das auf den Vorteilen beruht, die es mit sich bringt; seine schlimmste Strafe ist der Ausschluss [...]."[36] Der Ausschluss als Strafe und so die Wirkkraft der Ausschlussangst ist hier der zentrale Gedanke. Dies formuliert er in Hinblick auf den neuen Kapitalismus, in dem „werden Konsumenten *durch den Konsum als solchen* diszipliniert und dazu gebracht, sich an Regeln zu

---

32 Vgl. Dietmar Kammerer, S. 133. „Dabei setzt die Kontrollgesellschaft neueste Informations- und Kommunikationstechnologien ein [...]: Tele-Arbeit, Tele-Medizin, Tele-Studium. So dehnen sich die Institutionen ins Grenzenlose aus. Leben und Arbeit in einer Kontrollgesellschaft gleicht dem Fahren auf einer Autobahn: scheinbare Freiheit bei vollständig kontrollierter Bewegung" (Dietmar Kammerer: *Bilder der Überwachung*, S. 132).
33 Gilles Deleuze: Postskriptum über die Kontrollgesellschaften, S. 260.
34 Dietmar Kammerer/Thomas Waitz: Überwachung und Kontrolle. Einleitung in den Schwerpunkt. In: *Zeitschrift für Medienwissenschaft* 7. (2/2015). Heft 13, S. 10–20, hier S. 13.
35 Kevin D. Haggerty/Richard V. Ericson: The Surveillance Assemblage, S. 609; S. 614.
36 Reg Whitaker: *Das Ende der Privatheit*, S. 176.

halten".³⁷ 2008 formuliert Didier Bigo das ‚Ban-opticon', und beschreibt, wie es bei diesem nicht um Einschluss gehe, sondern um Ausschluss und Verbannung derer, die unerwünscht sind. Durch Ausschluss jener, die beispielsweise weniger zahlungsfähig sind, reiche im Inneren des ban-opticons eine „Do-it-yourself-Überwachung",³⁸ das heißt die Selbst-Kontrolle, aus, um Ordnung(en) herzustellen. Lyon und Baumann gehen davon aus, dass Überwachung heute ‚flüchtig' geworden ist. Sie betonen weiterhin die Ausschlussangst als Mechanismus und artikulieren dennoch, dass das Panopticon weiterhin als Bild tauge, obwohl in der flüssigen Moderne viele Praktiken post-panoptisch geworden seien. Gerade im digitalen Bereich werde „der Alptraum des Panoptikums – du bist nie allein – heute als hoffnungsvolle Botschaft wiederkehrt – Du mußt nie wieder alleine [sein]".³⁹ Im Wesentlichen machen Lyon und Bauman drei Dinge aus: Erstens wirken panoptische Praktiken noch an den peripheren Rändern der Gesellschaft. Zweitens ist der Ausschluss durch Verbannung die Strafe der neuen Überwachungsvorrichtungen und dieser führt zum „sozialen Tod".⁴⁰ Drittens verorten sie im Inneren der Kontrollgesellschaft das perfekte „Ein-Personen-Minipanoptikum in Selbstbauweise".⁴¹ Byung-Chul Han formuliert einen ähnlichen Gedanken, wenn er von einem ‚aperspektivischen, digitalen Panoptikum' spricht, in dem sich niemand mehr überwacht fühlt.⁴²

Solchen Ausdehnungen des Panopticon-Konzepts stellen sich Haggerty und Ericson entgegen. Diese Ideen führten nicht weiter, so die Autoren und sprechen, angelehnt an Deleuze' und Guattaris Konzept der Assemblage von einer surveillance assemblage: Auf der einen Seite sei sie rhizomartig unterirdisch verflochten, während sie sich andererseits – oberirdisch – schnell zusammenfügt, die Tendenz zur Expansion hat, aber auch jederzeit wieder aufgelöst und neu verbunden werden kann. Angeregt werden solche Assemblagen von Wünschen nach Kontrolle, Herrschaft, Sicherheit, Profit oder Unterhaltung.⁴³ Wo Überwachung auf Menschen gerichtet ist, geht es nicht mehr vordergründig um die Körper der Individuen selbst, sondern um ihre Daten-Doubles. Der Körper werde zerlegt in Zeichen und Zeichenströme. Er wird in Information verwandelt; das macht ihn transformier- und vergleichbar.⁴⁴ Dabei betonen Haggerty und Ericson, dass das Daten-Double über eine

---

37 Reg Whitaker: *Das Ende der Privatheit*, S. 181.
38 Vgl. Zygmund Bauman/David Lyon: *Daten, Drohnen, Disziplin*, S. 83f.
39 Zygmund Bauman/David Lyon: *Daten, Drohnen, Disziplin*, S. 37.
40 Zygmund Bauman/David Lyon: *Daten, Drohnen, Disziplin*, S. 117f.
41 Zygmund Bauman/David Lyon: *Daten, Drohnen, Disziplin*, S. 95.
42 Vgl. Byung-Chul Han: Im digitalen Panoptikum. Wir fühlen uns frei. Aber wir sind es nicht. In: *Der Spiegel* 2 (2014), S. 106–107, hier S. 106. Vgl. Byung-Chul Han: *Transparenzgesellschaft*, S. 74f.
43 Vgl. Kevin D. Haggerty/Richard V. Ericson: The Surveillance Assemblage, S. 609.
44 Vgl. Kevin D. Haggerty/Richard V. Ericson: The Surveillance Assemblage, S. 613.

Repräsentativität hinausgeht, es sei eine Form von Pragmatik, differenziert danach, wie nützlich die Informationen sind.

In den Überwachungsstudien wird gegenwärtig also weder von einem ‚Überwachungsstaat' noch von einer ‚Überwachungsgesellschaft' gesprochen: „[W]e now have to take account of surveillance culture. Surveillance is not just practised *on* us, we participate *in* it."[45] Insofern betont Lyon, dass jedes Individuum heute mehr von einem ‚stakeholder' der Überwachung hat als dies im Überwachungsstaat überhaupt vorstellbar war.[46] Doch ganz verschwunden ist das Panopticon nicht. Es wurde (zurück) in die peripheren Teile der Gesellschaft verlagert. Zudem wurden Aspekte des panoptischen Effekts zum Teil jedes Individuums, sodass ‚jeder ein Rädchen' im Getriebe ist. Es gibt sie noch, die Kontexte, in denen Überwachung repressiv auf Individuen wirkt – spätestens im Moment der Ausnahme – und doch ist das individuelle Mitwirken an freiwilligen Überwachungspraktiken von bedeutendem Ausmaß. Zugleich ist das Panopticon auch in anderer Hinsicht nicht verschwunden. Theoretische Konzepte und kulturell wirksame Narrative müssen nicht übereinstimmen. Es geht um die Frage, welche Narrative die größte Reichweite bzw. Latenz innerhalb der Erzählgemeinschaft aufweisen. Die Gewaltigkeit von Narrativen entscheidet sich nicht darin, welche ‚die Realität' am Ehesten abbilden, sondern darin, welche am Ehesten Realität schaffen.

3.2 Narrativ der ‚überwachten Bürger:innen': zwischen Freiheit, Terror und Sicherheit

„Deutschland ist kein Überwachungsstaat",[47] sagte die damalige Bundeskanzlerin Angela Merkel 2013 nach dem NSA-Skandal. Die Regierung geriet damals unter Rechtfertigungsdruck: Seit 2001 wurden im Rahmen der zivilen Sicherheit zahlreiche Gesetzespakete mit Überwachungsmaßnahmen verabschiedet. So wurde in den Jahren nach 9/11 des Öfteren vom Staat als zentralem ‚Big Brother' gesprochen. Das hier vorgeschlagene, alltagssprachliche Narrativ der ‚überwachten Bürgerinnen und Bürger' ist eine Varianz des ‚Überwachungsstaates'. Es beinhaltet eine Umkehrung: Das Narrativ des Überwachungsstaats artikuliert (mit historischer Perspektive des 20. Jahrhunderts) vorrangig die Macht des Staates; das Alltagsnarrativ der überwachten Bürger:innen artikuliert perzeptiv vor allem die Ohn-

---

45 David Lyon: *Surveillance after Snowden*, S. 8.
46 Vgl. David Lyon: *The Culture of Surveillance*, S. 7.
47 Angela Merkel auf der Sommerpressekonferenz vom 19. Juli 2013. Mitschrift. URL: https://www.bundeskanzlerin.de/bkin-de/aktuelles/sommerpressekonferenz-von-bundeskanzlerin-merkel-vom-19–juli-844124 [19.09.2022].

macht der Überwachten. Während beim Überwachungsstaat immer auch faschistische bzw. totalitäre Vergangenheitserinnerungen präsent sind, stützt sich das Narrativ der überwachten Bürger:innen vorrangig auf gegenwärtige Beobachtungen. Der zeitliche Referenzpunkt, der Beginn des Erfassungszeitraums, ist der 11. September 2001. Im Folgenden werden jene Elemente aufgezeigt, die üblicherweise in die Darstellung des Schemas integriert werden; zugleich wird damit der Kontext der Sicherheitspolitik für die sich anschließenden Textlektüren skizziert.

Kein moderner Staat kommt ohne Überwachung aus, wenn er die Sicherheit seiner Bürger:innen gewährleisten will.[48] Soziale Sicherheit ist eine der Schutzaufgaben des Staates. Der Staat als zentraler Akteur überwacht in einer asymmetrischen Beziehung seine Bürger:innen; die Geheim- und Nachrichtendienste sowie Polizeibehörden sind jedoch auf das Mitwirken unterschiedlicher Akteure und der Bürger:innen angewiesen. Die Asymmetrie der Sichtbarkeit ist jedoch dasjenige Element des Wahrnehmungsschemas, das stets betont wird: Alle Bürger:innen werden für den Staat und seine Organe transparent gemacht, während die staatlichen Überwacher:innen im Verborgenen agieren.[49] In der ideologischen Perspektive des Narrativs kehrt sich die staatliche Fürsorge in vorauseilende Kontrolle um. Die Grundrechte sichern die Verhältnismäßigkeit zwischen Sicherheitsnutzen und Freiheit ab, sie sollen die Bürger:innen vor unrechtmäßigen Übergriffen staatlicher Gewalt in die persönliche Freiheit schützen (v. a. Art. 1 GG, Art. 2 GG, Art. 10 GG sowie Art. 13 GG bilden die Grundlage für den Schutz der Privatsphäre). Im Kontext der zivilen Sicherheit kann, wenn Überwachung überstrapaziert wird, Fürsorge in soziale Kontrolle umschlagen, worin die Kritiker:innen das Problem sehen: Freiheit werde zugunsten von Sicherheit eingeschränkt. Die Freiheitseinschränkung ist stehendes Element des Narrativs.[50] Bereits im 20. Jahrhundert gewinnen Nachrichtendienste an Bedeutung[51] und Friedrich Kittler bemerkt 1986 – also lange vor dem NSA-Skandal – kritisch: „Wir bekommen alles, war [sic!] wir wünschen, von Compact Discs bis zum Kabelfernsehen. Nur nicht, was wir brauchen: Informationen über In-

---

48 Max Weber schreibt dem Staat als politischem „Anstaltsbetrieb" daher „das *Monopol legitimen physischen Zwanges*" zu (Max Weber: *Wirtschaft und Gesellschaft. Soziologie*. Unvollendet 1919–1920. Hg. von Knut Borchardt/Edit Hanke/Wolfgang Schluchter (= Max Weber-Gesamtausgabe. Bd. I/23) Tübingen 2013, S. 212).
49 Vgl. David Lyon: *Surveillance after Snowden*, S. 12.
50 „The well-meaning aim is to try to prevent crime and violence before it occurs – Minority Report style – but the drive to do so tends to suck innocent bystanders into the surveillance system in unconscionable numbers, with dire results for human rights and civil liberties." (David Lyon: *Surveillance after Snowden*, S. 10)
51 Vgl. Reg Whitaker: *Das Ende der Privatheit*, S. 16 f.

formationen."[52] Kittler hinterfragt, warum niemand wissen soll, was im Innersten der NSA vor sich geht:

> So mögen eines Tages jene 99,9 Prozent, die im Datenstrom auf diesem Planeten noch an der NSA vorbeigehen, zu erfassen und auszuwerten sein. Derridas Post im Allgemeinen würde zum geschlossenen System, das sich selbst schreibt und liest, berechnet und verziffert. Die NSA als Zusammenfall von Strategie und Technik wäre Information überhaupt – als No Such Agency. Mit der Chance, uns dabei zu vergessen.[53]

Das Wahrnehmungsschema der überwachten Bürger:innen fußt nun auf der Beobachtung eines gegenwärtigen Anstiegs an Gesetzen oder Maßnahmen im Kontext der sogenannten Anti-Terror-Politik, den die Sprecher:innen in der Regel artikulieren. *Netzpolitik* listet eine „Chronik des Überwachungsstaates"[54] und zeigt die Zunahme an Maßnahmen nach dem 11. September 2001. Einige dieser Maßnahmen werden folgend genannt, da sie explizit in die Erzählungen im Korpus dieser Arbeit genannt werden. Zu den festen Elementen des Narrativs der überwachten Bürger:innen gehört – wo es in Debatten um den Datenschutz genutzt wird – der Vergleich mit dem Volkszählungsurteil: Während 1983 eine geplante Volkszählung, bei der im Vergleich weitaus weniger Daten erhoben und aufgrund dieser Daten keine weiteren Rückschlüsse gezogen wurden, Massenproteste auslöste,[55] rege sich bei den sogenannten ‚Otto-Katalogen' kaum öffentlicher Widerstand. Einen Monat nach den Anschlägen von New York liegt der Gesetzesentwurf zum zweiten Sicherheitspaket in Berlin vor. Es beinhaltet unter anderem das *Terrorismusbekämpfungsgesetz*,[56] das die Verwendung biometrischer Merkmale in Pässen, die Erweiterung

---

52 Friedrich Kittler: Jeder kennt den CIA, was aber ist NSA? In: Peter Gente/Martin Weinmann (Hg.): *Short Cuts*. Frankfurt/M. 2002, S. 201–210, hier S. 201. Erstveröffentlichung unter dem Titel: „NSA – No Such Agency. Über James Bamfort: *NSA. Amerikas geheimster Nachrichtendienst*. In: *Die Tageszeitung*, 11.10.1986, S. 21 f.
53 Vgl. Friedrich Kittler: Jeder kennt den CIA, was aber ist NSA?, S. 210.
54 Mühlenmeier, Lennart: Chronik des Überwachungsstaates. In: *Netzpolitik*, 20.09.2017. URL: https://netzpolitik.org/2017/chronik-des-ueberwachungsstaates/ [19.09.2022].
55 Das Bundesverfassungsgericht erklärt Teile der Volkszählung für verfassungswidrig: „Wer unsicher ist, ob abweichende Verhaltensweisen jederzeit notiert und als Information dauerhaft gespeichert, verwendet oder weitergegeben werden, wird versuchen, nicht durch solche Verhaltensweisen aufzufallen. Wer damit rechnet, daß etwa die Teilnahme an einer Versammlung oder einer Bürgerinitiative behördlich registriert wird und daß ihm dadurch Risiken entstehen können, wird möglicherweise auf eine Ausübung seiner entsprechenden Grundrechte [...] verzichten." (BVerfGE 65, 1) Das Verfassungsgericht spricht ein Grundrecht auf informationelle Selbstbestimmung aus, das sich aus dem Recht auf freie Entfaltung der Persönlichkeit und der Menschenwürde ableitet (Artikel 2 Abs. 1 GG i. V. m. Art. 1 Abs. 1 GG).
56 Der Entwurf zum Terrorismusbekämpfungsgesetz lag am 08.11.2001 vor, wurde am 20.12.2001 verabschiedet, am 11. Januar 2002 verkündet und trat rückwirkend bereits zum 01.01.2002 in

des *Datenaustausches* zwischen Unternehmen und Verfassungsschutz sowie zwischen Polizei- und Sicherheitsbehörden[57] und eine Einschränkung von Art. 10 GG vorsieht.[58] 2005 wird der *biometrische Reisepass* eingeführt, der ab 2007 einen Fingerabdruck beinhaltet. Der Fingerabdruck war bislang kulturelles Zeichen der Schuldhaftigkeit. Nun fließen Daten, die unmittelbar dem Körper abgenommen werden, in ein Identifizierungsdokument und werden gespeichert und verarbeitet. Ebenfalls 2005 wird der *Prümer Vertrag* unterzeichnet, der grenzüberschreitende Zusammenarbeit zur Bekämpfung von Terrorismus und Kriminalität fördert.[59] 2006 wird das ‚*Gemeinsame-Dateien-Gesetz*' beschlossen: Informationen aus 38 Datenbanken von Polizei und Geheimdiensten werden zusammengelegt in die sogenannte *Anti-Terror-Datei* gespeist. 2007 folgt das *Terrorismusbekämpfungsergänzungsgesetz*. 2009 bietet das *Gesetz zur Abwehr von Gefahren des internationalen Terrorismus durch das Bundeskriminalamt* dem BKA neue Befugnisse, die u. a. in der „Nutzung besonderer Mittel der Datenerhebung, [...] der Rasterfahndung, verdeckte Eingriffsmöglichkeit in informationstechnische Systeme (sog. *Online-Durchsuchung*), Überwachung der Telekommunikation, Wohnraumüberwachung; Einschränkung von Grundrechten"[60] liegen. Der Staatstrojaner macht Furore. 2007 beschloss die Große Koalition das Instrument der *Vorratsdatenspeicherung*.[61] Mehrere Gerichtsverfahren bestätigten, dass die Vorratsdatenspeicherung mit dem Europarecht

---

Kraft (vgl. Deutscher Bundestag: Historische Debatten. Kampf gegen den Terror. URL: https://www.bundestag.de/dokumente/textarchiv/35187072_debatten14−205946 [19.09.2022]).
57 Vgl. Deutscher Bundestag: Maßnahmen des Bundes zur Terrorismusbekämpfung seit 2001. Gesetzgebung und Evaluierung (Aktualisierung der Ausarbeitung WD 3 -3000 -044/15 vom 6. März 2015). URL: https://www.bundestag.de/resource/blob/503060/e1364eeb0d2ec08465bb433fb68f5bc7/WD-3-037-17-pdf-data.pdf [16.09.2022]. Vgl. Peter Schaar: *Das Ender der Privatsphäre*, S. 133.
58 „Das Grundgesetz des Brief-, Post- und Fernmeldegeheimnisses (Artikel 10 des Grundgesetzes) wird nach Maßgabe der Absätze 6, 8, 9 und 11 eingeschränkt." (Gesetz zur Bekämpfung des internationalen Terrorismus [Terrorismusbekämpfungsgesetz] vom 9.11.2002. In: *Bundesgesetzblatt* 2002. [ausgegeben zu Bonn am 11.01.2002]. Nr. 3.1, S. 362 [Art. 1, Abs. 12].
59 Der Vertrag ermöglicht es, Polizeibehörden auf Datenbanken aller Vertragsstaaten zuzugreifen und Daten auszutauschen – „auch zu präventiv-polizeilichen Zwecken und – im Falle der Fahrzeugregister – sogar zur Verfolgung von Ordnungswidrigkeiten" (Eric Töpfer: Nadelsuche im wachsenden Heuhaufen. Die Vernetzung polizeilicher DNA-Datenbanken nach Prüm. In: *Telepolis*, 06.11.2008. URL: https://www.heise.de/tp/features/Nadelsuche-im-wachsenden-Heuhaufen-3420573.html [19.09.2022]).
60 Deutscher Bundestag: Maßnahmen des Bundes zur Terrorismusbekämpfung seit 2001.
61 Im Rahmen der Vorratsdatenspeicherung werden Telefondienstleister verpflichtet, bestimmte Daten – sogenannte Meta- oder Verkehrsdaten wie Rufnummern der Anschlüsse, Kundenkartennummern, Standortdaten, Beginn und Ende der Verbindungen und IP-Adressen – über ihre Kund:innen eine festgelegte Zeit zu speichern und den Behörden bei Bedarf zu Strafverfolgungszwecken und der Gefahrenabwehr zur Verfügung zu stellen. Die Daten der Kund:innen werden dabei anlasslos auf ‚Vorrat' gespeichert.

nicht vereinbar ist.[62] Im Juni 2021 beschloss der Bundestag, dass der Staatstrojaner von den Geheim- und Nachrichtendiensten in Messenger wie WhatsApp, Signal oder Threema eingesetzt werden darf.[63]

Was die kurze Auflistung der ‚Anti-Terror-Gesetze' zeigt, ist die Beschleunigung innerhalb der präventiven Sicherheitspolitik. Dieser Beschleunigungsdruck zeugt auch von der Macht innerhalb von Politik und Gesellschaft: Angst wird nach 9/11 der mächtigste Akteur.[64] Der ‚Terror' kommuniziert Angst ins System, auf die wiederum mit Angst reagiert wird: Angst wird, so Eva Horn „eine Wahrnehmungs- und Erkenntnisform, die sich als spezifischer Denkstil oder als Diskurs niederschlägt, die eine bestimmte Risikowahrnehmung, ein Mißtrauen oder eine Vorstellung von Bedrohung hervorbringt."[65] Es kommt zu einer Verschiebung im Feindbild: Die Kriterien für Feindschaft und Gefährlichkeit sind nach den terroristischen Anschlägen Vernetztheit und Unsichtbarkeit: Verbundene, aber nicht zentral kontrollierte Netzwerke oder Personencluster, die zwar allgegenwärtig, aber unbestimmt und unsichtbar sind, werden zum erklärten Feind.[66] Präventionsinstrumente sollen die Lösung für diesen unsichtbaren Feind sein. Doch Prävention hat ein Schattengesicht: „Wer vorbeugen will, weiß nie genug. [...] Prävention kann aber auch gewalttätig, ja mörderisch sein. Sie legitimiert die Todesstrafe ebenso wie die vorsorgliche

---

[62] 2010 erklärte das Gericht in Karlsruhe die anlasslose Speicherung von Verbindungsdaten für verfassungswidrig; 2014 auch der Europäische Gerichtshof. 2015 beschließt die dritte Große Koalition eine angepasste Vorratsdatenspeicherung („Gesetz zur Einführung einer Speicherpflicht und einer Höchstspeicherfrist für Verkehrsdaten"). Eine Klage beim Oberverwaltungsgericht Münster kippte das Gesetz. 2018 bestätigte dies das Verwaltungsgericht in Köln: Die Vorratsdatenspeicherung verstoße gegen Europarecht. Die Bundesnetzagentur legte Revision gegen die Urteile ein. Im Oktober 2020 entschied der EuGH, dass die Vorratsdatenspeicherung, bis auf wenige Ausnahmen, in Europa nicht zulässig ist.
[63] Vgl. Stefan Krempl: Bundestag gibt Staatstrojaner für Geheimdienste und Bundespolizei frei. In: *heise*, 10.06.2021. URL: https://www.heise.de/news/Bundestag-gibt-Staatstrojaner-fuer-Geheimdienste-und-Bundespolizei-frei-6067818.html [19.09.2022].
[64] Was nach 9/11 passierte, erinnert den Historiker Bernd Greiner an den Kalten Krieg. Er sieht eine Rückkehr politischer Angst in das öffentliche Leben (vgl. Bernd Greiner: *9/11. Der Tag, die Angst, die Folgen*. München 2011, S. 9).
[65] Eva Horn: World Trade Center Paranoia. Politische Ängste nach 9/11. Ungedrucktes Typoskript, S. 1–15, hier S. 1. URL: https://germanistik.univie.ac.at/fileadmin/user_upload/inst_germanistik/Aktuelles/Horn_WTC_Paranoia.pdf [19.09.2022].
[66] Vgl. Eva Horn: World Trade Center Paranoia, S. 8 ff. Doch: „Wenn der Feind unsere eigene Frage als Gestalt ist, wie Carl Schmitt gelegentlich anmerkt, dann ist er wohl auch die Gestalt unserer eigenen Angst: der Angst angesichts unserer Verstrickung in eine Welt, die uns mit dem Fremdesten und Fernsten verbindet, der Angst vor unserer Eingebundenheit in und Angewiesenheit auf Netze und Zusammenhänge, die wir nie ganz durchschauen und noch weniger in den Griff bekommen können." (Eva Horn: World Trade Center Paranoia, S. 14)

Inhaftierung von ‚Risikopersonen'."[67] Das muss angemerkt werden, da es zur ideologischen Perspektive des Narrativs gehört. Ulrich Bröckling differenziert drei Formen von Präventionsregimen: a) Hygiene, b) Immunisierung und c) Precaution. Die Gefahrenmodi lauten je nach Regime: a) Ansteckungsgefahr/Epidemie, b) Vulnerabilität, c) Ausgesetztheit/Katastrophe. Die Modi der Macht sowie die Verfahren der Vorausschau benennt Bröckling mit a) Disziplin und Detektion, b) Kontrolle und Risikobewertung/-management, c) erweiterte Souveränität und Szenariotechnik.[68] Das Dispositiv, das nach 9/11 zutage trat, sei das Dritte (c). Es zeichnet sich durch eine Logik aus, die die Zukunft als unberechenbar und lebensbedrohend markiere: „Man weiß weder, wer oder was die Katastrophe auslösen, noch wann und in welcher Form sie uns ereilen wird. Sicher scheint nur, dass sie katastrophale Ausmaße annehmen kann."[69] So rüstet man sich immer für den schlimmstmöglichen Fall und etabliert einen Imperativ des präventiven Unterlassens.[70] Das ist die Macht der Angst. Sie legitimiert die Überwachung im Narrativ; so werden Überwachungspraktiken zu Regierungstechniken. Diese Form der Menschenregierungskünste steht im Zeichen einer Gouvernementalität, die „auf ‚sanfte' Selbst- und Sozialtechnologien [zielt], die über freiwillige Mitwirkung [...], den zwanglosen Zwang des besseren Arguments [...] operieren."[71] Dabei spielen Angst und Verunsicherung eine große Rolle: Sicherheitsmaßnahmen „gehen ironischerweise mit Formen der Unsicherheit einher – oder führen diese in manchen Fällen gar absichtlich herbei?; einer Unsicherheit, die gerade jene Menschen zu spüren bekommen, die die Sicherheitseinrichtungen angeblich beschützen sollen."[72] Eine ‚Sucht nach Sicherheit'[73] macht anfällig. Das Dilemma für Einzelne lautet: Wenngleich sie auch vorbeugende Maßnahmen bedenklich beäugen, „aber künftige Schäden nicht verhindern zu *wollen*, das lässt sich schwerlich rechtfertigen."[74] Die Auflistung von Überwachungs-

---

67 Ulrich Bröckling: Prävention, S. 211.
68 Vgl. Ulrich Bröckling: Dispositive der Vorbeugung. Gefahrenabwehr, Resilienz, Precaution. In: Christopher Daase et al. (Hg.): *Sicherheitskultur. Soziale und politische Praktiken der Gefahrenabwehr*. Frankfurt/M. 2012, S. 93–108, hier S. 102.
69 Ulrich Bröckling: Dispositive der Vorbeugung, S. 100.
70 „Statt um präventive Risikoabwehr geht es um hyperpräventive Risikoerfindung", so Bröckling und er nennt den Typ des Schläfers als Beispiel (vgl. Ulrich Bröckling: Dispositive der Vorbeugung, S. 99 ff.).
71 Ulrich Bröckling: Gute Hirten führen sanft, S. 9.
72 Zygmund Bauman/David Lyon: *Daten, Drohnen, Disziplin*, S. 126 f.
73 Vgl. Zygmund Bauman/David Lyon: Daten, Drohnen, Disziplin, S. 131.
74 Ulrich Bröckling: *Gute Hirten führen sanft*, S. 112. Schuldzuweisung versteht Bröckling hier im Sinne von Deleuze: Das Subjekt wird mit der Verschuldung beladen, stetig die ‚Sorge um sich' selbst zu tragen. Im Falle von Verlust, Krankheit oder Katastrophe, trägt es selbst die Schuld, da es nicht genug vorgesorgt hat (vgl. ebd.).

maßnahmen zeigt: Überwachung folgt der abstrakten Fiktion, Sicherheit könnte mit Sichtbarkeit hergestellt werden. Auf dieser abstrakten Fiktion beruht die Ideologie der Überwachung in diesem Narrativ. Byung-Chul Han identifiziert die gegenwärtige Gesellschaft als *Transparenzgesellschaft*, die „weder Informations- noch *Sehlücken*" duldet.[75] Sichtbarmachen ist ein Vorgang der Wissenserzeugung durch Zeicheninterpretation, Spurenlesen und Bewegungskartierung.[76]

Sicherheit und Sichtbarkeit wird im Rahmen staatlicher Überwachung insbesondere in Bezug auf den Einsatz von *Videoüberwachung* (CCTV) im öffentlichen Raums diskutiert.[77] Videoüberwachung ist im Narrativ der überwachten Bürger:innen ein dominantes Beispiel für die Ausweitung von Überwachungsinstrumenten und deren (Un-)Wirksamkeit. Als Risikotechnologie[78] soll Videoüberwachung das Unbekannte sichtbar und folglich kontrollierbar machen.[79] In Verbindung mit Datenbanken dient Videoüberwachung in der Regel dazu, zwischen „verdacht/nichtverdacht" zu unterscheiden.[80] Vielfach diskutiert wurde daher die Frage, inwiefern sie panoptisch wirkt. Da es sich nicht um ein geschlossenes, zentral kontrolliertes System handele,[81] finden wir bei CCTV keinen ‚zentralen Wachturm'. Doch der Modus der Kontrolle, die CCTV erzeugt, entspricht „*in nuce* einer *Gouvernementalität der Gegenwart*",[82] so Susanne Krasmann. Videoüberwachung sorgt so für eine Erschließung, Ordnung und Normierung der Welt. Sie hat zum Ziel, räumliche und soziale Trennungen und Grenzen zu ziehen; es geht um Ein- und Ausschluss.[83] Ka-

---

75 Byung-Chul Han: *Transparenzgesellschaft*, S. 11.
76 Leon Hempel/Susanne Krasmann/Ulrich Bröckling: Sichtbarkeitsregime. Eine Einleitung. In: Dies. (Hg.): *Sichtbarkeitsregime. Überwachung, Sicherheit und Privatheit im 21. Jahrhundert*. Wiesbaden 2011, S. 7–25, hier S. 10.
77 Vgl. Jan Wehrheim: *Die überwachte Stadt. Sicherheit, Segregation und Ausgrenzung*. Opladen et al. 2012.
78 Vgl. Eric Töpfer: Videoüberwachung – Eine Risikotechnologie zwischen Sicherheitsversprechen und Kontrolldystopien. In: Nils Zurawski (Hg.): *Surveillance Studies. Perspektiven eines Forschungsfeldes*. Opladen et al. 2007, S. 33–46, hier S. 35.
79 Vgl. Nils Zurawski: *Raum – Weltbild – Kontrolle*, S. 134. Vgl. Leon Hempel/Jörg Metelmann: Bild – Raum – Kontrolle. Videoüberwachung als Zeichen gesellschaftlichen Wandels. In: Dies. (Hg.): *Bild – Raum – Kontrolle. Videoüberwachung als Zeichen gesellschaftlichen Wandels*. Frankfurt/M. 2005, S. 9–21, hier S. 13.
80 Vgl. ebd.
81 Vgl. Nils Zurawski: *Raum – Weltbild – Kontrolle*, S. 137.
82 Susanne Krasmann: Mobilität: Videoüberwachung als Chiffre einer Gouvernementalität der Gegenwart. In: Leon Hempel/Jörg Metelmann (Hg.): *Bild – Raum – Kontrolle*, S. 308–324, hier S. 309.
83 „Damit wird diese Welt anschlussfähig, erschlossen und gleichzeitig in Schach gehalten […]. Praktisch betrachtet bedeutet das, dass Kameras als Instrumente sozialer Kontrolle Konsequenzen haben, die jenseits der „offiziellen" intendierten Ziele liegen." (Nils Zurawski: *Raum – Weltbild – Kontrolle*, S. 156)

meras rahmen die Welt: Sie reduzieren das Weltbild, indem sie die Interpretation im politischen Diskurs vorgeben.[84]

Das Narrativ der überwachten Bürger:innen gehört zum Alltagswissen um Überwachung. Es bietet ein Wahrnehmungsschema an, bei dem Bürger:innen die unfreiwilligen und unschuldigen Überwachten und der Staat der mächtige Überwacher ist. Das heißt, mit Koschorke gesprochen, im ‚Narrativraum verdichteter Relevanz'[85] begreifen sich Bürger:innen hier als ohnmächtige Objekte staatlicher Kontrolle. Das verdeutlicht die Einfachheit des Schemas, das zugleich im Alltagswissen eines der wirksamsten ist. Die Perzeption des Narrativs liegt bei den überwachten Bürger:innen, aus ihrer Perspektive wird das Narrativ gerahmt. Es basiert auf der Beobachtung einer Zunahme an Sicherheitsgesetzen/-maßnahmen bzw. der Ausweitung von Überwachungsinstrumenten wie der Kamera im öffentlichen Raum. Damit drückt es eine Kraft des Sich-nicht-Entziehen-Könnens aus. Die ideologische Perspektive des Narrativs basiert auf folgender Schlussfolgerung: Die Maßnahmen der Überwachung im Kontext (ziviler) Sicherheit etablieren eine auf Prävention setzende „Kultur des Verdachts [...]. Verdächtig ist also jede Person, die Kritik übt und dem ohnehin verletzlichen Staat weiteren Schaden zufügen kann."[86] Damit werde die Unschuldsvermutung aufgeweicht. Zur ideologischen Perspektive des Narrativs gehört ebenfalls die Ansicht, dass Überwachung nicht nur Freiheiten einschränkt, sondern zur präventiven Kontrolle dient. Der blinde Fleck ist das Innere des Staates: Es gehört zum Narrativkern, dass Bürger:innen nicht wissen, was im Inneren vonstattengeht.

3.3 Narrativ der ‚überwachten Patient:innen': Gesundheitsprävention, Krankenkassen, Bonusprogramme

Nach dem Überwachungsstaat geriet durch verschiedene Gesetzgebungen zunehmend die Gesundheitsprävention, und mit ihr die (gesetzlichen) Krankenkassen als Akteure in den Fokus der Kritik. Schlagzeilen wie „Fitness first oder Big Brother

---

84 Vgl. Francisco Klauser: Die Videoüberwachung öffentlicher Räume. Zur Ambivalenz eines Instruments sozialer Kontrolle. München 2006, 25 f. Vgl. Nils Zurawski: Raum – Weltbild – Kontrolle, 139 f.
85 Albrecht Koschorke: *Wahrheit und Erfindung*, S. 48.
86 Nils Zurawski: Geheimdienste und Konsum der Überwachung. In: bpb (Hg.). *APuZ. Aus Politik und Zeitgeschichte* 64 (2014). Heft 18–19, S. 14–19, hier S. 17.

AOK?"[87] oder „Wenn die Krankenkasse Ihre Fitness-App mitliest"[88] häuften sich. Es gewann ein alltagssprachliches Wahrnehmungsschema Reichweite, in dem die Institutionen der Gesundheit zu Überwacher:innen und Versicherte zu Überwachten werden. Das ist eine Varianz des vorherigen Narrativs, mit der Neuerung, dass die Überwachten in stärkerem Maße auch als Mit-Überwacher:innen markiert werden und die überwachenden Akteure Staat und Gesundheitsinstitute sind. Erzählelemente dieses Narrativs markieren deutlich die Involviertheit der Überwachten. Es handelt sich auch hier in ideologischer Perspektive um ein Gegennarrativ zum vorherrschenden Narrativ der Prävention (,Risiken durch Prävention kontrollieren'). Sicherheits- und Gesundheitspolitik teilen nämlich die Imperative der Transparenz und Prävention: „Die Wissens- und Praxisformen des einen Felds haben jeweils ausgestrahlt in das andere. Sicherheitsfragen wurden und werden in medizinische und Fragen der Krankheitsvorbeugung in sicherheitspolitische Semantiken übersetzt."[89] Gesundheit wie Sicherheit folgen einem Präventionsimperativ.[90]

Gesundheitspolitik verantwortet in Deutschland eine plurale Trägerschaft: staatliche Institutionen wie das Bundesministerium für Gesundheit, Institute wie das Robert-Koch-Institut, halbstaatliche Bundes- und Länderverbände von Kranken- und Pflegekassen und nicht-staatlichen Stellen. Zudem gibt es eine starke Orientierung an der WHO. Die WHO erarbeitete 2011/2012 das Rahmenkonzept ,Gesundheit 2020', aus dem 2015 die elektronische Gesundheitskarte (eGK) hervorgeht. Bereits 2005 schreibt der Soziologe Oliver Decker über das Projekt ,eGK', die Karte sei ein Meilenstein des eGovernments; die Federführung des Projekts beim Bundesministerium des Inneren zeige dabei die eigentliche Zielsetzung.[91] Mit dem Lichtbild wird die Karte zu einem Identifizierungsinstrument. Decker vergleicht die Karte mit der panoptischen Architektur: Sie mache eine konsequente

---

87 o.V.: Fitness first oder Big Brother AOK? Erste Krankenkasse zahlt für Apple-Watch. In: *Meedia*, 06.08.2015. URL: https://meedia.de/2015/08/06/fitness-first-oder-big-brother-aok-erste-krankenkasse-zahlt-fuer-apple-watch/ [19.09.2022].
88 TNA: Wenn die Krankenkasse Ihre Fitness-App mitliest. In: *Die Welt*, 05.04.2016. URL: https://www.welt.de/gesundheit/article154004816/Wenn-die-Krankenkasse-Ihre-Fitness-App-mitliest.html [19.09.2022].
89 Ulrich Bröckling: Dispositive der Vorbeugung, S. 96.
90 Die Weltgesundheitsorganisation (WHO) fordert Prävention. In der Europäischen Charta zu Umwelt und Gesundheit (1989) formuliert die Organisation: „Der bevorzugte Ansatz sollte darin bestehen, den Grundsatz ,Vorbeugen ist besser als heilen' zu fördern." (World Health Organization (Hg.) Europäische Charta zu Umwelt und Gesundheit, 1989. URL: http://www.euro.who.int/__data/assets/pdf_file/0003/114087/ICP_RUD_113_ger.pdf?ua=1 [19.09.2022]).
91 Oliver Decker: Alles auf eine Karte setzen: Elektronisches Regieren und die Gesundheitskarte. In: *Psychotherapeuten Journal* 4 (2005), S. 338–347; hier S. 338.

Transparenz und Identifikation möglich.[92] Es zeigt sich, dass das Narrativ der ‚überwachten Patient:innen' nicht nur im Alltagswissen, sondern auch in der Wissenschaft erzählt wird und es auf historische Konzepte zurückgreift. Immer wieder wird auch eine ‚zentrale Macht' oder Institution impliziert.

2015 werden das sogenannte ‚eHealth Gesetz' und das Präventionsgesetz beschlossen. Ersteres verankert elektronische Dienstleistungen und Produkte im Gesundheitswesen.[93] Das Präventionsgesetz regelt Maßnahmen und Leistungen der Gesundheitsvorsorge und -förderung. In das fünfte Buch des Sozialgesetzbuches wird dazu folgender Satz eingefügt: „Das [die Aufgabe der Krankenversicherung, die Gesundheit der Versicherten zu erhalten und zu verbessern, SH] umfasst auch die Förderung der gesundheitlichen Eigenkompetenz und Eigenverantwortung der Versicherten" (§ 1 SGB V). Seither sind Krankenkassen verpflichtet, sogenannte Bonusprogramme anzubieten, bei denen Versicherte in präventiven Maßnahmen Prämien erwerben können. Im Dezember 2019 trat das Digitale-Versorgungs-Gesetz in Kraft, welches digitale Gesundheitsanwendungen verstärken soll: Apps auf Rezept sind nun möglich.[94] Nutzer:innen des Narrativs führen an: Das Ausmaß der durch das Gesetz befürworteten Erhebung, Speicherung und Verwendung von Gesundheitsdaten ist ebenso unabsehbar wie die individuellen, gesamtgesellschaftlichen, politischen und ökonomischen Chancen und Risiken.[95] Gesammelt und übertragen werden die Daten freiwillig und selbstständig von den Versicherten mittels Fitness-Apps oder -trackern. Damit unterstützt die Bundesregierung die Erhebung, Speicherung und Verarbeitung von Körper- und Gesundheitsdaten auch dann, wenn diese nur durch die Beteiligung von Dritten, z. B. den Herstellern oder Betreibern dieser Technologien, gewonnen werden können.[96] Das räumt hypothetisch die Möglichkeit

---

[92] Vgl. Oliver Decker: Alles auf eine Karte setzen, S. 334; S. 346. Es geht um den integrierten Speicherträger. Er mache ein eGoverment möglich, bei dem personenbezogene Daten zentral gebündelt, gespeichert und verarbeitet werden können. Dabei werde im Kern die Verantwortung für die eigene Gesundheit in die Versicherten verlagert.

[93] Nun kann der Medikationsplan auf der Gesundheitskarte gespeichert werden, außerdem werden der elektronische Arztbrief und die elektronische Patientenakte möglich. Beides fördert intensiveren Datenaustausch.

[94] Bundesministerium des Innern: Ärzte sollen Apps verschreiben können. Gesetz für eine bessere Versorgung durch Digitalisierung und Innovation (Digitale-Versorgung-Gesetz – DVG), 21.01.2020. URL: https://www.bundesgesundheitsministerium.de/digitale-versorgung-gesetz.html [23.01.2020].

[95] Vgl. Markus Reuter: 7 Gründe, warum Spahns Gesundheitspläne für Patienten gefährlich sind. In: *Netzpolitik*, 05.11.2019. URL: https://netzpolitik.org/2019/7-gruende-warum-spahns-gesundheitsplaene-fuer-patienten-gefaehrlich-sind/ [19.09.2022].

[96] Auf eine Anfrage nach dem Einsatz von Algorithmen in der Auswertung dieser Gesundheitsdaten antwortet die Bundesregierung: „Die [sic!] Bundesregierung liegen zu dem angesprochenen Einsatz algorithmischer Verfahren durch gesetzliche Krankenkassen keine Erkenntnisse vor."

für Tarife ein, die auf Verhaltensprofilen basieren. Dieses spekulative Element wird immer wieder in Darstellungen des Narrativs integriert. Martin Schulz schreibt z. B. in einem Essay:

> Schon jetzt versprechen Versicherungen Beitragsermäßigungen für dieses ‚vernünftige Verhalten', in einem nächsten Schritt werden von denjenigen Risikoaufschläge verlangt werden, die sich dieser ‚freiwilligen' Kontrolle ihres Verhaltens entziehen. Es ist absehbar, dass am Ende aus diesem Risikoaufschlag ein Zwang zur Kontrolle werden wird, natürlich immer mit dem fürsorglichen Argument, dass vernünftiges Verhalten gut für den Einzelnen und billiger für die Allgemeinheit sei.[97]

Auch der israelische Historiker Yuval Noah Harari spekuliert: In der Verschmelzung von Bio- und Informationstechnologie liege das gefährliche Potenzial für die Herausbildung einer neuen Klassengesellschaft. Biotechnologie gekoppelt mit künstlicher Intelligenz könnte deshalb „dazu führen, dass sich die Menschheit in eine kleine Klasse von Übermenschen und eine riesige Unterschicht nutzloser *Homo sapiens* aufspaltet".[98] Bjung-Chul Han schlussfolgert: „Big Data lässt eine neue *digitale Klassengesellschaft* entstehen".[99] Beide folgen damit Theoretiker:innen wie David Lyon: „This last term highlights how surveillance works by sorting the population into categories so that different groups may be treated differently. Social sorting contributes profoundly to the distribution of life-chances and choices, to fairness or injustice."[100] Häufig äußern Wissenschaftler:innen die Hypothese, dass mittels Klassifizierungen zukünftig eine ‚unterste Klasse' identifizierbar werden könnte, die ökonomisch, politisch und sozial nicht mehr relevant ist. Durch Praktiken des ‚social scoring' laufe man Gefahr, so lauten die Spekulationen, Teile der Menschheit als ‚nutzlos', ‚wertlos' oder ‚bedeutungslos' zu klassifizieren.[101] Das spekulative Element einer Klassengesell-

---

(Deutscher Bundestag: Drucksache 18/9243. Antwort der Bundesregierung auf die Kleine Anfrage der Abgeordneten Maria Klein-Schmeink, Renate Künast, Dr. Konstantin von Notz, weiterer Abgeordneter und der Fraktion BÜNDNIS 90/DIE GRÜNEN – Drucksache 18/9058. 21.07.2016. URL: http://dip21.bundestag.de/dip21/btd/18/092/1809243.pdf [23.01.2020]). Anna Biselli kommentiert, die Bundesregierung verkenne ein Problem: Diese Daten befinden sich außerhalb der Kontrolle des Bundesversicherungsamtes und der Kassen. (Anna Biselli. Wearables und Fitnessapps verbreiten sich mit Hilfe der Krankenkassen, Regierung verkennt Datenschutzprobleme. In: *Netzpolitik*, 26.07.2016. URL: https://netzpolitik.org/2016/wearables-und-fitnessapps-verbreiten-sich-mit-hilfe-der-krankenkassen-regierung-verkennt-datenschutzprobleme/ [23.01.2020]).
97 Martin Schulz: Warum wir jetzt kämpfen müssen. In: Frank Schirrmacher (Hg.): *Technologischer Totalitarismus*, S. 18.
98 Yuval Noah Harari: *21 Lektionen fürs 21. Jahrhundert*, S. 133 f. Vgl. auch ebd., S. 47; 66; 70.
99 Byung-Chul Han: *Psychopolitik*, S. 90.
100 David Lyon: *The Culture of Surveillance*, S. 16 f.
101 „Das digitale Bannoptikum identifiziert Menschen, die ökonomisch wertlos sind, als Müll" (Byung-Chul Han: *Psychopolitik*, S. 90). Auch Harari äußert diesen Verdacht. Aufgrund der Asymme-

schaft mit einer wertlosen Schicht wird angeführt, da es etabliertes Element von Überwachungserzählungen ist.[102]

Im Gegensatz zum Alltagsnarrativ der überwachten Bürger:innen im Kontext der zivilen Sicherheit, in dem die Komplizenschaft der Bürger:innen verdeckt ist, tritt in diesem Alltagsnarrativ der Gesundheit die freiwillige Partizipation an der Überwachung des Körpers, Geistes und der Lebensgewohnheiten *offen zutage* und wird durch Anreizsysteme allgemein akzeptiert. Deutlicher als im Kontext der Sicherheit werden gouvernementale Regierungspraktiken tatsächlich als Verlagerung der Verantwortung in die Individuen öffentlich *sichtbar und erzählt*. Die Sichtbarkeit nimmt Gestalt an in Form von Mithilfe- und Selbsthilfepraktiken der Gesundheitsvorsorge, -monitoring und -optimierung. Die Gesundheitsüberwachung verbindet die Narrative der ‚überwachten Patient:innen' und der ‚freiwilligen Selbstüberwacher:innen'. Die Erzählungen dieses Narrativs zerstreuen die Macht weiter, in dem die Überwachungsmacht vom Fürsorgestaat zur Krankenkasse hin zu den Versicherten verlagert wird. Harari spekuliert:

> Wenn wir uns dem [der stetigen Gesundheitsüberwachung, SH] verweigern, dann verweigert möglicherweise unsere Krankenversicherung die Leistungen, oder unsere Firma entlässt uns – warum sollten sie auch für unsere Starrköpfigkeit bezahlen? [...] Aller Wahrscheinlichkeit nach werden wir einfach unseren Gesundheitsalgorithmus so einrichten, dass er sich mit den meisten dieser Problemen so befasst, wie es ihm am besten erscheint.[103]

In diesem Narrativ werden immer wieder auch solche spekulativen Szenarien erzählt – sei es das der gesundheitswirtschaftlichen Klassengesellschaft oder das der endlosen vorbeugenden Suche nach Krankheit in einem immer schon defizitären Körper. Solche Szenarien tragen dystopischen Charakter: Sie verdichten gegenwärtige Tendenzen in zukünftige Entwicklungen und stellen in ihrer Erzählung den zu verhindernden Ausgang eines Freiheits- oder Autonomieverlustes dar. Das Narrativ der überwachten Patient:innen greift ebenfalls auf zentralmächtige Schemata (Panoptismus, Überwachungsstaat) zurück, verschiebt aber den Kontext: von Sicherheit zu Gesundheit. Die im Narrativ kritisierte Beziehung von mächtigen Überwachenden zu ohnmächtigen Überwachten wird etwas aufgeweicht, bleibt in ihrem ideologischen Kern aber erhalten. Die Figur des mächtigen Überwachers teilen sich hier Staat und andere Gesundheitsinstitutionen.

---

trie von Wissen, Macht und Kapital der Überwachungselite könne die Gesellschaft „in eine kleine Klasse von Übermenschen und eine riesige Unterschicht nutzloser *Homo* sapiens aufgespalte[t] [werden]." (Yuval Noah Harari: *21 Lektionen für das 21. Jahrhundert*, S. 133 f.
102 Beispielsweise im Roman *Die Optimierer* (2017) von Theresa Hannig.
103 Yuval Noah Harari: *21 Lektionen fürs 21. Jahrhundert*, S. 95.

3.4 Narrativ der ‚überwachten Selbstüberwacher:innen': Selbstüberwachungstechnologie und Social Media

Innerhalb dieses Narrativs werden Individuen in ihrer Teilhabe an den Kulturen der Überwachung als Protagonist:innen zentriert – sei es durch Praktiken wie Lifelogging und Tracking oder durch Nutzung von Technologie und Dienstleistungen. Überwachung ist alltägliche Kulturtechnik geworden. In diesem Narrativ können, so meine These, in unterschiedlicher Ausgestaltung die Praktiken der Selbstüberwachung auf drei Motivationen zurückgeführt werden: *Forschen, Spielen, Partizipieren*. Dies sind dem Menschen inhärente Grundbedürfnisse, die die genannten Praktiken und Technologien scheinbar ermöglichen und befriedigen. Die zunehmende Sprachfähigkeit der eingesetzten Geräte macht die Technologie für den Menschen umso reizvoller: Als Kommunikationswesen sind wir auf Interaktion und Kollaboration ausgerichtet – die archaische Überlebensgemeinschaft geht der Mensch auch im 21. Jahrhundert noch ein. Digitale Assistenten fangen scheinbar an, mit uns zu sprechen und simulieren so eine Überlebensgemeinschaft – *Siri, mach das Licht aus!*

Das Narrativ der Selbstüberwachung hat keine zentralen ‚Gegenspieler:innen' mehr. Die Idee einer zentralen Macht wird aufgegeben. Denn auch wenn Technologiekonzerne die Nutzer:innendaten zu Profilen kombinieren und möglicherweise als Verhaltensprognosen verkaufen, so generiert doch jede:r einen Großteil dieser Daten selbst, stellt sie willentlich zur Verfügung. Im Narrativ der Selbstüberwachung wird den Individuen dennoch nicht alle Schuld aufgeladen: Sollten sie in einigen Bereichen tatsächlich handlungsmächtige Akteur:innen sein – niemand muss sich der ‚Post-Privacy-' oder der ‚Quantified Self-Bewegung' anschließen –, so haben sie in anderen Kontexten kaum eine Alternative: Es steht weder eine starke europäische, dem EU-Datenschutz entsprechende Suchmaschine noch europäisches Kartenmaterial oder Navigationssysteme zu Verfügung; es existieren keine ernstzunehmenden Alternativen zu Programmen wie Word und Excel oder kaum welche zu weit verbreiteten Messengerdiensten wie WhatsApp. Untrennbar verbunden ist der Kontext der Selbstüberwachung und -optimierung mit dem des Überwachungskapitalismus und der Gesundheitsüberwachung. Selbstüberwachung wird als Narrativ dennoch separiert, da so nochmals die Perspektive verlagert wird. Dieses Narrativ der überwachten Selbstüberwacher:innen zentriert die Anwender:innen stärker und verdeutlicht, dass das Überzeugungssystem der Überwachung bis in das Bewusstsein der Einzelnen gedrungen ist. Damit einher geht eine „Normalisierung von Überwachung".[104] Selbstüberwachung ist ein Handlungsnar-

---

[104] Martin Hennig/Hans Krah: Typologie, Kategorien, Entwicklungen von Überwachungsnarrativen, S. 38.

rativ. Folgend werden die Motivationen in ihren Ausgestaltungen dieser Handlung angeführt und so die zum Narrativ zugehörigen Kontexte dargestellt.

Forschen: Der erste Teilkontext besteht aus Praktiken der forschenden Selbstüberwachung,[105] oftmals betreffen sie den Körper. Stefan Selke fasst viele Praktiken davon unter dem Begriff ‚Lifelogging' (synonym werden andernorts oft ‚Self-Tracking', ‚Personal Data', ‚Quantified Self' verwendet) zusammen und versteht darunter Formen der digitalen Selbstvermessung und Lebensprotokollierung – die Verdatung von Körper und Geist.[106] Der Typus der überwachten ‚Selbstüberwacher: innen' ist äußerst heterogen. Es ist kein geschlossenes Narrativ, das einen klaren Akteurstypus ersichtlich werden lässt: Diejenigen, die ihr iPhone oder ihre FitBit nutzen, um sportlichen Aktivitäten zu protokollieren und auszuwerten, sind nicht dieselben, die ihre Kinder auf dem Spielplatz überwachen. Selke unterscheidet vier Grundformen solcher Praktiken: Gesundheitsmonitoring, Human Tracking, Human Digital Memory und Formen der Gegenüberwachung (‚sousveillance'). Im Bereich des Gesundheitsmonitorings, das dem Bedürfnis des Forschens zuzuordnen ist, „geht es darum, in Echtzeit biometrische Daten des eigenen Körpers zu vermessen und damit eine präventive Lebensführung zu ermöglichen".[107] Self-Tracker als technische Verkörperung der Symbiose aus Bio- und Informationstechnologie generieren, wie Ramon Reichert zeigt, Steuerungs- und Kontrollwissen, doch zwischen möglicher Subjektivierung und Entsubjektivierung der Nutzer:innen liegen Self-Tracker im Spannungsfeld zwischen Selbst- und Fremdführung. Reichert schlussfolgert: Solche Praktiken der Selbstüberwachung mittels eingesetzter Tracker-Technologie seien Praktiken, die Individuen eher widerfahren, als dass sie diese beherrschen oder kontrollieren.[108]

---

105 Julia Friedrichs führt die Selbstoptimierung in ihrem Artikel in *Zeit Online* auf Forscherdrang zurück: Selbstüberwachung – „[d]as klingt nach Forscherdrang einer narzisstischen Generation. Die Anteilnahme gilt vor allem dem eigenen Ich, der Körper wird zum Fetisch, die Konzentration bleibt am Mann [...]." (Julia Friedrichs: Das tollere Ich. In: *Zeit Online*, 08.08.2013. URL: https://www.zeit.de/ 2013/33/selbstoptimierung-leistungssteigerung-apps [19.09.2022]).
106 „*Lifelogging* bedeutet, menschliches Leben in Echtzeit zu erfassen, indem Körper-, Verhaltens- und Datenspuren digital aufgezeichnet und zum späteren Wiederaufruf vorrätig gehalten werden [...]. Damit ist *Lifelogging* letztlich *personalisierte Informatik* im Kontext von „Big Data". [...] *Lifelogging* kann als technische Form der Selbstbeobachtung und passive Form digitaler Selbstarchivierung verstanden werden. Damit sind zahlreiche *Potenziale*, aber auch *Pathologien* verbunden" (Stefan Selke: Einleitung. In: Stefan Selke (Hg.): *Lifelogging. Digitale Selbstvermessung und Lebensprotokollierung zwischen disruptiver Technologie und kulturellem Wandel.* Wiesbaden 2016, S. 1–21, hier S. 4).
107 Stefan Selke: Einleitung, S. 6. Beispiele solcher Art sind vielzählig: Smartphone, Armbänder, Uhren oder Kleidung (sogenannte: ‚wearables'). Das Smartphone ist die meisteingesetzte Technologie.
108 Vgl. Ramón Reichert: Digitale Selbstvermessung, S. 74–77; Ramón Reichert: Social Surveillance. Praktiken der digitalen Selbstvermessung in mobilen Anwendungskulturen. In: Stefanie

Die Empfänglichkeit für die Tracker-Technologie liegt nicht zuletzt in ihrem Spielcharakter. Im Narrativ wird das Spiel oft betont. Gleich welche App, welches Armband oder Smartphone benutzt wird, alle sind auf die Gamifizierung der Selbstüberwachung ausgerichtet. Zudem sind viele Gadgets auf die Vernetzung der Nutzer:innen in sozialen Netzwerken ausgelegt, sodass Daten geteilt werden können. Das Teilen animiert zum Erzählen der Überwachungsergebnisse.[109]

Selbstüberwachung kann im Dienst einer spielerischen Selbsterforschung stehen, dabei geht es in der Regel um eine Form der Selbstoptimierung (quantified self). Alle Formen offenbaren, dass die neokapitalistische Ideologie (Effizienz durch Transparenz im Denken der Einzelnen) zum Handeln führt. Damit zeigen sich hinter diesen Formen Foucaults Technologien des Selbst,

> die es dem Einzelnen ermöglichen, aus eigener Kraft oder mit Hilfe anderer eine Reihe von Operationen an seinem Körper oder seiner Seele, seinem Denken, seinem Verhalten und seiner Existenzweise vorzunehmen, mit dem Ziel, sich so zu verändern, dass er einen gewissen Zustand des Glücks, der Reinheit, der Weisheit, der Vollkommenheit oder der Unsterblichkeit erlangt.[110]

Diese Technologien des Selbst sind der ideologische Kern der Selbstüberwachung. Sie gehen immer mit einer „Sorge um sich selbst" einher, das ist „eine Lebensform, auf die jedermann sich bis ans Ende seiner Tage verpflichten sollte."[111] Digitale Technologien wie das Smartphone oder wearables bieten niederschwellige Möglichkeiten von gouvernementalen Selbstregierungspraktiken, die das Körperinnere sichtbar und lesbar machen.[112]

So betrachtet übernimmt das Subjekt die Ausübung der regierenden Biopolitik selbst. Biomacht sei mit Foucault verstanden, „eine Macht, die das Leben in die

---

Duttweiler et al. (Hg.): *Leben nach Zahlen. Self-Tracking als Optimierungsprojekt*. Bielefeld 2016, S. 185–200.
109 Vgl. Ruth Page: *Narratives Online. Shared Stories in Social Media*. Cambridge 2018. Vgl. Matías Martínez/Antonius Weixler: Selfies and Stories. Authentizität und Banalität des narrativen Selbst in Social Media. In: *DIEGESIS* 8.2 (2019), S. 49–66, hier S. 60 ff.
110 Michel Foucault: Technologien des Selbst (1982), S. 968. Vgl. zahlreiche Publikationen der letzten Jahre zu digitalen Technologien des Selbst, z. B.: Stefanie Duttweiler: Body-Consciousness – Fitness – Wellness – Körpertechnologien als Technologien des Selbst. In: *Widersprüche. Zeitschrift für sozialistische Politik im Bildungs-, Gesundheits- und Sozialbereich. – Selbsttechnologien – Technologien des Selbst* (2003). Heft 87, S. 31–43, hier S. 32.
111 Michel Foucault: Technologien des Selbst (1982), S. 981.
112 „Die Revolutionen in Biotechnologie und Informationstechnologie werden uns die Kontrolle über die Welt in uns verschaffen und uns in die Lage versetzen, Leben zu manipulieren und herzustellen [...]. Und ganz ähnlich wird es leichter sein, unsere Gedankenströme umzulenken, als zu prognostizieren, was das mit unserer persönlichen Psyche oder unseren Gesellschaftssystemen anstellen wird." (Yuval Noah Harari: *21 Lektionen fürs 21. Jahrhundert*, S. 30 f.).

Hand nimmt, um es zu steigern, zu vervielfältigen, zu kontrollieren und gesamtheitlich zu regulieren."[113] Byun-Chul Han plädiert dafür, diese Techniken als Verkörperung einer neuen Macht zu sehen, die nicht mehr nur Bio-, sondern Psychopolitik sei. Man wende sich in diesem neoliberalen Regime der Psyche zu. Diese neoliberale Selbstoptimierung diene dem perfekten Funktionieren im System, sei destruktiv und beute die Psyche bis zum Mentalkollaps aus.[114] In der psychopolitischen Steuerung, so Han, gelte: „Smartphone ersetzt Folterkammer. Big Brother macht nun ein *freundliches* Gesicht. Seine *Freundlichkeit* macht die Überwachung so effizient."[115] Was Han vorschlägt steckt bereits in einer Lektüre von Foucault, er spitzt es aber auf die technologischen Entwicklungen und damit veränderten Praktiken zu. Die Kultur dieser digitalen Praktiken des Selbst zeigt, dass die Einzelnen die Imperative des Datenkapitalismus vollständig übernommen haben. Die Technologien dagegen zeigen, dass die Selbstoptimierung nicht dem Einzelnen, sondern dem ideologischen System dient, das die Normen der Optimierung, die Normalisierung, vorgibt. Solche alltägliche Selbstoptimierung mittels Selbstüberwachungspraktiken wie dem Tracking „erzeugt dabei eine Kontrollutopie".[116] Die technischen Gadgets sind, so Zuboff, als ‚trojanische Pferde' zu verstehen, in denen sich die neue Macht versteckt.[117] In den weiteren Bereich der *Selbsterforschung* zählen auch Formen und Praktiken des Human Digital Memory, die ebenfalls die Lust am *Spielen* aktivieren. Die Idee des digitalen, ausgelagerten Gedächtnisses befriedige, so Selke, eine Sehnsucht nach einem Lebensarchiv, das durch die digitale Sphäre sogar den eigenen Tod überdauern könnte. Dabei erzählen Individuen mithilfe von Daten ihre Lebensgeschichte.[118] Die Erstellung solch eines digitalen Lebensarchivs findet auf Plattformen der sozialen Netzwerke statt: Instagram, Facebook, YouTube oder Tik-Tok ermöglichen eine Ich-Erzählung bei bestem Lichte. So betrachtet ist die Erstellung und Pflege der eigenen Profilseite kreative Gedächtnisarbeit. Darin liegen zweifellos Potenziale: Das Erzählen als Kulturtechnik und als Technik der Identitätsfindung wird aktiv gefördert und im (halb-)öffentlichen Raum sozial anerkannt. Das eigene Ich tritt erzählend in Gestalt. Nun stehen den Einzelnen für ihre

---

113 Michel Foucault: Das Recht über den Tod und Macht zum Leben, S. 67.
114 Vgl. Byung-Chul Han: *Psychopolitik*, S. 42–45.
115 Byung-Chul Han: *Psychopolitik*, S. 55.
116 Martin Hennig/Hans Krah: Typologie, Kategorien, Entwicklungen von Überwachungsnarrativen, S. 41. Es kann „keine Unterscheidung mehr zwischen der ‚Autonomie des einen' und ‚Kontrolle des anderen' getroffen werden, sondern indem die Kontrollfantasie sich auf das eigene Selbst richtet, wird soziale Kollektivierung unterbunden und Freiheit an die Bedingung permanenter Selbstbeobachtung geknüpft, was auf eine Selbstentmächtigung hinausläuft" (ebd., S. 39).
117 Vgl. Shoshana Zuboff: Die neuen Massenausforschungswaffen. In: Frank Schirrmacher (Hg.): *Technologischer Totalitarismus. Eine Debatte*. Berlin 2015, S. 28–49, hier S. 46 f.
118 Vgl. Stefan Selke: Einleitung, S. 7.

Ich-Erzählungen neue Räume zur Verfügung. Die Erzählungen verlassen die privatfamiliäre Sphäre, wodurch die Selbsterzähler:innen potentiell das Gefühl der Bedeutsamkeit gewinnen können. Doch die Praxis zeigt auch: Den Nutzer:innen bieten die Netzwerke nicht nur die Möglichkeit, sich selbst darzustellen, sondern auch andere zu beäugen. Soziale Netzwerke dienen dem Abgleich mit Anderen. Hier kann jede:r jede:n beobachten. Wir *partizipieren* am *Spiel* der Überwachung, was zu neuen Rivalitäten führt. Die Deleuze'sche Kontrollgesellschaft produziert mit ihren freiheitlichen Formen die größte Rivalität unter den Dividuen. Das Narrativ der Selbstüberwacher:innen braucht das Modell der Kontrollgesellschaft als Voraussetzung: „Internalisiert werden Normen dabei nicht mehr nur wie in der Disziplinargesellschaft auf der *Grundlage* von Überwachung, sondern *Überwachung selbst* wird als Norm internalisiert."[119] Im Überwachungsspiel auf sozialen Netzwerken haben Einzelne keine panoptische Angst vor dem Einschluss, sondern vor dem Ausschluss.[120]

Spielen und *Partizipieren*: Der kulturelle Gebrauch von Social Media ist auch eine Sehnsucht nach Bedeutung. Wissenschaftler:innen unterschiedlicher Disziplinen sehen einen Zusammenhang zwischen der Lust an den sozialen Medien, der Bereitschaft, sich dafür ‚profilen' zu lassen und einem Gefühl der Einsamkeit: „Wir fühlen uns oft leer inmitten des ganzen Hypes",[121] schreibt Sherry Turkle. Ähnlich formuliert Harari:

> 2018 fühlt sich der gemeine Mensch zunehmend bedeutungslos [...]. Möglicherweise werden populistische Revolten im 21. Jahrhundert nicht gegen eine Wirtschaftselite aufbegehren, welche die Menschen ausbeutet, sondern gegen eine solche, welche die Menschen schlicht nicht mehr braucht. Kann gut sein, dass die Menschen diese Schlacht verlieren. Denn es ist viel schwerer, gegen Bedeutungslosigkeit zu kämpfen als gegen Ausbeutung.[122]

Turkle, Harari und Bauman/Lyon sehen den Erfolg des Facebook-Imperiums darin, dass Mark Zuckerberg neue Formen der Online-Gemeinschaft verspricht. Nutzer:innen sind auf diesen Netzwerken aktiv, weil sie, so die Wissenschaftler:innen,

---

119 Martin Hennig/Hans Krah: Typologie, Kategorien, Entwicklungen von Überwachungsnarrativen, S. 38. Die Protagonisten dieser Narrative identifizieren sich vollständig mit der Ideologie der Kontrollgesellschaft. (Vgl. ebd., S. 45)
120 Zygmund Baumann/David Lyon: *Daten, Drohnen, Disziplin*, S. 37. Bereits Whitaker beschreibt diese Ausschlussangst (vgl. Reg Whitaker: *Das Ende der Privatheit*, S. 176); und auch Zuboff hebt die Ausschlussangst als neuen Mechanismus hervor (vgl. Shoshana Zuboff: *Im Zeitalter des Überwachungskapitalismus*, S. 181).
121 Sherry Turkle: *Verloren unter 100 Freunden. Wie wir in der digitalen Welt seelisch verkümmern*. Übers. v. Joannis Stefanidis. München 2012, S. 43. „Verunsichert in unseren Beziehungen und voller Angst vor zu großer Nähe, tauchen wir heute in digitale Welten ein, um Beziehungen zu führen und gleichzeitig vor ihnen sicher zu sein; wir bahnen uns einen Weg durch eine Flut an Kurznachrichten; wir interagieren mit Robotern." (Ebd., S. 14)
122 Yuval Noah Harari: *21 Lektionen fürs 21. Jahrhundert*, S. 33 f.

offenbar einsamer waren als sie sein wollten; sich vernachlässigt, unbeachtet oder übersehen gefühlt haben. Zuckerberg bot einen Raum, in dem sie nicht mehr ungesehen bleiben mussten.[123] Online-Netzwerke seien jedoch nicht dasselbe wie Offline-Gemeinschaften: „Physische Gemeinschaften verfügen über eine Tiefe, die virtuelle Gemeinschaften niemals erreichen, zumindest nicht in naher Zukunft. [...] Menschen haben Körper. Im Verlauf des letzten Jahrhunderts hat die Technik uns von unseren Körpern entfernt."[124] *Menschen haben Körper* – das ist ein Schlüsselsatz, möglicherweise ist es sogar der Kernsatz in Yuval Hararis Schrift. Das Experiment, das eigene Ich in sozialen Netzwerken zu erzählen, wird problematisch, wenn nicht das Erzählen, sondern „[w]atching has become a way of life."[125] Erzählen kann retten und Sinn stiften, doch in der Sphäre der Social Media scheint die Rivalität um die beste Geschichte die positiven Effekte von Ich-Erzählungen zu übertünchen: Konkurrierendes statt authentisches Erzählen führt nicht zur Stabilität der Erzählung oder der Erzählenden.

3.5 Narrativ der ‚überwachten Kund:innen' als ‚Rohstofflieferant:innen': Werbung, Produkt oder Datenobjekt

Es traten die Motivationen der Nutzer:innen und die Potenziale wie die kreative Gedächtnisarbeit der sozialen Plattformen hervor, doch eine Kehrseite dieser kreativen Selbstschöpfung ist die Speicherung von intimen (Verhaltens-)Daten der Nutzer:innen durch die Firmen. Diese Daten lösen Begehrlichkeiten der Wirtschaft (Marketing- bzw. Produktpräferenzen), aber auch der Politik (Wahlpräferenzen und -manipulation) aus, die die Betreibenden bedienen könn(t)en.

Dieser letzte Kontext, der Daten- oder Überwachungskapitalismus, beleuchtet das Alltagsnarrativ der ‚überwachten Kund:innen'. Es ist das Schema, in dem Überwachung zum Zweck der (personalisierten) Werbung wahrgenommen wird. Es markiert Internetfirmen und andere Werbetreibende als Überwachende der Kund:innen von Dienstleistungen oder Produkten, die durch das gesammelte (personalisierte) Überwachungswissen zu neuem oder mehr Konsum geführt werden sollen. Anders als in einem panoptischen Modell führt das Wissen um die allseits mögliche, eigene Überwachtheit zu keiner Verhaltensänderung. Nutzer:innen nehmen die Überwachung hin, profitieren teils sogar von ihr. Das Narra-

---

123 Vgl. Zygmund Baumann/David Lyon: *Daten, Drohnen, Disziplin*, S. 38.
124 Yuval Noah Harari: *21 Lektionen fürs 21. Jahrhundert*, S. 150.
125 David Lyon: *The Culture of Surveillance*, S. 4.

tiv impliziert eine Überwachung top-down, die zur Steuerung des Verhaltens dient und Nutzende dennoch nicht als Ohnmächtige versteht, da sie die Überwachung erst ermöglichen. Die folgenden Ausführungen dienen weniger dazu, das Narrativ selbst aufzuzeigen als vielmehr dessen Komplexreduzierung. Dazu wird gezeigt, wie die Forscher:innen der Surveillance Studies sich über die letzten Jahre zu diesem Narrativ verhalten, sich an seiner Aussagekraft abarbeiten.

Das Aufkommen der sozialen Medien machte diese Kultur in ihrer Totalität sichtbar: „In other words, like it or not, everyone has more of a stake in surveillance than when it was thought of as the surveillance state or even the surveillance society. [...] Thus surveillance culture is characterized by user-generated surveillance."[126] Nicht nur die geschriebenen Informationen auf unseren Online-Seiten, sondern jedes Foto, jeder Like,[127] jedes Teilen von Inhalten verrät private Vorlieben oder Abneigungen. Das eigene Netzwerk – wer tauscht sich mit wem online aus, bewegt sich in welchem Radius – sagt viel über Nutzer:innen aus. Aus diesen Informationen lesen Profiler:innen nicht nur Freundschaften ab, sondern schließen aus ihnen auch auf sexuelle Orientierung, politische Einstellung oder auf ein Gefahrenrisiko, das von einer Person ausgeht. Aus Bewegungsdaten können (habituelle) Muster errechnet oder auf unseren Kontostand geschlossen werden. Kurz, diese Daten kategorisieren. Beobachtung in den sozialen Netzwerken hat eine doppelte Blickstruktur: Während Nutzer:innen sich gegenseitig beobachten und vergleichen, agieren in der Tiefe der Architekturen die Technologiekonzerne und schöpfen Aktivitätsdaten ab, kombinieren sie möglicherweise mit Meta- und Rohdaten zu Profilen. Während der Mensch sich als Einzelwesen bedeutend oder unbedeutend fühlt, weil er sich darstellt, vernetzt und mit maßgeschneiderten Informationen versorgt glaubt, wird im Hintergrund die Kartografierung der sozialen Welt betrieben.

Realisierbar machen solche Operationen Algorithmen und sogenannte Filterblasen. Die Algorithmen sind darauf trainiert, Nutzer:innen personalisierte Informationen – gleich ob Nachrichten oder Produkte – zuzuspielen, um sie durch die Nähe zu den eigenen Interessen möglichst lange auf der Plattformen zu halten. Sie befinden sich möglicherweise in einer Blase aus personalisierten Informationen. Wo es nicht mehr nur um Produktwerbung geht, sondern um Informationen schlechthin, kann das demokratiegefährdend wirken, wenn aus dem, was in der Welt geschieht, nur noch kleine, vorgefilterte Ausschnitte zugespielt werden.[128] Filterblasen haben Echokammer-Effekte. Nutzer:innen ‚ver-

---

126 David Lyon: *The Culture of Surveillance*, S. 7. Vgl. auch S. 9; S. 13; S. 16.
127 In diesem Sinne macht Han deutlich: „*Like* ist digitales Atmen. Während wir *Like* klicken, unterwerfen wir uns dem Herrschaftszusammenhang." (Byung-Chul Han: *Psychopolitik*, S. 23)
128 Vgl. Yvonne Hofstetter: *Das Ende der Demokratie. Wie die künstliche Intelligenz die Politik übernimmt und uns entmündigt*. 2. Aufl. München 2016, S. 396.

netzen' sich eher mit denjenigen, die ähnliche Interessen und Einstellungen haben und kommen so potentiell weniger mit Andersdenkenden zusammen. Wenn aber diejenigen, die uns ähnlich sind, mit ähnlichen Informationen versorgt werden, kann es durch metaphorische Echos leichter zur Verfestigung von Meinungen und (Vor-)Urteilen kommen. Auch solche Effekte, die auf algorithmischer Berechnung unseres Verhaltens beruhen, sind Geburten der digitalen Massenüberwachung.

Im Dispositiv der kapitalistischen Überwachung wurde lange Zeit diskutiert, ob Nutzer:innen die Kunden oder die Produkte der Internetgiganten sind. Es ging um Werbung, Marketing und das Wecken von Kaufwünschen.[129] Whitakers ‚Verbraucherpanopticon' betont: „Konsumenten [werden] *durch den Konsum als solchen* diszipliniert und dazu gebracht, sich an Regeln zu halten".[130] In den Jahren, in denen Whitaker schreibt, werden Nutzer:innen von sozialen Netzwerke oder Onlinestores als Kund:innen der Internetunternehmen angesehen: Man betonte, Präferenzen werden vorrangig überwacht, damit mehr konsumiert wird. Die ‚überwachten Kund:innen' sind bis heute ein Alltagsnarrativ mit großer Reichweite; es ist das Wahrnehmungsschema, das die alltäglichen Situationen der kapitalistischen Überwachung bestimmt. Ferner müssen Mitglieder der Konsumentengesellschaft sich selbst als Konsumgüter konzipieren, um Zugang zur Belohnung zu erhalten.[131] Die Foucault'sche ‚Sorge um sich' bedeutet hier, Sorge dafür zu tragen, sich selbst zu einem wertvollen Produkt zu machen. Auch das ist eine ‚Technologie des Selbst'. Innerhalb der Konsumentenüberwachung „verlagert sich alles von der Bedürfnisbefriedigung zur Bedürfnis*erzeugung*".[132] In der Folge werden in der Theorie Konsument:innen nicht mehr so stark als Kund:innen, sondern vorrangig als Produkte begriffen: Das Geschäftsmodell der Internetgiganten „besteht gar nicht darin, Anzeigen zu verkaufen. Vielmehr gelingt es ihnen, indem sie unsere Aufmerksamkeit kapern, Unmengen an Daten über uns anzuhäufen, die weitaus mehr wert sind als die Einkünfte aus Werbung. Wir sind nicht ihre Kunden – wir sind ihr Produkt."[133] Diese Erweiterung oder Verschiebung des Schemas wird zwar wissenschaftlich

---

[129] Vgl. David Lyon: *Surveillance Studies*, S. 13.
[130] Reg Whitaker: *Das Ende der Privatheit*, S. 175–183, hier S. 181. Whitaker weist früh auf die Operationen im Inneren hin. Er beobachtet bereits, dass die Instrumente des Marketings Massenüberwachung das Verhalten der Kund:innen personengenau überwachen und sie dann in verschieden Räume aufspalten (ebd., S. 183).
[131] Zygmund Bauman/David Lyon: *Daten, Drohnen, Disziplin*, S. 49. Vgl. Oscar H. Gandy: *The Panoptic Sort: A Political Economy of Personal Information*. Boulder, Colorado 1993.
[132] Vgl. Zygmund Bauman/David Lyon: *Daten, Drohnen, Disziplin*, S. 154.
[133] Yuval Noah Harari: *21 Lektionen für das 21. Jahrhundert*, S. 137.

mehrheitlich vertreten, sie hat aber wenig Resonanz in der Alltagswelt[134] erfahren. 1993 äußert Friedrich Kittler den Verdacht, es „scheint mithin eine Evolution hinter unserem Rücken stattzufinden".[135] Kittler gibt zu bedenken:

> Gerade wenn die Mensch-Maschinen-Schnittstellen den Trend fortsetzen, ihre Benutzerfreundlichkeit [...] immer mehr zu erhöhen, wenn sie also anstelle alphabetischer Kommandozeilen auch Handschriften, alltagssprachliche Stimmen oder Bewegungsbilder als Eingabeformat gestatten, verschwindet die durchgängige Programmierbarkeit der Maschine hinter einem zwar nur virtuellen, aber sehr kühl geplanten Schleier aus Demokratie. [...] Schon deshalb sollten die Auswirkungen der Computerisierung auf die sogenannte Gesellschaft nicht immer nur im Dienstleistungsbereich der Textverarbeitung und Büroautomatisierung, sondern auf strategischen Feldern untersucht werden.[136]

Die beiden Wissenschaftlerinnen Shoshanna Zuboff und Yvonne Hofstetter unternehmen unabhängig voneinander eine Untersuchung dessen, was ‚hinter unserem Rücken' geschieht. 2014 schreibt Hofstetter: „Wenn wir wissen wollen, wohin die Reise geht, sollten wir unsere Augen besonders auf die Finanzindustrie richten."[137] Auch die emeritierte Professorin der Harvard Business School Shoshana Zuboff blickt in *The Age of surveillance capitalism* in Richtung Ökonomie: Beide Autorinnen breiten die Funktionsweisen und Logiken der ‚Big Five' und ihre Bedeutung für die Gesellschaft aus. Zuboff formuliert das Modell: Die Marktform nennt sie Überwachungskapitalismus.[138]

> **Überwachungskapitalismus**, der
> 1. Neue Marktform, die menschliche Erfahrung als kostenlosen Rohstoff für ihre versteckten kommerziellen Operationen der Extraktion, Vorhersage und des Verkaufs reklamiert; 2. eine parasitäre ökonomische Logik, bei der die Produktion von Gütern und Dienstleistungen einer neuen globalen Architektur zur Verhaltensmodifikation untergeordnet ist; 3. eine aus der Art geschlagene Form des Kapitalismus, die sich durch eine Konzentration von Reichtum, Wissen und Macht auszeichnet, die in der Menschheitsgeschichte

---

134 Alltagswelt verstehe ich mit Berger und als die ‚Welt des Jedermanns'. Vgl. die Einleitung dieser Arbeit.
135 Friedrich Kittler: Die Evolution hinter unserem Rücken. In: Gert Kaiser et al. (Hg.): *Kultur und Technik im 21. Jahrhundert*. Frankfurt/M./New York 1993, S. 221–223, hier S. 221.
136 Friedrich Kittler: Die Evolution hinter unserem Rücken, S. 222 f.
137 Yvonne Hofstetter: *Sie wissen alles. Wie Big Data in unser Leben eindringt und warum wir um unsere Freiheit kämpfen müssen*. München 2016, S. 13.
138 Hofstetter spricht von einem ‚Informationskapitalismus': „Als *Informationskapitalismus* etabliert Big Data die Diktatur von Informationseliten, weil sie über unsere Taten und über Schlüsseltechnologie zu deren Analyse verfügen." (Yvonne Hofstetter: *Sie wissen alles*, S. 10) Auch sie erkennt den ‚Rohstoff' dieser Marktform in „Rohdaten von Käufern, Kaufverhalten und Produkten" (ebd., S. 88). Das Perfide am Informationskapitalismus sei, „dass er den Datensubjekten gegenwärtig nicht einmal gestattet, die ‚Ware persönlicher Daten' angemessen zu verkaufen" (ebd., S. 269 f.).

3.5 Narrativ der ‚überwachten Kund:innen' als ‚Rohstofflieferant:innen' — 111

beispiellos ist; **4.** Fundament und Rahmen einer Überwachungsökonomie; **5.** so bedeutend für die menschliche Natur im 21. Jh. wie der Industrialisierungskapitalismus des 19. und 20. Jhs. für die Natur an sich; **6.** der Ursprung einer neuen instrumentären Macht, die Anspruch auf die Herrschaft über die Gesellschaft erhebt und die Marktdemokratie vor bestürzende Herausforderungen stellt; **7.** zielt auf eine neue kollektive Ordnung auf der Basis totaler Gewissheit ab; **8.** eine Enteignung kritischer Menschenrechte, die am besten als Putsch von oben zu verstehen ist – als Sturz der Volkssouveränität.[139]

Der Überwachungskapitalismus wird zum zentralen Begriff in den Textanalysen dieser Arbeit. Zuboffs Analysen beruhen auf der Beobachtung, dass der Mensch den Konzernen gleichgültig ist. Als Objekt sei lediglich das vorhersehbare Verhalten interessant; der ‚menschliche Rest' sei unbedeutend. Sie widerspricht der Vorstellung von Nutzer:innen als Kund:innen oder Produkten. Beides stimme nicht: „Wir sind vielmehr die Objekte, aus denen Google unrechtlich den Rohstoff für seine Vorhersagefabriken bezieht [...]: Vorhersagen über unser Verhalten [...]."[140] Verhaltensvorhersagen seien die Produkte. Erschaffen und perfektioniert habe diese neue Marktform Google,[141] von dort ufere sie in alle Sphären der Gesellschaft und jedes Individuum aus. Der erste Imperativ dieser Marktform ist nach Zuboff der *Extraktionsimperativ*, der „besagt, dass der Nachschub an Rohstoff stetig zu steigen hat".[142] Und dieser ‚Rohstoff', der den Überwachungskapitalismus erst ermöglicht, ist menschliche Erfahrung, die von Maschinenintelligenzen[143] in Verhaltensdaten umgewandelt wird.[144] Besonders wertvoll, da individuell, sind Verhaltensüberschussdaten zur Stimme, Persönlichkeit oder Emotion. Die Komplexität solcher Maschinenintelligenzen sei beängstigend, denn sie prognostizieren Vorhersageprodukte darüber, „was wir jetzt, bald und irgendwann fühlen, denken und tun".[145] Diese Vorhersagen seien die eigentlichen Produkte der Unternehmen.[146] Die Macht, die im Überwa-

---

139 Shoshana Zuboff: *Im Zeitalter des Überwachungskapitalismus*, S. 8.
140 Shoshana Zuboff: *Im Zeitalter des Überwachungskapitalismus*, S. 117; vgl. S. 25.
141 Vgl. Shoshana Zuboff: *Im Zeitalter des Überwachungskapitalismus*, S. 85.
142 Shoshana Zuboff: *Im Zeitalter des Überwachungskapitalismus*, S. 110.
143 Ich verwende den Begriff wie ihn Yvonne Hofstetter definiert. Maschinenintelligenzen sind „*intelligente Maschinen*, die selbstständig in der Lage sind, aus riesigen, global verfügbaren Datenmengen eine detaillierte Lageanalyse zu erstellen, die in Echtzeit beschreibt, was wir tun, denken oder wünschen. [...] Intelligente Maschinen sind nicht mehr auf die Eingabe einer Handlungsanweisung durch den Menschen angewiesen, sondern agieren zunehmend selbstständig. Als *Optimierer* lernen sie, optimale Entscheidungen unter Unsicherheit zu treffen. [...] Als *emergentes System* vernetzten sich unabhängige Programme zu einer maschinellen Parallelwelt, die kein Programmierer je programmiert oder getestet hat und deren Dynamik wir weder kennen noch ohne Weiteres analysieren können." (Yvonne Hofstetter: *Sie wissen alles*, S. 11–13)
144 Vgl. Shoshana Zuboff: *Im Zeitalter des Überwachungskapitalismus*, S. 22.
145 Shoshana Zubofff: *Im Zeitalter des Überwachungskapitalismus*, S. 119.
146 Vgl. Shoshana Zuboff: *Im Zeitalter des Überwachungskapitalismus*, S. 22f.

chungskapitalismus herrscht, nennt Zuboff ‚Instrumentalismus'. Der Aufstieg dieser instrumentären Macht gehe einher mit einer „rechengestützten Infrastruktur, die ich als *Big Other (das Große Andere)* bezeichne [...]. Der Totalitarismus war die Transformation des Staats zu einem Projekt totaler Vereinnahmung. Der Instrumentarismus und seine Verkörperung in Big Other bedeutet die Verwandlung des Markts in ein Projekt totaler Gewissheit".[147] ‚Big Other' ist eine bewusste Differenz zum ‚Big Brother' des 20. Jahrhunderts und schlägt die Brücke zu ‚Big Data'. Dabei sei der Überwachungskapitalismus keine konkrete Technologie: „[E]r ist vielmehr die Logik, die die Technologie und ihr Handeln beseelt".[148] Es gehe um die *Logik der grenzenlosen (Daten-) Akkumulation*.[149] Indem der Überwachungskapitalismus totales Wissen und uneingeschränkte Freiheit in seinen Operationen beanspruche, vereinnahme er alle Entscheidungsrechte des Einzelnen für sich.[150] Harari stellt die offene Frage: „Wenn also Menschen weder als Produzenten noch als Konsumenten benötigt werden, was wird dann ihr physisches Überleben und ihr psychisches Wohlergehen garantieren?"[151]

Im Folgenden werden ‚Überwachungskapitalismus', ‚instrumentäre Macht' und ‚Logik der Akkumulation' als Begriffe nach Zuboff verwendet, obgleich Hofstetter Ähnliches beschreibt. Bei den möglichen Gefahren eines Überwachungskapitalismus wird im Folgenden auf beide Autorinnen Bezug genommen. Denn zum Alltagsnarrativ der privatwirtschaftlichen Überwachung von Konsument:innen gehört in der Regel die Darstellung möglicher Risiken. Dabei kann an die Verletzungen der individuellen Privatsphäre,[152] oder an gesamtgesellschaftliche Gefahren gedacht werden.

Für das Individuum bedeutet die Überwachung, die Kombination und Auswertung der Datenspuren zu Profilen, dass das eigene Leben in Verhaltensdaten umgewandelt wird. Man denke an die surveillance assemblage von Ericson/Haggerty. In einer Assemblage werden Daten nicht nur vom Körper abstrahiert, sondern auch von allen mit ihm in Verbindung stehenden Handlungen, Objekten, Orten, Bewegungen. Sie werden übersetzt in eine Reihe von Strömen: „These flows are then reassembled into distinct ‚data doubles' which can be scrutinized and targeted for intervention. In the process, we are witnessing a rhizomatic levelling of the hierarchy of surveillance, such that groups which were previously exempt from routine

---

147 Shoshana Zuboff: *Im Zeitalter des Überwachungskapitalismus*, S. 36.
148 Shoshana Zuboff: *Im Zeitalter des Überwachungskapitalismus*, S. 30.
149 Vgl. Shoshana Zuboff: *Im Zeitalter des Überwachungskapitalismus*, S. 89.
150 Vgl. Shoshana Zuboff: *Im Zeitalter des Überwachungskapitalismus*, S. 113.
151 Yuval Noah Harari: *21 Lektionen für das 21. Jahrhundert*, S. 76.
152 Das Verlustnarrativ – Privatheit als Verlust durch Überwachung – wird im Anschluss ausführlicher betrachtet, da es für die Analyse der literarischen Werke essenziell ist, Privatheit und ihre theoretische Konturierung stärker auszuleuchten.

surveillance are now increasingly being monitored."[153] Datenspuren werden heute nicht mehr nur bewusst bei der Verwendung eines Computers hinterlassen, sondern in nahezu allen Handlungen und Handlungsräumen. Die Überwachung durch die Unternehmen bedeutet neben einem Eingriff in private Sphären auch eine Machtabgabe. Überwachung zielt auf Steuerung. Dazu generiert sie „*Herrschaftswissen*, das es möglich macht, in die Psyche einzugreifen und sie [und in der Folge die Handlungen der Individuen, SH] auf einer präreflexiven Ebene zu beeinflussen."[154] Han hebt die Präreflexivität hervor: Die Fremdkontrolle erlebe jede:r zwar, erkenne sie aber nicht. Diese Art der Unterwerfung führe zur Verinnerlichung jener Logik des neoliberalen Überwachungskapitalismus. Es gehe um Existenzielles: „Big Data kündigt das Ende der Person und des freien Willens an."[155] Diskutiert wird der Verlust von Autonomie und das Recht, sich frei und *immer wieder neu* und *anders als bisher* zu entscheiden. Wenn Maschinenintelligenzen über genügend Daten verfügen, sei es möglich, Wünsche, Entscheidungen und Meinungen zu decodieren.[156]

Ich habe nun in meiner Darstellung unterschiedliche Kritiker:innen im Wortlaut zitiert. Das geschah mit der Absicht, kollektive Erzählinhalte und narrative Muster aufzuzeigen. Denn einige Elemente werden überall genannt. Eines davon ist die Betonung, dass Kund:innen aufgrund ihrer vergangenen Handlungen entschlüsselt und damit ihre zukünftigen Handlungen determiniert werden. Damit einhergehend bedeute Überwachung auch, anhand hinterlassener Spuren sozialen Klassen zugeteilt zu werden. Dabei wissen Einzelne weder, ob sie bestimmten Klassen zugeordnet wurden, noch in welchen Klassen bzw. Kategorien sich ihre ‚Daten-Double' befinden, nach welchen Kriterien der Algorithmus ihre Daten-Double zuteilte und welche Konsequenzen sie als Personen aus dieser Klassifizierung zu erwarten haben.[157] Einsicht, Kontrolle oder Partizipation an den Daten und -verarbeitungen werden dem:r Einzelnen entzogen.[158] Jede Klassifizierung anhand unserer Datenspuren bedeutet entweder Einschluss und Teilhabe oder Ausschluss. Und was, fragt Hofstetter, wenn uns die Maschine falsch einordnet?[159] Das ‚Daten-Double' wird in diesem Narrativ zu einem unkontrollierbaren Doppelgänger-Motiv.

Diese Gefahren betreffen nicht nur die individuelle Fremdsteuerung, sondern auch Fragen der Gerechtigkeit, der Teilhabe, der Rechtsstaatlichkeit und der Demo-

---

153 Kevin D. Haggerty/Richard V Ericson: *The Surveillance Assemblage*, S. 606.
154 Byung-Chul Han: *Psychopolitik*, S. 67.
155 Byung-Chul Han: *Psychopolitik*, S. 23.
156 Vgl. Yuval Noah Harari: *21 Lektionen für das 21. Jahrhundert*, S. 100.
157 Vgl. David Lyon: *Surveillance as Social Sorting. Privacy, Risk and Digital Discrimination*. London 2003.
158 Vgl. Dietmar Kammerer/Thomas Waitz: Überwachung und Kontrolle. Einleitung, S. 11.
159 Vgl. Yvonne Hofstetter: *Sie wissen alles*, S. 89.

kratie. Der Überwachungskapitalismus habe das Potenzial, die Gesellschaft umzuwälzen – und das könnte sich für das Selbstbild Europas destruktiv auswirken.

> SCHÖPFEND aus dem kulturellen, religiösen und humanistischen Erbe Europas, aus dem sich die unverletzlichen und unveräußerlichen Rechte des Menschen sowie Freiheit, Demokratie, Gleichheit und Rechtsstaatlichkeit als universelle Werte entwickelt haben, [...] ENTSCHLOSSEN, die Freizügigkeit unter gleichzeitiger Gewährleistung der Sicherheit ihrer Bürger durch den Aufbau eines Raums der Freiheit, der Sicherheit und des Rechts nach Maßgabe der Bestimmungen dieses Vertrags und des Vertrags über die Arbeitsweise der Europäischen Union zu fördern.[160]

Die EU als ‚geistiges Kind' der liberalen Werte Europas verpflichtet sich zu einer demokratischen Arbeitsweise. Demokratie fußt auf der Idee der Volkssouveränität, der Teilhabe, der freien Wahlen, der Meinungs- und Pressefreiheit sowie der Wahrung der Grund- und Bürgerrechte. In der Verfassung heißt es weiter: „In ihren Beziehungen zur übrigen Welt schützt und fördert die Union ihre Werte und Interessen und trägt zum Schutz ihrer Bürgerinnen und Bürger bei" (Art. 2 (5) EUV).

Die Demokratie wird von Forscher:innen als Opfer des Überwachungskapitalismus gesehen. Intelligente Maschinen, schreibt Hofstetter beispielsweise, werden unser Werte- und Rechtssystem, aber auch unsere Staatsformen verändern. Denn die „ihnen zugrundeliegenden mathematischen Modelle [...] verkürzen uns Menschen aus ihrer Sicht auf ein Objekt, das optimiert werden kann. Damit geht unser Subjektcharakter verloren, der eine Errungenschaft unserer europäischen Geschichte ist".[161] Auch Zuboffs Analyse einer instrumentären Macht zeigt in letzter Konsequenz, dass die Volkssouveränität ausgehebelt wird. Wenn Unternehmen die Macht besitzen, Vorsageprodukte zu generieren und zu verkaufen, die politische Wahlen beeinflussen und manipulieren, dann geht die Macht nicht mehr vom Volk aus.[162] Trotz alledem sei erinnert: Jede:r lebt Überwachung und digitale Selbstvermessung, die derselben überwachungskapitalistischen Logik folgt. „[S]obald wir künstlicher Intelligenz bei den Fragen folgen, was wir studieren, wo wir arbeiten und wen wir heiraten, wird das menschliche Leben kein Drama der Entscheidungsfindung mehr sein. Demokratische Wahlen und freie

---

[160] Aus der Präambel der konsolidierten Fassung des Vertrags über die europäische Union: Amtsblatt der Europäischen Union C 83/15. (EUV)
[161] Yvonne Hofstetter: *Sie wissen alles*, S. 15; vgl. auch S. 217.
[162] „Wenn daher Googles Topmanager Eric Schmidt 2014 feststellt: ‚Was wir tun, ist gut für die Menschheit, Punkt' ist nichts weniger demokratisch als dieser absolutistische *Top Down Approach*, der Ansatz ‚von oben herab', das genaue Gegenteil der Willensbildung durch den Souverän." (Hofstetter zitiert nach: Christian Stöcker: Google-Manager bei Tech-Konferenz SXSW: Die Welt des Eric Schmidt. In: *Spiegel Online*, 08.03.2014. URL: https://www.spiegel.de/netzwelt/netzpolitik/eric-schmidt-und-jared-cohen-bei-sxsw-2014–in-austin-a-957656.html [01.02.2020]).

Märkte werden keinen Sinn mehr haben."[163] Doch ist die antidemokratische Perspektive strukturell in die technische Überwachungsarchitektur der Plattformen von Google, Instagram und der von Tracker-Technologien eingeschrieben. Lanier fordert daher den Besitz von Daten: „Wenn wir verhindern wollen, dass eine kleine Elite solch gottgleiche Macht monopolisiert, und wenn wir verhindern wollen, dass sich die Menschheit in biologische Kasten aufspaltet, dann lautet die Schlüsselfrage: *Wem gehören die Daten?*"[164] In einer Welt der digitalen Würde, schreibt er, „wäre jeder einzelne Mensch der kommerzielle Eigentümer aller seiner Daten".[165] Und wenn dem so wäre, so kann man den Gedanken weiterführen, gehörten Biometriedaten zu meinem Körper und dann wäre das Grundrecht auf Unversehrtheit, das in der Charta der Grundrechte der Europäischen Union verankert ist, eindeutig: Es beinhaltet nämlich „das Verbot, den menschlichen Körper und Teile davon als solche zur Erzielung von Gewinnen zu nutzen".[166]

3.6 Verlustnarrativ: ‚Überwachung opfert Privatheit'

‚Überwachung gefährdet Privatsphäre' – so lautet das allgemeine Deutungsangebot in Bezug auf die Massenüberwachung. Das ist das dominante Verlustnarrativ des Überwachungsdiskurses. Im Privatheitsdiskurs stehen Aussagen wie „privacy is over" von Mark Zuckerberg, der andeutet, dass Privatheit kein gelebter Wert mehr sei, solchen gegenüber, die digitale Massenüberwachung als Bedrohung für die Privatheit rahmen.[167] Die gelebten ‚Kulturen der Überwachung' stellt die Gesellschaft in Spannungsverhältnisse zwischen Sicherheit und Freiheit, konsumiertem Entertainment, Kaufempfehlung und Kaufdiktat, zwischen fürsorglicher Gesundheitsvorsorge und kontrollierender Gesundheitsoptimierung, zwischen Selbst- und Fremdsteuerung, zwischen kapitalistischer Heteronomie und subjektiver Autonomie – dies alles stellt letztlich die Frage nach der Möglichkeit, Privatheit auszuleben. Ich werde nun neben der Rekonstruktion des Verlustnarrativs und des Kontexts auch Begriffsbestimmungen und theoretische Konzepte um Privatheit einführen.

---

163 Yuval Noah Harari: *21 Lektionen für das 21. Jahrhundert*, S. 104 f.
164 Yuval Noah Harari: *21 Lektionen für das 21. Jahrhundert*, S. 139 f. [Hervor., SH].
165 Jaron Lanier: *Wem gehört die Zukunft? Du bist nicht der Kunde der Internetkonzerne, du bist ihr Produkt*. Hamburg 2014, S. 46.
166 Art. 3 (c) der Charta der Grundrechte der Europäischen Union. Amtsblatt C 326/39.
167 Das spiegeln programmatische Buchtitel wie: Reg Withaker: *Das Ende der Privatheit*; Peter Schaar: *Das Ende der Privatsphäre*; Christian Scherz/Dominik Höch: *Privat war gestern* und andere.

Die bisherigen fünf Narrative verdeutlichten, dass eine Überwachung des Menschen in der Regel auf das Private zielt: Körper-, Verhaltens-, Präferenz- und Beziehungsdaten sind private Informationen, die sichtbar gemacht werden. Zudem findet durch die Digitalisierung alles Private potentiell auch in der Öffentlichkeit statt, wodurch es potentiell für den Konsum verfügbar wird.[168] Besonders gilt das, seit wir unsere Leben ins Digitale übersiedelten und das Digitale in Form von smarter Technologie in unsere Wohnzimmer einzog.

Wenn man diese Behauptung vertritt, muss man definieren, was mit ‚privat' gemeint ist, und ausführen, welchen Stellenwert Privatheit annimmt. Ich folge in weiten Teilen Beate Rösslers normativem Konzept von Privatheit.[169] Mit ihrer Terminologie lässt sich in den Überwachungserzählungen präzise beschreiben, inwiefern die Texte den Verlust des Privaten diskutieren und welche Folgen sie für Einzelne sowie für die Gesellschaft imaginieren.

Privatheit wird gemessen an der „great dichotomy"[170] des politischen Denkens – an der Dichotomie zwischen Öffentlichkeit und Privatheit – und ist somit kulturspezifisch und historisch bedingt.[171] Sie wird dynamisch, unter ständigem Wandel, ausgehandelt. „Privat ist [...] ein komplexes Prädikat, das wir Handlungen, Situationen, (mentalen) Zuständen, Orten und Gegenständen zuschreiben",[172] stellt Rössler heraus. Auf der Suche nach Bedeutungsdimensionen des Privaten wird diese Komplexität erst sichtbar. Grundsätzlich handelt es sich um eine abstrakte Kategorie, die das Ergebnis von Zuordnung ist – und damit um „eine sinnstiftende Differenzierung

---

168 Vgl. Zygmund Bauman/David Lyon: *Daten, Drohnen, Disziplin*, S. 36.
169 Beate Rössler: *Der Wert des Privaten*. Frankfurt/M. 2001.
170 Norberto Bobbio: The Great Dichotomy. Public/Private. In: Ders.: *Democracy and Dictatorship. The Nature and Limits of State Power*. Übers. v. Peter Kennealy. Minneapolis 1989, S. 1–21.
171 Zurückverfolgen lässt sich die Dichotomie bis in die antike Unterscheidung von *polis* und *oikos*. Während erstere die Sphäre der freien, gleichen Bürger ist, stellt der *oikos* die Sphäre des privaten Haushaltes dar. Das Private galt als Zustand der Beraubung (vgl. Hannah Arendt: *Vita activa oder Vom tätigen Leben*. 8. Aufl. München 1994, S. 39). Die Aufklärung stellt „den einzelnen Menschen in den Mittelpunkt der Welt [...]. Der Mensch war [...] [nun] Subjekt" (Kai von Lewinski: Zur Geschichte von Privatsphäre und Datenschutz – eine rechtshistorische Perspektive. In: Jan-Hinrik Schmidt/Thilo Weichert (Hg.): *Datenschutz. Grundlagen, Entwicklung und Kontroversen*. Bonn 2012, S. 23–33, hier S. 25). Auf Basis dieser Wende können Persönlichkeitsrecht und Privatsphäre entstehen und an Wert gewinnen. Es sind die Liberalisten Locke, Mill und Rawls, die Privatheit an Rückzugsmöglichkeiten und an Freiheit für das Individuum knüpfen. John Stuart Mill fordert in *Über die Freiheit* individuelle Freiheiten zur Selbstentfaltung, solange diese im Sinne des *principle harm* niemand anderem oder der Gesellschaft schaden (vgl. John Stuart Mill: *Über die Freiheit*. Übers. v. Bruno Lemke. Hg. v. Bernd Gräfrath. Stuttgart 1974). Auf diesen liberalen Ideen fußt noch heute der Schutz des Privaten.
172 Beate Rössler: *Der Wert des Privaten*, S. 17.

(durchaus auch im Sinne Luhmanns), das heißt eine Markierung, die Wertvorstellungen offenbart".[173]

Privatheit wird *ex negativo* bestimmt, „als das Nicht-Öffentliche".[174] In der Definitionsbestimmung zeichnen sich drei Auffassungen ab: relativistische bzw. reduktionistische Auffassungen, Definitionen über den Zugang[175] und Definitionen über die Kontrolle. Im Gegensatz zu relativistischen bzw. reduktionistischen Auffassungen wie der von Raymond Geuss, der annimmt, dass ‚privat' nicht zu erfassen ist, da wir „keinen klaren Begriff [haben], ja, nicht einmal einen provisorischen, nicht-theoretischen Begriff von den zwei Kategorien des Öffentlichen und Privaten",[176] soll Theoretiker:innen gefolgt werden, die eine Definition über den Begriff der Kontrolle vorschlagen wie Beate Rössler oder Julie Inness. Rössler geht von westlichen liberalen Demokratien aus und gibt für diesen Kontext eine prägnante Definition von Privatheit: „[A]ls privat gilt etwas dann, wenn man selbst den Zugang zu diesem ‚etwas' kontrollieren kann."[177] Dieses *Etwas* fasst sie sowohl konkret-physisch als auch metaphorisch auf und legt das Gewicht auf die Idee der Kontrolle über einen unerwünschten Zutritt. Damit unterläuft Rössler die Dichotomie zwischen dem einzelnen Individuum auf der einen und der Masse der Öffentlichkeit auf der anderen Seite sowie die topografische Trennung zwischen Innen und Außen. Mittels Rösslers Definition ist es möglich, Privatheit als diejenigen Bereiche oder Dimensionen zu begreifen, über die das Subjekt den Zugang selbst kontrollieren kann: den Zugang zum symbolischen oder realen Raum. Die Schwierigkeit dieser Definition liegt laut Julie Inness aber in der mangelnden Klarheit der Bedeutung von Kontrolle. Inness fordert, Kontrolle prozessual zu verstehen: Eine Situation wird erst dann kontrolliert, wenn das handelnde Subjekt diese Situation oder Handlung zu allen Zeiten und nach allen Zielen hin lenken kann. Das heißt, dass Kontrollieren der Initiation reicht nicht aus. „[It also consists, SH] the ability to regulate the situation as it develops (which includes the ability to either continue or halt it) and a reasonable expectation of continued control. Furthermore, an agent must be able to exercise this regulative ability with respect to her desired end [...]."[178] Dies ist die Herausforderung: Wenn

---

[173] Dennis Gräf/Stefan Halft/Verena Schmöller: Privatheit. Zur Einführung. In: Dies. (Hg.): *Privatheit. Formen und Funktionen.* Passau 2011, S. 9–28, hier S. 10.
[174] Sandra Seubert: Privatheit und Öffentlichkeit heute. Ein Problemriss. In: Dies./Peter Niesen (Hg.): *Die Grenzen des Privaten.* Baden-Baden 2010, S. 9–23, hier S. 9. Eine Betrachtung des Privaten impliziert also auch eine des Öffentlichen. Die Aufmerksamkeit muss auf die Grenzen und Grenzüberschreitungen gelenkt werden.
[175] Einer Zugangsdefinition nach ist das Private etwas für Dritte Unzugängliches.
[176] Raymond Geuss: *Privatheit. Eine Genealogie.* Übers. v. Karin Wördemann. Frankfurt/M. 2013, S. 128.
[177] Beate Rössler: *Der Wert des Privaten,* S. 23.
[178] Julie Inness: *Privacy, intimacy and isolation.* New York/Oxford 1992, S. 48 f.

das Subjekt zwar den Zeitpunkt der Datenfreigabe kontrollieren, aber nicht mehr überschauen kann, wie diese weiterverarbeitet, -gegeben und -kombiniert werden.

Privatheit ist ein im dreifachen Sinne räumliches Phänomen: Es kann ebenso topografische Räume meinen wie abstrakte, semantische, metaphorische Räume. Darüber hinaus ist es soziokulturelle Wahrnehmungsstruktur im Bourdieu'schen Sinne.[179] Weil eine topografische Trennung in Innen und Außen hinfällig geworden ist, spricht Martina Ritter von einer Dynamisierung von Privatheit und Öffentlichkeit und betont die Teilnehmer:innenperspektive,[180] unter der Privatheit und Öffentlichkeit gehandelt werden. Rössler unterscheidet zwischen drei Dimensionen der Privatheit: die dezisionale Privatheit, die informationelle Privatheit und die lokale Privatheit. Damit überwindet sie jene Unterscheidung in Innen und Außen, da alle drei Dimensionen sowohl im Innenraum als auch in der Öffentlichkeit gelebt und/oder geschützt werden (sollten). Am deutlichsten wird dies bei der *dezisionalen Privatheit*, von der Rössler immer dann spricht, „wenn wir den Anspruch haben, vor unerwünschtem Zutritt im Sinne von unerwünschtem Hineinreden, von Fremdbestimmung bei Entscheidungen und Handlungen geschützt zu sein".[181] Sie impliziert Handlungs- und Verhaltensweisen, Lebensstilfragen sowie Lebensprojekte und -ziele des Subjekts, die vor Einsprüchen und Eingriffen durch Dritte (unbekannte wie bekannte) geschützt sein sollen. Rössler fordert, dass das Individuum selbst die Kontrolle darüber behalten soll, wer wieviel Zugang – das heißt Einflussnahme – zu persönlichen Lebensentscheidungen nehmen darf. In Anlehnung an Georg Simmel fordert Rössler zurückhaltende Reserve vor der dezisionalen Privatheit Anderer.

Die *lokale Privatheit* umfasst nicht-metaphorische Räume.[182] Schützenswert sei der private Raum, weil er einerseits dazu diene, existentielle Erfahrungen zu machen sowie familiäre Beziehungen zu leben, und andererseits – dabei schließt Rössler Virginia Woolfs *room of ones one* an – dazu, eine Rückzugsmöglichkeit vor den Blicken und Einsprüchen der Anderen zu finden, um sich authentisch und autonom die Frage zu stellen, wer man sein möchte.[183] Ritter kommentiert, dass damit die lokale Privatheit anders gewichtet ist; sie ist quasi Bedingung zur Entfaltung der anderen beiden Dimensionen.[184] Lokalität ist in diesem Sinne Voraussetzung

---

179 Vgl. Dennis Gräf/Stefan Halft/Verena Schmöller: Privatheit. Zur Einführung, S. 13.
180 Vgl. Martina Ritter: *Die Dynamik von Privatheit und Öffentlichkeit in modernen Gesellschaften* Wiesbaden 2008, S. 106 f.
181 Beate Rössler: *Der Wert des Privaten*, S. 25.
182 Vgl. Beate Rössler: *Der Wert des Privaten*, S. 25.
183 Vgl. Beate Rössler: *Der Wert des Privaten*, S. 258–304.
184 Vgl. Martina Ritter: *Die Dynamik von Privatheit und Öffentlichkeit in modernen Gesellschaften*, S. 50.

zur Selbst(er)findung. Neben diesen topografischen Räumen schließt Rössler in diese Dimension auch den Körper ein. Orte wie Körper sind materielle Räume der Privatheit; „[d]as Konzept der lokalen Dimension des Privaten akzentuiert physisch-materielle Grenzen zwischen privaten und öffentlichen Räumen".[185] Sie unterscheiden sich allerdings durch ihre (Un-)Beweglichkeit sowie durch die zufügbaren Privatheitsverletzungen.

Die dritte Dimension benennt Rössler mit *informationeller Privatheit*: „Im Kern geht es hier also darum, wer was wie über eine Person weiß, also um die Kontrolle über Informationen".[186] Rössler verweist in diesem Punkt auf die Identifizierung: Informationelle Daten sind für Dritte wertvoll, sie werden „zu persönlichen also erst dadurch, dass sie mit einer Verifikationsmethode ausgestattet werden. Das Problem dieser Sorte Daten ist, dass sie Personen genau identifizieren *können*."[187] Zur Aufrechterhaltung ihrer Autonomie ist eine Person bemüht, selbst zu entscheiden und zu kontrollieren, welchen Kenntnisstand Dritte über sie haben (sollen). Wird solches Wissen unbeabsichtigt öffentlich oder ausgehoben, spricht Rössler von einer Verletzung. Rössler hält fest, dass mit einer Verletzung der informationellen Privatheit der Kenntnisstand der Dritten ein anderer ist, als es die betreffende Person erwartet, womit die Kontrolle über die eigene Selbstdarstellung verloren geht.[188]

Diese normative Differenzierung in drei Dimensionen erscheint als Werkzeug für die Textlektüren hilfreich, muss allerdings durch zwei Aspekte der Privatheit ergänzt werden. Zum einen geht Rössler stark von einer individuellen Perspektive aus und vernachlässigt – sie hat dies später relativiert[189] – eine Privatheit von sozialen Beziehungen. Zum anderen kann Helen Nissenbaums Theorie der kontextbezogenen Integrität Rösslers Konzept ergänzen, um zu begründen, weshalb Privatheit im spezifischen Fall verletzt worden ist *oder* weshalb die betroffene Person sich in ihrer Privatheit verletzt *fühlt*. Nissenbaums Konzept der contextual integrity geht davon aus, dass es keine Lebenskontexte gibt, die nicht von Normen und Konventionen des Informationsflusses geregelt und regiert werden. Jeder soziale Kontext,[190]

---

185 Eva Beyvers et al.: Einleitung. In: Dies. et al. (Hg.): *Räume und Kulturen des Privaten*. Wiesbaden 2017, S. 1–17, hier S. 3.
186 Beate Rössler: *Der Wert des Privaten*, S. 201.
187 Beate Rössler: *Der Wert des Privaten*, S. 222.
188 Vgl. Beate Rössler: *Der Wert des Privaten*, S. 209.
189 Vgl. u. a. Beate Rössler: Wie wir uns regieren. Soziale Dimensionen des Privaten in der Post-Snowden-Ära. In: Gernot Böhme/Ute Gahlings (Hg.): *Kultur der Privatheit in der Netzgesellschaft*. Bielefeld 2018, S. 29–48.
190 ‚Kontext' meint unter anderem, „who is gathering the information, who is analyzing it, who is disseminating it and to whom, the nature of the information, the relationships among the va-

jede Situation wird bestimmt davon, was politisch, konventionell und kulturell erwartet wird, angemessen oder erlaubt ist:[191]

> I posit two types of informational norms: norms of appropriateness, and norms of flow or distribution. Contextual integrity is maintained when both types of norms are upheld, and it is violated when either of the norms is violated. The central thesis of this Article is that the benchmark of privacy is contextual integrity; that in any given situation, a complaint that privacy has been violated is sound in the event that one or the other types of the informational norms has been transgressed.[192]

Nissenbaums Ansatz der kontextuellen Integrität bindet (informationelle) Privatheit immer an einen Kontext. „One point [...] is that personal information revealed in a context is always tagged with that context and never ‚up for grabs' as other accounts would have us believe of public information or information gathered in public places."[193] Der Vorteil ihrer Überlegungen ist die Bindung an zu erwartende Normen in einem Raum. Die Schwierigkeit besteht in der Undurchschaubarkeit des Kontextes gerade im Hinblick auf den Fluss von Daten.

Der Wert von Privatheit für den Einzelnen sowie die Gesellschaft

Weswegen wir Privatheit als schützenswert und bedeutsam erachten, ist an liberale Ideen von Freiheit, Autonomie und Identität gebunden. Doch wie Alan Westin verdeutlicht, hat Privatheit zuallererst einen essenziellen, in Grenzen universellen Wert. Er zeigt anhand unterschiedlicher Tier- sowie anthropologischer Studien zu ‚Naturvölkern', dass es unübersehbare Parallelen zwischen Tierwelt und menschlicher Gesellschaft in Hinblick auf das Beanspruchen von Privatheit gibt: „Although it is obviously affected by the cultural patterns of each society, the process is adjusted in its finer degrees by each individual himself."[194] Diese universelle Dimension begründet sich darin, dass Individuen in unterschiedlichen Rollen ein je spezifisches Bild von sich präsentieren müssen und den Schutz in sozialen Beziehungen anstreben.[195] Westin zeigt, dass praktisch in allen Gesellschaften Ansprüche auf individuelle Privatheit erhoben werden, auch wenn sich die Regeln und Normen bzw. Riten

---

rious parties, and even larger institutional and social circumstances" (Helen Nissenbaum: Privacy As Contextual Integrity. In: *Washington Law Review* 79 (2004). Heft 1, S. 119–157, hier S. 137).
191 Vgl. Helen Nissenbaum: Privacy As Contextual Integrity, S. 119.
192 Helen Nissenbaum: Privacy As Contextual Integrity, S. 120.
193 Helen Nissenbaum: Privacy As Contextual Integrity, S. 125.
194 Alain Westin: The Origins of Modern Claim of Privacy. In: Ferdinand David Schoeman (Hg.): *Philosophical Dimensions of Privacy. An Anthology*. Cambridge 1984, S. 56–74, hier S. 61.
195 Vgl. Alain Westin: The Origins of Modern Claim of Privacy, S. 62.

und Traditionen kulturell unterscheiden. Die universelle Dimension soll bei den folgenden Ausführungen, die auf westlich-demokratische Gesellschaften ausgerichtet sind, über den Wert der Privatheit im Blick behalten werden, denn das verhindert, Datenschutz und Privatheit als ‚Luxusprobleme' der Digitalisierung zu betrachten.

Beate Rössler definiert für moderne Gesellschaften den Wert des Privaten wie folgt:

> [W]as ich zu plausibilisieren versuche, ist, dass wir Privatheit deshalb für wertvoll halten, weil wir Autonomie für wertvoll halten und weil nur mit Hilfe der Bedingungen von Privatheit und mittels Rechten und Ansprüchen auf Privatheit Autonomie in all ihren Aspekten lebbar, in allen Hinsichten artikulierbar ist. Begreift man als das *telos* von Freiheit, ein autonomes Leben führen zu können, dann kann man [...], sehen, dass für den Schutz von Autonomie Freiheitsrechte selbst nicht ausreichend sind, sondern dass Autonomie angewiesen ist auf die Substantialisierung dieser Freiheitsrechte in Rechten und Ansprüchen auf den Schutz des Privaten.[196]

Rössler geht davon aus, dass ein zentraler Aspekt des modernen Freiheitsverständnisses für das Subjekt bedeutet, sich die ‚praktische Frage' zu stellen, d. h. die Frage danach, wie man leben und wer man sein möchte.[197] Es bedarf eines bestimmten „Sichzusichverhalten[s] und fordert eine Form von Selbstbestimmung und Reflexion darauf, wer man sein möchte".[198] Für Rössler wird Autonomie so „beschreibbar als ein bestimmtes Verhältnis der Person zu dem, *was* sie wählt, und zu dem, *wie* sie wählt, also zu *Gegenstand und Modus* der Wahl".[199] Damit unterstreicht Rössler, dass Privatheit und private Räume in hohem Maße identitätsstiftend und identitätsstabilisierend sind.[200] So werde ich den Begriff Autonomie in diesem Feld gebrauchen.

Neben einem individuellen Wert weist Privatheit auch einen sozialen auf: Der Wert der Privatheit liegt mit James Rachels oder Charles Fried auch darin, Handlungsfreiheiten in Beziehungen, Rollendifferenzen und differenzierten

---

196 Beate Rössler: *Der Wert des Privaten*, S. 26; vgl. auch S. 96 f.
197 Vgl. Beate Rössler: *Der Wert des Privaten*, S. 83.
198 Beate Rössler: *Der Wert des Privaten*, S. 102.
199 Beate Rössler: *Der Wert des Privaten*, S. 99.
200 Versteht man den Kern der Privatheit als Bedingung für Autonomie, also eines Verhältnisses zu den eigenen Wünschen, Hoffnungen bzw. Entscheidungen etc., kann man über Privatheit als Voraussetzung für Resilienz nachdenken. Resilienzfähigkeit wird in einer zukünftigen (Arbeits-) Welt eine der wichtigsten Fähigkeiten sein. „Wer in einer solchen Welt überleben und gedeihen will, braucht eine Menge an geistiger Flexibilität und große Reserven an emotionaler Ausgeglichenheit. [...] Aber wenn du nicht weißt, was du im Leben willst, wird es für die Technologie nur allzu einfach sein, deine Ziele für dich zu bestimmen [...]." (Yuval Noah Harari: *21 Lektionen für das 21. Jahrhundert*, S. 407 ff.) Liest man Hararis Überlegungen zum Einsatz von KI gemeinsam mit Rösslers Überlegungen zum *Wert des Privaten*, so bleibt nur die Feststellung: Privatheit ist Bedingung für die Bildung von Resilienzfähigkeit.

(Selbst-)Inszenierungen zu ermöglichen. Durch Privatheit werden soziale Beziehungen erst ermöglicht.[201] Privatheit wird in vertrauten Situation gelebt und trägt zu Vertrauen bei.[202] Es geht um Vertrauen in die Kenntnis über Informationsflüsse, um Vertrauen in die eigene Selbstbestimmung sowie das soziale Vertrauen in das Gegenüber. „Das Gegenteil von Vertrauen ist im Übrigen nicht nur Misstrauen und Kontrolle, sondern auch politische Entfremdung".[203] Das Ende der Privatheit werde soziale und demokratische Beziehungen verändern, denn

> [w]ie wir regiert werden, wie wir uns selbst regieren, hängt also wesentlich davon ab, ob der Schutz von Privatheit möglich und gewährleistet ist, ob der individuelle, soziale und politisch-demokratische Wert des Privaten in seiner je konstitutiven Funktion für unsere Gesellschaft erkannt wird.[204]

Das Private hat somit für jeden Einzelnen wie auch für die Gemeinschaft einen existenzsichernden Wert. Das schließt den Kreis zu den Ausführungen im Narrativ der ‚überwachten Bürger:innen' und der ‚überwachten Kund:innen'.

---

201 Vgl. James Rachels: Why privacy is important. In: *Philosophy and Public Affairs* 4 (1975), S. 323–333, hier S. 325 ff.
202 Vgl. Charles Fried: Privacy. In: *Yale Law Journal* 77 (1968), S. 475–493.
203 Beate Rössler: Privatheit und Autonomie. Zum individuellen und gesellschaftlichen Wert des Privaten. In: Sandra Seubert/Peter Niesen (Hg.): *Die Grenzen des Privaten*. Baden-Baden 2010, S. 52.
204 Beate Rössler: Wie wir uns regieren, S. 115.

Teil 2: **Literarische Überwachungsnarrationen der Gegenwart**

7. November 1921. Unentrinnbare Verpflichtung zur Selbstbeobachtung: Werde ich von jemandem andern beobachtet, so muß ich mich natürlich auch beobachten, werde ich von niemandem sonst beobachtet, muß ich mich umso genauer beobachten. (Franz Kafka: *Schriften. Tagebücher.* Frankfurt/M. 2002, S. 874)

4 Juli Zeh: Aufklärerisches Erzählen im dystopischen Narrativ. Fiktionale und faktuale Werke gegen Überwachung

> Die Würde des Menschen ist unantastbar.
> Sie zu achten und zu schützen ist Verpflichtung aller staatlichen Gewalt.
> (Art. 1 GG)

Sie ist eine engagierte Aufklärerin mit der Überzeugung, dass Literatur gesellschaftlich wirkt und Aufklärung zu Mündigkeit führt. Juli Zeh ist eine der bekanntesten Gegenwartsautor:innen, die sich als Intellektuelle mit eigener Stimme auf dem literarischen wie politischen Feld positioniert und einmischt.[1] Sie absolvierte ein Jurastudium in Passau und Leipzig (1998); dann Aufbaustudium zum ‚Recht der Europäischen Integration' (2001), es folgte die Dissertation im Bereich Völkerrecht (2010). Daneben studierte sie am Deutschen Literaturinstitut Leipzig, schloss mit dem Diplom ab (2000) und veröffentlichte ein Jahr später ihr Romandebüt *Adler und Engel* (2001). Ihre Produktivität ist erstaunlich. Zehn Romane, die teils Jahr auf Jahr folgen, sechs Theaterstücke, zwei Poetikdozenturen, Kinderbücher sowie zahlreiche Essays und andere nicht-literarische Schriften veröffentlichte die Autorin seither. Preise und Auszeichnungen folgten. Die gemeinsamen Nenner ihrer Texte sind das Aufgreifen und Anklagen gesellschaftspolitischer Themen und Missstände, das Stellen von unbequemen Zeitfragen und damit ein literarisches wie persönliches Eingreifen für eine gestaltbare, liberale, demokratische Gesellschaft.

Juli Zeh ist innerhalb derer, die sich im deutschsprachigen Raum gegen Massenüberwachung aussprechen, im literarischen Feld quasi die Initiatorin der schreibenden Protestbewegung. Ihr Werk ist durchzogen vom Thema der Überwachung. Von Einzelstudien zu *Corpus Delicti* (2009) abgesehen wurde dies systematisch bisher nicht erfasst, was das vorliegende Kapitel nachholt. Überwachung verarbeitet sie im fiktionalen wie faktualen Werk. Ihr politisches Engagement in diesem Thema ist enorm: Als eine der Reaktionen auf den 11. September 2001 sollen künftig biometrische Daten wie der Fingerabdruck in die Reisepässe aufgenommen werden. Gegen diesen legt Zeh Verfassungsbeschwerde ein. Nicht nur wegen der Missbrauchsmöglichkeiten, sondern auch wegen der entwürdigenden Vorstellung wie ein:e Krimi-

---

[1] Vgl. Sabrina Wagner: *Aufklärer der Gegenwart. Politische Autorschaft zu Beginn des 21. Jahrhunderts – Juli Zeh, Ilja Trojanow, Uwe Tellkamp.* Göttingen 2015, S. 64–67; Patricia Herminghouse: The Young Author as Public Intellectual. The Case of Juli Zeh. In: Katharina Gerstenberger/Patricia Herminghouse (Hg.): *German Literature in a New Century. Trends, Traditions, Transitions, Transformations.* New York, Oxford 2008, S. 264–284.

nelle:r behandelt zu werden.² Zeh sieht darin eine Übertretung der Grund- und Persönlichkeitsrechte, explizit Art. 1 GG: „Die Würde des Menschen ist unantastbar". Das war der erste große Aufschrei der Autorin, dem weitere folgen sollten. 2009 veröffentlicht sie mit Ilja Trojanow das Pamphlet *Angriff auf die Freiheit*, das ein Weckruf an die Öffentlichkeit und eine zweite Anklage an die Politik darstellt. 2013 organisiert sie einen ersten Protest gegen Massenüberwachung, indem sie einen offenen Brief an Bundeskanzlerin Angela Merkel schreibt, den knapp 80.000 Bürger: innen unterschreiben, darunter zahlreiche Schriftsteller:innen.³ Im selben Jahr noch ist Zeh eine der maßgeblichen Initiator:innen des internationalen Protestes gegen Überwachung: *Writers Against Mass Surveillance* – über 500 Schriftsteller:innen aus 80 Ländern reagieren mit *Die Demokratie verteidigen im digitalen Zeitalter* auf die NSA-Affäre. Das verfasste Manifest wird zunächst online veröffentlicht und dann am 10. Dezember 2013 gleichzeitig in 31 Zeitungen der Welt abgedruckt.⁴ Im April 2014 übergeben die Schriftsteller:innen ihre Forderungen an den Präsidenten des Europäischen Parlaments, Martin Schulz, bei dem sie weniger politisch als mehr persönlich Gehör fanden. Schulz ergreift im Februar 2014, ebenfalls in der *FAZ*, mit seinem Auftaktessay *Warum wir jetzt kämpfen müssen* das Wort. Zahlreiche Persönlichkeiten des öffentlichen Lebens, Politiker:innen, Schriftsteller:innen und Wissenschaftler:innen wie Frank Schirrmacher, Hans Magnus Enzensberger, Sigmar Gabriel, Sascha Lobo, Evgeny Morozow, Juli Zeh, aber auch der CEO von Google, Eric Schmidt, antworteten und führten eine öffentliche Debatte. Gesammelt herausgegeben wurden die Texte später von Frank Schirrmacher unter dem Titel *Technologischer Totalitarismus. Eine Debatte*.⁵ Zeh gehört zudem zu den Initiator:innen

---

2 „Unschuldigen Menschen Fingerabdrücke abzunehmen, also sie erkennungsdienstlich zu behandeln, das geht zu weit. Der Staat darf die körperliche Intimzone des Menschen nicht antasten, solange dieser nicht eines konkreten Verbrechens verdächtigt wird. [...] Es wird ganz bestimmt so sein, ich bin bereit, das zu beschwören, dass sämtliche Stellen auf der ganzen Welt, denen man diesen Pass vorlegt, den Fingerabdruck auslesen und speichern werden." (Juli Zeh im Interview, zit. nach: Thomas Wagner: *Die Einmischer. Wie sich Schriftsteller heute engagieren*. Hamburg 2010, S. 57)
3 Im Kontext des Protestes macht Trojanow Schlagzeilen: Auf dem Weg zu einem Kongress wird ihm die Einreise in die USA verwehrt: „Wer hätte erwartet, dass ein Schriftsteller in einem demokratischen Land des 21. Jahrhunderts für sein politisches Engagement solche unmittelbaren Konsequenzen an seine Person tragen muss?" (Sabrina Wagner: *Aufklärer der Gegenwart*, S. 9f., vgl. Markus Beckedahl: USA: Überwachungskritischem Schriftsteller Ilja Trojanow wird Einreise verweigert. In: *Netzpolitik*, 01.10.2013. URL: https://netzpolitik.org/2013/usa-ueberwachungskritischem-schriftsteller-ilija-trojanow-wird-einreise-verweigert/ [19.09.2022]).
4 O.V.: Die Demokratie verteidigen im digitalen Zeitalter.
5 Vgl. Frank Schirrmacher (Hg.): *Technologischer Totalitarismus. Eine Debatte*. Berlin 2015.

der *Charta der Digitalen Grundrechte der Europäischen Union*.[6] 2018 erhält sie das Bundesverdienstkreuz. Im selben Jahr wird sie zur ehrenamtlichen Richterin am Verfassungsgericht des Landes Brandenburg gewählt.

Das Kapitel untersucht Zehs Werkkomplex hinsichtlich Darstellungen und Darstellungsweisen der Überwachung.[7] Zehs Augenmerk liegt in der Regel auf dem Verhältnis des Einzelnen zum Staat bzw. Kollektiv. Außerdem spürt sie in all ihren Texten einer Grundfrage nach: Wie wollen wir (in Zukunft) leben? Das Thema der Massenüberwachung ist stets als ‚Gretchenfrage' inszeniert. Denn die Texte legen nahe, dass im Umgang mit Überwachung – unserem Handeln, unserer Teilhabe oder unserem Widerspruch – unsere Gesinnung offenbart wird: An was glauben wir? Wie wichtig sind Freiheiten und Grundrechte noch?

Das Kapitel beginnt mit der Lektüre der fiktionalen Werke. Den Ausgangspunkt für unterschiedliche Analysen in diesem Kapitel bildet die Systemdiskurs-Dystopie *Corpus Delicti* (2009), das als erstes größeres Werk Zehs Überwachung diskutiert, und von dem aus Entwicklungen in Motiven und Erzählweisen untersucht werden können. Zeh inszeniert in der literarischen Fiktion die Narrative der überwachten Bürger:innen und der überwachten Patient:innen in einem biopolitischen Sicherheitsdispositiv. Der Untersuchung dieses Themenkomplexes in den Werken *Corpus Delicti* sowie den Theaterstücken *203* und *Yellow Line* gilt der erste Abschnitt des Kapitels. Daran anschließend werden die Darstellungen privater und sozialer Überwachung in *Corpus Delicti*, *Leere Herzen* und *Unterleuten* beleuchtet. Der dritte Abschnitt des Kapitels widmet sich den Erzählstrukturen der literarischen Werke und fragt, warum Zeh vermehrt auf das Handlungs- und Erzählschema von *1984* zurückgreift und inwiefern dieses aufgebrochen wird. Der vierte Teil des Kapitels untersucht Zehs faktuale Werke: das Pamphlet *Angriff auf die Freiheit*, ihre offenen Briefe an Angela Merkel und schließlich ausgewählte Essays. Die faktualen Texte haben erzählenden Charakter; teilweise weisen sie sogar fiktionale Passagen auf, die die Lektüren herausarbeiten. Der fünfte Abschnitt beleuchtet eine Besonderheit in den Werken: Sowohl die fiktionalen als auch die faktualen Werke verfolgen Erzählverfahren, mithilfe derer die Narrativität und die Fiktion in Überwachungsdebatten zur Schau gestellt werden. So wird im Fazit zum Kapitel nach der Rolle der Fiktion für das Erzählen von Überwachung gefragt. Das Kapitel unternimmt so eine Gesamtdarstellung des ‚Engagements' Zehs gegen (Massen-)Überwachung.

---

6 Vgl. Charta der Digitalen Grundrechte der Europäischen Union. URL: https://digitalcharta.eu/ [19.09.2022].
7 Ausgenommen sind nur jene zwei Romane, *Über Menschen* und *Zwischen Welten*, die Zeh nach Abfassung dieser Arbeit veröffentlichte.

4.1 Körper von Gesunden: Biopolitische Überwachung von Bürger:innen, Regierung und Staatsrassismus in *Corpus Delicti* und den Theaterstücken *203* und *Yellow Line*

Die Zukunftsfiktion *Corpus Delicti* (2009) schreibt Zeh zunächst als Theaterstück – ein Auftragswerk zur RuhrTriennale 2007 mit dem Programmschwerpunkt ‚Mittelalter'. Die Theaterfassung arbeitet sie kurzerhand zum Roman um: „Ich selbst habe zum ersten Mal mit *Corpus Delicti* versucht, einen politischen Roman zu schreiben."[8] Die Dystopie erzählt die Causa Mia Holl. Als systemtreue Biologin mit Idealbiographie gerät sie nach dem Selbstmord ihres Bruders Moritz unter die Räder der Überwachungsgesellschaft. Die METHODE, so heißt die Regierung des Gesundheitsstaates, hat es in der Mitte des 21. Jahrhunderts geschafft, jedwede Krankheit zu besiegen. Der Staat kann mit Sicherheit ein langes, gesundes Leben gewährleisten, indem er die Bürger:innen zur Gesundheitsprävention verpflichtet. Die Logiken der Vernunft bringen allgemeines und persönliches Wohl zur Deckung: Die (Selbst-)Überwachung und Übermittlung aller biologischer Daten, einschließlich Ernährungs-, Sport- und Leistungsberichten, sowie die Kontrolle und Regulierung der Liebesbeziehungen erscheint so alternativlos vernünftig. Der freiheitsliebende Moritz Holl hingegen widersetzt sich diesen normierten Präventionsgedanken, nutzt die zentrale Partnerschaftsvermittlung subversiv als Möglichkeit für sexuelle Kontakte, bis er eine der Frauen tot vorfindet und unschuldig verurteilt wird. Im Gefängnis nimmt er sich das Leben, woraufhin das Leben seiner Schwester aus den Fugen gerät. Sie vernachlässigt ihre Präventionspflichten und wird zur Gefahr für das System. Ihren Prozess nutzen Justiz und Medien, um an ihr ein Exempel zu statuieren. Nachdem Mia sich schließlich zur Unschuld ihres Bruders und damit gegen die Unfehlbarkeit der METHODE bekennt, wird sie gefoltert, zum Scheintod verurteilt und dann ins System reintegriert.

Corpus Delicti bietet sich aufgrund seines Schwerpunktes auf der biopolitisch motivierten Überwachung dazu an, nach dem Moment zu fragen, wann eine fürsorgliche Prävention in eine normierende Kontrolle mit Tendenz zum Staatsrassismus kippen kann. Der Roman ist eines von Zehs in der Literaturwissenschaft und -didaktik stark besprochenen Werken. Frühe Aufsätze beschäftigen sich mit einem Vergleich der Theater- und Romanfassung.[9] Die Beschäftigung mit dem Genre, auch einen gattungssystematischen Vergleich zu Huxley, Samjatin oder Orwell un-

---

8 Juli Zeh/Georg Oswald: *Aufgedrängte Bereicherung* (=Tübinger Poetik Dozentur 2010). Hg. v. Dorothee Kimmich/Philipp Alexander Ostrowicz. Künzelsau 2011, S. 76.
9 Vgl. Christopher Schmidt: Die Erfindung der Realität. Über Juli Zehs Erstlingsstück *Corpus Delicti*. In: *Sprache im Technischen Zeitalter* (2008). Heft 187, S. 263–269.

ternehmen z. B. Schönfellner,[10] Layh[11] oder McCalmont/Maierhofer.[12] Carla Gottwein untersucht die (staats-)philosophischen Anleihen und befragt den Roman zu den Überlegungen von Rousseaus *Gesellschaftsvertrag*, Hobbes' *Leviathan* oder Agambens *Ausnahmezustand*.[13] Die Beschäftigung mit dem Rechts- und Gesundheitssystem der METHODE im Verhältnis zu der gegenwärtigen Situation in der BRD stellen Wittmann,[14] Müller-Dietz[15] oder Henk de Berg[16] heraus; den medizinjuristischen Hintergrund beleuchtet Caroline Welsh, indem sie fragt: „Brauchen wir ein Recht auf Krankheit?"[17] Sonja Klocke identifiziert Mia Holl als Störfaktor im Überwachungssystem, deren „Störfaktor zunehmend *innerhalb* ihrer Persönlichkeit lokalisiert"[18] ist. Erst in der jüngeren Forschung wird der Blick von philosophischen Anleihen und der Aufzählung der fiktionalen Überwachungspraktiken im Roman[19] hin zu einer tiefergehenden Frage der Funktionsweise der Überwachung

---

10 Vgl. Sabine Schönfellner: *Die Perfektionierbarkeit des Menschen? Posthumanistische Entwürfe in Romanen von Juli Zeh, Kaspar Colling Nielsen und Margaret Atwood*. Berlin 2018.
11 Vgl. Susanna Layh: *Finstere neue Welten. Gattungsparadigmatische Transformationen der literarischen Utopie und Dystopie*. Würzburg 2014.
12 Vgl. Virginia McCalmont/Waltraud Maierhofer: Juli Zeh's Corpus Delicti (2009): Health Care, Terrorists, and the Return of the Political Message. In: *Monatshefte* 104 (2012). Heft 3, S. 375–392.
13 Vgl. Carla Gottwein: Die verordnete Kollektividentität. Juli Zehs Vision einer Gesundheitsdiktatur im Roman *Corpus Delicti*. In: Corinna Schlicht (Hg.): *Identität: Fragen zu Selbstbildern, körperlichen Dispositionen und gesellschaftlichen Überformungen in Literatur und Film*. Oberhausen 2012, S. 230–250.
14 Vgl. Jan Wittmann: Mit Recht spielt man nicht! – Rechtsdiskurse bei Juli Zeh. In: Corinna Schlicht (Hg.): *Stimmen der Gegenwart. Beiträge zu Literatur, Film und Theater seit den 1990er Jahren*. Oberhausen 2011, S. 160–177. Wittmann beschäftigt sich mit der Verbindung zwischen Recht und Spiel.
15 Vgl. Heinz Müller-Dietz: Zur negativen Utopie von Recht und Staat – am Beispiel des Romans „Corpus Delicti" von Juli Zeh. In: *JuristenZeitung* 66 (2011). Heft 2, S. 85–95.
16 Vgl. Henk de Berg: Mia gegen den Rest der Welt. Zu Juli Zehs *Corpus Delicti*. In: Kalina Kupczynska/Artur Pelka (Hg.): *Repräsentationen des Ethischen*. Bd. 2. Frankfurt/M. 2013, S. 25–48.
17 Vgl. Caroline Welsh: Brauchen wir ein Recht auf Krankheit? Historische und theoretische Überlegungen im Anschluss an Juli Zehs Roman *Corpus Delicti*. In: Andreas Frewer/Heiner Bielefeldt (Hg.): *Das Menschenrecht auf Gesundheit. Normative Grundlagen und aktuelle Diskurse*. Bielefeld 2016, S. 215–238.
18 Sonja E. Klocke: „Das Mittelalter ist keine Epoche. Mittelalter ist der Name der menschlichen Natur." – Aufstörung, Verstörung und Entstörung in Juli Zehs „Corpus Delicti". In: Carsten Gansel/Norman Ächtler (Hg.): *Das ‚Prinzip Störung' in den Geistes- und Sozialwissenschaften*. Berlin/Boston 2013, S. 185–202, hier S. 196.
19 Vgl. u. a.: Björn Hayer/Gabriele Scherer: *Vermessungen. Neuere Tendenzen in der Gegenwartsliteratur. Konzepte für den Unterricht*. Trier 2016, S. 42 f.; Heinz-Peter Preußer: Gewalt und Überwachung. Juli Zehs apokalyptisches Pandämonium der Jetztzeit und ihre düstere Prognose der Selbstoptimierer in *Corpus Delicti*. In: Olaf Briese (Hg.): *Aktualität des Apokalyptischen. Zwischen Kulturkritik und Kulturversprechen*. Würzburg 2015, S. 163–185.

gerichtet. So beschäftigten sich Smith-Prei[20] und Seidel[21] mit der Überwachung des Körpers; Geisenhanslüke[22] richtet seinen Fokus auch auf die Inszenierung der Foucault'schen Biopolitik im Roman und Sarah Koellner fragt erstmals systematisch nach dem zugrundeliegenden Modell und stellt fest: „*Corpus Delicti* is a post-panoptic world in which new technological advances are leading to self-monitoring and ubiquitous state surveillance."[23] Die Erzählperspektive betrachten Weithin,[24] Schönfellner sowie Mogendorf,[25] keine:r bindet jedoch die Überwachung an sie zurück. Nach dem Autorschaftskonzept fragt Sabrina Wagner und verortet Zeh als politische Autorin mit „Blick aus der Mitte"[26] heraus. Nicht zuletzt legt Zeh selbst 2020 – zur Aktualität des Themas in der Corona-Krise – einen Paratext vor, in dem sie Hintergründe zu *Corpus Delicti* sowie Interpretationsansätze bespricht.[27]

Gesundheit als Prinzip staatlicher Legitimation. Staat, METHODE und Gesundheit

Das System[28] nennt sich programmatisch die METHODE – entpersonalisiert und scheinbar objektiv: Wissenschaft statt Willkür. „Wir gehorchen allein der Vernunft".[29] Die METHODE sichert ein risikofreies Leben, Krankheiten und Schmerz gibt es nicht mehr. Im Zentrum aller Regierungsformen steht der individuelle wie gesellschaftliche Körper. „Obwohl Zeh die staatsideologische Maxime nicht derart ausstellt, wie Orwell (war is peace/freedom is slavery/ignorance is strength) oder Eggers (sharing is caring/privacy is theft/secrets are lies) dies in ihren Texten tun,

---

20 Vgl. Carrie *Smith-Prei: Relevant Utopian Realism – The Critical Corporeality of Juli Zeh's Corpus Delicti*. In: *Seminar. A Journal of Germanic Studies* 48 (2012). Heft 1, S. 107–123.
21 Vgl. Gabi Seidel: Protokoll des Lebens. Das totale (Körper-)Gedächtnis in Juli Zehs *Corpus Delicti*. In: Andrea Bartl/Nils Ebert (Hg.): *Der andere Blick der Literatur*. Würzburg 2014, S. 193–213.
22 Vgl. Achim Geisenhanslüke: Die verlorene Ehre der Mia Holl. Juli Zehs Corpus Delicti. In: Viviana Chilese (Hg.): *Technik in Dystopien*. Heidelberg 2013, S. 223–232.
23 Sarah Koellner: Data, Love, and Bodies: The Value of Privacy in Juli Zeh's *Corpus Delicti*. In: *Seminar. A Journal of Germanic Studies* 52 (2016). Heft 4, S. 407–425, hier S. 412.
24 Vgl. Thomas Weithin: Ermittlung der Gegenwart. Theorie und Praxis unsouveränen Erzählens bei Juli Zeh. In: *Zeitschrift für Literaturwissenschaft und Linguistik* (2012). Heft 165, S. 67–86.
25 Vgl. Christine Mogendorf: Von „*Materie, die sich selbst anglotzt*". *Postmoderne Reflexionen in den Romanen Juli Zehs*. Bielefeld 2017.
26 Sabrina Wagner: *Aufklärer der Gegenwart*, S. 64.
27 Vgl. Juli Zeh: *Fragen zu Corpus Delicti*. München 2020.
28 Der Roman spricht nicht von einer Regierung oder einer Partei, an ihre Stellen tritt ‚das System'. Durch den System-Begriff wird deutlich, dass das Werk nicht eine bestimmte Regierungs- oder Staatsform kritisiert, sondern ein ideologisches System – eine Logik des Denkens und Handelns.
29 Juli Zeh: *Corpus Delicti. Ein Prozess*. 21. Aufl. München 2010, S. 36. Nachfolgend mit der Sigle: CD.

sind sie präsent. Die oberste Maxime bei Zeh lautet: Glück ist Gesundheit; Gesundheit ist Normalität."[30]

Die Staatsmacht beruht auf Techniken der Biopolitik und zeichnet sich nicht dadurch aus, dass sie sterben macht und leben lässt, sondern, dass sie leben *macht* und sterben *lässt*.[31] Koellner charakterisiert die Welt als post-panoptisch: „METHOD's surveillance mechanisms are ubiquitous, decentralized, and mobile through ‚forms of free float control'".[32] Sie bemerkt, dass die METHODE sich dennoch auch disziplinierender Techniken bedient und das Panopticon so nicht abgelöst, sondern in ein unsichtbares, inkorporiertes transformiert wurde. Ausschlussmechanismen wirken fort, der Einschluss geschieht freiwillig und wird, scheinbar alternativlos, angestrebt.[33] „Gesundheit ist das Ziel des natürlichen Lebenswillens und deshalb natürliches Ziel von Gesellschaft, Recht und Politik. Ein Mensch, der nicht nach Gesundheit strebt, wird nicht krank, sondern ist es schon." (CD, 7 f.) Das Zitat zeigt die ideologische Perspektive der METHODE: Krankheit gehört im Prinzip ebenso zur Natur wie Gesundheit, Krankheitsprävention und -bekämpfung sind dagegen kulturelle Praktiken. Die METHODE perspektiviert sie allerdings als natürlich. Ihre Machtmechanismen lauten: Einschluss garantiert Gesundheit, Sicherheit, Risikofreiheit; Ausschlusskriterien sind Krankheit, Anormalität, Terrorismus. Es gilt: „Einmal krank, immer krank" (CD, 124) – wer außen ist, bleibt auch im Innen außen.

Mia Holl begrüßt zunächst den Einschluss: „Die METHODE, das sind wir selbst. Sie, ich, alle. Die METHODE ist die Vernunft. Der gesunde Menschenverstand." (CD, 75) Mias Rede lässt sich als Verweis auf Büchners *Landboten* lesen, in dem es heißt: „Der Staat also sind a l l e; die Ordner im Staate sind die Gesetze, durch welche das wohl a l l e r gesichert wird, und die aus dem Wohl aller hervorgehen sollen."[34] Ein Aufruf zum Umsturz lässt sich in Mias Rede jedoch nicht erkennen, vielmehr ein umfassendes Bekenntnis zur Logik der Prävention.

Der Roman zeigt die Beck'sche Risikogesellschaft,[35] der die Merkmale der Transparenzgesellschaft innewohnen, wie sie Byung-Chul Han benennt: „Alles ist nach außen gekehrt, enthüllt, entblößt, entkleidet und exponiert [...]. Der Körper wird zu einem Ausstellungsobjekt verdinglicht, das es zu optimieren gilt."[36] Transparenz

---

30 Sabrina Huber: Literarische Narrative der Überwachung, S. 60.
31 Vgl. Michel Foucault: *Verteidigung der Gesellschaft. Vorlesungen am Collège de France (1975–76)*. Frankfurt/M. 2016, S. 284. Vgl. Achim Geisenhanslüke: Die verlorene Ehre der Mia Holl, S. 232.
32 Sarah Koellner: Data, Love, and Bodies, S. 412.
33 „[T]he METHODE's citizens carry their own ‚personal panopticons' through an implanted chip in the upper arm (Bauman and Lyon 58)." (Sarah Koellner: Data, Love, and Bodies, S. 413)
34 George Büchner: *Der Hessische Landbote*. Hg. von Uwe Jansen. Stuttgart 2016, S. 6 f.
35 „Die Risikogesellschaft ist eine *katastrophale* Gesellschaft. In ihr droht der Ausnahmezustand zum Normalzustand zu werden." (Ulrich Beck: *Risikogesellschaft*, S. 31)
36 Byung-Chul Han: *Transparenzgesellschaft*, S. 22 f.

muss dabei innertextuell nicht verargumentiert werden, sie wohnt der Logik des erzählten Staates inne: ‚Sharing is Caring', wie Eggers es später nennen wird, ist bereits in *Corpus Delicti* unhinterfragte Normalität. Carla Gottwein zeigt, dass der Text in der Darstellung der METHODE Analogien zur Staatsverfassung der Bundesrepublik markiert.[37] Die METHODE ist eine in der künstlerischen Fiktion zur Wirklichkeit gewordene Verkörperung der Diskurse um ‚gläserne Patient:innen', das Rauchverbot und die Gesundheitskarte, um Anti-Terror-Politik und Rettungsfolter. Damit variiert der Roman dystopisch das Narrativ der ‚überwachten Patient:innen' und das der ‚überwachten Bürger:innen'. In *Corpus Delicti* regieren Medien[38] und Justiz – Figuren der Politik suchen Leser:innen vergeblich. Unter ‚Regierung' versteht Michel Foucault einen Typ von Macht im Rahmen der Beobachtung einer Gouvernementalisierung,[39] der – anders als der Typ der Souveränität oder der Disziplin – die Ökonomie[40] in die Lenkung (eines Staates) einführt: Die Instrumente sind hierbei weniger Gesetze oder Verbote, sondern Taktiken und (Regierungs-)Wissen,[41] die auf die (Individuen und) Bevölkerung zielen. Solche Taktiken betreffen die Frage, wie der Regent richtig über Dinge verfügen muss, um angestrebte Zwecke zu erreichen.[42] Dabei gilt es

---

37 Vgl. Carla Gottwein: Die verordnete Kollektividentität, S. 215. Vgl. Heinz Müller-Dietz: Zur negativen Utopie, S. 87 ff.
38 Als vierte Gewalt geben die Medien ‚WAS ALLE DENKEN' und ‚DEN GESUNDEN MENSCHENVERSTAND' vor – so die sprechenden Namen von Talkshow und Zeitung. Sie wirken diskursbestimmend und kontrollierend.
39 „Zweitens verstehe ich unter ‚Gouvernementalität' die Tendenz oder die Kraftlinie, die im gesamten Abendland unablässig und seit sehr langer Zeit zu Voranstellung dieses Machttyps, den man als ‚Regierung' bezeichnen kann, gegenüber allen anderen – Souveränität, Disziplin – geführt und die Entwicklung einer ganzen Reihe spezifischer Regierungsapparate einerseits und einer ganzen Reihe von Wissensformen andererseits zur Folge gehabt hat." (Michel Foucault: Die ‚Gouvernementalität' (Vortrag) [1978]. In: Ders.: *Schriften in vier Bänden. Dits et Ecrits*. Bd.III. 1976–1979. Hg. v. Daniel Defert/François Ewald. Übers. v. Michael Bischoff et al. Frankfurt/M. 2003, S. 796–822, hier S. 820 f.)
40 „Um einen Staat zu regieren, wird man die Ökonomie einsetzen müssen, eine Ökonomie auf der Ebene des Staates als Ganzem, d. h. man wird die Einwohner, die Reichtümer und die Lebensführung aller und jedes Einzelnen unter eine Form von Überwachung und Kontrolle stellen, die nicht weniger aufmerksam ist als die des Familienvaters über die Hausgemeinschaft und ihre Güter." (Michel Foucault: Die ‚Gouvernementalität' (Vortrag), S. 804)
41 Vgl. Michel Foucault: Die ‚Gouvernementalität' (Vortrag), S. 809.
42 Es gehe beim Regieren „um einen Komplex, gebildet aus den Menschen und den Dingen. Das heißt [...]; die Menschen in ihren Beziehungen zu jenen anderen Dingen wie Sitten und Gebräuchen, den Handlungs- oder den Denkweisen und schließlich die Menschen in ihren Beziehungen zu jenen nochmals anderen Dingen, den potentiellen Unfällen oder Unglücken wie Hungersnot, Epidemien und Tod." (Michel Foucault: Die ‚Gouvernementalität' (Vortrag), S. 806). Foucault betont also Handlungs- und Denkweisen sowie die Zukunftsgewandtheit der Regierung.

auch, „Acht zu geben auf Ereignisse, die Eintreten können."[43] In *Corpus Delicti* tritt die den Regierungsformen einer Gesellschaft wesenhafte absteigende Kontinuität deutlich hervor: Die Regierung des Staates wirkt auf die Selbstregierung der Individuen ein. In der METHODE sind die Körper der Individuen selbst mit den Logiken der Regierungstaktiken beseelt. Mit Foucaults Begriff der Regierung stellt die Lektüre die Frage, wie politische Regierung auf Techniken der Selbstregierung rekurriert bzw. wie Herrschaftstechniken mit Praktiken des Selbst und der Überwachung verknüpft sind. Wichtig ist, dass Regierung die Disziplin nicht verdrängt, sie wirken zusammen.[44]

Regierung zielt auf die Bevölkerung, beispielsweise darauf, „ihre Lebensdauer und ihre Gesundheit zu mehren".[45] Das fiktive Vorwort im Roman legt das staatliche Verständnis von Gesundheit offen. Es wird bereits grenzüberschreitend markiert.[46] Die Stimme des Vorworts gehört Heinrich Kramer, der die ideologische Perspektive der METHODE wiedergibt:

> Gesundheit ist ein Zustand des vollkommenen körperlichen, geistigen und sozialen Wohlbefindens und nicht bloße Abwesenheit von Krankheit. Gesundheit könnte man als den störungsfreien Lebensfluss in allen Körperteilen, Organen und Zellen definieren, als einen Zustand geistiger und körperlicher Harmonie als ungehinderte Entfaltung des biologischen Energiepotentials [...]. Gesundheit ist nicht Durchschnitt, sondern gesteigerte Norm und individuelle Höchstleistung. Sie ist sichtbar gewordener Wille. (CD, 7)

Es zeigt sich das Narrativ der ‚überwachten Patient:innen'. Dem Text liegt die Gesundheitsdefinition der Weltgesundheitsordnung zugrunde: „Gesundheit ist ein Zustand vollkommenen körperlichen, geistigen und sozialen Wohlbefindens und nicht allein das Fehlen von Krankheit und Gebrechen".[47] Das Narrativ der überwachten Patient:innen kritisiert die Präventionspolitik, was dystopisch überformt wird. Der Text offenbart so implizit die Präventionslogik der Gegenwart.[48] *Corpus*

---

43 Michel Foucault: Die ‚Gouvernementalität' (Vortrag), S. 807.
44 Vgl. Michel Foucault: Die ‚Gouvernementalität' (Vortrag), S. 819 f.
45 Michel Foucault: Die ‚Gouvernementalität' (Vortrag), S. 817.
46 „‚Gesundheit als Prinzip staatlicher Legitimation' betrays that the authorities of this future state are not bound to basic rights, separation of power and legitimization through democratic representation" (Virginia McCalmont/Waltraud Maierhofer: Juli Zeh's Corpus Delicti, S. 385).
47 „Health is a state of complete physical, mental and social well-being and not merely the absence of disease or infirmity. The enjoyment of the highest attainable standard of health is one of the fundamental rights of every human being without distinction of race, religion, political belief, economic or social condition." (WHO: *CONSTITUTION OF THE WORLD HEALTH ORGANIZATION*. 1946. URL: http://apps.who.int/gb/bd/PDF/bd47/EN/constitution-en.pdf [19.09.2022]).
48 „Greifbar sind Sicherheit und Gesundheit nur im Modus ihrer Abwesenheit – als affektiv hoch aufgeladener Mangel oder Lücke", konstatiert Ulrich Bröckling (Ulrich Bröckling: Dispositive der Vorbeugung, S. 94).

Delicti wird „als fiktionale Überspitzung aktueller gesundheitspolitischer Diskurse" kenntlich.[49] So ist auch die Sprache und Rhetorik als Überspitzung der gegenwärtigen Präventions- und Gesundheitsdiskurse zu verstehen. Der Text arbeitet in diesem Feld mit Verfahren der Bildhaftigkeit und Metaphorik. In der Ikonographie der Überwachung wird aus dem göttlichen Auge oder dem eines Big Brothers „[d]as Auge der vierten Gewalt" (CD, 16). Was genau diese Medienvertreter, in Personalunion die Figur Kramer, überwachen, wird implizit deutlich: Sie diktieren das Sprechen und Handeln über die Ideologie.

„Die Methode als Immunsystem des Landes [...] habe das aktuell grassierende Virus bereits identifiziert. Es werde vernichtet. Niemand könne sich den Selbstheilungskräften eines starken Körpers entziehen. Santé" (CD, 201).[50] In dieser Metapher vom Immunsystem werden Bürger:innen zu Körperzellen, die Justiz zum Nervensystem: Die METHODE vernichtet Staatsfeinde wie das Immunsystem Viren, um den Organismus gesund zu halten. Diese Analogien bestehen darin, „den Staatskörper als Subjekt zu betrachten, was impliziert, dass er über ein (Körper-)Gedächtnis verfügt".[51] Kramer beschreibt weiter: „Unsere Gesetze funktionieren in filigraner Feinabstimmung, vergleichbar dem Nervensystem eines Organismus." (CD, 36).[52] Es ist die metaphorische Sprache der Gesundheitsvorsorge, die Kramer nutzt. Ulrich Bröckling differenziert drei Dispositive der Vorbeugung: Hygiene, Immunisierung und Precaution.[53] Das Dispositiv der Immunisierung betreibt Risikomanagement mittels postdisziplinärer Kontrollmechanismen. Dazu wird ein Regime des Monitorings und der kontinuierlichen Selbstdisziplinierung installiert.[54] Dieses

---

49 Caroline Welsh: Brauchen wir ein Recht auf Krankheit?, S. 223. Sie weist darauf hin, dass die Ottawa-Charta noch von Gesundheitsförderung spreche, während neuere Dokumente der WHO den Fokus in Richtung Prävention verschieben. (Vgl. Welsh: Brauchen wir ein Recht auf Krankheit?, S. 220 ff.).
50 „Solches Sprechen von den Selbstheilungskräften eines Volkskörpers erinnert stark an die Ideologie des Dritten Reiches, nach der Ärzte das Recht für sich beanspruchten, durch Zwangssterilisation oder Euthanasie „im Interesse der Wohlfahrt des Ganzen schädliche Teile oder Teilchen preiszugeben oder abzustoßen." (Carla Gottwein: Die verordnete Kollektividentität, S. 217; vgl. Alfred Hoche: Die Freigabe der Vernichtung lebensunwerten Lebens. In: Urban Wiesing [Hg.]: *Ethik in der Medizin. Ein Studienbuch.* Stuttgart 2014, S. 53; vgl. Sabine Schönfellner: *Die Perfektionierbarkeit des Menschen,* S. 83).
51 Gabi Seidel: Protokoll des Lebens, S. 205.
52 Schönfellner bemerkt, dass diesem Staatskörper, den Kramer beschreibt, stets eine geistige Seite, ein Bewusstsein oder gar eine Seele fehle (vgl. Sabine Schönfellner: *Die Perfektionierbarkeit des Menschen,* S. 83).
53 Das Dispositiv der Hygiene ziele auf Verhütung und „installiert ein Disziplinardispositiv und unterwirft den individuellen wie den sozialen Körper minutiöser Kontrolle." (Ulrich Bröckling: Dispositive der Vorbeugung, S. 97)
54 Vgl. Ulrich Bröckling: Dispositive der Vorbeugung, S. 98.

Dispositiv verfolgt die METHODE – erst im Ausnahmezustand wird sie in das der Hygiene zurückfallen.

Körper von Politik? Regierungstechniken der Normierung, Disziplinierung und Kontrolle

Im Zentrum der METHODE steht der Körper in doppelter Stoßrichtung: Der Einzelkörper als Maschine unterliegt der (Selbst-)Disziplin, der Körper als Gesellschaft unterliegt der Regulierung. Das sind die beiden Pole der biopolitischen Regierung.[55] Techniken der Disziplin und der Regulierung wirken zusammen: „Zum ersten Mal in der Geschichte reflektiert sich das Biologische im Politischen."[56] So auch in *Corpus Delicti*: Das Routinegeschäft, das Lesende zu Beginn des Romans unter dem „Flachdach des Amtsgerichts" (CD, 12) präsentiert bekommen, ist eine Inszenierung von Foucaults Beobachtungen zum Verhältnis von Recht und Gesellschaft:

> Eine andere Folge dieser Entwicklung der Bio-Macht ist die wachsende Bedeutung, die das Funktionieren der Norm auf Kosten des juridischen Systems des Gesetzes gewinnt. [...] Ich will damit nicht sagen, daß sich das Gesetz auflöst oder daß die Institutionen der Justiz verschwinden, sondern daß das Gesetz immer mehr als Norm funktioniert, und die Justiz sich immer mehr in ein Kontinuum von Apparaten (Gesundheits-, Verwaltungsapparaten), die hauptsächlich regulierend wirken, integriert. Eine Normalisierungsgesellschaft ist der historische Effekt einer auf das Leben gerichteten Machttechnologie.[57]

Die METHODE ist eine Normalisierungsgesellschaft, die „[u]nter dem Deckmantel ‚präventiver, auf Perfektion getrimmter Gesundheitspolitik' und selektiver Fortpflanzungspolitik [...] mithilfe epigenetischer Konditionierung und genetischer Selektion biopolitisch im Sinne Foucaults Eugenik [betreibt]."[58] Überwachung ist hierzu Instrument. Es wird eine ‚Freund/Feind'-Dichotomie auf eine kategoriale Un-

---

[55] „Zuerst scheint sich der Pol gebildet zu haben, der um den Körper als Maschine zentriert ist. Seine Dressur, die Steigerung seiner Fähigkeiten, die Ausnutzung seiner Kräfte [...] – geleistet haben all das die Machtprozeduren der *Disziplinen: politische Anatomie des menschlichen Körpers*. [...] Der zweite Pol, der sich etwas später – um die Mitte des 18. Jahrhunderts – gebildet hat, hat sich um den Gattungskörper zentriert [...]. Die Fortpflanzung, die Geburten- und die Sterblichkeitsrate, das Gesundheitsniveau, die Lebensdauer, die Langlebigkeit mit allen ihren Variationsbedingungen wurden zum Gegenstand eingreifender Maßnahmen und *regulierender Kontrolle: Bio-Politik der Bevölkerung*." (Michel Foucault: Recht über den Tod und Macht zum Leben: In. Andreas Folkers/Thomas Lemke (Hg.): *Biopolitik. Ein Reader*. Berlin 2014, S. 65–87, hier S. 69)
[56] Michel Foucault: Recht über den Tod und Macht zum Leben, S. 72.
[57] Michel Foucault: Recht über den Tod und Macht zum Leben, S. 73.
[58] Gabi Seidel: Protokoll des Lebens, S. 202.

terscheidung zwischen Normalem und Anormalem übergestülpt. Die METHODE richtet jedes Subjekt am Normalkörper[59] aus; qualifiziert es.[60] Agamben betont:

> Nicht der freie Mensch mit seinen Eigenschaften und seinen Statuten, und nicht einmal schlicht *homo*, sondern *corpus* ist das neue Subjekt der Politik, und die Geburt der modernen Demokratie ist genau diese Einforderung und Ausstellung dieses ‚Körpers': *habeas corpus ad subjiciendum*, du mußt einen Körper vorzuzeigen haben.[61]

In der dystopischen Fiktion sind die Mittel dazu sichtbarer als in der Realität: Statt der realweltlichen Nahkörpertechnologie ‚Smartphone' ermöglicht das literarische Motiv eines implantierten Chips ein dauerhaftes Monitoring der Figuren. Die Analyse dieser Gesundheits-, Bewegungs- und Standortdaten führt zu einem Daten-Double,[62] das in den Datenbanken der METHODE ‚lebt'. Das Daten-Double als Element des Narrativs der überwachten Bürger:innen bzw. Patient:innen gestaltet sich in *Corpus Delicti* als dem Subjekt entzogene Daten-Kopie seiner selbst aus. Der Text vermittelt die Vorstellung eines Datenzwillings, der aus den Strömen der eingesendeten (Biometrie-)Daten zusammengesetzt wurde und in den staatlichen Datenbanken für alle staatlichen Institutionen zugänglich ist und über den die Figuren letztlich keine Kontrolle haben.

Die disziplinierenden Kontroll- und Normierungstechniken sind bei Zeh nicht mehr auf Einschließungsmilieus angewiesen, sondern in jedem Körper verankert, wie Deleuze es herausstellte. Klocke diagnostiziert für *Corpus Delicti*: „Der kranke Körper wird somit zum Politikum und Krankheit wird assoziiert mit Schuld."[63] Die Figuren befinden sich in ständiger Selbstverschuldung an Trainings-, Ernährungs- und Gesundheitspflichten. Ihre Daten unterliegen Erfassung, Bemessung und Analyse; die Figuren sind „dividuell"[64] geworden.

Disziplinierende biopolitische Überwachungstechniken richten sich auf den Individualkörper, regulierende zielen auf die Gesamtbevölkerung. Dazwischen steht der Sex. Sexualität ist „das Scharnier zwischen den beiden Entwicklungsachsen der politischen Technologie des Lebens",[65] so wird sie „zur zentralen Zielscheibe für eine Macht, deren Organisation eher auf der Verwaltung des Lebens als auf der Drohung mit dem Tode beruht".[66] Die Zentrale Partnerschaftsvermittlung im Roman wirkt in-

---

[59] Vgl. Achim Geisenhanslüke: Die verlorene Ehre der Mia Holl, S. 228.
[60] Vgl. Michel Foucault*: Recht über den Tod und Macht zum Leben*, S. 73.
[61] Giorgio Agamben: *Homo Sacer. Die souveräne Macht und das nackte Leben*. In: Andreas Folkers/Thomas Lemke (Hg.): *Biopolitik. Ein Reader*. Berlin 2014, S. 191–227, hier S. 196.
[62] Vgl. Sarah Koellner: Data, Love, and Bodies, S. 421.
[63] Sonja E. Klocke: Das Mittelalter ist keine Epoche, S. 191.
[64] Gilles Deleuze: Postskriptum über die Kontrollgesellschaft, S. 254–262.
[65] Michel Foucault: *Der Wille zum Wissen. Sexualität und Wahrheit 1*. Frankfurt/M. 2017, S. 140.
[66] Michel Foucault*: Recht über den Tod und Macht zum Leben*, S. 75.

dividuell disziplinierend und kollektiv regulierend; zugrunde liegt ihr eine der Datenbanken der METHODE. Das Ausleben nicht legitimer Liebe führt zum Ausschluss aus der Gesellschaft (vgl. CD, 113). Es ist das Schicksal des tölpelhaften Rosentreters, der sich in eine Frau mit falschem Immunsystem verliebt, an dem dies präsentiert wird. Als Mia ihm wütend entgegnet: „Tun Sie's im Verborgenen" (CD, 114), verkennt sie die Wirkungsmächtigkeit von Biopolitik. Ihre Folge ist nicht das Geheimnis, sondern die Selbstzensur: „Wir führen eine Distanzbeziehung ohne Beziehung" (CD, 112). Die regulierenden Überwachungstechniken wirken selbstdisziplinierend.

Erzählen als Erinnerungsakt: Staatsrassismus und das Recht, über den Tod zu entscheiden

Kramer postuliert in einem Kommentar: „Bedrohung verlangt Wachsamkeit" (CD, 138). Was die stellvertretende Überwacherfigur fordert, ist: „Bürger, haltet die Augen offen!" (CD, 140) Kramer weist die Rhetorik einer Katastropheninszenierung auf.[67] In der Überlebensgemeinschaft, die Kramer beschwört, sorgt die soziale Beobachtung – allen voran in den von Zeh entworfenen Wächterhäusern – dafür, dass Disziplin und Kontrolle gelebt werden. Diese Erziehung zur Wachsamkeit erinnert an Stasi-Methoden.

Kramers Kommentar ist mit dem bedeutsamen Datum „14. Juli" versehen: 1789 stürmen Pariser die Bastille, das ist der Beginn der Französischen Revolution. 1933 wurden an diesem Tag gleich zwei Gesetze erlassen: das ‚Gesetz gegen die Neubildung von Parteien' und das ‚Gesetz zur Verhütung erbkranken Nachwuchses'. Zweites diente der Rassenhygiene. Der Staatsrassismus taucht so subtil in einem von Zeh markierten Datum auf. Es sind kleine Details im Text, die die gefährlich analogen Denkweisen zum NS-Regime markieren wollen: So auch die Namen Moritz und Mia Holl, die an Hans und Sophie Scholl erinnern.[68] – Staatsrassismus ist Foucaults Antwort auf die Frage: „Wie sollte eine Macht ihr höchstes Vorrecht in der Verhängung des Todes äußern, wenn ihre Hauptaufgabe darin besteht, das Leben zu sichern, zu verteidigen, zu stärken, zu mehren und zu ordnen?"[69] Die Todesstrafe und auch die Folter konnte beibehalten werden, indem man

---

67 Vgl. Eva Horn: *Zukunft als Katastrophe*, S. 222.
68 Vgl. Achim Geisenhanslüke: *Die verlorene Ehre der Mia Holl*, S. 226. In diesem Zusammenhang unterstreicht auch Mias letzter Wunsch, „halten wir es auch klassisch. Ich möchte eine Zigarette" (CD, 261), den Anklang an die Geschwister Scholl, die diese vor ihrer Hinrichtung auch geraucht haben sollen.
69 Michel Foucault: *Recht über den Tod und Macht zum Leben*, S. 68.

den Schutz der gesamten Bevölkerung betonte.[70] Den Rassismus beschreibt Foucault nun als Mittel, eine Zäsur einzuführen: die Zäsur zwischen dem, was leben darf, und dem, was sterben muss.[71] Der Staatsrassismus habe zwei wesentliche Aufgaben: Erstens führt er eine biologische Zäsur ein, die die Gruppen einer Bevölkerung gegeneinander ausspielt.[72] Zweitens komme ihm „die Aufgabe zu, eine positive Beziehung vom Typ ‚je mehr du töten wirst, um so mehr wirst du sterben machen', oder ‚je mehr du sterben läßt, um so mehr wirst du eben deswegen leben', aufzubauen".[73] Der Foucault'sche Rassismus ist eine Beziehung kriegerischen Typs, denn „der Tod des Anderen, der Tod der bösen Rasse, der niederen (oder degenerierten oder anormalen) Rasse wird das Leben im allgemeinen gesünder machen; gesünder und reiner".[74] Zu dieser kriegerischen Beziehung passt das Kriegsvokabular, das genutzt wird: „Anti-Methodismus ist ein kriegerischer Angriff, dem wir mit Krieg begegnen werden." (CD, 89) Die biopolitische Normalisierungsgesellschaft akzeptiert das Töten,[75] wenn es zur allgemeinen Stärkung geschieht. Auf diese Weise verpflichtet sich auch die METHODE zur Reinigung der Gesellschaft und der Abwehr innerer Gefahren durch die eigene Population.[76] So ist die Metapher der METHODE als Immunsystem des Landes auch staatsrassistisch als „eine Art und Weise, im Innern der Bevölkerung Gruppen gegeneinander auszuspielen"[77] zu lesen. Diese Mechanismen zeigen sich z. B. in den Privilegien, die Wächterhäuser genießen. Und so ist die Reinigung des Gesellschaftskörpers die Legitimation für Mias Folter.[78] Ihre Folter deutet aber auch auf die Diskussion um die sogenannte

---

70 Vgl. ebd.
71 Vgl. Michel Foucault: *In Verteidigung der Gesellschaft*. In: Andreas Folkers/Thomas Lemke (Hg.): *Biopolitik. Ein Reader*. Berlin 2014, S. 88–114, hier S. 104.
72 Vgl. Michel Foucault: *In Verteidigung der Gesellschaft*, S. 105. Eine Zäsur könnte, mit Blick auf *Corpus Delicti* in den erzählten Zukunftsszenarien des Narrativs der ‚überwachten Patient:innen' in der Vision unterschiedlicher, auf biologische Daten basierender Versicherungstarife gesehen werden. Im Narrativ der überwachten Patient:innen werden Szenarien einer Bevorzugung oder Benachteiligung von Versicherten erzählt, die durch ihre Daten entweder positiv oder im Sinne einer Risikokostenkalkulation negativ auffallen. Eine Versicherten-Klassensystem entspräche einer Zäsur, wie der Foucault'sche (Staats-)Rassismus sie einführt.
73 Michel Foucault: *In Verteidigung der Gesellschaft*, S. 105.
74 Ebd.
75 „Selbstverständlich verstehe ich unter Tötung nicht den direkten Mord, sondern auch alle Formen des indirekten Mordes: jemanden der Gefahr des Todes ausliefern, für bestimmte Leute das Todesrisiko oder ganz einfach den politischen Tod, die Vertreibung, Abschiebung usw. erhöhen." (Michel Foucault: *In Verteidigung der Gesellschaft*, S. 106)
76 Vgl. ebd.
77 Michel Foucault: *In Verteidigung der Gesellschaft*, S. 105.
78 Vgl. Achim Geisenhanslüke: Die verlorene Ehre der Mia Holl, S. 230.

‚Rettungsfolter'.[79] Durch Kramers Rede von Viren, die es zu bekämpfen gilt, spaltet er die Gesellschaft und führt die Beziehung ein, in welcher jeder (politische) Tod eines Methodenfeinds die Heilung des Gesellschaftskörpers bedeutet. Für Kramer gilt, „dass dieser einen durchdringenden Blick besitzt, der ihn mit schlafwandlerischer Sicherheit zwischen Freunden und Feinden der METHODE unterscheiden lässt" (CD, 117). In der modernen Biopolitik ist, so Agamben, „derjenige souverän, der über den Wert oder Unwert des Lebens als solches entscheidet".[80] *Corpus Delicti* heftet sich an die Fersen von Agamben, der die ‚Sorge um das Leben' bis zur Kumulation im nationalsozialistischen Lager mit der Figur des *homo sacer* und des *nackten Lebens* versucht zu fassen: Die moderne Demokratie schaffe das heilige Leben nicht ab, sondern zersplittere es in jedem einzelnen Körper und verpflichte das Gesetz dazu, sich dieser Körper anzunehmen.[81] Dabei entspreche dasjenige, das die Demokratie als lebensunwert ausschließt, dem nackten Leben des *homo sacer*.[82] Auf seine Thesen spielt die ideale Geliebte an:

> Du glaubst doch nicht im Ernst, dass dieser Rosentreter und ein bisschen Sport den Riss kitten, der quer durch dein Innerstes verläuft? Dieser Riss liegt tiefer, Mia. Er ist nicht einmal dein persönliches Problem. Er entstand an dem Tag, als dieses Land auf die Idee kam, sich den Luxus von individuellen Krankheitsgeschichten nicht mehr leisten zu können. (CD, 81)

Der Riss, das neue biopolitische Gesetz, – und damit die Grenze zwischen lebenswertem und lebensunwertem Leben – geht, so Agamben, „notwendigerweise durch das Innere jedes menschlichen Lebens und jedes Bürgers [...]. Das nackte Leben ist nicht mehr an einem bestimmten Ort oder einer definierten Kategorie eingegrenzt, sondern bewohnt den biologischen Körper jedes Lebewesens".[83] Dabei gilt: „Die *Polizei* wird nun *Politik*, und die Sorge um das Leben fällt mit dem Kampf gegen den Feind zusammen."[84] Diese Überlegungen werden in der künstlerischen Fiktion aktualisiert und in ihrer Radikalität zurück in den Alltag geführt.

Dieser Kampf gegen den Methodenfeind spielt auf die „war on terror"-Politik der USA an: „,Ach', sagt Mia und hebt verwundert die Brauen, ‚meine Anwaltsgespräche werden abgehört?' ‚Eine notwendige Sicherheitsmaßname. Für Methoden-

---

79 Vgl. Susanne Krasmann/Jan Wehrheim: Folter und die Grenzen des Rechtsstaats. In: *Monatsschrift für Kriminologie und Strafrechtsreform* 89 (2006). Heft 4, S. 265–275, hier S. 265 u. S. 272. Vgl. Manfred Nowak: *Folter. Die Alltäglichkeit des Unfassbaren.* Wien 2012, S. 68 f.
80 Giorgio Agamben: *Homo Sacer*, S. 215.
81 Vgl. Giorgio Agamben: *Homo Sacer*, S. 196 f.
82 Vgl. Giorgio Agamben: *Homo Sacer*, S. 211.
83 Giorgio Agamben: *Homo Sacer*, S. 212.
84 Giorgio Agamben: *Homo Sacer*, S. 219. Sowohl Klocke als auch Müller-Dietz verweisen auf die Foltermethoden in Abu Ghraib (vgl. Sonja E. Klocke: *Das Mittelalter ist keine Epoche,* S. 197 f.; Müller-Dietz: *Zur negativen Utopie,* S. 91).

feinde gelten die Gesetze des Ausnahmezustands."' (CD, 206)[85] In diesem Ausrufen des Ausnahmezustands zeigt sich, dass Brocklings Dispositive der Prävention einander nicht ablösen, sondern nebeneinander existieren. In Bezug zu ihren ‚Feinden' verfolgt die METHODE das Dispositiv der Hygiene.[86] Es wird metonymisch gesprochen ein „Krieg gegen die Mikroben"[87] geführt. Die Bush-Regierung vertrat nach dem 11. September 2001 die Auffassung, dass weder Menschen- noch Völkerrecht im Krieg gegen den Terror anwendbar sei. Stattdessen habe das Kriegsrecht, und damit der Ausnahmezustand, zu gelten.[88] Damit für Kombattant:innen keine Rechte (keine Folter, Recht auf Nahrung, medizinische Versorgung etc.) gelten, prägt die US-Regierung den Begriff ‚illegal enemy combatant'.[89] Der Text zeigt am Fall Mia Holl, was der Ausnahmezustand innerhalb der Terrorismusbekämpfung bedeuten kann: eine strenge Feind-Freund-Logik, Schauprozesse zum Machterhalt,[90] grenzenlose Überwachungspraktiken und Folter von Unschuldigen: „Von einem Subjekt im kantschen Sinne bleibt in einem solchen Falle nichts mehr übrig."[91]

Die Macht der Körper-Daten. Die Suche nach Wahrheit jenseits des Subjekts

Corpus Delicti zentriert im Narrativ der überwachten Bürger:innen den Aspekt der Bürger:innen als Daten-Subjekte. Dabei ist der Roman stärker als es auf den ersten Blick erscheint von Marx' Formen der ‚new surveillance' durchdrungen, die ferngesteuert, kontinuierlich, zeit- und raumüberwindend sind.[92] Der implantierte Chip macht jene neuen Formen der kontinuierlichen Datenerhebung möglich. „Dank der METHODE verfügen wir heute über Datenbanken, in denen die Gewebemerkmale sämtlicher Bürger verzeichnet sind." (CD, 165) Das ermöglicht eindeutige Personenprofile, auf die die Justiz beliebig Zugriff hat (vgl. CD, 18). Daraus ergibt sich zudem a) eine Macht der Daten, die zur Wahrheitsfindung herangezogen wird, b) Daten-Doubles, deren Kontrolle die Figuren nicht mehr innehaben und c) ein ve-

---

85 „Der Methodenschutz hat deinen gesamten Datenapparat gescannt. Gespeicherte Telephonanrufe, Abhörergebnisse aus deiner Wohnung, elektrische Korrespondenz." (CD, 223)
86 Vgl. Ulrich Bröckling: Dispositive der Vorbeugung, S. 98.
87 Ulrich Bröckling: Dispositive der Vorbeugung, S. 98.
88 Vgl. Susanne Krasmann/Jan Wehrheim: Folter und die Grenzen des Rechtsstaats, S. 267.
89 Vgl. Manfred Nowak: *Folter*, S. 73–75.
90 Vgl. zur Analyse von Mias Prozess als Eskalationsprozess und der analogen Entwicklung in der Kriminalpolitik eines demokratischen Rechtsstaates: Müller-Dietz: Zur negativen Utopie, S. 85–95.
91 Müller-Dietz: Zur negativen Utopie, S. 90.
92 Vgl. Gary T. Marx: What's new about the „new surveillance"?, S. 88 und S. 83.

ränderter Subjekt-Objekt-Status und so ein verändertes Menschenbild. Im Prozess gegen die Geschwister Holl offenbart sich das Verlangen nach Wahrheitsfindung, das jedoch weniger auf der Wahrheit als auf der Findung liegt. „Der DNA-Test beendete das Ermittlungsverfahren. Jeder normale Mensch weiß, dass der genetische Fingerabdruck unverwechselbar ist." (CD, 33) Biologischen Daten, informationelle Privatheit als Erkenntniswert, wird innerhalb der METHODE geglaubt, sie bezeugen die Schuldhaftigkeit Moritz':[93]

> Glücklicherweise gibt es heute modernere Formen der Erkenntnisgewinnung, die das Geständnis ersetzen können. Kurz gesagt: die akribische Erhebung von Informationen. Je mehr man besitzt, desto besser. [...] Je genauer die Informationslage, desto gerechter die Behandlung. Stimmen Sie mir zu, Frau Holl? (CD, 120)

Das Geständnis des Angeklagten ist nicht mehr vonnöten: „Die subjektive Wahrheit des Angeklagten wird gewissermaßen durch eine möglichst objektive ersetzt." (CD, 230) Dieses Handeln und Regieren folgt der ideologischen Perspektive: Daten sind objektiv, während Figurenaussagen subjektiv sind. Diese Ideologie gerät zunehmend ins Wanken. Rosentreter klärt auf: „‚Ich kannte Moritz nicht persönlich', sagt Rosentreter schließlich. ‚Nur in seiner virtuellen Existenz. Verstehen Sie? [...] Ihr Bruder stand auf der Schwarzen Liste.'" (CD, 72f.) Der Methodenschutz ließ den Bruder, besser: sein Daten-Double, beobachten. Es ist der ungeschickt anmutende Rosentreter, der die aufklärende Figur darstellt.

> Es geht [...] um die Tatsache, dass die Datenspur eines jeden Menschen Millionen von Einzelinformationen enthält, aus denen sich jedes beliebige Mosaik zusammensetzen lässt. Wenn die METHODE glaubt, in Mia Holl einen Gefährder vor sich zu haben, dann sieht sie auch einen Gefährder. Und Rosentreter muss Mia nur ein wenig von der Seite anschauen, so dass ihre Nase im Profil scharf vorspringt und die Augen besonders tief in den Höhlen liegen – schon sieht er es auch. (CD, 225)

Es geht um Profiling. In der Erzählerrede, die Rosentreters Perzeption wiedergibt, illustriert der Text die Möglichkeit einer willkürlichen Profilerstellung. Rasterfahndung und Profiling folgen Suchkriterien, vorgefertigten ideologischen Kriterien, die Personen als Datensätze in Klassifikationen von gut/schlecht, gefährlich/ungefährlich einstufen; soziodemographische und ethnische Kategorien sind dafür entscheidend. David Lyon warnt vor den Auswirkungen globaler Massenüberwachung:

---

[93] Layh betont, dass in *Corpus Delicti* hauptsächlich der Körper vor Gericht steht, als Gegenstand wie Beweisstück: Das titelgebende ‚Corpus Delicti' ist der Körper selbst (vgl. Susanna Layh: *Finstere neue Welten*, S. 157).

> [Es] stellen sich eben auch [neben dem Verlust der Privatheit, SH] dringende Fragen der Gerechtigkeit und der Fairness, der bürgerlichen Freiheiten und der Menschenrechte. Denn heutige Überwachungssysteme bewirken, wie wir noch sehen werden, in allererster Linie *soziale Klassifizierungen.*[94]

Corpus Delicti klagt die Subjektivität der kriminalpolizeilichen Ermittlungen an, die, wie Rosentreter sagt, „in manchen Punkten ein wenig überempfindlich [ist]. Bekommt ein Fall eine methodenschutzrechtliche Komponente, gerät er gewissermaßen in eine andere Spur". (CD, 73) Der Umgang mit personenbezogenen Daten, die mittels präventiven Big-Data-Analysen zu Profilen kombiniert werden, etabliert ein neues Menschenbild, in dem der Mensch zum Objekt seiner Daten degradiert wird.

Entprivatisierte Körper. Mein, dein, unser Körper und Tod

Bestimmend für das Verhältnis zwischen Öffentlichkeit und Privatheit ist der Grundsatz der METHODE: Öffentliches und persönliches Wohl wird zur Deckung gebracht (vgl. CD, 34). Sophie erklärt, „auf diese Übereinstimmung stützt sich unser gesamtes System. Es besteht eine enge Verbindung zwischen dem persönlichen und dem allgemeinen Wohl, die in solchen Fällen keinen Raum für Privatangelegenheiten lässt" (CD, 58). Das ist kategorial in der Bedeutung der erzählten Privatheit: Privatheit ist Öffentlichkeit. Zur Kontrolle muss alles vermeintlich Privat-Innerliche sichtbar gemacht und Transparenz zur begrüßten Norm etabliert werden. Zur Inszenierung der Privatheit gehört auch, dass der Verteidiger des privaten Interesses als lächerliche Figur eingeführt wird: Lutz „Rosentreter ist ein netter Junge" (CD, 13), „[e]r tut Sophie leid, wie er da sitzt [...] und anscheinend gar nicht weiß, wo er anfangen soll" (CD, 162). Der Schutz der Privatheit ist laut Textaussage ein aussichtsloser Fall mit Pflichtverteidiger, die Grenze zwischen Öffentlichkeit und Privatheit wurde bereits aufgelöst. In diesem Punkt ist *Corpus Delicti* ein Katastrophennarrativ – eine Rettung der Privatheit scheint von Beginn an ausgeschlossen. Der Roman fällt also in das Verlustnarrativ: Privatheit ist bereits verloren.

Zur verlorenen lokalen Privatheit gehören nicht nur die Privaträume – die Überwacherfigur Kramer bewegt sich mit „großer Selbstverständlichkeit" (CD, 118) durch Mias Wohnung und nimmt ungefragt Einblicke in ihr Privates: Am

---

94 Zygmund Bauman/David Lyon: *Daten, Drohnen, Disziplin,* S. 25 f.

Schreibtisch „zieht er vorsichtig eine Schublade auf" (CD, 123)[95] – sondern auch der Individualkörper. Die schwerwiegendste Verletzung der lokalen Privatheit ist im Text die Enteignung des Körpers. Diese wird nicht physisch-lokal, sondern mittels Zugang zu biometrischer informationeller Privatheit realisiert. Der enteignete Körper ist der durch den implantierten Chip transparent gemachte Datenkörper.

Es bleibt die Frage nach dem Maß der Selbstüberwachung. Der Text spielt nicht nur auf die Diskurse um gläserne Patient:innen und die Einführung der neuen Gesundheitskarte an, sondern auch auf die ‚Quantified Self-Bewegung', die umfassende Selbstoptimierung fordert:

> Der Körper ist eine Maschine, ein Fortbewegungs-, Nahrungsaufnahme- und Kommunikationsapparat, dessen Aufgabe vor allem im reibungslosen Funktionieren besteht. Mia selbst befindet sich oben in der Kommandozentrale, schaut durch Augenfenster hinaus und belauscht durch Ohrenlöcher ihre Umgebung. Tagein, tagaus gibt sie Befehle, die der Körper bedingungslos auszuführen hat. (CD, 79)

Der Text stellt Mias Verhältnis zu ihrem Körper dar. Der ‚Körper als Maschine' beruht auf Logiken der Produktivität, und die kann gesteigert und optimiert werden. Mia schaut durch „Augenfenster" und lauscht durch „Ohrenlöcher" – Neologismen, die die Symbolik der Überwachung ins Körperliche transferieren und beides aufs Engste miteinander verbinden. „Der Körper ist unser Tempel und Altar, Götze und Opfer. Heilig gesprochen und versklavt." (CD, 158) Der Körper wird zum Ort des

---

[95] Der Zugang zur Privatheit scheint für Kramer lokal wie informationell geöffnet. Ferner macht das Wächterhaus die halboffenen Zwischenräume innerhalb eines Hauses kontrollierbar. Zu überwachten und privaten Räumen in *Corpus Delicti* vgl.: Sabrina Huber: „Aber privat sein war so gar nicht sein Fall" – Räume des Privaten in den Überwachungsromanen Corpus Delicti von Juli Zeh und Fremdes Land von Thomas Sautner. In: Steffen Burk, Tatiana Klepikova und Miriam Piegsa (Hg.): *Privates Erzählen. Formen und Funktionen von Privatheit in der Literatur des 18. bis 21. Jahrhunderts*, Berlin 2018, S. 195–218. Der Artikel arbeitet die verbleibenden Privaträume heraus. Konkret sind das drei metaphorische Räume: a) das Schweigen (vgl. FN 101), b) die phantasierte Utopie sowie c) soziale Beziehungen. Die phantasierte Utopie realisieren Mia und Moritz in der Natur, die in einer Zugangskontrolldefinition nicht selbst der private Raum ist, sie ist die Bedingung für die Ermöglichung eines Privatraumes: der phantasierten ‚Kathedrale'. Der Zugang zu dieser sinnlich erfahrbaren Privatheit, die im Möglichkeitssinn ein gedachtes Gegenbild zur Stadt darstellt, kann kontrolliert werden. Die Möglichkeit, einen privaten Raum in sozialen Beziehungen zu schaffen präsentiert im Roman auch die Figur der idealen Geliebten. Nach Musil'schem Vorbild vereinigen sich Mia und Moritz mithilfe der idealen Geliebten. Das Moment der Erkennung ist kein Pierrot-Kostüm wie bei Agathe und Ulrich, sondern der Papieranzug der Isolationshaft. Dabei wird die Beziehung zu einem produktiven Privatraum, der Mia die Beantwortung der ‚praktischen Frage' nach Rössler ermöglicht.

Religiösen. Die durch den Gottestod fehlende Gottesüberwachung manifestiert sich in (selbst-)überwachendem Körperkult.

Das Kollektivverständnis des Körpers als Maschine und als Datensatz führt in der Romanwelt auch zum Verlust von Respekt vor der Scham und Privatheit der Anderen und damit zu einem Verlust der Menschenwürde. Vor Gericht werden routinemäßig Datensätze präsentiert:[96] „Es erscheint eine Photographie eines Mannes in mittlerem Alter. Ganzkörper, nackt. Von vorn und hinten. Von außen und innen. Röntgenbilder, Ultraschall, Kernspintomographie des Gehirns." (CD, 14) Byung-Chul Hans ‚Ausstellungsgesellschaft' wird in ihrer Obszönität präsent.

> Jetzt sitzt Mia mit nacktem Oberkörper und leerem Blick im Untersuchungsstuhl. Von Handgelenken, Rücken und Schläfen hängen Kabel. Ihre Herztöne, das Rauschen des Bluts in den Adern, die elektrischen Impulse der Synapsen sind zu hören – ein Orchester von Wahnsinnigen, das die Instrumente stimmt. Der Amtsarzt [...] streicht Mia mit einem Scanner über den Oberarm, als wäre sie eine Bohnendose auf dem Kassenband im Supermarkt. (CD, 49)[97]

Dem Erzähler kommt die analytisch-evaluative Funktion[98] zu, die Entsubjektivierung von Menschen zu kritisieren; er bemängelt, dass diese angesehen werden, als wären sie zugänglich durch eine einfache Chiffre, ein lesbarer Strichcode.[99] Der Erzähler wird durch seine ideologische Perspektive zum Verteidiger liberaler Werte. Die Folgen dieser Verletzungen der Privatheiten gipfeln darin, den eigenen Körper nicht mehr erfahren zu können. Genau das wirft Moritz Mia vor und: „Der Mensch muss sein Dasein *erfahren*. Im Schmerz. Im Rausch. Im Scheitern. Im Höhenflug. Im Gefühl der vollständigen Machtfülle über die eigene Existenz. Über das eigene Leben und den eigenen Tod. Das, meine arme, vertrocknete Mia Holl, *ist* Liebe." (CD, 92) Im Gegensatz zu Mia, die ihren Körper nur als Maschine begreift, habe er „Empfindungen. *Echte* Empfindungen." (CD, 95) Fehlende körperliche Privatheit, das Nichterfahren des eigenen Körpers, führt, so suggeriert es *Corpus Delicti*, zu Emotions- und Bindungslosigkeit sowie zu mangelnder Erfahrbarkeit von Welt und Körper und einem fehlenden Selbstbewusstsein. Der eigene Körper und die Körper der Anderen haben keine Resonanz mehr, sie werden – mit Hartmut Rosa gesprochen – stumm.[100]

Obwohl Überwachung als Instrument der Gesundheitsprävention gesellschaftlich positiv erlebt wird, ist der Wunsch nach Privatheit vorhanden. Das zeigen die

---

96 Gottwein sieht einen Eingriff in die Persönlichkeitsrechte (vgl. Carla Gottwein: Die verordnete Kollektividentität, S. 230).
97 Schönfellner deutet das als einen Vorgriff darauf, dass Mias Widerstandspotential im Inneren liegt (vgl. Sabine Schönfellner: *Die Perfektionisierbarkeit des Menschen*, S. 82).
98 Vgl. Ansgar Nünning: Funktionen von Erzählinstanzen, S. 337.
99 Vgl. Gilles Deleuze: Postskriptum über die Kontrollgesellschaften, S. 258.
100 Vgl. Hartmut Rosa: *Unverfügbarkeit*. 4. Aufl. Wien/Salzburg 2018, S. 33; S. 50.

Figuren Rosentreter,[101] Mia[102] und am eindringlichsten Moritz. Er fordert Privatheit allumfassender und das Recht auf ein selbstbestimmtes Sterben ein: „Nur wenn ich mich auch für den Tod entscheiden kann, besitzt die Entscheidung zugunsten des Leben einen Wert" (CD, 85). Solche Entschiedenheit hat er nur deshalb, weil er durch eine andere Lebensführung, die maßgeblich im subversivem Gebrauch der Institutionen sowie in der Schaffung von Freiräumen liegt,[103] das beantwortet hat, was Rössler die ‚praktische Frage'[104] nennt, also die Frage, wie er leben oder sterben will. Moritz' letzter Privatraum, als ihm die ‚Kathedrale' entrissen[105] und er selbst inhaftiert wird, ist der Selbstmord: „‚Das Leben', sagt Moritz leise, ‚ist ein Angebot, das man auch ablehnen kann.'" (CD, 46) Das ist für die METHODE ein Risiko: Ein mit den Techniken der Biomacht agierender Staat fürchtet Selbstmörder:innen:[106] „Jetzt richtet die Macht ihre Zugriffe auf das Leben und seinen ganzen Ablauf; der Augenblick des Todes ist ihre Grenze und entzieht sich ihrer; er wird zum geheimsten, zum ‚privatesten' Punkt der Existenz",[107] schreibt Foucault. In seinem Sinne pflegte Moritz zu sagen: „Wer stirbt, entwischt. Wer eingefroren wird,[108] gehört endgültig dem System. Als Jagdtrophäe." (CD, 231)

---

101 Rosentreter hat ein privates Interesse am Fall Mia Holl, denn er liebt unzulässig. In ihm wird der Wunsch nach autonomer Lebensführung in Bezug auf die freie Partnerwahl deutlich (dezisionale Privatheit).
102 In Mia wächst der Wunsch nach Privatheit in der Ausnahmesituation: „‚Frau Holl', sagt Sophie und fährt mit dem Handrücken über die Augen, ‚ich muss Sie bitten, mir zu erklären, was Sie mit *Privatangelegenheit* meinen.' [...] ‚Ich will nur Ruhe', sagt sie schließlich. ‚[...] Es gibt Dinge, die brauchen Zeit. Um nichts anderes bitte ich Sie. Um Ruhe und Zeit.'" (CD, 57) Was die Figur unter *Privatangelegenheit* versteht, ist der private Rückzug in das Allein-mit-sich-sein. „Man wird Sie dabei unterstützen, mit Ihrer Lage fertig zu werden [...]. Mia schweigt." (CD, 53) Hingewiesen werden soll auf den kurzen Satz „Mia schweigt." Das Schweigen schafft einen Privatraum; einen Rückzug in das Innere, zu dem sie den Zugang kontrollieren kann (vgl. Sabrina Huber: „Aber privat sein war so gar nicht sein Fall").
103 „Aber der einzige Anspruch, den ich stelle, ist der auf meine persönliche Wirklichkeit [...]. In meinem Kopf gibt es Freiheit. In meinem Kopf tanzen und trinken und feiern die Menschen bei Nacht auf den Straßen und die Polizei steht daneben, plaudert und guckt zu." (CD, 149)
104 In Rösslers Verständnis bildet das Stellen und Beantworten der ‚praktischen Frage' den normativen Kern des modernen Freiheitsverständnisses, d. h. die Frage, wie man leben möchte und was für eine Person man sein möchte (vgl. Beate Rössler: *Der Wert des Privaten*, S. 83).
105 Ein Privatraum der Geschwister war die Phantasie: „Wir sind uns ein Leben lang im Reich der Phantasie begegnet. [...] Es war unser Reich. Es *ist* unser Reich. Es wird für immer unser gemeinsames Zuhause sein. Vergiss das nicht." (CD, 45)
106 „Nichts fürchtet ein Sicherheitsapparat so sehr wie Menschen, die mit dem Leben abgeschlossen haben. Es macht sie unkontrollierbar. Selbstmordattentäter." (CD, 195)
107 Michel Foucault: *Recht über den Tod und Macht zum Leben*, S. 68.
108 Kramer wörtlich: „Ein Staat, der sich auf die METHODE, also auf die absolute Wertschätzung des menschlichen Lebens stützt, kann keine Todesstrafe verhängen. Stattdessen gibt es die Verur-

Über die Rolle von Architektur: Überwachte Körper in Räumen oder Herdenmanagement

Neben *Corpus Delicti* schrieb Zeh weitere Theaterstücke, die ihr Kernthema ‚(Massen-)Überwachung' verarbeiten. 2009 wird *Der Kaktus* uraufgeführt: Darin wird der titelgebende Kaktus von Polizeibeamt:innen als Terrorverdächtiger einem Verhör – gleich einem von Kombattant:innen – unterzogen. Das Stück spielt gänzlich in einem Verhörraum. Nur einen Raum finden auch Zuschauer:innen von *203* vor – die Raumnummer ist der Titel des 2011 uraufgeführten Stücks. Den „Zeh-Kenner erinnert [das Stück] an ein bekanntes Szenario: Ein diktatorisches System, das den menschlichen Körper längst zu seinem Eigentum erklärt hat".[109] Doch anders als in *Corpus Delicti* sind die Charaktere in einem Raum eingesperrt und erzählen sich in Beckett'scher Manier ihre eigene Geschichte, während sie von Wärterinnen wie Mastvieh behandelt werden. *Yellow Line* (UA 2012) schrieb Zeh mit Kollegin Charlotte Roos. Darin begleiten die Zuschauer:innen Paul und seine Freundin Helene während und nach dem Pauschalurlaub, an dem Paul plötzlich alles stört und der der Auslöser seines privaten Protestes wird. Parallel zu Pauls Erzählstrang findet in einem zweiten Handlungsstrang eine Verkaufsveranstaltung für landwirtschaftliche Herdenmanagementsysteme statt. Wie für Zehs Schreiben üblich sind diese Stücke äußerst thesenhaft und übervoll mit Diskursen um die Sicherheitspolitik und einer smarten Gouvernementalität, die vom Herdentier ‚Mensch' begrüßt wird. Alle drei Stücke gestalten Überwachung im Rahmen eines Sicherheitsdispositivs. Insbesondere die beiden Stücke *203* und *Yellow Line* ergänzen nun die in *Corpus Delicti* herausgearbeiteten Befunde zur Regierung und zur Biopolitik um einen Gedanken: Überwachende Regierungstechniken finden maßgeblich in Räumen und durch besondere Architektur statt. Die Umwelt, in der die Figuren sich bewegen, gestaltet sich als geschlossenes ‚Gehege' mit Leitsystemen aus: Bürger:innenüberwachung ist Herdenmanagement.

In Raum 203 ist eine Familie eingesperrt – so scheint es am Anfang des Stücks. Die Literaturkritik weist schnell auf die Intexte hin: *203* beginnt wie Kafkas *Verwandlung*; eine Figur wacht eines Morgens auf und ist ein anderer.[110] Dann jedoch

---

teilung zum Scheintod – und damit verbunden die Chance, irgendwann in der Zukunft unter veränderten politischen Bedingungen rehabilitiert zu werden." (CD, 231)
109 Sabrina Wagner: *Aufklärer der Gegenwart*, S. 89.
110 Vgl. z. B. Martin Eich: Labern, bis die Pflegerinnen kommen. In: *Die Welt*, 26.04.2011. URL: https://www.welt.de/print/die_welt/kultur/article13265115/Labern-bis-die-Pflegerinnen-kommen.html [19.09.2022]; Andreas Rossmann: Kannibalismus als Zwillingsbruder der Demokratie. In: *FAZ*, 27.04.2011. URL: https://www.faz.net/aktuell/feuilleton/buecher/autoren/juli-zehs-203-im-theater-kannibalismus-als-zwillingsbruder-der-demokratie-1626653.html [19.09.2022].

erinnert es eher an Becketts *Endgame*.[111] Eingesperrt in Raum 203 erzählen die Figuren in Endlosschleifen ihre Familiengeschichten. Doch mit zunehmender Spielzeit offenbart sich, dass es sich gar nicht um eine Familie handelt – es sind Fremde, die erzählen, um zu überleben.

Dieser Raum wird von einer der Figuren selbst als ein ‚anderer' markiert: „Ich hab keine Ahnung, wo ich bin. Irrenanstalt. Hölle. Gefängnis. Fernsehshow",[112] sagt Thomas.[113] Raum 203 ist eine Heterotopie. Viele dieser ‚anderen Räume', wie Foucault sie nennt, sind zugleich Disziplinarinstitutionen wie die Irrenanstalt oder das Gefängnis.[114] Das deutet auf das Modell des Panopticons. Liest man zudem den Titel des Stücks, der zugleich die Nummer des Raumes ist, als Verweis auf § 203 StGB (Verletzung von Privatgeheimnissen), wird die durch den Text artikulierte Kritik an Privatheitsverletzungen offensichtlich. Die Räume in den drei Theaterstücken – *Der Kaktus*, *203* und *Yellow Line* – sind geschlossene Überwachungsräume, in denen Disziplin über die Architektur des Raumes eingeführt und eingeübt wird. Um diese Überwachungsarchitektur soll es nun gehen. Sie leitet die Körper. Architektur wird Teil der Assemblage, mehr noch: Architektur regiert.

Zeh vergleicht in diesen Stücken erstmals die Überwachung in der Gegenwart mit der Massentierhaltung: Kühe und Mastschweine werden zur Allegorie für die staatlich überwachten Bürger:innen. Der öffentliche Raum wird zu einem Gehege.

> CHRISTA Die Welt da draußen hat sich doch längst in einen riesigen Kuhstall verwandelt! Das sind keine Bürger mehr, das ist Mastvieh. Keine Politik, sondern Herdenmanagement. [...] Der öffentliche Raum ist ein Gehege. Lauflinien am Boden, Kameras in der Luft. (*203*, 83f.)

Aus der antiken Polis, die, wie Hannah Arendt sagt, einst „das Reich der Freiheit"[115] war, wurde, so die Kritik der Figur, ein Reich der Regierung des Managements, was pejorativ im Sinne einer Abfertigung und Erhalt der biologischen Bedürfnisse gebraucht wird. Die Figur Christa schlussfolgert: „Freiheit gibt's nur noch zu Hause. Draußen ist Massentierhaltung." (*203*, 84) In der Polis galt Freiheit, die „hieß weder

---

111 Zum Verweis auf Samuel Beckett: „BETTY Weiß nicht. Klingt nach einer Mischung aus Brecht und Beckett." (*203*, 130)
112 Juli Zeh: 203. In: Dies.: *Good Morning, Boys and Girls. Theaterstücke: Der Kaktus. Good Morning, Boys and Girls. 203. Yellow Line.* Frankfurt/M. 2013, S. 73–152, hier S. 109. Nachfolgend mit der Sigle: 203.
113 Berücksichtigt man, dass das Theater selbst ein ‚anderer Ort' ist, wird eine Heterotopie in der Heterotopie vorgeführt.
114 Michel Foucault. Von anderen Räumen. In: Ders.: *Schriften in vier Bänden. Dits et Ecrits.* Bd. IV. 1980–1988. Hg. v. Daniel Defert/François Ewald. Übers. v. Michael Bischoff et al. Frankfurt/M. 2005, S. 931–942.
115 Hannah Arendt: *Mensch und Politik.* Ditzingen 2017, S. 18.

herrschen noch beherrscht werden";[116] im Privaten dagegen war Raum für die Sorge ums Leben.[117] „Politisch zu sein, in einer Polis zu leben, das hieß, dass alle Angelegenheiten vermittels der Worte, die überzeugen können, geregelt werden und nicht durch Zwang oder Gewalt."[118] Von dieser Art der politischen Aushandlung, bzw. des politischen Raums, ist in der Perspektive der Figur nichts übrig. Stattdessen sieht sie eine auf das bloße Funktionieren reduzierte, ökonomisch rentable Regierung der Biopolitik, die den öffentlichen Raum zu einem Verortungs- und Sortierungssystem wandelt. Ein Gehege ist geschlossen, es gibt Bewegungen vor und zeichnet sie hier mittels Kamera auf. Der Text vermittelt den Topos einer Überwachung ‚von oben': Das göttliche Auge wurde zu Kameras aus der Luft. Architektur wird so als produktive Disziplinarmacht artikuliert.

Das Stück kennzeichnet eine Art Doppelstruktur: Während die Figur Christa die Welt außerhalb von Raum 203 mit einem Kuhstall vergleicht, werden die Figuren im Raum selbst wie Mastvieh behandelt: „Sicher verwahrt von der Geburt bis zum Tod. So will man uns – kleine Allesfresser, die möglichst viel konsumieren und möglichst wenig Fragen stellen." (*203*, 104 f.)

Die zur Allegorie ausgebauten Metaphern der Bürger:innen als Vieh bzw. der Politik als Herdenmanagement – eine Denkfigur, die bei Zeh zum Motiv wird – verbindet *203* mit dem Stück *Yellow Line*, das thematisiert, wie Flughafen, Wellness-Center oder Hotelanlage dem modernen Kuhstall gleichen. *Yellow Line* hat zwei Plotebenen, die über dieses Motiv verbunden sind: Auf einer Handlungsebene tritt ein Herdenmanager auf, der Landwirt:innen ein solches technisches System für ihre Tierhaltung verkaufen will. Auf der zweiten Handlungsebene folgen die Zuschauer:innen Paul und Helene vom Flughafen in den Pauschalurlaub oder zum Wellnesscenter – Orte, an denen im Rahmen eines Sicherheitsdispositivs architektonische Leitsysteme installiert sind, die Besucher:innen koordinieren, durch die Räume ‚schleusen' und Verhaltensregeln determinieren. Der Verkäufer wirbt für die landwirtschaftliche Überwachungssysteme:

> HERDENM. Niemand, meine Damen und Herren, niemand kennt Ihre Kühe besser als Ihr neues Managementsystem! [...] Herdenmanagement ist wie Zauberei. Die Kühe übernehmen ihre eigene Betreuung und Versorgung. [...] Das Managementsystem sammelt alle nötigen

---

116 Hannah Arendt: *Mensch und Politik*, S. 20.
117 „Was wir unter Herrschen und Beherrschtwerden, unter Macht und Staat und Regierung verstehen, kurz unsere gesamten politischen Ordnungsbegriffe, galten umgekehrt als präpolitisch; sie hatten ihre Berechtigung nicht im Öffentlichen, sondern im Privaten und waren im eigentlichen Wortsinne unpolitisch – nicht der Polis zugehörig." (Ebd.)
118 Hannah Arendt: *Mensch und Politik*, S. 12.

> Daten, sortiert kranke Tiere aus, führt brünstige Tiere der Besamung zu, verteilt Impfungen und Medikamente [...].[119]
> HERDENM. Die neuen Managementsysteme sind sanft. Die neuen Managementsysteme sind flexibel. Die neuen Managementsysteme sind unsichtbar. Sie ersetzen Zwang durch Konditionierung, Unterdrückung durch Bedürfnissteuerung. Sie drohen nicht, sondern berechnen. Sie schlagen nicht, sondern sie organisieren. Nach den neuesten Entwicklungen im Herdenmanagement wird nicht ein-, sondern ausgesperrt. (YL, 200)

Diese Managementsysteme werden als jene Manifestationen der Formen der ‚new surveillance' beschrieben, die sanft, flexibel und unsichtbar sind. An dieser Stelle wird die Allegorie der Tierhaltung derart explizit: Hierbei handelt es sich um kontrollgesellschaftliche Überwachungssysteme, die nicht „drohen", sondern „organisieren". In der Foucault'schen Terminologie bedeutet dies das Vorherrschen eines anderen Machttyps: keine strafende Disziplin, sondern kontrollierende Regierung. Eine technisierte Regierung übernimmt die Lösung biopolitischer Fragen: Das System „sortiert kranke Tiere aus, führt brünstige Tiere der Besamung zu, verteilt Impfungen und Medikamente". Das System entscheidet anhand gesammelter Daten über das Recht zu leben, leben zu machen, oder in den Tod zu stoßen.[120] Ein Überwachungssystem, das im Raum verschiedene Daten erfasst und kombiniert, übernimmt jene Biomacht, die das Leben steigert, vervielfältigt, kontrolliert und gesamtheitlich reguliert.[121] Auch findet man direkte Referenzen auf Überwachungstheorie, so bezeichnet Hofstetter Programmierer:innen von künstlichen Intelligenzen als ‚Zahlenzauberer';[122] im Stück heißt es dann „Herdenmanagement ist wie Zauberei". Der letzte Satz der Textstelle rekurriert auf die Ausschlussangst, die Lyon und Bauman smarter Überwachung attestieren.[123]

Dieser Topos der Herde geht auf eine Beobachtung Nietzsches zurück, der den modernen Menschen als Herdenmensch begreift.[124]

> Ich lehre: die Herde sucht einen Typus aufrecht zu erhalten und wehrt sich nach beiden Seiten, ebenso gegen die davon Entartenden (Verbrecher usw.) als auch gegen die darüber Emporragenden. Die Tendenz der Herde ist auf Stillstand und Erhaltung gerichtet [...].[125]

---

119 Juli Zeh/Charlotte Roos: Yellow Line. In: Dies.: *Good Morning, Boys and Girls. Theaterstücke: Der Kaktus. Good Morning, Boys and Girls. 203. Yellow Line.* Frankfurt/M. 2013, S. 153–236, hier S. 171f. Nachfolgend mit der Sigle: YL.
120 Vgl. Michel Foucault: *Recht über den Tod und Macht zum Leben*, S. 68.
121 Vgl. Michel Foucault: *Recht über den Tod und Macht zum Leben*, S. 67.
122 Vgl. Yvonne Hofstetter: *Sie wissen alles*, S. 97 ff.
123 Vgl. Zygmunt Bauman/David Lyon: *Daten, Drohnen, Disziplin*, S. 37.
124 Vgl. Nietzsche: *Jenseits von Gut und Böse*, KSA 5, S. 120.
125 Friedrich Nietzsche: *Nachgelassene Fragmente 1884–1885*, KSK 11, 279.

Der Herdenmensch, als Masse der Bevölkerung im Unterschied zu den wenigen Übermenschen, wolle im Grunde wie jedes Herdenmitglied sein: Die Herde steht für eine Gleichheit, gerade nicht für Individualität. Anpassung statt Individualität – Außensteuerung statt Innensteuerung. Deswegen brauche dieser Herdenmensch Hirten. Die biblische Hirtenmetapher durchzieht den Überwachungsdiskurs schon lange: Einschlägig wird sie in Foucaults Pastoralmacht. Er versteht darunter eine christliche Machttechnik, die auf die Regierung der Seelen zielt und „das Seelenheil des Einzelnen im Jenseits sichern soll [...]."[126] Im Staat erkennt er eine neue Form von Pastoralmacht. „Aus der Sorge um das Heil der Menschen im Jenseits wurde die Sorge um ihr Heil im Diesseits. In diesem Kontext erhält das Wort ‚Heil' mehrere Bedeutungen; es meint nun Gesundheit, Wohlergehen [...], Sicherheit und Schutz vor Unfällen aller Art."[127] Beide Ausdeutungen der Hirte-Herde-Beziehung, die Nietzsches und die Foucaults, müssen mitgedacht werden. Zeh führt dieses Bild in dem in ihren Theaterstücken mehrfach auftauchenden Motiv zurück zur leibhaftigen Herde. Dabei verändert sie zwei wesentliche Termini: Aus Hirt:innen werden Manager:innen, und die Herde wird als Kuh-/Mastvieh-Herde determiniert. Damit beantwortet sich die Frage der Regierungskunst, „wie lässt sich die Ökonomie einführen, d. h. die richtige Lenkung der Individuen, Güter und Reichtümer [...]."[128] Die politische Ökonomie realisiert sich in Zehs Stücken über Architektur, die pastorale Techniken auf die Herde anwendet, um sie nach innerer Wahrheit zu befragen. Im Bild der christlichen Hirtenmetapher besteht die Herde in der Regel aus Schafen.[129] Diese erzählten Leitsysteme machen aus der Masse ‚Herde' einzeln identifizierbare Körper. Anders ausgedrückt: Die Macht kann bei der Regierung der Kühe auf den Einzelkörper zielen, wodurch die Herde, die Nietzsche als eine Masse der Gleichen bestimmte, die Anonymität der Einzelnen verliert.

---

[126] Michel Foucault: Subjekt und Macht. In: Ders.: *Schriften in vier Bänden. Dits et Ecrits*. Bd. IV (1980–1988). Hg. v. Daniel Defert/François Ewald. Übers. v. Michael Bischoff et al. Frankfurt/M. 2005, S. 269–294, hier S. 277. „Schließlich lässt sich diese Form von Macht nur ausüben, wenn man weiß, was in den Köpfen der Menschen vor sich geht, wenn man ihre Seele erforscht, wenn man sie zwingt, ihre intimsten Geheimnisse preiszugeben. Sie setzt voraus, dass man das Bewusstsein des Einzelnen kennt und zu lenken vermag." (Ebd.)
[127] Michel Foucault: Subjekt und Macht, S. 278. Auf Foucaults Pastoralmacht rekurriert auch Bröckling. Er untersucht „‚sanfte' Selbst- und Sozialtechnologien, die über freiwillige Mitwirkung, personale Bindungen, den zwanglosen Zwang des besseren Arguments oder ökonomische Anreize operieren". (Ulrich Bröckling: *Gute Hirten führen sanft*, S. 9)
[128] Michel Foucault: Die ‚Gouvernementalität' (Vortrag), S. 804.
[129] Der Herdentrieb von Schafen ist ausgeprägter als der von Kühen. Kühe lassen sich vereinzeln. Sie lassen sich in Managementsystemen als Einzelne auswerten und steuern. Schafen bleiben zusammen und lassen sich nur als Bevölkerung treiben.

Architektonische Überwachung verbindet in *Yellow Line* beide Handlungsstränge. Im Pauschalurlaub mit Helene stört sich Paul plötzlich an der Architektur und ihren disziplinierenden Elementen:

> PAUL   Im Gefängnis wird man wahrscheinlich weniger kontrolliert.
> HELENE Kontrolliert? Wer kontrolliert uns denn hier?
> PAUL   Hast du mal aus dem Fenster geguckt? Betriebsgebäude, Bungalows, Pools, Tennisplätze, Minigolf, Supermarkt, Friseur. Straßen. Gepflasterte Flächen. Alles ist ein bisschen aufgelockert angeordnet, bloß keine rechten Winkel, damit sich der Kunde in der sogenannten „Anlage" nicht eingesperrt vorkommt. [...]
> HELENE Du übertreibst.
> PAUL   Überall Zäune. Man bewegt sich wie in einem Gehege. Zu vorgeschriebene Zeiten an vorgeschriebene Orte, wo einem das Essen vorgesetzt wird. [...]
> HELENE Du wusstest, dass das ein All-inclusive-Angebot ist. (YL, 173f.)

Was die Figuren erörtern, klingt zunächst nach dem Narrativ der überwachten Kund:innen, das vom Kontext des Marketing und der Weckung von Kaufwünschen über die Mediennutzung auf die Kund:innen einer Hotelanlage variiert wurde. Obwohl der Text die Signalwörter ‚Kontrolle' und ‚Kunde' präsentiert, präsentiert auch dieser Text das Disziplinarmodell: Die Hotelanlage wird zur Disziplinaranlage.[130] Mehr noch assoziieren die Figuren ein Gefängnis, womit explizit auf das Bentham'sche Panopticon rekurriert wird. In ihm gilt Einschluss und Disziplin.[131]

Die Perspektiven der drei Texte kritisieren solche Techniken, indem sie betonen, dass im öffentlichen oder privatwirtschaftlichen Raum Herdenmanagementsysteme installiert seien: Flughafen, Hotelanlage, Wellnesscenter seien Einrichtungen, in denen die Nutzer:innen wie zuvor die Kühe „ihre eigene Betreuung und Versorgung" (203, 171) übernehmen, indem sie die Orte oder Anlagen mittels Leitsystemen durchlaufen. Die titelgebende *Yellow Line* eines der Stücke ist eine auf dem Boden aufgemalte Linie, die Paul am Flughafen nicht übertreten darf und der Helene im Wellnesscenter folgen soll – eine Überschreitung der vorgegebenen Wege stellt eine Störung der Ordnung dar. Im Spa unterhalten sich Helene und Clara:

---

[130] „Dieser geschlossene, parzellierte, lückenlos überwachte Raum, innerhalb dessen die Individuen in feste Plätze eingespannt sind, die geringsten Bewegungen kontrolliert und sämtliche Ereignisse registriert werden [...] dies ist das kompakte Modell einer Disziplinierungsanlage." (Michel Foucault: *Überwachen und Strafen*, S. 253.)

[131] Disziplinen stellen eine enge Verbindung zwischen einer inneren Ordnung der Subjekte und einer äußeren Ordnung der Lebensbedingungen her. Das funktioniert zum Beispiel über die Gestaltung des Raums oder über eine minutiöse Zeiteinteilung. (Vgl. Michel Foucault: *Überwachen und Strafen*, S. 279f.)

> *Anfangs hält Clara sich ein Buch vors Gesicht, als würde sie trotz der Blindheit lesen: Der Titel muss deutlich erkennbar sein: „Empört Euch!" von Stéphane Hessel.*[132] [...]
> HELENE Vollpension heißt eben drei Mahlzeiten am Tag, und dafür gibt es Buffets, wo man sich links die Teller nimmt und in einer Schlange mit all den anderen Hotelgästen an den großen Schlüsseln vorbeiläuft und sich etwas nimmt [...], aber Paul war schon nach drei Tagen nervös, die Zäune, hat er gesagt, machen mich verrückt, ich halte die Zäune nicht aus. Man kann nichts aussperren, hat er gesagt, aussperren ist immer eine Lüge, man kann nur einsperren, und wir sind hier eingesperrt [...].
> CLARA Und wenn ich mir vorstelle, wie die Leute morgens nach dem Pinkeln als Erstes ins Internet gehen, um sich zu empören und über Demokratie und den Zustand der Welt zu bloggen. [...] Alle Leute, die ich kenne, machen jetzt plötzlich Empörungsparties [...].
> HELENE [...] Ich sperre mich jetzt selbst ein, hat er gesagt. Selbsteinsperrung als letztes Refugium der Selbstbestimmtheit. (YL, 196–199)

Die Idee einer Selbsteinsperrung als Lösung, als Fluchtversuch vor der Überwachung, ist nur als Kapitulation zu verstehen. Es ist kein emanzipatorischer Akt, den die Figur vollzieht – es ist ein Rückzug ins Biedermeierische, in ein Privates, das kapitulierende Isolation meint, nicht eine Ermöglichung von Autonomie. Freiheitliche Isolation gibt es im digitalen Zeitalter nicht. Stattdessen bedeutet diese Isolation im Sinne Hessels ein ‚Ohne mich': Das „ist das Schlimmste, was man sich und der Welt antun kann. Den ‚Ohne-mich'-Typen ist eines der absolut konstitutiven Merkmale des Menschen abhandengekommen: die Fähigkeit zur Empörung und damit zum Engagement".[133] Die Figur der Clara nimmt eine zur Mode gewordene Empörungskultur wahr: „CLARA *äfft nach* Empört euch! Engagiert euch! Vernetzt euch! Was soll das, ich will mich nicht empören [...], am Ende ändert sich ohnehin nichts." (*203*, 199) Clara zieht sich aus dem Politischen – im Sinne eines Ortes der Aushandlung gesellschaftlicher Fragen – zurück. In dieser kapitulierenden Idee einer tatsächlichen (Paul) oder metaphorischen (Clara) Isolation als letzter Rückzug ins Private, verweist *Yellow Line* zurück auf *203*, wo ebenfalls Figuren in einem Raum eingesperrt sind. Die Theaterstücke ergänzen die Lektüre von *Corpus Delicti*, indem sie Raum und Architektur als Mächte im Überwachungssystem artikulieren. Allerdings bleibt dieser Raum bei Zeh über weite Teile ein einschließender. Die Geschlossenheit dieser Räume verstärkt die Vorstellung einer Ohnmacht der Bürger:innen und die Idee einer Macht ‚von oben'.

---

[132] In *Empört Euch* vertritt Hessel die Idee, dass Widerstand aus der Empörung erwächst und es nun gilt, die liberale Gesellschaft zu verteidigen: „Mischt euch ein, empört euch! Die Verantwortlichen in Politik und Wirtschaft, die Intellektuellen, die ganze Gesellschaft dürfen sich nicht kleinmachen und kleinkriegen lassen von der internationalen Diktatur der Finanzmärkte, die es so weit gebracht hat, Frieden und Demokratie zu gefährden." (Stéphane Hessel: *Empört euch!* Übers. v. Michael Kogon. 22. Aufl. Berlin 2013, S. 9 f.)
[133] Stéphane Hessel: *Empört euch!*, S. 13.

4.2 Private und soziale Überwachung: Demokratieverlust und gesellschaftliche Praktiken

Im Hinblick auf den erzählten Überwachungsdiskurs durchzieht Juli Zehs Œuvre eine fortschreitende Bewegung nach innen bei einer gleichzeitig präsenten Konstanten. Soll heißen: Einerseits ist ihr fiktionales Werk in Bezug auf die Massenüberwachung eine progressive Genese. Das Werk verarbeitet technologische Entwicklungen und neue gesellschaftliche Tendenzen; und so werden von *Corpus Delicti* (2009) bis *Leere Herzen* (2017) Überwachungstechniken und -logiken von außen ins Innere der Figuren verlagert. Sie eignen sich zunehmend (Selbst-)Überwachungspraktiken an. Andererseits zeichnet ihr Werk eine absolute Konstante aus: Es perspektiviert Überwachung im Sinne des Verlustnarrativs. Wo immer Überwachung thematisiert wird, führt sie zum Verlust von Dimensionen oder Räumen der Privatheit, mit dieser zum Verlust der Autonomie und letztlich – das mag persönliches Anliegen der Autorin sein – der Demokratie. Zeh schildert in ihrer fiktiven Welten Szenarien, in denen am Ende die Grundrechte verletzt oder aufgehoben werden, das Vertrauen in die Rechtsstaatlichkeit geschwächt oder aufgegeben und damit die Demokratie wertlos wird.

Im Verlauf des Prozesses, den das System in *Corpus Delicti* gegen die Protagonistin führt, diktiert Mia dem Medienvertreter Kramer eine Stellungnahme, eine Art Pamphlet für die Freiheit. Es ist eine entscheidende Stelle im Roman. Das Pamphlet stellt das Ergebnis der ‚praktischen Frage' im Sinne Rösslers dar. Nachdem Mia sich zu ihrem Bruder bekannt und gegen die Vorstellung eines heiligen Körpers, den es mit einem Recht auf Gesundheit zu schützen gilt, positioniert hat, trifft sie die erste autonome Entscheidung. Sie entscheidet sich für eine Gesellschaft, in der das ethisch Menschliche über einem allseitigen Sicherheitsdispositiv und damit einer allumfassenden Gesundheitsprävention steht. Eingerahmt ist das Kapitel, in dem diese Stellungnahme steht, durch Kramer, der „nach Stift und Papier [sucht]" (CD, 185)[134] und selbige zu Beginn des darauffolgenden Kapitels wieder verstaut.[135]

---

[134] Ihm antwortet Mia darin außerdem explizit. Im Kapitel vor Mias Stellungnahme fragt Kramer rhetorisch: „Was sollte vernünftigerweise dagegensprechen, Gesundheit als Synonym für Normalität zu betrachten?" (CD, 181). Mia entgegnet dann: „Ich entziehe einer Gesundheit das Vertrauen, die sich selbst als Normalität definiert" (CD, 186).
[135] So ist McCalmont/Maierhofer nicht zuzustimmen. Die Autorinnen schlussfolgern, dass die Rede in diesem Kapitel sowohl der Erzählstimme als auch Mia zugeordnet werden könnte (vgl. Virginia McCalmont/Waltraud Maierhofer: Juli Zeh's *Corpus Delicti*, S. 379). Das ist nicht der Fall. Es handelt sich um Mias Stellungnahme, die zwischen den Fortgang der Geschichte montiert wird – eine Vorausschau auf das, was Kramer in seiner Zeitung abdrucken wird.

Das Pamphlet besteht aus 21 anaphierenden Sätze, in denen Mia der Gesellschaft, der Zivilisation, dem Normalkörper, dem Herrschaftssystem und schließlich ihrem früheren Selbst das Vertrauen entzieht.[136] Die Zahl verweist auf die 21 Tage, die einer:m deutschen Bundespräsident:in verfassungsrechtlich bleiben, wenn er:sie der negativ beantworteten Vertrauensfrage nachkommt und den Bundestag auflöst. Mia entzieht jedoch nicht nur der Regierung in einem engeren Sinne, der Politik der regierenden Partei, das Vertrauen, sondern jeglicher Form der Fremdregierung in einer Normalisierungs- und Sicherheitsgesellschaft: den Wissenschaften, der gelebten Angst vor Körperlichkeit, Krankheit und Tod und mehr. Durch dieses Pamphlet weist sich Mia sodann selbst als die Figur des *homo sacer* aus. Mias Vertrauensentzug gestaltet sich als eine andere Folge der fehlenden Privatheit aus. Im Verlustnarrativ, das auf wissenschaftlicher Ebene von der normativen Privatheitsforschung besetzt wird, wird der ‚Wert des Privaten' neben der individuellen Autonomie am Erhalt der Demokratie festgemacht: „Dass Massenüberwachung die Demokratie aushöhlt, beginnt schon damit, dass die Unschuldsvermutung außer Kraft gesetzt wird."[137] Auch Seubert betont wie Rachel und Fried das Vertrauen: „Privatheit ermöglicht ungezwungene Modi der sozialen Interaktion und trägt damit zu einer wichtigen sozialen Ressource bei: Vertrauen."[138] *Corpus Delicti* folgt diesen Überlegungen.

Die METHODE kann auf einen öffentlichen Vertrauensentzug nur mit freiheitseinschränkenden Maßnahmen reagieren. Die Regierung wird Souverän und klagt an: „Die Angeklagte führt öffentlich und privat methodenfeindliche Reden. [...] Die Angeklagte wurde an einem Ort aufgegriffen, der dem Methodenschutz als Treffpunkt mutmaßlicher R.A.K.-Sympathisanten bekannt ist." (CD, 155 f.) Die METHODE reagiert mit der Macht des Souveräns, nicht der der Regierung: Der Souverän legt, so Foucault, den Menschen Gesetze auf, fußt auf der Macht, ‚sterben zu machen'.[139] Sein Ziel ist das Gemeinwohl, das im Wesentlichen nur Gehorsam meine:

> Das öffentliche Wohl ist also im Wesentlichen der Gehorsam vor dem Gesetz, vor dem Gesetz des Souveräns über diese Erde oder vor dem Gesetz des absoluten Souveräns, Gott. Doch, wie auch immer, bezeichnend für den Zweck der Souveränität, für dieses Gemein-

---

136 „Ich entziehe mir das Vertrauen, weil mein Bruder sterben musste, bevor ich verstand, was es bedeutet zu leben." (CD, 182)
137 Beate Rössler: Wie wir uns regieren, S. 109.
138 Sandra Seubert: Der gesellschaftliche Wert des Privaten, S. 104.
139 „Der Souverän übt sein Recht über das Leben nur aus, indem er sein Recht zum Töten ausspielt – oder zurückhält. Er offenbart seine Macht über das Leben nur durch den Tod, den zu verlangen er imstande ist. Das sogenannte Recht „über Leben und Tod" ist in Wirklichkeit das Recht, sterben zu *machen* und leben zu *lassen*." (Michel Foucault: *Recht über den Tod und Macht zum Leben*, S. 66)

wohl oder allgemeine Wohl, ist letzten Endes nichts anderes als die absolute Unterwerfung. Der Zweck der Souveränität ist somit zirkulär. [...].[140]

Die Regierung in *Corpus Delicti* reagiert auf die Gegenwehr durch die Protagonistin, respektive ihren Vertrauensentzug, mit deren Determination als Feindin und dem Entzug von Rechten. Mia ist eine ‚Gefährderin'. Solchen ‚Feinden' werden keine Grundrechte mehr zugestanden: Meinungsfreiheit Art. 5 Abs. 1 GG („Die Angeklagte führt öffentlich und privat methodenfeindliche Reden" [CD, 155]), Versammlungsfreiheit[141] Art. 8 GG („Die Angeklagte wurde an einem Ort aufgegriffen, der dem Methodenschutz als Treffpunkt mutmaßlicher R.A.K.-Sympathisanten bekannt ist." [CD, 156]) und die freie Entfaltung der Persönlichkeit Art. 2 Abs. 1 i.V.m. Art. 1 Abs. 1 GG gelten nicht mehr. Das Recht, das ihr bleibt, ist das Recht zu Schweigen, was durch Folter gebrochen werden soll. In der Behandlung der Angeklagten – sie wird in einem Käfig zur Schau gestellt[142] – wird zusätzlich die Würde (Art. 1 GG) verletzt. Der Text zeigt die Vorstellung, wie sie Rössler äußert: „[J]e mehr Daten über uns gesammelt werden können, desto weniger werden wir Subjekte als individuelle Menschen sehen [...]. Es ist jedoch schwer vorstellbar, dass statistische Objekte Würde haben und man ihnen Respekt schuldet".[143] Der Körper des Feindes wird in diesem Gerichtsprozess wörtlich zur Schau gestellt, worin sich eine umgekehrte Verbildlichung des mittelalterlichen Rechts *habeas corpus ad subjiciendum* lesen lässt.[144] In diesem Sinne ist *Corpus Delicti* ein Thesenroman, der nahezu alle Elemente des Verlustnarrativs in seiner Erzählung nutzt – auch die Aufgabe der rechtsstaatlichen Unschuldsvermutung durch die Behandlung von Bürger:innen als Datenobjekte[145] –, was sich an Moritz exemplifiziert.

---

140 Michel Foucault: Die ‚Gouvernementalität' (Vortrag), S. 808 f.
141 „Versammlungsfreiheit ebenso wie politische Partizipationsrechte sind auf den Schutz des Privaten angewiesen." (Beate Rössler: Wie wir uns regieren, S. 109.)
142 „Der Arzt streckt seine Hand durch die Stäbe und fährt mit dem Scanner über ihren linken Oberarm. Alle Blicke richten sich auf die Projektionsleinwand, auf der nicht mehr als ein leeres leuchtendes Rechteck erscheint. Mia lacht. Die Desinfektionsanlage zischt. Der Scanner erzeugt ein schrilles Warnsignal." (CD, 251)
143 Beate Rössler: Privatheit und Autonomie, S. 52.
144 Das ist ein frühes Recht, das Einzelne vor willkürlicher ungesetzmäßiger Verhaftung schützt, der gefangene Körper muss dem Gericht überstellt werden. Agamben markiert das *habeas corpus* als einen entscheidenden Wendepunkt innerhalb der Biopolitik: „Nicht der freie Mensch mit seinen Eigenschaften und seinen Statuten, und nicht einmal schlicht *homo*, sondern *corpus* ist das neue Subjekt der Politik, und die Geburt der modernen Demokratie ist genau diese Einforderung und Ausstellung dieses ‚Körpers': *habeas corpus ad subjiciendum*, du mußt einen Körper vorzuzeigen haben." (Giorgio Agamben: *Homo Sacer*, S. 196)
145 Beate Rössler: Privatheit und Autonomie, S. 51.

Aneignung einer kapitalistisch orientierten Überwachung in *Leere Herzen*

Corpus Delicti als Ausgangspunkt gesetzt, intensiviert sich in Zehs Werk das Verlustnarrativ: Aus Vertrauensentzug wird Wertlosigkeit. Dieses vorläufige Ende zeigt die zweite Dystopie *Leere Herzen* (2017). Der zunehmende Verlust der Privatheit hat zu politischer wie sozialer Teilnahmslosigkeit und zum allgemeinen Werte- und Sinnverlust geführt. *Leere Herzen* antwortet unmittelbar auf *Corpus Delicti*. Britta, die Protagonistin des Romans, ist die Mia Holl der nahen Zukunft – dafür gibt der Text zahlreiche Hinweise. *Leere Herzen* erzählt dystopisch im Topos der nahen Zukunft im Jahr 2025: Angela Merkel musste zurücktreten, die Besorgte-Bürger-Bewegung regiert. Trump ist Alltag geworden und nach dem Brexit folgte der Frexit. Britta hat zusammen mit ihrem Freund Babak eines Tages eine Geschäftsidee: Sie gründen eine Vermittlungsagentur für Selbstmordattentäter:innen. Suizidale Personen werden identifiziert und auf ihre Eignung überprüft; bestehen diese die Prüfung, werden sie an (Terror-)Organisationen vermittelt. Unter dem Deckmantel einer tiefenpsychologischen Praxis namens *Brücke* nehmen die beiden das Geschäft auf und haben Erfolg. Babak entwickelt den Algorithmus, der potentielle Kandidat:innen ermittelt und evaluiert; Britta entwirft das zwölfstufige Verfahren, das die potentiellen Selbstmörder:innen zu durchlaufen haben. Irgendwann sucht Julietta die Brücke auf. Sie konfrontiert Britta mit ihrer eigenen Leere und wird für die Inhaberin zu einer Konfrontation mit dem kollektiv Unbewussten.

In Bezug auf die Erzählung des Verlustnarrativs kann das Lektüreinteresse zunächst dem Verhältnis von Öffentlichkeit und Privatheit gelten. Der Roman lässt über die antike Trennung zwischen *polis* und *oikos* nachdenken. Privatheit stellte die Sphäre der Notwendigkeit dar, Politik dagegen war die der Gleichheit und freien Rede.[146] Das Private galt als Zustand der Beraubung.[147] In *Leere Herzen* ist Politik für die Einzelnen völlig uninteressant geworden. Der Erzähler kommentiert das in einer Art Trauerrede: „Ruhe sanft, öffentlicher Diskurs, du warst der größte Gastgeber aller Zeiten."[148] Dabei deckt der Text beide Sphären ab: Die Figuren geben der Politik eine Absage und zugleich stellt sich auch die moderne Privatheit als sinnentleert dar: Niemand besitzt mehr Überzeugungen oder grundsätzliche Werte. Diese Entwicklung muss vor dem Gesamtwerk begriffen werden. Die Figuren sind Fortschreibungen früherer Zeh-Figuren. In *Leere Herzen* wird bereits in smarten Häusern mit Hauselektronik gelebt, die Kaffee zu festgelegten Zeiten kocht (vgl. LH, 14). Brittas Tochter durchläuft „ganz entspannt die übliche Silicon-Valley-Pädagogik" (LH, 11). Die Figuren sind Bürger:innen der Kontrollgesellschaft und Nutzer:innen überwachungskapitalis-

---

[146] Hannah Arendt: *Vita activa oder Vom tätigen Leben*, S. 29 f.
[147] Vgl. Hannah Arendt: *Vita activa oder Vom tätigen Leben*, S. 39.
[148] Juli Zeh: *Leere Herzen*. Roman. München 2017, S. 277. Nachfolgend mit der Sigle: LH.

tischer Produkte. Überwachung wird in diesem Werk Zehs am ehesten gelebt. Außerdem sind die Figuren keine den ökonomischen oder gesundheitlichen Vorteilen verfallenen Figuren wie noch in *Corpus Delicti*. Zeh führt nun Figuren vor, die einerseits Kenntnis darüber besitzen, wie man Big Data für die eigene Geschäftsidee nutzen kann, und anderseits begriffen haben, was mit ihren Daten passiert: Man muss „sich fragen, was eine demokratische Wahl wert ist, die massiv aus dem Internet gesteuert wird. Politische Meinung ist längst zur Ware geworden, produzierbar und verkäuflich" (LH, 308). Das spielt auf politische Wahlskandale wie Cambridge Analytica an.[149] So zeigt *Leere Herzen* das Element des Verlustnarrativs, dessen Reichweite Rössler diskutiert:

> Beim Verlust von Privatheit geht es nämlich nicht um einen Verlust, der eine Lücke hinterlässt, die man stets wieder bedauern und von der man immer wieder hoffen könnte, sie zu füllen, sondern um einen Verlust, der zu fundamentalen Transformationen unserer sozialen und politischen Welt führt.[150]

Diese Transformation erzählt *Leere Herzen* in der nahen Zukunft. Beispielhaft wurde dies an *Corpus Delicti* und *Leere Herzen* gezeigt, die in diesem Aspekt für alle Zeh-Werke stehen können. Sie transportieren die Vorstellung, die gegenwärtige Massenüberwachung fordere Opfer beim Einzelnen (Verlust der Autonomie und Werte) sowie bei der Gesellschaft (Verlust der Demokratie).

Neben den Praktiken der freiwilligen Selbstüberwachung, die bereits in *Corpus Delicti* hervortraten, illustrieren ihre Werke weitere Formen individueller und gesellschaftlicher Aneignung. In *Leere Herzen* tritt eine Nutzung von Technologie zu kapitalistischen Zwecken hervor. Es geht letztlich um die Frage der ethischen Nutzung von künstlicher Intelligenz, über die Stefan Jäger Verbindungen zu Zehs essayistischem Werk herstellt:

> Wenn Zeh in ihrem Essay *Wo bleibt der digitale Code Civil?* beispielsweise schreibt, ‚Ziel des entfesselten Spiels [mit Daten, SH] ist eine algorithmische Einhegung des Menschen, welche die Berechenbarkeit von menschlichem Verhalten zur Folge hat', so lässt sich das fast eins zu eins auf ihren Roman übertragen. In einem Offenen Brief an Angela Merkel fragt sie, wie

---

149 Im Cambridge-Analytica-Skandal wurde bekannt, dass etwa fünfzig Millionen Nutzer:innen-Datensätze von Facebook für politische Manipulationen im Umkreis der Präsidentschaftswahl in den Vereinigten Staaten 2016 genutzt wurden (vgl. Ingo Dachwitz/ Thomas Rudl/Simon Rebiger: FAQ. Was wir über den Skandal um Facebook und Cambridge Analytica wissen [UPDATE]. In: *Netzpolitik*, 21.03.2018. URL: https://netzpolitik.org/2018/cambridge-analytica-was-wir-ueber-das-groesste-datenleck-in-der-geschichte-von-facebook-wissen/ [19.09.2022]).
150 Beate Rössler: Wie wir uns regieren, S. 103.

,mit der exponenziell wachsenden Übermacht von Google' umzugehen sei, und fordert ,einen TÜV, der Algorithmen auf ihre Demokratiesicherheit prüft.'[151]

Die Frage eines Code Civil oder einer Kontrollinstanz für derartige Klassifizierungsmaschinen lotet der Roman aus und fragt, zu welchem Zweck eine solche KI eingesetzt werden darf. „Im Untergeschoss rumort es", dort befindet sich der „gut gesicherte Serverraum" (LH, 36). In den psychoanalytischen Anspielungen auf das Untergeschoss zeigt sich das Genre: Das Dystopische verweist immer auch auf kollektiv Verdrängtes oder Unbewusstes. Solche unbewussten Inhalte sind die potentiellen Gefahren gegenwärtiger Nutzung und Entwicklung von KI, die der Text in die Gegenwart einspeist und in einer Art Algorithmus-Lust zu kapitalistischen Zwecken zeichnet. Britta begreift die *Brücke* als „Teil eines natürlichen Kreislaufs aus Krieg und Befreiung und erneutem Krieg" (LH, 185), den die Gesellschaft brauche.[152]

> [Die Brücke hat] den Terroranarchismus beendet. Es gibt feste Absprachen und kontrollierte Opferzahlen [...]. Routiniert berichten die Medien über erfolgreiche Attentate, zeigen Bilder von Sicherheitskräften in Uniformen und befragen Politiker, die betonen, dass die Gefährdungslage nach wie vor hoch, aber kein Anlass zur Panik sei, während ihre Sachbearbeiter das nächste Sicherheitspaket auf den Weg bringen. (LH, 184)

Die Erzählinstanz füllt in relativer Nüchternheit retrospektiv die Zeit zwischen der Gegenwart der zeitgenössischen Leserschaft im Jahr 2017 und der erzählten Zeit im Jahr 2025 mit Informationen. Der Erzähler schließt die Informationslücken und beantwortet die Frage: Wie wurde auf den anhaltenden Terrorismus reagiert? Der Text imaginiert ein Szenario, in dem dieser gegenwärtige Terror durch gezielt kalkulierten Gegenterror vonseiten der Regierung kontrolliert wird. Darin lassen sich Jean Baudrillards Beobachtungen zum ,Terror gegen Terror' lesen, bei dem es „keine Ideologie mehr hinter alledem [gibt]. Wir befinden uns nunmehr weit jenseits der Ideologie und des Politischen. [... .] Der Terrorismus ist überall, wie die Viren [...], er befindet sich selbst im Herzen jener Kultur, die ihn bekämpft [...]."[153] In *Leere Herzen* wird ein Maß an Gefährdung ,eingekauft' und dann ,ausgestellt'. Diese ,Ausstellungsgesellschaft'[154] verlangt auch Bilder des Terrors. Wenn regie-

---

151 Stefan Jäger: Mit dem Grüntee-to-go zum Waterboarding. Juli Zeh zeigt in ihrem Roman „Leere Herzen", wohin totale Überwachung und Politikverdrossenheit führen können. In: *literaturkritik*, 20.11.2017. URL: https://literaturkritik.de/zeh-leere-herzen-mit-dem-gruentee-to-go-zum-waterboarding,23929.html [19.09.2022].
152 Die Brücke „sorgt für das richtige Maß an Bedrohungsgefühl, das jede Gesellschaft braucht" (LH, 73).
153 Jean Baudrillard: *Der Geist des Terrorismus*. Hg. v. Peter Engelmann. Wien 2002, S. 16.
154 Vgl. Byung-Chul Han: *Transparenzgesellschaft*, S. 18.

ren, wie Foucault sagt, das richtige Verfügen über Dinge zur Erreichung angemessener Zwecke ist,[155] dann wird innere Ordnung über die mediale Sichtbarkeit des Terrors regiert. Dazu eignet sich die Regierung den ‚Geist des Terrors' an:

> Es ist ihnen [den Terroristen, SH] gelungen, ihren eigenen Tod zu einer absoluten Waffe gegen ein System zu machen, das von der Ausschließung des Todes lebt, dessen Ideal die Parole „Null Tote" ist [...]. Alle Abschreckungs- und Vernichtungsmittel vermögen nichts gegen einen Feind, der den eigenen Tod bereits zu einer Waffe der Gegenoffensive gemacht hat. [...] Auf diese Weise geht es hier also stets um den Tod, nicht nur um den brutalen Einbruch des Todes in Echtzeit und Direktübertragung, sondern auch um den Einbruch eines Todes, der mehr als real ist: eines symbolischen und eines Opfertodes – das heißt um ein absolutes und unwiderrufliches Ereignis. Das ist der Geist es Terrorismus.[156]

Ein narratives Szenario speist sich, wie im theoretischen Teil der Arbeit erläutert wurde, aus gegenwärtigen Beobachtungen, die zu möglichen Verläufen entworfen werden. Die Gefährdungslage wird im Roman von der Erzählstimme als rhetorische Regierungstaktik, nicht als reale Gefahr perspektiviert, denn der Terror wurde kalkuliert und nun in Form von Medienbildern zum Konsum bereitgestellt. Die künstlerische Fiktion präsentiert die Notwendigkeit des Erzählens von Gefahren in der Überwachungspolitik, verschiebt sie in einen Raum jenseits ethischer Grauzonen. Erzählt wird dabei über mediale Zeichen des Terrors. Es sind Bilder des Terrors, die Angst erzeugen. Gefahrenerzählungen legitimieren „das nächste Sicherheitspaket" (LH, 184). Damit allerdings wird, so die Perspektive des Textes, Sicherheitspolitik zum Selbstzweck. Ähnlich wie in *Corpus Delicti* stellt auch *Leere Herzen* die Beteiligung der Medien prominent aus. Die Macht manifestiert sich allerdings nicht im figürlichen Medienvertreter Kramer, sondern in den Bildern und medialen Zeichen selbst. Bilder werden zu Aktanten.[157]

---

155 Vgl. Michel Foucault: Die ‚Gouvernementalität' (Vortrag), S. 805.
156 Jean Baudrillard: *Der Geist des Terrorismus*, S. 21.
157 Eine der mächtigsten Waffen des Terrorismus ist, wie Jean Baudrillard meint, die „Echtzeit der Bilder, ihre augenblickliche weltweite Verbreitung". Dabei ist die „Rolle des Bildes [...] höchst ambivalent. Denn es verstärkt das Ereignis, nimmt es aber gleichzeitig als Geißel. Es sorgt für eine unendliche Vervielfältigung, bewirkt gleichzeitig aber auch Zerstreuung und Neutralisierung [...]. Das Bild konsumiert das Ereignis, das heißt es absorbiert es und bietet es dann zum Konsum dar." (Jean Baudrillard: *Der Geist des Terrorismus*, S. 29 f.) Entscheidend ist, dass die Bilder den Realitätsstatus verändern: „In diesem Fall addiert sich das Reale zum Bild wie eine Schreckensprämie, wie ein zusätzlicher Schauer. Es ist nicht nur schrecklich, sondern zusätzlich auch noch real. Nicht die Gewalt des Realen ist zuerst da, gefolgt vom Schauer des Bildes, sondern umgekehrt: Zunächst ist das Bild da, dem der Schauer des Realen folgt. Gleichsam eine zusätzliche Fiktion, eine Fiktion, die die Fiktion übertrifft." Diese Konsequenz stellt *Leere Herzen* nicht mehr aus, die ‚Waffe Medienbild' jedoch muss mitgedacht werden.

Die *Brücke* ist Dienstleister für (Terror-)Organisationen ebenso wie für die Politik. Um das Angebot der Firma realisieren zu können, haben sich Britta und Babak eine Reihe von Überwachungstechniken und -technologien zu Eigen gemacht, die zuvor Staat, Geheimdienste oder Konzerne nutzten: Kameras, Algorithmen, Big-Data-Analysen, Verschlüsselungstechniken. Ihren Algorithmus, der für sie nach geeigneten Kandidat:innen sucht, nennen die beiden „Lassie" – Anspielungen auf den populären Collie sind mitzudenken. Durch den Hundenamen wird der Algorithmus als personifiziertes Haustier lesbar:

> Dass Lassie sich geirrt hat, kann als ausgeschlossen gelten. Der Algorithmus ist ausgereift, hochintelligent, selbstlernend, perfekt dressiert. [...] Babak [...] hat Lassie zur Welt gebracht, er füttert sie, pflegt sie, trainiert mit ihr, lobt, wenn sie ihre Sache gut macht, korrigiert, wenn Fehler unterlaufen, was inzwischen praktisch nicht mehr vorkommt. [...] Lassie ist nicht die Google-Suche, aber auf ihrem Gebiet einsame Spitze. Sie fühlt sich nicht nur im Visible Web, sondern auch im Darknet zu Hause. Sie läuft los, die Nase am Boden, schnüffelt durch die hellen und dunklen Winkel menschlicher Kommunikation, schafft Verknüpfungen. (LH, 54)

Lassie ist selbstlernende KI,[158] d. h. sie ist eine jener Maschinenintelligenzen, die, sofern Babaks ‚Training' abgeschlossen ist, „selbstständig in der Lage sind, aus riesigen, global verfügbaren Datenmengen eine detaillierte Lageanalyse zu erstellen, die in Echtzeit beschreibt, was wir tun, denken oder wünschen." Babak und Britta haben sich, in kleinem Maßstab, die Logik des Überwachungskapitalismus zu Eigen gemacht und lassen Lassie Verhaltensdaten der Nutzer:innen in Vorhersageprodukte umwandeln. Die instrumentäre Macht, die Zuboff als Big Other bezeichnet,[159] steht allmählich jeder:m Kleinstunternehmer:in zur Verfügung. Die metaphorische Sprache des Romans trägt dabei die Kritik, die nicht die Technologie selbst betrifft, sondern den gegenwärtigen Umgang mit ihr. Sie werde wie ein Haustier ‚gefüttert', ‚gepflegt', ‚gelobt' und ‚trainiert'. Es bestehe der Glaube, diese Technologie noch zu beherrschen. Mit Lassie werden dann Profile generiert:

> Unablässig fischt der Algorithmus Namen aus den Selbstmordforen, analysiert Stil und Wortwahl, verknüpft die Ergebnisse mit Einkaufslisten, Reisedaten, Musik- und Filmbibliotheken, E-Book-Auswertungen, Surfbiografien und legt seinem Herrchen die Beute stapelweise vor die Füße. (LH, 102)

Das zweite metaphorische Bild, das mit dem Algorithmus verknüpft wird, ist das biblische vom Menschenfischer.[160] Darin zeigt sich die ideologische Perspektive

---

158 Vgl. zur Automatisierung von KI: Yvonne Hofstetter: *Sie wissen alles*, S. 88f. u. S. 98.
159 Vgl. Shoshana Zuboff: *Im Zeitalter des Überwachungskapitalismus*, S. 36.
160 „Folgt mir nach; ich will euch zu Menschenfischern machen!" (Markus 1, 17). Das Bild verstärkt sich im Roman durch andere Stellen wie diese: „Babak machte sich daran, einen Algorithmus

des Textes, d. h. die Wertehaltung, die der Text zu solcher KI einnimmt. Es wird insinuiert, dass Technik zu einer Art religiösem Glauben und KI ein soziales Klassifikationssystem, das Menschen als Datensätze begreift und identifiziert, geworden ist.

Zudem wissen Britta und Babak, wie Geheimdienste arbeiten und kennen die Medienwirksamkeit von Kameras an öffentlichen Plätzen. Beides nutzen sie subversiv. Videoüberwachung ist im Narrativ der überwachten Bürger:innen ein wichtiges Element, das der Text mit Brittas und Babaks Handlungen unterläuft. Als Risikotechnologie soll CCTV das Unbekannte oder potentiell Gefährliche sichtbar und folglich kontrollierbar machen.[161] Britta inszeniert das Risiko. Sie erzeugt ‚Überwachungsbilder' des Terrors und kalkuliert ihre ‚Bilder der Überwachung' ein. Lässt die *Brücke* Attentate verüben, weiß sie: „Der Platz vor dem Konsulat ist [...] videoüberwacht, und Marquart [der Klient, SH] wird vor dem Zünden der Bombe ein paar vorbereitete Worte in die Kameras sprechen." (LH, 200) Die Selbstmörder:innen sprechen ihre politische Botschaft in die Kameras. Der Text vermittelt jedoch die Vorstellung, dass Kamerasysteme Ton aufzeichnen würden, was sie nicht tun. Während die Kandidat:innen von einer Kamera gefilmt werden, beobachtet Britta die Aktionen wiederum durch eine Kamera. Daraus ergeben sich Dürrenmatt'sche Blickstrukturen: Die Kandidat:innen schauen in öffentliche Kameras, Britta verfolgt sie per Video, der Erzähler berichtet beobachtend und Leser:innen richten ihren Blick zuletzt auf die erzählten Blickstrukturen.[162]

Soziales Panopticon: *Unterleuten* als Modell der digitalen Überwachungsgesellschaft

Wird in *Leere Herzen* die Aneignung und Nutzung von Überwachungstechnik diskutiert, fokussiert *Unterleuten* (2016) die Ausmaße der sozialen Beobachtung und nutzt dafür als Schauplatz die Allegorie des Dorfes. *Unterleuten* ist im Kern zwar kein Überwachungs-, sondern ein Gesellschafts-, Dorf-[163] oder Ost-/West-Roman,

---

zu entwickeln, der mithilfe von Data-Mining, Profiling und Stilometrie geeignete Zielpersonen aus dem Netz fischen sollte." (LH, 68)

161 Vgl. Eric Töpfer: Videoüberwachung – Eine Risikotechnologie, S. 35; Nils Zurawski: Raum – Weltbild – Kontrolle, S. 134.

162 Das ist ein literarisches Verfahren, das in Überwachungsromanen seit Dürrenmatts *Der Auftrag* immer wieder angewandt wird, um die Endlosspirale der gegenseitigen Beobachtungen aufzugreifen.

163 Der Roman steht in der Tradition der Dorfgeschichte. (Vgl. Aneta Jurzysta: Die Mauer steht noch, oder: Begegnungen an der Grenze. Menschen, Geschichten und Konflikte in *Unterleuten* (2016) von Juli Zeh. In: *POGRANICZA JAKO PRZESTRZENIE ... KONFLIKTÓW: ZŁO KONIECZNE?*

lässt sich aber allegorisch durchaus als solcher lesen. Der Text diskutiert einerseits die durch gegenseitige Beobachtung gekennzeichneten dörflichen Sozialstrukturen, andererseits wird die Überwachung von (Personen-)Daten einer Figur diskutiert.[164] Die dörflichen Beobachtungsstrukturen entfalten sich zudem nicht nur thematisch, sondern auch erzähltechnisch: Es ist ein Perspektivenroman, bei dem jedes der 62 Kapitel mit dem Namen einer anderen Figur überschrieben ist, deren Perspektive der Erzähler im jeweiligen Kapitel übernimmt. Das treibt vor allem in den Parametern der Perzeption und Ideologie dann nicht nur „künstlich organisierte Redevielfalt", sondern „Dissonanz hervor."[165] Auf diese Weise lässt sich soziale Beobachtung nicht nur in der histoire, sondern auch im discours in der polyphonen Erzählstrategie erkennen, worauf ich zurückkommen werde.

Unterleuten wird als Gesellschaftsroman angekündigt und rezipiert.[166] Er erzählt vom Leben unter Leuten im Dorf Unterleuten in Brandenburg – von Nachbarschaftsstreitigkeiten um Land und Eigentum sowie den unter der vermeintlichen ländlichen Idylle schlummernden alten Konflikten. Einige Privatstreitigkeiten unter Nachbar:innen ereignen sich, bis der Einbruch des Fremden – es sollen Windräder aufgestellt werden – den Konflikt auf seine Wurzeln zurückführt: Das soziale Leben in Unterleuten ist noch immer mit der Verarbeitung der Wiedervereinigung beschäftigt. Der Konflikt, der durch die Windräder aufbricht, beruht auf einer Feindschaft und einem zurückliegenden Unglück bzw. Verbrechen der Dorfältesten Kron und Gombrowski, die während der Wende für und gegen die Privatisierung der Landwirtschaftlichen Produktionsgenossenschaft argumentierten. *Unterleuten* ist so

---

TEMATYI KONTEKSTY (2017). Heft 7, S. 393. URL: http://ifp.univ.rzeszow.pl/tematy_i_konteksty/tematy_i_konteksty_12/25_jurzysta.pdf [05.03.2019]; Natalie Moser: Dorfroman oder urban legend? Zur Funktion der Stadt-Dorf-Differenz in Juli Zehs Unterleuten. In: Magdalena Marszalek/Werner Nell/Marc Weiland (Hg.): *Über Land*. Bielefeld 2017, S. 127–140).

164 Ferner animiert das transmediale Erzählen zu einer Romanlektüre im Kontext ihrer Anti-Überwachungstexte. Diese Transgressionen werden im nächsten Unterkapitel diskutiert.
165 Marcus Twellmann: Idyll aktuell. Was eine Geschichte vom Dorf über die Gesellschaft verrät. In: *Merkur* 70 (2016). Heft 805, S. 71–77, hier S. 73 f.
166 Vgl. UL, U4. „Es könnte sein, dass Gesellschaftsromane überhaupt nur noch als Dorfromane möglich sind", schlussfolgert Jörg Magenau in der *Süddeutschen Zeitung*. (Jörg Magenau: Die Landidylle, in der Gewalt alltäglich ist. In: *Süddeutsche Zeitung*, 21.03.2016. URL: https://www.sueddeutsche.de/kultur/unterleuten-von-juli-zeh-die-landidylle-in-der-gewalt-alltaeglich-ist-1.2915472 [19.09.2022]) Auch Dietmar Jacobsen urteilt in seiner Kritik: „Zeh hat in ihren Roman alles hineingepackt, was unsere Gesellschaft aktuell bewegt: die Klimakatastrophe und das Internet, Energiewende und Fremdenfeindlichkeit, den Drang zum Individualismus und die damit einhergehende Tendenz der Entsolidarisierung, Stadtflucht und Dorfverklärung, Ost und West, Stasi und Bodenspekulation, Literatur und Realität, Netzwerken und Pferdeflüstern, Whistleblowing und Verrat." (Dietmar Jakobson: Die Idylle trügt. In: *literaturkritik*, 06.04.2016. URL: https://literaturkritik.de/id/21873 [19.09.2022])

auch eine „Geschichte des dörflichen Klassenkampfs",[167] denn Kron hängt noch dem Kommunismus an, während Gombrowski als Sohn eines Großgrundbesitzers in kapitalistischen Ideen einen Fortschritt für das Dorf sieht.[168]

Warum der Schauplatz eines Gesellschaftsromans ein Dorf ist, begründet eine Aussage der Figur Jule: „Das Dorf war ein Lebensraum, den sie überblickte und verstand."[169] Gesellschaftliche Phänomene, Tendenzen und Entwicklungen sollen im Kleinen überblickt werden. Das erzählte Dorf ist so in doppelter Weise einer dieser „überschaubare[n] *Räume verdichteter Relevanz*", „in denen Akteure [sich] überhaupt als Betroffene und Handelnde begreifen."[170] Norbert Mecklenburg erarbeitete in *Erzählte Provinz* zwei Arten der Zeichenrelation zwischen Dorf/Provinz und Welt: ein Mikrokosmos-Konzept und ein Modell-Konzept.[171] Im Mikrokosmos-Konzept zeige sich der Universalitätsanspruch der Literatur. Die Provinz enthält alles Menschliche: „Provinz als kleine Welt, als Abbild der Welt, als Sujet für den Aufbau einer *poetischen* Weltabbildung.[172] Provinz als Modell dagegen habe nicht den Anspruch, die Welt als Ganzes abzubilden, sondern das Dorf stehe modellhaft für einen Ausschnitt wie Staat oder Gesellschaft.[173] Dieses Modellkonzept liegt *Unterleuten* zugrunde. Michael Rölcke stellt fest, dass in den gegenwärtigen Provinzromanen die Enge des Dorfes bewusst zum Aushandlungsort für politische, philosophische und ästhetische Fragen der Zeit werde.[174] In dieser Tradition lässt sich *Unterleuten* als allegorisches Modell der Überwachungsgesellschaft lesen. Wenn die Gesellschaft allegorisch ein Dorf ist, so bedeutet das, dass ihre Bürger:innen so transparent füreinander sind wie Dorfbewohner:innen.

Das Dorf Unterleuten wird von mehreren Figuren als Netzwerk aus Schulden und Gefallen (vgl. UL, 78) beschrieben, eine Tauschgesellschaft mit eigenen Regeln (vgl. UL, 218). „Dörfer wie Unterleuten hatten die DDR überlebt und wussten, wie man sich den Staat vom Leibe hielt. Die Unterleutner lösten Probleme auf ihre Weise. Sie lösten sie unter sich." (UL, 28) Indem es zu den implizierten Regeln des Dorfes gehört, die Polizei aus ihren Angelegenheiten herauszuhalten, regelt

---

[167] Marcus Twellmann: Idyll aktuell, S. 76.
[168] Vgl. Aneta Jurzysta: Die Mauer steht noch, oder: Begegnungen an der Grenze, S. 390 f.
[169] Juli Zeh: *UNTERLEUTEN*. Roman. 4. Aufl. München 2016, S. 217. Nachfolgend mit der Sigle: UL.
[170] Albrecht Koschorke: *Wahrheit und Erfindung*, S. 48.
[171] Vgl. Norbert Mecklenburg: *Erzählte Provinz. Regionalismus und Moderne im Roman*. 2. Aufl. Königstein/Taunus 1986, S. 38.
[172] Vgl. Norbert Mecklenburg: *Erzählte Provinz*, S. 38.
[173] Vgl. Norbert Mecklenburg: *Erzählte Provinz*, S. 41.
[174] Vgl. Michael Rölcke: Konstruierte Enge. Die Provinz als Weltmodell im deutschsprachigen Gegenwartsroman. In: Carsten Rohde/Hansgeorg Schmidt-Bergmann (Hg.): *Die Unendlichkeit des Erzählens. Der Roman in der deutschsprachigen Gegenwartsliteratur seit 1989*. Bielefeld 2013, S. 113–138, hier, S. 138.

das Dorf seine Angelegenheiten selbst, dadurch wird aber jede:r selbst zur Polizei.[175] Disziplin wird im Dorf nicht von staatlichen Autoritäten ausgeübt, sondern vorrangig durch dörfliche Regeln und Konventionen oder von Mächtigen wie Gombrowski. Wenn Disziplin und auch Kontrolle nicht von Institutionen (des Staates) übernommen werden, verschiebt sich auch das Regime der Blicke. Solange staatliche (oder anderweitig zentral organisierte Institutionen) die Disziplin oder Kontrolle übernehmen, richtet sich die Blickrichtung einseitig auf das Individuum. In einer Überwachungsgesellschaft, wie Unterleuten sie darstellen soll, kann jederzeit und von jeder Richtung kommend ein Blick auf Einzelnen ruhen und Privates/Verhalten beobachten:

> Es gab nicht viele Situationen, in denen Kron nicht gesehen werden wollte, aber diese gehörte dazu. Unterleuten war das reinste Panoptikum. Wenn sich Datenschützer in der Zeitung wegen Überwachung im Internet ereiferten, musste Kron regelmäßig lachen. Man musste nur ein handelsübliches Dorf besuchen, um zu verstehen, was der gläserne Mensch tatsächlich war. (UL, 211)

Es ist der Alt-Kommunist Kron, der vorrangig das Thema der Überwachung in der Gegenwart als Thema in den Text trägt – als Figur mit besonderer Neigung zur ehemaligen DDR lässt er vermuten: Es bedarf einer Form der persönlichen Anteilnahme bzw. Involviertheit, um Überwachung wahrzunehmen. Die narratoriale Erzählinstanz weist eine kompakte figurale Perspektive auf, bei der der ideologische Parameter die Positionierung zu Überwachungssystemen ablesen lässt: Kron wertet Überwachung dann als einschränkender, wenn sie bewusst erfahren wird. Er wägt eine kapitalistische gegen eine soziale Überwachung ab und sieht sich in seiner Privatheit eher dort verletzt, wo es – dörflich gesprochen – zum Gesichtsverlust vor den Nachbar:innen kommt. Dabei wird ausgeblendet, um mit Friedrich Kittler zu sprechen, was ‚hinter unserem Rücken'[176] vor sich geht. Das Sichtbare scheint Kron gefährlicher als das Unsichtbare, weil der Blick

---

[175] Die Polizei wird, so Foucault, zur wichtigen Institution in der Disziplinargesellschaft: „Gewiß ist die Polizei als Staatsapparat organisiert und direkt ans Zentrum der politischen Souveränität angeschlossen. Es handelt sich um einen Apparat, der mit dem gesamten Gesellschaftskörper koextensiv ist – und zwar nicht aufgrund seiner äußeren Grenzen, sondern aufgrund seines Eingehens auf jedes einzelne Detail. Die Polizeigewalt muß ‚alles' erfassen: allerdings nicht die Gesamtheit des Staates [...], sondern den Staub der Ereignisse, der Handlungen, der Verhaltensweisen, der Meinungen – ‚alles, was passiert' [...]. Zu ihrer Durchsetzung muß sich diese Macht mit einer ununterbrochenen, erschöpfenden, allgegenwärtigen Überwachung ausstatten, die imstande ist, alles sichtbar zu machen, sich selber aber unsichtbar. Ein gesichtsloser Blick, der den Gesellschaftskörper zu seinem Wahrnehmungsfeld macht: Tausende Augen, die überall postiert sind" (Michel Foucault: *Überwachen und Strafen*, S. 274f.).
[176] Vgl. Friedrich Kittler: Die Evolution hinter unserem Rücken, S. 221ff.

im Sinne Sartres die Scham auslöst, sobald er gespürt wird.[177] Bei Datenüberwachung, die weder körperlich erfahren noch visuell gesehen werden kann, bleibt die Scham oder das Unbehagen aus. Scham und Unbehagen aber wecken den Wunsch nach Privatheit.

Die Metapher des Panopticon in der Textstelle bedarf Interpretation, denn sie geht nicht in Gänze auf. Im Panopticon herrscht Einschluss, Vereinzelung und Kommunikationsverbot, die Disziplinierung wird durch den anwesend abwesenden Wächter erzielt. Zwar sagt eine der Figuren: „Unterleuten ist ein Gefängnis" (UL, 178), doch physisch eingesperrt ist niemand. In Unterleuten herrscht vielmehr Ausschlussangst.[178] Es werden perspektivisch nur Teile des panoptischen Modells assoziiert. Indem die Figur Unterleuten als Panopticon bezeichnet, kleidet sie weniger die alte Überwachungsarchitektur in ein neues Gewand und widerspricht auch nicht jenen, die behaupten, Deleuze habe Foucault abgelöst, denn das ‚Panopticon' von Unterleuten zeichnet sich ja durch jene soziale Kontrolle aus. Der Text nutzt den Begriff, um Teile der Begriffserzählung zu aktivieren. Es geht maßgeblich um die dem Modell der Disziplinargesellschaft zugrundeliegende Mächtigkeit von Überwachungsstrukturen. Allerdings gehört zum Modell des Panopticons auch eine zentrale Macht. Das ‚soziale Panopticon',[179] das Dorf, besteht eher aus Beobachtungen, Vermutungen und Erzählungen; es gleicht, wenn überhaupt, dem ‚digitalen Panopticon', das Byung-Chul Han beschreibt[180] als dem Bentham'schen oder Foucault'schen. Im Dorf ist eben jede:r nicht nur auf besondere Weise für andere sicht- und beobachtbar, sondern auch bewertbar. Unentwegt deuten und bewerten die Figuren das Verhalten der anderen. In den ‚inneren Kreis' des Dorfes gelangt nur, wer sich gemäß den dörflichen Regeln und Konventionen angemessen verhält.[181] „Spätestens, wenn Jule den Gartenzaun scherzhaft das Dorf-Internet nannte und von ‚Fencebook-Profilen' sprach, stiegen die Zuhörer aus." (UL, 218) Das soziale Panopticon von Unterleuten meint letztlich soziale Netzwerke – es hat nichts mit dem auf der Überwachungsarchitektur beruhenden Modell zu tun.

---

177 Vgl. Jean-Paul Sartre: Der Blick, S. 471 ff.
178 Zur Idee der Ausschlussangst in sozialen Netzwerken: Zygmund Bauman/David Lyon: *Daten, Drohnen, Disziplin*, S. 37.
179 „Mit scharfem Blick fürs Wesentliche führt die Autorin nach und nach ein soziales Panoptikum ein, das auf den ersten Blick schön bunt aussieht, doch eine klare Ordnung aufweist", urteilt auch Katharina Granzin in der *taz*. (Katharina Granzin: Da stinkt doch was in Unterleuten. In: *taz*, 07.03.2016. URL: http://www.taz.de/!5284060/ [19.09.2022]).
180 Vgl. Byung-Chul-Han: Im digitalen Panoptikum, S. 106 f.
181 In diesem Aspekt ist das Dorf am ehesten mit einer urtümlichen, vor-digitalen Version eines Social-Credit-Systems vergleichbar, bei dem im inneren Kern nur jene Privilegien genießen, die genügend ‚soziales Kapital' angehäuft haben.

Durch die Dorf-Allegorie vermag der Text aber genau jene strukturellen Unterschiede zwischen dörflicher Beobachtung und Überwachung durch Technologiekonzerne nicht einzufangen. Sie liegen in Machtasymmetrien zwischen Nutzer:innen und Firmen, in der Möglichkeit der Steuerung der Individuen sowie dem Auswertungen des Wissens (den Verhaltensprognosen), das zu realen Ein- oder Ausschlüssen führen kann. Zehs Allegorie ist begrenzt aussagefähig. Der Text zielt in Bezug auf soziale Netzwerke ausschließlich auf die Ebene der Nutzer:innen und überträgt damit nur die individuellen Praktiken auf das Dorf. Auch die Speicherkapazität, den Umfang sowie die Reichweite des Überwachungswissens, vermag die Allegorie nicht auszudrücken. Zwar werden die gegenseitigen Beobachtungen und Bewertungen im ‚kollektiven Dorfgedächtnis' gespeichert, sie sind aber nicht zugleich durch überwachungskapitalistische Firmen abrufbar, kombinierbar oder weiterreichbar. Ein Provinzmodell hat seine Grenzen. Es gibt „wichtige gesamtgesellschaftliche Entwicklungen, die sich an einer Kleinstadt gar nicht hinreichend exemplifizieren lassen", so Mecklenburg: „[W]enn sie [die Provinz, SH] *für* die Gesellschaft [steht], wird unsichtbar, wie sie *in* ihr steht."[182] Wer gegenwärtige Überwachung mit Dorfstrukturen der gegenseitigen Beobachtung vergleicht, kann nur Teilaspekte meinen. So eine Allegorie vermag die sozialen Praktiken zu bebildern, aber das dörfliche Facebook ist keine Wirtschaftsmacht in den USA, keine Werbeplattform und unterhält keine Kooperationen mit Firmen oder Staaten.

Möglicherweise geht es dem Text, um das Potential der Allegorie zu suchen, um etwas anderes: Was der Text zu erklären versucht ist weniger, wie Überwachung funktioniert, sondern warum sich Unterleutens-Normalbürger:innen nicht für sie interessieren. Der Roman bezieht Stellung zur Mentalität der Nutzer:innen, weniger zur Struktur oder Funktion von kapitalistisch geprägter Überwachung. Zudem ist die Welt außerhalb des Dorfes nicht präsent: „Wer nichts las, schaute, klickte oder hörte, wurde auch nicht regiert, weder von Politikern noch von Informationen und Ängsten [...]." (UL, S. 450) Der Text versucht zu ergründen, warum scheinbar von den Praktiken Mark Zuckerbergs gewusst wird – um im Bild des ‚Fencebooks' zu bleiben – und dort dennoch private Informationen preisgegeben werden. *Unterleutens* Antwort lautet: Überwachung im Internet fühlt sich nicht so real an wie ein Gesichtsverlust vor den Nachbar:innen: „Es gab nicht viele Situationen, in denen Kron nicht gesehen werden wollte, aber diese [Kron bringt Hilde Rosen] gehörte dazu." (UL, 211)

Der Alt-Kommunist Kron diskutiert bewusst Formen der Überwachung in der Gegenwart und setzt sie mit den Praktiken in der ehemaligen DDR in Verbindung.

---

[182] Norbert Mecklenburg: *Erzählte Provinz*, S. 42. Er führt aus: „[A]ber wenn Provinz als Modell, also als ikonisches Zeichen, für die Gesellschaft steht, ergeben sich solche Mißverständnisse leicht." (Ebd.)

Damit verweist diese Figur besonders auf die Historizität von Überwachungspraktiken und deren Verbindungen zu ideologischen Denkweisen oder Systemen. Kron wirkt zunächst restaurativ, indem er der DDR nachtrauert und den Eindruck eines Provinzlers erweckt, dessen Blick rückwärtsgewandt nur auf die eigene Region gerichtet ist. Doch er beginnt und endet den Tag mit politischem Interesse fern von Unterleuten: Kron liest „jeden Morgen zwei überregionale Tageszeitungen […]. Früher hatte er die Blätter als Reportage aus dem Herzen des Feindes gelesen, heute las er sie als Satiremagazine." (UL, 114) Am Abend dagegen sieht er „fern, am liebsten öffentlich-rechtlich. Erst die Nachrichten und danach die einschlägigen Selbstentlarvungsshows mit Plasberg, Will, […] oder Lanz." (Ebd.) Kron ist keine einfältige Figur. Er interessiert sich für politisches Geschehen, dem es mittlerweile aber an Politik fehle:[183] Politiker:innen sind, so Kron, Politikdarsteller:innen. Das sei „Emotionstheater, Überzeugungsinszenierung und Entscheidungssimulation." (UL, 115) Bei all dem sieht er zu, er beobachtet:

> Bequem saß Kron im Sessel, wie es das System von ihm erwartete, und schaute Kanzlerkandidaten, Oppositionsführern und Regierungssprechern beim Rüberkommen zu. Alle schauten zu. Der Konsumbürger schaute den Journalisten zu, wie sie den Politikern dabei zuschauten, wie diese der Wirtschaft beim Wirtschaften und den Katastrophen beim Eintreten zuschauten. Alles ließ sich in den Zyklus des Zuschauens einspeisen […]. Kron durchschaute das Spiel mit schmerzender Klarheit […]. Krons bequemer Sessel stand auf der Meta-Ebene. Er schaute zu und verteilte A- und B-Noten. (Ebd.)

Wie Thomas Bernhards Erzähler im Ohrensessel vom Vorzimmer aus die Gäste beobachtet und kommentiert, dass diese „wie auf einer Bühne agierten",[184] sitzt auch Kron beim abendlichen Fernsehen im Sessel und beobachtet das Polittheater.

Die distanzierte Zuschauer:innenposition – eine Abwendung von der Politik – gründet bei Kron in Beobachtungen, die das Verhältnis der Individuen zum System im Spätkapitalismus betreffen. Auf einer Dorfversammlung zeigt sich Krons Blick auf die sich gegenseitig überwachende Gegenwart. Er erinnert Streitigkeiten mit seiner Tochter über „entfesselten Kapitalismus" und die mögliche Realisierung von Freiheit im System: „Kron wusste durchaus, was Freiheit war. Ein Kampfbegriff. Freiheit war der Name des Systems, in dem sich der Mensch als Manager der eignen Biographie gerierte und das Leben als Trainingscamp für den persönlichen Erfolg begriff." (UL, 107) Er sieht in der Leistungsgesellschaft die Einschränkung der Freiheit, weil sie den Menschen in „Titelkämpfe, Ausleseverfahren und […] kontinuierli-

---

183 „Im Spätkapitalismus gab es keine Gesellschaft mehr, sondern nur noch ein Gesellschaftsspiel, dessen Ziel darin bestand, die kläglichen Überreste von Politik möglichst gekonnt in Unterhaltungswert umzusetzen." (UL, 114)
184 Thomas Bernhard: *Holzfällen*. Frankfurt/M. 1988, S. 54.

che Kontrolle"[185] zwingt. Kron sieht überall Verhältnisse, in denen Überwachung zugleich Einschränkung bedeutet: „Auf ihren Arbeitsstellen saßen die Leute unter Überwachungskameras, ließen sich die Zigarettenpausen verbieten." (Ebd.) Er sieht sich vom Kommunismus in die Kontrollgesellschaft überführt: „Der Mensch ist nicht mehr der eingeschlossene, sondern der verschuldete Mensch."[186] Jede:r unterliegt dem Markt. (Selbst-)Überwachung dient der Ökonomisierung der Einzelnen. Kron stört, dass sie keiner Gemeinschaft dient:

> In einer kleinen Gemeinschaft wie Unterleuten war es besonders offensichtlich. Die neoliberale Ideologie, getarnt als Mischung aus Pragmatismus und Leistungsgerechtigkeit, eroberte die letzten Winkel des gesellschaftlichen Lebens. Zu Zeiten der Stasi wurde weniger beobachtet, abgehört, gedroht und gefeuert als heute, und trotzdem nannte sich das neue System Demokratie. Stück für Stück war der soziale Zusammenhalt erodiert. Was sich heute im Landmann versammelt hatte, war kein Dorf mehr, sondern eine Zweckgemeinschaft von Einzelkämpfern. (UL, 107f.)

Die Figur erklärt eine Kausalbeziehung zwischen konsum- und wettbewerbsorientiertem Neoliberalismus und der Auflösung eines Denkens bzw. Handelns in Gemeinschaften. Inwiefern Neoliberalismus mit Überwachungsformen in Verbindung steht, sodass Kron das Geschehen mit der Stasi vergleichen kann, bei der „weniger beobachtet, abgehört, gedroht und gefeuert [wurde] als heute", hält der Text vage. In der Kontrollgesellschaft gibt es keine Masse, und damit auch keine solidarische Gemeinschaft mehr, stattdessen nur noch rivalisierende Einzelkämpfer:innen in Zweckverbänden, die sich jederzeit auflösen oder neu zusammensetzen können.[187] Diese auf den Kapitalismus ausgerichtete Logik, in der Markt(fähigkeit) als Freiheit verstanden wird, durchdringt, so kann man Krons Perzeption deuten, nicht nur die gesellschaftlichen Strukturen, sondern jede:n Einzele:n. Die Rivalität, die Deleuze feststellt, verlangt, dass jede:r Einzelne die Überwachung bis zu einem gewissen Punkt selbst übernimmt, Techniken des Selbst permanent durchführt, um die eigene Marktfähigkeit zu steigern. Wieder stellt Kron Kausalzusammenhänge her: Aus dieser einschränkenden Überwachung geht eine Erosion der Gemeinschaft hervor, der Gemeinschaftssinn geht verloren – woran Unterleuten schließlich zugrunde gehen wird. Oder wie es im Roman unter Rekurs auf Huxley heißt: „So sah sie aus, die schöne neue Welt, die sich auf Dorf und Republik ausgedehnt hatte. Genormt, bespaßt und verwaltet – eine Bürgerherde." (UL, 108)

---

185 Gilles Deleuze: Postskriptum über die Kontrollgesellschaft, S. 256 f.
186 Gilles Deleuze: Postskriptum über die Kontrollgesellschaft, S. 260.
187 Gilles Deleuze: Postskriptum über die Kontrollgesellschaft, S. 257.

4.3 Literarisches Erzählen: Die Präsenz des Orwell'schen Schemas und der Versuch, dieses transmedial und intertextuell zu verlassen

Bislang wurden die inhaltlichen Darstellungen der Überwachung in den Werken Juli Zehs betrachtet. Der folgende Teil widmet sich dahingegen den Erzählstrukturen der Texte und ihren Bedeutungen. Mit Blick auf die Form der untersuchten literarischen Werke zeigen sich Gemeinsamkeiten in den Erzählweisen von Überwachung. Die offensichtlichste ist die Dominanz des Orwell'schen Schemas. Zehs Texte, vor allem *Corpus Delicti*, gehören überwiegend zu jenem ersten Typus von Überwachungsromanen der Gegenwart, der die kanonische Dystopie in den erzählten Inhalten aktualisiert, das Muster jedoch wiederholt. Bis auf *Unterleuten* folgen Zehs Texte dem dystopischen Narrativ, v. a. liegt ihnen das Handlungs- und Erzählschema von Samjatins *Wir* und Orwells *1984* zugrunde.[188] In *Corpus Delicti* ist Mia Holl die systemtreue Biologin, die durch den Tod ihres freiheitsliebenden Bruders mit dem System in Konflikt gerät. Über die ‚dritte Figur' der idealen Geliebten gelangt sie zur Rebellion und zur diskursiven Konfrontation mit dem Systemvertreter Heinrich Kramer. Sie wird verhaftet, verhört und gefoltert, im Prozess für schuldig erklärt und am Ende begnadigt ins System reintegriert.[189]

In den drei Theaterstücken zeigt sich das dystopische Schema ebenfalls: Ungeachtet dessen, was die Protagonist:innen unternehmen, am Ende gewinnt das System. In *Yellow Line* wird Paul nach seiner Rebellion, er entführt eine Kuh, wieder nach Hause geflogen (vgl. YL, 236), in *203* wird Leo durch einen neuen Leo ersetzt und das Spiel geht weiter. Dem *Kaktus* als „Kriminalkomödie"[190]

---

[188] Der Protagonist des Schreckszenarios verkörpert eine:n normalen Bürger:in, der:die zunächst systemkonform lebt, mit dem System in Konflikt gerät und durch die Begegnung mit einer ‚anderen Figur' zum Widerstand kommt. Es beginnt eine Revolution, die in der Konfrontation – dem Gespräch mit dem Systemvertreter – gipfelt und in der Folge der Protagonist diszipliniert oder gar mit Gewalt – in der Orwell'schen Handlungskette: Verhaftung, Verhör, Folter – besiegt und wieder in das System eingegliedert wird.

[189] *Leere Herzen* antwortet auf *Corpus Delicti*. Es zeigen sich jedoch stärkere Differenzen zur kanonischen Dystopie des 20. Jahrhunderts. Gemeinsamkeiten finden sich im Handlungsschema: Wenn auch abstrahierter ausgestaltet, begleitet der Text ebenfalls die Protagonistin (Britta) auf ihrem Weg zur Erkenntnis gegen das System, das jedoch weniger der Staat als mehr eine kapitalistische Logik ist. Die Entwicklung zur Entscheidung für Autonomie wird auch in diesem Text durch eine ‚andere' Figur (Julietta) angestoßen.

[190] Christine Diller: Ohne Stacheln. In: *Frankfurter Rundschau*, 09.11.2009. URL: https://www.fr.de/kultur/theater/ohne-stacheln-11528090.html [19.09.2022].

oder „Boulevardstück"[191] liegt das dystopische Schema am offensichtlichsten zugrunde: Das Verhör spitzt sich zu: von der Beobachtung über das Verhör bis zu Gewaltandrohung und Folter. Nach der Ausübung der Folter findet der Erkenntnisprozess bei einem Beteiligten statt. Nachdem dieser wie bereits Mia Holl sein Plädoyer hält, wird die ganze Szenerie vom SEK gestürmt und alle werden erschossen. Außerdem stellt *Der Kaktus* das dystopische Ende, den Sieg des Systems über den:die Einzelne:n, besonders deutlich aus:

> SCHMIDT *mit letzter Kraft* Nur eins noch! Wer seid ihr?
> EINS   Das System.
> ZWEI   Das 21. Jahrhundert.
> DREI   Die Geister, die ihr rieft.
> VIER   Diese Einheit zerstört sich in zwei Minuten von selbst.
> *Alle vier werden zur Decke hochgezogen und sind verschwunden*
> SCHMIDT   Davon haben wir nichts gewusst. *Stirbt.*[192]

Alle drei Stücke verweisen unentwegt aufeinander. Schon deshalb müssen Zehs Theaterstücke als Dreiakter gelesen werden, ein jedes steht für einen Akt. Gemeinsam haben sie neben dem dystopischen Ende eines: „Die scheiß Tür ist zu!" (*203*, 83). Zehs Räume sind geschlossen: Im *Kaktus* agiert die Polizei im Verhörraum hinter verschlossener Tür, in *203* werden Menschen eingesperrt. Das ganze Stück spielt hinter verschlossenen Türen und in *Yellow Line* entpuppen sich Ferienanlage, Wellnesscenter und Kuhstall als geschlossene Systeme.

Vom Erzählinhalt her betrachtet scheint die Übernahme des Orwell-Schemas zunächst naheliegend, diskutieren doch jene Texte alle das Narrativ der überwachten Bürger:innen respektive das der überwachten Patient:innen, die beide eine staatliche bzw. zentrale Macht aufweisen und sich am historischen Narrativ des Überwachungsstaates orientieren. Zehs Verhaften an der Dystopie in einem Systemdiskurs,[193] enger noch am Erzählmodell von *1984*, wurde oft kritisiert, jedoch kaum in seiner kulturellen Bedeutung hinterfragt.

Die kanonische Dystopie hat einen starren Gattungsvertrag, der Aufbau, Struktur und Handlungsmuster, die erzählten Motive und die Erzählweise, ja sogar die

---

[191] Anne Fritsch: „Demokratiediskurs als Boulevardtheater". In: *Die Tageszeitung*, 9.11.2009. URL: http://www.taz.de/!544128/ [19.09.2022].
[192] Juli Zeh: Der Kaktus. In: Dies.: *Good Morning, Boys and Girls. Theaterstücke: Der Kaktus. Good Morning, Boys and Girls. 203. Yellow Line*. Frankfurt/M. 2013, S. 7–72, hier S. 72. Nachfolgend mit der Sigle: K.
[193] Vgl. zum Systemdiskurs der Überwachung: Martin Henning: Big Brother ist watching you – hoffentlich. Diachrone Transformationen in der filmischen Verhandlung von Überwachung in amerikanischer Kultur. In: Eva Beyvers et al. (Hg.): *Räume und Kulturen des Privaten*. Wiesbaden 2017, S. 213–246, hier S. 219 ff.

Erzählperspektive[194] vorgibt und dem sich beispielsweise *Corpus Delicti* musterhaft verpflichtet. Varianzen sind dabei in der Oberflächenstruktur möglich, in der Tiefenstruktur jedoch nahezu ausgeschlossen:

> Literarische Utopien sind Medien einer spezifischen kulturellen Kommunikation. Ihre textuelle Organisation, die sie von anderen Gattungen unterscheidet, besteht in einer Mobilisierung von Bildern der satirisch beschriebenen Wirklichkeit und im Entwurf imaginärer Gegenbilder. Diese Gegenbilder sind narrativ und bildhaft zugleich. Sie beziehen sich implizit oder explizit kritisch auf die jeweilige gesellschaftliche Wirklichkeit, in der sie entstehen – ob als Wunsch- oder Schreckbild.[195]

Was mir an dieser Definition des Genres wichtig erscheint, ist die Tatsache, dass es sich bei der Utopie sowie bei der Dystopie um eine spezifische kulturelle Kommunikation handelt. Voßkamp bestimmt die Dystopie als Erzählung, die in und vor dem Hintergrund eines speziellen Kulturkreises erzählt wird. Damit wird sie mit Wolfang Müller-Funk eine konstitutiv wirkende Erzählung für eine Erzählgemeinschaft.[196] Utopien/Dystopien kennzeichnet eine ‚Doppelfiktion', d. h. in der Diegese findet sich eine kritische Darstellung der eigenen Welt und deren imaginärer Entwurf einer Gegenwelt; das sind zugleich „realistische Vorderseite und utopische Rückseite".[197] Es entstehen Dystopien wie *Corpus Delicti*, weil Autor:innen die Gegenwart als *tipping point*[198] markieren. Das beantwortet nicht nur den Schreibanlass, die -motivation und das Verständnis der eigenen Autorschaft, sondern indirekt auch den Erfolg solcher Erzählungen: Sie sind „Teil einer Dimension des Sozialen, die als das *kollektive Imaginäre* gefasst worden ist",[199] sie lassen das unter der gegebenen Wirklichkeit schlummernde „verborgene ‚Reale'"[200] sichtbar werden.

Corpus Delicti ist auf dem Buchmarkt so erfolgreich, weil er kollektive, unbewusste Ängste bebildert und in literarische Topoi kleidet. Etwas, dass beim Benutzen von Nahkörpertechnologien und smarten Gesundheits-Apps verdrängt werden kann: ein Bedürfnis nach Privatheit sowie eine Scham vor Entblößung. Die Dystopie reagiert auf die Technikaffinität und den Geist der (Selbst-)Optimierung der Gegenwart. Die utopische Vorderseite eines transparenten, gesunden und abgesicherten Körpers hat ein verdrängtes Unbewusstes: Unser aller Schreckbild ist zugleich der

---

194 Vgl. Sabrina Huber: Der überwachende Erzähler, S. 71–97.
195 Wilhelm Voßkamp: *Emblematik der Zukunft*, S. 3.
196 Vgl. Wolfgang Müller-Funk: *Die Kultur und ihre Narrative*, S. 14.
197 Wilhelm Voßkamp: *Emblematik der Zukunft*, S. 77.
198 „Der *tipping point* bezeichnet jenen Punkt, an dem ein vormals stabiler Zustand plötzlich instabil wird, kippt und in etwas qualitativ anderes ‚umschlägt'." (Eva Horn: *Zukunft als Katastrophe*, S. 17; vgl. S. 19)
199 Eva Horn: *Zukunft als Katastrophe*, S. 22.
200 Eva Horn: *Zukunft als Katastrophe*, S. 24.

entblößte Körper. Körperüberwachung geschieht außerliterarisch, indem der Körper in eine Reihe von Zeichen zerlegt wird, diese Zeichen vom ihm abgelöst und als virtuelles ‚Daten-Double' wieder zusammengesetzt werden.[201] Die Entblößung besteht aus numerischen Codes, die physisch nicht zu erfahren sind. In der Literatur jedoch können sie – am Einzelschicksal Mia Holls mit strukturell einfach-binären Erzählmustern – sinnlich erfahren werden. Das alles beantwortet möglicherweise den Schreibanlass und Erfolg der Texte, aber nicht die Wirkungsabsicht der Form.

Gemäß der Prämisse dieser Studie, dass die Erzählperspektive ein Schlüssel zum Verstehen der Überwachung ist, gilt es nun, die Darstellungsweise der Überwachung in den Texten zu bestimmen. Danach wird gezeigt, wie die Texte dem Schema der Dystopie folgen oder von ihm abweichen, um anschließend zu fragen, welches Potenzial im Festhalten von etablierten Mustern von *1984* für die Erzählgemeinschaft liegt. Oder anders: Wenn die Autorin die erzählten Überwachungspraktiken in ihren technologischen Möglichkeiten und mentalen Dispositionen an das 21. Jahrhundert anpasst, wieso wird das Erzählschema, das starre Korsett der Dystopie, nicht aufgebrochen?

Die Systemdiskurs-Dystopie, wie sie sich durch die Erzählungen Samjatins oder Orwells verfestigt hat, weist einen Erzähler auf, der umfängliche Introspektion in die Protagonist:innen hat. Zeh erzählt in allen fiktionalen Prosatexten narratorial, wobei die Erzähler stets die figuralen Perspektivenparameter übernehmen können, aber eine ausgeprägte eigene Perzeption aufweisen. So weisen *Corpus Delicti* und *Leere Herzen* Erzähler auf, die in der Wiedergabe der inneren Vorgänge oder in der Übernahme anderer figuraler Parameter die Folgen oder das Zugrundegehen an diesem System sichtbar machen. Eine Funktion von Überwachungserzählern ist also das Sichtbarmachen dessen, was normalerweise verborgen bleibt – dabei geht es vorrangig nicht um das Überwachungswissen, sondern um die repressiven Auswirkungen der Überwachung auf die Überwachten.

Anderorts habe ich fünf Erzählerfunktionen von Systemdiskurs-Dystopien der Überwachung bestimmt, wie *Corpus Delicti* eine ist: 1) Die Stabilisation des Panopticon auf der Strukturebene, 2) das Erzählen liberaler Werte, damit verbunden 3) eine Diskurskontrolle bzw. die Überwachung des richtigen Verstehens der Lesenden, 4) die Simulation von Praktiken und Logiken der Überwachung und 5) die Berichterstattung bzw. der Augenzeugenbericht.[202] An dieser Stelle erscheinen mir die ersten drei übergreifend auch für neuere, nicht derart systemdiskursorientierte Texte relevant. In aller Kürze werden sie aufgegriffen und untersucht, inwiefern sie sich in neueren Werken verändern oder als Konstante gelten können.

---

201 Vgl. Kevin D. Haggerty/Richard V. Ericson: The Surveillance Assemblage, S. 611f.; 608f.
202 Vgl. Sabrina Huber: Der überwachende Erzähler.

Die Strategie, die dieser an Orwells Dystopie orientierte Typ von Romanen verfolgt, ist, das theoretische Modell der Überwachung in das Fokalisierungsvermögen des Erzählers zu legen. Im Falle dieser Erzählungen stabilisiert der Erzähler so das Panopticon auf der Strukturebene. Soll heißen: In *Corpus Delicti* kann der Erzähler in alle Figuren blicken und ihre figurale Perzeption – ihre Gefühlswelt – sichtbar machen, nur die einer Figur nicht: der Überwacherfigur. Das Modell des Panopticons zeigt sich in der Erzählweise darin, dass alle Figuren, am stärksten die Protagonistin, transparent gemacht werden können, nur Heinrich Kramer nicht. *Unterleuten* ist als Perspektivenroman dagegen so angelegt, dass es keine Figur mehr gibt, aus deren Perzeption der Erzähler nicht berichten kann. Das entspricht der Idee der ‚Überwachungsgesellschaft' bzw. der Idee des ‚digitalen Panopticons' von Han. Zehs Texte legen allesamt das Modell der Überwachung in die Erzählperspektive und machen die damit verbundene Machtverteilung so für Lesende begrenzt erfahrbar.

Die zweite Funktion der Erzähler – darin unterscheiden sich *Corpus Delicti* und andere Texte Zehs stärker vom Prätext *1984* – ist die Kommentierung der Geschichte durch den Erzähler. Dies geht mit einer Form von aufklärerischem Erzählen einher. Es zeigt sich in evaluierenden Kommentaren zum Figurenhandeln,[203] aber auch in generalisierender Kritik zur Überwachungsideologie. Dem Erzähler kommt die Funktion zu, ein liberales Wertesystem zu etablieren, das den kritischen Maßstab zur Bewertung der erzählten Überwachungspraktiken, vorgibt. Dystopie-Erzähler bei Zeh sind autoritäre Erzähler, die stark in die Lektüre eingreifen und Interpretationsrahmen vorgeben bzw. zu beeinflussen versuchen. Sie kontrollieren den Diskurs.

> Die METHODE gründet sich auf die Gesundheit ihrer Bürger und betrachtet Gesundheit als Normalität. Aber was ist schon *normal*? Einerseits alles, was der Fall ist, das Gegebene, Alltägliche. Anderseits aber bedeutet ‚normal' etwas Normatives, also das Gewünschte. Auf diese Weise wird Normalität zu einem zweischneidigen Schwert [...] (CD, 145).

---

[203] Zu *Corpus Delicti*: „Er [Kramer, SH] bewegt sich mit der Selbstverständlichkeit eines Mannes, der überall Zutritt hat. Sein Anzug sitzt vorbildlich mit jenem wohldosierten Schuss Unachtsamkeit, ohne den wahre Eleganz nicht auskommen kann [...]. Seine Bewegungsabläufe erinnern an die trügerische Gelassenheit einer Raubkatze, die eben noch mit halb geschlossenen Lidern in der Sonne dösend, im nächsten Augenblick zum Angriff übergeben kann." (CD, 15) Oftmals betreffen diese evaluierenden Kommentare zu Figuren und ihrem Handeln, die maßgeblich die Interpretation der Leser:innen lenken, die Figurenbeziehung von Überwacher:in (hier Heinrich Kramer) und Überwachten (hier Mia Holl) oder die Beziehung zwischen der Protagonistin und der Dritten Figur, die den Entwicklungsprozess anstößt (vgl. CD, S. 30, 126 ff.). In *Leere Herzen* finden sich auch solche Beispiele: „Sie schreien sich an, das ist nicht gut. Wenn zwei tragende Pfeiler wanken, besteht für das Gebäude akute Einsturzgefahr. Britta versucht, sich in den Griff zu kriegen, merkt aber, dass sie kaum noch Kontrolle über sich besitzt." (LH, 230)

Es sind Erzählerkommentare dieser Art mit eigener perzeptiver und ideologischer Perspektive, die einerseits die Wirkung des Textes stark beeinflussen und andererseits die Bedeutungszuschreibungen von vornherein festlegen; es braucht kaum noch etwas interpretiert zu werden. Wenn jemand den Erzähler als Überwacher lesen will, wie dies gelegentlich getan wird,[204] sind die evaluierenden und synthetisierenden Erzählerkommentare ein Versuch, das ‚richtige' Verstehen zu kontrollieren. Hier üben sie Diskursmacht aus. Allerdings nicht panoptisch auf die Figuren oder die erzählte Welt im Allgemeinen, sondern – wenn überhaupt – ausschließlich auf das Verfertigen der Gedanken im Prozess der Lektüre. Ähnliche Erzähleräußerungen finden sich auch in *Leere Herzen*.

> [So] begreift sie mit einem Mal, was mit ihr geschieht, was ihr wehtut, warum sie damals aufgehört hat, Zeitungen zu lesen und über die Welt nachzudenken. Es liegt am Paradoxien-Schmerz. In einer Welt aus Widersprüchen lässt sich nicht gut denken und reden, weil jeder Gedanke sich selbst aufhebt und jedes Wort das Gegenteil meint. Zwischen Paradoxien findet der menschliche Geist keinen Platz [...]. (LH, 276 f.)

Hierin zeigen sich verschiedene Erzählkompetenzen: Der Erzähler macht innere Prozesse der Protagonistin Britta sichtbar, artikuliert sogar den Entscheidungsmoment, und kommuniziert dann das zu Verstehende an die Leser:innen. Das ist eines jener Beispiele, in denen in der Erzählerrede das liberale Wertesystem offenliegt, mit dem der erzählte Zusammenhang zwischen Überwachung und schwindender Demokratie beurteilt werden soll. Sie sind didaktischer Art. Eine dritte Möglichkeit, wie sich derartiges aufklärerisches Potential in der Erzählerrede zeigt, ist die Inanspruchnahme von Aussagen des *common sense*, die dann in ironisch gebrochenen, synthetisierenden Kommentaren wiedergegeben werden.

> Jeder normale Mensch weiß, dass der genetische Fingerabdruck unverwechselbar ist. (CD, 33)
> Jeder weiß, dassn ‚Liebe' nur ein Synonym für die Verträglichkeit bestimmter Immunsysteme darstellt. Jede andere Verbindung ist krank. (CD, 117)

Christine Mogendorfs Ansicht nach knüpft das Erzählerverhalten „an kollektive Wissensbestände [an], die über die Grenzen der Diegese auf reale fachwissenschaftliche Fakten zurückzuführen sind"[205] und die im ersten Beispiel die Schuldfähigkeit des Bruders als unbezweifelbares Faktum darstelle. Die Zuverlässigkeit der Fakten generiere die Zuverlässigkeit des Erzählers.[206] Doch der Erzähler gibt keine Fakten wieder, er spiegelt den *common sense* der Erzählwelt, der verdichtet für Präven-

---

204 Vgl. David A. Miller: *The Novel and the Police*, S. 1–33; vgl. Betiel Wasihun: Introduction: Narrating Surveillance, S. 14.
205 Christine Mogendorf: *Von „Materie, die sich selbst anglotzt"*, S. 175.
206 Vgl. Christine Mogendorf: *Von „Materie, die sich selbst anglotzt"*, S. 172.

tionslogiken der Gegenwart steht: „Vielleicht ist der *common sense* philosophisch besehen ein dummes, mehr oder minder unnachgiebiges Thema. Für Anthropologie, Ethnologie und Kulturwissenschaft hingegen bildet er – wie die Religion – einen unhintergehbaren Horizont der Analyse."[207] In diesem Sinne betreibt der Text über den Erzähler Kulturanalyse, indem dieser den vermeintlichen kollektiven Wissensbestand ironisiert. Identitätssicherndes Wissen besteht für Jan Assmann aus Weisheit und Mythos.[208] Bestandteile des *common sense* sind nach Assmann normative Texte, auf denen Identität und Kultur beruhen. Geertz betont den schwachen Erklärungswert solcher alltäglichen unhinterfragten und unhinterfragbaren Wissensbestände: Gerade durch den schwachen Wert sei es kulturell wirksam, weil es jeden Zweifel zum Verstummen bringe und für sich beanspruche, das einzig Wahre zu sein.[209] Es ist die ideologische Perspektive von Überwachenden, die der Erzähler mit solchen Phrasen aushöhlt.[210] Es sind eben keine „allgemeingültige[n], von der persönlichen Auffassung der Figuren unabhängige[n] Tatsachen [...], [durch die] ein eigenständiger dialektischer Prozess angestoßen [wird]",[211] sondern es handelt sich um die Perzeption der Überwacher:innen, die der Erzähler kritisiert.[212]

Das Festhalten am dystopischen Schema von *1984*

Die Bezüge von *Corpus Delicti* zu Vorgängerdystopien wie Huxleys *Schöne neue Welt* oder Samjatins *Wir* wurden in der Forschung herausgearbeitet.[213] Zeh behauptet zwar, ihr Roman folge eher der Erzählung Huxleys als der Orwells, weil sie genau wie Huxley zunächst eine paradiesische schöne, neue Welt inszeniere, in der Überwachung nicht unterdrückend, sondern vernünftig wirke.[214] Doch in der Grundstruktur der Narration bleibt das Erzähl- und Handlungsschema von Orwells *1984* erkennbar. Weder weicht Zeh vom Orwell'schen Schema in einer „formalästhetischen Erweiterung noch [in] inhaltlich-thematische Verschiebun-

---

207 Müller-Funk: *Die Kultur und ihre Narrative*, S. 155 f.
208 Vgl. Jan Assmann: *Das kulturelle Gedächtnis*, S. 142.
209 Vgl. Clifford Geertz: *Dichte Beschreibung*, S. 275.
210 In beiden Szenen befindet sich Heinrich Kramer im Raum, der diese Ideologie figürlich verkörpert.
211 Christine Mogendorf: *Von „Materie, die sich selbst anglotzt"*, S. 173.
212 Vgl. zum Erzählerverhalten in Systemdiskurs-Dystopien: Sabrina Huber: *Der überwachende Erzähler*.
213 Vgl. u. a. Sabine Schönfellner: *Die Perfektionierbarkeit des Menschen?*; Achim Geisenhanslüke: *Die verlorene Ehre der Mia Holl*, S. 223–232.
214 Vgl. Juli Zeh: *Fragen an Corpus Delicti*, S. 125.

gen" ab, stattdessen unterzieht sie diese Tradition nur einer „Re-Lektüre".[215] Wieso wird nicht auch das Narrativ verändert, das scheinbar ungeeignet und überholt ist?

Corpus Delicti stellt im deutschsprachigen Raum das erste medienwirksame Werk dar, das die digitale Massenüberwachung im Gesundheitssektor kritisch erzählt. 2009 fängt Edward Snowden gerade an, für die NSA zu arbeiten; erst 2013 bringen seine Enthüllungen das Ausmaß der Überwachung ans Licht. Hier geht Literatur den ersten Schritt und wählt ein Narrativ, das im politischen wie sozialen Gedächtnis verankert ist. Orwells Erzählung ist vor dem Hintergrund der eigenen Geschichte in Deutschland identitätskonstituierend; eine Lektüre ist als kultureller Ritus als Vergewisserung über „das Bild, das eine Gruppe von sich aufbaut und mit dem sich deren Mitglieder identifizieren"[216] aufzufassen. In diesem Sinne betont auch Müller-Funk die Bedeutung solcher nationaler Narrative.[217] Es lässt sich schlussfolgern: Identitätstragende Schemata rituell zu erneuern und erneut zu erzählen, kommt einem Erinnern und Stabilisieren der nationalen Identität gleich. Diese Funktion übernimmt Zeh mit der Re-Lektüre von *1984*. Begreift man zudem die bekennende Kantianerin Zeh als politische Autorin, kann davon ausgegangen werden, dass sie auf eine größtmögliche Reichweite zielt, mit dem Ziel der Aufklärung, indem sie an die kollektive Anti-Überwachungsidentität der BRD anknüpft. Koschorke betont, dass über „die Reichweite von Narrativen [...] wiederum ihre Eignung zur Amplifikation [entscheidet], zur Ausweitung auf ein von einer großen Referenzgruppe geteiltes Wissen und Empfinden".[218] Im Falle von Totalitarismuskritik, wie Orwells Schema diese vornimmt, ist das der Fall. Nun bestehe jede gesellschaftliche Kommunikation aus Differenzierungs- und Entdifferenzierungsleistungen: „Weitererzählen heißt Entdifferenzierung der auf diesem Weg mitgeteilten Wissensbestände; Entdifferenzierung eröffnet das semantische Feld und erhöht die *Konnektivität* in der Kontaktzone sozialer Sphären."[219] Ein Wiedererzählen von *1984* kann – zumindest im Jahr 2009, weit vor den Snowden-Enthüllungen – wirkungsvoller sein, als eine Expert:innen-Darstellung von Überwachung in der Literatur, die beispielsweise eine am Modell der surveillance assemblage orientierte Erzählstruktur verlangt hätte. Spezialdiskurse knüpfen zum einen nicht an kollektives Empfinden und

---

215 Susanna Layh: *Finstere neue Welten*, S. 173.
216 Jan Assmann: *Das kulturelle Gedächtnis*, S. 132.
217 Narrative sind für Kulturen konstitutiv, da Kulturen als mehr oder weniger geordnetes Bündel von expliziten und impliziten, (un-)ausgesprochenen oder verschwiegenen Erzählungen zu begreifen sind. So gesehen werden Narrationen zentral für die Darstellung der (kollektiven) Identität (vgl. Wolfgang Müller-Funk: *Die Kultur und ihre Narrative*, S. 17).
218 Albrecht Koschorke: *Wahrheit und Erfindung*, S. 38.
219 Albrecht Koschorke: *Wahrheit und Erfindung*, S. 40.

Wissen an, zum anderen gleiten sie leicht in Fachjargon und Technikspezialisierung ab.[220] Driften die Wissenshorizonte und Vorstellungen der Überwachung der Leser:innen und des Textes zu weit auseinander, werden Leser:innen die Erzählung als ihrer Alltagswelt fern beurteilen und mögliche kathartische Wirkungen ausbleiben. *Corpus Delicti* will ein Aufklärungsroman sein. „Narrative stiften Sinn, nicht auf Grund ihrer jeweiligen Inhalte, sondern auf Grund der ihnen eigenen strukturellen Konstellation: weil sie eine lineare Ordnung des Zeitlichen etablieren."[221] Zeh macht sich ein konventionalisiertes und identitätstragendes Narrativ zum ‚Komplizen', dem kein Mitglied der Erzählgemeinschaft widersprechen kann. Dieses Narrativ und seine ideologische Perspektive werden im Geschichtsunterricht gelernt und internalisiert – die Leser:innen von *Corpus Delicti* werden jene liberale und freiheitsbekennende Geisteshaltung einnehmen, die das Narrativ vorgibt und so Analogien zwischen den Überwachungslogiken der Vergangenheit und der Gegenwart erkennen. Das Orwell-Schema garantiert Zeh fast unausweichlich die gewünschte Reichweite. Dass *Corpus Delicti* Schullektüre wird, war absehbar.

Nun besteht, Müller-Funk folgend, eine Kultur aus unterschiedlichen Erzählungen, deren Re-Inszenierung oder -Erzählung variiert: Solange bestimmte Erzählungen in einer Kultur als selbstverständlich angesehen werden, unumstritten sind, können sie unthematisiert bleiben. „Ähnlich verhält es sich mit jenen Narrativen [...], die eine Nation konstituieren. Narrative in Kulturen sind also oftmals latent, das heißt sie sind prinzipiell abrufbar, aber nicht fortwährend präsent."[222] Hierin liegt ein Problem: *Corpus Delicti* erzählt, aller vermeintlichen gesellschaftlichen Übereinstimmung im Selbstbild zum Trotz, ein Narrativ öffentlich, das stillschweigend als unumstritten gelten sollte. Es gehört zu jenen Narrativen, die, folgt man Müller-Funk, unthematisiert bleiben können. Indem das Narrativ jedoch wieder öffentlich inszeniert wird, konfrontiert der Roman die Öffentlichkeit: Trotz der Erfahrungen und des Schreckens der beiden deutschen Überwachungsdiktaturen wird heute freiwillige (Selbst-)Überwachung praktiziert.

Indem Zeh 2009 das Schema von Orwell – jenes, das an die eigenen Überwachungsregimes und den eigenen Staatsrassismus im 20. Jahrhunderts erinnert – aufgreift, mahnt sie indirekt auch, der ‚floating gap' entgegenzuwirken. Das kom-

---

220 Zwar besteht eine Rolle von Expert:innen(kulturen) darin, gängige Narrative in Frage zu stellen, die eine vorschnelle erzählerische Konstruktion von Kausalitäten durchkreuzen. Aber einem machtvollen Narrativ ist nicht durch einfache Falsifikation beizukommen. Auch wird in der Regel die differenziertere Sichtweise nicht als ein Wissen höherer Art, sondern als ein anderes ‚Sprachspiel' aufgefasst, das für die eigene Erzählwelt irrelevant erscheint (vgl. Albrecht Koschorke: *Wahrheit und Erfindung*, S. 42).
221 Wolfgang Müller-Funk: *Kultur und ihre Narrative*, S. 29.
222 Wolfgang Müller-Funk: *Kultur und ihre Narrative*, S. 154.

munikative Gedächtnis besteht aus Erinnerungen der Zeitgenossen. „Dieser allen durch persönlich verbürgte und kommunizierte Erfahrung gebildete Erinnerungsraum entspricht biblisch den drei bis vier Generationen, die etwa für eine Schuld einstehen müssen."[223] Unsere Gemeinschaft befindet sich im Übergang, es leben kaum noch Zeitzeug:innen der eigenen ‚Schuld'. Auch das Bespitzelungsregime der DDR befindet sich bald an einer ähnlichen zeitlichen Schwelle. Die Redundanz des Wiedererzählens erfüllt nach Koschorke somit eine kommunikative Funktion: Sie sichert den unterstellten oder tatsächlichen Konsens ab.[224] Hierin liegt Zehs Engagement, das sie über das Erzählen in bekannten Muster verfolgt: Es scheint darin die Hoffnung zu liegen, durch die Re-Lektüre an kollektive Widerstandskräfte anknüpfen zu können, die einst gegen Überwachung in der Gemeinschaft aktiv waren.

Orwells Roman ist im kulturellen Gedächtnis, so Jan Assmann, „eine Waffe gegen Unterdrückung [...] Am Extremfall totalitaristischer Unterdrückung zeigt sich die befreiende Kraft des kulturellen Gedächtnisses, die ihm allgemein innewohnt."[225] Auf diese Weise ermögliche Erinnerung die Erfahrung des Anderen und eine Distanz vom „Absolutismus der Gegenwart und des Gegebenen."[226] Dystopien der Gegenwart, die im Schema von Orwell oder anderen derartigen Texten erzählen, leisten durch Form und Inhalt das, was Assmann „[d]ie Erzeugung von Ungleichzeitigkeit, die Ermöglichung eines Lebens in zwei Zeiten" nennt und als „universale[] Funktionen des kulturellen Gedächtnis" beschreibt.[227] Wenn die Inhaltsseite der Texte sich Phänomenen und Tendenzen des 21. Jahrhunderts bedienen und sie im Gewand der Totalitarismuskritik des 20. Jahrhunderts präsentieren, sind beide Zeiten anwesend. *Corpus Delicti* appelliert durch die Erzählweise an eine Widerstandshaltung: „Es gibt kein Dazwischen. Du wirst dich entscheiden müssen, Mia-Kind." (CD, 82) Eine Widerstandshaltung verlangt Entscheidungen.

Die Protagonistin steht vor der Entscheidung, sich entweder für die scheinbar objektive Wahrheit der Daten oder aus Liebe für die Wahrheit ihres Bruders zu entscheiden:

> Glauben Sie, dass Ihr Bruder den Sexualmord begangen hat, dessentwegen er zum Scheintod verurteilt wurde? [...] Sie glauben es nicht. [...] Weil Sie ihn kannten. *Ihn*, das heißt, seinen Geist. Seine Seele. Sein Herz. (CD, 108)

---

223 Jan Assmann: *Das kulturelle Gedächtnis*, S. 50.
224 Vgl. Albrecht Koschorke: *Wahrheit und Erfindung*, S. 44.
225 Jan Assmann: *Das kulturelle Gedächtnis*, S. 85 f.
226 Jan Assmann: *Das kulturelle Gedächtnis*, S. 86.
227 Jan Assmann: *Das kulturelle Gedächtnis*, S. 84.

Corpus Delicti thematisiert immer wieder das Verhältnis von ‚glauben' und ‚wissen', was sich in der Überwachung und Analyse von Daten als Gretchenfrage entpuppt. Wie viel Glauben schenken wir dem Wissen oder Nicht-Wissen, und wie viel Wissen sprechen wir dem Glauben zu? Kant unterscheidet drei Modi des Fürwahrhaltens an: meinen, glauben und wissen.

> Das Fürwahrhalten ist überhaupt von zwiefacher Art ein gewisses oder ungewisses. Das gewisse Fürwahrhalten oder die Gewißheit ist mit dem Bewußtsein der Nothwendigkeit verbunden, das ungewisse dagegen oder die Ungewißheit, mit dem Bewußtsein der Zufälligkeit oder der Möglichkeit des Gegentheils. Das letztere ist hinwiederum entweder sowohl subjectiv als objectiv unzureichend, oder zwar objectiv unzureichend, aber subjectiv zureichend. Jenes heißt Meinung, dieses muß Glauben genannt werden.
> Es gibt hiernach drei Arten oder Modi des Fürwahrhaltens: Meinen, Glauben und Wissen. Das Meinen ist ein problematisches, das Glauben ein assertorisches und das Wissen ein apodiktisches Urtheilen. Denn was ich bloß meine, das halte ich im Urtheilen mit Bewußtsein nur für problematisch; was ich glaube, für assertorisch, aber nicht als objectiv, sondern als subjectiv nothwendig (nur für mich geltend); was ich endlich weiß, für apodiktisch gewiß, d.i. für allgemein und objectiv nothwendig (für Alle geltend).[228]

In diesem Sinne, im Unterschied zwischen den Modi glauben und wissen, dürfen die Lesenden wohl Moritz' Ratschlag an seine Schwester verstehen: „Man muss flackern. Subjektiv, objektiv. Subjektiv, objektiv. Anpassung, Widerstand. An, aus. Der freie Mensch gleicht einer defekten Lampe." (CD, 149) Moritz fordert eine Dialektik, die er als ‚Flackern' bezeichnet. Dieses Flackern lernt Mia, es spiegelt sich zuletzt in ihrem Satzbau wider: „Ich habe die Pest", sagt Mia lachend. „Lepra. Cholera. Ich bin krank. Ich bin frei. Krank. Frei." (CD, 175)

Veränderungen am Schema: Von der ferneren in die nahe Zukunft und vom Fehlen der Utopie

Leere Herzen präsentiert sich als Fortschreibung oder Antwort auf den verpassten Appell der ersten Schreckutopie von 2009: Mia ist zu Britta geworden. Dabei ändern sich in der Ausgestaltung der Dystopie, neben dem freieren Handlungsschema ohne eine zentrale Macht, zwei Aspekte: *Leere Herzen* hat ein verändertes Zeitkonzept und gibt das Prinzip Hoffnung nahezu auf.

Corpus Delicti spielt „in der Mitte des einundzwanzigsten Jahrhunderts" (CD, 11), *Leere Herzen* im Jahr 2025. Im Topos der ‚nahen Zukunft' erzählen Werke, die eine unmittelbare Zukunft präsentieren. Diese spielt nur wenige Jahre nach der Er-

---

[228] Immanuel Kant: Logik. In: *Kant's gesammelte Schriften*. Hg. von der Königlich Preussischen Akademie der Wissenschaften, Bd. IX: Logik, Physische Geographie, Pädagogik. Berlin 1900 ff., S. 66.

scheinungszeit.[229] Die Fiktionen „haben ihren eigenen Reiz, weil sie vorhandene Tendenzen nur hochrechnen müssen, um einen Mix aus Wiedererkennbarkeit und dosiertem Erschrecken zu erzeugen".[230] Die nahe Zukunft lässt zwei Zeiten aufeinanderprallen: die Zeit der Leser:innen und die der erzählten Zeit. Im Text gestaltet sich das, neben den für Zeh typischen direkten Realitätsreferenzen („Damals war Trump noch nicht Alltag, sondern Skandal!" [LH, 275]), in der Gegenüberstellung von Vergangenheits- und Zukunftsfiktionen aus: Eine analeptische Vergangenheitsfiktion steht gegen eine proleptische Zukunftsfiktion, d. h. es findet zunächst ein Rückblick statt – was soll sich zwischen dem Erscheinungsjahr 2017 und dem erzählten Jahr 2025 ereignet haben –, worauf unmittelbar eine antizipierte Zukunft folgt (vgl. LH, 30 f. sowie LH, 311 f.). Das gab es so in *Corpus Delicti* nicht.

Die zweite, vielleicht entscheidende, Veränderung zwischen der kanonisierten Dystopie des 20. Jahrhunderts und der Erzählung in der nahen Zukunft ist das Verschwinden der Utopie. Es gehört zum Genre, Möglichkeitsdenken und Utopisches auch in den dystopischen Welten zu entfalten. In *Corpus Delicti* zeigte sich das zunächst in einer Schein-Utopie am Romananfang, bevor sich das Prinzip Hoffnung in den Figuren offenbart:

> Hier und da schaut das große Auge des Sees, bewimpert von Schilfbewuchs, in den Himmel – stillgelegte Kies- und Kohlegruben, vor Jahrzehnten geflutet. Unweit der Seen beherbergen stillgelegte Fabriken Kulturzentren [...]. Hier stinkt nichts mehr. Hier wird nicht mehr gegraben, gerußt, aufgerissen, verbrannt, hier hat eine zur Ruhe gekommene Menschheit aufgehört, die Natur und damit sich selbst zu bekämpfen. (CD, 11 f.)

Zeh konstruiert – wie nahezu alle Texte – eine Eingangsszene mit starkem Überwachungsaspekt.[231] Diese erste Szene in *Corpus Delicti* nimmt die narratologische Perspektive einer Überwachungskamera – worin sich die göttliche Aufsicht

---

229 Zeh ist nicht die Einzige, die dieses ‚akute' Zeitkonzept derzeit aufgreift: Michel Houellebecqs *Unterwerfung*, Dave Eggers *The Circle*, Boualem Sansals *2084. Das Ende der Welt*, Mark-Uwe Klings *QualityLand*, Eugen Ruges *Follower* – „[s]ie alle sprachen, über den Umweg in die Zukunft, von den Abgründen der Gegenwart." (Julia Encke: Wo geht's zum Abgrund? In: *FAZ*, 16.11.2017. URL: https://www.faz.net/aktuell/feuilleton/buecher/rezensionen/belletristik/juli-zehs-neuer-roman-leere-herzen-von-julia-encke-15277653.html?printPagedArticle=true#pageIndex_0 [19.09.2022]).
230 Gustav Seibt: Jede Gesellschaft braucht eine Dosis Amok. In: *Süddeutsche Zeitung*, 14.11.2017. URL: https://www.sueddeutsche.de/kultur/leere-herzen-von-juli-zeh-jede-gesellschaft-braucht-eine-dosis-amok-1.3743854 [19.9.2022].
231 In den Eingangsszenen macht Schönfellner eine Gattungstradition der Dystopie aus; diese kennzeichne eine ironisch-distanzierte Erzählhaltung (vgl. Schönfellner: *Die Perfektionisierbarkeit des Menschen*, S. 51).

zeigt – ein.[232] Die Eingangsszene des Romans soll, so Zeh selbst, zunächst als Utopie wirken, die ihr Schreckbild erst im Zuge der Lektüre offenbart.[233] In der Erzählerrede spiegelt sich die Ideologie der Überwachung: Die Erscheinungen in der Kontrollgesellschaft wirken zunächst wie gewonnene Freiheiten, bevor ihre Kontrollmechanismen greifen.[234] Die Natur präsentiert sich als utopische Friedlichkeit.

Utopisches zeigt sich weiterhin im ‚Prinzip Hoffnung', das zunächst Bruder Moritz verkörpert. Er stellt jener Präventionsutopie des Romananfangs seine eigene Phantasie gegenüber:

> „In meinen Träumen seh ich eine Stadt zum Leben", zitierte er. „Wo die Häuser Frisuren tragen aus rostigen Antennen. [...] Wo man Fahrräder zum Abstellen ins Gebüsch drückt und Wein aus schmutzigen Gläsern dringt. Wo junge Mädchen die gleiche Jeansjacke tragen und ständig Hand in Hand gehen, als hätten sie Angst. Angst vor den anderen. Vor der Stadt. Vor dem Leben. Dort laufe ich barfuß durch Baustellen und sehe zu, wie mir der Matsch durch die Zehen quillt." (CD, 62 f.)

Damit antwortet er auf die Eingangsszene mit einem Gegenentwurf. Moritz' Utopie ist keine saubere Hygienelandschaft. Dystopien übernehmen ein ‚Prinzip Hoffnung', indem sie in ihren aussichtslos scheinenden Erzählwelten utopische Momente dieser inhärenten Hoffnung in Figuren oder Räumen präsentieren. Dieses Hoffnungsmoment zeigt sich nach Moritz später in Mia, indem sie die Freiheitseinschränkung des Systems erkennt. Der Mensch trägt utopisches Potential; er kann neu anfangen, sich anders entscheiden.

Leere Herzen hat diese Utopie verloren: „Plötzlich gab es keine bessere Zukunft mehr, keinen Ort, an den wir gemeinsam aufbrechen könnten. Es gab nur noch die Möglichkeit, sich einzumauern und zu hoffen, dass es nicht ganz so schlimm kommen wird." (LH, 323 f.) Den Wegfall des utopischen Zukunftserwartens fällt mit einem verlorenen Glauben an Europa zusammen: „Europa, Weltfrieden, Demokratie. Meine Eltern glaubten, dass sich alles zum Guten wenden würde. Dass die Epoche von Weltkrieg und Wettrüsten zu Ende sei und sie in eine bessere Zukunft aufbrächen." (Ebd.) Die fehlende Utopie verändert das Verhältnis, das diese Dystopie zur Gegenwart einnimmt. Die Gegenwart ist nicht länger der *tipping point* – dieser wurde überschritten –, sondern wird als abgründige Krise ohne Hoffnung markiert.

---

232 Layh sieht in der Vogelperspektive eine Inszenierung als Kameraauge (vgl. Susanna Layh: *Finstere neue Welten*, S. 153).
233 Vgl. Juli Zeh: *Fragen an Corpus Delicti*, S. 121.
234 Vgl. Gilles Deleuze: Postskriptum über die Kontrollgesellschaft, S. 255. Geisenhanslüke sieht in der Eingangsszene eine Inszenierung perfekter Naturbeherrschung in der ‚Risikogesellschaft' (vgl. Achim Geisenhanslüke: Die verlorene Ehre der Mia Holl, S. 227).

Leere Herzen ist scheinbar kein Präventionsnarrativ mehr, das „die bedrohlichen Zukünfte [konstruieren muss], gegen diese sie Abhilfe verspricht",[235] sondern eine pessimistische Prophezeiung: „Da. So seid ihr", stellt Zeh als Widmung vorweg, was sich als direkte Leser:innenansprache verstehen lässt.[236]

2009 war es die ideale Geliebte, die Mia zur Entscheidung drängt, 2017 ist daraus Julietta geworden: „Du kapierst es nicht [...]. Nicht *ich* leide. Wir alle. Das ist das Problem." (LH, 107) Einen ähnlichen Satz richtet die ideale Geliebte an Mia Holl: „Du kapierst nichts, Mia Holl [...]. Das ist das Ende deiner Anonymität. Was gedenkst du zu tun?" (CD, 142) Solche Parallelen gibt es im Entscheidungsprozess der Protagonistinnen mehrere. „Es gibt kein Dazwischen. Du wirst dich entscheiden müssen, Mia-Kind" (CD, 82), sagt die ideale Geliebte zunächst und auch Julietta begleitet Britta („Du denkst, du kannst die Leere in dir auskotzen. Aber Leere kann man nicht auskotzen. Man muss sie fühlen." [LH, 289]) auf ihrem Weg zur Entscheidung: „Es ist gut, dass du dich entschieden hast, Britta. Jetzt bist du wieder ein Mensch." (LH, 325) Auch wenn sich die nahe Zukunft düsterer und hoffnungsloser präsentiert, am Ende blitzt die Utopie aus *Corpus Delicti* wenigstens kurz auf. Menschsein besteht bei Zeh in einem aufgeklärten Gebrauch seines Verstandes: „Jetzt weiß ich, dass richtig und falsch erst existieren, nachdem man sich entschieden hat" (LH, 324). Dazu gehört, das ist der Appell der zweiten Dystopie, auch die Verantwortung zur demokratischen Teilhabe, zur Mitgestaltung der Welt.

Unterleuten als Versuch, das Orwell'sche Schema zu verlassen

Sofern man *Unterleuten* als Überwachungsroman liest, ist es der erste fiktionale Text Zehs, der nicht dystopisch erzählt, sondern neue Erzählweisen für die Beobachtungsphänomene sucht. Der Text hat eine wechselnde Perspektivierung. Es wird auch der Erzählraum mithilfe von Para- und Intertexten erweitert, die transmedial die Geschichten weitererzählen. Das zielt auf die Darstellung der überwachten Nutzer:innen von Überwachungsprodukten. Diese Erzählweisen, sowie die Anschluss-

---

235 Ulrich Bröckling: Dispositive der Vorbeugung, S. 95.
236 Die Widmung findet sich im Roman wieder; die Worte stehen in Juliettas Wochenbericht: „Gleichgültigkeit tötet / Da! So seid ihr. / dumm und böse" (LH, 131). Offensichtlich hat Julietta, schlussfolgert Britta, ihre Gedanken als Langgedicht verfasst. Das Langgedicht geht auf Walter Höllerer zurück – Gründer der Zeitschrift *Sprache im technischen Zeitalter*. In seinen Thesen zum langen Gedicht charakterisiert Höllerer das Langgedicht als ‚schon seiner Form' nach politisch. Das Langgedicht stellt er gegen die herkömmliche, verordnete „Preziosität und Chinoiserie" des Gedichts, es lässt sich nicht einsperren, ihm fehle Feierlichkeit und Pathos, gerade deshalb habe es die Kraft, „Denkgefängnisse zu zerbröckeln" (Walter Höllerer: Thesen zum langen Gedicht. In: *Akzente* 12 (1965), Heft 2, S. 128–130, alle Zitate aus S. 128 f.).

texte, die inter- und paratextuell auf den Roman bezogen werden müssen, eröffnen neue Aspekte auf die (Selbst-)Überwachungspraktiken auf der Ebene der histoire.

Unterleuten wird mit wechselnder figuraler Perzeption erzählt. Die Darstellungsweise wird in Bezug auf das Thema der Überwachung insofern relevant, als es um die Suche nach der Wahrheit geht. Die Wahrheitssuche ist wie in anderen Texten Zehs – man denke an *Corpus Delicti* oder *Schilf* – ein zentrales Topoi. In *Unterleuten* trägt sich ein Suizid zu, den die Reporterin Lucy Finkbeiner zu ergründen versucht, was Lesende jedoch erst im letzten Kapitel erfahren, wenn diese sich als Erzählerin zu erkennen gibt.[237] Die Suche nach der Wahrheit, nicht nur in Bezug auf den Ausgang, sondern auch im Beziehungsgeflecht der Figuren, begleitet die Lesenden. Wahrheitsfindung ist in diesem Perspektivenroman Strukturbedingung und eng verknüpft mit der Erzählweise. Lucy Finkbeiner sammelt Informationen – Daten über das Geschehen: „Ich war in Unterleuten. Ich habe mit jedem gesprochen, der zum Reden in der Lage war [...]. Die transkribierten Interviews füllen zwanzig Aktenordner." (UL, 628) Finkbeiner häuft eine Menge Daten an, die sich aber nicht immer decken.[238] Ihr Wissen als Erzählerin beruht auf dem, was ihr erzählt wurde – keine gesellschaftsromantypische Allwissenheit,[239] sondern Begrenztheit kennzeichnet sie:

> Je mehr ich erfuhr, desto stärker erinnerte mich die Geschichte an mein Lieblingsspielzeug aus Kindertagen, ein rotes Kaleidoskop [...]. Man drehte ein wenig, und alles sah anders aus. Ich konnte stundenlang hineinsehen. Eine Geschichte wird nicht klarer dadurch, dass viele Leute sie erzählen. (UL, 629)

Eine Erzählweise, die sich selbst metaphorisch mit einem Kaleidoskop – schauen, sehen, betrachten – vergleicht, offenbart zugleich bereits die Lehre des Textes: Obgleich die Datenmenge hoch ist, ist Wahrheit daraus nicht zu generieren. Zu diesem Schluss kommt auch Gerhard auf der Suche nach dem „Kern aus Fakten" (UL, 558): „Sorgfältig hatte Gerhard alle Aussagen in ihre Bestandteile zerlegt und die Informationen neu zusammengesetzt. Was herauskam, stellte die Wahrheit dar. Dann jedenfalls, wenn man aufgeklärt genug war, um ‚Wahrheit' als den Fall mit der höchsten Wahrscheinlichkeit zu betrachten." (Ebd.) Alle Berechnungen mittels Wahrscheinlichkeiten, jede Wahrheit, jede Beziehung, jedes Motiv oder Verhalten bleibt letztlich – so führt es die Erzählstruktur des Romans vor – perspektivabhängig.

---

237 „Den Namen des Dorfes musste ich ändern, ebenso die Namen von lebenden Personen, soweit diese darauf bestanden." (UL, 629)
238 „Das deckt sich allerdings nicht mit dem Bericht der Gerichtsmedizin." (UL, 630)
239 Auf diese spielt Zeh auf der Homepage zum fiktiven Dorf an, dort wird der ‚Dorffunk' erläutert: „Beruf: Informationsdienst", „Besondere Merkmale: scheinbar allwissend" (URL: https://www.unterleuten.de/unterleuten.html [19.09.2022]).

Mit der Figur Linda Franzens hält ein Thema in den Roman Einzug, das bereits aus *Corpus Delicti* bekannt ist: Die Selbstoptimierung. Anders als bei Mia Holl beschränkt sich die optimierende ‚Sorge um sich' nicht allein auf die Gesundheit, sondern hat das eigene Leben in Bezug auf Karriereziele und Erfolgsstrategien erreicht. Sie liest den Ratgeber *Dein Erfolg* von Manfred Gortz, den Zeh unter diesem Pseudonym veröffentlichte und aus dem sie das Motto „Alles ist Wille" dem Roman voranstellt – „[s]ogar die Amazon-Rezensionen zu ‚Dein Erfolg' hat Juli Zeh selbst verfasst".[240] Die Romanfigur Linda liest unentwegt im Erfolgsratgeber, der so zum Paratext wird. Der Ratgeber, der den engeren Erzählraum des Romans erweitert, empfiehlt beispielsweise die Überwachung und Selbstkontrolle der Emotionen: „Gefühle können Ihr Fortkommen behindern ... Emotionen rauben uns Kraft [...]."[241]

Dass ausgerechnet die sich selbst kontrollierende Linda am Ende scheitert, das Dorf verlässt und dorthin zurückkehrt, wo sie angefangen hat, ist als Kommentar zur Leistungsgesellschaft zu lesen.

Der Ratgeber *Dein Erfolg* sorgte für Aufsehen, man lastete Zeh Plagiate an,[242] doch ist er nicht der einzige Paratext. Folgen Leser:innen den (hypertextuellen) Spuren, gelangen sie zu neuen Paratexten wie Homepages,[243] Einträgen in Pferdeforen,[244] Blogbeiträge, Facebook- oder Xingprofilen der Figuren oder YouTube-Videos

---

[240] Richard Kämmerlings: Echt gelogen. In: *Welt*, 01.05.2016. URL: https://www.welt.de/print/wams/kultur/article154910585/Echt-gelogen.html [19.09.2022]. „Ein [sic!] Pointe ist, dass die Fallbeispiele bei Gortz sämtlich aus ‚Unterleuten' stammen. Der Plot wird aus einer weiteren Perspektive gedeutet, sodass eine der tragischen Verwicklungen aus der Sicht des Gurus zur Success Story wird und sich Manfred Gortz als heimliches Zentrum der Romanhandlung herausstellt. Verwundert ist Juli Zeh darüber, wie wenige Lesende das Verwirrspiel bemerkt haben. Gortz sei schließlich sofort als Satire erkennbar. ‚Da stehen so krasse Sachen drin." (Ebd.)
[241] Manfred Gortz [Pseudonym]: *Dein Erfolg*. München 2015, S. 68–72.
[242] Der Verlag legte in einer Pressemitteilung offen, dass Zeh Gortz nicht plagiierte, sondern selbst den Ratgeber schrieb. (https://www.facebook.com/intellectures/posts/1297458980267521/, 05.05.2021).
[243] Vgl. Penguin Random House Verlagsgruppe GmbH (Hg): Webseite zum Dorf: www.unterleuten.de [19.09.2022], Open Publishing GmbH (Hg.): Webseite zum Vogelschutzbund des Dorfes: www.vogelschutzbund-unterleuten.de [05.05.2021], Open Publishing GmbH (Hg.): Webseite der Dorfwirtschaft: www.maerkischer-landmann-unterleuten.de [05.05.2021], und Webseite zum Windkraftunternehmen: www.ventodirect.de [05.05.2021].
[244] Hier ist anzumerken, dass Teilnehmer:innen dieses Forums nicht um die Fiktivität des Forenschreibers wussten, sondern ernsthaft mit ‚der Person', die unter einer pferdeversessenen Frau litt und im Forum Rat suchte, diskutierten. Das Forum, das zum Onlinemagazin *ReiterRevue* gehörte und mittlerweile nicht mehr existiert, war einzusehen unter: URL: https://www.reiterrevue.de/news/nachrichten/rri-forum-abgeschaltet-12417058.html?fbclid=IwAR3Rp3wF51TivLHlZbdblj7ZrodnjMg9rFwu1Z4vbelpimEmeBQdD4uN9Fk. [04.03.2019]. Delabar betont, dass kein anderer Paratext eine derartige Realitätsstörung erzeugte wie dieser Forumseintrag, an dem sich Teilnehmer:innen offensichtlich störten, als sie erfuhren, dass die Figur erfunden war (vgl. Walter Delabar: Wahr, irgendwie wahr oder sollte wahr sein. Juli Zehs Simulationsversuche

des vermeintlichen Autors Gortz.²⁴⁵ Allesamt adressieren sie die Frage: Wie viel Fiktion kann in der Realität stecken? Zeh hat „eine Reihe von Maßnahmen initialisiert, die die Realität des Romans in die Realität seiner Rezipienten verlängert"²⁴⁶, und behauptet Authentizität. Auf der eigens für den Roman erstellten Webseite www.unterleuten.de steht folgender Begrüßungstext:

> Das Kommunikationszeitalter verändert uns, als Einzelne und als Gesellschaft. Viele Fragen stellen sich noch einmal neu: nach der menschlichen Identität, nach dem feinen Unterschied zwischen Fiktion und Wirklichkeit, auch nach Autorenschaft, nach Plagiat und Zitat. Durch die mediale Inflation wird immer wichtiger, was in der Provinz Dorffunk genannt wird – eine globale Gerüchteküche. Jeder glaubt, alles über alles und jeden zu wissen, während es in Wahrheit nur Milliarden von Geschichten sind, die wir uns pausenlos gegenseitig erzählen. Sie werden zu einem undurchdringlichen Netz aus Legenden, Anekdoten und Fiktionen, welches unsere Realität ausmacht.²⁴⁷

Das Dorf, mitsamt „Dorffunk", als Allegorie zu lesen, bietet der Paratext an – auch den Vergleich der ‚dörflichen Gerüchteküche' mit den veränderten Kommunikationspraktiken durch Medien, Internet und Fake News erlaubt der Text. Insofern trägt dieser Paratext explanativen Charakter. Woher „[j]eder glaubt, alles über jeden zu wissen", wie es im Text heißt, beantworten andere hypertextuelle Paratexte: Einige der Romanfiguren haben Xing- oder Facebook-Profile, sie scheinen auch auf Online-Plattformen miteinander verbunden, die gemeinhin der Welt der Wirklichkeit und nicht der der Fiktion zugeordnet werden. Delabar merkt an, dass mit diesem Trick „die reale Existenz der Romanfiguren simuliert und die Authentizität des Romangeschehens vertieft werden [soll]."²⁴⁸ So werden die Figurencharakterisierung und die -beziehungen im vermeintlich faktualen Medium transmedial weitererzählt: Damit setzt sich auch das soziale Beobachten im Roman auf sozialen Netzwerken fort. Mehr noch: Die künstlerische Fiktion dif-

---

im Umfeld des Romans *Unterleuten*. In: Christiane Caemmerer/Walter Delabar/Helga Meise (Hg.): *Fräuleinwunder. Zum literarischen Nachleben eines Labels*. Frankfurt/M. 2017, S. 223–244, hier S. 236).
245 Manfred Gortz: Gortz Statement. In: *YouTube*, 23.04.2016. URL: https://www.youtube.com/watch?v=6Wkecy6EHsk [05.05.2021]. Der vermeintliche Autor hat außerdem eine Homepage (Penguin Random House Verlagsgruppe GmbH (Hg): http://www.manfred-gortz.de/), ein Autorenprofil auf der Verlagsseite (https://www.penguinrandomhouse.de/Hoerbuch-Download/Dein-Erfolg/Manfred-Gortz/e504297.rhd?fbclid=IwAR0-iIiUkzPffCgO-XeanlVh7moIJ3ihDCwBeK7lMmRXfCLuWqwmGYnJDR4), einen Twitter-Account (https://twitter.com/manfredgortz?fbclid=IwAR1NcNBAkyJj4P265XLSv-6z5H52PQPI6kOZkbQIW_docCNaSQXt8KZIQyg) und ein Facebook-Profil (https://www.facebook.com/manfred.gortz?fref=ts) [alle Links: 05.05.2021]
246 Walter Delabar: Wahr, irgendwie wahr oder sollte wahr sein, S. 225.
247 URL: Penguin Random House Verlagsgruppe GmbH (Hg): www.unterleuten.de [19.09.2022].
248 Walter Delabar: Wahr, irgendwie wahr oder sollte wahr sein, S. 235.

fundiert in die Alltagswelt der Leser:innen. Die fiktive dörfliche Überwachung soll mit der realen virtuellen in allegorischer Beziehung gedacht werden. Auf diese Weise umspielt Zeh mit dem Roman *Unterleuten*, dem Ratgeber *Dein Erfolg*, den drei eigens erstellten Internetseiten und den Texten in sozialen Netzwerken die vermeintliche Grenze zwischen Fiktion und Realität und betont nicht nur die mediale Konstruktivität von Realität, sondern auch die Möglichkeit von Fiktion in der Wirklichkeit.

Im Rahmen einer überwachungszentrierten Lektüre werden zwei intertextuelle Verweise auf Essays relevant. Zum einen ist ein Teil des Romans mit *Nachts sind das Tiere* überschrieben. Gleichnamig lautet ein Essay, der wiederum titelgebend wurde für einen Essayband. In diesem versammelt die Autorin gesellschaftskritische Essays zur fehlenden Privatheit, zur Überwachung und zum Datenschutz. Zum anderen wird Gombrowskis Gesicht mit einem Hundegesicht verglichen. Er hat „das fleischige Gesicht mit den Tränensäcken und Lefzen einer Dogge" (UL, 569). Wird diesem Hinweis nachgespürt, zeigt er in Richtung des Essays *Das Lächeln der Dogge*:

> Nächste Woche kommt Präsident Obama nach Deutschland, und Angela Merkel hat vollmundig angekündigt, ihm unbequeme Fragen zur PRISM-Affäre stellen zu wollen. Wenn ich mir das bildlich vorstelle, sehe ich einen Pinscher, der eine Dogge ankläfft, während die Dogge lächelnd in eine andere Richtung schaut. Dabei hat der Pinscher mit seinem Gekläff absolut recht. Die Überwachung der weltweiten Internetkommunikation, wie sie durch die amerikanische NSA innerhalb des PRISM-Programms erfolgt, zeichnet das 21. Jahrhundert als ein Zeitalter im Sinne von Orwells Roman *1984*. Das wäre durchaus ein Grund für ein veritables politisches Gebell.[249]

Lässt man sich auf diese intertextuellen Spuren ein, verbirgt sich hinter „dem inoffiziellen Dorfpräsidenten",[250] wie Ursula März Gombrowski in der *Zeit* nennt, ein Verweis auf die amerikanische Sicherheits- und Überwachungspolitik. Gombrowski lässt sich dann als US-Präsident lesen und die alte Fehde zwischen ihm und Kron ist diejenige zwischen Stasi und PRISM – oder, in der Foucault'schen Analyse, zwischen Pest und Cholera. In *Das Lächeln der Dogge* wird eine Entscheidung mitgeteilt: „Angesichts flächendeckender Programme wie PRISM wirkt die Stasi im Rückblick wie eine Gruppe Kinder beim Detektivspiel."[251] So nehmen ihre Essays Stellung zu den Konflikten im Roman und kommentieren die soziale Überwachung in *Unterleuten*.

---

[249] Juli Zeh: Das Lächeln der Dogge. In: Dies.: *Nachts sind das Tiere*. Frankfurt/M. 2014, S. 221–224, hier S. 221 f.
[250] Ursula März: Jedes Dorf ist eine Welt. In: *Die Zeit*, 17.03.2016. URL: https://www.zeit.de/2016/13/unterleuten-juli-zeh-roman/komplettansicht [19.09.2022].
[251] Juli Zeh: Das Lächeln der Dogge, S. 223.

Zugegeben, *Unterleuten* ist kein Überwachungsroman per se, aber mit dem Anspruch, als Gesellschaftsroman aufzutreten, trägt er Zehs Kernthema in sich und verarbeitet es strukturell: Das Dorf als allegorisches Modell für die Überwachungsgesellschaft zeichnet die Gesellschaft als eine sich gegenseitig beobachtende und kontrollierende. Abschließend soll die Widmung angesehen werden: „Für Ada", notiert Zeh. Ada ist die Protagonistin von Zehs Roman *Spieltrieb*, in dem es bereits heißt: „Die Welt war ein Dorf, ganz besonders in Bonn."[252] Dieser Schülerin des Ernst-Bloch-Gymnasiums widmet Zeh ihren Dorfroman. Im Roman sagt Ada: „Man muss nicht viel von einem Menschen wissen, um ihn zu durchschauen. Schon ein paar Tage konzentrierter Beobachtung genügen, um die Vorlieben und Abneigungen, Gewohnheiten und Empfindlichkeiten, Stimmtonarten" (ST, 281), ja den Menschen an sich zu kennen. *Unterleuten* negiert Adas Behauptung, dass Beobachtung ausreiche: Beobachtung führt nicht zur Wahrheit oder Vorhersagbarkeit des menschlichen Verhaltens – darauf zielt Adas und Alevs Spiel –, sondern nur zu subjektiven Perspektiven. Adas Plädoyer vor Gericht enthält jene Passage:

> Ich breche keine Lanze für die Anarchie. Ich schildere Ihnen nur die spezielle Müdigkeit, die jeden befällt, der sich anhören muss, was gut und böse, richtig und falsch sei, obwohl niemand mehr die Grundlagen dieser Unterscheidung zu erklären oder auch nur zu benennen vermag. Moral dient der Herbeiführung von Berechenbarkeit. Der Mensch ist, ich wiederhole es noch einmal, am berechenbarsten, wenn er pragmatisch handelt. Wenn er spielt. (ST, 552)

Adas Zeitdiagnose lautet in *Spieltrieb*: „Was die Menschen täglich ihre Entscheidungen nennen, ist nichts weiter als ein gut einstudiertes Spiel." (ST, 179) Vor Gericht zitiert sie dann, das führt Jan Wittmann aus, sinngemäß die Rechtsprechung des BVG zur allgemeinen Handlungsfreiheit, das auf einem Bild vom Menschen als geistig sittlichem Wesen, das sich selbst in seinem Gemeinschaftsbezug begreift, beruht.[253] In *Unterleuten* halten die Menschen ihren Bezug zur Gemeinschaft nur noch durch den Topos ‚Dorf' aufrecht, unter dessen Oberfläche jeder längst losgelöst von Solidarität und Recht kämpft. Ada gehört zu einer Generation, die „keine Wünsche, keine Überzeugungen, geschweige denn Ideale" hat (ST, 348), die nicht Teil einer Gemeinschaft ist: „Weniger als jede Generation vor ihrer bildete sie eine Generation. Sie war einfach da, die Sippschaft eines interimistischen Zeitalters." (Ebd.) Die Sippschaft ist in *Unterleuten* zu einer Menschheit geworden, die den Glauben an Nichts durch den Glauben an das Eigene, das Eigentum und das Eigeninteresse ersetzt hat, und all die (selbst-)disziplinierenden und (selbst-)

---

[252] Juli Zeh: *Spieltrieb*. Roman. 8. Aufl. München 2006, S. 498. Nachfolgend mit der Sigle: ST.
[253] Vgl. Jan Wittmann: Mit Recht spielt man nicht!, S. 167.

kontrollierenden Praktiken haben uns dorthin geführt: in ein globales Dorf voller Einzelkämpfer:innen, die zu „Fallwild"[254] (UL, 357) geworden sind.

4.4 Faktuales Erzählen: Hybride Formen des außerliterarischen ‚Engagement' zwischen Fiktionalität und Faktualität, Privatheit und Öffentlichkeit

Zehs nichtliterarische Texte zur Überwachungspraktiken wurden bislang vor allem als ‚Beiwerk zur Fiktion' betrachtet. Im folgenden Kapitel werden sie als eigenständige Werke gelesen. Neben den erzählten Formen und Praktiken von Überwachung und Privatheit wird die Narrativität der faktualen Werke im Rahmen der jeweiligen Textsorte – Pamphlet, offener Brief, Essay – analysiert und auf ihre Wirkungsweise für die inhaltliche Argumentation überprüft. Es wird dabei auch gefragt, welche Narrative Zeh in welcher Weise aufgreift. Reflektiert wird auch die poetologische Anbindung an Traditionen politischer Literatur, die ein enges Verhältnis von Autorschaft, Werk und Politik zugrunde legen. Die Gebrauchsformen rücken nämlich, mehr noch als das fiktionale Werk, die Autorperson ins Zentrum und zeigen sich als Produkte der Interventionsversuche einer öffentlich in Erscheinung tretenden Person Juli Zeh. Nacheinander werden das Pamphlet *Angriff auf die Freiheit* (2009), die offenen Briefe (2013) und vier ausgewählte Essays zur Überwachung und fehlenden Privatheit betrachtet.

Gemeinsam mit Ilja Trojanow schreibt Juli Zeh 2009 das Pamphlet *Angriff auf die Freiheit*. Der Text thematisiert das Verhältnis von Staat und Bürger:innen im Narrativ des Überwachungsstaates. Das bedeutet, er diskutiert die Begriffe ‚Freiheit' und ‚Sicherheit', ‚Terrorismus' und ‚Prävention' und hat die Fluchtpunkte ‚Grundrechte' und ‚Demokratie', die es zu sichern gilt. Bislang wurde der Text in der Forschungsliteratur zu Zehs literarischen Werken, insbesondere zu *Corpus Delicti*, herangezogen, um Realitätsreferenzen aufzuzeigen und Motive oder Themen zu erläutern und zwischen Wirklichkeit und Fiktion einzuordnen.

Der Text ist ein Pamphlet. Er weist in Sprache und Schreibweise die polemische Aggressivität der Gattung sowie deren Identifizierung, Bloßstellung und argumentative Kritik an Gegner:innen auf. Ein Pamphlet bzw. die Polemik als Schreibweise „konstruiert fast immer eine:n persönliche:n Gegner:in – auch wenn sie betont, daß

---

[254] Die Figur des erfolglosen Schriftstellers Wolfi verarbeitet die Geschehnisse in Unterleuten in einem Theaterstück, das er „Fallwild" nennt. Möglicherweise ist aus dem Zeh'schen Motiv der ‚fliegenden Bauten', das in *Corpus Delicti*, *Schilf* und *Spieltrieb* zu finden ist, das des Fallwilds geworden.

es nicht um Personen, vielmehr um Prinzipien geht".[255] Die persönlichen Gegner von *Angriff auf die Freiheit* heißen Otto Schily, Wolfgang Schäuble, aber auch „Achim Angepasst",[256] der Bürger, der alles hinnimmt. Pamphlete zielen auf schnelle „Meinungsbeeinflussung in der Sphäre der Tagespolitik".[257] Wagner nimmt an, dass die teils negative Literaturkritik auch daher rührt, „dass diese Form heute in Vergessenheit geraten ist, bzw. in Anbetracht der sonst häufig verbalisierten Unübersichtlichkeit von Themen, Diskursen und Kausalitäten unserer Gegenwart nicht als angemessene Darstellungsform akzeptiert ist."[258] *Angriff auf die Freiheit* ist aggressiv, ironisch, teils satirisch und auf die größtmögliche Wirkung bei der lesenden Öffentlichkeit ausgerichtet. Der Text simplifiziert und greift an. Daneben kennzeichnet den Text aber auch eine essayistische Schreibweise: Im Gegensatz zum Pamphlet ist der Essay brüchiger und kann unter Umständen zwischen den Gattungen sowie zwischen Fiktionalität und Faktualität liegen.

In seiner inhaltlichen und politischen Dimension liegt dem Pamphlet noch das Narrativ des Überwachungsstaates zugrunde: Das heißt, der Text aktiviert ein für Deutschland historisches Wahrnehmungsschema. Er büßt an Aktualität ein, oder wie Byung-Chul Han formuliert: „Heute vollzieht sich die Überwachung nicht, wie man gewöhnlich annimmt, als *Angriff auf die Freiheit*. Man liefert sich vielmehr *freiwillig* dem panoptischen Blick aus. Man baut geflissentlich *mit* am digitalen Panoptikum [...]."[259] Dennoch verweisen immer wieder Denker:innen, genau wie Han, auf den Titel von Trojanows und Zehs Text.[260] Er hat das vorrangige Ziel

---

255 Sigurd Paul Scheichl: Polemik, S. 118.
256 Ilja Trojanow/Juli Zeh: *Angriff auf die Freiheit. Sicherheitswahn, Überwachungsstaat und der Abbau bürgerlicher Rechte*. 2. Aufl. München 2010, S. 75–79. Nachfolgend mit der Sigle: AaF.
257 Hubert van den Berg: Pamphlet. In: *Historisches Wörterbuch der Rhetorik*. Bd. 6. Hg. von Gert Ueding. Tübingen 2003, S. 488–495, hier S. 489. Pamphlet „dient [...] als Bezeichnung für aktualitätsbezogene Gelegenheitspublikationen, in denen mit rhetorischen Mitteln in Prosa-, Vers- oder Dialogform manchmal für, in der Regel aber polemisch oder satirisch gegen bekannte Persönlichkeiten des öffentlichen Lebens, zumeist Hoheitsträger, oder bestimmte politische, militärische, religiöse, soziale, ökonomische und kulturelle Ereignisse und Entwicklungen Stellung bezogen wird. Die Wirkungsabsicht des P. zielt auf sofortige Meinungsbeeinflussung in der Sphäre der Tagespolitik." (Ebd.) Polemik ist eine „aggressive, auf Bloßstellung und moralische oder intellektuelle Vernichtung abzielende, gleichwohl argumentierende Kritik am Gegner im Streit" (Sigurd Paul Scheichl: Polemik. In: Klaus Weimar (Hg.): *Reallexikon der deutschen Literaturwissenschaft. Neubearbeitung des Reallexikons der deutschen Literaturgeschichte*. Bd. 3. Berlin/New York 2007, S. 117–120, hier S. 117).
258 Sabrina Wagner: *Aufklärer der Gegenwart*, S. 97.
259 Byung-Chul Han: *Transparenzgesellschaft*, S. 82.
260 Vgl. u. a. Harald Welzer: *Die smarte Diktatur. Der Angriff auf unsere Freiheit*. Frankfurt/M. 2017.

eines Pamphlets erfüllt: Es ist eine kritische Intervention in aktuelle, politische Debatten. Um das zu belegen, ist der Entstehungszeitpunkt relevant:[261] Die Autor:innen veröffentlichen ihren Text kurz vor der Bundestagswahl am 27. September 2009. *Angriff auf die Freiheit* ist die Programmschrift der beiden, denn das Thema ‚innere Sicherheit', und damit die Überwachungspraktiken der künftigen Regierung, ist ein entscheidendes Wahlkampfthema. So ist der Text ihre Streitschrift für eine demokratische, grundrechtsgewährende Wahl und damit ein politischer Text mit der Absicht, in die Politik einzugreifen.

Diskussionspunkt der bevorstehenden Bundestagswahl war auch der Ausbau der präventiven Sicherheitsarchitektur: Es muss durch „den verstärkten Einsatz von Videokameras an Brennpunkten und präventives Sozialmanagement Verwahrlosung, Graffiti-Schmierereien, Vandalismus, Diebstählen, Wohnungseinbrüchen sowie Gewalt vorgebeugt werden".[262] Schlagworte wie ‚Brennpunkte' werden unmittelbar mit ‚Graffiti-Schmierereien' verknüpft. Zehs enge Verknüpfung der Themen Sicherheit und Überwachung mit Motiven und Metaphern der Hygiene und Sauberkeit in ihren fiktionalen wie faktualen Werken rührt auch von derartigen politischen Äußerungen. Keines der Parteiprogramme spricht über die einzusetzende Präventionstechnologie und ihre Funktionsweise. *Angriff auf die Freiheit* greift ein solches Verhältnis von Sprechen und (Ver-)Schweigen in der Politik an:

> Kein anderer hat die drohende Apokalypse so schön in Worte gefaßt wie Innenminister Wolfgang Schäuble: „Viele Fachleute sind inzwischen überzeugt, daß es nur noch darum geht, wann ein [atomarer] Anschlag kommt, nicht mehr, ob. [...] Aber ich rufe dennoch zur Gelassenheit auf [...]." (AaF, 54)

Es wird Bezug auf ein Interview mit Schäuble in der *FAZ* von 2007 genommen und Politiker:innen werden angeklagt, die Katastrophenszenarien von „drohende[n] Apokalypsen" schildern, Terroranschläge prophezeien und sich auf ‚geheime Informationen' oder ‚Fachleute' berufen. Das seien Unsicherheitserzählungen, die benötigt würden, um Überwachung zu rechtfertigen. Die Quellen und Quelleninhalte bleiben jedoch, so die immanente Textkritik, für Bürger:innen meist verborgen: „Wer sind diese Fachleute? Wieso werden sie nicht in der *tagesschau* interviewt?"

---

[261] Den Zeitpunkt der Veröffentlichung betont auch Höltgen in seiner Rezension, allerdings, um zu rechtfertigen, warum manche Argumentation der Autor:innen noch nicht in Gänze ausgereift oder wissenschaftlich fundiert scheint (Stefan Höltgen: Gläserne Bürger und virtuelle Feinde. Ilija Trojanow und Juli Zeh sehen im allgegenwärtigen Sicherheitswahn einen Angriff auf die Freiheit. In: *literaturkritik*, 05.10.2009. URL: https://literaturkritik.de/id/13470 [19.09.2022].
[262] CDU/CSU: WIR HABEN DIE KRAFT – Gemeinsam für unser Land. Regierungsprogramm 2009–2013, S. 54. URL: https://www.hss.de/fileadmin/user_upload/HSS/Dokumente/ACSP/Bundestagswahlen/BTW-2009.pdf [27.03.2021].

(Ebd.) Das sind Fragen, die auf das Schweigen als Handlung weisen.[263] Die Kritik trifft gleichermaßen Politik wie Medien:

> Es vergeht kaum ein Tag, an dem die Medien nicht von Anschlägen berichten. Vierzig Tote bei Selbstmordattentat in Bagdad; fünft durch eine Autobombe in Kabul. Das rauscht vorbei wie Staubmeldungen. Zwanzig Tote bei Explosion in Mogadischu. Wenn es um ‚Terrorismus' geht, wird sogar Afrika interessant, wo 3000 Kinder, die täglich an Malaria sterben, keine Meldung wert sind. Gibt es keine Anschläge zu vermelden, werden uns Bedrohungen vor Augen geführt. (AaF, 81)

Beklagt wird eine konstante Gefahren-Artikulationen, die permanent Unsicherheit in die Gesellschaft einspeist. Die ideologische Perspektive der Sprecher:innen kennzeichnet die Annahme einer geschlossenen Instanz: „die Medien". Für eine Streitschrift charakteristisch arbeitet der Text mit einer Wir-Sie-Dichotomie, die den Anschein eines konkreten, homogenen Gegners braucht: reale Politiker:innen oder eine Gleichschaltung der Medienanstalten. Eine solche vermehrte Ausstellung von Toten und Opfern kalkuliere mit einer Verkäuflichkeit der Angst. Trojanow und Zeh wählen eine sehr direkte, unvermittelte Sprache, zu der persönliche Stellungnahmen ebenso gehören wie das stellvertretende Sprechen für eine, wie auch immer geartete, Wir-Gruppe: Es „werden uns Bedrohungen vor Augen geführt." Im Narrativ der überwachten Bürger:innen ernennen sich die Autoren zu deren Sprecher:innen. In der Perspektive der Argumentation geht es bei diesen Unsicherheitserzählungen um Angst: „Das gebetsmühlenartige Heraufbeschwören der terroristischen Bedrohung schürt Angst, und Angst macht gefügig. Im Angesicht der Gefahr gibt man Freiheit zugunsten (vermeintlicher) Sicherheit auf." (AaF, 82) Der Text behauptet dabei eine Einheit von Politik und Medien.

Das Narrativ des Überwachungsstaates kritisiert ein repressives Verhältnis vom Staat zu seinen Bürger:innen und deren persönlichen Informationen. Es geht um das Verhältnis zwischen Schutz und Kontrolle, Überwachung und Freiheit. Das ist auch das Kernthema des Pamphletes. Dieses Verhältnis des Staates zu seinen Bürger:innen legt der Text auf eine Verdachtsbeziehung fest: Es wird insinuiert, dass alle Bürger:innen im Zuge einer präventiven Sicherheitspolitik gleichermaßen verdächtig sind. Dieses Argument durchzieht den Text. Es läuft am Ende auf folgende Aussage hinaus: „Entgegen allen Behauptungen verteidigt der Staat im Anti-Terror-Kampf nicht die Bürger gegen ein zu befürchtendes Unglück.

---

[263] Vgl. auch Ingrid Broding: Sind Sie noch Bürger oder schon Terrorist? In: *Falter* (2009). Heft 33. URL: https://www.falter.at/falter/rezensionen/buch/292/9783446234185/angriff-auf-die-freiheit [26.03.2019].

Er verteidigt sich selbst – gegen die Bürger." (AaF, 66). Das unterstellt, dass Terrorpolitik schlussendlich der Machterhaltung dient.[264] Notwendige Bedingung dazu sei die Ideologie der Prävention. Das wiederum sei mit „rechtsstaatlichen Prinzipien wie der Unschuldsvermutung, dem Gleichbehandlungsgesetz oder den Diskriminierungsverboten" (AaF, 70) unvereinbar und ziele auf ein verändertes Verhältnis von Staat und Bürger:innen.

Im Überwachungsdiskurs sprach man 2007 von ‚gläsernen Bürger:innen' und einem notwendigen ‚Datenschutz' gegenüber staatlichen oder polizeilichen Institutionen. In den Wahlprogrammen 2009 klingen diese Forderungen an: „Dabei sind Datenschutzinteressen mit dem Interesse an einer wirksamen Kriminalitätsbekämpfung in Einklang zu bringen. Datenschutz darf aber nicht zum Täterschutz werden."[265] Die SPD positioniert sich stärker für Datenschutz: „Wir wollen keinen gläsernen Bürger, deshalb müssen die Voraussetzungen für staatliche Datenerhebungen und die Nutzung der Daten gesetzlich klar geregelt und strikt begrenzt werden."[266] *Angriff auf die Freiheit* greift die Schlagworte ‚gläserner Bürger' und ‚Datenschutz vs. Täterschutz' auf und führt sie zu Beginn des Textes in einer ersten fiktionalen Passage vor, die im nächsten Kapitel genauere Betrachtung erfährt. Der Text setzt sich, darin drückt sich sein aufklärerischer Auftrag aus, explizit mit den Problemen des Datenschutzes auseinander. Einen Grund für eine fehlende Sensibilisierung für den Schutz der Daten machen die Autor:innen auch bei einer mangelnden Erfahrbarkeit von Daten aus: „Bei Daten, die man nicht sehen kann und deren Wert für viele Menschen mangels Erfahrung schwer einzuschätzen ist, funktioniert dieser Instinkt [gemeint: eine Widerstandshaltung gegen die Verletzung privaten Eigentums, SH) noch nicht. Kommt es zu einer Verwertung dieser Daten, egal ob durch Staat oder Wirtschaft, fehlt es auf Seiten der Bürger häufig an der eigentlich gebotenen Empörung, auf Seiten des Verwerters am Unrechtsbewußtsein." (AaF, 128) Die Auseinandersetzung mit Problemen im Umgang mit Daten und Datenschutz ist eine der Textstellen, die wenig Polemik, stattdessen eher ernstzunehmende Reflexion bietet, aber ebenfalls mit starkem Appell endet: Daten gehören, so der Text, zum Körper, dafür müsse ein Bewusstsein entwickelt

---

[264] „Darum geht es in Wahrheit bei der Forderung nach immer mehr Überwachungsbefugnissen: Pre-Crime braucht Pre-Cogs." (AaF, 72). Die Autor:innen argumentieren mit literarischen Darstellungen wie dem Film *Minority Report*.
[265] CDU/CSU: WIR HABEN DIE KRAFT – Gemeinsam für unser Land. Regierungsprogramm 2009–2013, S. 56. Dass ‚Datenschutz nicht zum Täterschutz werden darf', wird zum geflügelten Wort in diesen Jahren. Dabei wird unterstellt, dass der Schutz der persönlichen Information von Bürger:innen zugleich die öffentliche Sicherheit gefährden kann.
[266] SPD: Sozial und Demokratisch. Anpacken. Für Deutschland. Das Regierungsprogramm der SPD, S. 72, vgl. S. 69. URL: http://library.fes.de/prodok/ip-02016/regierungsprogramm2009_lf_navi.pdf [27.03.2021].

werden (AaF, 130). Der Text fordert ein Eigentumsrecht an der eigenen informationellen Privatheit.

Am Ende des Textes steht ein offenkundiger Appell, staatliche Eingriffe in die persönliche Freiheit zu erkennen: „Wehren Sie sich. Noch ist es nicht zu spät." (AaF, 139) *Angriff auf die Freiheit* ist einfach geschrieben: erklärend, aber nicht wissenschaftlich, argumentativ, aber nicht erörternd. Der Text ist komplexitätsreduziert: Es werden gängige Elemente des Narrativs verdichtet und auf pointierte Thesen ausgerichtet. Diese werden mit wahrnehmbarer persönlicher Stimme vorgetragen:

> Wir sind dabei, unsere persönliche Freiheit gegen ein fadenscheiniges Versprechen von ‚Sicherheit' einzutauschen. Die gegenwärtige Gleichgültigkeit im Umgang mit Privatsphäre läßt ahnen, wie Staat und Konzerne in Zukunft über uns verfügen werden, sollten wir ihnen erlauben, noch umfassendere Instrumente der Kontrolle einzuführen. (AaF, 138)

Dieser Gebrauchstext dient der Aufklärung[267] und Reflexion für die bevorstehende Bundestagswahl. Die aggressive Textsorte des Pamphlets verspricht zwar potentiell eine große Reichweite, breite Leser:innenschaft und ein literaturkritisches ‚Echo', dadurch werden Argumentationen allerdings stark vereinfacht.

„Worauf warten Sie denn, Frau Merkel?". Juli Zehs Offene Briefe (2013/2014)

Am 06. Juni 2013 werden die Snowden-Dokumente in der *Washington Post* und dem *Guardian* veröffentlicht. Am 19. Juli werden der Alt-Kanzlerin auf der Sommerpressekonferenz Fragen zur NSA-Affäre gestellt, denen sie ausweicht. Am 25. Juli wendet Zeh sich in einem offenen Brief in der *FAZ* erstmals an Angela Merkel (vgl. OB I).[268] Keine ausgeklügelte Argumentation und juristische Schärfe prägen den Brief, sondern eine schnelle Anklage. Eine schnelle Reaktionszeit haben auch die 80 Schriftsteller:innen, die den Brief unterzeichnen, eine Reaktion Merkels bleibt hingegen aus.

Der offene Brief übertritt die Grenze zwischen Privatem und Öffentlichem, indem er eine private Meinung einem öffentlichen Publikum überbringt und eine Debatte in der Öffentlichkeit anstoßen will: „Mit einem offenen Brief exponiert sich ein einzelner oder eine Gruppe als von einem Problem Betroffene(r); sie zeigen, daß

---

267 Zum aufklärerischen Charakter des Textes vgl. beispielsweise abermals die Auseinandersetzung mit den Medien, in der auch auf alternative Medien wie www.heise.de verweisen wird (vgl. AaF, 87), bei denen Bürger:innen sich informieren sollen. Kritisches Hinterfragen der Geschehnisse wie Äußerungen sei als „Einzeldisziplin" einzuüben (vgl. AaF, 89).
268 Auf chance.org unterschrieben den Brief 80.000 Unterzeichner:innen (vgl. https://www.change.org/p/bundeskanzlerin-angela-merkel-angemessene-reaktion-auf-die-nsa-aff%C3%A4re [12.04.2019]).

sie sich von der ‚offiziellen' Behandlung des Problems nicht repräsentiert fühlen."[269] Dabei wendet sich „ein meist prominenter Schreiber [...] an eine einflußreiche Persönlichkeit, um ihn (!) in einer Angelegenheit zu einer Stellungnahme bzw. zu eigener Aktivität zu veranlassen".[270] Indem Zeh an Angela Merkel schreibt, lehnt sie sich an das Erbe Günter Grass an, der seinerzeit selbst zwei Briefe an Willi Brandt und einen an Kurt Georg Kiesinger schrieb – kein:e andere:r Nachkriegsautor:in ist derart verbunden mit dem ‚offenen Brief, wie Grass. Zeh positioniert sich gerade mit dem offenen Brief als Intellektuelle.[271] Die beiden offenen Briefe sind kaum narrativ. Sie werden hier betrachtet, weil sie in besonderer Weise zu Zehs Engagement gegen Massenüberwachung gehören.

Der erste Brief ist adressiert an die „[s]ehr geehrte Frau Bundeskanzlerin".[272] Zeh versucht die Kanzlerin über die Empfängerrede durch ihren Amtseid, d. h. durch ihr öffentliches Amt, das dem Schutz der Bürger:innen verpflichtet ist, zu einer Reaktion zu bewegen. Als die Antwort ausbleibt, adressiert sie ihren zweiten Brief an die „[s]ehr geehrte Frau Dr. Merkel".[273] Der Wechsel von Amtsperson zu Privatperson, inklusive akademischem Titel, appelliert an den Bildungshintergrund der Kanzlerin und ihre Doktorehre als Wissenschaftlerin: „Als gebildeter Mensch wissen Sie, dass Briefgeheimnis, Post- und Fernmeldegeheimnis, der Schutz von Kommunikation und Privatsphäre wichtige demokratische Errungenschaften sind [...]."[274] Der erste Brief stellte Anklage und Forderung dar und argu-

---

[269] Burckhard Dücker: Der offene Brief als Medium gesellschaftlicher Selbstverständigung. In: *Sprache und Literatur in Wissenschaft und Unterricht* 69 (1992). Heft 1, S. 32–42, hier S. 37.
[270] Horst Belke: *Literarische Gebrauchsformen*. Düsseldorf 1973, S. 148 f.
[271] „Ein Schriftsteller setzt sein Ansehen ein, um sich in einem konkreten Fall politisch zu engagieren. / Er tut dies im Namen allgemeiner aufklärerischer Werte wie der Wahrheit [...] und der republikanischen Grundwerte (Freiheit, Gleichheit, Brüderlichkeit). / Der Schriftsteller bedient sich der Medien, um Öffentlichkeit herzustellen, und setzt dabei spezifische publizistische und rhetorische Mittel ein (Offener Brief, Appell, Erklärung, Resolution, Gruppenmanifest)" (Georg Jäger: Der Schriftsteller als Intellektueller. Ein Problemaufriß. In: Sven Hanuschek/Therese Hörnigk/Christine Malende (Hg.): *Schriftsteller als Intellektuelle. Politik und Literatur im Kalten Krieg*. Tübingen 2000, S. 1–25, hier S. 15).
[272] Juli Zeh: Deutschland ist ein Überwachungsstaat. Offener Brief an Angela Merkel. In: *FAZ*, 25.07.2013. URL: https://www.faz.net/aktuell/feuilleton/debatten/ueberwachung/offener-brief-an-angela-merkel-deutschland-ist-ein-ueberwachungsstaat-12304732.html [12.04.2019]. Nachfolgend mit der Sigle: OB I.
[273] Der zweite offene Brief erscheint in *Die Zeit* am 15. Mai 2014. URL: https://www.zeit.de/2014/21/juli-zeh-offener-brief-an-merkel [19.09.2022]. Die Analyse nutzt den Abdruck in: Juli Zeh: *Nachts sind das Tiere*.
[274] Juli Zeh: Offener Brief an die Bundeskanzlerin Angela Merkel. In: Dies.: *Nachts sind das Tiere*, S. 272–279, hier S. 274. Nachfolgend mit der Sigle: OB II.

4.4 Faktuales Erzählen: Hybride Formen des außerliterarischen ‚Engagement' — 195

mentiert mit räumlich begrenzter Perspektive aus der Mitte der Bürger:innen heraus:

> [S]eit Edward Snowden die Existenz des Prism-Programms öffentlich gemacht hat, beschäftigen sich die Medien mit dem größten Abhörskandal in der Geschichte der Bundesrepublik. Wir Bürger erfahren aus der Berichterstattung, dass ausländische Nachrichtendienste ohne konkrete Verdachtsmomente unsere Telefonate und elektronische Kommunikation abschöpfen. Über die Speicherung und Auswertung von Meta-Daten werden unsere Kontakte, Freundschaften und Beziehungen erfasst. Unsere politischen Einstellungen, unsere Bewegungsprofile, ja, selbst unsere alltäglichen Stimmungslagen sind für die Sicherheitsbehörden transparent. Damit ist der „gläserne Mensch" endgültig Wirklichkeit geworden. Wir können uns nicht wehren. (OB I)

Snowdens Name stellt die zeitliche Referenz dar; die Berufung auf die Bundesrepublik markiert die räumliche Perspektiveneinschränkung: Der Schreibenden geht es nicht um die USA, sondern um die Praxis im eigenen Land. Das Oppositionspaar ‚wir/Sie' und die eindringliche Wiederholung der Gruppe, prägt den appellativen Stil: „unsere Telefonate [...]. Unsere politische Einstellung, unsere Bewegungsprofile" – so begreift Zeh sich als Sprecherin einer ohnmächtigen Bürger:innengruppe, die um demokratische Freiheiten wie Einsicht und Klage betrogen wird. Der Diskursmarker ‚ohne Verdachtsmomente' stellt den Grundrechtsverstoß aus und referiert auf die (historischen) Kontexte der ‚Rasterfahndung' und der ‚Vorratsdatenspeicherung'. Im NSA-Skandal ging es unter anderem um Meta-Daten, die ohne das Wissen der Bürger:innen erfasst und weitergereicht worden sind. Wenn der Brief resümiert, dass damit der „gläserne Mensch' endgültig Wirklichkeit geworden" ist, verweist er auf das CDU-Parteiprogramm von 2009, in welchem es hieß: „Wir wollen keine unnötigen Datenmengen speichern und kämpfen gegen den ‚Gläsernen Bürger'".[275] Die Kampfansage der CDU/CSU begreift Zeh damit als fadenscheiniges Wahlversprechen. Ähnlich negiert sie Merkels Aussage auf der Sommerpressekonferenz, auf der diese sagte: „Deutschland ist kein Überwachungsstaat."[276] Zeh antwortet, „wir sagen: Leider doch" (OB I), und übertitelt ihren offenen Brief mit *Deutschland ist ein Überwachungsstaat* (ebd.). So aktiviert der Brief historische Kontexte aus dem 20. Jahrhundert und die damit verbundenen kollektiven Erinnerungen an die Unrechtsstaaten. Der Brief wird zum Akt des Widerstands. Gefragt, warum sie PRISM nach den Enthüllungen auf deutschem Boden nicht untersagte, antwortete Merkel,

---

[275] CDU/CSU: WIR HABEN DIE KRAFT – Gemeinsam für unser Land. Regierungsprogramm 2009–2013, S. 57.
[276] Archiv der Bundesregierung: Mitschrift Pressekonferenz. Sommerpressekonferenz von Bundeskanzlerin Merkel vom 19. Juli, 19.07.2013. URL: https://archiv.bundesregierung.de/archiv-de/dokumente/sommerpressekonferenz-von-bundeskanzlerin-merkel-vom-19-juli-844124 [12.04.2019].

sie warte ab, bis die amerikanischen Partner die Prüfung abgeschlossen hätten.[277] Zeh antwortet im Kollektivplural: „Aber wir wollen nicht warten" und markiert so einen Bruch zwischen der Kanzlerin und den Bürger:innen. Dann arbeitet der Brief mit direkten, für Wissende rhetorischen, Fragen:

> Ist es politisch gewollt, dass die NSA deutsche Bundesbürger in einer Weise überwacht, die den deutschen Behörden durch Grundgesetz und Bundesverfassungsgericht verboten sind? (OB I)

Für diejenigen Leser:innen, denen die polithistorischen Hintergründe nicht bekannt sind, bleiben die Aspekte implizit. Zeh spielt auf die jahrzehntelang geheime Verwaltungsvereinbarung von 1968 an, die Willy Brandt seinerzeit geleugnet hatte und die belegt, dass die Bundesregierung weiß, wie eng der BND mit der NSA zusammenarbeitete und arbeiten musste. Die Alliierten räumten sich nämlich, wie der Historiker Foschepoth belegt, bei der Gründung der BRD ein Sonderrecht zur umfassenden Überwachung ein, das Adenauer – wohlwissend, dass die Vereinbarung am Grundgesetz vorbeiging – unterzeichnete.[278] Das Dokument wurde im Zuge der Snowden-Enthüllungen öffentlich gemacht. Auf diese Weise zeigte sich auch: So skandalös war der NSA-Skandal gar nicht, alle (ehemaligen) Bundeskanzler:innen wussten um die Zusammenarbeit. Zehs Fragen sind für diejenigen Leser:innen rhetorisch, die diese Hintergründe kennen. Der erste Brief endet, textsortencharakteristisch, mit einer appellativen Forderung: „Frau Bundeskanzlerin, wie sieht Ihre Strategie aus?" (OB I) Ein offener Brief kennzeichnet, anders als der private, eine doppelte Adressierung: „Er wendet sich zugleich – auf der Wirkungsebene – an das Publikum der Zeitung [...]. So kommt es zu einer Appellfunktion auf zwei Ebenen [...]."[279] Der erste Brief zielt auf informierte Zeitungsleser:innen, die für die Tragweite der Datenabschöpfungen bereits sensibel sind. Die Kanzlerinnen-Adressierung dominierte im ersten Brief.

Im zweiten Brief ändert sich das Verfahren: Zeh spricht in der ersten Person und bindet längere, erklärende Segmente ein, die auf Ebene der Illokution für die

---

277 Vgl. Archiv der Bundesregierung: Mitschrift Pressekonferenz.
278 Es geht um das sogenannte G10-Gesetz, das Gesetz zur Beschränkung des Brief-, Post- und Fernmeldegeheimnisses, geschaffen werde. Bundesregierung und Alliierte verpflichteten sich zur engen Zusammenarbeit und zum Datenaustausch. Vgl. Josef Foschepoth: *Überwachtes Deutschland. Post- und Telefonüberwachung in der alten Bundesrepublik*. Göttingen 2012; Oliver Das Gupta: „Die NSA darf in Deutschland alles machen". Historiker Foschepoth über US-Überwachung. In: *Süddeutsche Zeitung*, 09. Juli 2013. URL: https://www.sueddeutsche.de/politik/historiker-foschepoth-ueber-us-ueberwachung-die-nsa-darf-in-deutschland-alles-machen-1.1717216 [19.09.2022].
279 Hans Wellmann: Der offene Brief und seine Anfänge. Über Textart und Mediengeschichte. In: Maria Pümpel-Mader/Beatrix Schönherr (Hg.): *Sprache – Kultur – Geschichte. Sprachhistorische Studien zum Deutschen*. Innsbruck 1999, S. 361–384, hier S. 366 f.

Adressatin ‚Kanzlerin' ein direktiver Appell, für die Adressaten ‚Zeitungsleser:innen' jedoch vorrangig Mitteilung bzw. Erläuterung sind. Der Duktus des zweiten Briefs ändert sich auch deshalb, da der zeitliche Referenzrahmen wechselt: Nicht mehr ein äußerer Zeitpunkt ist Anlass, sondern der eigene Brief vor neun Monaten stellt den Erfassungszeitpunkt dar. Das bedeutet, die dringliche unmittelbare Intervention ins politische Handeln, weicht einem Zeitraum, der einen erklärenden Ton aufgrund einer nicht mehr so dringlich erscheinenden Intervention erlaubt. Der zweite Brief löst also ein aufklärerisches Ziel ein: Ein offener Brief wird in „einem Medium mit großer öffentlicher Reichweite publiziert [...], so daß eine breite Öffentlichkeit zugleich mit dem Adressaten informiert wird".[280] Während die Schriftsteller:innen auf der ersten Adressat:innenseite intervenieren und zu politischer Handlung drängen wollen, mit der „Erwartung, die bevorstehende Entscheidung tatsächlich beeinflussen zu können",[281] zielt die Wirkung auf der zweiten Adressat:innenseite, der Öffentlichkeit, auf Aufklärung und Mobilisierung zur Empörung. In Zehs Fall bedeutet das, die Kanzlerin soll ihr Vorgehen in Bezug zu den USA transparent machen und sich für die Wahrung der Grundrechte einsetzen, und die Bürger:innen sollen durch Information zu mündigen Entscheidungen kommen können. Diese Ziele verfolgt der Brief polemisch: Angela Merkel wird wiederholt als unwissend und passiv dargestellt; auf diese Weise können Leser:innen ihre eigene Unwissenheit und Passivität durchdenken, ohne als direkt Angesprochene aufzutauchen.

> Kann es wirklich sein, dass Sie die Tragweite des Problems nicht erfassen? Es geht nicht um Ihr Handy. Es geht nicht einmal ‚nur um die Aktivitäten der NSA [...]. Es geht also um die Frage, wie wir in Deutschland und Europa in Zukunft leben wollen. (OB II, 272f.)

Die Anspielung auf Merkels Mobiltelefon ist ein zeitlicher Diskursmarker, der zwar Kontextwissen erfordert, aber längere Ausführungen darüber, dass die Bundeskanzlerin erst reagierte, als sie ihre eigene und die staatliche Privatheit verletzt sah, obsolet macht.

Anders als im ersten Brief beginnt Zeh subjektiv und setzt ihre eigene Person pronominal als Absenderin ein. Sie stellt ihren Einsatz des Briefeschreibens und Protestorganisierens gegen Merkels Schweigen: „Ihr Schweigen dazu, Frau Merkel, ist das Schweigen der mächtigsten Frau Europas." (OB II, 272) Merkels Schweigen ist in der Tat kein metaphorisches: Die Kanzlerin vermied lange jegliche politische Äu-

---

[280] Reinhard M. G. Nickisch: Schriftsteller auf Abwegen? Über politische ‚Offene Briefe' deutscher Autoren in Vergangenheit und Gegenwart. In: *Journal of English and Germanic Philology* 93 (1994). Heft 4, S. 469–484, hier S. 480.
[281] Burckhard Dücker: Der offene Brief als Medium gesellschaftlicher Selbstverständigung, S. 37.

ßerung zur NSA-Affäre. Bereits 2011 äußert sich Frank Schirrmacher zum Schweigen Merkels:

> Die politische Macht, die wirkliche Macht, hat ein neues Instrument entdeckt: [...].Angela Merkel, die vernetzteste Kanzlerin aller Zeiten, ist dafür das Symbol. Sie redet, indem sie fast nicht redet.[282]

Schirrmacher beklagte: Die Literatur „muss die Politik zurückgewinnen. Sie darf ihr ihr Reden und ihr Schweigen nicht durchgehen lassen. Wir warten sehr darauf".[283] Zeh löst das Warten nun ein und stellt sich in die Fußstapfen Grass', der einst sagte: Ich bin ein „Schriftsteller, der sich als Bürger in seinem Land gelegentlich in die Politik begeben muss".[284] Merkels Schweigen schrillt nun „in den Ohren wie das Geräusch von Fingernägeln auf einer Schiefertafel".[285] Die Personifizierung stattet das Schweigen mit jener Macht aus, die Schirrmacher exponierte und die diejenigen taub werden lässt, die auf Antworten warten und auf die Schiefertafel der Volkslehrerin starren. Das ohrenbetäubende Schweigen erstickt damit jegliches Nachfragen zum Nichthandeln der Politik.

Der Brief argumentiert nun über das Wortfeld ‚wissen', das um die Alt-Kanzlerin positioniert wird: „Als gebildeter Mensch wissen Sie [...]. Durch Edward Snowden wissen Sie auch" (ebd.). An anderer Stelle heißt es: „Sie wissen, dass das nicht stimmt." (OB II, 276) Es wird darauf abgezielt, Merkels Unwissenheit als Täuschungsversuch zu deuten, betonte die Kanzlerin doch öffentlich, dass sie von all den Praktiken nichts gewusst habe:[286]

> Man hört, dass Sie einiges Interesse daran besitzen, was später über Sie in den Geschichtsbüchern stehen wird [...] Sie [werden] vor allem die Kanzlerin sein, die den Epochenwandel verschlafen hat. Das wäre nicht nur peinlich für Sie, sondern eine Katastrophe für uns alle, ein Rückschlag für die Demokratie. (OB II, 279)

Ähnlich wie Günter Grass seinerseits schrieb Kurt Georg Kiesinger: „Die Verantwortung müssen Sie tragen, wir die Folgen und die Scham".[287] So appelliert auch Zeh am

---

282 Frank Schirrmacher: Eine Stimme fehlt. In: *FAZ*, 18.03.2011. URL: https://www.faz.net/aktuell/feuilleton/themen/literatur-und-politik-eine-stimme-fehlt-1613223.html [19.09.2022].
283 Frank Schirrmacher: Eine Stimme fehlt.
284 Günter Grass: Literatur und Politik, S. 548.
285 Mit Merkels Schweigen setzt sich auch das Stück *Mutti* auseinander, in dem Merkel kaum Figurenrede zugeschrieben wird: Sie steht da und wartet (vgl. Juli Zeh/Charlotte Roos: *Mutti*. [UA: 2014]).
286 Vgl. u. a.: Johannes Korge: NSA-Abhörskandal. Merkel will von Spionage immer noch nichts gewusst haben. In: *Spiegel Online*, 10.07.2013. URL: https://www.spiegel.de/politik/deutschland/merkel-will-aus-presse-von-nsa-skandal-erfahren-haben-a-910367.html [19.09.2022].
287 Reinhard M. G. Nickisch: Schriftsteller auf Abwegen?, S. 196.

Schluss an das Amt, das nur stellvertretend die Macht für ein Volk ausübt. Wie Grass mahnt Zeh, die eigene Person nicht über das Wohl des Volkes zu stellen. Der Briefschluss endet zirkulär wieder am Anfang, mit der Wiederholung der Forderung, das politische Handeln transparent zu machen.

Essayistik: „Ich stehe und schaue, während die Zeit vergeht. Antworten bekomme ich keine. Aber die Fragen schweigen."

Das Zitat stammt aus Zehs Essayistik.[288] „Der Essay ist die Form der kritischen Kategorie unseres Geistes. Denn wer kritisiert, der muß mit Notwendigkeit experimentieren, er muß Bedingungen schaffen, unter denen ein Gegenstand erneut sichtbar wird",[289] schrieb Max Bense. Adorno ergänzt: „Er [der Essay, SH] ist, was er von Beginn war, die kritische Form par excellence; und zwar, als immanente Kritik geistiger Gebilde, als Konfrontation dessen, was sie sind, mit ihrem Begriff, Ideologiekritik."[290] Zeh ist als Essayistin nicht minder produktiv wie als Literatin: Sie veröffentlicht in der *FAZ, DIE ZEIT, DIE WELT, Süddeutsche Zeitung, Spiegel online* oder im *Stern*. Sie versammelt ihre Essays in zwei Bänden: 2006 erscheint *Alles auf dem Rasen*, 2014 folgt *Nachts sind das Tiere*. In Letzterem sind ihre Essays gegen Massenüberwachung enthalten.

Stellvertretend für Essays, die sich mit Überwachung und Privatheit befassen, sollen vier Texte betrachtet werden: zwei, die Körper- und Gesundheitsüberwachung thematisieren, und zwei, die das Verlustnarrativ der Privatheit thematisieren. Dabei werden die Texte von Beginn an gemeinsam ausgeleuchtet. Im Fokus steht neben der Betrachtung des Inhalts die essayistische Schreibweise Zehs selbst. Es geht um die Verschränkung von thematischem Gegenstand und narrativer sowie sprachlicher Umsetzung sowie um das Verhältnis von faktualen und fiktionalen Elementen in den Essays.

Für die erste Gruppe von Texten werden *Kostenkontrolle oder Menschenwürde* (KoM) und *Selbst, selbst, selbst* (Sss) betrachtet. In Ersterem beklagt Zeh den „Umbau eines Wohlfahrtsstaates in ein präventiv denkendes und handelndes Kontrollsystem".[291] Damit wird eine Aussage fokussiert, die auch den Prosawerken inhärent ist: Der Text markiert einen (staatlich-)überwachenden Zugriff auf

---

[288] Juli Zeh: Nachts sind das Tiere. In: Dies.: *Nachts sind das Tiere*, S. 239–245, hier S. 245.
[289] Max Bense: Über den Essay und seine Prosa. In: *Merkur* 1 (1947). Heft 3, S. 414–424, hier S. 417f.
[290] Theodor W. Adorno: Der Essay als Form. In: Ders.: *Gesammelte Schriften*. Bd. 11. *Noten zur Literatur*. Hg. v. Rolf Tiedemann. Frankfurt/M. 1974, S. 9–33, hier S. 27.
[291] Juli Zeh: Kostenkontrolle oder Menschenwürde. In: Dies.: *Nachts sind das Tiere*. Frankfurt/M. 2014, S. 65–68, hier S. 65. Nachfolgend mit der Sigle: KoM.

Körperdaten zur Ausrichtung am ‚Normalkörper' und begreift den Körper – d. h. die gelebten Körperpraxen, aber auch Krankheiten – als „das Privateste, Intimste, das uns zu eigen ist" (KoM, 66). Das geschilderte Machtverhältnis zwischen überwachender Institution und überwachtem Einzelnen verändert sich 2012 in *Selbst, selbst, selbst*. Dieser Essay diskutiert das Phänomen der Selbstoptimierung im Sinne der quantified-self-Bewegung. Er thematisiert eine Form der selbstkontrollierenden Gouvernementalität: „In Wahrheit gehe es [...] um die Illusion, mittels totaler Selbstkontrolle Herr oder Herrin über das eigene Schicksal werden zu können. Selbstermächtigung durch Selbstversklavung."[292]

Die für die zweite Gruppe von Essays ausgewählten Texte *Ich bin, was ich verberge* (Iv) und *Schützt den Datenkörper!* (SdD) kreisen in unterschiedlicher essayistischer Schreibweise um die Themen der fehlenden Privatheit und der Notwendigkeit zu einem individuell gelebten wie juristisch verankerten Datenschutz. Ersterer versucht im Stile eines auto- und metafiktionalen Textes zu konkretisieren, dass Geheimnisse nicht peinlich sind, sondern notwendig seien, da sie „die menschliche Persönlichkeit [begründen]".[293] Privatheit sei Bedingung für Kreativität und Existenzgrundlage:

> Der freie Mensch [...] hat selbst zu entscheiden, was öffentlich ist und was privat, und wer sich für die allergrößte Transparenz entscheidet, ist nicht weniger würdig, nicht weniger Mensch [...]: Denn es geht nicht um das Wieviel der Veröffentlichung, sondern um die Herrschaft über die Entscheidung. (Iv)

Zeh betont die freie Entscheidung – auch zur Transparenz. Das sei hervorgehoben, da die Leser:innen der übrigen fiktionalen wie faktualen Werke oftmals das Gefühl beschleichen kann, die Autorin sei in ihrer Kritik der Überwachung radikale Verordnerin einer verpflichtenden Privatheit. Wichtig scheint, dass die Kontrolle über den Datenzugang beim Subjekt der Daten liegen muss und dass vom Gebrauch der Kontrolle kein Würdestatus – im Sinne Art. 1 GG – oder gesellschaftliche Wertung, d. h. auch keine soziale Klassifikation, bestimmt werden darf. Der Essay verteidigt die Kontrolldefinition von Privatheit. Zeh plädiert für Mündigkeit. Privatheit wird als Bedingung zur autonomen Selbstwerdung deklariert – getreu dem Verlustnarrativ.

Folgend wird nun zunächst die Formseite der Texte, der essayistische Charakter sowie die genutzten Erzählformen und -mittel betrachtet. Ihrer Form nach geben Es-

---

[292] Juli Zeh: Selbst, selbst, selbst. In: Dies.: *Nachts sind das Tiere*. Frankfurt/M. 2014, S. 205–210, S. 206. Nachfolgend mit der Sigle: Sss.
[293] Juli Zeh: Ich bin, was ich verberge. In: *FAZ*, 23.10.2015. URL: https://www.faz.net/aktuell/feuilleton/buecher/themen/privatsphaere-und-literatur-ich-bin-was-ich-verberge-13860368-p5.html [05.05.2021]. Nachfolgend mit der Sigle: Iv.

says „sich als vorläufige Versuche aus, so, als meinten sie es ganz unverbindlich",[294] schreibt Ludwig Rohner. Der Essay ist ein „Mischprodukt"[295] zwischen „Wissenschaft, Moral und Kunst"[296] und entzieht sich einer strengen Definition. Von Adorno über Bense bis hin zu neueren Essaytheorien wie der Zimas, der den Essay als Intertext begreift,[297] versuchen Theoretiker:innen daher eine Beschreibung der Textsorte über die Schreibweise selbst:

> Essayistisch schreibt, wer experimentierend verfasst, wer also seinen Gegenstand hin und her wälzt, befragt, betastet, prüft, durchreflektiert, wer von verschiedenen Seiten auf ihn losgeht und in seinem Geistesblick sammelt, was er sieht, und verortet, was der Gegenstand unter den im Schreiben geschaffenen Bedingungen sehen läßt.[298]

Was durch diese Stelle aus Benses Text hervorgeht, ist einerseits der experimentelle Charakter des Essays. Er ist nicht an Gattungskonventionen und -normen oder Erwartungshorizonte gebunden und kann daher Reflexionsraum bieten, ohne bereits Lösungen und Ergebnisse präsentieren zu müssen. Andererseits schreibt Bense dem Gegenstand des Essays selbst eine Eigenmächtigkeit während des Schreibprozesses zu. Obwohl der:die Essayist:in, so Bense, in einem Kraftakt „auf ihn losgeht" und ihn „hin und her wälzt", scheint der Essay letztlich ein Produkt seines Gegenstandes zu sein, denn dieser wird nach Antworten „befragt" und bringt das Ergebnis zum Vorschein. Adorno fügt hinzu: Der Essay „muß so sich fügen, als ob er immer und stets abbrechen könnte. Er denkt in Brüchen, so wie die Realität brüchig ist, und findet seine Einheit durch die Brüche hindurch, nicht indem er sie glättet."[299] Damit gehe einher, dass der Essay „nicht mit Adam und Eva an[fängt,] sondern mit dem, worüber er reden will; er sagt, was ihm daran aufgeht, bricht ab, wo er selber am Ende sich fühlt und nicht dort, wo kein Rest mehr bliebe".[300] Für Bense wie Adorno hat der Essay Subjektstatus – das scheint ihm wesenhaft.

Zehs essayistische Schreibweise zeigt die in der Essaytheorie herausgestellte Offenheit der Form: Während einige Texte eine streng gebaute Argumentation

---

[294] Ludwig Rohner: *Der deutsche Essay. Materialien zur Geschichte und Ästhetik einer literarischen Gattung*. Neuwied/Berlin 1966, S. 67.
[295] Theodor W. Adorno: Der Essay als Form, S. 9.
[296] Georg Lukács: Über Form und Wesen des Essays. In: Ders.: *Die Seele und die Formen. Essays*. Mit einer Einleitung von Judith Butler. Bielefeld 2011, S. 23–44, hier S. 38. Lukács weiter: „Der Essay ist ein Gericht, doch nicht das Urteil ist das Wesentliche und Wertentscheidende an ihm (wie im System) sondern der Prozeß des Richtens." (Ebd., S. 43)
[297] Vgl. Peter V. Zima: *Essay/Essayismus. Zum theoretischen Potenzial des Essays: Von Montaigne bis zur Postmoderne*. Würzburg 2012, S. 6.
[298] Max Bense: Über den Essay und seine Prosa, S. 418.
[299] Ebd.
[300] Theodor W. Adorno: Der Essay als Form, S. 10.

aufweisen und Gegenargumente erörternd versuchen zu entkräften (vgl. SdD), sind andere geprägt von einer stark ausgeprägten narrativen Dimension (vgl. KoM und Iv). Der Reflexionsraum, den ihre Essays eröffnen, stellt sich je anders dar. Was sie aber gemein haben ist: Ihnen wohnt ein Umspielen der Grenze zwischen Fiktionalität und Faktizität inne. Eklatant an *Kostenkontrolle oder Menschenwürde* ist beispielsweise, dass der Gegenstand zur Gestalt wird:

> Die Diagnose vorab. Sie lautet: Erosion des demokratischen Denkvermögens im fortgeschrittenen Stadium. Symptome: Scheinlogik aufseiten der politischen Akteure; Indifferenz bis zum politischen Autismus bei den Bürgern. Krankheitstypische Äußerungen von infizierten Personen: Der Rechtsstaat muss verteidigt werden, aber in Zeiten wie diesen hat Sicherheit Vorrang (ein eifriger Minister) […]. Verbreitungsgrad des Syndroms: epidemisch. (KoM, 65)

So beginnt der Essay über die Präventionspolitik der Gesundheits- wie Verteidigungsminister. Hier bestimmt das semantische Feld ‚Krankheit' die Form des Textes. Das Arzt-Patient:innen-Schema, die Krankheitsmetapher wird zum Textaufbau. Überwachungspraktiken und präventive Denkweisen der Gesellschaft führen zum metaphorischen Krankheitsbild: „Erosion des demokratischen Denkvermögens". In den Metaphern „Scheinlogik" und „politischer Autismus" verdichten sich, in der ideologischen Perspektive des Essays, Haltungen im Diskurs. Die Bürger:innen werden emotiv beschuldigt: Diesen bescheinigt die Autorin eine Form von Autismus – eine tiefgreifende Entwicklungsstörung, die die Informations- und Wahrnehmungsverarbeitung, die soziale Interaktion und Kommunikation betrifft.[301] Erst nach dieser metaphorischen Diagnose setzt Zeh mit einer subjektiv-darstellenden Auseinandersetzung des Gegenstandes an, und kritisiert das vorherrschende Argument einer Kostenkontrolle: „Eigentlich sprechen wir hier nicht von Kostenkontrolle, sondern von Menschenwürde. Wer an diesen Grundsätzen rüttelt […] fügt dem Gesellschaftskörper vorsätzlich schaden zu." (KoM, 68) Der Essay endet wieder im metaphorischen Arzt-Schema: „Die Schweigepflicht sei aufgehoben, der Meldepflicht hiermit Genüge getan […]. Impft euch. Schützt euch. Tut was dagegen." (KoM, 68) Denn das Arzt-Patient:innen-Schema hat ein konventionalisiertes Ende: die Medikations-Empfehlung. Das *Essay als Form*-Prinzip wird bei Zeh gerade in solchen Konstruktionen deutlich.

---

[301] Vgl. Bundesverband zur Förderung von Menschen mit Autismus: Was ist Autismus? URL: https://www.autismus.de/was-ist-autismus.html [19.09.2019].

Zur Zeh'schen Schreibweise gehören außerdem ausdrückliche Erläuterungen:

> Dabei liegen die Gefahren allumfassender Beobachtung auf der Hand. Wer von allen Seiten angestarrt wird, geht jeder Chance verlustig, sich frei zu entwickeln. Wissen ist Macht, und Wissen über einen Menschen bedeutet Macht über diesen Menschen. [...].[302]

Solche explanativen Kommentare kennen Lesende bereits aus den literarischen Werken: Juli Zeh ist auch in ihren Essays eine Autorin, die sicherstellen will, dass Dimensionen richtig verstanden werden. Schreiben bedeutet Diskurskontrolle. Gerade in *Schützt den Datenkörper!* wird ausgiebig Textraum investiert, um Folgen und Auswirkungen von Massenüberwachung auf den Einzelnen wie auf die Gesellschaft ganz unmetaphorisch zu erklären. Das geschieht so explizit, da dieser Text ihr Antwortessay auf Schulz' Eröffnungstext darstellt. Durch die prominenten Schreiber:innen, den längeren Zeitraum der Debatte und das weitreichende Publikationsorgan *FAZ* wird eine breite Öffentlichkeit erreicht. Letztlich müssen auch die charakteristischen appellativen Sprechakte am Ende der Essays als Formprinzip verstanden werden: „Es gilt dafür zu sorgen, dass der Freiheitsverzicht des ‚Quantified self' ein legitimes Hobby bleibt." (Sss, 210); „Impft euch. Schützt euch. Tut was dagegen" (KoM, 68); „Es ist allerhöchste Zeit, das Thema auf die Agenda unserer Zukunftsfähigkeit zu setzen." (SdD) Die Essays enden im Imperativ.

Der literarische Essay wurde als Mischprodukt zwischen den Gattungen bestimmt. Vor allem die jüngere Essayforschung beschäftigt daher das Verhältnis von Faktualität und Fiktionalität. Obwohl er zumeist den literarischen Gebrauchsformen der Non-Fiktion zugeschrieben wird, betonen Zima und Jander die Möglichkeit, dass Essayist:innen fiktionale, auch fiktive Elemente einbinden.[303] Das kann dadurch geschehen, dass Essays „in bestimmten fiktiven Situationen ausgesprochen, geschrieben oder gedacht werden".[304] Die Ausgestaltung der Erzählperspektive kann im Essay ebenso Fiktionssignal sein wie bestimmte figürliche Konstruktionen. So konstruierte Zeh in frühen Essays oft ein Alter Ego, den fiktiven Freund F., der in ihren Essays als sokratischer Dialogpartner diente.[305] Den Fiktionsgehalt ihrer Essayistik betont Zeh selbst: „Selbst in einem essayistischen Text wie diesem können fiktionale

---

[302] Juli Zeh: Schützt den Datenkörper. In: *FAZ*, 11.02.2014. URL: https://www.faz.net/aktuell/feuilleton/debatten/die-digital-debatte/politik-in-der-digitalen-welt/juli-zeh-zur-ueberwachungsdebatte-schuetzt-den-datenkoerper-12794720.html?printPagedArticle=true#pageIndex_2 [05.05.2021]. Nachfolgend mit der Digle: SdD.

[303] Jander macht dies z. B. an Essayformen fest, die figurale Prismen aufweisen wie der Dialog-, Brief- oder Monologessay des 20. Jahrhunderts (vgl. Simon Jander: *Die Poetisierung des Essays. Rudolf Kassner – Hugo von Hoffmannsthal – Gottfried Benn*. Heidelberg 2008, S. 9–42).

[304] Simon Jander: *Die Poetisierung des Essays*, S. 10.

[305] Der Dialog mit ‚Freund F.' ist fast durchgehendes Stilmittel aller Essays in ihrem ersten Essayband *Alles auf dem Rasen*. Vgl. u.a: „Aber F., mein fiktiver Filosof, erschrickt zu Tode und verblasst." (Juli Zeh: Ficken, Bumsen, Blasen. In: Dies.: *Alles auf dem Rasen*. 3. Aufl. Frankfurt/M. 2008, S. 67–73, hier S. 73)

Passagen ihren Platz finden, und, Hand aufs Herz, kein vernünftiger Leser wird nach der exakten Faktizität der Angaben fragen."[306] Die Freiheit der Zeh'schen Essays liegt in diesem Grenzgang. In den Essays finden Fiktionssignale vor allem auf der Ebene der Erzählung Eingang in die Texte, während die Ebene der Diegese in der Regel faktual bleibt.

Der Essay als Schreibweise zieht viele Quellen oder Intertexte heran, weist sie jedoch nicht explizit aus. Leser:innen müssen Kontextwissen einbringen, andernfalls verlangt die Essayistik Vertrauen in die Autor:innenautorität ab. Das ist relevant, wenn über das Verhältnis von Wissen und Nicht-Wissen, um das es bei Überwachung maßgeblich geht, nachgedacht wird. Im Debatten-Essay *Schützt den Datenkörper!* erleichtert Zeh ein Verstehen, indem der Text auf konkrete Diskurse oder Ereignisse um Politiker:innen anspielt: „Wenn Peter Altmaier per Twitter verkündet, dass Twitter die moderne Form von Demokratie sei, verdeutlicht er aufs Anschaulichste, warum sich die deutsche Politik bis heute nicht in der Lage zeigt, auf Big Data zu reagieren." (SdD)[307] Das heißt, der Text schließt die Lücke zum Kontext. Auf der Ebene der histoire greift er Tagespolitisches auf, informiert über Praktiken der (Selbst-)Überwachung und kommentiert diese essayistisch-subjektiv, bleibt aber bei der faktualen Wirklichkeitserzählung. Auf der Ebene des discours ist der Text mit fiktionalisierenden Verfahren durchwirkt. Zeh konstruiert Figurenreden: „‚Der Rechtsstaat muss verteidigt werden, aber in Zeiten wie diesen hat Sicherheit Vorrang' (ein eifriger Minister).[308] Oder: ‚Dann sollen sie halt Festplatten scannen, das betrifft ja nicht Leute wie mich, die nichts zu verbergen haben' (ein unbescholtener Bürger)." (KoM, 65) Eines ihrer Stilmittel ist der Einsatz der fiktiven Rede, graphisch durch Klammern hervorgehoben. Gibt Zeh Politiker:innenrede wieder, dient sie als Realitätsreferenz. Die Bürgerrede dagegen ist ein Fiktionssignal: „Natürlich!, ruft

---

306 Juli Zeh: Zu wahr, um schön zu sein. In: Dies.: *Nachts sind das Tiere*, S. 48–55, hier S. 54.)
307 Altmaier twitterte am 02. Februar 2014: „Twitter ist heute die schärfste Waffe der Demokratie: Wir haben es nur noch nicht bemerkt!" (Altmaier, Peter: Twitter ist heute die schärfste Waffe der Demokratie: Wir haben es nur noch nicht bemerkt! [Tweet vom 02.02.2014] URL: https://twitter.com/peteraltmaier/status/430100048844967936 [29.05.2019]). Frank Schirrmacher antwortete auf seinen Tweet mit einem ironischen „klar" und dem Link zum Artikel: Ian Gallagher: Egyptian police use Facebook and Twitter to track down protesters' names before ‚rounding them up'. In: *Mail Online*, 06.02.2011. URL: https://www.dailymail.co.uk/news/article-1354096/Egypt-protests-Police-use-Facebook-Twitter-track-protesters.html [29.05.2019].
308 Ähnlich formulierte Thomas de Maizière nach den Terroranschlägen in Brüssel 2016 in den *Tagesthemen*: „Datenschutz ist schön, aber in Krisenzeiten und darüber hinaus – und wir sind in Krisenzeiten! – hat die Sicherheit Vorrang." Die Aussage wurde allerdings 2016 getätigt, also nach Veröffentlichung des Essays (vgl. Mathias Döpfner: Freiheit und Rechtsstaat. In: *Die Welt*, 26.03.2016. URL: https://www.welt.de/print/die_welt/debatte/article153692151/Freiheit-und-Rechtsstaat.html [19.09.2022]).

der von Demokratie-Erosion infizierte Bürger [...]. Genau, empört sich Gesundheitsministerin Ulla Schmidt" (KoM, 66). So wird ein fiktiver Dialog zwischen Politik und Bürger:innen präsentiert, der den geführten Diskurs simulieren soll und diesen als manipulativ markiert. Auf der Ebene der Erzählung dringt abstrakte Fiktion ferner durch Zukunftsszenarien ein:

> [Die Selbstvermesser] entwickeln und testen Sensoren, die wir vielleicht eines Tages alle am Handgelenk tragen, um auf diese Weise am Bonus-Malus-System der Krankenkasse teilzunehmen. Schon heute können Versicherungen ihre Zahlungen zurückhalten [...]. (Sss, 208)

Die Zukunftsspekulation wird durch Ist-Zustands-Beschreibungen eingerahmt. Technologien wie Smartwatches, auf die mit dem Handgelenk angespielt wird, werden bereits genutzt. Der eingeschobene Relativsatz „die wir vielleicht eines Tages [...]" addiert Vorhandenes um prognostisch Mögliches. Darin liegt dystopischer Charakter.

Der Essay *Ich bin, was ich verberge* thematisiert die Essentialität von Privatheit, aber auch Zehs Schriftstellerei selbst. Ihre poetologischen Essays tragen einen höheren Grad an Fiktionalität. Der Text weist neben der essayistischen Reflexionsebene über Privatheit als Bedingung für Freiheit und Persönlichkeitsentwicklung eine zweite, erzählende Ebene auf. Er ist durchwirkt mit Segmenten, in denen autofiktionale Anekdoten erzählt werden. Es sind Passagen, in denen Juli Zeh scheinbar von Erlebnissen vom Beginn ihrer schriftstellerischen Tätigkeit berichtet. Die autofiktionale Ebene weist eingebettete (fiktive) Tagebucheinträge auf. Beispielsweise erzählt ein Auszug von der heranwachsenden Juli Zeh, die die Privatheit in ihrem Tagebuch mit einem Schloss absperrte. Solche Schachtelungen stellen Fiktionssignale auf der Ebene der Erzählungen dar, wenn Leser:innen am Schluss erkennen, dass die Tagebuchebene allegorisch verstanden werden soll: „Diese Entscheidung [zur Transparenz oder Privatheit, SH] ist das Schloss auf dem Tagebuch [...] – es ist nicht die Brisanz des Inhalts, sondern die Existenz des Schlosses, die uns zu würdigen Menschen macht." (Iv) Dieser Essay ist einer, in dem narrative Elemente dominieren.

Ralf Kellermann attestiert dem Essay als Textsorte einen problemorientiert-fragenden Impuls.[309] Er zielt „auf ein im Thema anklingendes *tieferliegendes Problem*".[310] Dieses tieferliegende Problem ist die Gemeinsamkeit der Zeh'schen Essayistik. Auch wo die Texte konkrete Ereignisse oder Phänomene zum Gegenstand haben, offenbart sich eines: Die brandenburgische Verfassungsrichterin

---

[309] Vgl. Ralf Kellermann: Einleitung. In: Ders. (Hg.): *Der Essay. Texte und Materialien für den Unterricht*. Stuttgart 2012, S. 5–12, hier S. 7.
[310] Ralf Kellermann: Einleitung, S. 10.

ist scharfe Verfechterin des Grundgesetzes. Im Kern spüren diese Texte der Frage nach der Würde des Menschen nach: „Das Konzept der Menschenwürde gerät im wuchernden Goldrausch der Datenausbeutung zusehends unter die Räder" (SdD), beklagt sie. Viele Stellen der Essays halten an der Verfassung und Rechtsstaatlichkeit fest, gerade wenn es um die Grundrechte geht (vgl. u. a. KoM). Sensibilität für das Ausmaß von Überwachungspraktiken ist bei Zeh Grundrechtsschutz.

4.5 Die Erzählstrategie der Zurschaustellung des Narrativen und der Fiktion im Überwachungsdiskurs

In der Einleitung dieser Studie wurde angeführt, dass Gefahren oder Risiken artikuliert werden müssen, wenn Überwachung legitimiert oder kritisiert wird. Das beobachtet auch David Lyon und hält fest, dass die Sicherheitspolitik an eine Erzählung gebunden ist: „[T]he government narrative that has insisted since 9/11 that only because of new heightened security measures and information collection are we ourselves safe from terrorist attack."[311] Überwachung als Instrument der Sicherheitspolitik braucht die erzählte Unsicherheit:

> Die Sättigung des sozialen Raumes mit Informationen und Bildern über vermeintliche Bedrohungen durch Fremde, Naturkatastrophen, Epidemien, Sozialabbau, Terrorismus usw. verursacht nicht nur kollektive und individuelle Gefühle der Verunsicherung, Paranoia oder Panik, die sich zu einer ‚Kultur der Angst' formieren (Glassner 1999); sie führt auch zu Maßnahmen von Politik und Wirtschaft, den vermeintlichen Gefahren zu begegnen und permanent Unsicherheit in Sicherheit und Sicherheit in Unsicherheit zu konvertieren.[312]

Die Texte von Juli Zeh verfolgen eine Erzählstrategie, bei der diese narrativen Manöver in der Legitimation von Maßnahmen in der Sicherheitspolitik ausgestellt werden. Solche Erzählungen, die dann in den literarischen Werken vorgeführt werden, bedienen sich oftmals fiktionalisierender Mittel oder stellen – im Falle des Szenarios – eine Form von abstrakter Fiktion, eine alternative Welt dar. Auf der anderen Seite nutzt die Autorin selbst Fiktion und fiktionalisierte Sequenzen in ihren faktua-

---

[311] David Lyon: Surveillance *after Snowden*, S. 5. Ähnliches betont auch Schaar: „Die Begründungen [der meisten Staaten, SH] folgten dabei stets dem gleichen Muster: Unbeobachtete Freiräume werden von Terroristen, Kriminellen und anderen bösen Menschen ausgenutzt." (Peter Schaar: *Das Ende der Privatsphäre*, S. 94)
[312] Tom Holert: Sicherheit. In: Ulrich Bröckling et al. (Hg.): *Glossar der Gegenwart*. Frankfurt/M. 2004, S. 244–250, hier S. 246 f.

len Texten. Folgend wird das nun an unterschiedlichen Texten, die je eigene Momente dieser Narrativität oder Fiktion ausstellen, aufgezeigt.

Das Szenario des schlechten Ausgangs: ‚Was wäre wenn ...'

Das Klärungsgespräch zwischen Richterin Sophie und Mia Holl in *Corpus Delicti* führt eine Situation vor, in der die dem System anhängende, das heißt die Überwachung legitimierende, Figur ein Szenario konstruiert, um die Angeklagte von der Vernunft der Maßnahmen zu überzeugen:

> ‚Was geschähe, wenn Sie krank würden?' ‚Ein Arzt würde sich um mich kümmern.' ‚Und wer käme dafür auf [...], wenn Sie mittellos wären? Soll die Gemeinschaft Sie verenden lassen?' Mia schweigt. ‚Wenn wir vernünftig denken', sagt Sophie, ‚schuldet die Gemeinschaft Ihnen Fürsorge in der Not. Dann aber schulden Sie der Gemeinschaft das Bemühen, diese Not zu vermeiden. [...] Kennen Sie körperliche Schmerzen, die in der Lage sind, Ihnen den Verstand zu rauben? Wissen Sie, was die Leute in früheren Zeiten durchgemacht haben? Leben bedeutete, sich selbst beim langsamen Sterben zuzusehen. Jeder Schritt in die Welt konnte ein Schritt ins Verderben sein, jedes Ziehen in der Brust oder Kribbeln im Arm der Anfang vom Ende. Die Angst davor, an sich selbst zugrunde zu gehen, war den Menschen ein ständiger Begleiter. Das *Wesen* dieser Menschen war die Angst. Ist es nicht ein großes Glück, diesen Zustand überwunden zu haben?' Mia schweigt. (CD, 57f.)

Dieses Szenario schildert einen alternativen, schlechten Ausgang der Situation und arbeitet mit den Mitteln der Suggestion, der rhetorischen Fragen und der Bildhaftigkeit des Erzählten. Die Formel ‚was geschähe, wenn ...' stellt das textuelle Fiktionssignal für die im Präventionsnarrativ notwendige (abstrakte) Fiktion dar: Prävention beruht auf der Antizipation von Zukunft bzw. der im schlechtesten Fall eintretenden Zukunft. Präventionsargumentationen konstruieren also eine Hypothese über eine mögliche Zukunft, die in der Gegenwart unbedingt durch bestimmte Maßnahmen abgewendet werden muss.[313] Die Figur der Richterin Sophie hat die rhetorische Konstruktion eines solchen Szenarios gelernt und führt nun – in einer Welt ohne Krankheit – die Krankheit zurück aufs Argumentationsfeld. Damit ergibt sich eine Erzählperspektive, die in Präventionsnarrativen literarisch wie außerliterarisch beobachtbar ist: Die Figur übernimmt die ideologische wie perzeptive Perspektivendimension der Präventionsideologie (der METHODE). Zur ideologischen Perspektive gehört auch das Wissen über das Dargestellte, das die Figur übernommen hat. Auch sie kennt keine Zeit mit Krankheit, das ‚Wesen dieser Menschen' hat sie auswendig gelernt. Die erzählte Zeit wird in die Zukunft verlagert: Zeit und Bewertung klaffen so auseinander. Zu dieser Fiktion gehört nun der

---

313 Vgl. Eva Horn: *Zukunft als Katastrophe*, S. 303 ff.

Worst Case: Die gutverdienende Biologin hat plötzlich kein Geld mehr und erliegt, wenn die METHODE nicht eingreift, der nichtexistierenden Krankheit. Fiktion ermöglicht hier das Ausstellen möglicher Risiken. Sophie spricht im Kollektivplural und dramatisiert nun die Vergangenheit wie zuvor die Zukunft in den schlechtmöglichsten Ausgang: „Leben bedeutete, sich selbst beim langsamen Sterben zuzusehen." Was aus den *Worst Cases* der Vergangenheit wie der Zukunft folgen könnte, sind rhetorische Fragen, die Mia nur noch mit Schweigen verneinen kann.

Mit solch suggestiven Fragen operiert auch Heinrich Kramer andernorts: „Was sollte vernünftigerweise dagegen sprechen, Gesundheit als Synonym für Normalität zu betrachten?" (CD, 181), oder an anderer Stelle: „Aber Zukünftiges lässt sich verhindern, Mia Holl. Wollen Sie für Ihre Würde ein System gefährden, von dem Millionen Menschen abhängen? Ist es würdig, die eigene Person über alles andere zu stellen?" (CD, 233 f.) Die Fürsprecher:innen der Prävention gelangen im Roman zwangsläufig zu utilitaristischen Dilemmata: Die Aufgabe der Freiheit oder der Menschenwürde (Art. 1 Abs. 1 GG) des Einzelnen zugunsten einer scheinbaren Sicherheit von Vielen. Kramer spricht sich für den Utilitarismus seines Begründers Jeremy Bentham aus – eben jenem, der auch der Entwickler des Panopticon ist. Bentham identifiziert diejenige als moralische Handlung, die das größtmögliche Glück für die größtmögliche Zahl bereithält.[314] Das größtmögliche Glück ist jedoch eine Frage der Perspektive: Während Sicherheitsexpert:innen wie Kramer es in der Gesundheit sehen, liegt es für Schützer:innen der Privatheit in der Freiheit einer unantastbaren Würde.

Die narrative Konstruktion von Täter:innen-Profilen und ihr Fiktionsgehalt

Neben erzählten Szenarien erörtern Zehs Texte die Rolle des Narrativen sowie der Fiktion in der Konstruktion von Täter:innen-Profilen im Terrordiskurs. Deutlich wird dies beispielsweise in *Angriff auf die Freiheit* oder in *Der Kaktus*. Das Theaterstück greift den Diskurs um den ‚Schläfer' auf, der „[f]riedlich, angepasst, integriert" (K, 33) lebt und somit, in der Logik der Anti-Terror-Ideologie, beweist: „Die Harmlosen sind immer die Schlimmsten." (Ebd.)

> SCHMIDT Nach unseren Erkenntnissen handelt es sich hier um Abu Mehsud, US-Amerikaner aus Kalifornien. Vor vier Jahren zum Islam konvertiert. Von Beruf Botaniker, Spezialgebiet Sukkulenten. [...] Seit geraumer Zeit verfolgen wir die Datenspur eines gewissen Frank Miller. Auffällig macht ihn seine Payback-Karte der Drogerie ‚dm' in Frankfurt-Niederrad. Offensichtlich hat der Mann einen Putzfimmel. Regelmäßig

---

[314] Vgl. Jeremy Bentham: *An Introduction to the Principles of Moral and Legislation.* New Edition. Oxford 1823, S. 2 f.; S. 30 f.

4.5 Die Erzählstrategie der Zurschaustellung des Narrativen

	kauft er Fleckenlöser und Fensterputzmittel [...]. Außerdem färbt er sich gern die Haare, poliert jede Menge Silber und braucht viele Batterien. [...]
CEM	Auch wie meine Ma! [...]
SUSI	Cem! Salmiakgeist, Azeton, Wasserstoffperoxid. Salpetersäure, Schwefelsäure. Und dann BUMM. [...]
SCHMIDT	Herr Miller arbeitet seit sechs Monaten im Blumenfachhandel Exotica in Frankfurt-Niederrad. Spezialgebiet: Sukkulenten. Seine umfassende E-Mail-Korrespondenz behauptet, dass er von einem gewissen Abu Mehsud in Kalifornien Kakteen kauft. Kakteen, meine Herren, ist das nicht niedlich? Selbstverständlich ein Code, den unsere Kryptographen fast entschlüsselt haben. Millers Kontoauszüge belegen beträchtliche Geldtransfers in aller Herren Länder. Seine Bahncard verzeichnet regelmäßige Zugfahrten nach Berlin, Hamburg und München. [...]
SCHMIDT	[...] – da muss man doch nur noch zwei und zwei zusammenzählen! Wenn alle Informationen sitzen wie das Huhn auf dem Ei, dann schließt ein Terrorfachmann die Lücken eben selbst. (K, 39–41)

Zu keinem Zeitpunkt bleibt unklar, dass es sich beim ‚Verhörten' in Wirklichkeit nur um eine Pflanze handelt, an der noch das Preisetikett hängt (vgl. K, 19). Die Beamt:innen haben sie konfisziert. Die Figur des Kommissar SCHMIDT trägt zunächst die gesammelten Daten protokollähnlich zusammen: Datenspuren von Abu Mehsud und Frank Miller fügen sich im Gespräch zu Täter-Profilen zusammen. Die Art der Daten veranschaulichen die Datenströme und -kombinationen. Der Text artikuliert dabei die Vorstellung, die Daten strömten zu einem Zentrum hin, an dem sie ausgelesen werden können. Es tritt sogleich die Narrativität – die Erzählung und der Erzählakt – als notwendige Konstitution von kriminalpolizeilichen Ermittlungen hervor. Alternative Schlussfolgerungen wie Cems Einwand, dass seine Mutter dieselben Produkte kauft, schließt die ideologische Perspektive der Überwacher:innen im Kriminal-/Terrordispositiv aus: Damit bestimmt die ideologische Perspektive von vornherein den Ausgang der Erzählung und auch das Erzählschema. Der Text macht den Transformationsprozess von den Daten zur Geschichte als eine ‚dichte Beschreibung' im Sinne von Geertz sichtbar. In das Täterprofil fließen immer schon Perspektiven und Vorannahmen ein. Der ‚Output' von Überwachung ist nicht neutral. Im Laufe des Verhörs fiktionalisiert SCHMIDT ein Terrorprofil um den Deckmantel ‚Kaktus', denn „[w]enn alle Informationen sitzen wie das Huhn auf dem Ei, dann schließt ein Terrorfachmann die Lücken eben selbst" (ebd.). Darin findet sich die Kernaussage des Stückes. Techniken der präventiven Kriminalistik und Sicherheit nutzen scheinbar narrative und dramatisierende Verfahren: SCHMIDT konstruiert eine Täterfigur, die nur im Erzählakt selbst Kontur, aber auch Dramatik gewinnt – aus 3.000 werden im Erzählen zunächst 8.000 und schließlich 15.000 potentielle Opfer des geplanten Anschlags. „Das Dramolett lebt von der Dynamik, mit der ein angeblich fauler Zauber entlarvt wird: die demokratische Ordnung, ein abstraktes System, dem die klugen Neinsager fehlen."[315]

Den Fiktionsstatus des Erzählten versucht der Text durch direkte Realitätsreferenzen auf gegenwärtige Politiker:innen oder Ereignisse zu schmälern.

> SCHMIDT Ja, Grundrechte, schön und gut. Zu Friedenszeiten. Aber es ist KRIEG, Frau Mayer. Da werden bestimmte Rechte suspendiert! Vor allem von Kombattanten, die sich immerhin freiwillig entscheiden, uns zu bekämpfen!
> SUSI Kombattanten? Trägt er eine Uniform? Eine feindliche Fahne? Wo denn? Seh ich nicht! Das ist doch einfach nur irgendein Mensch!
> SCHMIDT Das ist kein Mensch. [...] Ein Mensch im biologischen Sinn, möglicherweise. Ich bin kein Naturwissenschaftler. Aber mit Sicherheit kein Mensch im rechtlichen, gesellschaftlichen, oder, wenn Sie wollen, moralischen Sinn. (K, 52 f.)

Die Figurenrede ist montiert: Zeh nutzt die Aussagen des Ex-Bundesinnenministers Thomas de Maizière, der nach den Anschlägen in Brüssel in der ARD sagte: „Datenschutz ist schön, aber in Krisenzeiten, und darüber hinaus, und wir sind in Krisenzeit, hat die Sicherheit Vorrang".[316] Eingeflossen in die Rede ist auch die US-amerikanische Legitimation der Rettungsfolter von Terrorverdächtigen, die darin bestand, den Verdächtigen das Menschsein abzusprechen. Damit behauptet *Der Kaktus* trotz fiktionalem Geltungsanspruch in Grenzen einen Realitätsstatus.

Der Kaktus führt schließlich vor, was Nowak die ‚ticking-bomb-Frage' nennt:[317] SCHMIDT beginnt, das Katastrophenszenario zu schildern: Was wäre, wenn der Kaktus einen Anschlag am Flughafen mit 15.000 Opfern begehe, nur weil die Anwesenden nun nicht bereit seien, zu foltern?

---

[315] Thomas Meyer: Juli Zeh pflanzt einen Terrorkaktus. In: *Die Welt*, 06.11.2009. URL: https://www.welt.de/kultur/theater/article5110823/Juli-Zeh-pflanzt-einen-Terrorkaktus.html [19.09.2022].

[316] Tagesthemen. In: *Tagesschau Sendungsarchiv*, 22.03.2016 (Min: 23:10–23:18). URL: https://www.tagesschau.de/multimedia/sendung/tt-4351.html [18.11.2019]. Auch in *203* finden Zuschauer:innen Verweise auf den ehemaligen Bundesinnenminister (vgl. 203, 110 ff.). Zeh fiktionalisiert de Maizière als Politiker, der zur gegenseitigen Bespitzelung und Denunzierung aufruft, indem er in den Medien Erzählungen verbreitet, die gezielte Informationslücken haben: „Es gibt sehr konkrete Spuren" (203, 110). Das dystopische Narrativ braucht zentrale Überwacher:innen: bei Orwell war es der Staat, figürlich Big Brother, bei Zeh ist es der Ex-Innenminister. Doch in *203* lösen die Unsicherheitserzählungen des Ministers keine Angst mehr aus. Die Figuren reagieren nicht ängstlich, sondern gelangweilt aufgrund von deren Häufigkeit: „CHRISTA *gelangweilt* Hilfe! / BETTY *gelangweilt* Ich sterbe vor Angst" (203, 111). Die Überwachungsrhetorik des Ministers entfaltet keine Wirkung mehr, da in den Stücken ohnehin alle Figuren in geschlossenen Räumen eingesperrt oder geleitet worden sind.

[317] „Auf den ersten Blick entbehrt diese Argumentation nicht einer gewissen Plausibilität, und es verging auch kaum ein Vortrag oder eine Vorlesung über Folter, bei der ich nicht mit der berühmten ‚ticking bomb'-Frage konfrontiert worden wäre. Aber schon beim zweiten Blick wird klar, wohin diese Frage führt: direkt zurück ins finstere Mittelalter [...]." (Manfred Nowak: *Folter*, S. 69)

> *Lässt den Blick über seine Kollegen, dann ins Publikum schweifen.*
> SCHMIDT   Es hebe derjenige die Hand, der dreitausend Unschuldige in den Tod schicken will. Es hebe die Hand, wer die Würde eines Unmenschen höher schätzt als das Lebensrecht unzähliger Mitbürger. Es hebe die Hand, wer einen Massenmord auf sich nehmen kann! (K, 58)

Episches Theater zeigt sich u. a. im Einbezug des Publikums. *Der Kaktus* versetzt die Zuschauer:innen in das Dilemma:[318] „Es hebe derjenige die Hand", der sich, auch wenn die Katastrophe – Schuld durch Nichthandeln – erzählt wird, für die Menschen- und Grundrechte entscheidet? Das heißt, *in dubio pro reo*, jemand gilt so lange als unschuldig, bis die Schuld bewiesen wird und dabei dürfen weder Herkunft („Abu Mehsud, US-Amerikaner aus Kalifornien") noch Religion („Vor vier Jahren zum Islam konvertiert") oder Gewohnheiten („Regelmäßig kauft er [...] Seine Bahncard verzeichnet regelmäßige Zufahrten nach [...]") diese Perspektive beeinflussen. Diese soziodemographischen Parameter beeinflussen jedoch die Erzählung des Kommissars SCHMIDT und den weiteren Handlungsverlauf des Stücks. Der Text arbeitet ein Potential zu diskriminierenden oder gar rassistischen Handlungen innerhalb von kriminalpolizeilichen Ermittlungen heraus.

Das Pamphlet *Angriff auf die Freiheit* schließt daran nahtlos an. Dort wird die Debatte um die Rettungsfolter im faktualen Text diskutiert. Trojanow und Zeh arbeiten sich an den Begründungen bzw. Rechtfertigungsversuchen der „Folter-Juristen" (insbesondere Reinhard Merkel greift der Text an) ab und stellen heraus, dass deren Argumentationen maßgeblich auf dem Erzählen alternativlos scheinender Szenarien beruhten (vgl. AaF, 108 ff.).

> Achten Sie einmal auf die Struktur [...]. Stets ist ohne jeglichen Zweifel klar, daß wir es mit einem Terroristen zu tun haben [...]. Weiterhin steht fest, daß die gewünschte Gegenmaßnahme (Folter, Abschuß des Flugzeugs usw.) auf jeden Fall zielführend ist, daß die bedrohten Menschen also [...] mit Sicherheit gerettet werden können. Zudem ist immer wunderbarerweise die Staatsgewalt zugegen und handlungsfähig. (AaF, 111)

Auf diese Weise macht der Text das Erzählschema solcher Unsicherheitserzählungen deutlich. Gattungstypisch dramatisiert und kommentiert das Pamphlet den Fiktionsgehalt der Szenarien, die in Debatten um die Rettungsfolter angeführt werden.

Der faktuale Überwachungsdiskurs benötigt also nicht nur auf der Seite der kritikübenden Fiktionen im engeren Sinne von literarischen Narrationen, sondern nutzt auch abstrakte Fiktionen auf der Seite der Befürwortenden: Sie konstruieren fiktionale Szenarien, die Überwachung – oder gar Folter – als Lösung für hypothetische Gefahren alternativlos und wirkungsvoll erscheinen lassen.

---

318 Vgl. Anne Fritsch: Demokratiediskurs als Boulevardtheater.

> Die Lage ist ernst. Terroristen stehen vor der Tür – sie wollen alles zerstören, was uns lieb und teuer ist. Wer wird nicht laut nach Gegenmaßnahmen rufen? Es muß doch etwas zu unserem Schutz getan werden! Und zwar schnell und sofort. Wir rasen auf einen Abgrund zu. Bald wird es zu spät sein. (AaF, 53)

Angriff auf die Freiheit gibt die Unsicherheitserzählungen und die Notwendigkeit ihrer Verbreitung verdichtet wieder, übernimmt in den ersten beiden Sätzen die Perzeption von Innenministern, Sicherheitsexpert:innen oder Medien, wobei durch die zeitliche wie ideologische Perspektivendimension die Bedeutung von Geschwindigkeit betont wird. Den Effekt solcher Unsicherheitserzählungen sieht der Text darin, Angst herzustellen: „Ohne Angst ist kein (Überwachungs-)Staat zu machen." (AaF, 82)

Der Wert der Fiktion als Mittel in den faktualen Texten

Angriff auf die Freiheit greift die Motive ‚gläserner Bürger' und ‚Datenschutz vs. Täterschutz' auf und führt sie zu Beginn des Textes in einer ersten fiktionalen Passage vor.

> Früh raus. Der Wecker klingelt. Es ist noch dunkel. Nicht gleich Licht machen, eine Minute auf dem Bettrand sitzen bleiben. Die Morgenluft einatmen. Das Fenster ist gekippt, die Tür zum Flur offen. In der Küche wartet die Espressomaschine. Wo sind die Hausschuhe? Sich strecken, aufstehen, das Licht anknipsen.
> Sie ziehen den Vorhang am Küchenfenster zu, damit der Nachbar von gegenüber nicht hereinschauen kann, für alle Fälle, denn eigentlich schläft der an Wochentagen so lange wie Sie am Wochenende. Sie kochen sich einen doppelten Espresso, in ihrer großen Lieblingstasse, damit Platz bleibt für die Milch. Sie führen die Tasse zum Mund, sie pusten ein wenig, dann nehmen Sie einen Schluck. Jetzt kann der Tag beginnen. [...] Wie jeden Morgen rufen Sie Ihre privaten E-Mails ab. Die sind schon überprüft worden – nicht nur von Ihrem Virenscanner. (AaF, 7)

Form und Sprache des ersten Kapitels unterscheiden sich stark von den übrigen Teilen. Es wird das dystopische Schema als Folie genutzt. Das Orwell-Schema beginnt mit dem Protagonisten in seinem Alltag, der anfangs die Repressivität des Systems, in dem er lebt, nicht erkennt. Zeh weicht auch in ihrem faktualen Text nicht von ihrer gewohnten Form der Kritik ab: Überwachung stellt sie system-dystopisch dar, und zwar erfahrbar an einer:m Protagonist:in. Von Beginn an adressiert das Pamphlet die Lesenden und bietet eine Identifikations- oder Reflexionsfigur an. Geschildert wird ein Tag im Leben eines ‚Normalbürgers' – beginnend beim Weckerklingeln. Etwa neunzig Mal werden dabei die Lesenden durch das Pronomen „Sie" oder „Ihre/Ihnen" direkt adressiert. „Ziel der Polemik [als Schreibweise, SH] ist nicht ein Sinneswandel des Gegners, sondern die Erregung von Aversion gegen ihn beim Publikum",[319] schreibt Scheichl. Diesem Ziel versucht der Text nachzukommen. In diesem Verfahren, eine fiktionale Alltagserzählung an den Beginn zu stellen, werden Perspektivwechsel genutzt, um die verschiedenen Dimensionen von Überwachung zu besprechen. Im vorangestellten Textausschnitt vollzieht sich der Bruch zwischen dem ersten und zweiten Absatz durch den Wechsel der Perzeption: Im ersten Absatz ist das wahrnehmende Subjekt die aufstehende Figur, was im Modus der Unmittelbarkeit dargestellt wird. Im zweiten Absatz nimmt die Mittelbarkeit zu, nicht mehr der Aufwachende, sondern der beobachtende Erzähler nimmt nun wahr: Die Perzeption verlagert sich allmählich ins Außen. Die folgenden Sätze sind im Dreischritt konstruiert: „Sie ziehen den Vorhang am Küchenfenster zu, damit der Nachbar von gegenüber nicht hereinschauen kann, für alle Fälle, denn eigentlich schläft der an Wochentagen so lange wie Sie am Wochenende." Zunächst findet sich eine neutrale Beobachtung: Es wird die Erhebung der Daten geschildet. Dann folgt jedoch Analyse des Grundes und letztlich die Wiedergabe innerer Gedanken des Beobachteten. Ein ähnliches dreigliedriges Muster zeigt sich später: „Sie kochen sich einen doppelten Espresso, in ihrer großen Lieblingstasse, damit Platz bleibt für die Milch." Auch hier zeigt sich ein Dreischritt aus 1) Beobachtung des Kaffeekochens, 2) die Kombination mit der Erhebung persönlicher Vorlieben (Lieblingstasse) und 3) die daraus abgeleitete Offenlegung des Handlungsmotivs. Abermals wird in einer ‚dichten Beschreibung' in die Analyse von Daten eingeführt und offengelegt, dass dies keine neutrale Erhebung ist, sondern mit Vorlieben, Motiven und Wünschen (Privatheit vor dem Nachbarn) zu einem Profil kombiniert wird.

Im Verlauf des ersten Kapitels ändern sich die Perspektivenparameter mehrmals. Während eine ideologische Perspektive zunächst noch weitgehend unauffällig bleibt, heißt es später: „Warum wandert Ihr Blick ständig nach oben? Zweimal haben Sie direkt in die Kamera geschaut [...]." (AaF, 8) Das ist die Ideologie der Verdachtskultur, die übernommen wird. Der Text funktioniert rhetorisch über Verhörstrukturen („Wozu brauchen Sie so viel Bargeld?" [ebd.]), vermeintliche Ratschläge („Verzichten Sie auf die Verwendung Ihres Navigationssystems" [AaF, 9]) oder rhetorische Fragen („Sind Sie sicher?"[320] [ebd.]) und erzeugt so allmählich ein Gefühl der Bedrängung. Dabei belegen die Anmerkungen im hinteren Buchteil – aller Fiktionssignale zum Trotz –, dass es sich auf der Ebene der histoire nicht um eine Erfindung handelt, sondern grundlegende Informationen auf der Ebene des discours ästhetisch verdichtet und gesteigert werden. Der Anmerkungsteil führt die Schleierfahn-

---

319 Sigurd Paul Scheichl: Polemik, S. 118.
320 Die Frage, sind Sie sicher, zieht sich leitend durch den ganzen Text. Dabei dürfen Lesende diese in der doppelten Bedeutung des Wortes ‚sicher' verstehen (vgl. AaF, 9; 11; 12; 46; 47).

dung, den ‚Große Lauschangriff', biometrischen Reisepässe, die Errichtung einer Anti-Terror-Datei, das Terrorismusbekämpfungserweiterungsgesetz, das Telemediengesetz, die Vorratsdatenspeicherung oder das Gesetz zur Änderung des Artikel-10-Gesetzes an (vgl. AaF, 143 ff.). An den Faktualitätspakt erinnert der Text durch einen Bruch. Die fiktionale Tageserzählung wird buchstäblich unterbrochen: „Achtung bitte, wir unterbrechen diesen Text für eine wichtige Durchsage: Dies ist keine Science-fiction. Wir wiederholen: *Keine* Science-fiction. Dies ist nicht *1984* in Ozeanien, sondern die Gegenwart in der Bundesrepublik." (AaF, 10) Der Verweis auf *1984* lässt Form und Inhalt auseinanderfallen. Während in der Form dieses Kapitels durch die Erzählung des Alltags eines Durchschnittbürgers eben jenes Schema von *1984* reinszeniert wird, widerspricht der Text in Bezug auf die Inhaltsebene. Das Erzählte soll keine Orwell-Fiktion sein. Stattdessen deutet der Text an: Ozeanien ist Realität.

Wie es das Narrativ des Überwachungsstaates verlangt, werden auch in *Angriff auf die Freiheit* Erinnerungsakte integriert. Diese Erinnerungsakte gehören zu den erzählenden Passagen des Pamphletes. Sie greifen kollektive Erzählungen auf wie die deutsche Selbstversicherung des ‚Nie wieder': „Nie wieder wollen wir Menschen zu Nummern machen. Nie wieder wollen wir [...]. Diese Lektion, meinen Sie, wurde in unserem Land gründlich gelernt." (AaF, 11) An mehreren Stellen taucht die identitätssichernde Kollektiverzählung auf, mit der der Holocaust und die NS-Verbrechen still mitgezählt werden. Die Erinnerungsakte werden genutzt, um ideologische Parallelen („Menschen zu Nummern", „Geheimpolizei, die ihren eigenen Gesetzen folgt" [ebd.]) zu kritisieren – der Text deutet an, dass es heutige Auswüchse dieser totalitären Macht gibt. Eingebettet sind sie in Leser:innenfiktionen: „Nehmen wir an, Sie, lieber Leser, sind im Osten Deutschlands geboren. [...] Doch Sie haben staatliche Repressalien selbst erlebt [...]. Vielleicht haben Sie sich auch ‚Nie wieder!' geschworen. Mit der Wende hat sich für Sie ein Traum erfüllt." (AaF, 11 f.) Das Pamphlet arbeitet an verschiedenen Stellen mit solchen Leser:innenfiktionen, eingebetteten fiktionalen Teilen, die eine ‚Geschichte' um implizite Leser:innen konstruieren. Leser:innenfiktionen erhöhen die Erfahrbarkeit und Identifikation mit der Kritik an der Überwachung.

Neben dem Aufzeigen von faktualen Unsicherheitserzählungen und der Einbettung von fiktionalen Erzählteilen (die Tageserzählung zu Beginn, die Leser:innenfiktionen) zeigt sich die Rolle der Fiktion in *Angriff auf die Freiheit* noch in einer dritten Form: Die Literat:innen nutzen Literatur. Neben Orwell verweist der Text auf Kafka, Schiller, Fallersleben und den Film *Minority Report*. Die Referenz auf fiktionale Werke hat zwei Funktionen: Erstens nutzt der Text die fiktiven Schicksale eines Joseph K. oder des Marquis von Posa, um Überwachung und ihre möglichen Folgen vorstellbar zu machen. Die kurze Nennung der literarischen Figuren ruft die Erzählungen und die Erzählenden ab (vgl. AaF, 22 f.). Die Verweise sind in das Kapitel über die Grundrechte wie das Brief-/Postgeheimnis integriert: „Die Gedanken sind frei [...]. Heute allerdings müßte die anschließende Frage ‚Wer kann sie erraten?' neu beantwortet werden: nämlich jeder, der über die technischen Möglichkeiten verfügt, die E-Mails eines anderen zu lesen [...]." (AaF, 24) Die künstlerischen Fiktionen sind Behelfsmittel, um eine Brücke zwischen Leser:innen und Textkritik zu bauen. Sie führen möglicherweise zu einem Re-Framing der Umwelt-Erfahrungen und Bewertungen.

Zehs Texte verfolgen eine Erzählstrategie, die Narrativität in Überwachungsdebatten in den Texten ausstellen. Damit markieren sie die Kipppunkte: Sie lokalisieren Stellen, an denen die Darstellungsmodi von Informieren, Berichten und Argumentieren in ein Erzählen wechseln. Erzählen dient der Artikulation von Gefahr. In den aufgezeigten Beispielen aus *Corpus Delicti*, *Der Kaktus* oder *Angriff auf die Freiheit* kommt dem Erzählen die Funktion zu, potentielle Gefahrensituationen darzustellen. In allen Texten ging das mit einer Form der Fiktion einher. Die literarischen Texte nutzen ihre Fiktion, um auf abstrakte Fiktionen in der Wirklichkeit, in der Sicherheitspolitik, zu zeigen. Auf der anderen Seite nutzt Zeh Fiktionalität auch in ihren faktualen Texten: *Angriff auf die Freiheit* integriert in einzelnen Kapiteln fiktionale Geschichten. In diesem Aspekt dient Fiktion der Veranschaulichung: Digitale (Massen-)Überwachung ist für Einzelne ein abstraktes, in seinen Konsequenzen nicht vorstellbares Thema. Literatur macht (unsichtbare) Überwachung vorstellbarer.

4.6 Beharrlich und von allen Seiten: Fazit zu Zehs ‚Engagement' gegen Überwachung

> [W]enn ein Schriftsteller den oft proklamierten Anspruch, „engagiert" sein zu wollen, ernsthaft umsetzen will, dann sollte er wissen, daß ihm der politische Alltag neben gründlichen Kenntnissen auch einen langen Atem abfordern wird.[321]

Das Œuvre Juli Zehs ist eines, das sich vorrangig der Frage der gesellschaftlichen Konsequenzen von umfassender Massenüberwachung der Bürger:innen verschrieben hat. Die in diesem Kapitel untersuchten Werke erstrecken sich von 2008/2009 bis 2017. Zehs Engagement gegen Überwachung ist beharrlich. Zugleich zielt Zeh auf Breitenwirksamkeit. In der Rückschau auf das Herausgearbeitete kann von einer Strategie der Reichweite ausgegangen werden. Das Besondere am Werkkomplex Zehs in Bezug auf die Überwachungsthematik ist, dass die Autorin die unterschiedlichsten Gattungen und Textsorten wählt: Dystopie, Dorfroman, Theaterstück, Streit-

---

[321] Günter Grass: Literatur und Politik. In: Ders.: *Essays und Reden. 1955–1979*. Hg. v. Werner Frizen. Göttingen 2007, S. 547–550, hier S. 547 f.

schrift, offener Brief und Essay. In dieser Hinsicht gleicht diese Strategie einem ‚Angriff von allen Seiten'. Das garantiert Reichweite und unterschiedliches Publikum. Gattungspluralität wird zur Aufmerksamkeitsstrategie.

Auf der Ebene der Narrative verhaftet ihr Werk, trotz der beharrlichen Beschäftigungszeit von nahezu zehn Jahren und der außerliterarischen Entwicklungen, fast durchweg am Narrativ der überwachten Bürger:innen bzw. dem der überwachten Patient:innen, das bei ihr ebenfalls staatlich geprägt ist. Die frühen Texte, die Theaterstücke, *Angriff auf die Freiheit* und *Corpus Delicti* orientieren sich ohnehin noch am Überwachungsstaat, wobei sich ein Panoptismus weniger in der erzählten histoire, sondern auf der Ebene des discours erkennen ließen. Er wurde z. B. in die Erzählerintrospektion eingeschrieben. Werden *Unterleuten* und die Essays einbezogen, lässt sich ein Übergang zu einer Überwachungsgesellschaft und mit *Leere Herzen* zu Kulturen der Überwachung erahnen. Allerdings gehen damit nicht eindringlich die Narrative um überwachte Kund:innen bzw. ‚Rohstofflieferant:innen' einher. Auch dort, wo Zeh diese andeutet – wie im Algorithmus der Brücke – bleibt die kapitalistische, technologische oder mediale Dimension von Überwachung kaum vorstellbar. Das Verhältnis der Bürger:innen zum Staat ist vordringliches Anliegen. Macht wird top-down geschildert. Die Konstante des Werkkomplexes ist also das Narrativ des Privatheitsverlustes. Überwachung fordert Einschränkungen in die Privatheit, das führt zu Freiheits-, Autonomie- und letztlich Demokratieverlusten. Zugleich verpassen die Texte es, Grauzonen oder gar neue Formen der Privatheit zu imaginieren. Was verloren gegangen ist, wird nicht ersetzt.

Im Rahmen der fiktionalen Werke Zehs treten Themen und Motive wiederholt auf. In *Corpus Delicti* ist Überwachung Teil der systemischen Biopolitik im Sinne Michel Foucaults. Gesundheit ist Normalität und Überwachung stabilisiert diese Ordnung; Normabweichende werden sofort diszipliniert – notfalls mittels Folter. Das Motiv der Rettungsfolter und die Überwachung des Körpers eint die erste Dystopie mit den Theaterstücken *Der Kaktus* und *203*. *Der Kaktus* thematisiert kriminalpolizeiliche Aspekte im Rahmen der ‚Anti-Terror-Politik'. *Yellow Line* und *203* binden die Überwachung des Körpers metaphorisch an die von Nutz- oder Masttieren und stellen die Foucault'sche Gouvernementalität aus, die sich im urbanen Raum als Leitsystem manifestieren kann. Mit *Unterleuten* thematisiert Zeh erstmals soziales Beobachten. Den Roman eint mit *Corpus Delicti* und dem *Kaktus* das Thema der Wahrheitsfindung: Überwachung soll zur Wahrheit führen. In *Corpus Delicti* werden Daten für wahr gehalten. In *Unterleuten* suchen Leser:innen die Wahrheit hinter dem Beziehungsgeflecht, wo jede:r jede:n beobachtet. *Leere Herzen* ändert erneut das Modell der Überwachung, die zur Kultur geworden ist, kehrt jedoch zum dystopischen Schema mit einigen Variationen zurück.

Viele der Texte eint das dystopische Handlungs- und/oder Erzählschema. Erzählgemeinschaften erzählen sich dystopische Geschichten, um zu verhindern, dass eintritt, was die Geschichten präsentieren. Die erzählten Welten sind verdichtete Gegenwarten, sie wollen unmittelbar in diese intervenieren, um die Zukunft zu gestalten. Das Erzählen und Rezipieren derartiger dystopischer Katastrophen-Narrationen lässt Rückschlüsse auf die Erzählkultur zu: Zehs Texte verfolgen in der Regel eine kathartische Funktion. Ihre fiktionalen Werke führen den Lesenden Schicksale und Katastrophen vor. Sie bieten Identifikations- und/oder Reflexionsfiguren an, lassen die Schicksale miterleben, sie lassen jammern und schaudern und den Fall der Held:innen beobachten. Damit haben die literarischen Werke Zehs eine klare Funktion: Sie wollen vor Augen führen, was sonst möglicherweise unsichtbar bleibt: individuelle wie gesellschaftliche Folgen einer übermäßigen Überwachung.

Mit dem dystopischen Schema offenbaren die Texte die Sorge vor der Wiederholung: Wir wollen „nie wieder!" totalitäre Strukturen, repressive Überwachung bis in die hintersten Winkel des Wohnzimmers (vgl. u.a. AaF). Das dystopische Schema erinnert an das 20. Jahrhundert und überführt Gedächtnisinhalte ins 21. Jahrhundert, indem es parallele Denkfiguren aufzeigt. Die Texte erinnern an das NS-Regime, an totalitäre Gedanken, an die RAF, an die DDR, die Wende, die Konfrontation des Kommunismus mit dem Kapitalismus oder an 9/11 und dessen Folgen. Sie betonen damit kollektive Werte und das nationale Selbstverständnis. Der Überwachungsdiskurs ist bei Zeh immer auch Erinnerungsdiskurs.

Zehs Werke beleuchten je eigene Aspekte, ergänzen sich gegenseitig und verweisen aufeinander. Wer mehrere Aspekte der Überwachung erfassen will, muss Zehs Werk in Gänze kennen. Oder anders: Keines der Werke vermag Überwachung umfassend in seiner Netzwerkartigkeit und deren Emergenz – als assemblage – zu erzählen; gemeinsam deuten sie das zumindest an.

In Zehs Texten klaffen das Erlesen und das Erlebte bei Leser:innen auseinander. Überwachung wird dystopisch erzählt, erlebt wird sie von Leser:innen aber in den allermeisten Kontexten nicht freiheitseinschränkend. Damit verbleibt die Reflexion bzw. die Katharsis der Texte momenthaft. Verlassen Leser:innen den Lektürekreis und kehren zur Alltagswelt, den Smartphones und Zoom-Konferenzen, zurück, entfernen sich die erzählten Welten und ihre Vorstellungen von Überwachung von den Erfahrungen der Alltagswelt.

Die Figur des Moritz aus *Corpus Delicti* gibt Mia im Roman einmal einen Rat: „Man muss flackern. Subjektiv, objektiv. Subjektiv, objektiv. Anpassung, Widerstand. An, aus. Der freie Mensch gleicht einer defekten Lampe." (CD, 149) Flackern müssen vermutlich auch Leser:innen der Zeh'schen Überwachungstexte. Die dystopischen Schreckerzählungen werden in westlich-liberalen Ländern nicht derart realisiert, wie Zehs Texte diese schildern, aber vielleicht in Teilen möglich werden. Wer zwischen Erleben im Alltag und den Erzählungen der Literatur „flackert", kann Entscheidungen über Zustimmung und Ablehnung, Teilnahme und Verweigerung an Überwachung treffen. Darin könnte die politische Intervention Zehs liegen.

5 Friedrich von Borries: Mediale Transgressionen der Überwachung und paradoxes Erzählen. Sicherheit, Spiel und Simulation in der Dokufiktion *1WTC*

> Fiktion ist die beste Tarnung der Realität.[1]

Friedrich von Borries' Architekturroman *1WTC* wurde 2011 veröffentlicht – zehn Jahre nach den Anschlägen vom 11. September 2001. Der Zeitroman erzählt nicht von den Anschlägen selbst, sondern von der Stadt New York nach 9/11: von entgrenzter Überwachung, die die Grenzen zwischen Überwachung und Paranoia verwischt, vom Wettstreit um das architektonische Großprojekt zum neuen World Trade Center, von Verschwörungstheorien, von Terrorabwehr und Krieg im Inneren und von einem New York, das sich stetig zum Kapitalismus mahnt. Nicht weniger erzählt das Werk aber von einem Spiel oder Entertainment der Selbstüberwachung. Und der Text stellt die Frage, wie man aus dieser Welt aussteigen kann: Haben wir Handlungsmöglichkeiten? Gibt es das Reale noch oder sind alle Zeichen referenzlos geworden? Eine der ersten Literaturkritiken des Romans zieht folgendes Fazit: „Das getroffene Herz der USA, so erzählt uns dieser Bericht, wird derzeit zum Herz der Finsternis umgebaut."[2]

Friedrich von Borries ist Architekt und Professor für Designtheorie an der Hochschule für bildende Künste in Hamburg, auch Kurator zahlreicher Ausstellungen und Kunstprojekte. Vor Übernahme seiner Professur war er an der Stiftung Bauhaus Dessau beschäftigt und forschte als Gastwissenschaftler u. a. an der ETH Zürich und am MIT Cambridge. *1WTC* ist sein Debütroman. Im Umfeld seiner Romane *1WTC*, der Fortsetzung *RLF* (2013) und *Fest der Folgenlosigkeit* (2021) begegnen Leser:innen jedoch nicht nur dem Autor von Borries, sondern auch der literarischen Figur Borries, die sich mithilfe unterschiedlicher Medien inszeniert und die nicht müde wird zu betonen, dass *1WTC* kein Roman, sondern ein Bericht sei. Alles sei wahr, lediglich etwas anonymisiert zum Schutz seines untergetauchten Künstlerfreundes Mikael Mikael.[3] Dieser Mikael, der Protagonist der Romane, ist aktiv, nicht nur im Text, sondern auch im Internet und im ‚realen Leben': Er kuratiert Ausstellungen, schreibt

---

[1] Friedrich von Borries: *1WTC*. Roman. Frankfurt/M. 2011, S. 7. Nachfolgend mit der Sigle: WTC.
[2] Kathrin Schumacher: Baustelle des Bösen. In: *Deutschlandfunk Kultur*, 08.09.2011. URL: http://www.deutschlandfunkkultur.de/baustelle-des-boesen.950.de.html?dram:article_id=140440 [19.09.2022].
[3] Vgl. Marcus Klöckner: Was ist heute noch Wirklichkeit, wenn Geheimdienste versuchen, das Paradies zu simulieren? In: *Telepolis*, 22.08.2011. URL: http://www.heise.de/-3390958 [19.09.2022].

Bücher, macht Kunstprojekte[4] und unterhält mit von Borries zusammen eine Firma, die erwerbbare Produkte vermarktet: Kapitalismus gegen Kapitalismus.[5] Spätestens wenn diesen Spuren gefolgt wird und man sich verloren fühlt, nicht zu entscheiden vermag, ob Mikael lebt oder ein Alter Ego ist, ist man mittendrin im zentralen Thema beider Romane: „Fiktion ist die beste Tarnung der Realität" (WTC, 7). *1WTC* ist ein Roman, der Überwachung zwischen Realität und Fiktion paradox erzählt. Dieser Roman inszeniert sich selbst in besonderer Weise als ‚Grenzgänger'; als fiktionaler Text mit faktualen Inhalten und faktualen Darstellungsweisen,[6] der selbst dafür sorgen mag, dass seine Zuordnung zwischen fiktionalem und faktualem Text uneindeutig oder mehrdeutig bliebe. In seiner Ästhetik liegt sein politischer Gehalt.[7] Die Ästhetik des Textes fragt auch: Gibt es noch Grenzen zwischen Realem und Fiktivem? Oder sind diese letztlich längst aufgegeben und spielen keine Rolle mehr? Dann ist es völlig egal, „ob Mikael Mikael Künstler oder Kunstfigur ist".[8]

1WTC erzählt von Mikael, der ein Stipendium erhält, das es ihm ermöglicht, in New York die Überwachung nach 9/11 zu dokumentieren und zum Gegenstand eines gesellschafts- und kapitalismuskritischen Films zu machen. Diesen Film dreht er nicht selbst, sondern mithilfe der Überwachungsbilder, die täglich an den Hotspots New Yorks aufgezeichnet werden. *Überwachungsbilder* produzieren *Bilder der Überwachung*, so die Idee.[9] In New York trifft er die Computerspieleprogrammiererin Syana, die für ihn die öffentlichen Kameras hackt. Syana selbst hat ein Geheimnis. Sie arbeitete für das US-Militär, programmiert Kriegsspiele und entwirft gerade ein Game, das zwar online gespielt, aber offline ausgelebt wird. Als Zielperson dieses Spiels setzt sie Mikael ein. Von nun an geht es darum, ihn zu überwachen und sein Verhalten zu verändern, bis er Widerstand leistet und selbst zum Gamer wird. Davon weiß er allerdings (zunächst) nichts. Auf einer Ausstellung begegnet Mikael der Kunsthistorikerin Jennifer, sie beide teilen ihre Kritik am Überwachungssystem. Sie wird die Protagonistin seines Films, in dem sie an allen möglichen Orten New Yorks vor den Überwachungskameras po-

---

[4] Vgl. Webseite des Künstlers. URL: https://mikaelmikael.com/de [19.09.2022].
[5] Vgl. Unternehmen RLF. URL: www.rlf-propaganda.com [15.05.2018]. Zum Unternehmen und den Produkten vgl. URL: https://www.friedrichvonborries.de/de/projekte/rlf-produkte [07.10.2018]; vgl. Grit Thönnissen: Konsumkritik. Produkte für einen besseren Kapitalismus. In: *Tagesspiegel*, 11.10.2013. URL: https://www.tagesspiegel.de/weltspiegel/mode/konsumkritik-produkte-fuer-einen-besseren-kapitalismus/8914304.html [07.10.2018].
[6] Vgl. Matías Martínez: Grenzgänger und Grauzonen, S. 5–8.
[7] Vgl. Torsten Erdbrügger: Die Kunst, nicht dermaßen überwacht zu werden. Zum Verhältnis von Überwachungsstaat, Kunst und Kritik in Friedrich von Borries' 1WTC. In: Werner Jung/Liane Schüller: *Orwells Enkel. Überwachungsnarrative*. Bielefeld 2019, S. 143–163, hier S. 144.
[8] Kathrin Schumacher: Baustelle des Bösen.
[9] Dietmar Kammerer: *Bilder der Überwachung*, S. 9.

siert und ruft: „Show you're not afraid, go shopping!" Mit eben jenem Satz hatte der damalige Bürgermeister Rudolph Giuliani nach den Anschlägen von 9/11 die New Yorker beruhigen und zur Normalität aufrufen wollen. Die vierte Figur ist Tom, der Exfreund von Jennifer, er ist als Architekt im neuen World Trade Center mit der Sicherheitstechnik im Keller betraut. In die persönliche Hölle geht es für ihn, als er beauftragt wird, im Keller des 1WTC eine Folterkammer zu errichten, die das Paradies simuliert, das sich Selbstmordattentäter vermeintlich vorstellen – inklusive Jungfrauen und orientalischer Mystik. So sollen die Terroristen ihre geplanten Taten gestehen, indem sie, im Glauben sie seien bereits tot, wie Helden von ihren Taten erzählen. Der Roman endet mit der Katastrophe, Syanas Spiel und Mikaels Film fordern Opfer und der Künstler muss untertauchen. Genau das sei der Grund, warum er seine Geschichte nicht selbst erzähle, sondern vom befreundeten Designprofessor berichten lässt.

1WTC ist bislang von der Literaturwissenschaft kaum diskutiert worden. Von einem Kapitel in Björn Hayers Dissertation sowie zwei Aufsätzen im Band *Orwells Enkel* abgesehen, blieb die Auseinandersetzung mit diesem Roman bislang aus.[10] Auch deswegen bilden neben den Rezensionen insbesondere auch Friedrich von Borries' nicht-literarische Schriften Anknüpfungspunkte für ein tiefergehendes Verständnis des Romans. Das gilt für seine politische Designtheorie *Weltentwerfen* (2016),[11] in der er die These vertritt, dass Design, damit maßgeblich auch Architektur, immer politisch ist und entweder entwerfend oder unterwerfend sein kann. Er unterteilt Design in vier Kategorien: Überlebensdesign, Sicherheitsdesign, Gesellschaftsdesign und Selbstdesign. Während der Mensch im Überlebensdesign gestalte, um zu überleben, werde durch Sicherheitsdesign „versucht, Sicherheit proaktiv herzustellen, also [...] im Vorhinein das Eintreten von Gefahr zu verhindern. Damit schränkt es Handlungsmöglichkeiten ein. Im Spannungsfeld zwischen der Ermöglichung und der Einschränkung von Freiheit ist Sicherheitsdesign politisch".[12] Gesellschaftsdesign schaffe Identität, ordne die Gesellschaft und verfestige oftmals Machtstrukturen.[13] „Im Selbstdesign wird der Mensch selbst zum Ergebnis von Design und gleichzeitig

---

10 Björn Hayer: *Mediale Existenzen – Existenzielle Medien? Die digitalen Medien in der Gegenwartsliteratur.* Würzburg 2016, hier S. 285–324; Wim Peeters: Literatur als Teil von Big Data. Friedrich von Borries' Romane 1WTC und RLF. In: Werner Jung/Liane Schüller: *Orwells Enkel. Überwachungsnarrative.* Bielefeld 2019, S. 165–181; Torsten Erdbrügger: Die Kunst, nicht dermaßen überwacht zu werden, S. 143–163.
11 Vgl. Friedrich von Borries: *Weltenentwerfen. Eine politische Designtheorie.* 2. Aufl. Berlin 2016.
12 Friedrich von Borries: *Weltenentwerfen,* S. 57.
13 Vgl. Friedrich von Borries: *Weltenentwerfen,* S. 77.

zu seinem eigenen Designer",[14] seine Gegenstände seien Geist und Körper gleichermaßen. Von Borries vertritt die These, dass der Endpunkt des Selbstdesigns, die Selbstauflösung, ihren Höhepunkt im Freitod erreiche.[15] Die zweite relevant werdende Schrift ist das Gespräch *Metastasen des Krieges*, das er mit Hans-Joachim Lenger führt. Darin diskutieren die beiden, an Jean Baudrillard angelehnt, zehn Thesen zum Diskurs über den gegenwärtigen Krieg. Unter anderem solche wie „Krieg findet nicht statt" oder „Krieg ist ubiquitär" mit dem Verweis auf Computer- und Handyspiele, die Kriegstaktiken einüben lassen. Damit „ist [jeder] im Krieg".[16] Denn der gegenwärtige Krieg verwandele die Realität von Krieg durch Hollywood-Blockbuster und Computerspiele in Entertainment. Dadurch werden aus dem Feind:innen Mitspieler:innen. Von Borries stellt in diesen Schriften gesellschaftspolitische Thesen auf, die er in der literarischen Fiktion – im Möglichkeitsraum der Literatur – durchspielt. Auch Mikael Mikael, der Künstler und Protagonist des Romans, publizierte 2011 *whiteout* und 2015 *blackout*: zwei Schriften, die sich mit Schwarz- und Weiß-Symboliken, mit Zensur, Auslöschung und Grenzverschwinden, Identitätspluralität und seiner eigenen Farbsymbolik und Kleiderwahl – seine Kunst ist schwarz-weiß – auseinandersetzen.

Hierin deutet sich bereits das Verwirrspiel des Romans an: Dreh- und Angelpunkt ist das Verhältnis von Wirklichkeit und Fiktion. Die Dokufiktion *1WTC* inszeniert Überwachung auf drei Ebenen: Neben der Rahmenhandlung weist der Text die diegetische Ebene der Mikael-Erzählung auf, die zweifach durchbrochen wird. Zum einen durchwebt den Text eine Metadiegese, die in Form eines Filmskripts oder von Kamerabildern gestaltet ist. Zum anderen werden in die Mikael-Geschichte eine Art enzyklopädische Artikel montiert. Diese Artikel geben Aufschluss über realhistorische Ereignisse, Hintergründe oder Kunstprojekte und versuchen so Realität und Fiktion zu verschmelzen. Auf allen drei Ebenen werden Überwachungsphänomene ausgestellt. Wie gestaltet der Text diesen Dialog der Stimmen aus? Die Frage der Überwachung geht im Text mit der Inszenierung von (aufgegebener) Privatheit einher, die der Roman in das Feld des Designs stellt: Zwischen ‚Sicherheitsdesign' und ‚Selbstdesign' bewegt sich das Aushandeln von Freiheit und Privatheit auf der einen Seite und Überwachung und Entmächtigung auf der anderen Seite. Meine Lektüre legt das Augenmerk auf mögliche Grenzverschiebungen und -auflösungen von Privatheit und Öffentlichkeit sowie Realität und Fiktion, auf die Rolle der Architektur als Sicherheitsdesign sowie auf Technologien des Selbst innerhalb privater und öffentlicher Räume. Um Grenzauflösungen geht

---

14 Friedrich von Borries: *Weltenentwerfen*, S. 93 f.
15 Vgl. Friedrich von Borries: *Weltenentwerfen*, S. 108.
16 Friedrich von Borries/Hans-Joachim Lenger: *Metastasen des Krieges*. Leipzig 2017, S. 64.

es auch in einem erzähltechnischen Sinne. Auf Basis von Baudrillards Simulationstheorie entwirft der Roman ein Erzählkonzept, das Fiktion und Realität als unzureichende Kategorien entblößt. Nichts ist für Leser:innen mehr gewiss. Es gilt, den Status des Textes zu befragen: Inwiefern spielt der Text mit Fiktion und Realität auf diegetischer, produktionsästhetischer, narratologischer und referenzieller Ebene, bis die Grenze völlig verschwimmt?

Der Roman „ist formal radikale Konzeptkunst, streng komponiert, auf dem Reißbrett entwickelt".[17] Allem voran stellt der Autor eine editorische Notiz, die unterzeichnet ist mit: „Berlin, Juni 2011 Friedrich von Borries" (WTC, 7). Es ist der alte Topos einer paratextuellen Wahrheitsbekundung,[18] die sich dennoch innerhalb eines Textes mit der Genrebezeichnung ‚Roman' findet. Prolog und Epilog bilden zusammen die Rahmenerzählung. Streng genommen umschließen die fünf Kapitel der Mikael-Erzählung zwei Klammern. Denn die Rahmung besteht zum einen aus dem Prolog und dem Epilog, die sich ihrerseits nochmals in zwei Teile gliedern. Begonnen wird mit einem Erzählsegment, das wie ein Kameraskript anmutet (Erzählstimme I), gefolgt von einem Erzählsegment mit figuralem Erzähler, das die Begegnung des Erzählers mit Mikael schildert. Im Epilog schließen sich beide Klammern, indem der Epilog mit dem Erzählsegment in figuraler Stimme beginnt und mit einem Video/Kameraskript endet. Die so eingerahmte Mikael-Erzählung, bestehend aus fünf Kapiteln, ist gemäß Gustav Freytags Dramenschema ausgestaltet: Exposition (Kap. 1), steigende Handlung, Höhepunkt, fallende Handlung und Katastrophe (Kap. 5). Jedem Kapitel steht ein Zitat voran, jedes kreist um die Anschläge auf die Twin Towers. Die Zitate lesen sich paratextuell als Motti des jeweiligen Kapitels.[19] Aber sie bilden auch für sich genommen eine Wirklichkeitserzählung:

> World trade means world peace. The World Trade Center should become a representation of man's ability to find greatness. *Minoru Yamasaki* (1964) (WTC, 15)
> Show you're not afraid. Go shopping. *Rudolf Giuliani, Bürgermeister von New York, 12. September 2001* (WTC, 59)
> Das größtmögliche Kunstwerk, das es je gegeben hat. *Karlheinz Stockhausen, 16. September 2001* (WTC, 92)
> Darf man nur bauen, was dank seines herausragenden Charakters auch wert wäre, zerstört zu werden? *Jean Baudrillard, 20. September 2002* (WTC, 145)

---

[17] Swantje Karich: Wo Roman draufsteht, ist nicht immer einer drin. In: *FAZ*, 09.09.2011. URL: http://www.faz.net/aktuell/feuilleton/buecher/rezensionen/belletristik/friedrich-von-borries-1wtc-wo-roman-draufsteht-ist-nicht-immer-einer-drin-11134002.html?printPagedArticle=true#pageIndex_0 [19.09.2022].

[18] Vgl. Gérard Genette: *Paratexte, Das Buch vom Beiwerk des Buches*. Mit einem Vorwort von Harald Weinrich. Übers. v. Dieter Hornig. Frankfurt/M. 2001, S. 200 f.

[19] Vgl. Gérard Genette: *Paratexte*, S. 146.

> Wir haben die Wahl. Entweder wir ändern die Art, wie wir leben, was nicht akzeptabel ist, oder wir ändern die Art, wie sie leben. Und wir haben uns für Letzteres entschieden. *Donald H. Rumsfeld, Verteidigungsminister der USA, 18. September 2001* (WTC, 182)

So wird durch fünf transponierte Zitate die faktuale Erzählung rekonstruiert und für Leser:innen parallel präsent gehalten. Fiktion und Realität treten in Dialog. Die Motti erfüllen a) die Funktion einer Kommentierung des jeweiligen Kapitels[20] und b) die Funktion einer Referenz auf zeithistorische Ereignisse und Sachverhalte und damit auf ein ‚Storytelling' der Wirklichkeit. In den fünf Kapiteln findet sich neben den Erzählstimmen I (dem Filmskript) und II (Erzähler der Mikael-Diegese) eine dritte Erzählstimme. Diese stellt Realitätseinbrüche anderer Art dar: enzyklopädische Einschübe zu Persönlichkeiten, Orten, Architektur- oder Kunstprojekten. Diese Informationen sind wahr: Sie bilden den Hintergrund, vor dem die Diegese zu verstehen ist. Die konkrete Fiktion stellt hier nicht nur Sachverhalte klar, sondern auch Wirklichkeitserzählungen aus.

Nun wird deutlich, dass die drei Erzählstimmen ein offensives Gespräch führen: Oft wechseln auf derselben oder innerhalb weniger Seiten mehrmals die Stimmen. Das ist die besondere Montagetechnik des Textes, die von Borries' Schreibweise als dokufiktionales Erzählen ausweist.

Die Dokufiktion ist als Genre und Schreibweise, wie es der Name vermuten lässt, zwischen Fiktion und Dokumentation anzusiedeln, wobei, wie Dirk Werle betont, die Begriffe kein Gegensatzpaar darstellen: Ein fiktionaler Text kann als Dokument gelesen werden und andersrum, (Abbildungen von) Dokumente können in fiktionalen wie faktualen Texten integriert sein, abstrakte wie konkrete Fiktionen können in dokumentarischen Texten Bedeutung bekommen, Dokumente können Quellen für fiktionale und faktuale Texte sein.[21] „Während sich der Wortbestandteil ‚Fiktionalität' auf den Modus der erzählenden Rede bezieht, bezeichnet ‚Dokumentarizität' eine Funktionsbestimmung",[22] so Agnes Bidmon und Christine Lubkoll. Die beiden Forscherinnen führen aus, wie wenig konturiert der Begriff der Dokufiktion bislang geblieben ist. Vorwiegend aus der Medienwissenschaft wurde er von der

---

20 Vgl. Gérard Genette: *Paratexte*, S. 153.
21 Vgl. Dirk Werle: Fiktion und Dokument. Überlegungen zu einer gar nicht so prekären Relation mit vier Beispielen aus der Gegenwartsliteratur. In: *Non Fiktion. Arsenal der anderen Gattungen: DokuFiktion* (2/2006), 112–122, hier 113. Vgl. auch: Dirk Werle: Dokumente in fiktionalen Texten als Provokation der Fiktionstheorie. In: *Non Fiktion. Arsenal der anderen Gattungen: DokuFiktion* (1/2017), S. 85–108, hier u. a. S. 867; 93 f.
22 Agnes Bidmon/Christine Lubkoll: Dokufiktionalität in Literatur und Medien. Einleitung. In: Dies. (Hg.): *Dokufiktionalität in Literatur und Medien: Erzählen an den Schnittstellen von Fakt und Fiktion*, Berlin/Boston 2021, S. 9. Agnes Bidmon möchte ich an dieser Stelle für einen produktiven Austausch zur Dokufiktion und die Bereitstellung von Literatur danken.

Literaturwissenschaft adaptiert und bezeichnet seither eine Reihe von unterschiedlichen Formen und Phänomenen im Grenzbereich zwischen Fiktion und Faktizität bzw. zwischen künstlerischer und dokumentarischer Literatur. Ohne klare Definition wird der Begriff „derzeit sowohl als Hyponym wie auch als Hyperonym verwendet".[23] Auch Markus Wiegandt betont das Dazwischenstehen: Es handele sich um „Hybridformen", die „zwischen rein fiktionaler Literatur und Dokumentarliteratur"[24] nicht eindeutig zugeordnet werden können. Auf diese nicht eindeutige Zuordenbarkeit kommt es mir an. Gegenwärtige Dokufiktionen spielen oft mit Massenmedien und ihren Effekten, lösen den Unterschied zwischen hoher und niedriger Kunst auf und lassen oftmals die Leser:innen in Ungewissheit über den Geltungsstatus.[25]

Bidmon und Lubkoll führen die Herausforderungen im Umgang mit dem Begriff vor Augen und verdeutlichen, dass es in der Bestimmung nur Anhaltspunkte, wie beispielsweise die „Erkennbarkeit des dokumentarischen Materials",[26] gibt. Sie gelangen deshalb zu einer weiten Minimaldefinition, die für das Verständnis dieses Genres und damit für Lektüre von 1WTC heuristisch wertvoll ist:

---

[23] Agnes Bidmon/Christine Lubkoll: *Dokufiktionalität in Literatur und Medien*, S. 5.
[24] Markus Wiegandt: *Chronisten der Zwischenwelt. Dokufiktion als Genre. Operationalisierung eines medienwissenschaft-lichen Begriffs für die Literaturwissenschaft*. Heidelberg 2016, S. 40.
[25] Vgl. Markus Wiegandt: *Chronisten der Zwischenwelt*, S. 40 ff. Während Döblins *Berlin Alexanderplatz* trotz aller Montage immer Roman bleibt, der Status eines fiktionalen Werks nicht ins Wanken gerät, ist dies bei Dokufiktionen, wie von Borries' eine konstruiert, anders. Das Subgenre ‚Mock-Documentary' (Mockumentary) ist eine subversive, vorgetäuschte Dokumentation; sie bedient sich an den Gestaltungsmitteln des Dokumentarfilms (oder der Dokumentarliteratur) und simuliert diese. (Vgl. ebd., S. 46 f.) Sie parodiert die Gegenwartskultur, sodass durch „dominante dokumentarisierende Lektüreanweisungen" der Status der Erzählung unsicher bleiben soll (Christian Hißnauer: MöglichkeitsSPIELräume. Fiktion als dokumentarische Methode. In: *MEDIENwissenschaft* 1 (2010), S. 22). Dass von Borries sich in diesem Genre zuhause fühlt, beweist der Film *RLF* (2014), den Alexander Dluzak für ZDF/ARTE drehte (vgl. Projektbüro Friedrich von Borries: RLF (Film). URL: https://www.friedrichvonborries.de/de/projekte/rlf-film [13.07.2018]). Der Film wird als Mockumentary und Teil eines größeren Projekts angekündigt (vgl. Tobias Becker: Zwergenaufstand gegen den Kapitalismus. In: *Spiegel Online*, 10.02.2014. URL: http://www.spiegel.de/kultur/tv/arte-film-rlf-kunstprotest-aus-berlin-a-952070.html [19.09.2022].) Zu diesem Projekt gehören auch der zweite Roman *RLF* (2013), die Firma RLF, mit der er Konsumprodukte vertrieb, vom RLF-Ikea-Stuhl, über RLF-Teeservice oder Overalls. Es seien Produkte von Mikael. Bei allen Produkten müssen Käufer:innen sich entscheiden: Kunst oder Konsum. Sie sind mit einer dünnen Schicht Blattgold überzogen, die abblättert, wenn das Produkt benutzt wird (vgl. Projektbüro Friedrich von Borries: Projekte. URL: https://www.friedrichvonborries.de/de/projekte/rlf-produkte [13.07.2018]).
[26] Agnes Bidmon/Christine Lubkoll: *Dokufiktionalität in Literatur und Medien*, S. 7.

In Anbetracht dieser komplexen Gemengelage ist lediglich eine Minimaldefinition möglich, die besagt, dass sich dokufiktional verfahrende Medienformate auf der Ebene der *histoire* mit durch verschiedene Quelle verbürgten und damit als real geltenden zeitgeschichtlichen oder zeitgenössischen Ereignissen, Konstellationen oder Personen auseinandersetzen und hierfür auf der Ebene des *discours* Darstellungsweisen, die sowohl traditionellen Praktiken des Dokumentierens als auch des Fingierens entsprechen, mithilfe intramedialer, intermedialer oder transmedialer Verfahren verknüpfen. Das Spektrum der Wirkungsabsichten reicht dabei vom Versuch einer tatsächlichen Annäherung an eine zeitlich oder räumlich entfernte und dadurch ‚anerkannt unerreichbare Wirklichkeit' – und damit einem komplexitätsreduzierend-informierenden Impetus – über den Versuch des medialen Auslotens der Grenzen der ontologischen Kategorien ‚Realität' und ‚Fiktivität' – und damit einem komplexitätssteigernd-reflektierenden Impetus – bis hin zum bewussten Verwischen bzw. Auflösen jeglicher Grenzziehungen – und damit einem spielerisch-simulatorischen oder kritischen Impetus.[27]

Die Genrewahl zeugt bereits davon, dass *1WTC* dem zweiten Typ von Überwachungsromanen zuzuordnen ist, jenen, die auf die Verunsicherung von Leser:innen-Realitäten zielen.

5.1 Inszenierung von Videoüberwachung und filmische Überwachungskritik

2973 Opfer forderten die Anschläge vom 11. September 2001. Was folgte, ist die Geschichte „von einer Rückkehr politischer Angst ins öffentliche Leben, [die] erinnert an die dunkelsten Kapitel des Kalten Krieges",[28] so der Historiker Bernd Greiner. Es sind zwei Dinge, die an diesem Ereignis verstören: Erstens, die mediale Berichterstattung: „Solange keine neuen Eilmeldungen vorlagen, wurde der Feuerball beim Einschlag von ‚United 175' in den Südturm gezeigt, immer und immer wieder, in einer Endlosschleife. Viele [...] hielten die Bilder im ersten Moment für den Trailer eines neuen Katastrophenfilms.".[29] Zweitens: Die sofort einsetzenden und in den folgenden Monaten und Jahren immer intensiver ausgeweiteten Überwachungspraktiken, damit einhergehend die exzessive Ausweitung der Kameras an öffentlichen Plätzen bis hin zu rechtsverletzender Folter in Verhören von Terrorverdächtigen. Beide Tendenzen nimmt der Roman unmittelbar auf und stellt die geradezu groteske Verkehrung vermeintlich westlicher Ideale aus:

> Luftaufnahme. Helikoptergeräusch. Im Vordergrund die Freiheitsstatue, im Hintergrund die Südspitze von Manhattan. Der Hubschrauber fliegt Richtung Brooklyn Bridge, dreht dann

---

[27] Agnes Bidmon/Christine Lubkoll: *Dokufiktionalität in Literatur und Medien*, S. 10.
[28] Bernd Greiner: *9/11*, S. 9.
[29] Bernd Greiner: *9/11*, S. 26.

nach Norden zum Financial District ab und nähert sich Ground Zero. Die Kamera zoomt von oben auf die Baustelle des 1WTC [...]. Das Rotorengeräusch wird leiser, das Bild löst sich in Weiß auf. Blende. (WTC, 9)

In diesen ersten Sätzen offenbart sich der ganze Plot und erschließt sich doch erst am Romanende.[30] Hier wird die Katastrophe bereits vorweggenommen. Das New York nach 9/11 ist ein in der maximalen Aufsicht beobachtetes: Alle Augen sind auf das neue World Trade Center gerichtet – das Herz – das Symbol dafür, dass die USA keine Angst hat, sich nicht bezwingen lässt: „hier [wird] der Anspruch Amerikas auf Hegemonie mit den Mitteln der Architektur verteidigt" (WTC, 64), heißt es im Roman.[31]

Mikael wählt diese Stadt für seinen Film, weil „New York [...] derzeit der Überwachungs-Hotspot [ist], noch mehr als London. Seit 9/11 wurden allein im Financial District rund um die Wall Street über viertausend neue Kameras installiert", sagt er in seiner Stipendienbewerbung (WTC, 20). Dreitausend weitere Kameras werden von einem „Zusammenschluss von Geschäftsleuten und Unternehmen" installiert (WTC, 44). Es wird deutlich, wo die Sicherheitsräume entstehen: Bewacht wird zuerst die Ökonomie: Börse und Finanzunternehmen. Angedeutet ist so, worauf die Kritik seines Films abzielen wird: den Kapitalismus, der alles überdeckt – von der Freiheitsstatue bis Guantanamo Bay. New Yorks öffentlicher Raum gleicht längst einem Netzwerk, das flächendeckende Überwachung bei Echtzeit-Berichterstattung ermöglicht.

> An die Stelle der Freiheit ermöglichenden Anonymität der Stadt tritt die ökonomische Verwertbarkeit „sozialer" Netzwerke, die dank medialer Technologien Raum und Zeit durchdringen. Stadt zeichnet sich nicht mehr durch öffentliche Freiräume aus, sondern durch die Dichte an Knotenpunkten von Netzwerken[.][32]

Diese Knotenpunkte des Netzwerkes wählt Mikael aus, um dort die Filmszenen zu drehen. Im Atelier notiert er:

---

30 „Was hierin geschieht, ist die Vorwegnahme einer medialen Verkleidung der Handlung. Von Anfang an steht das Projekt Ground Zero in von Borries' Werk somit im Zeichen einer visuellen bzw. virtuellen Inbesitznahme. [...] Als zentraler Fixpunkt der Verzerrung tritt hierin das Verschwinden als proleptische Chiffre des Todes in den Vordergrund [...]." (Björn Hayer: *Mediale Existenzen – existenzielle Medien*, S. 301 f.)
31 Erdbrügger zeigt wie in der Eingangsszene Freiheit und Zwang konterkariert wird, „indem von der Allegorie der Freiheit zum Symbol des Terrorismus gewechselt wird. Die Blickführung führt [...] über den Financial District [...]. Die Freiheit wird dadurch imaginiert als eine Freiheit des internationalen Kapitals, das sich am Ground Zero terroristisch herausgefordert sieht." (Torsten Erdbrügger: Die Kunst, nicht dermaßen überwacht zu werden, S. 150)
32 Friedrich von Borries: Die freiwilligen Gefangenen auf dem Weg zur Selbstoptimierung. In: Yana Milev (Hg.): *Design Kulturen. Der erweiterte Designbegriff im Entwurfsfeld der Kulturwissenschaft*. München 2013, S. 271–277, hier S. 177.

> Ground Zero. Terrorzentrum (unterstrichen). Wall Street. Global Financial Headquater. United Nations. Zentrum der Weltpolitik (unterstrichen). New York Yankees Stadium. Sport. Museum of Modern Art. Geschmackszentrum. Police Square. Sicherheit. National Counterterrorism Center (doppelt unterstrichen). Times Square. Entertainment. Disney Corporation. Geld. Nasdaq. Information. Condé Nast. American Hegemony (unterstrichen). Metropolitan Opera. Money. Culture. Europa (durchgestrichen). Goldman Sachs Headquarters. 200 West Street. JFK. Drehscheibe. Imigration. (doppelt unterstrichen). Freiheitsstatue [...]. (WTC, 43 f.)

Die Reihung der Orte ist sprechend: beginnend beim Terrorzentrum und endend mit dem Symbol der Freiheit. Das sind die zwei Pole, zwischen denen sich die Überwachungsdebatte bewegt. Zwischen beiden Polen hierarchisiert Mikael alle Bereiche gesellschaftlicher Macht, wobei er die Metropolitan Opera, die Kunst, durchstreicht. Die Orte repräsentieren Ökonomie, Politik, Sport, Sicherheit und Entertainment, also diejenigen gesellschaftlichen Machtzentren, deren Symbole streng bewacht werden – schließlich bringen sie Diskurse hervor und stabilisieren die USA wirtschaftlich, politisch und symbolisch als Weltmacht. Doch „Orte mit besonders hoher Kameradichte" (WTC, 30 f.) schaffen, wie eingangs in den Ausführungen zum Narrativ der überwachten Bürger:innen illustriert, neue Räume – Räume der (Verun-)Sicherung, der Angst und des Verdachts. In neuen Räumen gelten neue Regeln, was auch Mikael lernen muss: Bei seinem ersten Spaziergang durch New York will er Fotos der Baustelle am Ground Zero machen. Doch „für die Baustelle gelten erhöhte Sicherheitsbestimmungen" (WTC, 37). Während Syana die neue Kamera bewundert, „[s]ie macht farbige Aufnahmen, gestochen scharf" (WTC, 36), zwingt ein Wachmann Mikael, seine Fotos zu löschen. Die Sicherheitseinrichtungen des Memorial Preview Centers dürfen nicht dokumentiert werden. Sicherheit, Verdacht und Misstrauen rücken eng zusammen. In diesem Sinne verändern Kameras den Raum, wie Nils Zurawski feststellt:

> Sie reduzieren das Weltbild in der Bedeutung des Raumes, sie reduzieren die Freiheiten, die einer Person bleiben – sich den Raum anzuzeigen, sich zu bewegen, den Raum mit neuen Bedeutungen zu versehen –, sie reduzieren das Weltbild, in dem sie die Interpretation im politischen Diskurs vorgeben – hier wird überwacht, also ist es hier unsicher – und sie reduzieren das Weltbild auch für die Überwacher hinter der Kamera, denn jede Kamera hat eine räumliche, zeitliche Perspektive, tote Winkel, sie fasst einen Ausschnitt der Welt.[33]

Jener Spaziergang durch New York verdeutlicht das symbolische Zentrum der Stadt. Mikael und Syana gelangen als erstes zur Brooklyn Bridge, zur symbolträchtigen Brücke nach Manhattan. Sowohl in der ersten Kameraszene als auch bei diesem Spaziergang führen alle Fluchtpunkte ins getroffene Herz – zum Ground

---

[33] Nils Zurawski: *Raum – Weltbild – Kontrolle*, S. 138 f.

Zero.[34] In New York kehrt sich die panoptische Überwachung geradezu um: Es gibt zwar wieder Zentrum und Peripherie, doch nicht das Auge sitzt im Zentrum, sondern „[t]ausende von Augen, die überall postiert sind"[35] starren auf die Stelle, an der einst die Türme standen. Alle bewachen den phantomschmerzhaften Turm.

Befremdlich an *1WTC* ist auch, dass weder Syana noch Jennifer tatsächliche traumatische 9/11-Erfahrungen aufweisen, allenfalls Tom durch seine Irak-Einsätze. Das bricht mit den übrigen Narrationen über den 11. September wie denen von Kathrin Röggla,[36] Katharina Hacker[37] u. a., in denen gerade Traumaerfahrungen zentral ins Interesse des Erzählten gerückt werden. Am Terrorzentrum angelangt, kann Syana nüchtern statt über Opfer und Schmerz über Architektur und Macht sprechen: „[U]m Architektur geht es hier nicht. Das Ganze hat eher was von Monopoly. Es geht um Immobilien und um viel Geld. [...] Weißt du, dass Silverstein sich mit den Versicherungen gestritten hat? Die wollten nämlich nur für einen Terroranschlag zahlen." (WTC, 35) Von Borries' Narration zielt auf das, was hinter der Oberfläche passierte. So weist er auf Vorder- und Hinterbühne der (amerikanischen) Medien und sich gegenseitig ausschließende Narrative hin. Ein empathischer Bericht über Opfer und Trauma kann nicht gleichzeitig die Machenschaften im Hintergrund entblößen ohne Gefahr zu laufen, den Schmerz aus Sicht von Opfern und Angehörigen zu marginalisieren. Beides scheint sich auszuheben. Im Opfer- und Trauma-Narrativ liegt das Böse im fremden Außen; im Kritiker-Narrativ liegt das Böse im Inneren der USA, in Menschen wie Larry Silverstein, der selbst das Grauen noch um 9 Millionen Dollar ausschlachten will (vgl. WTC, 35). Wenn Böses in solch traumatischen Erfahrungen nun aber innen und außen vermutet werden muss, wie lassen sich dann noch stabile (nationale) Identitäten aufbauen? Die Amerikaner:innen haben sich entschlossen, das Böse im Außen zu verorten,[38] führen seither den ‚war on terror', auch, wenn der Terror – wie im Roman – gar nicht mehr auftaucht. Diese Strategie entbindet davon, 9/11 anders als im Opfer-Narrativ zu erzählen.[39]

---

34 „Und das spürt man auch am Ground Zero in New York – heute leider leer und empfindungslos: Dass hier zu einem bestimmten, ganz kurzen Zeitpunkt die Weltmacht auf den Nullpunkt zurückgeführt wurde, zerstört wurde, zugrundegeführt wurde." (Jean Baudrillard: *Der Geist des Terrorismus*, S. 69)
35 Michel Foucault: *Überwachen und Strafen*, S. 275.
36 Vgl. Katharina Röggla: *really ground zero. 11. september und folgendes*. Frankfurt/M. 2001.
37 Vgl. Katharina Hacker: *Die Habenichtse*. Frankfurt/M. 2006.
38 Vgl. Noam Chomsky: *The Attack. Hintergründe und Folgen*. Übers. v. Michael Haupt. Hamburg 2002, S. 9 ff.
39 „Die Amerikaner sind in einem sekundären Zustand des Selbstmitleides, des Mitleids mit sich selbst, das ist ihre Trauerarbeit. Sie leisten ihre Trauerarbeit, indem sie sich auf sich selbst als

Kamera-Figuren-Interaktionen: (Selbst)Beobachtetes Verhalten im urbanen Raum

Videoüberwachung im öffentlichen Raum soll zweierlei bewirken: Verhinderung von Kriminalität und Steigerung eines Sicherheitsgefühls bei Bürger:innen. Doch verhindern werden Kameras Gewalttaten nicht.[40] Kammerer vermutet ihre Wirksamkeit eher im Nichtwissen: „Nicht zu wissen, was Videoüberwachung *tatsächlich* vermag, ist Teil ihrer Machteffekte. Unwissenheit, Fehlinformationen oder Halbwissen in Bezug auf ihr tatsächliches Potenzial ist strategisch funktional und produziert Zustimmung."[41] Kameras vermitteln nicht mehr Sicherheit; sie schaffen eher ein Unsicherheitsgefühl.[42] Für den unterstellten Nutzen eines Sicherheitsgefühls ist entscheidend, dass CCTV zwei Arten von Bildern hervorbringt. Dietmar Kammerer nennt das (tatsächliche) *Überwachungsbilder* einerseits und anderseits *Bilder der Überwachung*, also „Repräsentationen systematischer und technikgestützter Beobachtung, die in massenmedialer Zirkulation das kollektive Bewußtsein dessen prägen, was Überwachung ist und was sie kann".[43] Diese beiden Bilder sind unauflöslich miteinander verstrickt. Die Wirkung liegt im Wesentlichen in diesen Bildern der Überwachung. „Es geht [...] darum, die Bilder der Überwachung als Aktanten anzuerkennen, als handelnde Instanzen in einem komplexen soziotechnischen und gesellschaftlichen Prozess".[44]

Der Roman thematisiert zwar Praktiken – seien es visuelle Formen von CCTV oder non-visuelle wie die Überwachung in verborgenen Datenbanken –, doch die Überwachung und Kontrolle von Bürger:innen im Stadtgebiet wird weniger explizit erzählt als man dies normalerweise im Genre des deutschsprachigen Überwachungsroman erwarten würde: kein ‚Großer Bruder' späht durch die Kameras. Dennoch haben Figuren die Logiken von Überwachung internalisiert:

Opfer beziehen, das heißt, indem sie sich vollkommen mit der Opferschaft identifizieren. Das heißt, sie sind zugleich total unfähig, den Anderen, die radikale Andersheit des Anderen, den eventuellen Feind, den Islam oder irgendetwas in diese Richtung, zu berücksichtigen [...]. Es gibt nur das Amerikanische, eingeschlossen in seinen Traumatismus." (Jean Baudrillard: *Der Geist des Terrorismus*, S. 79 f.)

40 Vgl. Eric Töpfer: Videoüberwachung – Eine Risikotechnologie, S. 36.
41 Dietmar Kammerer: *Bilder der Überwachung*, S. 83.
42 Vgl. Leon Hempel: Die geschlossene Welt, S. 95. Vgl. Eric Töpfer: Videoüberwachung – Eine Risikotechnologie, S. 37.
43 Dietmar Kammerer: *Bilder der Überwachung*, S. 9.
44 Dietmar Kammerer: *Bilder der Überwachung*, S. 10.

> Er fotografiert rund hundertzwanzig Kameras und ihre Umgebung. [...] Manchmal kommt die Security, manchmal nicht. [...] Bisweilen kommt er sich so vor, als würde er einen Anschlag planen. Er beginnt, sich selbst durch die Augen der Überwacher zu sehen [...]. (WTC, 47)

In der Innenschau wird deutlich, dass Mikael zum Überwacher seiner selbst geworden ist. Er meint, dass sein Verhalten ihn auffällig macht, er weiß, dass sein Verhalten in der Perspektive möglicher Überwacher:innen verdächtig wirkt, da es von der Norm abweicht. Die Bilder der Überwachung machen die Kontrolle von Überwachungsbildern überflüssig. Videoüberwachung wird zum „Instrument zur Sicherung von Kontrolle und damit von Herrschaft, und man sollte weder ihre symbolische noch ihre reale Macht unterschätzen".[45] Das ist ein panoptischer Effekt. Auch Jennifer hat Angst: „Na ja, ich verhalte mich ja schon ein bisschen auffällig. Und werde dabei sogar aufgenommen. Irgendwie macht mich das doch ... na ja, verdächtig. Und dann wird das auch noch alles gespeichert. Ob sich da nicht doch jemand fragt, was das alles soll?" (WTC, 154) Jennifer macht nicht nur der Blick möglicher Überwacher:innen Sorgen, sondern auch die Speicherung und der unsichtbare Fluss der Daten. Sie weiß zwar nicht, wohin die Daten fließen, wer sie sieht und bewertet, aber es steht fest: „Irgendwelche Sicherheitsbehörden eben! [...] Die ganzen Daten fließen doch an einem Punkt zusammen." (Ebd.) Jennifer interessiert der Umstand, dass die Daten in Datenbanken strömen. „Videoüberwachung [hat] in ihrer aktuellen Beschaffenheit also zwei Gesichter – ein sichtbares in Form der Kamera, ein verborgenes in Form der Datenbank – und verbindet damit idealtypisch alte und neue Überwachung [...]."[46] Mikael und Jennifer haben verinnerlicht, dass man sich unter Kameras möglichst unauffällig, konform und unbescholten verhalten sollte. „Heue [sic!] aber wird Raum zu Überwachungszwecken nicht nur umfassend durchdrungen, sondern die Bilder werden mit Informationen verknüpft",[47] stellt von Borries andernorts heraus. Den Figuren wird ein Bewusstsein dafür eingeschrieben, dass das Bild in Verbindung mit dazugehörigen Datenbankeinträgen dazu diene „zwischen ‚verdacht/nicht-verdacht' zu unterscheiden".[48] Heute haben die „Strategien staatlicher Überwachung [...] eine Kultur des Verdachts etabliert, die sich grundlegend auf alle Bürger erstreckt. Verdächtig ist also jede Person, die Kritik übt und dem ohnehin verletzlichen Staat weiteren Schaden zufügen kann."[49] Mikael arbeitet für seinen Film mit jenen zwei von Kammerer beschriebenen Arten

---

45 Ebd.
46 Leon Hempel/Jörg Metelmann: *Bild – Raum – Kontrolle*, S. 13.
47 Friedrich von Borries: Die freiwilligen Gefangenen, S. 176.
48 Leon Hempel/Jörg Metelmann: *Bild – Raum – Kontrolle*, S. 13.
49 Nils Zurawski: Geheimdienste und Konsum der Überwachung, S. 17.

von Überwachungsbildern, jedoch kehrt er die Wirkmacht kritisch um: Er nutzt die Überwachungsbilder der Kameras im urbanen Raum, um andere kritische Bilder der Überwachung zu produzieren.

Mikaels Filmprojekt: Sicherheitsdispositiv, Kameraarchitektur und das Thema der Angst

Am Anfang dieses Filmprojekts steht Mikaels Bewerbung um das Künstlerstipendium, bereits diese wird textrauneinnehmend erzählt. „Sein Projekt heißt: ‚Die Freiheit der Angst' und beschäftigt sich mit den Folgen von 9/11. Ihn interessiere besonders, so schreibt er im Erläuterungstext, wie die Angst vor dem Verlust der Freiheit zum Verlust der Freiheit führen kann." (WTC, 19) Diese Angst ist das Motiv für sein Projekt. Vor der Jury baut er ein Kamerasystem auf, er lässt zuerst die Juror:innen sich selbst auf Monitoren sehen: „Jetzt können Sie sehen, was ich sehe. [...]. Wir heben die Asymmetrie unserer Beziehung auf." (Ebd.) Auch er kann nicht nur die Juror:innnen, sondern auch sein eigenes Bild auf Monitoren betrachten: „Das ist jetzt das Gegenteil von Überwachung. Wir haben auf visueller Ebene eine symmetrische Beobachterperspektive." (WTC, 19 f.) In seiner Idee geht ihm „um den Widerspruch von Überwachung und Freiheit, von War on Terror und American Dream. Freiheitsstatue vs. Guantanamo Bay" (WTC, 20). Eine erste Möglichkeit des kritischen Widerstands sieht Mikael in gegenseitiger Beobachtung, wie sie der Künstler Dan Graham praktiziert: „Sousveillance. Gegenüberwachung. Aufmerksamkeit von unten. Unterwachung." (WTC, 24) Ein montierter Stimmenwechsel erläutert den von Steve Mann geprägten Begriff. Immer wieder zeigt der Text durch die enzyklopädischen Artikel auf reale Künstler:innen, die Formen des Widerstands erproben. Die Figur Mikael ist, das wird im Dialog zwischen Erzählstimme II und III sichtbar, eine Verschmelzung verschiedener real existierender Künstler:innen.

Von Borries schreibt in seiner politischen Designtheorie: „Aufgabe des Design ist es, unterwerfendes Sicherheitsdesign zu unterlaufen."[50] Die Möglichkeiten dazu seien Aufklären, Umkehren oder Unterlaufen, all das versucht die Künstlerfigur Mikael. In diesem Sinne ist die Figur Alter Ego von von Borries, der im Möglichkeitsraum seine Thesen erprobt. Das Schlagwort von Mikaels Film wird später nicht „die Freiheit der Angst" werden, sondern „Show you are not afraid! Go Shopping!", diesen Satz brüllt Jennifer an den Überwachungsknotenpunkten in die Kameras. Es ist

---

50 Friedrich von Borries: *Weltentwerfen*, S. 72.

eine Aussage von New Yorks damaligem Bürgermeister Rudolph Giuliani,[51] der die New Yorker nach den Anschlägen zur Normalität aufforderte. Mikael kritisiert das.

> SHOW YOU ARE NOT AFRAID ist eine Aussage von Rudolph Giuliani [...]. Er versah diese Aussage jedoch mit dem Zusatz ‚go shopping!'. Ist der Kapitalismus die Antwort auf Terror? [...]
> SHOW YOU ARE NOT AFRAID verweist auf die Omnipräsenz des Terrors in der Gesellschaft der Gegenwart. New York. Madrid. London. Brüssel. Paris. Istanbul. Orlando. Nizza. Und noch vielen, vielen anderen Orten in der Welt. [...]. Terror und Gewalt verändern unsere Identität. Die Strategie der Überwachung und die der Aufmerksamkeitsökonomie geschuldete mediale Auswertung von Terror drohen, die Art, wie wir leben, die Art, wie wir unsere Städte und ihre öffentlichen Räume nutzen, zu verändern. Die Angst regiert uns. Oder nicht?
> SHOW YOU ARE NOT AFRAID ist ein Satz, den der Künstler Mikael Mikael in seiner Arbeit benutzt [...]. Mikael Mikael ist ein Künstler, dessen Identität ungeklärt ist. Er könnte existieren oder ein Pseudonym sein, dahinter könnte eine einzelne Person stehen oder eine Gruppe. Seine Arbeit ist offen für Aneignung, [...]. Er ist ein Künstler, zu dessen Selbstverständnis es gehört, selber genauso Realität wie Fiktion sein zu können.
> SHOW YOU ARE NOT AFRAID ist der Titel dieser Ausgabe der Ästhetik & Kommunikation. 15 Jahre nach 9/11 thematisiert sie den Satz, den Mikael Mikael in seiner Arbeit lang in den Vordergrund gestellt hat. [...]. Sein Werk kreist nicht nur um die Angst, die wir haben oder nicht haben, die man zeigen oder verstecken kann, sondern auch um die eigene Identität. Was ist eine Identität? Wozu brauche ich sie? [...]
> SHOW YOU ARE NOT AFRAID ist also nicht nur ein historischer Satz [...]. Er kann uns aufrufen, unsere Identitäten zu überprüfen, indem er uns dazu bringt, uns unsere eigenen Ängste einzugestehen und uns damit auf die Frage zurückwirft, wie wir in dieser Gesellschaft agieren wollen.[52]

So verklausuliert hat der Leitsatz eine Bedeutungsdichte, die in Mikaels Film einfließt: Kapitalismuskritik ist dabei lediglich die offensichtlichste aller Bedeutungen. Letztlich stellt er die Frage, wer wir sein wollen – wer wir sein können. Von Borries' Werk lässt sich nur als Netzwerk begreifen. Selbst mit dem Aufspüren aller Verbindungslinien wird es nicht eindeutiger, sondern gerade mehrdeutiger. Das müssen Leser:innen aushalten, ohne die Vieldeutigkeit auflösen zu wollen. Die Erzählweise ist eine der Entgrenzung: Fiktionale Narration und fiktive Geschichte verschmelzen mit Wirklichkeitserzählungen und realen Ereignissen.

---

[51] An anderer Stelle weist von Borries darauf hin, dass Giuliani Verfechter der sogenannten „Brocken-Windows-Theorie" und der daraus resultierenden Zero-Tolerance-Policy ist (vgl. Friedrich von Borries: München. Show you're not afraid. New York. The Games must go on. In: Felix Hoffmann (Hg.): *Unheimlich vertraut – Bilder vom Terror*. Sonderedition des Ausstellungskatalogs. Köln 2011, S. 104–106).
[52] Friedrich von Borries/Elisabeth v. Haebler/Mara Recklies: Vorwort. In: *Ästhetik & Kommunikation* 46 (2016). Heft 171/172, S. 3–11. Die Ausgabe der Zeitschrift trägt den Titel ‚Show you are not afraid', das Konzept und die Idee stammen (vermeintlich) von Mikael Mikael.

Schon daher liegt bei von Borries eine gänzlich andere Erzählperspektive vor als beispielsweise bei den Texten von Juli Zeh, deren Erzähler den Leser:innen oftmals das Verstehen abnehmen.

Zu Beginn dokumentiert Mikael die Überwachungskameras in New York, macht Fotos. Aber: „Die bringen es nicht." (WTC, 55) Seine Bilder der Überwachung haben zunächst keine Strahlkraft. Mikaels Film wird dann mithilfe Syanas realisiert, die die Systeme der CCTV-Kameras für ihn hackt und so die Überwachungsbilder vereinnahmt – Datenraub im Zeichen der kritischen Kunst.

> Der Film – oder besser die Filme, aus denen er das Ganze collagieren will, ist in seiner Vorstellung schon fast fertig. Alle Bilder sind schwarz-weiß. Geringe Auflösung, niedrige Bildrate. Überwachungslook. Die gleichen Szenen wiederholen sich an verschiedenen Orten. Feste Kameraeinstellung, die typische Perspektive von oben [...]. Die Ästhetik krisseliger Schwarzweißbilder. (WTC, 58)

Der Kontrast zwischen Schwarz und Weiß ist typisch für Mikaels Kunst. Hier jedoch ist die Textbedeutung wohl zunächst hermeneutisch zu erschließen. Schwarz-Weiß-Malerei täuscht vermeintliche Klarheit vor: gut/böse, unverdächtig/verdächtig. Vor Überwachungsmonitoren herrscht ein dichotomes, reduzierendes Fremd-Feindbild. Das nennt der Text den ‚Überwachungslook': starre Aufsicht in geringer Auflösung. Die erste Szene drehen die drei „vor dem Trump World Tower, damit im Hintergrund die berühmte Hochhausscheibe der Vereinigten Nationen auftaucht" (WTC, 150); Es folgen UN-Gebäude, Rockefeller Center, Guggenheim, Prada und Niketown, Freiheitsstatue, bis letztlich das Finale an der Baustelle des 1WTC gedreht wird und in der Katastrophe, im Tod zweier Figuren, endet. Von Borries verweist auf Möglichkeiten, wie Designer:innen, Architekt:innen oder Künstler:innen der Überwachung kritisch begegnen können, „indem sie mit den Mitteln von Design gesellschaftliche Missstände aufdecken, also überbordende Sicherheitsstrukturen dekuvrieren und Überwachungsvorgänge offenlegen".[53] Design gegen Design – oder: Bild gegen Bild.[54]

---

[53] Friedrich von Borries: *Weltentwerfen*, S. 72.
[54] So zeigt sich ebenfalls ein ‚Krieg der Bilder', wenn auch anderer Art als dies außerliterarisch in Politik und Medien betrieben wurde. Mikael kämpft mittels Filmbildern gegen die Überwachungsbilder und Syana erpresst Mikael schließlich auf dieselbe Weise: „Bild gegen Bild" (WTC, 158).

Die Erzählweise als Versuch einer literarischen Erfahrbarkeit von Kameraüberwachung

Friedrich von Borries inszeniert in *1WTC* die Kameraüberwachung auf mehreren Ebenen. Sei es durch Mikaels Kunstprojekt oder durch jene Erzählstimme I, mittels derer er Leser:innen durch die Kameras blicken lässt. „Die Kamera ist innerhalb dieser Konstruktion sowohl ein Topos als auch ein Blickdispositiv, das zu einer Mediatisierung der Wirklichkeit beiträgt",[55] so Hayer richtig. Was Hayer verpasst ist jedoch die narrative Strategie näher auszuleuchten. Sie ist nämlich der Versuch, die Bilder der Überwachung für Leser:innen erfahrbar zu machen, vermittelt durch einen regieführenden Erzähler.

Die Romankonzeption stellt den ersten Versuch von literarisch erfahrbarer Videoüberwachung dar. Um die Mikael-Binnenerzählung ist, wie erläutert, durch die Gestaltung der Rahmenerzählung eine doppelte Klammer gespannt. Diese doppelte Klammer rahmt die erzählte Welt auf ähnliche Weise, wie Nils Zurawski es für die Wirklichkeit feststellt: Videoüberwachung rahmt die Welt, reduziert dabei jedoch das Weltbild enorm.[56] Prolog und Epilog legen die die Bilderränder und damit die Grenzen der erzählten Welt fest. Der Prolog beginnt und der Epilog endet mit einer Luftaufnahme, im Prolog fliegt ein Hubschrauber[57] Richtung 1WTC, im Epilog wieder davon weg. Oder anders: Im Prolog lässt die Kamera die Freiheitsstatue hinter sich, am Ende des Romans wendet sie sich ihr wieder zu; das Bild löst sich in Weiß auf. Die Grenzen der erfassten Erzählung werden so durch Kameras und ihre Perspektiven festgelegt.

Das Auflösen des Bildes in weiß ist eine Weißblende. Sie setzt filmästhetisch um, was Mikael ‚in seinem Buch' die Erfahrung des ‚Whiteouts' nennt: „‚Ja, das ist ein Whiteout', fuhr Mikael fort ‚[...], dieses Verschwinden von Grenzen, wenn die Zusammenhänge sich auflösen und nichts mehr fassbar ist. Aber die meisten Menschen brauchen Grenzen als Halt. Dann haben wir weniger Angst."[58] Das Verb ‚to white out' kann bedeuten „auslöschen, wegradieren. Wieder den vermeintlich neutralen, weißen Raum herstellen".[59] Intertextuell deutet *1WTC* so auf

---

55 Björn Hayer: *Mediale Existenzen*, S. 301.
56 Vgl. Nils Zurawski: *Raum – Weltbild – Kontrolle*, S. 138.
57 Der Helikopter verweist darauf, dass 2001 die Bilder, die um die Welt gingen, aus Hubschaubern aufgenommen wurden (vgl. Bernd Greiner: *9/11*, S. 26). „Bilder vom Terror haben eine enorme, nachhaltige Wirkung, der man sich nicht entziehen kann. Sie brennen sich tief in unser kollektives Gedächtnis ein", so Felix Hofmann und weiter: „Diese Bilder besitzen die Fähigkeit, Realität zu erzeugen." (Felix Hofmann: Aufmerksamkeitsterrorismus. In: *Ästhetik & Kommunikation* 46 (2016). Heft 171/172, S. 12–46, hier S. 42; S. 44).
58 Mikael Mikael: *Whiteout*. Berlin 2011, S. 29.
59 Mikael Mikael: *Whiteout*, S. 28.

die Vertuschung der Katastrophe hin, auf die Vertuschung der Foltermethoden, die im Terrordiskurs teils gerechtfertigt wurden. Der Roman legt so das Baudrillard'sche Realitätsprinzip offen, das ein ‚rein-weißes' Selbstbild der USA schafft.[60] In den Blenden als Montagemittel zeigt sich Mikaels Konzept eines Whiteouts oder Blackouts: Weiß und Schwarz sind für ihn die wichtigsten Farben, eben weil es keine sind. ‚Whiteout' gebraucht der Künstler vor allem als Wettermetapher:

> Wir gehen weiter durch die mit Schnee bedeckte Hochebene. [...] Und wenn jetzt der Nebel kommt oder der Himmel zuzieht [...], dann beginnt der Raum sich unendlich auszudehnen. Dann verschwinden alle Grenzen, alles wird einfach Raum. Das ist das Whiteout.' Also eine Wettermetapher. Darauf will er hinaus. ‚Und, was passiert dann bei einem Whiteout?' ‚Kommt drauf an, was für ein Typ du bist. Manche bekommen Panik. Auf jeden Fall verliert man die räumliche Orientierung. Entfernungen, Neigungen und Steigungen kann an nicht mehr abschätzen [...]. Himmel und Erde lösen sich auf, die Grenzen verschwinden, und wir sind geblendet, verlieren den Überblick, sind verloren. [...].'[61]

Beide Phänomene, White- und Blackout, haben die Negativ-Bedeutung von Auslöschung, Wegradierung bzw. Zensur gemein. Das Verb ‚to black out' kann schwärzen und Zensur bedeuten, aber auch Schutz in Form von anonymisierenden Augenbalken.[62] „Auslöschung kann Sinn stiften, der ohne die informationelle Reduktion verschlossen geblieben wäre. Auslöschung, das Erkennen der Ideologie, das Brechen mit den alten Gewohnheiten ist Voraussetzung für eine neue Welt."[63]

---

60 Baudrillard unterscheidet zwischen dem Realen und dem Imaginären, wobei „‚real' ist dieses Reale nur deshalb, weil es gesellschaftliche *Realität* darstellt, weil es von der Gesellschaft als *ihr* Bild anerkannt wird. In Wirklichkeit ist es zutiefst von seinem Gegenteil, dem Imaginären abhängig, von dessen Ausschluss es lebt". (Samuel Strehle: *Zur Aktualität von Jean Baudrillard. Einleitung in sein Werk*. Wiesbaden 2010, S. 92) Das Reale ist die bewusste, idealisierte und künstlich vom Imaginären gesäuberte Vorderseite der Gesellschaft, während das Imaginäre die „Rückseite des gesellschaftlichen Unbewussten" ist, alles „was sie *nicht sehen will*". (Ebd., S. 90) Im Selbstbild dominiere immer das Reale, während das Imaginäre unterlegen bliebe. Diese Unterdrückung nennt Baudrillard das ‚Realitätsprinzip', „das die künstliche Trennung zwischen Realem und Imaginärem durchsetzt und bewacht." (ebd., S. 92) Im Zeitalter der Simulation ändere sich das Verhältnis zwischen Realem und Imaginärem: „Das Simulationsprinzip überwindet das Realitätsprinzip." (Jean Baudrillard: *Der symbolische Tausch und der Tod*. Übers. v. Gabriele Riecke/Ronald Voullié/Gerd Bergfleth. Berlin 2011, S. 142)
61 Mikael Mikael: *Whiteout*, S. 28f.
62 „Der schwarze Balken vor den Augen schützt die Identität, gibt nicht Preis, wer die Person ist oder zumindest nicht, wie sie fühlt [...]. Augen lügen nicht. In Zeiten der totalen Überwachung reicht es nicht aus, die Augen zu verdecken. Suchalgorithmen wissen alles über jeden. Man muss sich selbst vergessen, um zu verschwinden. Physiologisches Blackout, retrograde Amnesie, Gedächtnisverlust." (Mikael Mikael: *Blackout*. Berlin 2015, S. 46ff.)
63 Mikael Mikael: *Blackout*, S. 56.

Auf diese Weise werden die intertextuellen Anspielungen auf White- oder Blackouts im Roman ambivalent; nur der Kontext kann Aufschluss über die jeweilige Bedeutung geben.

Die erste Erzählstimme, die des Filmskripts, ist narratorial und so ausgestaltet als blicken die Lesenden durch das Objektiv einer Kamera oder auf den Monitor von (Überwachungs-)Bildern: Alle so erfahrenen Szenen betonen vor allem Einstellungsgrößen und Montage, um den Konstruktionscharakter der Wirklichkeit zu verdeutlichen. Damit wird die ausschnitthafte, mediale Vermittlung von Welt kritisiert: „Am Bildrand oben links blinkt im Sekundentakt eine gelbe Alarmleuchte." (WTC, 9) Die Welt hat einen Bildrand, es gibt etwas daneben, darüber und darunter – es wird nur vom medialen Überwachungsdiskurs nicht fokussiert. Besonders deutlich wird dies in der Szene, in der Jennifer als Filmprotagonistin agiert: „Dann geht sie weiter, bis sie aus dem Bild verschwindet, kommt dann jedoch plötzlich seitlich ins Bild gerannt [...]. Sie geht wieder aus dem Bild. Blende." (WTC, 152) Charakteristisch für diese Szenen ist die Montage, nicht nur innerhalb der Szenen, sondern eklatant am Ende: Jede dieser Szenen endet mit einer Blende. An den meisten Stellen ist uneindeutig, ob damit ein Blackout (Schwarzblende) oder Whiteout (Weißblende) simuliert wird. Anders ist dies, als Jennifer beim Sex die Kamera abklebt: „Die Streifen verdichten sich, bis das ganze Bild schwarz ist. Blende." (WTC, 166) Der so realisierte, filmästhetische Blackout schützt Jennifers (körperliche) Privatheit. Reiht man die Szenen aneinander, erhalten Leser:innen eine ergänzende Sicht auf den Mikael-Plot. Der entstehende Film zeigt die Perspektivabhängigkeit der Welt. Werden beide Erzählstimmen zusammengelesen, erfahren Leser:innen im Dialog der Stimmen kausale Hintergründe, Abhängigkeiten, Auf- und Übersichten zu dem, was Erzählstimme II in der Mikaelerzählung berichtet, immer aus (Überwachungs-)Kameraperspektive. Gehen wir von einem Miteinander der Stimmen aus, werden im Folgenden die Bruch- bzw. Montagestellen interessant. Zunächst soll jedoch die Erzählstimme I für sich betrachtet werden: Welche literarischen Effekte werden damit erzielt?

Fünfzehn solcher Video-/Filmsequenzen weist der Roman auf, am Ende werden Leser:innen wieder unvermittelt am Anfang zurückgelassen. Die Orte der Beobachtung sind der Stadtraum, eine Cocktailbar bzw. Kneipe, ein Waldgebiet in Polen sowie Syanas Wohnung und Mikaels Atelier – beide Wohnräume wurden mit privaten Kameras ausgestattet. Die Katastrophe wird vorangestellt – genau umgekehrt als in der Binnenerzählung –, die erste Szene in dieser Filmerzählung endet mit einer Blutlache, in der die tote Jennifer liegt, was in der Mikaelerzählung erst am Ende geschieht. Dieser Film weist vier Szenen in einer Bar auf, in denen die drei Drahtzieher über das Paradies sprechen. Diese Bar- und die zentrale Folterszenen haben kein Äquivalent in der Mikael-Erzählung, während alle anderen Szenen auch dort, mit anderem Blickwinkel, thematisiert werden. Zuletzt wird Syanas Selbstmord in der Erzählstimme einer Kameraperspektive ausgestellt. Dieser Film erzählt in deutlich reduzierter Version dasselbe Geschehen wie die Mikael-Erzählung. Die entscheidende Differenz ist die Erzählperspektive und damit verbunden die Bindung der Leser:innen an das Geschehen. Denn für Leser:innen ist diese Erzählhaltung ungewohnter und befremdlicher als der traditionelle, anthropomorphisierte Erzähler der Mikael-Erzählung. Dieser Verfremdungseffekt, das fehlende konkret figürliche Prisma wirkt zusammen mit der sprachlichen, räumlichen und zeitlichen Erzählperspektive. So bringt der Text einen „Blick der Überwachung" (WTC, 151) hervor. Die sprachliche Perspektive dieser Szenen ist gekennzeichnet vom Jargon der Filmanalyse bzw. der Filmnarration. Es gibt Regieanweisung und Kommentierung der Bilder.

> Der Hubschrauber [...] nähert sich Ground Zero.
> Die Kamera zoomt von oben auf die Baustelle des 1WTC, des neuen World Trade Center.
> Das Rotorengeräusch wird leiser, das Bild löst sich in Weiß auf.
> Blende.
> Schriftzug, schwarz auf weißem Grund: 1WTC.
> Blende.
> Großaufnahme. Frauengesicht im Profil. Augen geschlossen, der Kopf nach vorne gekippt.
> Halbtotale. Fußboden, Decke, Wände aus Beton. Rohbau, keine Fenster, aber hell ausgeleuchtet. [...]. Am Bildrand oben links blinkt im Sekundentakt eine gelbe Alarmleuchte.
> (WTC, 9)

Nach einer Eingangsszene aus der Aufsicht eines Hubschraubers zoomt die Kamera auf das zentrale Objekt, der Blick der Überwachung verengt sich weiter und mit ihm die Einstellungsgröße: Luftaufnahme – Großaufnahme – Halbtotale. Der Zoom verortet die Leser:innen in der Position von Filmzuschauer:innen oder Wachpersonal, das die Bilder sichtet. Torsten Erdbrügger folgend versetzen diese Erzählsegmente die Leser:innen sowohl in die Position von Ermittler:innen, die darüber die Handlungshintergründe rekonstruieren, als auch in die Position von Voyeur:innen, die so ihre eigene Schau-Lust vorgeführt bekommen.[64] Wenn diese Sequenzen an Videoüberwachung erinnern sollen, dann gilt es zu beachten: „Räume werden durch die Beobachtung durch Kameras in ihrer sozial-räumlichen Komplexität reduziert"[65] – und zwar auch für diejenigen, die diese Überwachungsbilder sichten – in diesem Fall für die Lesenden. Für Nils Zurawski entsteht ein Raum zweiter Ordnung, der kein objektives Abbild des sozialen Raums erster Ordnung ist. Literatur ist per se ein Raum zweiter Ordnung, ein sekundäres Zeichensystem. Nun trifft beides aufeinander, was den Verfremdungseffekt hervorruft. In dieser verfremdete Si-

---

64 Torsten Erdbrügger: Die Kunst, nicht dermaßen überwacht zu werden, S. 151.
65 Nils Zurawski: *Raum – Weltbild – Kontrolle*, S. 138.

tuation ruft die Erzählperspektive eine besondere Stimmung hervor. Sichtbare Kameras (im öffentlichen Raum) spielen eine große Rolle bei der Wahrnehmung und Wirkung des Raumes sowie für die Veränderung des Sicherheitsgefühls.[66] „Kameras wirken an jedem Ort anders […]. Kameras sind viel mehr Projektionsflächen für soziale Ängste […]".[67] Leser:innen werden bereits aufgrund der Erzählperspektive erwarten, dass diese Szenen besonders spannend, gefährlich, voyeuristisch oder besonders intim sind. Die Erzählstimmen erzeugen durch ihren Wechsel auch eine Stimmungsdynamik, die durch die Kamerabilder gesteigert wird. Zu diesem Gefühl der Beklemmung trägt der Ort des Geschehens bei: „Rohbau, keine Fenster, aber hell ausgeleuchtet." (WTC, 9) Von Borries' Roman zeigt eine Welt ohne Blick ins Freie, jedoch mit künstlichem Licht, um alle Bilder aufnehmen zu können. „[H]ell ausgeleuchtet" wird der Welt das beste Bild präsentiert.

Zur räumlichen Perspektive dieser Erzählstimme gehört die Fixiertheit im Raum: Bis auf eine Szene weisen alle übrigen unbewegliche Kameras auf und damit eine Erzählhaltung, die räumlich stark eingeschränkt ist, tote Winkel beinhalten muss und deren Hauptfunktion der Zoom auf Details ist. Darin liegt eine Kritik am „Blick der Überwachung. Weitwinkel von oben" (WTC, 151). Überwachungskameras dienen nicht dazu, die Welt als Ganzes abzubilden: „Gerade weil der Blick der Kamera starr ist und die Art der antizipierten Abweichung unklar bleibt, sollen Kameras wirken."[68] Die einzige Szene, in der eine Kamera sich bewegen kann, findet in Mikaels Atelier statt.

> Kamerafahrt. Ein großer, leerer Raum. Dunkler Holzboden. Ein Sofa […]. Weiße Wände. Auf dem Sofa liegt Mikael. Jeans. Weißes T-Shirt […]. Zoom auf ein Detail an der Wand. Zu sehen ist der Stadtplan […]. Schwenk über die Wand, es ist keine Ordnung zu erkennen. (WTC, 42 f.)

Im Kunstraum hat die Kamera die Bewegungsfreiheiten einer Kamerafahrt – die Fixiertheit ist noch nicht total. Demgegenüber stehen die Barszenen, in denen Sunner, Conely und Laporta trinken und über das Paradies sprechen. Hier betonen die Regieanweisungen, dass Setting und Einstellungsgrößen identisch sein sollen: „Drei Männer – Sunner, Conelly, Laporta – sitzen an demselben Tisch in derselben Bar. Dieselben Hintergrundgeräusche. Dieselbe Kleidung" (WTC, 100), später verkürzt nur noch: „Die Bar, der Tisch, die drei Männer." (WTC, 127)

Die ideologische Perspektive dieser Kameraerzählung ist weniger explizit und stark an andere Perspektivendimensionen gebunden, da keine explizite Wertung zu finden ist. Auch ein geistiger Horizont ist ohne anthropomorphisierten

---

66 Vgl. Nils Zurawski: *Raum – Weltbild – Kontrolle*, S. 142 f.
67 Nils Zurawski: *Raum – Weltbild – Kontrolle*, S. 155.
68 Nils Zurawski: *Raum – Weltbild – Kontrolle*, S. 138.

Erzähler schwer auszumachen. Begreift man das Kameraskript jedoch als Produkt eines Überwachungsdiskurses, kann über eine ideologische Haltung nachgedacht werden. Auffällig ist dann zunächst die starke Personifizierung der Kamera: „die Kamera fokussiert die Wand am Kopfende der Matratze" (WTC, 27). Ihr wird geradezu ein Eigenleben zugeschrieben, das die dargestellte Welt selbstständig hervorbringt. Die Kamera wacht immer. Während Mikael in seinem Atelier schläft, zoomt sie eigenständig jedes Detail seines Wohnraums und die gesammelten Dokumente ab (vgl. WTC, 43). Die Maschine ‚Kamera' kennzeichnet also eine eigenständige Wachsamkeit. Ideologisch lässt sich auch die Ästhetik des Produkts lesen: „Flackernde Videoästhetik. Schwarz-Weiß. Ohne Ton." (WTC, 165) Kameras – zumindest die im öffentlichen Raum, aber auch oftmals privatrechtliche – produzieren eine Welt in schwarz-weiß, in der Bilder mehr als Worte zählen und die der Logik folgt, dass ein mediales Bild im Gegensatz zu sprachlichen Zeichen keiner Auslegung bedarf. Ohne Ton sprechen Bilder – so die Logik – eine eindeutige Sprache.[69] In sprichwörtlichen schwarz-weißen Weltbildern wird zwischen ‚gut' und ‚böse' unterschieden. An anderer Stelle wird deutlich, dass mediale Bilder wie die einer Kamera immer auf Zuschauer:innen ausgelegt sind: Jennifer „schließt die Augen, man sieht, dass ihr Atem tiefer und heftiger wird" (WTC, 165). Wer hinter dem unpersönlichen Pronomen „man" steht, ist nicht von Bedeutung; wer letztlich diesen Film zu sehen bekommt, ist irrelevant. Wichtig ist nur, dass er gesehen wird. Die ideologische Perspektive einer Kameraerzählung drückt sich mehr noch durch die räumliche und zeitliche Perspektive aus: Überwachungsbilder – sei es aus dem Luftraum oder Stadtraum New Yorks oder aus Syanas Loft und Mikaels Atelier – sind oftmals Aufsichten. Hierin findet sich der alte Topos eines göttlichen Auges wieder, das allzeit über den Bewachten wacht. Charakteristisch für die Ideologie einer Kamera ist die zeitliche Perspektive: Es wird eine unmittelbare Gleichzeitigkeit zwischen Erfassen, Darstellen und Zuschauen suggeriert. Durchweg im Präsens suggerieren die Bilder als eine Zeitdeckung: „Syana und Mikael. Vorne sie, Rückenansicht, dahinter, verdeckt, er [...]. Großaufnahme. Beide stehen ineinander verschlungen in der Ecke und küssen sich. Kamera schwenkt nach unten. Seine Hand in ihrer Hose. Blende." (WTC, 27) Die Regieanweisungen sind so knapp, dass das Lesen mit einem Erfassen im Film deckungsgleich wäre. In solchen voyeuristischen Szenen wird durch die zeitliche Perspektive die literarisch ästhetische Erfahrbarkeit verstärkt. Überwachung geschieht präsentisch.

---

69 Kammerer markiert einen Wendepunkt in der Kriminalistik im Jahr 1956, als Polizei(wagen) mit Kameras ausgestattet werden: „Eine Fotografie wird nicht wie eine Aussage gewertet, die fehleranfällig (wie die schriftlichen Notizen) oder unvollständig [...] sein kann, sondern als objektive Wiedergabe (voller Fülle und Wahrheit) eines Sachverhaltes, die sich allerdings nicht neutral verhält, sondern immer die subjektive Ansicht der Polizei stützt." (Dietmar Kammerer: *Bilder der Überwachung*, S. 53)

Zu von Borries' Versuch, Videoüberwachung literarisch erfahrbar zu machen, gehört auch Erzählstimme III, die Präsentation der enzyklopädischen Artikel, durch die v. a. Künstler:innen und Kunstprojekte in Erinnerung gerufen werden,[70] die CCTV kritisierten: „Graham, Dan (geboren 1942). US-amerikanischer Konzeptkünstler. Beschäftigt sich mit Video- und Überwachungstechnik." (WTC, 21) Die Form der eingeschobenen Segmente stellt bereits eine eindeutige Realitätsreferenz dar. Durch die Textsorte Lexikonartikel dringt Realität über Form und Inhalt der eingewobenen Zitate in die Fiktion. Das Bindeglied zwischen Erzählstimme und Erzählebene II und III stellen unter dem Aspekt der Videoüberwachung Mikael und sein Film dar. Konkret fungieren die eingeschobenen Dokumente als Stichwortgeber für Mikael. Der Künstler liest:

> An architectual code both reflects and directs the social order. In the not too distant future one can envisage that this code will be supplemented, modified and in part supplanted by a new code.
> Die nicht zu ferne Zukunft ist inzwischen Gegenwart geworden. In welchem architektonischen Code konstruieren wir heute unsere soziale Ordnung?
> Calle, Sophie (geboren 1953). Französische Künstlerin. In ihren an soziologischen Studien angelehnten Arbeiten geht es weniger um die Exploration neuer Technologien und auch nicht um politische Subversion, sondern eher um die subtile Erforschung des Verhältnisses zwischen dem Eigenen und dem Fremden [...]. (WTC, 22)

Inhalt der Artikel eingespeist wird mit der Frage innerhalb der Mikael-Erzählung aufgegriffen und ein erneuter Artikel schließt an. Die Montagetechnik erzeugt also einen Dialog der Stimmen – Realität und Fiktion werden füreinander Stichwortgeber und diffundieren, bis alle Grenzen vermeintlich verwischt sind. Diese Form der Montage entspricht der filmästhetischen Blende, die in Erzählstimme I so häufig eingesetzt wird: Zwei unterschiedliche Bilder schieben sich so in der Dokufiktion übereinander.

5.2 Grenzverschiebungen: Privatheit, Öffentlichkeit und Überwachung im Zeichen des ‚Sicherheitsdesigns'

Dem Romangeschehen liegt Deleuze' Diagnose einer Kontrollgesellschaft zugrunde, die sich durch Grenzlosigkeit, Scheinfreiheiten und Freiwilligkeit auszeichnet.[71]

---

70 Die Artikel zu den Künstler:innen Graham, Calle, Luksch, Faulhaber sowie zur Aktivistengruppe New York City Surveillance Camera Player machen deutlich, dass die Figur Mikael aus realen Künstler:innen mosaikartig zusammengesetzt ist und dass außerliterarisch Kritik an der Überwachungspraktik geübt wird.
71 Vgl. Gilles Deleuze: Postskriptum über die Kontrollgesellschaften, S. 255 ff.

Durch Computerisierung des Alltags „dehnen sich die Institutionen ins Grenzenlose aus. Leben und Arbeit in einer Kontrollgesellschaft gleicht dem Fahren auf einer Autobahn: scheinbare Freiheit bei vollständig kontrollierter Bewegung."[72] Damit ist in der Kontrollgesellschaft das Verhältnis von Privatheit und Öffentlichkeit unvereinbar mit (topografischen) Grenzen. Die Grenzverschiebungen betreffen alle drei Privatheitsdimensionen und werden in der ‚flüssigen Moderne' sowohl von Staat und Privatwirtschaft als auch von den Subjekten selbst vorgenommen. Wie positioniert der Text sich also zum Verlustnarrativ der Privatheit?

Im Kontext der Privatheit muss abermals auf die Rahmung des Romans hingewiesen werden: Mikael wendet sich in der Rahmenhandlung an den Erzähler: „Ich muss mit dir sprechen. Alleine. Und unbeobachtet." (WTC, 11) In der Abgeschiedenheit des Waldes und somit in lokal hergestellter Privatheit findet die Überlieferung der Narration statt. So wird klar: Nicht nur der Künstler, sondern auch das Erzählte braucht den privaten Schutzraum. Leser:innen haben es mit einer privaten Erzählung zu tun: Der Zugang zu dieser Privatheit soll in der Rahmung durch Lokalität und in der Binnenerzählung durch Anonymisierung und Fiktionalisierung kontrolliert werden. Lokale Privaträume findet Mikael später auf der Flucht zwar in der abgeschiedenen Natur, aber nur für den Preis einer anderen Identität und des Geheimnisses, das jederzeit entdeckt werden kann. Syana zieht sich ebenfalls in die Natur zurück: das Haus am See ist ihr Fluchtraum, während sie ihren Wohnraum freiwillig mit Kameras ausstattet:

> Das kleine Haus steht direkt am See. Beige gestrichene Holzfassade. Durch die Fenster sieht man in den Wald. Neben dem Haus ein Stapel Brennholz. Eine Bank. Seitlich führt ein Weg zum See hinab. [...] Keine Ablenkung, Ruhe und Abgeschiedenheit. (WTC, 116)

Die Semantik ist bekannt: Privatheit wird in die Idylle verlegt, in einen Raum, in dem alles noch urtümlich friedlich, aber auch zeitlich bereits vergangen ist und Wärme noch mit Brennholz erzeugt wird. Der Rückzug dient dem Ausleben von dezisionaler Privatheit und damit verbunden: Kreativität. Syana „hat sich vorgenommen, das Spiel weiterzuentwickeln [...]. Außerdem muss sie das ganze Projekt noch einmal grundsätzlich durchdenken" (ebd.). Ungestörte Denkprozesse, in die niemand hineinblicken oder hineinsprechen kann, benötigen – so Rösslers Argumentation – den Schutzraum der lokalen Privatheit, die wiederum die dezisionale Privatheit erst ermöglicht. „Syana beschließt, noch ein paar Tage am See zu bleiben, um eine Entscheidung zu treffen." (WTC, 125) Eklatant stellt sich der Roman in diesem Aspekt auf die Seite von Beate Rössler: Autonome Entscheidungen können nur in der Privatheit getroffen werden. Die Dividuen der Kontrollgesellschaft müssen aus ihrem All-

---

[72] Dietmar Kammerer: *Bilder der Überwachung*, S. 132.

tag ausbrechen, sich isolieren und zurück in die Einsamkeit fliehen, um für sich zu sein. Privatheit wird so rückgebunden an Einsamkeit und Isolation. Ein Für-Sich innerhalb der gelebten Kontrollgesellschaft ist für Syana wie Mikael ausgeschlossen. Allerdings gibt es diesen Privatraum. Das Narrativ des Privatheitsverlusts wird also nicht absolut bedient, wie andere Überwachungsromane dies tun. Kein Staat und keine Konzerne greifen in die Privatheit ein, die Demokratie geht daran nicht verloren: Die Figuren geben Privatheit selbst auf oder werden von anderen im Rahmen des Spiels überwacht und in ihren autonomen Entscheidungen beeinflusst.

Ein Privatraum wird ausführlich beschrieben: „Syanas Studio befindet sich im 12. Stock, von den fünf anderen Einheiten auf der Etage ist es nur durch einfache Gipskartonwände getrennt. Dafür ist der Ausblick wirklich grandios." (WTC, 28) Unschwer ist darin die sprichwörtliche Warnung zu erkennen: ‚Es ist fünf vor zwölf' – höchste Zeit umzudenken, versehen mit dem ironischen Kommentar: „Dafür ist der Ausblick wirklich grandios." Alle Dinge der Kontrollgesellschaften wirken, so Deleuze, zunächst wie gewonnene Freiheiten, bis sie sich in ihrer Kontrollfunktion offenbaren.[73] Oder mit von Borries selbst: „Für den Zugang zu umfassender Unterhaltung, die unsere eigene Langeweile übertönt, lassen wir uns – freiwillig – überwachen."[74] So wird auch jeder Zentimeter im Studio von selbsterrichteten Kameraaugen erfasst. Was Mikael zuerst verwirrt und in Bezug auf die gemeinsame Intimität irritiert, wird am Ende für ihn unerträglich:

> ‚Nichts ist in Ordnung', fährt Mikael dazwischen. ‚Deine ganze Bude ist verwanzt, und du filmst alles, was wir hier machen. Würdest du zu mir kommen, wenn ich alles aufnehmen würde? Aber dass ich das hier mitmache, ist natürlich völlig selbstverständlich. Ich bin doch kein, kein ... ‚ Er sucht nach einem passenden Ausdruck. ‚Ich bin doch nicht dein privater Pornostar.'
> ‚Hey, Mikael, reg dich nicht so auf. Ich bin halt neugierig. Und ein Kontrollfreak.' (WTC, 156)

Während er sich anfänglich noch von Syana ins Bild rücken lässt,[75] reagiert er nun wütend auf die Ikonisierung seiner selbst. „Problematisch ist nicht die Zunahme von Bildern an sich, sondern der *ikonische Zwang*, zum *Bild* zu werden",[76] so Byung-Chul Han. Dabei drückt Mikaels Aufruf: „Nichts ist in Ordnung" die unterschiedlichen Geisteshaltungen aus. Formaljuristisch ist seine Privatheit nicht verletzt, denn er befindet sich im privaten Raum Syanas, den er freiwillig betritt. Mit Helen Nissenbaum betrachtet, geht es eher um kontextuelle Integrität, Syana über-

---

73 Vgl. Gilles Deleuze: Postskriptum über die Kontrollgesellschaften, S. 255.
74 Friedrich von Borries: Die freiwilligen Gefangenen, S. 173.
75 Syana „drückt ihn in die Ecke des Fahrstuhls. ‚So, jetzt bist du besser im Bild.'" (WTC, 41)
76 Byung-Chul Han: *Transparenzgesellschaft*, S. 24.

tritt in Mikaels Wahrnehmung kulturell erwartbare Normen der Angemessenheit.[77] Der Erzählerkommentar verdeutlicht Mikaels Entsetzen, während Syana darin nichts weiter als voyeuristische Neugier und Lust sieht. Die Selbstkontrolle der gegenwärtigen Gesellschaft und ihr Kontrollzwang bezieht auch ihre Beziehungen und Personen im Umfeld ein.

Der Roman bricht mit der Starrheit des Verlustnarrativs von Privatheit: Privatheit ist in *1WTC* nicht grundsätzlich positiv konnotiert, in ihr kann auch der Albtraum stattfinden. Einen perfiden lokalen Privatraum stellt das Paradies dar – die Folterkammer im inneren des 1WTC. Das Projekt ist eine Geheimoperation. Die Zugangskontrolle obliegt Ryan Connelly (d. h. dem Verteidigungsministerium der USA), ermöglicht durch Sicherheitsarchitektur. Somit wird ausgerechnet ein Folterraum zu demjenigen Raum, dessen Zugangskontrolle absolut ist. Gleichzeitig ermöglicht dieser Privatraum die Verletzung körperlicher Privatheit: „Ein dunkler Raum [...]. Zwei Männer in schwarzen Kampfanzügen drücken den Mann auf die Liege. Hände und Füße werden mit Lederriemen festgeschnallt." (WTC, 114) Das folgende Waterboarding, die injizierte Spritze stellen Einbrüche in die Unverletzlichkeit des Körpers dar. Im Geheimen werden Menschenrechte missachtet.[78] Die Farbsymbolik der Szene verweist erneut auf Mikaels Schwarz-Weiß-Konzept. Der Raum ist zunächst dunkel und schwarz, das simulierte Paradies ist ein Whiteout: „Halbtotale. Ein strahlend weißer Raum ohne erkennbare Grenze. In der Bildmitte ein orientalischer Teppich [...]. Darauf liegen der Gefangene, jetzt nicht mehr gefesselt, sowie eine weitere Person. Beide tragen weiße Kondoura." (WTC, 115) Die Interdependenz der Farben und ihrer Signifikanten tritt in den identischen Räumen hervor: „Das Nicht-Sichtbare misst sich am Noch-Sichtbaren [...]. Schwarz braucht Weiß, um Schwarz zu sein."[79] Das Schwarz des ersten Raumes soll die Auslöschung der eigenen Person verdeutlichen, das Weiß des zweiten Raumes die Grenzüberschreitung ins Jenseits, Hölle und Himmel. „Schwer und Leicht. Hell und Dunkel. Kein Weiß ohne Schwarz. Kein Schwarz ohne Weiß. Kein Licht ohne Schatten. Kein Geheimnis ohne Zensur."[80]

In der informationellen Privatheit sind die Grenzen ebenfalls flüssig geworden. Kommunikationsdesign ermächtigt und entmächtigt zugleich. Von Borries

---

77 Vgl. Helen Nissenbaum: Privacy As Contextual Integrity.
78 Im Roman verschwinden ‚Terrorverdächtige', sie werden in exterritoriale Räume verschleppt und dort gefoltert. Verwiesen sei auf die UN-Konvention gegen das ‚Verschwindenlassen', sie ist ein Menschenrechtsübereinkommen der Vereinten Nationen (vgl. Sylvia Karl: Quellen zur Geschichte der Menschenrechte. URL: https://www.geschichte-menschenrechte.de/schluesseltexte/konvention-gegen-das-verschwindenlassen/ [19.09.2022]).
79 Mikael Mikael: *Blackout*, S. 38.
80 Mikael Mikael: *Blackout*, S. 62.

stellt heraus, dass Wissen in unserer Gesellschaft einer strengen „Versicherheitlichung" unterliegt:[81]

> Deshalb ist Big Data [...] die am weitesten fortgeschrittene Sicherheitsmaßnahme der Gegenwart. In Kombination mit den Informationen von lokalen Sensoren, die in der zukünftigen Smart City raumbezogene Daten sammeln, bildet Big Data das Grundgerüst für ein Sicherheitsdesign, das auf umfassende Überwachung, Ereignisprognose und daraus resultierende Steuerung zielt.[82]

Die Katastrophe am Ende des Romans trägt sich zu, weil Jennifer durch einen:r Spieler:in in die Datenbank des National Counterterrorism Center als Terrorverdächtige eingetragen wurde: „Für das System war Jennifer eine gefährliche Schläferin, laut Eintrag kurz davor, aktiv zu werden. Deswegen hat sie den Alarm ausgelöst." (WTC, 198) Das Sicherheitssystem identifiziert sie, weil Tom ihre Personendaten per E-Mail an SOM schickte (vgl. WTC, 169). Das sind Datenflüsse, die im Hintergrund Informaitonen in Datenbanken speisen, deren Folgen die Figuren nicht abschätzen können.[83] Den Figuren fügen nicht der Staat oder privatrechtliche Wirtschaftsunternehmen Verletzungen der informationellen Privatheit zu, sondern sie (sich) selbst und erst in zweiter Instanz die Geheimdienste oder (Sicherheits-)Firmen. Hierin liegt eine der Aussagen des Romans: Auch wer kein:e Hacker:in oder Spieler:in von Real-Life-Games ist, gibt doch ständig eigene und fremde Personendaten in diverse Kommunikationskanäle ein.

Syanas Spiel zwischen Privatheit und Öffentlichkeit

Alle drei Privatheitsdimensionen Rösslers werden in Syanas Spiel signifikant verletzt. Mit dem Motiv des Spiels stellt der Text die Frage: „Wo also verlaufen die Grenzen zwischen Überwachung, Service und Unterhaltung?"[84] Syana programmiert ein Spiel, in dem „Ideen aus der Spielwelt in den Alltag zu schmuggeln"

---

81 „Während totalitäre und autoritäre, also geschlossene Gesellschaften (bis in die Gegenwart) versuchen, offene Kommunikation und den freien Austausch von Wissen zu unterbinden, werden Kommunikation und Austausch von Wissen in der Suggestionsgesellschaft durch Design unterstützt und angeregt, um durch deren Auswertung Informationen über das (zukünftige) Denken und Handeln der Kommunizierenden zu gewinnen. Informations- und Kommunikationsdesign sind heute also ein Instrument proaktiven Sicherheitsdesigns, mit dessen Hilfe zukünftige Ereignisse mit einer bestimmten Wahrscheinlichkeit vorausgesagt werden können." (Friedrich von Borries: *Weltentwerfen*, S. 68)
82 Friedrich von Borries: *Weltentwerfen*, S. 68 f.
83 Vgl. Björn Hayer: *Mediale Existenzen*, S. 322.
84 Friedrich von Borries: *Die freiwilligen Gefangenen*, S. 175.

(WTC, 39) sind. Es geht um Grenzverschiebungen – zwischen privatem Spielgenuss und privatem sowie öffentlichem Leben; zwischen Fiktion und Realität; zwischen Online- und Offline-Praktiken. Von Borries erfindet nichts, sondern verarbeitet bereits Vorhandenes: „Willing suspension of disbelief [...]. Meint das totale Eintauchen in künstliche Welten" (WTC, 40) ist die erste Erklärung, die der Roman selbst gibt. Die offensichtlichste Verletzung der Privatheit beginnt mit der Eingabe der Personendaten in die Spieldatenbank, die ohne das Wissen der eingegebenen Person geschieht. In Level 1 müssen Spieler:innen möglichst viele Informationen über die Zielperson sammeln, um ihr zukünftiges Verhalten prognostizieren zu können. „Es gilt Aufenthaltsorte und Bewegungsmuster zu analysieren. Ausgewertet werden: Kontoauszüge, Kreditkarenabfragen, Kundenkarten, Fluggastdaten, Arztbesuche, Vorstrafenregister, Google-Suchanfragen" (WTC, 119) und vieles mehr.[85] Es „stabilisiert sich ein Milieu permanenten Datenverkehrs, worin das dauerhafte Eindringen in die Privatsphäre Fremder durch Fremde einem sich stets fortragenden selbstzirkulierenden Stimulans in der artifiziellen Überwachungsgesellschaft zweiter Ordnung gleicht".[86] Sämtliche informationellen Daten werden im Spiel gesammelt und analysiert, kombiniert und zu einem Daten-Double zusammengesetzt, das dann von den Spieler:innen permanent mit der Person abgeglichen wird. Die Zugangskontrolle über die eigene informationelle Privatheit wurde der Zielperson entzogen, auf ihr Daten-Double hat sie keinen Einfluss, nicht einmal Kenntnis von ihm.

> Seit Jahren arbeitet Syana deshalb an der Vernetzung von Datenbanken, hackt Zugangscodes und stellt neue Verknüpfungen her. Um in die Intimsphäre der Zielperson vorzudringen, ist auch die soziale Kreativität des Spielers gefordert. Er muss Kontakte knüpfen, Menschen treffen [...]. (WTC, 119 f.)

Die Informationsbeschaffung überwindet die Grenzen des Legalen, alles ist erlaubt: Hacken, Datenraub, Datenveränderungen. „Am Ende des ersten Levels weiß der Spieler, was die Zielperson denkt und fühlt, er kann abschätzen, wie sie auf eine beliebige Situation reagiert" (WTC, 120), um die Person zu steuern. Handlungen werden manipulativ erzwungen, womit autonome Entscheidungen – das Merkmal der dezisionalen Privatheit – unterbunden werden. „Informationen sind die Währung von Das Spiel." (WTC, 120) Es kennt keine Grenzen, keinen Daten- oder Privatheitsschutz, und es führt gleichzeitig vor Augen, dass eine totale Kontrollgesellschaft implodiert: „Das Spiel hat sich verselbstständigt" (WTC, 195) und „alles gerät außer Kontrolle" (WTC, 160).

---

85 In derlei Aufzählungen wird den Leser:innen kumuliert vor Augen geführt, wie sensible Daten unter Umständen miteinander kombiniert werden können, um personengenaue Profile zu generieren.
86 Björn Hayer: *Mediale Existenzen*, S. 316.

Das Spielmotiv stellt aus, dass die Überschreitung von Grenzen der Privatheit mit einer Überschreitung von Mediengrenzen einhergeht. Das Spiel evoziert jedoch darüber hinaus eine Beobachtung zum Stadtraum und seiner Transformation: Die zunehmende Militarisierung des Alltags:

> ‚Eigentlich gar kein Spiel mehr, sondern *entertainte* Wirklichkeit. Das totale Spiel, sozusagen.' ‚Totales Spiel? Das klingt ja wie totaler Krieg. Was meinst du denn mit total?' ‚Na, das hat schon was mit totalem Krieg zu tun. Und mit Unausweichlichkeit […]. Ich arbeite mit einem unberechenbaren Parameter.' Syana grinst und mustert Mikael von oben bis unten. (WTC, 48)

Jener unberechenbare Parameter ist Mikael selbst: Die menschliche Zielperson, deren Verhalten nie gänzlich vorhergesagt werden kann.

Von Borries und Lenger diskutieren Thesen zum gegenwärtigen Krieg: Die Ersetzung der Realität durch Simulation, bei der „[s]elbst eine der letzten Bastionen des Realen, nämlich der Krieg, […] zum Videoclip [gerät]. Er findet auf Bildschirmen oder elektronischen Zielvorrichtungen statt und unterscheidet sich durch nichts von den Computersimulationen der Vernichtung in den Spielhallen".[87] Von Borries und Lenger diskutieren die Fragen, wie ubiquitär Krieg in der Gegenwartsgesellschaft ist und ob er in ihr vorkommen darf. Sie kommen zur Überlegung: „Krieg ist nicht real". Diese Überlegungen zu gegenwärtigen *Metastasen des Krieges* argumentieren mit Computerspielen, die die Grenze zwischen Militärischem und Zivilem überschreiten.[88] Dies führe dazu, so Lenger, dass wir uns darauf trainieren, uns gegenseitig im zivilen – im privaten – Leben abzuschrecken mit dem Ziel, dass wir „außerordentlich kriegstauglich"[89] werden. Das Spiel verwandelt so die Realität von Krieg in Entertainment, die Feind:innen werden zu Mitspieler:innen und der Krieg entdramatisiert. Das Computerspiel *America's Army* (2002),[90] angeboten von der US-Army selbst. „Der reale Krieg wird in eine Spielwelt übersetzt, die vielleicht effizienteste Form der Normalisierung."[91]

---

87 Falko Blask: *Jean Baudrillard zur Einführung*. 4. vollst. überarb. Aufl. Hamburg 2013, S. 37.
88 Im Spiel *BotFighters* (2002) waren Handyspieler:innen Gegner:innen und Waffen wurden mittels SMS eingesetzt. Einem Kampf konnte sich nur entziehen, wer das Handy ausschaltete: „So war *BotFighter* schon 2002 die perfekte Spiegelung dessen, was wir heute politisch erleben – der enthegte und ubiquitäre Krieg, der mich beim Popkonzert genauso treffen kann wie beim Fußballspiel oder auf dem Weihnachtsmarkt. Und so stellt sich die Frage, ob derartige Spiele nicht nur Unterhaltung und Zeitvertreib dienen, sondern Übungen sind, mit denen wir auf zukünftige Wirklichkeiten vorbereitet werden?" (Friedrich von Borries/Hans-Joachim Lenger: *Metastasen des Krieges*, S. 40)
89 Friedrich von Borries/Hans-Joachim Lenger: *Metastasen des Krieges*, S. 41.
90 Der Roman verweist in einer der eingeschobenen Erläuterungen auf das Spiel (vgl. WTC, 51f.).
91 Friedrich von Borries/Hans-Joachim Lenger: *Metastasen des Krieges*, S. 64.

Von Borries' Figur Syana langweilen solche Entwicklungen, die sie „am Institute for Creative Technologies" in San Diego selbst mitentwickelte (WTC, 17).[92] „Das Institut wird vom US-Militär finanziert und entwickelt Computerspiele, mit denen die US-Army neue Soldaten rekrutieren will, aber auch Waffen-interfaces, deren Bedienung so einfach sein soll wie die eines guten Ego-Shooters." (ebd.) Wie bereits Mikael als Figur ein Mosaik realexistierender Künstler:innen und Kunstprojekte ist, stellt auch Syanas Spiel ein Mosaik verschiedener Game-Ideen dar.[93] Die künstlerische Fiktion ist verdichtete Realität. Der Krieg hält Einzug in den Alltag und mit ihm Kriegspraktiken, Kriegsrhetorik und eine Feind-Freund-Denkweise. Dabei kennzeichne den gegenwärtigen Krieg, dass er sich dem Zugriff entziehe, „weil er sich immer weiter fiktionalisiert [...]. Diese Fiktionalisierung dient der Überwindung der schmerzhaften Erkenntnis, dass man sich im Feind immer auch selbst gegenübersteht",[94] so von Borries. Im Roman dramatisiert er diese Tendenzen mit den Mitteln der Übersteigerung, Groteske und Tragödie in Syanas Spiel. Doch ist die Bedeutung des Motivs nicht einschichtig. Syanas Spiel ist kein militärisches Kriegsspiel, ihr Ziel ist ein anderes:

> Syanas totales Spiel soll anders sein, sein Verlauf nicht vorherbestimmt, sein Ziel sinnvoll: die Welt verändern [...], ihr geht es nicht nur um Entertainment und ein bisschen Energiesparen, sondern um politische Veränderungen. Deshalb akzeptiert Das Spiel keine Grenzen und lässt sich keinem Genre zuordnen: Es ist das ultimative Serious Game,[95] das so ernst ist, dass man in ihm auch töten und getötet werden kann. Nicht virtuell, sondern physisch. (WTC, 117 f.)

Die durch den Erzähler ermöglichte Introspektion zeigt eine Parallele zwischen Mikael und Syana auf: Beide kämpfen gegen das Überwachungssystem. Syanas Motiv

---

92 „Wir haben natürlich versucht, das so realistisch wie möglich zu machen, richtig gute Simulationen [...]. Und dann ist etwas passiert, das wir nie erwartet hätten: Die Soldaten wurden immer schlechter, je realistischer unsere Simulation wurde. Unkonzentrierter, ängstlicher, einfach schlechter. Plötzlich wussten wir: Wenn die Soldaten denken, sie spielen, sind sie besser [...]. Wir haben nicht mehr versucht, die Simulation so aussehen zu lassen wie den echten Krieg, sondern den Krieg wie ein Spiel." (WTC, 53)
93 Der Roman verweist auf *Gamification*, *epic win* oder *Foursquare* (vgl. WTC, 49).
94 Friedrich von Borries/Hans-Joachim Lenger: *Metastasen des Krieges*, S. 70. Lenger konstatiert: Diese Form der Distanzierung trage diabolische Züge: „Sie ist nicht weniger diabolisch, weil sie von einem ‚Realen' absehen lässt, das indes umso mörderischer und unkontrollierbarer wiederkehrt." (ebd., S. 71.) „Wie etwa sollte sich ein Soldat [...] selbst beweisen können, seinerseits ‚real' zu sein? Der einzige unwiderlegbare Beweis für diese Realität wäre unter diesen Umständen der Einschlag der feindlichen Rakete im eigenen Befehlsstand. Diabolisch ist, dass die ‚Entlastung' einer Logik gehorcht, die im Innersten suizidal ist." (ebd.)
95 „Serious Game. Spiele, die bilden, informieren, trainieren oder ein ernsthaftes Problem beheben sollen." (WTC, 118)

wird offengelegt: „Das Ziel besteht aber nicht darin, dass die Zielperson [...] durch die Einflussnahme von außen das gesamte gesellschaftliche System – für Syana eine manipulative Kontrollgesellschaft – infrage stellt und schließlich bekämpft." (WTC, 123) Björn Hayer urteilt zugunsten Mikaels Film: „Den Fokus seiner Kameras auf die Observationsgeräte der öffentlichen Instrumente richtend [...], gelingt ihm eine Bloßstellung der Transparenzgesellschaft, die ihre eigene Kontrollobsession und ‚Sicherheitsdiktatur' selbst im Spiegel sieht."[96] Doch während Mikael in seinem Film noch einen panoptischen Überwachungsstaat kritisiert, also das Narrativ der überwachten Bürger:innen bedient, kämpft Syana mit dem Spiel gegen die Deleuze'sche Kontrollgesellschaft. Es zeigt, dass die Kontrollgesellschaft das Panopticon keineswegs ablöst, beides findet sich in der gegenwärtigen Gesellschaft, jedoch in unterschiedlichen Räumen und Ausprägungen.[97] Im Spiel soll die Zielperson merken, dass sie überwacht wird und Widerstand leisten: „Doch wo zieht er [gemeint: der Spieler, SH] dabei die Grenze? Und welches Risiko geht er ein? Ist dieser zum Beispiel bereit jemanden aus dem engen Umfeld der Zielperson (die Eltern, die Frau, das Kind) zu töten, um so deren Wut zu steigern?" (WTC, 123) Kunst wird sowohl bei Mikael als auch bei Syana zum Widerstandsraum.

Der öffentliche Raum als Kriegsschauplatz: Stadt und Architektur als unterwerfendes Sicherheitsdesign

Tom ist für die Sicherheitsarchitektur im 1WTC verantwortlich, er soll gewährleisten, dass das „neue World Trade Center [...] das sicherste Gebäude der Welt" (WTC, 68) wird. Dafür weiß er: „Ein Gebäude muss nicht nur sicher sein, sondern auch Sicherheit ausstrahlen." (Ebd.) Diese Äußerung spricht ein Grundthema des Romans an, die Rolle der (Sicherheits-)Architektur bei der Stadtplanung im öffentlichen Raum, (auch) als Mittel der bewussten Einflussnahme auf Verhalten.

Sicherheitsarchitektur bedarf Risikoüberwachung, konkret ausgestaltet kann das architektonisch in Form von Zugangskontrollen und Gesichtserkennung sein – die Baustelle des 1WTC können z. B. nur autorisierte Personen betreten. Die Sicherheit, die so hergestellt werden soll, betrifft vordergründig die Verhinderung von Terroranschlägen. Unter der Oberfläche jedoch deutet die Erzählung an, dass die Sicherheit, die tatsächlich durch das neue WTC wiederhergestellt werden sollte, die Selbstsicherheit der USA war: Ground Zero bleibt „die derzeit wichtigste Baustelle der Welt. Ökonomisch wie politisch, schließlich

---

[96] Björn Hayer: *Mediale Existenzen*, S. 305 f.
[97] Vgl. Zygmund Bauman/David Lyon: *Daten, Drohnen, Disziplin*, S. 79.

wird hier der Anspruch Amerikas auf Hegemonie mit den Mitteln der Architektur verteidigt" (WTC, 63 f.).

Am Vokabular, das der Roman aus (US-amerikanischer) Politik der Bush-Regierung sowie internationaler Medienberichterstattung aufgreift, wird die bereits 2007 von Eric Töpfer festgestellte Militarisierung der urbanen Großstadt deutlich: Im Zuge der präventiven Sicherheitsherstellung und im ‚war on terror' werden, so Töpfer, Militärtechniken auf Urbanes übertragen, staatliche Sicherheitsapparate nehmen die Gesellschaft als „entgrenztes Schlachtfeld ‚neuer Kriege' wahr".[98] Da ist die Rede von ‚Kriegen' gegen das Verbrechen oder die Drogen und von der ‚Wiedereroberung' öffentlicher Räume".[99] Wird die Stadt zum Kriegsschauplatz, werden Räume verteidigt und Grenzen bewacht. Die Kriegsmetaphorik durchzieht im Roman sowohl das Spielmotiv (siehe oben) als auch die Architekturlandschaft, die Überwachung der Stadt und die Anti-Terror-Politik. Lars Koch verdeutlicht, dass *1WTC* aufzeigt,

> dass sich das politische Klima in Richtung einer sicherheitsfixierten Protoparanoia entwickelt hat, die Freiheitsrechte zugunsten von Präventionsabwägungen auflöst. Emblematische Figur der sich wechselseitig verstärkenden Interaktion von realer Bedrohung und machtpolitisch nutzbarer Bedrohungsfiktion ist der unerkannte Schläfer, der erst in dem Moment als Feind zu erkennen ist, in dem er zuschlägt.[100]

Die Figur des Schläfers taucht in *1WTC* nicht auf. Sie steckt jedoch hinter der Konstruktion des Paradieses, den Überwachungsmaßnahmen und Jennifers Tod.

Wie Kriegspraktiken ihren Dienst für die präventive Überwachung angetreten haben und in die Stadt und das Handeln eingedrungen sind, verdeutlicht der Text anhand der erzählten Architektur:

> Brüsseler Justizpalast [...]. Der Bau verkörpert die Auffassung, dass Recht nicht der Umsetzung egalitärer Gerechtigkeit dienen soll, sondern einzig und allein dazu, die Macht der Herrschenden zu stützen. Dies [...] durchdringt noch das subtilste Gestaltungselement, das Architekten zur Verfügung steht: die Maßstäblichkeit. Alle Türen, Fenster und Treppenstufen sind um einige Prozent vergrößert. Der Rechtsuchende fühlt sich noch kleiner, als ein Mensch in einem Gebäude es ohnehin schon ist. (WTC, 64 f.)

---

98 Eric Töpfer: Videoüberwachung – Eine Risikotechnologie, S. 42. Zwar ist „die Logik der quasimilitärischen Sicherung und Befestigung der Zentren und Symbole politischer und wirtschaftlicher Macht gegenüber Terroranschlägen noch nachvollziehbar." (ebd.) Dabei erschrecke die Sprache und ihre „martialische Rhetorik, mit der auch andere Überwachungsmaßnahmen legitimiert werden.
99 Eric Töpfer: Videoüberwachung – Eine Risikotechnologie, S. 43.
100 Lars Koch: Angst und Gewalt in der Literatur. In: Anne Betten/Ulla Fix/Berbeli Wanning (Hg.): *Handbuch Sprache in der Literatur*, S. 18–54, hier S. 45.

Jeder Bau hat die Möglichkeit, unterwerfendes Potenzial zu entfalten. In ihm spiegeln sich Macht und Machtverhältnisse. Symbolische Bauwerke wie das Neue World Trade Center nennt Jennifer daher „Architekturpornos für die Weltherrschaft des Kapitals" (WTC, 74). So betrachtet ist das 1WTC ein Objekt der Ausstellungsgesellschaft.[101] Die Figur Tom interessiert sich für die Architektur der Macht und glaubt dennoch: „Architekten sind nicht politisch." (WTC, 74) Von Borries hat Tom als seinen dialogischen Gegenspieler konzipiert, denn der Autor argumentiert in seiner politischen Designtheorie dafür, dass Design immer politisch ist, da es in die Welt interveniert.[102] Architektsein sei keine reine Privatangelegenheit, sondern jeder Designprozess sei eine politische Praktik, deren Produkt entwerfend oder unterwerfend sei. „Architektur ist Sicherheitsdesign. Architektur schützt nicht nur vor der Natur, sondern auch – oder vor allem – vor anderen Menschen. [...] Architektur kann aber auch der Überwachung, Kontrolle und Absonderung dienen."[103] Unter Hinzuziehung von Borries' Architekturverständnis wird die Macht der Architektur sichtbar, für die sich Tom interessiert: „Die Instrumente des Sicherheitsdesigns bestimmen den Freiheitsgrad einer Gesellschaft."[104] Der Roman führt dies sinnbildlich vor Augen: Im Keller der Sicherheitsarchitektur wird die Folterkammer errichtet, in der im Zeichen einer scheinbaren Verteidigung von Freiheiten Menschenrechte willentlich ignoriert werden. An diesem Punkt wird das 1WTC Produkt eines Gesellschaftsdesigns, das ordnet und Machstrukturen manifestiert. Macht sei, so von Borries mit Foucault, in der Gegenwart unsichtbar geworden, aber Design verdingliche die Machtstrukturen.[105] Das 1WTC als Gebäude bestätigt seine Theorie: „Überlebensdesign ist unterwerfend, wenn es eine Krisensituation als Legitimation für die Einschränkung von Freiheit instrumentalisiert."[106] Es stelle den permanenten Ausnahmezustand her, in dem die Katastrophe und die Angst zum gesellschaftlichen Wandel führe. Der Roman fragt, wann Angst – um die dreht sich der Roman und Mikaels Kunstprojekt ‚Show you are not afraid' – zum Herrschaftsinstrument wird. Angst manifestiert sich in der Architektur.[107]

---

101 Vgl. zur Ausstellungsgesellschaft Byung-Chul Han: *Transparenzgesellschaft*, S. 18–24.
102 Vgl. Friedrich von Borries: *Weltenentwerfen*, S. 30 f.
103 Friedrich von Borries: *Weltenentwerfen*, S. 64.
104 Friedrich von Borries: *Weltenentwerfen*, S. 60.
105 Vgl. Friedrich von Borries: *Weltenentwerfen*, S. 85.
106 Friedrich von Borries: *Weltenentwerfen*, S. 49.
107 In einem Gespräch mit Carolin Emcke führt von Borries aus: Die freiheitsbejahenden, offenen Entwürfe wurden im Planungsverlauf verworfen. Der Investor zwang Libeskind den Architekten Child an die Seite, bis der seinen Entwurf nicht wiederkannte und ausstieg. Was übrig

> Von Borries macht auf diesen imaginativen Überschuss der Terrorangst aufmerksam, wenn er das Streben nach einer möglichst lückenlosen Überwachung zum eigentlichen Fluchtpunkt des politischen und polizeilichen Handelns nach 9/11 erklärt [...], geht es ihm darum, die Zirkularität von Beobachtung, Gegenbeobachtung und Beobachtung der Gegenbeobachtung als eine Spirale der Angst verstehbar zu machen, die nahezu zwangsläufig in immer weitere Eruptionen von Gewalt münden wird.[108]

Dass Angst sich in den Räumen und Gebäuden der Stadt ausdrückt, zeigt sich auch auf Mikaels Weg zur New York Civil Liberties Union. Er bleibt vor einem Gebäude stehen, das er wie folgt wahrnimmt: „Gemauerte Fassade, massive Stützpfeiler, Fenster wie Schießscharten. Ein Hochhaus wie ein Bunker – Verteidigungsarchitektur." (WTC, 45) Das New York des Romans ist ein Kriegsschlachtfeld mit Kriegsrhetorik sowie Sicherheits- und Verteidigungsbauten. Besagtes Gebäude ist eine Bank. Einer der eingeschobenen Erklärungsartikel erläutert, dass auf diese Bank bereits 1920 ein Anschlag verübt worden ist: Die Bank wird als (Verteidigungs-)Bunker beschrieben. „Was aber sind Bunker? Vor allem sind Bunker Architekturen des Kriegs. In sie ist Gewalt und Tod eingeschrieben",[109] so von Borries. Bunkerarchitektur sei als Produkt der Moderne zu verstehen und damit zeugen solche Gebäude von einem Rückfall in Barbarei und sind „die logische Konsequenz einer funktionalistisch-skulpturalen Denkweise".[110] Solche Architektur entsteht durch Angst. Auf vielen Ebenen spricht der Roman so das Grundthema an: Wohin führt die Angst? Sie verwandelt, so die Aussage des Romans, Städte in Schlachtfelder. Die damit verbundenen Zugangskontrollen und -beschränkungen weist das erzählte New York nicht nur am Ground Zero auf, sondern an allen wichtigen Orten und Gebäuden, inklusive derer, die Überwachung kritisieren. Mikael will beispielsweise die New York Civil Liberties Union aufsuchen und findet auch dort Sicherheitskontrollen am Eingang, seine Personalien werden aufgenommen (vgl. WTC, 46). Die Erzählinstanz kommentiert das Geschehen: „Auch die Kritiker sind Teil des Systems".

Die Überwachung der Stadt zeigt, was außerliterarisch seit 9/11 geschah: Es entstehen zunächst neue Räume der Sicherheit und Unsicherheit, die an neue Re-

---

blieb, ist ein Hochhaus, bei dem die ersten Etagen fensterlos sind, damit sich ein Angriff mit sprengstoffbeladenem Lastwagen nicht wiederholen kann. Statt kultureller Öffnung sei das neue WTC nun eine rückwärtsgewandte, verschlossene Festung. (Vgl. Angst vor der Gefahr oder Gefahr vor lauter Angst. Friedrich von Borries und Bernd Greiner diskutieren mit Carolin Emcke. In: *bpb. Streitraum*, 20.11.2011. URL: http://www.bpb.de/mediathek/150689/angst-vor-der-gefahr-oder-gefahr-vor-lauter-angst [10.09.2022]).
108 Lars Koch: Angst und Gewalt in der Literatur, S. 45.
109 Friedrich von Borries: Bunkerarchitektur. In: Olaf Metzel: *Gegenwartsgesellschaft*. Berlin 2013, S. 95–108, hier S. 98.
110 Friedrich von Borries: Bunkerarchitektur, S. 103.

geln des Ein- und Ausschlusses gebunden sind. Damit einher geht, dass die öffentliche Sphäre der Stadt keine Anonymität und keine Freiheiten im Sinne Georg Simmels mehr bereithält, sondern durch Politik, Geheimdienste, Sicherheitsfirmen sowie der Empfänglichkeit für Sicherheit zum Kriegsschauplatz umgebaut wurde. Krieg fordert Opfer. Zieht er durch Rhetorik und Sprache in die Argumentation von Verteidigungsminister:innen und Geheimdienstmitarbeiter:innen oder Stadtplaner:innen ein, sind die Opfer, so der Roman, (Bewegungs-)Freiheiten. „Heute werden Menschen mithilfe von Design diszipliniert und kontrolliert, so dass von der Norm abweichendes Verhalten nicht – oder nur erschwert – möglich ist".[111] Eine Politik der Angst begünstigt die Umsetzung von Sicherheitsmaßnahmen, die sich im urbanen Raum als verhaltenslenkende Gebäude oder Leitsysteme ausgestalten können.

5.3 Über Selbstüberwachung, ‚Selbstdesign' und Suizid in der Kontrollgesellschaft

In von Borries' Überlegungen zum Selbstdesign wird der Mensch selbst zum Designprodukt und Designer von Körper und Geist. Sie sind eine Fortführung der Foucault'schen ‚Technologien des Selbst'. Ziel sind Selbstfindung und Selbstentwicklung, Selbstmodifikation und Selbstveränderung. Dies manifestiert sich beispielsweise in Hybriden aus Mensch und Technik, mithilfe derer Sinne und Körperfunktionen erweitert und Grenzen überwunden werden sollen. Dabei richte sich das Selbstdesign an den gesellschaftlichen Normen, Idealen und Normalzuständen aus.[112] Selbstdesign versteht von Borries so als Instrument der Kontrollgesellschaft, in der alle im Sinne eines Selbstunternehmertums ihren Marktwert und ihre Leistungsfähigkeit stetig zu optimieren suchen.[113]

Auf diese Weise vereinfache Selbstdesign aber Kontrolle durch Dritte: „Denn die Kehrseite der Unverwechselbarkeit ist die eindeutige Erkennbarkeit."[114] In einer Konsumgesellschaft öffnet das Ausstellen der Individualität die Zugänge für Konsument:innenprofiling und für Manipulation. Das verdeutlicht das Dilemma: Alles beruht auf einer Täuschung,

> [d]enn die Entmächtigung in der Konsumkultur wird nicht als Entmächtigung erlebt, sondern als Bereitstellung von Erlebnis- und Entfaltungsmöglichkeiten. Überwachung wird als

---

111 Friedrich von Borries: *Weltentwerfen*, S. 68.
112 Vgl. Friedrich von Borries: *Weltentwerfen*, S. 97f.
113 Friedrich von Borries: *Weltentwerfen*, S. 106.
114 Friedrich von Borries: *Weltentwerfen*, S. 107.

Service verstanden, Unterwerfung als Selbstverwirklichung. Die Autosuggestion der Gegenwart besteht darin, dass wir glauben, uns zu entfalten, während die vermeintlichen Erfahrungs- und Entfaltungsmöglichkeiten in Wirklichkeit von Anfang an definiert, begrenzt und kontrolliert sind.[115]

An diesem Dilemma setzt nun *1WTC* an. Die Fiktion diskutiert die Problematik, wird aber zugleich zu einem der wenigen Überwachungsromane, die eine mögliche Handlungsoption anzubieten versuchen: Syana will mit ihrem Spiel eine Anleitung bereitstellen, in dessen Designergebnis ein Selbst steht, das Widerstand leistet und damit Wahrheit über sich und die Gesellschaft erlangt. So betrachtet soll das Spiel Instrument eines Selbstdesigns sein, das durch Dritte angeregt wird. Infolge der tragischen Katastrophe, mit der die Programmiererin nicht gerechnet hat, wählt Syana dann jedoch den Freitod. Björn Hayer wertet das zum einem als mögliches Schuldeingeständnis, zum anderen könne die „Tat als ein absoluter, terroristischer Akt am amerikanischen Hegemonialsystem im Sinne Baudrillards verstanden werden."[116] Seine Interpretationen des Selbstmordmotives sind figurenpsychologisch nachvollziehbar. Dennoch bleiben sie unvollständig, bezieht man nicht auch von Borries' Überlegungen zum Selbstdesign ein, die der Schlüssel zu dieser Szene sind. Was Syana vollzieht, ist das Maximum des Selbstdesigns – die Selbstauflösung: „Eine andere Form der Selbstauflösung, die man als Höhe- und zeitlichen Endpunkt des Selbstdesigns verstehen könnte, ist das selbstbestimmte Sterben."[117]

Hayer schlussfolgert mit Jean Baudrillard, dass Syanas Tat die ultimative Waffe repräsentiere, auf die die Gegenseite nicht reagieren könne.[118] Doch als Endpunkt eines Selbstdesigns gelesen ist ihr Suizid weder Schutz noch Feigheit, weder Schuldeingeständnis noch Kapitulation, sondern autonome Selbstbestimmung in letzter Konsequenz. Der Freitod ist das Herstellen von dezisionaler Privatheit in einer Situation, in der jegliche Kontrolle verloren zu sein scheint. Hayer zieht zwar einen Text von Baudrillard heran, der Hinweise zu geben scheint, den Tod der Figur jedoch unzureichend erläutert. Syana ist keine Terroristin, ihr Tod kein ‚unmöglicher Tausch', sondern ‚Verführung'. Um diese Überlegung nachzuvollziehen, muss die Selbstmordszene betrachtet werden:

---

115 Friedrich von Borries: *Weltentwerfen*, S. 23 f.
116 Björn Hayer: *Mediale Existenzen*, S. 323.
117 Friedrich von Borries: *Weltentwerfen*, S. 109.
118 Vgl. Björn Hayer: *Mediale Existenzen*, S. 323. Auch Erdbrügger sieht den Selbstmord in Verbindung mit Baudrillards Überlegungen zum Terrorismus: der Tod als Gabe der Terrorist:innen (vgl. Torsten Erdbrügger: Die Kunst, nicht dermaßen überwacht zu werden, S. 159).

> Halbtotale aus Überwachungskamera. Schwarz-weiß. Syanas Loft. In der Mitte drei zu einem Dreieck arrangierten Podeste, darauf jeweils ein Monitor. Die Monitore zeigen in die Mitte des Dreiecks. Dort steht ein Stuhl.
> Im Hintergrund erkennt man weitere Kameras. Auch sie sind auf die Mitte des Dreiecks gerichtet. Auf den Monitoren sind weiße Wände zu sehen.
> Syana betritt von rechts die Szene. Sie holt eine Leiter und eine Nylonschnur und befestigt die Schnur an der Decke. Dann macht sie eine große Schlaufe. Sie trägt die Leiter wieder weg und zieht sich mit lasziven Gesten aus. Die Kleider fallen neben den Sessel. Vor den Kameras posierend, befriedigt sie sich selbst.
> Syana klettert auf die Stuhllehne und legt sich die Schlaufe um den Hals. Auf der Lehne balancierend, befriedigt sie sich weiter. Ihr Atem wird schneller, ihr Körper beginnt zu zucken, der Stuhl kippt um.
> Der nackte Körper pendelt im Raum. Die Arme hängen leblos am Körper herab.
> Die Pendelbewegung verlangsamt sich.
> Weiße Überblendung.
> Schrifteinblendung: Game Over.
> Blende. (WTC, 199)

Syanas Selbstmord vor laufender Kamera gibt Rätsel auf. Er verstört, nicht nur durch das Zur-Schaustellen von Tod und Sex. Licht ins Dunkel der Kamera bringt eine Lektüre von Baudrillards *Von der Verführung*, denn Syana inszeniert die Verführung durch das Prinzip des Weiblichen, „in dem das Weibliche nicht das ist, was dem Männlichen gegenübersteht, sondern das, was das Männliche *verführt*."[119]

> Als *Prinzip* bezeichnet das Weibliche letztlich *alles*, was den binären Code der Geschlechter unterläuft, verunsichert, dekonstruiert und herausfordert. Das Weibliche ist insofern nicht mit der Frau identisch, sondern eine Instanz, die in jeder Beziehungskonstellation auftreten kann, auch wenn sie kulturgeschichtlich eher mit dem weiblichen Geschlecht verknüpft ist.[120]

Baudrillard versteht als Prinzip des Weiblichen eine Gegenposition zum männlichen Diskurs, „dasjenige, was sich dem semiokratischen Imperativ der Eindeutigkeit entzieht".[121] Als Beispiel führt Baudrillard eine Striptease-Tänzerin an: „Dadurch, daß sich die Striptease-Tänzerin selbst streichelt, durch ihre selbstbefriedigenden Gesten, regt sie die Lust am meisten an." (FI, 326) Aus diesem Grund „zieht [Syana] sich mit lasziven Gesten aus. Die Kleider fallen neben den Sessel" (WTC, 199). Von Borries kleidet Baudrillards theoretische Überlegungen in künstlerische Fiktion. Wie das Symbolische ist auch die Verführung ein Gegenprinzip, „sie funktioniert umgekehrt wie die

---

[119] Jean Baudrillard: *Von der Verführung. Mit einem Essay von László F. Földényi*. München 1992, S. 16.
[120] Samuel Strehle: *Zur Aktualität von Jean Baudrillard*, S. 152.
[121] Samuel Strehle: *Zur Aktualität von Jean Baudrillard*, S. 153; Vgl. Jean Baudrillard: *Von der Verführung*, S. 141.

Produktion."[122] Sie ist das, was sich dem produktiven Sichtbarmachen entgegenstellt.[123] Die Figur strebt das Vorzeigen oder auch Ausstellen ihrer Auslöschung an. Es ist erzähltechnisch eine der Montagestellen, an denen klar wird, dass die Blende eine Weißblende sein muss. Syana stellt im Raum mittels Monitoren einen zweiten Raum her: einen ‚White Cube'. „Auf den Monitoren sind weiße Wände zu sehen." (WTC, 199.) Im Paratext zum Roman, Whiteout, beschreibt Mikael Mikael den White Cube wie folgt: „reiner Ausstellungsraum. Leer wie der Weißraum und der weiße Fleck, aber nicht unentdeckt, sondern ideologisch überhöht. Maximale Sublimation, Kunst jenseits eines sozialen Kontextes. Konzentration der Wahrnehmung auf das Ästhetische".[124] Syanas Ausstellungsraum macht ihre Szene zu Kunst und schärft die Wahrnehmung. Weiß steht für Auslöschung der Identität: „Sie wird ausgelöscht, verschwindet. Identität ist ein überschätztes Konzept, setzte ich seine Gedanken fort. To white out, auslöschen, wegradieren. Wieder den vermeintlich neutralen, weißen Raum herstellen."[125] Syanas Selbstmord muss als Baudrillard'sche Verführung gelesen werden und nicht als terroristische absolute Waffe. Denn: „Die Verführung ist eine Herausforderung, eine Form, die stets danach strebt, jemanden hinsichtlich seiner Identität, der Bedeutung, die er sich selbst zuschreibt, zu verwirren. In ihr findet man die Möglichkeit einer radikalen Andersheit."[126] Syana verfolgt eine Störung Mikaels, seines Selbstverständnisses, sie will ihn aufmerksam machen auf Mehrdeutigkeit.[127] Strehle weist auf die Semantik von Baudrillards Verführung hin:

> Immer wieder gebraucht Baudrillard in diesem Zusammenhang Begriffe wie *Leere*, *Rätsel*, *Schein* und *Illusion*. Besonders die Illusion avanciert zu einem neuen Leitbegriff. Laut Wörterbuch ist sie mit ‚Verspottung, Ironie' zu übersetzen, verweist jedoch auch auf die Sphäre des Spiels (lat. *Ludere*, „spielen"): ‚*Il-ludere* heißt aufs Spiel setzen, sich aufs Spiel setzen.'[128]

Syanas Striptease als inszenierte Verführung zu lesen, verleiht der Szene Illusionscharakter und damit öffnet sie ihren Selbstmord für Spekulationen, entzieht den Zeichen die Eindeutigkeit, und deutet bereits in *1WTC* an, was Leser:innen in

---

122 Jean Baudrillard: *Oublier Foucault*. Übers. v. Horst Brühmann. 2. neubearb. Aufl. München 1983, S. 26.
123 Jean Baudrillard: *Von der Verführung*, S. 16.
124 Mikael Mikael: *Whiteout*, S. 27. Bei Weiß „geht [es] um die Abwesenheit. Wie im White Cube, beginnt Mikael unvermittelt. Und um das, was trotzdem da ist. Und es geht um das, was du noch nicht kennst, und vielleicht nie kennenlernen sollst". (Mikael Mikael: *Whiteout*, S. 28)
125 Ebd.
126 Jean Baudrillard: *Paßwörter*. Übers. v. Markus Sedlaczek. Berlin 2002, S. 24.
127 Jean Baudrillard: *Oublier Foucault*, S. 26.
128 Samuel Strehle: *Zur Aktualität von Jean Baudrillard*, S. 155; vgl. Jean Baudrillard: *Von der Verführung*, S. 18.

der Fortsetzung *RLF* erfahren: Syana lebt noch. Ihr inszenierter Selbstmord ist möglicherweise kein physischer Tod, sondern im Sinne Baudrillards ein metaphysischer – sie tötet ihre jetzige Identität.[129]

So gelesen muss der Selbstmord folgerichtig in Erzählstimme I – in einer Filmszene – erzählt werden. Syanas Selbstmord muss eine Szene des Films sein, denn Baudrillard nutzt die Szene als Beispiel, um ihr Gegenteil, das Obszöne,[130] zu erläutern:

> Der Gegensatz der beiden Begriffe [*szène* und *obszène*, SH] ist *räumlich* zu verstehen: Während die Szene – im Theater, im gelungenen Gemälde oder auch in manchem Film – einen imaginären Raum der Vorstellung *öffnet* und so dem Betrachter Platz für die eigene Phantasietätigkeit lässt, *verschließt* das Obszöne diesen Raum, indem es eine „absolute Nähe der gesehenen Sache" (FS, 71) erzeugt, in der keine Leerstellen existieren.[131]

In diesem Sinne darf die Selbstmordszene nicht als Pornographie verstanden werden, denn der Porno ist für Baudrillard schließlich entzauberte Obszönität, weil absolute Sichtbarkeit herrscht; er ist „Medium der Produktion und des Realitätsprinzips".[132] Syanas Selbstmord muss als (Film-)Szene und als Umsetzung der Verführung im Baudrillard'schen Sinne gelesen werden: „Damit etwas eine Bedeutung bekommt, braucht man eine Szene, aber eine Szene gibt es nur, wenn es eine Illusion gibt, ein Minimum an Illusion, an imaginärer Bewegung und an Herausforderung des Realen, das einen mitreißt, verführt und in Aufruhr versetzt."[133] Syanas Freitod ist – genau wie ihr Spiel – das perfekte Kunstwerk:

> Jedes geschaffene Objekt, sei es visuell oder analytisch, konzeptuell oder fotografisch, muß alle Dimensionen des Spiels in einer einzigen wiederfinden: das Allegorische, das Darstellende (*mimicry*), das Agonale (*agôn*), das Aleatorische (*aléa*) und das Rauschhafte (*ilinx*). [...] Ein Werk, ein Objekt, eine Architektur, ein Foto, doch ebenso ein Verbrechen, ein Ereignis muß folgendes: Es muß Allegorie von etwas sein, Herausforderung von jemandem sein, den Zufall ins Spiel bringen und den Rausch herbeiführen. (IB, 187)

---

129 „Die Illusion ist nicht falsch, denn sie gebraucht keine falschen Zeichen, sondern sinnlose Zeichen. Deshalb enttäuscht sie unsere Forderung nach Sinn – wenn auch in zauberhafter Weise." (Jean Baudrillard: *Die fatalen Strategien*. Übers. v. Ulrike Bockskopf/Ronald Voullié. Mit einem Anhang von Oswald Wiener. München 1985, S. 61)
130 „Sichtbarer als das Sichtbare, das ist das Obszöne." (Jean Baudrillard: *Die fatalen Strategien*, S. 66) Vgl. Jean Baudrillard: *Paßwörter*, S. 27. Vgl. auch: „Die Erscheinungsform der Illusion ist die Szene, die Erscheinungsform des Realen ist das Obszöne." (Jean Baudrillard: *Die fatalen Strategien*, S. 60)
131 Samuel Strehle: *Zur Aktualität von Jean Baudrillard*, S. 169 f.
132 Samuel Strehle: *Zur Aktualität von Jean Baudrillard*, S. 169.
133 Jean Baudrillard: *Die fatalen Strategien*, S. 78.

Das Spiel weist genau wie Syanas inszenierter Selbstmord all diese Dimensionen auf und zielt auf Mikaels Beteiligung. „*Verführung* ist, was dem Diskurs seinen Sinn raubt und ihn von seiner Wahrheit ablenkt."[134] Erzählperspektivisch gedacht: Diese Szene wird von einer „Überwachungskamera. Schwarz-weiß" (WTC, 199) erzählt. Syana entzieht, Baudrillard folgend, damit dem (männlichen) Überwachungsdiskurs seinen Sinn, da die Kamera hier eine Illusion hervorbringt, die sich der Eindeutigkeit entzieht. Bilder können trügen, in ihrer Uneindeutigkeit liegt die Möglichkeit, Überwachung zu entkommen.

Die zweite Möglichkeit eines autonomen Selbstdesigns wählt Mikael nach dem katastrophalen Tod von Jennifer und Tom – jedoch, anders als Syana, macht er dies unbewusster und passiver: Mikael flieht und lebt mit anderen Identitäten. Nachdem Mikael Syanas E-Mail-Erklärung gelesen hat, weiß er, er muss New York verlassen. Der Erzähler gibt preis: „Dieser Moment ist die Geburt von Mikael Mikael." (WTC, 200) Die Geburtsmetapher verdeutlicht den Beginn einer neuen Identität. Mikael und Syana wählen, wenn *RLF* einbezogen wird, gewissermaßen denselben Ausweg – den Tod der bisherigen Identität.

> ‚Dafür gibt es jetzt einen neuen Menschen: Mikael Mikael.'
> ‚[…] Aber gerade weil ich dich kenne, kann ich dich auch enttarnen. […]'
> ‚Du hast es immer noch nicht verstanden.' Er lächelt mich müde an. ‚Das Kinderzimmer, das Geburtsdatum, das hat nichts mit mir zu tun. Jedenfalls nichts mit dem, der ich jetzt bin, sondern nur mit dem, der ich mal war. Wer ist schon Mikael Mikael?' Er wartet wieder ein paar Sekunden. ‚Ich habe dir doch erzählt, dass ich einen neuen Pass hab. Aber der ist nicht auf Mikael Mikael ausgestellt.' (WTC, 201 f.)

Die Figur lebt mit verschiedenen Identitäten – keine bleibt zeitlos bestehen, das weiß der Künstler, und der erzählende Freund muss es erst lernen. „Der permanente Wandel der Identität wird hier als Kontinuum gedacht und erscheint als notwendiges Prinzip, um sich vor Verfolgern […] zu schützen",[135] so Hayer. Die Idee einer lebenslangen Ich-Konstruktion mit dem Ziel einer gefestigten Identität hat *1WTC* aufgeben: „Selbstauflösung ist entwerfend, wenn sie Auswege aus der Pflicht zum Selbstdesign weist."[136] In diesem entwerfenden oder ermächtigenden Selbstdesign lässt der Text den Protagonisten sagen: „Es gibt auch noch eine kürzere Erklärung, sagt Mikael. Ich ist eben immer ein anderer. Und Fiktion ist die beste Tarnung der Realität." (WTC, 202) Die intertextuellen Verbindungslinien von Arthur Rimbauds *Ich ist ein anderer* zu Imre Kertész' Roman *Ich – ein ande-*

---

134 Jean Baudrillard: *Von der Verführung*, S. 77.
135 Björn Hayer: *Mediale Existenzen*, S. 295.
136 Friedrich von Borries: *Weltenentfernen*, S. 112.

rer bis hin zu Richard David Prechts *Wer bin ich und wenn ja, wie viele?* klingen alle in Mikaels Aussage an.

Identitäten werden narrativ im Mittel zwischen Fiktion, oder das was das Subjekt zu Erinnern glaubt, und Realität konstruieren. Ihr Ziel kann – so der Vorschlag von *1WTC*, der Überwachung zu entkommen – nicht eine einzige eindeutige Ich-Konstruktion sein, sondern uneindeutige Identitäten. Produkt der Ichwerdung soll nichts zeitüberdauerndes Festes und damit nichts algorithmisch Identifizierbares sein. In *Weltenentwerfen* sieht von Borries als Möglichkeiten, sich aus einem unterwerfenden Selbstdesign zu befreien, entweder Verweigerung oder multiple, flexible Identitäten: „Der Verzicht auf Individualität ermöglicht Dividualität, in der das Selbst sich als Vielheit von Möglichkeiten erfahren kann. Offen bleibt allerdings, inwieweit derartig multiple und flexible Identitäten sinnvolle Formen der Flucht aus der Pflicht zum Selbstdesign sind [...]."[137] Mit der Mikael-Figur schlägt der Text vor, auf Eindeutigkeit zu verzichten. Darin soll die Chance liegen, nicht mehr mittels Big-Data-Analysen von Marketingoperationen identifiziert und damit eindeutig mit personalisierter Werbung, Konsumvorschlägen oder Nachrichten versorgt werden zu können. „Mikael Mikael erscheint als eine ins Konstruktive gewendete Möglichkeit";[138] seine Identität lässt im Roman Realität und Fiktion verschwimmen. Auf diese Weise behauptet der Roman vielleicht: der Unterschied ist marginal.

5.4 Fiktion und Wirklichkeit – Hyperrealität und Simulation

Friedrich von Borries' Poetik ist eine der Grenzüberschreitung und Irritation. Leser:innen werden in einem ebenso uneindeutigen Zustand zurückgelassen: Ist das Gelesene wahr? Ist es erfunden? Beides soll denkbar bleiben. Der Text ist damit eine Intervention in bestehende Leser:innen-Realitäten. Er zielt auf das Aufbrechen von Grenzen und (literarischen wie weltlichen) Orientierungssystemen. Erzeugt wird diese Grenzauflösung einerseits durch die motivische Fiktionalisierung von Jean Baudrillards Simulationstheorie, bei der es nicht um bloße Täuschung, sondern um das Verschmelzen von Realität und Fiktion geht.[139] Andererseits entsteht sie durch erzähltheoretische Griffe wie die paradoxe Ebenentransgression.

---

137 Friedrich von Borries: *Weltentwerfen*, S. 113f. Das bedeutet auch, dass er Deleuze' Kritik am Dividuum ins utopisch Fruchtbare wendet.
138 Frank Taffelt: Zumutungen. In: *Ästhetik & Kommunikation* 46 (2016). Heft 171/172, S. 13–139, hier S. 119.
139 Samuel Strehle: *Zur Aktualität von Jean Baudrillard*, S. 96.

Jean Baudrillard gilt als der Philosoph, der den Tod der Realität verkündete und der das Attentat vom 11. September 2001 als absolutes, reines Ereignis, als „Mutter aller Ereignisse [...], das alle nie stattgefundenen Ereignisse in sich vereint",[140] bezeichnet hat. Das Kernstück seiner medienphilosophischen Arbeit ist seine Simulationstheorie. Baudrillard unterscheidet Zeichen in drei Ordnungen: Das Zeitalter der Imitatio verortet er in der Renaissance, im 19. Jahrhundert markiert er die Zeichen zweiter Ordnung, die dem Prinzip der Produktion folgen. Bei den Simulakra dritter Ordnung spricht Baudrillard von einer „göttliche[n] Referenzlosigkeit der Bilder".[141] Diese Zeichen haben jede funktionierende Referenz zum Realen aufgegeben:[142] Das Bild bildet nichts mehr ab, es „verweist auf keine Realität: es ist sein eigenes Simulakrum".[143] Die Zeichen haben sich vollständig von der Wirklichkeit abgekoppelt, sie sind jetzt ihre eigenen Vorbilder.[144] Damit hänge auch die Sinngebung der Welt nicht mehr an Subjekten, sondern Zwecke und Sinnvorstellungen von Zeichen und Bildern sind autonom geworden. Sinn erhalten sie nur durch Bezug zu anderen Zeichen. Strehle gibt zu bedenken, dass es im „Grunde [...] nur eine Frage der Zeit [ist], bis die immer detail- und erlebnisreicher ausgearbeitete Medienwirklichkeit der außermedialen Wirklichkeit irgendwann den Rang abläuft".[145] Man denke hier an die Entwicklungen von Metaverse. Was sich durch solche Simulakra dritter Ordnung im Prozess der Simulation generiert, nennt Jean Baudrillard die ‚Hyperrealität'. „Das Reale verschwindet nicht zugunsten des Imaginären, sondern zugunsten dessen, was realer als das Reale ist: das ist das Hyperreale. Wahrer als das Wahre: das ist die Simulation."[146] Im Zustand der hyperrealen Simulation herrsche ein Realitätsrausch, Realität werde künstlich erzeugt, überall tauche Realitätssimulation auf.[147] Hyperrealität meint auch die zuneh-

---

140 Jean Baudrillard: *Der Geist des Terrorismus*, S. 11.
141 Jean Baudrillard: *Agonie des Realen*. Übers. v. Lothar Kurzawa/Volker Schaefer. Berlin 1978, S. 10–16.
142 Vgl. Falko Blask: *Jean Baudrillard zur Einführung*, S. 12.
143 Jean Baudrillard: *Agonie des Realen*, S. 15.
144 „Die Bilder haben sich verselbstständigt, so die grundlegende Diagnose der Simulationstheorie. Frei flottierend in einem ‚ununterbrochenen Kreislauf ohne Referenz' (PS 14) postulieren sie keine Verbindung mehr zu einem Außerhalb der Zeichen- und Bilderwelt, sondern tauschen sich *untereinander* aus, verweisen nur noch auf andere Zeichen und Bilder." (Samuel Strehle: *Zur Aktualität von Jean Baudrillard*, S. 105)
145 Samuel Strehle: *Zur Aktualität von Jean Baudrillard*, S. 106.
146 Jean Baudrillard: *Die fatalen Strategien*, S. 12.
147 „Die Strategie des Hyperrealen funktioniert nicht über positive Realitätseffekte (das wäre eben Realismus und nicht Hyperrealismus), sondern darin, das Reale *negativ* zu evozieren – mit Hilfe einer paradoxen Strategie der *Realitätsverneinung*." (Samuel Strehle: *Zur Aktualität von Jean Baudrillard*, S. 111) Das Prinzip zeigt Baudrillard an Disneyland: „Disneyland existiert, um das „reale" Land, das „reale" Amerika, das selbst ein Disneyland ist, zu kaschieren [...]. Disney-

mende Mediatisierung und Virtualisierung aller Ereignisse: „Das ist die Tücke der Simulationen: Für die eigentliche Realität ist kein Platz mehr. Die Ereignisse müssen der Medienwirklichkeit hinterherhasten und sich ihr anpassen. An ihre Stelle tritt etwas, das realer ist als das Reale: die Hyperrealität."[148] Simulakra können, obwohl sie totale Relativität erreichten, immer noch sehr reale Auswirkungen haben.[149]

An diesem Punkt der realen Auswirkungen aller Simulation setzt der Roman *1WTC* an. Die zentralen Motive des Romans (Syanas Spiel, ihr Selbstmord und Toms Paradies) führen den Gedanken der Simulation und der Zeichen dritter Ordnung vor Augen, zumal Baudrillard dort jeweils durch einen der Erklärungseinschübe der Erzählstimme III Eingang in den Text findet.

Syanas Spiel – entertainte Wirklichkeit

Mit dem Motiv des Spiels verarbeitet der Text auch das Narrativ der überwachten Selbstüberwacher:innen. Die konkrete Ausgestaltung des Narrativs zeigt sich als Gamifizierung der Praktik, bei der die Figuren lustvoll andere Figuren überwachen. Einer der ersten Einschübe erklärt die Idee dieses Spiels: „Die Welt ist ein Fake, und die Möglichkeit, in fiktionale Parallelwelten einzutauchen und dafür zeitlich begrenzt die kritische Vernunft auszuschalten, scheint das Überlebensprinzip der Gegenwart zu sein." (WTC, 40) Wer die Quelle der Stimme ist, bleibt unklar. Noch vorsichtig als fiktionale Parallelwelt – als alternative Welt neben der eigentlichen – gedacht, nähert sich das Spiel der Verschmelzung von Fiktion und Realität an. Es greift in die soziale Wirklichkeit ein. „Meine Spiele sind [...] eher eine verspielte Form der Wirklichkeit. Es geht darum, Ideen aus der Spielwelt in den Alltag zu schmuggeln", so die Figur (WTC, 39). Diese Idee kulminiert später: „Eigentlich [ist es, SH] gar kein Spiel mehr, sondern *entertainte* Wirklichkeit." (WTC, 48) Mit der Spielentwicklung und den Sacherläuterungen zu verschiedenen Computer-/Handyspielen wird die schleichende Medialisierung und Virtualisierung der gelebten Welt deutlich. Allmählich wird das Spiel, das zu-

---

land wird als Imaginäres hingestellt, um den Anschein zu erwecken, aller [sic!] Übrige sei real. Los Angeles und ganz Amerika, die es umgeben, sind bereits nicht mehr real, sondern gehören der Ordnung des Hyperrealen und der Simulation an. Es geht nicht mehr um die falsche Repräsentation der Realität (Ideologie), sondern darum, zu kaschieren, daß das Reale nicht mehr das Reale ist, um auf diese Weise das Realitätsprinzip zu retten." (Jean Baudrillard: *Die Agonie des Realen*, S. 25)
148 Falko Blask: *Jean Baudrillard zur Einführung*, S. 38.
149 Falko Blask: *Jean Baudrillard zur Einführung*, p. 34f.

nächst als fiktive Parallelwelt eingeführt und dann als entertainte Wirklichkeit bezeichnet wird, schließlich zur gelebten Realität. Was zuvor Realität war, steht hinter dem Spiel an.

Baudrillards Idee lautet: „Wenn man sagt, daß die Realität verschwunden sei, dann heißt dies nicht, daß sie in einem physischen Sinne verschwunden wäre, sondern vielmehr in einem metaphysischen Sinne. Die Realität existiert weiter – es ist ihr Prinzip, das tot ist."[150] Es seien die Formen bekannter und vertrauter Realität gemeint, „weil es nicht mehr möglich ist, das Reale vom Imaginären zu unterscheiden, weil die Simulation das Wahrheitsprinzip beseitigt und damit die semantische Äquivalenz zwischen Signifikant und Signifikat ‚ausradiert'".[151] Diese Ununterscheidbarkeit markiert das Spiel am Übergang von Level 2 zu 3: „Spiel und Alltagswelt überlagern sich, der Spieler kann nicht mehr zwischen Spiel und Wirklichkeit unterscheiden. Stufe 3: Die Wirklichkeit wird zum Spiel, das Spiel wird zur Wirklichkeit." (WTC, 49) Für jedes Level wird im Text ein realexistierendes Beispiel genannt: *Gamefiction, Epic win, Foursquare*. Auch dieses Motiv ist verdichtete Gegenwart, die Ideen zu diesem Spiel existieren bereits.

In der Szene am Haus am See erreicht das Spiel eine neue Realitätsform: „Alternate Reality Games (ARG). Spiele, die in einer Ersatzwirklichkeit verschiedene Realitätsebenen miteinander vermischen und sich dabei nicht auf ein Spielmedium beschränken. Ziel ist die Verschmelzung von Fiktion und Realität." (WTC, 116) An diesem Punkt überfällt die Figur erstmalig „die Angst vor der letzten Konsequenz" (ebd.). Was wird passieren, wenn das Spiel tatsächlich zu Realität wird? Welche realen/physischen Konsequenzen werden die spielerischen Überwachungsoperationen offline haben? An diesem Punkt wird die Referenz auf Baudrillard ersichtlich: Ein montierter Schnipsel verweist auf *Agonie des Realen*. Inhalt ist Baudrillards Nachdenken über „Terroraktionen im Italien der siebziger Jahre" (WTC, 123). *1WTC* zitiert eine Frage Baudrillards:

> Handelt es sich bei den Sprengstoffanschlägen in Italien um die Taten linker Extremisten oder um eine Provokation der extremen Rechten oder um eine von der Mitte ausgehende Inszenierung mit der Absicht, die Extremisten in Verruf zu bringen, um damit die eigene angeschlagenen [sic!] Macht wiederzuerlangen, oder handelt es sich um ein Szenario der Polizei und um eine Erpressung der öffentlichen Sicherheit? (ebd.)[152]

---

150 Jean Baudrillard: *Die Intelligenz des Bösen*. Übers. v. Christian Winterhalter. Wien 2006, S. 14.
151 Falko Blask: *Jean Baudrillard zur Einführung*, S. 36.
152 Vgl. Jean Baudrillard: *Die Agonie des Realen*, S. 30.

Was der Roman jedoch nicht mehr zitiert ist Baudrillards Antwort:

> All das ist gleichzeitig wahr und die Suche nach Beweisen zur Ermittlung der objektiven Tatsachen hält diesen Interpretationsschwindel nicht auf. Wir befinden uns in der Logik der Simulation, die nichts mehr mit einer Logik der Tatsachen und einer Ordnung von Vernunftsgründen gemein hat.[153]

Der intertextuelle Realitätseinbruch findet sich im Roman, nachdem Level 3 erklärt wurde: Die Zielperson merkt, dass sie verfolgt wird; „[f]ür den Spieler wird es immer schwieriger, die Zielperson zu steuern" (WTC, 123). Syanas Spiel rückt so in die Nähe terroristischer Interventionen und soll sich dennoch weder links noch rechts oder in der Mitte verorten lassen. Ihre Widerstandsaktion ist radikal, sie verletzt willentlich die Privatheit anderer und nimmt Opfer, gar Tote in Kauf, im Glauben, einer höheren Sache zu dienen. Es ist ein Spiel der Macht, dessen Instrumente alle denkbaren Praktiken der Online-Überwachung sind. Syana liebt Spiele, die

> die Grenze zwischen Simulation und Wirklichkeit noch weiter verschwimmen lassen [...]. Üben für den Ernstfall, in einer spielerischen Umgebung. Reaktionsgeschwindigkeit, Sozialverhalten, Entscheidungskompetenz. Trainingsspiele bereiten auf die Wirklichkeit vor, statt sie nur nachzuahmen (WTC, 117).

Syanas Spiel ist ein Simulakrum, das nicht dem Prinzip der Imitatio, sondern dem der Simulation gehorcht und das zwangsläufig keinen Unterschied kennt zwischen seiner eigenen Fiktion und Realität. Nicht alle Datensubjekte wissen von ihrer Teilhabe, es werden Daten beschafft, die die Unwissenden in einer für sie realexistierenden Wirklichkeit generieren und (aus-)leben. Was für die einen Spiel ist, ist für die anderen Realität – und was für die einen Realität ist, ist für die anderen ein Spiel. Doch in solchen Welten schaltet sich „die kritische Vernunft aus" (WTC, 40). Zygmund Bauman formuliert im Gespräch mit David Lyon: „Der wichtigste Effekt des Fortschritts in der Distanzierungs- und Automatisierungstechnologie ist die *zunehmende und vielleicht unaufhaltsame Befreiung unseres Handelns von moralischen Skrupeln.*"[154] Die Formen der Überwachung aus der Distanz, und damit einhergehend Formen des simulierten (Kriegs-)Spiels, haben eine soziale Entfremdung zur Folge, in der zwangsläufig Mitmenschen wie fiktive Gegner:innen behandelt werden[155] und die Konsequenzen für das Leben anderer in Kauf genommen werden im Modus eines „Als-ob". ‚Als-ob' der Tod nur das Ver-

---

153 Ebd.
154 Zygmund Bauman/David Lyon: *Daten, Drohnen, Disziplin*, S. 110.
155 So David Lyon in einem Interview: „Virtueller Krieg entfernt die Gesichter von beiden, Aggressoren und Opfern, so daß letzter nur noch als Kollateralschäden klassifiziert werden." (Leon Hempel/Jörg Metelmann: „Wir haben gerade erst begonnen", S. 32)

lieren eines Levels oder den Neustart des Spiels zur Folge hätte. Daher kann Syana fragen: „Ist dieser [der Spieler, SH] zum Beispiel bereit, jemandem aus dem engen Umfeld der Zielperson [...] zu töten, um so deren Wut zu steigern?" (WTC, 123) In der Simulationsgesellschaft verliert das Subjekt den Respekt vor fremder Privatheit, mehr noch fremdem Leben. Das Entscheidende ist nun, dass Baudrillard im Unterschied zu Kulturkritiker:innen wie Adorno oder Anders keine ‚wahre' Welt hinter der Simulation sieht: Fiktion und Wirklichkeit sind untrennbar. Damit „wird aber auch die klassische platonische Trennung zwischen wirklicher und unwirklicher Welt hinfällig".[156] Das Sprechen von einer ‚virtuellen Welt' neben der tatsächlichen Welt, das gelegentlich noch zu hören ist, ist so als Versuch zu lesen, in eine biedermeierliche Sehnsucht zu verfallen.

Das künstliche Folter-Paradies

Das zweite Motiv, das im Reich der Zeichen einzuordnen ist, ist das der Folterkammer: das Paradies. Mit diesem Motiv diskutiert der Roman die Anti-Terror-Politik und die Frage, ob gefoltert werden darf, um an Informationen von vermeintlichen Terrorist:innen zu gelangen. Dabei akzentuiert *1WTC* die Rolle des Raumes bzw. der Architektur. Baudrillard ist nicht allein wegen seiner Theoreme zur Hyperrealität und Simulation für ein Verständnis von *1WTC* interessant, sondern auch wegen seiner Überlegungen zum 11. September und zum ‚neuen' Terrorismus:

> [Es ist] ein neuer Terrorismus entstanden [...], eine neue Aktionsform, die sich die Spielregeln aneignet und das Spiel spielt, um es besser zu stören. Es ist nicht nur so, dass diese Leute mit ungleichen Waffen kämpfen, indem sie ihren eigenen Tod einsetzen, der nicht erwidert werden kann („Das sind Feiglinge"), sondern sie haben sich alle Waffen der dominierenden Macht angeeignet. Das Geld und die Börsenspekulation, die Informationstechnologien und die Luftfahrttechnik, die Dimension des Spektakulären und die medialen Netze: [...] Die perfekte Beherrschung dieser klandestinen Existenz ist beinahe ebenso terroristisch wie der spektakuläre Akt vom 11. September. Denn sie lenkt den Verdacht auf jedes x-beliebige Individuum: Ist nicht jedes beliebige harmlose Wesen ein potentieller Terrorist?[157]

Der Tod von Terrorist:innen ist ein Einbruch eines symbolischen Opfertodes, „der mehr als real ist: eines symbolischen und eines Opfertodes – das heißt um ein absolutes und unwiderrufliches Ereignis. Das ist der Geist des Terrorismus."[158] Der Kampf werde so in eine symbolische Sphäre gelegt: Herausforderung, Rück-

---

156 Samuel Strehle: *Zur Aktualität von Jean Baudrillard*, S. 107.
157 Jean Baudrillard: *Der Geist des Terrorismus*, S. 23f.; vgl. S. 61f.
158 Jean Baudrillard: *Der Geist des Terrorismus*, S. 21.

schlag, Überbietung. Jeder Tod verlangt einen symbolisch gleich- oder höherwertigen Tod. Daher sei für die US-amerikanische Regierung kein anderes Vorgehen möglich gewesen als die Tötung Bin Ladens, und sie musste ein Medienbild um die Welt schicken, wie auch die Zwillingstürme von den Terroristen als Bild um die Welt geschickt wurden. Die Echtzeitübertragung der Bilder und ihre weltweite Verbreitung wurden zur Waffe.[159] Im Einsturz des World Trade Centers verschmelzen Realität und Bildfiktion.[160]

Während der Erzähler der Mikael-Diegese damit beginnt zu betonen, dass „[f]ür diesen Bericht [...] die Architektur des alten World Trade Centers von keiner großen Bedeutung [ist]; wichtiger sind die Versuche, es zu zerstören" (WTC, 15), widerspricht Baudrillard:

> Die Attentate des 11. September gehen selbstverständlich auch die Architektur an, da das zerstörte Bauwerk eines der berühmtesten der Welt war. Die Attentate haben zugleich eine bestimmte Architektur wie ein ganzes System westlicher Werte und eine Weltordnung getroffen. Es liegt daher nahe, mit einer historischen und architektonischen Analyse der Twin Towers zu beginnen, will man die symbolische Bedeutung ihrer Zerstörung verstehen.[161]

Im Verlauf des Architekturkrimis wird die Bedeutung des Gebäudes erläutert; beispielsweise in einem der enzyklopädischen Artikel Informationen zum Architekten Minoru Yamasaki. Tom fragt sich: „Hat er [gemeint: Yamasaki, SH] mit seinen Bauwerken den Geist der Zerstörung gesät?" (WTC, 126) Für Baudrillard war bereits das alte WTC ein Zeichen der Hyperrealität: Die beiden Zwillingstürme waren für ihn „die Vorwegnahme des Endes des Originals".[162] Dass sie zerstört wurden, sei nicht überraschend, denn die Türme „waren gerade in ihrer Zwillingshaftigkeit eine perfekte Verkörperung dieser definitiven Ordnung [...]. Es ist vollkommen logisch und unausweichlich, dass die stete Machtzunahme einer Macht auch den Wunsch verstärkt, sie zu zerstören".[163] Während Baudrillard sich

---

159 Vgl. Jean Baudrillard: *Der Geist des Terrorismus*, S. 29 f.
160 „Der Einsturz der Türme des World Trade Centers ist unvorstellbar, doch reicht das nicht, um daraus ein reales Ereignis zu machen. Ein Übermaß an Gewalt genügt nicht, um zur Realität zu gelangen. Denn die Realität ist ein Prinzip, und es ist dieses Prinzip, das wir verloren haben. Reales und Fiktion sind untrennbar miteinander verbunden, und die Faszination des Attentats ist in erster Linie eine Faszination durch das Bild [...]. Nicht die Gewalt des Realen ist zuerst da, gefolgt vom Schauer des Bildes, sondern umgekehrt: Zunächst ist das Bild da, dem der Schauer des Realen folgt." (Jean Baudrillard: *Der Geist des Terrorismus*, S. 30 f.; vgl. auch S. 74)
161 Jean Baudrillard: *Der Geist des Terrorismus*, S. 37.
162 Jean Baudrillard: *Architektur. Wahrheit oder Radikalität?*. Übers. v. Colin Fournier/Maria Nievoll/Manfred Wolff-Plottegg. Graz/Wien 1999, S. 8; vgl. dazu auch: „Die Tatsache, dass es zwei davon [gemeint sind die Türme des WTC] gab, bedeutet das Ende jeder originalen Referenz [...]." (Jean Baudrillard: *Der Geist des Terrorismus*, S. 38)
163 Jean Baudrillard: *Der Geist des Terrorismus*, S. 13.

zunächst auf die Analyse der Zerstörung, des Terrorismus und des damit verbundenen unmöglichen Tausches des Todes konzentriert, fokussiert der Roman die Vergeltung. Er setzt aber Kenntnis von Baudrillards Analysen voraus und stellt sodann die Frage: Wie antwortet Amerika auf die Provokation des symbolischen Opfertodes durch den Terrorismus und auf die eigene Verletzbarkeit? Was der Roman motivisch aufbereitet, ist die Erschaffung eines künstlichen Folter-Paradieses. Damit verarbeite *1WTC*, so Greiner, auch das, was in totalitären Systemen unter dem Begriff der ‚Weißen Folter' gehandelt wird. Weiße Folter meint einen Aufbau von psychologischem Druck unter Kenntnis der jeweiligen kulturellen Praktiken. Im Paradies sieht Greiner eine sehr präzise Beschreibung dessen, was in Terror- und Folterpraktiken angelegt ist.[164]

Paradiesvorstellungen offenbaren kulturelle Orte der Sehnsucht, Fluchtpunkte für die Seligen im Jenseits,[165] „als verlorener Ursprung, ideales Naturverhältnis oder tröstliche Aussicht [haben sie] auch in säkularen und postmodernen Gesellschaften ihren Ort".[166] Es sind Erlösungsvorstellungen aus dem Diesseits in einen Ort voll Harmonie, Fülle und Friedlichkeit.[167] *1WTC* ruft die unterschiedlichsten kulturellen Paradiesvorstellungen auf: vom biblischen Garten Eden über die Alhambra (vgl. WTC, 94) bis hin zu künstlichen Paradiesen der Postmoderne wie das Erlebnisbad Tropical Island „als Paradies der arme Leute[]. Tag und Nacht geöffnet, 28,50 Euro" (WTC, 97) und führt sie als Gegen-Orte eng, die überzeitlich in allen Epochen vorhanden waren.

Als Tom das Paradies realisieren soll, erschrickt dieser. Die Unmittelbarkeit durch die Übernahme der sprachlichen wie ideologischen Perspektive Toms verdeutlicht, dass der Architekt von Beginn an kein gutes Gefühl hat: „Scheiße. Tom weiß sofort, worauf Sunner anspielt. Eine alte Geschichte aus dem Krieg." (WTC, 78) Die Idee zu dieser Folterkammer entstand im Kriegseinsatz, in einer Einheit, die Informationsbeschaffung mittels Foltermethoden erzielt: „Zum Zeitvertreib hatte Tom damals angefangen, Entwürfe für das Paradies zu zeichnen. Zitate islamischer Architektur, Möbel, Landschaftsskizzen. Und dazwischen ein paar nackte Frauen. Ein Spaß für die Kameraden." (WTC, 79) Für Tom ist das Projekt, wie sein Vorgesetzter Sunner erkannte, „Ausdruck deiner Verzweiflung und deiner Wut über die Folter" (WTC, 79). Von Borries führt die Figur demnach nicht als skrupellosen Karrieretypen ein, sondern als Traumageschädigten, einen mit den Eindrücken

---

[164] *bpb. Streitraum*: Angst vor der Gefahr oder Gefahr vor lauter Angst.
[165] Vgl. Claudia Benthien/Manuela Gerlof: Topografien der Sehnsucht. Zur Einführung. In: Claudia Benthien (Hg.): *Paradies. Topografien der Sehnsucht*. Köln 2010, S. 7–29, hier S. 7.
[166] Claudia Benthien/Manuela Gerlof: Topografien der Sehnsucht, S. 8.
[167] Vgl. Horst S. Daemmrich/Ingrid Daemmrich: *Themen und Motive in der Literatur*. 2. Aufl. Tübingen 1995, S. 274 f.

von Krieg und Folter überforderten US-Soldaten. Der ursprüngliche Paradiesplan war sein ‚Ventil', Ausdruck seines Wunsches, dass Informationen ohne Folterschmerzen erlangt werden können. Er müsse dafür nur den Sehnsuchtsort simulieren: „Gefängnisse als künstliche Paradiese" (WTC, 78f.). Interessanterweise ist Toms Grundbedürfnis, zu strafen bzw. Informationen zu beschaffen ohne körperliche Schmerzen zufügen zu müssen, mit Jeremy Benthams Motiven für das Panopticon identisch: Auch Bentham suchte Züchtigungsmöglichkeiten ohne die Ausübung von Gewalt, die Gefangenen sollten sich freiwillig anpassen/unterwerfen. Freiwilligkeit statt Schmerzen – so steigert Toms Projekt das von Bentham. In diesem Fall markiert der Text die Entstehung des Paradieses als Versagen der US-Regierung, die ihre Soldat:innen mit den Kriegseindrücken allein lässt.[168]

Toms eigentliche Arbeit am Projekt findet in Kapitel drei der Binnenerzählung statt. Liest man die fünf Kapitel der Mikael-Erzählung vor dem Hintergrund des Dramenschemas nach Freytag, wird die Konstruktion und Fertigstellung der Paradiessimulation am Ende des dritten Kapitels, zum Höhepunkt der Erzählung. Planort der Simulation ist der Keller des neuen World Trade Centers – inmitten der strengbewachten Sicherheitsarchitektur: „Eine Löschanlage [...]. Druckflaschen mit Freon, einem flüssigen Löschmittel, das Brände durch Sauerstoffenzug erstickt. Freon ist auch für Menschen tödlich" (WTC, 92).[169] Bevor das Paradies überhaupt Gestalt annimmt, wird proleptisch die Katastrophe angekündigt: Tod durch Ersticken. Ironisch dabei ist, dass gerade der Erstickungstod beim Waterboarding an mutmaßlichen Terrorist:innen simuliert wird. Die Simulation kehrt sich um, wendet sich gegen die Landsleute und wird real erfahren.

Das erzählte Paradies ist ein unheimliches Projekt, das Schauern und Entsetzen hervorruft. Sigmund Freud geht davon aus, dass das Unheimliche immer Teil des Heimlichen ist, ein Teil des Eigenen: „Also heimlich ist ein Wort, das seine Bedeutung nach einer Ambivalenz hin entwickelt, bis es endlich mit seinem Ge-

---

[168] „Das hat er [Tom, SH] im Krieg gelernt: zu vergessen. Dinge, die einen belasten, einfach wegschieben. In ein tiefes Loch irgendwo im Selbst. Tom kennt viele Kameraden, bei denen immer wieder Erinnerungen hochkommen. Die Scharmützel. Die eigene Angst. Schuldgefühle. Posttraumatische Störung, so nennen das die Psychologen. Die Folgen sind bekannt: Drogenmissbrauch, Schwierigkeiten in privaten Beziehungen, Erfolglosigkeit im zivilen Beruf." (WTC, 99f.)
[169] Freon befand sich als Löschmittel im alten WTC und wird für New York nach 9/11 zum Problem. „Unter der Liberty Plaza seien aus sieben Großkompressoren, die die Klimaanlagen im World Trade Center versorgten, große Mengen der Kühlflüssigkeit Freon ausgelaufen, berichtet Newsweek. Experten vermuten, dass während des Höllenfeuers zigtausende Liter Freon zu hochgiftigem Phosgen verbrannt sind, einer Substanz, die im Zweiten Weltkrieg als chemisches Kampfmittel produziert wurde." (Stephan Wiehler: New York: Vergiftete Atmosphäre. In: *Der Tagesspiegel*, 11.10.2001. URL: https://www.tagesspiegel.de/weltspiegel/new-york-vergiftete-atmosphaere/262624.html [19.09.2022])

gensatz unheimlich zusammenfällt. Unheimlich ist irgendwie eine Art von heimlich."[170] Die Realisierung des Paradiesprojektes macht diese Idee des Eigenen im Fremden und der freudschen Annahme deutlich, dass das Unheimliche „nichts Neues oder Fremdes [ist], sondern etwas dem Seelenleben von alters her Vertrautes, das ihm durch den Prozeß der Verdrängung entfremdet worden ist. [...] etwas, was im Verborgenen hätte bleiben sollen und hervorgetreten ist".[171] In einer Innenschau tritt dann hervor, dass Tom „von islamischer Kultur, ihrer Kunst und Architektur eigentlich keine Ahnung [hat ...]. Was bleibt, sind Gemeinplätze, Vorurteile, Medienbilder. Kopftücher, Minarette, Selbstmordattentäter" (WTC, 93). Der Text inszeniert so eine rhetorisch beschleunigte Assoziationskette von Kultur zu Terror.

Nach einem Testlauf in Polen mahnt ihn Sunner zu weniger Abstraktion; Tom begreift: Es geht weder um das Erfassen der fremden Kultur noch um die perfekte Täuschung, sondern um die Bestätigung von (Medien-)Bildern, Sunners westlich-männlichen Vorurteilen und seine unterdrückten (Männer-)Phantasien.[172] „Er überlagert die Alhambra mit dem Venetian, montiert Ausschnitte aus *Elle Decoration* mit Nacktfotos aus dem *Playboy*." (WTC, 142) Tom collagiert über Kontexte hinweg: „Am Ende steht Toms Konzept der Verführung als lächerliches Pop-Pastiche",[173] Tom wird zum Dienstleister einer pornographischen Vorstellung, er montiert Männerphantasien mit pseudoreligiösem Kitsch. Alle Zeichen haben damit ihre einstige Referenz verloren: Sie zirkulieren und kommunizieren nur noch untereinander. Die Folge ist, dass jede Idee des Paradieses nur auf (Ab-)Bildungen von Paradiesvorstellungen in Medien und jede Sinnlichkeit nur noch auf Sexualisierung und Pornographie referenziert. Ziel hierbei ist, größtmögliche konsumierbare Befriedigung zu erhalten. Das hyperreale Paradies lenkt

---

170 Sigmund Freud: Das Unheimliche. In: Ders.: *Der Dichter und das Phantasieren. Schriften zur Kunst und Kultur*. Hg. v. Oliver Jahraus. Stuttgart 2010, S. 187–227, hier S. 195. Freud betont auch die Verschiebung ins Phantastische: „Tragen wir noch etwas Allgemeines nach, [...] daß es nämlich oft und leicht unheimlich wirkt, wenn die Grenze zwischen Phantasie und Wirklichkeit verwischt wird, wenn etwas real vor uns hintritt, was wir bisher für phantastisch gehalten haben, wenn ein Symbol die volle Leistung und Bedeutung des Symbolisierten übernimmt und dergleichen mehr." (ebd., S. 216 f.)
171 Sigmund Freud: Das Unheimliche, S. 213.
172 „Sunner zeigt die Zeichnungen und Collagen. Im Pool schwimmen zwei nackte Frauen und küssen sich. Am Beckenrand sitzt eine Frau, die Beine gespreizt, sie befriedigt sich selbst [...]. Die Männer reichen einander die Bilder und schmunzeln. Blende." (WTC, 143 f.)
173 Björn Hayer: *Mediale Existenzen*, S. 297.

vom Fehlen wahrhaftiger Sexualität ab wie die Künstlichkeit von Disneyland[174] verheimlicht, dass „das ‚reale' Amerika [...] selbst ein Disneyland ist".[175]

Toms erster Entwurf versagt im Testlauf deshalb, da die Sprache der Dschihadisten und ihre sprachlichen Codes nicht studiert wurden. Nun kombiniert Tom Baudrillards Simulationsgedanken mit einem Whiteout als Grenzauflösung. Paradiesvorstellungen sind individuelle Sehnsuchtsvorstellungen sind und niemand weiß, wie sie genau aussehen.[176]

> Laporta: ‚Ich habe keine Ahnung, wie sich irgendjemand das Paradies vorstellt. Und erst recht nicht, was sich ein verdammter islamischer Gotteskrieger darunter vorstellt [...].'
> Sunner: ‚Im Paradies warten Jungfrauen, die die Märtyrer verwöhnen. [...]. Ich glaube nicht an Ihre veralteten Methoden. Folter verschließt Menschen. In Guantanamo haben wir damit keine verwertbaren Ergebnisse erhalten. Gewalt ist einfach das falsche Mittel. Ich bin kein Hippie (dreckiges Lachen), aber Waterboarding ... [...]. Make love, not war. Damit erreichen Sie viel mehr.'
> Die drei lachen dreckig. [...]
> Sunner: ‚Sir, wenn es uns gelingt, das Paradies zu simulieren, dann werden wir an die geheimsten Informationen kommen. An die Wahrheit.' (WTC, 102)

Sunner, Laporta und Cornelly interessieren sich nicht dafür, welche kulturell-religiösen Paradiesvorstellung(en) der Koran selbst beschreibt. Die

> zahllosen Schilderungen [des Korans, SH] von Paradies und Hölle sind außerordentlich bildhaft und konkret; vor allem das Paradies erscheint als ein Ort ungetrübtester Sinnesfreude, in welchem den Bewohnern weibliche Wesen ‚mit großen schwarzen Augen' (huri) zur Verfügung stehen[.][177]

---

174 Friedrich von Borries merkt zu Disneyland an, dass der Park das umgekehrte Design des Justizpalasts aufweist. Im Justizpalast sind alle Dinge 5% vergrößert: Treppen, Türen, Türgriffhöhen sind überdimensional groß oder hoch, damit der Mensch sich dort kleiner vorkommt und eingeschüchtert werde. In Disneyland sei es umgekehrt, damit der Besucher:innen sich größer vorkommen und sich wohler fühlen (vgl. *bpb. Streitraum: Angst vor der Gefahr oder Gefahr vor lauter Angst*).
175 Jean Baudrillard: *Agonie des Realen*, S. 25.
176 Eine Kunsthistorikerin erklärt Tom: „Wer weiß schon, ob es das gibt und wenn ja, wie es aussieht [...]. Wer sich jedoch dazu entschließt, der wird auch eine schöne Belohnung vor Augen haben – wobei das vielleicht auch nur unsere westliche Projektion ist, wir verkennen zuweilen die Ausweglosigkeit der Situation, die in vielen Ländern herrscht. Westliche Ignoranz." (WTC, 96 f.) Von Borries verzichtet ansonsten auf Stimmen der Moral wie die der Kunsthistorikerin.
177 Hartmut Bobzin: *Der Koran. Eine Einführung*. 8. überarb. u. erw. Aufl. München 2014, S. 42.

Das Paradies ist der christlichen Beschreibung des Garten Edens nicht unähnlich.[178] Auch wissen Sunner und seine Männer nicht, welche Vorstellungen in der vermeintlichen „Geistigen Anleitung"[179] der Attentäter vom 11. September geschildert werden. Es geht um komplexitätsreduzierende Medienbilder, eigene Imaginationen und unterdrückte Wünsche. Der Text greift damit die Sexualisierung des Islambildes durch die Medien unmittelbar an.[180] *1WTC* macht sich das Medienbild des Islams zu eigen, um es als Projektion des Eigenen im Fremden zu entlarven. Das Paradies als männliche Sexphantasie zu beschreiben, schafft eine Analogie zum Islambild der Medien, das eine westliche (abstrakte) Fiktion ist. Sunner versteht die so konstruierte Simulation als Täuschung: „Indem die Außenwelt innerhalb dieses Denkmodells einen harmonischen Trug evoziert, sollen Wahrheiten generiert werden. Durch Schein soll Sein werden. Die Realität soll gemäß Baudrillard ersetzt werden",[181] schlussfolgert Hayer. Doch das Paradies, so wie Sunner es sich vorstellt, entspricht nicht Baudrillards Vorstellung der Simulation, dem deswegen schon der Film *Matrix* missfallen hat. *Matrix* postuliere zwei Welten, die Wirklichkeit und die Matrix, diese Umsetzung entspräche nicht seinen Überlegungen, nach der es keine Wirklichkeit und Schein-Wirklichkeit gibt.

In Toms Bücherschrank befindet sich Baudrillards Text *Architektur: Wahrheit oder Radikalität* (vgl. WTC, 104). In Toms weiteren Überlegungen fließen die Gedanken des französischen Philosophen zu hyperrealen Simulakra ein:

> Simulation: die Vortäuschung, die Verstellung, von lateinisch *simulatio*: die Verstellung, die Heuchelei, die Täuschung, das Vorschützen (eines Sachverhalts), die Vorspiegelung, der Vorwand, der Schein [...].
> Dissimulation: die Verstellung, die Verstellungskunst, die Verheimlichung, die Verbergung, das Verhehlen, die Verschleierung [...].
> Simulakrum: das Trugbild, das Blendwerk, die Fassaden der Schein; von lateinisch *simulacrum*: das Bild, das Abbild, das Bildnis, die Nachbildung, das Gebilde, die Statue, das Götterbild, die Bildsäule, das Traumbild, der Schatten, das Gespenst. (WTC, 107f.)

---

178 Die „Vorstellung vom Paradies ist die eines angenehm kühlen Gartens, von Bächen mit klarem Wasser durchflossen, in dem es schattige Bäume mit Früchten aller Art gibt. Das Gegenbild zu dieser Oase stellt die Hölle dar." (Ebd.)
179 Albrecht Fuess/Moez Khalfaoui/Tilman Seidensticker: Die „Geistliche Anleitung" der Attentäter des 11. September. In: Hans G. Kippenberg/Tilmann Seidensticker (Hg*.): Terror im Dienste Gottes. Die „Geistliche Anleitung" der Attentäter des 11. September 2001*. Frankfurt/M. 2004, S. 1728, hier S. 22 ff. Vgl. Klaus Brinkbäumer et al.: Terrorismus – Anleitung zum Massenmord. In: *Der Spiegel* 40 (2001). URL: https://www.spiegel.de/politik/anleitung-zum-massenmord-a-4bd7f0fd-0002-0001-0000-000020240145 [19.09.2022].
180 Vgl. Sabine Schiffer: *Die Darstellung des Islams in der Presse. Sprache, Bilder, Suggestionen. Eine Auswahl von Techniken und Beispielen*. Diss. Nürnberg 2004, S. 34.
181 Björn Hayer: *Mediale Existenzen*, S. 299.

Toms architektonische Umsetzung der Simulation beginnt, als er beschließt: „Der Entwurf muss abstrakt sein, losgelöst von allem konkret Vorstellbaren. Es darf nicht so aussehen wie eine realisierte Vorstellung." (WTC, 104 f.) Wie Syana in ihren Kriegsspielen feststellt, dass Soldat:innen besser sind, wenn sie glauben, alles sei Fiktion, kommt auch Tom zum Schluss, dass das Paradies kein mimetisches, real-vorstellbares Zeichen sein dürfe, damit die gewünschten Ergebnisse und das gewünschte Verhalten erzielt würden. Hat ihm zuvor der Whiteout noch Angst gemacht,[182] sieht er nun darin die Möglichkeit. Er entwirft „eine Innenkugel ohne erkennbare Grenzen. Ein unendlicher Raum, der die Illusion erzeugt, man befände sich im Inneren einer Wolke. Alles ist ganz weiß. Weiß, die Farbe der Unschuld. Helles Licht. Das Licht der Wahrheit. Blendung. Entgrenzung." (WTC, 106) Nun ist Tom, der zuvor noch glaubte, Architektur sei nicht politisch, auf der Suche nach Wahrheit durch Design. Dazu schreibt Baudrillard:

> Wenn ich die Wahrheit eines Gebäudes wie der Zwillingstürme des World Trade Center als Beispiel nehme, sehe ich, daß die Architektur schon in den 60er Jahren das Profil einer bereits hyperrealen [...] Epoche ankündigt [...]. Befindet sich der Architekt daher nicht in der Realität, sondern in der Fiktion einer Gesellschaft, in einer antizipatorischen Illusion? Oder übersetzt er ganz einfach, was bereits da ist? In diesem Sinne möchte ich die Frage stellen: Gibt es eine Wahrheit der Architektur – im Sinne einer transsensiblen Bestimmung der Architektur und des Raumes?[183]

Diese Überlegungen werden in *1WTC* aufgegriffen. Auch Tom sucht bei seiner Konzeption des Paradieses im World Trade Center nach einer Wahrheit: „Beim Paradies kann es nicht um die Verwirklichung einer zwar imaginären, aber letztlich doch naturalistischen Vorstellung gehen, sondern um eine andere Form von Wahrheit. (WTC, 104 f.) Toms Paradies soll ein Zeichen sein, das seine Referenz zum einstigen Signifikanten aufgegeben hat. In seiner Beschäftigung mit „Architektur-Illusion"[184], Wirklichkeit und Simulation sieht Tom diese Phänomene allmählich überall und verwirft daraufhin die Suche nach der Grenze:

---

182 Tom bekam auf einem Rückflug aus Polen plötzlich Angst in den Wolken, sie wirken bedrohlich auf ihn (vgl. WTC, 103 f.). Er erlebt den Whiteout: „,Das ist das Whiteout.' Also eine Wettermetapher. Darauf will er hinaus. ,Und, was passiert dann bei einem Whiteout?' ,Kommt drauf an, was für ein Typ du bist. Manche bekommen Panik. Auf jeden Fall verliert man die räumliche Orientierung. [...]. Himmel und Erde lösen sich auf, die Grenzen verschwinden, und wir sind geblendet, verlieren den Überblick, sind verloren.'" (Mikael Mikael: *Whiteout*, S. 28 f.)
183 Jean Baudrillard: *Architektur. Wahrheit oder Radikalität*, S. 9 f.
184 „Ich möchte präzisieren, worum es bei der Architektur-Illusion geht, in einem zweifachen, widersprüchlichen Sinn: wo die Architektur Illusionen erzeugt und sich über sich selbst Illusionen macht, und wo sie eine neue Illusion von der Stadt und vom Raum erfindet, eine andere Szenerie, die über die Illusion hinausgeht." (Jean Baudrillard: *Architektur. Wahrheit oder Radikalität*, S. 7 f.)

> Sakralräume und Weltausstellung. Religion und Kommerz. Die Heimat der Illusion. Barocke Deckengemälde, Augentäuschungen, die im Volk den göttlichen Himmel an die Decke der Kirche zaubern sollten. Trompe l' oeuil, Mimikry und Camouflage. Ist die Wirklichkeit eine Täuschung oder die Illusion eine Wirklichkeit? Kulissenmalerei. (WTC, 107)

Diese Grenze scheint nun nur noch von der Perspektive abhängig und letztlich ohne Bedeutung. Die Heimat der Illusion zeigt sich in Kommerz und Religion verortet, die Frage der Unterscheidbarkeit nennt er letztlich Kulissenmalerei. Irgendwann kann Tom trotz großem Unbehagen nicht mehr aus dem Projekt aussteigen: „Du stehst hier in der Pflicht, du bist Soldat" (WTC, 133). Tom findet sich auch außerhalb von Afghanistan, im vermeintlichen Frieden, in derselben Situation, die Folter nicht ertragen zu können. So kommt er zum Schluss:

> Das Highlight des alten World Trade Centers war das Restaurant Windows on the World. Jennifer hat den Ort gemocht. Und ausgerechnet im Keller des Nachfolgebaus sollte er ein Foltergefängnis bauen, das sich als Paradies tarnt? Folter statt Fenster auf die Welt. [...]. Das Paradies ist eine Todeszelle, das Tor zur Hölle. Und für Sunner hat das etwas mit Freiheit zu tun. (WTC, 136)

Die Formulierung ‚Folter statt Fenster' steht sinnbildlich für das Übertreten der Menschenrechte. Im Namen der Freiheit wird notfalls gefoltert. Das Heilsversprechen des Paradieses kehrt sich um: Nicht Himmel, sondern ‚Tor zur Hölle' ist das Paradies. Es ist kein sicherer, friedlicher Ort, sondern eine tödliche Bedrohung. Das ‚Tor zur Hölle' liest sich auch als Verweis auf Baudrillards „Hölle der Simulation",[185] in der wir uns gegenwärtig befänden. Das Realitätsprinzip ist tot.

> Aus der Paranoia vor einem international agierenden Terrorismus generiert sich ein neues Selbstverständnis abseits der bisherigen demokratisch-liberalen Grundordnung und offenbart zugleich den Triumph der einstigen Selbstmordattentäter, was nunmehr die USA dazu veranlasst, die eigene Wertebasis aufzugeben.[186]

Auf diese Weise betreiben die USA „Terror gegen Terror".[187] Es ist ein unheimliches Projekt im Freud'schen Sinne, das das verdrängte Imaginäre nach außen kehrt. Und doch wird das Imaginäre der Kultur nur für die Leser:innen sichtbar: Für die Figuren im Roman bleibt es unsichtbar. Die „Last Exit Option" (WTC, 191) des künstlichen Paradieses ist der Tötungsmechanismus, für den Fall, dass unbefugte Personen das dunkle Geheimnis der Geheimdienste entdecken. Das Selbstbild der eigenen Kultur wird in letzter Konsequenz durch Tötung von Zeug:innen verteidigt.

---

185 Jean Baudrillard: *Agonie des Realen*, S. 32.
186 Björn Hayer: *Mediale Existenzen*, S. 300.
187 Jean Baudrillard: *Der Geist es Terrorismus*, S. 16.

5.5 Fiktion und Realität – Narratologie einer Illusion?

Es wurde deutlich, wie sehr der Roman das Verhältnis zwischen Realität und Fiktion – Bild und Wirklichkeit – durcheinanderrüttelt, mit der Absicht, Leser:innen zu irritieren und in ihre Wirklichkeit zu intervenieren. Die Mimesis wird gezielt gestört. Überwachung wird in diesem Roman bewusst im Zwischenraum zwischen Fiktion und Realität erzählt. In dem wechselseitigen Aushebeln des Romans von Fiktion und faktualem Wissen sieht Erdbrügger die Möglichkeiten der Literatur: Hier kann sie ihr kritisches Potential entfalten, gerade indem sie die Wahrnehmung der Leser:innen immer wieder verunsichert und „die Einnahme einer einfachen, bestenfalls kritischen Haltung zur Frage der aktuell installierten Überwachungsregime [...] torpedier[t]."[188] Von Belang ist dabei die Romankonstruktion: Auf welche Weise werden die Grenzen verwischt, welcher literarischen Traditionen und narratologischer Griffe bedient sich der Autor?

Am offensichtlichsten ist die Verschachtelung des Romans in Rahmen- und Binnenerzählung, die mit drei Erzählstimmen in Extra-, Intra- und Metadiegese erzählt werden. Die Erzählebenen verweben Wirklichkeitserzählung und Fiktion zu einem engmaschigen Netz. Dabei verzichtet der Text auch in den Sacherläuterungen konsequent auf Quellenverweise und Belege. Die Metadiegesen in Erzählstimme III sollen so ebenfalls als Erzählungen aufgefasst werden; eine Prüfung der Fakten ist nicht unbedingt vorgesehen. Das verweist auf die narrative Konstruktion der Welt und auf die Art, wie heute Nachrichten erzählt und konsumiert werden: weitgehend ungeprüft. Gerade im Hinblick auf 9/11 spricht Greiner davon, dass manche Behauptung – z. B. dass religiös motivierter Terror im Namen Allahs die größte Gefahr für die Freiheit sei – wie Glaubensbekenntnisse im Raum stehen.[189] „Wir haben Meinungen und Vorurteile an die Stelle von Wissenschaft und Vernunft gesetzt – oder noch schlimmer, wir erkennen den Unterschied zwischen beidem gar nicht mehr",[190] schreibt auch Benjamin Barber. Mit eben jener Bereitschaft, zu glauben ohne zu prüfen, spielt der Roman – auch wenn er manches hinterfragt, unterläuft und kritisiert, indem er Dinge offenlegt, die vom öffentlichen Diskurs an die Bildränder gedrängt werden.

Durch die Montagetechnik wird Realität und Fiktion vermischt. Die mise-en-abyme – die Darstellungstechnik des Bilds im Bild bzw. des Texts im Text – fällt besonders auf. Zum einen ist das Drehbuch in Erzählstimme I ein Film(-skript) im Buch, das die Handlung durch neue Perspektiven ergänzt. Im Drehbuch wiede-

---

188 Torsten Erdbrügger: Die Kunst, nicht dermaßen überwacht zu werden, S. 162.
189 Vgl. Bernd Greiner: *9/11*, S. 11.
190 Benjamin Barber: Amerika, du hast es besser. In: *Süddeutsche Zeitung*, 05.12.2010, S. 14, zit. n. Bernd Greiner: *9/11*, S. 14.

rum finden sich Szenen, in denen die Kamera deutlich inszeniert wird und in denen ein Film im Film gedreht wird; filmästhetische Mittel setzen die Endlosigkeit der mise-en-abyme-Struktur in Szene. Das Drehbuch im Buch ist der zweite Typ der Metadiegesen, den Genette beschreibt: eine „rein *thematische* Beziehung, die folglich keinerlei raumzeitliche Kontinuität zwischen Metadiegese und Diegese impliziert".[191] Es ist eine Ähnlichkeitsbeziehung zwischen Diegese und Metadiegese, in die sich reihen sowohl die Filmskript-Szenen als auch die montierten Lexikaeinträge. „Die berühmte *en abyme*-Struktur [...] ist offenkundig eine Extremform dieser Ähnlichkeitsbeziehung, die hier fast die Grenze zur Identität überschreitet".[192] In diesem Fall spiegelt die offensichtliche Fiktion der Diegese die Wirklichkeitserzählung der Metadiegese und umgekehrt.

Von Borries montiert in seiner Erzählung die Metadiegesen der Erzählstimme III aus zwei Gründen: Erstens als Referenz auf realhistorische Analogien und zweitens als Referenzen, die explikatorische und kausal realhistorische Hintergründe zu Sachverhalten in der Diegese geben. Die erste Art der Verweise betrifft Mikael als Künstler und sein Projekt sowie Syanas Spiel. Diese eingeschobenen enzyklopädischen Artikel kennzeichnet eine deutlichere Bruchstelle: Die Analogie-Beziehung zwischen Diegese und Metadiegese wird in der Diegese nicht wieder aufgegriffen. Sie steht für sich und Leser:innen müssen die Beziehung herstellen. Anders ist dies bei den Erläuterungen zu Bauten, New York, terroristischen Akten und anderem. Sie erfahren in der Regel eine Rückbindung durch eine Figur. Deutlich wird das beispielsweise bei Toms Recherchen:

> Für seinen Entwurf spielen das ursprüngliche World Trade Center und sein Architekt Minoru Yamasaki keine Rolle, aber es interessiert ihn trotzdem, aus reiner Neugier.
> Das World Trade Center ist nicht das einzige Gebäude von Yamasaki, das gewaltsam zerstört wurde. Er plante ab 1951 mit Pruitt-Igoe eine Großsiedlung mit 33 elfstöckigen Platten [...].
> Es ist schon eine komische Geschichte mit Minoru Yamasaki, denkt Tom. Ein Architekt, der berühmt wurde, weil seine beiden wichtigsten Planungen gewaltsam und geplant zerstört wurden. (WTC, 125 f.)

Die Überwindung des Bruchs funktioniert über ein Lexem, das als ‚Ein-Wort-Link' fungiert. Anders als in den Erklärungen zu Games und Künstler:innen findet sich in den Artikeln, die für die Mikael-Erzählung explikatorischen Charakter haben, ein konkretes Wort, das den ‚Link' darstellt und den Bruch zwischen Diegese und Metadiegese glättet. Dieses Verfahren simuliert einen Hypertext. Wie in Internetrecherchen wird Leser:innen ein Angebot zur Erläuterung einzelner Sachverhalte

---

191 Gérard Genette: *Die Erzählung*, S. 151.
192 Ebd.

gemacht, sie können dem ‚Link' folgen und erhalten so realhistorische Referenzen, Hintergründe und kausale Zusammenhänge, oder aber sie lesen über ihn hinweg und überspringen die Metadiegese. Von Borries versucht so die Medialisierung des Romans. Deutlich wird dieses Verfahren auch beim Spaziergang durch New York:

> Mikael und Syana nehmen eine der Treppen [...]. In der Ferne kann man die Freiheitsstatue sehen.
> Freiheitsstatue. Geschenk der französischen Regierung an die USA zum 100. Jahrestag [...]. Sie sind jetzt mitten über dem East River, die Steigung der Promenade nimmt ab [...] Zwischen den Hochhäusern tut sich Ground Zero auf.
> Ground Zero. Militärischer Begriff für die Stelle, an der eine Bombe explodiert [...]. Seit dem 11. September ist der Begriff ein Symbol für den Ort, an dem sich einst das World Trade Center befand. (WTC, 30 f.)

Den Bruch zwischen den Erzählebenen betonen graphisch weite Abstände und ein Wechsel der Schriftart, doch durch die signifikante Schlagwortverbindung wird der Raum zwischen den Ebenen überwunden. Graphisch wird die hypertextuelle Verbindung zusätzlich durch Einrücken kenntlich gemacht, was Leser:innen auch den Sprung über die eingeschobene Metadiegese erleichtert, sollten sie ihr nicht folgen wollen. Diese Leser:innenentscheidung ist es auch, die den Unterschied ausmacht: Wird der Roman ausschließlich als fiktionale Erzählung gelesen, oder aber wird den Spuren gefolgt, sodass der Roman zugleich Wirklichkeitserzählungen präsent hält. In genau diesem hypertextuellen Wort-Link-Verfahren kehrt dann eine textuelle Gestaltung des Montagemittels, das in Erzählstimme I – dem Filmskript – genutzt wird, wieder: die filmästhetische Blende, bei der sich ein Bild über das andere Bild schiebt. Wie beim Film schieben sich auch hier die diegetischen Bilder ‚Freiheitsstatue' und ‚Ground Zero' über die metadiegetischen Wirklichkeitserzählungen zu Freiheitsstatue und Ground Zero. Damit ‚überblenden' sich Fiktion und Realität.

Auch reiht sich *1WTC* in die Tradition der Romane, die die Illusion einer überlieferten Erzählung aufbauen, die dann im Erzählakt des figuralen Erzählers der Rahmenhandlung ebenfalls simuliert mündlich wiedergegeben werden. Diese simulierte Mündlichkeit trägt dazu bei, dass die Erzählillusion in Form einer ‚Mimesis der Erzählung'[193] gestärkt wird und die Geschichte an Glaubwürdigkeit gewinnt. Gestärkt wird das am Anfang der Mikael-Binnenerzählung, die ein Bericht

---

[193] Vgl. Ansgar Nünning: Mimesis des Erzählens. Prolegomena zu einer Wirkungsästhetik, Typologie und Funktionsgeschichte des Akts des Erzählens und der Metanarration. In: Jörg Helbig (Hg.): *Erzählen und Erzähltheorie im 20. Jahrhundert*. Heidelberg 2001, S. 13–47, hier S. 25 f.

sei, womit zugleich ein vermeintlich faktualer Geltungsanspruch im fiktionalen Text behauptet wird:

> Mikaels Geschichte hat viele Anfänge. Sie könnte mit den Twin Towers beginnen, also im Jahr 1962 [...]. Für diesen Bericht ist die Architektur des alten World Trade Center von keiner großen Bedeutung; wichtiger sind die Versuche, sie zu zerstören [...].
> Vielleicht beginnt die Geschichte aber auch mit Jennifer. Ihre Eltern, die Mutter Schwedin, der Vater Amerikaner, lernten sich am 26. April 1976 im World Trade Center kennen – bei der Eröffnung des Windows on the World [...].
> Für Jennifers Freund Tom beginnt die Geschichte im Irak und in Afghanistan [...].
> Dann wäre da noch Syana. Als die Flugzeuge ins World Trade Center rasen, arbeitet sie in San Diego am Institute for Creative Technology. (WTC, 15–17)

Die metanarrativen Kommentare der Erzählinstanz und das Inszenieren des Erzählanfangs laufen auf die Bedeutung des World Trade Centers für New Yorker:innen hinaus. „Wie an den Tagen, als John F. Kennedy ermordet wurde, als die Landefähre von Apollo II auf dem Mond aufsetzte oder als Elvis Presley starb, wissen noch heute Millionen, wo sie waren und was sie taten, als sie am Morgen des 11. September die Meldungen hörten."[194] 9/11 als die „Mutter aller Ereignisse"[195] wird als Realitätseinbruch in die Postmoderne gewertet. Für die Erzählgemeinschaft sind die Bilder des 11. September vor dem inneren Auge abrufbar. Sie sind unweigerlich Teil des politischen Gedächtnisses. „Die Ereignisse von New York haben nicht nur die globale Situation, sondern gleichzeitig auch das Verhältnis von Bild und Realität radikalisiert".[196] Dieses Bild-Welt-Verhältnis liegt dem Roman zugrunde. Die Emotionalität, die mit den Bildern verwachsen ist, kann textuelle Fiktionssignale überblenden. Mit jenem Ereignis beginne eine neue Zeitrechnung. Es ist die Zeitwende, die der Text betont: Das Ereignis teilt die Welt in vor 9/11 und nach 9/11, was bei der Einführung Syanas deutlich wird: „Als die Flugzeuge ins World Trade Center rasen, arbeitet sie in San Diego" (WTC, 17). Eine simulierte Mündlichkeit stützt die Erzählillusion genauso wie die emotionalen Spuren des 11. Septembers, die jede:r seither trägt. In die in der Rahmenerzählung inszenierten Begegnung des figuralen Erzählers mit Mikael Mikael webt der Text eine literarische Tradition, die unter anderem von Thomas Mann bekannt ist. Wie im *Doktor Faustus* der Erzähler Serenus Zeitblom den Unterschied zwischen Leverkühn und sich betont und im selben Moment vom Mysteriösen, Dunklen des Musikers angezogen wird, scheint dies auch beim Rahmenerzähler in *1WTC* der Fall: „Aber irgendwie zieht mich das unheimlich Dunkle dieser weiß gekleideten Gestalt an." (WTC, 13) Der Erzähler positioniert sich in einem ambiva-

---

[194] Bernd Greiner: *9/11*, S. 26.
[195] Jean Baudrillard: *Der Geist des Terrorismus*, S. 11.
[196] Jean Baudrillard: *Der Geist des Terrorismus*, S. 29.

lenten Verhältnis zum Protagonisten: einerseits sei er ein alter Freund, andererseits wisse er eigentlich kaum etwas über ihn, schon gar nicht, was vor und nach New York geschah. „Damit ist die Geschichte erst mal zu Ende", heißt es im Epilog, gemeint ist Mikaels mündliche Erzählung im Wald an den figuralen Erzähler, der dann sagt: „Ich sammle die Unterlagen ein, die Mikael zurückgelassen hat, und hole meinen Rechner aus der Tasche. Dann beginne ich mit der letzten Szene." (WTC, 203) Die Ich-Erzählsituation beschränkt sich – von einer Ausnahme abgesehen – ganz auf die Rahmenerzählung. Der einzige metanarrative Kommentar in Ich-Form innerhalb der fünf Mikael-Kapitel greift den Anonymitätspakt auf, der vermeintlich mit dem befreundeten Künstler geschlossen wurde: „Ich will nicht zu viel über Mikaels Vorleben erzählen, schließlich habe ich versprochen, nicht zu verraten, wer er früher war." (WTC, 18) Ab diesem Zeitpunkt verschwindet das Ich völlig und die Geschichte Mikaels in New York wird von einem narratorialen Erzähler (Erzählstimme II) präsentiert. Die vermeintlich persönliche Bekanntschaft und mündliche Überlieferung, gestützt von den metanarrativen Kommentaren in der Rahmenhandlung, stärkt die Erzählillusion derart, sodass Illusionsbrüche in der Binnenerzählung – wie eine nicht mit einem Ich-Erzähler übereinstimmende Introspektionskompetenz – kaum wahrgenommen werden. So viele Realitätsreferenzen und illusionsstabilisierende Phänomene der Text auch aufweist, ebenso oft begegnen Leser:innen Fiktionssignalen im Sinne Frank Zipfels.[197] Eines der Fiktionssignale auf der Ebene der Erzählung ist eine illusionsbrechende Fokalisierung: Der vermeintliche Freund des Protagonisten, der sich als Erzähler der Geschichte ausgibt, vermag an mehreren Stellen des Romans in unterschiedliche Figuren zu blicken, was der Erzähllogik widerspricht. Er kann als jemand, der die Geschichte von einem der Beteiligten erzählt bekommen hat und diese wiedergibt, nicht gleichzeitig Introspektion in das Innenleben der übrigen Figuren haben. Während die Tradition einer mündlichen Überlieferung die Illusion stärkt, schwächt die vermeintlich falsche Erzählerkompetenz diese zugleich. Die narratologischen Phänomene des Textes haben stets den Status von ‚sowohl-als-auch'. Es finden sich Referenzen für Fiktion und für Wirklichkeit in gleichem Maße. Das irritiert ein zweites Mal.

---

[197] Unter Fiktionssignalen versteht Zipfel Rezeptionssignale im Sinne von Indikatoren, Symptomen oder Indizien, die Leser:innen dazu veranlassen können, einen Text als fiktional wahrzunehmen (vgl. Frank Zipfel: Fiktionssignale, S. 103 ff).

Eine Vielheit von Paratexten als Möglichkeit, die rhizomatische Struktur der Gegenwart zu illustrieren

Deleuze und Guattari beschreiben mit dem Begriff des Rhizoms ein Konzept, das den Systemen und Gefügen das Zentrum nimmt: „Die Welt hat ihre Hauptwurzel verloren", es geht um „Würzelchen-Chaosmos statt Wurzel-Kosmos."[198] Rhizome sind unterirdische Verbindungen, Ströme, Gänge, die kein Anfang und Ende, sondern eine innere Unendlichkeit haben. Sie haben „viele Eingänge".[199] Es ist netzwerkartig, dynamisch, aber in den Vielheiten autonom. „Jeder beliebige Punkt eines Rhizoms kann und muß mit jedem anderen verbunden werden"[200] Ein Rhizom ist radikale Vielheit, die sich über ihre Verbindungen und Strömungen auszeichnet.

Das Werk von Borries' „‚macht Rhizom' mit der Welt."[201] Zumindest kann so gedeutet werden, denn es verweist unendlich aufeinander und auf die Welt, schafft Eingänge und Verbindungen. An dieser Stelle können nur einige dieser Linien aufgezeigt werden; insbesondere solche, die auch als Paratexte zu *1WTC* gelesen werden können. Vorwegschicken muss ich also: In meiner Lektüre werde ich diese Verbindungen vom Roman ausgehend suchen. Aber das Werk kann an jeder beliebigen Stelle betreten werden. Der metaphorische ‚Eingang' muss nicht dieser Roman sein, es lässt sich gleichermaßen von überall – sei es von einer Ausstellung oder einem Designprodukt Mikaels,[202] einem Sonderheft der Zeitschrift *Ästhetik und Kommunikation*,[203] einer theoretischen Schrift von Borries',[204] einem Wikipedia-Artikel[205] – betreten.

---

198 Gilles Deleuze/Félix Guattari: *Rhizom*. Übers. v. Dagmar Berger et al. Berlin 1977, S. 10.
199 Gilles Deleuze/Félix Guattari: *Rhizom*, S. 21.
200 Gilles Deleuze/Félix Guattari: *Rhizom*, S. 11.
201 Gilles Deleuze/Félix Guattari: *Rhizom*, S. 19.
202 Vgl. URL: https://www.mikaelmikael.com/de/ausstellungen/show-you-are-not-afraid. [01.04.2019]. Vgl. zu diesen Designprodukten auch: Wim Peeters: Literatur als Teil von Big Data, S. 176 f.
203 *Ästhetik & Kommunikation* 46 (2016). Heft 171/172. Hg. v. Friedrich von Borries/Elisabeth von Haebler/Mara Recklies. Konzept und Idee: Mikael Mikael.
204 Friedrich von Borries: München. Show Your're Not Afraid. New York. The Games Must Go On. In: Aleida Assmann (Hg.): *Unheimlich vertraut. Bilder von Terror*. Köln 2011, S. 100–133; Ders.: Die freiwilligen Gefangenen. In: E. T. Bertuzzo et al (Hg.): *Kontrolle öffentlicher Räume. Unterstützen, Unterdrücken, Unterhalten, Unterwandern*. Berlin 2013, S. 173–180; Ders./Hans Joachim Lenger: *Metastasen des Krieges*.
205 ‚Mikael Mikael'. In: Wikipedia, Die freie Enzyklopädie, 8. Juni 2019. URL: https://de.wikipedia.org/w/index.php?title=Mikael_Mikael&oldid=189356204 [01.04.2020].

Wenn die ersten Rezensent:innen davon sprechen, dass von Borries als dieser Erzähler der Mikael-Erzählung auftritt und *1WTC* damit Elemente der Autofiktion aufweise,[206] können diese das nur durch das bewusste oder unbewusste Hinzuziehen der Paratexte proklamieren. Im Roman selbst, das heißt innerhalb der Rahmen- und Binnenerzählung, tritt von Borries weder als literarische Figur noch als Erzähler namentlich auf. Es sind die editorische Notiz, die mit seinem Namen unterzeichnet ist, und die Epitexte in Form von Interviews, Webseiten oder YouTube-Lesungen, in denen der Autor derartige Anspielungen macht, sowie biographische Details, die sich verfolgen lassen.[207] Beispielsweise heißt es in der Rahmenerzählung, der Erzähler habe Mikael auf der Ausstellung „Zeigen. Eine Audiotour durch Berlin" (WTC, 10) getroffen. Nachweislich werden von Borries und sein Team als Beitragende in der Ausstellungsankündigung genannt.[208] Dass von Borries auf der Ausstellungseröffnung war, ist wahrscheinlich, ob er dort aber einen alten Freund getroffen hat, der ihn zum Erzähler seiner Geschichte bestimmt hat, ist fraglich.

Die mühsam errichtete Trennung zwischen Autor und Erzähler/Text wird von Leser:innen bereitwillig aufgegeben, sie lassen sich auf das Make-Believe-Spiel ein, das der Text anbietet. Das heißt: Die Fiktion wird im Spiel mit Leser:innen aufgebaut und aufrechterhalten, die „diese ‚Mechanik' im Kinderspiel, das Akzeptieren gemeinsamer, oftmals implizit verstandener Regeln, in denen gewissen Gegenständen gewisse Eigenschaften zugeschrieben werden"[209] mitspielen. Autofiktionale Interpretationen, bei der durch Namensidentität von Autor und Figur/Erzähler und einer fiktionalen Gattungsbezeichnung auch eine poetologische Perspektive verbunden ist,[210] können sich im Falle von *1WTC* nur bilden, weil Leser:innen dieses Angebot annehmen und dann entscheiden, inwiefern sie den fiktionalen oder eben autobiographischen Pakt eingehen. Wenn der Roman die Grenze zwischen Realität und Fiktion verwischt, wie auch von mir mehrfach be-

---

206 Vgl. Swantje Karich: Wo Roman draufsteht, ist nicht immer einer drin. In: *FAZ*, 09.09.2011.
207 So kommt auch Hayer zum Schluss. „Obgleich diese Hinweise keineswegs in direktem Bezug zur Handlung stehen, bewirken sie im Einfluss auf den Leser einen dramaturgischen Effekt. Durch die scheinbare Versicherung der Authentizität steigert sich die Spannung." (Björn Hayer: *Mediale Existenzen*, S. 293)
208 Vgl. Zeigen. Eine Audiotour durch Berlin von Karin Sander. Ausstellung vom 05.12.2009 – 10.01.2010. URL: http://www.kunsthalle-berlin.com/de/exhibitions/Zeigen [01.10.2018].
209 J. Alexander Bareis: Fiktionen als *Make-Believe*. In: Tobias Klauk/Tilmann Köppe (Hg.): *Fiktionalität*, S. 50–67, hier S. 54.
210 Vgl. Frank Zipfel: Autofiktion. Zwischen den Grenzen von Faktualität, Fiktionalität und Literatur? In: Simone Winko/Fotis Jannidis/Gerhard Lauer (Hg.): *Grenzen der Literatur. Zu Begriff und Phänomenen des Literarischen*. Berlin/New York 2009, S. 284–314.

hauptet, so sind es die Leser:innen, die die ausgerissenen Grenzpfähle beiseite räumen.

Verfolgt man den paratextuellen Spuren, gerät man zwangläufig in das Spiel, das von Borries mühsam aufbaut. Die Paratextanalyse führt Leser:innen zunächst zu den Peritexten,[211] die dann das Netz der Verbindungslinien über Text- und Wirklichkeitsgrenzen hinaus aufzeigen. Zu den Peritexten gehört die Gattungszuschreibung Roman, an die Leser:innenerwartungen geknüpft sind: „kein Leser [darf] diese Zuschreibung rechtmäßig ignorieren oder vernachlässigen".[212] Warum von Borries seinem Werk die Gattungsbezeichnung Roman gab, erläutert er vermeintlich:

> weil es bestimmte Sachen gibt, die sich besser als Fiktion überhaupt ähm erzählen, vermitteln und vielleicht auch aufnehmen lassen [...]. Das heißt, bestimmte Sachen, die wahr sind, sind besser als Fiktion zu erzählen, weil Sie sie sonst nicht glauben würden. Ähm, als Fiktion halten Sie sie für möglich. Als Wahrheit halten Sie es für so unwahrscheinlich, dass Sie's nicht glauben.[213]

Damit ist klar, dass die Grenze von Realität und Fiktion auch die der Wahrscheinlichkeit meint. Was halten wir für wahrscheinlich, was für möglich und was für unwahrscheinlich? Von dieser Einschätzung hängt ab, wie viel Imagination die Realität enthalten kann, ohne dass ihr Status durch die sie Wahrnehmenden angezweifelt wird. Oder aber: „Wir müssen uns ohnehin fragen, was eigentlich fiktiv und was real ist. Höchst reale Erscheinungen wie der Finanzhandel und seine Krisen haben sehr fiktive Aspekte."[214] Von Borries und der Text *1WTC* werben um Aufmerksamkeit dafür, dass wir selbst entscheiden, was wir für wahr halten, aber auch dafür, dass genau das manipulierbar macht. Präventive Sicherheitspolitik fußen oftmals auf abstrakten Fiktionen des Vorstellbaren, auf erzählte Zukunftsszenarien. Wie viel Macht gestehen wir diesen dieser Fiktionen zu?

Zugleich kann die künstlerische Fiktion aber dasjenige Moment sein, das die Überwachung unterläuft, was die Identitätswechsel Mikaels zeigen. Fiktion kann

---

211 „Ein Element des Paratextes hat [...] zwangsläufig eine Stellung, die sich im Hinblick auf den Text situieren läßt: im Umfeld des Textes, innerhalb ein und desselben Bandes, wie der Titel oder das Vorwort, mitunter in den Zwischenräumen des Textes, wie die Kapitelüberschriften oder manche Anmerkungen; diese erste und sicherlich typischste Kategorie [...] bezeichne ich als *Peritext*." (Gérard Genette: *Paratexte*, S. 12)
212 Gérard Genette: *Paratexte*, S. 94.
213 *bpb. Streitraum*: Angst vor der Gefahr oder Gefahr vor lauter Angst. Außerdem lasse ihm ein Roman mehr Freiheiten, weil er bestimmte Dinge nicht wissenschaftlich belegen könnte, das habe damit zu tun, dass manche Quellen Geheimdienstangelegenheiten, die nicht öffentlich zugänglich sind, seien (vgl. ebd.).
214 Stefan Lüddemann: Überwachung fängt bei uns selbst an. Medientheoretiker von Borries fordert Mut zur Kritik. In: *Neue Osnabrücker Zeitung*, 23.04.2014. URL: http://www.noz.de/artikel/469041 [19.09.2022].

letztlich auch der Raum sein, in dem kritisches Potential entfaltet werden und Widerstand wachsen kann, worauf obrige Autoraussage zielt: Der Fiktionalitätspakt erlaubt literarischen Fiktionen wie den Überwachungsromanen, in alternativen Welten Gegenwärtiges verdichtet auszustellen: Der Überwachungsroman öffnet die Bereitschaft, sich auf alternative, vielleicht katastrophale Verläufe der Überwachungspraktik einzulassen.

Zu den Peritexten von *1WTC* gehören auch die Umschlagsseiten des Buches. Bereits der ‚Waschzettel' auf der Innenklappe (U2) deutet das zentrale Thema an: „Als Tom einen mysteriösen Auftrag von seinen ehemaligen Vorgesetzten erhält, beginnt die Grenze zwischen Simulation und Wirklichkeit zu verschwimmen."[215] Der Waschzettel fasst jedoch einzig die Diegese zusammen. Dass Realität und Fiktion nicht nur innertextuell verschwimmen, wird auf der U3-Seite, der Rückklappe, angedeutet. Dort sehen Leser:innen zwei Fotografien – eine von von Borries und eine vom vermeintlichen Mikael Mikael.[216] Von Borries wird als Portrait von vorn gezeigt und trägt ein schwarzes Jackett. Mikael Mikael dagegen wird von hinten abgelichtet: zu sehen ist eine Person, die mit dem Rücken zur Kamera steht. Sie trägt einen weißen Kapuzenpullover. Unter den Bildern sind kurze biographische Angaben und ein Verweis auf die Webseite des Künstlers, www.mikaelmikael.com, vermerkt. Hier wird angedeutet, dass Mikael eine existierende Person sein soll. Beim Betrachten der Seite fällt die Ähnlichkeit der beiden Bilder und biographischen Angaben auf: Vorder- und Rückseite einer Person sowie die Farbgestaltung – schwarz und weiß – korrespondieren miteinander. Ob Mikael Alter Ego von von Borries ist, also die Rückseite seiner Persönlichkeit, oder ob auch das nur verweisen soll auf die Anonymität des Künstlers, bleibt offen. Genannt werden: Hamburg, Berlin, Akademie Schloss Solitude, die Hochschule für bildende Künste und die Webseite des Künstlers – Leser:innen sind eingeladen, diese Spuren zu verfolgen und geraten sodann in ein Netz von Verweisen.

Folgt man diesem Rhizom, lässt sich auf die Spurensuche ein, betritt man den Raum der Epitexte; „ein paratextuelles Element, das nicht materiell in ein und demselben Band als Anhang zum Text steht, sondern gewissermaßen im freien Raum zirkuliert, in einem virtuell unbegrenzten physikalischen oder sozialen Raum".[217] Ich verstehe unter Epitext auch Texte bzw. Medieninhalte, die im Kontext von *1WTC* vom Autor und/oder von Mikael Mikael entstanden bzw.

---

[215] Vgl. auch den Waschzettel auf der Verlagswebseite: URL: https://www.suhrkamp.de/buecher/wtc-friedrich_von_borries_46274.html [19.09.2022].
[216] „Schaut man sich die Bilder genauer an, so wird klar, dass es gar nicht so sicher ist, ob es sich hier tatsächlich um den Künstler handelt. Zu sehen ist nur ein Mensch in einem weißen Overall [...]." (Stephan Porombka: Whiteout, S. 47)
[217] Gérard Genette: *Paratexte*, S. 328.

autorisiert sind. Auf diese Weise sind Mikaels Kunstobjekte, aber auch die Beschreibungen auf Webseiten sowie Wikipedia-Einträge nicht nur intertextuelle Bezüge, sondern Epitexte, die transmedial die Mikael-Erzählung weitererzählen. „Die Wirkung des Paratextes besteht oft in einer Beeinflussung, ja sogar in einer Manipulation, die unbewußt hingenommen wird. Diese Wirkungsweise liegt vermutlich im Interesse des Autors, nicht immer in dem des Lesers [...]."[218] Die Paratexte – seien es peri- oder epitextuelle Interviews, Selbstaussagen, Webseiten etc. – zielen auf ein (hypertextuelles) Verwirrspiel, das den Status der Figur Mikael und damit den von seiner Erzählung in der Schwebe lässt: „Wer den Spuren Mikaels folgt, wird schlauer und ratloser zugleich."[219]

Die erste Spur führt auf Mikaels Webseite. Dort empfängt ein ‚schwarzes Quadrat' auf weißem Grund, darunter der Satz: ‚Show you are not afraid'.[220] Genette plädiert:

> Eigentlich gilt oder sollte für den Autor wie für den Leser derselbe Grundsatz gelten, den dieser einfache Wahlspruch zusammenfaßt: *Achtung vor dem Paratext!* [...] Der Paratext ist nur ein Behelf, ein Zubehör des Textes [...]. Der Diskurs über den Paratext darf auch nie vergessen, daß er sich auf einen Diskurs bezieht, der sich auf einen Diskurs bezieht und der Sinn seines Gegenstands auf dem Gegenstand dieses Sinns beruht, der wieder ein Sinn ist. Schwellen sind zum Überschreiten da."[221]

Die Seite besteht, recht schlicht, aus einer Auflistung der Kampagnen, Ausstellungen, Publikationen des Künstlers, die wiederum anklickbar sind und beim Öffnen das jeweilige Projekt erläutern, teils mit Fotos. Auch *1WTC* selbst findet sich darunter, so verweist die Webseite zurück zum Roman und zum Autor Friedrich von Borries. Dass die Distanz zwischen Leser:innen und Text verringert werden soll, davon zeugen auch die Kunstprojekte, die zur Teilhabe auffordern:

> Show You Have Words ist ein Projekt von Mikael Mikael und art. In der Ausgabe von art 4/2016 befinden sich Sticker mit der Parole ‚Show you are not afraid'. Die Wörter und Buchstaben können als ganzer Satz oder als Fragment neu kombiniert an geeignete Objekte und Orte geklebt werden. Anschließend auf der art-Website oder www.showyouarenotafraid.org veröffentlichen oder unter #showyouhavewords und #showyouarenotafraid posten.[222]

Zuletzt findet sich im Reiter ‚Kontakt' der Verweis auf von Borries: „Mikael Mikael c/o Projektbüro Friedrich von Borries [...] Das Urheberrecht für die eigenen

---

218 Gérard Genette: *Paratexte*, S. 390.
219 Stephan Porombka: Whiteout, S. 49.
220 Vgl. Projektbüro Friedrich von Borries. URL: https://mikaelmikael.com/de [30.09.2018].
221 Gérard Genette: *Paratexte*, S. 390 f.
222 Projekt: *Show you have words*. URL: https://mikaelmikael.com/de/show-you-are-not-afraid/show-you-have-words [30.09.2018]. Vgl. Auch die Posterkampagne zur Angst: Posterkampagne. URL: https://mikaelmikael.com/de/show-you-are-not-afraid/posterkampagne [30.09.2018].

Inhalte auf der Domain www.friedrichvonborries.de steht allein dem Projektbüro Friedrich von Borries zu".[223] Die analoge Gestaltung beider Webseiten (Mikaels und von von Borries') schwächt die Figurenillusion, denn sie sind offensichtlich aus einer Hand gemacht. Es sind die Ausstellungen und Publikationen, die beide Webseiten teilen und an *1WTC* bzw. *RLF* rückbinden. Liest man auch den Wikipedia-Artikel über den Protagonisten als Paratext zum Roman, finden sich dort dieselben Angaben.[224]

Leser:innen bringen ihre Recherchen zum Status des Textes nicht weiter, noch immer kann die Frage nicht gewiss beantwortet werden: Wer oder was ist Mikael, literarische Figur oder Person?

> [Es] verdichtet sich sogar der Eindruck, dass die Inszenierung der Dokumentation selbst das Werk ist. [...] Vielmehr geht es hier um ein Spiel der Verweise, das jenseits des substanzlogischen Denken[s], das Werk nicht als greifbaren Gegenstand konstituiert. [...] Der Raum des Werks beginnt sich dabei immer weiter auszudehnen, um damit die Erfahrung zu paraphrasieren [...]: Es verschwinden die Grenzen, jede Bewegung wird in die Werkprozesse einbezogen, um sie in einen Teil des Werks zu verwandeln und dabei doch nur als eine Art Relais vorzuführen, das wieder auf andere Bewegungen verweist. Das Making of wird zum White Out.[225]

Als figürlich aufsteigende Metalepse konstruiert von Borries einen Protagonisten, der von der Binnenerzählung in die Rahmenerzählung steigt und von dort in die Wirklichkeit einzudringen scheint. Er taucht dann mal als Künstler, Kurator oder Autor auf. Nicht allein sein Auftauchen ist das Paradoxe an dieser Erzählstrategie, auch nicht allein die Überschreitung der Grenze zwischen Fiktion und Realität,[226] sondern mehr: Paradox ist die Überschreitung der Immaterialitätsgrenze. Dass Während er selbst immer sprachliches bzw. ikonisches Zeichen bleibt, sind seine Werke eben materielle Objekte in der gelebten Wirklichkeit, die käuflich erwerbbar und konsumierbar sind. Die Materialität verstört.

> Alle diese Spiele bezeugen durch die Intensität ihrer Wirkungen die Bedeutung der Grenze, die sie mit allen Mitteln und selbst um den Preis der Unglaubwürdigkeit überschreiten möchten, und *die nichts anderes ist als die Narration (oder die Aufführung des Stücks) selber*; eine bewegliche, aber heilige Grenze zwischen zwei Welten: zwischen der, in der man erzählt, und der, von der erzählt wird.[227]

---

223 Webseite des Künstlers. URL: https://mikaelmikael.com/de/kontakt [30.09.2018].
224 Vgl. https://de.wikipedia.org/wiki/Mikael_Mikael [30.09.2018].
225 Stephan Porombka: Whiteout, S. 59.
226 Vgl. Sonja Klimek: Metalepse. In: Martin Huber/Wolf Schmid (Hg.): *Grundthemen der Literaturwissenschaft*, S. 334–351, hier S. 336.
227 Gérard Genette: *Die Erzählung*, S. 152.

Genette greift in seinen Aufführungen auf einen Meister solcher metaleptischer Erzählstrategien zurück. Jorge Luis Borges schreibt: „Solche Spiegelungen legen die Vermutung nahe, daß, sofern die Figuren einer Fiktion auch Leser und Zuschauer sein können, wir, die Leser und Zuschauer, fiktiv sein können."[228] Daraufhin schlussfolgert der Narratologe:

> Das Verwirrendste an der Metalepse liegt sicherlich in dieser inakzeptablen und doch so schwer abweisbaren Hypothese, wonach das Extradiegetische vielleicht immer schon diegetisch ist und der Erzähler und seine narrativen Adressaten, d. h. Sie und ich, vielleicht auch noch zu irgendeiner Erzählung gehören.[229]

Eben jene Absicht verfolgt vermutlich von Borries mit den Metalepsen seiner Erzählung: Ist nicht alles, das Medienspektakel, die Zeichen unserer Hyperrealität, eigentlich Erzählung? Und ist unsere Identität nicht letztlich eine Narration und damit auch offen für neue Anfänge? Während Genette der Metalepse zwei bizarre Wirkungsweisen nachsagt – Komik oder Phantastik[230] –, gehen neuere Überlegungen davon aus, dass sie sowohl illusionsbrechendes als auch illusionsstabilisierendes Potential tragen, dass ontologische Metalepsen nach kurzer Irritation „bei den Leser/innen einen Wechsel der Genreerwartung auslösen [können], mit denen sie den Text rezipieren".[231] Im Falle der Mikael-Erzählung soll der metaleptische Griff illusionsstabilisierend wirken, er unterstützt von Borries' Behauptung, es handele sich nicht um Roman und Erfindung, sondern um Bericht und realhistorische Ereignisse. Das (Medien-)Spektakel um Mikael soll, so vermutet Stefan Höppner, dazu dienen, Authentizität zu suggerieren.[232] Doch greift diese Einschätzung zu kurz: Sucht man nach Mikaels Identität, „wird ein White Out [in Gang gesetzt], bei dem mitten im Materialgestöber zwar so etwas wie eine Künstlerfigur mit einem konkreten Werk auszumachen ist. Doch je genauer man hinschaut, um so mehr verliert sie an Kontur".[233] Die von Höppner vermutete Authentizitätsfunktion ist nur der erste Schritt, was folgt ist die Frage: Leser:innen müssen sich den Fragen einer Konstruktion wie einer Fiktionali-

---

[228] Jorge Luis Borges: *Befragungen*. In: Ders.: *Gesammelte Werke*. Bd. 5.2. München/Wien 1981, S. 57. Vgl. Gérard Genette: *Die Erzählung*, S. 153; Jorge Luis Borges: Magische Einschübe im Quichote. In: Ders.: *Gesammelte Werke. Der Essays dritter Teil: Inquisitionen. Vorworte*. München/Wien 2003, S. 55.
[229] Gérard Genette: *Die Erzählung*, S. 153.
[230] Vgl. Gérard Genette: *Die Erzählung*, S. 152.
[231] Sonja Klimek: Metalepse, S. 341.
[232] Vgl. Stefan Höppner: Der Horror lauert in der Tiefe. Friedrich von Borries' neuer Roman *1WTC*. In: *literaturkritik* (2011). Nr. 11. URL: https://literaturkritik.de/public/rezension.php?rez_id=16034 [19.09.2022].
[233] Stephan Porombka: Whiteout, S. 77.

sierung der Wirklichkeit stellen, und anerkennen, dass im Internet nichts gewiss ist.

> Mikael Mikael [steht] in der Tradition des erfundenen Künstlers, – (a) der in Romanen (und Filmen) auftaucht (aber das ist Mikael Mikael nicht) – (b) der erfunden wird und tatsächlich Werke herstellt (aber auch das ist Mikael Mikael nicht) – (c) der Maskenkünstler, der das Spiel mit Identitäten betreibt und sich immer wieder neu verkleidet (auch das ist Mikael nicht) – Der Unterschied der Borries-Aktionen zu dieser Tradition: Er übernimmt Aspekte aller drei Traditionen (erzählter Künstler, fiktiver Künstler mit echtem Werk, identitätskritischer Künstler) aber spielt eine andere Rolle: Es geht um die Simulation von Wirklichkeit zur Intervention in die Wirklichkeit. Andere Vernetzungen des Zeichensystems mit anderem Ergebnis.[234]

Von Borries' transmediales Erzählen, seine narratologische ‚Trickkiste' und die zielgerechte Streuung anderer Paratexte (inklusive entsprechender Interviews und Statements) zielen auf eine Dynamisierung zwischen Text- und Leser:innenwirklichkeit. Das ist eine literarische Intervention mitt hyperrealen Zeichen, die – im mutmaßlich besten Sinne des Autors – reale Auswirkungen hat, wenn Leser:innen anfangen ihre Wirklichkeit zu befragen.

5.6 Fazit: Subversion von Eindeutigkeit

1WTC nähert sich durch Uneindeutigkeiten, Verstörungen und einer experimentellen Erzählweise dem Thema Überwachung in der digitalen Gegenwart. Überwachung wird im buchstäblichen Sinne *erzählt*, d. h. es sind die Ästhetik und die Erzählverfahren, die diesen Text als Überwachungsroman auszeichnen. Überwachungsphänomene werden auf der Textebene *sichtbar* und in der Rezeption *erfahrbar* gemacht. Das kann konkrete Praktiken meinen – wie die Videoüberwachung im öffentlichen Raum – aber auch Abstraktes bedeuten, wie das mit Onlineüberwachung und anderen digitalen Handlungen einhergehende Phänomen der Diffusion von Online- und Offlinewelt. Dieses Verschmelzen von On- und Offlineerleben simuliert der Text in Störungen von Realität und Fiktion – wobei er keinesfalls die Onlinewelt als Fiktion im Sinne einer weniger realen Welt bezeichnet: Digitales ist genauso real wie Reales digital ist. Der Text führt dabei aber den theoretischen Gedanken von Baumann und Lyon in der Katastrophe aus: Eine Adiaphorisierung[235] weite sich aus, deren Effekt „die *zu-*

---

234 Stephan Porombka: Whiteout, S. 89–95.
235 „Die Adiaphorisierungstendenzen im Überwachungsbereich werden zudem durch Verfahren befördert, bei denen aus (biometrischen, genetischen) Untersuchungen des Körpers stammende oder durch dessen Aktivität (Einloggen, Vorzeigen von Zugangskarten und Personalausweis) erzeugte

nehmende und vielleicht unaufhaltsame Befreiung unseres Handelns von moralischen Skrupeln" ist[236] Das gehe mit Tötungsmechanismen einher, die leichter getätigt werden, da deren ‚Verantwortung' in der Distanz zum Objekt weniger zu spüren sei. Die Tode der Überwachung sind nicht unbedingt physisch zu verstehen[237] – auch wenn literarische Fiktionen wie *1WTC* sie am Tod von Figuren vorführen und so die Vorstellung prägen, es gehe wahrlich um Leben und Tod.

Das Innovative dieses Romans liegt in erzählerischen Strategien, zu denen Formen des paradoxen oder transgressiven Erzählens wie die Metalepse oder die Überwindung von Fiktions- und Materialitätsgrenzen sowie die paratextuellen Spiele des Gesamtwerks gehören. Überwachung wird im Zwischenraum zwischen Erfindung/Fiktion, Anschein und Realität erzählt und führt Uneindeutigkeiten in der Rezeption. Die Störungen tragen kritisches Potential. Zum Verfahren der Uneindeutigkeit zählt auch die untendenziöse Behandlung des Themas: Hier ist Überwachung weder ‚gut' noch ‚schlecht'.[238] Sie ist trotz ihrer Omnipräsenz kein ‚Schreckgespenst', aber auch kein harmloses ‚Spiel'. Statt zu belehren, betont *1WTC* die realen Auswirkungen der digitalen Praktiken und hyperrealer Zeichen. *1WTC* ist einer der wenigen deutschsprachigen Überwachungsromane, der die Leser:innen nicht ‚erzieht', sondern die Bewertung ihnen überlässt.

Im Bereich der Überwachungsnarrative gestaltet der Roman das der ‚überwachten Bürger:innen' und der ‚überwachten Selbstüberwacher:innen' aus, variiert sie indem er ihnen klare Motive und damit Themen zuweist. Der Stadtraum wird durch (Kamera-)Architektur kontrolliert. Panoptische Effekte solcher Kameras werden von Mikael und Jennifer angedeutet. Es geht um Kontrolle des Stadtraums und die Bewegungen der Figuren über Architektur. Was Kameras und Gebäude als Sicherheitsarchitektur gemein haben ist ihre Ausgestelltheit. Sichtbarkeit evoziert Macht. Zum Narrativ der überwachten Bürger:innen gehörende

---

Daten in Datenbanken eingespeist und dort analysiert, mit anderen Daten zusammengeführt und verknüpft werden, so daß aus ihnen gleichsam ein „digitales Double" der betreffenden Person erzeugt wird. Diese Daten, die dabei an die Stelle eines Menschen treten, sind dessen Kontrolle völlig entzogen [...]." (Zygmund Bauman/David Lyon: *Daten, Drohnen, Disziplin,* S. 19)

236 Zygmund Bauman/David Lyon: *Daten, Drohnen, Disziplin,* S. 110.

237 „Keine dieser zeitgenössischen Überwachungsvorrichtungen ist darauf eingerichtet, Menschen physisch zu töten; und doch kommt das, was sie bezwecken, dem Tode in gewisser Hinsicht gleich (nämlich dem Entzug alles dessen, was man zum Leben braucht). [...] Es ist der *soziale* Tod, bei dem die Chance einer *sozialen* Wiederauferstehung (einer Rehabilitation, einer Rückerstattung aller Rechte) bestehen bleibt." (Zygmund Bauman/David Lyon: *Daten, Drohnen, Disziplin,* S. 117 f.)

238 Während der Text Folter als Instrument in der Terrorbekämpfung durchaus kritisch wertet, sie als ‚Männerphantasie' ausstellt, werden die Überwachungspraktiken selbst kaum gewertet: Weder die privaten noch die staatlichen.

Elemente wie agierende Geheimdienste führt der Roman nicht aus, hält sie aber präsent, als zwei unschuldige Bürger:innen sterben, da sie in Datenbanken als mögliche Gefährder:innen auftauchen. Interessanterweise erzählt *1WTC* dieses Narrativ, ohne den Staat als solchen auftreten zu lassen. Die Selbstüberwachung zeigt sich einerseits in einem Voyeurismus Syanas. Andererseits gestaltet der Text sie als privates Spiel, das in einer gegenseitigen Onlineüberwachung auf Kontrolle über andere Figuren zielt. Selbst- bzw. soziale Überwachung hat hier militärische wie gamifizierende Tendenzen und gerät außer Kontrolle.

Zuletzt: *1WTC* ist ein Text, der Handlungsmöglichkeiten erprobt. Das ist im Genre des deutschsprachigen Überwachungsromans eine Seltenheit. Zum einen diskutiert er die Mittel, sich der Überwachung zu entziehen. Zum anderen fragt er nach den Chancen der Kunst, Kritik und Widerstand zu leisten. *1WTC* diskutiert die Möglichkeit, der Überwachung durch Identitätswechsel und uneindeutige Zeichen zu entkommen. Personendaten sind dann nicht eindeutig identifizierbar. Das geht mit Formen des Spiels einher: Identität wird zu einem Spiel der immer neuen Anfänge. Damit wird nicht nur die Konstruktivität betont, sondern auch das Potential der Fiktion: *fingieren* heißt erfinden, aber auch vortäuschen. Wenn Identitäten den Status einer abstrakten Fiktion – im Sinne des Fingierens – erhalten, dann liegt ihnen das Potential inne, Überwachung subversiv zu unterlaufen, gar mit ihr zu rechnen und zu spielen. Das ist zumindest eine diskutable Idee, wenngleich sie lebenspraktisch herausfordernd ist, da sie Verlässlichkeit und Konstanten nimmt. Wesentlich für diese Handlungsmöglichkeiten ist auch die Tatsache, sich der Angst zu entziehen. Der Autor selbst sagt: „Freiheit im Denken ist nicht einzuschränken. [...]. Die Angst sorgt dafür, dass wir das nicht denken, was wir denken sollen."[239] Wer sich von Angst reagieren lässt, findet sich entweder in stetigen Sicherheitsschleifen wieder, in der eine Sicherheitsmaßnahme die nächste übertreffen muss, oder in Überwachungsparanoia, bei der befürchtet wird, keine Räume der Privatheit oder des freien Denkens mehr zu finden.

Es ist die Kunst – die Mikaels, die Syanas, aber auch die des Romans selbst –, die das Potential trägt, Überwachungspraktiken zu hinterfragen. Es sind künstlerische Fiktionen, die Räume für die Herausbildung eines kritischen Geists anzubieten versuchen. In diesen Räumen wird der Wirklichkeitssinn ‚gestört' und um den Möglichkeitssinn ergänzt. Dazu wird sich Strategien der Uneindeutigkeit bedient. So behauptet von Borries: „Fiktion ist die beste Tarnung der Realität." (WTC, 7)

---

[239] Stefan Lüddemann: Überwachung fängt bei uns selbst an.

6 Eugen Ruge: Irrfahrten durch die Stadt, Sprache und soziale Netzwerke. Darstellungsweisen der (Selbst-)Überwachung in *Follower*. *Vierzehn Sätze an einen fiktiven Enkel*

Eugen Ruge „schreibt mit geballter Faust, beißend, viril, stellenweise überdeutlich, doch präzise und kenntnisreich [...]. Die Welt schwappt über Ticker und Streams ins hyperventilierte Bewusstsein",[1] urteilt Thomas Thiel in der *Frankfurter Allgemeinen Zeitung*. Die Literaturkritiken zu Ruges Roman könnten unterschiedlicher nicht sein: Enttäuschung über seinen Kulturpessimismus und die schwache Handlung auf der einen,[2] Lob der sprachlichen Verdichtung, des Vexierspiels und des Witzes auf der anderen Seite. Durch Polarisierung des Lektüreurteils provoziert ein Werk wie *Follower* – da das Sprachspiel einen handlungsorientierten Plot ersetzt, da die Montage zudem die Lektüre unterbricht und nicht zuletzt, da die Leser:innen von Ruges Debütroman auf eine ähnliche Fortsetzung gehofft hatten. Doch mit Blick auf digitale Kulturen der Überwachung, entpuppt sich Ruges Roman als innovatives, die bisherige Erzählverfahren überschreitendes Werk, das durch seine sprachliche Gestaltung die deutschsprachigen Texte durch neue Versuche der Veranschaulichung von Überwachung ergänzt.

Der studierte Mathematiker und Geophysiker knüpft mit *Follower* (2016) an sein Romandebüt *In Zeiten des abnehmenden Lichts* (2011) an; doch anders, als viele dies erwarten. Ist er in seinem Debüt in die DDR-Vergangenheit der Familie Umnitzer eingetaucht, entwirft er in *Follower* ein Zukunftsszenario, das sich um den fiktiven Enkel von Alexander Umnitzer dreht: Zukunft statt Vergangenheit; Überwachungskapitalismus statt DDR-Bespitzelungssystem. Doch das ist nicht die einzige brüchige Verbindung: Ruge bleibt zwar einigen Erzählstrategien treu, etwa der Montage oder der Autofiktion – er schreibt sich selbst als dieser Alexander Umnitzer ein, der die Geschichte seines fiktiven Enkels erzählt. Er bricht aber auch mit dem Vorgängerroman, indem er den Plot radikal entschlackt und auf

---

1 Thomas Thiel: In diesem Identitätsroulette gibt es nur noch Verlierer. So viel unnütz tolle Wut! Eugen Ruges Dystopie *Follower* erhebt die geballte Faust gegen die vernetzte Welt. In: *FAZ*, 30. August 2016.
2 Vgl. Edeltraud Abenstein: Das Ich hat abgedankt. In: *Deutschlandradio Kultur*, 08.09.2016. URL: https://www.deutschlandfunkkultur.de/science-fiction-roman-follower-das-ich-hat-abgedankt.950.de.html?dram:article_id=365272 [19.09.2022]. Iris Auding: Sarkastischer Blick in die Zukunft. In: *Volksstimme*, 06.09.2019. URL: https://www.volksstimme.de/buch/buchimgespracch/sarkastisch-eugen-ruge-wirft-den-blick-in-die-zukunft/1473165324000 [28.10.2020].

das Aneinanderreihen von eigenen und fremden Gedanken des Helden reduziert. Damit versucht Ruge endgültig die „Zukunft als eine Fortschreibung der Gegenwart"[3] zu entwerfen, deren Tendenzen er kulturpessimistisch, aber amüsant verdichtet.

Die Dystopie handelt von Nio[4] Schulz, der als postmoderner Handelsreisender im China des Jahres 2055 ein Produkt verkaufen soll, das sich *True Barefoot Running* nennt. Während er sich auf diesen Termin vorbereitet, wird klar, dass Nio eigentlich damit beschäftigt ist, sein Privatleben zu ordnen, was ihm trotz oder gar wegen der allzeit vernetzten Kommunikation nicht gelingt. Die Lesenden begleiten den Protagonisten vom Aufwachen um 6 Uhr 11 im Hotelzimmer in der Metropole Wú Chéng bis zu seinem Verschwinden. Bei seinem Geschäftstermin um 10:00 Uhr kommt er nie an.[5] Was die Leser:innen während der vier Stunden erzählter Zeit erfahren, sind Nios Gedanken – all das, was während er aufsteht, sich anzieht, zum Frühstücksraum geht oder durch die Stadt läuft, sonst noch in seinem Kopf passiert. Oder treffender: Welche Inhalte seinen Kopf passieren. Denn fortwährend verfolgt Nio Twittermeldungen, Nachrichten, E-Mails, Werbung, Statusmeldungen. All das zusammen ergibt einen fremdgesteuerten Bewusstseinsstrom, über den Nio in weiten Teilen die Kontrolle verloren hat. Er lebt in der digital vernetzten Welt, trägt eine Datenbrille, die sogenannte ‚Glass', die ihm den Alltag erleichtern soll, und weiß, wie das Überwachungsmarketing funktioniert. Nio ist sich bewusst, dass Marketing auf Daten angewiesen ist, die er liefert, und bislang war das für den Ökonomen kein Problem – bis eine Twittermeldung über den Tod seines Großvaters Alexander Umnitzer das verändert. Nios Irrfahrt durch die Stadt beginnt und führt ihn zu einer Shopping Mall, deren Etagen, psychoanalytisch deutbar, nicht

---

3 Burkhard Müller: Barfuß laufen kostet! Eugen Ruge schlägt eine Brücke vom Urknall bis zum Jahr 2055. In: *Zeit Online*, 24.09.2016. URL: https://www.zeit.de/2016/37/follower-eugen-ruge-roman [19.09.2022].

4 Nios Name erinnert an den des Helden Neo aus dem Film *Matrix* (1999). Neo lebt in einer simulierten Parallelwelt, der Matrix, weil künstliche Intelligenz in der Wirklichkeit den Kampf gegen die Menschheit gewonnen hat. Die KI nutzt die Menschen nur noch zur Energiegewinnung und hat daher die Matrix geschaffen, um die Menschen ruhigzustellen. Das erfährt Neo durch eine Botschaft auf seinem Computer: Er soll dem weißen Kaninchen folgen. Dieses Motiv wird übernommen. Auch Nio erhält eine solche Botschaft. Im Blickfeld seiner Datenbrille taucht ein Pfeil auf, dem er durch die neokapitalistische Stadt folgt. In der Andeutung, dass unsere digitale Welt die Matrix ist, scheint sich dieser intertextuelle Verweis jedoch zu erschöpfen.

5 Die Uhrzeit ist ein Verweis auf Kafkas Romanfragment *Der Proceß*. Im *Proceß* ist K.s erste Anhörung um zehn Uhr, um dieselbe Uhrzeit kommt K. am Dom an. Es ist die Stunde, die sich bei Kafka verschiebt, zehn wird zu elf und der zweite Raum, der Raum des ominösen Gerichts, öffnet sich. Wir dürfen also annehmen, dass der Text suggeriert: diese Zukunftswelt ist die Welt eines gerichtlichen Prozesses.

nach oben, sondern nach unten führen. Sieben Etagen durchläuft er, in der untersten erwirbt er, mehr fremd- als selbstgewollt, das Recht am Töten eines anderen Menschen. Er flüchtet. Zwischen diesen Plot werden graphisch abgesetzte Dokumenten-Teile montiert, die die Beobachtung Nios durch die Geheimdienste aufzeigen. Darin finden sich Protokolle, Persönlichkeitsprofile, Beziehungscluster, errechnete Verhaltensprognosen und weitere Dokumente. Doch das ist nicht der einzige Bruch im Text: Nach zwei Dritteln der Textlänge setzt plötzlich ein der bisherigen Erzähllogik völlig entgegenlaufendes Kapitel ein. Es folgt eine GENESIS, die vom Urknall angefangen die Menschheitsgeschichte, zugespitzt auf Familie Umnitzer, bis zu Nio Schulz in extremer Raffung erzählt. Die Leser:innen sind am Ende nicht minder reizüberflutet wie der Protagonist selbst.

Die Konstruktion des Romans gibt die Forschungsfragen vor. Die Erzählweise eines durch eine Erzählinstanz geführten Bewusstseinsstroms deutet die Funktionsweise der digitalen Überwachung an: In *Follower* haben Leser:innen es mit inkorporierten Überwachungsimperativen[6] zu tun, die in einer Art Innensteuerung die Manipulation von Körper und Geist übernommen haben. Daher gilt es zu fragen, welche Themen und Praktiken der Überwachung verarbeitet werden und auf welche Narrative die Erzählung dabei zurückgreift? Wie zeichnet die Dystopie das Verhältnis von Außen- und Innensteuerung und welche Rolle kommt dabei der Digitalisierung des Alltags zu? Die eingebetteten Dokumente halten zudem das Narrativ des Überwachungsstaates präsent. Dadurch wirft der Roman die Frage nach dem Verhältnis von Staat, Privatwirtschaft und individuell gelebter Praxis auf. Innerhalb der für diese Studie ausgewählten Werke setzt *Follower* den Fokus auf die Überwachung der Sprache und ergänzt damit das Spektrum der Aspekte, auf die Überwachung in der Gegenwart zielt. Der Systemdiskurs schließt eine Kontrolle des Sprachsystems ein, was wiederum beim Individuum in der sprachlichen Konstitution seiner Wirklichkeit kontrollierend fortwirkt.

Eine sich bei der Lektüre aufdrängende Frage ist die nach den Auswirkungen und Auswüchsen des Überwachungskapitalismus und dessen Übergriffe auf das Private, die *Follower* in vier Dimensionen nachzeichnet:
1. Verlust an Welt- und Wirklichkeitserfahrung: Reales und Digitales (Original und Kopie) werden als ununterscheidbar markiert.
2. Damit geht ein Verlust der Orientierungsdimensionen einher, der Irritationen im Verhältnis von Glauben und Wissen einschließt.

---

6 Die ‚Überwachungsideologie' (vgl. FN 23 der Einleitung) meint Überzeugungen und Ideen, die (Selbst-)Überwachung als positiver und erstrebenswerter Mehrwert für die Individuen postulieren. Diese ‚Überwachungsideologie' formuliert somit einen Imperativ an das Individuum, sich selbst zu überwachen, um erfolgreich, besser oder risikofreier zu leben. Diese impliziten Gebote, Annahmen, Prinzipien verstehe ich in dieser Arbeit unter dem Begriff ‚Überwachungsimperativ'.

3. Übergriffe und Verletzungen des Privaten, die mit Kontroll- und Autonomieverlust einhergehen, und letztlich
4. zu Identitätsinstabilitäten und -konflikten führen.

Diese Kette an diskutierten Auswirkungen in ihrer Inszenierung herauszuarbeiten wird Herausforderung dieses Kapitels sein. Denn diese Folgen werden nicht über den Plot, sondern über die Narratologie des Romans, die intertextuellen Bezüge und das Sprachspiel inszeniert. Ebenfalls durch die sprachliche Gestaltung kommt Ruges Grundthematik zum Ausdruck: Wie, fragt der DDR-Schriftsteller mit Blick auf Big Data, steht es wirklich um die Berechenbarkeit von Zukunft?

Das Kapitel beginnt mit einer Analyse der narratologischen Form, denn Ruge übersetzt die Thematiken der digitalen Massen- und Selbstüberwachung in die Erzählstrukturen und nutzt dafür auch den Einsatz zweier Erzählerstimmen sowie Perspektiven. Er schreibt die Überwachung in die Sprache ein und greift auf mehrere Erzählschemata bzw. Prätexte zurück. Genannt seien Orwells *1984*, Dürrenmatts *Der Auftrag*, Kafkas *Der Proceß* oder James Joyces *Ulysses*. Daran anschließend werden die inhaltlichen Aspekte der Überwachung und ihrer diskutierten Auswirkungen betrachtet, mit der Erzählweise verschränkt und die Position des Textes zur Gegenwart herausgearbeitet. Das Kapitel endet mit der Grundfrage nach der Berechenbarkeit von Mensch und Zukunft.

6.1 *Follower*s dystopischer Auftrag: Erzählstrukturen, Erzählweisen und Prätexte

Die Romankonzeption umfasst zwei Erzählstränge auf drei Ebenen: Die dominierende Erzählebene, die Handlung um Nio Schulz, beginnt *in medias res* und endet offen. Was Nio erlebt, wird – „dem Ulysses-Muster [folgend]"[7] – in einem durchgehenden, montierten Strom von Stimmen und Gedanken chronologisch erzählt; teils zeitdeckend, teils zeitdehnend. Diesen Strom untermalt die sprachliche Gestaltung des Textes. Die vierzehn Kapitel bestehen – in Strukturanalogie zu Dürrenmatts *Der Auftrag oder Vom Beobachten des Beobachters der Beobachter. Novelle in vierundzwanzig Sätzen* – je aus einem „Endlossatz",[8] „in denen der atemlose Sog der Prosa als Vollzug des unendlichen Gedankenstroms des Helden erst am Kapitelende zu

---

[7] Katja Belousova: Herrn Ruges Gespür für digitale Follower. In: *Die Welt*, 28.12.2016. URL: https://www.welt.de/kultur/literarischewelt/article160652477/Herrn-Ruges-Gespuer-fuer-digitale-Follower.html [19.09.2022].
[8] Iris Auding: Sarkastischer Blick in die Zukunft.

einem erlösenden Schlusspunkt und zur Ruhe findet".[9] Die Zahl vierzehn kann einerseits als zwei mal sieben gelesen werden: sieben Tage der Schöpfung und sieben Todsünden. Andererseits kann man an die vierzehn Stationen des Kreuzwegs denken. Der zeitlichen und sprachlichen Gestaltung der Nio-Handlung stehen die beiden anderen Ebenen entgegen: Die eingeschobenen Dokumenten-Teile berichten in Behördensprache, Statistiken und Tabellen von Nios Überwachung durch die Geheimdienste. Eine engere Verschränkung der Ebenen, die Leser:innen von Dystopien mit Kriminalelementen erwarten würden, bleibt aus: Nios Überwachung läuft im Hintergrund, ohne handlungsver- oder einschränkende Folgen nach sich zu ziehen. Die dritte Ebene ist eine metadiegetische, geschlossene Analepse – das GENESIS-Kapitel. Auch das bricht mit der Gestaltung des Gedankenstroms, denn es rafft Milliarden Erdenjahre und wird in konventioneller Syntax und Zeichensetzung präsentiert. Dieses Verhältnis des Romans zur Vergangenheit, Gegenwart und Zukunft bindet ihn an das Genre der Dystopie.

Als dystopischer Zukunftsroman reiht sich *Follower* nahtlos in die Genrewahl der übrigen Autor:innen von Überwachungsromanen ein. Das spezifisch Dystopische ist v. a. die Verlagerung der Handlungszeit in die Zukunft, um dabei jedoch mehr über die Gegenwart als über das Zukünftige zu sagen.[10] Auch wenn der Held nur dorthin reist, spielt die gesamte Handlung in HTUA-China, das in dieser Zukunft in wirtschaftliche Sektoren aufgeteilt ist.[11] China als Handlungsraum zu wählen verweist direkt auf die dortige Überwachungsarchitektur. Die chinesische Regierung will seit Jahren ein Social-Credit-System errichten, das eigentlich 2020 starten soll(te); in Teilen Chinas ist es bereits heute realisiert. „Ehrliches Shanghai" heißt zum Beispiel die „App der Stadtregierung, die das Verhalten der Menschen systematisch erfassen und bewerten soll [...]. Vermeintlich schlechten Bürgern drohen Strafen, vermeintlich gute Bürger werden belohnt".[12] Gleichzeitig sind die Plattformen der Technologiekonzerne aus den USA verboten: Es gibt kein *Twitter*, *Google*, *Facebook* oder *WhatsApp*, man kommuniziert mittels staatsnahem *WeChat*:

---

9 Jörg Magenau: Ganzkörper-Tattoos unter Kunsthimmel. In: *Süddeutsche Zeitung*, 31.08.2016. URL: https://www.sueddeutsche.de/kultur/roman-ganzkoerper-tattoos-unter-kunsthimmel-1.3143040 [19.09.2022].
10 Vgl. Wilhelm Voßkamp: Möglichkeitsdenken, S. 15; Wilhelm Voßkamp: *Emblematik der Zukunft*, S. 5.
11 „HTUA China (seit der Aufteilung Chinas in kommerzielle Sektoren hatte HSBC, Toyota, UNIVERSE und Alibaba eine eigene Zeitzone eingeführt)" (F, 14).
12 Axel Dorloff/Daniel Satra: Auf dem Weg zur totalen Überwachung. In: *tagesschau*, 24.03.2019. URL: https://www.tagesschau.de/ausland/ueberwachung-china-101.html [28.08.2019].

> WeChat ist eine Messenger-Komplettlösung, die inzwischen auch Spiele, Onlineshopping und Finanzdienstleistungen anbietet. Fast alles, was die User brauchen, können sie sich vom Smartphone aus holen, ohne je die App zu schließen. Sie ist eine Mischung aus Whatsapp, Facebook, Instagram, Skype, Onlinebanking, Amazon und vielem mehr. [...]. Wenn Sie in China keine WeChat-ID besitzen, gibt es Sie nicht [...].[13]

Der Held von *Follower* ist zwar nur Gast in diesem Überwachungsstaat, dennoch stellt der Raum China eine zusätzliche, dystopische Warnung dar: die dortigen Praktiken, inklusive einer staatlichen Internetzensur, nicht zu den hiesigen werden zu lassen. Dystopisch versucht der Text so durch eine raumzeitliche Verlagerung des Plots ein „zukunftsorientiertes fiktionales Probehandeln",[14] indem er gegenwärtige Ideen in einer Zukunftswelt radikalisiert.[15] Damit ist *Follower* gerade durch seine Form und Ästhetik politische Literatur.[16]

Das Verhältnis zum Schema der kanonischen Dystopie ist dennoch ambivalent: Der Roman bedient das Schema nur mit größerer Varianz und weniger Stabilität. Auf der einen Seite bleibt das klassische dystopische Handlungsgerüst erhalten, das einen Durchschnittsbürger und seinen Erkenntnisprozess zeigt, aber das Verhältnis des Einzelnen zum Staat ist kein zentrales Thema des Romans mehr. Obgleich das Individuum durch Inhalt und Erzählweise noch prägnant im Mittelpunkt der Darstellung steht, meint der alte dystopische Konflikt zwischen Individuum und unterdrückendem Kollektiv bei Ruge kein Kollektiv im Sinne einer Masse oder eines diktatorischen Staates mehr, sondern den kollektiven Imperativ der Digitalisierung: Unbeschränkte Kommunikation, stetige digitale Verbundenheit, ständiger Datenfluss. Das entspricht Huxleys Systembegriff in der *Schönen Neuen Welt*: Ein Einzelner gegen eine kapitalistische Logik. Die dystopischen Grausamkeiten verrichtet nicht mehr allein der Staat, sondern das Individuum gegen sich selbst: Mittels smarter Technologie leidet es unter Überforderung bei gleichzeitig stetig voranschreitender Selbstoptimierung. Zum Handlungsgerüst der Dystopie gehört auch eine Rebellion des Helden. Wodurch die in *Follower* jedoch tatsächlich angestoßen wird, plausibilisiert der Text nur ungenügend. Ist es in der kanonischen Dystopie das Gespräch mit dem ‚Anderen' sowie dem Machthaber des Systems, scheint bei Ruge die Todesanzeige des Großvaters der Umschlagspunkt. Doch warum Nio nur

---

[13] Franka Lu: Im Gehen, beim Essen, mitten im Gespräch, nach dem Sex. In: *Zeit Online*, 14.12.2018. URL: https://www.zeit.de/kultur/2018-12/china-internet-wechat-weibo-social-media-zensur [19.09.2022].
[14] Wilhelm Voßkamp: Möglichkeitsdenken, S. 23.
[15] Eva Horn: *Zukunft als Katastrophe*, S. 22f.
[16] Vgl. Maren Conrad: Unmögliche Aktualitäten, S. 459.

dadurch sein Dasein „nicht mehr als gläserner Mensch fristen will, wird nicht so recht klar".[17] Was Ruge aufgibt, sind klassische dystopische Motive wie die Einschränkung durch das staatliche Kollektiv, die Überwachung der Sexualität, die Kulturfeindlichkeit des Staats oder die Natur als möglichen Gegenort. Andere Dystopiemotive dagegen treten bei ihm umso deutlicher in Erscheinung: die fehlende Privatheit, die Indoktrinierung der Ideologie durch Medien und Technik sowie die Sprache als Mittel der Manipulation.[18] *Follower* ist eine Variation des Narrativs überwachter Kund:innen und der überwachten Selbstüberwacher:innen. Der Roman präsentiert die kapitalistische Seite der Überwachung. Vorrangig jedoch belegt sich der dystopische Charakter des Romans nicht durch genretypische Konstruktion, sondern durch sein Verhältnis von Gegenwart und Zukunft. Da Ruge die Gegenwart als *tipping point* markiert, wird *Follower* als Katastrophennarrativ „Teil einer Dimension des Sozialen, die als das *kollektiv Imaginäre* gefasst worden ist".[19] Was dieses kollektive Imaginäre einer technologisierten Alltagswelt, wie *Follower* sie schildert, ist, wird sich in der Analyse der Folgen dieser (Twitter-)Welt zeigen. *Follower* behält also die dystopische Warn- und Appellfunktion bei, die vor den Verheißungen der Medienindustrie mit ihrer totalen Verlagerung des Privaten ins Digitale warnt.

Die Dystopie ist oftmals eine Vermischung verschiedener Genres und Schreibweisen. Einige der gegenwärtigen Texte integrieren beispielsweise Elemente des Kriminalromans, wenn sie auf die Verfahren von *predictive analytics* hinweisen.[20] *Follower* dagegen ist ein Montageroman und arbeitet mit autofiktionalen Elementen. Innerhalb der Montage bleibt festzuhalten, dass es sich nicht wie bei Friedrich von Borries' *1WTC* um dokufiktionales Schreiben handelt: Die montierten Teile sollen zwar den Realitätsgehalt des Textes untermauern. Das geschieht, indem bewusst mit der Formseite verschiedener, konventionell nicht-fiktionaler Dokumentenformaten gespielt wird – wie dem Protokoll oder statistischen Profil, Grafiken und Emblemen – und dabei auf außerfiktionale Autoritäten referiert. Jedoch findet bei Ruge, anders als bei von Borries, über die dokumentarische Anlehnung keine Verschiebung der Grenze zwischen Realität und Fiktion statt – die Dokumenteninhalte bleiben fiktiv. Auch montiert er nicht tatsächlich externes Material, wie in der Moderne beispielsweise Döblin dies tat. Die Inhalte der anderen beiden Erzählebenen – BKA-Dokumente und GENESIS-Kapitel – bringen trotz Realitätsreferenzen den Status der Diegese nicht ins Wanken.

---

17 Katja Belousova: Herrn Ruges Gespür für digitale Follower.
18 Vgl. zu den genannten Dystopiemotiven: Elena Zeißler: *Dunkle Welten*, S. 23–50.
19 Eva Horn: *Zukunft als Katastrophe*, S. 22.
20 Beispiele dafür sind: Tom Hillebrand: *Drohnenland* (2014) oder Mark Elsberg: *ZERO – Sie wissen, was du tust* (2014).

Ebenso sehr wie das dystopische Schema, nutzt der Text das Handlungs- und Erzählschema eines Prätextes. Bereits der Untertitel *Vierzehn Sätze über einen fiktiven Enkel* weist auf Dürrenmatts *Der Auftrag*. Inhaltlich versucht *Follower* auf Dürrenmatts Motive zu antworten und sie ins volldigitalisierte 21. Jahrhundert zu überführen. Zugleich gibt *Der Auftrag* die Erzählstruktur vor. Jedes Kapitel ist ein Satz, die Handlung geht fast vollständig aus dem Innenleben der Protagonisten hervor (wenngleich leicht verändert). Wie Dürrenmatts Protagonistin, die Filmemacherin F., erhält auch Nio einen Auftrag, der ihn in ein fernes Land führt. Er soll jedoch kein Verbrechen filmisch rekonstruieren, sondern ein Produkt verkaufen, das es so gar nicht gibt, das Barfußlaufen. Aus der Odyssee durch die Wüste wird eine durch die Stadt bzw. ein Kaufhaus; aus dem kriegerischen Wettrüsten wird das kapitalistische Wetteifern. Vermutlich gibt *Der Auftrag* auch das abrupte Happy End vor, das *Follower* hat. Dürrenmatt wie Ruge nutzen ein autofiktionales Element. Während ersterer sich als Logiker D. in seinen Text einschreibt, dem der letzte Satz und das Schlusswort gehören, inszeniert sich Ruge als Großvaterfigur, die die GENESIS erzählt. Dieser Großvater wird als bekannter Autor beschrieben, „der nicht mal ein Smartphone besessen hatte, [aber] ein Buch mit dem Titel *Follower* geschrieben haben soll".[21] Großvater Umnitzer als Erzähler ist „globalisierungskritisch und fortschrittsfeindlich" (ebd.) – das sind jene Eigenschaften, die man Ruge öffentlich nachsagt. Auch sonst liefert er im Text allerlei Referenzen, die mit seiner Biographie übereinstimmen.[22] Doch: „Im Vexierspiel der Postmoderne taucht der Autor nur noch als Folie für verwirrende Spielereien und Spiegelungen auf, nicht mehr als ernstgenommene Identität."[23] Ruge bewegt sich mit dem Spiel um seine Person im Bereich der Autofiktion. Jedoch weniger im Sinne der auf Doubrovsky zurückgehenden Form: „Nicht Autobiographien, nicht ganz Romane, gefangen im Drehkreuz, im Zwischenraum der Gattungen, die gleichzeitig, und somit widersprüchlich den autobiographischen und den romanesken Pakt geschlossen haben, vielleicht, um dessen Grenzen und Beschränktheit außer Kraft zu setzen."[24] *Follower* macht

---

21 Eugen Ruge: *Follower. Vierzehn Sätze über einen fiktiven Enkel*. Reinbek bei Hamburg 2016, S. 82. Nachfolgend mit der Sigle: F.
22 „Alexander Umnitzer wird im Juni 1954 geboren. Zwei Jahre später gelingt es der Familie in die DDR zu übersiedeln." (F, 265)
23 Barbara Schaff: Der Autor als Simulant authentischer Erfahrung. Vier Fallbeispiele fingierter Autorschaft. In: Heinrich Detering (Hg.): *Autorschaft. Positionen und Revisionen*. Berlin 2002, S. 426–443, hier S. 427.
24 Serge Doubrovsky: Nah am Text. In: Alfonso de Toro/Claudia Gronemann (Hg.): *Autobiographie revisited. Theorie und Praxis neuer autobiographischer Diskurse in der französischen, spanischen und lateinamerikanischen Literatur*. Hildesheim 2004, S. 117–127, hier S. 119.

den Leser:innen zwar ein Angebot, „ihn als Autobiographie oder als Roman zu lesen",[25] doch der ontologische Status bleibt schon durch die Genrewahl, die Verlagerung ins Zukünftige, unangetastet fiktiv. Es handelt sich vielmehr um die zweite von Zipfels unterschiedenen Formen der Autofiktion, bei der mit einer Namensidentität von Autor und Figur gespielt wird, aber der Text klar als fiktionaler Text markiert ist.[26] Das wird über einen metaleptischen Ebenenwechsel realisiert: „der Autor [wird] selbst zum Gegenstand seiner Erzählungen [...] und Autorschaft als literarisches Verfahren der Subjektivierung eingesetzt wird".[27] Innerhalb des Themas der Überwachung ist eine letzte Beobachtung zur Autofiktion relevant:

> Die Autofiktion setzt nicht nur die Selbstbeobachtung des Schreibenden voraus, sondern, da er sich selbst in sein Werk kopiert, auch noch die Beobachtung dieser Selbstbeobachtung. Dieser Beobachtungszusammenhang zweiter Ordnung wird sodann der Beobachtung durch die Leserinnen und Leser, dem ‚Beobachtetwerden' ausgesetzt. Und zwar geschieht dies einerseits im Vertrauen auf den zwischen Autor und Leser geschlossenen autobiographischen Pakt und andererseits unter den paratextuellen Fiktionalitätsvorzeichen der Gattungsbezeichnung ‚Roman'.[28]

Die Autofiktion impliziert also per se eine Beobachtung zweiter Ordnung, die niemals zu einer ungefärbten Schilderung der dahinterliegenden Realität gelangen kann. Diese Beobachtung der Beobachtung tritt besonders in den retrospektiven Kommentaren zutage: „Indes gibt es durchaus Bedrohungen, nur wird Alexander diese Bedrohungen nicht wahrnehmen. In Wirklichkeit lebt er keineswegs in einer befriedeten Welt. In anderen Regionen wird unentwegt Krieg geführt." (F, 266) Die Metalepse wird als Verfahren der Subjektivierung einer dystopischen Zukunftsfiktion eingesetzt, die der Text für künftige Generationen prognostiziert und zu der er sich positioniert. In dieser Lesart wird der Titel, samt Untertitel, besonders relevant. „Ein Enkel ist schließlich nicht irgendeine Figur, sondern ein nachfolgendes Familienmitglied, also ein ‚Follower'",[29] schlüsselt Jörg Magenau den Titel auf. In dieser ersten Lesart des Titels – im Verlauf des Kapitels werden noch weitere Lesarten des Titels vorgeschlagen – wird ‚Follower' als Nachkommenschaft dieser gegenwärtigen Generation gelesen. So verdichtet sich in der ersten Interpretation des

---

25 Martina Wagner-Egelhaaf: Einleitung: Was ist Auto(r)fiktion. In: Dies. (Hg.): *Auto(r)fiktion. Literarische Verfahren der Selbstkonstruktion*. Bielefeld 2013, S. 7–21, hier S. 11.
26 Vgl. Frank Zipfel: Autofiktion, S. 302 f.
27 Matthias Schaffrick/Marcus Willand: Autorschaft im 21. Jahrhundert. Bestandsaufnahme und Positionsbestimmung. In: Dies. (Hg.): *Theorien und Praktiken der Autorschaft*. Berlin 2015, S. 3–148, hier S. 55.
28 Matthias Schaffrick/Marcus Willand: Autorschaft im 21. Jahrhundert, S. 56. Mit Verweis auf: Martina Wagner-Egelhaaf: Autofiktion & Gespenster. In: *Kultur & Gespenster* 7 (2008), S. 137–149, hier S. 138.
29 Jörg Magenau: Ganzkörper-Tattoos unter Kunsthimmel.

Titels das Programm einer Dystopie, die per se eine Zukunft als Fortschreibung der Gegenwart betreibt. Das verengt das Programm aber subjektiv zugleich auf die Fortschreibung der prognostischen Genealogie, aus der Ruge sich durch seinen fiktiven Tod herausschreibt.[30] Zukunftsnarration und Vergangenheitserzählung kreuzen sich in *Follower* genau an der Figur des fiktiven Eugen Ruges alias Alexander Umnitzer: Er erzählt die Vergangenheit „als Countdown [...]: noch acht Generationen bis zu ihm selbst"[31] und katapultiert sich gleichzeitig mit Nio Schulz in die Zukunft. Er ist der Kreuzungspunkt beider Welten, der *tipping point*, an dem es sich zu verhalten gilt. Das ist die Differenz zu Dürrenmatts Text, der keine Zukunftsfiktion ist und in dem der Logiker D. nicht diesen Kreuzungspunkt darstellt. Doch die autofiktionale Metalepse ist nicht nur Subjektivierungs- und Authentizitätsstrategie des Romans, sondern dient auch zur Verunsicherung der Dystopie-Leser:innen. Denn die Metalepse (ver-)stört die Geschehensillusion zumindest für einen Moment, indem sie nicht nur die Grenze zwischen künstlerischer Fiktion und Realität stört, sondern damit einhergehend auch die Grenze zwischen Zukunft und Gegenwart – sie verstört das Zeitverhältnis. Dies lenkt die Aufmerksamkeit auf die Berechnung der Zukunft, um die es im Roman inhaltlich (auch) geht. Mit dem Auftreten eines gegenwärtigen Autors im Text, der von der Zukunft berichtet, stellt sich die Frage nach den legitimen Verfahren der Zukunftsprognostik. Das impliziert den Gedanken, worin der Unterschied liegt zwischen einem algorithmisch errechneten Zukunftsszenario und eines künstlerisch erdachten.

Ein letzter Aspekt, der vor den Inhaltsbetrachtungen noch in Augenschein genommen werden muss, um beurteilen zu können, wie *Follower* die Kulturen der Überwachung arrangiert, ist die Erzählstimme: Wie genau erzählt der Roman von der Inkorporierung der Überwachungsimperative durch das Individuum und welche Rolle spielen dabei die Stimme(n) und ihre Perspektive(n)? Betrachtet wird zunächst die dominante Erzählinstanz des Gedanken- und Nachrichtenstroms. Sie ist die verdichtete Manifestation der Überwachungsprinzipien wie -praktiken.

Entscheidend für die Beurteilung des Inhalts ist die Tatsache, dass es sich auf der Ebene der Präsentation – wie man zunächst glauben könnte – um eine Art Bewusstseinsstrom handelt, bei dem die „sprachliche Organisation dem Prinzip der freien Assoziation verpflichtet – rational nicht gesteuerte Bewusstseinsabläufe werden hier möglichst authentisch in all ihrer Inkohärenz wiedergegeben".[32] Ruge imitiert Joyces Bewusstseinsstrom in der *Ulysses*. Mit kleinen Unterschieden:

---

30 Vgl. Jörg Magenau: Ganzkörper-Tattoos unter Kunsthimmel.
31 Burkhard Müller: Barfuß laufen kostet!
32 Matías Martínez/Michael Scheffel: *Einführung in die Erzähltheorie*, S. 65.

> Dieses Mal, dachte Schulz, waren die Umstände auch besonders widrig gewesen – um genau zu sein, dachte er nicht *widrig*, sondern *fies*; und vielleicht sollte an dieser Stelle einmal darauf hingewiesen werden, dass Schulz' Sprache und Denken hier generell nicht korrekt wiedergegeben sind, auch ein Wort wie *Rumor* würde er nicht gebrauchen, Schulz sagte *friends* anstatt *Freunde*, *responsen* anstatt *antworten*, *haten* anstatt *hassen*, er benutzte fast immer das politisch korrekte *mannfrau* und sprach, zumindest in Gesellschaft, von Menschen und Menschinnen mit Migrationshintergrund – um nur einige Abweichungen zu nennen, die hier mit Rücksicht auf die konservativen Sprachgewohnheiten von Lesern unterschlagen wurden (F, 112).

Mit voranschreitender Lektüre tritt zutage, dass immer noch eine Erzählinstanz regieführend auftritt und Schulz' Gedanken, Informationen, Nachrichten und Emotionen ordnet; sie gibt auch wieder, was er gerade tut. Dieses Verfahren übernimmt Ruge von James Joyces *Ulysses*, der dort „eine nicht eindeutig fixierbare[.] Erzählinstanz [nutzt, um] uns die innere Befindlichkeit der Romanfiguren quasi verdolmatchend nahezubringen".[33] Der Erzähler von *Follower* ist dabei nicht auf die Wiedergabe von Schulz' Bewusstsein beschränkt. Obige Textstelle verdeutlicht, dass Schulz' Perspektivenparameter nicht mit denen der Erzählinstanz identisch sind, und so nicht alle Inhalte tatsächlich aus seinem Bewusstsein kommen. Der eingeschobene, aber für den Erzählstil typisch unmarkierte Erzählerkommentar „vielleicht sollte an dieser Stelle einmal darauf hingewiesen werden, dass Schulz' Sprache und Denken hier generell nicht korrekt wiedergegeben sind" ist dabei der entscheidende Hinweis: Die Erzählinstanz weicht vor allem in der sprachlichen Perspektive ab. Oder genauer: Der Strom hat eine mehrfach differenzierte sprachliche Perspektive. Der Text schreibt Nio die im Diskurs der erzählten Zukunft gängigen Lexeme zu, vorrangig Anglizismen, während sein Erzähler bei der Zeitsprache des Jahres 2016 bleibt. Damit werden nicht nur wahrgenommene sprachliche Tendenzen der Gegenwart ins Zukünftige potenziert – der Roman diagnostiziert kulturpessimistisch ein zunehmendes Schwinden des Deutschen zugunsten der Universalsprache Englisch –, sondern die Gegenüberstellung der sprachlichen Perspektiven weist auch in die Richtung, aus der die Überwachungslogiken in das Bewusstsein dringen – aus dem amerikanischen Silicon Valley. Die zweite Abweichung in den sprachlichen Perspektiven zeigt sich in der Übernahme der in der erzählten Zeit normierten *political correctness*: „mannfrau", „Menschen und Menschinnen". Der Roman nimmt so eine Kontrolle der Sprache wahr und attestiert die Übernahme des fremden Sprachmaterials zur (Fremd-)Konstitution der Welt. Die Überwachung der Sprache ist ein dystopisches Motiv, das Orwell mit ‚Neusprech' und dessen kontrollierbarem Vokabular inszeniert, und das sich in *Follower* durch die Kontrastierung verschiedener sprachlicher Perspektiven zeigt.

---

33 Wilhelm Füger: *James Joyce. Epoche – Werk – Wirkung*. München 1994, S. 229.

So propagiert der Text eine Deutungshoheit über Normen, Werte und letztlich über die Weltanschauung aus.

Die Erzählerrede selbst besteht zwar nur aus einer Stimme, diese setzt sich aber aus der Übernahme von nahezu unüberschaubar vielen Stimmen zusammen, die Schulz' Bewusstsein hervorbringen:

> das kleine Suchtproblem, das er mit Twitter gehabt hatte, war seit langem überwunden, Schulz nutzte den Dienst jetzt vernünftig und professionell [...]:
> @g-24 zufolge hatte die APOLOG-Gruppe weitere Anteile des russischen Staates gekauft, na schön, was interessierte es ihn, wem Russland gehörte,
> @dpa meldete wieder soundso viele Tote im subsaharischen Wasserkrieg, allerdings gab es beinahe täglich soundso viele Tote im subsaharischen Wasserkrieg, seit er denken konnte, gab es beinahe täglich soundso viele Tote im subsaharischen Wasserkrieg,
> ein Typ namens s@sukagen teilte mit, dass das Computersystem der Weltbank von einem selbstassemblierenden Virus übernommen worden sei, der es darauf abgesehen habe, deren Billig-Geld-Politik zu unterlaufen: Verschwörungstheorien – Schulz drückte den blauen Entfolge-Button [...],
> und die Nachricht, dass irgendein Kommissar der E.ON/SBI-Zone zurückgetreten war, nachdem er Titti Typhon, die Siegerin des Eurovision Song Contests, eine *Afro-Deutsche* genannt hatte, berührte Schulz nur, weil dieser Kommissar ausgerechnet Schulz hieß: ein schlechtes Omen, fand Schulz, aber das war auch schon wieder *negertief*, was hatte er mit diesem anderen Schulz zu tun, obwohl auch ihm, Schulz, der *pisi-e* Ausdruck für *Afro-Deutsche* gerade nicht einfallen wollte: er würde es nachher googlen (F, 53 ff.).

Die etwas längere Textstelle zeigt die Montage deutlich: Was Leser:innen vorfinden, ist ein narratorialer Erzähler mit der Kompetenz zu allumfassender Introspektion, die mit der Übernahme der Perzeption einhergehen kann, aber nicht muss. Und eben das, was der Erzähler wiedergibt, setzt sich nicht aus einer, sondern vielen verschiedenen Stimmen zusammen, ohne dass diese eigenständig zu Wort kommen. Hier überschreitet *Follower* Dürrenmatts Erzählweise. Dürrenmatts Text ist zwar ebenfalls in weiten Teilen aus der Perspektive der F. geschildert, der Text belässt es aber bei einer Stimme und über weite Strecken einer kompakten Perspektive. Im Gegensatz dazu werden in diesen Strom der Erzählstimme Figurenreden von vielen Twitterern, Friends, Kollegen, Stimmen und Perspektiven aus Medien und Werbung oder Aussagen von Maschinenintelligenz bzw. Robotern orchestriert. Bachtins Feststellung, dass jede Romanstimme eine Vielzahl von gesellschaftlichen Stimmen und Perspektiven akkumuliert,[34] wird wörtlich genommen. Dabei hat kaum eine der Twittermeldungen für das, was Schulz gerade tut, tatsächlich Relevanz. Die Stimmen ‚rauschen' ungebremst durch den Kopf des Individuums des 21. Jahrhunderts. In der folgenden Analyse der Überwachungspraktiken in *Follower* gilt es daher,

---

34 Michail M. Bachtin: *Die Ästhetik des Wortes*. Frankfurt/M. 1979, S. 157.

rückzuübersetzen, woher Inhalt, Stimme und Perspektive(n) des Gesagten stammen, d. h. wer gerade durch was Einfluss auf das Bewusstsein des Helden nimmt. Zu den Charakteristika der Stimmen- und Perspektivenmontage gehört es auch, dass die Markierungen des Fremdmaterials im Laufe des Romans stetig abnehmen: Während in der Textstelle oben fremde Aussagen noch mit einem ikonographisch sichtbaren @-Zeichen markiert sind, verschwinden die Textsignale für Twitternachrichten zunehmen (vgl. F, 207), stehen unmarkiert neben der Wiedergabe von Befindlichkeit und der handlungsorientierten Raumbeschreibung:

> Wienerwald wirbt für *original Tofu-Eisbein, saftiges In-vitro-Rippchen auf Kraut, Kaiserschmarrn eifrei milchfrei mehlfrei und ohne Zucker* und andere typisch alteuropäische Gerichte und zwischen alldem, über alldem die Schredderstimme von Tom Hertzberg alias Dino Droge, [...], Jeff ist kaum noch zu hören, *hallo, Schülzchen, ich weiß nicht, ob du schon mal was von Kommunikation gehört hast*, jetzt wird es noch enger, beim Streit um die arktische Bohrinsel Juri Dolgoruki werden drei pakistanische Sicherheitsleute getötet, *ich versuche, mit dir zu reden*, niederländische Bauern protestieren gegen die Zwangsräumung (F, 213).

Bis zu Nios abschließender Flucht radikalisiert sich die Erzählerrede in ihrer Stimmenmontage immer weiter, es mischen sich Werbungen im öffentlichen Raum, Musik, die Antworten des Telefongesprächs mit dem Kollegen Jeff, Twittermeldungen und Umfeldbeschreibungen zu einem einzigen Sog und nehmen Leser:innen jede Orientierung, die das Sprachsystem konventionell bietet. Was Wilhelm Füger in seiner narrativen Untersuchung des *Ulysses* feststellt, lässt sich anstandslos auf *Follower* übertragen:

> Nicht nur nehmen die auf inneren Monolog und erlebte Rede gestützten Textpassagen in den ersten drei Kapiteln laufend an Umfang zu und weiten sich dabei – unter zunehmender Fusion von äußerer und innerer Wirklichkeit – rasch auf transprivate Bereiche aus [...], sondern auch ihr nichtmimetischer Charakter wird immer unverkennbarer. Weniger, soweit überhaupt, um die akribisch genaue Nachzeichnung eines als faktisch gegeben unterstellten Bewußtseinsstroms geht es Joyce dabei – dies wäre ja nur eine andere Variante von Mimesis –, sondern vielmehr [...] um eine intensivierende verbale Repräsentation typischer emotionaler Befindlichkeiten und genereller Bewußtseinshaltungen [...] sowie gezielt eingesetzter rhythmischer Effekte und Sprachmanipulationen.[35]

Ruge konzipiert einen postmodernen Odysseus im China des Jahres 2055 und übernimmt dafür den Erzählstil der *Ulysses*, der kein mimetischer Gedankenstrom, sondern eine „intensivierende verbale Repräsentation typischer emotionaler Befindlichkeiten und genereller Bewußtseinshaltungen" der Informations- und

---

35 Wilhelm Füger: *James Joyce*, S. 228.

Überwachungsgesellschaft sein will.[36] Was für die sprachliche Perspektive dieser Erzählweise gilt, gilt umso mehr für die ideologische Perspektive der Erzählinstanz: Es gilt im Folgenden detailliert zu erforschen, wer die ideologietragenden Akteure sind, die mit ihren Stimmen in den Erzählstrom einfließen: „kurzer Gesundheitscheck: *Puls normal, Cholesterin/gesamt leicht über normal, pH-Wert/Blut leicht unter normal*, besonders die fast immer gleichlautende Ermahnung, *Weniger Eiweiße zuführen, mehr Ausdauersport!* kam ihm beinahe mütterlich vor" (F, 53). Hier misst Schulz seinen Gesundheitszustand mittels App. Dabei trägt die Stimme der App die ideologische Perspektive des Selbstoptimierungsimperativs, der mittels Ausrichtung am ‚Normal' soziale Klassifikationen vornimmt. Dagegen nimmt der Kommentar „kam ihm beinahe mütterlich vor" diese Ideologie, die aktionistisch eine Übergabe von intimen Daten an technische Geräte und dahinterstehende Technologiekonzerne bedeutet, ironisch aufs Korn. Derartige fürsorgliche Ratschläge werden ironisch in den Bereich der Familie überführt, womit eine Ideologie des Privatheitsschutzes zum Ausdruck kommt. Für den Moment sei festgehalten, dass die Erzählinstanz der ersten Ebene, die den Erzählstrom steuert, aus vielen gesellschaftlichen Stimmen und Perspektiven besteht, die nebeneinander montiert sind und sich gegenseitig kommentieren. In der Analyse der Überwachungspraktiken gilt es, in den unterschiedlichen Stimmen und Perspektivenparametern gesellschaftliche wie kulturelle Stimmen, Denkmuster, Rhetoriken sowie deren Interessen und Beteiligung an der (Selbst-)Überwachung der Gegenwart zu erkennen.

Dieser Erzählinstanz, die für das Verständnis von Selbstüberwachung und dem Mensch-Maschine-Dialog im Roman äußerst relevant ist, stehen der Erzähler und die Sprache des GENESIS-Kapitels entgegen. Es ist ein figuraler Erzähler, der sich als Alexander Umnitzer zu erkennen gibt. Zeitlich blickt dieser Umnitzer zuerst in die ferne, dann in die nahe Vergangenheit. Seinen Fluchtpunkt bildet sein Enkel Nio Schulz. Durch diesen figuralen Erzähler finden Leser:innen außerdem, anders als bei der ersten Erzählstimme, ein Bekenntnis zur Wissenseinschränkung: „da sind meine Kenntnisse so unzuverlässig und lückenhaft, dass ich ohne Mutmaßungen und Spekulationen nicht auskommen werde" (F, 236). Darin gibt der Text preis, worauf die Funktion der Konstruktion zweier so unterschiedlicher Erzählstimmen hinausläuft: Der Text stellt einen narratorialen gegen einen figuralen Erzähler – den Anspruch auf totale Datenakkumulation gegen das Bekenntnis zur Wissensbegrenzung – die Simultanität gegen die Rückschau – ein Stimmen- und Ideologie-Gewirr gegen eine manifeste anthropomorphe Stimme – Endlossätze gegen ein konventio-

---

[36] Einzig die Wiedergabe von Werbung oder die Rede des Arbeitskollegen setzt Ruge noch graphisch kursiv vom Übrigen ab. Er nutzt, genau wie Joyce, die „visuelle Dimension des Textes für darstellerische Zwecke" (Wilhelm Füger: *James Joyce*, S. 230).

nelles Erzählen und letztlich die Verschleierung des Erzählakts durch einen vermeintlichen Bewusstseinsstrom gegen die metanarrative Betonung des Erzählakts. Es steht Mensch gegen Maschine.

Der Text semantisiert die Form, indem er die Stimmen gegeneinanderstellt. Hinter ihnen verbirgt sich letztlich die Idee einer technisch-überwachungskapitalistischen und einer menschlichen Beobachtungs- und Aufzeichnungsinstanz. Die beiden Stimmen stellen die Frage, wem wir die Konstruktion der Welt anvertrauen: Mensch oder Maschinen.

> Ich will weder bezweifeln noch beweisen. Ich erzähle eine Geschichte, genauer gesagt: die Vorgeschichte einer Geschichte, und falls diese Geschichte oder Vorgeschichte unglaubwürdig klingt, falls sie Ihnen unlogisch oder schlecht konstruiert scheint, dann darf ich zu meiner Entlastung darauf hinweisen, dass ausgerechnet dieser Teil der Geschichte oder Vorgeschichte den Tatsachen entspricht. (F, 225)

Dabei ist der Dialog mit den Leser:innen ein strukturelles Merkmal dieses Großvater-Erzählers, der damit die Mündlichkeit des Erzählens betont und den Leser:innen amüsant über den Bruch zum faktenreichen, zunächst kaum in Zusammenhang mit dem bisher Gelesenen stehenden GENESIS-Kapitel hilft: „bitte legen Sie das Buch jetzt nicht aus der Hand, Sie werden gleich sehen, worauf ich hinauswill. Ich verspreche, ich mache es kurz" (F, 221). „Kurz" macht es der Erzähler nicht, denn die Milliarden Jahre vom Urknall bis zu Nio wollen erzählt werden. Dabei ergibt sich ein besonderes Spannungsverhältnis zwischen Wahrheit und Wahrscheinlichkeit, die der Erzähler implizit durch die sprachliche Perspektive betont. Das GENESIS-Kapitel erzählt Erden- bzw. Menschheitsgeschichte und Familiengeschichte der Umnitzers. Im Falle der Erdengeschichte zeichnet sich die Erzählung auffallend durch Verwendung der Begriffe Wahrheit („in Wahrheit ist es noch schlimmer" [F, 223]), Wirklichkeit („In Wirklichkeit ist es noch niemand gelungen" [F, 226]) und Wissenschaft („sagen die Wissenschaftler" [F, 229; 222]) aus, also eine Betonung der Faktualität. Im Falle der Familiengeschichte dagegen zielt die sprachliche Dimension auf fiktionale Vorstellungskraft („Ich versuche mir vorzustellen, wie er dort ankommt." [F, 238]) und Betonung der möglichen Realität neben anderen („Vielleicht ist es auch anders." [F, 244]). Dazwischen liegt die Lust des Erzählers am Zufall: Durch konjunktionale Abschweifungen wird immerzu die Schicksals- oder Zufallshaftigkeit von Geschichte betont:

> Wäre die Expansionsgeschwindigkeit des Universums im Moment nach dem Urknall jedoch nur um ein Hunderttausendmillionstel Milliardstel kleiner gewesen, sagen die Wissenschaftler, so wäre das Universum wieder in sich zusammengestürzt, bevor es auch nur die Größe eines Tennisballs erreicht hätte. Ist das nicht erstaunlich? (F, 222)

Dieser Erzähler bricht in allen Perspektivenparametern mit dem der ersten Ebene. Dieser Erzähler und seine Lust am Zufall werden im letzten Teil des Kapitels relevant, wenn die Frage nach der erzählten Kritik an der Berechenbarkeit der Zukunft und des Menschen gestellt wird.

6.2 Wer beobachtet die Überwacher:innen I: Geheimdienste im Hintergrund

Auch in diesem Roman wird das Narrativ des Überwachungsstaats verfolgt. Systematische staatliche Überwachung meint einerseits den Staat als Bespitzelungssystem, wie die DDR oft bezeichnet wird, kann anderseits aber auch alle Praktiken der nationalen und internationalen Geheimdienste umfassen. Seit dem 11. September, schreibt Zuboff, wurden „die Befugnisse von Nachrichtendiensten und Strafverfolgungsbehörden in Europa erheblich erweitert – selbst in Deutschland, wo man für Überwachungsmaßnahmen besonders sensibilisiert ist".[37] Jüngst wird dabei sogar gefordert, dass der BND Zugriff auf Daten von technischen Geräten erhält, die im Rahmen von Smart-Home-Systemen in Privaträumen erhoben werden.[38] Damit gerät dieser Diskurs nicht nur in öffentlichen Debatten, sondern auch in literarische Erzählungen stärker in den Vordergrund. In Dürrenmatts *Auftrag* sind Geheimdienste Teil der Beobachtungsmaschinerie in der Wüste, die durch die Beobachtungen auch die Weltordnung aufrechterhält. Die strukturelle Besonderheit von Ruges Roman ist aber – darin weicht er vom *Auftrag* ab –, dass er die Handlungen des Geheimdienstes in einem zweiten Erzählstrang inszeniert. Nio erfährt während der gesamten Handlung nicht, dass er im Verborgenen von der Anti-Terror-Behörde beobachtet und ausgewertet wird. Auch, dystopische Motivverkettungen wie Verhaftung, Verhör und Folter bleiben aus. Nio ist nicht wie F. mit den geheim- und polizeidienstlichen Beobachtungen konfrontiert.

Dieser zweite Erzählstrang wird graphisch abgesetzt: Graue Seiten trennen die Erzählung von der Übrigen. In *Follower* wird also über die Erzählkonstruktion und die graphisch-materielle Seite des Textes versucht, die Verborgenheit und das asymmetrische Blick- und Machtverhältnis zwischen Überwachungsinstitution und Bürger:innen zu betonen. Während Bürger:innen nicht wissen, was und wie im Inneren der Nachrichtendienste agiert wird, betont die graphische Trennung beider Teile genau diesen Umstand. Die Erzählung ersetzt das Nichtwissen in Fall von

---

[37] Shoshana Zuboff: *Im Zeitalter des Überwachungskapitalismus*, S. 139.
[38] Vgl. Thomas Rudl: Alexa & Co.: Innenminister wollen Zugriff auf Daten aus dem „Smart Home". In: *netzpolitik*, 05.05.2019. URL: https://netzpolitik.org/2019/alexa-co-innenminister-wollen-zugriff-auf-daten-aus-dem-smart-home/ [19.09.2022]

Überwachung (als Erzählung) mit der Vorstellung, wie diese Agenten agieren. Der Text konzentriert sich auf die Dichtheit der Überwachung und die Asymmetrie. So verändert sich das Dürrenmatt'sche Blick-Labyrinth. Niemand beobachtet die Überwacher:innen, denn niemand nimmt deren Aktivitäten überhaupt wahr. Der zweite Erzählstrang berichtet davon, dass die chinesische Kriminalpolizei dem BKA das Verschwinden von Schulz sowie Beobachtungen von seinen Verhaltensauffälligkeiten meldet. Diese Daten werden nun vom BKA an die zuständigen ‚European Security and Anti-Terror Facilities' (EUSAF) übergeben, die wiederum die Fahndung nach Schulz beginnen. Es wird eine Personendatenprüfung durchgeführt: Metakommunikationsdaten, Beziehungscluster und räumliche Mobilität führen zu einem Persönlichkeitsprofil, das Nio als eine „durchschnittlich intelligente[.], äußerlich gut angepasste[.], aber psychisch labile[.] Persönlichkeit" (F, 94) einstuft, die „kriminelles Potential" (ebd.) aufweist. Es folgen weitere Maßnahmen: Personenüberprüfungen des nahen Umfeldes und eine detailliertere Prüfung seiner selbst, einschließlich Krankenakte und Wohnraumdurchsuchung. Das Ergebnis stellt Schulz als „anti-sozialen, dependenten, akut gewaltbereiten Charakter" (F, 305) dar. „Es ist daher mit hoher Wahrscheinlichkeit davon auszugehen, dass in diesem Bereich eine Straftat ausgeübt oder vorbereitet wurde", schreibt der Sachbearbeiter und bittet seinen Vorgesetzen um die Freigabe weiterer Überwachungsverfahren mittels sprachbasierter Dechiffrierung und Mikro-Drohne. Personenüberwachung führt zum Täterprofil. Diesen Prozess erfahren Leser:innen nur durch den Dokumentenwechsel zwischen den Beamten der Anti-Terror-Behörde. Die erzählte Zeit umfasst hier sechs Tage, die zeitlich nach der Diegese des ersten Erzählstrangs gelagert, aber in einzelnen Textteilen zwischen die Kapitel der Nio-Erzählung montiert ist. Zwischen dem 3. und dem 8. September 2055 erstellt die Behörde in hoher Geschwindigkeit die Profile der Figuren und tauscht sich zu den Daten aus. Die Beschleunigungsspirale der Überwachung tritt hervor. Die kurze erzählte Zeit von vier Tagen verdichtet die außerliterarische Praktiken: Nach 9/11 „berief man sich auf den ‚Ausnahmezustand', um einen Imperativ zu legitimieren: Tempo um jeden Preis".[39] Im Roman sind an diesen Überwachungsmaßnahmen das Land China, das die ersten Daten zur Verfügung stellt, das BKA und maßgeblich die genannte Behörde EUSAF beteiligt. Das Akronym soll vermutlich erinnern an die ISAF, die ‚International Security Assistance Force',[40] und an die USAF, die ‚United States Air Force'. Auch ein US-amerikanisches Unternehmen ist indirekt beteiligt: Google. Denn die Behörden nutzen den Google-Übersetzer, das heißt:

---

39 Shoshana Zuboff: *Im Zeitalter des Überwachungskapitalismus*, S. 140.
40 Die ISAF ist eine Sicherheits- und Aufbaumission in Afghanistan; beteiligt sind NATO- und Nicht-NATO-Länder. Ziel dieser Vereinigung ist die Unterstützung der afghanischen Regierung bei der Herstellung und Bewahrung eines sicheren Landes.

Wenn es im Text überhaupt einen gibt, ist also Google der Überwacher zweiter Instanz.

Unter narratologischen Gesichtspunkten besitzen die fiktiven Dokumente sowohl durch ihre Form als auch durch ihren Inhalt illusionsstabilisierendes Potential. Die in den Roman integrierten Gebrauchsformen wie Briefe, Protokolle, Tabellen oder Persönlichkeitsprofile sowie die Behördensprache, in der sie verfasst sind, werden konventionell in der Regel faktualen Bereichen zugeordnet. Zudem sind sie die stereotypen Textsorten von Polizei und Strafverfolgung. Auch inhaltlich finden sich zahlreiche Realitätsreferenzen, die untermauern sollen, dass die erzählte Logik der Personenüberwachung der gelebten Praxis entsprechen soll. Das erste Dokument zum Beispiel ist ein Brief vom BKA an die EUSAF. Der fiktive Briefkopf des Absenders weist unter anderem das Emblem des Bundesadlers auf. Solche Symbole bzw. Embleme stellen direkte Realitätsreferenzen und provozieren eine politische Lesart des Textes. Unterstützt wird der Verweis auf die Anti-Terror-Politik der Bundesrepublik und Europas durch die Empfängerzeile: „EUSAF, Ref C,[41] Chausseestraße 42A, 41109 Berlin" (F, 49). Nicht nur die fiktive Postleitzahl, die auf den 11. September verweist, fällt ins Auge. Erkundigt man sich nach der Adresse in Berlin Mitte, stößt man auf ein Bauvorhaben: In der Entstehungszeit des Romans entstand hier ein gewaltiges Immobilienprojekt. In den ‚Feuerlandhöfen', Chausseestraße 38–42a, werden exklusive Eigentumswohnungen gebaut, die auch technisch auf dem neusten Stand sind: „Über Touch-Panels können die Mieter alles individuell einstellen und den aktuellen Energieverbrauch überwachen."[42] Nebenan, in Hausnummer 43, baut man weitere Luxus-Eigentumswohnungen. Der Architekt dieses zweiten Projekts, das ‚Sapphire' heißt, ist kein geringerer als Daniel Libeskind – jener, der auch beim

---

[41] Abteilung C ist bei Europol das die Prozesse steuernde „Capabilities Department", über dessen Operationen, Techniken und Technologien die Regierungen der Mitgliedsstaaten nur sehr eingeschränkt Kenntnis haben. Nach dem polizeilichen Einsatz von Soft- und Hardware der EU-Agenten gefragt, antwortet der Deutsche Bundestag 2011: „Die Beantwortung der Anfrage erfordert fundierte Kenntnisse des internen Betriebs und der internen technischen Infrastruktur von Europol, über die die Bundesregierung nur teilweise verfügt. [...]. Daher wurden den Mitgliedstaaten auch bisher keine Dokumente, die Detailinformationen über den technischen Betrieb und die technische Infrastruktur von Europol betreffen, übermittelt und zur Verfügung gestellt. Entsprechende Kenntnisse liegen der Bundesregierung daher nicht vor [...]. Die von Europol verwendeten Produkte und die dahinterstehenden Firmen sind im Einzelnen der Bundesregierung nicht bekannt." (Deutscher Bundestag: *Drucksache 17/8277. Antwort der Bundesregierung auf die Kleine Anfrage der Abgeordneten Andrej Hunko, Jan Korte, Ulla Jelpke, weiterer Abgeordneter und der Fraktion DIE LINKE. Schreiben vom 28.12.2011.* URL: https://dip21.bundestag.de/dip21/btd/17/082/1708277.pdf [19.09.2022]).

[42] Dirk Jericho: In den Feuerlandhöfen werden 400 Wohnungen gebaut. In: *Berliner Woche*, 31. Juli 2014. URL: https://www.berliner-woche.de/mitte/c-bauen/in-den-feuerlandhoefen-werden-400-wohnungen-gebaut_a56486 [19.09.2022].

Bau des neuen World Trade Centers den ersten Entwurf abgab. In ‚Sapphire' kostet der Quadratmeter bis zu 15.000 Euro. Wer kann sich diese Luxuswohnungen leisten? „Die Käufer kommen aus Westdeutschland, den USA, Russland, China und Dubai."[43] Mutmaßlich beobachten die neuen Eigentümer:innen, wenn sie an ihre Fenster treten, was gegenüber geschieht – 2019 eröffnete Angela Merkel in der Chausseestraße 96 gegenüber die neue Zentrale des BND:

> Wie eine barocke Festung inklusive aggressiven Metallzauns und modernen Burgwalls macht sich die Zentrale des Bundesnachrichtendienstes (BND) in der Chausseestraße in Mitte breit. Klotzig, riesig – eine kaltschnäuzige Demonstration der Macht. 1,086 Milliarden Euro hat die Anlage gekostet […].[44]

Das Wettrüsten aus Dürrenmatts *Der Auftrag* ist hier ein Wettrüsten der Personenbeobachtung, das nicht in der Wüste, sondern mitten in Berlin lokalisierbar erscheint.

Es sind solch kleine Details, die der Text als Realitätsreferenzen nutzt, um die erzählten Formen der Überwachung als authentisch erscheinen zu lassen. Abseits dieser Spielereien um Authentizität zeigt der Dokumenten-Teil die Rolle der Digitalisierung im Sinne eines Einsatzes von neuen Überwachungspraktiken mittels Technologien wie Maschinenintelligenzen. Gary T. Marx unterscheidet zwischen ‚old' and ‚new surveillance' und betont, dass die Visualität bei den neuen Formen abnimmt[45] und sie sich auf Kontexte und Netzwerke richtet: „The new surveillance relative to traditional surveillance extends the senses and has low visibility or is invisible."[46] Der Dokumenten-Teil von *Follower* vermittelt das Bild, dass die Praktiken der Sicherheitsbehörden vor allem aus sogenannten neuen Formen der Überwachung bestehen: Der Einsatz der Technologie ermöglicht die dauerhafte Erfassung von Nios raum-zeitlichen Koordinaten, seiner E-Mail- und Twitter-Korrespondenz sowie des gesamten (Beziehungs-)Netzwerkes. Selbst Daten aus alten Formen der Überwachung wie der Zeug:innenaussage oder der Wohnraumdurchsuchung werden nach ihrer Erhebung mittels Maschinen übersetzt, in Da-

---

43 Hannes Soltau: Die neue BND-Zentrale und ihre Nachbarn. In: *Der Tagesspiegel*, 21.02.2018. URL: https://www.tagesspiegel.de/themen/reportage/berlin-mitte-die-neue-bnd-zentrale-und-ihre-nachbarn/20984152.html [19.09.2022].
44 Susanne Messmer: Festung mit Burgwall. In: *taz*, 08.02.2019. URL: https://taz.de/Der-BND-ist-eroeffnet/!5568808/ [19.09.2022].
45 „The eye as the major means of direct surveillance is increasingly joined or replaced by hearing, touching and smelling. The use of multiple senses and sources of data is an important characteristic of much of the new surveillance." (Gary T. Marx: What's new about the „new surveillance"?, S. 85)
46 Gary T. Marx: What's new about the „new surveillance"?, S. 88.

tenbanken eingespeist, verschickt und durch Maschinenintelligenz ausgelesen. Zuboff betont in Bezug auf Maschinenintelligenz: „Ihre Komplexität ist beängstigend [...]. Die Intelligenz einer Maschine richtet sich danach, wie viele Daten sie frisst."[47] Diese Maschinenintelligenz macht aus Daten profitable algorithmische Produkte, die die Berechnung von zukünftigen Verhalten versprechen.[48] Mit der Nutzung externer Software deutet der Roman zumindest eine rhizomatische Struktur von Überwachung an, denn die Programme werden von Technologiekonzernen angeboten, die ihrerseits Systeme der Überwachung unterhalten. Diese Struktur hat verschiedene Teilsysteme, die sich zu bestimmten Zwecken für bestimmte Zeit verbinden, wobei nicht sichtbar wird, ob die Teilsysteme – beispielsweise Googles System – mit den Daten auch unabhängig vom Geheimdienst operieren. Eine Vernetztheit zu durchdenken, verlangt der Roman stillschweigend ab.

Damit bietet der Roman Lektüren an, die in dieser geheimdienstlichen Überwachung eine Form von Staatsparanoia lesen: In den Handlungen der Behörde zeigen sich zwei Formen, die Martin Doll als Kategorien der Datenparanoia unterschieden hat. Sichtbar wird eine paranoide Angst vor Terror, die zu notorischen Überwachung führt ebenso wie der paranoide Modus der Computerprogramme, die in den Personendaten Muster und Abweichungen suchen.[49] In diesen paranoiden Modus und seine Denkweise greift die den neuen Formen der Überwachung zugrundeliegende Logik ein, die Zuboff eine Logik der Datenakkumulation nennt.[50] Diese Logik reifte im Silicon Valley, genauer gesagt: in der Unternehmensspitze von Google. Wie eng Google mit den Nachrichtendiensten zusammenarbeitet und damit die Logik der Datenakkumulation von der Privatwirtschaft auf die Institutionen von Geheimdiensten und Polizei übergeht, zeichnet Zuboff in *The Age of surveillance capitalism* nach.[51] 2009 wurde beispielsweise bekannt, dass Google den Suchverlauf von Nutzer:innen auf unbegrenzte Zeit speichert, und dass die Daten auch Nachrichtendiensten und Strafverfolgungsbehörden zugänglich sind.[52] Diese staatlich wie privatwirtschaftlich geteilte Logik zeigt *Follower* auf und prägt die Vorstellung einer institutionell engen Zusammenarbeit, indem den Behörden beispielsweise Informationen zu Nios Onlinekonsum zugänglich sind (vgl. F, 93) oder sie wissen, dass

---

47 Shoshana Zuboff: *Im Zeitalter des Überwachungskapitalismus*, 118.
48 Vgl. Shoshana Zuboff: *Im Zeitalter des Überwachungskapitalismus*, S. 88.
49 Vgl. Martin Doll: ARIIA: Datenparanoia – Staatsparanoia, S. 308.
50 Vgl. Shoshana Zuboff: *Im Zeitalter des Überwachungskapitalismus*, S. 30.
51 „Die Wahlverwandtschaft zwischen staatlichen Nachrichtendiensten und dem kaum flüggen Überwachungskapitalisten Google blühte auf unter der Hitze des nationalen Notstands und sorgte für eine historische Deformität: den Überwachungs*kapitalismus*." (Shoshana Zuboff: *Im Zeitalter des Überwachungskapitalismus*, S. 141)
52 Vgl. Shoshana Zuboff: *Im Zeitalter des Überwachungskapitalismus*, S. 30 (Fußnote 14).

er „über einen anonymen Account mehrfach pornografische [...] Inhalte" (ebd.) aufgerufen hat. Der Beobachtungsrahmen dehnt sich zeitlich und räumlich immer weiter aus: Werden zunächst die letzten 24 Stunden rekonstruiert, stellt der Beobachtungszeitraum seines Konsums dann ein Jahr dar (vgl. 93). Die Logik der Überwacher:innen stellt der Text aus:

> Der einzige Zeitraum, in dem keine Datenspuren der Zielperson existieren, ist der Zeitraum vom Erwerb der Option [...]. Hier bewegte sich die Zielperson außerhalb der Surveillance- und Telekommunikationssysteme. Es ist daher mit hoher Wahrscheinlichkeit davon auszugehen, dass in diesem Bereich eine Straftat ausgeübt oder vorbereitet wurde. (F, 305 f.)

Der zweite Erzählstrang kennzeichnet wie die Logik der Datenakkumulation im Rahmen der Terrorbekämpfung einer Kultur des Verdachts und einer Ideologie vom ‚Krieg gegen den Terror' verpflichtet ist. „Surveillance practices, which, as we shall see, have always been an aspect of human societies, but which emerged as a central component of modern life, are now vital to the emerging cultures of control",[53] schreibt David Lyon. Unter dieser Kultur des Verdachts werden Leser:innen Zeug:innen davon, wie die Datenmenge und die daraus analysierten Verdachtsmomente im Verlauf der Personenüberwachung stetig höher werden, obwohl sich deren Analyse immer weiter von den tatsächlichen Gegebenheiten entfernt. Das Erzählen auf zwei Strängen zeigt auf die Differenz zwischen Wissen und Handlungswirklichkeit. Das Überwachungswissen der Behörde ist perspektivierte ‚dichte Beschreibung'. In der ideologischen Perspektive der Überwacher:innen bedeutet jede Datenlücke eine wahrscheinliche Straftat. Deshalb endet jedes Dokument mit dem Vorschlag weiterer Maßnahmen, die Vorgesetzter D. Scheck, eine Anspielung auf den Literaturkritiker Denis Scheck, in der Regel stattgibt. Auch der Umstand, dass dabei private Daten Dritter erhoben werden, die mit Schulz' Verschwinden nichts zu tun haben, entspricht der Logik der Akkumulation: So erfahren Leser:innen, dass Schulz' Mutter Brustkrebs hat, seine Chefin einen Asylantrag wegen Verfolgung aufgrund ihrer sexuellen Orientierung stellte und sein Kollege bereits einmal Suizid begehen wollte. Der Roman kritisiert Netzwerk-Überwachung: Wird ein:e Terrorverdächtige:r überwacht, wird die Privatheit des gesamten Umfeldes verletzt. Normabweichungen sind die relevanten Informationen: Krankheit, sexuelle Orientierung, Suizid. Es werden private Daten erhoben, gespeichert, verschickt und kombiniert, die mit dem Verdacht nicht in Verbindung stehen.

In so einer Kultur des Verdachts werden dann auch diejenigen verdächtig, die keine Daten absenden. Aus Nio, der lediglich aus der smarten Welt aussteigen wollte, wird in den Datenbanken der Profiler ein potentiell gefährlicher ‚Schläfer'.

---

53 David Lyon: *Surveillance Studies*, S. 12.

Der Typ des Schläfers ist, so verdeutlicht Ulrich Bröckling, geradezu typisch für die neue Logik der Prävention: „Statt um präventive Risikoabwehr geht es um hyperpräventive Risikoerfindung".[54] Seit 9/11 verfolgen die Regierungen eine Präventionslogik, die Bröckling mit entgrenztem Aktionismus im Zeichen der Vorsorge (Precaution) beschreibt. Um zu verstehen, wie Nio als potentiell gefährlich eingestuft wird, muss der verengte Blick dieser ideologischen Haltung betrachtet werden. Eine Analyse der Perspektive der Überwacher:innen, ihres Dokumentenaustauschs, zeigt, wie diese Arbeitslogik von Beamt:innen in der Terrorbekämpfung funktioniert.

Ausgangslage für die Überprüfung sind die Daten, die aus China übermittelt wurden: 1. die Tatsache, dass Nio verschwunden und nicht mehr ortbar ist, 2. eine Liste der sichergestellten Gegenstände im Hotelzimmer (F, 50 f.), 3. eine Aussage des Portiers (F, 52) und viertens die Auswertung der Videokameras im Hotel (ebd.). Das alles liegt den Behörden in einer „Google-Übersetzung" (ebd.) vor. A. Jungk, „InspektorX", informiert die EUSAF „aufgrund von vorliegenden Verdachtsmomenten" (F, 49); worin diese genau liegen, bleibt ungesagt. Der Text vermittelt so, dass Wissen zwischen Institutionen der Terrorabwehr nicht vollständig transferiert wird. Die Fahndung beginnt also mit Nicht-Wissen. Der einschlägige Wortlaut „Verdachtsmomente" reicht aus, um vorsorglich zu beobachten. In der sprachlichen Perspektive werden bestimmte Lexeme wie ‚Verdacht' oder ‚auffällig' zu sich verselbstständigenden Handlungsketten. Damit liegt die Macht in der Sprache. Die Liste der sichergestellten Gegenstände wird durch den Einsatz der Maschinenintelligenz verunklart: Der Google-Übersetzer zerschlägt die Sinnkonstruktion der Sprache und listet Dinge auf wie: „1 Verpackung offnen Beta-Flux" (F, 50), was Inspektor Jungk zu dem Kommentar veranlasst: „Antidepressivum, gemeint ist offenbar: geöffnete Verpackung – A.J." (ebd.). Auch einen Gegenstand namens „1 Rohr Protection" kommentiert Jungk mit „Bedeutung unklar!, A.J." (F, 51). Auch in der Zeugenaussage und der Auswertung der Kameras geht durch den Einsatz der intelligenten Google-Systeme der Sinn verloren. Die Aussage des Portiers wird so übersetzt: „Als ich zu ihm und fragte ihn, und er außerhalb geflohen" (F, 52). In einer Kultur des Verdachts, in der jede:r Bürger:in potentiell verdächtig ist, reichen – so die Textaussage – Schlagworte aus, um (paranoid) weiter zu überwachen. In der Videoauswertung heißt es: „Die offensichtliche Person auf Stress reagieren, wenn Tür klingelt. Bevor sie sich entscheiden, um die Tür zu öffnen, diese Person schaut durch das Loch abnormal lange." (Ebd.) Es sind die Lexeme „blickte", „geflohen", „auf Stress reagieren", „schaut [...] abnormal lange", die unter der ideologischen Perspektive eines Sicherheitsdispositivs ausreichen, um als

---

54 Ulrich Bröckling: Dispositive der Vorbeugung, S. 101.

Verdachtsmomente zu gelten. Sie markieren die Normabweichung. Die sprachlichen Defizite des Algorithmus werden dabei von den Instanzen nicht weiter berücksichtigt. Überwachen wertet Verhalten unter dem Maßstab der ‚Norm'. Für Leser:innen beider Erzählstränge ist transparent, dass Nio das Antidepressivum nur als Schlafmittel gebraucht (vgl. F, 11) und er deshalb lange durch den Türspion schaut, weil er nur mit einem Handtuch bekleidet war (vgl. F, 32). Die beiden Erzählebenen, die sich diegetisch nicht kreuzen, werden in der Rezeption zusammengedacht, um die Möglichkeit von Widersprüchlichkeiten oder Fehldeutungen aufzuzeigen. In der Fahndungseröffnung heißt es dann: „Gemäß Aufnahme Protokoll der HTUA-Dienststellen sind im Reise Gepäck der Zielperson verdächtige Gegenstände festgestellt worden (Rohr Protection). Das Verhalten der Zielperson wurde als teilweise auffällig beschrieben." (F, 69) Den entscheidenden Verdacht stellt dabei der Gegenstand „Rohr Protection" dar, den Jungk noch mit dem Kommentar „unklar" versieht. In der sprachlichen Perspektive der Beamten fällt nicht nur das militärische Vokabular wie „Zielperson Schulz" auf, sondern auch, dass ihre Aussagen die Aktanten verunklaren: Ungenannt bleibt von wem die Gegenstände festgestellt wurden und wer Nios Verhalten als auffällig beurteilt. In der Wiederholung bzw. Endlosigkeit von Überwachung, wie sie in der Einleitung unter dem Aspekt ‚Überwachung als Erzählung' ausgeführt wurde, gelten Daten und ihre Glaubwürdigkeit bereits in der zweiten Überwachungsmaßnahme als Autoritäten. Niemand überwacht die Überwacher:innen, deren Daten sich bereits im Beobachten des Beobachteten selbst legitimieren.

Die Überwachung zielt auf Verhaltensprognosen. Für die algorithmische Auswertung benötigt die Maschine Metadaten, das sind strukturierte Daten, die Aussagen über andere Daten treffen. Überwachung im Rahmen der Terrorbekämpfung, wie *Follower* sie darstellt, schöpft Metadaten der Kommunikationswege (E-Mails, Mobiltelefon, Messenger etc.), der Kontakte und Beziehungen sowie die raumzeitlichen Koordinaten ab. Maschinenintelligenz errechnet in Algorithmen eigenständig die Auswertungen. Die überwachte Person kann so totalen Kontrollverlust über Aussagen ihres vergangenen Verhaltens erleiden und die Kontrolle über informationelle, lokale und dezisionale Privatheit in völliger Unkenntnis der Extraktion, Speicherung, Transferierung und maschinellen Kombination ihrer Daten verlieren. Kommunikation, Beziehungen und Mobilität stellen, unter der ideologischen Perspektive des Systems, die Gefahrenpotentiale für Terrorismus dar.[55]

---

[55] Das soziale Profil wird im Text mit der „Wolfowitz-Methode" (F, 92) erstellt. Paul Wolfowitz war Präsident der Weltbank, Berater von G. W. Bush und Vize-Verteidigungsminister. Er arbeitete an einem Teil der National Security Strategy 2002 unter Bush mit, die auch die Wolfowitz-Doktrin genannt wurde.

Nach fünf Tagen Datensammelns und Eingriffe in die Privatheit von ‚unschuldig Bürger:innen' stellt sich heraus: Die Maschine, der Google-Übersetzer, lieferte Fehlinformationen. „Bei der [...] Rohr Protection handelt es sich um Sonnen Milch. Unklarheiten der Übersetzung entstehen durch die Gleichheit der Begriffe Rohr und Tube im Chinesischen." (F, 302) Der Unschuldsbeweis beendet jedoch nicht das Ermittlungsverfahren, sondern leitet neue Maßnahmen ein – die Maxime lautet: ‚better safe than sorry'. Dieser Erzählstrang führt an der fiktiven Geschichte vor, was ich in der Einleitung dieses Buches zu zeigen versuchte: Überwachung ist eine endlose Tätigkeit, die sich selbst genügt.

Die Rekonstruktion der Vergangenheit scheiterte zwar, doch da das Interesse nicht das Vergangene, sondern das Zukünftige darstellt,[56] wird weiter überwacht. Das Überwachungswissen hat insofern Handlungsmacht, als es allein durch seine Existenz und Aufbereitung in Tabellen und Dokumenten neue Aktionen hervorbringt. Es wird ‚dichter'. Es schreiben sich in den Output der Überwachung die Perspektiven der Überwacher:innen ein. Unter dem Blick einer Antiterror-Einheit, so will der Roman nahelegen, ist die Unschuld schwieriger zu beweisen als die Schuld. Überwachung wird, einmal begonnen, Selbstzweck. Sie legitimiert die Institution. Der Sprache kommt dabei ein hoher Stellenwert zu: Ausgesprochene ‚Verdachtsmomente' können nicht mehr zurückgenommen werden. Die besondere Sprache der Terrorverfolgung schafft Realität performativ. In diesem Punkt führt der Text die Staatsparanoia, die Überwachung der Überwachung wegen, vor. Im Kern der Staatsparanoia[57] steckt, so Eva Horn, die Denkfigur eines allgegenwärtigen, aber unbestimmten Feindes, der zur Projektionsfläche alle denkbaren sozialen und kulturellen Ängste wird. Staatsparanoia ist dann, so Horn weiter, ein gegenseitiges Misstrauen: Bürger:innen misstrauen dem Staat, während der Staat seinen Bürger:innen misstraue.[58] Interessanterweise tilgt *Follower* die Seite der Bürger:innen. Die Geheimdienstoperationen illustrieren jene paranoide Überwachungsideologie des Staates, in der ein unbestimmter innerer Feind überwacht werden muss, aber der Bürger Nio hegt kein Misstrauen. Er bekommt von den Operationen nichts mit und ist in seiner ‚Schönen neuen Welt' von Konsum abgelenkt, in der Social Media das Soma der Gegenwart ist.

---

56 „Entscheidend daran ist, dass nicht länger die Gegenwart im Zentrum des Interesses steht, sondern die Zukunft." (Nils Zurawski: Geheimdienste und Konsum der Überwachung, S. 19)

57 „In den Fugen der Gesellschaft lauert eine heimliche Feindschaft, eine Gefahr [...]. So kann alles und jeder in die Position des Feindes geraten [...] Die Eigenart der politischen Paranoia liegt darin, die Welt als eine Welt des omnipräsenten *secretum* zu betrachten." (Eva Horn: *Der geheime Krieg*, S. 382)

58 Eva Horn: *Der geheime Krieg*, S. 383 f.

6.3 Von der Überwachung der Sprache und der Überwachung durch Sprache

Follower wurde in den Korpus dieser Dissertation aufgenommen, da darin die (Selbst-)Überwachung der Sprache in Szene gesetzt wird. *Follower* zeigt wie „Sprache und Kommunikation [...] zunehmend ihre eigentliche Funktion [verlieren], ihnen entgleiten die Inhalte, sie sind hochgradig manipulativ und manipulierend".[59] Das Motiv der Sprachüberwachung gehört seit Orwells *1984* genrebedingt zur Dystopie. Ruge versucht mit seinem Roman eine Aktualisierung des Motivs, die aber inhaltlich gegenwärtige Dimensionen einer repressiv wirkenden Sprachnormierung behauptet. Es sind zwei zeitgenössische Tendenzen, die er auswählt und im Text verdichtet: die Verdrängung des Deutschen durch das Amerikanische und das Bemühen um eine ‚political correctness', insbesondere in den sprachlichen Manifestationen der geschlechtlichen und kulturellen Gleichheit. Diese Aspekte hängen im Roman mit einer Sprachpolitik zusammen, die zwar nicht von einem geschlossenen System – wie im Falle von ‚Neusprech' – diktiert wird, aber gesellschaftlich von unterschiedlichen Stellen und Stimmen befürwortet und durchgesetzt wird. Im Falle von politischer Sprachkorrektheit wird die Überwachung auf die Sprache gerichtet, um für potentiell normverletzendes, diskriminierendes Sprachmaterial zu sensibilisieren und dieses, falls nötig, in der Sprachgemeinschaft zu ersetzen. Eine regulatorische Sprachüberwachung kann jedoch nur über systematische Selbstkontrolle der Sprachmitglieder umgesetzt werden. Mit diesen ‚Rückkopplungseffekten' zwischen Sprachnorm, Selbstüberwachung der Sprecher:innen und der sprachlichen Konstitution ihrer Welt befasst sich *Follower*. Dass Eugen Ruge die Sprachnormierung auch persönlich umtreibt, belegt seine Dresdner Rede am Schauspielhaus 2018. Zum Anlass der Rede nahm er einen Bericht über das Aussterben der deutschen Sprache. Dieses bewusste Verdrängen des Deutschen echauffiert ihn, aber ihm gehe es nicht um eine Kritik am Sprachwandel selbst; ihm gehe es um das bewusste Aussterbenlassen der deutschen Sprache.[60] Dafür macht er unterschiedliche Akteure der Sprachnormierung aus: Er verweist unter anderem auf die Begründung für Rechtschreibreformen, die mit einer Vereinfachung der deutschen Orthographie für Lernende argumentieren. Das empört Ruge, der Deutsch ebenfalls als Zweitsprache lernte: „Ein seltsamer Ansatz. Wollen wir die Mathematik reformieren, weil sie zu schwer ist? Oder die Naturgesetze ein bisschen vereinfachen? [...] Nur eine Frage: Ist denn der Zweck der

---

[59] Dirk Engelhardt: Eugen Ruge. In: *Munzinger Online/KLG. Kritisches Lexikon zur deutschsprachigen Gegenwartsliteratur*. URL: https://www.munzinger.de/search/klg/Eugen+Ruge/761.html [30.04.2021].
[60] Eugen Ruge: Versuch über eine aussterbende Sprache (= Dresdner Rede 2018, 25. Februar 2018), S. 1–28, hier S. 10. URL: https://www.staatsschauspiel-dresden.de/download/9261/dresdner_rede_eugen_ruge_25022018.pdf [30.04.2021].

Schule, uns das Schwierige zu ersparen?"[61] Es treibt den DDR-Autor also persönlich der Umgang mit der Sprache um, den er im Roman diskutiert. Als dritten Faktor für den Verlust des Deutschen macht Ruge eine kollektive Verehrung für die USA aus. Der Einfluss des Englischen auf das Deutsche sei eigentlich „das Amerikanische oder, noch genauer, das US-Amerikanische".[62] Er kritisiert die deutsche Liebe zum amerikanischen Lebensstil und zur amerikanischen Sprache, die blind mache für die kriegerischen Schattenseiten der USA und eine Liebe zur eigenen Sprache ersticke.

Diese Haltung verdichtet sich im Zukunftsroman und wird innerhalb des Motivs einer Sprachüberwachung durchgespielt. Augenscheinlich werden zunächst die Inszenierungen einer regulierenden Sprachpolitik, die sich in offensichtlichen Abweichungen der Orthographie manifestieren. Sie erschweren die Rezeption. Nicht nur die Zeichensetzung und der zunehmende Wegfall von Markierungen der fremden Rede, die im Abschnitt zum Erzählstil bereits anklangen, ist dominantes Stilmittel des Textes, sondern auch die Rechtschreibung einiger Lexeme. Eine zukünftige Rechtschreibreform hat in der Erzählwelt des Romans zu einem lautsprachlichen Schriftbild und zum Wegfall sämtlicher Bindestriche geführt. Beide Änderungen erfindet der Autor nicht gänzlich, sondern spürt zeitgenössischen Sprachentwicklungen nach: „[D]as war paranoid, dachte Schulz, wobei das Wort in seinem Kopf so klang, wie seine aus Bulgarien stammende Chefin es aussprach, *paranuid*, dachte Schulz, und er wollte auf keinen Fall *paranuid* sein" (F, 13). Nicht nur dieses Lexem wird im Folgenden immer falsch, „paranuid", geschrieben, sondern auch andere wie beispielsweise „negertief" (vgl. F, 16) oder „pisi" – für p. c.: political correctness. Sie werden nach ihrem Klang verschriftlicht – wie der Protagonist sie aussprechen würde. Das geschieht gerade auch dann, wenn Nio das Wort nicht kennt. Schulz recherchiert beispielsweise im Internet nach dem Wort „Negakuss" (F, 168), das sein Großvater gebrauchte. Er findet es nicht. Der Text spürt einer pädagogisch stark diskutierten Richtline nach, wie dem ‚Schreiben nach Gehör'. Diese Methode, die zum Entstehungszeitraum des Romans in Teilen Deutschlands eingesetzt, aber auch kontrovers diskutiert wurde, lässt Erst- und Zweitklässsler:innen die Wörter schreiben, wie diese sich die Worte ihrem Klang nach vorstellen.[63] Den Gedankenstrom im Roman durchziehen solche Lexeme:

---

61 Eugen Ruge: Versuch über eine aussterbende Sprache, S. 17 f.
62 Eugen Ruge: Versuch über eine aussterbende Sprache, S. 12.
63 Viele Bundesländer haben inzwischen die Reform wieder abgeschafft, in einigen gilt sie noch immer. (Vgl. dpa/lw: „Mama ich liep dich" – Schreiben nach Gehör wird abgeschafft. In: *Welt*, 27.03.2019. URL: https://www.welt.de/vermischtes/article190940915/Nordrhein-Westfalen-Schreiben-nach-Gehoer-wird-abgeschafft.html [30.10.2020].

6.3 Von der Überwachung der Sprache und der Überwachung durch Sprache — 313

> aber das war schon wieder negativ, dachte Schulz, wobei das Wort negativ in seinem Kopf so klang, wie seine aus Bulgarien stammende Chefin es aussprach, *negertief*, dachte Schulz und fragte sich, ob seine Chefin vielleicht wirklich glaubte, es heiße *negertief*, wobei *negertief* tatsächlich ziemlich negativ klang, viel negativer als *negativ*, dachte Schulz, auch wenn er im Augenblick gar nicht genau hätte sagen können, was das eigentlich bedeutete: *neger*, irgendwas Dunkles und Verbotenes, stellte er sich vor, irgendein *So-etwas-sagt-man-nicht-Wort*, glaubte er sich zu erinnern (F, 16 f.).

Fortan wird das Adjektiv nur noch „negertief" geschrieben. Die Textkritik ergibt sich hier aus der paronomasie beider Wörter: Der Text kritisiert damit Nios Unwissen[64] um die historische Dimension, den Rassismus in der Sprache: Neger(tief) ist negativ. Auf der sprachlichen Ebene fällt an vielen Stellen auch der Bindestrich weg und Komposita werden gewaltsam getrennt. Auch das ist Gegenwartsbeobachtung. Die Notwendigkeit einer Bindestrich-Regel ist diskutiert worden; häufiger werden die Bindestriche in der Werbung nicht gesetzt. Ein Kolumnist der *Zeit Online* nennt diese Sprachveränderung ironisch: „Die Ausbreitung des Deppenleerzeichens".[65] Ruge stören nicht nur fehlende Bindestriche, sondern das Trennen von Komposita generell:

> Es ist ein Unterschied zwischen zusammen tun und zusammentun. Zwar hatte die Reform nicht Absicht, diese Ausdrucksmöglichkeit gänzlich zu vernichten; obendrein wurden einige Regelungen auf den Protest von Schriftstellern durch die Kommission [...] wieder zurückgenommen – jedoch zu spät. Unmittelbar nach der Reform schrieb die Deutsche Bahn an ihre Automaten: Fahrkarten Deutschland weit – drei Wörter.[66]

Der Bindestrich hat im Deutschen eine Orientierungsfunktion: Er versichert, dass Hervorhebungen einzelner Bestandteile von Zusammensetzungen erkannt werden und stellt die Orientierung in unkonventionellen und unübersichtlichen Komposita her. Er verbindet Lehn- oder Fremdwörter, markiert die Haupttrennfuge und stellt damit Rangordnungen innerhalb von Komposita her. Kurz: Der Bindestrich hat für Sender:innen eine sinntragende und für Empfänger:innen eine sinnstiftende Funktion. Bindestriche wegzulassen kann zu Kommunikationskonflikten und -missverständnissen führen. Im Fall des Romans spüren das seine Leser:innen. Da der Protagonist ohnehin keine anderen Figuren trifft, das heißt

---

[64] Nio ist bemüht, alle Sprachnormen einzuhalten. Er überlegt an anderer Stelle genau, ob das Wort Afro schon diskriminierend oder gar rassistisch sein könnte. Nio führt Normen aus, ohne über ihren Grund nachzudenken: Geschichts- und Kulturwissen fehlt der Figur.
[65] Jochen Bittner: Bindestrich? Voll AfD-mäßig. In: *Zeit Online*, 16.03.2017. URL: https://www.zeit.de/gesellschaft/zeitgeschehen/2017-03/rechtschreibung-bindestrich-leerzeichen-5vor8 [19.09.2022].
[66] Eugen Ruge: Versuch über eine aussterbende Sprache, S. 18.

seine Kommunikation eingeschränkt ist, sind es die Leser:innen, die mit dem Wegfall der sprachlichen Orientierung umgehen müssen.[67]

Follower ist überschwemmt von Anglizismen: Nicht nur durch die medien- und informationstechnische Sprache fließen zahlreiche US-amerikanische Ausdrücke in das Deutsch der Zukunft ein, auch die Werbung macht davor keinen Halt: „dann erscheint eine *restricted area*-Warnung, und eine freundliche Stimme empfiehlt in akzentfreiem Deutsch: *Genieße politisch korrektes Fleisch und floate emissionsfree über die faszinierende Landschaft von Southwest-China*" (F, 169). Es entsteht eine seltsame Mischung aus Englisch und Deutsch, in der wie selbstverständlich kommuniziert wird. Kursiv wird im Text dabei Sprachmaterial gesetzt, das durch Medien und Werbung in Nios Gedanken gelangt. Diese Vermischung hat Auswirkungen auf die Figur. Nio wechselt die Sprachregister völlig unbewusst: „Face, Haare, Haut" (F, 64). Nio verwendet Englisch nicht nur im Fall von Lexemen, denen ein deutsches Äquivalent fehlt oder für technische Neuheiten, die im Englischen von der Unterhaltungsindustrie und dem Kapitalismus in den Sprachgebrauch der Endverbraucher:innen gelangen. Er nutzt auch ein Wort wie ‚Face', das zeigen soll, dass der Social-Media-Konsum sprachliche Spuren hinterlässt. Hier trägt die sprachliche Perspektive maßgeblich die Ideologiekritik des Textes.

Das Hauptaugenmerk gilt aber der politisch korrekten Sprache: Der Protagonist müht sich, eine der Norm entsprechende – das heißt, eine ihn an der bildungsbürgerlichen Gesellschaft teilhaben lassenden – Sprache zu wählen. Thiel merkt an: „Political Correctness ist [im Roman, SH] ein universeller Gedankenscanner, der jeden Gedanken des Protagonisten mit einer Checkliste internalisierter Tabus abgleicht. Das eigentlich Gemeinte sprudelt aus dem Unbewussten, wird aber nur noch in verzerrter Lautgestalt explizit."[68] Die Metapher des Gedankenscanners, die Thiel nutzt, bindet *Follower* in hohem Maß ein die Überwachungstheorie. Political Correctness funktioniert im Roman – ähnlich Orwells ‚Neusprech' – über einen internalisierten Normenkatalog und eine Einschränkung bzw. Substitution des Vokabulars. So kontrolliert und zensiert der Sprecher im Vorfeld sein Gemeintes. Im Frühstücksraum beobachtet Nio beispielsweise ein Paar und sieht, wie die Frau den Mann beim Frühstück fotografiert: „[N]och immer fiel ihm der korrekte Ausdruck für *Afro* nicht ein –, ihren nicht weißen, auch nicht *pisi*, ihren *er-würde-es-googlen* Freund beim Essen einer Zuckerschnecke fotografierte" (F, 103). Zur erzählten Zeit des Romans ist ‚Afro', das liest Schulz nach, „*kontextuell diskriminierend für Men-*

---

[67] Als Grund für diese Sprachveränderungen wird auch die Maschinenlesbarkeit angeführt. Text soll für Maschinen leichter les- und auswertbar sein, wenn Komposita getrennt und Bindestriche nicht mehr vorhanden sind. Auch diese Dimension muss bei *Follower* mitgedacht werden, denn Schulz' Kommunikation führt er ausschließlich über Maschinen.
[68] Thomas Thiel: In diesem Identitätsroulette gibt es nur noch Verlierer.

schen mit starker Eumelanin-Pigmentierung, insbesondere, wenn deren Herkunft ohne konkrete Veranlassung fokussiert wird" (F, 107). Der um Richtigkeit bemühte Schulz nutzt Google Search, wann immer er den politisch korrekten Ausdruck nicht sicher weiß. Derartiges Verhalten ist auch eine individuell gelebte Präventionsstrategie. Verhalten wird individuell, annähernd panoptisch im Vorfeld verändert, wobei hier kein:e zentrale:r Wächter:in oder disziplinarische Strafe, sondern der soziale Ausschluss gefürchtet wird. Die indoktrinierte Selbstüberwachung der Sprache birgt Probleme:

> und die fette Weiße fotografierte wie besessen ihren, jetzt wusste er es: *stark eumelanin pigmentierten* Freund, wobei es vermutlich keine konkrete Veranlassung gab, diese Tatsache zu fokussieren, dachte Schulz, und im Grunde gab es auch keine konkrete Veranlassung, zu fokussieren, dass die Frau weniger stark eumelanin-pigmentiert oder dass sie fett oder hässlich war, ihr Freund dagegen schön und schlank und mindestens zehn Jahre jünger, Frau fotografiert Mann, dachte Schulz, während er noch immer auf nichts herumkaute, und auch das musste nicht unbedingt fokussiert werden: dass es eine Frau war, die fotografierte, während es ein Mann war, der fotografiert wurde, in letzter Konsequenz gab es nichts, absolut nichts, das fokussiert werden musste (F, 108 f.).

Das stetige Nachdenken und das Bemühen um eine politisch korrekte Sprache führen, so will es *Follower* behaupten, dazu, dass Meinungen als Aussage nicht mehr getätigt werden. Während Nio darüber nachdenkt, ob ein Blick- bzw. Aussageobjekt tatsächlich benannt werden muss, stellt er fest: Es gibt nichts, „absolut nichts, das fokussiert werden musste". Der Roman bewegt sich hier inmitten einer regen Debatte um die Sprachnorm und sprachliche Diskriminierung. Schulz korrigiert sich permanent. So will er nicht, dass „das Zimmermädchen, pardon, die *Servicekraft* ihn halbnackt in der Tür stehen sähe" (F, 32). Er vermeidet sprachliche Formulierungen, die geschlechtliche Zuweisungen machen. Keinen will er aufgrund seiner Herkunft, seines Geschlechts oder seiner sexuellen Orientierung sprachlich diskriminieren. Diese Selbstüberwachung der Sprache führt im Roman dazu, dass die Satzaussage oftmals unsinnig wird. So nutzt Schulz „fast immer das politisch korrekte *mannfrau* und sprach, zumindest in Gesellschaft, von Menschen und Menschinnen mit Migrationshintergrund" (F, 112). Er gendert vorsorglich den Term ‚Mensch'. Der Text mahnt vor Über-Genderisierung bei gleichzeitiger Stabilisation der dichotomen Geschlechter.[69] Die Kontrolle der Sprache im Sinne einer geltenden Sprachnorm führt in der gelebten Praxis des Dystopie-Bürgers zu übervorsichtigen, nicht selten sinnlo-

---

[69] Ruge plädiert für eine sorgsame Reflexion. „Das heißt nicht, dass man alle Wörter benutzen soll. Es gibt eindeutig verletzende Wörter. Es gibt Wörter, die für immer vergiftet sind. Ein sorgsamer Umgang mit der Sprache tut not. Aber zeugt ein Wort wie zum Beispiel Studierende von einem sorgsamen Umgang mit der Sprache? [....] Ähnlich absurd ist das Beispiel einer Politikerin, die ganz am Beginn der sogenannten Flüchtlingskrise in einem Radiointerview von Flüchtlingen

sen Genderangleichungen sowie Gedankenschleifen, die nicht mehr zu einer eigenen Meinung gelangen. Damit fragt Ruge, wann fürsorgliche Überwachung in Normierung mündet:

> Wollen wir wirklich damit anfangen, genauer gesagt, damit weitermachen, die Bücher der Vergangenheit in Orwell'scher Manier umzuschreiben? Heute ist es der Negerkönig bei Astrid Lindgren, morgen der Zigeuner bei Gabriel García Márquez. Was kommt übermorgen? Schon gibt es Internet-Kampagnen, die sich dafür einsetzen, dass bestimmte anzügliche Bilder im Metropolitan Museum of Modern Art abgehängt werden. Wird man Márquez auf den Index setzen, weil er einer Prostituierten ‚Hunde-Titten' andichtet? [...] Und, verzeihen Sie, dass ich mich das natürlich auch frage: Wird man meinen Roman *Follower* irgendwann aus den Regalen der Bibliotheken entfernen, weil er sich über die oberflächliche Moral in der schönen digitalen Zukunft, die eigentlich schon Gegenwart ist, ein wenig lustig macht?[70]

Ruge verdichtet die Ideen der Sprachoptimierung in *Follower*, spitzt zu und kommentiert zynisch die Bestrebungen einer Sprachnormierung. Das Programm der Dystopie hat bei ihm eine sprachkritische Dimension. Anderseits jedoch – und das darf man dem Roman durchaus anlasten – verharmlost der Text durch Überzeichnung so auch die diskriminierende Macht der Sprache.

Doch *Follower* zeichnet sich in der Auseinandersetzung von Überwachung und Sprache nicht nur durch die Sprache *im* Roman aus, sondern auch durch die Sprache *des* Romans, wenn auch in anderer Weise. In der Gegenüberstellung von Nio-Erzählung und GENESIS-Kapitel wird für Lesende ersichtlich, wie der Text die digitale Massenüberwachung bzw. das Erleben dieser Kultur sprachlich inszeniert. Der Roman kreist um bestimmte Wortfelder – er wird geradezu mit diesen Wortfeldern, ihren Synonymen und Antonymen erzählt. Es geht um die Wortfelder ‚wirklich', ‚wahrscheinlich' und ‚materiell'.

> wollte sich ein *Wirklichkeitsgefühl* nicht recht einstellen, das Rauschen der Klimaanlage nivellierte die Sinne, das Flimmern der uralten OLED-Lampe gab dem Raum etwas chimärenhaft *Unzuverlässiges*, und besonders die *unfarbenen* Gardinen kamen Schulz auf einmal *unecht* vor, als gäbe es gar keine Fenster dahinter, schlimmer noch: als wären sie in *Wirklichkeit* gar nicht zu öffnen, *Nachbildungen* aus einem unbeweglichen Material (F, 8) [Herv., SH].

Das ist der Beginn des Romans. Besonders in Dystopien sind Eingangsszenen strukturbildend: Sie haben einen starken Überwachungsaspekt und legen den erzählten Grundkonflikt des Dystopie-Bürgers bereits durch die Erzählperspektive offen. *Follower* beginnt damit, dass Nio in einem Zustand ist, in dem er zwischen Wirklichkeit und Un-Wirklichkeit nicht mehr zu unterscheiden vermag. Oft fragt sich der

---

und Flüchtlinginnen zu stottern anfing [...]." (Eugen Ruge: Versuch über eine aussterbende Sprache)
70 Eugen Ruge: Versuch über eine aussterbende Sprache, S. 20.

Held, wie wirklich ist die Wirklichkeit? Die zitierte Szene lässt zum einen an den Kinofilm *The Truman Show* denken, in dem der Protagonist Truman ohne sein Wissen das Blickobjekt einer Reality-Show ist, die im ganzen Land ausgestrahlt wird: Er weiß nicht, dass sein Leben eigentlich ein Filmset ist – Nachbildungen einer Welt, aus der er nicht fliehen kann. Zum anderen kann an Jean Baudrillards medientheoretische Überlegungen zu referenzlosen Zeichen gedacht werden: Zeichen, bei denen die Unterscheidung zwischen ‚Original' und ‚Kopie' hinfällig geworden ist.[71] Der Text deutet an, dass wir inmitten von Simulakra leben.

Der Wortstamm ‚wirklich' kommt in zahlreichen Wörtern des Romans vor, wird auch in Synonymen oder gegenteiligen Wörtern präsent gehalten: „nachgebildeten" (F, 44), „nachgemacht" (F, 12), „tatsächlich" (F, 25), „eine Fälschung" (F, 155), „Illusion" (ebd.) usw. Das ist das erste Wortfeld, das sich durch den Romantext zieht. Das zweite ist das der Wahrscheinlichkeit: So „fragte sich Schulz, *wahrscheinlich* hatte es gar nichts damit zu tun, *wahrscheinlich* war das einfach nur krank, dachte Schulz, *wahrscheinlich* würden sie ihn einfach nur für verrückt halten, wenn er ihnen erzählte, […], das ließe sich *wahrscheinlich* durch Hormonpräparate ausgleichen" (F, 64 f.). Wahrscheinlichkeit und Wirklichkeit referieren unmittelbar aufeinander – vor allem dann, wenn *Follower* als Überwachungsroman gelesen wird. Die Wahrscheinlichkeit als Maßstab für die algorithmische Berechnung der Welt und ihrer zukünftigen Ereignisse tritt dann als Kritik zutage. Besonders deutlich wird die sprachliche Inszenierung der KI-Analysen, wenn das GENESIS-Kapitel hinzugezogen wird. Es tritt die gehäufte Verwendung der Lexeme auf: „In Wirklichkeit ist es noch niemand gelungen" (F, 226), stellt der Erzähler dort fest und fragt: „Wie wahrscheinlich ist Intelligenz?" (F, 230) Das letzte Wortfeld um die Materialität zeigt sich bereits in der erzählten Zeit: Wir befinden uns im *„postpostmateriellen Zeitalter"* (F, 56), in welchem Immaterialität zum eigentlichen Gegenstand geworden ist. Damit referiert der Text auf die Unsichtbarkeit von Daten. Es ist die Immaterialität von gelebten Handlungen (wir erledigen Aktivitäten im Internet, statt sie physisch in der Welt zu erfahren), von Produkten (wir kaufen Musik und Filme, ohne je eine CD in den Händen zu halten) und es ist die Immaterialität von Daten (deren Spuren wir nicht sehen), die uns eine Überwachung durch Konzerne als ‚unwirklich' fühlen lassen. All das erzählt der Roman nicht offensiv in seiner Geschichte, sondern indem er auf der sprachlichen Ebene bestimmte Lexeme umkreist und ausstellt – jene, die bei digitaler Überwachung eine große Rolle spielen wie die Wahrscheinlichkeit(-srechnung). Ich werde die Bedeutsamkeit und die Semantiken der Lexeme im letzten Teil dieser Romanlektüre ausführlicher beleuchten.

---

[71] Vgl. Jean Baudrillard: *Agonie des Realen*, S. 15. Erklärende Ausführungen zu Baudrillards Idee der Simulakra finden sich in dieser Studie im Kapitel zum Roman *1WTC* von Friedrich von Borries.

6.4 Selbstüberwachung: Selftracking, soziale Netzwerke und die Angst vor dem Unbeobachtetsein

Lifelogging, Selbstoptimierung bzw. ‚Quantified Self' oder Self-Tracking – all diese Bezeichnungen beschreiben ähnliche Phänomene.[72] Es sind Bewegungen, deren Anhänger:innen die Überzeugung eint, „dass detaillierte Messwerte dabei helfen können, ein gesünderes und vernünftigeres Leben zu führen".[73] So kann Lifelogging „als technische Form der Selbstbeobachtung und passive Form digitaler Selbstarchivierung verstanden werden. Damit sind zahlreiche *Potenziale* aber auch *Pathologien* verbunden".[74] Selbstoptimierer:innen ‚tracken' ihre Daten mithilfe neuster Technologien wie Smartphone(-Apps), Armbänder, Uhren oder Kleidung.

> Denn im Self-Tracking verschmelzen Polizei und Verdächtiger zu einer Person zusammen, die sich selbst mit allen zur Verfügung stehenden technischen Mitteln ausspioniert. Jede versäumte Joggingrunde, jede überzählige Kalorie, jede verträumte Minute Arbeitszeit wird registriert und angemahnt, um nicht vor sich selbst in den Verdacht zu geraten, das Kapitalverbrechen der Leistungsgesellschaft zu begehen: Nicht das Maximum aus sich herauszuholen.[75]

Damit ist das Gefahrenpotential erkannt und offenkundig, welche bekannten Phänomene hier in eine freiwillige Übernahme der jeweiligen Imperative münden: Foucaults ‚Technologien des Selbst', seine Strategien der Gouvernmentalität, die Kybernetik- und Präventionsideen treffen auf die Idee eines Überwachungskapitalismus, der „menschliche Erfahrungen als Rohstoff zur Umwandlung in Verhaltensdaten [beansprucht]".[76] Die Selbstoptimierer:innen haben das Ziel, Muster zu erkennen, Defizite zu beseitigen und damit Fitness, Ernährung, Produktivität oder schlicht sich selbst zu optimieren. Die Hersteller solcher Technologien dagegen können mit Maschinenintelligenzen aus den Verhaltensdaten algorithmische Vorhersage-Produkte generieren, ohne die Datengrundlage selbst sammeln

---

[72] Vgl. Stefan Selke: Einleitung, S. 1. Selke plädiert dafür, Lifelogging als Oberbegriff zu nutzen. Er unterscheidet Formen des Lifeloggings, wobei im Roman drei relevant sind: Formen des Trackings im Zeichen der Gesundheitsprävention; Human-Tracking, bei dem mittels GPS oder Funk Menschen in ihrem Aufenthaltsort lokalisiert und sichtbar gemacht werden; Formen des Human Digital Memory, bei dem ein ausgelagertes, digitales Gedächtnis erschaffen wird. Folgend werden deren Inszenierungen im Roman gezeigt.
[73] Emily Singer: Das vermessene Leben. In: *heiße online*, 24.10.2011. URL: https://www.heise.de/tr/artikel/Das-vermessene-Leben-1364833.html [19.09.2022].
[74] Stefan Selke: Einleitung, S. 4.
[75] Simon Schaupp: ‚Wir nennen es flexible Selbstkontrolle'. Self-Tracking als Selbsttechnologie des kybernetischen Kapitalimus. In: Stefanie Duttweiler et al. (Hg.): *Leben nach Zahlen. Selftracking als Optimierungsprojekt?* Bielefeld 2016, S. 63–86, hier S. 75.
[76] Shoshana Zuboff: *Im Zeitalter des Überwachungskapitalismus*, S. 22.

zu müssen.[77] Solche Techniken haben eine Vorder- und Rückseite, die beide einer Logik der Datenakkumulation folgen.

Dem Thema der Selbstüberwachung im Sinne einer Selbstbeobachtung und -optimierung spürt *Follower* indirekt nach: Der Text erzählt vordergründig nur an wenigen Stellen vom Tracking, zwingt die Leser:innen aber durch die Erzählperspektive, in die inneren Vorgänge solcher Handlungen zu blicken. Die Fiktion macht damit die Verinnerlichung der der Selbstüberwachung zugrundeliegenden Logik sichtbar. So hebt sie erst durch das äußere Kommunikationsmodell des Romans die Inszenierung der Selbstüberwachung auf eine neue Ebene. Durch die Distanz, die sich aus dem Zustandekommen des fiktionalen Pakts und der Geschehensvermittlung durch eine Erzählinstanz ergibt, können Leser:innen diese sanften Strategien der Foucault'schen Regierung in ihrer Wirksamkeit innerhalb der Gedankenführung des Selbst beobachten.

Durch diese Konzentration auf das Narrativ der überwachten Selbstüberwacher:innen, das *Follower* zugrunde liegt, antwortet der Roman auch seinem Prätext: Er verhält sich zum Dürrenmatt'schen Motiv der Selbstbeobachtung. In *Der Auftrag* entwickelt Logiker D. zwei Thesen zum Verschwinden von Tina von Lambert. In unserer Zeit „fühle sich [jeder] von jedem beobachtet und beobachte jeden".[78] So habe sich Tina, spekuliert der Logiker, vermutlich dem circulus vitiosus aus Beobachten und Beobachtet-Werden entzogen und ist in den Tod gelaufen. Eine zweite Möglichkeit bestehe aus dem genauen Gegenteil:

> dieses Unbeobachtet-Sein würde ihn mit der Zeit mehr quälen als das Beobachtet-Sein vorher, er würde die Steine gegen sein Haus geradezu herbeisehnen, nicht mehr beobachtet, käme er sich nicht beachtenswert, nicht beachtenswert nicht geachtet, nicht geachtet bedeutungslos, bedeutungslos sinnlos vor [...] die Menschen, würde er dann zwangsläufig folgern, litten unter dem Unbeobachtet-Sein wie er, auch sie kämen sich unbeobachtet sinnlos vor, darum beobachteten alle einander, knipsten und filmten einander aus Angst vor der Sinnlosigkeit ihres Daseins angesichts eines auseinanderstiebenden Universums mit seinen Milliarden Milchstraßen, wie der unsrigen, besiedelt mit Abermilliarden durch die ungeheuren Distanzen hoffnungslos isolierten belebten Planeten, wie dem unsrigen, eines Alls unaufhörlich durchzuckt von explodierenden und dann in sich zusammensackenden Sonnen, wer anders sollte den Menschen da noch beobachten, um ihm einen Sinn zu verleihen als dieser sich selber [...]. (DA, 47 f.)

Die Angst vor dem Unbeobachtet-Sein verarbeitet *Follower*, indem die Selbstbeobachtung im Mittelpunkt steht, während die erste Möglichkeit, sich dem Beobachten und Beobachtet-Werden zu entziehen, verloren geht. Zum einen dadurch,

---

77 Vgl. Shoshana Zuboff: *Im Zeitalter des Überwachungskapitalismus*, S. 88.
78 Friedrich Dürrenmatt: *Der Auftrag oder Vom Beobachten des Beobachters der Beobachter. Novelle in vierundzwanzig Sätzen*. Zürich 1998, S. 45. Nachfolgend mit der Sigle: DA.

dass sich in dieser digitalen Welt niemand dem Beobachten und Beobachtet-Werden entziehen will, zum anderen aber auch, weil die systematische Beobachtung durch Staat und Geheimdienste nicht mehr gespürt wird. Tina hinterlässt einen Notiz, auf der „ich werde beobachtet" (DA, 43) steht und kommt tatsächlich in Kontakt mit dem Chef der Geheimdienste und den Verhören der Polizei. Nio registriert oder spürt diese gar nicht. Von diesem Motiv erhält sich in der Zukunftswelt nur die Angst vor dem Ausschluss aus dem gegenseitigen und dem eigenen Beobachten.

Das soziale Milieu, in dem solche Strategien gedeihen, bildet die Kontrollgesellschaft nach Deleuze, in der man „nie mit irgendetwas fertig wird".[79] Sie erzeugt ein permanentes (Selbst-)Optimieren und eine permanente (Selbst-)Kontrolle durch eine ständige Rivalität unter den Menschen.[80] Das zeichnet der Roman mit den Arbeitsverhältnissen nach: „letzten Endes ging es um Verkaufszahlen, auch für seine Chefin, die so wenig fest angestellt war wie er selbst, die von Prozenten lebte und jederzeit gefeuert werden konnte, wie auch er gefeuert werden konnte" (F, 80). In *Follower* ist niemand fest angestellt; Projekt- und Honorarverträge, Freiberuflichkeit und Provision statt Festgehalt sind üblich. Das sind Instrumente einer Mitarbeiterführung, die auf Effizienzsteigerung durch Rivalität und Unsicherheit setzen. Zu Nios Arbeitsverhältnis gehört auch ein permanentes Human-Tracking. So kann Nios Chefin „auf ihrem Display sehen, dass er schon online war, denn laut Arbeitsvertrag hatte er seine Online-Präsenz anzuzeigen" (F, 71). Auch sein Kollege kann ihn in China orten und nachverfolgen, wo er gerade steckt (vgl. F, 214f.), was zu einer ständigen gegenseitigen Beobachtung führt. Doch es gehört zu den Erzählstrategien, weniger die tatsächlichen Operationen als mehr die daraus resultierenden Gedanken, die Auswirkungen auf den Einzelnen und seine Lebensführung, zu schildern: Wenn er jetzt Vater würde, überlegt Schulz, dann bekäme Sabena

> im Falle der Mutterschaft kein Arbeitslosengeld [...], sondern Sozialhilfe, den Verdienstausfall nicht eingerechnet, aber es gibt noch Reserven: Er könnte jederzeit einen Zweitjob bei *Human. Die menschliche Versicherung* annehmen oder weitere Bewertungen schreiben für den *BlenderBottle SportMixer – einzigartig wie du!*, obwohl es wahrscheinlich sinnvoller wäre, sich auf die Karriere bei CETECH zu konzentrieren, Punktestand erhöhen, Position in der Firma ausbauen, andererseits möchte er natürlich auch Zeit für das Kind haben, er muss sein Leben einfach besser organisieren, einfach besser werden, schneller, effektiver (F, 182).

Die Perspektive verlagert sich in ein hypothetisches Zukunftsszenario und mögliche Lösungsansätze. Prekäre Arbeitsverhältnisse beeinflussen die Lebensplanung und nehmen maßgeblich Einfluss auf das Ausleben und Aushandeln der dezisionalen Privatheit. Dass so der Zugang zur Privatheit subtil geöffnet wurde, nimmt die Figur

---

79 Gilles Deleuze: Postskriptum über die Kontrollgesellschaften, S. 257.
80 Vgl. Gilles Deleuze: Postskriptum über die Kontrollgesellschaften, S. 257.

nicht wahr. Sein Lösungsansatz, „einfach besser werden, schneller, effektiver", ist kein autonomer. In der Kontrollgesellschaft errichtet sich der Mensch seine Welt mittels der Imperative der Leistungsgesellschaft – Eigenverantwortlichkeit, Effizienzsteigerung, Selbstunternehmertum.[81] Das führt dazu, dass Nio eine ideologische Perspektive übernommen hat, die lautet: ‚Wenn ich alles immer optimiere, habe ich Erfolg'. ‚Punktestand erhöhen' und ‚Privatleben optimieren' identifiziert er als Erfolgsgaranten; ein Nichtfunktionieren des Systems zieht er nicht in Erwägung. In dieser Ideologie geht jegliche Verantwortung vom System auf den Einzelnen über. In der Konsequenz wird eine Unterscheidung zwischen perzeptiver und ideologischer Perspektivendimension dann hinfällig, wenn die ideologische Perspektive die Wahrnehmung und die Sicht auf die Welt nicht nur verändert, sondern sie geradezu erst hervorbringt. Diese ideologische Perspektive wird auch getragen von neokapitalistischen Unternehmen: Fokussiert man die sprachliche Perspektive dieser Szene, fällt die Montage auf. Nio nennt die möglichen Zweit-Arbeitgeber und übernimmt sogleich deren Werbeslogan: Versicherungsgesellschaft oder Optimierungsportal. In einer überwachungskapitalistischen Gesellschaft haben also diejenigen Erfolg, deren Geschäftsmodelle auf der Überwachung von zukünftigen Kund:innen beruhen: Versichert wird, wer wahrscheinlich risikoarm lebt und bewertet wird, was gekauft werden soll. Der unscheinbare Satzteil „möchte er natürlich auch Zeit für das Kind haben" ist die einzige private Perzeption des Helden. Er ist gedanklicher und handelnder Teil einer Kultur der Überwachung. Das von Unternehmen eingesetzte Human-Tracking verwandelt Rivalität in Effizienz. So wird eine Mitarbeiter:innenüberwachung von ‚oben' hinfällig: „[S]ein Ranking war immer noch gut", (F, 23) prüft Schulz. Jede:r Mitarbeiter:in mutiert zur eigenen Führungskraft, die sich selbst zu Höchstleistungen antreibt. Das Interesse gilt den Rückwirkungen:

> auch wenn also niemand etwas bemerkt haben konnte, fühlte Schulz sich, egal, ob virtuell oder physisch, in der Firma unwohl, er argwöhnte [...], oder hatte den Verdacht, dass seine Chefin, wenn sie ihn bloß eine Sekunde zu lang anschaute, ihn prüfe [...], damit er sich tatsächlich unecht zu fühlen begann [....], es war sein eigener Verdacht, der auf ihn zurückfiel und ihn zu dem machte, was er in den Augen der anderen fürchtete zu sein (F, 24f.).

Jean-Paul Sartre analysiert den Blick des Anderen und schlussfolgert, dass dieser deshalb unbehaglich ist, da ich mich meiner schäme und blindlings annehme, was der andere *an* mir sieht: „Es genügt, daß der Andere mich anblickt, damit ich bin, was ich bin."[82] Und zwar, wie er herausstellt, nicht „nach dem Modus von ‚war' oder von ‚Zu-sein-haben', sondern an sich."[83] „Mit dem Blick des Anderen entgeht

---

81 Dietmar Kammerer: *Bilder der Überwachung*, S. 134.
82 Jean-Paul Sartre: Der Blick, S. 473.
83 Jean-Paul Sartre: Der Blick, S. 473.

mir die ‚Situation', oder um einen banalen, aber unseren Gedanken gut wiedergebenden Ausdruck zu benutzen: *ich bin nicht mehr Herr der Situation.*"[84] Der Blick der Anderen lässt uns annehmen, was wir glauben, in ihren Werturteilen zu sein. Nio beginnt, sich „unecht" zu fühlen, er glaubt, nicht gut genug zu sein, etwas vorzuspielen. Die Blicke der Anderen sind keine leibhaftigen mehr. Die ‚Kultur des Verdachts' ist im Gedankengut des Einzelnen verankert und richtet sich gegen ihn selbst. Nio übernimmt die Beobachtung, die Verdächtigung, die Überwachung und die Ausbesserung eines möglichen Fehlers selbst. In *Follower* stecken hinter den Blicken Instrumente der Online-Überwachung. Der Soziologe Schaupp spricht in Bezug auf Self-Tracking von einem ‚kybernetischen Kapitalismus',[85] der mit den vier Prinzipien der kybernetischen Kontrolle arbeite. Diese seien: Überwachung und Quantifizierung, Rückkoppelung ins System, Selbstoptimierung und Verschiebung einer kognitiven zu einer performativen Steuerung.[86] Self-Tracking-Technologien funktionieren, da sie konsequent diese vier Prinzipien zur Steuerung verfolgen.[87] Damit markiert Schaupp ähnlich wie Zuboff, wenn auch unter anderer Perspektive, den Kapitalismus als funktionstragende Macht, diese kapitalistische Logik ist bis in das Denken des Einzelnen vorgedrungen sind. In *Follower* spüren Leser:innen nach, worin sich diese kapitalistische Logik der Datensammlung im Denken des Einzelnen zeigt: Zunächst im Gesundheitsmonitoring. Nio hat sich einen Chip implantieren lassen:

> tatsächlich handelte es sich um drei harmlose, jeweils in den Frontlappen, den Schläfenlappen und die Amygdala eingelassene Haarelektroden –, obwohl der Hersteller bloß „allgemeine Stimmungslagen" versprach, die man „auf eigene Gefahr" generieren konnte, hatte Schulz nach einigen Wochen durch Zufall eine Impulskombination gefunden, die ihn bei Erwachen frappierend an seine Kindheit erinnerte (F, 14f.).

Welche Daten genau das Implantat erhebt, darüber steht im Text wenig. Was Nio sich davon verspricht, ist eine Kontrolle und Optimierung seiner Stimmungslagen. Außerdem kann er damit alltagspraktische Dinge erledigen, wie etwa sich wecken zu lassen, „allerdings träumte er kaum noch in letzter Zeit, genauer gesagt, seit er sich von dem Chip wecken ließ" (F, 13). Das dystopische Traum-Motiv wird hinfällig. Während in den meisten Überwachungsdystopien der Protagonist

---

84 Jean-Paul Sartre: Der Blick, S. 478.
85 „Das gesellschaftstheoretische Potenzial dieses Begriffs liegt dabei darin, die Wechselwirkung von Kapitalakkumulation und Kontrolle pointiert erfassen zu können. Im kybernetischen Kapitalismus fallen Informationsverarbeitung, Kapitalakkumulation und Kontrolle in eins, sie folgen derselben Logik, basieren auf derselben technologischen Infrastruktur." (Simon Schaupp: Wir nennen es flexible Selbstkontrolle, S. 64)
86 Vgl. Simon Schaupp: Wir nennen es flexible Selbstkontrolle, S. 67 ff.
87 Vgl. Simon Schaupp: Wir nennen es flexible Selbstkontrolle, S. 73.

im Verlauf der Geschichte träumt und der Traum als Ort des Unbewussten nicht kontrolliert werden kann, braucht der Traum in *Follower* nicht überwacht zu werden. In der Fiktion schaltet Technologie das Unbewusste im Menschen aus. Monitoring

> ist nicht nur kontinuierliche Beobachtung, Kompilieren von Daten und Gegenüberstellung von Gegebenem mit Normen und Sollwerten. Dem Monitoring haftet etwas Fiktives an. Unter dem Imperativ, Fehlentwicklungen rechtzeitig zu identifizieren, wird die Gegenwart permanent mit zukünftigen Erwartungen, mit Spekulationen konfrontiert.[88]

Wenn also der Held morgens einen Gesundheitscheck mittels Glass und Chip durchführt, dann im Glauben an die Idee eines präventiven Zuvoreilens: „*Puls normal, Cholesterin/gesamt leicht über normal, pH-Wert/Blut leicht unter normal*, besonders die fast immer gleichlautende Ermahnung, *Weniger Eiweiße zuführen, mehr Ausdauersport!*, kam ihm beinahe mütterlich vor" (F, 53). Als er in Stress gerät meldet „die residente Gesundheits-App [...] erhöhten Puls und einen signifikanten Anstieg der pH-Werte" (F, 174). Wieder macht der Text das nicht explizit, aber das Bio-Tracking läuft rund um die Uhr, auch dann, wenn Nio davon nicht bewusst Gebrauch macht. Wohin die Ströme der Daten fließen bleibt unklar. Ruge scheint ausschließlich die Inszenierung der Auswirkungen auf das Datensubjekt zu fokussieren. Für Nio ist eine Körperfunktionskontrolle normal geworden. Selbstverständlich ist für ihn der Umstand, dass Menschen mittels Körperdaten klassifiziert werden, und die Biodaten daher in der Norm zu halten sind.

> denn so erfreulich die Nachricht ist, dass Sabena ihm zutraut, über das genetische Material für ein *eigenes Kind* zu verfügen, [...] schwerwiegender sind schon die signifikant niedrigen MOT-Werte seiner Spermien [...], während das genetische Editieren seiner MAOA-CDH13-Mutation einfach unbezahlbar wäre, außerdem würde Sabena, wenn sie von der MAOA-CDH13-Mutation erfuhr, nicht nur zögern, sein Sperma zu akzeptieren, denkt Schulz, sondern ihn selbst womöglich für potentiell kriminell halten, obwohl erwiesenermaßen neunzig Prozent derjenigen, die eine MAOA-CDH13-Mutation haben, nie kriminell werden, und obwohl auch er, Schulz, nie kriminell gewesen ist (F, 178 f.).

Follower erzählt von einer Gesellschaft, für deren Mitglieder eine Einstufung in Risikogruppen mittels (Körper-)Daten akzeptabel geworden ist. Das realisiert sich, da ein umfassendes Narrativ darüber, dass Datensammeln Sicherheit bedeutet, kollektiv akzeptiert wird.

Als zweiten Aspekt der Selbstüberwachung verfolgt der Text die Rolle der Digitalisierung des Lebens und den Umgang mit Social Media. Auf den ersten Blick

---

[88] Susanne Krasmann: Monitoring. In: Ulrich Bröckling et al.: *Glossar der Gegenwart*, S. 167–173, hier S. 168.

wird die Frage gestellt, inwiefern Social-Media-Plattformen als eine Art digitales Panopticon funktionieren:

> [Sabena,] die vermutlich gerade irgendwelche Typen über den Stand von AIMANT-Dessous führte, obwohl es, genau genommen, gar nicht stimmte, es waren keineswegs nur Typen, zumindest waren auf den Fotos, die sie zu posten pflegte, durchaus auch Frauen zu sehen, sogar, wenn man nachzählte, mehr Frauen als Männer, trotzdem stellte Schulz sich immer nur Typen vor [...] (F, 17 f.).

Schulz beobachtet seine Freunde, insbesondere seine Lebenspartnerin, auf den digitalen Plattformen, schaut und interpretiert ihre geposteten Fotos. Das Verfolgen des Anderen befriedigt nicht nur Neugier, sondern schürt auch Eifersucht. Nio nutzt Twitter und Instagram, um Bekannte zu beobachten. „Schulz' Schulfreund Linus schickte über Instagram ein Foto seiner noch namenlosen Tochter *direkt von der Webcam im Bauch unserer ukrainischen Leihmutter* – Angeber, dachte Schulz (ukrainische Leihmütter waren gerade die teuersten)" (F, 118). So betrachtet erzählt der Roman soziale Netzwerke nicht als digitales Panopticon (zu dem Einschluss und Intransparenz gehören), sondern als Auswüchse einer kapitalistischen Logik. Er zeigt daran zweierlei: Erstens überträgt er Dürrenmatts Motiv in die digitale Welt. Während Nio die anderen objektiviert und sie zu Beobachteten macht, können diese ihn ebenso beobachten. Währenddessen beobachten im Hintergrund die Geheimdienste die Aktivitäten auf den Kanälen. Bis hierhin erweitert er das Bekannte um technologische Möglichkeiten des 21. Jahrhunderts. Zweitens zeigt der Text dann eine Bereitschaft der Figuren, selbst intime Daten wie Ultraschall-Bilder online zu teilen. Durch das Ansehen der Postings wird jene Rivalität wachgerufen. Die Fotos der Freunde werden zum Abgleich mit dem eigenen Leben herangezogen: „Angeber, dachte Schulz".

In diesem Sinne muss der Romantitel ein zweites Mal interpretiert werden: Innerhalb des Social-Media-Diskurses des Romans ist Nio ein ‚Follower' seiner abonnierten Kanäle und (virtuell vernetzten) Freunde. Er wird zum beobachtenden Verfolger, wobei der Blick auf die Anderen ihm zur Selbstvergewisserung dient. Der Blick auf die Anderen ist für Nio der verzweifelte Versuch, Orientierungswissen zu generieren: ‚Betrügt mich Sabena?' und ‚Ist Linus erfolgreicher als ich?'. Das allein ist nicht entscheidend, denn die Begegnung mit dem Anderen schafft per se – offline wie online – solches Orientierungswissen. Was *Follower*, liest man diesen Aspekt mit McLuhan, über das Medium als Botschaft, das den Blick trägt, aussagen will, ist, dass das Medium zwangsläufig unsere sozialen Beziehungen verändert: Soziale Medien, so die Romanaussage, verändern die leibhaftige Beziehung zu Menschen. Sherry Turkle, Professorin am MIT, fragt sich: „Schmälert die virtuelle Nähe unser Erleben von Begegnungen in der realen

Welt?"[89] Die Zahl derer, denen Nio online folgt, scheint so groß, dass er die Personen gar nicht mehr kennt: „Thorsten Jerembeck postet ein Foto von Nina, aber wer ist Thorsten Jerembeck, und wer ist Nina" (F, 217). Der Text bindet in seine Erzählung, maßgeblich über die graphische Seite, Unmengen an Twittermeldungen ein. Eine so große Menge an Kommunikationsangeboten könnte Nio offline unmöglich bewältigen, er wäre mit nichts anderem beschäftigt, als Menschen zuzuhören. In der digitalen Welt von *Follower* rauschen diese Kommunikationsangebote stetig im Hintergrund durch den Alltag, ohne dass Nio eines bewusst annimmt. Kommunikation wird im Medium der sozialen Netzwerke zu etwas, das nicht aktiv von zwei Parteien betrieben werden muss; lediglich das Absenden und Beobachten, nicht jedoch das Zuhören und Antworten ist von Belang. Wenn das stimmt, verändert unser ungefilterte (und untrainierter) Gebrauch von Social Media unsere Fähigkeit aufmerksam zuzuhören und wahrlich in Verbindung zu treten.

„Verunsichert in unseren Beziehungen und voller Angst vor zu großer Nähe, tauchen wir heute in digitale Welten ein, um Beziehungen zu führen und gleichzeitig vor ihnen sicher zu sein; wir bahnen uns einen Weg durch eine Flut an Kurznachrichten; wir interagieren mit Robotern."[90] Turkle stellt heraus, wie die Verlagerung des Privaten ins Digitale – in die Interaktion mit Maschinen – den Mensch verändert: *Verloren unter 100 Freunden* lautet der Titel ihrer Untersuchung, in der sie zeigt, dass gerade inmitten der digitalen Nachrichtenströme Einsamkeit entsteht.[91] „Während wir im Netz umhereilen, besteht die Gefahr, dass wir uns verlieren [...]. Wir fühlen uns oft leer inmitten des ganzen Hypes."[92] Das spiegelt der Roman. Was Leser:innen aufgrund des Erzählsogs an Gedanken und der hohen Informationsflut vermutlich zunächst nicht auffällt: Nio trifft während der gesamten Erzählung niemanden leibhaftig. Er ist einsam mit seinen Twitter-Feeds und seinen Gedanken. Er telefoniert einmal mit seiner Mutter, seiner Freundin oder Chefin, aber auch dabei checkt er laufend seine Nachrichten mittels Datenbrille oder Smartphone: „Wir scheinen fest entschlossen, Objekten menschliche Eigenschaften zu verleihen und begnügen uns selbst damit, einander wie Objekte zu behandeln."[93] Kommunikation beschränkt sich auf das Senden. Das Heimtückische daran ist – und das ist die Stärke der Erzählung –, dass die Figur ihre Einsamkeit und ihre zunehmende Unfähigkeit, wahrhaftig zu kommunizieren, abgelenkt vom permanenten Nachrichten- und Werbestrom, gar nicht bemerkt. Ruges Roman macht Unbewusstes bewusst. Er konfrontiert die Leser:innen eben nicht mit tatsächlichen Überwa-

---

89 Sherry Turkle: *Verloren unter 100 Freunden*, S. 42.
90 Sherry Turkle: *Verloren unter 100 Freunden*, S. 14.
91 Vgl. Sherry Turkle: *Verloren unter 100 Freunden*, S. 41.
92 Sherry Turkle: *Verloren unter 100 Freunden*, S. 41 ff.
93 Sherry Turkle: *Verloren unter 100 Freunden*, S. 17 f.

chungsoperationen und Kriminalelementen, sondern zielt auf das dahinter Verborgen: Nio ist allein und sucht doch ständig nach Kontakt.

Innerhalb der Selbstüberwachung werden auch die Formen des *Human Digital Memory* interessant: Nio lagert sein Gedächtnis auf eine sogenannte „Ich-Seite" aus. Dort lässt sich sein ganzes Leben – oder wie er sagt, seine ‚Bio' – ansehen; vom Schulausflug bis zu Sabena (vgl. F, 39 ff.). In Lifelogging stecke „[d]ie nachvollziehbare Sehnsucht nach einem umfassenden Lebensarchiv",[94] so Selke. Diese Form des Lifelogging speichert personenbezogene und persönlich-private Daten auf Online-Plattformen von diversen Anbietern (seien es soziale Netzwerke oder Clouds etc.). Für Einzelne bedeutet das eine virtuelle Gedächtnisarbeit, die individuell überlebensnotwendig ist. Den Zugang zu diesem Digital Memory zu verlieren, ist Schulz' Katastrophenszenario:

> was zur Folge hatte, dass sich in den nächsten Sekunden in Schulz' Kopf das komplette Horrorszenario der Totalsperrung seines Accounts abspielte, und dabei ging es nicht nur, nicht einmal in erster Linie um die konkreten Konsequenzen, beispielsweise um [...] sein Ranking oder um seine berufliche Zukunft, sondern um den Account selbst, um alles, was verlorenginge, und das waren nicht nur ein paar tausend E-Mails und Fotos und Seminarmitschnitte, nicht nur sein Kalender und seine Kontakte, sondern es war ein hochkomplexes und persönliches System, alle Apps und Settings, vom Begrüßungsjingle bis zur Nachrichtenübersicht, alle Playlists, Profile, Filter, Favoriten, seine Links zu Lieblingsirgendwas, die automatisch gespeicherten Zugangsdaten für Foren, Shops, [...] und die Vorstellung, dass das alles plötzlich weg wäre, kam ihm vor wie eine Amputation, als würde man ihm einen Teil seiner selbst abschneiden (F, 38 f.).

Die Auslagerung des eigenen Gedächtnisses ins Digitale birgt die Gefahr, dass Technik versagt oder Identifizierungssysteme fehlschlagen. Das ist die individuell gefürchtete Technik-Katastrophe, die ihm „wie eine Amputation" vorkommt. Darin liegen alte Semantiken: Die Metapher des Körpergedächtnisses[95] und die Ur-Angst, dass die Erinnerung auf einmal weg sein könnte (man denke an den Alptraum eines Wohnungsbrandes). Was *Follower* schildert, ist die Totalität des Accounts, der ein „hochkomplexes und persönliches System" ist. Das ist er geworden, da er nicht nur die Zugänge zu weiteren Interneträumen speichert, sondern auch das Verhalten, die privaten Vorlieben und Geschmäcker. Das ist er auch geworden, da alle Erinnerungen, in Form von Datensätzen, nun an einen Ort flie-

---

[94] Stefan Selke: Einleitung, S. 7.
[95] Zu Metaphern des Gedächtnisses in Bezug auf Körper vgl. Günter Butzer: Gedächtnismetaphorik. In: Astrid Erll/Ansgar Nünning: *Gedächtniskonzepte der Literaturwissenschaft. Theoretische Grundlegung und Anwendungsperspektiven.* Berlin 2005, S. 11–30; Claudia Öhlschläger: Gender/Körper, Gedächtnis und Literatur. In: Astrid Erll/Ansgar Nünning: *Gedächtniskonzepte der Literaturwissenschaft,* S. 227–248.

ßen, der nicht mehr menschliches Gedächtnis ist – bei dem wir die Kontrolle über die Privatheit behalten –, sondern ein ausgelagertes. Lifelogging als Form der Selbstüberwachung bedeutet für den Einzelnen, einen Raum zu schaffen, um sich selbst seiner Geschichte zu vergewissern. Der Zugang zum Account ist der Zugang zur eigenen Lebensgeschichte oder der, die wir erzählen wollen. Darin liegen zweifellos Potentiale, die Einzelnen – wie kaum zuvor – die sichtbare Möglichkeit bieten, sich und ihr Leben zu erzählen; das ist höchst kreative Gedächtnisarbeit. Doch konsequentes Lifelogging bedeutet auch, dass die Summe aller Daten das vergangene, gegenwärtige und zukünftige Ich preisgibt. Jede:r konstruiert sich im Laufe des Lebens die eigene Biographie anhand der erinnerten und (sich selbst) erzählten Geschichten; wer früher Fotoalben klebte, kann dies heute digital tun. Doch anders als beim Fotoalbum lesen hier ganz unterschiedliche Stellen mit: Nicht nur die Bekannten, mit denen Nio diese Ich-Seite teilt, sondern auch die Betreiber der Seiten und die Nachrichtendienste. Während Nios Super-Gau der Verlust des Passwortes ist, das den Zugang zu seiner eigenen Biographie kontrolliert, ist der Super-Gau der Nachrichtendienste, dass jemand, etwa Nios Mutter, keine Ich-Seite besitzt. Nio erzählt also seine Lebensgeschichte zwangsläufig auch Unternehmen und Geheimdiensten. Ramón Reichert verdeutlicht die Systemzusammenhänge:

> das Social Web [ist] zur wichtigsten Datenquelle zur Herstellung von Regierungs- und Kontrollwissen geworden. Die politische Kontrolle sozialer Bewegungen verschiebt sich hiermit in das Netz, wenn Soziologen/-innen und Informatiker/-innen gemeinsam etwa an der Erstellung eines Riot Forecasting mitwirken, und dabei auf die gesammelten Textdaten von Twitter-Streams zugreifen.[96]

Dass der Text ausgerechnet den Dienst Twitter so prägnant inszeniert, ist kein Zufall. Dieses Zusammenwirken von verschiedenen Datensystemen zu einem Netzwerk, das die kybernetische Kontrolle ermöglicht, inszeniert der Text durch seine Erzähleben. Dem, der die montierten Textteile wieder auf Nios Gedankenstrom rückbezieht, offenbart sich die Twitteraktivität als Gewalttätigkeit der dahinterstehenden Logiken und Netzwerke: Was dem Einzelnen als geeignetes Instrument für Gedächtnisarbeit erscheint, kann Teil einer Kontrolle mittels KI sein.

---

96 Ramón Reichert: Facebook und das Regime der Big Data. In: *Österreichische Zeitschrift für Soziologie* 39 (2014). Ergänzungsbd. 1, S. 163–179, hier S. 166.

6.5 Wer beobachtet die Überwacher:innen II: Kapitalismus und Marketing

Der letzte Teil der Betrachtungen zur Überwachung spürt Praktiken und Instrumenten innerhalb von kapitalistischen Zusammenhängen nach. Es geht um die Rolle von Konzernen, Verhaltensauslese, Marketing und konkreten Erzählelementen wie dem Kaufhaus oder der Robotik. Auch wenn Zuboff betont, dass es in der Analyse der instrumentären Macht nicht um Technologien geht, sondern um „die Logik, die die Technologien und ihr Handeln beseelt",[97] muss kurz festgehalten werden, welche Technologie die Erzählung inszeniert. Nio trägt freiwillig eine Datenbrille, kurz Glass genannt. Damit referiert der Text explizit auf das amerikanische Unternehmen Google und seine smarte Brille, die Google Glass. Die fiktionale Erzählung der Brille gestaltet der Roman analog zu der faktualen Erzählung, die Google um sein Produkt spinnt: „Stay focused. Glass intuitively fits into your workflow and helps you remain engaged and focused on high value work by removing distractions [...]. Improve accuracy [...]. Collaborate in real-time",[98] so bewirbt Google derzeit die Brille. Sie soll ein Display, einen Internetzugang, ein Mikrofon, eine Kamera haben und so Navigation, Foto-/Videoaufnahmen, einen Anruf- und Messengerdienst sowie das Einblenden von zusätzlichen Informationen ermöglichen.[99] Auch Nio trägt die Glass, um seine Konzentration zu erhöhen und in Echtzeit Zusatzinformationen in sein Sichtfeld zu erhalten. Eingeloggt wird sich in Nios Brille mittels „Fingerprint-Sensor [...]: *checking identity please repeat the scan*" (F, 18). Zwischen Körper, Technologie und den Unternehmen fließen Datenströme: Der Körper ermöglicht Identifizierung und öffnet den Zugang zum digitalen Profil:

> während die Glass seine Augen- und Kopfbewegungen erfasste, die Impulse an den Haarelektroden auslas, alles in mehrdimensionale Merkmalsvektoren übersetze, mit verschiedenen Mustern verglich und für hinreichend ähnlich befand, um eine Reihe von Andromeda- oder Phantom-Befehlen auszulösen, die Schulz, noch bevor er selbst begriff, dass er – sozusagen gedanklich – den Posteingang geöffnet hatte (F, 57).

Wenngleich es der Körper ist, der vermessen und ausgelesen wird, zielt diese Überwachung auf das Erfassen der Gedanken, spezifischer: das Erfassen des zu-

---

[97] Shoshana Zuboff: *Im Zeitalter des Überwachungskapitalismus*, S. 30.
[98] Google Glass Webseite. URL: https://www.google.com/glass/start/ [30.10.2020].
[99] „Ein Computer mit Display, Internetzugang, Mikrofon und Kamera integriert in eine Brille – mit diesem Gadget könnte Google etwas ähnlich Bahnbrechendes auf den Markt bringen wie Apple mit dem iPhone. Das Glass-Display soll die Sicht (auf einer Seite) nur geringfügig einschränken, Dienste wie Navigation, Foto- und Videoaufnahmen, Telefonanrufe oder das Verschicken von Nachrichten anbieten und zusätzlich dem Benutzer Informationen zu seiner Umwelt einblenden." (O.V.: Google Glass. In: *heise online*. URL: https://www.heise.de/thema/Google-Glass [19.09.2022]).

künftigen Willens. Technologie eilt sozusgen dem Tun voraus; nimmt damit aber auch die Entscheidungen ab. Überwachung meint hier die Einzeloperationen: Daten erfassen, übersetzen, abgleichen und identifizieren bzw. auswerten. Überwachung ist ein Verb, das viele Tätigkeiten einschließt (‚Überwachung als Erzählung'). Das alles geschieht verborgen. *Follower* beleuchtet dabei nicht, wie im Inneren der Technologie mit den Daten gearbeitet wird, wie sie zu Verhaltensprodukten transformiert werden und mit ihnen gehandelt wird. Der Text beschränkt sich in der Erzählung des Verhältnisses von Unternehmen und Konsument:innen ganz auf das ‚unterschwellige Marketing'.

Nio kennt sich aus mit Werbung: „*affektives Priming*, begreift Schulz (unterschwellige Werbung ist in der Zone noch immer verboten, aber HTUA-China ist, wie in allem, zehn Jahre voraus)" (F, 158 f.). Überwacht wird in der Welt des Romans, um Konsum herbeizuführen. Nio weiß um diesen Fakt und aktiviert deshalb „Blocker und Filter", die verhindern sollen, dass Werbebotschaften im Sichtfeld seiner Glass auftauchen (vgl. F, 157). Der Roman diskutiert dann eine offene Manipulation des Individuums, die dessen Verhalten steuert und den Willen umgeht. Nio spaziert durch Wú Chéng spaziert

> während Schulz den riesigen Bildschirm betrachtet, der offenbar zu einem SB-Restaurant namens McBaker gehört, eine Weile steht er jetzt und wartet darauf, dass die Landschaftsbilder von einer Information oder wenigstens von Werbung unterbrochen werden, damit er sehen kann, ob es hier etwas Annehmbares zum Frühstück gibt, aber es kommt keine Werbepause, stattdessen bemerkt er, dass er allmählich Appetit auf Grillfleisch bekommt: *affektives Priming*, begreift Schulz (F, 158 f.).

Die Erzählung schildert das Szenario eines Zusammenschlusses verschiedener Datensysteme im Dienst des Kapitalismus: Glass und Implantat haben Zugriff auf raumzeitliche Koordinaten, sie wissen also, wo Nio sich gerade aufhält (Human-Tracking), kennen seine persönlichen Präferenzen (Nio isst gern Fleisch) und haben mittels Implantat Zugriff auf Stimmung und Hormone. Es wird eine funktionale Einheit imaginiert, eine Assemblage, bei der die Datenströme zum Zweck der Steuerung zusammenfließen. Dabei deutet sich die Vorstellung einer zentralen Macht an. Das hängt damit zusammen, dass *Follower* das Narrativ der ‚überwachten Kund:innen' so ausdeutet, dass Überwachung Kaufwünsche erzeugen soll. Die Glass spielt dabei eine entscheidende Rolle: sie vermisst, was Nio ansieht: „und die musikalisch untermalten Produktbeschreibungen [...], die erklingen, sobald man einen Artikel einen Tick zu lange fixiert" (F, 276). Dagegen kann Nio sich nur schützen, wenn er zu Boden sieht (vgl. ebd.). Diese Daten, die den Blick und damit die Aufmerksamkeit vermessen, ermöglichen zusammen mit Googles Kartographie dem Unternehmen nicht nur Zugang zu Steuerungswissen, sondern direkte Manipulation: Nio bemerkt, „dass er allmählich Appetit auf Grillfleisch bekommt" und „die Gesundheits-App meldet jetzt Hunger: Blutzuckerspiegel unter drei Millimol pro irgendwas" (F, 159). Im Katastrophennarrativ spitzt sich das noch zu. Zunächst versucht Schulz zu widerstehen: „[E]r passiert gerade eine weitere Filiale dieser Kette, und wenn er nicht wüsste, dass er manipuliert wird, könnte er tatsächlich glauben, er hätte Appetit auf In-vitro-Fleisch-Burger, er hat aber keinen Appetit, sondern Hunger" (F, 163). 2055 weiß der Zukunftsmensch längst, dass er manipuliert wird. *Followers* dystopische Warnung liegt drin, dass der Gegenwartsmensch dieses Wissen schnell erwerben müsse, da es 2055 bereits nutzlos geworden ist. Wissend irrt Nio in die Unausweichlichkeit:

> schon wieder McBaker, anscheinend haben sie die ganze Straße gekauft, aber dass eine plumpe unterschwellige Bild-Werbung ihm einen Willen aufdrückt, missfällt ihm entschieden, oder ist es der Geruch, haben sie dem Geruch etwas beigemischt, blasen sie irgendwelche Signalpheromone in die Luft, fragt sich Schulz [...] zumal die residente Gesundheits-App inzwischen einen Blutzuckerspiegel von zwei Komma acht Millimol meldet, er schaltet das Navi ein, aber auch das Navi zeigt ausschließlich McBaker-Restaurants an, in HTUA-China dürfen regionale Leaseholder Präsenzen kaufen (F, 164 f.).

Konzern-Kooperationen haben die Handlungsmöglichkeiten eingeschränkt. Nios Wissen nutzt ihm nicht. Auf Google Maps findet Nio plötzlich nur McBaker-Filialen, die für Verhaltensdaten und den Marktvorteil auf der Straßenkarte bezahlt haben. Noch versucht Nio standhaft zu bleiben „obwohl es ja, denkt er, sein eigener Wille ist, *nicht zu wollen*; was bedeutet, dass es auch sein eigener Wille wäre, *zu wollen*, denkt Schulz, dann erscheint eine *restricted area*-Warnung, und eine freundliche Stimme empfiehlt in akzentfreiem Deutsch: *Genieße politisch korrektes Fleisch und floate emissionfree über die faszinierende Landschaft von Southwest-China*" (F, 169). Werbebotschaften, Straßenführung und Gesundheits-App werden gemeinsam eingesetzt, um das Konsumbedürfnis zu intensivieren, die Auswahlmöglichkeiten einzuschränken und somit private Entscheidungen zu verunmöglichen. Hier zeigt sich die Eigenschaft der Emergenz der surveillance assemblage. Der Roman zeigt das Szenario einer totalen Fremdkontrolle. Am Ende sitzt Nio in einem dieser Schnellrestaurants, obwohl er versucht, es nicht zu tun. Diese Szene wirkt wie ein unwahrscheinliches dystopisches Szenario. Die dargestellten Techniken der Menschenführung sind aber eine Wirklichkeitsdiagnose.[100] „Unterschwellige oder subliminale Werbung *im engeren Sinne* zeichnet sich nämlich dadurch aus, daß ihre Adressaten selbst bei voller Aufmerksamkeit gar nichts wahrnehmen können, weil sie sich unterhalb der Wahrnehmungs-

---

[100] Vgl. Wilhelm Voßkamp: Möglichkeitsdenken, S. 27.

schwelle (sub-liminal) ‚präsentiert' [...]."[101] Unterschwellige Werbetechniken ist bereits realweltlich möglich, in der Fiktion wird dieses derart genutzt, dass das Individiuum sich nur noch schwer den Interessen derjenigen entziehen kann, die dieses Steuerungswissen nutzen wollen.

Der Text schildert die Möglichkeiten von manipulativer Werbung als ein Schreckensszenario, in dem autonomes Handeln verloren ist – das ist die Angst der Europäer:innen: der Verlust des freien Willens. Fokussiert werden die Auswirkungen für Einzelne. Indem der Text jedoch in der Beziehung zwischen Technologieherstellern und Endverbraucher:innen nur das die Konsument:innen steuernde Marketing inszeniert, verfestigt er die Vorstellung, dass das Ziel dieser Verhaltenserfassung und -berechnung die Konsument:innen im Sinne von Kund:innen sind. Implizit bleibt die Frage, was hinter Nios Rücken geschieht: „Noch einmal: *Mitglieder der Konsumentengesellschaft sind selbst Konsumgüter*, erst diese Eigenschaft verleiht ihnen jenen Status. Ein verkaufsfähiges Produkt zu werden und zu bleiben ist ihre Hauptsorge [...]."[102] Dieser Idee der Konsument:innen als Produkte, die widerspricht Zuboff: „Wir sind vielmehr die Objekte, aus denen Google unrechtlich den Rohstoff für seine Vorhersagefabriken bezieht. Und diese fertigen Google-Produkte: Vorhersagen über unser Verhalten [...]."[103] *Follower* gestaltet das Narrativ der überwachten Kund:innen und sieht Überwachung als Instrument eines Marketings.

In einer Lesart, in der der Fokus auf überwachungskapitalistisch agierende Konzerne liegt, muss der Romantitel ein drittes Mal verstanden werden. Dann ist – anders als in der Analyse des Social-Media-Gebrauchs – nicht Nio der *Follower*, sondern die Unternehmen folgen ihm. Allen voran das Unternehmen der Datenbrille, vermeintlich Google, wird zum unsichtbaren *Follower* der Nutzer:innen. Das Unternehmen und kooperierende Werbetreibende folgen den Bewegungen der Nutzer:innen, um ‚Überwachungsaktiva' abzuschöpfen: diese Aktiva sind kritische Rohstoffe beim Streben nach Überwachungserträgen und deren Umwandlung in Überwachungskapital.[104]

Drei Mal wurde der Romantitel bisher interpretiert. Das belegt, wie der Titel genutzt wird, um die Komplexität der gegenwärtigen Überwachungsphänomene auszudrücken: Wer in diesem Spiel nämlich ‚Follower' und wer die Verfolgten sind, ist eine Frage der Perspektive und des jeweiligen kontextuellen Überwachungssystems. Während vordergründig in den Narrativen der Spiele- und Technologiehersteller dafür geworben wird, dass Nutzer:innen selbst ‚Follower' sind, denen Entertainment,

---

101 Thomas Schnierer: *Soziologie der Werbung. Ein Überblick zum Forschungsstand einschließlich zentraler Aspekte der Werbepsychologie*. Opladen 1999, S. 47.
102 Zygmund Bauman/David Lyon: *Daten, Drohnen, Disziplin*, S. 49.
103 Shoshana Zuboff: *Im Zeitalter des Überwachungskapitalismus*, S. 117.
104 Shoshana Zuboff: *Im Zeitalter des Überwachungskapitalismus*, S. 117.

Kommunikations- und Überwachungsmöglichkeiten bereitgestellt werden, könnten im Hintergrund kapitalistische ‚Follower' folgen.

Da wir Menschen immer stärker mit Maschinen interagieren, wird es immer leichter, einen Verhaltensüberschuss zu generieren. Während die Interaktion mit Maschinen wie Computer, Smartphone, Chip und Brille im Roman allgegenwärtig ist, erhält das Thema der Robotik in *Follower* nur an wenigen Stellen Eingang in den Text, die dafür umso prägnanter sind. Als Nio einen Kaffee auf das Hotelzimmer bestellt, wird dieser von einem Roboter gebracht: „Not my area of operations, hatte das Ding gesagt, und Schulz versuchte, es irgendwie lustig zu finden, dass er sich – bei einem Service-Roboter! – entschuldigt" (F, 35). In dieser ersten Begegnung zeigt die sprachliche Perspektive, die hier mit der Perzeption Nios zusammenfällt, das Verhältnis zur Technologie: Er bezeichnet den Roboter als „Ding", schreibt ihm also keine mentale Dimension zu. Ohne mentale Dimension, schlussfolgert er, ist eine Entschuldigung unangebracht. Sprachlich als ‚nicht-menschlich' markiert, zieht er die Grenze zwischen Mensch und Maschine in einer psychologischen Komponente. Was ihm aber die Entschuldigung abringt, ist der Kontext: Zum einen kommt der Roboter, als Nio sexuell erregt und nur mit einem Handtuch bekleidet ist. In der intimen Situation löst auch der mechanische Blick des Roboter-Anderen die von Sartre ausgemachte Scham aus.[105] Der Roman legt demnach nahe, dass kein menschlicher Blick vonnöten ist, um den Blick als unangenehm zu empfinden. Es ist der Kontext un mit Helen Nissenbaum gedacht die Frage, als wie privat wir diesen einschätzen. Zum anderen kann auf die Rolle der Sprache verwiesen werden: Während Nio die Blicke der überwachungskapitalistisch agierenden Konzerne in Form ihrer Cookies oder sonstigen Produkten nicht unangenehm sind, löst der sprechende Roboter Scham aus. Der Grund ist vermutlich die Sprachbasiertheit, d. h. die Maschine imitiert zwischenmenschliche Kommunikation. Anthropologisch betrachtet galt die Sprachfähigkeit immer als etwas, das das Menschsein bestimmte: „Der Mensch ist Mensch nur durch die Sprache; um die Sprache zu erfinden müsste er schon Mensch sein."[106] Nun sprechen künstliche Intelligenzen in sprachlichen Zeichensystem zu Nutzer:innen. Sherry Turkle betont, dass wir

> dazu neigen, den Roboter als menschliches Wesen zu betrachten, wenn er Dinge tut wie unseren Blick zu suchen, unsere Bewegungen zu verfolgen und freundschaftliche Gesten zu

---

[105] „[D]ie Scham oder der Stolz enthüllen mir den Blick des Anderen und mich selbst am Ziel dieses Blicks, sie lassen mich die Situation eines Erblickten *erleben*, nicht *erkennen*. Die Scham aber ist […], Scham über *sich*, sie ist *Anerkennung* dessen, daß ich wirklich dieses Objekt *bin*, das der Andere anblickt und beurteilt." (Jean-Paul-Sartre: Der Blick, S. 471)

[106] Wilhelm von Humboldt: *Schriften zur Sprachphilosophie*. Darmstadt 1963, S. 11.

machen. Es scheinen ‚darwinistische Knöpfe' zu sein, die in solchen Momenten gedrückt werden und bewirken, dass Menschen dem Roboter eine Persönlichkeit zuschreiben [...].[107]

Der Blick des Roboters löst also nicht nur Scham aus, mit der Scham schreibt Nio dem Roboter zugleich menschliche Komponenten zu. Das geschieht unbewusst, denn vordergründig versichert er sich selbst, dass eine Entschuldigung bei einem „Ding" nicht nötig ist. Maschinen werden menschlich, um mit ihren Nutzer:innen – besser gesagt mit deren Daten – zu interagieren. Dabei werden sie einerseits anthropomorpher gestaltet und anderseits wird ihnen auch durch die Nutzer:innen Menschlichkeit zugeschrieben. Das ist die eine Seite der Medaille, die *Follower* offenlegt. Die Kehrseite im Mensch-Maschinen-Dialog ist die Transformation des Menschen. Während Roboter menschlich werden, werden wir immer maschineller.

Am Ende seiner Odyssee durch die Stadt gelangt der Held in ein unheimliches Kaufhaus, dessen Etagen nicht hoch, sondern hinab führen. Er gelangt psychoanalytisch gelesen er tiefer in die unbewussten Abgründe der menschlichen Seele. Dieses Motiv des Kaufhauses, das man als „turbokapitalistische Variante von Dantes Höllenkreisen"[108] lesen kann, erschließt sich im Text, wenn es als Bezugnahme zur *Odyssee* und zum *Auftrag* gelesen wird. Im elften Gesang gelangt Odysseus in eine Unterwelt.[109] Er erhält dort das Orakel der ‚glücklichen Heimkehr', die jedoch ein Gott erschwert: Poseidon zürnt ihn, weil er Polyphemos das Augenlicht raubte. Odysseus gelänge nur glücklich Heim, wenn er sich zügle, dem Meer entrinne und Tiere des „Helios, welcher ja alles sieht und mit anhört,"[110] nicht anrühre. *Follower* überträgt den Hades in ein Kaufhaus und übt so Kapitalismuskritik im Stile Huxleys. Auch in Dürrenmatts Novelle gibt es eine Homer'sche Unterwelt, die ist aber eine unterirdische Beobachtungsanlage von Polyphem. Kaufhaus und Beobachtungsanlage liegen unter der Erde, doch die Differenz ist entscheidend: F. empfindet die unterirdische Anlage als (Gefängnis-)Zelle, wobei sie nicht sicher ist, ob die Zelle wirklich die Falle ist, und als sie hinausfindet, „ging ihr mit Gewißheit auf, daß die Freiheit die Falle war, in die sie laufen sollte". (DA, 99) Das Kaufhaus dagegen wird von Nio nicht als Zelle empfunden, und was genau die Freiheit ist, darüber macht sich Nio keine Gedanken. Im *Auf-*

---

107 Sherry Turkle: *Verloren unter 100 Freunden*, S. 35.
108 Gisa Funck: Im Superkaufhaus des Grauens. In: *Deutschlandfunk*, 13.12.2016. URL: https://www.deutschlandfunk.de/eugen-ruge-follower-im-superkaufhaus-des-grauens.700.de.html?dram:article_id=373874 [19.09.2022].
109 „Da versammelten sich aus der Tiefe die Seelen der Toten, Bräute und junge Männer, und Greise, die vieles erlitten, [...] Deren viele umschwärmten die Grube von hier- und von dorther / Mit unendlichem Schreien; da packte mich bleiches Entsetzen." (Homer: *Odyssee*. Übersetzung, Nachwort und Register v. Roland Hampe. Stuttgart 2007, S. 173)
110 Homer: *Odyssee*, S. 175.

trag ist es der kriegstraumatisierte Achilles, der Gewalt ausübt. Der Krieg in Vietnam machte ihn zum Leidenden des technischen Krieges:

> Ausbomben, Vernichten, Ausradieren, Ausschalten, gleichgültig welche Vokabel man brauche, sei abstrakt, rein technisch, nur noch summarisch zu erfassen, finanziell am besten, ein toter Vietnamese koste über hunderttausend Dollar, die Moral werde exstirpiert wie ein böser Tumor [...], ihr Flugzeug sei ein fliegender Computer, er starte, fliege ins Ziel, werfe die Bomben ab, alles automatisch, sie beide hätten nur Beobachterfunktion, er wünsche sich manchmal, ein echter Verbrecher zu sein, etwas Unmenschliches zu tun, ein Tier zu sein, eine Frau zu vergewaltigen und zu erwürgen, der Mensch sei eine Illusion, entweder werde er eine seelenlose Maschine, eine Kamera, ein Computer oder ein Tier [...]. (DA, 118 f.)

Aus Vietnam zurückgekehrt, lebt Achilles diese Gewaltphantasien aus, wobei ihm Polyphem hilft. Er wird nicht zur Kamera, sondern zum Tier ohne Moral: Achilles vergewaltigt und tötet Frauen, die ihm Polyphem beschafft, der dann die Tat filmt. In *Follower* ist dies kein Verbrechen mehr. Gewaltphantasien sind in der Dystopie einfach käuflich auszuleben. Der Kapitalismus schluckt Moral und schlachtet Gewalt und Verbrechen aus. Auch Kriegstraumata sind so nicht mehr nötig, oder, das ist die zweite Lesart der Stelle, Krieg und seine Folgen sehen heute anders aus. In diesem Kaufhaus – vor allem in den unteren Etagen – gibt es alles, was man sich wünschen kann: „Sofort-Sex" (F, 287) aller Präferenz und schließlich auch das Recht am Töten eines Menschen (vgl. F, 291 ff.). Bevor Nio aber aus Versehen so eine Tötung kauft, erhält er in den oberen Etagen permanent Werbung für ein Komplettpaket für ein *„Perfect Face"* (F, 283). Auch die Verkäufer:innen und das Sicherheitspersonal des Kaufhauses haben alle das perfekte Gesicht:

> während Schulz den Sicherheitsmann mit der Hollywood-Cop-Mütze passiert, der *exakt dasselbe* Gesicht hat, dieses perfekte, leicht künstlich aussehende Gesicht, jetzt fällt es ihm ein: der Service-Roboter, Schulz dreht sich, während er schon abwärts fährt, noch einmal um, Komplettpaket, vier Wochen Widerrufsfrist, legen sie das alte Gesicht so lange in den Kühlschrank, fragt er sich und versucht, es komisch zu finden, aber in Wirklichkeit findet er es nicht komisch, in Wirklichkeit ist ihm mulmig (F, 285 f.).

Nio wird es unheimlich, weil er allmählich zu begreifen beginnt, dass die künstliche Intelligenz immer mehr (Arbeits-)Plätze besetzt. Das ist die offenkundigere Seite der Robotik. Yvonne Hofstetter prognostiziert: „Es sind weniger die handwerklichen Berufe, die sich für die Übernahme durch intelligente Maschinen eigenen [...]. Intelligente Maschinen werden kaufmännische und administrative Berufe der gebildeten Mittelschicht zerstören."[111] Aber Nio wird noch aus einem grundlegenderen Punkt mulmig zumute, nämlich, weil er – durch die Werbebotschaft – be-

---

[111] Yvonne Hofstetter: *Sie wissen alles*, S. 240. Hofstetter fährt fort: „Das Wettrüsten zwischen Mensch und Maschine hat begonnen – und der Mensch muss es gewinnen. In diesem Kampf ist

greift, dass der Mensch, nach Perfektion strebend, maschinell werden will. Turkle schreibt: „Über Roboter nachzudenken [...] bietet mir die Möglichkeit, mir Gedanken darüber zu machen, was es bedeutet, ein Mensch zu sein."[112] Nio begreift, dass Menschen und Maschinen sich von beiden Seiten angleichen und der Mensch sich aus existenzsichernden Domänen vertreiben lässt: Sprachfähigkeit und Bewusstsein ebenso wie Emotionalität. Das literarische Motiv des Roboters – das aus der Science-Fiction bekannt ist, ist ein simplifizierendes Motiv. Heute kommen „[n]icht alle intelligenten Maschinen [...] als Roboter daher [...]. Dies hat sich seit dem Aufstieg mobiler Smartphones völlig geändert, seitdem verbindet uns jeder mobile Moment mit einer Vielzahl von Maschinen",[113] erinnert Yvonne Hofstetter und verweist auf Googles Brille oder künstliche Intelligenzen in Wearables. Der Umstand, dass Nio mulmig wird, öffnet die Lektüre für die Frage, welche Auswirkungen dieser (selbst-)überwachten Welt, in der die Interaktion zwischen Mensch und Maschine kulturelle Hierarchien verschoben hat, die Erzählung durchdenkt: Was sind die Folgen und Konsequenzen, die der Text illustrieren will?

6.6 Auswirkungen und Folgen des Digitalen und der Überwachung

> viertausend Zeichen, das sollte zu schaffen sein, dachte Schulz, obwohl es ihn ein bisschen nervte, dass der Abschnitt gleich mit einer Gedankenstrich-Konstruktion begann: *Obwohl* Gedankenstrich *oder vielleicht sogar weil* Gedankenstrich *sich die technischen Methoden*, las Schulz, *von Werbung und PR in den letzten Jahrzehnten*, ohnehin fiel ihm das Lesen von *longreads* immer schwerer, kurz überlegte er, ob er den Aktivmodus einschalten sollte, aber [...] Schulz entschied, den Aktivmodus für die Verhandlung aufzuheben und sich sozusagen aus eigener Kraft auf das Compact über *Die Bedeutung der Marke im postpostmateriellen Zeitalter* zu konzentrieren: *Obwohl* Gedankenstrich *oder vielleicht sogar weil* Gedankenstrich *sich die technischen Methoden*, las Schulz, *von Werbung und PR in den letzten Jahrzehnten in unbekannter Weise*, vielleicht sollte er den Posteingang kurz öffnen, damit das blinkende Briefchen verschwand, *das Objekt und Zentrum des Produktmarketings* Komma *nämlich der Mensch*, obwohl er natürlich wusste, dass er, wenn er den Posteingang öffnete, sich kaum würde beherrschen können, wenigstens kurz zu schauen, ob eine Nachricht von Sabena da war, *nämlich der Mensch* Komma *genauer gesagt* Doppelpunkt (F, 56 f.).

Ruges Romanheld hat ein Problem: Er kann sich nicht mehr längere Zeit einer die Konzentration stark beanspruchenden Tätigkeit widmen. Lesen ist so eine Tätig-

---

wichtig, dass wir nach Fähigkeiten und Talenten suchen, in denen wir Menschen den Maschinen überlegen sind" (ebd.).
112 Sherry Turkle: *Verloren unter 100 Freunden*, S. 23.
113 Yvonne Hofstetter: *Sie wissen alles*, S. 136.

keit, zumindest wenn der Text mehr als hundertvierzig Zeichen hat und das Verstehen des Inhalts die Aufmerksamkeit fordert. Damit zeichnet der Text eine direkte Folge der Digitalisierung mit ihren neuen Medien- und Kommunikationsformaten nach: Sowohl die private als auch die öffentliche Kommunikation gestalten sich zunehmend in kürzeren Textsorten mit Hyperlinks wie SMS, Posts, Tweets oder auch Blog- oder Videoformaten. Dadurch sind Menschen weniger oft mit längeren und anspruchsvolleren Texten konfrontiert. Es komme, so Nicholas Carr, zu einem Aufmerksamkeitsdefizit.[114] Mit der Digitalisierung ändert(e) sich auch, vor allem mit dem Smartphone, die Interaktionsstruktur: E-Mails und Weltnachrichten lesen, Nachrichten schreiben oder Tweets verfolgen, das alles wird unterwegs oder auch parallel zu anderen Tätigkeiten erledigt. Hartmut Rosa hat das als Phänomen einer Beschleunigung des Lebenstempos begriffen.[115] Die Interaktionsfrequenz erhöht sich damit. Kurze oder gleichzeitige Interaktionen verdrängen länger andauernde Tätigkeiten. Die Konsequenz aus den beiden Tendenzen – kürzere Textsorten und höhere Interaktionsfrequenz – stellt *Follower* als Verlust von Ausdauer, Leseverständnis- und Konzentrationskompetenz dar. Durch die Integration der Satzzeichen in den Text und durch den Erzählstil zwingt der Text die Leser:innen diese Konzentrationsschwäche mitzuerleben.

Das ist eine der alltagspraktischen Auswirkungen der stetigen Vernetztheit und unentwegten Datenströme, die *Follower* darstellt. Im Bereich der Überwachung – von der Selbstüberwachung über die Geheimdienste bis zu Googles Mitwirken – sind jedoch andere Auswirkungen interessanter, da sie das Wesen des Menschen betreffen.

Verlust an Wirklichkeitserfahrung; Reales und Digitales scheinen ununterscheidbar

Follower ist ein kulturpessimistischer Text, der dystopisch vor der totalen Digitalisierung bzw. Medialisierung des Alltags warnt; denn darin wird die Fähigkeit, zwischen Wirklichkeit und Unwirklichkeit zu entscheiden, als verlustig angezeigt.

---

114 *Follower* bebildert eine These von Nicholas Carr, der dem Medium Internet attestiert, dass bei exzessiven Gebrauch Fähigkeiten verlernt werden und die Art, wie gedacht, gelesen, verstanden oder interpretiert wird, verändert werde: „The more they use the Web, the more they have to fight to stay focused on long pieces of writing." (Nicholas Carr: Is Google Making Us Stupid?. What the Internet is doing to our brains. In: *The Atlantic*. July/August 2008. URL https://www.theatlantic.com/magazine/archive/2008/07/is-google-making-us-stupid/306868/ [19.09.2022]).
115 Hartmut Rosa: *Beschleunigung und Entfremdung. Entwurf einer Kritischen Theorie spätmoderner Zeitlichkeit*. Übers. v. Robin Celikates. 8. Aufl. Berlin 2021, S. 19–33.

Dies lässt sich an der Anhäufung von Lexemen aus dem Wortfeld ‚wirklich' erkennen. Von Beginn an will sich ein

> Wirklichkeitsgefühl nicht recht einstellen, das Rauschen der Klimaanlage nivellierte die Sinne, das Flimmern der uralten OLED-Lampe gab dem Raum etwas chimärenhaft Unzuverlässiges, und besonders die unfarbenen Gardinen kamen Schulz auf einmal unecht vor, als gäbe es gar keine Fenster dahinter, schlimmer noch: als wären sie in Wirklichkeit gar nicht zu öffnen, Nachbildungen aus einem unbeweglichen Material (F, 12).

Was eingangs noch als Folge eines Zwischenstadiums zwischen Traum – Schulz ist gerade aufgewacht – und Tag missgedeutet werden kann, zieht sich als Struktur bald durch den gesamten Text. Die Realität scheint für den Protagonisten in ihrem Status immer wieder fraglich: Was ist echt? Damit spielt auch dieser Roman – wie von von Borries' *1WTC* – mit den medientheoretischen Überlegungen von Jean Baudrillard. Der Medientheoretiker ruft das Zeitalter der Simulation aus, in dem das Simulationsprinzip das Realitätsprinzip überwindet,[116] und in dem die Zeichen dritter Ordnung, die Simulakra, jegliche Referenz zu einem ‚Realen' aufgegeben haben. Baudrillard spricht hier von einer „göttliche[n] Referenzlosigkeit der Bilder".[117] Das Bild bildet nichts mehr ab, es „verweist auf keine Realität: es ist sein eigenes Simulakrum".[118] Daraus generiere sich eine ‚Hyperrealität'. „Das Reale verschwindet nicht zugunsten des Imaginären, sondern zugunsten dessen, was realer als das Reale ist: das ist das Hyperreale. Wahrer als das Wahre: das ist die Simulation."[119] In seiner Einführung gibt Samuel Strehle zu Baudrillards Gedankengut zu bedenken, dass es folglich im „Grunde [...] nur eine Frage der Zeit [ist], bis die immer detail- und erlebnisreicher ausgearbeitete Medienwirklichkeit der außermedialen Wirklichkeit irgendwann den Rang abläuft".[120] Mit diesen Gedanken einer Ununterscheidbarkeit zwischen Bild und Realität durch die (digitalen) Simulakra agiert *Follower*.

Schulz tritt ans Fenster seines Hotelzimmers und beobachtet: „[D]er Himmel sah aus wie ein schwach hintergrundbeleuchteter Notebook-Screen mit leichten Pixelfehlern" (F, 60). In der smarten Zukunft beeinflusst der alltägliche Umgang mit der digitalen, smarten Technologie die Wahrnehmung der Wirklichkeit: Die Wahrnehmung der Welt wird medialisiert. Naturphänomene wie der Himmel über Wú Chéng werden mit Nachbildungen – Pixelbildern – abgeglichen. ‚Real' scheint etwas dann zu sein, wenn es gut beleuchtet, das heißt transparent ist und keine

---

116 Vgl. Jean Baudrillard: *Der symbolische Tausch und der Tod*, S. 142.
117 Jean Baudrillard: *Agonie des Realen*, S. 10 [im Original in Versalien, SH].
118 Jean Baudrillard: *Agonie des Realen*, S. 15.
119 Jean Baudrillard: *Die fatalen Strategien*, S. 12.
120 Samuel Strehle: *Zur Aktualität von Jean Baudrillard*, S. 106.

‚Pixelfehler', also keine Unklarheiten oder Datenleerstellen hat. Dahinter lässt sich die Logik der Datenakkumulation sehen, die bis in die Wahrnehmung der Welt reicht. Etwas ist dann echt oder real, wenn die erfassten Daten ein transparentes, lückenloses Bild ergeben. Im Folgenden macht der Roman verschiedene dieser Zeichen dritter Ordnung aus und stellt die Referenzlosigkeit, das Verschwinden einer Realität aus. Nio bestellt beispielsweise einen „Decaff-Soja-Macchiato mit natürlichem Ephedrin" (F, 35) – einen Kaffee ohne Koffein, eine Milch ohne Milch. „Die Bilder und Zeichen sind jetzt ihre eigenen Vorbilder, die sich von der Wirklichkeit abgekoppelt haben, ja ihr sogar *vorausgehen* in Form einer ‚Präzession der Simulakra'."[121] Mit der Totalität der Zeichen verliert Nio Orientierungsdimensionen, die ihm nicht nur die Einschätzung seiner selbst und der Erscheinungen und Begegnungen verunmöglichen, sondern die in der Zukunftserzählung in Absurdität münden. Während er auf den Teich vor dem Zimmer starrt, überlegt er, ob der Mitarbeiter „die elektrischen Goldfische ein[sammelt], um sie aufzuladen" (F, 62). Selbst die Lebendigkeit der Teichfische stellt Nio infrage.

Follower imaginiert eine Auswirkung der Digitalisierung darin, dass die Welt und die Wahrnehmung der Welt medialisiert werden. Damit geraten Orientierungsdimensionen wie der Realitäts- oder Fiktionsstatus ins Wanken. Solche Aussagen weisen allerdings eine grundlegende Setzung auf: Ruge setzt Realität mit Natur, Natürlichkeit oder physischer Materialität gleich. ‚Real' oder ‚wirklich' bedeutet in *Follower*, zumindest scheint dieser Schluss bei der Lektüre nahe, z. B. Freunde leibhaftig anstelle von online zu treffen. Das heißt die Verlustsemantik wird in einer Kultur erzählt, die Natur, Natürlichkeit oder physische Erfahrungen höherwertig gewichtet als digitale bzw. genauer: mediale. Das zeigt sich besonders, wenn der erste Teil des GENESIS-Kapitels kontrastierend hinzugezogen wird. In der Entstehung der Erde scheint Wirklichkeit bzw. Realität vorhanden (vgl. F, 225).

Verlust der Orientierungsdimensionen, einhergehend mit Irritationen im Verhältnis von Glauben und Wissen

Überwachung zielt darauf, Wissen zu generieren: Wissen über die Gesetze und Muster von Verhalten zum Beispiel. Wer Wissen hat, hat mit Foucault gesprochen Macht. Affirmative Überwachungspraktik geht von der Annahme aus, dass aus der Akkumulation von Daten Zukunftswissen generiert werden kann, dass also

---

121 Samuel Strehle: *Zur Aktualität von Jean Baudrillard*, S. 105.

Überwachung Hypothesenbildung, Spekulationen oder gar Glauben überflüssig macht und Gewissheit über zukünftige Entwicklungen erhalten werden kann.

Gleichzeitig fällt der religiöse Glaube als Orientierungsdimension weg. Mit Nietzsches „Gott ist todt! Gott bleibt todt! Und wir haben ihn getödtet!"[122] ging in Dürrenmatt *Der Auftrag* die Beobachtung an den Menschen über. Die Leerstelle musste gefüllt werden. In Ruges Text bekommt der Gottestod noch eine weitere Bedeutung: Überwachung als Orientierungsdimension hält Einzug in die Glaubenssätze und Alltagshandlungen der Einzelnen – man denke an das Lifelogging. Der *Wille zum Wissen* übernimmt den Platz des Glaubens – zugunsten von Kulturen der Überwachung. Dürrenmatts Text formuliert die These, dass an die Stelle von Gott die gegenseitige sowie die Selbstbeobachtung getreten sind. Logiker D. meint, dass Gott „gegenüber einem solchen Monstrum von Weltall [...] nicht mehr möglich [ist], ein Gott [...], der einen jeden beobachte, der die Haare eines jeden zähle", (DA, 48) deswegen habe jeder Mensch das Beobachten in einem unentwegten Kreislauf selbst übernommen. Polyphem dagegen stellt der F. die Gretchenfrage. Er will wissen, „ob sie an Gott glaube". (DA, 113) Als die F. nicht recht zu antworten weiß, sagt er: „wenn es einen Gott gäbe, wäre dieser als reiner Geist reines Beobachten, ohne Möglichkeit in den sich evolutionär abspulenden Prozeß der Materie einzugreifen". (DA, 113 f.) Gott ist für Polyphem das reine Beobachten. Deshalb habe er sich mit seiner Kamera wie ein Gott gefühlt, was sich jedoch geändert hat, als er bemerkte, dass er durch Computer ersetzt wurde und seine Beobachtungsstation, und damit auch er, vom Himmel mittels Satellit beobachtet wird:

> aber nun werde beobachtet, was er beobachte und nicht nur was er beobachte, sondern auch er werde beobachtet, wie er beobachte, er kenne das Auflösungsvermögen der Satellitenaufnahmen, ein Gott, der beobachtet werde, sei kein Gott mehr, Gott werde nicht beobachtet, die Freiheit Gottes bestehe darin, daß er ein verborgener, versteckter Gott sei, und die Unfreiheit der Menschen, daß sie beobachtet werden, noch entsetzlicher sei, von wem er beobachtet und lächerlich gemacht werde, von einem System von Computern, denn was ihn beobachte seien zwei mit zwei Computern verbundene Kameras, beobachtet von zwei weiteren Computern, die ihrerseits von Computern beobachtet und in die mit ihnen verbundenen Computer eingespeist, abgetastet, umgesetzt, wieder zusammengesetzt und von Computern weiterverarbeitet in Laboratorien entwickelt, vergrößert, gesichtet und interpretiert würden, von wem und wo und ob überhaupt irgendwann von Menschen wisse er nicht, auch Computer verständen Satellitenaufnahmen zu lesen und zu signalisieren, seien sie auf Einzelheiten und Abweichungen programmiert, er, Polyphem, sei ein gestürzter Gott, seine Stelle habe nun ein Computer eingenommen, den ein zweiter Computer beobachte. (DA, 115)

---

[122] Friedrich Nietzsche: *Die fröhliche Wissenschaft (Aphorismus 125)*. [KSA 3], S. 343–651, hier S. 481.

Diese beiden Überlegungen zum Gottestod greift *Follower* auf: Er trägt die Idee weiter, dass durch den Tod Gottes – wobei es in *Follower* nicht um einen religiösen Gott, sondern eher um Glauben geht – der Mensch das Beobachten übernimmt, vor allem die Selbstbeobachtung. Diese Selbstbeobachtung funktioniert genau über jene Computer-Vernetzungen und Computer-Beobachtungsstrukturen, die Polyphem anspricht. In der digitalen Welt des Romans wird den Figuren das Beobachten und Selbstüberwachen besonders leicht gemacht: Tracking-Technologie und soziale Netzwerke sind die Werkzeuge der privaten und sozialen Überwachung (es ist keine einfache Selbstbeobachtung, sondern immer ein Übersehen mit Kontroll- und Steuerungsabsicht und -eingriffen). Doch anders als Polyphem, der sich, von Computern beobachtet, gedemütigt und gestürzt empfindet, stören Nio die Blicke der technologischen Augen nicht. Das Gefühl, von einer Maschine nicht beobachtet werden zu wollen, ist verloren gegangen. Statt der empfundenen Demütigung, die der Prätext zeigt, imaginiert *Follower* eine andere Folge des Gottestodes: Die zweite Auswirkung ist, dass Nio gleichzeitig eine neue Empfänglichkeit für den Glauben aufweist. Das klingt zunächst paradox: ‚Der Glaube ist tot, lang lebe der Glaube'. Das Steuerungswissen aus den Selbstüberwachungsmaschinen ersetzt, so die These des Romans, den Glauben nicht in Gänze. *Follower* stellt ‚Glauben' als eine dem Menschen inhärente Grundstruktur dar, die nicht einfach durch genügend Wissen substituiert werden kann. Nio stellt fest,

> dass nämlich die Brücken in diesen Gärten im ZickZack verliefen, weil man im alten China geglaubt hatte, böse Geister könnten nur geradeaus gehen – ein Gedanke, den Schulz, obgleich er nicht oder, wie er es ausdrücken würde, nicht wirklich an Geister glaubte, beruhigend fand, ja, mit einem Mal erschien es ihm sogar denkbar, dass er durch das bloße Betrachten der gezickzackten Brücke eine gewisse Immunität erwerben, sich mit einer Art Schutzenergie aufladen könnte, die ihm für den Rest des Tages vor Geisterbefall und anderen Unbotmäßigkeiten bewahren würde (F, 36 f.).

Der aufgeklärte Mensch der Zukunft ist in dieser dystopischen Erzählung wieder empfänglich für Aberglaube. Das Bedürfnis nach einer Versicherung der Zukunft kann nicht allein das Wissen stillen. In der Vorbereitung auf seinen Geschäftstermin „war [Nio] sogar bereit zu glauben, dass sein Erfolg irgendwie von der Duschzeit abhinge, Aberglaube, gewiss, trotzdem blieb Schulz lange mit geschlossenen Augen unter der Dusche stehen" (F, 22). Die Erzählung versucht an verschiedenen Stellen neue Glaubensformen als Überlebensstrategie zu illustrieren; sei es in der Bereitschaft den Aberglauben fremder Kulturen zu adaptieren, in Placebo-Effekten[123] oder aber in neuen Formen der selbstdisziplinierenden Lebensführung wie dem

---

[123] „[U]nd tatsächlich hellte sich Schulz' Stimmung sofort auf [...], obwohl er wusste, dass die eigentliche Geruchswirkung unterschwellig blieb und nur so funktionierte" (F, 21).

buddhistisch-inspirierten Achtsamkeits-Lebensstil.[124] Obgleich die Imperative der (Selbst-)Überwachung jeden Teil der Gesellschaft durchdrungen haben und dort eine Berechenbarkeit der Zukunft, und damit eine Prävention gegen alle Unsicherheiten, versprechen, macht der Text das Imaginäre der Gesellschaft aus, das kollektive Unbewusste, indem er (Aber-)Glauben als das nicht zu verdrängende Bedürfnis des Menschen ausstellt.

Verletzungen des Privaten, die mit Autonomieverlust einhergehen

Überwachung zielt in menschlichen Zusammenhängen auf das Private. So zeigt auch *Follower* Übergriffe auf die Privatheit an. Dabei missachtet nicht nur der Geheimdienst die Privatheit, sondern viele Verletzungen führt der Protagonist selbst herbei. Er ermöglicht selbst die Auslesung seines Körpers und seines Geistes. Doch Freiwilligkeit auszustellen ist nicht das Innovative des Romans, sondern die Illustration, wie Nio dies völlig unbewusst, unwissend oder unkontrolliert tut.

Wie andere Texte integriert auch *Follower* Eingriffe des Staates in die Privatheit der Bürger:innen: Auf der Erzählebene der Geheimdienst-Operationen werden die lokale und informationelle Privatheit durchsucht, abgehört und zu einem Persönlichkeitsprofil ausgewertet. Lokale Privatheit wird über Maßnahmen der ‚old surveillance' insofern verletzt, als beispielsweise das Hotelzimmer und die persönlichen Gegenstände durchsucht werden. Im Rahmen der Verbrechens- bzw. Terrorbekämpfung werten die Behörden auch das Videokameramaterial aus, das im Hotelzimmer aufgezeichnet wird. Durch den Einsatz der amerikanischen Übersetzungssoftware gelangen die privaten Daten Nios zudem auf die Server von Dritten. Die Überwachung durch die Sicherheitsbehörde wird, wie erläutert, auf einem zweiten Erzählstrang erzählt. Montage als Erzähltechnik zielt darauf ab, dass die verschiedenen, montierten Teile rezipierend zusammengedacht werden. So offenbart sich mit dieser Leser:innenleistung der Datenskandal. Die Geheimdienste kommen an Informationen, die sie nur haben können, wenn unterschiedliche staatliche Stellen und Telekommunikationsanbieter oder Plattformbetreiber wie Twitter die Nutzer:innendaten Daten an die Nachrichtendienste weitergeben. Der Behörde liegen Flugdaten vor (vgl. F, 88), Metakommunikationsdaten wie der „Anteil mündliche[r] Kommunikation" oder die „Erreichbarkeit" (F, 89). Damit gelangt informationelle Privatheit ebenso wie dezisionale (z. B. Geschmack) von einem System in ein anderes, ohne dass Nio davon weiß.

---

124 „das Gute aus- und das Schlechte einatmen, wie sein Motivationscoach sagte" (F, 37).

Bei den Übergriffen auf das Private, denen Nio durch seine Alltagshandlungen stattgibt, handelt es sich um Überwachungspraktiken, die auf den Kopf, den Geist, zielen. Nio, als Prototyp des gegenwärtigen digitalen Individuums, befindet sich noch im Hotelzimmer. Mit geschlossenen Augen

> sah er immer noch die Zeitfliege, schlimmer noch, jetzt hatte er die Zeitfliege im Kopf, jetzt prallte sie von innen gegen seine Schädelwände, schwirrte durch das Innere seines Kopfes, als wäre ein Kopf ein leerer Raum, den die [...] Zeitfliege von UNIVERSE ungehindert durchqueren konnte (F, 10).

Das Bild der nicht abschaltbaren Zeitfliege, die selbst dann noch Zugriff auf den Kopf hat, wenn die Augen geschlossen sind, lässt sich als Metapher für die Omnipräsenz und Omnigewalt der überwachenden Technologie lesen, die die Zugänge in private Räume „ungehindert durchqueren" kann. Die Zugangskontrolle zu privaten Daten wird mit dem Kauf von Smartphone, Datenbrille und Co. freiwillig abgegeben. Wobei die Technologie nur Träger der Überwachungsideologie ist.[125] Die Privatheit wird mittels Glass, Chip, Smartphone und sozialen Netzwerke ungehindert ausgelesen und geteilt. Die Gadgets offenbaren: die wertvollste Privatheit ist Verhalten und Zustand – des Körpers, des Geistes, der Beziehungen und der Lokalität. Interessanter als die Betrachtung der technischen Geräte ist die Analyse der Alltagshandlungen, die die Enteignung von Verhaltensdaten ermöglichen.

Nio ist insofern ein dystopischer Durchschnittsbürger, als er die zur Verfügung stehende Technologie gerne nutzt. Trotz intensivem Internetgebrauch ist er kein Vertreter der Post-Privacy-Bewegung.[126] Denn obwohl Nio weite Teile seiner Privatheit – Erinnerungen, Freunde, Präferenzen – ins Internet verlagert und dort speichert, vollzieht er nach, dass es Respekt vor dem intimen Raum geben soll. Als ein Richter das „Recht am eigenen Gesicht" schützt, findet Schulz „die Entscheidung des Schiedsgerichts nicht ganz so skandalös wie alle anderen, er konnte die Gegenseite bis zu einem gewissen Grad nachvollziehen" (F, 24). Im Helden schlummert also von Beginn der Erzählung an ein Bedürfnis nach Privatheit. Dennoch übernimmt Nio mit dem Gebrauch der technischen Geräte und Plattformen die Überwachung seiner selbst, die in der klassischen Dystopie des 20. Jahrhunderts dem Staat – im Sinne einer kybernetischen oder eugenetischen Politik – zugeschrieben wurden: allen voran die Überwachung der Sexualität und des Erbguts. Öffentlichkeit und Privatheit unterscheidet Nio insofern, als er vor jedem Tweet überlegt, ob es sinnvoll sei, diesen zu veröffentlichen. Seine Entscheidung beeinflusst die Frage, was seine Follower vom jeweiligen Post halten und was sie über ihn denken könnten (vgl. F, 55). Sorgen über Datenauswertungen seitens Unternehmen oder Ge-

---

125 Vgl. Shoshana Zuboff: *Im Zeitalter des Überwachungskapitalismus*, S. 30 f.
126 Vgl. Christian Heller: *Post-Privacy. Prima leben ohne Privatsphäre*. München 2011.

heimdienste macht er sich dagegen nicht. Damit führt der Text Posting-Inhalt und das soziale Netzwerk als Entscheidungskriterien über die Freigabe persönlicher Informationen der Nutzer:innen an, nicht die Metadatenanalyse durch Dritte.[127] Das persönliche Katastrophenszenario des Individuums ist der Zugangsverlust: Nio ängstigt, nicht identifiziert werden zu können. Er glaubt kurz, dass eine Stimme ihm

> den Zugang versperrt hatte, oder war es ein Ausgang gewesen, jedenfalls rief das Bild ein beklemmendes Gefühl in ihm wach, ein Gefühl vollständigen Eingesperrt-Seins oder Ausgesperrt-Seins oder Abgetrennt-Seins, aber bevor dieses Gefühl ihn ganz erfasste, nahm Schulz die Glass vom Kopf (F, 18).

Nio hat keine Angst vor Internetüberwachung, er hat Angst, vom Internet – und damit auch von seiner eigenen Privatheit, die er dorthin ausgelagert hat – ausgesperrt zu sein. Die Erzählung stimmt daher impliziert der These von Bauman und Lyon zu:

> Einerseits nähert sich die alte panoptische Strategie [...] langsam, aber offenbar unaufhaltsam ihrer nahezu universellen Anwendung. Da aber der Alptraum des Panoptikums – du bist nie allein – heute als hoffnungsvolle Botschaft wiederkehrt – „Du mußt nie wieder alleine (verlassen, übersehen, vernachlässigt, überstimmt und ausgeschlossen) sein" –, wird andererseits die alte Angst vor Entdeckung von der Freude darüber abgelöst, daß immer jemand da ist, der einen wahrnimmt.[128]

Es herrsche Ausschlussangst anstelle der Einschlussangst. Bauman und Lyon vermuten auch, dass die Vermessung des Verhaltens willentlich oder unbewusst hingenommen wird, um sich einem Schmerz, alleine oder unsichtbar zu sein, nicht stellen zu müssen. In *Follower* gestalten sich soziale Netzwerke als umgekehrtes Panopticon aus. Doch in Nios Fall geht es nicht nur darum, dass er den Zugang zu seiner ‚Community' und den ‚Followern' verliert, sondern für ihn ist es existenzieller: Nios Account ist ein „hochkomplexes und persönliches System, alle Apps und Settings [...], Playlists, Profile, Filter, Favoriten, seine Links zu Lieblingsseiten oder zu Lieblingsclips [...], Zugangsdaten für Foren, Shops" (F, 39) sind dort gespeichert. Weil Nio sowohl informationelle wie dezisionale Privatheit in virtuelle Clouds auslagert, ist er von der zweifelsfreien Identifizierung durch die Software der Datenbrille abhängig. Mit dem Zugangsverlust zum Account verliert Nio den Raum der Selbstvergewisserung.

---

127 Dem Phänomen der Massen- bzw. Metadatenüberwachung durch Plattformen wie Instagram, Twitter, Google und Co. wird der Text in seiner Komplexität erzählerisch nicht gerecht. So konsequent er einen eigenen Erzählstrang für die Geheimdienste konstruiert, fehlt einer für die kapitalistischen Zusammenhänge in den Firmen.
128 Zymund Bauman/David Lyon: *Daten, Drohnen, Disziplin*, S. 37.

Identitätsinstabilitäten und -konflikte

Die drei zuerst analysierten Auswirkungen führen in summa zu Identitätsinstabilitäten und Identitätskonflikten, die am Protagonist Nio exemplifiziert werden. Um das als Romanaussage zu bestimmen, müssen drei Aspekte einzelnen betrachtet und dann zusammengedacht werden: a) Mit der Verlagerung des Privaten ins Digitale geht eine neue Form der Erinnerungs- und damit Identitätsarbeit einher; b) das Leben in der Kontrollgesellschaft führt zur Verunsicherung; c) die Möglichkeiten der Selbstüberwachung und -optimierung führen zwar zu kreativen Identitätswechseln, durch den Verlust der Kontinuität jedoch auch zu Schwierigkeiten in der Willensbildung und Identitätsfindung.

Da Nio seine Erinnerungen ins Digitale auslagert, führt der Verlust des Accounts nicht nur zu Privatheitsverletzungen durch Dritte, sondern, damit einhergehend, auch zum Verlust von Erinnerungen. Nios Erinnerungsarbeit findet digital statt, wann immer „er seine Bio geordnet oder neu zusammengestellt hatte" (F, 40). In einer Welt, in der jeder von uns Profile pflegt, statt Lebensläufe und Tagebücher zu schreiben, muss Erinnerungs- und Identitätsarbeit neu definiert werden. Sie wird zu einer Online-Tätigkeit auf den Servern fremder Firmen. *Follower* bebildert wie die digitale Erinnerungsarbeit dabei das Verhältnis des Individuums zu seinen Erinnerungen verändert:

> bestimmt gab es [...] irgendeinen Admin oder Security-Agenten, der ihn, um seine Identität zu prüfen, zu seinen biografischen Daten befragen würde, zu all den Ereignissen auf seiner Bio: Wann und wohin haben Sie Ihren ersten Schulausflug gemacht, und tatsächlich fiel Schulz sofort das entsprechende Foto ein, noch 2D [...], wo war das eigentlich gewesen, fragte sich Schulz [...], *Klassenfoto vor Heimatmuseum*, so hieß die Bildunterschrift, an die er sich ohne weiteres erinnerte [...], er erinnerte sich [aber, SH] an kein Heimatmuseum und er erinnerte sich, wenn er ehrlich war, auch nicht an die Klassenfahrt, schon gar nicht an den Moment, in dem das Foto gemacht worden war, eigentlich erinnerte er sich nur an das Foto selbst (F, 39 f.).

Das Medium ‚Foto', das online in Clouds gespeichert wird, evoziert eine andere Form des Erinnerns: Während das einzelne Foto präsent ist, wird der gesamte Kontext vergessen. Das allein, so könnte man Ruge vorwerfen, ist nur die Digitalisierung des ohnehin längst in die Erinnerungsarbeit aufgenommenen haptischen Fotoalbums. Und auch das Vergessen ist Teil des Erinnerns. Worauf läuft also Ruges Erzählung hinaus? Auch bei einem nicht weit zurückliegenden Erlebnis fallen Nio „nur die Fotos ein, die er auf seine Bio gestellt hatte, hochauflösende Netzhautprojektionen" (F, 41). Was Ruge versucht zu erzählen, ist, wie eine Erinnerungsarbeit, die ausschließlich über Fotos geleistet wird, den Kontext verschwinden lässt. Alles

Erlebte, das nicht auf den Fotos zu sehen ist, wird vergessen.[129] Anders ist dies, wenn Nio sich an ein Erlebnis erinnert, das zu einer Zeit stattgefunden hat, als es die digitale Biographie noch nicht gab. Er erinnert sich an ein Konzert von „Anderdok": *„Auf der Flucht vor mir/auf der Flucht vor dir*, die synkopische Bassfigur, das trockene Schlagzeug von Asy, der scheinbar niemals Becken benutzte, *Schmerz ist nur ein Gefühl/Mensch ist nur ein Tier*" (F, 43). Er erinnert sich zwar nicht mehr an den Refrain, doch auf einmal „spürte er den Sound jetzt ganz deutlich im Ohr, ja, beinahe im Körper" (ebd.). Die mentalen Erinnerungen, die medial noch nicht festgehalten und reproduziert wurden, bestehen aus einer Abfolge von Bildern, Gefühlen, Gerüchen und Geräuschen, die sich in den Körper einschreiben; während Bilder sich lediglich in ihrer medialen Vermittlung memorisieren. *Followers* Nachdenken über die Rolle der Digitalisierung von Erinnerungsstücken wirft auch die Frage nach dem Unterschied zwischen ‚erinnern' und ‚speichern' auf. Durch sein virtuelles Profil denkt Nio nur noch in Bildern, alle sensitiven Erinnerungen verschwinden in Ruges Erzählung. Es zeigt sich, was McLuhan betont, wenn er sagt, das Medium ist die Botschaft.[130] Während mentale Erinnerungen auch die Liedtexte und Melodien wieder präsent werden lassen, vermögen mediale Erinnerungen dies nicht.

Der zweite Aspekt zu den erzählten Auswirkungen sind Rückwirkungen der Kontrollgesellschaft auf die Identität des Einzelnen. Der Konkurrenz- und Bewertungsdruck im Unternehmen, die ständige Rivalität unter Kolleg:innen führt letztlich zu einem permanenten Ausstellen der eigenen Erfolge. Das jedoch hinterlässt Spuren:

> wenn seine Mutter ihn bewunderte [...] oder wenn seine Chefin sich zu einem *Gutt Job, Nio* durchringt, immer hat er das Gefühl, er spiele den Menschen bloß etwas vor, und jetzt fällt ihm das unangenehme Erlebnis am Morgen wieder ein, als der Fingerprintsensor versagte, die nicht personalisierbare, kalte Stimme der Glass, die ihm nicht glauben wollte, dass er *er* sei, als wäre die Glass imstande, über die haarfeinen Implantate in seinem Gehirn seine Echtheit zu prüfen (F, 204).

---

129 Auch hier deutet Ruge auf die Indoktrinierung der Werbung über die Sprache: Nio „kamen [...] nur Nebensächlichkeiten in den Sinn: das Murmeln des Hightech-Grills, auf dem das Barbecue ‚rauchlos, aber mit echtem Holzkohlengeruch' zubereitet wurde, oder die kalten Füße, die er die ganze Zeit gehabt hatte [...] das Rudern des [...] hölzernen Kahns anstelle des Raftingboots, das in der Werbung zu sehen gewesen war [...], trotzdem war es doch eine *phantastische* Tour gewesen, daran bestand gar kein Zweifel, ein *großartiges Naturerlebnis*" (F, 42). Nios Fotoerinnerungen verschmelzen mit der Werbesprache, die ihm die ‚passenden' Gefühle zu den Fotos gibt.
130 Vgl Herbert Marshall McLuhan: *Die magischen Kanäle. Understanding Media*. Düsseldorf/Wien 1992, S. 17 ff. „Denn die ‚Botschaft' jedes Mediums oder jeder Technik ist die Veränderung des Maßstabs, Tempos oder Schemas, die es der Situation des Menschen bringt" (ebd., S. 18).

„Das Ich, so die Botschaft, ist kein Souverän mehr",[131] urteilt auch Abenstein in ihrer Kritik. Das Individuum ist ein chiffriertes Datenbündel: „Der Mensch ist [...] der verschuldete Mensch."[132] Diese selbstverantwortete Verschuldung macht Nio zu schaffen, ständig glaubt er, nur vorzuspielen, statt wahrhaftig zu sein. Ferner bezieht Nio Misserfolge des Unternehmens auf sich; er glaubt, persönlich „schuld zu sein" (F, 24).

Als letztes führen die Formen der Selbstüberwachung und -optimierung im Roman zu Identitätskonflikten. Einerseits sorgt die Sprachkontrolle im Sinne der political correctness für eine Selbstzensur des Geschmacks. Nio gefällt es, seinen *„musculus pectoralis* zucken zu lassen [...] oder war das *masku*, fragte sich Schulz, war das [...] schon latente Gewalt" (F, 27). Andererseits ermöglichen die unzähligen Formen der Technologien des Selbst eine ständige Neuerfindung des eigenen Ichs. Diese Neuerfindungen können von einer nie endenden Selbstoptimierung, über genetische Selbstveränderungen bis hin zu neuen Ich-Präsentation führen. Das ermöglicht eine kreative Ich-Arbeit in Form einer auslebbaren Identitätspluralität. Doch führt der Wegfall einer verlässlichen Kontinuität Nio am Ende zu mehr Zweifel als Sicherheit: „aber warum, fragt sich Schulz [...], warum muss er eigentlich *er* sein, warum muss er jemand sein, der er vielleicht gar nicht ist oder nicht sein will" (F, 204). Ist er der, den die Glass als Nio identifiziert, ist der Glass-Nio mit dem wirklichen Nio identisch oder ist er jemand unabhängiges? Damit wird die Frage nach der Übereinstimmung der Daten-Doubles mit den Datensubjekten diskutiert. In *Follower* haben „die Menschen [...] aufgehört ‚Subjekte' zu sein, Subjekte in dem Sinn, das klar wäre, was zu ihnen gehört und was nicht, und dass es irgendwo eine erkennbare Grenze gibt zwischen innen und außen."[133] Für Nio endet dies in Orientierungsverlust, auch über sich selbst. Während er durch die Stadt geht, denkt er über Genmanipulation seines Erbguts nach:

> wahrscheinlich ließe sich auch eine MAOA-CDH13-Mutation epigenieren, vielleicht sollte er darüber nachdenken, falls er tatsächlich Geld von seinem Großvater erbt, man fühlt sich vollkommen anders, sagen Leute mit Editionserfahrung, man *ist* jemand anders, ein anderes ich, kein Cyber-Ich, keine Second-Life-Variante, sondern *echt anders*, sagen die Leute, und Schulz versucht sich vorzustellen, wie es wäre, wie er sich fühlen würde als jemand anders, als jemand, der geheilt ist, im Netz wird die Frage diskutiert, ob @Lucia sich real umbringen wollte oder nur ihre Netzidentität wechseln, wie es sich anfühlen würde, wenn alles Kranke, Dunkle, Verbrecherische in ihm ausgelöscht ist, Mars One bringt die ersten Kolonisten *one way* zum Mars, aber will er das überhaupt?, *bestes negakuss in Wú Chéng*, da hat irgendwer seine Suchanfrage gecrackt, der Hang Seng verliert elf Prozent, Schulz hat

---

131 Edelgard Abenstein: Das Ich hat abgedankt.
132 Gilles Deleuze: Postskriptum über die Kontrollgesellschaften, S. 260.
133 Jörg Magenau: Ganzkörper-Tattoos unter Kunsthimmel.

keine Ahnung, wie so etwas geht, aber er kennt das, Suchworte, die plötzlich in einer Werbung auftauchen, auf keinen Fall draufklicken, Würmer, Trojaner, Tumore, die Weltbank dementiert Gerüchte über das Schwinden der Geldmenge M3, oder irgendwelche *bots* oder *webcrawler* oder *thiefs* oder *widows* oder [...], will er das Kranke, Dunkle, Verbrecherische in sich auslöschen? (F, 205 f.)

Auch diese Szene ist ein Beispiel für Ruges Informationsstrom mithilfe dessen eine Überflutung des Bewusstseins zum Ausdruck gebracht werden soll: Ungehindert dringen Nachrichten und Werbeinformationen für *„bestes negakuss"* den Kopf des Individuums, während das geraden die eigene Genveränderung durchdenkt. So verdichtet der Text verschiede Kontexte: Die Frage nach einer virtuellen Identität, ethische Diskurse der Eugenik und Kybernetik, den Kontext der ‚dunklen Kolonisierung', Cyberangriffe mittels Viren und (Bundes-)Trojaner, sogar die Klimaerwärmung wird als Nachrichteninformation eingestreut. Die Möglichkeit einer Selbstoptimierung zieht Nio in Erwägung, da Studien zufolge die beiden genannten Gene für eine erhöhte Gewaltbereitschaft und Kriminalität sprächen (vgl. F, 179). Er überlegt, diese genetisch verändern zu lassen, um bei einer möglichen Überwachung nicht in die soziale Klassifikation der potentiell Kriminellen eingestuft zu werden. Diese Gefahr der Massenüberwachung – bestimmte Merkmale führen zu sozialen Klassifikationen (David Lyon) – macht der DDR-Schriftsteller über die sprachliche Perspektive seines Erzählers deutlich: Die Sprache der Kolonisierung des ‚dunklen Kontinents' mischt sich mit der Sprache der Euthanasie des Dritten Reiches, in der die Auslöschung alles ‚lebensunwerten Lebens' verfolgt wurde: „wenn alles Kranke, Dunkle, Verbrecherische in ihm ausgelöscht ist", überlegt Schulz, dann ist er „geheilt". Ruge markiert, wie viele andere Überwachungsromane, also Parallelen zwischen den Denkweisen heute und denen des dritten Reichs. Zudem bringt er erstmals die Kolonisierung ins Spiel – einen Vergleich, den auch Zuboff in Bezug auf die Datenenteignungen zieht: „Wir sind die indigenen Völker, deren stillem Anspruch auf Selbstbestimmung die Landkarten unserer Erfahrung keine Rechnung mehr tragen."[134] Das Entscheidende ist, dass das Individuum durch den nie endenden Nachrichtenstrom aus Medien und Kapitalismus von existenziellen Fragen lange Zeit abgelenkt ist.[135] Auch hier, als Nio bereits über eine Veränderung des eignen Körpers nachdenkt, kann die praktische Frage nicht beantwortet werden: „[W]ill er das [...] in sich auslöschen?" Nio vermag nicht (mehr), den eigenen Lebenswillen, die Frage nach sich selbst, zu beantworten.

---

134 Shoshana Zuboff: *Im Zeitalter des Überwachungskapitalismus*, S. 126; vgl. S. 114 und S. 128 f.
135 „Identität ist in Ruges Zukunftsvision nur noch ein Spiel mit Verpackungs-Optionen [...] – und ist dann so sehr mit der Perfektionierung seiner äußeren Performance beschäftigt, dass für die Erörterung existenzieller Fragen nach Lebenssinn, Gerechtigkeit oder Umgang mit Alter und Tod schlicht keine Zeit und keine Energie mehr übrig bleibt." (Gisa Funck: Im Superkaufhaus des Grauens)

Er wird abgelenkt, indem ein lila Pfeil im Sichtfeld seiner Glass auftaucht: Während Neos Computerbildschirm in *The Matrix* (1999) ‚Follow the white rabbit' anzeigt, heißt es bei Ruge schlicht „Folge der Straße" (F, 206). Damit beginnt die Irrfahrt und die überwachte Stadt wird zu einer Matrix deklariert.

Während Nio der Straße folgt hört er erneut einen Anderdok-Song. In einem dieser Songs heißt es: „Ich bin jemand, der ich nicht bin Ich gehe, aber ich weiß nicht wohin Ich fühle, aber ich weiß nicht, was Ich will lieber tot sein als DAS" (F, 45). Auf seinem Weg durch die Stadt trifft Nio dann zwei deutsche Touristinnen, *„ich liebe Kafka*, schnappt er im Vorbeigehen auf, oder: *ich liebe Kaffee*?" (F, 208). Das ist der zweite Hinweis auf Kafka. Der selbstüberwachte Lebensstil zeitigt bei Nio den Umstand, dass er Fragen zur eigenen Identität nicht beantworten kann. An diesem Punkt im Roman angekommen, kann man mit Blick auf den Intertext fragen: Kommt nun Nios eigene Torhüterparabel? Und tatsächlich bricht der Text mit dem nächsten Kapitel radikal: Ruge montiert eine GENESIS – ein Kapitel, das diese Identitätsfragen von einer neuen Seite aufrollt und das in seiner Funktion für den Text an Kafkas Dom-Kapitel erinnert.

6.7 Fazit: Die Berechenbarkeit der Zukunft

> Aber genau dieses zufällige Verhalten kann man in der Natur beobachten. Und in Schwarzen Löchern gibt es sogar einen noch höheren Grad an Unsicherheit – man kann die Zufallsereignisse, die sich innerhalb von Schwarzen Löchern ereignen, nicht beobachten.[136]

Dieses Zitat des Astrophysikers Stephen Hawking stammt aus dem Spiegel-Interview zu seinem Buch *A Brief History of Time*. Hawking spricht darin über den Zufall bei der Entstehung des Universums. Der Geophysiker Eugen Ruge kennt vermutlich Hawkings Überlegungen, denn im GENESIS-Kapitel seines Romans lässt er seinen Erzähler davon berichten. So bezieht der Text unmittelbar Stellung zur ‚Gretchenfrage' von Big-Data-Analysen: Glauben wir an die Berechenbarkeit der Zukunft oder des menschlichen Verhaltens?

Von was also berichtet das GENESIS-Kapitel, das für Nio durchaus als Torhüterparabel gelesen werden darf? Den Urknall gab es nicht. Mit dieser Feststellung beginnt der Erzähler Alexander Umnitzer und bemerkt: „Denn es gab keinen Raum, in dem es hätte knallen können." (F, 222) Was auf den nächsten Seiten folgt, ist die epische Rückschau vom Moment nach dem Urknall über die ganze Erden- und

---

[136] Klaus Franke/Henry Glass: „Wir alle wollen wissen, woher wir kommen". SPIEGEL-Gespräch mit dem Astrophysiker Stephen Hawking über Gott und das Weltall. In: *Der Spiegel*. (1988). Nr. 42, S. 265–270, hier S. 267. URL: https://www.spiegel.de/spiegel/print/d-13542088.html [19.09.2022].

Menschengeschichte bis zu Nio Schulz ins Jahr 2055. Dabei erzählt Umnitzer permanent, dass die Erde nicht entstehen hätte dürfen, wenn sich dieses unvorhersehbare Ereignis oder jener Zufallsmoment nicht aus unerklärlichem Grund ereignet hätte. „Mit anderen Worten: Unsere fragile Umlaufbahn verdanken wir einem planetaren Unfall." (F, 224) Auch das Leben auf der Erde hätte nicht entstehen dürfen, so der Erzähler. „Im Grunde haben wir es mit einem Prozess zu tun, der sich selbst verunmöglicht." (F, 225 f.) Der Sauerstoff, fährt er fort, ist nämlich eine „bösartige toxische Substanz, die uns altern lässt, ja, die uns auf der Stelle umbrächte" (F, 226). Zum Glück habe eine Bakterienart zufällig in dem Moment die Sauerstoffatmung erfunden (vgl. F, 227). Als die menschliche Intelligenz sich ausbildet, wird es richtig kniffelig. Denn „die enorme Vergrößerung des Schädelvolumens [ist] zunächst ein Desaster" (F, 230). Was in der Zusammenfassung komisch anmutet, erzählt Umnitzer durchaus ernst und faktenreich. Die Entstehung von Erde und Leben stellt das Kapitel zwar stark raffend, jedoch in seinen Eckdaten (historisch) korrekt dar. Doch in seiner Erzählung geht es weder um Fakten noch um Historie. Die Eckpunkte seiner Erzählung sind jene unberechenbaren Momente, an denen die Entstehung des Lebens physikalisch oder logisch so nicht hätte ablaufen können, wenn ein Detail zufällig nicht anders als vorhersehbar passiert wäre. Der Erzähler entwickelt eine besondere Freude am Zufall, worin sich seine eigene perzeptive Perspektive ausdrückt (vgl. F, 224). Der Text verhandelt in diesem Kapitel die Kernfrage von Big Data, indem er die Erdengeschichte als Geschichte des Zufalls und der Unwahrscheinlichkeit erzählt: Kann Zukünftiges berechnet, d. h. maschinell ‚vorhergesagt' werden? *Follower* stellt die Berechenbarkeit des menschlichen Verhaltens nicht nur kritisch infrage, sondern verneint die Vorhersehbarkeit der Zukunft.

In der zeitlichen wie sprachlichen Perspektivendimension wird die retrospektive Perspektive durch einen stetigen Wechsel ins Konditionale kontrastiert und der Erzähler trägt einen Duktus als mündlicher Erzähler, der mit den Leser:innen einen Dialog führt: „Wäre die Expansionsgeschwindigkeit des Universums [...] nur um ein Hunderttausendmillionstel Milliardstel kleiner gewesen [...]. Wäre der Unterschied [...] nur um ein paar Hundertstel größer, hätte es [...] eine lebensfeindliche Temperatur gegeben." (F, 222 f.) Dieser realistischeren Verlaufsmöglichkeit der Erdentstehung (oder Nicht-Entstehung) stellt der Erzähler die tatsächliche Realität entgegen, die unberechenbar war: „Aber aus irgendeinem Grund, wegen irgendwelcher winziger Störungen oder Anomalitäten, sagen die Physiker, ist ein bisschen Materie übrig geblieben" (F, 222). Wiederholt nutzt Ruge die Lexeme der Störung, der Anomalität, des Unbekannten oder Unwahrscheinlichen. Das sind Parameter, die mit Überwachungsinstrumenten in jeder Datenmenge gesucht, identifiziert und dann modifiziert oder mit ihnen kalkuliert wird. Auch bringt er die Erdgeschichte in ihrem Verlauf mit dem Verrückten in Bezug:

„Das Verrückte dabei ist" (F, 227). So muss das GENESIS-Kapitel als Kommentar zur Histoire um Nio gelesen werden, aber auch zu faktualen Narrativen der Überwachung, die eine Berechenbarkeit der Zukunft auf Basis genügender Daten und algorithmischer Leistung behaupten. „Genau das hat aber stattgefunden. Auf unwahrscheinlichen Wegen oder Umwegen wurde das Wunder vollbracht." (F, 226) Die Entstehung des Menschen sei ein unberechenbares Wunder. Kurz könnte man annehmen, der Text versuche, Gott zu defibrillieren. Aber das tut er nicht:

> *Ich habe ja Mathematik studiert – Wahrscheinlichkeitsrechnung hat mich also interessiert. Es ist ja eine Geschichte des Zufalls. Wenn man das alles verfolgt, kommt man also zu dem Schluss, dass die ganze Geschichte vom Urknall an bis zur Entstehung des Lebens, Entstehung der Arten, Entstehung der Intelligenz – bis zu Nio Schulz –, dass das alles so unwahrscheinlich ist, dass das gar keinen Sinn mehr hat, von Wahrscheinlichkeiten zu reden. Was da passiert, gleicht einem Wunder.*[137]

Innerhalb der deutschsprachigen gegenwärtigen Überwachungsromanen liegt *Followers* Leistung im Versuch, die Verborgenheit und das Nebeneinander der verschiedenen Überwachungssysteme zu bebildern. Nio erfährt von den Handlungen des Geeheimdienstes nichts. Dadurch, dass die verschiedenen Erzählstränge nebeneinander montiert, jedoch nie verschränkt werden, drückt sich die reale Nichterfahrbarkeit einer Datenüberwachung aus. Durch den Einsatz eines Erzählers, der stark durch Nios Perzeption, aber dennoch eigenständig den Gedanken- und Nachrichtenstrom führt, versucht der Text, die Fremdregierung erfahrbar zu machen. Indem Leser:innen gezwungen sind, Nios Innenwelt radikal zu folgen, soll der Einfluss eines ungebremsten Umgangs der Medien auf die Einzelnen spürbar werden und die feinen Formen der Menschenführung im 21. Jahrhundert veranschaulicht. In der Überwachungsthematik konzentriert sich der Roman auf die Bebilderung von non-visuellen Praktiken und versucht, die Metadatenanalyse sichtbar werden zu lassen. Das Augenmerk des Textes liegt auf dem individuellen Social-Media-Gebrauch und den möglichen Auswirkungen auf Einzelne. Es liest sich leicht eine Technikaversion in diesen Text, dabei sind es vermutlich nicht die Technologie, die Digitalisierung oder die Medien selbst, die in Kritik stehen sollen, sondern die Kultur, ein unverhältnismäßiger oder unreflektierter Gebrauch davon. Was jedoch damit in hohem Maße gelingt, ist das Ausheben des kollektiv Unbewussten. Die Rolle des Unbewussten in Nio Schulz' Handeln macht der Roman ebenso stark wie die Tatsache, dass wahre Inhalte durch die überwachte Sprache im unbewussten

---

[137] Frank Meyer: Eugen Ruge und der Urknall. *Followers* – Eine Geschichte des Zufalls. In: *Deutschlandfunk Kultur*, 20.10.2016. URL: https://www.deutschlandfunkkultur.de/eugen-ruge-und-der-urknall-followers-eine-geschichte-des.1270.de.html?dram:article_id=369091 [19.09.2022]. (Herv. im Original)

Sprechen artikuliert werden. Einerseits drückt sich der Kern der Sache durch das Unbewusste aus, andererseits bebildert *Follower* geradezu unbewusste Ängste. Etwas, das unbegrenzt Vergnügen und Gesellschaft verspricht, wie die sozialen Netzwerke und die smarte Technologie, hat verborgene Schattenseiten.

Versucht man zuletzt nochmals *Follower* in seinem Verhältnis zu vorgängigen, kanonischen Überwachungserzählungen zu bestimmen, so schreibt Ruge die Gegenwart eher als einen aktualisierten huxleyschen Kafka als einen Orwell. Die unterschwellige Überwachung des neuen Kapitalismus sowie die Selbstüberwachung nimmt der Protagonist wirken präreflexiv. Winston in *1984* dagegen spürt die Überwachung und sieht die Augen des Big Brothers permanent. Nio ist wie Josef K. im *Proceß* ein Selbstüberwacher, der sich einem permanenten Verhör unterzieht. Er klagt sich, seine Sprache und seinen Körper an, das Verhör findet ohne Ende in seinen Gedanken statt. Insofern bedient der Text das Narrativ der Selbstüberwachung nach Kafka.

Lässt man sich für einen Augenblick auf Ruges autofiktionales Spiel ein, kann man fragen, was dieser Ruge seinem fiktiven Enkel der Zukunft sagen will. Dann könnte der Großvater den Enkel ermahnen, sich neben all den digitalen ‚Followern' auch auf die leibhaftige Nachfolgerschaft zu besinnen. Doch wahrscheinlicher ist, dass die dystopische Warnung dieses Romans, mit Stephen Hawking gesprochen, lautet:

> Ich sehe große Gefahren in der Zukunft. Ganz unmittelbar bedrohen uns die Atomwaffen – aber auf lange Sicht sehe ich auch die Möglichkeit, daß die menschliche Rasse abgelöst wird von einer neuen Art. Die könnte entweder aus der Computerwissenschaft hervorgehen oder von den Geningenieuren gezeugt werden. Wir werden viel Glück brauchen, um die nächsten 200 Jahre zu überleben. Aber wir können sie nur überleben, wenn wir unsere eigenen Angelegenheiten vernünftiger regeln.[138]

---

[138] Klaus Franke/Henry Glass: „Wir alle wollen wissen, woher wir kommen".

Teil 3: **Faktuale Überwachungsnarrationen der Gegenwart: Politik und Werbung**

> The biggest question is how far *The Circle* is utopian and how far dystopian? Whatever the answer, surveillance culture not only helps us see how things *are*. It also opens a window on how things *could* be or *should* be. (David Lyon: *Culture of Surveillance*, S. 24)

7 Politische Wirklichkeitserzählungen der Überwachung

Die Legitimation von Überwachung ist angewiesen auf die Artikulation von Unsicherheit oder Erzählungen von attraktiven Möglichkeiten und einem Zugewinn von Komfort. In den *Wirklichkeitserzählungen* der Politik, ihrer medialen Berichterstattung oder in der Werbung, wird, wenn es um Überwachungsmaßnahmen und -produkte geht, aus sachlichem Berichten oft Erzählen. Diese Akzentverschiebung ist nötig, denn (Selbst-)Überwachung ist ein emotionaler Gegenstand. Sie greift in äußerst private Bereiche: unserem Bedürfnis nach Sicherheit und Gesundheit, den Ängsten vor Terror, Kriminalität und Krankheit; sie betrifft den eigenen Körper, die Alltagshandlungen, die Präferenzen und ‚Gefällt mir'-Angaben sowie die Beziehungen zu anderen Menschen. Das Erzählen macht die Diegese und ihre Konstruktion sichtbarer, während ein sachliches Informieren oder Berichten die Konstruktion eher verbirgt.[1] Erzählen könnte daher erfolgversprechender sein – zumindest, wenn dieses Kapitel nun die Darstellungen der mächtigsten sprechenden Subjekte in den Diskursen betrachtet: Politiker:innen und Hersteller:innen der Technologie. Diese faktualen Darstellungen sollen die literarischen Fiktionen kontrastieren.

Es werden nun jene Wirklichkeitserzählungen betrachtet, die die öffentliche Wahrnehmung von (Selbst-)Überwachung prägen und beeinflussen. Im Versuch, ein breites Spektrum dieser Kultur auszuleuchten, gliedert sich dieses Kapitel zunächst in zwei größere Themen: *politische* und *ökonomische* ‚Texte'. Innerhalb der Politik stehen Darstellungen von *Ereignissen* und *Überwachungsinstrumenten* im Mittelpunkt der Analysen und innerhalb der Werbung Darstellungen von *Überwachungsprodukten*. Die Texte und Videos stammen aus den Bereichen Gefahrenabwehr und Gesundheit für die politischen Wirklichkeitserzählungen sowie Automobilindustrie, soziale Netzwerke und Tracker-Technologie für die Wirklichkeitserzählungen der Werbung.

Solche Darstellungen rufen nicht nur die Frage hervor, wie von Überwachung gesprochen wird, sondern auch, inwiefern es Muster in diesen Präsenta-

---

1 Vgl. Hayden White: Die Bedeutung von Narrativität in der Darstellung der Wirklichkeit, S. 12.

Anmerkung: Das Kapitel zu den Sprechweisen des Innenministeriums (7.1) ist in gekürzter, anders akzentuierter Form erschienen: Sabrina Huber: ‚Die Bedrohungslage ist hoch' – Vom fiktionalen und faktualen Erzählen von Sicherheit, Prävention und Überwachung. Oder: Von der Beteuerung, die Wahrheit zu sagen. In: Vera Podskalsky /Deborah Wolf (Hg.): „Prekäre Fakten, umstrittene Fiktionen. Fake News, Verschwörungstheorien und ihre kulturelle Aushandlung", *Philologie im Netz* Beiheft 25/2020, S. 189–210. URL: http://web.fu-berlin.de/phin/beiheft25/b25t08.pdf [23.05.2021].

tionen gibt. Mit den Fragen ‚Wo und wie wird Überwachung in nichtfiktionalen Kontexten erzählt?' und ‚Wie werden nichtfiktionale Überwachungserzählungen durch die Erzähler:innen perspektiviert?' spüre ich auch dem Verhältnis von Narrationen und Narrativen sowie dem Verhältnis von fiktionalen und faktualen Ausdrucksmitteln nach. Die narratologische Betrachtung von Wirklichkeitserzählungen und -narrativen erhellt den öffentlichen wie privaten Umgang – die gesellschaftliche wie individuelle Akzeptanz und Praxis – mit Überwachungsinstrumenten und Selbstüberwachungsprodukten und beleuchtet so auch die kollektiven Vorstellungen von Überwachung.

7.1 „Die Bedrohungslage ist hoch" – Vom Erzählen des Innenministeriums nach terroristischen Ereignissen. Oder: Von der Beteuerung, die Wahrheit zu sagen

Es ist eine Kernaufgabe des Staates, seine Bürger:innen gegen Gefahren, Risiken oder Kriminalität zu schützen: sei es vor Bedrohungen durch Krankheiten, Übergriffen oder Verbrechen, Gewalt oder Terrorismus. Doch diese Schutzfunktion des Staates hat neben der Eindämmung der konkreten Gefahren in demokratisch-liberalen Gesellschaften ein übergeordnetes Ziel: Der Staat muss auch die Freiheiten seiner Bürger:innen verteidigen – nicht zuletzt gegenüber sich selbst. Unsere Grundrechte sollen diesen Schutz der Bevölkerung gegenüber dem Staat absichern. Die Schutzfunktion bedarf also eines ständigen und intensiven Aushandelns zwischen Freiheit und ziviler Sicherheit, zwischen verantwortungsvollem Schutz und grenzüberschreitendem Eingriff in private Bereiche. Seit dem 11. September 2001 sind es vor allem die (staatlichen) Überwachungsmaßnahmen, die diese Aushandlung diskursiv sichtbar werden ließen. Im ‚Kampf gegen den Terror' wird in der Folge der Snowden-Enthüllungen Massenüberwachung durch Geheimdienste verstärkt öffentlich diskutiert und im Narrativ der ‚überwachten Bürger:innen' problematisiert. Das Argumentieren für oder gegen Überwachung scheint aber im Besonderen ein Feld zu sein, auf dem von den Sprecher:innen Wahrheitsansprüche erhoben und verteidigt werden. Das geschieht auf der Seite des Staates ebenso wie auf der der Kritiker:innen.

Exemplarisch werden zwei Ereignisse der Bedrohung der zivilen Sicherheit zum Anlass genommen, um die Darstellungen des Innenministeriums und deren Perspektivierung zu betrachten: Am 9. Oktober 2019 erschüttert Deutschland ein rechtsextremistischer Anschlag auf eine Synagoge in Halle, bei dem zwei Personen starben. 2015 wird in Hannover kurz nach Einlass ein Fußballspiel abgesagt, da den Sicherheitsbehörden eine Warnung vor einem Terroranschlag vorlag.

Beide Ereignisse werfen Fragen nach (geheimdienstlicher) Überwachung auf, sowohl der praktizierten als auch zukünftig notwendigen. Die im Nachgang dieser Ereignisse gehaltenen Pressekonferenzen, Interviews oder Fernsehauftritte der Innenminister lassen sich als gemeinsame Erzählungen betrachten, die das Ereignis darstellen, ordnen und vermitteln. So werden die Innenminister zu Erzählern dieser Sicherheitserzählung. Diese Darstellungen wiederum rufen Gegenerzählungen und Kritik hervor. Nachfolgend werden die Darstellungsweise dieser ‚Texte', ihre strukturalen Merkmale und das narrative Aushandeln von Wahrheit erarbeitet.

Dazu sei in Erinnerung gerufen: Überwachung braucht das Erzählen – genauer: es braucht narrativ errichtete und beschworene Weltkonstruktionen. Das meint im Bereich der faktualen Rede Narrative und Erzählungen, in denen Welt(en) perspektivisch konstruiert werden. Auf Basis dieser Erzählungen wird Wirklichkeit wahrgenommen. Es geht also um Erzählungen, die einen faktualen Geltungsanspruch erheben und dennoch ‚Welt' gerade durch das Erzählen erst konstruieren. Ihre Referenzialität kann in einigen Fällen unklar bleiben, sie wird dann stattdessen durch allgemeine Akzeptanz legitimiert. Wie aber lassen sich diese Erzählungen in ihrer Konstitution bestimmen und schlägt sich diese Legitimation durch Akzeptanz auch in der Darstellung durch die Sprecher:innen nieder?

Es gilt nun, die Darstellungen des Innenministeriums – die Aussagen der Innenminister Horst Seehofer (2018–2021) und Thomas de Maizière (2013–2018) – sowie die mediale Kritik auf ihre Äußerungen genauer zu betrachten. Fokussiert man das Erzählen zwischen Fiktionalem und Faktualem, interessieren an diesen ‚Texten' drei Aspekte: Die Strukturmerkmale, die (Erzähl-)Perspektive des Innenministeriums, sowie die medialen, kritischen Reaktionen auf diese Äußerungen.

Beide Darstellungen perspektivieren jeweils ein bestimmtes Ereignis, das zur Bedrohung für die Bevölkerung, d. h. für die zivile Sicherheit, wurde: In Seehofers Fall der Anschlag von Halle; die Absage des Fußballspiels aufgrund einer Terrorwarnung im Falle von de Maizière. Risiken werden stets versucht mit Überwachungsmaßnahmen ‚abzusichern'. Wenn es sich um zukünftige, mögliche Gefahren und deren Akteur:innen handelt, müssen Maßnahmen tendenziell ‚breiter' angelegt sein. Es stellt sich die Frage: Wie wird in diesen Fällen Bedrohung bzw. Unsicherheit artikuliert? Oder, mit Blick auf die Debatten um neue Maßnahmen, welche Erzählungen bewirken eine mögliche Zustimmung oder Akzeptanz zu Überwachungsmaßnahmen?

Horst Seehofer und das Beblicken der ‚Gamerszene'

Kurz nach dem Attentat in Halle vom 9. Oktober 2019 äußert Horst Seehofer gegenüber der Redaktion der ARD-Sendung *Bericht aus Berlin*:

> Viele von den Tätern, oder den potentiellen Tätern, kommen aus der Gamerszene. Manche nehmen sich Simulationen geradezu zum Vorbild. Man muss genau hinschauen, ob es noch ein Computerspiel ist, eine Simulation, oder eine verdeckte Planung für einen Anschlag und deshalb müssen wir die Gamerszene stärker in den Blick nehmen.

Es handelt[2] sich um eine deskriptive Wirklichkeitserzählung; deren „erhobene[r] Geltungsanspruch orientiert sich an der Dichotomie ‚wahr vs. falsch'."[3] Erzähltheoretisch betrachtet tritt der Innenminister als Sprecher mit erhöhtem Wissensstand auf. Diesen Überblick legitimiert sein Amt: Als Innenminister hat er Zugang zu geheimdienstlichem Wissen. Ein solches Wissen wird in diesem Fall nicht nur akzeptiert, sondern von ihm auch erwartet. Aus diesem Grund muss der Sprecher seine Aussagen weder rechtfertigen noch belegen. Er erhält durch amtliche Autorität einen Vertrauensvorschuss. Was das Amt jedoch nicht oder nur äußerst beschränkt legitimiert, ist Einblick in die Gefühle und Motivationen von (potentiellen) Täter:innen. Seehofers Perspektive lässt eine Art Innensicht aber zumindest in der ersten Interpretation vermuten, wenn er sagt: „Manche nehmen sich Simulationen geradezu zum Vorbild." (Ebd.) Entweder handelt es sich hier eher um Mutmaßung und Interpretation oder aber es suggeriert Wissen aus der Innenwelt der Individuen. Die in der oben angeführten Aussage vorgenommene Selbstkorrektur, die Verschiebung im zeitlichen Fokus von Täter:innen zu potentiellen Täter:innen, zeigt die ideologische Perspektive, mit der er das Ereignis bewertet: Es geht um zukünftiges Handeln im Sinne des Präventionsimperativs. Damit offenbart sich das ideologische System: Nicht tatsächliche Täter:innen werden beobachtet, sondern potentielle Zukunftstäter:innen gesucht. Das zeigt sich auch in der sprachlichen Perspektive in der Rhetorik des Sprechers. Durch die nebenordnende Konjunktion, ‚potentielle Täter:innen', wird die Bedeutung restringiert: eine enge und weite Bedeutung werden nebeneinandergestellt. Die Aussage kennzeichnet weiter eine Dynamik zwischen absoluter und relativer Größe: „Viele von *den* Tätern, oder *den potentiellen* Tätern, kommen aus der Gamerszene. *Manche* nehmen [...]. *Man muss* genau hinschauen [...] deshalb *müssen wir* die Gamerszene stärker in den Blick nehmen." (Ebd., Herv. SH) So zeichnet sich die Erzählweise dadurch aus, dass der Minister zwar einen erhöhten Wissenstand suggeriert, jedoch in seinen Äußerungen unklar bleibt, das heißt, wenig Informationen gibt, stattdessen viele Leerstellen[4]

---

[2] Tagesschau: Bericht aus Berlin: Seehofer will Gamer-Szene beobachten. In: *Tageschau Sendungsarchiv*, 13.10.2019, Min: 03:29–03:56. URL: https://www.tagesschau.de/multimedia/sendung/bab/bab-4751.html [18.11.2019].
[3] Christian Klein/Matías Martínez: Wirklichkeitserzählungen, S. 6.
[4] „Leerstellen ließen sich ganz allgemein als die Reizsignale der Texte bezeichnen; indem sie Zuordnungen aussparen, stoßen sie den Leser an, selbst welche zu finden." (Wolfgang Iser: *Der implizite Leser. Kommunikationsformen des Romans von Bunyan bis Beckett*. München 1972, S. 317).

lässt: Indefinitpronomen wie ‚viele', ‚manche' oder ‚man' verunklaren seine Aussage ebenso wie die uneindeutigen Begriffe des ‚Spiels', der ‚Simulation' und der ‚Szene'.

Durch die ideologische Perspektive erscheint ‚die Gamerszene' als Gruppierung mit potentiellen Gewaltbereiten, wobei der Sprecher dem Medium das Potential zur Radikalisierung zuschreibt: Die Gamer:innen „nehmen sich Simulationen geradezu zum Vorbild". In dieser Wertehaltung animiert das Computerspiel zur Nachahmung in der Realität. Die ‚Szene' rückt eine große Bevölkerungsgruppe pejorativ in das Licht einer Subkultur, eines Milieus, das ‚verdeckt' agiert. Dazu verengt der Sprecher zunächst die Perspektive, denn in Deutschland spielt eine große Zahl von Menschen. Es geht um nicht weniger als 34 Millionen Bundesbürger:innen, die ‚beblickt' werden müssten.[5] Darüber hinaus spielt ‚die Gamerszene' heute auf Endgeräten vom Computer über die Playstation bis hin zum Smartphone. Dieses Ausmaß ist eine verdachtsunabhängige, generalisierende Überwachungsabsicht. Die Dimension dieser Überwachung wäre, wenn dies so allgemein formuliert bliebe wie Seehofer es äußert, riesig: Das „würde also bedeuten, halb Deutschland beobachten zu wollen".[6] Diese Redeweisen zielen auf Generalisierung und unterlassen daher Differenzierungen.

Eine weitere Möglichkeit Seehofers Äußerungen zu deuten und zu begreifen, warum er davon spricht, dass mache Täter, und in dieser Lesart muss das Substantiv männlich bleiben, „sich Simulationen geradezu zum Vorbild [nehmen]" (ebd.), lautet: Er stellt weder Mutmaßungen an, noch will er Innensicht behaupten, sondern er nutzt ein Narrativ und damit eine Argumentation aus den 1990er Jahren. Er spricht von dem ‚Killerspiel-Narrativ', von dem sich die Forschung entfernt hat und das öffentliche Debatten daher nicht mehr dominieren sollte.[7] ‚Killerspiel' als Wort wurde vom damaligen bayerischen Innenminister Günther Beckstein geprägt; in diesem Argumentationsschema radikalisieren sich Männer über Computerspiele, d. h. über das Medium, und leben Gewalt erst online, dann offline aus. Seit 1999 wird das Narrativ immer wieder bemüht, wenn (rechts-)radikale Täter:innen auch Games

---

Zum Leerstellenbegriff und der Funktion von Leerstellen vgl. auch: Wolfgang Iser: *Die Appellstruktur der Texte. Unbestimmtheit als Wirkungsbedingung literarischer Prosa*. Konstanz 1971.

5 In der Stellungnahme des Bundesverbandes heißt es: „Rund die Hälfte aller Menschen in Deutschland (über 34 Millionen) sind Gamer [...]. Spielerinnen machen dabei rund die Hälfte (48 Prozent) aus, der Altersschnitt beträgt 36,4 Jahre. Die ‚Gamer-Szene' in den Blick zu nehmen, würde also bedeuten, halb Deutschland beobachten zu wollen" (game. Verband der deutschen Game-Branche: Fakten zur Debatte um die ‚Gamer-Szene', 18.10.2019. URL: https://www.game.de/wp-content/uploads/2019/10/2019–10–18_Fakten-Debatte-Gamer-Szene.pdf [04.07.2020]).
6 Ebd.
7 Matthias Kreienbrink: Was aus der Killerspiel-Debatte wurde. In: *Süddeutsche Zeitung online*, 18.09.2020. URL: https://www.sueddeutsche.de/digital/crysis-remastered-killerspiele-1.5037177 [10.09.2021].

spiel(t)en.[8] Seehofers Erzählung aktiviert dieses historische Narrativ und positioniert so den:die ‚Gamer:in' an den Rand der Gesellschaft, stellt den Typus Gamer:in gegen das Kollektiv und markiert ihn damit als ‚tickende Zeitbombe'. Dabei wird er durch das Medium[9] zur gesellschaftlichen Gefahr. Gamer:innen werden mit Carl Schmitt gesprochen zum „innern Feind"[10] erklärt.

Seehofers Aussage ist genau deshalb medial sofort und hartnäckig kritisiert worden. Die *Heute-Show* vom 18. Oktober 2019 spottet beispielsweise über Seehofer. Diese Kritiken werden durch drei Merkmale zu Erzählungen: In ihnen wird das Geschehen narrativ vermittelt, sie beinhalten fiktionale Elemente und ein Rückgriff auf ein kulturelles Narrativ wird deutlich – das ist im Falle der *Heute-Show* ein Detektivschema. Seehofers Gesicht wird nämlich in eine Sherlock-Holmes-Figur mit Trenchcoat montiert, die eine Pfeife in der einen und einen Spielekonsolen-Joystick in der anderen Hand hält.[11]

Ähnlich wie in anderen Kontexten die Metapher des Orwell'schen *Big Brother* genutzt wird, analogisiert die Satireshow die historisch-literarische Figur des Detektivs und greift mit ihr das literarische Kriminalgenre bzw. das popkulturelle Bild der Figur auf, das dazu dienen soll, die Äußerung des Ministers zu verlachen. Untermauert wird das durch einen serienhaften Untertitel: „Sherlock Horst und das verflixte Internet",[12] was an Hörspiele für Kinder erinnert (Abb.1). Dadurch kollidieren in dem ironischen Kommentar der Scharfsinn der Figur Holmes und der Infantilismus des Hörspieluntertitels. Auf diese Weise tritt die ideologische Perspektive hervor: Die Bewertung der Äußerung legt im System ‚Kriminalistik' einen Systemcode nahe, der zwischen Verdacht und Nicht-Verdacht unterscheidet. Der literarische Sherlock zeichnet sich durch scharfsinnige Analytik auf Basis der Forensik aus. In Analogie zu dieser Figur werden Seehofers Logiken – „Gewalt in Videospielen

---

8 Vgl. Andreas Wilkens: Verbotene Spiele. Eine Debatte. In: *bpb*, 13.08.2007. URL: https://www.bpb.de/gesellschaft/digitales/verbotene-spiele/63496/einfuehrung?p=all [04.07.2021].
9 Die Bundeskanzlerin bezeichnete entgegen der Medienfeindlichkeit des Narrativs Computerspiele in ihrer Rede beim Besuch der gamescom als Kulturgut. (Vgl. Die Bundesregierung: Rede von Bundeskanzlerin Merkel zur Eröffnung der gamescom am 22. August 2017. URL: https://www.bundesregierung.de/breg-de/aktuelles/rede-von-bundeskanzlerin-merkel-zur-eroeffnung-der-gamescom-am-22-august-2017-392398 [19.09.2022]).
10 Carl Schmitt: *Der Begriff des Politischen. Mit einer Rede über das Zeitalter der Neutralisierungen und Entpolitisierungen.* Neu Hg. v. Carl Schmitt. München 1932, S. 34. In der Unterscheidung zwischen Freund und Feind besteht nach Carl Schmitt das Wesen des Politischen: „Die spezifisch politische Unterscheidung, auf welche sich die politischen Handlungen und Motive zurückführen lassen, ist die Unterscheidung von Freund und Feind." (Ebd., S. 10)
11 ZDF-heute-Show: Anschlag in Halle. Seehofer will die Gamerszene beobachten. In: *YouTube*, 18.10.2019, Min: 00:13–00:25. URL: https://www.youtube.com/watch?v=WlZuqCXY4a0 [04.07.2020].
12 ZDF-heute-Show: Anschlag in Halle, Min: 00:13–00:25.

Abb. 1: Ausschnitt aus der *Heute-Show* vom 18. Oktober 2019.

gleich Gewalt im echten Leben"[13] – und sein Codieren des Verdachts lächerlich. Die *Heute-Show* proklamiert in den Aussagen des Innenministers eine Lust am Daten-Detektivspiel.

Auch der *Stern* karikiert Seehofer in einer Video-Montage.[14] Darin werden mediale Reaktionen wie Tweets oder Memes auf Seehofers Äußerungen aufgegriffen, aneinandergereiht und mit dramatischer Musik sowie wenigen Textzeilen unterlegt. Es wird im eingeblendeten Text kurz der Sachverhalt zusammengefasst:

> Horst Seehofer muss sich aktuell mit einem handfesten Shitstorm auseinandersetzen [...]. Der Interview-Auszug löst auf Twitter Spott und Kritik aus. [...] Viele Nutzer finden: Seehofer lenkt vom Problem des Rechtsextremismus ab [...] und stellt Gamer unter Generalverdacht.[15]

Zunächst soll die Ordnung der Geschehensmomente betrachtet werden: Der vom *Stern* eingeblendete Text beginnt nicht mit Seehofers Äußerung, sondern mit dem ‚Shitstorm', wie die medial-öffentliche Kritik genannt wird. Sodann benennt die Medienanstalt ‚viele Nutzer:innen' als Akteur:innen und Perspektivgeber:innen des Ereignisses. Im Video tritt der *Stern* dann hinter den zitierten Memes und

---

13 ZDF-heute-Show: Anschlag in Halle, Min: 01:11–01:15.
14 Kyra Funk: Nach Anschlag von Halle: Horst Seehofer will Gamerszene stärker beobachten – und kassiert Hohn und Spott. In: *stern*, 13.10.2019. URL: https://www.stern.de/politik/deutschland/horst-seehofer-will-gamerszene-staerker-beobachten--und-erntet-shitstorm-8951836.html[19.09.2022].
15 Kyra Funk: Nach Anschlag von Halle, Min: 00:12–01:15.

Tweets zurück. Stattdessen werden selektiv Bilder und Tweets montiert, die allesamt eine kritische Perspektive auf Seehofers Aussage teilen. Die im Video zum Tragen kommenden Stimmen gehören Nutzer:innen von Twitter, die unter den Hashtags #Gamerszene und #Seehofer das Interview des Ministers kommentieren. So ist die *Stern*-Erzählung eine Collage. Als die markante eigene perzeptive Perspektive des *Sterns* dürfen so die Auswahl der Sachverhalte, d. h. die Selektion der gezeigten Tweets und Memes aus all den möglichen,[16] die wenigen nicht zitierten Bilder wie die eingeblendeten Gamer[17] sowie die dramatische Musik, mit der das Video unterlegt ist, gewertet werden. Die eigene Erzählerstimme des *Sterns* drückt sich durch die Komposition aus, nicht durch die einzelnen Bilder bzw. Memes, die zu sehen sind. Die Musik, die an Beobachtungsszenen in Filmen erinnert und nur für das bekannte Seehofer-Zitat zur Gamerszene („Deshalb müssen wir die Gamerszene stärker in den Blick nehmen") unterbrochen wird, baut Spannung auf. Mit den Gegenerzählungen der *Heute-Show* eint die *Stern*-Collage, dass beide fiktive Figuren in den Dienst des Faktualen stellen: Als im Video textuell zu lesen ist, „Viele Nutzer finden: Seehofer lenkt vom Problem des Rechtsextremismus ab", blendet der *Stern* ein Meme aus *Modern Family* ein, in dem die Figur Cameron heftig den Kopf schüttelt. Das sind kleine perzeptive und ideologische Kommentierungen mithilfe von konkreter Fiktion: Die Bilder drücken die Wahrnehmung und Haltung aus. In Differenz zur *Heute-Show* verdichtet der *Stern* jedoch stärker und erweitert den zeitlichen Blick durch eine Rahmung des Videos: Am Beginn und am Ende wird Hitler als Gamer gezeigt. Damit bezieht die erzählte Zeit zumindest implizit als Bezugnahme eine Zeitspanne bis zum 2. Weltkrieg und die NS-Verbrechen ein. In den Hitler-Montagen, die ebenfalls nicht vom *Stern* sind, sondern zitiert werden, soll der Typus der ‚rechtsradikalen Gamer:innen' ad absurdum geführt werden. Dass diese Hitler-Montagen eine Antwort auf die Darstellungen des Innenministeriums sind, erklärt sich nur, wenn Zuschauer:innen wissen, wie Seehofer die Tat von Halle perspektiviert hat.

---

16 Schmids Modell verortet die Erzählperspektive bereits im Akt der Selektion von Geschehensmomenten: „[E]ine der Prämissen der vorliegenden Arbeit [ist], dass jegliche Darstellung von Wirklichkeit in den Akten der Auswahl, Benennung und Bewertung der Geschehensmomente Perspektive impliziert." (Wolf Schmid: *Elemente der Narratologie*, S. 129)
17 Es werden beispielsweise zwei lachende, gemeinsam spielende Gamer gezeigt.

Die abstrakte Fiktion einer hohen Gefährdungslage

Der YouTuber Rezo lässt in seiner Kolumne in der *Zeit* zu Seehofers Aussage verlauten: „Wir haben null Erkenntnisgewinn. Cool".[18] Er stellt die Frage: „Warum tut Seehofer, was er tut?"[19] Macht man einen Strich unter die Kolumne, fordert Rezo: „Seehofer ist kein drolliges Kleinkind",[20] er solle erst dann etwas sagen, wenn er etwas zu sagen habe. Rezos Identifikationsmetapher, seine Infantilisierung und seine Forderung, lädt ein, über Spracherwerb und Sprachpraxis im Innenministerium nachzudenken: Dabei versteht Rezo das ‚Etwas' mutmaßlich als etwas Sachdienliches, den Diskurs (oder die Lösung des eigentlichen Problems: Rechtsradikalität in Deutschland) Vorantreibendes. Seehofers Stellungnahme ist bis dato deshalb kein lösungsorientiertes Sprechen, da er lediglich Rhetoriken und Argumente aus der historischen Killerspiel-Debatte nutzt und ein bekanntes Narrativ aktiviert: das der hohen Gefährdungslage.

Werden verschiedene Reden bzw. Interviews angesehen, die der Innenminister nach Halle gab, treten wiederkehrende Narrative hervor. Die Pressekonferenz am 10. Oktober 2019 beginnt Seehofer mit der Äußerung:

> [D]ieses brutale Verbrechen gestern ist eine Schande für unser ganzes Land. Bei unserer Geschichte darf so etwas in Deutschland eigentlich nicht passieren. Wir müssen leider der Wahrheit ins Gesicht blicken. Und die Wahrheit lautet, schon seit längerem: Die Bedrohungslage durch Antisemitismus, durch Rechtsextremismus, durch Rechtsterrorismus in Deutschland ist sehr hoch. Die Gewaltbereitschaft in diesem Bereich ist sehr hoch, die Waffenaffinität ist sehr hoch und, ich habe das in den letzten Monaten […] immer wieder betont, dass dies neben dem islamistischen Terrorismus die zentrale Herausforderung für unser Land ist. Darauf muss reagiert werden, und zwar noch stärker als in der Vergangenheit, […] und es muss so gestaltet werden, dass Sicherheitsmaßnahmen für andere Bereiche deshalb nicht zurückgefahren werden, das heißt es muss zusätzlich geschehen.[21]

Die Rede charakterisiert ein Wiederholen. Wiederholt verweist der Minister nach der Tat auf die deutsche Geschichte und ritualisiert das deutsche Versprechen eines ‚Nie wieder', mit dem er auch am 17. Oktober seine Rede vor dem Deutschen Bundestag beendet: „Ich, wie auch alle Vertreter der Bundesregierung, werden

---

18 Rezo: Rezo stört. Gamer-Debatte. Horst Seehofer ist kein drolliges Kleinkind. In: *Zeit*, 24.10.2019. URL: https://www.zeit.de/kultur/2019-10/gamer-debatte-gaming-horst-seehofer-rezo [19.09.2022].
19 Rezo: Rezo stört.
20 Rezo: Rezo stört.
21 Die Zitate aus dieser Pressekonferenz wurden für diese Untersuchung verschriftlicht. Die Pressekonferenz kann nachgehört werden: Tagesschau: Bundesinnenminister Seehofer gibt Pressekonferenz nach Anschlag mit zwei Toten in Halle. In: *YouTube*, 10.10.2019, Min: 25:24–27:26. URL: https://www.youtube.com/watch?v=kuLqMf4_r0I [04.08.2020].

alles dafür tun, dass Juden in unserem Lande ohne Bedrohung und ohne Angst leben können. Das verbirgt sich hinter dem Satz: Nie wieder! Nie wieder!"[22] Seehofer vollzieht einen Erinnerungsakt. Nicht nur das Kritiker:innennarrativ des Überwachungsstaates integriert Erinnerungsakte auf die NS-Zeit, hier zeigt sich ebenfalls, dass auch staatliche Sprecher:innen damit argumentieren. Dieses Erinnern verändert die zeitliche und räumliche Perspektive: Zwischen Erfassen und Darstellen liegt nur ein Tag, doch in der nachträglichen Bewertung des Ereignisses wird vom Sprecher die deutsche Schuld einbezogen, womit der Raum von Halle auf ganz Deutschland verlagert wird und in der zeitlichen Perspektive der konkrete Tag mit einer Zeitspanne von den Verbrechen des NS-Regimes über die letzten Monate bis zum 9. Oktober 2019 bewertet wird. In der sprachlichen Perspektive fallen ebenfalls die Wiederholungsstrukturen auf: Das akzentuierte Satzglied wird in der Regel wiederholt: „Die Bedrohungslage durch *Antisemitismus*, durch *Rechtsextremismus*, durch *Rechtsterrorismus* in Deutschland ist *sehr hoch*. Die Gewaltbereitschaft in diesem Bereich ist *sehr hoch*, die Waffenaffinität ist *sehr hoch* [...]." [Herv. SH.] Es sind nicht nur drei Verbrechen, es wird auch dreimal die Einstufung der Bedrohungslage gegeben. Ein zweites rhetorisches Merkmal ist der Gebrauch der pronominalen Bezüge ‚wir' und ‚ich': „Wir müssen leider der Wahrheit ins Gesicht blicken [...], ich habe das in den letzten Monaten [...] immer wieder betont", später heißt es: „ich muss der Wahrheit ins Gesicht schauen, ich muss der Öffentlichkeit mitteilen, dass es hier eine Bedrohungslage gibt, die sehr hoch ist."[23] Ein entscheidendes Moment in der sprachlichen Perspektive ist die Beteuerung der Faktizität der eigenen Aussagen. Der Sprecher betont die unmittelbare Referenz auf die Realität, die einer ‚Wahrheit' entspricht: „Wir müssen der Wahrheit ins Gesicht blicken. Und die Wahrheit lautet, schon seit längerem: Die Bedrohungslage ist sehr hoch." Offenkundig geht es dem Sprecher um das Postulieren von Wahrheiten in Bezug auf Innere Sicherheit. Diese Wahrheit stützt sich auf das Amt und dem damit angenommenen erhöhten Wissensstand der Sicherheitsbehörden und bedarf daher, so die Logik, keiner offengelegten Quellen. Wahrheit schöpft sich hier aus dem Vertrauensvorschuss. Geheimdienste müssen, wie ihr

---

22 Horst Seehofer: Bulletin der Bundesregierung: Rede des Bundesministers des Innern, für Bau und Heimat, Horst Seehofer. Zur Bekämpfung des Antisemitismus nach dem Anschlag auf die Synagoge in Halle vor dem Deutschen Bundestag am 17. Oktober 2019 in Berlin. In: *Bulletin*, 17.10.2019. URL: https://www.bundesregierung.de/breg-de/service/bulletin/rede-des-bundesministers-des-innern-fuer-bau-und-heimat-horst-seehofer–1683818 [04.07.2020].
23 ZDF Nachrichten: Terroranschlag in Halle. Seehofer: ‚Mit Anschlag muss jederzeit gerechnet werden'. In: *ZDF Nachrichten*, 11.10.2019, Min: 05:08–05:57. URL: https://www.zdf.de/nachrichten/heute/nach-anschlag-in-halle-innenminister-seehofer-zum-schutz-von-juden-in-deutschland-100.html [04.07.2020]

Name sagt, geheim operieren, um ihren Aufgaben nachzukommen. Das bedeutet jedoch, dass den Worten des Sprechers allein wegen seiner Verbindungen zu den Nachrichtendiensten Glauben geschenkt und sie als Wahrheit akzeptiert werden müssen. Seine Aussagen beruhen auf einem Geheimnis:

> Wissen, welches im Aggregatzustand des Geheimen vorliegt, [ist] nicht primär durch seinen Inhalt bestimmt [...], sondern durch seine epistemologische Form, durch eine spezifische Ökonomie von Wissbarem und Nicht-Wissbarem, von Manifestem und Latentem [...]. Wenn dieses Wissen aber notwendig geheim bleiben muss – das heißt: im Geheimen erhoben, im Geheimen erfasst, ausgewertet und angewandt –, dann hat dies gravierende Folgen für seine epistemologische Struktur, d. h. für die Entscheidung über das, was in ihm als Datum auftauchen kann und was nicht.[24]

In diesem Sinne verbringt Seehofer die Tage nach Halle damit, ein bekanntes Schema zu vergegenwärtigen: Die abstrakte Fiktion einer hohen Gefährdungslage.[25] ‚Fiktion‘ meint die narrative Errichtung einer möglichen Welt: hier einer gefährdeten. Dieses Narrativ nutzen Innenminister seit 2001, es lässt sich von Schily bis Seehofer verfolgen.

> [de Maizière] ‚Auch Deutschland steht nach wie vor im Fadenkreuz. *Die Gefährdungslage ist hoch*. Dass es bisher noch zu keinem Anschlag gekommen ist, verdanken wir der Arbeit unserer Sicherheitsbehörden und den Hinweisen ausländischer Nachrichtendienste, oft genug aber auch bloßem Glück.'[26]
> [de Maizière] ‚*Die Gefährdungslage ist hoch*, und sie wird auch bis zur Bundestagswahl und danach hoch bleiben. Wichtig ist, dass wir uns in unseren Werten und unserer Lebensart nicht beirren lassen. [...]. Irgendeiner Terrorlogik werden wir uns jedenfalls nicht beugen.'[27]
> [Friedrich] ‚Das geschieht zum Schutz unserer Soldaten in Afghanistan und zum Schutz der Bürger vor Terrorangriffen. Die *Gefährdungslage ist ja nicht kleiner geworden, sondern eher größer*.'[28]

---

24 Eva Horn: *Der geheime Krieg*, S. 30 f.
25 Der Satz ‚die Gefährdungslage ist hoch' ist so betrachtet nicht nur eine begriffsdefinitorische Risikoeinschätzung. Obgleich Begriffe immer auch Welt konstituieren, ist in diesem Fall die Risikoeinschätzung zu einem Narrativ geworden, das notwendigerweise erzählt werden muss. Mit dieser These soll keinesfalls entschieden werden, ob diese Gefahr ‚wahr' oder ‚falsch' ist. Entscheidend ist, dass so der Konstruktionscharakter in der Präsentation der Erzählung aufgezeigt wird. Es wird darauf hingewiesen, dass mit diesem Narrativ eine Welt errichtet wird.
26 Thomas de Maizière: TdM direkt, März 2015. URL: https://www.thomasdemaiziere.de/home_032016/infobrief/TdM-direkt_2015–03.pdf [19.09.2022], Herv. SH.
27 Thomas de Maizière/Dieter Wonka: Irgendeiner Terrorlogik werden wir uns jedenfalls nicht beugen. In: *BMI*, 24.03.2017. URL: https://www.bmi.bund.de/SharedDocs/interviews/DE/2017/03/interview-leipziger-volkszeitung.html [19.09.2022], Herv. SH.
28 Hans-Peter Friedrich/Michael Bröcker: Interview mit dem Bundesinnenminister. Friedrich: ‚Stolz auf unsere Geheimdienste'. In: *Rheinische Post*, 16.08.2013. URL: https://rp-online.de/politik/deutschland/friedrich-stolz-auf-unsere-geheimdienste_aid-14378715 [19.09.2022], Herv. SH.

> [Schäuble] ‚Wir sind Teil der weltweiten Bedrohung durch den islamistischen Terrorismus. [...] Wir sind besorgt darüber, dass Terroristen mit der Entführung zweier Deutscher im Irak unser Engagement in Afghanistan angreifen. Daraus können sich auch Anschläge ableiten. *Die Gefahrenlage ist hoch.*‘[29]
> [Schily] ‚*Die Gefahrenlage ist gleichbleibend hoch*, da darf es keine Illusion geben.‘[30]

Dieses Schema ist das wichtigste Element jeder Sicherheitserzählung des Innenministeriums, das zugleich die Perspektive vorgibt, mit der gesprochen und verhandelt wird. Auffallend ist auf der sprachlichen Ebene die Festigkeit, das heißt, das Fehlen von Varianz. Das Narrativ wird nahezu im Wortlaut wiederholt. Die Perspektive gehört also keinem einzelnen Sprecher, sondern der Institution, die sich durch diese abstrakte Fiktion legitimiert. Der Satz „Die Gefährdungslage ist hoch" braucht einen Erzähler, der das Geschehen überblickt, wenn dieser glaubwürdig sein soll. Nicht deutlich wird in diesem Satz, wer durch wen gefährdet oder bedroht wird: Die Aussage setzt die Gefährdungslage an die Stelle des Subjekts. Während ein Satz wie ‚X gefährdet Y in hohem Maß' die Aktanten benennt, werden in ‚Die Gefährdungslage ist hoch' das eigentliche Subjekt (Wer ist gefährdet?) und das Objekt (Durch wen oder was?) verschwiegen. Ferner präsupponiert dieses Narrativ die Annahme, dass es erstens ein ‚Niedrig', ‚Mittel' oder ‚Normal' gibt, das überschritten ist, und zweitens, dass die Instanz, die die perzeptive Perspektive der Aussage vorgibt, nicht offenbart werden muss: Wer wertet nach welchen Maßstäben auf Basis welchen Wissens?

> Im Staatsgeheimnis geht es um etwas, was noch vor der Entscheidung zwischen Wahrheit und Lüge oder Recht und Unrecht kommt: um die Entscheidung fürs Schweigen anstelle des Redens. [...] Das Prärogativ der Macht ist es, gewisse Fragen gar nicht erst zur Debatte zu stellen, sich nicht auf Rechtfertigungen einzulassen, sondern bestimmte Dinge im Verborgenen zu erledigen. In dieser Möglichkeit, unbeobachtet zu handeln, liegt das Wesen des Staatsgeheimnisses.[31]

Eva Horn macht deutlich, dass das Staatsgeheimnis und die Macht der ausübenden Instanzen, zu denen die Aktivitäten der Nachrichtendienste gehören, mehr auf einem Schweigen beruhen als auf der Frage nach der Wahrheit. Die abstrakte

---

29 Wolfgang Schäuble/Peter Müller: Die Gefahrenlage ist hoch. Telefoninterview mit Bundesinnenminister Dr. Wolfgang Schäuble in WELT am SONNTAG. In: *WELT am SONNTAG*, 15.04.2007. URL: http://www.wolfgang-schaeuble.de/wp-content/uploads/2015/04/070415wams.pdf [19.09.2022], Herv. SH.
30 Otto Schily/Holger Stark/Georg Mascolo/Ralf Neukirch: ‚Wer den Tod liebt, kann ihn haben.' Bundesinnenminister Otto Schily, 71, über das neue Interesse al-Qaidas an Deutschland, die gezielte Tötung von Terroristen und den Vorschlag einer Sicherungshaft für Islamisten. In: *Spiegel Special*, 2 (2004) S. 124–127, hier S. 124, Herv. SH.
31 Eva Horn: *Der geheime Krieg*, S. 103.

Fiktion der hohen Gefährdungslage ist notwendige Bedingung dieser Macht. Das Ungesagte und die Auslassungen überwiegen die gegebenen Informationen. Dennoch bedarf diese Fiktion ihrer repetitiven Artikulation. Horn schreibt weiter, es zeige sich, „dass Macht sich im Entzug von Wissen und von Kommunikation erhält. Macht ist das, was nicht debattiert werden muss und sich nicht rechtfertigt".[32] Horst Seehofer ist es nun, der das Narrativ dramatisch ausdeutet, indem er die Präsenz der Gefahr bzw. des Risikos herausstellt. Einen Tag nach der Pressekonferenz sagt er nämlich in der ARD-Sendung *Was nun ...?*:

> [Seehofer:] ‚Seit Monaten sage ich, die Bedrohungslage durch den Antisemitismus, ich wiederhole wörtlich, was ich vor vielen Monaten gesagt habe, ist sehr, sehr, sehr hoch. Und was Rechtsextremismus angeht und Rechtsterrorismus stimmen die Zahlen, die Sie gerade genannt haben, was man aber hinzufügen muss ist, dass bei diesen 12.000 gewaltbereiten Rechtsextremisten die Waffenaffinität sehr hoch ist und die Gewaltbereitschaft sehr hoch ist. Also, ich, ich will jetzt nicht Panik machen, verstehen Sie, das liegt mir absolut fern, aber ich muss der Wahrheit ins Gesicht schauen, ich muss der Öffentlichkeit mitteilen, dass es hier eine Bedrohungslage gibt, die sehr hoch ist.' [Interviewer:] ‚Und, so etwas könnte immer wieder passieren?' [Seehofer:] ‚Bedrohungslage hoch heißt, genauso wie beim islamistischen Terror, dass mit einem Anschlag jederzeit gerechnet werden muss.'[33]

Diese Formulierung postuliert, es muss „jederzeit" mit einem Anschlag gerechnet werden, und betont die Präsenz und die Allgegenwart der Gefahr. Als notwendige Bedingung der Sicherheitserzählung fungiert die Fiktion einer hohen Gefährdungslage in diesem Kontext als Legitimation für Überwachungsmaßnahmen. Der Erzähler betont mehrfach seine eigene Autorität, er steigert das bekannte Narrativ durch wiederholende Sprachstrukturen. Die Bedrohungslage ist „sehr, sehr, sehr hoch. Und [...] die Waffenaffinität sehr hoch ist und die Gewaltbereitschaft sehr hoch ist.". Zur hohen Gefährdungslage gehört auch die Versicherung, dass keine Panik verursacht werden soll, wobei damit gerade eine ‚Politik der Angst' betrieben werden könnte. Einen ausgeprägten narrativen Konstruktionscharakter hat auch das Täter:innenprofil, das Seehofer skizziert:

> Es ist eine Täterstruktur, so ist derzeit die Erkenntnislage, die sich sehr zurückzieht, zunächst als einzelne Person außerhalb der bürgerlichen Gesellschaft tätig ist, den Frust aufbaut, dann aber das Ziel für sich formuliert, über meine Tat will ich aber umfassend die Öffentlichkeit informieren, um als Held zu erscheinen.[34]

Eines der Merkmale der Aussage ist die Wiedergabe der Rede eines unbekannten Dritten. Der Sprecher suggeriert Kenntnis über potentielle Täter:innen – genauer:

---

32 Eva Horn: *Der geheime Krieg*, S. 104.
33 ZDF Nachrichten: Terroranschlag in Halle, Min: 05:08–05:57.
34 ZDF Nachrichten: Terroranschlag in Halle, Min: 08:24–08:48.

über einen Personentypus. Hier gestaltet sich das Problem aus: Die „Erkenntnislage" bezieht sich auf eine „Täterstruktur", die einen Typus darstellt und damit die Möglichkeit zu Generalisierungen bietet; die nachgestellten Informationen aber entsprechen teilweise Wissen über eine:n individuelle:n Täter:in. Diese Kenntnis über diesen Typus reicht nämlich von (einfach) erhebbaren Daten wie die tatsächliche, oder hier metaphorisch-soziale, Lage im Raum (Rückzug aus der Gesellschaft), die auf einen Typus bezogen sein kann, über, und hier erreichen wir einen Grenzwert von Datenvalidität und Messbarkeit, Gefühle („Frust"), was ein Individualwert ist, bis hin zu inneren Motiven („das Ziel für sich formuliert, über meine Tat will ich umfassend die Öffentlichkeit informieren, um als Held zu erscheinen"). Wenn die Daten hier nur durch Innensicht zu gewinnen sind, läuft die Aussage Gefahr, unglaubwürdig zu werden, denn der „Einblick in die Psyche Dritter"[35] ist eine Erzählerkompetenz, die im faktualen Diskurs schwer zu rechtfertigen ist und dem Bereich der künstlerischen Fiktion zuzuordnen ist.[36] Der faktuale Erzähler kann Hypothesen und Vermutungen über fremde Innenwelten anstellen, doch mit Bestimmtheit Gefühle („Frust") wiederzugeben, übertritt in der Regel dessen Kompetenz. Zumal das Täter:innenprofil einen homogenen Figurentypus suggeriert, d. h. alle Täter:innen müssten gleich oder zumindest ähnlich denken, fühlen und agieren. Was in der Erzählung um den ‚Krieg gegen den Terror' der Typus des ‚Schläfers' war, ist nun der:die ‚frustrierte, isolierte Computerspielnutzer:in'.

Das gleichzeitige Auftreten beider Elemente in einer Narration suggeriert, dass präventive Maßnahmen gerechtfertigt sind. Der Innenminister führt aus:

> [I]ch [bin] gemeinsam mit der Bundesjustizministerin schon seit einigen Tagen dabei, wie wir strafrechtlich-relevante Hass-Äußerungen im Internet verfolgen. Vor allem dann, wenn sie einen Straftatbestand darstellen; einschließlich der Preisgabe der IP-Nummer. Und das ist dann ein Lackmustest für uns alle, ob wir als Rechtsstaat in der Lage sind, uns mit Biss zu wehren, gegen die Gegner des Rechtsstaats. Das sind ja Systemgegner, die hier unterwegs sind, oder ob wir in der Lage sind, die freiheitlich-demokratische Grundordnung zu verteidigen. Da geht es nicht um die Einschränkung von Bürgerrechten, sondern um die Bekämpfung von Verbrechen. Und auf diesem Weg wird uns auch niemand aufhalten.[37]

Erneut zeigt sich, dass der Staat im Sinne Schmitts ‚Feinde' benennt,[38] gegen die es gilt sich „mit Biss zu wehren" und „zu verteidigen" (ebd.). Es sind, wie Seehofer sagt,

---

35 Frank Zipfel: Fiktionssignale, S. 112.
36 Vgl. Frank Zipfel: Fiktionssignale, S. 112 ff.
37 Tagesschau: Bundesinnenminister Seehofer gibt Pressekonferenz nach Anschlag mit zwei Toten in Halle, Min: 29:57–31:01.
38 Der Staat muss, solange er existiert, selbst bestimmen, wer der Feind ist. „Darin liegt das Wesen seiner politischen Existenz." (Carl Schmitt: *Der Begriff des Politischen*, S. 38) Schmitt führt zum politischen Handeln, was sich hier in Seehofers Äußerung zeigt, auf: „Politisches Denken

"Gegner des Rechtsstaats. Das sind ja Systemgegner" (ebd.). Das führt ins semantische Feld von ‚Krieg'. Überwachung wird hier zwar nicht explizit angesprochen, klingt aber implizit in der Anspielung auf das Narrativ der überwachten Bürger:innen an: „Da geht es nicht um die Einschränkung von Bürgerrechten, sondern um die Bekämpfung von Verbrechen" (ebd.). Überwachungsmaßnahmen werden zum Kriegs- und Verteidigungsinstrument. Damit ist die perspektivierte Welt ein Schlachtfeld. Kurz darauf werden Forderungen nach neuen oder wiedereinzuführenden Instrumenten wie der Vorratsdatenspeicherung laut.[39] Einer Kritik eilt der Sprecher voraus: „Da geht es nicht um die Einschränkung von Bürgerrechten, sondern um die Bekämpfung von Verbrechen." Die Freiheitseinschränkung der Bürger:innenrechte ist das zentrale Argument der Kritiker:innen im ‚Narrativ der überwachten Bürger:innen', das im Vorfeld entkräftet werden soll. Nicht nur das Agieren, sondern auch das Sprechen im Sicherheitsdispositiv ist auf Prävention ausgerichtet.

Die abstrakte Fiktion einer hohen Gefährdungslage und das Schema der im Verborgenen agierenden Täter:innen bedürfen einer Erzählhaltung, die Wissensasymmetrie aufbaut – die Geheimdienste immer haben – und öffentlich artikuliert, indem der Sprecher die Informationsweitergabe reguliert: „Mehr darf ich heute, oder möchte ich heute, net' sagen",[40] äußert sich Horst Seehofer in der Sendung *Was nun …?*. So erscheint präventive Überwachung als Lösung auf komplexe Probleme.

Die erzählerische Inszenierung des Nichtsagens

Seehofer ist nicht der erste Minister, der den Abbruch, das Nichterzählen, auf die Bühne bringt. Diese offen ausgestellte Verweigerung der Offenlegung weiterer Informationen gehört zur Sprechweise des Innenministeriums. Die Sprecher präsentieren sich damit als Hüter von Geheimwissen, indem sie die Unvollständigkeit ihrer Erzählung geradezu betonen und so deutlich auf den Akt der Selektion von Geschehensmomenten hinweisen. Dieses Merkmal tritt im zweiten Beispiel beson-

---

und politischer Instinkt bewähren sich also theoretisch und praktisch an der Fähigkeit, Freund und Feind zu unterscheiden. Die Höhepunkte der großen Politik sind zugleich die Augenblicke, in denen der Feind in konkreter Deutlichkeit als Feind erblickt wird." (Ebd., S. 54)
39 Vgl. o. V./dpa: CDU: Staat braucht besseren Zugriff auf Daten im Internet. In: *Zeit*, 14.10.2020. URL: https://www.zeit.de/news/2019–10/14/politische-aufarbeitung-des-terrors-von-halle-beginnt [04.07.2020]; Anna Biselli: Geheimdienstchefs wollen Rechtsextremismus mit mehr Überwachung aufklären. In: *Netzpolitik*, 29.10.2019. URL: https://netzpolitik.org/2019/geheimdienstchefs-wollen-rechtsextremismus-mit-mehr-ueberwachung-aufklaeren [04.07.2020].
40 ZDF Nachrichten: Terroranschlag in Halle, Min: 18:36–18:38.

ders hervor; das Beispiel ging aus diesem Grund viral. Nach der Absage des Fußballspiels wird Innenminister Thomas de Maizière auf der Pressekonferenz nach den näheren Gründen gefragt und antwortet: „Ich verstehe diese Fragen. Aber verstehen Sie bitte, dass ich darauf keine Antwort geben möchte. Warum? Ein Teil dieser Antworten würde die Bevölkerung verunsichern".[41] Auch diese Aussage auf der Pressekonferenz zeichnet sich durch die offenkundige Darstellung des Nichterzählens aus, das heißt, durch die Betonung der bewussten Selektion und Vorenthaltung von Momenten.

Es ist das Phänomen, das Gerald Prince ,the disnarrated' nennt, das hier zum Ausdruck kommt: „[W]e are all familiar with the category of the unnarratable, or nonnarratable: that which, *according to a given narrative*, cannot be narrated or is not worth narrating either because it transgresses a law".[42] Prince unterscheidet verschiedene Kategorien dieses Nichterzählten. Im Falle der Beispiele aus dem Innenministerium greifen seine zweite und dritte Kategorie:

> We are familiar with another, closely related category that may be called the unnarrated, or nonnarrated. I am not thinking of what is left unsaid by a narrative because of ignorance, repression, or choice. Rather, I am thinking of all the frontal and lateral ellipses found in narrative and either explicitly underlined by the narrator [...]. In this case, something is not told (or least for a while) not so much because of a narratorial incapacity, a tellability imperative, a ,legal' imposition, but because of some narrative call for rhythm, characterization, suspense, surprise, and so on.[43]

Diese bewusst artikulierte Ausstellung der Wissensasymmetrie ist es, die die Aussage der Minister kennzeichnet: In der ideologischen Perspektive des Innenministeriums wird das Wissen um Hintergründe und mögliche Gefahren alleinig den Sicherheitsbehörden zugeordnet; eine Teilung dieses Wissens ist nicht vorgesehen. Prince macht in seinen Kategorien des Nichterzählten Fälle aus, bei denen Ereignisse vom Erzähler erwähnt werden, die sich in der Diegese jedoch nicht ereignen. Das kann im hypothetischen Modus der Fall sein.[44] Untersucht man nun das Erzählen von Sicherheitsexpert:innen in faktualen Überwachungsdiskursen auf die Frage nach Wirkung und Mächtigkeit ihres Sprechens, ist es also nicht von Bedeutung, dass die Geheimdienste dieses Wissen haben – das ist notwendiger Teil ihrer Arbeit und Bedingung für die Ausübung der Schutzfunktion, die sie innehaben. Entscheidend ist

---

[41] WELT Nachrichtensender: Innenminister– ‚Ein Teil dieser Antworten würde Bevölkerung verunsichern'. In: *YouTube*, 18.11.2015, Min: 00:28–00:41. URL: https://www.youtube.com/watch?v=xgmys5K1UnA [04.07.2020].
[42] Gerald Prince: The Disnarrated. In: *Style* 22 (1988). H. 1: Narrative Theory and Criticsm, S. 1–8, hier S. 1.
[43] Gerald Prince: The Disnarrated, S. 2.
[44] Vgl. ebd.

vielmehr, dass die Wissensdifferenz bewusst ausgestellt wird, indem die Antworten abgebrochen und damit das nichterzählte oder nichterzählbare Geheimnis betont wird. Der Abbruch erzielt ermächtigende Wirkung. Das damit ausgestellte Nichterzählen der implizit ausgedrückten Gefahr, dient der Stabilisation des eigenen Standpunktes und der Legitimation der eigenen Aufgabe. Ähnlich wie in der abstrakten Fiktion der hohen Gefährdungslage, die nicht ausgesprochen wird, aber durch die ideologische Perspektive zum Tragen kommt, reicht es auch hier aus, zu wissen, dass die Welt gefährlich und gefährdet ist. Gewissermaßen baut de Maizière auf der Fiktion der hohen Gefährdungslage auf, sie ist notwendige Bedingung. Der durch den Erzählakt selbst erhöhte Erzählerstandpunkt sichert ein System ab, in dem Wissensverteilung normiert wird. Die Funktionen dieses Nichterzählens macht Prince unter anderem in einer Rhythmisierung, einer Stärkung der Erzählermacht, in der Erzeugung von Spannung und – das sei die wichtigste Funktion – in einer rhetorischen Interpretation durch den Erzähler aus.[45] Empört haben sich Kritiker:innen nicht über den ersten Teil der Antwort („Aber verstehen Sie bitte, dass ich darauf keine Antwort geben möchte"), sondern über die Unterstellung einer Verunsicherung der Bürger:innen, die eintreten würde, wenn sie in das Wissen des Ministers eingeweiht wären. De Maizières Antwort schloss sich eine Bitte an: Er bittet um einen Vertrauensvorschuss dafür, „dass wir gute Gründe hatten, bittere Gründe, das so zu entscheiden, dass es aber nicht weiterhilft, jetzt die Einzelheiten so darzulegen, dass ihre verständliche Neugier befriedigt wird, aber das Handeln für die Zukunft erschwert wird".[46] Er betont die Notwendigkeit des Geheimnisses und wirkt indirekt dem Narrativ der überwachten Bürger:innen entgegen, indem er die Bürger:innen mit dem Attribut ‚neugierig' versieht. Neugierde ist nämlich kein hinreichender Grund für eine Informationsgabe. Auch nach diesem Ereignis werden Überwachungsmaßnahmen diskutiert und neue gefordert. Beispielsweise sagt Wolfgang Schäuble auf dem Parteitag im Dezember 2015 in Karlsruhe:

---

[45] „When it pertains to the narrating rather than the narrated, it foregrounds ways of creating a situation or ordering an experience, emphasizes the realities of representation as opposed to the representation of realities, and signifies something like: ‚The narrative is valuable because it follows a different and more interesting narrational strategy.' On the other hand, when it pertains to the narrated rather than the narrating, it underlines the quality and value of the former." (Gerald Prince: The Disnarrated, S. 5)

[46] WELT Nachrichtensender: INNENMINISTER – ‚Ein Teil dieser Antworten würde Bevölkerung verunsichern', Min: 01:35–01:54.

> Wenn ich an die Debatten über die Vorratsdatenspeicherung denke [...]: Der Rechtsstaat hat nicht die Aufgabe, die Verbrecher vor Entdeckung zu schützen, sondern er hat die Aufgabe, Verbrechen zu verhindern.[47]

Schäuble greift das im Diskurs der Zeit um staatliche Massenüberwachung kursierende Schlagwort ‚Datenschutz als Täter:innenschutz' auf und rückt den Datenschutz damit in ein Licht einer Verhinderung von Verbrechensprävention.

Die Äußerung von Thomas de Maizière auf der Pressekonferenz, er sage nicht mehr, um die Bevölkerung nicht zu verunsichern, löste medial sofort Reaktionen aus. Unter dem Hashtag #doitlikedemaziere reagierte die Öffentlichkeit auf Twitter und amüsierte sich über den Minister. Eine der kritischen Gegenstimmen war auch der TV-Moderator Jan Böhmermann. In seiner Satireshow *Neo Magazin Royale* ahmt er den Minister nach, mit der ‚Merkel-Raute' gestikulierend überzieht er die Sprechweise des Ministers mit gekünstelten Pausen.[48] Er stellt so die Rhetorik des Ministers überzogen aus. Sprechstil und Sprachfunktion würden, so Böhmermann, verraten, dass genau das Gegenteil erzeugt werden solle: Intendierter Effekt sei Verunsicherung statt Klärung. Böhmermann verweist auf die Differenz zwischen Erfassen und Darstellen: Politische Wirklichkeitserzählungen auf Pressekonferenzen sind vorbereitet. Schon deshalb, weil die zeitliche Perspektive zwischen Erfassen und Darstellen auseinanderklafft, wird von den Medien wie von der Öffentlichkeit angezweifelt, dass die Formulierung schlicht unvorsichtig war. Auch die Kritiker:innen streiten also um Wahrheit, indem sie, wie Böhmermann hier, die Informationslücken mit satirischen Szenarien füllt. In seiner Show fingiert er mögliche Hintergründe der Absage des Fußballspiels: einen Rettungswagen mit Sprengstoff, einen Scherz im Rahmen einer TV-Show, die Rückkehr des außerirdischen E. T. oder eine nahende Zombie-Apokalypse. Der Moderator nutzt in der faktualen Erzählung fiktionale Elemente, um eine Verunsicherungsstrategie aufzudecken.

Die Ordnung des Geschehens: Kollektiverzählung und Deutungshoheit

Innerhalb der Wirklichkeitserzählungen des Innenministeriums und ihrer kritischen Gegenstimmen lässt sich anhand dieser beiden Beispiele folgende Ordnung in der Kultur dieser Debatte festhalten: Anlass ist ein bedrohliches Ereignis, das

---

[47] CDU Bundesgeschäftsstelle: Protokoll 28. Parteitag der CDU Deutschlands, 14.-15. Dezember 2015, Karlsruhe, S. 86. URL: https://www.cdu.de/system/tdf/media/dokumente/2015_parteitagsprotokoll_karlsruhe.pdf?file=1&type=field_collection_item&id=5226 [04.07.2020].
[48] Vgl. Neo Magazin Royale/Jan Böhmermann: Keine Panik, Ihr Thomas de Maizière, Min: 01:52–02:53. In: *YouTube*, 19.11.2015. URL: https://www.youtube.com/watch?v=igW78rvLdDg [18.11.2019].

geschehen ist oder verhindert werden soll. In der Darstellung des Ereignisses durch das Innenministerium gehört die Fiktion einer hohen Gefährdungslage ebenso zu den festen Elementen wie die Ausstellung des geheimen Wissens, das die Erzähler nicht mit der Öffentlichkeit teilen können oder teilen wollen. Die Informationsvergabe wird für die Rezipierenden wahrnehmbar an der Textoberfläche reguliert. Dabei wird versucht einer Kritik an staatlicher Überwachung entgegenzuwirken, mit dem Kritiker:innennarrativ der überwachten Bürger:innen wird dabei gerechnet. Nach der ersten Perspektivierung durch den Innenminister fordert dieser neue Überwachungsinstrumente oder -maßnahmen, die solche Ereignisse zukünftig präventiv verhindern sollen. Sowohl nach der ersten als auch nach weiteren Äußerungen melden sich kritische Gegenstimmen zu Wort. Diese Reaktionen von Medien und Öffentlichkeit zeichnen sich unter anderem durch die Integration von fiktionalen Darstellungsformen – wie der Integration von fiktiven Figuren wie Orwells Big Brother oder Sherlock Holmes – aus, während die Erzählungen der Sicherheitsbehörden durch wiederkehrende Narrative ausgestaltet sind.

Die Erzählpraxis von Polizei und Sicherheitsbehörden lässt sich mit Roy Sommer als Kollektiverzählung begreifen. Unter solchen Erzählungen versteht Sommer faktuale Erzählungen, die dazu beitragen, ein kollektives Gedächtnis oder eine kollektive Identität zu schaffen:

> [D]ie konkreten Geschichten [können] stark variieren, solange sie demselben abstrakten Muster entsprechen und damit als dem Typ zugehörig erkannt und im Erzählkontext als passend empfunden werden. Eine Kollektiverzählung muss sich also nicht unbedingt in einem konkreten, 'kulturellen' und damit kanonischen Text manifestieren, sondern kann aus einem Ensemble strukturanaloger und funktionsäquivalenter Einzelerzählungen bestehen.[49]

Kollektiverzählungen im Sinne Sommers sind faktuale Erzählungen, die eine normative Funktion innerhalb der Gemeinschaft haben, einem Muster entsprechen, Identität und Sinn stiften, solange die Mitglieder sie als konstitutiv auffassen. Entscheidend sei dabei nicht der Wahrheitsgehalt, sondern die Tatsache, ob die Erzählung von allen Mitgliedern als authentisch akzeptiert wird:

> Kollektiverzählungen dienen nämlich nicht in erster Linie der Information der Adressaten. Im Vordergrund stehen, was den am Erzählvorgang Beteiligten in der Regel nicht bewusst ist, die Selbstversicherung, das Gemeinschaftserlebnis, der normierende Charakter des Erzählten und der Orientierungseffekt, der aus einer Gruppe eine Wertegemeinschaft macht.[50]

---

[49] Roy Sommer: Kollektiverzählungen. Definition, Fallbeispiele und Erklärungsansätze. In: Christian Klein/Matías Martínez (Hg.): *Wirklichkeitserzählungen*. Stuttgart/Weimar 2009, S. 229–244, hier S. 231 f.
[50] Roy Sommer: Kollektiverzählungen, S. 232.

Die Analyse macht deutlich, dass den Einzelerzählungen der Minister gemeinsame Strukturen und eine gemeinsame Perspektive zugrunde liegen. Begreift man sie als eine solche Kollektiverzählung, dann stellt sie nach Innen Selbstversicherung dar und normiert durch den Ausschluss aus vermeintlichem Wissen und den Einschluss in den Raum der gefährdeten Welt nach Außen Ordnungen.[51]

Im Überwachungsdiskurs der zivilen Sicherheit erleben Bürger:innen einen Wetteifer um und Anspruch auf Wahrheiten bzw. Deutungshoheiten, der mit den narrativen Mitteln um Realitätsansprüche und Fiktionsszenarien bestritten wird. Diese Wirklichkeitserzählungen versuchen ihren Wahrheitsanspruch durch Wiederholung der Narrative sowie den Einsatz von fiktionalen Darstellungsformen zu erreichen. Die staatlichen Akteure wirken dem Narrativ der überwachten Bürger:innen entgegen; die Kritiker:innen reagieren dagegen mit Satire, Spott und Ironisierung. Überwachung wird selten begrifflich angesprochen, sondern muss in Aussagen wie ‚in den Blick nehmen' oder in impliziten Anspielungen, ‚Datenschutz darf kein Täter:innenschutz sein', erkannt werden. Über die faktualen Narrative wird eine bedrohte Welt mit ‚inneren Feinden' konstruiert. Überwachung erscheint so als adäquates Verteidigungsinstrument. Interessanterweise reagieren sowohl die Literatur, man denke an die Karikaturen des Ministers in Juli Zehs Theaterstücken, als auch der faktuale Diskurs in Form der medialen Kritik (*Heute-show*, *Stern*, Memes …) auf die Konstruktion der bedrohten und daher stärker zu überwachenden Wirklichkeit der Innenminister mit Fiktionen. Ihnen schreiben Kritiker:innen das Potential zu, den Wahrheitsanspruch des Ministeriums zu unterlaufen.

7.2 Überwachungsmaßnahmen am Beginn der Corona-Pandemie in Deutschland. Vom Erzählen zwischen Sicherheit und Unsicherheit

Die sogenannte ‚Corona-Krise' führte uns eine Welt vor Augen, die global durch einen Virus bedroht wird. Um ‚Katastrophen' zu verhindern, müssen das Virus, seine Übertragungswege und -geschwindigkeiten einem strengen Monitoring unterliegen. Dazu werden auch die täglichen Gewohnheiten der Bürger:innen beobachtet; Empfehlungen, Richtlinien, dann Gesetze ausgesprochen. Konkret heißt das oftmals: Grenzen werden geschlossen, Kontakte vermieden und sich ins eigene Heim zurückgezogen. Im Jahr 2020 werden David Lyons ‚two faces of surveillance', die Fürsorge- und Kontrollfunktion von Überwachung, spürbar. Diese Tage verunsichern.

---

51 Vgl. ebd.

Dabei benötigt die Eindämmung einer Ausbreitung von Krankheiten Überwachung im Zuge einer staatlichen Biopolitik, damit die Gesellschaft geschützt und funktionsfähig bleibt. Doch in einer Krise, die mit Verunsicherung einhergeht, können Überwachungsmaßnahmen besonders schnell öffentliche Zustimmung finden und ebenso schnell Ablehnung und Empörung hervorrufen. Beides konnten wir in unterschiedlichen sozialen Gruppen beobachten. Umso entscheidender ist es, durch die Art wie kommuniziert wird, keine zusätzliche Verunsicherung herzustellen. Die folgende Analyse fragt also, wie vom Virus und im Umkreis entscheidender Maßnahmen berichtet wird. Sie fokussiert exemplarisch auf einen frühen Aspekt der Covid-19-Pandemie und ihrer Überwachung: die Bewegungen und Kontakte einschränkenden Maßnahmen. Ich betrachte die Tage im März des Ausbruchjahres, in denen Grenzen und Geschäfte geschlossen, Versammlungen untersagt und Kontaktverbote eingeführt wurden. Es geht um die Tage vom 11. März bis etwa zum 20. März 2020. Spätestens in diesen Tagen wird das Fremde zum Eigenen. Noch Ende Januar lässt das Robert Koch-Instituts (RKI) verlauten, dass die Gefahr einer Ausbreitung des Virus gering und die Gefahr für die deutsche Bevölkerung sehr gering sei.[52] Das fremde Virus war ein Problem in der Fremde, oder sollte zumindest ein solches sein. Spätestens mit Heinsberg wurde es zum eigenen; erst recht, als in diesen Märztagen harte Maßnahmen im Eigenen und an den Eigenen durchgesetzt wurden. Nun wird aus intensivem Beobachten ein sichtbares Überwachen. Innerhalb der Pandemie werden zwei Überwachungssysteme unterhalten: Einerseits wird das Virus selbst überwacht und andererseits die Bevölkerung. Erreger und Körper sind die Objekte. Im ersten System geht es um das Beobachten und Kontrollieren der Ausbreitung und Bewegung des Virus oder gar dessen Mutationen. Im zweiten System werden Infizierte und Intensivbetten nachgehalten, aber auch Verhalten und Bewegungen der Menschen (selbst-)überwacht und kontrolliert. Weil es um Bewegungen geht, soll in beiden Systemen eine alte Überwachungsmaßnahme wirken: eingrenzen, absperren, herunterfahren, ‚to lock down'. Man hofft auf Türen und Grenzen.

Die nachfolgende Analyse konzentriert sich exemplarisch auf die autorisierten Sprecher:innen, die ‚sprechenden Subjekte', die in dieser Phase Erzähl- und Deutungshoheit genießen. Zu nennen ist neben der Bundesregierung und dem Gesundheitsminister vor allem das RKI. Der Covid-19-Diskurs ist dabei ein männlicher Diskurs: Redehoheit haben, abseits der Bundeskanzlerin, ausschließlich männliche Politiker, Virologen und Experten. In der Analyse stellt sich nun auch die Frage,

---

52 „Also, wir gehen davon aus, dass Einzelfälle auch in Ländern auftreten, in mehreren Ländern, als jetzt der Fall ist, aber die Gefahr, dass sich diese Einzelfälle dann ausbreiten, ist zurzeit gering einzuschätzen." (ZDF-Morgenmagazin: Wieler zu Coronavirus: „Gefahr gering". In: *ZDF Nachrichten*, 27.01.2020. URL: https://www.zdf.de/nachrichten/zdf-morgenmagazin/wieler-zu-coronavirus-gefahr-gering-100.html, Min: 00:00:36–00:00:47. [29.12.2020].

welche ‚Begleiterzählungen' der (Un-)Sicherheit existieren und *wie* die Notwendigkeit der Überwachungsmaßnahmen geschildert oder erzählt wird, damit diese Akzeptanz finden.[53]

Kontaktverbot und ‚Lock-Down': 15.03.2020. Die Grenzen werden geschlossen. 16.03.2020. Zusammenkünfte werden verboten, Geschäfte müssen schließen, Urlaubsreisen sind nicht mehr gestattet: ‚Bitte bleiben Sie zuhause'

Der Einschluss ist eine der ältesten Überwachungsmaßnahmen im Rahmen von Krankheiten oder Verbrechen; man assoziiert damit die Pest oder das Gefängnis.[54] Der ‚Lock-Down'[55] kann mit Einschließendem einhergehen. Im Normalzustand schützt das Grundgesetz die Bürger:innen vor derart massiven Maßnahmen des Staates, die nicht nur die individuellen Freiheiten einschränken, sondern durch verminderte Kontakte demokratiegefährdend werden können. Einschluss bedeutet, mit Foucault gesprochen, Vereinzelung in separate Zellen. Er bedeutet deutlich reduzierte Begegnungen und damit weniger Kommunikation, weniger Diskussion, weniger Demonstration[56] – das gilt auch in der digitalen Welt. Es agiert der Staat als Souverän, das lässt an das Narrativ des Überwachungsstaats denken, dem das Modell des Bentham'schen Panopticon zugrunde liegt. Doch diese Assoziation führt auf eine falsche Fährte: Zum einen hatte Deutschland zwar kurzzeitig Grenzschließungen und mittelfristig Reisewarnungen, aber keine bundesweiten Ausgangssperren. Der Einschluss war nicht so rigoros, wie er in anderen Ländern durchgeführt wurde. Zum anderen, das soll vorweggeschickt werden, agiert hier kein autoritärer Kontrollstaat, denn der Einschluss findet nicht in (Disziplinar-)Institutionen statt, sondern es gilt als Gebot in den Privaträumen der Bürger:innen. In den Privaträumen kann der Staat die Einhaltung nicht ausreichend kontrollieren. Panoptische Effekte, die auf der Annahme einer permanenten Sichtbarkeit beruhen, bleiben aus. Das heißt, das Modell der Überwachung ist von Beginn darauf angewiesen, dass die Disziplin[57] von den Bürger:innen in ihren unbeobachteten

---

53 Auf extreme Gegenerzählungen im Rahmen von sogenannten ‚Verschwörungserzählungen' und ihren Ausformungen von ‚Hygiene-Demos' wird nicht eingegangen, da sie sich zu weit vom eigentlichen Thema befinden.
54 Vgl. Michel Foucault: *Überwachen und Strafen*, u. a. S. 252–256; S. 302–307.
55 Populär wurde der Begriff ‚Lock-Down', der zwar etwas anderes meint, nämlich das Herunterfahren des Systems auf das Notwendigste, mit dem aber teilweise ein Einschluss einhergeht.
56 Vgl. Michel Foucault: *Überwachen und Strafen*.
57 Die Durchführungsweise „besteht in einer durchgängigen Zwangsausübung, die über die Vorgänge der Tätigkeit genauer wacht als über das Ergebnis und die Zeit, den Raum, die Bewegung bis ins kleinste codiert. Diese Methoden, welche die peinliche Kontrolle der Körpertätigkeiten

Privaträumen praktiziert wird. Biopolitische Überwachungsmaßnahmen, die Anpassung des Verhaltens an die Norm, müssen im privaten Raum auf die Selbstüberwachung setzen. Initiiert wird also eine hygienische Kultur, die staatlich durch Ver- und Gebote initiiert, als Disziplin aber individuell eingeübt und praktiziert wird.

Am 11. März findet eine Bundespressekonferenz mit Angela Merkel, Jens Spahn und Lothar Wieler statt, auf der die Kanzlerin sagt: „Das Virus ist in Europa angelangt. Es ist da. Das müssen wir alle verstehen […].“[58] Ihr nur sieben Buchstaben umfassender Satz, „es ist da", impliziert: Das Virus wurde erwartet, es wurde intensiv beobachtet, man hat gehofft, es kommt nicht, aber man ahnte, es wird kommen. Diese Ankunft des Virus bekräftigt Spahn: „Das Virus ist in Deutschland. Das ist der Gedanke, an den wir uns gewöhnen müssen. Es ist in Europa."[59] Das RKI überwacht Infektionskrankheiten, seine Instrumente erfassen deren Ausbreitung und Schweregrad; auf Basis seiner Daten berechnet das Institut Prognosen und empfiehlt Verhaltensweisen, politische wie individuelle. 2020 wird das sichtbar. Das RKI wird zum autorisierten Sprecher in der Corona-Krise. Wenn folgend betrachtet wird, wie in den besagten Märztagen über das Virus und die notwendigen Maßnahmen gesprochen wurde, geht es nicht darum, Aussagen und ihre Inhalte oder die Maßnahmen zu bewerten, sie auf ein ‚wahr' oder ‚falsch' zu prüfen. Die *histoire* und ihre Referenzialität bleiben stets unangezweifelt. Was interessiert ist, *wie* gesprochen wird. Welche darstellerischen Mittel und narrativen Formen kommen zum Einsatz? Die Analyse zielt auf das Verlassen des sachlichen Berichtens zugunsten eines Erzählens.

Insbesondere das RKI, für das in der Regel Lothar Wieler oder Lars Schaade sprachen, macht in den untersuchten Tagen auch Aussagen über die eigene Institution als Sprecherinstanz bzw. sich als Erzähler. Wirklichkeitserzählungen wie diese stellen eine erzählte Welt dar, von der sie selbst Teil sind. So ist das RKI zwar eine Institution, die wissenschaftlich, mit nachweisbaren Methoden, auf das Virus blickt, sich aber nicht frei davon machen kann, zugleich Akteur der Ge-

---

und die dauerhafte Unterwerfung ihrer Kräfte ermöglichten und sie gelehrig/nützlich machen, kann man ‚Disziplinen' nennen." (Michel Foucault: *Überwachen und Strafen*, S. 175)

58 Ihr Programm – Bleiben Sie zu Hause: 11.03.2020 – Angela Merkel, Jens Spahn, Lothar Wieler – BPK zum Coronavirus. In: *YouTube*, 11.03.2020. URL: https://www.youtube.com/watch?v= kPGT9pFIu8k&t=2833s Bundespressekonferenz 11.03.2020, Min. 00:02:15–00:02:20. [08.09.2020].

59 Philipp May/Jens Spahn: Bundesgesundheitsminister Jens Spahn im Interview mit dem Deutschlandfunk zu Maßnahmen gegen das Coronavirus. In: *Bundesministerium für Gesundheit. Interviews*, 11.03.2020. URL: https://www.bundesgesundheitsministerium.de/presse/interviews/in terviews/deutschlandfunk-110320.html [02.10.2020]. Noch am 11. März hieß es, dass Grenzschließungen kein adäquates Mittel gegen die Virusausbreitung seien: „Das Virus […] wird sich weiter verbreiten, übrigens auch, wenn Sie alles abschotten, wenn Sie alle Grenzen dicht machen. In dem Moment, wo Sie die Grenzen wieder öffnen, kommt das Virus […]. Zu sagen, wir machen jetzt alle Grenzen dicht und dann geht das Virus an uns vorbei, das wird nicht funktionieren. […]." (Ebd.)

schichte zu sein. Es ist sogar handlungsbestimmender Akteur. Seine Sprechakte führen zu politischen wie individuellen Handlungen, es konstruiert Geschichte:

> Wer die Hoheit über das Erzählen besitzt [...] eignet sich die Definitionsmacht darüber an, was als Ereignis wahrgenommen sein soll und wie es sich, vom jeweils erreichten Endpunkt her auf den Anfang zurückgerechnet, aus einer passenden Vorgeschichte ableitet. Bis zu einem gewissen Grad gebietet er so über Gegenwart und Vergangenheit gleichermaßen. Denn in letzter Konsequenz entscheidet er über die Frage, welche Geschehnisse überhaupt in die gesellschaftliche Semiosis Eingang finden und tatsächlich Konsequenzen nach sich ziehen.[60]

Die Selbstaussagen des RKI betonen die „wissenschaftliche[.] Sicht [auf, SH] diese Epidemie".[61] Wieler sagt: „Meine Rolle ist die eines Wissenschaftlers, eines unabhängigen Wissenschaftlers. Dieses Institut hat ja mehrere Vorteile. Wir stehen nicht in einem Wettbewerb, wie das vielleicht andere Wissenschaftler tun, um bestimmte Drittmittel [...]. Das heißt, wir können nichts weiter tun, als die Fakten und die Annahmen, die wir berechnen, zu vermitteln."[62] Er schreibt die perzeptive und ideologische Perspektive als eine wissenschaftliche und unabhängige fest, wobei er mit ‚wissenschaftlich', ‚nicht-politisch handelnd' betonen will. Darüber hinaus festigt er so den Wahrheitsgehalt der Aussagen. Wissenschaft steht hier für Wahrheit. Es geht um das Verhandeln von Objektivität als Wahrheit. Denn der Sprecher betont die eigene wissenschaftliche Perspektive immer, wenn er gefragt wird, ob das RKI der Bundesregierung konkrete Maßnahmen empfohlen hat. Das RKI „ist ein Bundesinstitut im Geschäftsbereich des Bundesministeriums für Gesundheit."[63] Es ist also in seiner Verankerung nicht unabhängig, betont aber, nicht in politische Entscheidungen einzugreifen oder solche zu empfehlen. Die Sprecher des RKI verstehen sich als Experten und Betroffene der Pandemie gleichermaßen. Dieser Standpunkt autorisiert zweifach die Erzählungen sowie das transportierte Wissen.

Masternarrativ: Strukturmomente unserer Sicherheitserzählung

Die Ansprachen der Kanzlerin, die Pressekonferenzen der Bundesregierung und die Pressebriefings des RKI in diesen Märztagen zeichnen sich durch gemeinsame

---

60 Albrecht Koschorke: *Wahrheit und Erfindung*, S. 62.
61 Ihr Programm – Bleiben Sie zu Hause: BPK zum Coronavirus, Min. 00:18:08–00:18:12.
62 ZDFheute Nachrichten: Corona-Krise: Robert Koch-Institut Update vom 20.03.2020. In: *YouTube*, 20.03.2020. URL: https://www.youtube.com/watch?v=tmngKgTEFr8, Min. 00:19:03–00:19:41 [09.09.2020].
63 Robert Koch-Institut: *Das Robert Koch-Institut*, 06.05.2020. URL: https://www.rki.de/DE/Content/Institut/institut_node.html [02.10.2020].

Darstellungsmittel und Teilerzählungen aus. Kern des Masternarrativs[64] ist folgende Darstellung, die in der Fernsehansprache der Kanzlerin zu hören ist:

> Das Coronavirus ist eine riesige Herausforderung für uns in Deutschland. Eine Herausforderung, wie wir sie seit langem nicht gekannt haben. [...] Das Virus, um das es geht, ist neuartig. Es gibt kein Medikament und es gibt keinen Impfstoff. Deshalb müssen wir die Verbreitung dieses Virus verlangsamen, um unsere Gesundheitssysteme nicht zu überfordern. Und das bedeutet, dass wir soziale Kontakte weitestgehend einstellen, wo immer das möglich ist. Damit helfen wir insbesondere den Menschen, die von der Erkrankung durch dieses Virus in besonderer Weise betroffen sein werden. Das sind die Älteren und Menschen mit Vorerkrankungen. Jeder kann einen Beitrag leisten [...].[65]

Man sieht, dass es sich bei dieser Rede um eine Wirklichkeits*erzählung* handelt. Unter einer Erzählung verstehen Klein und Martínez „die sprachliche Darstellung eines Geschehens, also eine zeitlich organisierte Abfolge von Ereignissen".[66] Die Basiserzählung nimmt eine zeitliche und kausal motivierte Anordnung von Geschehensmomenten vor. Es wird vermittelt: Die Sachverhalte folgen auseinander, was durch die Satzanfänge (deshalb, damit) deutlich wird. In den von Klein und Martínez unterschiedenen Differenzierungen handelt es sich um eine ‚normative Wirklichkeitserzählung', deren „erhobene[r] Geltungsanspruch [...] sich an der Dichotomie ‚richtig handeln vs. falsch handeln [orientiert]'".[67] Das bedeutet, die Geschichte dient utilitaristisch dazu, Handeln zu (be-)werten und zu steuern. Dabei wird das Virus als unbekannt und herausfordernd perspektiviert.[68] Sie gibt als Lösung den Abstand vor, der zur benötigten Verlangsamung der Ausbreitung führt. Motiviert ist die Verlangsamung zum einen systemisch (das Gesundheitssystem nicht überfordern), zum anderen aber auch ganz privat: Es geht um die eigenen Nächsten. Sie greift das Schema der christlichen Nächstenliebe für Alte und Schwache auf, das teils altruistisch, teils aber auch ganz ich-bezogen perspektiviert wird. Ein verstärkender Effekt wird erzielt, wenn es nicht nur um die Gemeinschaft, sondern ganz persönlich um die eigenen Eltern und Großeltern geht. Diese Basiserzählung ist das *master narrative*. Mithilfe dieses Narrativs sollen das Virus und die Pandemie verstanden und die Welt bewertet werden. „[I]ch find wichtig, dass wir das in die Gesellschaft, in die Fa-

---

64 Unter ‚Masternarrativ' (bzw. dem englischen Term ‚master narrative') verstehe ich in dieser Studie ein übergeordnetes Schema, das (eine gewisse Zeit) die vorherrschende Deutungs- und Wahrnehmungsfolie darstellt.
65 Bundesregierung: Kanzlerin Merkel zum Coronavirus. In: *YouTube*, 14.03.2020. URL: https://www.youtube.com/watch?v=4epv8oXgrAY, Min: 00:00:00–00:00:55 [15.09.2020].
66 Christian Klein/Matías Martínez: Wirklichkeitserzählungen, S. 6.
67 Ebd.
68 Die Kanzlerin vermeidet – im Gegensatz zu anderen Staatschefs – Rhetoriken vom ‚Kampf gegen das Virus'.

milien, tragen müssen, dass es hier um den Schutz der anderen geht; innerhalb der Familie, um die Eltern, die Großeltern, und innerhalb der Gesellschaft",[69] sagt Jens Spahn am 11.03.2020 und lädt damit explizit zum Weitererzählen ein. Dieses Narrativ soll kollektiv erzählt werden, möglichst mit allen Einzelelementen. Wie wichtig der Übergang vom individuellen zum kollektiven Erzählen für das Gelingen der Eindämmungsstrategie ist, davon zeugen die zahlreichen Wiederholungen und Variationen des *master narrative* – auch in unterschiedlichen Medien und Formaten. Man denke an die eigens dafür produzierten Videos,[70] Poster, Banner oder Websites wie *zusammengegencorona.de*[71] des Bundesinstituts für Gesundheit. Das (Weiter-)Erzählen ist Teil der Eindämmungsstrategie. Das Narrativ ist daher angelegt als eines, das wenig Varianz zulassen, aber eine große Reichweite generieren will.

Wieler betont, dass der Schutz der vulnerablen Gruppen eine der Säulen der Eindämmungsstrategie ist: „Ein [anderer, SH] Aspekt ist eben die Verlangsamung [...]. Wie lang diese Epidemie auch über unser Land geht – es wird Monate dauern, sicher, vielleicht auch Jahre – je länger es dauert, und ich sag's nochmal, desto besser ist dies."[72] Indem alle zuhause bleiben, soll die Ansteckungsgeschwindigkeit zum Schutz Schwächerer verlangsamt werden. Das ist die Sicherheitserzählung: Immobilität bietet Schutz und führt zur benötigten Langsamkeit. Sie beruht auf Partizipation:

> Jeder einzelne Mensch ist betroffen in unserem Land [...]. Jeder und jede ist dazu aufgerufen, [...]. Deshalb heißt also die Aufgabe, jeder und jede kann mit seinem und ihrem persönlichen Verhalten dazu beitragen, dass sich die Geschwindigkeit, in der Menschen infiziert werden, so verlangsamt [...].[73]

Allein in dieser entscheidenden Fernsehansprache wiederholt sich der Appell zur Teilhabe fünf Mal. Immer wieder wird deshalb diese Geschichte erzählt, in Worten und Graphiken, bis aus individuellem Erzählen ein kollektives wird und aus

---

69 Ihr Programm – Bleiben Sie zu Hause: BPK zum Coronavirus, Min. 00:16:00–00:16:11.
70 Es werden sogar Erklärvideos für Kinder produziert: vgl. Bundesministerium für Gesundheit: Coronavirus: Erklärt für die jüngsten unserer Gesellschaft. In: *YouTube*, 31.03.2020. URL: https://www.youtube.com/watch?v=5l6HZO_KwDI [30.12.2020].
71 Vgl. Stadt Wien/Bundesministerium für Gesundheit: *Zusammen gegen Corona*. URL: https://www.zusammengegencorona.de/ [30.12.2020].
72 Ihr Programm – Bleiben Sie zu Hause: BPK zum Coronavirus, Min. 00:21:41–00:22:00.
73 Bundesregierung: Kanzlerin Merkel zum Coronavirus, Min. 00:04:08–00:05:12. Am 22.03.20 wiederholt Merkel: „Die überwältigende Mehrheit der Menschen hat verstanden, dass es jetzt auf jeden und jede ankommt. Dass jeder und jede seinen und ihren Teil dazu beitragen kann, aber auch muss, das Virus aufzuhalten." [Tagesschau: Coronavirus: Merkel zu neuen Regeln – Maximal zwei Personen erlaubt. In: *YouTube*, 22.03.2020. URL: https://www.youtube.com/watch?v=6pQgZLg0xog, Min. 00:01:33–00:01:49 [15.09.2020].

dem Erzählen eine messbare Verhaltensänderung generiert wird.[74] Das Erzählen eilt der Verhaltensänderung voraus.

Erzählformen von Unsicherheit

Das unbekannte Virus stellt eine Gefährdung dar, gesundheitlich wie gesellschaftlich.[75] Das allein führt zu Verunsicherung im System. Doch in den Märztagen 2020 fällt auf, dass neben diesem Sicherheitsnarrativ – Abstand, Immobilität und Langsamkeit retten Leben, Schutz und Fürsorge retten Gemeinschaft – auch Unsicherheits- und Zukunftsszenarien platziert werden. Dabei ist die Gratwanderung für alle Beteiligten sicherlich schwer: Wie viel Information und wie viel Wiederholung ist notwendig und angemessen? Wann jedoch fungiert die Wiederholung nicht mehr als sachliche Darstellung von Information, sondern wird zum narrativen Manöver, um über Unsicherheitserzählungen Partizipation zu erreichen?

Zur Verlautbarung von Unsicherheiten werden verschiedene Darstellungsmittel vermehrt genutzt. Entscheidend ist die Wiederholung: Ein Beispiel ist die immer wieder getätigte Aussage: „Weiter muss man verstehen, wenn das Virus da ist und noch keine Immunität der Bevölkerung gegenüber diesem Virus vorliegt, keine Impfmöglichkeiten existieren, auch noch keine Therapiemöglichkeiten, dass dann ein hoher Prozentsatz […] infiziert werden […]."[76] Das betonen Bundeskanzlerin Merkel und die anderen autorisierten Sprecher:innen immer wieder in ihren Aussagen: Es existieren weder Impfung noch Medikation.[77] In der Kanzlerin-Ansprache im Fernsehen ist es gerade der fehlende Impfstoff, der die Maßnahmen legitimiert:

---

[74] In diesen Tagen ist die Verlangsamung als Geschichtenkern und Appell überall präsent: „Die oberste Überschrift ist: Wir müssen die Ausbreitung verlangsamen, damit wir nicht zu viel auf einmal an Intensivmedizin brauchen. Dazu müssen gerade auch die Jüngeren und Gesunden durch eigenes Verhalten beitragen." (Jens Spahn im Interview mit dem Deutschlandfunk. In: https://www.bundesgesundheitsministerium.de/presse/interviews/interviews/deutschlandfunk-110320.html [02.10.2020]).

[75] Im Folgenden will ich nicht infrage stellen, dass das Virus überwacht werden, seine Bewältigung gesichert werden muss. Ich frage nicht, ob das, was erzählt wird, ‚wahr' ist, sondern auf welche Weise Wissen vermittelt und Partizipation an (Überwachungs-)Maßnahmen erreicht werden und welche Rolle Narrativität dabei spielt.

[76] Ihr Programm – Bleiben Sie zu Hause: BPK zum Coronavirus, Min. 00:03:20–00:03:40.

[77] „Und an Gegenmittel haben wir eben noch keinen Impfstoff und keine Medikamente, sondern nur erstens, die Anstrengungen, die wir unternehmen, um unsere Gesundheitssystem, vor allem die Krankenhäuser, auf den zu erwartenden weiteren, hohen Anstieg der Fallzahlen vorzubereiten und zweitens, unser eigenes Verhalten." (Tagesschau: Coronavirus: Merkel zu neuen Regeln – Maximal zwei Personen erlaubt, Min. 00:00:23–00:00:47.

„[W]ir müssen [...] schnell dafür Sorge [...] tragen, dass Impfstoffe entwickelt werden können und Medikamente hergestellt werden können. Aber das wird dauern. Und deshalb müssen wir unser Verhalten koordinieren und deshalb wird es auch zur Schließung von vielen Einrichtungen kommen".[78] Was auf der Sachebene zutreffende Information ist, kann auf einer perlokutionären Ebene durchaus Effekte der Verunsicherung auslösen, gerade dann, wenn die Aussage mehrfach wiederholt wird, d. h. in diesen Krisentagen stetig präsent ist.

Narratologisch interessanter als die einfache Wiederholung von Sachverhalten, die auch epistemologische und emotionale Unsicherheitseffekte auslösen kann, ist aber die Repetition von Elementen, die für das gesamte Narrativ strukturtragend sind: Das betrifft im Besonderen die starke Betonung des Anfangs: „Wir sind am Anfang einer Epidemie, die noch viele Wochen und Monate in unserem Land unterwegs sein wird."[79] Stetig hebt Wieler den Anfang hervor: „Wir stehen am Anfang dieser Epidemie".[80] Auch die Kanzlerin sowie Jens Spahn ritualisieren die Betonung des Anfangs. Mit dem Anfang geht nicht nur die Information einher, dass die Pandemie gerade beginnt. Der Anfang hat strukturbildende, machtverteilende und psychologische Effekte. Albrecht Koschorke betont den Anfang der Geschichte: „Was gilt, hängt in elementarer Weise davon ab, welcher Erzählanfang gesetzt wird, der die Gegenwärtigkeit des Erzählten von einer aus dem Inneren der narrativen Raumzeit unartikuliert scheinenden, ungeordneten Prähistorie trennt."[81] Anfang und Ende konstituieren einen Zeitrahmen; hier wird ausgefochten, was Teil der erzählenswerten Geschichte ist und was nicht. Mit der wiederholenden Betonung des Anfangs der Epidemie gewinnt Bedeutung, was danach folgt. Es wird eine lange Geschichte evoziert, deren Ende mit dem Impfstoff im März 2020 zwar angekündigt wird, aber unsicher ist und in ihrer Dauer offenbleibt. Der Anfang schreibt das offene Ende ein.

Das Ende der Erzählung dagegen, das nicht terminierbar in der ungewissen Zukunft liegt, bestimmt jedoch die Wahrnehmung sowie Bewertung des Ereignisses durch die Gemeinschaft. Die Erzählung kündigt ihr eigenes Ende mit der Realisierung und Verfügbarkeit eines Impfstoffs an – der Impfstoff beendet die Pandemie.

---

78 Bundesregierung: Kanzlerin Merkel zum Coronavirus, Min. 00:02:35–00:02:52.
79 ZDF heute Nachrichten: Corona-Krise: Update vom Robert Koch-Institut. In: *YouTube*, 18.03.2020. URL: https://www.youtube.com/watch?v=Cq8_JOZCtVc, Min. 00:02:34–00:02:44 [09.09.2020].
80 Lothar Wieler im Pressebriefing 25.03.2020 ZDFheute Nachrichten: Coronavirus: Robert Koch-Institut Update vom 25.03.2020. In: *YouTube*, 25.03.2020. URL: https://www.youtube.com/watch?v=NFuIphb0WaU, Min. 00:09:33–00:09:51. Vgl. auch: phoenix: Pressekonferenz des Robert-Koch-Instituts zum aktuellen Corona-Sachstand am 10.03.2020. In: *YouTube*, 10.03.2020. URL: https://www.youtube.com/watch?v=tzcoQEVyiY0, Min. 00:07:05–00:07:08 [08.09.2020]; Tagesschau: Coronavirus – Zahlen und Fakten vom Robert-Koch-Institut. In: *YouTube*, 13.03.2020. URL: https://www.youtube.com/watch?v=QJ3aU6KuXc8, Min. 00:16:52–00:17:00 [08.09.2020].
81 Albrecht Koschorke: *Wahrheit und Erfindung*, S. 62.

Es ist ein Narrativ, das katastrophal beginnt, aber – das wird bereits angekündigt – gut enden wird. Der Impfstoff erlöst. Das ist kulturell bedeutsam, da Krankheit so mithilfe eines ‚Happy-End-Schemas' vermittelt wird. Das Narrativ setzt den Endpunkt der Pandemie, trägt aber die Ungewissheit, ob, wann und wie der Impfstoff kommt und wirkt. Der Impfstoff als Lösung ist zum Zeitpunkt des Erzählens 2020 eine Fiktion im Sinne einer Vorstellung, die eine Welt errichtet und damit Komplexität reduziert. Die Fiktion setzt nicht nur das Moment, dass die Impfung kommt; sie handelt auch von einer Welt, in der dieses Erlösungsmittel utopisch über die Welt kommt und die Pandemie beendet. Das ist allerdings keine Bloch'sche ‚konkrete Utopie'.[82] Dieses Medikament kommt nämlich in eine Welt mit bestehenden, vorherrschenden Wirtschafts-, Politik- und Machtverhältnissen. Es ist nur die Perspektive derer, die sich den Impfstoff leisten können werden, die annehmen, dass er zeitig das erlösende Ende darstellt. Das kommt in einer derart globalisierten Welt wie der unseren einem komplexreduzierenden Sprechen gleich. Das Ende trägt ein kulturelles Wahrnehmungsschema in die Erzählung, nämlich das der Erlösung, wird jedoch im Vergleich zum Anfang weniger stark inszeniert. Der Anfang wird repetitiv beschworen, das Ende schwingt latent mit.

Mit der Betonung des Anfangs geht ein Darstellungsmittel einher, dass bis in den April 2020 hinein, aber gerade in diesen Märztagen auffallend ist: Den Anfang begleiten dystopische Zukunftsprognosen: „Aber wir werden auch weiter in diese Epidemie hineinkommen. Das heißt, bei uns werden natürlich auch die Fallzahlen steigen, natürlich werden bei uns auch mehr Menschen noch sterben",[83] sagt Wieler am 11. März. Zukunftsszenarien in Wirklichkeitserzählungen müssen sich, anders als in der Literatur, faktual beglaubigen lassen.[84] Diese Beglaubigung stellt das RKI in den Pressekonferenzen über das Verlesen der internationalen Infizierten- und Todeszahlen des gestrigen und des heutigen Tages her: Es zeigt auf die Verhältnisse der Zahlen zueinander und eine steigende Tendenz, aus denen sich diese Prognosen errechnen lassen.[85] Abseits ihrer prognostischen Aussagekraft kommt es mir in der Betrachtung der Wirkungsweise dieser Szenarien auf

---

82 Konkrete Utopien beachten gesellschaftliche, wirtschaftliche oder kulturelle Entwicklungen (vgl. FN 125 in Kapitel 2).
83 Ihr Programm – Bleiben Sie zu Hause: BPK zum Coronavirus, Min. 00:20:31–00:20:39.
84 Vgl. Tobias Klauk/Tilmann Köppe: Vorhersage, S. 302.
85 Vgl. phoenix: Robert Koch Institut zum Coronavirus-Sachstand am 06.03.20. In: *YouTube*, 06.03.2020. URL: https://www.youtube.com/watch?v=HNOLsF5Os3Q&ab_channel=phoenix, Min. 00:03:10–00:04:02 [08.09.2020]. Auch im ersten Beispiel begründet Wieler die Ankündigung der Todesfälle mit dem internationalen Vergleich, allerdings nicht über Zahlen, sondern über das Modell der Kurve: „Wenn Sie sich eine Epidemie vorstellen wie eine Kurve [...], dann gibt es Länder in Europa, die sind in der Kurve eben einfach schon etwas weiter [...] rechts, die sind schon weiter in dieser Epidemie. Wir sind eben noch sehr weit links. Aber wir werden auch weiter in diese Epidemie hineinkom-

etwas anderes an: Diese Botschaft wird repetitiv erzählt. Bereits am 06.03.20 sagt Wieler in seinem Briefing: „Dieses Virus ist eben leider Gottes in der Lage, Menschen zu töten. Es werden Menschen an dieser Krankheit sterben".[86] Die Information, es wird (mehr) Tote geben, gehört zu den stark repetitiven Momenten der Berichterstattungen: Tote sind in diesem Sprechen allzeit Anwesende. An vielen Stellen, die hier bereits zitiert wurden, fällt in der sprachlichen Perspektive des Erzählers außerdem die Personifikation des Virus auf: Das Virus „geht durch das Land" oder „ist in der Lage, zu töten". Durch die Personifikation wird über diese sprachliche Perspektive der ‚Feind' anthropomorphisiert. Im ‚Krieg gegen das Virus', den man in den Rhetoriken von deutschen Politiker:innen weniger hört, dafür umso häufiger in den Medien,[87] übersetzt man so das Virus in ein altes Feindschema: der heimliche Feind, der durchs Land zieht und tötet. Auf kulturelle Muster zurückzugreifen, bedeutet, sie erneut zu erzählen. Erzählerische Redundanz hat mehrere Funktionen, unter anderem zielt sie auf Wiedererkennung, sorgt für Erwartungssicherheit, stabilisiert damit die Erzählgemeinschaft und bewahrt sie vor einem „information overload".[88] Vermutlich erleichtert die Personifizierung des Virus die Verarbeitung der Informationen, denn sie knüpft an Bekanntes an und nimmt so der Gefährlichkeit des Virus ihre Abstraktheit. Aber sie knüpft, wenn auch implizit, ebenso die Pandemie an die strategische Kunst des Krieges wie der ‚Kampf gegen das Virus' oder der ‚Krieg gegen den Terror'.

Das intensive Erzählen des Anfangs hat noch eine weitere Funktion. Es öffnet Maßnahmenmöglichkeiten. Die dystopische Heraufbeschwörung von Toten zeitigt die Bereitschaft, an den Maßnahmen mitzuwirken und sie zu unterstützen. In der

---

men. Das heißt, bei uns werden natürlich auch die Fallzahlen steigen [...]" (Ihr Programm – Bleiben Sie zu Hause: BPK zum Coronavirus, Min. 00:20:17–00:20:37).

86 Vgl. phoenix: Robert Koch Institut zum Coronavirus-Sachstand am 06.03.20, Min. 00:04:02–00:04:10 [08.09.2020].

87 Kluge und Schirach ‚empören' sich an dieser Rhetorik: Wir sind nicht im Krieg, so die Autoren, aber wir seien empfänglich für diese Rhetorik. „Wie gefährlich eine solche Rhetorik ist, sehen sie in Ungarn [...]. Wir müssen um die Gefahren wissen, wir müssen die Theorien Carl Schmitts kennen, wir müssen uns vor dem Ruf nach dem Leviathan hüten. China darf niemals unser Vorbild werden. Die Dinge können kippen." (Ferdinand von Schirach/Alexander Kluge: *TROTZDEM*. München 2020, S. 71 f.) Es gelte zu bedenken: „Noch scheint unsere Demokratie nicht gefährdet, die Kanzlerin ist eine besonnene Frau, die Politiker sind in ihren Anstrengungen glaub- und vertrauenswürdig, die Maßnahmen sind zeitlich befristet. Aber es darf nicht zu lange dauern. Autoritäre Strukturen können sich verfestigen, die Menschen gewöhnen sich daran." (Ferdinand von Schirach/Alexander Kluge: *TROTZDEM*, S. 70)

88 Vgl. zu den Funktionen erzählerischer Redundanz (von Schemata): Albrecht Koschorke: *Wahrheit und Erfindung*, S. 44.

Aussage ‚wir stehen am Anfang' ist dieser Effekt intendiert. Das Element knüpft sich eng an Aussagen über Maßnahmen oder Überwachungsinstrumente:

> Und das ist die, wirklich die positive Nachricht eben: Wir haben zum Glück sehr, sehr früh diese Epidemie in unserem Land erkannt [...], auch, weil wir am Robert Koch-Institut einige Werkzeuge haben, mit denen wir die Krankheitslast in der Bevölkerung an Atemwegs-Infektionen und an Lungenentzündungen messen können, mit bestimmten Werkzeugen, Tools, die wir für unsere Surveillance, für unsere Überwachung, fahren und zwar seit vielen Jahren. Das sind verschiedene Werkzeuge, die sind alle im Wochenbericht Influenza genannt. [...] Diese Werkzeuge [...] sind sehr robust, sehr aussagefähig und wir können sie natürlich auch nutzen, um den Anstieg von Atemwegs-Erkrankungen zu sehen, die mit Corona zusammenhängen. Und darum können wir mit ziemlich große[r] Überzeugung sagen, dass wir am Anfang dieser Epidemie stehen und darum können wir diese Maßnahmen alle noch in die Wege leiten [...].[89]

Hier treten zwei der Erzählermerkmale zum Vorschein, die immer wieder auftauchen. Erstens hat es sich der Sprecher zu Eigen gemacht, den Interpretationsrahmen vorwegzuschicken: „Lassen Sie mich die Fakten nochmal erläutern" im ersten Beispiel und „und das ist jetzt die positive Nachricht" im gerade angeführten Beispiel. Zweitens betont er die eigene Erzähl- und Deutungshoheit. An dieser Stelle legitimiert sie sich direkt durch die Überwachungsinstrumente, deren Nutzen im früh- und rechtzeitigen Erkennen der Lage liege. Dabei verengt die perzeptive Perspektive des Sprechers die Rezeption, indem sie Wertung und Deutung vorgibt. Gleichzeitig wird die eigene Handlungsmacht über den Werkzeugbegriff akzentuiert und mehrmals betont: „einige Werkzeuge", „bestimmte Werkzeuge", „verschiedene Werkzeuge". Die perzeptive Attribuierung, „sehr robust und aussagefähig", ersetzt dabei Aussageinhalte zu einer konkreten Funktionsweise dieser Überwachungsinstrumente. Andernorts wird die eigene Erzählhoheit durch Interpretationskompetenz legitimiert:

> Die Meldezahlen geben immer nur einen Teil der Wahrheit wieder [...]. Wir sehen also immer nur momentane Zahlen, die einen momentanen Status wiedergeben; der uns aber – da wir erfahrene Epidemiologen sind und seit Jahrzehnten natürlich die mit Abstand kompetenteste Einrichtung in Deutschland ist, die sich jedes Jahr mit 500.000 Meldefällen in Deutschland auseinandersetzt, mit allen möglichen Krankheiten; wir haben jedes Jahr mehr als 20.000 Ausbrüche mit allen möglichen Infektionskrankheiten – wir können sehr, sehr gut einschätzen, was diese Zahlen bedeuten.[90]

---

[89] Tagesschau: Coronavirus – Zahlen und Fakten vom Robert-Koch-Institut, Min. 00:15:23–00:17:31.
[90] phoenix: Pressekonferenz des Robert-Koch-Instituts zum aktuellen Corona-Sachstand am 10.03.2020, Min. 00:08:18–00:08:58.

Was sich hier beobachten lässt, ist das Postulieren von Wahrheit über die Infiziertenzahl, über deren Deutung sich das RKI Hoheit zuspricht. In der narrativen Konstruktion über eine Binnenerzählung wird die Geschichte gedehnt und die Aufmerksamkeit auf die Wichtigkeit des Instituts gelenkt. Dieses Binnenelement nimmt großen Raum ein, reicht von „und seit Jahrzehnten" bis zu „mit allen möglichen Infektionskrankheiten". Dehnungen sind in schriftlichen Texten nach Wolf Schmid Teil der Perspektive der Erzähler:innen, sie verraten Akzentuierungen und Gewichtungen von Ereignissen. Sie lenken Aufmerksamkeit ‚hin zu' oder ‚weg von'. Für mündliches Sprechen gilt das nicht gleichermaßen; die Intentionalität solcher Konstruktionen ist eine unbewusstere, dennoch lenkt einerseits diese Binnenerzählung ab und erzielt andererseits diese Dehnung Wirkung bei den Hörer:innen. Die Kompetenz des Instituts legitimiert sich auf diese Weise nicht über Qualität bzw. Erfolge, sondern über Quantität: im Fokus stehen die hohe Zahl an Ausbrüchen und Meldefällen. Die Bedeutung von Zahlen in den Corona-Erzählungen ist enorm. „Meldezahlen geben immer nur einen Teil der Wahrheit wieder", so Wieler. Die ‚Wahrheit' kann diesen Zahlen also nicht einfach abgelesen werden – zumindest nicht von allen. Es bleibt eine Dunkelziffer nicht gemeldeter Fälle. Das bedeutet, die Wahrheit hinter der Zahl kann nur vom Erzähler selbst verstanden werden. Das weist eine gewisse Ähnlichkeit zur Macht der Geheimdienste auf. Horn beschreibt, dass „Wissen, welches im Aggregatzustand des Geheimen vorliegt, nicht primär durch seinen Inhalt bestimmt ist, sondern durch seine epistemologische Form, durch eine spezifische Ökonomie von Wissbarem und Nicht-Wissbarem, von Manifestem und Latentem".[91] Zwar geht es hierbei nicht um etwas Geheimes, aber um etwas, das sich dem Sichtfeld und der Kompetenz aller anderen entzieht. Nur die Eingeweihten sehen den blinden Fleck und können wissen, in welchem Verhältnis wohl die gemeldete zur tatsächlichen Zahl Infizierter stehen könnte. Macht bildet sich im blinden Rest.

Eva von Contzen und Julika Griem analysieren in ihrem Beitrag in *Jenseits von Corona* die Bedeutung von Listen und Kurven in der Krise. Das sind nach Auffassung der Autorinnen Formen, die Wissen auf vermeintlich objektive Weise darstellen, die aber auch dazu verleiten, Wissen zu narrativisieren: „Qua Erzählen werden Daten, datengestützte Simulationen und visuelle Anordnungen in dramatisierbare Verläufe übersetzt, wird aus Zahlen eine Handlung generiert, werden ihnen Motivationen und Intentionen zugeschrieben."[92] Sie stellen also Formen dar, die dazu verleiten, mit ihnen und über sie zu kommunizieren. Kurven rücken in besonderer

---

91 Eva Horn: *Der geheime Krieg*, S. 30.
92 Eva von Contzen/Julika Griem: Liste und Kurve: Die Macht der Formen. In: Bernd Kortmann/ Günther G. Schulze (Hg.): *Jenseits von Corona. Unsere Welt nach der Pandemie – Perspektiven aus der Wissenschaft*. Bielefeld 2020, S. 243–251, hier S. 244.

Weise Zeitlichkeit in den Fokus. Sie werden narrativ funktionalisiert. Wenn aber solche Formen „als Instrumente der politischen Krisenkommunikation"[93] eingesetzt und mit ihnen in allen Medien – von der klassischen Zeitung über die in der Krise wiederentdeckte *Tagesschau* bis zu unzähligen, minütlich aktualisierten Live-Tickern – kommuniziert wird, wie es in der Pandemie der Fall ist, etabliert sich eine Kultur der Formen und Zahlen. Diese birgt Risiken. Zunächst wird komplexes Wissen in einer vermeintlich einfach zu überblickenden Kurve wahrgenommen und als realistisches Abbild des gegenwärtigen und zukünftigen Geschehens interpretiert, ohne dass die der Liste zugrundeliegenden Mechanismen der Selektion von Geschehensmomenten bewusst und sichtbar werden:[94]

> [Diese Formen, SH] verleiten dazu, die auf komplexen Rechnungen basierende Simulation möglicher Verläufe als realistische Entwicklung abzubilden und Mittel und Zwecke, Ursachen und Folgen zu vermischen: Dann geht es nicht mehr darum, eine wissenschaftliche Modellierung politisch zu interpretieren und in legitimierbares Handeln zu übersetzen, sondern lediglich darum, eine Entwicklung zu realisieren, die mit der Kurve schon unstrittig vorgegeben scheint. [So] [...] vollzieht sich der Kurzschluss von der voraussetzungsreichen Simulation des Möglichen zur vorhersagbaren Suggestion des Erwarteten über narrative Mechanismen [...].[95]

Die Öffentlichkeit nimmt komplexes Geschehen durch scheinbar simple Formen wahr, interpretiert Gehörtes und Erlebtes durch Zeichen, deren Codes wir als Laien aber unzureichend verstehen. Von Contzen und Griem nehmen an, dass die Formen, „[a]utoritativ erstellt und veröffentlicht[,] [...] gleichsam den Rahmen vor[geben], innerhalb dessen wir uns bewegen. Kraft ihrer Form verspricht die Liste Klarheit und damit verbunden Sicherheit."[96] Sie können Sicherheit vermitteln, weil sie eine Bewältigbarkeit und eine Berechenbarkeit fingieren: Sie deuten an, dass was berechnet auch bewältigt werden kann. Das kann Sicherheit geben. Doch auf der anderen Seite trägt die Kultur der Zahlen über jene Formelemente, Zahlen und Graphiken ebenso viel Unsicherheit ins System, denn diesen Code sind Leser:innen weder geübt zu entschlüsseln noch verstehen sie es, den Kontext angemessen zu beurteilen. In der Deutung der Zahlen sind Bürger:innen auf die Hermeneutiken der Virolog:innen und anderen Zahlenexpert:innen angewiesen. Der Wechsel vom sprachlichen zum numerischen Code nimmt den meisten Leser:innen die Signifikate. In der Kultur der Zahlen der Corona-Krise werden Infizierten- und Todeszahlen im Fernsehen, in den Zeitungen, in Live-Tickern und auf Dashboards nicht nur permanent aktualisiert, sondern auch in verschiedenen Kurven und (Vergleichs-)Graphiken dargestellt. Sie

---

93 Eva von Contzen/Julika Griem: Liste und Kurve, S. 248.
94 Vgl. Eva von Contzen/Julika Griem: Liste und Kurve, S. 245.
95 Eva von Contzen/Julika Griem: Liste und Kurve, S. 248 f.
96 Eva von Contzen/Julika Griem: Liste und Kurve, S. 244.

prangen auf den Startseiten und Titelblättern. An diesem Erzählen auf Basis von Zahlen beteiligt sich das RKI auch strukturell durch die Ordnung der Pressebriefings. Die feste Ordnung der Pressekonferenzen gibt vor, mit den Zahlen zu beginnen, die von China nach Europa zu Deutschland gereiht werden. Am 06. März sagt Wieler: „Das sind alles immer dynamische Zahlen, die sich jeden Tag ändern, aber die sollen Ihnen und mir, uns, immer klar vor Augen führen, dass dieses Virus zu Todesfällen führen kann und dass es eben viele schwere Verlaufsfälle geben kann und auch geben wird."[97] Er offenbart einen Sinn in der Zahlen-Ausstellung: Sie soll die Tode vor Augen führen, d. h. sie hält die Gefährdung wach. Damit ist die transparente Ausstellung[98] ein Instrument der Menschenführung, das auch über Angst funktioniert. Am 17. März 2020 kündigt das RKI ein sogenanntes Dashboard an, das am 20. März online ist und zu dem Wieler sagt: „Das sind gute Graphiken, verständliche Graphiken."[99] Einerseits müssen die Zahlen sichtbar sein, das macht das RKI deutlich. Andererseits verdeutlicht es auch: Es bleibt ein unsichtbarer, unsicherer Rest. Die Erzählkultur gibt die Sichtbarkeit der Zahlen – die Sichtbarkeit eines ‚Outputs' von Überwachung – vor, und lässt zugleich einen unsichtbaren Rest übrig. Auf diese Weise legitimiert sich die Macht im Diskurs.

Die allgemeine Zustimmung zu den notwendigen Maßnahmen wird neben der Darlegung von bekanntem Wissen über das Virus und seine Ausbreitung auch durch das Erzählen von Szenarien erreicht: „Ohne diese Maßnahmen müssten wir davon ausgehen, dass wir in wenigen Monaten vielleicht mehrere Millionen Krankheitsfälle haben."[100] Tags darauf spitzt Wieler das Szenario zu:

> Ich will es ganz deutlich machen: Wenn wir es nicht schaffen, [...] die Maßnahmen, die wir empfehlen und die auch die Bundesregierung erlassen hat, vor wenigen Tagen, wenn wir es nicht schaffen, die Kontakte unter den Menschen wirksam und über einige Wochen nachhaltig zu reduzieren, dann ist es möglich, dass wir in zwei bis drei Monaten bis zu zehn Millionen Infizierte in Deutschland haben, mit einer entsprechenden erheblichen Überbelastung des Gesundheitswesens. Wir alle können dazu beitragen, dass dieses Zahlenszenario nicht wahr wird.[101]

Szenarien sind narrative Imaginationen von hypothetischen Folgen von Ereignissen, die konstruiert werden, um die Aufmerksamkeit auf kausale Prozesse und Ent-

---

[97] phoenix: Robert Koch Institut zum Coronavirus-Sachstand am 06.03.20, Min. 00:05:29–00:05:44.
[98] Die Transparenzgesellschaft als Ausstellungsgesellschaft, die Byung-Chul Han aufzeigte, zeigt sich also auch im medizinischen Denken und Sprechen; vgl. Byung-Chul Han: *Transparenzgesellschaft*.
[99] ZDFheute Nachrichten: Corona-Krise: Robert Koch-Institut Update vom 20.03.2020, Min. 00:09:37–00:09:40.
[100] Lothar Wieler im Pressebriefing 17.03.2020 [11:15–11:22].
[101] ZDFheute Nachrichten: Corona-Krise: Update vom Robert Koch-Institut [00:09:18–00:09:54].

scheidungspunkte zu lenken.[102] Diese Kulturtechnik macht keine Vorhersagen, sondern entwirft in narrativen Gedankenexperimenten mögliche Zukünfte. Damit sind diese Gedankenspiele eine Form von abstrakter Fiktion. Eine solche erzählte Zukunft entwirft Wieler. Das Schreckszenario funktioniert über die hohe Zahl von zehn Millionen Infizierten allein in Deutschland, die eine von vielen möglichen Zukünften ist.

Was diese Corona-Darstellungen zeigen

> Ganz klar: Wir stehen am Anfang dieser Epidemie. Wir sind einfach nur ein bis zwei Wochen vor Italien [...]. Das heißt also, wir haben eine[n] exponentiellen Verlauf der Epidemie. Die Zahlen werden weiter steigen, und auch die Zahlen der Toten. Aber ich will auch nochmal sagen, wir stehen am Anfang, und darum können wir doch die ganzen Maßnahmen [...] umsetzen.[103]

Hier wird in der alten Dichotomie ‚Wir-Sie' eine Gemeinschaft beschworen; man ersetzt aber das ‚Sie' durch ein ‚Es' – das Virus. „Durch Erzählungen werden Partizipationsverhältnisse gestiftet und justiert";[104] entscheidend dafür ist, so Koschorke, vor allem auch die Perspektive des Erzählers, denn dieser entscheidet, wer teilhat und wer nicht – am Sehen, Sprechen, Hören, Wissen.[105] Im Falle der Pandemie bedarf die Öffentlichkeit der Vermittlung durch die autorisierten Sprecher:innen. Sie ist darauf angewiesen, dass Gesundheitsexpert:innen und Virolog:innen das Geschehen vermitteln, die Codes übersetzen und die Bürger:innen an ihrem Sehen, ihrer Sprache und ihrem Wissen teilhaben lassen. Wer verstehen will, was in diesen Tagen passiert und was nun (politisch, gesellschaftlich und individuell) geboten ist, muss den Berichten mitsamt ihren Erzählungen und ihrer Perspektivierung folgen und vertrauen. Oder anders: Wer verstehen will, will Teil dieser Wir-Gruppe sein, deren ‚Feind' das Virus ist.[106] Die apokalyptische Zukunftsprognose, es werde

---

102 Vgl. Herman Kahn/Anthony J. Wiener: *Ihr werdet es erleben*, S. 21.
103 ZDFheute Nachrichten: Corona-Krise: Update vom Robert Koch-Institut, Min: 00:11:45–00:12:10.
104 Albrecht Koschorke: *Wahrheit und Erfindung*, S. 90.
105 „Die Zugehörigkeit zu einer imaginären Wir-Formation entscheidet sich auf noch elementarere Weise daran, wessen Sehen, Sprechen, Wissen erzählerisch einverleibt oder assimiliert werden kann." (Albrecht Koschorke: *Wahrheit und Erfindung*, S. 94)
106 Das ‚Wir' wird beschworen: „[A]ll das [gemeint: gesellschaftliche Bereitschaft zum Mittun, Nachbarschaftshilfen, Einhaltung der Regeln, SH] zeigt, dass es ein Wir-Gefühl gibt. Wir kämpfen als Gesellschaft gemeinsam entschlossen und geschlossen gegen Corona." (Mariam Lau/Jens Spahn/Heinrich Wefing: Bundesgesundheitsminister Jens Spahn im Zeit-Interview über Folgen und Perspektiven der Corona-Pandemie. In: *Bundesministerium für Gesundheit. Interviews*, 26.03.2020. URL: https://www.bundesgesundheitsministerium.de/presse/interviews/interviews/zeit-260320.html.) Die

Tote geben, wird bewusst ausgestellt und die Erzählgemeinschaft auf die Solidarität einer Wir-Gruppe eingeschworen. Zusammen mit der Betonung des Anfangs sind das Feind-Schema und die Prognose von zukünftigen Toten Elemente einer Unsicherheits-Erzählung, die psychologische Effekte hat. In ihr wird die Jetzt-Zeit zugunsten einer erzählten Zukunft verlassen, die der Sprecher im Erzählakt determinieren will: „[B]ei uns werden auch die Fallzahlen steigen, natürlich werden auch mehr Menschen noch sterben". In den Aussagen ist die Perspektive eine determinierende: Mit den Formulierungen „es werden" bzw. „wir werden" wird Gewissheit transportiert. Italien wird dabei zum Referenzpunkt: Die ideologische Perspektive des RKI nimmt an, dass das Virus Gesetzmäßigkeiten folgt, die beobachtbar, berechenbar und übertragbar sind. Diese ideologische Perspektive ist eine naturwissenschaftlich-medizinische, die kulturelle Aspekte in der Erfassung und Darstellung ihres Zukunftsszenarios nicht berücksichtigt. Sie impliziert die Logik: Was dort ist, wird auch hier sein. Es spricht der Mediziner, dessen wissenschaftlicher Blick seine Darstellung bestimmt – Kulturwissenschaftler:innen oder Soziolog:innen schildern möglicherweise andere Zukunftsszenarien. Das Erzählelement ‚es werden Tote folgen' fungiert als dramatisches Moment. Es artikuliert die Gefahr, erhöht die Bereitschaft aller, sich als Teil der „Problemlösungsgemeinschaft"[107] zu begreifen. Am 17. März relativiert Wieler:

> Aber lassen Sie mich bei alledem nochmal die wesentlichen Fakten zu dieser Krankheit erläutern: Eine von fünf registrierten infizierten Personen wird schwerer erkranken. Einer von fünf. Je nach Alter und Vorerkrankung steigt die Wahrscheinlichkeit eines schweren Krankheitsverlaufes. [...]. Und wir wissen, dass eben auch Menschen an dieser Krankheit versterben. Es wird also Todesfälle geben und es wird auch in Deutschland weiterhin gestiegene Zahlen von Todesfällen geben. Aber, vier von fünf registrierten Infizierten werden nur leichte Symptome erfahren. Sie werden nach Abklingen der Infektion gesund sein und sie bilden Immunität gegen das Virus [...].[108]

Die Unsicherheitserzählung reicht aus, um Besorgnis wachzuhalten, Panik jedoch zu vermeiden. Panik löst keine Solidarität aus, Panik führt in der Regel zu Einzelkämpfertum, während Sorge Verbindendes bzw. Solidarisches hervorbringen kann.

Zur Stabilisierung dieser Überlebensgemeinschaft wird das Sicherheitsnarrativ initiiert, das kollektiv erzählt wird. Es bietet einen Zufluchtsraum einer imaginierten Sicherheit und stellt ein hoffnungsvolles Ende bereit. Gleichzeitig wird

---

Wir-Gruppe „[...] blockiert jede Einfühlung in den Angreifer; das Sehen, Sprechen und Wissen der anderen wird inkommunikabel und unbegreiflich; es verschwindet hinter einem Schirm von Mystifikationen [...]." (Albrecht Koschorke: *Wahrheit und Erfindung*, S. 96).
107 Albrecht Koschorke: *Wahrheit und Erfindung*, S. 63.
108 ZDFheute Nachrichten: Coronavirus: Robert Koch-Institut informiert über aktuelle Lage, Min. 00:14:36–00:15:53.

jedoch Unsicherheit narrativ in die Gemeinschaft getragen, um sie als solche einzuschwören. Diese Unsicherheitsformen zeigen sich als jene apokalyptische Vision zukünftiger Toter – im späteren Verlauf der Pandemie ist auch die Vorstellung einer zu vollziehenden Triage eine solche Vision –, die damit die Gegenwart für eine mögliche Zukunft verlässt. In das Herstellen von Unsicherheit wirkt auch die Zahlen-Ausstellung sowie die mediale Berichterstattung hinein: Formen wie der Live-Ticker[109] provozieren eine ‚fear of missing out'.

In den faktualen Erzählweisen der Überwachung ist die beginnende Corona-Pandemie Beispiel dafür, wie die Umsetzung von Überwachungsmaßnahmen zugleich Sicherheit und Unsicherheit im Kommunikationssystem benötigt, sie aber je anders kanalisieren muss. Das Bereitstellen eines *master narrative* – im Übrigen später auch der Glaubenssatz, dass Technologie die Rettung oder zumindest den Wendepunkt bringen wird – platziert die Sicherheit im System. Damit erweisen sich Bedrohung und Unsicherheit – so real sie auch tatsächlich sein mögen – ebenso als Phänomene, die durch Erzählung generiert werden und auf diese angewiesen sind. Überwachungserzählungen sind Spiele mit Sicherheit und Unsicherheit.

---

109 Die Medienberichterstattung wirkt in diese Unsicherheitserzählungen hinein. Formen wie der ‚Live-Ticker' und die ‚Eilmeldung' weisen eine hohe Erzählgeschwindigkeit auf. Live-Ticker kommen aus der Sport-Berichterstattung und fingieren eine Simultanerzählung, die erzählt, was gerade passiert. Ticker sind narrativ, bedienen sich multimodalen und hypertextuellen Darstellungsformen. Diese Form der Internetberichterstattung simuliert eine Live-Übertragung eines Ereignisses, indem chronologisch mit Zeitangabe das Ereignis in seinen (Teil-)Entwicklungen gelistet wird. Es wird Ereignishaftigkeit produziert. (Vgl. Stefan Hauser: Live-Ticker: Ein neues Medienangebot zwischen medienspezifischen Innovationen und stilistischem Trägheitsprinzip. In: *kommunikation@-gesegllschaft* 9 (2008), S. 1–10. URL: https://www.ssoar.info/ssoar/bitstream/handle/document/12758/F1_2008_Hauser.pdf [20.10.2020]); Tobias Conradi: *Breaking News. Automatismen in der Repräsentation von Krisen- und Katastrophenereignissen.* Paderborn 2015, S. 144. Dieser Protokollcharakter rückt den Ticker selbst in die Nähe einer Beobachtungsform.

8 Werbende Wirklichkeitserzählungen der Überwachung

Die folgenden drei Untersuchungen betrachten Werbeerzählungen. Es handelt sich um TV-Werbespots, Plakate und Webseiten für Produkte mit (selbst-)überwachenden Funktionen. Dass Tracker-Technologien Daten aufzeichnen, ist Teil ihrer Funktionalität – dazu wurden sie entwickelt. Auf den ersten Blick weniger augenfällig ist, dass auch das autonome Auto der Zukunft Fahrer:innen und Umwelt überwachen wird und dass soziale Netzwerke und Suchmaschinen, glaubt man Zuboff, ihren Umsatz durch Überwachung des Nutzer:innenverhaltens generieren.

Das Erzählen in Werbung ist im Besonderen auf die Herstellung einer persönlichen Beziehung angewiesen: Es geht „um das Wiedererkennen persönlich relevanter Beziehungen zwischen der Erzählung und dem Produkt/Dienstleistung."[1] Erzählen ist dort eine „Fortsetzung des Marketings mit den Mitteln der Literatur. Die ästhetische Uneigennützigkeit, der Schein poetischer Interessen- und Absichtslosigkeit, wird benutzt, um partikulare Interessen zu verschleiern und persuasive Absichten zu verbergen."[2] Erzählen erzielt also deshalb Wirkung, da es seine werbende Funktion hinter Geschichten versteckt.[3] Geschichten wecken Vertrauen; über diese Beziehung zur Geschichte gelingt das Erwecken von Wünschen besser als über das Aufzählen von Kaufargumenten.[4] Werbung ist kurz und prägnant, sowohl als TV-Spot als auch als Plakat oder Anzeige; aufgrund dieser „Kürze [unterliegt Werbung, SH] extremen *narrativen* Bedingungen".[5] Das hat gestalterische wie inhaltliche Konsequenzen. Die Kürze führt dazu, dass der Werbung oft

---

[1] Albert Heiser: *Das Drehbuch zum Drehbuch. Erzählstrategien im Werbespot und -film.* Berlin 2004, S. 118.
[2] Michael Esders: *Ware Geschichten. Poetische Simulation einer bewohnbaren Welt.* Bielefeld, 2014, S. 10.
[3] Vgl. Michael Esders: Werbung. In: Matías Martínez: *Erzählen. Ein interdisziplinäres Handbuch.* Stuttgart 2017, S. 195–202, hier S. 197.
[4] Vgl. Michael Esders: *Ware Geschichten*, S. 10; vgl. auch Heiser: „Ein Vorteil der Erzählung ist dabei, dass sie keine Form der direkten Ansprache des ‚Verkaufens' ist, sondern durch emotionale und unterhaltende Mittel Plausibilitäten erzeugt." (Albert Heiser: *Das Drehbuch zum Drehbuch*, S. 120.)
[5] Albert Heiser: *Das Drehbuch zum Drehbuch*, S. 140. Urs Meyer zeigt Möglichkeiten auf, die die Kürze eines TV-Werbespots umspielen und versuchen, die Zeit auszudehnen: Dazu gehören klassische narrative Techniken wie die Vorausdeutung und Rückblende, die Raffung und Dehnung oder, gerade bei TV-Spots, ein sequenzielles Erzählen über mehrere Fortsetzungsvideos. Aufzulösen ist die Zeitbegrenzung allerdings nicht (vgl. Urs Meyer: *Poetik der Werbung.* Berlin 2010, S. 179 f.).

„ein singuläres, isoliertes, aber markantes erzählerisches Verfahren [genügt],"[6] worin jedoch auch eine ästhetische Produktivität gesucht werden kann. Inhaltlich verlangt sie die „Fokussierung von Einzelaspekten und die Konzentration auf ein wesentliches Versprechen. So werden einzelne Versprechen und Nutzen hervorgehoben, ohne den Gesamtzusammenhang zu erläutern."[7] Die Konzentration auf wesentliche Momente und Versprechen gilt es zu berücksichtigen. Wie wird dann aber (Selbst-)Überwachung perspektiviert? Und: Welche Vorstellungen bietet die Werbung an?

8.1 Autonomes Fahren. Werbeerzählungen von BMW, Daimler und AID zum selbstfahrenden Auto der Zukunft

In Kalifornien werden seit 2014 automatisierte Fahrzeuge auf Teststrecken geprüft. Seit 2018 sind die Wagen fahrerlos. Für die Erkenntnisinteressen dieses Buchs ist dieses Testprojekt zum autonomen Fahren deshalb spannend, da es zeigt, wer ein Interesse hat, solche Autos auf die Straßen zu bringen: „An der Spitze stehen [...] Waymo und der Autobauer General Motors. Sie stehen sinnbildlich für ein Wettrennen, das zwischen dem Silicon Valley und den Autoriesen bereits im vollen Gange ist."[8] Es ringen Autoindustrie mit überwachungskapitalistischen Unternehmen.

Dort testen keine unbekannten Technologiehersteller: Waymo gehört zu Google und hat mit seinen Fahrzeugen bereits die Strecke von 190 Erdumrundungen zurückgelegt. Auf General Motors folgen in der Hierarchie der meisten Testkilometer das chinesische Äquivalent zu Google Baidu, Apple und das zu Amazon gehörende Zook.[9] Das sind GAFAM-Konzerne, das Akronym steht für Google, Apple, Facebook, Amazon, Microsoft, deren Geschäftsmodell laut Zuboff im ‚Überwachungskapitalismus' zu verorten ist. Diese Fahrzeuge liefern eine Menge Daten und sind zudem auf eine Überwachungsarchitektur angewiesen, mit der sie interagieren können. Das wird nicht nur Primärdaten, sondern auch Verhaltensüberschussdaten generieren.[10]

---

6 Urs Meyer: *Poetik der Werbung*, S. 178.
7 Albert Heiser: *Das Drehbuch zum Drehbuch*, S. 141.
8 Gabriel Rinaldi: Autonomes Fahren. Tech-Konzerne auf der Überholspur. In: *FAZ*, 14.06.2021: https://www.faz.net/aktuell/technik-motor/motor/autonomes-fahren-tech-konzerne-auf-der-ueber holspur-17353862.html [16.06.2021].
9 Vgl. Gabriel Rinaldi: Autonomes Fahren.
10 Vgl. Shoshanna Zuboff: *Im Zeitalter des Überwachungskapitalismus*, S. 181; S. 463.

Die Automatisierung des Fahrzeuges wird in fünf Level aufgeteilt. Erst bei Level 5 handelt es sich um ein fahrerloses Fahren, bei dem das System alle Fahraufgaben selbstständig ausführt und die Entscheidungen trifft. Passagiere sollen weder für Regel- noch für Verkehrsverstöße oder Schäden haften.[11] Level 4 ist das vollautomatisierte Fahren, bei dem Fahrer:innen die Fahrzeugführung an das System abgeben können. Auch hier werden Fahrer:innen zu Passagier:innen, die sich anderweitig beschäftigen, sogar schlafen dürfen. Level 3 ist das hochautomatisierte Fahren, bei dem Fahrer:innen auf Aufforderung des Systems jederzeit eingreifen können müssen. Sie haften nur, wenn sie dieser Aufforderung nicht nachkommen. Level 2 ist teilautomatisiert, das bedeutet, das Auto kann selbstständig Aufgaben wie beschleunigen oder bremsen ausführen. Fahrzeuge des Level 1 haben Assistenzsysteme wie Tempomaten oder Spurhalteassistenten.[12]

Für den Privatverkehr in Deutschland sind bislang Level 1 und 2 zugelassen. Seit 2017 regelt das Gesetz zum automatisierten Fahren den Betrieb hochautomatisierter Fahrzeuge. Das betraf bislang Regelungen zu Level 3. Am 20. Mai 2021 wurde das bestehende Gesetz erweitert: Der Bundestag hat beschlossen, selbstfahrende Autos in Level 4 theoretisch in den Regelbetrieb zu lassen. Autonomes Fahren wird damit für eine Reihe von Einsatzbereichen und örtlich festgelegte Bereiche möglich. Das beträfe vor allem Einsatzbereiche wie Shuttle-Dienste, Personentransporte, Dual-Mode-Fahrzeuge: „Deutschland ist mit dem Gesetz weltweit das erste Land, das fahrerlose Kraftfahrzeuge im Regelbetrieb sowie im gesamten nationalen Geltungsbereich erlaubt."[13] Es wird also an den gesetzlichen wie technologischen Möglichkeiten des autonomen Fahrens gearbeitet.

Auch deutsche Automobilhersteller arbeiten intensiv an ihren Entwicklungen in diesem Bereich und stellen das autonome Fahren bereits auf ihren Webseiten vor. An diesen existierenden faktualen Werbetexten interessiert, dass wir es beim autonomen Fahren mit einer Imagination zu tun haben, und zwar einer, die auch von der künstlerischen Fiktion inspiriert ist: Literarische und filmische Erzählungen solcher Autos gestalteten sich vor ihrer technischen Realisierbarkeit aus und prägen den Mythos vom autonomen Fahrzeug mit. In der Literatur ist der Wagen

---

11 „Es gibt keinen Autofahrer mehr, sondern nur noch Passagiere. Passiert ein Unfall, wären diese Passagiere nicht haftbar, den Schaden müssten Hersteller, […] Betreiber […] bezahlen. Bislang gibt es allerdings keinen rechtlichen Rahmen für autonome Fahrzeuge – Rechte und Pflichten der Hersteller von Auto und regelnder Software sowie der Versicherung in diesem Betriebsmodus sind deshalb noch völlig unklar." (Thomas Paulsen: Autonomes Fahren: Die 5 Stufen zum selbstfahrenden Auto. In: *adac*, 07.11.2018. URL: https://www.adac.de/rund-ums-fahrzeug/ausstattung-technik-zubehoer/autonomes-fahren/grundlagen/autonomes-fahren-5-stufen/ [19.09.2022])
12 Vgl. zu den Levels: Thomas Paulsen: Autonomes Fahren: Die 5 Stufen zum selbstfahrenden Auto.
13 o.V.: Autonomes Fahren in die Praxis holen. In: *bundesregierung*, 28.05.20012. URL: https://www.bundesregierung.de/breg-de/suche/faq-autonomes-fahren-1852070 [19.09.2022].

ein Symbol für Fortschritt und Grenzüberschreitung, aber auch für den technisierten, erweiterten Körper. Der Mensch in seinem Wagen findet sich schon in Platons Pferdewagen.[14] Literatur und Film kennen das Motiv des selbstfahrenden Autos keineswegs erst seit Big Data. In der amerikanischen Film- und Literaturgeschichte entsteht das Motiv in der Moderne und wird dann utopisch und dystopisch erzählt. Fabian Kröger verortet das Motiv zwischen Wunderbarem und Unheimlichem und zeigt anhand der Kurzgeschichte *Sally* von Isaac Asimov, wie das Auto in den 1950er Jahren anthropomorph wird.[15] Bis heute sind selbstfahrende Autos in der Kunst vermenschlicht oder als Androide ausgestaltet. Zwar haben die Möglichkeiten der KI den Menschheitstraum vom fahrerlosen Wagen heute zur technisch realisierbaren Vision werden lassen, doch fahrende Realität auf den Straßen sind die Visionen des selbstfahrenden Autos noch nicht. Das wird narratologisch insofern bedeutsam, als wir es in den Texten dann in besonderer Weise mit Fiktionen zu tun haben, die zwar im faktualen Diskurs erzählt werden, deren Geltungsanspruch jedoch den Status einer ‚Vision' hat. Formen von „Zukunftsfiktionen dienen dazu, dieser Ungewissheit einen Ort im gesellschaftlichen Imaginationshaushalt zu geben, sie gleichsam in die Gegenwart einzuspeisen und umgekehrt die jeweilige Gegenwart auf das, was kommen wird, hin zu öffnen."[16] Gegenwart wird erzählerisch vorbereitet, bevor die Zukunft des autonomen Fahrens beginnt.

Die Notwendigkeit selbstfahrender Systeme Umgebungsdaten zu erheben, wirft technische, ethische und juristische Fragen zur Überwachung auf: Welche Profile ergeben die gesammelten Daten? Wer weiß was über die Bewegungen, Routinen, Stimmungslagen der Passagier:innen? Werden die Eingriffe in solche Privatheit kommuniziert – und wenn ja: wie? Verletzungen der Privatheit macht Hellen Nissenbaum daran fest, ob Erwartungen an kontextuelle Normen und Konventionen des Informationsaustauschs und -flusses gebrochen oder unterlaufen werden.[17] Es ist die Frage, inwiefern Menschen kulturell erwarten, dass ein Auto, während sie von A nach B fahren, private Daten erhebt und diese eventuell verarbeitet. Wenn das nicht der erwarteten Norm entspricht, können sie sich in ihrer Privatheit verletzt respektive überwacht fühlen. Autonome Fahrzeuge erheben Daten. Das sind nicht nur Umgebungsdaten – die durch die Erfassung ande-

---

14 Rolf Parr: ‚Auto/Wagen'. In: Günther Butzer/Joachim Jacob (Hg.): *Metzler Lexikon literarischer Symbole*. 2. Aufl. Stuttgart 2012, S. 35 f.
15 Fabian Kröger: Das automatisierte Fahren im gesellschaftsgeschichtlichen und kulturwissenschaftlichen Kontext. In: Markus Maurer/J. Christian Gerdes/Barbara Lenz/Hermann Winner (Hg.): *Autonomes Fahren. Technische, rechtliche und gesellschaftliche Aspekte*. Heidelberg 2015, S. 41–67, hier S. 57.
16 Albrecht Koschorke: *Wahrheit und Erfindung*, S. 230.
17 Vgl. Helen Nissenbaum: Privacy As Contextual Integrity, S. 119.

rer Kennzeichen, Häuser, Fußgänger:innen auch Dritte betreffen –, sondern das können auch solche über Fahrverhalten, Routen oder Tageszeiten, Mediengebrauch sein. Zudem wird sich ein autonomes Fahrzeug vernetzen – mit der Infrastruktur, mit anderen Fahrzeugen oder mit den Passagier:innen (z. B. über deren Smartphones).[18] Diese Daten lösen Begehrlichkeiten beim Verfassungsschutz[19] wie auch bei den Automobilherstellern aus.[20] Es gilt zu fragen, wie und was illustriert und erzählt wird. Wo und wie wird die Maschine durch die Erzählungen semantisiert?

Den Textkorpus für die folgenden Überlegungen bilden exemplarisch für dieses Thema Texte und Videos dreier deutscher Autohersteller: Daimler,[21] BMW[22] sowie Audi[23] als Vertreter der VW-Gruppe. Alle drei Hersteller veröffentlichen auf Webseiten Materialien zum autonomen Fahren. Die Webseiten – auf denen für Lesende anhand verschiedener Elemente diese Mobilität perspektiviert wird – begreife ich als Erzählungen, in denen eine Geschichte präsentiert wird.[24] Analog zum Lesevorgang ‚scrollen' sich Leser:innen auf den Webseiten durch die Diegese;

---

[18] Vgl. Zur Frage welche Daten ein autonomes Fahrzeug erheben wird: Maike Weiss/Kathrin Strauß: Selbstfahrende Autos: Die Datenkraken der Zukunft? In: *datenschutzexperte*, 11.11.2019. URL: https://www.datenschutzexperte.de/blog/datenschutz-im-alltag/selbstfahrende-autos-die-datenkraken-der-zukunft/ [19.09.2022].

[19] Verfassungsschutz und Bundeskriminalamt wollten eine Datenübermittlungsregel gesetzlich vorbereiten, die vom Bundesjustizministerium als nicht zulässig erachtet wurde (vgl. Daniel Delhaes: Mangelnder Datenschutz: Justizministerin lehnt Scheuers Gesetz zum autonomen Fahren ab. In: *handelsblatt*, 19.01.2021.URL: https://www.handelsblatt.com/politik/deutschland/plaene-des-verkehrsministers-mangelnder-datenschutz-justizministerin-lehnt-scheuers-gesetz-zum-autonomen-fahren-ab/26830532.html?ticket=ST-684950-bVReWavetd0KzOAvc2eP-ap1 [19.09.2022]).

[20] Tesla erhielt 2020 den BigBrother-Award, da die Firma sich weitreichende Rechte an diesen Daten einräumte und Nutzer:innen mit eingeschränkter Funktionalität rechnen müssen, wenn sie der Datenweitergabe widersprechen (vgl. Daniela Windelband: BigBrotherAward 2020. In: *datenschutz-notizen*, 24.09.2020. URL: https://www.datenschutz-notizen.de/bigbrotheraward-2020-1627277/ [19.09.2022]).

[21] Daimler Mobility AG: *Autonomous driving at Daimler Mobility*. URL: https://www.daimler-mobility.com/en/innovations/autonomous driving/ [01.04.2020].

[22] BMW AG: *Personal Copilot: Autonomes Fahren. By your side, when you decide*. 2020. URL: https://www.bmw.de/de/topics/faszination-bmw/bmw-autonomes-fahren.html [01.04.2020].

[23] Zum Zeitpunkt der Analyse ist AID eine Tochterfirma von Audi, die in der Zwischenzeit jedoch veräußert wurde. Autonomous Intelligent Driving GmbH (AID): *DRIVING FUTURE. The Art of Redefining Mobility*. 2020. URL: https://aid-driving.eu/?fbclid=IwAR2cKcIbbcyqYVEppZvL1mMYl1RSIydw8RjG0DJ8ssQ7T7oBvYL8INarmMo [01.04.2020].

[24] Diese Untersuchung muss sich in ihren Gegenständen beschränken, wenngleich die Marketingstrategien sich nicht auf einzelne „Werbe-Ereignisse (zum Beispiel einen individuellen Werbe-Spot) [beschränken]" (Urs Meyer: *Poetik der Werbung*, S. 182). Sie präsentieren sich als „Media-Mix", die Botschaften werden transmedial erzählt (vgl. ebd.).

nur an wenigen Stellen sind Hyperlinks gesetzt, die dazu animieren, die engere Diegese auf anderen Seiten zu erweitern. Dem Folgenden muss ein Erzählbegriff zugrunde gelegt werden, der Mediengrenzen überschreitet. Sofern die Webseiten Hyperlinks integrieren, so gilt, „dass der *discours* nicht nur vom Erzähler vorgegeben, sondern zugleich durch die Entscheidungen der Rezipientin oder des Rezipienten mitbestimmt wird."[25] Die Erzählstimme und -perspektive drücken sich auf Webseiten auch in der graphischen Gestaltung der Seiten und ihren eingebetteten Text-, Bild und Videobausteinen aus.

Der Begriff des autonomen Fahrens als Erzählung

‚Autonomes Fahren' ist, mit Mieke Bal gesprochen, ein Substitut für eine Erzählung. Denn Begriffe sind für die Narratologin Bal als Metaphern aufzufassen, die wiederum notwendigerweise als Begriffserzählungen zu analysieren und interpretieren sind: „This interpretation [...] yields insight, not into what the speaker means, but in what a cultural community considers acceptable interpretations, so acceptable that they are not considered metaphorical at all; and certainly not narrative."[26] In diesem Sinne ist ‚autonomes Fahren' eine Handlungserzählung, die die Art und Weise der Fortbewegung im Raum qualifizieren will und das Fahrzeug an die Stelle des Ausführenden dieser Handlung setzt. Der Mensch wird zum unsichtbaren, mehr noch: zum nicht mehr notwendigen Element der Erzählung. Autonomes Fahren ist als Geschichte ohne Beteiligung von menschlichen Figuren erzählbar. Denn das autonome Fahren ist eine Erzählung, die *in medias res* beginnt, das heißt: die bei der Fahrt einsetzt. Die Vorgeschichte, der Bau und die Programmierung der Wagen, und somit auch der Anteil an menschlicher Definiertheit und Eingriffsmöglichkeit in diese Maschine, ist nicht Teil der Begriffserzählung. Mit dem Wechsel von Fahrer:in zu Passagier:in, der so auch zum ‚vor-autonom Fahrenden' wird, geht dann auch die Verantwortung für diese Handlung verloren. Autonomes Fahren ist eine Erzählung mit abwesender Verantwortlichkeit. Sie wird zum Ungesagten der Erzählung. Diese können die Rezipierenden mit unterschiedlichen impliziten Aktanten füllen. Leser:innen füllen Nichtgesagtes, sofern sie die Auslassung wahrnehmen, auf Basis kultureller Schemata, Erfahrungs- oder Kontextwissen. Die Erzähler:innen entziehen sich der Benennung, wer die Verantwortung trägt, und überlassen dieses Moment und seine Motivierung den Leser:innen, die je nach ei-

---

[25] Ralph Müller: Hypertext. In: Christian Klein/Matías Martínez (Hg.): *Wirklichkeitserzählungen. Felder, Formen und Funktionen nicht-literarischen Erzählens*, S. 66–70, hier S. 66.
[26] Mieke Bal: Close Reading today, S. 24.

genem Zutragen an den Text diese Leerstelle unter anderem mit den Passagier:innen, den Fahrzeugherstellern oder den Programmierer:innen füllen können.

Als Metapher beruht ‚autonomes Fahren' auf drei wesentlichen Aspekten: Ersetzung, Verdrängung, Einrahmung.[27] Die Erzählung stülpt nun in ihrer Perspektivierung dem Fahren bzw. dem Automobil den Referenzrahmen der Autonomie über: Das bedeutet, in das Konzept der Mobilität (vgl. *Autós-mōbilis* 'selbst-beweglich'[28]) wird das der Autonomie (der Eigengesetzlichkeit) übertragen, wobei der Begriff der Autonomie hier derjenige ist, der in stärkerem Maße ‚wandert'. Um zu erfassen, worin die Verdrängung und Einrahmung ausgestaltet sind, muss der Begriff der Autonomie umrissen werden.

Autonomie wird in der Regel als etwas gedacht, das an eine Person gebunden ist. Zunächst im Politischen, wo sie seit der Antike *Unabhängigkeit* oder *Selbstständigkeit* meint. Dann wird der Begriff im Juristischen als positiver Rechtsbegriff gebraucht, beispielsweise in der Glaubens- und Gewissensfreiheit. Kant versteht unter Autonomie die Möglichkeit einer Selbstbestimmung des Menschen im Sinne einer *Selbstgesetzgebung* der Vernunft. Mit dieser Bestimmung ‚wandert' der Begriff erneut, gewinnt an Reichweite und erlangt eine dem Begriff bis heute anhaftende Kernbedeutung. In seiner *Metaphysik der Sitten* (1785) bezeichnet Kant die „Autonomie des Willens als oberstes Princip der Sittlichkeit",[29] durch die der Mensch als Vernunftwesen seine Freiheit beziehe. Die Autonomie des Willens wird durch Lossagung von Heteronomie erreicht, indem der Wille zugleich ein allgemeines Gesetz ausbildet. „Das Prinzip der A. ist somit der kategorische Imperativ, d.h. der sittlich gute Wille enthält nur die Form des Wollens in Gestalt eines allgemeinen Gesetzes, das er sich selbst gibt."[30] Autonomie formt sich im

---

27 Vgl. Mieke Bal: *Kulturanalyse*, S. 58f. Metaphern ersetzen in einer Ähnlichkeitsbeziehung und verdrängen vorherige Bedeutungen oder Subjekte, wobei sie durch die Verdrängung Sinn verleihen. So werden Metaphern zum leistungsfähigen heuristischen Werkzeug. Die Verdrängung macht zugleich die Mobilität der Begriffe sichtbar. In der Metapher kollidieren zwei Bedeutungsrahmen: „Diesen Aspekt nennt man am besten Einrahmung." (Ebd., S. 59)
28 ‚Automobil/Kraftfahrzeug, -wagen'. In: Friedrich Kluge: *Etymologisches Wörterbuch der deutschen Sprache*. 18. Aufl. Bearb. v. Walther Mitzka. Berlin 1960, S. 397.
29 Immanuel Kant: GMS AA 4, S 440: „Autonomie des Willens ist die Beschaffenheit des Willens, dadurch derselbe ihm selbst (unabhängig von aller Beschaffenheit der Gegenstände des Wollens) ein Gesetz ist. Das Princip der Autonomie ist also: nicht anders zu wählen als so, daß die Maximen seiner Wahl in demselben Wollen zugleich als allgemeines Gesetz mit Begriffen seien […] Denn dadurch findet sich, daß ihr Princip ein kategorischer Imperativ sein müsse, dieser aber nichts mehr oder weniger als gerade diese Autonomie gebiete." (Ebd.)
30 Pohlmann, Rosemarie: ‚Autonomie'. In: Joachim Ritter/Karlfried Gründer/Gottfried Gabriel (Hg.): *Historisches Wörterbuch der Philosophie online*. URL: 10.24894/HWPh.367 [07.07.2021].

vernünftigen Willen der Selbstbestimmung aus; sie ist die Fähigkeit zur reflexiv-handelnden Selbstregierung:

> An agent is one who acts. In order to act, one must initiate one's action. And one cannot initiate one's action without exercising one's power to do so. Since nothing and no one has the power to act except the agent herself, she alone is entitled to exercise this power, if she is entitled to act. This means that insofar as someone is an agent, i. e., insofar as she is one who acts she is correct to regard her own commitments to acting, her own judgments and decisions about how she should act, as authoritative. Indeed, if she were to challenge the authority that is an essential feature of her judgments and decisions, then they would cease to be her own practical conclusions. Their power to move her would cease to be a manifestation of her power to move herself; it would not be the power of her own agency. In short, every agent has an authority over herself that is grounded, not in her political or social role, nor in any law or custom, but in the simple fact that she alone can initiate her actions.[31]

Autonome Handlungen werden in der Philosophie unterschiedlich ergründet: Angeführt wird beispielsweise die Kohärenz als bestimmender Faktor, das heißt die Akteur:innen motivieren ihre Handlungen durch Übereinstimmung von Handlung und innerer Haltung, z. B. indem sie ihre langfristigen Absichten einbeziehen.[32] „[T]here also appears to be a convection between self-governing agency and the *diachronic* unity of one's later self with one's earlier self [...]. Agents persist through time [...]."[33] Autonomie bedeutet damit: eigene Gründe zu (er-)kennen, zu bewerten und zukünftiges Handeln an ihnen auszurichten. Menschliche Autonomie setzt Reflexion und Bewertung des eigenen Selbst bzw. das eigene Verhältnis zur vorgefundenen und *erfahrenen* Umwelt voraus. Maschinelle Autonomie dagegen meint eine auf Basis von Codes errechnete, nicht reflektierte Reaktion auf die vorgefundene Umwelt. Autonomie von Dingen bezieht sich auf ihre Selbstständigkeit und Unabhängigkeit, gemeint sind in der Regel selbst-agierende Systeme; personale Autonomie betont die freiheitliche Selbstbestimmung sowie Eigengesetzlichkeit. Maschinelle Autonomie hat weder Bewusstseins- noch Freiheitsdimension.

In der Erzählung vom autonomen Fahren ersetzt also ein maschineller Autonomiebegriff den personalen. Damit wird der Autonomiebegriff auf die Bedeutung

---

31 Sarah Buss/Andrea Westlund: ‚Personal Autonomy'. In: *Stanford Encyclopedia of Philosophy*, 15.02.2018. URL: https://plato.stanford.edu/entries/personal-autonomy/ [10.12.2020].
32 „According to responsiveness-to-reasoning accounts, the essence of self-government is the capacity to evaluate one's motives on the basis of whatever else one believes and desires, and to adjust these motives in response to one's evaluations. It is the capacity to discern what ‚follows from' one's beliefs and desires, and to act accordingly. One can exercise this capacity despite holding false beliefs of all kinds about what one has reason to do. Accordingly, on these accounts, being autonomous is not the same thing as being guided by correct evaluative and normative judgments." (Ebd.)
33 Sarah Buss/Andrea Westlund: ‚Personal Autonomy'.

von Selbstständigkeit reduziert, d. h. der Agent kommt ohne menschliches Zutun aus, auch in Situationen, die eine Entscheidung abverlangen (das ist ihr Unterschied zu automatisierten Systemen). Bemerkenswerterweise wird der Kant'sche Autonomiebegriff auch für das Verständnis des autonomen Fahrens herangezogen und wie folgt argumentiert:

> Im Fall des autonomen Fahrzeugs gibt der Mensch dieses Sitten-Gesetz vor, indem er das Verhalten des Fahrzeugs programmiert: Immer wieder muss das Fahrzeug im Verkehr Verhaltensentscheidungen treffen – bzw. werden Entscheidungen ausgeführt, die zuvor von Menschen für alle erdenklichen Fälle programmiert wurden.[34]

Doch das gilt lediglich so lang, wie Maschinen nur in streng definierten Bedingungen und Grenzen selbstlernend sind. Kants Autonomie beruht darüber hinaus auf der Idee einer im Subjekt verankerten, eigenen und zugleich allgemeinen Gesetzgebung.[35] Mit Beate Rössler argumentiert bleibt der Mensch im autonomen Fahrzeug in Bezug auf seine eigene Privatheit nur autonom, solange er die programmierten Gesetzgebungen kennt und mündig über seine Zustimmung zu allen Datenerhebung und -verarbeitungen in Bezug auf seine informationelle oder dezisionale Privatheit entscheiden kann. Ferner macht das philosophische Konzept der Autonomie Selbstbewusstsein und Reflexionsfähigkeit aus. Die Autonomie der Maschine dagegen agiert auf Basis von vordefinierten Codes unter Berücksichtigung verarbeiteter Daten. Die Maschine errechnet, der Mensch hat das Potential zur Reflexion:

> Aus technischer Sicht besteht die besondere Herausforderung [beim vollautomatisierten Fahrzeug, SH] darin, dass kein menschlicher Überwacher zur Verfügung steht, der Systemgrenzen oder Systemfehler erkennt und bei Bedarf das Fahrzeug in den sicheren Zustand überführt. Das vollautomatisierte Fahrzeug muss selbstständig seinen eigenen Zustand überwachen, mögliche Systemfehler und Degradationen der Leistungsfähigkeit rechtzeitig erkennen [...].[36]

Dieser Umstand markiert Unterschiede zwischen menschlicher und maschineller Autonomie und eine grundsätzliche Differenz zwischen menschlichem und maschinellem Überwachen. Kurzum, mit den hier angeführten Bedeutungsverschiebungen von Autonomie – vom Menschen auf die Maschine oder von der Eigengesetzlichkeit

---

34 Markus Maurer: Einleitung. In: Markus Maurer/J. Christian Gerdes/Barbara Lenz/Herrmann Winner (Hg.): *Autonomes Fahren. Technische, rechtliche und gesellschaftliche Aspekte*. Heidelberg 2015, S. 1–8, hier S. 3. Maurer fährt fort: „Bei aller Expertenkritik am Begriff seien autonome Fahrzeuge in diesem Buch durch ihre ‚Selbstbestimmung im Rahmen eines übergeordneten (Sitten)-Gesetzes' [...] gekennzeichnet, das der Mensch vorgibt; im Sinne der Definitionen der BASt sind sie vollautomatisierte Fahrzeuge." (ebd., S. 4)
35 Vgl. Immanuel Kant: GMS AA 4, S. 432.
36 Markus Maurer: Einleitung. S. 3.

zur Selbstständigkeit – des autonomen Agenten, *framed*[37] die Erzählung das autonome Fahren der Zukunft. Das wird in den folgenden Textanalysen bedeutsam werden, denn die ‚Werbung' für solche Fahrzeuge spielt beide Autonomiebegriffe, den personalen und den maschinellen, gegeneinander aus.

Webseiten: Erzählerische Strukturen in Zukunftsnarrationen von Autoherstellern

Die Webseiten weisen einen ähnlichen Aufbau auf. Nach der Navigationsleiste findet sich ein großformatiges Bild, das die erste Impression zum autonomen Fahren bereitstellt. Es folgt ein erster Begrüßungstext. Bei BMW wird hier eine Zukunft vorgestellt, in der Fahrende in einem Auto sitzen werden, bei dem sie entweder selbst fahren oder sich fahren lassen können.[38] Bei Daimler findet sich an dieser Stelle ein Text über die Zukunftsvision, woran sich Erläuterungen zum Forschungs- und Entwicklungsstand anschließen. AID weist den kürzesten Text auf, er besteht nur aus einem Satz zu ihrer Mission: „To create the universal autonomous driving system that improves the lives of millions of people."[39] Das dritte Element ist bei Daimler und AID ein Video zum autonomen Fahren, an das sich eine Personenrede eines Mitarbeiters anschließt. Bei Daimler findet sich ein Statement des Vorstandes Jörg Lamparter zur Möglichkeit, ein autonomes Fahrzeug über eine Service App zu bestellen. Bei AID ist dort ein Portrait des CEOs Karlheinz Wurm: Der Link ‚Read More' führt zu einem verschriftlichten Interview, in dem Wurm Fragen zum autonomen Fahren beantwortet. Bei BWM sind die beiden Elemente andersherum gereiht. Zunächst erhalten Leser:innen eine Aussage von Elmar Frickenstein, dem Leiter des Bereichs Autonomes Fahren, auch hier kann ein Interview durch einen Hyperlink nachgelesen werden. Das vierte Element dort ist der Videospot. Bei BWM finden sich nach dem Spot noch weitere Werbebilder, die Personen in einem Fahrzeug, vermutlich Level 4, zeigen. BWM zeigt nun noch drei Bilder von Autos, neben denen textuell je ein Aspekt erläutert wird: 1 Der Stand der Entwicklung, 2. Die künstliche Intelligenz, die „sicher, zuverlässig und für die anderen Verkehrsteilnehmer nachvollziehbar" re-

---

[37] Bal bevorzugt Framing anstelle von Kontext: „Der Akt des Framing dagegen erzeugt ein Ereignis. Diese Verbform, die ebenso wichtig ist wie das Substantiv, das auf ihr Produkt verweist, ist zunächst eine Aktivität. Daher wird es von einem oder einer Handelnden vollzogen, der oder die für die eigenen Handlungen verantwortlich, haftbar ist." (Bal: *Lexikon der Kulturanalyse.* Übers. V. Brita Pohl. Hg. V. Arbeitskreis Kulturanalyse. Wien 2016, S. 42)
[38] BMW AG: *Personal Copilot: Autonomes Fahren.* Es geht also um Level 4.
[39] Autonomous Intelligent Driving GmbH (AID): *DRIVING FUTURE.*

agiere. Diese Intelligenz würde „Unfälle idealerweise ganz vermeiden." Sie würde „lernfähig sein und Sie ganz entspannt durch Staus und zähfließenden Verkehr führen".[40] 3. Eine Erläuterung zu den heute erhältlichen Fahrassistenzsystemen. Einen Verweis auf den Stand der Testprojekte haben auch die anderen Unternehmen im unteren Teil ihrer Webseiten integriert. Alle Webseiten sind hell gestaltet: Die Hintergrundfarbe ist immer weiß, die Schrift nie ganz schwarz. Es gibt kaum Hyperlinks, dahingegen integrieren alle Seiten Text, Bild und Video. Der Schwerpunkt der Analyse der Webseiten-Erzählungen liegt auf den Videos, da sie den stärksten erzählenden Charakter haben. Zuvor werden die Texte und Bilder betrachtet.

Die Funktion des Textes: Attribuierung und Mythisierung

Textuell stellen alle drei Autohersteller den lebensverändernden Charakter autonomen Fahrens ins Zentrum ihrer Narrationen: „Autonomes Fahren wird unser Leben verändern".[41] Daimler schreibt: „Autonomous vehicles will change society and our environment like no other technology in the future."[42] Und bei Audis Tochterfirma AID heißt es schon im Titel: „Driving Future. The Art of Redefining Mobility".[43] Im Werbevideo wird dies wiederholt: „Autonomous driving will change how the world moves [...]".[44] Die Minimalerzählung dieses Narrativs lautet: ‚Autonomes Fahren wird die Gesellschaft verändern'. Sie markiert ein ‚Davor' und ‚Danach', deren Grenze das selbstfahrende Auto übertritt. So versprechen die Texte die Sujethaftigkeit[45] ihrer eigenen Erzählung. Das wird für die Erzählgemeinschaft bedeutsam: Ist autonomes Fahren ein sujethafter Text, wird mit dem Auto ein semantisches Feld durchschritten; die Maschine überschreitet bestehende kulturelle Ordnungen. Auch deutet der Satz ‚autonomes Fahren wird die Gesellschaft verändern' grammati-

---

40 BMW AG: *Personal Copilot: Autonomes Fahren*.
41 Ebd.
42 Daimler Mobility AG: *Autonomous driving at Daimler Mobility*.
43 Autonomous Intelligent Driving GmbH (AID): *DRIVING FUTURE*.
44 Autonomous Intelligent Driving GmbH (AID): *DRIVING FUTURE*, Min 00:05–00:09.
45 Dem Begriff des Sujets, schreibt Lotman, liegt die Ereignishaftigkeit zugrunde: „Ein Ereignis im Text ist die Versetzung einer Figur über die Grenze eines semantischen Feldes. [...] Das Sujet hängt vielmehr organisch zusammen mit dem Weltbild, das den Maßstab dafür liefert, was ein Ereignis ist und was nur eine Variante, die nichts neues bringt." (Jurij M. Lotman: *Die Struktur literarischer Texte*, S. 332 f.) Entscheidend ist, dass ein Ereignis ein „revolutionäres Element ist, das sich der geltenden Klassifizierung widersetzt". (Ebd., S. 334) In sujethaften Texte wird die bestehende Ordnung (Verbot, Grenze, Tabu etc.) durch eine bewegliche Figur überschritten (vgl. ebd., S. 336–339).

kalisch bereits auf eine Zukunftserzählung hin, was die Texte markieren: Alle drei Webseiten setzen grammatikalische oder graphische Signale für eine erzählte Zukunft[46] und markieren so einen Übertritt des Geltungsanspruchs von ‚faktual-wahr' zu ‚faktual-möglich'. Jedoch sind die Textaussagen zukunftssicher. Das Futur I soll die zukunftsprognostische Fiktion faktualisieren.

Mit diesen Werbetexten liegen, mit Matías Martínez gesprochen, faktuale Texte mit fiktionalen Anteilen (und fiktionalisierenden Darstellungsweisen) vor. Texte wie diese nutzen fiktionale Anteile, um gesellschaftliche Praxen zu veranschaulichen, regulieren oder zu prognostizieren.

> Eine solche funktionale Fiktionalität findet man auch in Zukunftsszenarien [...]. Diese fiktiven Geschichten mit dem Ziel einer normativen Praxisregulierung oder zur Prognose möglicher Geschehensverläufe stehen in unmittelbarem Bezug auf die extratextuelle Wirklichkeit und sind so in einen faktualen Gesamtzusammenhang eingebettet.[47]

„Driving Future" lautet die Überschrift bei AID, und BMW kündigt an: „In Zukunft werden Sie jede Fahrt in ihrem BMW noch mehr genießen als heute. Denn Sie werden die Wahl haben, ob Sie selbst fahren oder sich fahren lassen."[48] Die Hersteller erzählen die Autonomie des Autos als Zukunftsfiktion, die dazu dient, der „Ungewissheit einen Ort im gesellschaftlichen Imaginationshaushalt zu geben, sie gleichsam in die Gegenwart einzuspeisen und umgekehrt die jeweilige Gegenwart auf das, was kommen wird, hin zu öffnen."[49]

Elementarer Bestandteil der Texte auf den Webseiten über das autonome Fahren ist neben der Zukunftsträchtigkeit und grenzüberschreitenden Veränderung auch die Attribuierung:

> In der Zukunft werden Sie jede Fahrt in Ihrem BMW noch mehr genießen als heute. Denn Sie werden die Wahl haben, ob Sie selbst fahren oder sich fahren lassen. [...]. In einer Zukunft, in der das Fahren mit einem BMW noch sicherer, effizienter und erlebnisreicher wird – sodass Sie in jedem Moment eine entspannte Zeit verbringen.[50]

Die Attributionen knüpfen autonomes Fahren an erhöhte Sicherheit, Erlebnisfähigkeit und Entertainment, Entspannung und Komfort, Selbstbestimmung und Ef-

---

46 Alle drei sprechen von einer Zukunftstechnologie und gestalten die Bilder futuristisch: „In einer Zukunft, in der das Fahren in einem BMW noch sicherer, effizienter und erlebnisreicher wird". (BMW AG: *Personal Copilot: Autonomes Fahren*)
47 Matías Martínez: Grenzgänger und Grauzonen, S. 6.
48 BMW AG: *Personal Copilot: Autonomes Fahren*.
49 Albrecht Koschorke: *Wahrheit und Erfindung*, S. 230.
50 BMW AG: *Personal Copilot: Autonomes Fahren*.

fizienz der Zeit. Die auf der Homepage von BMW eingebettete Personenrede[51] von Frickenstein, dem Leiter des Bereichs vollautomatisiertes Fahren, untermauert diese Attribuierung: „Sie können das Auto als eine Arbeitswelt, als eine Entertainmentwelt oder als Ruhezone erleben – Sie als Kunde können entscheiden."[52] Auch die Personenrede Lamparters auf der Daimler-Webseite untermauert Einfachheit und Bequemlichkeit: „Kunden bestellen ein autonomes Fahrzeug über eine unserer Mobility Service Apps und werden dann fahrerlos von A nach B transportiert."[53] Bei AID steckt die Attribuierung nicht in der Personenrede des CEO selbst, es findet sich darunter ein Text, in dem es heißt: „Stressless in the City – with our innovations or the intelligent self-driving car of tomorrow."[54] Das autonome Fahrzeug wird von allen drei Herstellern als besonders sicher und als Ort der Entspannung und des Zeitgewinns perspektiviert.

Diese Attribuierung lässt über das ‚autonome Fahren' als Mythos nachdenken. So gelesen schreiben sich in den Signifikanten die Bedeutungen von Entertainment, Komfort, Erleichterung ein. Für Roland Barthes ist ein Mythos eine Aussage, und zwar in einer Weise, in der die Form Bedeutung trägt: „Doch der Mythos ist insofern ein besonderes System, als er auf einer semiologischen Kette aufbaut, die schon vor ihm existiert: *Er ist ein sekundäres semiologisches System.*"[55] Im Barthes'schen Mythos wird die konventionelle Bedeutung eines Zeichens, also Signifikat und Signifikant in einem ersten System, zum neuen Signifikanten in einem zweiten, mythischen System. Das Zeichen ‚autonomes Fahren' bedeutet dann nicht einfach selbstbestimmtes Autofahren – es ist ein Mythos. In seinen *Mythen des Alltags* ‚liest' Barthes den neuen Citroën und seine Messe-Bewerbung sowie das Verhalten der Besucher:innen wie einen Text. Barthes beginnt seinen Essay mit: „Ich glaube, dass das Auto heute das genaue Äquivalent der großen gotischen Kathedralen ist."[56] Damit stellt er fest, dass dem Auto eine religiöse Qualität gegeben wurde. Beim Betrachten des neuen Autos führt er aus: „Offensichtlich tritt an die Stelle der Alchemie der Geschwindigkeit ein anderes Prinzip: Fahren wird ausgekostet."[57] Wurde zuvor die Beschleunigung zur Magie, stellt er nun das lustvolle Zelebrieren des Bewegtseins und der Technologie selbst aus. Das macht Barthes an der Ausstat-

---

51 Die Neuartigkeit der Technik scheint Personenreden von Expert:innen zu benötigen. Alle drei Hersteller stärken das Vertrauen in diese Technologie, indem sie auf ihren Webseiten ‚Expert:innen' in eigener Rede sprechen lassen.
52 BMW AG: *Personal Copilot: Autonomes Fahren.*
53 Daimler Mobility AG: *Autonomous driving at Daimler Mobility.*
54 Autonomous Intelligent Driving GmbH (AID): *DRIVING FUTURE.*
55 Roland Barthes: Der Mythos heute. In: Ders.: *Mythen des Alltags.* Vollständige Ausgabe. Übers. v. Horst Brühmann. Berlin 2010, S. 249–288, hier S. 258.
56 Roland Barthes: Der neue Citroën. In: Ders.: *Mythen des Alltags*, S. 76–78, hier S. 78.
57 Roland Barthes: Der neue Citroën, S. 78.

tung der Wagen fest. Die materiale und aerodynamische Ausgestaltung, die Schalter und Anzeigen erinnern ihn eher an ein Küchengerät als an eine hochtechnisierte Maschine. Diese Zeichen verweisen schon 1955 auf ein Priorisieren des Komfort- statt des Leistungsprinzips.[58] Barthes blickt auf das Design des Autos und die sensomotorische Betrachtung durch das Messepublikum und kommt zum Schluss: „[D]as Objekt [wird] vollständig prostituiert und in Besitz genommen und vollzieht in dieser Bannung die Bewegung der kleinbürgerlichen Beförderung."[59] Bei Barthes ist das Auto selbst der Mythos des Alltags. Im autonomen Fahren dagegen ist es die Vision. Autonomes Fahren gewinnt religiöse Struktur – Sicherheit, zeitliche Freiheit –, es wird zu einer Art gottesdienstlicher Feier, die sich auf diese erlösende Zukunft ausrichtet. Das wird deutlich, wenn die Bilder und Videos der Webseiten betrachtet werden.

Das erste Element der Seiten ist in der Regel ein Bild: Das ‚Hero-Image' einer Webseite.

Dabei folgen die Bilder einem kollektiven Muster (vgl. Abb. 2–4). Gezeigt wird eine urbane Metropole, bei der technische(s) Licht(er) Mobilität anzeigen und damit entscheidende Elemente der Bilderzählung werden. Es sind Visionen einer zukünftigen ‚Smart City', die hier angedeutet werden. In der Graphik von AID wird dies durch eine Animation am deutlichsten (Abb. 1). Das simulierte Mobilitäts-Netzwerk bewegt sich, während die Leser:innen auf dem Bild verweilen, unentwegt über der smarten Zukunftsstadt. Dieselbe Mobilität mit erhöhter Geschwindigkeit deutet

Abb. 2: Das ‚Hero-Image' der entsprechenden Webseite von AID (© AID).

---

58 Vgl. Roland Barthes: Der neue Citroën, S. 77f.
59 Roland Barthes: Der neue Citroën, S. 78.

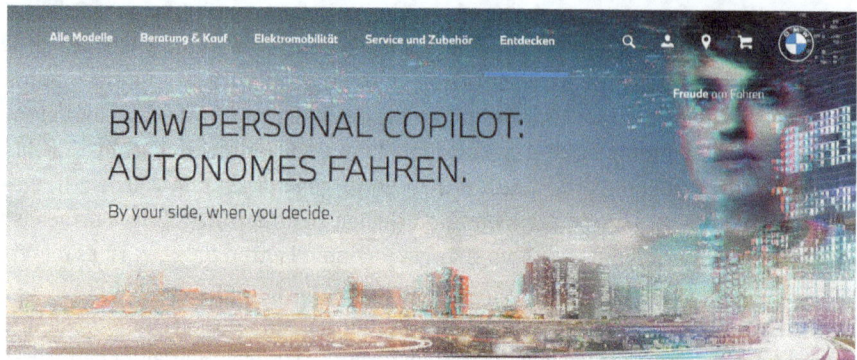

Abb. 3: Das ‚Hero-Image' der entsprechenden Webseite der BMW AG (© BMW AG).

Abb. 4: Das ‚Hero-Image' der entsprechenden Webseite von Daimler Mobility AG (© Daimler AG).

BMW mit den Lichtkontrasten der Fahrbahn an (Abb. 3). AID und BMW zeichnen durch den Einsatz eines hellen Filters – des Lichts, das bis ins Rosa reicht – eine Art ‚helle Matrix'. Nur Daimler stellt eine sportliche Karosserie als Imagination eines autonomen Autos ins Bild der Stadt und arbeitet statt mit dem High Key-, das die ersten Visualisierungen beiden eint, mit einem Low-Key-Effekt (Abb. 4). Das autonome Fahren wird mit Urbanität semantisiert: Hochhausblöcke ohne erkennbares Ende sind zu sehen. Diese Stadtbilder erinnern an die Zukunftsvisionen der Moderne, beispielsweise an Fritz Langs *Metropolis* (1927). Die „Wolkenkratzerkomplexe von Metropolis mit zahlreichen utopischen Automobilen [...]"[60] und die Verkehrsbe-

---

60 Guntram Vogt: *Die Stadt im Kino. Deutsche Spielfilme 1900–2000.* 2. Aufl. Marburg 2001, S. 137.

wegungen prägten das futuristische Stadtbild. Metropolis weist ein „vertikal strukturierte[s] Sozialgefüge"[61] auf: endlose Wolkenkratzer des „oben regierenden ‚Hirn[s]'" und die „unten arbeitenden ‚Hände'".[62] Auf den Bildern der Autohersteller werden die modernen, aber düsteren Zukunftsvisionen, wie Lang sie zeigte, einerseits imitiert und anderseits zugleich in ein ‚helles' Stadtbild transformiert: Futuristische Großstädte mit Finanzstärke; diese Stadtbilder gleichen Manhattan, Tokio, Singapur, Toronto oder vielleicht Frankfurt a. M. Urbane Zukunftsvisionen werden ‚hell' und ‚smart'. Diese Bilder legen auch nahe, dass die erzählte Grenzüberschreitung durch das autonome Fahren im Zentrum, nicht in den peripheren Zonen geschehen wird. Wenn dem so sein sollte, teilt dieser Fortschritt die Gesellschaft an der Stadt-Land-Grenze und verstärkt Ungleichheiten.

Die Perspektive der Bilder eröffnet – das scheint wesentlich für autonomes Fahren – ferner den Blick der Leser:innen *auf* diese urbane Stadt. Perspektivische Aufsichten bis hin zur Vogelperspektive sind ein Gestaltungsmerkmal der drei werbenden Texte: Das Auto der Zukunft wird in Aufsichten erzählt und mit Aufsicht konnotiert. Hier gewinnt die Erzählweise an Aussagekraft und unterläuft den Inhalt. Das autonome Fahren verspricht den Rezipient:innen durch die Aufsicht eine erhabene Position, ein Überblick über den endlosen urbanen Raum. Obgleich die Hersteller jeden Begriff von ‚Überwachung' vermeiden, sind gerade die Aufsicht, der Schwenk oder die Kamerafahrt ‚von oben', oft eine Form, in der sie ausgedrückt wird. Sie lässt sich kulturell auf die göttliche Übersicht zurückführen und steht für das göttliche Auge. Gegen den Strich gelesen animiert diese räumliche Perspektive dazu, das Auto mit Überwachung zu assoziieren, obwohl keines der Bilder die Überwachbarkeit der Umwelt oder gar der Passagier:innen begrifflich anspricht. Die Leser:innen werden in die Position einer göttlichen Übersicht versetzt. Diese Erzählstrategie ist bekanntes Merkmal literarischer Überwachungsromane.

Videoerzählungen: Die Botschaft lautet ‚autonomy for the people'

Der narrative Charakter, die Perspektivierung der Geschichte um das autonome Auto, tritt auf den Webseiten am deutlichsten in den eingebetteten Videos hervor. Neben dem einführenden Bild zu Beginn der Homepage und den Expert:innenzitaten ist die Kurzvorstellung per Video ein kollektiv genutztes Element des Narrativs. Alle Hersteller präsentieren auf ihren Webseiten solche Videos. Die drei Videoerzählungen auf der Homepage – je eine für jeden Hersteller – unterschei-

---

61 Guntram Vogt: *Die Stadt im Kino*, S. 146.
62 Guntram Vogt: *Die Stadt im Kino*, S. 147.

den sich in ihren Geschichten, ich betrachte sie daher nacheinander und frage nach einer möglichen gemeinsamen Perspektivierung des zugrundeliegenden Narrativs.

Im Spot von AID sehen die Zuschauer:innen ein Auto aus einer Tiefgarage fahren und folgen ihm bei seiner Fahrt durch die Stadt. Gezeigt werden nicht nur städtische Verkehrsdichte, sondern Menschen, die sich (arglos) innerhalb dieses Verkehrssystems zu Fuß oder mit dem Fahrrad bewegen. Etwa zur Mitte des Spots werden Szenen aus den Unternehmensbüros gezeigt: Mitarbeiter:innen von AID besprechen sich und entwickeln Ideen. Im Anschluss sehen die Zuschauende unterschiedliche Szenen, in denen Menschen in Autos steigen, in ihnen arbeiten, sich unterhalten oder auch selbst hinter dem Steuer sitzen. Am Ende steht eine kurze Szene, in der ein Kleinkind in einem Spielzeug-Auto davonfährt. Keine der Figuren spricht, der Spot wird aus dem Off mit Text kommentiert und mit Musik unterlegt.

Audi formuliert die Strategie des Spots bereits in dessen Slogan: ‚autonomy for the people'. So wird Sinn geprägt: Die Technik diene der Selbstbestimmung des Menschen. Dabei werden jene zwei Autonomie-Begriffe – die personale und maschinelle – gegeneinander ausgespielt. Die Frage danach, was AID unter Autonomie versteht, wird unbeantwortet als Leerstelle zurückgelassen. In einer Analyse der Erzählweise des Spots kann zunächst festgehalten werden, dass das Video auf eine Diskrepanz zwischen erzählter Zeit und Erzählzeit beruht: In 1:24 min werden über vierzig Sequenzen montiert. Durchweg harte Schnitte führen die Zuschauenden durch die Bilder, und erst das Zusammenspiel mit der Stimme lässt die hohe Erzählgeschwindigkeit des Films erkennen. Kontrastiert wird das durch einen Slow-Motion-Effekt: Während die Ebene der Erzählung durch die Anzahl der Bilder, die kurze Verweildauer in den Einstellungen, deren Montage und die Stimme ein hohes Tempo anschlägt, werden einige Szenen, die Momentaufnahmen darstellen sollen, in reduzierter Geschwindigkeit gezeigt. Raffung und Dehnung lenken die Aufmerksamkeit. Doch diese Erzählgeschwindigkeit des unentwegt fortschreitenden Films verunmöglicht über die Fragen der Überwachung nachzudenken: Was bedeutet hier Autonomie und welche Rolle schreibt AID dem Menschen zu? Auch die Kameraeinstellungen – die Teil der Erzählperspektive sind – tragen dazu bei, dass die Zuschauenden sich diese Fragen während des Films kaum stellen werden. Viele Einstellungen sind Mitsichten; die Kamerapositionen und die Einstellungen involvieren die Zuschauer:innen. Sie blicken durch die Frontscheibe oder vom Rücksitz auf die Passagier:innen. Immer dann, wenn die Mensch-Maschine-Interaktion oder Emotionen fokussiert werden, lässt die Einstellung den Zuschauenden keine Distanz zum Erzählten. Größere Einstellungsgrößen erhält der Film nur dort, wo die Firma über sich und ihre Entwicklungen spricht.

Drei Aspekte sind hervorzuheben. Zunächst die Anlehnung an die künstlerische Fiktion: Zu sehen ist eine Szene, die zwei Bilder übereinander blendet – im Hintergrund eine Stadt, im Vordergrund rechts eine Hand mit Smartphone. Mit einer App kann ein autonomes Auto gerufen werden: „Pick me up" lautet der deutlich zu sehende Befehl. Die Vorstellung, dem Auto zu sagen, dass es einen abholen soll, spielt intermedial auf die 1982 erstausgestrahlte US-amerikanische TV-Serie *Knight Rider* an, in der der Held Michael und sein Auto KITT gegen Verbrecher:innen kämpfen. KITT kann nicht nur sprechen, sondern fährt autonom und rettet Michael gar aus brenzlichen Situationen, oft per Sprachbefehl an Michaels Uhr. Das Auto ist aktiver Beschützer und sogar maßgeblich an den Verbrechensjagden und -aufklärungen beteiligt. Die Vorstellung, Autos mittels App zu rufen, ist aus der künstlerischen Fiktion inspiriert, oder lehnt sich zumindest stark daran an, sodass Zuschauende das Heldenschema assoziieren können.

Der zweite Aspekt sind auch hier die Aufsichten: In drei Szenen zeigt sich, ähnlich in den Eingangsbildern der Webseiten, die Verbindung von autonomem Auto, Urbanität und Überwachung: Es werden Straßen aus der Vogelperspektive gezeigt, in denen die Zuschauenden fahrende Autos von oben betrachten. Die Überwachung des Verkehrs wird perspektivisch sichtbar.

Als letzter Aspekt des AID-Spots soll auch die perspektivierte Geschichte betrachtet werden. AID sagt, dass autonomes Fahren die Welt und Mobilität verändern wird, jedoch nicht den Menschen und dessen Handlungs- und Denkweisen. Der Spot weist eine Binnenerzählung auf, in der es textuell heißt:

> Kids will still be kids, businessmen will still be late, friends will still take their time, will still get distracted, will still celebrate, will still get angry, will still take shortcuts and still look for scenic routes and we won't know how we're going to feel until we feel it.[63]

Rhetorisch täuscht der Parallelismus, der anaphorisch wird, über die eigentliche Aussage hinweg. Durch wiederholende Satzstrukturen entsteht eine Rhythmik, die wiederum einen Beruhigungseffekt auslöst: Alles „will still be" – es wird sich in der Zukunft nichts Entscheidendes verändern. Doch beim Betrachten dieser Aufzählung in Kombination mit den gezeigten Bildern wird deutlich, dass Gefühle ein Problem im System sind. Während die Zuschauer:innen aus dem Auto, dessen Innenraum die räumliche Erzählperspektive begrenzt, auf die Straße blicken, werden spielende Kinder gezeigt, die einem Ball hinterherrennen, ein gestresster Geschäftsmann eilt über die Straße, feiernde Freunde und ein streitendes Liebespaar stolpern auf die Fahrbahn. Emotionen machen den Menschen als Verkehrsteilnehmer

---

[63] Autonomous Intelligent Driving GmbH (AID): *DRIVING FUTURE*, Min. 00:13–00:36.

zum Risiko: Im Wort-Bild-Kontrast der Szene entpuppen sich Kinder, Liebespaare oder Freunde als Risikofaktoren im System. In der Perspektive von AID ist der Mensch ein Risikofaktor. In dieser kurzen Sequenz stecken zwölf Einzelszenen, mit harten Schnitten getrennt; teilweise nur für die Verweildauer von zwei gesprochenen Worten eingeblendet. Die Technik der harten Schnitte dynamisiert, erzeugt Kontraste und stellt Geschwindigkeit her. Dennoch wirken die Bilder – durch den Einsatz einer weiblichen Sprecherstimme, die weichzeichnenden Farbfilter, die Slow-Motion-Effekte und die Detailaufnahme einer sich im Fahrtwind bewegenden Frauenhand – geradezu wie ein Plädoyer für den Menschen und seine Verhaltensweisen. Das sind sie jedoch nicht. In der ideologischen Perspektive des Spots ist der Mensch das Problem, welches das autonome Auto der Zukunft minimieren oder versichern kann.

Während der Mensch problematisiert wird, werden die Autos anthropomorphisiert: „To build the brains of tomorrow's cars we will need our empathy and intuition as much as our maths".[64] Dabei werden die Fahrzeuge zu Aktanten emporgehoben, die Gehirne haben und somit denken. Demgegenüber brauche der Mensch vorrangig das Gefühl, um diese Autos herzustellen, denn vor der Mathematik werden zwei emotionale Fähigkeiten genannt. Der Verstand wird externalisiert, der romantische Mensch fühlt. Doch Maschinen haben keine Gehirne. Was in diesem Satz gesagt wird, erinnert beinahe an das Narrativ der ‚Schönen Neuen Welt'. Die Maschine denkt für den Menschen. Dann heißt es: „But most of all we shouldn't just aim to make cars more autonomous we're making people more autonomous."[65] Wörtlich steht hier, man sollte nicht einfach Fahrzeuge autonom machen, sondern durch die Künstliche Intelligenz der Autos sollen die Passagiere autonomer gemacht werden. Das legt jedoch eine Lektüre nahe, bei der gefragt werden muss, was für eine Autonomie hier ausgestellt wird. Der Satz impliziert, dass maschinelle Autonomie die des Menschen stärkt. Das aber kann nur als rhetorischer Trick, als absichtliche Täuschung, gewertet werden: Autonomie hat der Mensch nicht dann, wenn er freie Zeit erhält, sondern, wenn er – wie mit Kant erläutert – eigengesetzlich entscheidungsfähig ist. Das gerade kann ihm das Fahrzeug nicht geben. Hier wird Autonomie als zeitliche Freiheit neu geframed.

Der BMW-Spot trägt eine gänzlich andere Geschichte und ist untertitelt mit: „Simulation. BMW-self-driving cars are not available".[66] Simulation ist hier das Darstellen von Imaginärem im Sinne eines Vorstellbaren, um Realität, das Prägen

---

[64] Autonomous Intelligent Driving GmbH (AID): *DRIVING FUTURE*, Min. 00:48–00:53.
[65] Autonomous Intelligent Driving GmbH (AID): *DRIVING FUTURE*, Min. 01:12–01:19.
[66] BMW AG: *Personal Copilot: Autonomes Fahren*, ab Min. 00:55.

eines kulturellen Sinns in Bezug auf das Auto, zu schaffen. Ein blinder Mensch ist figuraler Erzähler des Videos. Er führt fünf Menschen durch den Alltag eines Blinden und lässt sie Herausforderungen wie das Treppensteigen nachempfinden. Sie sollen auch in einem Auto mitfahren, ohne etwas sehen zu können. Sie durchleben eine rasante Fahrt und stellen am Ende fest, dass es keine:n Fahrer:in gab. Nach ihren Erlebnissen gefragt, äußern sie Sätze wie: „[T]he most important thing for myself is, that I can really trust the car."[67] Eine Frau sagt: „I didn't know who was driving, but after a while I gain confidence and trust. [...]. I'm absolutely excited about the future."[68] Auch der Blinde kommt zu Wort: „Autonomous driving gives me my freedom back again; there are so many devices for blind people, and you can compensate almost everything, but nothing can replace your independent mobility."[69] Versucht man dieses Video in seiner Gesamtaussage zu deuten, dann geht es hierbei um die Vermittlung von Gefühlen, Werten und Vertrauen zum selbstfahrenden Fahrzeug. Wie bei AID geht es auch hier darum, dass die KI dem Blinden zu mehr ‚Freiheit' verhilft. Auch hier zeigt sich eine Wertehaltung, bei der der Mensch an Freiheit gewinnt, indem das Auto selbstfahrend wird. Die Freiheit der ‚independent mobility' besteht einerseits darin, dass der Blinde nicht auf menschliche Fahrer:innen angewiesen ist. Anderseits lässt sich dies als Botschaft einer Inklusion lesen: Autonomes Fahren hebt Unterschiede auf. Werbung für Überwachungstechnologie greift oft zu emotionalisierenden Sprecher:innen: Apple und Fitbit bewerben ihre Smart Watches mit Sprecher:innen, die Schicksalsschläge erlitten haben (vgl. folgendes Kapitel). Es ist ein Muster, figurale und stark emotionalisierende Erzähler einzusetzen, wenn diese Technologie im Narrativ der Rettung perspektiviert wird.

Der Daimler-Spot zeigt ein ähnliches Testverfahren wie AID: Er bebildert das Pilotprojekt in Kalifornien, in dem ein Shuttle-Service mit automatisierten Fahrzeugen getestet wird. Man sieht, wie mehrere Personen fahrerlose Autos mittels Smartphone bestellen, einsteigen und während der Fahrt arbeiten, die Landschaft genießen, Musik hören, Selfies machen. Auf dem Fahrersitz sitzt eine Frau. Die Zuschauer:innen sehen jedoch deutlich, dass diese das Lenkrad nicht anfasst. Das Auto fährt allein, sie beobachtet.[70] In mehreren Bildsequenzen werden Tätigkeiten des Autos und Tätigkeiten der Passagier:innen parallelisiert. Am Ende be-

---

67 BMW AG: *Personal Copilot: Autonomes Fahren*, Min. 02:02–02:08.
68 BMW AG: *Personal Copilot: Autonomes Fahren*, Min. 02:14–02:38.
69 BMW AG: *Personal Copilot: Autonomes Fahren*, Min. 02:21–02:34.
70 Das Testprojekt in Kalifornien sieht vor, dass menschliche Fahrer:innen die Fahrten überwachen, notfalls eingreifen.

dankt sich ein Kind bei der Fahrerin für „nothing". Es heißt: „‚Nothing' can mean everything when it comes to automated driving."[71]

Wie bei AID und BMW wird auch diese Videoerzählung mittels auffallend vielen Mitsichten dargestellt, die abwechselnd auf die Rückbank und durch die Frontscheibe gerichtet sind. Die Mitsichten, die auch hier die Gesichter und Mimik der Passagiere fokussiert, sind zentrales Element des Erzählmusters – an ihnen soll abzulesen sein: „Don't it feel so good to be alive". Kontrastiert wird mit zwei Szenen im top shot, in denen das Auto im Verkehrsfluss zu sehen ist. Anders als die Videos von BMW und AID ist der Daimler-Spot mit lautstarker Musik unterlegt und kommt ohne Erzählstimme aus. Stattdessen wiederholt der Chorus des Musikstücks in ständiger Schleife: „Don't it feel so good to be alive."[72] In den gezeigten Szenen dieses Services wird – in einer Varianz der Schuss-Gegenschuss-Montage – gezeigt, dass Fahrzeug und Mensch vermeintlich auf dieselbe Weise funktionieren: Mensch und Auto gehen denselben Tätigkeiten und Werten nach, sie sind immer online und verbunden, technisch versiert und haben beide Kontroll- und Sicherheitsbedürfnisse (Abb. 5). Während die Mitfahrenden arbeiten oder sich amüsieren, arbeitet das Auto:

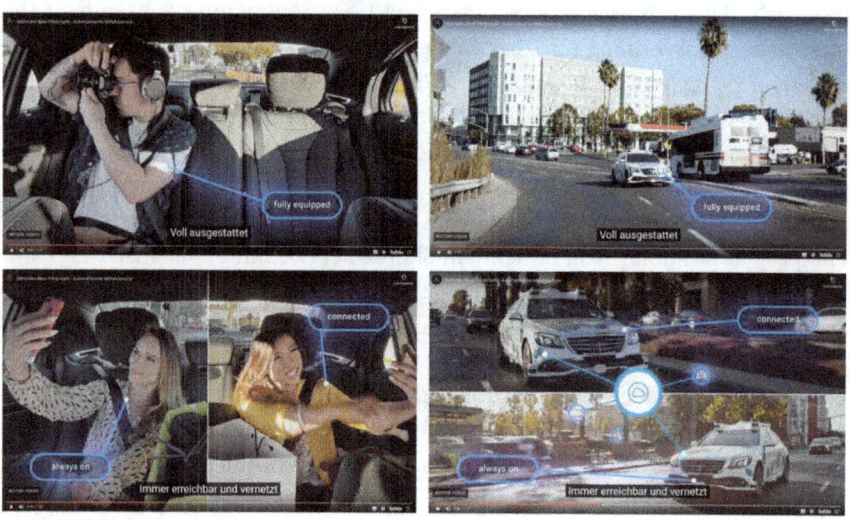

Abb. 5: Ausschnitte aus dem Video der Daimler Mobility AG.

---

71 Daimler Mobility AG: *Autonomous driving at Daimler Mobility*, Min: 01:35.
72 Es handelt sich um das Lied *Don't It Feel So Good* von Danny Farrant & James Knight.

Das erzielt eine Art Beruhigungseffekt. AID versucht, die kulturelle Angst vor der autonomen Maschine, die sich der eigenen Kontrolle entzieht und damit potentiell – so lautet zumindest die Vorstellung der Literatur – außer Kontrolle geraten könnte, durch einen rhetorischen Parallelismus („Kids will still be kids, businessmen will still be late [...]") in der Binnenerzählung zu schwächen oder gar zu nehmen. Diese Parallelisierung schwächt die Kontingenzerfahrung. In diesem Video von Daimler wird ein visueller Parallelismus für denselben Zweck eingesetzt: Die hergestellte Ähnlichkeitsbeziehung von Auto und Mensch wirkt beruhigend. Das zeigt: Die autonome Maschine ist zugleich Menschheitstraum und Urangst. Beide Aspekte muss die Werbung integrieren, den Wunsch verstärken, indem sie einen zeitlichen Mehrgewinn verspricht, und die Angst beschwichtigen, indem beispielsweise Mensch und Maschine als potentiell gleich agierend dargestellt werden.

Das werbende Erzählen über autonomes Fahren

Das Narrativ des autonomen Fahrens der drei Hersteller weist einheitliche Muster und gleiche Erzählformen auf. Die drei Webseiten integrieren alle folgende Handlungselemente: Zunächst eröffnet ein Bild die Webseite, das das Auto mit Mobilität, Zukunft und Urbanität in Bezug setzt. Starke Lichteffekte vermitteln Fortschritt, Geschwindigkeit oder Freude und Leichtigkeit. Alle Webseiten integrieren gut sichtbare Verweise auf Zeit und markieren, dass es sich um Zukunftserzählungen handelt. Ferner sind Expert:innen-Reden oder -Interviews Teil der kollektiven Erzählung; sie scheinen nötig, um die Fremdartigkeit, die KI der selbstfahrenden Autos, vertrauter und vertrauenswürdiger erscheinen zu lassen. Im Narrativ des autonomen Fahrens wird vorrangig dieses ‚neue Fahren' – weniger die Maschine selbst – mit Entertainment und Leichtigkeit, Stressreduzierung und Zeiteffizienz sowie Vertrauen in diese Technologie verbunden. Diese Bedeutungsverbindungen stiften die kollektiven Erzählungen. Alle Webseiten erläutern außerdem den Stand der Technik, damit markieren sie die Differenz zwischen der Gegenwart und ihren Möglichkeiten und deuten den Fortschritt an, der noch folgen wird. Diese Texte treten jedoch hinter den eingebetteten Videos zurück. Alle drei integrieren einen Videospot. In diesen Spots wird offensichtlich erzählt. Geschichten werden in den Dienst der Affirmation genommen.[73]

Die ideologische Perspektivierung des Narrativs setzt zwei Momente konstitutiv: Erstens wird autonomes Fahren unsere Welt und Mobilität verändern. Zweitens verbessert es das Leben der Menschen, mehr noch: Autonome Autos machen

---

73 Vgl. zur Bedeutung von ‚Storys' in der Werbung: Albert Heiser: *Das Drehbuch zum Drehbuch*, S. 118–135.

Menschen autonomer oder bringen ihnen Selbstbestimmung zurück. Das heißt, die Technik ist Helferin oder Retterin der menschlichen Selbstbestimmtheit. Die räumliche Perspektive dieser Erzählungen drückt sich vorrangig in Mitsichten aus, die die Zuschauer:innen stärker in die Diegese einbeziehen. Kontrastiert wird mit wenigen Aufsichten, die einen urbanen Verkehrsfluss von oben zeigen. Die Aufsicht verbildlicht kulturell Überwachung. Fokussiert man die erzählte Zeit fällt auf, dass alle drei Hersteller auf den Status der Fiktion ihrer Erzählungen im Sinne einer Zukunftsvision oder einer Zukunftssimulation verweisen. Erfassen und Darstellen klaffen nicht auseinander – es wird erfasst und dargestellt, was heute möglich ist –, doch wie in der Utopie üblich extrapoliert sich das heute schon Mögliche in das zukünftig Gewünschte. Das Narrativ der Hersteller ist eine Technik-Utopie, die kritische Momente oder die potentiell ebenso mögliche Kehrseite der KI nicht behandelt. Die Perspektivverengung betrifft aber Datenerhebungen oder Datenverarbeitungen, d. h. die Eingriffe in die Privatheit.

Wenn man sich nun fragt, welches ‚Wissen' diese Narrationen in unsere Gegenwart einspeisen, betrifft das am ehesten die utopische Vorstellung eines reibungslosen Funktionierens. Diese Erzählungen vermitteln, dass diese Technologie im künftigen Stadtverkehr problemlos für Erleichterung sorgen kann. Autonomes Fahren ist ein Befreiungs- und Rettungsnarrativ in Gestalt einer Technik-Utopie. Vor allem vermitteln sie die Vorstellung, dass diese Technologie ‚für den Menschen' arbeitet. Stärker noch als in Kontexten anderer Überwachungstechnologien kann man sich nun diese Maschinen vorstellen, ohne ihren überwachenden Aspekt wahrzunehmen.

8.2 Werbung für Fitness-Tracker und Smart-Watches: Apple und Fitbit verkaufen die Selbstüberwachung

‚Tracker' oder ‚Wearables' sind intelligente Computersysteme, die nah am Körper getragen werden und mithilfe derer Körperfunktions-, Fitness- und Raum- und Zeitdaten in Echtzeit erfasst und anschließend ausgewertet werden können. Mit Nahkörpertechnologie wird die Grenze zwischen Körper und Computer zunehmend aufgelöst.[74] Die beliebtesten dieser Geräte sind die ‚Smartwatch' und der ‚Fitness-Tracker' in Form eines Armbandes; daneben findet die Technologie in Datenbrillen oder Kleidung Verwendung. 2019 wurden weltweit 337 Millionen dieser Geräte verkauft; allein der Marktanteil von Apple betrug 31,7 %.[75] Wearables

---

74 Vgl. Timo Kaerlein: *Smartphones als digitale Nahkörpertechnologien*, S. 62.
75 F. Tenzer: Statistiken zu Wearables. In: *Statista*, 17.03.2020. URL: https://de.statista.com/themen/3471/wearables/ [08.06.2020]. 2017 wurden allein in Deutschland mit Wearables ein Umsatz von etwa 562 Millionen Euro erzielt.

werden in der Lifelogging- bzw. Quantified-Self-Bewegung als technische Unterstützung eingesetzt, um Gesundheits-, Leistungs- und Produktivitätsziele zu erreichen.[76] So können sie Teil eines Gesundheitsmonitorings oder gar eines Human Enhancements sein. Darüber hinaus können die Uhren andere Funktionen übernehmen, die vormals am Computer oder Smartphone erledigt wurden: Telefonieren, Nachrichten schreiben oder die Organisation des persönlichen Alltags.

Die Geräte sind technologische Ausformungen der Foucault'schen „Sorge um sich selbst"[77] und damit Manifestationen einer Leistungs- und Kontrollgesellschaft. Sie generieren Steuerungs- und Kontrollwissen und liegen daher im Spannungsfeld zwischen der Foucault'schen Selbst- und Fremdregierung.[78] Offensichtlicher als beim autonomen Fahrzeug handelt es sich hierbei um Überwachungstechnologie. Als solche wird sie zudem beworben. Mithilfe der Geräte können Träger:innen sich selbst und ihre Umwelt beobachten, kontrollieren und sich selbst ggf. verändern, werden aber auch durch das Gerät, respektive die Software und Hersteller, ausgemessen.

Den Textkorpus bildet entsprechende Produktwerbung zur Apple Watch und zum FitBit-Armband. Hinter diesen Geräten stehen die Konzerne Apple und Google, das 2019 Fitbit kaufte. Beide Hersteller sind große Internetgiganten, deren Produkte aus Nutzer:innen-Daten Verhaltensprodukte generieren. Erhoben werden intime Körperdaten (informationelle Privatheit), Koordinationsdaten (lokale Privatheit), Gewohnheits-, Beziehungs- und Konsumdaten (dezisionale Privatheit). Die Analyse spürt der Frage nach, wie Selbstüberwachung als Produkt und als kulturelle Praktik beworben wird. Welche Rolle spielt das Erzählen? Oder anders: Es ist der Versuch zu verstehen, wie etwas, das intime Daten freilegt und bewertet, so dargestellt wird, dass es nicht als Verletzung der Privatheit, sondern als Bereicherung des Lebens empfunden wird.

Die Werbung zu (Fitness-)Trackern und Smart Watches bewegt sich im Kontrast zum Narrativ der ‚überwachten Selbstüberwacher:innen', das ihre Kritiker:innen über diese Praktiken und Denkmuster in Verbindung mit dieser Technologie erzählen. In der Werbung der Hersteller wird demgegenüber die Technologie und der dazugehörige Lebensstil mythisiert.

Zum Zeitpunkt der Entstehung dieser Analyse bewirbt Apple die Watch Series 3 und Series 5; hinzugezogen werden TV-Spots zu diesen Serien sowie Spots aus dem

---

76 Vgl. Stefan Selke: *Lifelogging. Digitale Selbstvermessung und Lebensprotokollierung*, S. 4–8. Vgl. die Ausführungen in Kapitel 3.4 dieser Studie.
77 Michel Foucault: Technologien des Selbst, S. 981.
78 Vgl. Ramón Reichert: Digitale Selbstvermessung, S. 66–77.

Jahr 2018.[79] Bei Fitbit wird derzeit das fitbit versa 2, das fitbit ionic und das Kinderarmband fitbit ace beworben.[80]

Tracker-Technologie: Übergreifende Kernbotschaft und offenbarendes Design

Werbung zu Trackern und anderen Wearables teilen sich ein gemeinsames Narrativ: Diese Geräte machen ihre Nutzer:innen sowie deren Alltag effizienter, optimieren ihn und machen so das Leben einfacher. Dieses Narrativ, das mit kollektiven Erzählmomenten einhergeht, verhilft den Produkten zu ihrer Beliebtheit. Betrachtet man nun zunächst die Produktvorstellungen auf den beiden Firmenwebseiten, lassen sich gemeinsame Strukturmerkmale erkennen:

Durchgängig adressieren die Texte und Bilder die Leser:innen oder bieten gar Perspektiven an, bei denen Leser:innen als Träger:innen auf die Uhr blicken: „So eine Uhr hast du noch nie gesehen."[81] Die Nutzer:innen stehen im Mittelpunkt der Werbung. Das unterstützt der Werbetext. Bei Apple können Nutzer:innen beispielsweise mit der Smart Watch „[a]lles machen. Einfach vom Handgelenk"[82] aus. Ähnlich heißt es, Fitbit „[m]acht fit werden und bleiben viel einfacher".[83] Mit „clevere[n] Funktionen, die dein Leben einfacher machen" „wird die ganze Familie gesünder

---

79 Grundlage bilden folgende Produktvorstellungen auf der Webseite sowie Videos des Herstellers: Apple: Apple Watch Series 3. In: *Apple*, o. D. URL: https://www.apple.com/de/apple-watch-series-3/ [07.05.2020]. Apple: Apple Watch Series 5. In: *Apple*, o. D. URL: https://www.apple.com/de/apple-watch-series-5/ [07.05.2020]. Apple Deutschland: Die neue Apple Watch Series 5. In: *YouTube*, 17.10.2019. URL: https://www.youtube.com/watch?v=JrbA_zvZ6O8 [07.05.2020]. Apple Deutschland: Apple Watch Series 4 – Besseres Ich – Apple. In: *YouTube*, 22.09.2018. URL: https://www.youtube.com/watch?v=rWnoY6i2nJo&feature=youtu.be [07.05.2020].
80 Grundlage bilden folgende Produktvorstellungen auf der Webseite sowie Videos des Herstellers: Fitbit: versa 2. Gesundheits- und Fitness-Smartwatch. In: *fitbit*. URL: https://www.fitbit.com/de/versa [07.05.2020]. Fitbit: Fitbit ace 2. Aktivitäts-Tracker für Kinder ab 6 Jahren. In: www.fitbit.com/de/stores. URL: https://www.fitbit.com/de/ace2 [07.05.2020]. Fitbit Europe: Jetzt kommt Fitbit Ace 2. In: *YouTube*, 06.03.2019. URL: https://www.youtube.com/watch?v=isOaJf_V0ww [07.05.2020]. TV Werbung 2020: Fitbit: fitbit ionic – TV Spot 2018. In: *YouTube*, 24.12.2017. URL: https://www.youtube.com/watch?v=F7qqtq9sLCo [07.05.2020]. Fitbit Europe: Fitbit Ionic: Geschaffen für dein Leben. In: *YouTube*, 02.10.2017. URL: https://www.youtube.com/watch?v=qYrMtJ8DeqQ [07.05.2020]. Fitbit Europe: Fitbit Versa: Smarte Funktionen, die den Alltag erleichtern. In: *YouTube*, 09.04.2018. URL: https://www.youtube.com/watch?v=cY_h5-YY4TI&list=PLkPhw7XICKpblEwx8lF3CL5Qe_XecrBZY&index=26 [07.05.2020].
81 Apple: Apple Watch Series 5. Vgl. das untere Bild in Abb. 7, das die Leser:innen über die Schulter der Figur blicken lässt.
82 Apple: Apple Watch Series 3.
83 Vgl. Fitbit Europe: Fitbit Ionic: Geschaffen für dein Leben.

Abb. 6: Produktvorstellung der Apple Watch Series 5 (© Apple).

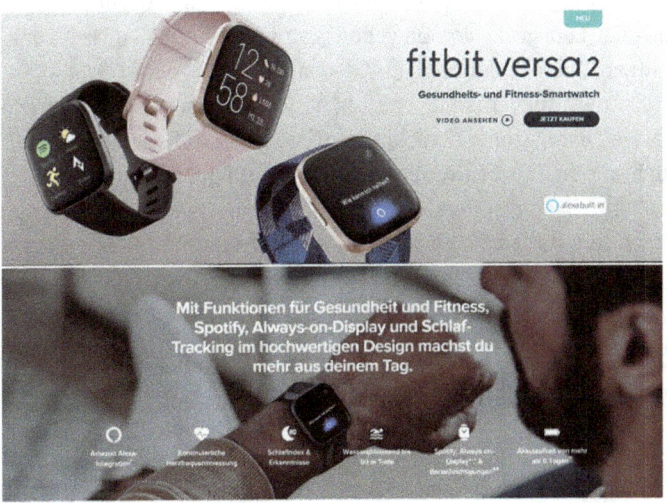

Abb. 7: Produktvorstellung fitbit versa 2 (© Fitbit).

und fitter",[84] so lautet die zentrale Botschaft in der Werbung der Fitbit-Armbänder. Diese Botschaft des Besser-Werdens vermittelt ein Apple-Slogan: „Du hast ein besseres Ich in dir".[85] Die Kernbotschaft der Wearables-Werbung lautet: Diese Geräte machen ihre Träger:innen zum Mittelpunkt der Geschichte und machen ihnen den

---

84 Fitbit: Fitbit ace 2. Aktivitäts-Tracker für Kinder ab 6 Jahren.
85 Apple Deutschland: Apple Watch Series 4 – Besseres Ich – Apple.

Alltag und die eigene Optimierung leicht. Ähnlich wie in der Werbung für das autonome Fahren ist auch diese (Selbst-)Überwachungstechnologie mit den Bedeutungen ‚erleichternd' und ‚helfend' versehen.

Ramón Reichert geht davon aus, dass solche Praktiken der Selbstüberwachung mithilfe von Wearables den Nutzer:innen eher widerfahren, als dass sie diese beherrschen oder kontrollieren würden.[86] Die Produktdarstellungen der Hersteller postulieren Gegenteiliges: Sie stellen die Geschichte in der perzeptiven Perspektive der Nutzer:innen dar. Das deklariert, im Unterschied zur Beobachtung Reicherts, eine Bedienungskontrolle und Dienlichkeit für die Träger:innen.

Die Elemente der Webseiten orientieren sich an den Möglichkeiten der Geräte: Die Apple Watch sowie das Fitbit weisen nahezu dieselben Funktionen auf, die in den Webseiten ähnlich präsentiert werden: Trainingsleistungs- und Körperüberwachung (explizit: Herzfrequenzmessung und das Tracking des Menstruationszyklus), das Navigieren, Telefonier-, Nachrichten-, Erinnerungs-, Musik- und Bezahlfunktion, ein Sprachassistent und eine Möglichkeit der Personalisierung. Apple bewirbt zusätzlich die Überwachung der Lautstärke von Umgebungsgeräuschen. Zu all diesen Funktionen sehen Leser:innen Texte, Bilder und ein Video auf den Webseiten.[87]

Die von Marx als ‚new surveillance' charakterisierten Formen der Überwachung sind sinneserweiternd, grenzüberschreitend, sie greifen tiefer und breiter, softer, kontinuierlich; die in Echtzeit erfassten Daten sind leicht zu kombinieren und zu übertragen.[88] Außerdem ist Personalisierung ein entscheidendes Merkmal der fluiden Überwachung, die auf Präferenzen zielt.[89] Diese Merkmale spiegeln sich im Design der Tracker-Technologie: Die Uhren und Armbänder ermöglichen eine Personalisierung durch die Kund:innen: „Zeig all deine Farben mit austauschbaren Armbändern",[90] heißt es in der Vorstellung von Apples Series 3. Auch die neueste Series 5 wirbt damit, Armbänder und Display-Anzeige auf den

---

86 Vgl. Ramón Reichert: Digitale Selbstvermessung, S. 74–77.
87 Diese Funktionen treten in den Werbevideos expliziter hervor: Die Videos bebildern eine Art Tagesablauf, der nicht chronologisch geordnet wird, aber Ereignisse wie Schlaf, Aufstehen, Arbeit und (Geschäfts-)Termine oder Sport beinhaltet. Außerdem wetteifern die gezeigten Personen um Trainingserfolge und teilen ihre Daten, die so zu Stories über ihre Erfolge werden, mit Freund:innen oder Familienmitgliedern.
88 Gary T. Marx: What's new about the „new surveillance"?, S. 87 f.
89 Zuboff zeigt in ihrer Beschäftigung mit Apple, dass das Unternehmen mit der Einführung des iPods so erfolgreich war, da es „eine neue Gesellschaft von Einzelnen und deren Bedarf an personalisierten Möglichkeiten des Konsums aufs Korn nahm" (Shoshana Zuboff: *Das Zeitalter des Überwachungskapitalismus*, S. 48). „Dessen [gemeint: Apples, SH] implizites Versprechen einer anwaltschaftlichen Ausrichtung an unseren neuen Bedürfnissen und Werten nahmen wir als Bestätigung unserer Würde und unseres Selbstwertgefühls; es bestätigte, dass wir zählten." (Ebd.)
90 Apple: Apple Watch Series 3.

individuellen Geschmack abstimmen zu können.[91] Diese Konfigurationsmöglichkeit deutet auch auf das Überwachungsziel hin: Das Erfassen von *personalisierten Daten*. Die Ideologie der Überwachung zeigt sich aber auch in weiteren Designmerkmalen: „Always-On-Displaymodus", „größerer [...] Displaybereich", „einfach und bequem" zu tragen, edles Material.[92] Diese Attribuierung sowie das Design selbst spiegelt Marx' Charakteristika von neuer Überwachung: kontinuierlich (‚always-on'), breiter und tiefer (größeres Display) oder weicher und softer (komfortabel und bequem).[93]

Folgend werden die Webseiten und Videos der Hersteller nacheinander betrachtet, um auch individuelle Erzählweisen zu erfassen. Im Anschluss werden die Gemeinsamkeiten erarbeitet.

Apples offene Kommunikation: sehen, verfolgen, speichern

Die Ordnung der beiden Produktseiten auf der Apple-Webseite ist eingängig: Präsentiert werden zunächst drei Uhren (vgl. Abb. 6), es folgt der Slogan der jeweiligen Serie. Danach werden die einzelnen Produkteigenschaften bzw. -funktionen graphisch verschieden dargestellt und erläutert. Die Seiten weisen keine Hyperlinks und nur wenig Animation auf. Apple ist in der Gestaltung von Werbung stilbildend: Das Unternehmen kommuniziert von jeher besonders reduziert: „Obwohl Apple ein riesiges Kommunikationsbedürfnis hat [...], empfängt die Webseite [gemeint: apple.com, SH] den Besucher mit wenigen Navigationspunkten [...]. Keine Marktschreierei, kein Blinken oder Ähnliches."[94] Es ist dem Unternehmen gelungen, um die Marke einen Mythos und einen Lebensstil[95] zu bilden und diesen direkt an die Produkte zu binden, sodass Markenname und Produkt in der Werbung ohne detaillierte Erläuterung attraktiv sind. Der Mythos Apple[96] steckt neben dem Markennamen im Design und wird bei den Betrachter:innen abgerufen.

---

91 Vgl. Apple: Apple Watch Series 5.
92 Vgl. Fitbit: versa 2. Gesundheits- und Fitness-Smartwatch.
93 Gary T. Marx: Whats new about the new surveillance?, S. 87f.
94 Dirk Beckmann: *Was würde Apple tun?: Wie man von Apple lernen kann, in der digitalen Welt Geld zu verdienen*. Berlin 2011, S. 3.
95 „Bei Apple wird deutlich, dass die ästhetische Strategie des Marketings eine soziale Funktion erfüllt: Die mit ästhetischen Bedeutungen aufgeladenen Waren und Marken machen den Konsumenten Distinktionsangebote. Sie helfen, einen Lebensstil zu entwickeln, sich abzuheben, soziale Unterschiede zu markieren und zu legitimieren." (Michael Esders: *Ware Geschichte*, S. 64).
96 Dieser Mythos band sich an jedes Produkt, das Kund:innen kauften, um die Zugehörigkeit zu einer Heldengemeinschaft zu erwerben (vgl. zum Apple-Mythos z. B.: Nils Jacobsen: *Das Apple-Imperium. Aufstieg und Fall des wertvollsten Unternehmens der Welt*. Wiesbaden 2014, hier

Auf der Ebene der Vermittlung wird die sprachliche Perspektive über bestimmte Begriffsfelder zum Träger der Überwachungslogik: Der Hersteller vermeidet es, vom Begriff der ‚Überwachung' zu sprechen. Apple deklariert stattdessen: *sehen* („Sehen, wo du stehst, beim Bewegen / Trainieren / Stehen"[97]), *verfolgen* („Verfolge, wie du trainierst"[98]), *speichern* („Speichere deine Lieblingssongs"[99]). Diese Handlungskette ist jedoch bei genauerer Betrachtung eine chronologisch geordnete Überwachungserzählung. ‚Sehen, verfolgen, speichern' sind Handlungselemente der Begriffserzählung um Überwachung (Überwachung als Erzählung) wie sie in der Einleitung dieses Buches erarbeitet wurde. Hier wird Geschehen narrativ dargestellt, zeitlich organisiert und Leser:innen erkennen in der Lektüre die Motivierung der Elemente. Eine solche Erzählung benötigt eine intentional handelnde Überwachungsinstanz, das ist hier der:die Nutzer:in, ein zu überwachendes Objekt, was ebenfalls der:die Nutzer:in ist, und das Instrument, die Apple Watch. Der Narrateur Apple perspektiviert die Erzählung um diese Uhr werbespezifisch auf ihre attraktiven Vorteile und Chancen ausgerichtet, nutzt dafür in der sprachlichen Perspektive umschreibende Verben, verschweigt aber nicht, dass es um Überwachung und Kontrolle geht. Sie wird offen erzählt.

Heiser betont, dass Werbung eine Fokussierung auf einzelne Aspekte verlangt, und hebt so hervor, dass andere, differenzierte Sichtweisen zugunsten des zentralen Versprechens aufgegeben werden müssen, um bei potentiellen Kund:innen eindringliche Kaufwünsche zu erwecken.[100] Apple kommuniziert, dass dieses Produkt der Selbstüberwachung (sehen, verfolgen, speichern) dient. Die differenziertere Information, die zugunsten einfacher Botschaften ausgelassen wird, ist, dass die Daten der Nutzer:innen auf einer zweiten Beobachtungsebene ebenfalls erfasst werden können. Die Konzerne können oder könnten ebenfalls ‚sehen, verfolgen, speichern' und diese Daten nutzen. Damit einher geht Apples Involviertheit: Die Werbeerzählung umspielt den Grad der Beteiligung in der homodiegetischen Anlage. In dieser ‚Geschichte' (‚Nutzer:innen können sich mithilfe der Watch zum eigenen Vorteil überwachen') ist Apple als Erzähler kein unbeteiligter Akteur. Zwar tritt er als Erzähler auf, ist als solcher auch als Hersteller wahrnehmbar, aber inwiefern der Konzern darüber hinaus auch in die Überwachungsgeschichte involviert ist, wird nicht deutlich. Shoshana Zuboff zufolge, deren Ausführungen im Narrativ der ‚überwachten Kund:innen' als

---

S. 1–14; David Meiländer: Das Geheimnis des Apfelwahns. In: *Stern*, 28.11.2008. URL: https://www.stern.de/wirtschaft/news/mythos-apple-das-geheimnis-des-apfelwahns-3746122.html [19.09.2022]).
97 Apple: Apple Watch Series 3.
98 Ebd.
99 Ebd.
100 Vgl. Albert Heiser: *Das Drehbuch zum Drehbuch*, S. 141.

‚Rohstofflieferant:innen' dargelegt wurden, sind die Nutzer:innen nicht die ermächtigten Protagonist:innen, wenngleich sie als diese stilisiert werden. Laut Zuboff nutzen die Firmen die Selbstüberwachungstechnologie, um aus den Daten Verhaltensprognosen zu generieren.[101]

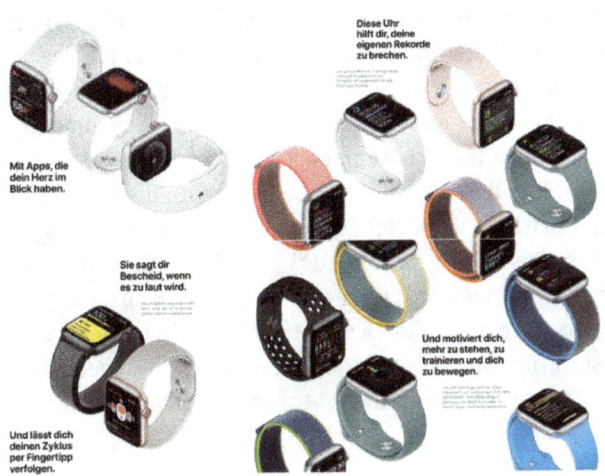

Abb. 8: Produktvorstellung zur Apple Watch Series 5 (© Apple).

„So eine Uhr hast du noch nie gesehen",[102] lautet der Slogan zur Apple Watch Serie 5, es werden dann, wie die Abbildung illustriert, verschiedene Funktionen gezeigt. Die Darstellung der Interaktion zwischen Uhr und Nutzer:in wird auf die Möglichkeiten der Uhr gelenkt: Betrachtet man die sprachliche Perspektive der Texte auf der Webseite wird die Ideologie der Überwachung offenbar. Zunächst wird diese neue Uhr personifiziert: „Diese Uhr hat ein Display, das niemals schläft [...]. Mit Apps, die dein Herz im Blick haben [...] Sie sagt dir Bescheid, wenn es zu laut wird [...] Diese Uhr hilft dir [...]. Sie hat einen fantastischen Orientierungssinn."[103] Die Personifikation markiert die Uhr als Subjekt. Diese ‚Uhr' schläft nicht, sie überwacht das Herz; sie „sagt", „hilft", „motiviert" und „hat", wie es in dem Werbetext heißt. Durch die Anthropomorphisierung wird sie zum ‚Helfer' stilisiert. Damit wird die Uhr zur Akteurin, die mit Macht ausgestattet ist, genauer: mit Macht über die Nutzer:innen. Das wird erkennbar, wenn die Aussagen

---

101 Vgl. Shoshana Zuboff: *Im Zeitalter des Überwachungskapitalismus*, S. 25; vgl. Yvonne Hofstetter: *Sie wissen alles*, S. 117.
102 Apple: Apple Watch Series 5.
103 Apple: Apple Watch Series 5.

über die Nutzer:innen denen über die Uhr entgegengestellt werden. So heißt es nämlich auf der Produkthomepage: „[Die Uhr] lässt dich auch ohne Telefon unterwegs sein […]. Lässt dich schnell bezahlen. Und sie lässt dich mit Siri reden. Über aaaalles."[104] Während die Uhr also den:die Nutzer:in beblickt oder angibt, wenn die Umgebung zu laut ist, lässt sie Nutzer:innen die Freiheiten, zu bezahlen und mit dem Sprachassistenten zu reden. Sie lässt ihnen also die Freiheit, weitere Daten zur Verfügung zu stellen. Kaufkraft und die Stimme sind wertvolle Verhaltensüberschussdaten.[105] Nutzer:innen sind so vor allem Datenquelle. Sie sollen unterwegs sein (erfasst raum-zeitliche Daten), bezahlen (erfasst Konsumdaten und Liquidität) und mit Siri reden (erfasst Stimmungen, persönliche Sprachmuster, Präferenzen, Wünsche). Die übrige Handlungsmacht wird in die Uhr gelegt. Sprechen Nutzer:innen mit der Uhr, antwortet der Sprachassistent, wie eines der Uhrendisplays auf der Webseite zeigt, „Ich höre zu."[106] In dieser Kontrastierung zwischen Uhr und Nutzer:in wird deutlich, wer die Maßstäbe zur Beurteilung des ‚Normalzustandes' oder der ‚Angemessenheit' vorgibt: das technische Gerät bzw. der Programmcode. Dieser Fremdsteuerung unterwerfen sich die Träger:innen, Macht wird abgegeben.[107] Diese Fremdsteuerung ist transparent kommuniziert.

Fitbit: ‚Tracken' für die ganze Familie

Die Produktvorstellungen von Fitbit sind inhaltlich ähnlich, weshalb sie hier v. a. in ihren Differenzen besprochen werden. Fitbits Texte sind strenger werbend, erklärender und informierender als die Apples, beispielsweise wird der Kaufpreis oft genannt. Das spiegelt sich im Aufbau der Webseite wider: Zu Beginn wird ebenfalls ein Bild der Uhren gestellt, dem direkt der Preis des Produkts folgt, das dritte Element ist ein ‚Datenblatt' mit den Funktionen des Trackers, das letzte Element ist eine Bebilderung einiger dieser Funktionen. Doch gerade das Datenblatt,[108] das Funktionen sowie Designmerkmale des Geräts tabellarisch auflistet (sprachlich oft im Imperativ formuliert), teilt mehr über die Ideologie der Überwachung des Unternehmens mit als es anmutet. Es offenbart den Enteignungszyklus[109] sowie das Nicht-Wissen der Nutzer:innen um algorithmische Operationen:

---

104 Ebd.
105 Vgl. Shoshana Zuboff: *Das Zeitalter des Überwachungskapitalismus*, S. 22; 297 ff.
106 Apple: Apple Watch Series 5.
107 Vgl. u. a. Byung-Chul Han: *Psychopolitik*, S. 42 f.
108 Fitbit: versa 2. Gesundheits- und Fitness-Smartwatch.
109 Vgl. zum Enteignungszyklus: Shoshana Zuboff: *Das Zeitalter des Überwachungskapitalismus*, S. 165–183.

Während die abgebildeten Funktionen („Timer", Wetter, Schlaf- und Fitnesstracking, Herzfrequenzmessung oder ‚Musikplayer') Einblick darin geben, welche Daten erhoben werden, zeigen die dargestellten Auswertungsmöglichkeiten nur die für Nutzer:innen sichtbaren Datenergebnisse. Wie aus den Körper- und Verhaltensdaten die Statistiken und Gesundheitserinnerungen generiert werden, nach welchen Normen und Kriterien diese erstellt werden, ist dort nicht zu lesen.

Auf der Webseite und in den Videos macht auch Fitbit transparent, welche die wertvolle Ressource ist: „Nutze die Macht deiner Stimme".[110]

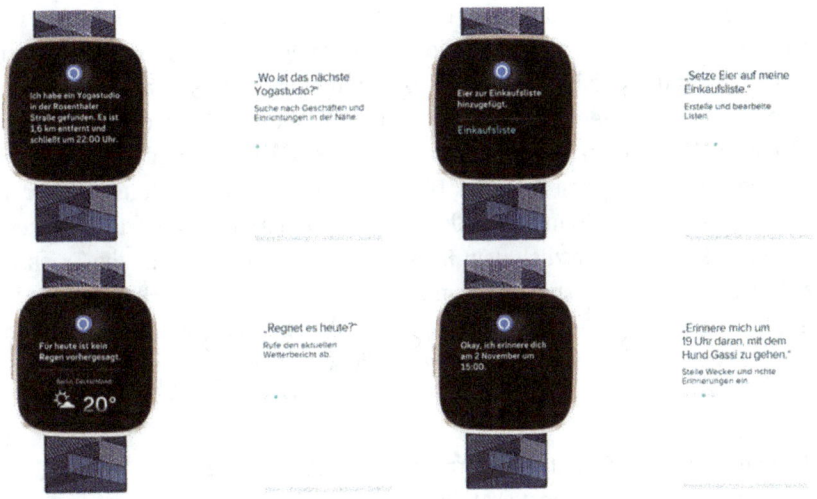

Abb. 9: Produktvorstellung der Fitbit versa 2 (© Fitbit).

Lesende können auf animierten Displays je eine Anzeige zu einem Sprachbefehl (Wetterbericht, Erinnerungen, Umgebungssuche und Einkaufslisten) sehen. Dabei ist es an den Rezipient:innen gelegen, wie viel Wissen über Überwachungskapital sie an den Text tragen. Dementsprechend werden sie in der Werbung zur Nutzung der Stimme die Bedeutung für die eigenen Vorteile (Sprachbefehle als erleichterte Bedienung) oder für den Vorteil des Herstellers (Sprachbefehle als Datenquelle intimer Stimmdaten) interpretieren. Wie bei Apple bekommen auch bei Fitbit zwei Funktionen eigene Bilder: das Fitnesstracking und die Bezahlfunktion. Damit werden sie im Vergleich zu anderen Merkmalen wie der Akkulaufzeit oder der Spotify-Verbindung gedehnt. In der Dehnung und Raffung offenbaren

---

110 Fitbit: versa 2. Gesundheits- und Fitness-Smartwatch.

sich für Wolf Schmid Erzählperspektive und damit Bedeutung, weil sie das Ausgewählte in seiner Wichtigkeit hierarchisieren und damit akzentuieren können.[111] Körper- und Bezahldaten scheinen besonders bedeutsam.

Wie sehr die Logik der Datenakkumulation kulturell verankert ist, drückt sich besonders in der Existenz von Fitness-Trackern für Kinder aus. Das Produkt für Kinder ist die Fitbit ace.[112] Die Funktionen des Armbands, seine Produktvorstellung auf der Webseite sowie der Werbespot zeigen, wie die Logiken der Leistungsgesellschaft und das Ideal der Selbstoptimierung mit Wettbewerbscharakter bereits Kindern anerzogen und durch Eltern kontrolliert wird. Selbstüberwachung wird Teil des Erziehungsprogramms. Die Firma wirbt in Bezug auf das Kinderarmband für eine App für die ganze Familie, die es ermöglicht, die Informationen in einer Kinder- und einer Elternansicht als Datenauswertungen einzusehen: „In der Elternansicht können sie leicht die Aktivitäten des Nachwuchses verfolgen und Freundschaftsanfragen genehmigen".[113] Auch Erinnerungen oder Anrufe der Kinder können Eltern so kontrollieren. Die Kinder unterstehen somit nicht nur der Selbstkontrolle und der Fremdkontrolle in Form der Normen hinter den Tracker-Algorithmen, sondern zusätzlich dem Blick der Eltern. Dadurch, dass die Tracker-Hersteller dies aktiv bewerben, pflegen sie eine Kultur der Blick-Hierarchien, in der sanfte Regierungstechniken anerzogen und als lebenserleichternd konnotiert werden. Diese Normen werden in Selbstkontrolle weitergeführt.

Werbevideos: Von Helden und Rettern. Über die Heldenreise der Selbsterforschung und Lebensveränderungen

Beide Hersteller bewerben ihre Produkte in Videos. Diese Werbevideos sind teils im Fernsehen, aber v. a. auf den eigenen Webseiten und Social-Media-Kanälen zu sehen (gewesen). Diese Spots sind beispielhaft dafür, dass Werbung sich oftmals vom Produkt und seinen Eigenschaften entfernt und stattdessen Lebensstile und Identitäten inszeniert.[114] Die Marke wird dabei zum „Geflecht von Alltagsmythen, Legenden und Geschichten, also narratives Kapital, das es sorgsam zu pflegen, kultivieren und mehren gilt."[115] Sichtbar tritt in den Werbevideos der narrative Charakter hervor.

---

111 „In Raffung und Dehnung realisiert sich auch die Perspektive, und zwar der ideologische Standpunkt, die Wertungsperspektive." (Wolf Schmid: *Elemente der Narratologie*, S. 267)
112 Vgl. Fitbit: Fitbit ace 2. Aktivitäts-Tracker für Kinder ab 6 Jahren.
113 Ebd.
114 Vgl. Michael Esders: Erzählen in der Werbung, S. 196.
115 Ebd.

Es lassen sich zwei Videotypen differenzieren: Erstens präsentieren die Firmen Werbespots für das Produkt in einem engeren Sinne, in denen die Hersteller selbst erzählen (Typ I). Zweitens präsentieren sie sogenannte ‚Stories‘ (Typ II). Das sind (vermeintlich) autobiographische Videos, in denen Nutzer:innen ihre ‚Tracker-Geschichte‘ erzählen. Beide Videoformen gehören fest zur Werbung für dieses Produkt. Sie wirken zusammen, denn sie prägen zwei unterschiedliche Narrative: Während die Spots, in denen Apple bzw. Fitbit erzählen, ein Leistungsnarrativ entfalten, in dem Nutzer:innen als Held:innen der eigenen Biographie und Leistung fungieren (Typ I), tragen die ‚Stories‘ ein Rettungsnarrativ, in denen die Smart Watch deutlicher als Heldin oder Rettung für die vom Schicksal getroffenen Protagonist:innen fungiert (Typ II). Werbend-emphatisches Erzählen wird durch (pseudo-)biographisches und (vermeintlich) dokumentarisches Erzählen kontrastiert. So werden in den potentiellen Kund:innen zwei Emotionen angesprochen: Euphorie für den Lebensstil um das Produkt (Typ I) und Einsicht für dessen lebensverändernden Nutzen durch Empathie mit den figuralen Erzähler:innen der Stories (Typ II).

Die betrachteten Spots des Typ I von Apple oder Fitbit kennzeichnet eine hohe Erzählgeschwindigkeit, die spezifische Art der Kameraführung, die große Anzahl an Bildern, die Mise-en-Scène und die unterlegte Musik: Bei Fitbit ist es vorrangig die Musik, bei Apple die Kameraführung, die Zuschauer:innen emotional ansprechen. Die Videos zielen auf einen vitalen Lebensstil. Im Apple-Spot zur Serie 5[116] sehen die Zuschauer:innen zu Beginn sich unterhaltende Menschen, unterlegt mit klassischer Musik. Die Szene löst sich auf, als eine Figur auf ihrer Apple Watch einen Anruf entgegennimmt und die Gruppe verlässt. Die klassische Musik endet. Nun werden die Funktionen der Uhr in einzelnen Alltagsszenen präsentiert: Licht anmachen, Tür aufschließen, GPS bzw. Navigationssystem, Weckfunktion, Trainingsaufzeichnungen, Wettbewerbe unter Freund:innen, Gesundheitserinnerungen und Herzüberwachung. Sie finden sich in den Aufgaben des dargestellten Alltags wieder. Zuschauer:innen sehen verschiedene Figuren aufwachen, schwimmen, sprinten, wandern, im Café sitzen usw. Montiert werden die einzelnen Bilder mithilfe eines Zooms auf die Uhr und eines Zooms aus der Uhr heraus: Die Uhr ist das verbindende Element aller Figuren und ihrer Alltagstätigkeiten.

Die Szenen selbst sind mithilfe einer ‚Steadycam‘ aufgenommen. Zuschauer:innen können durch die Kameraführung unmittelbar jede Bewegung mitverfolgen. Wahrgenommen werden an diesem Spot also die Geschwindigkeit bzw. Bewegungen und das Hinein- und Hinaustreten aus den jeweiligen Szenen mithilfe der Uhr. Der Eindruck eines hyperschnellen Alltags auf der einen Seite, aber auch der Freude und der ultra-

---

[116] Apple Deutschland: Die neue Apple Watch Series 5.

schnellen Möglichkeiten auf der anderen Seite wird geweckt. Die Botschaft der Erzählung: Dieser Alltag kann am besten mit der Uhr bewältigt werden. Unaufgeregt ist dagegen nur die Stimme, die rhythmisch wiederholend die Uhrenfunktionen nennt und den Unterschied zu einer herkömmlichen Uhr verdeutlicht. Die Lichtgestaltung wirkt zusätzlich: Die Szenen sind alle in gedämpftem Licht (abgeschwächtes Low-Key), während das Uhrendisplay das farbliche Highlight darstellt. Metaphorisch gedeutet macht die Uhr den Alltag also nicht nur transparenter, verbindet und erleichtert die Handlungen und Aufgaben, sondern bringt auch Licht ins Leben der Figuren.

Der Mythos eines besonderen Apple-Lebensstils wird durch den TV-Spot mit dem Slogan *There is a better you in you* (2018) deutlich hervorgehoben.[117] Der Titel ist die Essenz der Geschichte. Eine Figur wird in sechs Instanzen aufgespalten, die einander fortwährend übertreffen: Das erste Ich trinkt entspannt Kaffee. Das zweite Ich wird von der Uhr erinnert aufzustehen. Das dritte Ich ist ihnen einen Sprung voraus. Das vierte Ich sprintet an den dreien vorbei. Das fünfte Ich überholt die ersten; auf der Uhr ist zu lesen: ‚Behind target pace'.[118] Doch auch dieses Ich benötigt am Strand eine Pause. So werden alle fünf in dem Moment vom sechsten Ich, bereits in Schwimmshorts gekleidet, überholt. Ein Song setzt ein. Das sechste Ich springt ins Meer und schwimmt davon. Der Spot kommt ohne auditiven Erzähler aus, auch Schrift weist er keine auf. Erzählt wird ausschließlich über Bilder, die Kameraeinstellung und Musik, in der es aussagekräftig heißt: „I'm chasing shadows in the gallows. Collecting what was stolen from me [...]. Oceanic cinematic. I reach out for something bigger than free."[119] Der Apple-Mythos verkörpert ein positiv empfundenes Leistungsprinzip: Die Leistung wird erreicht, indem Nutzer:innen sich täglich verbessern, was über Self-Surveillance geschieht. Diese Selbstoptimierung scheint, so suggeriert der Spot, das ‚Größere als Freiheit' zu sein, nachdem Nutzer:innen greifen (sollen). Wieder überrascht Apple: Das Unternehmen kommuniziert im Spot transparent, dass dafür ein Stück Freiheit aufgegeben wird – zumindest, wenn der Text wörtlich verstanden wird.

Selbstüberwachung wird in diesem Video innerhalb der räumlichen Perspektive fast ausschließlich über Mitsichten ausgedrückt: die Zuschauer:innen sind so im Geschehen der fünf Ichs. Sie blicken in kurzer Distanz direkt auf das jeweilige Handgelenk der Figuren, an dem die Uhr getragen wird. Nahaufnahmen der Mimik der Figuren zeigen zudem, dass oft die Perzeption desjenigen Ichs mit der Kameraperspektive dargestellt wird, das sogleich vom nächsten Ich überholt wird. Zuschauer:innen sehen das Gefühl des ‚Überholtwerdens' oder werden gar selbst in die Position

---

117 Apple Deutschland: Apple Watch Series 4 – Besseres Ich – Apple.
118 Apple Deutschland: Apple Watch Series 4 – Besseres Ich – Apple, Min: 00:14.
119 Apple Deutschland: Apple Watch Series 4 – Besseres Ich – Apple, Min: 00:21–00:26. Es handelt sich um das Lied *Toy* von Young Fathers.

des Überholten versetzt. Am Schluss stehen die Zuschauer:innen durch die Kameraposition kurz am Strand und sehen, wie das letzte Ich im Meer davonschwimmt. Dann jedoch wechselt die Kameraperspektive und Zuschauer:innen erleben schließlich die Euphorie des ‚Besser-Seins', indem der Schwimmer begleitet wird.[120] Insofern verdeutlichen die Positionen der Kamera die perzeptive Erzählperspektive und lassen das Innenleben der ‚schlechteren' Ichs nachempfinden. Das positiv empfundene, weil gewinnende, Ideal der Selbstüberwachung als Weg zum besseren Ich vermittelt sich so an die Zuschauer:innen. Die Uhr wird mythisiert. Jeden Tag kann der:die Nutzer:in zu einem besseren Ich gelangen, wobei ‚besser' hier meint: in Bewegung sein, fitter, schneller, effizienter oder ausdauernder. Diese ideologische Erzählperspektive verengt Selbstüberwachung auf eine (Leistungs-)Optimierung, bei der es nicht ausreicht, ‚normal' zu sein, und bei der die Bewertung dieser Einstufung von Dritten vorgenommen wird. Stillstand sieht der Lebensstil nicht vor

Mit ähnlicher Erzählperspektive arbeitet Fitbit in seinen Spots. Allerdings spielen – aufgrund des fehlenden Fitbit-Mythos – erklärender Text und Musik eine noch größere Rolle als bei Apple.[121] Im Mittelpunkt des Werbeclip für den Kindertracker[122] stehen ein Mädchen, seine Familie und eine Freundin. Die Geschichte bebildert die Funktionen des Armbands, indem die Mädchen spielen, tanzen und lachen. Unterbrochen wird diese Szenerie nur für eine kurze Szene, in der die Kinder schlafen und aufwachen. „Früh übt sich, wer große Ziele erreichen will"[123] heißt es im eingeblendeten Text, während die gesamte Erzählzeit über ein lautstarker Song dominiert, in dem es heißt: „Hey you, hey, you can be anything [...]."[124] Text, Rhythmus und Stimmung des Liedes stellen einen Teil der Erzählperspektive des Spots dar: Das Lied perspektiviert die Erzählung derart, dass Selbstoptimierung ideologisch mit Freude, Leichtigkeit, unbegrenzten Möglichkeiten besetzt wird. Auch die Lichtgestaltung trägt diese Perzeption (ein Sommertag voll heller, leuchtender Farbe) ebenso wie das hohe Erzähltempo. Diese Funktion als Ausdruck der Perzeption, d. h. als Träger von Werten und Normen, übernimmt die unterlegte Musik auch im TV-Spot zum Fitbit ionic.[125] Dieser Spot ist dichotom zu dem für das Kinderarmband gestaltet: Er nutzt Low-Key statt High-Key, langsamere pathetische Musik statt Tanzmusik. Die Art und Weise der Vermittlung bleibt jedoch ähnlich:

---

120 Apple Deutschland: Apple Watch Series 4 – Besseres Ich – Apple, Min: 00:19–00:21.
121 Vgl. folgende Videos des Herstellers: Fitbit Europe: Versa 2 Battery Life. In: *YouTube*, 12.11.2019. URL: https://www.youtube.com/watch?v=sapH7gkQRfU [07.05.2020]; Fitbit Europe: Jetzt kommt Fitbit Ace 2; Fitbit Europe: Fitbit Ionic: Geschaffen für dein Leben.
122 Fitbit Europe: Jetzt kommt Fitbit Ace 2, 06.03.2019.
123 Fitbit Europe: Jetzt kommt Fitbit Ace 2, Min: 00:05–00:09.
124 Fitbit Europe: Jetzt kommt Fitbit Ace 2, Min: 00:17–00:19.
125 TV Werbung 2020: Fitbit ionic / TV Spot 2018, 24.12.2017.

Musik und Montage perspektivieren Überwachung durch das Armband als siegbringend und wird wie folgt zusammengefasst: „Fitbit ionic has the essentials to make lives more convinced or giving you a personalised experience."[126] Wie Apple nutzen auch die Fitbit-Spots die Uhr bzw. den Tracker als Element, das die Szenen verbindet: Der Blick auf das Display am Handgelenk eint, wie bei Apple, die dargestellten Figuren und ihre Handlungen.[127] So betrachtet widerspricht das jedoch dem Versprechen von Selbstoptimierung und Personalisierung. Während die Hersteller bemüht sind, die Individualität der Nutzer:innen durch Personalisierung zu suggerieren, büßen diese genau diese Individualität ein: Die gezeigten Figuren führen die immergleichen Tätigkeiten auf die gleiche Weise aus. Sie sehen immerzu auf die Anzeige auf ihrem Handgelenk und erledigen ihren Alltag mithilfe programmierter, d. h. vordefinierter, Funktionen. So wird der Slogan „Fitbit makes life easier"[128] ironisch lesbar: Das Leben wird nur deswegen leichter, weil die Blicke der Figuren nicht mehr in die Welt, sondern auf die Uhr gerichtet sind.

Als letztes sollen die Erzählweise und die Funktion der ‚Story'-Videos betrachtet werden. Vorgemacht wurde diese Marketingstrategie von Coca-Cola. Dort konnten Kund:innen online ihren ‚Coke-Moment' teilen: „Die Besucher dieses Geschichtenuniversums sollen sich nicht als Kunden oder Konsumenten verstehen, sondern als Teil einer großen, weltumspannenden Erzählgemeinschaft."[129] Das schafft Anreize zum Weiter- und Wiedererzählen des Coca-Cola-Mythos durch die Kund:innen selbst.[130] Esders bezeichnet diese Strategie als „Liquid Storytelling [...]. Mühelos lassen sich die Storys aneignen, teilen, weitererzählen."[131] Metaleptisch werden Konsument:innen selbst zu Mit- und Wiedererzähler:innen. Auf diese Weise werden die Grenzen der Werbeerzählung gesprengt. Diese Strategie verfolgen auch die Hersteller der erwähnten Produkte. Im Spot „Echte Stories"[132] oder „Dear Apple. Von Mensch zu Mensch"[133] collagiert Apple Stimmen und Videoausschnitte von Kund:innen, die ihre Apple-Momente erzählen.

---

126 Fitbit Europe: Fitbit Ionic: Geschaffen für dein Leben.
127 Vgl. Fitbit Europe: Fitbit Ionic: Geschaffen für dein Leben, Min: 00:05; 00:09; 00:11; 00:15; 00:18; 00:34.
128 Fitbit: versa 2. Gesundheits- und Fitness-Smartwatch.
129 Michael Esders: Erzählen in der Werbung, S. 197.
130 Ebd.
131 Michael Esders: Ware Geschichte, S. 48.
132 Apple Deutschland: Apple Watch – Echte Storys – Apple, 09.04.2019. In: *YouTube*, 09.04.2019. URL: https://www.youtube.com/watch?v=XylHpUvY_2Q [07.05.2020].
133 Apple Deutschland: Dear Apple: Von Mensch zu Mensch – Apple Watch. In: *YouTube*, 10.09.2019. URL: https://www.youtube.com/watch?v=Oqjbgzag-gc [07.05.2020].

In den Videos, die Fitbit und Apple ‚Stories' nennen, erzählt je ein:e Nutzer:in eine persönliche Geschichte. Dazu nutzen die Hersteller emotionalisierende Sprecher:innen mit Schicksals-Biographien. In einem Video von Apple erzählt Michael, der an Zerebralparese leidet. Diese Krankheit bzw. die damit einhergehende Lähmung wird in seiner Sprechweise deutlich.[134] Es sind durchweg figurale Außenseiter:innen, die die Uhr oder das Armband als Lebensrettung oder -veränderung perspektivieren: Väter, die fast ihr Kind verloren hätten, Sportler:innen, die Wellen unterschätzten, Rollstuhlfahrer:innen, Übergewichtige, die Sorge um ihr Leben haben mussten.[135] Sie alle eint: Der Kauf oder die Alarmbereitschaft des Geräts wurde zu einem Wendepunkt.

Diese Erzählungen folgen einem gleichen Handlungsmuster und denselben Erzählformen (erzählende Außenseiter:innen, immer gleicher Aufbau in ähnlicher Sprache präsentiert etc.). Es zeigt sich, wie Urs Meyer zu anderen Werbespots erläutert, dass wir es bei diesem Typus von Werbevideos mit einem „geschlossenen Minidrama zu tun [haben], das die bewährten Kunstmittel der Exposition, Peripetie, Retardierung, *deus ex machina*, Abwendung der Katastrophe und Happy End gezielt einsetzt."[136] Die Story-Videos tragen so eine minimaldramatische Strukturierung als Muster. Sie nutzen ein kollektives Schema: All diese Stories weisen einen ‚One-Day'-Moment auf. Die Figuren erzählen aus ihrem Leben, bis sich ‚eines Tages' oder ‚an jenem Morgen' alles veränderte: „The last nine month [sic?] have been the worst of my life. It all startet [sic?] when my husband left me. [...]",[137] so beginnt die ‚Fitbit-Story' von Nicola, die über ihre Panikattacken und Angststörungen berichtet. Der erste Satz in James' ‚Story' lautet: „Its hard to believe now that five years ago my world had been turned upside down. I'd just lost my mother, I was in a bad way [...]"[138] Der Tag, an dem sich das Leben der Protagonist:innen ändert, wird entweder dadurch zum Kippmoment, dass an jenem Tag die Uhr oder

---

134 Apple: Apple Watch – Real Stories: Michael – Apple. In: *YouTube*, 06.12.2018. URL: https://www.youtube.com/watch?v=99LY_dol5jM [07.05.2020].

135 Vgl. zu der Auswahl an diesen Sprecher:innen Apples Zusammenschnitt der einzelnen Videos: Apple Deutschland: Apple Watch – Echte Storys – Apple, 09.04.2019. URL: https://www.youtube.com/watch?v=XylHpUvY_2Q [07.05.2020].

136 Urs Meyer: *Poetik der Werbung*, S. 187.

137 Fitbit Europa: Nikola's Story – Fit Britain. In: *YouTube*, 01.01.2020, Min: 00:00–00:11. URL: https://www.youtube.com/watch?v=zvxO1e4lP_A&list=PLkPhw7XICKpZlE2f1aQ_ifChcspJn2cHF [01.06.2020].

138 Fitbit Europa: James' Story – Fit Britain. In: *YouTube*, 09.01.2020, Min: 00:00–00:09. URL: https://www.youtube.com/watch?v=x732ZGaDAd8&list=PLkPhw7XICKpZlE2f1aQ_ifChcspJn2cHF&index=6 [01.06.2020].

der Tracker Störungen im Körpersystem meldete und so ein Herzinfarkt oder eine Sepsis verhindert wurde.[139] Oder aber der Tag wird zum Wendepunkt der Ich-Erzählung, weil die Person psychisch oder physisch am Tiefpunkt ihres Lebens war und sich an diesem Tag daher das Produkt kaufte: Nicola erinnerte sich, wie sehr sie Sport liebte und sich deshalb den Fitness-Tracker kaufte,[140] Rachel dagegen entschied sich, gesünder zu leben und trackte ihre Aktivitäten.[141] Diese erzähltechnische Kumulation des Dramatischen an einem Moment lenkt einerseits Zuschauer:innensympathien und perspektiviert andererseits das Produkt als lebensrettendes Element.

Die Stories sind für diesen Zweck retrospektivisch erzählt, die Stimmen sind stark emotionalisierend, die Bilderfolge und Lichtgestaltung spiegeln das ‚dunkle Davor' und das rettende, helle ‚Danach'. Es ist ein Werbemuster, das auf die potentielle Angst zielt. Werbegeschichten müssen Emotionen hervorrufen. Albert Heiser nennt Angst, Humor und Sex-Appeal. Denn diese Reaktionen können Handlungs- und Verhaltensimpulse auslösen.[142] Angstappelle werden Teil der Verkaufsstrategie:

> Der Furchtappell soll den Rezipienten zunächst motivieren, und die Empfehlung führt zur Reduktion der negativen Emotion [...]. Man kann davon ausgehen, dass Gefahren, die einen selber betreffen und Szenarien, die helfen, sich das Angstszenario vorzustellen, wirksamer sind als Bedrohungsszenarien, die abstrakt dargestellt werden [...].[143]

Diese Werbevideos für Technologie spielen mit der Angst der Zuschauer:innen vor dem Unheimlichen und Unbekannten: Das unheimliche Dunkle, das Innere des Körpers wie die Herzschläge, ist nicht sichtbar und kann daher Furcht hervorrufen. Das Funktionieren des Körpers ist jedoch lebensnotwendig. Die Gefahr, die von der unerkannten Krankheit ausgeht, wird bewusst zur Vermarktung der Selbstüberwachungstechnologie eingesetzt, die es vermag, das Innere quantifizierbar und sichtbar zu machen.

Die kurze Analyse der Werbevideos zeigt auf, wie die Preisgabe von privaten (Körper-)Daten nicht als Besorgnis, sondern als Bereicherung erscheint. Die Überwachungstechnologie wird mit starken Narrativen verbunden. Erstens ist es das Leistungsnarrativ der Werbespots des ersten Typs. Das macht die Nutzer:innen zu Held:innen. Es ist das Schema der Heldenreise: Der Held zieht aus, besteht Prüfungen des Alltags, wächst daran und kehrt erfolgreich zurück. Die Heldenreise ist eine bekannte Erzählstrategie, die die Werbung aus der Literatur importiert hat.

---

139 Vgl. Apple: Apple Watch – Real Stories: Michael – Apple, Min: 00:40–01:08.
140 Vgl. Nikola's Story – Fit Britain.
141 Vgl. Fitbit: Fitbit Stories: Rachels Overcomes her Diagnosis. In: *YouTube*, 09.11.2017. URL: https://www.youtube.com/watch?v=QyK-WEqKIws [07.05.2020].
142 Vgl. Albert Heiser: *Das Drehbuch zum Drehbuch*, S. 130.
143 Albert Heiser: *Das Drehbuch zum Drehbuch*, S. 130 f.

Zugleich jedoch ist der tiefenpsychologische, mythische Ursprung der Heldenreise eine perfekte Tarnung für Werbebotschaften und Marketingmaschen. Die narrative Universalformel wird dafür genutzt, eigennützige Interessen zu verschleiern, um sie unter dem Deckmantel literarischer Absichtslosigkeit umso effektiver durchsetzen zu können.[144]

Besonders Apple inszeniert die Heldenreise auf einer weiteren Ebene: Wo immer der ‚Apple-Mythos' untersucht wird, betonen Forscher:innen, dass die Biographie und die Geschichte des Gründers Steve Jobs selbst als Heldenreise inszeniert werde. Jobs zeigt, dass Heldentum möglich ist.[145]

Wie im kontextuellen Teil dieses Buches gezeigt wurde, liegen die Motivationen für das Ausleben von Selbstüberwachung im Forschen, Spielen und Partizipieren. Aufschlussreich ist daher, was Georg Lukácz zum Helden anmerkt: Es geht um die „Seele, die da auszieht, um sich kennenzulernen, die die Abenteuer aufsucht, um an ihnen geprüft zu werden, um an ihnen sich bewährend ihre eigene Wesenheit zu finden."[146] Die Reise des Helden dient, so Lukácz, der Selbsterforschung. Tracker-Technologie wird hierfür als bestens geeignet präsentiert, wenngleich sie gerade nicht auf die Seele, sondern den Körper zielt. Zweitens bietet diese Werbung ein dramatisches Retternarrativ an, das mit der Urangst vor dem dunklen Unbekannten, der möglicherweise unentdeckten Krankheit, spielt und eine technische Lösung für diese Gefahr präsentiert. Dieses positioniert die Technologie als Retterin der Nutzer:innen. Dabei werden die Geschichten von Protagonist:innen erzählt, mit denen Zuschauer:innen mitleiden und sich identifizieren. Das heißt, diese Spots funktionieren über das katharische Konzept der Furcht und des Mitleids.[147]

---

144 Michael Esders: *Ware Geschichten*, S. 25. „Die Heldenreise soll zum archetypischen Kern des Menschen führen, bahnt aber in Wahrheit vielerorts nur der multimedialen Verwertung des Erzählens den Weg. Sie ist zur narrativen Schablone geworden. Die zwanghafte Wiederholung des Immergleichen ist ein wesentliches Merkmal des mythischen Bewusstseins." (Michael Esders: *Ware Geschichten*, S. 40.)
145 Vgl. Michael Esders: *Ware Geschichten*, S. 33–35.
146 Georg Lukács: *Die Theorie des Romans. Ein geschichtsphilosophischer Versuch über die Formen der großen Epik*. Darmstadt 1971, S. 78.
147 Vgl. Gotthold Ephraim Lessing: Fünf und siebzigstes Stück. Den 19ten Januar 1768. In: Ders.: *Hamburgische Dramaturgie*. Bd. 2. Hamburg/Bremen 1768, S. 177–184.

8.3 Marketing-Kampagnen im Rücken des EU-Datenschutzes. Google, Facebook, Apple entdecken die Verkäuflichkeit der Privatheit

Facebook gab 2017 16.000.000 Euro[148] für Printanzeigen in großen Tageszeitungen aus; es folgten Werbeplakate an Bushaltestellen und Litfaßsäulen sowie TV-Spots auf dem teuersten Sendeplatz vor der *Tagesschau* um 20:00 Uhr: ‚Mach Facebook zu deinem Facebook', lautete die Botschaft einer Werbekampagne, mit der um Vertrauen in die Privatsphäre-Einstellungen des Netzwerkes geworben wurde. Auch Google hat 2017 Werbung für Privatsphäre geschaltet. Apple produzierte Werbespots. Was veranlasst Unternehmen, deren Geschäftsmodell auch auf der Verarbeitung von (Verhaltensüberschuss-)Daten besteht, den Schutz der persönlichen Daten zu bewerben?

Die Unternehmen reagieren mit diesen Kampagnen auf einen Imageverlust. Sie reagieren ebenso auf etwas, das im EU-Parlament und der EU-Kommission zu dieser Zeit diskutiert und beschlossen wird. Es ist abzusehen, dass die Lobbyarbeit, die US-amerikanische Firmen wie Amazon, eBay oder Microsoft in Brüssel betrieben hatten,[149] die Zustimmung zum Gesetz zwar schwächen, aber es nicht verhindern: Die EU wird die Datenschutzgrundverordnung (DSGVO) verabschieden. Dies stellt ein Problem für das Geschäftsmodell überwachungskapitalistisch agierender Technologiekonzerne dar – nicht nur wegen des Verlusts an Millionen europäischer Nutzer:innendaten, sondern auch wegen der Signalwirkung des europäischen Datenschutzbewusstseins in die Welt.[150] Die Unternehmen wirken dem entgegen: Sie konstruieren ein Gegennarrativ zu der durch die Snowden-Enthüllungen bekannt gewordenen Datennutzung und betonen, dass der Schutz der Privatheit zu den Unternehmenswerten gehört.

Die ‚Big Five' der überwachungskapitalistischen Unternehmen – oft mit dem Akronym GAFAM für Google, Apple, Facebook, Amazon, Microsoft ausgedrückt – generieren ihren Umsatz mit der Auswertung von Nutzer:innendaten, die sie zu

---

148 Aschendorff Medien: Online-Gigant in der Tageszeitung. Facebook (ge)braucht Print. URL: https://aschendorff-medien.de/produkte/facebook-print/ [19.09.2022].
149 Vgl. zur Lobbyarbeit im Hintergrund der EU-Datenschutzdebatten den dokumentarischen Film von David Bernet mit Jan Philipp Albrecht: *Democracy. Im Rausch der Daten* (2015). Der Film begleitet die Entwicklung und die Debatten um die neue Datenschutz-Grundverordnung. 2018 tritt diese schließlich in Kraft.
150 Die europäische DSGVO hatte Strahlkraft auf die USA: Auch in den Vereinigten Staaten gewinnt die Privatheit, vor allem private Informationen, an Wert (vgl. Jenny Tobien/dpa: EU lässt USA im Datenschutz umdenken. In: *n-tv*, 26.04.2018. URL: https://www.n-tv.de/politik/EU-laesst-USA-im-Datenschutz-umdenken-article20405629.html [22.09.2022]).

Verhaltensprognose-Produkten wandeln und verkaufen. Dabei geht es vorrangig um solche Daten, die Zuboff ‚Verhaltensüberschuss' nennt. Das wurde in Kapitel 3 im Narrativ der ‚überwachten Kund:innen' als ‚Rohstofflieferant:innen' ausgeführt. Im Alltagswissen ist diese Praxis bereits insofern verankert, als Bürger:innen um die personalisierte Kaufwerbung wissen. Das Spezialwissen dagegen ist noch nicht Teil dieses Alltagswissens. Interessant für diese Unternehmen ist nicht nur, was Menschen sagen, tun oder kaufen, sondern vor allem *wie* sie etwas sagen oder tun. Das *Wie* entscheidet in größerem Maße als das *Was*, in welche soziale Klassifikation sie eingeteilt werden.[151] Zuboff nennt diese Macht ‚Instrumentalismus' und den Machtapparat dahinter ‚Big Other'.[152] Wenn GAFAM sich einem Schutz der Nutzer:innen-Privatheit zuwenden sollten, schwächen sie die Grundlage ihres ökonomischen Erfolgs und ihrer eigenen Vorherrschaft auf dem Markt.

Dieses Kapitel betrachtet Werbetexte von Facebook, Apple und Google. Es handelt sich um Plakatwerbung und Werbespots aus den Jahren 2016–2019, Texte also, die vor oder nach der Verabschiedung der DSGVO publiziert wurden. Diese Untersuchung fokussiert neben den Inhalten der Erzählungen und ihrer Bauweise die Frage: Was verstehen diese Firmen unter Privatheit?

„Mach Facebook zu deinem Facebook"

Das soziale Netzwerk Facebook erhielt in den Jahren 2011, 2014, 2015, 2017 und 2018 den Big-Brother-Award, das ist ein Negativpreis für unverhältnismäßige Überwachungspraktiken.[153] Facebook und seine Praktiken stehen somit nicht erst seit den Skandalen um unrechtliche Datennutzung, um Fake News oder dem zweifelhaften Umgang mit Hass und Hetze in der Kritik. Das Unternehmen sammelt(e) und kombiniert(e) die Daten der Anwender:innen, verkauft(e) diese für personalisierte Werbeanzeigen, las und liest Textnachrichten mit, tauscht(e) Daten mit seinen (Tochter-)firmen wie WhatsApp oder Instagram aus und erfasst(e) auch Daten von Personen, die keine Nutzer:innen der Dienste sind: Facebook ist so „zu einer der autoritärsten

---

151 Vgl. Shoshana Zuboff: *Im Zeitalter des Überwachungskapitalismus*, S. 300; S. 316.
152 „Big Other jagt unser Verhalten des Überschusses wegen und lässt jegliche Bedeutung in unserem Körper, unserem Hirn, unserem pochenden Herzen zurück. Vergessen Sie das Klischee ‚Wenn es nichts kostet, sind Sie das Produkt', Sie sind keineswegs das Produkt, Sie sind der Kadaver, der liegen bleibt. Das Produkt ergibt sich aus dem Überschuss, den man Ihrem Leben entreißt." (Shoshana Zuboff: *Im Zeitalter des Überwachungskapitalismus*, S. 439)
153 Digitalcourage e. V.; Big Brother Awards. Preisträger. URL: https://bigbrotherawards.de/preis traeger [10.07.2020].

und bedrohlichsten Quellen für prädiktiven Verhaltensüberschuss aus den Tiefen unseres Selbst geworden".[154] Facebooks Werbekampagnen sollen einem möglichen Vertrauens- respektive Nutzer:innenverlust entgegenwirken, auch weil die EU sich mit der Forderung um Aufklärung der Datenskandale an das Unternehmen wendet.[155]

Am 27. März 2018 platzierte Facebook in großen Tageszeitungen wie dem *Handelsblatt*, der *Süddeutschen Zeitung* und der *Frankfurter Allgemeinen Zeitung* eine ganzseitige Anzeige: Nur wenig Text ist zentriert in der Mitte der Seite zu lesen, ansonsten bleibt viel Weißraum. Es ist eine Art ‚Entschuldigungskampagne' mit der Facebook auf den Skandal um Cambridge Analytica[156] reagierte. Unterzeichnet ist diese großformatige Anzeige vom Gründer des Unternehmens, Mark Zuckerberg: Es soll eine persönliche Entschuldigung sein. Wie bei Apples Steve Jobs oder Googles Larry Page steht der Name Zuckerberg für das Unternehmen selbst. Auf einen derartigen Skandal und den drohenden Imageverlust kann somit nur mit der Person selbst reagiert werden. Die Anzeige besticht deshalb durch ihre Reduktion: Das Firmenlogo ist auffallend klein; viel weißer, vermeintlich ungenutzter Raum ist zu sehen. Facebook evoziert hierdurch einen Beruhigungseffekt: Der weiße, freie, unaufgeregte Raum strahlt wirkungsvoll Ruhe aus. Textuell fällt die dominante Leserinnenansprache auf: „Du hast vermutlich gehört, dass die Quiz-App eines Wissenschaftlers im Jahr 2014 unerlaubt die Facebook-Daten von Millionen von Menschen weitergegeben hat. Das war ein Vertrauensbruch, und ich möchte mich dafür entschuldigen, dass wir damals nicht mehr dagegen getan haben."[157] Direkt und suggestiv wird Nähe und damit eine Allianz gegen den unbekannten „Wissenschaftler" hergestellt. Drei Aspekte finden in der Betrachtung des Anzeigentextes besondere Beachtung: Erstens verortet Facebook einen ‚Feind' in dieser Allianzbeziehung im

---

154 Shoshana Zuboff: *Im Zeitalter des Überwachungskapitalismus*, S. 311.
155 dpa/spo.: EU-Justizkommissarin fordert Aufklärung von Facebook. In: *FAZ*, 25.03.2018. URL: https://www.faz.net/aktuell/wirtschaft/digitec/vera-jourova-fordert-aufklaerung-von-facebook-im-datenskandal-15511790.html [19.09.2022].
156 Im Cambridge-Analytica-Skandal wurde bekannt, dass etwa fünfzig Millionen Nutzer:innen-Datensätze für politische Manipulationen genutzt wurden. Mithilfe einer ‚Persönlichkeitstest-App' auf dem sozialen Netzwerk wurde ein Test den Nutzer:innen unter anderem Vorwand angeboten. So sammelte das Unternehmen Daten der Nutzer:innen und ihrer ‚Freund:innen'. Genutzt wurden sie für Wahlwerbung zur Präsidentschaftswahl in den Vereinigten Staaten 2016 oder zur Abstimmung über den Brexit (vgl. Dachwitz, Ingo/Rudl, Thomas/Rebiger, Simon: FAQ. Was wir über den Skandal um Facebook und Cambridge Analytica wissen).
157 Facebook: ‚Es ist unsere Verantwortung, deine Informationen zu schützen. Wenn wir das nicht können, haben wir diese Verantwortung nicht verdient.' Anzeige vom 27.03.2018. Einzusehen unter: Judith Grajewski: Facebook-Chef entschuldigt sich per Printanzeige. In: *print*. Hg. v. Abonnentenservice Verlag Deutscher Drucker, 27.03.2018. URL: https://www.print.de/news-de/facebook-chef-entschuldigt-sich-per-printanzeige/ [19.09.2022].

Äußeren. Nicht der Wissenschaftler ist hierbei das handelnde Subjekt, sondern die „Quiz-App", die „unerlaubt die Facebook-Daten von Menschen weitergegeben hat." Diese Formulierung legt zweitens das Verbrechen in eine in ihrer Handlungsweise undurchsichtige, autonome Technologie. Emotionalisierend wirkt dabei, dass drittens nicht von Nutzer:innen, sondern von „Menschen" gesprochen wird.

Nach der Beteuerung, solche Handlungen künftig zu verhindern, heißt es: „Wir rechnen damit, dass es davon [Apps, die Daten unerlaubt nutzen, SH] noch mehr geben könnte. Sobald wir sie finden, werden wir sie sperren und alle betroffenen Nutzer benachrichtigen." Es ist die Verantwortung jedes Internetunternehmens, solche Nutzung zu verhindern. Das ist keine ‚Heldentat', sondern das geltende Gesetz. Über den Text wird eine Kriminalgeschichte konstruiert, in der der Facebookgründer als Kommissar und Detektiv auftritt, der die gemeinsamen Feinde „finde[t]" und ‚(weg)sperrt'. Die Anlehnung an ein Detektiv- oder Kriminalschema lässt es zu, dass Facebook von der ‚Anklagebank' auf die Seite der ‚Anwaltschaft' oder des ‚Verbrecherjägers' rückt. Der Anzeigetext suggeriert, dass der Sprecher genauso betrogen wurde wie die Nutzer:innen. Das jedoch entspricht nicht der Wahrheit. *Netzpolitik* befasst sich mit dem Skandal und stellt heraus, dass Zuckerberg auf das Problem solcher Datennutzung der Drittanbieter hingewiesen wurde.[158]

Auch eine Werbekampagne von 2016 besteht aus Anzeigeplakaten.[159] Auf jedem ist eine Person abgebildet, darunter ein Statement, das die persönliche Assoziation zu Facebook ausdrückt. Darunter folgt, in kleiner Schriftgröße, ein Hinweis, wie die jeweilige Privatsphäreeinstellung vorgenommen werden kann (vgl. Abb. 10).

Die Teilung in ‚unten' und ‚oben' scheint das Plakat zunächst zu spalten. Der Plakatraum hat zwei Ebenen, die hierarchisiert werden. Jurji Lotman zufolge zeigen sich in der künstlerischen Gestaltung von Raum kulturelle Weltmodelle, mit denen der Mensch „den Sinn des ihn umgebenden Lebens deutet, [sie] sind stets mit räumlichen Charakteristiken ausgestattet".[160] Oben und unten impliziert ein kulturelles Machtverhältnis: ‚Oben' und ‚unten' wird verknüpft mit ‚Himmel und Hölle' und gewinnt eine Zuschreibung von ‚wertvoll-wertlos', ‚gut-schlecht', ‚hoch/

---

[158] Ingo Dachwitz/Thomas Rudl/Simon Rebiger: FAQ. Was wir über den Skandal um Facebook und Cambridge Analytica wissen.
[159] Die Werbeanzeigen sind nicht mehr bei Facebook zu sehen. Die Anzeigenplakate können in der medialen Berichterstattung zur Kampagne angesehen werden. Von dort wurden sie entnommen. Vgl. Markus Böhm/Fabian Reinbold: Facebook startet millionenschwere Werbekampagne. Imageprobleme in Deutschland. In: *Spiegel*, 28.10.2016. URL: https://www.spiegel.de/netzwelt/web/facebook-startet-millionenschwere-tv-kampagne-a-1118681.html [19.09.2022].
[160] Jurji Lotman: *Die Struktur literarischer Texte*, S. 313.

Abb. 10: Facebook-Werbeplakate 2016 (© Facebook).

erhaben-niedrig/erniedrigend'.¹⁶¹ In diesen Plakaten wird der Mensch oben positioniert, als höher und wertvoll gewichtet. Hier liegt die Macht bei den auf den Bildern dargestellten Nutzer:innen. Das suggeriert: Facebook ordnet sich seinen Nutzer:innen unter. Beide Elemente sind aber auffallend symmetrisch gestaltet: Sie zentrieren das zentrale Objekt, außer diesem ist nichts Entscheidendes zu sehen. So spiegelt sich das zentrale Objekt in seiner Form: Facebooks Zeichen und Texte in der unteren Bildhälfte sind räumlich identisch mit der Figur oben positioniert. Abstrahiert betrachtet bildet die Form des Textes unten eine Menschenform. Symmetrie stellt Ordnung her und wirkt beruhigend. Es lässt sich an eine Symbolik der Vorder- und Rückseite einer Person denken. So verstärkt sich implizit die Verbindung zwischen dem Konzern und den Nutzer:innen.

Das Bildelement trägt eine Personenrede. Dabei simulieren die Plakate durch den Kamerastandort und die Blickrichtung der Personen eine Gesprächssituation. Die abgebildeten (vermeintlichen) Nutzer:innen erzählen ihre ‚Geschichte' und werden so zu Identifikationsfiguren für die Leser:innen. Alle Bilder kennzeichnet der direkte Fokus auf das Gesicht der ‚Passant:innen'. Das menschliche Gesicht kann als Sinnbild für die Persönlichkeit und damit für persönliche Informationen stehen.

In Bezug auf die Privatheit der Nutzer:innen sendet das Unternehmen die Botschaft einer Kontrolldefinition des Privaten. „Auf Facebook kannst du immer kontrollieren, wer die Fotos […] zu sehen bekommt", heißt es unter einem der Plakate. Auf einem anderen steht schlicht: „Kontrolliere, wer was sieht". Einer Kontrolldefinition zufolge ist etwas dann als privat zu bezeichnen, wenn das betreffende Subjekt selbst den Zugang zur Information sowie die weiteren möglichen Ströme der

---

161 Vgl. ebd.

Information kontrollieren kann.[162] Die Werbetexte der Plakate betonen bei dieser Kontrolle des Privaten die von den Nutzer:innen erstellten und dann auf ihrer persönlichen Facebookseite geteilten Inhalte. Das spiegelt Alltagserfahrungen von Privatheit. Betont wird die Möglichkeit, die eigenen Inhalte nur mit ausgewählten Personen zu teilen. Gestiftet wird also eine Verbindung von Nutzer:in, den preisgegebenen Inhalten und anderen Nutzer:innen. Das ist letztlich eine Bedeutung von Privatheit, die in erster Linie absichert, dass der:die Nutzer:in jederzeit weiß, welche anderen Personen welches Wissen über sie haben. Geworben wird damit, dass Postings wieder gelöscht oder in ihrer Reichweite beschränkt werden können. Sartre geht davon aus, dass der fremde Blick beim Individuum Scham auslöst, da er ihn in seinem An-Sich-Sein trifft. Das Individuum nehme die Zuschreibungen des Anderen durch den Blick an und reagiere mit Scham.[163] Diese Scham vor dem Anderen kann durch Facebooks Privatsphäre-Einstellungen vermieden werden, so die Werbebotschaft. Privatheit ist außerdem, mit Rachels und Fried verstanden, sowohl essentiell für die Selbstbeziehung der Einzelnen als auch für die Ermöglichung eines authentischen Handeln in sozialen Beziehungen.[164] Die Einstellungen zur Sichtbarkeit der eigenen Inhalte ermöglichen den Nutzer:innen so ihre Privatheit vor bekannten und unbekannten Personen zu wahren und die jeweiligen Beziehungen auszugestalten. Doch die Werbung hat eine offensichtliche Leerstelle: Was Nutzer:innen nämlich kontrollieren können, sind die Inhalte an der Oberfläche der Webseite. Alle auf den Plakaten genannten Daten und die Einstellungsmöglichkeiten beziehen sich auf die Sichtbarkeit gegenüber Internetnutzer:innen. Sie spielen auf den sprichwörtlichen ‚Gesichtsverlust' vor Menschen aus der Umwelt an. Die Plakate einigen sich mit ihren Betrachter:innen auf ein Verständnis von Privatheit, wie es das Alltagsleben der Menschen betrifft. Genauer: Es ist ein Verständnis von Privatheit, das nicht die Integration einer zentralen Macht beinhaltet, es betrifft zunächst nur die Verbindungen der Nutzer:innen untereinander.

Kritiker:innen bemängelten an der Werbekampagne unter anderem, dass die „Plakate etwas suggerieren, was faktisch nicht umsetzbar ist",[165] dass Inhalte von Nutzer:innen vollständig gelöscht werden können. Mir geht es jedoch um etwas Grundsätzlicheres. Die Werbeerzählung hinkt auf einem anderen Bein: Die Kampagne beruht auf der Idee, ‚Personen von der Straße' nach ihren Erfahrungen oder Bedenken mit der Privatheit bei Facebook zu befragen und so Mythen aufzu-

---

162 Vgl. Beate Rössler: *Der Wert des Privaten*, S. 23 in Verbindung mit Julie Innes: *Privacy, intimacy and isolation*, S. 48 ff.
163 Jean-Paul Sartre: *Das Sein und das Nichts*, S. 471.
164 Vgl. James Rachels: Why Privacy is Important, S. 325; Charles Fried: Privacy, S. 475–493.
165 Dr. Datenschutz: Löschen mit Facebook: Die irreführende Werbekampagne, 05.12.2016. URL: https://www.dr-datenschutz.de/loeschen-mit-facebook-die-irrefuehrende-werbekampagne/ [19.09.2022].

klären: „Du postest ein Bild deiner Kinder und die ganze Welt sieht es."[166] Die Erzählung, die Facebook in Bezug auf seine privacy-settings perspektivieren will, setzt nicht nur den Schuldigen – den Datenräuber: die Quizz-App – ins ‚Außen', wie oben im Zuckerberg-Plakat ersichtlich wurde. Sie setzt auch einen zweiten Schuldigen ins Innere. Der ist allerdings nicht im Unternehmen selbst verortet, sondern im Kreis der Anwender:innen. Die Kampagne setzt die Annahme voraus, dass die Nutzer:innen die Unwissenden sind. Die Kampagne und die dahinterstehende Strategie wertet also den Vertrauensverlust um: Nutzende hätten nicht das Vertrauen verloren, weil Facebook mit ihren Daten ohne ihr Wissen Kapital erwirtschaftet oder das Unternehmen im Skandal um Cambridge Analytica nicht unbeteiligt war, sondern, da Nutzende die Privatsphäre-Einstellungen nicht richtig kennen oder falsch verwalten. Facebook lastet sich dafür lediglich einen Teil der Schuld auf. Die Kampagne erlaubt dem Unternehmen dann als Aufklärer aufzutreten, der die Autonomie der Nutzer:innen im Sinn hat, sie zu mehr Selbstständigkeit ‚erzieht'.

„Privatsphäre. Das ist iPhone"

Im Vergleich zu Google oder Facebook sind die Datenschutzrichtlinien von Apple strenger: Apps, die im App Store erhältlich sind, dürfen weniger Daten nach außen lassen.[167] Gerade in der Zeit der DSGVO-Debatten bewirbt Apple das intensiv: Der ‚Datenschutz' wird als Abgrenzungsmerkmal zu Konkurrenten eingesetzt.[168] 54 Millionen US-Dollar soll der Konzern in die Hand genommen haben, um die Kampagne ‚privacy on iPhone' weltweit umzusetzen.[169] Apple genießt in der öffentlichen Wahrnehmung mehr Vertrauen als beispielsweise Google. Doch auch die beliebten Apple-Produkte haben zum einen intendierte Sicherheitslü-

---

166 Vgl. drittes Werbeplakat der Facebook-Kampagne (Abb. 10).
167 So muss Google, wenn es seine Apps in Apples Store anbieten will, stärker – im Sinne der Datenschutzrichtlinien von Apple – verschlüsseln. Darüber streitet Apple regelmäßig mit Google, das nun aber dazu verpflichtet wurde (vgl. Ben Schwan: Google-Apps endlich alle mit Apples Datenschutzlabels. In: *heise*, 08.04.2021. URL: https://www.heise.de/news/Google-Apps-endlich-alle-mit-Apples-Datenschutzlabels-6007775.html [19.09.2022].
168 Esers erinnert, dass Apple bereits für den Macintosh mit einem an George Orwells 1984 angelegten Spruch bewarb. Es hieß: ‚And you'll see why 1984 won't be like *1984*'. (Vgl. Michael Esders: *Ware Geschichte*, S. 65.)
169 dpa: Apple setzt voll auf Datenschutz und riskiert mächtig Ärger. In: *Zeit online*, 05.06.2019. URL: https://www.zeit.de/news/2019-06/05/apple-setzt-voll-auf-datenschutz-und-riskiert-maechtig-aerger-190605-99-518178 [14.07.2020].

cken wie die *zero day reserve*.[170] Zum anderen gelangt auch Apple an Nutzer:innendaten. Der Konzern nutzt dies aus, um potentiellen und tatsächlichen Kund:innen den Anschein möglichst personalisierter Produkte zu bieten.[171] Individualität lässt sich nur über das Vorhandensein personenbezogener Daten verkaufen. Produkte wie die Apple Watch oder die Spracherkennungssoftware Siri sammeln solche Daten.[172] Apple ist wie alle überwachungskapitalistischen Unternehmen auf die Verwendung der Nutzer:innendaten angewiesen – somit klingt der Slogan „Privatsphäre. Das ist iPhone" der Werbekampagne inhaltsleer.

Das erste Video, das exemplarisch untersucht wird,[173] basiert auf Luftaufnahmen: Die Zuschauer:innen sehen das Lichtermeer einer Stadt bei Nacht. Gezeigt werden erleuchtete Hochhäuser und Straßen. Allmählich zeigt der Film Blicke durch Fenster in Innenräume, in denen Menschen Sport machen, in einem Pool schwimmen oder lesen. Nach einiger Zeit wird ein Fenster fokussiert. Der Blick und die Bewegung der Kamera weisen in den Innenraum, in dem eine Frau auf ihrem Bett ein iPhone in der Hand hält. Der Film endet mit dieser Szene: Die Zuschauer:innen sehen die Frau frontal, fokussiert wird das iPhone. Mittels Zoom auf das Gerät wird dieses größer, verdeckt schließlich das Gesicht.

Durch die Perspektive aus der Luft ‚schweben' Betrachter:innen über eine nächtliche Stadt. Es dominiert eine Low-Key-Gestaltung, die durch die Innenbeleuchtung aus den gezeigten Wohnungen kontrastiert wird. Dieser Spot zeigt Variationen des Immergleichen: Riesige, nächtliche (Hoch-)Häuser und unzählige Lichter, einige Fenster, die durch die Beleuchtung andeuten, dass dort gelebt wird. Es sind trotz der stetigen, übersichtigen Kamerabewegungen ruhige Aufnahmen. Auch die Erzählstimme ist ruhig und weich, ihr Sprechtempo langsam und bedacht. Apple weiß um die Wirkung von Reduktion: Dieser Spot vermittelt

---

170 Die *zero day reserve* ist eine Sicherheitslücke im System: „Nur einen winzigen Spalt, die sogenannte *zero day reserve*, hat das Unternehmen belassen, durch den man sich in das iPhone hineinzwängen kann. Bei einem *zero day* handelt es sich um eine geheim gehaltene Sicherheitslücke in einem Computerprogramm, die ein Staat, der Hersteller oder kriminelle Hacker für sich nutzen können. Für die amerikanische Regierung ist ein *zero day* eine strategische Waffe gegen andere Nationen, Institutionen und Individuen, die das Computerprogramm mit der Sicherheitslücke nutzen. Man lasse sich das auf der Zunge zergehen: Millionen europäische Autos und Geräte nutzen amerikanische Betriebssysteme, potenziell oder höchstwahrscheinlich mit *zero day reserve*." (Yvonne Hofstetter: *Das Ende der Demokratie*, S. 424)

171 „Apple war eine der ersten Firmen, deren Umsatz durchs Dach ging, indem man eine neue Gesellschaft von Einzelnen und deren Bedarf an personalisierten Möglichkeiten des Konsums aufs Korn nahm." (Shoshana Zuboff: *Im Zeitalter des Überwachungskapitalismus*, S. 48)

172 Vgl. Yvonne Hofstetter: *Das Ende der Demokratie*, S. 41 f.

173 Apple Deutschland: Privatsphäre auf dem iPhone – Ganz einfach – Apple. In: *YouTube*, 19.11.2019. URL: https://www.youtube.com/watch?v=X7oQ48_BidY [14.07.2020].

Ruhe und Beruhigung, obwohl oder gerade da in ihm die komplette erzählte Zeit über eine Sprecherstimme zu hören ist. In seinen übrigen Werbespots, z. B. den hier untersuchten zur Smart Watch, reduziert Apple in der Regel die sprachliche Dimension und verzichtet auf hörbare Sprecher:innenstimmen oder eingeblendeten Text.[174] Gänzlich anders ist das in diesem Video zur Privatsphäre der Nutzer:innen: Hier stehen die weibliche Sprechstimme und ihre Intonation im Vordergrund. Zu hören ist:

> In diesem Moment befinden sich mehr persönliche Informationen auf deinem Telefon als in deinem Zuhause. Überleg mal, so viele Details über dein Leben, direkt in deiner Tasche. Das macht Privatsphäre wichtiger als je zuvor. Dein Standort, deine Nachrichten, dein Puls nach einem Lauf – das ist privat. Persönlich. Und sollte nur dir gehören. Ganz einfach.[175]

Von leisen Piano-Klängen untermalt legt sich die Stimme beruhigend über die Bilder. In direkten Leser:innenansprachen („Überleg mal") wird ein Vertrauensverhältnis aufgebaut und mit der Häufung an Pronomen („dein", „dir") gefestigt. Der Kontrast zwischen der Erzählweise und dem Erzählinhalt dominiert. Die zeitliche und räumliche Perspektive des Videos spiegelt die überwachungstypische Erzählsituation wider: übersichtig und allgegenwärtig, indem mit der Kamera die Bewegungen von Figuren von oben verfolgt oder in Räume geblickt wird. Dagegen vermitteln die sprachliche und ideologische Perspektive Gegenteiliges: Informationelle Privatheit wird als persönlicher Besitz deklariert. Diese perzeptive Perspektive vertritt scheinbar die Vision von Privatheitsschützer:innen: eine digitale Würde und der Besitz der eigenen Daten. Lanier schreibt beispielsweise: „Wenn wir verhindern wollen, dass eine kleine Elite solch gottgleiche Macht monopolisiert, [...] dann lautet die Schlüsselfrage: *Wem gehören die Daten?*"[176] Augenscheinlich stellt sich hier ein überwachungskapitalistisches Unternehmen auf die Seite derer, die gegen Überwachung argumentieren und antwortet, dass die Daten den Nutzer:innen gehören. Für Lanier bedeutet digitale Würde auch, dass jeder „Mensch der kommerzielle Eigentümer aller seiner Daten [ist]".[177] Apples Video stimmt ihm auf der textuellen Ebene zu. Am Privatheitskonzept, das dem Video zugrunde liegt, überrascht, dass es nicht die US-amerikanische Vorstellung des ‚right to be left alone' zu sein scheint, sondern zumindest zwei Privatheitsdimensionen im Sinne von Beate Rössler gemeint sind: die

---

174 Beispielhaft zu sehen am Werbespot für das neue iPhone 11. Apple Deutschland: Das neue iPhone 11 – Apple. In: *YouTube*, 10.09.2019. URL: https://www.youtube.com/watch?v=0-1ZTNJQPtw [14.07.2020]. Produktwerbungen von Apple haben in der Regel keine Sprechstimmen, auch eingeblendeter Text ist massiv reduziert.
175 Apple Deutschland: Privatsphäre auf dem iPhone – Ganz einfach – Apple, Min: 00:06–00:50.
176 Yuval Noah Harari: *21 Lektionen für das 21. Jahrhundert*, S. 139 f. [Herv. SH.].
177 Jaron Lanier: *Wem gehört die Zukunft?*, S. 46.

lokale und die informationelle Privatheit als Form von individueller Kontrolle. Der Technologiehersteller betont, dass das Smartphone mehr private Informationen enthält als das eigene Zuhause und nennt explizit den „Standort" als sensible Datenquelle. Das entwertet die alte Vorstellung von Privatheit als etwas, das in den eigenen vier Wänden stattfindet.

Apples Privatheitskonzept ist auch eines, das Privatheit stark mit *ablesbaren* Daten verbindet. Die dezisionale Privatheit spricht die Werbung dagegen nicht an. Sie verstärkt die Vorstellung, dass personenbezogene Informationen einfach ‚abzulesen' oder ‚abzufangen' seien: „dein Standort, deine Nachrichten, dein Puls".[178] Diese drei Bereiche betonen die Inhaltsseite der Daten und berühren nur die Bereiche, die Einzelne tatsächlich *erfahren* können. Apple verspricht ‚privacy by design'. Andererseits artikuliert das Unternehmen ein bekanntes Narrativ, in dem die Vorstellung verfestigt wird, Privatheit betreffe vorrangig so etwas wie das Postgeheimnis und wertvolle Informationen seien etwas, das ‚abgefangen' und ‚abgelesen' werden könnte. So tritt Apple als moderner ‚Schutzgeist' der Daten auf. Außen vor bleibt die interne Datenverarbeitung.

Das zweite Video ‚Privatsphäre auf dem iPhone – Privatsache'[179] ist in seiner Erzählweise gegenteilig zum ersten gestaltet. Es schlägt ein schnelleres Erzähltempo an und hat keine Sprecherstimme. Stattdessen werden sechzehn Einzelszenen mit harten Schnitten aneinander montiert, unterlegt von schneller Musik. Jede dieser Sequenzen bebildert ein Motiv, dem dieselbe Idee zugrunde liegt: Etwas – ein Stück Land, ein Zimmer oder eine persönliche Beziehung – wird für Dritte unzugänglich gemacht. ‚Zutritt verboten'[180] steht auf gezeigten Schildern in unterschiedlichen Szenen; in anderen Szenen schließen Figuren Türen oder riegeln Schlösser ab. In einer Szene liest eine Schülerin eine geheime Botschaft und zerreißt sie anschließend. Alle Szenen führen Situationen vor, in denen Privatheit über die Kontrolle des Zugangs definiert wird. Im Gegensatz zum ersten Spot wird hier die soziale Dimension von Privatheit deutlicher.

Merkmal des Werbevideos ist, dass ein Bedürfnis nach Privatheit in einer prädigitalen Welt illustriert wird. Das Video zeigt Gespräche, analoge Nachrichten und Zettelbotschaften, Schlösser vor Türen oder Bücher, reale Räume und Landschaften, die als privat markiert werden. Gerahmt wird der Spot dann durch eine Sequenz, in der das iPhone von einer Hand auf einen Tisch gelegt wird.[181] Der einzige Text, den der Spot einblendet, lautet: „Wenn du deine Privatheit schützt [...] sollte

---

178 Apple Deutschland: Privatsphäre auf dem iPhone – Ganz einfach – Apple, Min: 00:29–00:34.
179 Apple Deutschland: Privatsphäre auf dem iPhone – Privatsache. In: *YouTube*, 05.04.2019. URL: https://www.youtube.com/watch?v=-2O3V_j7Wak [07.05.2020].
180 Vgl. Apple Deutschland: Privatsphäre auf dem iPhone – Privatsache, Min: 00:01–00:03.
181 Vgl. Apple Deutschland: Privatsphäre auf dem iPhone – Privatsache, Min: 00:00; 00:25.

dein Telefon das auch tun. [...] Privatsphäre. Das ist iPhone." Das Video verlangt letztlich Vertrauen ab. Was in analogen Situationen selbst kontrolliert werden kann, muss nun im Vertrauensvorschuss an Apple delegiert werden. Zwei Aspekte sind dabei auffällig: Erstens sollen Nutzer:innen – in Differenz zur Facebook-Kampagne – nicht vertrauen, weil ihnen das Unternehmen die Kontrolle über den Datenzugang gibt, sondern das Vertrauen kommt ohne ihre Beteiligung aus. Zweitens funktioniert diese Werbung – mit Mieke Bal gesprochen – indem der Kontext des Begriffs ‚Privatsphäre' ‚mitwandert'.[182] Apple überführt in der ‚Wanderung' des Begriffs von analogen zu digitalen Situationen die konventionelle, im Analogen geltende Bedeutung. Der Begriff wandert, ohne die veränderten Bedingungen im digitalen Kontext zu offenbaren. Es bleibt eine definitorische Aussage: Privatsphäre ist iPhone. Eine Erläuterung der Gleichsetzung wird nicht gegeben.

„Frag doch Google: Was macht ihr mit meinen Daten?"

Mit dem Markennamen Google wird vor allem die Suchmaschine verbunden. Doch Google ist auch Maps und Street View, Mailanbieter, Übersetzer, Browser, Shopping-Plattform. Es stellt Nachrichten bereit, ist Besitzer von YouTube, ermöglicht kollaboratives Arbeiten mit Drive oder Docs, unterhält den Playstore und das soziale Netzwerk Google + sowie das Betriebssystem Android. Google produziert Smarthome-Systeme, smarte Rauchmelder und Thermostate, Sprachassistenten, Wearables, forscht an autonomen Fahrzeugen und Drohnen. Ein „Netz von Dauerüberwachung aus der Luft"[183] hält die IT-Spezialistin Yvonne Hofstetter nicht für Science-Fiction, sondern für ein langfristiges Ziel des Unternehmens. Außerdem kauft Google Firmen wie Fitbit oder Boston Dynamics auf.[184] Das Unternehmen heißt seit einiger Zeit Alphabet Inc. Seine Tochterfirmen sind Google, Capital, Ventures, X,[185] Nest, Calico, DeepMind, Waymo, SideWalk oder Verily. Capital und Ventures sind Risiko- oder Wagniskapitalunternehmen, mit ihnen investiert der Konzern in vielversprechende Start-Ups. DeepMind spezialisiert sich auf die Erforschung und Programmierung künstlicher Intelligenz. Verily ist ein biotechnologisches und biomedizinisches Forschungsinstitut; hier wurde nicht nur das Tracking-Armband entwickelt, sondern auch eine glukosemessende smarte Kontaktlinse. X ist ebenfalls ein Forschungsunternehmen; dort werden Projekte

---

182 Vgl. Mieke Bal: *Traveling Concepts in the Humanities*, S. 24–30.
183 Yvonne Hofstetter: *Sie wissen alles*, S. 54.
184 Vgl. zu Googles Übernahme von Boston Dynamics: Yvonne Hofstetter: *Sie wissen alles*, S. 100 sowie S. 221.
185 Vgl. zu Google X: Yvonne Hofstetter: *Sie wissen alles*, S. 258.

im Bereich der Robotik und KI (sogenannte ‚Moonshots') entwickelt.[186] Calico bezeichnet sich als Biotechnologieunternehmen. Dort forscht Google an Gesundheit und Genetik: „We're tackling aging, one of life's greatest mysteries."[187] Die Aufzählung zeigt, welche Macht der Konzern erlangt hat. „Stück für Stück dringt Google in alle Bereiche des Lebens vor: in Autos, Häuser, ja letztlich sogar in unsere Körper",[188] schreibt Ulrich Schäfer bei der *SZ*. „Den Unternehmen des Silicon Valley genügt wirtschaftlicher Erfolg allein nicht mehr, sie greifen nach der absoluten Macht und rüsten sich entsprechend auf".[189]

Das sei als Perspektive auf die Analyse eines Google-Werbespots vorweggeschickt. Es gilt nun zu erforschen, wie Google den Schutz der persönlichen Daten von Nutzer:innen bewirbt. Auf YouTube veröffentlicht Google eine Serie mit dem Titel „Frag doch Google", in der „Alex von Google Deutschland" Fragen beantwortet, die (vermeintlich) von Nutzer:innen gestellt wurden. Ein Spot von 2017 will die Frage beantworten: „Was macht ihr mit meinen Daten?"[190] In etwas über sechs Minuten stellt Alex, der Moderator, drei ‚Expert:innen' aus dem Unternehmen neben der Titelfrage noch weitere Fragen: „Wo kann ich einsehen, welche meiner Daten dann gespeichert werden?".[191] Er spricht abwechselnd zu ihnen und direkt in die Kamera zu den Zuschauer:innen. Am Ende verabschiedet sich Alex: „Ihr merkt, der Umgang mit Daten ist das A und O hier bei uns bei Google, und vor allen Dingen auch der Datenschutz."[192]

Fasst man die Aussagen zusammen, lautet die Botschaft des Videos: Google benötigt die Nutzer:innendaten, um die Dienste[193] und das Leben der Nutzer:innen zu verbessern. Dabei sollen diese jedoch die vollständige Kontrolle behalten. Zudem betont der Spot, dass Google alle Daten verschlüsselt und schützt. Auf der Ebene

---

186 Hier wird an Googles autonomen Fahrzeug (Waymo), an Internetversorgung mittels Stratosphären-Ballon (Loon), an Paketzustellungen mittels Lieferdrohne (Wing), an Internetversorgung mittels Lichtstrahlen (Taara) oder an Stromerzeugung mit Drachen gearbeitet (vgl. https://x.company/projects/ [20.07.2020]).
187 Calico: https://www.calicolabs.com/ [20.07.2020].
188 Ulrich Schäfer: Weltmacht Google: In *Süddeutsche Zeitung*, 11.08.2015. URL: https://www.sueddeutsche.de/wirtschaft/google-die-weltmacht-1.2603751 [19.09.2022]).
189 Yvonne Hofstetter: *Sie wissen alles*, S. 221. Hofstetter spekuliert apokalyptisch, dass Google zu „einer Art *Super Intelligence Agency*" werden kann (Yvonne Hofstetter: *Sie wissen alles*, S. 222).
190 Google Deutschland: Was macht ihr mit meinen Daten? / Frag doch Google #5. In: *YouTube*, 05.10.2017. URL: https://www.youtube.com/watch?v=mik8BK3lqRE, Min: 14.07.2020. [07.07.2020].
191 Vgl. Google Deutschland: Was macht ihr mit meinen Daten?, Min: 02:29–02:32.
192 Google Deutschland: Was macht ihr mit meinen Daten?, Min: 05:39–05:43.
193 Nur am Anfang nutzte Google Daten, um Produkte zu verbessern oder den Kund:innen mehr zu bieten. Als Google, so Zuboff, den Verhaltensüberschuss entdeckte, zielte das Unternehmen nicht mehr auf Verbesserung der Produkte, sondern auf die Nutzer:innen selbst (vgl. Shoshana Zuboff: *Im Zeitalter des Überwachungskapitalismus*, S. 91–99).

der *histoire* wird in diesem Video merklich oft von ‚Daten' und ‚schützen', von ‚verschlüsseln' und ‚Sicherheit' gesprochen. Wörter wie ‚privat' oder ‚Privatsphäre' dagegen finden sich nicht. Das liegt daran, dass der Spot eine Antwort auf die (kommende) Datenschutzgrundverordnung ist.[194] Die eigentliche Frage jedoch wird bis zum Ende gar nicht beantwortet. Die Titelfrage lenkt der Moderator sofort um: „Um das zu klären, müssen wir natürlich erst einmal ganz kurz die Frage beantworten, warum braucht Google eigentlich unsere Daten?"[195] Google leitet die Frage also zunächst von der Tätigkeit des Unternehmens auf das ‚Warum' um und verlagert dann die Perspektive. Die Frage „Was macht ihr mit meinen Daten?"[196] verlangt vom Antwortenden erwartungslogisch eine Aussage über die eigene Handlung. Der Narrator müsste antworten: ‚Wir machen mit den Daten X und brauchen sie für Y'. Stattdessen konstruiert der Moderator Alex ein hypothetisches Szenario: „Stellt euch vor, ihr seid in München unterwegs und ihr kennt euch jetzt nicht so gut aus, so wie ich zum Beispiel".[197] Dieses Vorgehen wiederholt er mit drei weiteren Mini-Szenarien. So wird deutlich: In diesen hypothetischen Beispielen würden Menschen in ihrem Alltag zum Smartphone greifen und ‚googeln'. Erst an diesem Punkt wird eine erste Antwort auf die Frage gegeben: „Um euch Informationen zu liefern, brauchen wir Daten, denn die machen unsere Dienste schneller und smarter und euer Leben einfacher."[198] Die Antworten adressieren die Zuschauer:innenperspektive. Darin lässt sich dasselbe Narrativ erkennen, das schon bei der Bewerbung von Selbstüberwachungstechnologie zum Tragen kam: Datenerhebung und -auswertung dient der Lebenserleichterung.

In den Aussagen der Expert:innen ist die rhetorische Strategie erkennbar: Neben vielen direkten Leser:innenansprachen kennzeichnet die Strategie einen taktischen Einsatz von Erzählerkommentaren. Sie werden an Stellen der Erzählung eingesetzt, an denen die Zuschauer:innen eine durch sie gegebene Information vermutlich nicht gebraucht hätten. Sie bleiben dagegen an Stellen aus, an denen sie nötig gewesen wären, um den Inhalt zu verstehen. Beispielsweise unterbricht der Experte seine Aussage für folgenden explanativen Kommentar:[199] „[D]u durchsuchst Googles Index. *Das ist so eine Art Datenbank, wo alle Webseiten abgespeichert sind.*"[200] Wenngleich die Zuschauer:innen nicht genau wissen, wie der Google

---

[194] Ingo Dachwitz: ePrivacy: Die Lobbymacht der Datenindustrie. In: , 21.10.2017. URL: https://netzpolitik.org/2017/eprivacy-die-lobbymacht-der-datenindustrie/ [19.09.2022].
[195] Google Deutschland: Was macht ihr mit meinen Daten?, Min: 00:16–00:21.
[196] Google Deutschland: Was macht ihr mit meinen Daten?, Min: 00:10–00:11.
[197] Google Deutschland: Was macht ihr mit meinen Daten?, Min: 00:23–00:31.
[198] Google Deutschland: Was macht ihr mit meinen Daten?, Min: 00:41–00:48.
[199] „Explanative Erzähleräußerungen sind Aussagen der EI, die explizite oder implizite Erklärungen zum erzählten Geschehen enthalten." (Ansgar Nünning: Funktionen von Erzählinstanzen, S. 336)
[200] Google Deutschland: Was macht ihr mit meinen Daten?, Min: 01:18–01:24 [Hervor., SH].

Index funktioniert, so stellen sich die meisten doch eine Art Datenbank darunter vor. Der Kommentar vertieft nur das Alltagsverständnis des kommunikativen Gedächtnisses, denn mit einer den Zuschauer:innen bekannten relationalen Datenbank hat der Google Index wenig zu tun.[201] Was als explanativer Kommentar erscheint, hat kaum explanativen Charakter. Diese Erzählstrategie zeigt sich an weiteren Stellen: „Und, ähm, momentan ist dieser Index 130 Billionen Seiten groß, *das ist Hundertdreissig und dann zwölf Nullen*, und irgendwo da drin ist [...] die Information, die du haben möchtest".[202] Wie viele Nullen eine Billion hat, weiß die Mehrheit der Zuschauenden ebenfalls. Man kann annehmen, dass das Video ‚gescripted', der Text vorgegeben ist und die Erklärungen somit intendiert sind. Diese Kommentare in den Aussagen der erklärenden Mitarbeiter:innen versorgen die Zuschauenden mit ‚leeren Informationen' und lenken so von Stellen ab, an denen Erklärungen notwendig wären.

Eine solche Stelle betrifft das Verständnis von Daten: Für ein Video, das den sorgsamen Umgang mit Information betont und in dem 33 Mal das Wort ‚Daten' bzw. ‚Data' genutzt wird, wird an keiner Stelle durch einen solchen Kommentar spezifiziert, was darunter zu verstehen ist. Welche Informationen fallen unter „persönliche Daten"[203]? Alle Stellen, an denen Google implizit zumindest einen Einblick gibt, was mit ‚Daten' gemeint ist, beziehen sich auf Primärdaten[204] wie Bilder und Texte in Google Index oder Fotos, Videos und E-Mails der Nutzer:innen. Daneben wird zwar angedeutet, dass es weitere Formen von Daten gibt (Nutzer:innendaten, Aktivitätsdaten, Standortdaten,[205] „und dann gibt's wiederum Daten, die speichern wir nur sehr kurzzeitig"[206]), diese werden aber nicht genauer thematisiert. Das ist insofern von Bedeutung, als dass die Zuschauer:innen es hier nicht mit einem klas-

---

201 Vgl. Yvonne Hofstetter: *Sie wissen alles*, S. 92; S. 97.
202 Google Deutschland: Was macht ihr mit meinen Daten?, Min: 01:37–01:45 [Hervor., SH].
203 Vgl. zur Bedeutung von persönlichen Daten: Yvonne Hofstetter: *Sie wissen alles*, S. 233 ff.
204 *Primärdaten* sind solche, „die eine Person kooperativ weitergibt, wenn sie sich im Internet präsentiert oder über das Netz kommuniziert, etwa in Onlinefotoalben, Skype-Gesprächen, E-Mails [...]. Die IP-Adresse, die von Automobilen neuester Generation aufgezeichneten Fahrspuren, das Smartphone einer Person, das sich mit der eindeutig identifizierbaren Hardwareadresse seiner Netzwerkadapter weltweit verfolgen lässt, die intelligente Haussteuerung, von magischen Brillen erfasste Bild- oder Tonaufzeichnungen oder auch die Äußerungen Dritter über eine Person im Internet – all das sind *Sekundärdaten*, die entstehen, ohne dass eine Person kooperiert." (Yvonne Hofstetter: *Sie wissen alles*, S. 234)
205 Vgl. Google Deutschland: Was macht ihr mit meinen Daten?, Min: 05:20–05:22. „Google benutzt ihre [die der Nutzer:innen, SH] Standortdaten jedoch für zielgerichtete Werbung; mehr noch, diese Daten sind die wichtigste Quelle für den Überschuss in Googles Werbemärkten [...]." (Shoshana Zuboff: *Das Zeitalter des Überwachungskapitalismus*, S. 281 f.)
206 Google Deutschland: Was macht ihr mit meinen Daten?, Min: 05:13–05:15.

sischen Werbevideo zu tun haben, das als solches stark reduzierend und lenkend konstruiert ist, sondern – im Selbstverständnis – mit einem erklärenden Video. Der Anspruch, den Zuschauer:innen daran richten, ist also, Sachverhalte auch erklärt zu bekommen. Was allerdings ‚Daten' meint, bleibt durchweg unklar. Das liegt auch daran, dass Daten ein Oberbegriff ist: Das Signifikant steht für mehrere Signifikate, zu denen keine bildliche Vorstellung abgerufen werden kann. Um welche Primär-, Sekundär- oder Metadaten geht es nun in Googles Verarbeitung? Welche Interpretationen leitet Google aus ihnen ab? Solche Problempunkte werden ausgespart. An dieser Stelle kommt das Erzählen ins Spiel: Die Aussparungen und die fehlende Information fällt nur auf, wenn Zuschauer:innen sich darauf konzentrieren. Die Videoerzählung weist nämlich neben der sachlich-faktualen Dimension des Informierens eine starke erzählende Dimension auf. Die Erklärungen des Videos sind durchzogen von imaginierten Alltagsbeispielen: „Stellt euch vor, ihr seid in München unterwegs [...] und seid auf der Suche nach einem Taxi".[207] An anderer Stelle fügt die Sprecherin in eine längere Antwort über die Vorteile der Cloud folgenden Einschub ein: „Also zum Beispiel auf Fotos, die du vor Jahren mal gemacht hast, oder wenn du wieder wissen willst, wie diese eine Bar in Paris hieß, wo du vor Jahren mal warst, und die Freunden weiterempfehlen willst zum Beispiel".[208] Solche Einschübe dienen in der Regel dem Verständnis im Sinne einer Vorstellbarkeit des Gesagten. Sie machen Abstraktes konkret oder Theoretisches lebenspraktisch. Hier verbleiben diese narrativen Passagen jedoch im Bereich der Alltagserfahrungen und betreffen immer Primärdaten, auf die Nutzer:innen Einfluss haben. So einigen sich Erzähler:innen mit ihren Leser:innen implizit darauf, was ‚Daten' meint. Diese Bedeutung verbleibt bei einem unklaren Alltagsverständnis von Daten. Ein Beruhigungseffekt tritt ein, denn diese Daten („deine Videos auf YouTube oder deine E-Mails"[209]), kennen die Nutzer:innen, laden sie freiwillig auf die Plattformen und können deren Informationsgehalt einschätzen.

> Der Preis, den man Ihnen bietet, errechnet sich nicht aus dem, *was* Sie schreiben, sondern daraus, *wie* Sie es schreiben. Nicht *was* in Ihren Sätzen steht, zählt, sondern deren *Länge* und *Komplexität*, nicht *was* Sie auflisten, sondern die Tatsache, *dass* Sie eine Liste aufstellen, nicht das Bild selbst, sondern die Wahl des Filters und der Grad der Sättigung, nicht *was* Sie enthüllen, sondern *wie* Sie Privates mit anderen teilen oder eben nicht, nicht *wo* Sie sich mit Ihren Freunden verabreden, sondern *wie* Sie das bewerkstelligen [...].[210]

---

207 Google Deutschland: Was macht ihr mit meinen Daten?, Min: 00:23–00:37.
208 Google Deutschland: Was macht ihr mit meinen Daten?, Min: 03:25–03:35.
209 Google Deutschland: Was macht ihr mit meinen Daten?, Min: 05:13–05:15.
210 Shoshana Zuboff: *Im Zeitalter des Überwachungskapitalismus*, S. 316.

Wie das Unternehmen Daten ausliest oder im Bereich ‚Data Mining' und ‚Deep Mind' operiert, offenbart das Video nicht. Gefahren für die persönlichen Daten werden – wie in Facebooks Werbeanzeigen – im Außen ausgemacht: Wir speichern Nutzer:innendaten ab „und wir verteilen die auch über mehrere Rechenzentren, sodass dein Gmail-Konto zum Beispiel nicht ausfällt, wenn ein Feuer oder eine andere Katastrophe in einem Rechenzentrum ausfällt".[211] Dezentralität wird dargestellt als Schutz vor Katastrophen im Rechenzentrum selbst.[212] Auch eine feindliche „Webseite [...], die vielleicht nicht sicher ist, oder dir persönliche Daten entlocken will",[213] oder Angriffe auf die Infrastruktur und auch die Polizei werden genannt[214] – gegen all diese ‚äußeren Feinde' „verschlüsselt" und „schützt" das Unternehmen seine Anwender:innen. Mehrfach wird die verschlüsselte Übermittlung betont. Wie genau dieser Schutz der Daten verstanden wird und wem er dient, wird nicht eindeutig klar.

Gemeinsamkeiten der untersuchten Werbeerzählungen: Verkäuflichkeit der Privatheit

Das Erzählmuster betont, dass diese Technologieunternehmen die Privatheit der Nutzer:innen schützen. Die Erzähler perspektivieren Daten als etwas, das die Nutzenden kontrollieren können und sollen. Sie vermitteln so eine Zugangskontrolldefinition. Dabei bleiben, mit Helen Nissenbaum gedacht, die Regeln und Normen des Informationsflusses in diesem Kontext unklar. Das erschwert nicht nur die Kontrolle über die eigene Privatheit, sondern auch das soziale Handeln. In ihren Erzählweisen zeigen sich strukturelle Gemeinsamkeiten: Das Gegennarrativ wird in direkten Leseransprachen im persönlichen Pronomen ‚Du' gestaltet. Unternehmen und Nutzer:innen gehen eine enge Verbindung ein: Sie erzeugen Nähe und Vertrauen, um dem Vertrauensverlust durch Datenskandale entgegenzuwirken. Intensiviert wird diese Beziehung zu den Nutzer:innen mit einem zumindest simulierten metaleptischen Einbezug: Facebooks Werbekampagne befragt ‚Nutzer:innen von der Straße'; Googles Videoserie heißt „Frag Google" und basiert auf der Idee, Vorannahmen oder Mythen

---

[211] Google Deutschland: Was macht ihr mit meinen Daten?, Min: 02:21–02:28.
[212] Dezentralität schützt Informationen: „Verteilte Strukturen sind robuster als zentrale Konstrukte." (Yvonne Hofstetter: *Sie wissen alles*, S. 93) „Auch bei Google-Komponenten machen sich das Prinzip der Dezentralität und parallelen Verarbeitung zunutze und arbeiten auf einem sogenannten *Computer Cluster*, einem ‚Rechnerverbund', in dem viele Rechner miteinander kommunizieren [...]. Fällt im Rechnerverbund ein Knoten aus, stört das die anderen Knoten nicht." (Ebd.)
[213] Google Deutschland: Was macht ihr mit meinen Daten?, Min: 04:02–04:06.
[214] Vgl. Google Deutschland: Was macht ihr mit meinen Daten?, Min: 04:42–05:03.

von Anwender:innen aufzugreifen und zu entkräften. Der Beginn der Erzählung, bzw. ihr Anlass und ihre Einstiegsebene, liegt also extradiegetisch bei den Lesenden. Das Gegennarrativ impliziert die Verortung des ‚Feindes' der Privatheit im Äußeren: Bei Google sind es gefährliche Webseiten, ein katastrophales Feuer oder die Polizei. Apple erzählt von fremden Blicken, riegelt Landstreifen vor fremdem Betreten ab. Nur Facebook erzählt von äußeren Feinden wie der Quizz-App des Wissenschaftlers.

In allen drei Narrationen werden nur Momente von Datenverwendungen integriert, die Nutzende sehen und erfahren können. Die Erzähler spielen auf die prädigitale Scham vor fremden Blicken an. Ausgespart bleiben die möglichen Ableitungen aus der informationellen Privatheit, die dann oftmals die dezisionale Privatheit der Einzelnen oder deren Klassifikation in Klassen und Massen betrifft.

9 Schlussbetrachtungen: Überwachung erzählen und die Rolle der Fiktion

In diesem Unterfangen wurde Studie ein breites Spektrum an gegenwärtigen Narrationen zur digitalen Massen- und Selbstüberwachung betrachtet. Das dadurch entstehende Panorama an Überwachungsvorstellungen und -darstellungsweisen veranschaulicht einerseits die dem Kollektiv zur Verfügung stehenden Wahrnehmungsschemata im Spannungsfeld zwischen (Selbst-)Überwachung und Privatheit. Anderseits stellt es aus, auf welche Weisen diese Vorstellungen artikuliert werden. Diese Figurationen sind Teil der Kulturen der Überwachung, sie wirken auf das Wirklichkeitserleben und Alltagshandeln der Mitglieder dieser Erzählgemeinschaft zurück.

Nach der Lektüre solch unterschiedlicher Romane und Zeugnisse möchte ich nun erfassen, wie sich die ausgewählten fiktionalen und faktualen Narrationen zu den eingangs erarbeiteten theoretischen Konzepten und den fünf Alltagsnarrativen der Überwachung verhalten: Auf welche dieser kulturellen Narrative greifen die Schriftsteller:innen, Politiker:innen und Produkthersteller zurück? Wie strukturieren sie nun diese Narrative in ihren Narrationen? Diese Figurationen der Überwachung spiegeln, *was* sich die Erzählgemeinschaft gegenwärtig über Überwachungspraktiken erzählt. Darauf aufbauend wird das *Wie* dieser Erzählungen erarbeitet und die spezifischen narrativen Merkmale und Strategien der Überwachungserzählungen erschlossen. Welche Vor- und Darstellungen der Überwachung lassen sich in diesen exemplarischen Texten erkennen und welche kulturellen Implikationen tragen sie?

Gegenwärtige Darstellungen der Überwachung: Präsente Narrative und ihre Variationen

In seiner Gesamtschau zeigt das Buch, wie fiktionale Texte über zehn Jahre hinweg Entwicklungen in den Überwachungsdebatten, in den Gesetzgebungen, aber auch in den kulturellen, gesellschaftlichen und individuellen Praktiken verarbeitet. Die literarischen Überwachungserzählungen sind Kritikererzählungen: In ihnen werden mögliche Gefahren oder Katastrophen geschildert. Insbesondere die Idee einer zentralen, gar panoptisch wirkenden Macht, wie sie die frühen Texte *Corpus Delicti*, *Der Kaktus*, *Angriff auf die Freiheit* und einige Essays konfigurieren, wird zunehmend aufgelöst: entweder indem soziale Überwachung thematisiert wird (*Unterleuten*) oder indem Figuren sich staatliche, geheimdienstliche oder kapitalistische Überwachungspraktiken aneignen (*Leere Herzen*, *1WTC*). Diese Auflösung einer zentralen Macht und des Staates als Überwacher geht einher mit der

Thematisierung der Selbstüberwachung als Kulturtechnik, der Gamifizierung der Überwachung oder der Möglichkeit ihrer Subversion (*Follower*, *1WTC*). Die Lust an der (Selbst-)Überwachung tritt sukzessive in den Fokus.

Dagegen eint die Sprecher:innen der politischen wie der werbenden Wirklichkeitserzählungen, dass sie in einer Art Technik-Utopie Sicherheitsnarrative transportieren: Die (Überwachungs-)Technologie löst hier Probleme. Die untersuchten Darstellungen aus dem außerliterarischen Bereich pointieren jene Bereiche, in denen Individuen im Alltag mit (Selbst-)Überwachungserzählungen konfrontiert werden. Die Wirklichkeitserzählungen betonen eine Wirksamkeit und Nützlichkeit der Überwachungstechniken und/oder -technologie. Das mag selbstverständlich mit der Auswahl der Textbeispiele und ihrer Gewichtung zusammenfallen: Die positive, werbende Haltung ist durch die Auswahl nicht überraschend, wohl aber, dass in den ganz unterschiedlichen Kontexten gleiche oder sehr ähnliche Argumentationsmuster der Erzähler:innen zutage treten und sich über die Kontexte hinweg kollektive Vorstellungswelten zeigen.

Die Analysen in dieser Studie führen zu folgendem Befund: Der Überwachungsdiskurs hat sehr mächtige ‚sprechende Subjekte', die die Vorstellungswelten von Überwachung im kommunikativen Gedächtnis prägen. Das gilt für den literarischen Diskurs, in dem Juli Zeh so eine mächtige Sprecherin ist, wie für den faktualen Diskurs, den Ministerien und GAFAM-Konzerne bestimmen. Auf der einen wie der anderen Seite ist den sprechenden Subjekten zu eigen, dass sie einstimmige und monoperspektivische Erzählungen hervorbringen. Auch über zehn Jahre nach Erscheinen des ersten in dieser Arbeit besprochenen Werkes präsentiert der deutschsprachige literarische Korpus keine Bilder der Überwachung, die positive oder affirmative Aspekte der dargestellten Überwachungspraktiken oder -maßnahmen integrieren. Der faktuale Diskurs von überwachungsbefürwortenden Erzählungen lässt dagegen keine Grau- oder möglichen Gefahrenzonen der Überwachung aufschimmern. Eine polyphone und polyperspektivische Diskussion findet hier wie dort kaum statt. Folglich speisen beide Sphären Vorstellungen der Überwachung in die Erzählgemeinschaft ein, die die gegenwärtigen Überwachungspraktiken in ihrer Komplexität stark beschneiden: Sie werfen vereinfachende Schlaglichter, die sie selbst rahmen und zum Konsum freigeben. Ihre angebotenen Vorstellungen sind Chimären der Überwachung, die ideologische Weltbilder und Wertungen in ihre Darstellungen integrieren. Zu einem Urteil können Bürger:innen erst nach Lektüre beider Vorstellungswelten selbst gelangen, indem sie deren Argumente diskutieren.[1]

---

[1] Nun mag man argumentieren, dass auch der faktuale Diskurs Kritikererzählungen und kritische Stimmen vorweisen kann. Das ist zweifellos richtig, was jede Datenschutzdiskussion zeigt.

Am eindringlichsten gestaltet sich das am Narrativ der ‚ÜBERWACHTEN BÜRGER:INNEN' aus, das die meisten der untersuchten Texte integrieren. Zeh, Ruge und von Borries eint in der Ausgestaltung dieses Wahrnehmungsschemas die Hervorhebung des Terrordiskurses nach 9/11. Sie variieren das Narrativ aber unterschiedlich. Im ersten Typus von literarischen Überwachungserzählungen – jenen, die sich strenger an das Erzählschema von 1984 halten und vorrangig die histoire aktualisieren – liegt ein Machtverhältnis von ‚oben nach unten' in der Vorstellung der Überwachung vor. Dafür standen in dieser Arbeit exemplarisch die Texte Juli Zehs. Diese vermitteln dieses Narrativ über die Vorstellung einer staatlich-repressiven, zentralisierten, wenn auch kafkaesk im Dunkeln bleibenden Überwachungsmacht. Eine freiwillige Teilnahme an den Praktiken wird staatlich im Rahmen eines Sicherheitsdispositivs arrangiert oder ideologisch vermittelt. Diese Form der Überwachung richtet sich in den Texten gleichermaßen auf alle Bürger:innen; sie endet mit gescheiterten Widerständen, Einschlüssen oder Vernichtungen, Umziehungsprogrammen oder Selbstmorden. Der Kerngedanke dieser Variation lautet umstandslos: Sicherheit durch Überwachung kostet private Freiheiten. Im zweiten Typus von Überwachungserzählungen, für die exemplarisch die Romane von Friedrich von Borries und Eugen Ruge standen, steht dieses Narrativ weniger im Fokus. Das Erzählen dieses Schemas wird auf zweite Erzählstränge verlagert: Das Machtverhältnis (‚top-down') wird abgeschwächt. *1WTC* zeigt das Narrativ in der Erzählung über die Videoüberwachung in der Stadt. *Follower* präsentiert das Narrativ der überwachten Bürger:innen klassisch als ein Überwachen durch die Nachrichtendienste. Hier wird ein Unschuldiger überwacht, während in *1WTC* Unschuldige sterben. Die Differenz zwischen Zehs Narrationen und denen von von Borries und Ruge besteht in der Möglichkeit, die Überwachung zu unterlaufen sowie im Machtverhältnis des Staates zum Einzelnen. In *1WTC* wird der Stadtraum nahezu flächendeckend überwacht und panoptische Effekte werden angedeutet, doch durch die Kunst können die Bilder der Videoüberwachung okkupiert werden. In *Follower* wird der Protagonist im Hintergrund überwacht, er gerät jedoch mit dieser Überwachung nicht in Berührung und kann am Ende verschwinden. Zentral artikulieren die beiden Texte die Entgrenzung der Überwachenden: Bei Ruge operieren die Geheimdienste in Endlosschleife, die Hintermänner in *1WTC* sind einem Denken im Schema von Freund und Feind verpflichtet, das sie zur Folter bewegt.

Die kritischen Stimmen und Wirklichkeitserzählungen bestimmen aber nicht über die Vorstellungen der Alltagswelt der breiten Öffentlichkeit. Stimmen der Kritik (und mit ihnen kritische Erzählungen) finden sich eher in Spezialdiskursen.

Die politischen Wirklichkeitserzählungen und die Sprechweisen des Innenministeriums lassen Momente aufscheinen, in denen dem Kritikernarrativ der überwachten Bürger:innen vorsorglich entgegengewirkt wird: „Da geht es nicht um die Einschränkung von Bürgerrechten, sondern um die Bekämpfung von Verbrechen."[2] Die Äußerungen im Umkreis der zivilen Sicherheit bieten eine Vorstellung von staatlicher Überwachung an, in denen potentiell gefährliche ‚Szenegänger:innen' überwacht werden. Sie betonen, dass die Überwachung nicht alle Bürger:innen betrifft, sondern nur die ‚Feinde im Inneren'. Die abstrakte ‚Fiktion einer hohen Gefährdungslage' ist notwendige Bedingung.

Das Narrativ der ‚ÜBERWACHTEN PATIENT:INNEN' gestaltet Zeh in *Corpus Delicti* als Gesundheitsstaat aus: Eine präventive Gesundheitspolitik wird zu einer alternativlos erscheinenden Handlungsweise, in der die Gesundheit die oberste Maxime ist. In diesem Aspekt zeigt sich ein panoptischer Mechanismus: Die Bürger:innen werden in ihren Körperdaten transparent gemacht und verhalten sich vorbildlich. In den Wirklichkeitserzählungen vom Beginn der Covid-19-Pandemie in Deutschland tritt dieses Narrativ zutage. Politik und Gesundheitsinstitute haben genau wegen der Reichweite dieses Narrativs Mühe, für die Bürger:innen- und Gesundheitsüberwachung, die auf Selbstüberwachung und -verantwortung setzte, öffentliche Akzeptanz zu erreichen. Sichtbar werden die Begleiterzählungen der Überwachung: Es bedarf einer starken Sicherheitserzählung – dem *grand narrative* –, die zugleich durch Unsicherheitserzählungen begleitet wird. Der transparente Output der Überwachung, in Form der Zahlen, spielt ebenfalls eine große Rolle.

Die Werbung zu Smart Watches und Tracker-Technologie verbindet die Narrative der ‚überwachten Patient:innen' und der ‚ÜBERWACHTEN SELBSTÜBERWACHER:INNEN'. Es zeigt sich, dass Angstappelle integriert und gesundheitliche Gefahren als Verkaufsargumente inszeniert werden: Übergewicht, psychische Leiden oder Herzinfarkte. So werden die Körper der Nutzer:innen zu störungsanfälligen Systemen, die überwacht werden müssen. Zum Narrativ der ‚überwachten Selbstüberwacherinnen' gehört in der Regel das Element der Selbstoptimierung, das die Tracker-Werbung prominent ausstellt. Allerdings akzentuiert sie – anders als die Literatur – auch die Vorstellung, dass Selbstüberwachung das eigene Leben retten kann. Werbung für Wearables stellt die Vorteile in einem leistungsorientierten Helden- und Retternarrativ aus. Das Leistungsnarrativ der Selbstüberwachung integriert auch Juli Zeh in *Unterleuten* und parodiert es durch die letztlich scheiternde Figur Linda. In diesem Dorfroman wird eine kollektive Form der Selbstüberwachung diskutiert:

---

[2] Tagesschau: Bundesinnenminister Seehofer gibt Pressekonferenz nach Anschlag mit zwei Toten in Halle, Min: 29:57–31:01.

Das Dorf wird zum Sozialen Netzwerk, in dem jede:r jede:n beobachtet und kontrolliert, und soll als Allegorie für Social Networks dienen.

Die Literatur perspektiviert das Narrativ der überwachten Selbstüberwacherinnen in der Regel als Vorstellung einer außer Kontrolle geratenen Praktik: Der Roman *1WTC* zeigt eine Spielwelt, in der ein hybrides Computerspiel darauf basiert, andere Figuren zu überwachen und deren Verhalten zu beeinflussen. In der hyperrealen Romanwelt erhält ein fiktives Spiel Einzug in die dargestellte Realität. Am Ende sterben deshalb zwei Figuren. *Follower* entwirft für die Selbstüberwachung des Protagonisten ähnliche Auswirkungen, Nio kann nicht mehr zwischen Original und Kopie unterscheiden. In beiden Romanen diffundieren, wenngleich in unterschiedlicher Weise, Realität und Fiktion. Während die Literatur Selbstüberwachung stets als Instrument der Selbstoptimierung perspektiviert und deren Schattenseiten als eine Form der Unmündigkeit oder des (Kontroll-)Verlusts imaginiert, perspektiviert die Werbung für Produkte der Selbstüberwachung, neben der Verbesserung des Ichs, die Aspekte der Erleichterung des Alltags und der Kontrolle der Gesundheit. Das sind zwei Vorstellungswelten, die kaum Schnittpunkte aufweisen. Damit entfernt sich die Literatur von der alltäglichen Erfahrungswelt ihrer Leser:innen und verliert so auch Potentiale, auf deren Wahrnehmung der Produkte einwirken zu können.

Vom NARRATIV DER ÜBERWACHTEN KUND:INNEN als ‚ROHSTOFFLIEFERANT:INNEN' vermittelt die deutschsprachige Literatur bislang nur eine vage Vorstellung. Zwar handeln die diskutierten Werke von Figuren, die Produkte von überwachungskapitalistisch agierenden Konzernen nutzen, aber die Texte thematisieren kaum, wohin die Nutzer:innendaten strömen und welche kapitalistischen Überwachungsinstrumente für welche Zwecke eingesetzt werden. Auch *Follower* illustriert die kapitalistische Seite der Überwachung nur oberflächlich. Der Text bespricht das Narrativ der überwachten Kund:innen in einer Odyssee durch eine chinesische Stadt, in der Produktwerbung manipulativ eingesetzt und die Figur durch ‚unterschwelliges Marketing' fremdgesteuert wird. Keiner der Texte illustriert allerdings das Innere dieser Macht der Konzerne, wie es beispielsweise Dave Eggers *The Circle* getan hat. So wird auch die Assemblagehaftigkeit von gegenwärtiger Überwachung kaum deutlich. Die deutschsprachigen Narrationen zentrieren noch immer das autonome oder nicht mehr autonome Individuum. Dadurch geraten gemeinschaftlich-kollektive, aber auch individuelle oder kapitalistische Gewinne von Überwachungspraktiken, aufgrund einer Angst vor Autonomieverlust weniger in den Blick. Die Erzählgemeinschaft verfügt so über nur wenige literarische Gegenbilder zu den Narrationen der Technologiekonzerne, die mit den Erzählungen aus der Werbung von Facebook, Apple oder Google in Dialog treten könnten. In der Folge speisen allein die datenkapitalistisch agierenden Unternehmen die Vorstellungen von ihren Überwachungs- und Datenschutzhandlungen in die Erzählgemeinschaft ein.

Merkmale des literarischen Erzählens von Überwachung

Die Anordnung der Romanlektüren in diesem Buch veranschaulicht, wie die Texte die außerliterarischen Entwicklungen – vom Überwachungsstaat zu gelebten Kulturen der Überwachung – und die technologischen Errungenschaften thematisieren und entwickeln. Indem zunehmend Selbstüberwachungspraktiken der Figuren zentriert werden, erinnern die Erzählungen Leser:innen durch das Wiedererkennen solcher Produkte, der Praktiken und der kulturellen Schemata stärker an ihre eigene Teilhabe an diesen Kulturen. Der Wiedererkennungs- oder Identifikationseffekt ist auch deshalb höher, da die panoptische oder zentrale Macht abnimmt.

Es bleibt zu fragen, welche gemeinsamen Strukturmerkmale dieser literarischen Erzählungen kennzeichnen und welche mögliche kulturelle Bedeutung sie tragen.

ÜBERWACHUNGSERZÄHLUNGEN BLEIBEN DYSTOPISCH. In der deutschsprachigen Literatur bleiben alle Erzählungen mehr oder minder der Tradition der Dystopie verhaftet, wenngleich in manchen Texten dieses Schema stärker variiert wird. Erstens gibt es Erzählungen, die auf das Schema von Orwells *1984* zurückgreifen und dabei in erster Linie die *histoire* aktualisieren. Die Repressivität der Überwachungsmaßnahmen wird zurückgenommen. Erzählungen wie die Juli Zehs (insbes. die Theaterstücke, *Corpus Delicti* und *Leere Herzen*) entfernen sich bereits von dem Denkmodell des Panopticons und überführen ihre Erzählwelten in die Kontrollgesellschaft. Damit einher gehen auch intertextuelle Verweise auf Huxleys *Schöne neue Welt* oder Kafkas *Der Proceß*. Die zugrundeliegende Erzählstruktur bleibt jedoch unverändert die von *1984*. Zweitens treten im literarischen Diskurs zunehmend Erzählungen auf, die vom Orwell-Schema stärker abweichen, indem sie, neben dem Inhalt, auch die feste Erzählstruktur des Orwell-Schemas auf verschiedene Weisen aufbrechen. Letztlich stellen aber auch diese Texte dystopische Szenarien aus: Auch erzähltechnisch innovativere Texte lassen sich, wie *Follower*, problemlos als Dystopie bestimmen, oder weisen, wie *1WTC*, zumindest starke dystopische Motive und Momente auf. Sie inszenieren geschlossene ideologische Systeme oder topographische Räume der (Selbst-)Überwachung, aus denen es kaum ein Entkommen gibt. Überwachung erzählen heißt im literarischen Raum bedrohliche Welten zu konstruieren. Als Dystopien appellieren die Texte an die Leserschaft, fordern eine Reflexion, Positionierung oder gar eine Widerstandshaltung gegenüber Überwachungstendenzen.

Allesamt erzählen sie das NARRATIV DES PRIVATHEITSVERLUSTS. Mit dem Schwinden von privaten (Handlungs-)Räumen stellen die Texte den Autonomieverlust ihrer Protagonist:innen aus. Auch thematisieren sie oftmals eine schwindende Teilhabe an politischem Handeln und ein nachlassendes Interesse an der Demokratie. Zwar zeigen sie gelegentlich noch private Räume auf – das Schweigen, die Phantasie, die Selbstisolation –, doch stellen diese keine ernstzunehmenden Handlungsräume in der sozialen Welt mehr dar. Die Aussichtslosigkeit, sich der (Selbst-)Überwachung entziehen und Privatheit ausleben zu können, gipfelt im Motiv des Suizids. Der Freitod ist sowohl in *Corpus Delicti* als auch in *1WTC* als letzte private Entscheidung inszeniert. *1WTC* ist hierbei insofern eine Ausnahme, als der Text versucht, in der Uneindeutigkeit und Pluralität von Zeichen und Identitäten private Handlungsmöglichkeiten zu denken. Die erzählten Verluste – Privatheit, Autonomie, Demokratie, einen Lebens- und Gemeinschaftssinn – hinterlassen in den Texten Lücken, denen sie ansonsten keine Alternativen oder neue (digitale) Handlungsmöglichkeiten gegenüberstellen.

Die göttliche Überwachung ist kein genutztes Narrativ mehr. Kein Text verhandelt auf seiner Oberfläche die göttliche Überwachung. Allenfalls kann sie von Rezipierenden in bestimmten Motiven oder Strukturen erkannt werden: Beispielsweise übertragen die Texte die Ausschlussangst, die Hiob empfand, in die digitale Überwachungsgesellschaft (*Follower, 1WTC, Unterleuten*). *Follower* spielt zudem *en passant* auf das Dürrenmatt'sche Motiv der gegenseitigen Beobachtung an: Dürrenmatts *Der Auftrag* legt nahe, dass nach dem Tod Gottes jede:r nun die Überwachung selbst übernimmt. *Follower* diskutiert diesen Gedanken nicht so prägnant, schreibt aber dem Protagonisten aufgrund der ‚Gotteslücke' eine gesteigerte Empfänglichkeit für Aberglauben zu. Der Topos des göttlichen Auges ist am ehesten strukturell in der Erzählerperspektive der Texte angelegt. Alle Texte nutzen narratoriale Erzähler, die die Protagonist:innen in Aufsichten und Innensichten beobachten.

ERZÄHLER TRAGEN DIE IDEOLOGIEKRITIK. Den deutschsprachigen literarischen Überwachungstexte ist solch ein narratorialer Erzähler zu Eigen. Es gibt keine figural erzählte Massen- oder Selbstüberwachung, erst recht keine Ich-Erzählung. Die Erzähler errichten eine Welt, auf die sie von außen blicken. Diese Haltung gibt das Erzählschema der Dystopie des 20. Jahrhunderts vor: Erzähler haben Einblick in das Innenleben der Figuren, insbesondere in das der Protagonist:innen. In diesem Schema transportiert die Erzählerrede und ihre Perspektive die Ideologiekritik der Texte. Das verstärken gerade jene Überwachungsromane, die sich streng an das Orwell-Schema halten: Sie weisen Erzähler auf, die sich stark kommentierend einmischen.³ Solche Kommentare finden sich in *1984* kaum. Gerade dadurch wird in den Texten ein liberales Wertesystem errichtet, auf das sie sich mit den Leser:innen einigen.⁴ Die ideologische, sprachliche und eigene perzeptive Perspektive der Erzähler trägt maßgeblich die Überwachungskritik, weshalb die Erzähler in der Regel auch keine Introspektion in zentrale Überwacherfiguren haben. Damit sind sie jedoch, gerade in den Narrationen des ersten Typus an Überwachungsromanen, autoritär. Im zweiten Typ von Überwachungsromanen wird die autoritäre Deutungsvorgabe durch die Erzähler zurückgenommen. Grundsätzlich gilt jedoch für die Erzählweise der Überwachungsnarrationen, dass die Erzählinstanzen nicht Teil des Überwachungssystems sind. Sie können sich von den Praktiken und der dahinterliegenden Ideologie zurückziehen. Die Stärke dieser Positionierung ist, dass die Kritik der Texte – und damit die intendierte Lesart – eingängiger transportiert wird. Die narrative Überschaubarkeit birgt allerdings die Schwäche, dass Überwachung dargestellt wird, als könne sie von außen beobachtet und überblickt werden. In den Räumen verdichteter Relevanz⁵ sind literarische Erzählinstanzen als Aufklärinstanzen für die Ideologiekritik der Texte zuständig und daher stets die Einzigen, die nicht Teil des Überwachungssystems sind.

ÜBERWACHUNGSERZÄHLUNGEN LEISTEN STETS GEDÄCHTNISARBEIT. Überwachungsromane sind im deutschsprachigen Raum immer auch Erinnerungs- bzw. Gedächtnisromane; jeder Text weist Gedächtnisakte zur deutschen Geschichte auf. Das beschränkt die räumliche Perspektive auf einen engeren Erinnerungsraum. In den meisten Überwachungsromanen im Stile Juli Zehs – man denke etwa auch an Marc-Uwe Klings *QualityLand*, oder Marc Elsbergs *Zero. Sie wissen, was du tust* – finden sich vorrangig Referenzen auf die Ideologie und Überwachung während der NS-Zeit.⁶ Überwachungsromane ritualisieren so unser ‚Nie-Wieder-Versprechen' und appellieren an Widerstandshaltungen. Damit wirken die Texte Verlusten in der Wissens- und Erfahrungsweitergabe aufgrund der kommenden ‚floating gap' entgegen, die auch durch den sukzessiven Verlust von Zeitzeug:innen bedingt sind. Sie überführen – mit den Konzepten von Aleida Assmann gedacht – die Inhalte zu den historischen, totalitären Überwachungssystemen und eine daran geknüpfte kollektive Widerstandshaltung in Form eines gemeinsamen Erfahrungs- und Werteraumes vom sozialen (gelebten) Gedächtnis in ein politisches und kulturelles Ge-

---

3 Dieses Verfahren zeigt sich auch in anderen gegenwärtigen Überwachungsromanen wie Thomas Sautners *Fremdes Land*, Marc Elsbergs *Zero. Sie wissen was du tust* oder Theresa Hannigs *Die Optimierer*.
4 Vgl. Ansgar Nünning: Funktionen von Erzählinstanzen, hier 339 f.
5 Vgl. Albrecht Koschorke: *Wahrheit und Erfindung*, S. 48.
6 Weniger stark wird in der deutschsprachigen Überwachungsliteratur auf den Bespitzelungsapparat der DDR verwiesen.

dächtnis.⁷ Mit dieser Funktion der Überwachungsromane als Gedächtnisträger und -brücke ins 20. Jahrhundert begründet sich möglicherweise auch, warum die gegenwärtigen Erzählungen affirmative Formen der (Selbst-)Überwachung außer Kontrolle geraten lassen.

Das Erzählen von Überwachung findet im Raum zwischen Fiktionalem und Faktualem statt. Ein auffälliges Strukturmerkmal des Erzählens von Überwachung ist die Grenzauflösung. Die Narrationen verwischen die vermeintliche Grenze zwischen Fiktion und Realität. Alle Texte sind auf der Ebene der *histoire* geradezu mit Realitätsreferenzen ‚überschwemmt'. Zudem versuchen die eingesetzten Erzählformen wie die Dokufiktion und figürliche Metalepsen (*1WTC, Unterleuten*), die Autofiktion (*Follower, 1WTC*) oder das transmediale Erzählen (*Unterleuten, 1WTC*) die Grenze zwischen Literatur und Realität auch über die Schreibweise bzw. Form zu durchbrechen. Überwachung wird so auch paradoxal erzählt. Autor:innen, deren Texte die Grenzverwischung mehrheitlich über Realitätsreferenzen verfolgen, versuchen damit den fiktionalen Status der Texte zu schwächen und direktes politisches Bewusstsein zu schaffen oder gar in die Politik zu intervenieren. Autor:innen, deren Texte vorrangig über doku- und autofiktionale oder metaleptische Elemente funktionieren, zielen dagegen auf die Schwächung der Verlässlichkeit einer Faktualität von Wirklichkeit und heben deren Konstruktionscharakter und die Möglichkeit von Fiktionen in der Wirklichkeit hervor. Der zweite Typus von Überwachungsromanen zeichnet sich durch die Montage als Erzählverfahren aus. *1WTC* und *Follower* simulieren eine Integration von faktualen Textsorten, wie dem Persönlichkeitsprofil bei Ruge oder einer Art Lexikonartikel bei von Borries. Diese setzen sich in ihrer graphischen Darstellung von der übrigen Erzählung ab und tragen eine Art Dokumentationscharakter in die Texte. Indem sie vermeintlich Faktuales in die fiktionalen Texte integrieren, machen die Texte auf den Konstruktionscharakter von historischer Geschichte (*1WTC*) oder von Persönlichkeitsprofilen im Rahmen von Datenüberwachung (*Follower*) aufmerksam und positionieren den literarischen Text so im Bereich des faktual Möglichen.

Die literarischen Überwachungserzählungen rütteln mit diesen Erzählstrategien nicht am fiktionalen Geltungsanspruch – mit Ausnahme vielleicht von *1WTC*, der vehement behauptet, ein Bericht zu sein –, (ver-)stören aber die Leser:innenrealitäten, indem sie in den Raum zwischen Fiktion und Realität drängen. Überwachung erzählen stellt das Reale in den Dienst der künstlerischen Fiktion, hinterfragt die Faktizität des Realen und spürt damit einer Fiktionalität des Faktualen nach, zeigt

---

7 Das politische wie kulturelle Gedächtnis bringt starke kollektive Identitäten hervor: „Wo Geschichte im Dienst der Identitätsbildung steht, wo sie von den Bürgern angeeignet und von den Politikern beschworen wird, kann man von einem ‚politischen' oder ‚nationalen' Gedächtnis sprechen." (Aleida Assmann: *Der lange Schatten*, S. 37)

die Funktion von abstrakten und konkreten Fiktionen im Faktualen auf und interveniert mit künstlerischen Fiktionen ins Reale. Überwachungserzählungen sind Grenzgänger-Erzählungen, die durch die Vermengung von Realität und Fiktion irritieren.

ERZÄHLSTRATEGIEN, UM ÜBERWACHUNG ERFAHRBAR ZU MACHEN. Die Texte betreiben einen hohen Aufwand, um Überwachung und Selbstüberwachung in der Rezeption erfahrbar zu machen. Das betrifft das Erzählmerkmal der *experientiality*,[8] das in den literarischen Narrationen ausgeprägter ist als in den faktualen. Die Erzählstrategien, die Erfahrbarkeit intensivieren, klangen bereits an: Sie hängen auch mit anderen Strukturmerkmalen von literarischen Überwachungserzählungen zusammen. Juli Zeh führt etwa in den Erzählerreden Praktiken der Überwachung textuell vor oder parodiert das narrative Herstellen von Gefahrensituationen und möglichen Risiken. Dazu werden in nahezu allen Texten Stilmittel der Übertreibung und Überformung genutzt: Die Texte lassen figurale Überwacher:innen Katastrophenszenarien oder Täter:innenprofile erzählen, um so diegetisch Überwachung zu legitimieren – man denke an Richterin Sophie (CD), Kommissar Schmid (K), Sunner (1WTC), aber auch an Nio als Selbstüberwacher (F). Damit stellen die literarischen Texte die Rolle von Narrativität und Fiktionalität im faktualen Diskurs aus.

Ruge versucht zudem die Introspektion in den Protagonisten durch einen Bewusstseinsstrom in Endlossätzen zu intensivieren. Damit macht er die Selbstüberwachung und ihre erzählten Folgen erfahrbar. Wie der Protagonist sollen auch Rezipient:innen durch die Sprache und Erzählweise zunehmend die Orientierung und die Fähigkeit, zusammenhängend und in der Lektüre voranschreitend zu lesen, verlieren. *Follower* und *1WTC* teilen die Strategie, Überwachung dadurch erfahrbar zu machen – besser: die Nichterfahrbarkeit von Überwachung dadurch erfahrbar zu machen –, dass sie die Geheimdienstaktivitäten auf einen Nebenschauplatz der Diegese verlegen. Ihre Helden haben, anders als klassische Dystopie-Helden wie Orwells Winston, keinen Kontakt zu staatlichen Überwacher:innen. So wird die Referenzialität auf außerliterarische Verhältnisse erhöht. Über montierte Textteile versuchen beide Texte außerdem, je spezifische Überwachungsformen lesbar zu machen: die Kameraüberwachung im Falle von *1WTC*

---

[8] Monika Fludernik, die dieses Erzählmerkmal benannte und als zentrales Kennzeichen bestimmte, beschreibt es wie folgt: „Unlike the traditional models of narratology, narrativity [...] is here constituted by what I call experientiality, namely by the quasi-mimetic evocation of ‚real-life experience'. Experientiality can be aligned with actantial frames, but it also correlates with the evocation of consciousness or with the representation of a speaker role. Experientiality, as everything else in narrative, reflects a cognitive schema of embodiedness that relates to human existence and human concerns." (Monika Fludernik: *Towards to a ‚Natural' Narratology*. London 1996, S. 12)

und das (kriminalpolizeiliche) Profilen in Ruges Erzählung. Beide Texte nutzen dazu auch die graphische und materielle Dimension des Buches. In diesen beiden Texten gewinnt Überwachung auf dieses Weise auch einen ästhetischen Eigenwert, der den Texten von Juli Zeh fehlt.

Gemein ist den Erzählungen in ihrer Erfahrungshaftigkeit auch, dass sie eine mehr oder minder offensichtlich zum Tragen kommende *kathartische Funktion* über das Erleben der Schicksale der Protagonist:innen beabsichtigen. Hier scheitern die Held:innen wie Mia Holl. Dieses Potential zur schauerlichen Läuterung nutzen, wenngleich in geringerem Maße, auch *1WTC* und *Follower*. Sie weisen groteske bis unheimliche Orte auf wie das Paradies in *1WTC* und das Kaufhaus in *Follower*.

Perspektive der deutschen Literatur auf Überwachung. Die untersuchten Texte können als Beispiele für die literarischen Überwachungserzählungen der Gegenwart stehen. Welche Position nimmt aber die Literatur gegenüber der Überwachung in der Gegenwart ein? Signifikant ist das Fehlen überwachungsbefürwortender deutschsprachiger Fiktionen. Neben den überwachungskritischen Erzählern und den immer kritischer werdenden Protagonist:innen weisen die Texte einerseits Figuren auf, die den Held:innen in diesem Erkenntnisprozess helfen (Dystopie-Schema). Anderseits integrieren sie Figuren, die auf der Seite der Überwachungsideologie stehen: In der Regel erhält diese Gegenposition jedoch keine ernstzunehmende Stimme. Das macht die Texte zu monologischen Texten,[9] selbst dort, wo sie multiperspektivisch erscheinen. Handlungsmotive, Gedanken oder Gefühle von Überwacher:innenfiguren werden weder durch die Figuren noch durch die Erzähler überzeugend sichtbar gemacht. Es kommt so unzureichend zum Ausdruck, warum Überwacher:innen handeln, wie sie handeln. Positive schützende Effekte von Überwachung werden in der Regel nicht erzählt oder schnell als fadenscheinig entlarvt.

Die literarischen Narrationen zeichnen Überwachung als ‚Schreckgespenst', das dem Kollektiv, dem demokratischen System, den Werten und dem Zusammenhalt, aber auch den einzelnen Individuen in ihren Freiheiten, Rechten, individuellen Fähigkeiten und Kompetenzen oder Grundrechten bedrohlich werden kann. Ein ermächtigender Nutzen oder zumindest eine Polyvalenz von Überwachung wird nicht thematisiert.

Die räumliche Perspektive dieser Texte bleibt eine westeuropäische, gar deutsche – selbst dort, wo Handlungsschauplätze nach China (*Follower*) oder New York

---

[9] So „kann der Begriff der monologischen Multiperspektivität definiert werden als eine Erzählform, die sich trotz der Vielfalt von Perspektiven durch eine dominante ‚Stimme' auszeichnet und die eine geschlossene Perspektivenstruktur aufweist." (Ansgar Nünning/Vera Nünning: Multiperspektivisches Erzählen, S. 61)

(*1WTC*) verlegt werden. In der zeitlichen Perspektive der Texte klafft die erfasste und die dargestellte Zeit auseinander, denn nahezu alle Erzählungen sind Zukunftsfiktionen. Zentral dabei ist die „Mitte des einundzwanzigsten Jahrhunderts" (CD, 11), in der sich viele Überwachungsromane ansiedeln. Wenngleich die Texte dadurch als prognostische Aussagen gelesen werden können, beziehen sie vornehmlich Stellung zur gelebten Gegenwart und ihren Tendenzen. Sie imaginieren keine zukünftige Gegenwart, sondern eine gegenwärtige Zukunft.[10] Daher sind diese Narrationen selbst narrative Gedankenexperimente, wie sie in der Szenariotechnik vorgenommen werden, und eher im Worst Case zu verorten. Die ideologische Perspektive dieser Erzählungen ist eine aufklärerische. Sie hängt in hohem Maße auch mit der verengten räumlichen Perspektive zusammen: Die Denkweisen, das Wissen und die Bewertung des Erfassten finden vor dem Hintergrund des deutschen Totalitarismus des 20. Jahrhunderts statt. Engmaschig versuchen die Texte, mögliche Ähnlichkeiten zwischen den Überwachungssystemen der NS-Diktatur und den Wertehaltungen zu diagnostizieren, die der neokapitalistischen Gesellschaft zugrunde liegen. Die Texte markieren politische Konstruktionen von inneren und äußeren Feindbildern. Datenüberwachung mache, so die Perspektive der literarischen Texte, Menschen zu (Daten-)Objekten. Aber die künstlerischen Fiktionen diskutieren auch immer deutlicher die individuelle Beteiligung und Lust an den Überwachungspraktiken. Gerade für diesen Aspekt versuchen Erzählungen zunehmend die Erzählformen als Bedeutungsträger zu nutzen. Doch durch die Sympathielenkung der Texte bleibt der ‚Kern des Überwachungsproblems' oftmals im ‚Außen' verortet. Die literarischen Erzählungen mahnen anhand erschreckender Beispiele vor nicht wünschenswerten, die Einzelnen oder die Werte der Gemeinschaft beschneidenden Fehlentwicklungen, sie zeigen jedoch nahezu keine Möglichkeit auf, wie die Gemeinschaft zukünftig vielleicht leben und diese Technologien und kulturellen Praktiken positiv nutzen kann.

---

10 Zum Konzept der gegenwärtigen Zukunft vgl. Niklas Luhmann: „Strukturen gibt es nur als jeweils gegenwärtige; sie durchgreifen die Zeit nur im Zeithorizont der Gegenwart, die gegenwärtige Zukunft mit der gegenwärtigen Vergangenheit integrierend" (Niklas Luhmann: *Soziale Systeme. Grundriß einer allgemeinen Theorie*. 4. Aufl. Frankfurt/M. 1991, S. 399). Interessant ist Luhmanns Differenz: „Die *gegenwärtige Zukunft* ist der Widerspruchsmultiplikator. Die *künftigen Gegenwarten* eröffnen dagegen die Möglichkeit, etwas zu vertagen und später zu erledigen. Die eine Zeitperspektive setzt unter Druck, die andere erlöst oder lockert zumindest die Spannung." (Ebd., S. 515)

Merkmale der faktualen Erzählstrategien im Überwachungsdiskurs

Innerhalb der Analysen von Wirklichkeitserzählungen wurden sehr unterschiedliche Kontexte der Überwachung betrachtet. Das Spektrum war breit. Das erschwert inhaltliche Vergleiche, bietet aber umso mehr die Chance, gemeinsame Erzählweisen oder -strategien herauszuschälen. Im Alltag durchwebt Überwachung in unterschiedlicher Sichtbarkeit verschiedene Bereiche im privaten wie öffentlichen Leben. Aus diesem Grund wurden bewusst politische und ökonomische Texte untersucht. Gemeinsam haben die betrachteten Texte, dass sie diejenigen Felder vor Augen führen, in denen die Erzählgemeinschaft Überwachung positiv konnotiert und in denen sie große Akzeptanz findet. Wahrgenommen werden diese Texte von Leser:innen in ihren Rollen als Konsument:innen oder Nutzer:innen von (Selbst-)Überwachungsprodukten oder als Bürger:innen, die Schutz vor Krankheiten oder vor Gewalt suchen.

FAKTUALE REDE VERMEIDET EINE BEGRIFFLICHE SICHTBARKEIT von Überwachung. Während die fiktionale Rede konkrete Überwachungspraktiken erzählt und als solche benennt, vermeidet die faktuale Rede, von Überwachung zu sprechen: Zum einen, indem der negativ konnotierte Begriff nicht gebraucht wird, zum anderen, indem nicht erläutert wird, wie genau die dargestellte Überwachung(stechnologie) funktioniert. Im Bereich der inneren Sicherheit und der Geheimdienste ist dies auch notwendige Bedingung für ihre Arbeit und deren Legitimation. Aber diese Auslassung ist Teil aller untersuchten befürwortenden Überwachungserzählungen, sei es in denen zum autonomen Fahren, in der Tracker-Werbung oder den Werbevideos der Technologiekonzerne. Das Wesen dieser faktual-befürwortenden Überwachungserzählungen impliziert, dass die Operationen im Zentrum der Überwachungsmacht ein Geheimnis bleiben. Informationen zur Art, zum Umfang, der Frequenz oder den Folgen der Überwachung sind nicht oder in geringem Maß Teil der Erzählungen. Als Folge dieser bewussten Erzähllücke liegen im kommunikativen Gedächtnis nur Vorstellungen und Wahrnehmungsmuster des Begriffs Überwachung bereit, die der künstlerischen Fiktion entsprungen sind, denn dort werden genau diese Fragen mit möglichen Antworten gefüllt. Der Begriff ‚Überwachung' fehlt in realen Situationen ebenso wie die an ihn gehefteten Erzählungen und Vorstellungen. Dieses Nichtsagen bzw. Auslassen öffnet einen Raum, der mit Vertrauen, Misstrauen, Angst oder gar Paranoia besetzt werden kann.

Während Begriff und Funktionsweise der Überwachung unklar bleiben, benötigt die Erzählung dagegen notwendigerweise einen sichtbaren ‚Output' der Überwachung. Dieses Element kontrastiert die Auslassung, das Nichtgesagte. Die Täter:innenstrukturen (im Beispiel der Halle-Erzählung), die Infiziertenzahlen (in der Corona-Erzählung), Körperdaten (bei der Tracker-Technologie), Risikofaktoren im Straßenverkehr (in den Videos für das autonome Fahren) und anderes Überwachungswissen müssen sichtbar werden, wenn für Überwachung argumentiert wird.

PERSPEKTIVVERENGUNGEN UND -VERLAGERUNGEN. Überwachungserzählungen weisen eine starke selektive Tätigkeit der Geschichtenerzähler:innen auf: Während die literarischen Fiktionen ihre Geschehensmomente auf das Erzählen von Schreck-Utopien ausrichten und positive Zwecke, Absichten und Effekte von Überwachung beiseitelassen, verengen faktuale Erzähler:innen ihre Perspektiven, indem sie keine kritischen Momente aus dem Wirklichkeitsgeschehen auswählen. Die Selektion aller kritischen oder anderen Momente teilen jedoch fiktionale und faktuale Erzählungen. Auch die faktualen Überwachungserzählungen sind weder polyphon noch polyperspektivisch. Elemente oder Stimmen bleiben ausgespart, wenn sie der ideologischen Textperspektive zuwiderlaufen und so die Kompaktheit der angebotenen Vorstellungen, Denk- und Wahrnehmungsmuster der Überwachung gefährden. Darüber hinaus ist auch hier die Perspektive ein Parameter, der zeitlich verlagert wird. Wenn das Präsens einem Futur weicht, lässt sich Überwachung womöglich wirksamer erzählen. Eine Gemeinsamkeit von fiktionaler und faktualer Überwachungsrede ist das Extrapolieren in eine mögliche, teils möglichst-düstere oder möglichst-utopische Zukunft wie im Falle der Zukunftsfiktionen von Automobilherstellern.

In der Analyse der politischen Wirklichkeitserzählungen wurde deutlich, dass Erzähler:innen die Akzeptanz ihrer Inhalte durch eine selbstdeklarierte Erzählautorität zu generieren versuchen: entweder indem ein Abbruch im Berichten ausgestellt („Mehr darf ich heute nicht sagen") oder indem die Wissensasymmetrie transparent gemacht wird („Die Zahlen geben nur eine Teil der Wahrheit wieder"). Hierin liegt ein Unterschied zur Literatur: Dort wird versucht, die Akzeptanz des Erzählten über die Realitätsreferenzen der Fiktionen zu evozieren, nicht über die Deutungshoheit der Erzähler:innen. Die Akzeptanz der Erzählinhalte in den werbenden Überwachungserzählungen dagegen wird über die Konsument:innen erzielt: Die Werbeerzählungen der Technologiehersteller und Social Network-Anbieter funktionieren über simulierte metaleptische Einbeziehung der oder direkte Ansprachen an die Leser:innen. Das versuchen auch die Kameraperspektiven durch eine Vielzahl von Mitsichten, die eine Erfahrbarkeit bewirken, sie bebildern daher die Alltagserfahrungen, während Aufsichten die Leser:innen selbst in eine erhöhte Überwachungsposition versetzen. Auf- und Mitsichten in den Videospots, analog zum Wechsel zwischen eigener Erzählerperspektive und der (fingierten) Übernahme der Perspektive der Alltagserfahrungen der Leser:innen, übersetzen die ideologische Überwachungsperspektive in die Erzählformen: Transparenz durch Überwachung wird so, wie die Praktiken des Überwachens selbst, positiv konnotiert, ohne dass auf der sprachlichen Ebene Überwachung begrifflich transparent gemacht werden muss.

Vorteilswelten: VORSTELLUNGEN DER (ER-)LÖSUNG UND RETTUNG – BILDER DER ERLEICHTERUNG UND VERBESSERUNG. Fehlende Vorstellungen darüber, wie eine mögliche Überwachung vonstattengeht, werden durch Denk- und Wahrnehmungsmuster ersetzt, die den Nutzen für Bürger:innen und Konsument:innen betonen. Politische Erzählungen, die letztlich das Narrativ der überwachten Bürger:innen strukturieren, dieses aber positiv umdeuten, prägen die kollektive Vorstellung, dass Überwachung Sicherheit und Schutz vor Kriminalität und Krankheit, Terror und Tod ermöglicht. Ökonomische Erzählungen knüpfen (Selbst-)Überwachung an Vorstellungen der Erleichterung und des Komforts, der Lebensverbesserung und -rettung. Es bleibt fast unbemerkt, dass dieser Umstand auch paradox ist: Denn einerseits sollen diese Überwachungsgeräte den Alltag erleichtern, also Anstrengung reduzieren, anderseits sollen sich Träger:innen permanent optimieren, was eine Anstrengung erfordert. Das Mensch-Maschine-Verhältnis, das diese Erzählungen entwerfen, betont deshalb stark eine Unterwerfung der Maschine. Faktuale Texte perspektivieren Überwachung als Phänomen, das Risiken bis hin zu Lebensgefährdungen minimiert oder den Menschen von der Vorstellung erlöst, in eigenen Unzulänglichkeiten gefangen zu sein.

ÜBERWACHUNGSERZÄHLUNGEN SCHAFFEN ERZÄHLRÄUME UND FORMEN ZWISCHEN SICHERHEIT UND UNSICHERHEIT. Eine der wesentlichen Erzählstrategien des faktualen Diskurses ist die Herstellung einer Dualität von Sicherheits- und Unsicherheitsmomenten. Die politischen wie ökonomischen Texte funktionieren in ihrem ‚Werben' für Überwachungsmaßnahmen oder -produkte nur in einem Spannungsverhältnis, das einen Erzählraum der Sicherheit bereitstellt und daneben Unsicherheitsmomente konstruiert. Das master narrative in der Corona-Erzählung ist ein solcher Raum ebenso wie die abstrakte Fiktion, dass Überwachungstechnologie erlösend und rettend ist. Letztere Sicherheitsfiktion teilen alle untersuchten faktualen Texte. Idealiter ist diese Kernbotschaft der Erzählung kausal motiviert und das Initialmoment durch die Lesenden handelnd zu erreichen, z. B. durch Verhaltensänderung (Corona-Sicherheit), Zustimmung zur Maßnahme (Halle-Sicherheit), Kauf des Produkts (Wearable-Sicherheit). Im Kern stellen diese Wirklichkeitserzählungen einen Fluchttraum bereit. Sie müssen weniger ein konkretes als ein mentales Problem lösen: Sie suggerieren eine Risikoversicherung und schwächen so die Kontingenzerfahrung in der Gegenwart. Diesbezüglich sind befürwortende Überwachungserzählungen auf die Konstruktion einer gefährdeten und gefährdenden Welt angewiesen. Die Erzählungen benötigen UNSICHERHEITSMOMENTE AUF DER HISTOIRE- UND DISCOURSEBENE, die sie in ihre Diegesen integrieren. Innere (Terrorist:innen, Gamer:innen) und äußere Feinde (Terrorist:innen, Krankheiten/Viren, Datenräuber:innen, Hausbrände) bedrohen die Welt und führen die Verletzlichkeit des individuellen wie gesellschaftlichen Körpers vor. Die abstrakte ‚Fiktion einer hohen Gefährdungslage' zeigte dies im Beispiel der zivilen Sicherheit. Die ‚Story-Werbespots' zu den Fitness-Trackern inszenieren die Verletzlichkeit des eigenen Körpers und nutzen dazu emotionalisierende Erzähler:innen. Solche Unsicherheitsmomente sind auch die erzählten (Zukunfts-)Szenarien, die Code-Wechsel (vom sprachlichen zum numerischen in den Corona-Narrationen), das intensive Ausstellen dieser Momente und die Täter:innenprofile. Allesamt müssen die faktualen Überwachungserzählungen für die Risikogesellschaft Gefahren artikulieren.

FIKTIONEN BEGLEITEN FAKTUALE ÜBERWACHUNGSERZÄHLUNGEN. Der Überwachungsdiskurs integriert verschiedene Ausformungen von abstrakten Fiktionen, die unterschiedlichen Zwecken dienen. Die ‚Fiktion einer hohen Gefährdungslage' und die ‚Fiktion des erlösenden Impfstoffes' haben die Funktion von Rahmungen, indem sie als Anfänge der Erzählungen die Überwachungsmaßnahmen erst legitimieren oder als Endpunkte einer ungewissen Zukunft stehen: Abstrakte Fiktionen stützen, konkrete Fiktionen dienen der Illustration von möglichen Geschehensmomenten, der Bebilderung von Emotionen und, in Gegennarrationen, der Kritik. Sie fungieren dann als utopische oder dystopische Momente. In der Corona-Erzählung übernimmt das Szenario von apokalyptischen Infizierten- und Todeszahlen diese Funktion, in der Autowerbung dagegen die Technikutopie einer autonomen Zukunft, in den Werbevideos der Technologiekonzerne sind es die Alltagsszenen. So wie sich in den literarischen Narrationen zeigte, dass Überwachung zwischen Fiktion und Realität erzählt wird, lässt sich auch hier konstatieren, dass diese Texte abstrakte Fiktionen in ihre faktualen Erzählungen integrieren.

PERSPEKTIVE DER WIRKLICHKEITSERZÄHLUNGEN: Die Beschäftigung mit solchen Erzählungen im faktualen Diskurs öffnet den Blick dafür, wie (Selbst-)Überwachung erfahren und mit welchen Wahrnehmungs- und Deutungsschemata ihr begegnet wird. In den dort thematisierten Formen der Überwachung suchen Bürger:innen und Konsument:innen Schutz oder Zugewinn. Hier müssen Bürger:innen jedoch zugleich ihr Mitwirken an den Kulturen der Überwachung ausloten. Die Vorstellungen und Denkmuster, die hier angeboten werden und die sich dann mit der persönlichen Erfahrung, z. B. in der Handhabung dieser technischen Geräte, decken, stellen das Alltagswissen um (Selbst-)Überwachung dar, das ausreicht, um den persönlichen Alltag zu bestreiten.

Die Voraussetzungen für die Überwachungserzählungen sind Narrative, wie das der Fortschritts-, Leistungs- oder Risikogesellschaft. So ist für Überwachungserzählungen die Darstellung einer gefährdeten Welt notwendige Bedingung, die somit zwangsläufig explizit oder implizit integriert werden muss. Die Akzeptanz einer (post-)modernen Krisen- oder Risikogesellschaft ist ebenso Voraussetzung für die Überwachungserzählungen wie das neokapitalistische Narrativ, das die Einzelnen in die Verantwortung und Selbstverschuldung nimmt. Nur wenn Individuen oder das Kollektiv gefährdet oder nicht ausreichend für diese (kommende) Welt qualifiziert sind, wenn das Schema der Selbstverschuldung akzeptiert wird, wird (Selbst-)Überwachung notwendig. Die Überwachungserzählungen antworten darüber hinaus auf ein digitales Narrativ. Es besagt, dass Digitalisierung den postmodernen Alltag immer schneller und mobiler macht und ihn fast vollständig in die Virtualität verlagern werde. In der Akzeptanz dieses Denkschemas wird es folgerichtig, dass smarte Geräte – etwa das Auto, der digitale Assistent oder das smarte Zuhause – alles tun, was nicht selbst erledigt werden muss. Das wiederum basiert auf der Idee, dass spätestens seit der industriellen Revolution Technologie als Lösung angesehen und mit einer Zukunftsfähigkeit verbunden wird. Die Erzählgemeinschaft versteht Überwachungsnarrative der Gegenwart unter der Akzeptanz der impliziten Gesellschaftserzählungen.

Überwachungserzählungen sind so auch Sicherheitsnarrative. Sicherheitsnarrative sind auf Gefahren oder Antagonist:innen angewiesen, die die vorliegenden Erzählungen außerhalb der sicheren und positiv konnotierten Gemeinschaft verorten: Es sind Gefährder:innen, Datenräuber:innen, Krankheiten. Überwachungserzählungen beinhalten ein utopisches Moment: Die Überwachung garantiert eine bessere Zukunft und kann technisch realisiert werden. In solchen Momenten stellen Überwachungserzählungen implizites Zukunftswissen bereit. Sie arbeiten dabei allerdings nicht auf dieselbe Weise wie die literarischen Überwachungserzählungen, die offenkundige Zukunftsfiktionen sind und Bilder dystopischer Zukünfte in die Erzählgemeinschaft einspeisen. Die faktualen Texte und Videos beinhalten demgegenüber implizite Zukunftserzählungen. Eine davon lautet: In der Zukunft kommen spezifische Gefahren und Risiken auf uns zu, gegen die wir uns frühzeitig wappnen müssen. Die Überwachungsideologie geht nicht von einer unbekannten Zukunft und unbekannten Risiken aus, sondern von einer Zukunft, die logisch und errechenbar aus der Vergangenheit resultiert. Die Gefahren sind bereits bekannt. Gegen diese kann nur Überwachung präventiv Abhilfe versprechen. Eine andere dieser Zukunftserzählungen lautet, und das klingt widersprüchlich zur ersten: Die Zukunft ist radikal anders. Diese Erzählung dominiert vor allem den ökonomischen Bereich, was sich zum Beispiel im Erzählmuster für das autonome Fahren zeigt. Die Zukunft kennzeichnet sich durch eine neue Mobilität. Hier heißt das Präventionsversprechen der Überwachung nicht: Vereitelung dieser Gefahr oder jener Zukunft, sondern Vorsorge und Vorbereitung durch Qualifizierung und Transformation für diese Zukunft mittels Überwachungstechniken (des Selbst).

Was bleibt und was wird?

Das Buch machte es sich zur Aufgabe, den theoretischen Beobachtungen aus den Surveillance Studies literarische Beobachtungen und solche aus der außerliterarischen Realität entgegenzustellen und diese nach ihren Vorstellungen, Narrativen und der Art ihrer Präsentation zu befragen. In dieser Gegenüberstellung wird die mangelnde Schnittmenge beider Bereiche signifikant und kulturell relevant: Die Alltagserfahrung der Individuen und ihre Lektüreeindrücke berühren sich kaum, womit Überwachungsromane zur reinen (populären) Unterhaltung werden könnten. Das theoretische Wissen aus den Surveillance Studies konnte neben den klassischen Konzepten – dem Panopticon, der Kontrollgesellschaft, der *surveillance assemblage* – auf fünf (Alltags-)Narrative zurückgeführt werden. Die überwachten Bürger:innen, überwachten Patient:innen, überwachten Konsument:innen, überwachten Selbstüberwacher:innen sowie das Verlustnarrativ der Privatheit. Auf diesen Narrativkomplex greifen fiktionale und faktuale Erzählungen zurück und strukturieren sie je anders akzentuiert in ihren Narrationen aus. Die literarischen Fiktionen stellen dabei ein literarisches Wissen um Überwachung bereit, das Gefahren für das autonome Subjekt betont. Zugleich sind im literarischen Wissen historische Inhalte integriert: Überwachungsromane haben die Funktion, an die deutschen Überwachungssysteme des 20. Jahrhundert zu erinnern, sie im kollektiven Gedächtnis zu aktivieren. Überwachung trifft hier jeden gleichermaßen. Das gesellschaftliche Wissen aus den faktualen Narrationen integriert das Potential, Technologie für die Gesellschaft zum kollektiven wie individuellen Schutz einzusetzen. Überwachung trifft hier nur innere wie äußere Gefährder:innen.

Vor allem war es mein Anliegen mit der Gesamtschau der Erzählungen in diesem Buch die Essentialität von Narration und Fiktion innerhalb von Überwachungsdebatten zu verdeutlichen. Fiktion hat hier – sei sie künstlerisch oder abstrakt – die Funktion der (sinnlichen) Erfahrbarkeit von Überwachung und/oder der durch die Erzählungen prognostizierten Zukunft. Die fiktionalen und faktualen Erzählungen der Überwachung sind die impliziten Aushandlungsorte der Debatten über die Fragen, wie wir als Gemeinschaft Technologie nutzen wollen, welchen Wert wir Sicherheit, Privatheit und dem autonomen Subjekt zuschreiben oder welche Rolle der Staat gegenüber seinen Bürger:innen einnehmen soll. Die Erzählungen der Überwachung prägen das Alltagswissen und damit die Vorstellungen um (Selbst-)Überwachung, ihre Wirksamkeit und ihren Nutzen für die Einzelnen wie uns als Gesellschaft. Das Erzählen übernimmt dabei oftmals auch die Funktion einer Emotionalisierung des Diskurses. Wo Erzählungen Leerstellen in der Funktionsweise und der Reichweite der Überwachung lassen, kann das problematisch werden. Diese Erzählungen schalten die kritische Vernunft aus, Euphorie oder Angst können so geweckt werden. Was die Debatte um Überwachung in ihren Verhältnissen – von Staat zu Bürger:innen, von Individuum zu Technologie, von Technologiekonzernen zu (persönlichen) Daten, von Sicherheit zu Freiheit – braucht, sind polyperspektive Narrationen. Überwachung zu verstehen bedeutet derzeit eine Vielzahl von Erzählungen zu ordnen und in Bezug zueinander zu setzen. Eine polyperspektivische Narration böte das Potential, Überwachung in Vor- und Nachteilen, Gefahren und Chancen sowie in ihren Bezügen zu Vergangenheit, Gegenwart und Zukunft zu diskutieren.

Siglen- und Literaturverzeichnis

Siglenverzeichnis

AaF	Ilja Trojanow/Juli Zeh: *Angriff auf die Freiheit. Sicherheitswahn, Überwachungsstaat und der Abbau bürgerlicher Rechte*. 2. Aufl. München 2010.
CD	Juli Zeh *Corpus Delicti. Ein Prozess*. 21. Aufl. München 2010.
DA	Friedrich Dürrenmatt: *Der Auftrag oder Vom Beobachten des Beobachters der Beobachter. Novelle in vierundzwanzig Sätzen*. Zürich 1998.
F	Eugen Ruge: *Follower. Vierzehn Sätze über einen fiktiven Enkel*. Reinbek bei Hamburg 2016.
Iv	Juli Zeh: Ich bin, was ich verberge. In: *FAZ*, 23.10.2015. URL: https://www.faz.net/aktuell/feuilleton/buecher/themen/privatsphaere-und-literatur-ich-bin-was-ich-verberge-13860368-p5.html [05.05.2021].
K	Juli Zeh: Der Kaktus. In: Dies.: *Good Morning, Boys and Girls. Theaterstücke: Der Kaktus. Good Morning, Boys and Girls. 203. Yellow Line*. Frankfurt/M. 2013, S. 7–72.
KoM	Juli Zeh: Kostenkontrolle oder Menschenwürde. In: Dies.: *Nachts sind das Tiere*. Frankfurt/M. 2014, S. 65–68.
LH	Juli Zeh: *Leere Herzen*. Roman. München 2017.
OB I	Juli Zeh: Deutschland ist ein Überwachungsstaat. Offener Brief an Angela Merkel. In: *FAZ*, 25.07.2013. URL: https://www.faz.net/aktuell/feuilleton/debatten/ueberwachung/offener-brief-an-angela-merkel-deutschland-ist-ein-ueberwachungsstaat-12304732.html [12.04.2019].
OB II	Juli Zeh: Offener Brief an die Bundeskanzlerin Angela Merkel. In: Dies.: *Nachts sind das Tiere*, S. 272–279.
P	Franz Kafka: *Der Proceß*. Roman in der Fassung der Handschrift. 6. Aufl. Frankfurt/M. 2011.
SdD	Juli Zeh: Schützt den Datenkörper. In: *FAZ*, 11.02.2014. URL: https://www.faz.net/aktuell/feuilleton/debatten/die-digital-debatte/politik-in-der-digitalen-welt/juli-zeh-zur-ueberwachungsdebatte-schuetzt-den-datenkoerper-12794720.html?printPagedArticle=true#pageIndex_2 [05.05.2021].
Sss	Juli Zeh: Selbst, selbst, selbst. In: Dies.: *Nachts sind das Tiere*. Frankfurt/M. 2014, S. 205–210.
ST	Juli Zeh: *Spieltrieb*. Roman. 8. Aufl. München 2006.
UL	Juli Zeh: *UNTERLEUTEN*. Roman. 4. Aufl. München 2016.
WB	Christa Wolf: *Was bleibt*. Berlin 2007.
WTC	Friedrich von Borries: *1WTC*. Roman. Frankfurt/M. 2011.
YL	Juli Zeh/Charlotte Roos: Yellow Line. In: Dies.: *Good Morning, Boys and Girls. Theaterstücke: Der Kaktus. Good Morning, Boys and Girls. 203. Yellow Line*. Frankfurt/M. 2013, S. 153–236.
203	Juli Zeh: 203. In: Dies.: *Good Morning, Boys and Girls. Theaterstücke: Der Kaktus. Good Morning, Boys and Girls. 203. Yellow Line*. Frankfurt/M. 2013, S. 73–152.

Fiktionale Primärliteratur

Bernhard, Thomas: *Holzfällen. Eine Erregung*. Frankfurt/M. 1988.
Borges, Jorge Luis: *Gesammelte Werke*. Bd. 5.2. München/Wien 1981.
Borries, Friedrich: *1WTC*. Roman. Frankfurt/M. 2011.

Büchner, George: *Der Hessische Landbote*. Hg. v. Uwe Jansen. Stuttgart 2016.
Die Bibel nach Martin Luthers Übersetzung. Mit Apokryphen, revidiert 2017. Hg. v. Deutsche Bibelgesellschaft. Stuttgart 2016.
Dürrenmatt, Friedrich: *Der Auftrag oder Vom Beobachten des Beobachters der Beobachter. Novelle in vierundzwanzig Sätzen*. Zürich 1998.
Gortz, Manfred [Juli Zeh]: *Dein Erfolg*. München 2015.
Hacker, Katharina: *Die Habenichtse*. Frankfurt/M. 2006.
Hessel, Stéphane: *Empört euch!* Übers. v. Michael Kogon. 22. Aufl. Berlin 2013.
Homer: *Odyssee*. Übersetzung, Nachwort und Register v. Roland Hampe. Stuttgart 2007.
Huxley, Aldous: *Schöne neue Welt. Ein Roman der Zukunft*. 5. Aufl. Frankfurt/M. 2016.
Kafka, Franz: *Der Proceß*. Roman in der Fassung der Handschrift. 6. Aufl. Frankfurt/M. 2011.
Mikael, Mikael: *Whiteout*. Berlin 2011.
Mikael, Mikael: *Blackout*. Berlin 2015.
Orwell, George: *1984. Roman*. Übers. v. Michael Walter. Hg. u. mit einem Nachwort v. Herbert W. Franke. 34. Aufl. Berlin 2011.
Röggla, Katharina: *really ground zero. 11. september und folgendes*. Frankfurt/M. 2001.
Ruge, Eugen: *Follower. Vierzehn Sätze über einen fiktiven Enkel*. Reinbek bei Hamburg 2016.
Samjatin, Jewgenij: *WIR. Roman*. Mit einem Nachwort v. Jürgen Rühle. 7. Aufl. Köln 2000.
Seghers, Anna: *Das siebte Kreuz. Roman*. 3. Aufl. Darmstadt/Neuwied 1975.
Wolf, Christa: *Was bleibt*. Berlin 2007.
Zeh, Juli/Roos, Charlotte: *Yellow Line*. In: Dies.: *Good Morning, Boys and Girls. Theaterstücke: Der Kaktus. Good Morning, Boys and Girls. 203. Yellow Line*. Frankfurt/M. 2013, S. 153–236.
Zeh, Juli: *203*. In: Dies.: *Good Morning, Boys and Girls. Theaterstücke: Der Kaktus. Good Morning, Boys and Girls. 203. Yellow Line*. Frankfurt/M. 2013, S. 73–152.
Zeh, Juli: *Corpus Delicti. Ein Prozess*. 21. Aufl. München 2010.
Zeh, Juli: *Der Kaktus*. In: Dies.: *Good Morning, Boys and Girls. Theaterstücke: Der Kaktus. Good Morning, Boys and Girls. 203. Yellow Line*. Frankfurt/M. 2013, S. 7–72.
Zeh, Juli: *Leere Herzen. Roman*. München 2017.
Zeh, Juli: *Spieltrieb. Roman*. 8. Aufl. München 2006.
Zeh, Juli: *UNTERLEUTEN. Roman*. 4. Aufl. München 2016.

Faktuale Primärliteratur

Apple Deutschland: Apple Watch – Echte Storys – Apple, 09.04.2019. In: *YouTube*, 09. 04.2019.URL: https://www.youtube.com/watch?v=XylHpUvY_2Q [07.05.2020].
Apple Deutschland: Apple Watch Series 4 – Besseres Ich – Apple. In: *YouTube*, 22.09.2018. URL: https://www.youtube.com/watch?v=rWnoY6i2nJo&feature=youtu.be [07.05.2020].
Apple Deutschland: Das neue iPhone 11 – Apple. In: *YouTube*, 10.09.2019. URL: https://www.youtube.com/watch?v=0-1ZTNJQPtw [14.07.2020].
Apple Deutschland: Dear Apple: Von Mensch zu Mensch – Apple Watch. In: *YouTube*, 10.09.2019. URL: https://www.youtube.com/watch?v=Oqjbgzag-gc [07.05.2020].
Apple Deutschland: Die neue Apple Watch Series 5. In: *YouTube*, 17.10.2019. URL: https://www.youtube.com/watch?v=JrbA_zvZ6O8 [07.05.2020].
Apple Deutschland: Privatsphäre auf dem iPhone – Ganz einfach – Apple. In: *YouTube*, 19.11.2019. URL: https://www.youtube.com/watch?v=X7oQ48_BidY [14.07.2020].

Apple Deutschland: Privatsphäre auf dem iPhone – Privatsache. In: *YouTube*, 05.04.2019. URL: https://www.youtube.com/watch?v=-2O3V_j7Wak [07.05.2020].

Apple: Apple Watch – Real Stories: Michael – Apple. In: *YouTube*, 06.12.2018. URL: https://www.youtube.com/watch?v=99LY_dol5jM [07.05.2020].

Apple: Apple Watch Series 3. In: *Apple*, o. D.URL: https://www.apple.com/de/apple-watch-series-3/ [07.05.2020].

Apple: Apple Watch Series 5. In: *Apple*, o. D. URL: https://www.apple.com/de/apple-watch-series-5/ [07.05.2020].

Autonomous Intelligent Driving GmbH (AID): *DRIVING FUTURE. The Art of Redefining Mobility*. 2020. URL: https://aid-driving.eu/?fbclid=IwAR2cKcIbbcyqYVEppZvL1mMYl1RSIydw8RjG0DJ8ssQ7T7oBvYL8INarmMo [01.04.2020].

BMW AG: *Personal Copilot: Autonomes Fahren. By your side, when you decide*. 2020. URL: https://www.bmw.de/de/topics/faszination-bmw/bmw-autonomes-fahren.html [01.04.2020].

Bundesregierung: Kanzlerin Merkel zum Coronavirus. In: *YouTube*, 14.03.2020. URL: https://www.youtube.com/watch?v=4epv8oXgrAY [15.09.2020].

Daimler Mobility AG: *Autonomous driving at Daimler Mobility*. URL: https://www.daimler-mobility.com/en/innovations/autonomous-driving/ [01.04.2020].

Facebook: ‚Es ist unsere Verantwortung, deine Informationen zu schützen. Wenn wir das nicht können, haben wir diese Verantwortung nicht verdient.' Anzeige vom 27.03.2018. Einzusehen unter: Judith Grajewski: Facebook-Chef entschuldigt sich per Printanzeige. In: *print*. Hg. v. Abonnentenservice Verlag Deutscher Drucker, 27. 03.2018.URL: https://www.print.de/news-de/facebook-chef-entschuldigt-sich-per-printanzeige/ [19.09.2022].

Facebook-Account von Manfred Gortz [Juli Zeh]. URL: www.facebook.com/manfred.gortz?fref=ts [05.05.2021].

Fitbit Europa: James Story – Fit Britain. In: *YouTube*, 09.01.2020. URL: https://www.youtube.com/watch?v=x732ZGaDAd8&list=PLkPhw7XICKpZlE2f1aQ_ifChcspJn2cHF&index=6 [01.06.2020].

Fitbit Europa: Nikola's Story – Fit Britain. In: *YouTube*, 01.01.2020. URL: https://www.youtube.com/watch?v=zvxO1e4IP_A&list=PLkPhw7XICKpZlE2f1aQ_ifChcspJn2cHF [01.06.2020].

Fitbit Europe: Fitbit Ionic: Geschaffen für dein Leben. In: *YouTube*, 02.10.2017. URL: https://www.youtube.com/watch?v=qYrMtJ8DeqQ [07.05.2020].

Fitbit Europe: Fitbit Versa: Smarte Funktionen, die den Alltag erleichtern. In: *YouTube*, 09.04.2018. URL: https://www.youtube.com/watch?v=cY_h5-YY4TI&list=PLkPhw7XICKpblEwx8lF3CL5Qe_XecrBZY&index=26 [07.05.2020].

Fitbit Europe: Jetzt kommt Fitbit Ace 2. In: *YouTube*, 06.03.2019. URL. https://www.youtube.com/watch?v=is0aJf_V0ww [07.05.2020].

Fitbit Europe: Versa 2 Battery Life. In: *YouTube*, 12.11.2019. URL: https://www.youtube.com/watch?v=sapH7gkQRfU [07.05.2020].

Fitbit Stories: Rachels Overcomes her Diagnosis. In: *YouTube*, 09.11.2017. URL: https://www.youtube.com/watch?v=QyK-WEqKIws [07.05.2020].

Fitbit: Fitbit ace 2. Aktivitäts-Tracker für Kinder ab 6 Jahren. In: *fitbit*. URL: https://www.fitbit.com/de/ace2 [07.05.2020].

Fitbit: versa 2. Gesundheits- und Fitness-Smartwatch. In: *fitbit*. URL: https://www.fitbit.com/de/versa [07.05.2020].

Google Deutschland: Was macht ihr mit meinen Daten? /Frag doch Google #5. In: *YouTube*, 05.10.2017. URL: https://www.youtube.com/watch?v=mik8BK3lqRE [07.07.2020].

Grass, Günter: Literatur und Politik. In: Ders.: *Essays und Reden. 1955–1979*. Hg. v. Werner Frizen. Göttingen 2007, S. 547–550.

Gortz, Manfred [Juli Zeh]: Gortz Statement. In: *YouTube*, 23.04.2016.

Ihr Programm – Bleiben Sie zu Hause: 11.03.2020 – Angela Merkel, Jens Spahn, Lothar Wieler – BPK zum Coronavirus. In: *YouTube*, 11.03.2020. URL: https://www.youtube.com/watch?v=kPGT9pFIu8k&t=2833s Bundespressekonferenz 11. 03.2020.[08.09.2020].

Neo Magazin Royale/Böhmermann, Jan: Keine Panik, Ihr Thomas de Maizière. In: *YouTube*, 19.11.2015. URL: https://www.youtube.com/watch?v=igW78rvLdDg [18.11.2019].

phoenix: Pressekonferenz des Robert-Koch-Instituts zum aktuellen Corona-Sachstand am 10.03.2020. In: *YouTube*, 10.03.2020. URL: https://www.youtube.com/watch?v=tzcoQEVyiY0 [08.09.2020].

phoenix: Robert Koch Institut zum Coronavirus-Sachstand am 06. 03.20. In: *YouTube*, 06.03.2020. URL: https://www.youtube.com/watch?v=HNOLsF5Os3Q&ab_channel=phoenix [08.09.2020].

Schirach, Ferdinand von/Kluge, Alexander: *TROTZDEM*. München 2020.

Funk, Kyra: Nach Anschlag von Halle: Horst Seehofer will Gamerszene stärker beobachten – und kassiert Hohn und Spott. In: *stern*, 13.10.2019. URL:https://www.stern.de/politik/deutschland/horst-seehofer-will-gamerszene-staerker-beobachten--und-erntet-shitstorm-8951836.html [19.09.2022].

Tagesschau: Bericht aus Berlin: Seehofer will Gamer-Szene beobachten. In: *Tageschau Sendungsarchiv*, 13.10.2019. URL: https://www.tagesschau.de/multimedia/sendung/bab/bab-4751.html [18.11.2019].

Tagesschau: Bundesinnenminister Seehofer gibt Pressekonferenz nach Anschlag mit zwei Toten in Halle. In: *YouTube*, 10.10.2019. URL: https://www.youtube.com/watch?v=kuLqMf4_r0I [04.08.2020].

Tagesschau: Coronavirus – Zahlen und Fakten vom Robert-Koch-Institut. In: *YouTube*, 13.03.2020. URL: https://www.youtube.com/watch?v=QJ3aU6KuXc8 [08.09.2020].

Tagesschau: Coronavirus: Merkel zu neuen Regeln – Maximal zwei Personen erlaubt. In: *YouTube*, 22.03.2020. URL: https://www.youtube.com/watch?v=6pQgZLg0xog [15.09.2020].

Trojanow, Ilja/Zeh, Juli: *Angriff auf die Freiheit. Sicherheitswahn, Überwachungsstaat und der Abbau bürgerlicher Rechte*. 2. Aufl. München 2010.

TV Werbung 2020: Fitbit: fitbit ionic – TV Spot 2018. In: *YouTube*, 24.12.2017. URL: https://www.youtube.com/watch?v=F7qqtq9sLCo [07.05.2020].

WELT Nachrichtensender: Innenminister – ‚Ein Teil dieser Antworten würde Bevölkerung verunsichern'. In: *YouTube*, 18.11.2015. URL: https://www.youtube.com/watch?v=xgmys5K1UnA [04.07.2020].

ZDF Nachrichten: Terroranschlag in Halle. Seehofer: ‚Mit Anschlag muss jederzeit gerechnet werden'. In: *zdf*, 11.10.2019. URL: https://www.zdf.de/nachrichten/heute/nach-anschlag-in-halle-innenminister-seehofer-zum-schutz-von-juden-in-deutschland-100.html [04.07.2020].

ZDFheute Nachrichten: Corona-Krise: Robert Koch-Institut Update vom 20.03.2020. In: *YouTube*, 20.03.2020. URL: https://www.youtube.com/watch?v=tmngKgTEFi8 [09.09.2020].

ZDFheute Nachrichten: Corona-Krise: Update vom Robert Koch-Institut. In: *YouTube*, 18.03.2020. URL: https://www.youtube.com/watch?v=Cq8_JOZCtVc [09.09.2020].

ZDFheute Nachrichten: Coronavirus: Robert Koch-Institut Update vom 25.03.2020. In: *YouTube*, 25. 03.2020.URL: https://www.youtube.com/watch?v=NFuIphb0WaU.

ZDF-heute-Show: Anschlag in Halle. Seehofer will die Gamerszene beobachten. In: *YouTube*, 18.10.2019. URL: https://www.youtube.com/watch?v=WlZuqCXY4a0 [04.07.2020].

ZDF-Morgenmagazin: Wieler zu Coronavirus: „Gefahr gering". In: *zdf*, 27.01.2020. URL: https://www.zdf.de/nachrichten/zdf-morgenmagazin/wieler-zu-coronavirus-gefahr-gering-100.html. [29.12.2020].

Zeh, Juli/Oswald, Georg: *Aufgedrängte Bereicherung* (=Tübinger Poetik Dozentur 2010). Hg. v. Dorothee Kimmich/Philipp Alexander Ostrowicz. Künzelsau 2011.
Zeh, Juli: Das Lächeln der Dogge. In: Dies.: *Nachts sind das Tiere*. Frankfurt/M. 2014, S. 221–224.
Zeh, Juli: Deutschland ist ein Überwachungsstaat. Offener Brief an Angela Merkel. In: *FAZ*, 25.07.2013. URL: https://www.faz.net/aktuell/feuilleton/debatten/ueberwachung/offener-brief-an-angela-merkel-deutschland-ist-ein-ueberwachungsstaat-12304732.html [12.04.2019].
Zeh, Juli: Ficken, Bumsen, Blasen. In: Dies.: *Alles auf dem Rasen*. 3. Aufl. Frankfurt/M. 2008, S. 67–73.
Zeh, Juli: Ich bin, was ich verberge. In: *FAZ*, 23.10.2015. URL: https://www.faz.net/aktuell/feuilleton/buecher/themen/privatsphaere-und-literatur-ich-bin-was-ich-verberge-13860368-p5.html [05.05.2021].
Zeh, Juli: Kostenkontrolle oder Menschenwürde. In: Dies.: *Nachts sind das* Tiere. Frankfurt/M. 2014, S. 65–68.
Zeh, Juli: Offener Brief an die Bundeskanzlerin Angela Merkel. In: Dies.: *Nachts sind das Tiere*, S. 272–279.
Zeh, Juli: Schützt den Datenkörper. In: *FAZ*, 11.02.2014. URL: https://www.faz.net/aktuell/feuilleton/debatten/die-digital-debatte/politik-in-der-digitalen-welt/juli-zeh-zur-ueberwachungsdebatte-schuetzt-den-datenkoerper-12794720.html?printPagedArticle=true#pageIndex_2 [05.05.2021].
Zeh, Juli: Selbst, selbst, selbst. In: Dies.: *Nachts sind das* Tiere. Frankfurt/M. 2014, S. 205–210.
Zeh, Juli: Zu wahr, um schön zu sein. In: Dies.: *Nachts sind das Tiere*, S. 48–55.

Sekundärliteratur

Automobil/Kraftfahrzeug, -wagen'. In: Friedrich Kluge: *Etymologisches Wörterbuch der deutschen Sprache*. 18. Aufl. Bearb. v. Walther Mitzka. Berlin 1960, S. 397.
Pohlmann, Rosemarie: ‚Autonomie'. In: Joachim Ritter/Karlfried Gründer/Gottfried Gabriel (Hg.): *Historisches Wörterbuch der Philosophie online*. URL: 10.24894/HWPh.367 [07.07.2021].
Adorno, Theodor W.: Der Essay als Form. In: Ders.: *Gesammelte Schriften*. Bd. 11. *Noten zur Literatur*. Hg. v. Rolf Tiedemann. Frankfurt/M. 1974, S. 9–33.
Agamben, Georgio: Homo Sacer. Die souveräne Macht und das nackte Leben. In: Andreas Folkers/Thomas Lemke (Hg.): *Biopolitik. Ein Reader*. Berlin 2014, S. 191–227.
Altmaier, Peter: Twitter ist heute die schärfste Waffe der Demokratie: Wir haben es nur noch nicht bemerkt! [Tweet vom 02.02.2014]. URL: https://twitter.com/peteraltmaier/status/430100048844967936 [29.05.2019].
Archiv der Bundesregierung: Mitschrift Pressekonferenz. Sommerpressekonferenz von Bundeskanzlerin Merkel vom 19. Juli, 19.07.2013. URL: https://archiv.bundesregierung.de/archiv-de/dokumente/sommerpressekonferenz-von-bundeskanzlerin-merkel-vom-19-juli-844124 [12.04.2019].
Arendt, Hannah: *Mensch und Politik*. Ditzingen 2017.
Arendt, Hannah: *Vita activa oder Vom tätigen Leben*. 8. Aufl. München 1994.
Aristoteles: *Poetik. Griechisch/Deutsch*. Übers. und hg. v. Manfred Fuhrmann. Stuttgart 2017.
Aschendorff Medien: Online-Gigant in der Tageszeitung. Facebook (ge)braucht Print. In: *aschendorff-medien*, o. D. URL: https://aschendorff-medien.de/produkte/facebook-print/ [19.09.2022].
Assmann, Aleida: *Der lange Schatten der Vergangenheit. Erinnerungskultur und Geschichtspolitik*. München 2006.

Assmann, Jan: *Das kulturelle Gedächtnis. Schrift, Erinnerung und politische Identität in frühen Hochkulturen*. 6. Aufl. München 2007.
Auding, Iris: Sarkastischer Blick in die Zukunft. In: *Volksstimme*, 06.09.2019. URL: https://www.volksstimme.de/buch/buchimgespraech/sarkastisch-eugen-ruge-wirft-den-blick-in-die-zukunft/1473165324000 [28.10.2020].
o.V. Autonomes Fahren in die Praxis holen. In: *bundesregierung*, 28. 05.20012.URL: https://www.bundesregierung.de/breg-de/suche/faq-autonomes-fahren-1852070 [16.06.2021].
Bachtin, Michail M.: *Die Ästhetik des Wortes*. Frankfurt/M. 1979.
Bal, Mieke: Close Reading today: From Narratology to Cultural Analysis. In: Walter Grünzweig/Andreas Solbach (Hg.): *Grenzüberschreitungen. Narratologie im Kontext. Transcending Boundaries. Narratology in Context*. Tübingen 1999, S. 19–41.
Bal, Mieke: *Kulturanalyse*. Hg. u. mit einen Nachwort versehen v. Thomas Fechner-Smarsly und Sonja Neef. Übers. v. Joachim Schulte. Frankfurt/M. 2006.
Bal, Mieke: *Lexikon der Kulturanalyse*. Übers. v. Brita Pohl. Hg. v. Arbeitskreis Kulturanalyse. Wien 2016.
Bal, Mieke: *Narratology. Introduction to the Theory of Narrative*. 3. Aufl. Toronto 2009.
Bal, Mieke: *Traveling Concepts in the Humanities. A Rough guide*. Toronto 2002.
Bareis, J. Alexander: Fiktionen als Make-Believe. In: Tobias Klauk/Tilmann Köppe (Hg.): *Fiktionalität. Ein interdisziplinäres Handbuch*. Berlin/Boston 2014, S. 50–67.
Barthes, Roland: Einführung in die strukturale Analyse von Erzählungen. In: Ders.: *Das semiologische Abenteuer*. Übers. v. Dieter Hornig. Frankfurt/M. 1988, S. 102–143.
Barthes, Roland: *Mythen des Alltags*. Vollständige Ausgabe. Übers. v. Horst Brühmann. Berlin 2010.
Baßler, Moritz: Populärer Realismus. In: Roger Lüdeke (Hg.): *Kommunikation im Populären. Interdisziplinäre Perspektiven auf ein ganzheitliches Phänomen*. Bielefeld 2011, S. 91–103.
Baudrillard, Jean: *Agonie des Realen*. Übers. v. Lothar Kurzawa/Volker Schaefer. Berlin 1978.
Baudrillard, Jean: *Architektur. Wahrheit oder Radikalität?* Übers. v. Colin Fournier/Maria Nievoll/Manfred Wolff-Plottegg. Graz/Wien 1999.
Baudrillard, Jean: *Der Geist des Terrorismus*. Hg. v. Peter Engelmann. Wien 2002.
Baudrillard, Jean: *Der symbolische Tausch und der Tod*. Übers. v. Gabriele Riecke/Ronald Voullié/Gerd Bergfleth. Berlin 2011.
Baudrillard, Jean: *Die fatalen Strategien*. Übers. v. Ulrike Bockskopf/Ronald Voullié. Mit einem Anhang von Oswald Wiener. München 1985.
Baudrillard, Jean: *Die Intelligenz des Bösen*. Übers. v. Christian Winterhalter. Wien 2006.
Baudrillard, Jean: *Oublier Foucault*. Übers. v. Horst Brühmann. 2. neubearb. Aufl. München 1983.
Baudrillard, Jean: *Paßwörter*. Übers. v. Markus Sedlaczek. Berlin 2002.
Baudrillard, Jean: *Von der Verführung*. Mit einem Essay von László F. Földényi. München 1992.
Bauer, Uwe: Deskriptive Kategorien des Erzählerverhaltens. Rolf Kloepfer/Gisela Janetzke-Dillner (Hg.): Erzählung und Erzählforschung im 20. Jahrhundert. Stuttgart 1981, S. 31–39.
Bauman, Zygmund/Lyon, David: *Daten, Drohnen, Disziplin. Ein Gespräch über flüchtige Überwachung*. Übers. v. Frank Jakubzik. 3. Aufl. Berlin 2014.
Beck, Ulrich: *Metamorphose der Welt*. Übers. v. Frank Jakubzik. Berlin 2016.
Beck, Ulrich: *Risikogesellschaft. Auf dem Weg in eine andere Moderne*. Frankfurt/M. 1986.
Beckedahl, Markus: USA: Überwachungskritischem Schriftsteller Ilija Trojanow wird Einreise verweigert. In: *Netzpolitik*, 01.10.2013. URL: https://netzpolitik.org/2013/usa-ueberwachungskritischem-schriftsteller-ilija-trojanow-wird-einreise-verweigert/ [19.09.2022].
Becker, Tobias: Zwergenaufstand gegen den Kapitalismus. In: *Spiegel Online*, 10.02.2014. URL: http://www.spiegel.de/kultur/tv/arte-film-rlf-kunstprotest-aus-berlin-a-952070.html [19.09.2022].

Beckmann, Dirk: *Was würde Apple tun? Wie man von Apple lernen kann, in der digitalen Welt Geld zu verdienen*. Berlin 2011.
Belke, Horst: *Literarische Gebrauchsformen*. Düsseldorf 1973.
Belousova, Katja: Herrn Ruges Gespür für digitale *Follower*. In: *Die Welt*, 28.12.2016. URL: https://www.welt.de/kultur/literarischewelt/article160652477/Herrn-Ruges-Gespuer-fuer-digitale-Follower.html [19.09.2022].
Bense, Max: Über den Essay und seine Prosa. In: *Merkur* 1 (1947). Heft 3, S. 414–424.
Bentham, Jeremy: *An Introduction to the Principles of Moral and Legislation*. New Edition. Oxford 1823.
Benthien, Claudia/Gerlof, Manuela: Topografien der Sehnsucht. Zur Einführung. In: Claudia Benthien (Hg.): *Paradies. Topografien der Sehnsucht*. Köln 2010, S. 7–29.
Berg, Henk de: Mia gegen den Rest der Welt. Zu Juli Zehs *Corpus Delicti*. In: Kalina Kupczynska/Artur Pelka (Hg.): *Repräsentationen des Ethischen*. Bd. 2. Frankfurt/M. 2013, S. 25–48.
Berg, Hubert van den: Pamphlet. In: *Historisches Wörterbuch der Rhetorik*. Bd. 6. Hg. v. Gert Ueding. Tübingen 2003, S. 488–495.
Berger, Peter L./Luckmann, Thomas: *Die gesellschaftliche Konstruktion der Wirklichkeit. Eine Theorie der Wissenssoziologie*. Mit einer Einleitung zur deutschen Ausgabe von Helmuth Plessner. Übers. v. Monika Plessner. 23. Aufl. Frankfurt/M. 2010.
Beyvers, Eva et al.: Einleitung. In: Dies. et al. (Hg.): *Räume und Kulturen des Privaten*. Wiesbaden 2017, S. 1–17.
Bidmon, Agnes/Lubkoll, Christine (Hg.): *Dokufiktionalität in Literatur und Medien: Erzählen an den Schnittstellen* von Fakt *und Fiktion*. Berlin/Boston 2021.
Biselli, Anna: Geheimdienstchefs wollen Rechtsextremismus mit mehr Überwachung aufklären. In: *Netzpolitik*, 29.10.2019. URL: https://netzpolitik.org/2019/geheimdienstchefs-wollen-rechtsextremismus-mit-mehr-ueberwachung-aufklaeren [04.07.2020].
Biselli, Anna: Wearables und Fitnessapps verbreiten sich mit Hilfe der Krankenkassen, Regierung verkennt Datenschutzprobleme. In: *Netzpolitik*, 26.07.2016. URL: https://netzpolitik.org/2016/wearables-und-fitnessapps-verbreiten-sich-mit-hilfe-der-krankenkassen-regierung-verkennt-datenschutzprobleme/ [23.01.2020].
Bittner, Jochen: Bindestrich? Voll AfD-mäßig. In: *Zeit Online*, 16.03.2017. URL: https://www.zeit.de/gesellschaft/zeitgeschehen/2017-03/rechtschreibung-bindestrich-leerzeichen-5vor8 [19.09.2022].
Blask, Falko: *Jean Baudrillard zur Einführung*. 4. vollst. überarb. Aufl. Hamburg 2013.
Bloch, Ernst: *Das Prinzip Hoffnung*. Bd. 1. Frankfurt/M. 1969.
Blumenthal-Barby, Martin: *Der asymmetrische Blick. Film und Überwachung*. Übers. v. Jens Hagestedt. Paderborn 2016.
Bobbio, Norberto: The Great Dichotomy. Public/Private. In: Ders.: *Democracy and Dictatorship. The Nature and Limits of State Power*. Übers. v. Peter Kennealy. Minneapolis 1989, S. 1–21.
Bobzin, Hartmut: *Der Koran. Eine Einführung*. 8. überarb. u. erw. Aufl. München 2014.
Bogdal, Klaus-Michael: Überwachen und Strafen. In: Clemens Kammler/Rolf Parr/Ulrich Johannes Schneider (Hg.): *Foucault-Handbuch. Leben – Werk – Wirkung*. 2. akt. und erw. Aufl., Berlin 2020, S. 72–82.
Böhm, Markus/Reinbold, Fabian: Facebook startet millionenschwere Werbekampagne. Imageprobleme in Deutschland. In: *Spiegel*, 28.10.2016. URL: https://www.spiegel.de/netzwelt/web/facebook-startet-millionenschwere-tv-kampagne-a-1118681.html [19.09.2022].
Borries, Friedrich von/Haebler, Elisabeth von/Recklies, Mara: Vorwort. In: *Ästhetik & Kommunikation* 46 (2016). Heft 171/172, S. 3–11.
Borries, Friedrich von/Lenger, Hans-Joachim: *Metastasen des Krieges*. Leipzig 2017.
Borries, Friedrich von: Bunkerarchitektur. In: Olaf Metzel: *Gegenwartsgesellschaft*. Berlin 2013, S. 95–108.

Borries, Friedrich von: Die freiwilligen Gefangenen auf dem Weg zur Selbstoptimierung. In: Yana Milev (Hg.): *Design Kulturen. Der erweiterte Designbegriff im Entwurfsfeld der Kulturwissenschaft.* München 2013, S. 271–277.

Borries, Friedrich von: Die freiwilligen Gefangenen. In: Eliza Bertuzzo et al (Hg.): *Kontrolle öffentlicher Räume. Unterstützen, Unterdrücken, Unterhalten, Unterwandern.* Berlin 2013, S. 173–180.

Borries, Friedrich von: München. Show you're not afraid. New York. The Games must go on. In: Felix Hoffmann (Hg.): *Unheimlich vertraut – Bilder vom Terror.* Sonderedition des Ausstellungskatalogs. Köln 2011, S. 100–133.

Borries, Friedrich von: *Weltenentwerfen. Eine politische Designtheorie.* 2. Aufl. Berlin 2016.

Brink, Gijsbert van den: Allmacht. In: *Religion in Geschichte und Gegenwart. Handwörterbuch für Theologie und Religionswissenschaft.* Bd. 1. Hg. v. Hans Dieter Betz et al. 4., völlig neu bearb. Aufl. Tübingen 2005, Sp. 319–320.

Brinkbäumer, Klaus et al.: Terrorismus – Anleitung zum Massenmord. In: *Der Spiegel* 40 (2001). URL: https://www.spiegel.de/politik/anleitung-zum-massenmord-a-4bd7f0fd-0002-0001-0000-000020240145 [19.09.2022].

Bröckling, Ulrich: Dispositive der Vorbeugung. Gefahrenabwehr, Resilienz, Precaution. In: Christopher Daase et al. (Hg.): *Sicherheitskultur. Soziale und politische Praktiken der Gefahrenabwehr.* Frankfurt/M. 2012, S. 93–108.

Bröckling, Ulrich: *Gute Hirten führen sanft. Über Menschenregierungskünste.* Berlin 2017.

Bröckling, Ulrich: Prävention. In: Ders./Susanne Krasmann/Thomas Lemke (Hg.): *Glossar der Gegenwart.* Frankfurt/M. 2004, S. 210–215.

Broding, Ingrid: Sind Sie noch Bürger oder schon Terrorist? In: *Falter.* (2009). Heft 33. URL: https://www.falter.at/falter/rezensionen/buch/292/9783446234185/angriff-auf-die-freiheit [26.03.2019].

Bühler, Benjamin/Willer, Stefan (Hg.): *Futurologien. Ordnungen des Zukunftswissens.* Paderborn 2006.

Bühler, Benjamin/ Willer, Stefan: Einleitung. In: Johannes Becker et al. (Hg.): *Zukunftssicherung. Kulturwissenschaftliche Perspektiven.* Bielefeld 2019.

Bundesministerium des Innern: Ärzte sollen Apps verschreiben können. Gesetz für eine bessere Versorgung durch Digitalisierung und Innovation (Digitale-Versorgung-Gesetz – DVG), 21.01.2020. URL: https://www.bundesgesundheitsministerium.de/digitale-versorgung-gesetz.html [23.01.2020].

Bundesministerium für Gesundheit: Coronavirus: Erklärt für die jüngsten unserer Gesellschaft. In: *YouTube*, 31.03.2020. URL: https://www.youtube.com/watch?v=5l6HZO_KwDI [30.12.2020].

Bundesverband zur Förderung von Menschen mit Autismus: Was ist Autismus?. In: *autismus*, o. D. URL: https://www.autismus.de/was-ist-autismus.html [19.09.2022].

Bundeszentrale für politische Bildung/Schaubühne am Lehniner Platz (Hg.): Angst vor der Gefahr oder Gefahr vor lauter Angst. Friedrich von Borries und Bernd Greiner diskutieren mit Carolin Emcke. In: *bpb. Streitraum*, 20.11.2011. URL: http://www.bpb.de/mediathek/150689/angst-vor-der-gefahr-oder-gefahr-vor-lauter-angst [01.10.2018].

Buss, Sarah/Westlund, Andrea: ‚Personal Autonomy'. In: *Stanford Encyclopedia of Philosophy*, 15.02.2018. URL: https://plato.stanford.edu/entries/personal-autonomy/ [10.12.2020].

Butzer, Günter: Gedächtnismetaphorik. In: Astrid Erll/Ansgar Nünning: *Gedächtniskonzepte der Literaturwissenschaft. Theoretische Grundlegung und Anwendungsperspektiven.* Berlin 2005, S. 11–30.

Carr, Nicholas: Is Google Making Us Stupid?. What the Internet is doing to our brains. In: *The Atlantic.* July/August 2008. URL https://www.theatlantic.com/magazine/archive/2008/07/is-google-making-us-stupid/306868/ [19.09.2022].

CDU Bundesgeschäftsstelle: Protokoll 28. Parteitag der CDU Deutschlands, 14.-15. Dezember 2015, Karlsruhe, S. 86. URL: https://www.cdu.de/system/tdf/media/dokumente/2015_parteitagsprotokoll_karlsruhe.pdf?file=1&type=field_collection_item&id=5226 [04.07.2020].

CDU/CSU: WIR HABEN DIE KRAFT – Gemeinsam für unser Land. Regierungsprogramm 2009–2013. URL: https://www.hss.de/fileadmin/user_upload/HSS/Dokumente/ACSP/Bundestagswahlen/BTW-2009.pdf [27.03.2021].

Charta der Digitalen Grundrechte der Europäischen Union. URL: https://digitalcharta.eu/ [19.09.2022].

Chomsky, Noam: *The Attack. Hintergründe und Folgen*. Übers. v. Michael Haupt. Hamburg 2002.

Conrad, Maren: The Quantified Child. Zur Darstellung von Adoleszenz unter den Bedingungen der Digitalisierung in der aktuellen Kinder- und Jugendliteratur. In: Kilian Hauptmann/Martin Hennig/Hans Krah (Hg.): *Narrative der Überwachung. Typen, mediale Formen und Entwicklungen*. Berlin. 2020, S. 87–114.

Conrad, Maren: Unmögliche Aktualitäten. Zur politischen Dimension der Warnutopie als Zukunftsvision. In: Christine Lubkoll/Manuel Illi/Anna Hampel (Hg.): *Politische Literatur. Begriffe, Debatten, Aktualität*. Stuttgart 2018, S. 459–473.

Conradi, Tobias: *Breaking News. Automatismen in der Repräsentation von Krisen- und Katastrophenereignissen*. Paderborn 2015.

Contzen, Eva von/Griem, Julika: Liste und Kurve: Die Macht der Formen. In: Bernd Kortmann/Günther G. Schulze (Hg.): *Jenseits von Corona. Unsere Welt nach der Pandemie – Perspektiven aus der Wissenschaft*. Bielefeld 2020, S. 243–251.

Dachwitz, Ingo/Rudl, Thomas/Rebiger, Simon: FAQ. Was wir über den Skandal um Facebook und Cambridge Analytica wissen [UPDATE]. In: *Netzpolitik*, 21.03.2018. URL: https://netzpolitik.org/2018/cambridge-analytica-was-wir-ueber-das-groesste-datenleck-in-der-geschichte-von-facebook-wissen/ [19.09.2022].

Dachwitz, Ingo: ePrivacy: Die Lobbymacht der Datenindustrie. In: *Netzpolitik*netzpolitik.org, 21.10.2017. URL: https://netzpolitik.org/2017/eprivacy-die-lobbymacht-der-datenindustrie/ [19.09.2022].

Daemmrich, Horst/Daemmrich, Ingrid: *Themen und Motive in der Literatur*. 2. Aufl. Tübingen 1995.

Decker, Oliver: Alles auf eine Karte setzen: Elektronisches Regieren und die Gesundheitskarte. In: *Psychotherapeuten Journal* 4 (2005), S. 338–347.

Dekker, Eef: Allwissenheit. In: *Religion in Geschichte und Gegenwart. Handwörterbuch für Theologie und Religionswissenschaft*. Bd. 1. Hg. v. Hans Dieter Betz et al. 4., völlig neu bearb. Aufl. Tübingen 2005, Sp. 323–324.

Delabar, Walter: Wahr, irgendwie wahr oder sollte wahr sein. Juli Zehs Simulationsversuche im Umfeld des Romans *Unterleuten*. In: Christiane Caemmerer/Walter Delabar/Helga Meise (Hg.): *Fräuleinwunder. Zum literarischen Nachleben eines Labels*. Frankfurt/M. 2017, S. 223–244.

Deleuze, Gilles/Guattari, Félix: *Rhizom*. Übers. v. Dagmar Berger et al. Berlin 1977.

Deleuze, Gilles: Postskriptum über die Kontrollgesellschaften. In: Ders.: *Unterhandlungen. 1972–1990*. Übers. v. Gustav Roßler. Frankfurt/M. 1993, S. 254–260.

Delhaes, Daniel: Mangelnder Datenschutz: Justizministerin lehnt Scheuers Gesetz zum autonomen Fahren ab. In: *Handelsblatt*, 19.01.2021. URL: https://www.handelsblatt.com/politik/deutschland/plaene-des-verkehrsministers-mangelnder-datenschutz-justizministerin-lehnt-scheuers-gesetz-zum-autonomen-fahren-ab/26830532.html?ticket=ST-684950-bVReWavetd0KzOAvc2eP-ap1 [19.09.2022].

Deutscher Bundestag: Maßnahmen des Bundes zur Terrorismusbekämpfung seit 2001. Gesetzgebung und Evaluierung (Aktualisierung der Ausarbeitung WD 3-3000-044/15 vom

6. März 2015). URL: https://www.bundestag.de/resource/blob/503060/e1364eeb0 d2ec08465bb433fb68f5bc7/WD-3-037-17-pdf-data.pdf [19.09.2022].

Deutscher Bundestag: Drucksache 17/8277. Antwort der Bundesregierung auf die Kleine Anfrage der Abgeordneten Andrej Hunko, Jan Korte, Ulla Jelpke, weiterer Abgeordneter und der Fraktion DIE LINKE. Schreiben vom 28.12.2011. URL: https://dip21.bundestag.de/dip21/btd/17/082/1708277.pdf [19.09.2022].

Deutscher Bundestag: Drucksache 18/9243. Antwort der Bundesregierung auf die Kleine Anfrage der Abgeordneten Maria Klein-Schmeink, Renate Künast, Dr. Konstantin von Notz, weiterer Abgeordneter und der Fraktion BÜNDNIS 90/DIE GRÜNEN – Drucksache 18/9058. 21.07.2016. URL: http://dip21.bundestag.de/dip21/btd/18/092/1809243.pdf [23.01.2020].

Deutscher Bundestag: Historische Debatten. Kampf gegen den Terror. URL: https://www.bundestag.de/dokumente/textarchiv/35187072_debatten14-205946 [19.09.2022].

Digitalcourage e. V.: Big Brother Awards. Preisträger. URL: https://bigbrotherawards.de/preistraeger [10.07.2020].

Diller, Christine: Ohne Stacheln. In: *Frankfurter Rundschau*, 09.11.2009. URL: https://www.fr.de/kultur/theater/ohne-stacheln-11528090.html [19.09.2022].

Doll, Martin: ARIIA: Datenparanoia – Staatsparanoia. In: Timm Ebner et al. (Hg.): *Paranoia. Lektüren und Ausschreitungen des Verdachts*. Wien 2016, S. 303–322.

Döpfner, Mathias: Freiheit und Rechtsstaat. In: *Die Welt*, 26.03.2016. URL: https://www.welt.de/print/die_welt/debatte/article153692151/Freiheit-und-Rechtsstaat.html [19.09.2022].

Dorloff, Axel/Satra, Daniel: Auf dem Weg zur totalen Überwachung. In: *Tagesschau*, 24.03.2019. URL: https://www.tagesschau.de/ausland/ueberwachung-china-101.html [28.08.2019].

Doubrovsky, Serge: Nah am Text. In: Alfonso de Toro/Claudia Gronemann (Hg.): *Autobiographie revisited. Theorie und Praxis neuer autobiographischer Diskurse in der französischen, spanischen und lateinamerikanischen Literatur*. Hildesheim 2004, S. 117–127.

dpa/lw: „Mama ich liep dich" – Schreiben nach Gehör wird abgeschafft. In: *Welt*, 27.03.2019. URL: https://www.welt.de/vermischtes/article190940915/Nordrhein-Westfalen-Schreiben-nach-Gehoer-wird-abgeschafft.html [30.10.2020].

dpa/o.V.: CDU: Staat braucht besseren Zugriff auf Daten im Internet. In: *Zeit*, 14.10.2020. URL: https://www.zeit.de/news/2019-10/14/politische-aufarbeitung-des-terrors-von-halle-beginnt [04.07.2020].

dpa/spo: EU-Justizkommissarin fordert Aufklärung von Facebook. In: *FAZ*, 25.03.2018. URL: https://www.faz.net/aktuell/wirtschaft/digitec/vera-jourova-fordert-aufklaerung-von-facebook-im-datenskandal-15511790.html [19.09.2022].

dpa: Apple setzt voll auf Datenschutz und riskiert mächtig Ärger. In: *Zeit online*, 05.06.2019. URL: https://www.zeit.de/news/2019-06/05/apple-setzt-voll-auf-datenschutz-und-riskiert-maechtig-aerger-190605-99-518178 [14.07.2020].

Dr. Datenschutz: Löschen mit Facebook: Die irreführende Werbekampagne, 05.12.2016. URL: https://www.dr-datenschutz.de/loeschen-mit-facebook-die-irrefuehrende-werbekampagne/ [19.09.2022].

Dücker, Burckhard: Der offene Brief als Medium gesellschaftlicher Selbstverständigung. In: *Sprache und Literatur in Wissenschaft und Unterricht* 69 (1992). Heft 1, S. 32–42.

Eagleton, Terry: *Ideologie. Eine Einführung*. Übers. v. Anja Tippner. Stuttgart 2000.

Edeltraud Abenstein: Das Ich hat abgedankt. In: *Deutschlandradio Kultur*, 08.09.2016. URL: https://www.deutschlandfunkkultur.de/science-fiction-roman-follower-das-ich-hat-abgedankt.950.de.html?dram:article_id=365272 [19.09.2022].

Eich, Martin: Labern, bis die Pflegerinnen kommen. In: *Die Welt*, 26.04.2011. URL: https://www.welt.de/print/die_welt/kultur/article13265115/Labern-bis-die-Pflegerinnen-kommen.html [19.09.2022].

Encke, Julia: Wo geht's zum Abgrund? In: *FAZ*, 16.11.2017. URL: https://www.faz.net/aktuell/feuilleton/buecher/rezensionen/belletristik/juli-zehs-neuer-roman-leere-herzen-von-julia-encke-15277653.html?printPagedArticle=true#pageIndex_0 [19.09.2022].

Engel, Manfred: Der Process. In: Ders. (Hg.): *Kafka-Handbuch. Leben – Werk – Wirkung*. Stuttgart 2010, S. 192–207.

Engelhardt, Dirk: Eugen Ruge. In: *Munzinger Online/KLG. Kritisches Lexikon zur deutschsprachigen Gegenwartsliteratur*. URL: https://www.munzinger.de/search/klg/Eugen+Ruge/761.html [30.04.2021].

Erdbrügger, Torsten: Die Kunst, nicht dermaßen überwacht zu werden. Zum Verhältnis von Überwachungsstaat, Kunst und Kritik in Friedrich von Borries' *1WTC*. In: Werner Jung/Liane Schüller: *Orwells Enkel. Überwachungsnarrative*. Bielefeld 2019, S. 143–163.

Töpfer, Eric: Videoüberwachung – Eine Risikotechnologie zwischen Sicherheitsversprechen und Kontrolldystopien. In: Nils Zurawski (Hg.): *Surveillance Studies. Perspektiven eines Forschungsfeldes*. Opladen et al. 2007, S. 33–46.

Erll, Astrid/Roggendorf, Simone: Kulturgeschichtliche Narratologie. Die Historisierung und Kontextualisierung kultureller Narrative. In: Ansgar Nünning/Vera Nünning (Hg.): *Neue Ansätze in der Erzähltheorie*. Trier 2002, S. 73–113.

Ernst, Thomas: *Literatur und Subversion. Politisches Schreiben in der Gegenwart*. Bielefeld 2013.

Esders, Michael: *Ware Geschichten. Poetische Simulation einer bewohnbaren Welt*. Bielefeld 2014.

Esders, Michael: Werbung. In: Matías Martínez: *Erzählen. Ein interdisziplinäres Handbuch*. Stuttgart 2017, S. 195–202.

Esposito, Elena: *Die Fiktion der wahrscheinlichen Realität*. Übers. v. Nicole Reinhardt. 4. Aufl. Frankfurt/M. 2019.

Fludernik, Monika: Panopticisms: from fantasy to metaphor to reality. In: *Textual Practice* 31 (2017). Heft 1, S. 1–26. URL: https://www.tandfonline.com/doi/full/10.1080/0950236X.2016.1256675?scroll=top&needAccess=true [19.09.2022].

Fludernik, Monika: Surveillance in Narrative: Post-Foucauldian Interventions. In: Betiel Wasihun (Hg.): *Narrating Surveillance – Überwachung erzählen*. Baden-Baden 2019, S. 43–73.

Forum Menschenrechte: Gesetzgebungsvorhaben zur Inneren Sicherheit vom 22.11.2001. URL: https://archiv.cilip.de/alt/terror/forum-stell.pdf [10.01.2020].

Foschepoth, Josef: *Überwachtes Deutschland. Post- und Telefonüberwachung in der alten Bundesrepublik*. Göttingen 2012.

Foucault, Michel: *Der Wille zum Wissen. Sexualität und Wahrheit 1*. Frankfurt/M. 2017.

Foucault, Michel: Die ‚Gouvernementalität' (Vortrag) [1978]. In: Ders.: *Schriften in vier Bänden. Dits et Ecrits*. Bd.III. 1976–1979. Hg. v. Daniel Defert/François Ewald. Übers. v. Michael Bischoff et al. Frankfurt/M. 2003, S. 796–822.

Foucault, Michel: In Verteidigung der Gesellschaft. In: Andreas Folkers/Thomas Lemke (Hg.): *Biopolitik. Ein Reader*. Berlin 2014, S. 88–114.

Foucault, Michel: Recht über den Tod und Macht zum Leben: In. Andreas Folkers/Thomas Lemke (Hg.): *Biopolitik. Ein Reader*. Berlin 2014, S. 65–87.

Foucault, Michel: Subjekt und Macht. In: Ders.: *Schriften in vier Bänden. Dits et Ecrits*. Bd. IV (1980–1988). Hg. v. Daniel Defert/François Ewald. Übers. v. Michael Bischoff et al. Frankfurt/M. 2005, S. 269–294.

Foucault, Michel: Technologien des Selbst (1982). In: Daniel Defert/François Ewald (Hg.): *Dits et Ecrits. Schriften in vier Bänden*. Bd. IV. Frankfurt/M. 2005, S. 966-999.

Foucault, Michel: *Überwachen und Strafen. Die Geburt des Gefängnisses*. Übers. v. Walter Seitter. 15. Aufl. Frankfurt/M. 2015.

Foucault, Michel: Von anderen Räumen. In: Ders.: *Schriften in vier Bänden. Dits et Ecrits*. Bd. IV. 1980–1988. Hg. v. Daniel Defert/François Ewald. Übers. v. Michael Bischoff et al. Frankfurt/M. 2005, S. 931–942.

Franke, Klaus/Glass, Henry: „Wir alle wollen wissen, woher wir kommen". SPIEGEL-Gespräch mit dem Astrophysiker Stephen Hawking über Gott und das Weltall. In: *Der Spiegel*. (1988). Nr. 42, S. 265–270. URL: https://www.spiegel.de/spiegel/print/d-13542088.html [19.09.2022].

Freud, Sigmund: Das Unheimliche. In: Ders.: *Der Dichter und das Phantasieren. Schriften zur Kunst und Kultur*. Hg. v. Oliver Jahrhaus. Stuttgart 2010, S. 187–227.

Fried, Charles: Privacy. In: *Yale Law Journal* 77 (1968), S. 475–493.

Friedli, Richard: Vorsehung. In: *Religion in Geschichte und Gegenwart. Handwörterbuch für Theologie und Religionswissenschaft*. Bd. 8. Hg. v. Hans Dieter Betz et al. 4., völlig neu bearb. Aufl. Tübingen 2005, Sp. 1212–1213.

Friedrich, Hans-Peter/Bröcker, Michael: Interview mit dem Bundesinnenminister Friedrich: ‚Stolz auf unsere Geheimdienste'. In: *Rheinische Post*, 16.08.2013. URL: https://rp-online.de/politik/deutschland/friedrich-stolz-auf-unsere-geheimdienste_aid-14378715 [19.09.2022].

Friedrichs, Julia: Das tollere Ich. In: *Zeit Online*, 08.08.2013. URL: https://www.zeit.de/2013/33/selbstoptimierung-leistungssteigerung-apps [19.09.2022].

Fritsch, Anne: „Demokratiediskurs als Boulevardtheater". In: *Die Tageszeitung*, 09.11.2009. URL: http://www.taz.de/!544128/ [19.09.2022].

Fuess, Albrecht/Khalfaoui, Moez/Seidensticker, Tilman: Die „Geistliche Anleitung" der Attentäter des 11. September. In: Hans G. Kippenberg/Tilmann Seidensticker (Hg.): *Terror im Dienste Gottes. Die „Geistliche Anleitung" der Attentäter des 11. September 2001*. Frankfurt/M. 2004, S. 17–28.

Füger, Wilhelm: Das Nichtwissen des Erzählers in Fieldings *Joseph Andrews*. Baustein zu einer Theorie negierten Wissens in der Fiktion. In: *Poetica* 10 (1978), S. 188–216.

Füger, Wilhelm: *James Joyce. Epoche – Werk – Wirkung*. München 1994.

Funck, Gisa: Im Superkaufhaus des Grauens. In: *Deutschlandfunk*, 13.12.2016. URL: https://www.deutschlandfunk.de/eugen-ruge-follower-im-superkaufhaus-des-grauens.700.de.html?dram:article_id=373874 [19.09.2022].

game. Verband der deutschen Game-Branche: Fakten zur Debatte um die ‚Gamer-Szene', 18.10.2019. URL: https://www.game.de/wp-content/uploads/2019/10/2019-10-18_Fakten-Debatte-Gamer-Szene.pdf [04.07.2020].

Gandy, Oscar H.: *The Panoptic Sort: A Political Economy of Personal Information*. Boulder, Colorado 1993.

Geertz, Clifford: *Dichte Beschreibung. Beiträge zum Verstehen kultureller Systeme*. 13. Aufl. Frankfurt/M. 2015.

Geisenhanslüke, Achim: Die verlorene Ehre der Mia Holl. Juli Zehs *Corpus Delicti*. In: Viviana Chilese (Hg.): *Technik in Dystopien*. Heidelberg 2013, S. 223–232.

Geitner, Ursula: Stand der Dinge: Engagement-Semantik und Gegenwartsliteratur-Forschung. In: Jürgen Brokoff/Ursula Geitner/Kerstin Stussel (Hg.): *Engagement. Konzepte der Gegenwart und Gegenwartsliteratur*. Göttingen 2016, S. 19–58.

Genette, Gérard: *Fiktion und Diktum*. Übers. v. Heinz Jatho. München 1992.

Genette, Gérard: *Die Erzählung*. 3., durchges. u. korr. Aufl. Übers. v. Andreas Knop. Mit einem Nachwort v. Jochen Vogt. Paderborn 1998.

Genette, Gérard: *Paratexte. Das Buch vom Beiwerk des Buches*. Mit einem Vorwort von Harald Weinrich. Übers. v. Dieter Hornig. Frankfurt/M. 2001.

Geuss, Raymond: *Privatheit. Eine Genealogie*. Übers. v. Karin Wördemann. Frankfurt/M. 2013.

Google: Glass. Discover Glass Enterprise Edition. URL: https://www.google.com/glass/start/ [30.10.2020].

Gottwein, Carla: Die verordnete Kollektividentität. Juli Zehs Vision einer Gesundheitsdiktatur im Roman *Corpus Delicti*. In: Corinna Schlicht (Hg.): *Identität: Fragen zu Selbstbildern, körperlichen Dispositionen und gesellschaftlichen Überformungen in Literatur und Film*. Oberhausen 2012, S. 230–250.

Gräf, Dennis/Halft, Stefan/Schmöller, Verena: Privatheit. Zur Einführung. In: Dies. (Hg.): *Privatheit. Formen und Funktionen*. Passau 2011, S. 9–28.

Granzin, Katharina: Da stinkt doch was in *Unterleuten*. In: *taz*, 07.03.2016. URL: http://www.taz.de/!5284060/ [19.09.2022].

Greenwald, Glenn: NSA collecting phone records of millions of Verizon customers daily. In: *The Guardian*, 06.06.2013. URL: https://www.theguardian.com/world/2013/jun/06/nsa-phone-records-verizon-court-order [19.09.2022].

Greiner, Bernd: *9/11. Der Tag, die Angst, die Folgen*. München 2011.

Grossberg, Lawrence: Was sind Cultural Studies? In: Karl H. Hörning/Rainer Winter (Hg.): *Widerspenstige Kulturen. Cultural Studies als Herausforderung*. Frankfurt/M. 1999, S. 43–81.

Gumbrecht, Hans Ulrich: *Unsere breite Gegenwart*. Übers. v. Frank Born. Berlin 2010.

Gumbrecht, Hans Ulrich: Wahrheit in Silicon Valley? In: Peter Strohschneider/Günter Blamberger/Axel Freimuth (Hg.): *Vom Umgang mit Fakten. Antworten aus Natur-, Sozial- und Geisteswissenschaften*. Paderborn 2018, S. 59–64.

Gupta, Oliver Das: „Die NSA darf in Deutschland alles machen". Historiker Foschepoth über US-Überwachung. In: *Süddeutsche Zeitung*, 09.06.2013. URL: https://www.sueddeutsche.de/politik/historiker-foschepoth-ueber-us-ueberwachung-die-nsa-darf-in-deutschland-alles-machen-1.1717216 [12.04.2019].

Habermas, Jürgen: *Strukturwandel der Öffentlichkeit. Untersuchungen zu einer Kategorie der bürgerlichen Gesellschaft*. Berlin 1990.

Haggerty, Kevin D./Ericson, Richard V.: The Surveillance Assemblage. In: *British Journal of Sociology* 51 (2000). Heft 4, S. 605–622.

Han, Byung-Chul: Im digitalen Panoptikum. Wir fühlen uns frei. Aber wir sind es nicht. In: *Der Spiegel* 2 (2014), S. 106–107.

Han, Byung-Chul: *Psychopolitik. Neoliberalismus und die neuen Machttechniken*. Frankfurt/M. 2014.

Han, Byung-Chul: *Transparenzgesellschaft*. 3. Aufl. Berlin 2013.

Harari, Yuval Noah: *21 Lektionen fürs 21. Jahrhundert*. Übers. v. Andreas Wirthensohn. München 2019.

Hauptmann, Kilian/Hennig, Martin/Krah, Hans (Hg.): *Narrative der Überwachung. Typen, mediale Formen und Entwicklungen*. Berlin 2020.

Hauser, Stefan: Live-Ticker: Ein neues Medienangebot zwischen medienspezifischen Innovationen und stilistischem Trägheitsprinzip. In: *kommunikation@gesellschaft* 9 (2008), S. 1–10. URL: https://www.ssoar.info/ssoar/bitstream/handle/document/12758/F1_2008_Hauser.pdf [20.10.2020].

Hayer, Björn/Scherer, Gabriele: *Vermessungen. Neuere Tendenzen in der Gegenwartsliteratur. Konzepte für den Unterricht*. Trier 2016.

Hayer, Björn: *Mediale Existenzen – existenzielle Medien? Die digitalen Medien der Gegenwartsliteratur*. Würzburg 2016.

Heiser, Albert: *Das Drehbuch zum Drehbuch. Erzählstrategien im Werbespot und -film*. Berlin 2004.

Heller, Christian: *Post-Privacy. Prima leben ohne Privatsphäre*. München 2011.
Hempel, Leon Hempel/Metelmann, Jörg: „Wir haben gerade erst begonnen". Überwachen zwischen Klassifikation und Ethik des Antlitzes. Interview mit David Lyon. In: Dies. (Hg.): *Bild – Raum – Kontrolle. Videoüberwachung als Zeichen gesellschaftlichen Wandels*. Frankfurt/M. 2005, S. 22–33.
Hempel, Leon/Krasmann, Susanne/Bröckling, Ulrich: Sichtbarkeitsregime. Eine Einleitung. In: Dies. (Hg.): *Sichtbarkeitsregime. Überwachung, Sicherheit und Privatheit im 21. Jahrhundert*. Wiesbaden 2011, S. 7–25.
Hempel, Leon/Metelmann, Jörg: Bild – Raum – Kontrolle. Videoüberwachung als Zeichen gesellschaftlichen Wandels. In: Dies. (Hg.): *Bild – Raum – Kontrolle. Videoüberwachung als Zeichen gesellschaftlichen Wandels*. Frankfurt/M. 2005, S. 9–21.
Hempel, Leon: Die geschlossene Welt. Zur Politik der Überwachung am Beispiel von Videoüberwachung. In: Sandro Gaycken (Hg.): *1984.exe: gesellschaftliche, politische und juristische Aspekte moderner Überwachungstechnologien*. Bielefeld 2008, S. 79–100.
Hennig, Martin/Krah, Hans: Typologie, Kategorien, Entwicklungen von Überwachungsnarrativen: Zur Einführung. In: Kilian Hauptmann/Martin Hennig/Hans Krah (Hg.): *Narrative der Überwachung. Typen, mediale Formen und Entwicklungen*. Berlin. 2020, S. 11–48.
Hennig, Martin/Miriam Piegsa: The Representation of Dataveillance in Visual Media. In: *On_Culture: The Open Journal for the Study of Culture*. URL: http://geb.uni-giessen.de/geb/volltexte/2018/13895/pdf/On_Culture_6_Hennig_Piegsa.pdf [19.09.2022].
Hennig, Martin: Big Brother is watching you hoffentlich. Diachrone Transformationen in der filmischen Verhandlung von Überwachung in amerikanischer Kultur. In: Eva Beyvers et al. (Hg.): *Räume und Kulturen des Privaten*. Wiesbaden 2017, S. 213–246.
Herminghouse, Patricia: The Young Author as Public Intellectual. The Case of Juli Zeh. In: Katharina Gerstenberger/Patricia Herminghouse (Hg.): *German Literature in a New Century. Trends, Traditions, Transitions, Transformations*. New York, Oxford 2008, S. 264–284.
Herwig, Henriette: Von offenen und geschlossenen Türen oder wie tot ist das Zeichen? Zu Kafka, Peirce und Derrida. In: *Ars Semeiotica* 12 (1989), S. 107–124.
Hißnauer, Christian: MöglichkeitsSPIELräume. Fiktion als dokumentarische Methode. In: *MEDIENwissenschaft* 1 (2010), S. 17–28.
Hoche, Alfred: Die Freigabe der Vernichtung lebensunwerten Lebens. In: Urban Wiesing (Hg.): *Ethik in der Medizin. Ein Studienbuch*. Stuttgart 2014.
Hofmann, Felix: Aufmerksamkeitsterrorismus. In: *Ästhetik & Kommunikation* 46 (2016). Heft 171/172, S. 12–46.
Hofstetter, Yvonne: *Das Ende der Demokratie. Wie die künstliche Intelligenz die Politik übernimmt und uns entmündigt*. 2. Aufl. München 2016.
Hofstetter, Yvonne: *Sie wissen alles. Wie Big Data in unser Leben eindringt und warum wir um unsere Freiheit kämpfen müssen*. München 2016.
Holert, Tom: Sicherheit. In: Ulrich Bröckling et al. (Hg.): *Glossar der Gegenwart*. Frankfurt/M. 2004, S. 244–250.
Höllerer, Walter: Thesen zum langen Gedicht. In: *Akzente* 12 (1965), Heft 2, S. 128–130.
Höltgen, Stefan: Gläserne Bürger und virtuelle Feinde. Ilija Trojanow und Juli Zeh sehen im allgegenwärtigen Sicherheitswahn einen Angriff auf die Freiheit. In: *literaturkritik*, 05.10.2009. URL: https://literaturkritik.de/id/13470 [27.03.2019].
Höppner, Stefan: Der Horror lauert in der Tiefe. Friedrich von Borries' neuer Roman *1WTC*. In: *literaturkritik* (2011). Nr. 11. URL: https://literaturkritik.de/public/rezension.php?rez_id=16034 [19.09.2022].
Hörisch, Jochen: *Das Wissen der Literatur*. München 2007.

Horn, Eva: Der Anfang vom Ende. Worst-Case-Szenarien und die Aporien der Voraussicht. In: *Archiv für Mediengeschichte*. Heft 9 (2010): *Gefahrensinn*, S. 3–21.

Horn, Eva: *Der geheime Krieg. Verrat, Spionage und moderne Fiktion*. Frankfurt/M. 2007.

Horn, Eva: World Trade Center Paranoia. Politische Ängste nach 9/11. Ungedrucktes Typoskript, S. 1–15. URL: https://germanistik.univie.ac.at/fileadmin/user_upload/inst_germanistik/Aktuelles/Horn_WTC_Paranoia.pdf [19.09.2022].

Horn, Eva: *Zukunft als Katastrophe*. Frankfurt/M. 2014.

Huber, Sabrina: ‚Die Bedrohungslage ist hoch' – Vom fiktionalen und faktualen Erzählen von Sicherheit, Prävention und Überwachung. Oder: Von der Beteuerung, die Wahrheit zu sagen. In: Vera Podskalsky/Deborah Wolf (Hg.): „Prekäre Fakten, umstrittene Fiktionen. Fake News, Verschwörungstheorien und ihre kulturelle Aushandlung", *Philologie im Netz* Beiheft 25/2020, S. 189–210. URL: http://web.fu-berlin.de/phin/beiheft25/b25t08.pdf [23.05.2021].

Huber, Sabrina: „Aber privat sein war so gar nicht sein Fall" – Räume des Privaten in den Überwachungsromanen *Corpus Delicti* von Juli Zeh und *Fremdes Land* von Thomas Sautner. In: Steffen Burk/Tatiana Klepikova/Miriam Piegsa (Hg.): *Privates Erzählen. Formen und Funktionen von Privatheit in der Literatur des 18. bis 21. Jahrhunderts*, Berlin 2018, S. 195–218.

Huber, Sabrina: Der überwachende Erzähler – Blick und Stimme im gegenwärtigen Überwachungsroman. Überlegungen zu Funktion und Wirkung von Erzählperspektive in den System-Diskurs-Dystopien *Corpus Delicti* und *Fremdes Land*. In: Werner Jung/Liane Schüller (Hg.): Orwells Enkel. Überwachungsnarrative. Bielefeld 2019, S. 71–97.

Huber, Sabrina: Literarische Narrative der Überwachung – Alte und neue Spielformen der dystopischen Warnung. In: Kilian Hauptmann/Martin Hennig/Hans Krah (Hg.): *Narrative der Überwachung. Typen, mediale Formen und Entwicklungen*. Berlin. 2020, S. 49–85.

Humboldt, Wilhelm von: *Schriften zur Sprachphilosophie*. Darmstadt 1963.

Igl, Natalia: Erzähler und Erzählerstimme. In: Martin Huber/Wolf Schmid (Hg.): Grundthemen der Literaturwissenschaft: Erzählen. Berlin/New York 2018, S. 127–149.

Inness, Julie: *Privacy, intimacy and isolation*. New York/Oxford 1992.

Iser, Wolfgang: *Das Fiktive und das Imaginäre. Perspektiven literarischer Anthropologie*. Frankfurt/M. 1991.

Iser, Wolfgang: *Der implizite Leser. Kommunikationsformen des Romans von Bunyan bis Beckett*. München 1972.

Iser, Wolfgang: *Die Appellstruktur der Texte. Unbestimmtheit als Wirkungsbedingung literarischer Prosa*. Konstanz 1971.

Jacobsen, Nils: *Das Apple-Imperium. Aufstieg und Fall des wertvollsten Unternehmens der Welt*. Wiesbaden 2014.

Jäger, Georg: Der Schriftsteller als Intellektueller. Ein Problemaufriß. In: Sven Hanuschek/Therese Hörnigk/Christine Malende (Hg.): *Schriftsteller als Intellektuelle. Politik und Literatur im Kalten Krieg*. Tübingen 2000, S. 1–25.

Jäger, Stefan: Mit dem Grüntee-to-go zum Waterboarding. Juli Zeh zeigt in ihrem Roman *Leere Herzen*, wohin totale Überwachung und Politikverdrossenheit führen können. In: *literaturkrikik*, 20.11.2017. URL: https://literaturkritik.de/zeh-leere-herzen-mit-dem-gruentee-to-go-zum-waterboarding,23929.html [19.09.2022].

Jakobson, Dietmar: Die Idylle trügt. In: *literaturkritik*, 06.04.2016. URL: https://literaturkritik.de/id/21873 [19.09.2022].

Jander, Simon: *Die Poetisierung des Essays. Rudolf Kassner – Hugo von Hoffmannsthal – Gottfried Benn*. Heidelberg 2008.

Jericho, Dirk: In den Feuerlandhöfen werden 400 Wohnungen gebaut. In: *Berliner Woche*, 31. Juli 2014. URL: https://www.berliner-woche.de/mitte/c-bauen/in-den-feuerlandhoefen-werden-400-wohnungen-gebaut_a56486 [19.09.2022].

Jung, Werner/Schüller, Liane: ‚Mehr Wissen, mehr Kontrolle, mehr Macht': Anmerkungen zu Literatur und Überwachung. In: Dieter Wrobel/Tilmann von Brand/Markus Engelns (Hg.): *Gestaltungsraum Deutschunterricht: Literatur – Kultur – Sprache* Wrobel. Baltmannsweiler 2017, S. 281–294.

Jung, Werner: Identität als kopierbarer Datensatz. Literatur und Überwachung. In: Ute K. Boonen (Hg.): *Zwischen Sprachen en culturen: Wechselbeziehungen im niederländischen, deutschen und afrikaansen Sprachgebiet*. Münster/New York 2018, S. 316–326.

Jung, Werner: Kurz vor zwölf. Literatur und Überwachung. In: *Z. Zeitschrift für marxistische Erneuerung*. Nr. 101. 2015, S. 81–91.

Jurzysta, Aneta: Die Mauer steht noch, oder: Begegnungen an der Grenze. Menschen, Geschichten und Konflikte in *Unterleuten* (2016) von Juli Zeh. In: *POGRANICZA JAKO PRZESTRZENIE... KONFLIKTÓW: ZŁO KONIECZNE? TEMATYI KONTEKSTY*. (2017). Nr. 7, S. 386–401. URL: http://ifp.univ.rzeszow.pl/tematy_i_konteksty/tematy_i_konteksty_12/25_jurzysta.pdf [05.03.2019].

Kablitz, Andreas: Erzählperspektive – Point of view – Focalisation. Überlegungen zu einem Konzept der Erzähltheorie. In: *Zeitschrift für französische Sprache und Literatur* 98 (1988). Heft 3, S. 237–255.

Kaerlein, Timo: *Smartphones als digitale Nahkörpertechnologien. Die Kybernetisierung des Alltags*. Bielefeld 2018.

Kahn, Herman/Wiener, Anthony J.: *Ihr werdet es erleben. Voraussagen der Wissenschaft bis zum Jahre 2000*. Übers. v. Klaus Feldmann. Wien/München/Zürich 1967.

Kaiser, Michael: Die Schematheorie des Verstehens fiktionaler Literatur. Bemerkungen zur Forschungssituation. In: *Deutsche Vierteljahrsschrift für Literaturwissenschaft und Geistesgeschichte* 56 (1982) (=Sonderheft), S. 226–248.

Kammerer, Dietmar/Waitz, Thomas: Überwachung und Kontrolle. Einleitung in den Schwerpunkt. In: *Zeitschrift für Medienwissenschaft* 7 (2015). Heft 13, S. 10–20.

Kammerer, Dietmar: *Bilder der Überwachung*. Frankfurt/M. 2008.

Kammerer, Dietmar: Film und Überwachung. In: Alexander Geimer/Casten Heinze/Rudolf Winter (Hg.): *Handbuch Filmsoziologie*. Wiesbaden 2018. URL: https://link.springer.com/referenceworkentry/10.007/978-3-658-10947-9_75-1 [04.04.2021].

Kammerer, Dietmar: Surveillance in literature, film and television. In: Kristie Ball/Kevin Haggerty/David Lyon (Hg.): *Routledge Handbook of Surveillance Studies*. New York 2012, S. 99–106.

Kammerer, Dietmar: Überwachung als filmische Form. In: Betiel Wasihun (Hg.): *Narrating Surveillance – Überwachung erzählen*. Baden-Baden 2019, S. 75–90.

Kämmerlings, Richard: Echt gelogen. In: *Welt*, 01.05.2016. URL: https://www.welt.de/print/wams/kultur/article154910585/Echt-gelogen.html [19.09.2022].

Kant, Immanuel: Grundlegung zur Metaphysik der Sitten. In: Ders.: *Kant's gesammelte Schriften*. Hg. von der Königlich preussischen Akademie der Wissenschaften [=AA]. Bd. 4: Kritik der reinen Vernunft, Prolegomena, Grundlegung zur Metaphysik der Sitten, Metaphysische Anfangsgründe der Naturwissenschaft. Berlin: 1900 ff.

Kant, Immanuel: Logik. In: Ders.: *Kant's gesammelte Schriften*. Hg. von der Königlich Preussischen Akademie der Wissenschaften [=AA]. Bd. IX: Logik, Physische Geographie, Pädagogik. Berlin 1900 ff.

Karich, Swantje: Wo Roman draufsteht, ist nicht immer einer drin. In: *FAZ*, 09.09.2011. URL: http://www.faz.net/aktuell/feuilleton/buecher/rezensionen/belletristik/friedrich-von-borries-1wtc-wo-roman-draufsteht-ist-nicht-immer-einer-drin-11134002.html?printPagedArticle=true#pageIndex_0 [19.09.2022].

Karl, Sylvia: Konventionen gegen das Verschwindenlassen. In: Quellen zur Geschichte der Menschenrechte. Hg. v. Arbeitskreis Menschenrechte im 20. Jahrhundert, 05/2015. URL: www.ge schichte-menschenrechte.de/konvention-gegen-verschwinden [02.02.2019].

Kellermann, Ralf: Einleitung. In: Ders. (Hg.): *Der Essay. Texte und Materialien für den Unterricht*. Stuttgart 2012, S. 5–12.

Kittler, Friedrich: Die Evolution hinter unserem Rücken. In: Gert Kaiser et al. (Hg.): *Kultur und Technik im 21. Jahrhundert*. Frankfurt/M./New York 1993, S. 221–223.

Kittler, Friedrich: Jeder kennt den CIA, was aber ist NSA? In: Peter Gente/Martin Weinmann (Hg.): *Short* Cuts. Frankfurt/M. 2002, S. 201–210.

Klauk, Tobias/Köppe, Tilmann: Vorhersage. In: Matías Martínez (Hg.): *Erzählen. Ein interdisziplinäres Handbuch*. Stuttgart 2017, S. 302–306.

Klauser, Francisco: Die Videoüberwachung öffentlicher Räume. Zur Ambivalenz eines Instruments sozialer Kontrolle. München 2006.

Klein, Christian/Martínez, Matías: Wirklichkeitserzählungen. Felder, Formen und Funktionen nicht-literarischen Erzählens. In: Dies. (Hg.): *Wirklichkeitserzählungen. Felder, Formen und Funktionen nicht-literarischen Erzählens*. Stuttgart/Weimar 2009, S. 1–13.

Klimek, Sonja: Metalepse. In: Martin Huber/Wolf Schmid (Hg.): *Grundthemen der Literaturwissenschaft*: Erzählen. Berlin/Boston 2018, S. 334–351.

Klocke, Sonja: „Das Mittelalter ist keine Epoche. Mittelalter ist der Name der menschlichen Natur." – Aufstörung, Verstörung und Entstörung in Juli Zehs Corpus Delicti. In: Carsten Gansel/Norman Ächtler (Hg.): *Das ‚Prinzip Störung' in den Geistes- und Sozialwissenschaften*. Berlin/Boston 2013, S. 185–202.

Klöckner, Marcus: Was ist heute noch Wirklichkeit, wenn Geheimdienste versuchen, das Paradies zu simulieren? In: *Telepolis* 22.08.2011. URL:http://www.heise.de/-3390958 [19.09.2022]

Koch, Lars: Angst und Gewalt in der Literatur: Historizität, Semantik und Ausdruck. In: Anne Betten/Ulla Fix/Berbeli Wanning (Hg.): *Handbuch Sprache in der Literatur*. Berlin/New York 2017, S. 18–54.

Koellner, Sarah: Data, Love, and Bodies: The Value of Privacy in Juli Zeh's Corpus Delicti. In: *Seminar. A Journal of Germanic Studies* 52 (2016). Heft 4, S. 407–425.

Korge, Johannes: NSA-Abhörskandal. Merkel will von Spionage immer noch nichts gewusst haben. In: *Spiegel Online*, 10.07.2013. URL: https://www.spiegel.de/politik/deutschland/merkel-will-aus-presse-von-nsa-skandal-erfahren-haben-a-910367.html [19.09.2022].

Koschorke, Albrecht: *Wahrheit und Erfindung. Grundzüge einer allgemeinen Erzähltheorie*. Frankfurt/M. 2017.

Kreienbrink, Matthias: Was aus der Killerspiel-Debatte wurde. In: *Süddeutsche Zeitung online*, 18.09.2020. URL: https://www.sueddeutsche.de/digital/crysis-remastered-killerspiele-1.5037177 [10.09.2021].

Krasmann, Susanne/Wehrheim, Jan: Folter und die Grenzen des Rechtsstaats. In: *Monatsschrift für Kriminologie und Strafrechtsreform* 89. Heft 4 (2006), S. 265–275.

Krasmann, Susanne: Monitoring. In: Ulrich Bröckling et al.: *Glossar der Gegenwart*. Frankfurt/M. 2004, S. 167–173.

Krasmann, Susanne: Videoüberwachung als Chiffre einer Gouvernementalität der Gegenwart. In: Leon Hempel/Jörg Metelmann (Hg.): *Bild – Raum – Kontrolle. Videoüberwachung als Zeichen gesellschaftlichen Wandels*. Frankfurt/M. 2005, S. 308–324.

Krempl, Stefan: Bundestag gibt Staatstrojaner für Geheimdienste und Bundespolizei frei. In: *heise*, 10.06.2021. URL: https://www.heise.de/news/Bundestag-gibt-Staatstrojaner-fuer-Geheimdienste-und-Bundespolizei-frei-6067818.html [19.09.2022].

Kröger, Fabian: Das automatisierte Fahren im gesellschaftsgeschichtlichen und kulturwissenschaftlichen Kontext. In: Markus Maurer et al. (Hg.): *Autonomes Fahren. Technische, rechtliche und gesellschaftliche Aspekte*. Heidelberg 2015, S. 41–67.

Lanier, Jaron: *Wem gehört die Zukunft? Du bist nicht der Kunde der Internetkonzerne, du bist ihr Produkt*. Hamburg 2014.

Lanser, Susan: *The Narrative Act. Point of View in Prose Fiction*. Princeton 1981.

Lau, Mariam/Spahn, Jens/Wefing, Heinrich: Bundesgesundheitsminister Jens Spahn im Zeit-Interview über Folgen und Perspektiven der Corona-Pandemie. In: *Bundesministerium für Gesundheit. Interviews*, 26.03.2020. URL: https://www.bundesgesundheitsministerium.de/presse/interviews/interviews/zeit-260320.html.

Layh, Susanna: *Finstere neue Welten. Gattungsparadigmatische Transformationen der literarischen Utopie und Dystopie*. Würzburg 2014.

Lefait, Sébastian: *Surveillance on Screen. Monitoring Contemporary Films and Television Programs*. Lanham 2013.

Lessing, Gottfried Ephraim: Fünf und siebzigstes Stück. Den 19ten Januar 1768. In: Ders.: *Hamburgische Dramaturgie*. Bd. 2. Hamburg/Bremen 1768.

Levin, Thomas Y. Levin: Die Rhetorik der Zeitanzeige. Erzählen und Überwachung im Kino der „Echtzeit". In: Malte Hagener/Johann N. Schmidt/Michael Wedel (Hg.): *Die Spur durch den Spiegel. Der Film in der Kultur der Moderne*. Berlin 2004, S. 349–366.

Lewanski, Kai von: Zur Geschichte von Privatsphäre und Datenschutz – eine rechtshistorische Perspektive. In: Jan-Hinrik Schmidt/Thilo Weichert (Hg.): *Datenschutz. Grundlagen, Entwicklung und Kontroversen*. Bonn 2012, S. 23–33.

Lobo, Sascha: Daten, die das Leben kosten. In: Frank Schirrmacher (Hg.): *Technologischer Totalitarismus. Eine Debatte*. Berlin 2015, S. 107–117.

Lotman, Jurij M.: *Die Struktur literarischer Texte*. Übers. v. Rolf-Dietrich Keil. München 1972.

Lu, Franka: Im Gehen, beim Essen, mitten im Gespräch, nach dem Sex. In: *Zeit Online*, 14.12.2018. URL: https://www.zeit.de/kultur/2018-12/china-internet-wechat-weibo-social-media-zensur [19.09.2022].

Lubkoll, Christine/Illi, Manuel/Hampel, Anna: Politische Literatur. Begriffe, Debatten, Aktualität. Einleitung. In: Dies. (Hg.): *Politische Literatur. Begriffe, Debatten, Aktualität*. Stuttgart 2018, S. 1–10.

Lüddemann, Stefan: ‚Überwachung fängt bei uns selbst an'. Medientheoretiker von Borries fordert Mut zur Kritik. In: *Neue Osnabrücker Zeitung*, 23.04.2014. URL: http://www.noz.de/artikel/469041 [19.09.2022].

Lukács, Georg: *Die Theorie des Romans. Ein geschichtsphilosophischer Versuch über die Formen der großen Epik*. Darmstadt 1971.

Lukács, Georg: Über Form und Wesen des Essays. In: Ders.: *Die Seele und die Formen. Essays*. Mit einer Einleitung von Judith Butler. Bielefeld 2011, S. 23–44.

Lyon, David: Exploring Surveillance Culture. In: *On_Culture: The Open Journal for the Study of Culture* 6 (2018). URL: http://geb.uni-giessen.de/geb/volltexte/2018/13899/pdf/On_Culture_6_Lyon.pdf [19.09.2022].

Lyon, David: *Surveillance after Snowden*. Cambridge 2015.

Lyon, David: *Surveillance as Social Sorting. Privacy, Risk and Digital Discrimination*. London 2003.

Lyon, David: *Surveillance Society. Monitoring Everyday Life*. Buckingham 2001.

Lyon, David: *Surveillance Studies. An Overview*. Cambrigde 2007.

Lyon, David: *The Culture of Surveillance. Watching as a Way of Life*. Cambridge 2018.

MacAskill, Ewen: Edward Snowden, NSA files source: ‚If they want to get you, in time they will'. In: *The Guardian*, 10.06.2013. URL: https://www.theguardian.com/world/2013/jun/09/nsa-whistleblower-edward-snowden-why [19.09.2022].

Magenau, Jörg: Die Landidylle, in der Gewalt alltäglich ist. In: *Süddeutsche Zeitung*, 21.03.2016. URL: https://www.sueddeutsche.de/kultur/unterleuten-von-juli-zeh-die-landidylle-in-der-gewalt-alltaeglich-ist-1.2915472 [19.09.2022].

Magenau, Jörg: Ganzkörper-Tattoos unter Kunsthimmel. In: *Süddeutsche Zeitung*, 31.08.2016. URL: https://www.sueddeutsche.de/kultur/roman-ganzkoerper-tattoos-unter-kunsthimmel-1.3143040 [19.09.2022].

Maizière, Thomas de/Wonka, Dieter: Irgendeiner Terrorlogik werden wir uns jedenfalls nicht beugen. In: *BMI*, 24.03.2017. URL: https://www.bmi.bund.de/SharedDocs/interviews/DE/2017/03/interview-leipziger-volkszeitung.html [19.09.2022].

Maizière, Thomas de: TdM direkt, März 2015. URL: https://www.thomasdemaiziere.de/home_032016/infobrief/TdM-direkt_2015-03.pdf [19.09.2022].

Marks, Peter: *Imagining Surveillance, Eutopian and Dystopian Literature and Film*. Edinburgh 2015.

Martínez, Matías/Scheffel, Michael: *Einführung in die Erzähltheorie*. 10. über. und akt. Aufl. München 2016.

Martínez, Matías/Weixler, Antonius: Selfies and Stories. Authentizität und Banalität des narrativen Selbst in Social Media. In: *DIEGESIS* 8.2 (2019), S. 49–66.

Martínez, Matías: Allwissendes Erzählen. In: Rüdiger Zymner/Manfred Engel (Hg.): *Anthropologie der Literatur. Poetologische Strukturen und ästhetisch-soziale Handlungsfelder*. Paderborn 2004, S. 139–154.

Martínez, Matías: Erzählen. In: Ders. (Hg.): *Handbuch Erzählliteratur. Theorie, Analyse, Geschichte*. Stuttgart/Weimar 2011, S. 1–12.

Martínez, Matías: Gewissheiten. Über Wahrheitsansprüche in faktualer, fiktionaler und prophetischer Rede. In: Christel Meier/Martina Wagner-Egelhaaf (Hg.): *Prophetie und Autorschaft. Charisma, Heilsversprechen und Gefährdung*. Berlin: 2014, S. 325–333.

Martínez, Matías: Grenzgänger und Grauzonen zwischen fiktionalen und faktualen Texten. Eine Einleitung. In: *Der Deutschunterricht* 68, Heft 4 (2016), S. 2–8.

Martínez, Matías: Was ist erzählen? In. Ders. (Hg.): *Erzählen. Ein interdisziplinäres Handbuch*. Stuttgart 2017, S. 2–6.

Marx, Gary T.: What's new about the „new surveillance"? Classifying for change and continuity. In: Sean P. Hier/Josh Greenberg (Hg.): *The Surveillance Studies Reader*. New York 2007, S. 83–94.

März, Ursula: Jedes Dorf ist eine Welt. In: *Die Zeit*, 17.03.2016. URL: https://www.zeit.de/2016/13/unterleuten-juli-zeh-roman/komplettansicht [19.09.2022].

Maurer, Markus: Einleitung. In: Ders./J. Christian Gerdes/Barbara Lenz/Herrmann Winner (Hg.): *Autonomes Fahren. Technische, rechtliche und gesellschaftliche Aspekte*. Heidelberg 2015, S. 1–8.

May, Philipp/Spahn, Jens: Bundesgesundheitsminister Jens Spahn im Interview mit dem Deutschlandfunk zu Maßnahmen gegen das Coronavirus. In: *Bundesministerium für Gesundheit. Interviews*, 11.03.2020. URL: https://www.bundesgesundheitsministerium.de/presse/interviews/interviews/deutschlandfunk-110320.html [02.10.2020].

McCalmont, Virginia/Maierhofer, Waltraud: Juli Zeh's *Corpus Delicti* (2009): Health Care, Terrorists, and the Return of the Political Message. In: *Monatshefte* 104 (2012). Heft 3, S. 375–392.

McLuhan, Herbert Marshall: *Die magischen Kanäle. Understanding Media*. Düsseldorf/Wien 1992.

Mecklenburg, Norbert: *Erzählte Provinz. Regionalismus und Moderne im Roman*. 2. Aufl. Königstein/Taunus 1986.

Meiländer, David: Das Geheimnis des Apfelwahns. In: *Stern*, 28.11.2008. URL: https://www.stern.de/wirtschaft/news/mythos-apple-das-geheimnis-des-apfelwahns-3746122.html [19.09.2022].

Merkel, Angela: Mitschrift der Sommerpressekonferenz vom 19. Juli 2013. URL: https://www.bundes kanzlerin.de/bkin-de/aktuelles/sommerpressekonferenz-von-bundeskanzlerin-merkel-vom-19-juli-844124 [19.09.2022].

Messmer, Susanne: Festung mit Burgwall. In: *taz*, 08.02.2019. URL: https://taz.de/Der-BND-ist-eroeffnet/!5568808/ [06.09.2019].

Meyer, Frank: Eugen Ruge und der Urknall. *Followers* – Eine Geschichte des Zufalls. In: *Deutschlandfunk Kultur*, 20.10.2016. URL: https://www.deutschlandfunkkultur.de/eugen-ruge-und-der-urknall-followers-eine-geschichte-des.1270.de.html?dram:article_id=369091 [19.09.2022].

Meyer, Thomas: Juli Zeh pflanzt einen Terrorkaktus. In: *Die Welt*, 06.11.2009. URL: https://www.welt.de/kultur/theater/article5110823/Juli-Zeh-pflanzt-einen-Terrorkaktus.html [19.09.2022].

Meyer, Urs: *Poetik der Werbung*. Berlin 2010.

‚Mikael Mikael'. In: *wikipedia*, 8. Juni 2019. URL: https://de.wikipedia.org/w/index.php?title=Mikael_Mikael&oldid=189356204 [01.04.2020].

Mill, John Stuart: *Über die Freiheit*. Übers. v. Bruno Lemke. Hg. v. Bernd Gräfrath. Stuttgart 1974.

Miller, David A: *The Novel and the police*. Berkeley/Los Angeles 1988.

Mogendorf, Christine: *Von „Materie, die sich selbst anglotzt". Postmoderne Reflexionen in den Romanen Juli Zehs*. Bielefeld 2017.

Moser, Natalie: Dorfroman oder urban legend? Zur Funktion der Stadt-Dorf-Differenz in Juli Zehs *Unterleuten*. In: Magdalena Marszalek/Werner Nell/Marc Weiland (Hg.): *Über Land*. Bielefeld 2017, S. 127–140.

Mühlenmeier, Lennart: Chronik des Überwachungsstaates. In: *Netzpolitik*, 20.09.2017. URL: https://netzpolitik.org/2017/chronik-des-ueberwachungsstaates/ [19.09.2022].

Müller, Burkhard: Barfuß laufen kostet! Eugen Ruge schlägt eine Brücke vom Urknall bis zum Jahr 2055. In: *Zeit Online*, 24.09.2016. URL: https://www.zeit.de/2016/37/follower-eugen-ruge-roman [19.09.2022].

Müller, Ralph: Hypertext. In: Christian Klein/Matías Martínez (Hg.): *Wirklichkeitserzählungen. Felder, Formen und Funktionen nicht-literarischen Erzählens*. Stuttgart/Weimar 2009, S. 66–70.

Müller-Dietz, Heinz: Zur negativen Utopie von Recht und Staat – am Beispiel des Romans *Corpus Delicti* von Juli Zeh. In: *JuristenZeitung* 66 (2011). Heft 2, S. 85–95.

Müller-Funk, Wolfang: *Die Kultur und ihre Narrative. Eine Einführung*. Wien/New York 2002.

Neuhaus, Stefan/Nover, Immanuel: *Das Politische in der Literatur der Gegenwart*. Berlin/Boston 2019.

Neumann, Gerhard/Weigel, Sigrid: Einleitung. Literatur als Kulturwissenschaft. In: Dies. (Hg.): *Lesbarkeit der Kultur: Literaturwissenschaften zwischen Kulturtechnik und Ethnographie*. München 2000, S. 9–17.

Nickisch, Reinhard M. G.: Schriftsteller auf Abwegen? Über politische ‚Offene Briefe' deutscher Autoren in Vergangenheit und Gegenwart. In: *Journal of English and Germanic Philology* 93 (1994). Heft 4, S. 469–484.

Nietzsche, Friedrich: Die fröhliche Wissenschaft. In: Ders.: *Morgenröte. Idyllen aus Messina. Die fröhliche Wissenschaft*. (= Kritische Studienausgabe [KSA], Bd. 3). Hg. v. Giorgio Colli und Mazzino Montinari. München 1999, S. 343–651.

Nietzsche, Friedrich: Jenseits von Gut und Böse. In: Ders.: *Jenseits von Gut und Böse. Zur Genealogie der Moral* (= Kritische Studienausgabe [KSA]) Bd. 5). Hg. v. Giorgio Colli und Mazzino Montinari. 9. Aufl. München 2007, S. 9–244.

Nietzsche, Friedrich: Nachgelassene Fragmente 1884–1885 (= Kritische Studienausgabe [KSA], Bd. 11). Hg. von Giorgio Colli und Mazzino Montinari. München 1999.

Nissenbaum, Helen: Privacy as contextual integrity. In: *Washington Law Review* 79 (2004). Heft 1, S. 119–157.

Nünning, Ansgar/Nünning, Vera: Von ‚der' Erzählperspektive zur Perspektivenstruktur narrativer Texte. Überlegungen zur Definition, Konzeptualisierung und Untersuchbarkeit von Multiperspektivität. In: Dies. (Hg.): *Multiperspektives Erzählen. Zur Theorie und Geschichte der Perspektivenstruktur im englischen Romans des 18. bis 20. Jahrhunderts.* Trier 2000, S. 3–38.

Nünning, Ansgar: ‚Close reading'. In: Ders. (Hg.): *Metzler-Lexikon. Literatur- und Kulturtheorie: Ansätze – Personen – Grundbegriffe.* 5. akt. u. erw. Aufl. Stuttgart 2013, S. 105.

Nünning, Ansgar: Funktionen von Erzählinstanzen: Analysekategorien und Modelle zur Beschreibung des Erzählerverhaltens. In: *Literatur in Wissenschaft und Unterricht* 30 (1997). Heft 4, S. 323–349.

Nünning, Ansgar: Mimesis des Erzählens. Prolegomena zu einer Wirkungsästhetik, Typologie und Funktionsgeschichte des Akts des Erzählens und der Metanarration. In: Jörg Helbig (Hg.): *Erzählen und Erzähltheorie im 20. Jahrhundert.* Heidelberg 2001, S. 13–47.

Nünning, Ansgar: Wie Erzählungen Kulturen erzeugen: Prämissen, Konzepte und Perspektiven für eine kulturwissenschaftliche Narratologie. In: Alexandra Strohmaier (Hg.) . *Kultur – Wissen – Narration Perspektiven transdisziplinärer Erzählforschung für die Kulturwissenschaften.* Bielefeld 2013, S. 15–54.

Nünning, Vera/Nünning, Ansgar: Multiperspektivität aus narratologischer Sicht. Erzähltheoretische Grundlagen und Kategorien zur Analyse der Perspektivenstruktur narrativer Texte. In: Dies. (Hg.): *Multiperspektivisches Erzählen. Zur Theorie und Geschichte der Perspektivenstruktur im englischen Roman des 18. bis 20. Jahrhunderts.* Trier 2000, S. 39–78.

o.V. : ‚über-'. In: DWDS –Digitales Wörterbuch der deutschen Sprache. Hg. v. d. Berlin-Brandenburgischen Akademie der Wissenschaften. URL: https://www.dwds.de/wb/über- [19.09.2022].

o.V.: Die Demokratie verteidigen im digitalen Zeitalter. Der Aufruf der Schriftsteller. In: *FAZ*, 10.12.2013. URL: https://www.faz.net/aktuell/feuilleton/buecher/themen/autoren-gegen-ueberwachung/demokratie-im-digitalen-zeitalter-der-aufruf-der-schriftsteller-12702040.html [19.09.2022].

o.V.: Fitness first oder Big Brother AOK? Erste Krankenkasse zahlt für Apple-Watch. In: *Meedia*, 06.08.2015. URL: https://meedia.de/2015/08/06/fitness-first-oder-big-brother-aok-erste-krankenkasse-zahlt-fuer-apple-watch/ [19.09.2022].

o.V.: Google Glass. In: *heise online*. URL: https://www.heise.de/thema/Google-Glass [19.09.2022].

Öhlschläger, Claudia: Gender/Körper, Gedächtnis und Literatur. In: Astrid Erll/Ansgar Nünning: *Gedächtniskonzepte der Literaturwissenschaft. Theoretische Grundlegung und Anwendungsperspektiven.* Berlin 2005, S. 227–248.

Page, Ruth: *Narratives Online. Shared Stories in Social Media.* Cambridge 2018.

Parr, Rolf: ‚Auto/Wagen'. In: Günther Butzer/Joachim Jacob (Hg.): *Metzler Lexikon literarischer Symbole.* 2. Aufl. Stuttgart 2012, S. 35–36.

Paulsen, Thomas: Autonomes Fahren: Die 5 Stufen zum selbstfahrenden Auto. In: *adac*, 07.11.2018. URL: https://www.adac.de/rund-ums-fahrzeug/ausstattung-technik-zubehoer/autonomes-fahren/grundlagen/autonomes-fahren-5-stufen/ [19.09.2022].

Peeters, Wim: Literatur als Teil von Big Data. Friedrich von Borries' Romane *1WTC* und *RLF*. In: Werner Jung/Liane Schüller (Hg.): *Orwells Enkel. Überwachungsnarrative.* Bielefeld 2019, S. 165–181.

Penguin Random House Verlagsgruppe GmbH (Hg): Webseite zum Dorf Unterleuten. URL: www.unterleuten.de [19.09.2022].

Penguin Random House Verlagsgruppe GmbH (Hg.): Webseite zu Manfred Gortz [Pseudonym]: http://www.manfred-gortz.de/ [05.05.2021].

Porombka, Stephan: Whiteout. In: *Ästhetik & Kommunikation* 46 (2016). Heft 171/172, S. 13–95.

Preußer, Heinz-Peter: Gewalt und Überwachung. Juli Zehs apokalyptisches Pandämonium der Jetztzeit und ihre düstere Prognose der Selbstoptimierer in *Corpus Delicti*. In: Olaf Briese (Hg.): *Aktualität des Apokalyptischen. Zwischen Kulturkritik und Kulturversprechen*. Würzburg 2015, S. 163–185.

Prince, Gerald: The Disnarrated. In: *Style* 22 (1988). H. 1: Narrative Theory and Criticsm, S. 1–8.

Projektbüro Friedrich von Borries. URL: https://mikaelmikael.com/de [30.09.2018].

Projektbüro Friedrich von Borries: Projekte. URL: https://www.friedrichvonborries.de/de/projekte/rlf-produkte [13.07.2018].

Rachels, James: Why privacy is important. In: *Philosophy and Public Affairs* 4 (1975), S. 323–333.

Reichert, Ramón: Digitale Selbstvermessung. Verdatung und soziale Kontrolle. In: *Zeitschrift für Medienwissenschaft* 13 (2015). Heft 2, S. 66–77.

Reichert, Ramón: Facebook und das Regime der Big Data. In: *Österreichische Zeitschrift für Soziologie* 39 (2014). Ergänzungsbd. 1, S. 163–179.

Reichert, Ramón: Social Surveillance. Praktiken der digitalen Selbstvermessung in mobilen Anwendungskulturen. In: Stefanie Duttweiler et al. (Hg.): *Leben nach Zahlen. Self-Tracking als Optimierungsprojekt*. Bielefeld 2016, S. 185–200.

Reuter, Markus: 7 Gründe, warum Spahns Gesundheitspläne für Patienten gefährlich sind. In: *Netzpolitik*, 05.11.2019. URL: https://netzpolitik.org/2019/7-gruende-warum-spahns-gesundheitsplaene-fuer-patienten-gefaehrlich-sind/ [30.01.2020].

Rezo: Rezo stört. Gamer-Debatte. Horst Seehofer ist kein drolliges Kleinkind. In: *Zeit*, 24.10.2019. URL: https://www.zeit.de/kultur/2019-10/gamer-debatte-gaming-horst-seehofer-rezo [19.09.2022].

Ricœur, Paul: *Zeit und Erzählung*. Bd. II. Zeit und literarische Erzählung. Übers. v. Rainer Rochlitz. München 1989.

Rinaldi, Gabriel: Autonomes Fahren. Tech-Konzerne auf der Überholspur. In: *FAZ*, 14.06.2021. URL: https://www.faz.net/aktuell/technik-motor/motor/autonomes-fahren-tech-konzerne-auf-der-ueberholspur-17353862.html [16.06.2021].

Ritter, Martina: *Die Dynamik von Privatheit und Öffentlichkeit in modernen Gesellschaften* Wiesbaden 2008.

Robert Koch-Institut: *Das Robert Koch-Institut*, 06.05.2020. URL: https://www.rki.de/DE/Content/Institut/institut_node.html [02.10.2020].

Rohner, Ludwig: *Der deutsche Essay. Materialien zur Geschichte und Ästhetik einer literarischen Gattung*. Neuwied/Berlin 1966.

Rölcke, Michael: Konstruierte Enge. Die Provinz als Weltmodell im deutschsprachigen Gegenwartsroman. In: Carsten Rohde/Hansgeorg Schmidt-Bergmann (Hg.): *Die Unendlichkeit des Erzählens. Der Roman in der deutschsprachigen Gegenwartsliteratur seit 1989*. Bielefeld 2013, S. 113–138.

Rosa, Hartmut: *Unverfügbarkeit*. 4. Aufl. Wien/Salzburg 2018.

Rosa, Hartmut: *Beschleunigung und Entfremdung. Entwurf einer Kritischen Theorie spätmoderner Zeitlichkeit*. Übers v. Robin Celikates. 8. Aufl. Berlin 2021.

Rosen, David/Santesso, Aaron: *Watchman in Pieces. Surveillance, Literature, and Liberal Personhood*. New Haven/London 2013.

Rössler, Beate: *Der Wert des Privaten*. Frankfurt/M. 2001.

Rössler, Beate: Privatheit und Autonomie: zum individuellen und gesellschaftlichen Wert des Privaten. In: Sandra Seubert/Peter Niesen (Hg.): *Die Grenzen des Privaten*. Baden-Baden 2010, S. 41–57.

Rössler, Beate: Wie wir uns regieren. Soziale Dimensionen des Privaten in der Post-Snowden-Ära. In: Gernot Böhme/Ute Gahlings (Hg.): *Kultur der Privatheit in der Netzgesellschaft*. Bielefeld 2018, S. 29–48.

Rossmann, Andreas: Kannibalismus als Zwillingsbruder der Demokratie. In: *FAZ*, 27.04.2011. URL: https://www.faz.net/aktuell/feuilleton/buecher/autoren/juli-zehs-203-im-theater-kannibalismus-als-zwillingsbruder-der-demokratie-1626653.html [19.09.2022].

Rudl, Thomas: Alexa & Co.: Innenminister wollen Zugriff auf Daten aus dem ‚Smart Home'. In: *netzpolitik*, 05.05.2019. URL: https://netzpolitik.org/2019/alexa-co-innenminister-wollen-zugriff-auf-daten-aus-dem-smart-home/ [19.09.2022]

Ruge, Eugen: Versuch über eine aussterbende Sprache (= Dresdner Rede 2018, 25. Februar 2018), S. 1–28. URL: https://www.staatsschauspiel-dresden.de/download/9261/dresdner_rede_eugen_ruge_25022018.pdf [30.04.2021].

Sartre, Jean-Paul: Der Blick. In: Ders.: *Das Sein und das Nichts. Versuch einer phänomenologischen Ontologie*. Übers. v. Hans Schöneberg/Traugott König. 22. Aufl. Reinbek b. Hamburg 1993, S. 457–538.

Sartre, Jean-Paul: Was ist Literatur? In: Ders.: *Gesammelte Werke in Einzelausgaben*. Hg., neu übers. und mit einem Nachwort v. Traugott König. Bd. 3: Schriften zur Literatur. Aufl. 7. Reinbek b. Hamburg 2018.

Schaar, Peter: *Das Ende der Privatsphäre. Der Weg in die Überwachungsgesellschaft*. München 2007.

Schäfer, Ulrich: Weltmacht Google: In *Süddeutsche Zeitung*, 11. August 2015. URL: https://www.sueddeutsche.de/wirtschaft/google-die-weltmacht-1.2603751 [19.09.2022].

Schaff, Barbara: Der Autor als Simulant authentischer Erfahrung. Vier Fallbeispiele fingierter Autorschaft. In: Heinrich Detering (Hg.): *Autorschaft. Positionen und Revisionen*. Berlin 2002, S. 426–443.

Schaffrick, Matthias/Willand, Marcus: Autorschaft im 21. Jahrhundert. Bestandsaufnahme und Positionsbestimmung. In: Dies. (Hg.): *Theorien und Praktiken der Autorschaft*. Berlin 2015, S. 3–148.

Schäuble, Wolfgang/Müller, Peter: Die Gefahrenlage ist hoch. Telefoninterview mit Bundesinnenminister Dr. Wolfgang Schäuble in WELT am SONNTAG. In: *WELT am SONNTAG*, 15.04.2007. URL: http://www.wolfgang-schaeuble.de/wp-content/uploads/2015/04/070415wams.pdf [19.09.2022].

Schaupp, Simon: „Wir nennen es flexible Selbstkontrolle." Self-Tracking als Selbsttechnologie des kybernetischen Kapitalimus. In: Stefanie Duttweiler et al. (Hg.): *Leben nach Zahlen. Selftracking als Optimierungsprojekt?* Bielefeld 2016, S. 63–86.

Schiffer, Sabine: *Die Darstellung des Islams in der Presse. Sprache, Bilder, Suggestionen. Eine Auswahl von Techniken und Beispielen*. Nürnberg 2004.

Schily, Otto/Stark, Holger/Mascolo, Georg/Neukirch, Ralf: ‚Wer den Tod liebt, kann ihn haben.' Bundesinnenminister Otto Schily, 71, über das neue Interesse al-Qaidas an Deutschland, die gezielte Tötung von Terroristen und den Vorschlag einer Sicherungshaft für Islamisten. In: *Spiegel Special*, 2 (2004) S. 124–127.

Schirrmacher, Frank (Hg.): *Technologischer Totalitarismus. Eine Debatte*. Berlin 2015.

Schirrmacher, Frank: Eine Stimme fehlt. In: *FAZ*, 18.03.2011. URL: https://www.faz.net/aktuell/feuilleton/themen/literatur-und-politik-eine-stimme-fehlt-1613223.html [19.09.2022].

Schleich, Sigurd Paul: Polemik. In: Klaus Weimar (Hg.): *Reallexikon der deutschen Literaturwissenschaft. Neubearbeitung des Reallexikons der deutschen Literaturgeschichte*. Bd. 3. Berlin/New York 2007, S. 117–120.

Schmid, Wolf: *Elemente der Narratologie*. 2., verb. Aufl. Berlin/New York 2008.

Schmidt, Christopher: Die Erfindung der Realität. Über Juli Zehs Erstlingsstück *Corpus Delicti*. In: *Sprache im Technischen Zeitalter*. (2008). Heft 187, S. 263–269.

Schmitt, Carl: *Der Begriff des Politischen. Mit einer Rede über das Zeitalter der Neutralisierungen und Entpolitisierungen*. Neu hg. v. Carl Schmitt. München 1932.

Schnierer, Thomas: *Soziologie der Werbung. Ein Überblick zum Forschungsstand einschließlich zentraler Aspekte der Werbepsychologie*. Opladen 1999.

Schönfellner, Sabine: *Die Perfektionierbarkeit des Menschen? Posthumanistische Entwürfe in Romanen von Juli Zeh, Kaspar Colling Nielsen und Margaret Atwood*. Berlin 2018.

Schroer, Markus: Beobachten und Überwachen im Film. In: Ders. (Hg.): *Gesellschaft im Film*. Konstanz 2008. S. 49–86.

Schumacher, Kathrin: Baustelle des Bösen. In: *Deutschlandfunk Kultur*, 08.09.2011. URL: http://www.deutschlandfunkkultur.de/baustelle-des-boesen.950.de.html?dram:article_id=140440 [19.09.2022].

Schüller, Liane/Jung, Werner (Hg.): *Orwells Enkel. Überwachungsnarrative*. Bielefeld 2019.

Schulz, Martin: Warum wir jetzt kämpfen müssen. In: Frank Schirrmacher (Hg.): *Technologischer Totalitarismus. Eine Debatte*. Berlin 2015, S. 15–22.

Schwan, Ben: Google-Apps endlich alle mit Apples Datenschutzlabels. In: *heise*, 08.04.2021. URL: https://www.heise.de/news/Google-Apps-endlich-alle-mit-Apples-Datenschutzlabels-6007775.html [16.06.2021].

Seehofer, Horst: Bulletin der Bundesregierung: Rede des Bundesministers des Innern, für Bau und Heimat, Horst Seehofer. Zur Bekämpfung des Antisemitismus nach dem Anschlag auf die Synagoge in Halle vor dem Deutschen Bundestag am 17. Oktober 2019 in Berlin. In: *Bulletin*, 17.10.2019. URL: https://www.bundesregierung.de/breg-de/service/bulletin/rede-des-bundesministers-des-innern-fuer-bau-und-heimat-horst-seehofer-1683818 [04.07.2020].

Seibt, Gustav: Jede Gesellschaft braucht eine Dosis Amok. In: *Süddeutsche Zeitung*, 14.11.2017. URL: https://www.sueddeutsche.de/kultur/leere-herzen-von-juli-zeh-jede-gesellschaft-braucht-eine-dosis-amok-1.3743854 [19.09.2022].

Seidel, Gabi: Protokoll des Lebens. Das totale (Körper-)Gedächtnis in Juli Zehs *Corpus Delicti*. In: Andrea Bartl/Nils Ebert (Hg.): *Der andere Blick der Literatur*. Würzburg 2014, S. 193–213.

Selke, Stefan: Einleitung. In: Ders. (Hg.): *Lifelogging. Digitale Selbstvermessung und Lebensprotokollierung zwischen disruptiver Technologie und kulturellem Wandel*. Wiesbaden 2016, S. 1–21.

Seubert, Sandra et al.: Strukturwandel des Privaten. Interdisziplinäres Forschungsprojekt. URL: https://strukturwandeldesprivaten.wordpress.com/ [13.02.2021].

Seubert, Sandra: Der gesellschaftliche Wert des Privaten. In: *DuD Datenschutz und Datensicherheit*. 2 (2012), S. 100–104.

Seubert, Sandra: Privatheit und Öffentlichkeit heute. Ein Problemriss. In: Dies./Peter Niesen (Hg.): *Die Grenzen des Privaten*. Baden-Baden 2010, S. 9–23.

Singer, Emily: Das vermessene Leben. In: *heise*, 24.10.2011. URL: https://www.heise.de/tr/artikel/Das-vermessene-Leben-1364833.html [19.09.2022].

Smith-Prei, Carrie: Relevant Utopian Realism – The Critical Corporeality *of* Juli Zeh's Corpus Delicti. In: *Seminar. A Journal of Germanic Studies* 48 (2012). Heft 1, S. 107–123.

Solove, Daniel J.: *The Digital Person: Technology and Privacy in the Information Age*. New York 2004.

Soltau, Hannes: Die neue BND-Zentrale und ihre Nachbarn. In: *Der Tagesspiegel*, 21.02.2018. URL: https://www.tagesspiegel.de/themen/reportage/berlin-mitte-die-neue-bnd-zentrale-und-ihre-nachbarn/20984152.html [19.09.2022].

Sommer, Roy: Kollektiverzählungen. Definition, Fallbeispiele und Erklärungsansätze. In: Christian Klein/Matías Martínez (Hg.): *Wirklichkeitserzählungen. Felder, Formen und Funktionen nichtliterarischen Erzählens*. Stuttgart/Weimar 2009, S. 229–244.

Spahn, Jens im Interview mit dem Deutschlandfunk. In: https://www.bundesgesundheitsministerium.de/presse/interviews/interviews/deutschlandfunk-110320.html [02.10.2020].

SPD: Sozial und Demokratisch. Anpacken. Für Deutschland. Das Regierungsprogramm der SPD. URL: http://library.fes.de/prodok/ip-02016/regierungsprogramm2009_lf_navi.pdf [27.03.2021].

Spoerhase, Carlos: Eine verpasste Chance. In: *JLTonline*, 02.10.2007. URL: http://www.jltonline.de/index.php/reviews/article/view/21/170 [19.09.2022].

Stadt Wien/Bundesministerium für Gesundheit: *Zusammen gegen Corona*. URL: https://www.zusammengegencorona.de/ [30.12.2020].

Stewart, Garrett: *Closed Circuits. Screening Narrative Surveillance*. Chicago/London 2015.

Strehle, Samuel: *Zur Aktualität von Jean Baudrillard. Einleitung in sein Werk*. Wiesbaden 2010.

Suhr, Martin: *Jean-Paul Sartre zur Einführung*. Hamburg 2001.

Taffelt, Frank: Zumutungen. In: *Ästhetik & Kommunikation* 46 (2016). Heft 171/172, S. 13–139.

Tagesthemen. In: *Tagesschau Sendungsarchiv*, 22.03.2016. URL: https://www.tagesschau.de/multimedia/sendung/tt-4351.html [18.11.2019].

Tenzer, F.: Statistiken zu Wearables. In: *Statista*, 17.03.2020. URL: https://de.statista.com/themen/3471/wearables/ [08.06.2020].

Thiel, Thomas: In diesem Identitätsroulette gibt es nur noch Verlierer. So viel unnütz tolle Wut! Eugen Ruges Dystopie *Follower* erhebt die geballte Faust gegen die vernetzte Welt. In: *FAZ*, 30. August 2016. URL: https://www.faz.net/aktuell/feuilleton/buecher/rezensionen/belletristik/eugen-ruges-neuer-dystopie-roman-follower-14411351.html [08.03.2020]

Thönnissen, Grit: Konsumkritik. Produkte für einen besseren Kapitalismus. In: *Der Tagesspiegel*, 11.10.2013. URL: https://www.tagesspiegel.de/weltspiegel/mode/konsumkritik-produkte-fuer-einen-besseren-kapitalismus/8914304.html [07.10.2018].

TNA: Wenn die Krankenkasse Ihre Fitness-App mitliest. In: *Die Welt*, 05.04.2016. URL: https://www.welt.de/gesundheit/article154004816/Wenn-die-Krankenkasse-Ihre-Fitness-App-mitliest.html [19.09.2022].

Tobien, Jenny/dpa: EU lässt USA im Datenschutz umdenken. In: *n-tv*, 26.04.2018. URL: https://www.n-tv.de/politik/EU-laesst-USA-im-Datenschutz-umdenken-article20405629.html [19.09.2022].

Töpfer, Eric: Nadelsuche im wachsenden Heuhaufen. Die Vernetzung polizeilicher DNA-Datenbanken nach Prüm. In: *telepolis*, 06.11.2008. URL: https://www.heise.de/tp/features/Nadelsuche-im-wachsenden-Heuhaufen-3420573.html [19.09.2022].

Töpfer, Eric: Videoüberwachung – Eine Risikotechnologie zwischen Sicherheitsversprechen und Kontrolldystopien. In: Nils Zurawski (Hg.): *Surveillance Studies. Perspektiven eines Forschungsfeldes*. Opladen et al. 2007, S. 33–46.

Turkle, Sherry: *Verloren unter 100 Freunden. Wie wir in der digitalen Welt seelisch verkümmern*. Übers. v. Joannis Stefanidis. München 2012.

Twellmann, Marcus: Idyll aktuell. Was eine Geschichte vom Dorf über die Gesellschaft verrät. In: *Merkur* 70 (2016). Heft 805, S. 71–77.

Veel, Kristin: Surveillance Narratives: Overload, Desire and Representation in Contemporary Narrative Fiction. In: Michael Gratzke/Margaret-Anne Hutton/Claire Whitehead (Hg.): *Readings in Twenty-First-Century European Literatures*. Bern 2013, S. 19–37.

Vogt, Guntram: *Die Stadt im Kino. Deutsche Spielfilme 1900–2000*. 2. Aufl. Marburg 2001.

Voßkamp, Wilhelm: *Emblematik der Zukunft. Poetik und Geschichte literarischer Utopien von Thomas Morus bis Robert Musil*. Berlin/Boston 2016.

Voßkamp, Wilhelm: Möglichkeitsdenken. Utopie und Dystopie in der Gegenwart. Einleitung. In: Wilhelm Voßkamp/Günter Blamberger/Martin Roussel (Hg.): *Möglichkeitsdenken. Utopie und Dystopie in der Gegenwart*. München 2013, S. 13–30.

Wagner, Sabrina: *Aufklärer der Gegenwart. Politische Autorschaft zu Beginn des 21. Jahrhunderts – Juli Zeh, Ilija Trojanow, Uwe Tellkamp*. Göttingen 2015.

Wagner, Thomas: *Die Einmischer. Wie sich Schriftsteller heute engagieren*. Hamburg 2010.

Wagner-Egelhaaf, Martina: Einleitung: Was ist Auto(r)fiktion. In: Dies. (Hg.): *Auto(r)fiktion. Literarische Verfahren der Selbstkonstruktion*. Bielefeld 2013, S. 7–21.

Wasihun, Betiel: Introduction: Narrating Surveillance. In: Dies. (Hg.): *Narrating Surveillance – Überwachung erzählen*. Baden-Baden 2019, S. 7–20.

Wasihun, Betiel: Surveillance Narratives: Kafka, Orwell and Ulrich Peltzers Post-9/11 Novel Teil der Lösung. In: *Seminar* 52 (2016). Heft 4. Special Issue on Surveillance, S. 382–406.

Weber, Max: *Wirtschaft und Gesellschaft. Soziologie*. Unvollendet 1919–1920. Hg. v. Knut Borchardt/Edit Hanke/Wolfgang Schluchter (= Max Weber-Gesamtausgabe. Bd. I/23) Tübingen 2013.

Wehrheim, Jan: *Die überwachte Stadt. Sicherheit, Segregation und Ausgrenzung*. Opladen et al. 2012.

Weiss, Maike/Strauß, Kathrin: Selbstfahrende Autos: Die Datenkraken der Zukunft? In: *datenschutzexperte*, 11.11.2019. URL: https://www.datenschutzexperte.de/blog/datenschutz-im-alltag/selbstfahrende-autos-die-datenkraken-der-zukunft/ [19.09.2022].

Weithin, Thomas: Ermittlung der Gegenwart. Theorie und Praxis unsouveränen Erzählens bei Juli Zeh. In: *Zeitschrift für Literaturwissenschaft und Linguistik*. (2012). Heft 165, S. 67–86.

Weixler, Antonius: Bausteine des Erzählens. In: Matías Martínez (Hg.): *Erzählen. Ein interdisziplinäres Handbuch*. Stuttgart 2017, S. 7–21.

Wellmann, Hans: Der offene Brief und seine Anfänge. Über Textart und Mediengeschichte. In: Maria Pümpel-Mader/Beatrix Schönherr (Hg.): *Sprache – Kultur – Geschichte. Sprachhistorische Studien zum Deutschen*. Innsbruck 1999, S. 361–384.

Welsh, Caroline: Brauchen wir ein Recht auf Krankheit? Historische und theoretische Überlegungen im Anschluss an Juli Zehs Roman *Corpus Delicti*. In: Andreas Frewer/Heiner Bielefeldt (Hg.): *Das Menschenrecht auf Gesundheit. Normative Grundlagen und aktuelle Diskurse*. Bielefeld 2016, S. 215–238.

Welzer, Harald: *Die smarte Diktatur. Der Angriff auf unsere Freiheit*. Frankfurt/M. 2017.

Werle, Dirk: Fiktion und Dokument. Überlegungen zu einer gar nicht so prekären Relation mit vier Beispielen aus der Gegenwartsliteratur. In: *Non Fiktion. Arsenal der anderen Gattungen: DokuFiktion* (2/2006), 112–122.

Werle, Dirk: Dokumente in fiktionalen Texten als Provokation der Fiktionstheorie. In: *Non Fiktion. Arsenal der anderen Gattungen: DokuFiktion* (1/2017), S. 85–108.

Westin, Alain: The Origins of Modern Claim of Privacy. In: Ferdinand David Schoeman (Hg.): *Philosophical Dimensions of Privacy. An Anthology*. Cambridge 1984, S. 56–74.

Whitaker, Reg: *Das Ende der Privatheit. Überwachung, Macht und soziale Kontrolle im Informationszeitalter*. Übers. von Inge Leipold. München 1999.

White, Hayden: Das Problem der Erzählung in der modernen Geschichtstheorie. In: Ders.: *Die Bedeutung der Form. Erzählstrukturen in der Geschichtsschreibung*. Übers. v. Margit Smuda. Frankfurt/M. 1990, S. 40–77.

White, Hayden: Die Bedeutung von Narrativität in der Darstellung der Wirklichkeit. In: Ders.: *Die Bedeutung der Form. Erzählstrukturen in der Geschichtsschreibung*. Übers. v. Margit Smuda. Frankfurt/M. 1990, S. 11–39.

White, Hayden: The Value of Narrativity in the Representation of Reality. In: William John Thomas Mitchell (Hg.): *On Narrative*. Chicago 1981, S. 1–24.

Wiegandt, Markus: *Chronisten der Zwischenwelt. Dokufiktion als Genre. Operationalisierung eines medienwissenschaftlichen Begriffs für die Literaturwissenschaft*. Heidelberg 2016.

Wiehler, Stephan: New York: Vergiftete Atmosphäre. In: *Der Tagesspiegel*, 11.10.2001. URL: https://www.tagesspiegel.de/weltspiegel/new-york-vergiftete-atmosphaere/262624.html [19.09.2022].

Wilkens, Andreas: Verbotene Spiele. Eine Debatte. In: *bpb*, 13.08.2007. URL: https://www.bpb.de/gesellschaft/digitales/verbotene-spiele/63496/einfuehrung?p=all [04.07.2021].

Willer, Stefan: Sicherheit als Fiktion – Zur kultur- und literaturwissenschaftlichen Analyse von Präventionsregimen. In: Markus Bernhardt/Stefan Brakensieg/Benjamin Scheller (Hg.): *Ermöglichen und Verhindern. Vom Umgang mit Kontingenz*. Frankfurt/M. 2016, S. 235–255.

Windelband, Daniela: BigBrotherAward 2020. In: *datenschutz-notizen*, 24.09.2020. URL: https://www.datenschutz-notizen.de/bigbrotheraward-2020-1627277/ [19.09.2022].

Wittmann, Jan: Mit Recht spielt man nicht! – Rechtsdiskurse bei Juli Zeh. In: Corinna Schlicht (Hg.): *Stimmen der Gegenwart. Beiträge zu Literatur, Film und Theater seit den 1990er Jahren*. Oberhausen 2011, S. 160–177.

World Health Organization (Hg.): CONSTITUTION OF THE WORLD HEALTH ORGANIZATION. 1946. URL: http://apps.who.int/gb/bd/PDF/bd47/EN/constitution-en.pdf?ua=1 [19.09.2022].

World Health Organization (Hg.): Europäische Charta zu Umwelt und Gesundheit, 1989. URL: http://www.euro.who.int/__data/assets/pdf_file/0003/114087/ICP_RUD_113_ger.pdf?ua=1 [19.09.2022].

Zeh, Juli: *Fragen zu Corpus Delicti*. München 2020.

Zeißler, Elena: *Dunkle Welten. Die Dystopie auf dem Weg ins 21. Jahrhundert*. Marburg 2008.

Zima, Peter V.: *Essay/Essayismus. Zum theoretischen Potenzial des Essays: Von Montaigne bis zur Postmoderne*. Würzburg 2012.

Zimmer, Christina: *Surveillance Cinema*. New York 2015.

Zipfel, Frank: Autofiktion. Zwischen den Grenzen von Faktualität, Fiktionalität und Literatur? In: Simone Winko/Fotis Jannidis/Gerhard Lauer (Hg.): *Grenzen der Literatur. Zu Begriff und Phänomenen des Literarischen*. Berlin/New York 2009, S. 284–314.

Zipfel, Frank: Fiktionssignale. In: Tobias Klauk/Tilmann Köppe (Hg.): *Fiktionalität. Ein interdisziplinäres Handbuch*. Berlin/Boston 2014, S. 97–124.

Zuboff, Shoshana: Die neuen Massenausforschungswaffen. In: Frank Schirrmacher (Hg.): *Technologischer Totalitarismus. Eine Debatte*. Berlin 2015, S. 28–49.

Zuboff, Shoshana: *Im Zeitalter des Überwachungskapitalismus*. Übers. v. Bernhard Schmid. Frankfurt/M. 2018.

Zudeick, Peter: Utopie. In: Beat Dietschy/Doris Zeilinger/Rainer E. Zimmermann (Hg.): *Bloch-Wörterbuch. Leitbegriffe der Philosophie Ernst Blochs*. Berlin/Boston 2012, S. 633–663.

Zurawski, Nils: Einleitung: Surveillance Studies. Perspektiven eines Forschungsfeldes. In: Ders. (Hg.): *Surveillance Studies: Perspektiven eines Forschungsfeldes*. Opladen et al. 2007, S. 7–24.

Zurawski, Nils: Geheimdienste und Konsum der Überwachung. In: bpb (Hg.): *APuZ. Aus Politik und Zeitgeschichte* 64 (2014). Heft 18–19, S. 14–19.

Zurawski, Nils: *Raum – Weltbild – Kontrolle. Raumvorstellungen als Grundlage gesellschaftlicher Ordnung und ihrer Überwachung*. Opladen et al. 2014.

Abbildungsverzeichnis

Abb. 1 Ausschnitt aus der *Heute-Show* vom 18.10.2019. (ZDF-heute-Show: Anschlag in Halle. Seehofer will die Gamerszene beobachten. In: *YouTube*, 18.10.2019, Min: 00:13–00:25. URL: https://www.youtube.com/watch?v=WlZuqCXY4a0 [04.07.2020]) —— **361**

Abb. 2 Das ‚Hero-Image' der entsprechenden Webseite von AID (© AID). (Autonomous Intelligent Driving GmbH (AID): *DRIVING FUTURE. The Art of Redefining Mobility*. 2020. URL: https://aid-driving.eu/?fbclid=IwAR2cKcIbbcyqYVEppZvL1mMYl1R SIydw8RjG0DJ8ssQ7T7oBvYL8INarmMo [01.04.2020]) —— **405**

Abb. 3 Das ‚Hero-Image' der entsprechenden Webseite der BMW AG ((© BMW AG). (BMW AG: *Personal Copilot: Autonomes Fahren. By your side, when you decide*. 2020. URL: https://www.bmw.de/de/topics/faszination-bmw/bmw-autonomes-fahren.html [01.04.2020]) —— **406**

Abb. 4 Das ‚Hero-Image' der entsprechenden Webseite von Daimler Mobility AG (© Daimler Mobility AG). (Daimler Mobility AG: *Autonomous driving at Daimler Mobility*. URL: https://www.daimler-mobility.com/en/innovations/autonomous-driving/ [01.04.2020]) —— **406**

Abb. 5 Ausschnitte aus dem Video der Daimler Mobility AG (Daimler Mobility AG: *Autonomous driving at Daimler Mobility*. URL: https://www.daimler-mobility.com/en/innovations/autonomous-driving/ [01.04.2020]) —— **412**

Abb. 6 Produktvorstellung zur Apple Watch Series 5 (© Apple). (Apple: Apple Watch Series 5. In: *Apple.com*, o. D. URL: https://www.apple.com/de/apple-watch-series-5/ [07.05.2020]) —— **417**

Abb. 7 Produktvorstellung fitbit versa 2 (© Fitbit). (Fitbit: versa 2. Gesundheits- und Fitness-Smartwatch. In: www.fitbit.com/de. URL: https://www.fitbit.com/de/versa [07.05.2020]) —— **417**

Abb. 8 Produktvorstellung zur Apple Watch Series 5 (© Apple). (Apple: Apple Watch Series 5. In: *Apple.com*, o. D. URL: https://www.apple.com/de/apple-watch-series-5/ [07.05.2020]) —— **421**

Abb. 9 Produktvorstellung der Fitbit versa 2 (© Fitbit). (Fitbit: versa 2. Gesundheits- und Fitness-Smartwatch. In: *www.fitbit.com*/de. URL: https://www.fitbit.com/de/versa [07.05.2020]) —— **423**

Abb. 10 Facebook-Werbeplakate 2016 (© Facebook). (Facebook: Anzeigen der Kampagne 2016. Entnommen: Markus Böhm/Fabian Reinbold: Facebook startet millionenschwere Werbekampagne. Imageprobleme in Deutschland. In: *Spiegel.de*, 28.10.2016. URL: https://www.spiegel.de/netzwelt/web/facebook-startet-millionenschwere-tv-kampagne-a-1118681.html [01.06.2021]) —— **436**

Register

11. September 2001 33, 90, 92–55, 140, 217–220, 206, 226, 228, 231, 232, 251, 259, 272, 303, 308, 356
9/11 *siehe* 11. September 2001

Abstrakte Fiktion 79, 85, 95, 205, 207, 211, 215, 269, 279, 286, 363–369, 371, 464
Adorno, Theodor W. 199, 201
Agamben, Giorgio 129, 136, 139, 155
Huxley, Aldous 5, 37, 54, 64–67, 73, 74, 168, 175, 292, 333, 351, 454
Algorithmus (*siehe auch* Maschinenintelligenzen) 101, 108, 113, 156, 158, 160, 216, 235, 309, 424
Alltagswelt 4, 62, 74, 109, 177, 186, 217, 261, 293
Anonymität 150, 182, 226, 252, 276, 280
Anti-Terror-Politik 92, 132, 216, 249, 263, 304
Apple 7, 393, 411, 414–439
Assmann, Aleida 4, 20, 60, 277, 456, 457
Assmann, Jan 20, 21, 60, 61, 66, 67, 175, 176, 178
Ausnahmezustand 66, 129, 131, 135, 140, 250, 303
Ausschlussangst 58, 59, 88, 89, 106, 149, 165, 343, 455
Autofiktion 25, 205, 278, 293–296, 351, 457
Autonomie 75, 101, 105, 113, 115, 119–122, 152–155, 157, 216, 290, 341, 398–401, 403, 408, 410, 438, 453, 455

Barthes, Roland 30, 31, 50, 51, 404, 405
Baudrillard, Jean 158, 159, 221, 222, 228, 229, 235, 246, 253–271, 275, 317, 337, 338
Beckett, Samuel 146, 147, 358
Begleiterzählungen der Überwachung 9, 10, 34, 376, 452
Begriffserzählung 12, 40, 63, 165, 397, 420
Bentham, Jeremy 27, 65, 84, 85, 151, 165, 208, 266, 376
Beobachten des Beobachters (*auch* Beobachtung zweiter Ordnung) 6, 13, 108, 290, 251, 295, 302, 305, 333, 455
Beruhigungseffekt 61, 409, 413, 434, 446
Bewusstseinsstrom 33, 288, 289, 296, 301, 458

Big Brother 5, 7, 23, 62, 63, 65, 70, 74, 90, 97, 105, 112, 134, 170, 210, 351, 360, 373, 433
Big Data 2, 100, 103, 110–113, 142, 157, 160, 204, 244, 290, 348, 349, 395
Bilder der Überwachung 161, 219, 229, 230, 231, 233, 234, 450
Biopolitik 83, 104, 127, 128, 130, 131, 135–139, 146, 148, 149, 216, 375, 377
Bloch, Ernst 64, 187, 383

Cambridge Analytica 157, 434, 435, 438
Covid-19-Pandemie (*auch* Corona-Pandemie) 33, 130, 374–391, 452, 461, 463, 464

Dataveillance 23, 76
Datenakkumulation 8, 48, 300, 306, 307, 319, 338, 424
Daten-Double 5, 89, 113, 136, 140, 141, 172, 245, 346
Datenschutz 92, 99, 100, 102, 116, 121, 164, 186, 192, 200, 204, 210, 212, 372, 374, 396, 432, 438, 443, 444, 450, 454
DDR (*siehe auch* Stasi) 3, 31, 163, 164, 166, 167, 178, 217, 287, 290, 294, 302
Staatssicherheit (*siehe auch* DDR) 2, 3, 137, 162, 168, 186
de Maizière, Thomas 204, 210, 357, 365, 370–372
Deleuze, Gilles 9, 86–92, 106, 136, 144, 165, 168, 181, 240, 242, 248, 258, 277, 320, 346
Demokratie (*auch* Demokratieverlust) 16, 17, 108, 110, 114, 117, 126, 136, 139, 152, 154, 155, 157, 158, 168, 170, 174, 181, 188, 198, 204, 205, 216, 242, 376, 455
Dichte Beschreibung 14, 41, 69, 209, 213, 307
Digitalisierung 9, 86, 116, 121, 289, 292, 305, 323, 336, 338, 344, 345, 350, 465
Disziplinargesellschaft 85, 86, 106, 164, 165
Disziplinierung 84, 134, 135, 151, 165
Disziplin 74, 84–87, 95, 106, 132–135, 137, 147–149, 151, 164, 377
Disziplinieren 5, 6, 26, 30, 39, 86–88, 109, 131, 136, 137, 151, 169, 187, 216, 252, 315, 340
Disziplinarinstitution 87, 147, 151, 376

Dürrenmatt, Friedrich 6, 161, 290, 294, 296, 298, 302–305, 319, 324, 333, 339, 455
Dystopie 18, 20, 32, 33, 54, 62, 63, 64–67, 68, 70–73, 127, 128, 156, 169, 170–175, 178–182, 215, 216, 288, 289, 291–293, 296, 311, 315, 316, 322, 324, 342, 454, 455, 458, 459

Ereignis (*auch* Ereignishaftigkeit) 1, 13, 18, 29, 42, 44, 54, 56, 69, 70, 79, 81, 151, 159, 210, 225, 244, 259, 260, 263, 264, 275, 317, 348, 349, 355–358, 364, 372, 373, 378, 379, 386, 388, 391, 401, 402
Erfahrbarkeit von Überwachung 31, 67, 458, 466
Erinnerungsakt (*auch*: Erinnerungsarbeit) 31, 137, 178, 214, 217, 344, 364, 466
Erzählgemeinschaft 3, 7, 18, 21, 31, 53, 55, 61, 90, 171, 172, 177, 216, 275, 384, 390, 402, 428, 449–454, 461, 465
Erzählperspektive
- Ideologische Perspektive 48–50, 53, 72, 73, 91, 94, 97, 131, 133, 141, 144, 160, 175, 177, 191, 202, 207, 209, 212, 213, 238, 239, 265, 300, 307–309, 321, 358–360, 371, 378, 390, 410, 440, 460
- Sprachliche Perspektive 50, 52, 55, 72, 73, 237, 297, 300, 301, 308, 309, 314, 321, 332, 347, 349, 358, 364, 384, 420, 421
- Perzeptive Perspektive 48, 51, 207, 349, 362, 366, 385, 418, 440, 456
- Räumliche Perspektive 50, 195, 238, 364, 407, 414, 426, 440, 456, 459, 460
- Zeitliche Perspektive 50, 58, 73, 227, 239, 364, 372, 460
- Fokalisierung 3, 28, 41, 45–47, 50, 53, 66, 173, 276
- Allwissenheit 24, 26, 27, 46, 51, 57, 59, 65, 85, 183
- Übersicht 57–59, 109, 236, 313, 326, 407, 439, 440
Erzählschema (*siehe auch* Narrativ) 32, 55, 56, 67, 127, 169, 172, 209, 211, 216, 290, 294, 451, 455

Facebook 7, 37, 105, 106, 157, 166, 184, 185, 204, 291, 292, 393, 432–448, 453
Feind/Feindschema 22, 94, 134, 135, 139, 140, 154, 155, 159, 162, 167, 190, 210, 221, 229, 233, 246, 247, 249, 310, 360, 368, 374, 384, 389, 390, 434, 435, 447–451, 452, 460, 463
Fiktionssignal 80, 203–207, 213, 275, 276
Fitness-Tracker (*siehe auch* Tracker-Technologie) 75, 414–432
Folter (*siehe auch* Rettungsfolter) 67, 105, 128, 132, 137, 138–140, 155, 169, 170, 211, 216, 220, 225, 235, 243, 250, 263–271, 451
Foucault, Michel 5, 9, 26, 58, 65, 74, 84–86, 104, 105, 109, 130–138, 145, 147, 149–151, 154, 155, 159, 164, 165, 186, 216, 228, 250, 252, 255, 318, 319, 338, 376, 377, 415
Freiwilligkeit (*auch* freiwillig) 2, 58, 59, 66, 90, 95, 97, 99, 100, 101, 131, 157, 177, 189, 210, 240–242, 244, 266, 318, 328, 341, 342, 446, 451
Fürsorge (Care), fürsorgliche Überwachung 11, 58, 59, 91, 101, 207, 316, 374, 381

GAFAM 7, 393, 432, 433, 450
‚Gefährder' 141, 155, 286, 465, 466
Geltungsanspruch 1, 19, 51, 69, 77, 79, 210, 275, 357, 358, 379, 395, 403, 457
Gesundheitsprävention 97, 128, 144, 153, 318
Gesundheitsüberwachung 101, 102, 199, 452
‚Gläserner Bürger' 132, 143, 164, 181, 190, 192, 195, 212, 293
Google 7, 111, 114, 115, 126, 158, 160, 245, 291, 298, 303, 304, 306, 308, 310, 314, 315, 328–331, 335, 336, 343, 393, 415, 432–448, 453
Gottesüberwachung 32, 53, 56–59, 60, 64, 65, 134, 148, 180, 239, 259, 407, 455
Gouvernementalität 95, 96, 132, 133, 146, 150, 155, 159, 200, 216
Grass, Günter 194, 198, 199, 215, 210, 211, 214, 356, 459
Gretchenfrage der Überwachung 127, 179, 339, 348
Grundrechte 91–93, 115, 127, 153, 155, 188, 195, 197, 206

Hohe Gefährdungslage 22, 158, 159, 363–369, 371, 373, 452, 463, 476
Homo sacer 136, 139, 154, 155
Hyperrealität 258–264, 267, 269, 270, 283–285, 337, 453

Ich-Erzählung 105, 107, 430, 455
Identifizierung 93, 98, 119, 326, 328, 343

Joyces, James 290, 296, 297

Kafka, Franz 5, 27, 32, 37, 53, 54, 66, 70–76, 86, 123, 146, 214, 288, 290, 348, 351, 451, 454
Kant, Immanuel 55, 179, 398, 400, 404, 410
Katastrophe 9, 19, 29, 94, 95, 137, 142, 167, 190, 198, 206, 210, 211, 217, 220, 222, 225, 226, 233, 235, 236, 244, 250, 253, 266, 284, 293, 326, 330, 343, 374, 429, 447, 449, 458
Konkrete Fiktion, künstlerische Fiktion 23, 79, 80, 215, 223, 368, 394, 409, 457, 458, 460, 461, 464
Kontrollgesellschaft 9, 83, 84, 86–89, 106, 144. 149, 156, 168. 181, 240–242, 245, 248, 320, 321, 344, 345, 415, 454, 466
Künstliche Intelligenz (KI) (*siehe auch* Maschinenintelligenzen) 18, 108, 149, 158, 160, 161, 288, 317, 327, 332, 334, 335, 401, 410, 411, 413, 414, 443

Leistungsnarrativ 425, 430, 452
Lifelogging 101, 103, 318, 326, 327, 339, 415
Lotman, Jurij 43, 402, 435

Maschinenintelligenz 111, 113, 160, 298, 305, 306, 308, 309, 318
Matrix (Film) 269, 288, 348, 406
McLuhan, Herbert Marshall 234, 345
Menschenrechte 111, 142, 243, 250, 271
Menschenwürde 92, 144, 199, 202, 206, 208
Merkel, Angela 16, 33, 90, 126, 127, 156, 157, 186, 193–197, 198, 211, 305, 360, 372, 375, 377, 379–382
Metalepse 33, 282, 283, 285, 295, 296, 428, 447, 457, 462
Mythos 20, 175, 394, 404, 405, 419, 420, 426–428, 431

Narrativ der Rettung 411, 414, 425, 431, 452
Narrativ der überwachten Bürger:innen 32, 83, 90, 92, 96, 97, 100, 122, 127, 132, 136, 140, 147, 161, 170, 191, 216, 227, 248, 285, 356, 369, 371–374, 451, 452, 463, 466

Narrativ der überwachten Kund:innen als Rohstofflieferant:innen 32, 83, 107, 109, 111, 113, 122, 151, 216, 293, 321, 329, 331, 420, 421, 433, 453
Narrativ der überwachten Patient:innen 32, 83, 97, 98, 101, 127, 132, 133, 138, 170, 216, 452, 466
Narrativ der überwachten Selbstüberwacher:innen 32, 83, 101–103, 106, 260, 285, 293, 319, 415, 452, 466
Neusprech 65, 297, 311, 314
Nietzsche, Friedrich 149, 150, 339
Nissenbaum, Helen 119, 120, 242, 243, 332, 395, 447
NSA, NSA-Skandal 1, 3, 16, 90–92, 126, 176, 186, 193, 195–198
NS-Regime (*auch* NS-Verbrechen) 31, 137, 214, 217, 3361, 364

Offener Brief 16, 188, 193, 194, 196, 197, 216
Orwell, George 5, 10, 20, 22, 23, 27, 33, 37, 54, 60–66, 71–74, 128, 130, 169–179, 182, 186, 210, 212, 214, 219, 220, 290, 297, 311, 314, 316, 351, 360, 373, 438, 454, 455, 458
Output von Überwachung 28, 209, 310, 388, 452, 461

Panopticon (*auch* panoptisch) 4–6, 18, 23, 26, 27, 47, 65, 77, 83–90, 96, 98, 101, 106, 107, 109, 130, 131, 147, 151, 161, 164, 165, 172–174, 189, 208, 216, 230, 248, 266, 285, 315, 324, 343, 376, 449, 451–454, 466
Paranoia *siehe* Überwachungsparanoia
Paratext 33, 77, 80, 130, 183–185, 222, 223, 255, 277–285, 295
Persönlichkeitsprofil *siehe* Profiling
Präferenzen (Verhalten) 107, 109, 116, 329, 334, 342, 355, 418, 422
Prävention (*auch* präventiv) 1, 10, 28, 32, 37, 64, 68, 83, 93–95, 97–99, 103, 128, 131–135, 140, 142, 144, 153, 181, 188, 190–192, 199, 202, 207–209, 249, 279, 308, 315, 318, 323, 341, 355, 358, 368–373, 452, 465
Präventionsnarrativ 68, 98, 182, 207
PRISM 186, 195
Privatheit 3, 9, 32, 67, 83, 115–122, 142–145, 147, 153, 154, 164, 165, 171, 186, 188, 193, 197,

199, 200, 205, 208, 213, 221, 236, 240–245, 262, 263, 286, 293, 300, 307, 310, 320, 327, 341–344, 395, 400, 414, 415, 433, 436, 437, 440, 441, 447–449, 455, 466
- dezisionalen Privatheit 118, 145, 241, 245, 309, 320, 343, 400, 415, 441, 448
- informationelle Privatheit 118–120, 141, 193, 243–245, 341, 415, 440, 441, 448
- lokale Privatheit 118, 142, 143, 241, 341, 415
- Verlust von Privatheit *siehe* Verlustnarrativ der Privatheit
Profiling (*auch* Profiler, Profilerstellung) 99, 102, 105, 106, 108, 112, 140, 141, 142, 160, 161, 165, 195, 208–213, 252, 289, 293, 303–307, 309, 328, 341–345, 367, 368, 395, 457–459, 464

Quantified Self 102–104, 143, 200, 203, 318, 415

Regierung, Regierungstechnik (*auch* Selbstregierung) 83, 95, 101, 104, 128, 130, 132, 133, 135, 146–150, 154, 155, 158, 159, 304, 308, 319, 327, 350, 399, 415, 424
Rettungsfolter 132, 139, 210, 211, 216
Rössler, Beate 116–122, 143, 145, 153–157, 241, 244, 400, 437, 440
Rousseau, Jean-Jacques 129

Samjatin, Jewgenij 64, 65, 73, 128, 169, 172, 175
Sartre, Jean-Paul 13, 17, 76, 165, 321, 322, 332, 437
Scham 13, 144, 165, 171, 198, 321, 332, 333, 437, 448
Schäuble, Wolfgang 189, 190, 366, 371, 372
Schily, Otto 189, 365, 366
Schirrmacher, Frank 8, 100, 105, 126, 198, 204
‚Schläfer' 95, 208, 244, 249, 307, 308, 380
Schmitt, Carl 94, 360, 368, 384
Schöne neue Welt (*siehe auch* Huxley) 19, 32, 62, 65, 168, 175, 292, 310, 410
Schulz, Martin 100, 126, 203
Seehofer, Horst 357–370, 452
Selbsterforschung 104, 105, 424, 431
Selbstkontrolle 71, 75, 184, 200, 243, 311, 424

Selbstoptimierung 9, 74, 102–105, 143, 184, 200, 238, 292, 300, 318, 322, 346, 347, 424, 426–428, 452, 453
Selbstverschuldung 9, 136, 464, 465
Self-Tracking (*siehe auch* Fitness-Tracker) 103, 318, 322
Sicherheitserzählung (*siehe auch* Unsicherheitserzählung) 33 57, 357, 366, 367, 378, 380, 452
Simulakra 259, 260, 262, 269, 317, 337, 338
Simulation 8, 33, 172, 184, 218, 222, 235, 246, 247, 258–271, 280, 284, 337, 358, 359, 386, 387, 410, 414
Smartphone 103–105, 136, 217, 292, 294, 318, 325, 332, 335, 336, 342, 359, 396, 409, 411, 414, 415, 441, 444
Snowden, Edward 1, 176, 193, 195, 196, 198, 356, 432
Social-Credit-System 18, 165, 291
Sousveillance, Gegenüberwachung 103, 231
Soziale Netzwerke (*siehe auch* Social Media) 18, 32, 104–109, 165, 166, 185, 186, 287, 318, 324–326, 340, 342, 343, 351, 355, 392
Social Media (*siehe auch* Soziale Netzwerke) 33, 101, 104, 106, 107, 310, 314, 323–325, 331, 350, 424
Staatstrojaner 93, 94
Surveillance assemblage 5, 18, 83, 84, 88, 89, 112, 113, 172, 176, 330, 466
Szenario 54, 68–71, 78, 95, 146, 158, 159, 169, 206, 207, 210, 261, 287, 320, 326, 329, 330, 331, 343, 388–390, 430, 444, 460, 464

Täter:innenprofil (*siehe auch* Profiling) 208–210, 303, 358, 359, 367, 368, 458, 464
Technologien des Selbst 9, 104, 221, 252, 318, 346, 415
Terrorismus 92, 93, 131, 140, 158, 159, 188, 191, 206, 214, 226, 228, 263, 265, 271, 309, 356, 363–367
Totalitarismus 20, 63, 65, 112, 126, 176, 178, 460
Tracker-Technologie (*siehe auch* Fitness-Tracker) 103, 115, 355, 392, 416, 418, 431, 452, 461
Transparenz 7, 8, 10, 48, 65, 84, 95, 98, 104, 131, 142, 158, 200, 205, 248, 462

Überwachung als Erzählung 10, 15, 22, 309, 329, 420
Überwachung der Sprache (*siehe auch* Neusprech) 65, 289, 297, 311–317
Überwachungsarchitektur 8, 115, 147, 165, 291, 393
Überwachungsgesellschaft 84, 86, 89, 128, 161, 163, 164, 173, 187, 216, 245, 300, 455
Überwachungsideologie 7, 28, 50, 173, 289, 310, 342, 459, 465
Überwachungsparanoia (*auch* Paranoia, Datenparanoia) 71, 76, 77, 94, 206, 218, 249, 271, 286, 306, 310, 461
Überwachungsstaat 1, 3–7, 10, 18, 24, 53, 60–67, 74, 84, 89–92, 97, 101, 170, 188, 189, 191, 194, 195, 214, 216, 219, 248, 289, 292, 302, 364, 376, 454
Unsicherheitserzählung 33, 190, 191, 210–212, 214, 381, 390, 391, 452
Utopie 8, 63, 64, 70, 143, 171, 179–182, 383, 414, 450, 464

Verdacht, verdächtig 1, 2, 10, 49, 71, 77, 79, 96, 97, 100, 110, 126, 146, 191, 195, 210, 213, 225, 227, 230, 233, 243, 244, 263, 307–310, 318, 321, 322, 359, 360, 361
Verhaltensprognosen 102, 166, 289, 309, 421, 433
Verhaltensprofil (*siehe* Profiling)
Verhör, Verhörstruktur 1, 67, 71, 86, 146, 169, 170, 209, 213, 225, 302, 351
Verlustnarrativ der Privatheit 32, 112, 115–121, 142, 153–157, 199, 200, 241, 243, 466
Vertrauen, Vertrauensverlust 58, 61, 73, 122, 153–156, 204, 295, 301, 358, 364, 371, 384, 392, 404, 411, 413, 432, 434, 438, 440, 442, 447, 461
Videoüberwachung, CCTV 32, 33 96, 161, 225–240, 249, 284, 451
Volkszählung, Volkszählungsurteil 92
Vorhersage, Vorhersageprodukt 59, 68, 69, 110, 111, 160, 318, 331, 383, 389

Wahrheit (*auch* Wahrheitsanspruch) 7, 8, 19, 27, 39, 51, 57, 65, 69, 70, 77–81, 140, 141, 150, 178, 183, 185, 187, 194, 200, 216, 239, 253, 257, 261, 268–270, 279, 301, 356, 357, 363–367, 372–374, 378, 385, 386, 435, 462
‚War von terror' (*auch* Kampf gegen den Terror) 92, 139, 140, 228, 231, 249, 307, 356, 368, 384
Widerstand 4, 59–61, 65, 67, 71, 92, 152, 169, 178, 179, 192, 195, 217, 219, 231, 248, 253, 262, 280, 286, 451, 454, 456
Wolf, Christa 3–5
Worst-Case-Szenario *siehe* Szenario

Zuckerberg, Mark 106, 116, 434, 435, 438

www.ingramcontent.com/pod-product-compliance
Lightning Source LLC
Chambersburg PA
CBHW061702300426

44115CB00014B/2530